Some Useful Vector Identities

$$\mathbf{A}\cdot\mathbf{B}\times\mathbf{C} = \mathbf{B}\cdot\mathbf{C}\times\mathbf{A} = \mathbf{C}\cdot\mathbf{A}\times\mathbf{B}$$

$$\mathbf{A}\times(\mathbf{B}\times\mathbf{C}) = \mathbf{B}(\mathbf{A}\cdot\mathbf{C}) - \mathbf{C}(\mathbf{A}\cdot\mathbf{B})$$

$$\nabla(\psi V) = \psi\nabla V + V\nabla\psi$$

$$\nabla\cdot(\psi\mathbf{A}) = \psi\nabla\cdot\mathbf{A} + \mathbf{A}\cdot\nabla\psi$$

$$\nabla\times(\psi\mathbf{A}) = \psi\nabla\times\mathbf{A} + \nabla\psi\times\mathbf{A}$$

$$\nabla\cdot(\mathbf{A}\times\mathbf{B}) = \mathbf{B}\cdot(\nabla\times\mathbf{A}) - \mathbf{A}\cdot(\nabla\times\mathbf{B})$$

$$\nabla\cdot\nabla V = \nabla^2 V$$

$$\nabla\times\nabla\times\mathbf{A} = \nabla(\nabla\cdot\mathbf{A}) - \nabla^2\mathbf{A}$$

$$\nabla\times\nabla V = 0$$

$$\nabla\cdot(\nabla\times\mathbf{A}) = 0$$

$$\int_V \nabla\cdot\mathbf{A}\,dv = \oint_S \mathbf{A}\cdot d\mathbf{s} \qquad \text{(Divergence theorem)}$$

$$\int_S \nabla\times\mathbf{A}\cdot d\mathbf{s} = \oint_C \mathbf{A}\cdot d\boldsymbol{\ell} \qquad \text{(Stokes's theorem)}$$

Gradient, Divergence, Curl, and Laplacian Operations

Cartesian Coordinates (x, y, z)

$$\nabla V = \mathbf{a}_x\frac{\partial V}{\partial x} + \mathbf{a}_y\frac{\partial V}{\partial y} + \mathbf{a}_z\frac{\partial V}{\partial z}$$

$$\nabla\cdot\mathbf{A} = \frac{\partial A_x}{\partial x} + \frac{\partial A_y}{\partial y} + \frac{\partial A_z}{\partial z}$$

$$\nabla\times\mathbf{A} = \begin{vmatrix} \mathbf{a}_x & \mathbf{a}_y & \mathbf{a}_z \\ \dfrac{\partial}{\partial x} & \dfrac{\partial}{\partial y} & \dfrac{\partial}{\partial z} \\ A_x & A_y & A_z \end{vmatrix} = \mathbf{a}_x\left(\frac{\partial A_z}{\partial y} - \frac{\partial A_y}{\partial z}\right) + \mathbf{a}_y\left(\frac{\partial A_x}{\partial z} - \frac{\partial A_z}{\partial x}\right) + \mathbf{a}_z\left(\frac{\partial A_y}{\partial x} - \frac{\partial A_x}{\partial y}\right)$$

$$\nabla^2 V = \frac{\partial^2 V}{\partial x^2} + \frac{\partial^2 V}{\partial y^2} + \frac{\partial^2 V}{\partial z^2}$$

The graph on the cover is a section of a chart for transmission-line calculations. (Discussed in Chapter 9.)

Cylindrical Coordinates (r, ϕ, z)

$$\nabla V = \mathbf{a}_r \frac{\partial V}{\partial r} + \mathbf{a}_\phi \frac{\partial V}{r \partial \phi} + \mathbf{a}_z \frac{\partial V}{\partial z}$$

$$\nabla \cdot \mathbf{A} = \frac{1}{r}\frac{\partial}{\partial r}(rA_r) + \frac{\partial A_\phi}{r \partial \phi} + \frac{\partial A_z}{\partial z}$$

$$\nabla \times \mathbf{A} = \frac{1}{r}\begin{vmatrix} \mathbf{a}_r & \mathbf{a}_\phi r & \mathbf{a}_z \\ \frac{\partial}{\partial r} & \frac{\partial}{\partial \phi} & \frac{\partial}{\partial z} \\ A_r & rA_\phi & A_z \end{vmatrix} = \mathbf{a}_r\left(\frac{\partial A_z}{r \partial \phi} - \frac{\partial A_\phi}{\partial z}\right) + \mathbf{a}_\phi\left(\frac{\partial A_r}{\partial z} - \frac{\partial A_z}{\partial r}\right) + \mathbf{a}_z \frac{1}{r}\left[\frac{\partial}{\partial r}(rA_\phi) - \frac{\partial A_r}{\partial \phi}\right]$$

$$\nabla^2 V = \frac{1}{r}\frac{\partial}{\partial r}\left(r\frac{\partial V}{\partial r}\right) + \frac{1}{r^2}\frac{\partial^2 V}{\partial \phi^2} + \frac{\partial^2 V}{\partial z^2}$$

Spherical Coordinates (R, θ, ϕ)

$$\nabla V = \mathbf{a}_R \frac{\partial V}{\partial R} + \mathbf{a}_\theta \frac{\partial V}{R \partial \theta} + \mathbf{a}_\phi \frac{1}{R \sin\theta}\frac{\partial V}{\partial \phi}$$

$$\nabla \cdot \mathbf{A} = \frac{1}{R^2}\frac{\partial}{\partial R}(R^2 A_R) + \frac{1}{R\sin\theta}\frac{\partial}{\partial \theta}(A_\theta \sin\theta) + \frac{1}{R\sin\theta}\frac{\partial A_\phi}{\partial \phi}$$

$$\nabla \times \mathbf{A} = \frac{1}{R^2 \sin\theta}\begin{vmatrix} \mathbf{a}_R & \mathbf{a}_\theta R & \mathbf{a}_\phi R\sin\theta \\ \frac{\partial}{\partial R} & \frac{\partial}{\partial \theta} & \frac{\partial}{\partial \phi} \\ A_R & RA_\theta & (R\sin\theta)A_\phi \end{vmatrix} = \mathbf{a}_R \frac{1}{R\sin\theta}\left[\frac{\partial}{\partial \theta}(A_\phi \sin\theta) - \frac{\partial A_\theta}{\partial \phi}\right]$$

$$+ \mathbf{a}_\theta \frac{1}{R}\left[\frac{1}{\sin\theta}\frac{\partial A_R}{\partial \phi} - \frac{\partial}{\partial R}(RA_\phi)\right]$$

$$+ \mathbf{a}_\phi \frac{1}{R}\left[\frac{\partial}{\partial R}(RA_\theta) - \frac{\partial A_R}{\partial \theta}\right]$$

$$\nabla^2 V = \frac{1}{R^2}\frac{\partial}{\partial R}\left(R^2\frac{\partial V}{\partial R}\right) + \frac{1}{R^2\sin\theta}\frac{\partial}{\partial \theta}\left(\sin\theta\frac{\partial V}{\partial \theta}\right) + \frac{1}{R^2\sin^2\theta}\frac{\partial^2 V}{\partial \phi^2}$$

Field and Wave Electromagnetics

Cheng의 전자기학

David K. Cheng / 이택경 김동명 이승대 이우경 이재욱 최학근 옮김

2nd edition

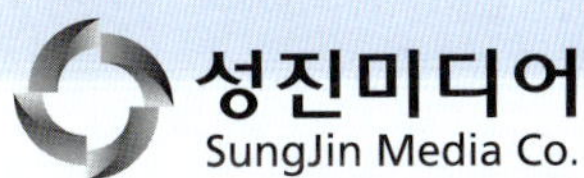

PEARSON

Cheng의 전자기학 제2판

FIELD AND WAVE ELECTROMAGNETICS, 2nd edition

저　자 | David K. Cheng
역　자 | 이택경, 김동명, 이승대, 이우경, 이재욱, 최학근
발행인 | 채희선
발행처 | 성진미디어
발행일 | 2013년 2월 28일
등　록 | 제311-2010-23호

전　화 | 02)374-4363(대표)
팩　스 | 02)375-4362
주　소 | 서울시 은평구 증산동 248 중앙하이츠상가 B101호

ISBN 978-89-98308-00-1

값 32,000원

역자 소개

이택경　한국항공대학교 항공전자 및 정보통신공학부
김동명　국민대학교 전자공학부
이승대　남서울대학교 전자공학과
이우경　한국항공대학교 항공전자 및 정보통신공학부
이재욱　한국항공대학교 항공전자 및 정보통신공학부
최학근　단국대학교(천안) 전자공학과

저자서문

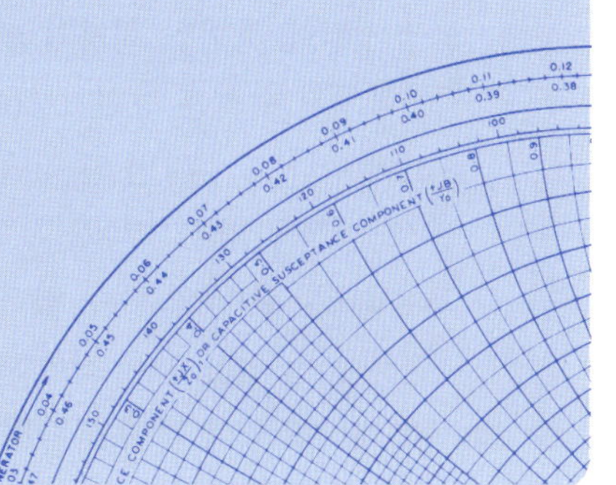

전자기학에 관한 책은 크게 두 종류로 구분할 수 있다. 하나는 전통적인 전개방식을 택하는 것으로서, 실험 기반의 법칙으로부터 시작하고, 이들을 일반화하는 과정을 거치며, 최종적으로 이들을 맥스웰 방정식(Maxwell's equation)으로 종합하는 방식이다. 이것은 귀납적 해석법(inductive approach)이다. 다른 하나는 공리적 접근법(axiomatic approach)으로서, 맥스웰 방정식으로부터 시작하여, 적절한 실험 기반의 법칙으로 각각을 구분하고, 이 관계식들을 시불변의 정상상태와 시간에 따라 변하는 상황을 해석하는 용도로 특화하는 방식의 접근법이다. 이것은 연역적 해석법(deductive approach)이다. 또 소수의 책은 특수상대성 이론을 다루는 것으로 시작하여 힘에 관한 쿨롱의 법칙(Coulomb's law)으로부터 모든 전자기학 이론을 전개해가는 방식도 있다. 그러나 이 설명방식은 특수상대성 이론에 대한 설명과 이해가 선행되어야 하므로, 고급 전자기학 강의에 적합한 것으로 보인다.

전통적인 전개방식을 지지하는 사람들은 이 방식이 역사적으로 (특수한 실험 기반의 법칙으로부터 맥스웰 방정식으로) 전자기학 이론이 발전한 방식이며, 따라서 다른 방식에 비해 학생들이 이해하고 내용을 따라가기 쉽다고 주장한다. 그러나 저자는 지식체계가 발견된 방식이 학생들에게 그 주제를 가르치기에 반드시 최상의 방법은 아니라고 생각한다. 주제가 분산될 수도 있고, 벡터 대수학의 간결성을 충분히 이용하지 못할 수도 있다. 학생들은 혼돈스러워 하고 때로는 기울기, 발산, 회전 성분 개념 등에 대해 심리적 장벽을 느낄 수도 있다. 전자기학 모델을 형성하는 과정으로서는 이 방법은 일관성이나 간결함이 다소 부족한 방법이다.

공리적 접근법은 일반적으로 미분형 또는 적분형으로 이루어진 네 개의 맥스웰 방정식을 기본 가설로 시작한다. 이들 방정식들은 매우 복잡하고 완전히 습득하는 것도 어렵다. 책의 초반부에 이 방정식을 접하는 경우 학생들은 무척 당황해하거나 거부감을 일으키기도 한다. 학습능력이 뛰어난 학생들도 전자기 벡터의 의미와 이들 일반화된 방정식이 필요충분한지에 대해 확신을 갖지 못하기도 할 것이다. 초기단계에서 학생들은 전자기학 모델의 개념에 대해 혼란

스러워 하고, 관련된 수식을 다루는 데에서도 다소 불편하게 느낄 것이다. 어떤 경우이든, 조만간 시간에 불변인 전자기장에 적용할 수 있도록 일반화된 맥스웰 방정식이 간략화될 것이며, 간략화된 수식은 정전기장(electrostatic field)과 정자기장(magnetostatic field)을 다루는 데 도움이 될 것이다. 그렇다면 왜 학습 초반에 네 개의 모든 맥스웰 방정식을 다루어야 하는가?

실험적 근거에 기반을 두었을지라도, 쿨롱의 법칙은 실제로는 하나의 가설이라는 사실에 대해서도 논란이 있을 수 있다. 전하를 띤 입자의 크기가 떨어진 거리에 비해 매우 작다는 것과, 전하를 띤 입자 간에 작용하는 힘이 전하 간 거리의 제곱에 반비례한다는 쿨롱의 법칙에 관한 두 개의 조항에 대해 생각해 보자. 첫 번째 가설에 대해서도 의문이 제기된다. 거리에 비해 "아주 작은" 상태가 되기 위해서 전하를 띤 입자는 얼마나 작아야 하는가? 실제 전하를 띤 입자는 (이상적인 점전하인) 크기가 거의 없는 상태로 작아질 수가 없으며, 따라서 유한한 크기를 가진 두 입자 간의 "정확한" 거리를 결정하는 데는 어려움이 있다. 전하를 띤 입자의 크기가 주어지면, 거리가 멀리 떨어진 경우 거리 측정의 상대적 정확도가 보다 중요하다. 그러나 (힘이 약하거나 아주 큰 전하를 띤 입자의 경우 등) 실제 상황에서는 실험실에서 사용할 수 있는 거리에 제한이 있고, 실험적 오차를 완전히 배제할 수 없다. 이로 인해 거리의 제곱에 반비례한다는 두 번째 조항에 대해서도 보다 중요한 의문이 제기된다. 비록 전하를 띤 입자의 크기가 거의 영(0)에 가까운 경우조차 실험을 수행하는 사람이 아무리 기교가 뛰어나고 주의력이 깊은 경우에도 실험을 통한 측정에서는 무한한 정확도를 보장할 수가 없다. 그렇다면 쿨롱은 어떻게 하여 힘이 (2.000001승이나 1.999999승이 아니라) "정확히" 거리의 제곱에 반비례한다는 것을 아는 것이 가능했을까? 이 질문에 대해서는 실험적 관점에서는 답변할 수가 없다. 이는 쿨롱이 연구를 수행하던 시기의 실험 시설이 소수점 일곱 번째 자리까지 정확도가 보장되었을 것 같지가 않기 때문이다. 따라서 쿨롱의 법칙은 한정된 정확도를 가진 그의 실험에 기반하여 발견되고 가정한 자연의 법칙이라고 결론지을 수 있다(3.2절 참조).

이 책은 공리적 접근법을 사용하여 단계적으로 전자기장 모델을 수립해나가며, 정전기장(3장), 정자기장(6장), 그리고 시변 전자기장인 맥스웰 방정식(7장)의 순서로 전개하게 된다. 각 단계는 모두 헬름홀츠 정리(Helmholtz's theorem)를 수학적 기반으로 사용한다. 헬름홀츠 정리는 모든 지점에서 발산과 회전 성분이 정의되면 상수를 더하는 정도의 오차로 벡터장(vector field)이 결정된다는 것이다. 따라서 자유공간의 정전기장 모델을 개발하는 데는 분산과 회전 성분에 대한 가설에 기초하여 한 종류의 벡터(즉, 전기장의 세기 또는 전기장 **E**)를 정의하기만 하면 된다.

자유공간에서 쿨롱의 법칙과 가우스의 법칙(Gauss's law)을 포함한 다른 모든 관계는 두 개의 가설을 이용하여 보다 간편하게 유도할 수 있다. 분극이 이루어진 유전체의 등가전하 분포 개념을 이용하면 전자 재료의 관계식도 유도할 수 있다.

자유공간의 정자기학 모델에 대해서도 동일하게 발산과 회전 성분을 지정함으로써 가설의 하나인 자속밀도 벡터 **B**를 정의할 필요가 있다. 다른 모든 관계는 이들 두 가지 가설로부터 유도할 수 있다. 자성 재료에서의 관계식도 등가전류밀도 개념을 통해 유도할 수 있다. 물론 이들 가설의 타당성은 실험적 증거를 통해 확인된 결과가 정확히 도출되는지에 달려 있다.

시변 전자기장의 경우에 대해서는 전기장 세기와 자기장 세기는 상호 결합되어 있다. 정전기장 모델에 대한 전기장 세기 **E**의 회전 성분에 대한 가설은 패러데이의 법칙(Faraday's law)과 일치하도록 수정해야 한다. 또한 정자기장 모델의 자속밀도 **B**에 대한 회전 성분 가설도 연속 방정식(continuity equation)과 일치하도록 수정해야 한다. 그 결과로, 전자기장 모델을 구성하는 네 개의 맥스웰 방정식을 얻게 된다. 저자는 이와 같이 헬름홀츠 이론에 기반을 둔 전자기장 모델의 순차적 유도 과정이 참신하고, 체계적이고, 탄탄한 학습법이며, 학생들이 보다 쉽게 이해하는 방법이라고 확신한다.

저자는 학습 자료를 제시할 때, 명확함과 일관성, 개념의 전개가 순조로우면서도 논리성이 확보될 수 있도록 최선을 다했다. 기본 개념을 강조하고 전형적인 문제풀이 방법을 설명하기 위해 풍부한 예제를 포함하도록 하였다. 유도한 관계식을 유용하게 응용하는 기술(잉크분사식 프린터, 피뢰침, 분극 현상을 이용하는 콘덴서 마이크로폰(electret microphone), 전선(cable) 설계, 다심도선(multiconductor), 정전 차폐, 도플러 레이더(Doppler radar), 레이더 안테나 덮개(radome; 레이돔), 폴라로이드 필터(Polaroid filter), 위성통신 시스템, 소형 평판 전송선(microstrip line)에 관해서도 설명하였다. 학습내용의 기억 정도와 이해, 기초에 대한 이해를 확인할 수 있는 복습 질문을 각 장의 끝에 제시하였다. 또한 각 장의 연습문제를 통해 수식상의 서로 다른 물리량의 상관관계에 대한 학생들의 이해를 돕고, 실제 문제를 해결하기 위해 수식을 활용하는 능력을 기를 수 있도록 하였다. 저자가 강의하는 동안에도 복습 질문이 강의에서 주의를 집중시키고 흥미를 유발시키는 데 특히 유용한 도구로 사용될 수 있음을 확인하였다.

전자기학의 기초이론 외에도 이 책은 전송선, 도파관(waveguide), 공동공진기(cavity resonator), 안테나와 전파발사장치의 이론과 응용에 관해서도 다룬다. 전자기 원리를 이용한 새로운 소자와 장비가 개발되더라도 전자기학의 기본 개념과 이들의 동작을 지배하는 관계식은 변하지 않는다. 전자기학의 기본 원리를 배우는 이유와 동기에 관해서는 1.1절에 충분히 서술하였다. 새로운 접근방식에 의해 탄탄해진 이 책의 내용이 학생들에게 전자기 현상을 이해하는 데 필요한 확실하고 충분한 기초를 다지도록 하는 것은 물론이고, 전자기학 이론의 고급 주제에 대비하는 데에도 도움이 되기 바란다.

이 책은 두 학기 교과 과정의 강의에 필요한 내용을 충분히 담고 있다. 1~7장에서는 전기장과 자기장에 관한 내용을, 8~11장에서는 전자기파와 그 응용에 관한 내용을 다루고 있다. 전자기학 교과 과정이 한 학기로 제한된 경우 1~7장에 더하여 8장의 초반 네 개 절을 강의하면 전자기학에 관한 탄탄한 기초와 제한되지 않은 매질에서의 전자파의 특성에 관한 기초를 잘 다질 수 있으리라 기대한다. 남은 내용은 전자기학 응용을 위한 참고도서나 연속되는 전자기학 관련 교과목의 교재로도 활용할 수 있다. 네 학기 교과 과정의 경우 전자기학에 할당된 시간을 고려하여 강의내용을 조절할 수 있다. 특정한 주제를 강조하고 확대하거나 일부를 덜 강조하고 다루지 않는 것은 전적으로 강사의 재량에 달려 있다.

저자는 또한 일부 연습문제의 풀이에 대해 컴퓨터 프로그램을 포함하는 것이 좋겠다는 조언에 대해 많은 고민을 하였으나, 최종적으로는 그렇게 하지 않는 것으로 결론지었다. 수리적 방법이나 컴퓨터 소프트웨어에 학생들의 주의와 노력을 분산시키는 것은 전자기학의 기본 원리 학습에 집중하는 것을 방해할 수도 있다고 생각한다. 필요한 경우 중요한 결과의 특성 변수값에 대한 의존도는 곡선의 형태를 이용하여 강조하고, 전자기장 분포와 안테나 패턴은 그림으로 설명하였으며, 도파관에서 전형적인 모드 패턴(mode pattern)도 그림으로 형상화하여 나타내었다. 이들 곡선과 그래프, 모드 패턴을 얻기 위한 컴퓨터 프로그램은 늘 간단하지만은 않다. 자연과학이나 공학 분야의 학생들은 컴퓨터 시설 사용이 필요하지만, 전자기장과 전자파에 관한 기초이론 서적에 포함된 요리책 형태의 일부 컴퓨터 프로그램이 전자기학 주제를 이해하는데 크게 도움은 되지 않는 것으로 판명되었다.

1983년에 출판된 초판에 대해서 교수들과 학생들로부터의 긍정적인 반응과 격려가 힘이 되어 2판을 준비하게 되었다. 2판에서는 새로운 주제를 많이 추가하였으며, 홀 효과(Hall effect), 직류 전동기, 변압기, 소용돌이 전류(와류: eddy current), 도파관 내에서 넓은 대역 신호의 에너지 전송 속도, 레이더 방정식과 산란 단면적, 전송선의 과도응답, 베셀(Bessel) 함수, 원형 도파관과 원형 공동공진기, 도파관의 불연속 특성, 이온층과 지표면 부근에서의 전파전파(wave propagation), 나선형 안테나, 로그주기 쌍극자 배열, 그리고 안테나의 유효 길이와 유효면적 등이 추가된 내용이다. 연습문제의 개수도 약 25% 정도 증가되었다.

Addison-Wesley 출판사는 2판을 두 가지 색으로 인쇄하기로 결정하였으며, 독자들도 이 책이 훨씬 보기좋게 개정된 것에 동의하리라 믿는다. 2판이 나오기까지 수고한 출판, 인쇄, 영업 담당자 모든 분들께 감사한 마음을 전한다. 특히, Thomas Robbins, Barbara Rifkind, Karen Myer, Joseph K. Vetere, 그리고 Katherine Harutunian께 감사한 마음을 전한다.

매릴랜드주 쉐비체이스에서

D. K. Cheng

역자서문

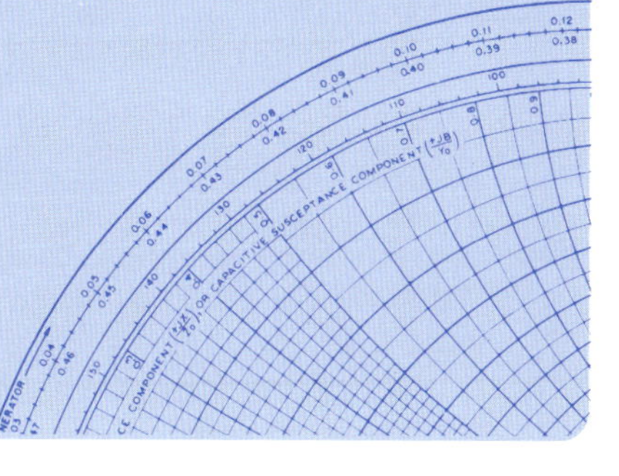

전자기학은 전자공학, 전파공학, 전기공학, 통신공학, 초고주파공학, 반도체공학을 학습하는 데 필수적인 기초 교과목으로서, 체계적인 교재를 통해 충실히 학습하고 내용을 이해하는 것이 필요하다. 전자기학은 특히 수학적인 관계식이 많은 데다가 벡터 물리량 중심의 교과목이어서 대부분의 학습자가 내용의 이해에 어려움을 느낀다. 특히, 전자기 현상의 이해가 중심이 되어야 할 교과목임에도 수식에 얽매이거나 내용 전개의 체계성 부족으로 겪게 되는 어려움은 전자기학 학습자들이 겪게 되는 공통의 어려움인 동시에 극복해야할 중요한 핵심이기도 하다. 따라서 전기장과 자기장의 이해를 위한 내용 전개의 체계성과 설명의 간결함, 적절한 예제를 통한 이해도 확인과 연습문제를 통한 이해도 향상은 무엇보다도 중요하다.

D. K. Cheng의 원저 『Field and Wave Electromagnetics』는 전자기학 교재의 정통으로 인식되고 있으며, 출간된지 제법 시간이 흘렀음에도 불구하고 가장 널리 채택되고 있으며, 가장 훌륭한 교재로 인식되고 있다. 그 이유는 전자기학 이론은 기본적으로 모두 체계화되어 있는 학문이지만, 이 책의 구성과 내용, 서술방식이 다른 책들에 비해 훨씬 체계적이기 때문이다. 특히, 전자기학에 대한 초급 학습자뿐만 아니라, 중급과 고급 학습자들에게도 충분히 동기를 부여하는 내용과 예제, 그리고 연습문제로 구성되어 있다. 또한 풍부한 예제와 연습문제를 통해 학습내용의 점검이 가능하도록 구성되어 있고, 전자기학의 현상 이해를 돕기 위해 다양한 그림을 제공하고 있으며, 중요한 항목은 박스 형태로 처리하여 구분함으로써 학습자의 집중도와 학습 주제에 대한 핵심을 잘 파악하도록 구성하고 있다.

『Cheng의 전자기학』은 원저 『Field and Wave Electromagnetics』의 내용을 충실히 번역하여 독자들이 활용하는 데 불편함이 없도록 최선을 다하였다. 원저자가 의도한 내용의 간결성과 정확성을 유지하도록 하였으며, 우리말로 번역하는 과정에서 한글 용어의 선택에서도 이해에 도움이 되도록 의역하고 필요한 경우 원어를 병기하였다. 이 책을 통해 전자기학의 이해를 탄탄히 하고, 이를 바탕으로 하여 관련 교과목의 이해와 응용에 도움이 되기를 간절히 기원한다. 끝으로, 본서가 출판되도록 기꺼이 도와주신 성진미디어의 채희선 사장님과 편집을 위해 수고해 주신 모든 분들께 진심으로 감사한 마음을 전한다.

역자 일동

차례

제 1 장 전자기장 해석을 위한 수학적 모델

제 2 장 벡터 해석

제 3 장 정전기장

제 4 장 정전기장 문제의 해

제 5 장 정상상태 전류

제 8 장 평면 전자기파

제 9 장 전송선의 이론과 응용

제 10 장 도파관과 공동공진기

제 11 장 안테나와 복사 시스템

1 전자기장 해석을 위한 수학적 모델

The Electromagnetic Model

1-1 개요

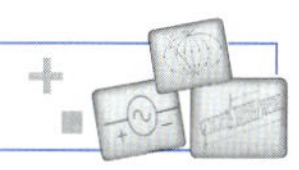

간단히 말하면, **전자기학**(electromagnetics)은 정지해 있거나 이동하는 전하의 영향을 연구하는 학문이다. 전하(electric charge)에는 양의 전하와 음의 전하 두 가지 종류가 있음을 기초 물리학에서 배워 알고 있다. 양전하와 음전하 모두 전기장(전계: electric field)의 근원이다. 이동하는 전하는 전류를 생성하며 자기장(자계: magnetic field)을 형성한다. 당분간 전기장과 자기장에 대해 일반적인 의미를 다루며, 보다 정확한 의미는 이후에 다루게 된다. **장**(場, 계(界): field)은 임의의 물리량(quantity)의 공간적 분포이며, 시간에 대해 무관할 수도 있고 시간에 의존하는 함수일 수도 있다. 시간에 따라 변하는 전기장은 자기장을 형성하고, 또 시간에 따라 변하는 자기장은 전기장을 형성한다. 달리 표현하면, 시간에 따라 변하는 전기장(electric field)과 자기장(magnetic field)은 서로 결합되어 있어 전자기장(electromagnetic field)을 형성한다. 조건에 따라서는, 시간에 따라 변하는 전자기장은 전자기장 발생의 근원으로부터 복사되는 파동을 생성하기도 한다.

장과 파동의 개념은 물리적 현상의 근원으로부터 멀리 떨어진 지점의 현상을 해석하고 설명하는 데 필수적이다. 예를 들면, 물체 사이에는 인력이 존재한다는 사실을 기초 물리학에서 학습하였다. 이것이 곧 물체가 지구의 표면으로 떨어지는 이유이다. 지구와 낙하하는 물체를 연결하는 탄력있는 줄은 존재하지 않는데 이 현상을 어떻게 설명하는가? 이 현상은 중력장(gravitational field)의 존재를 가정하고 원격작용(action-at-a-distance)에 의한 현상으로 설명한다. 위성통신과 수백만 마일 멀리 떨어진 탐침으로부터 신호를 받는 것이 가능한 것도 전기장, 자기장, 그리고 전자기파(전자파: electromagnetic wave)의 존재를 가정해야 설명할 수 있다. 이 책

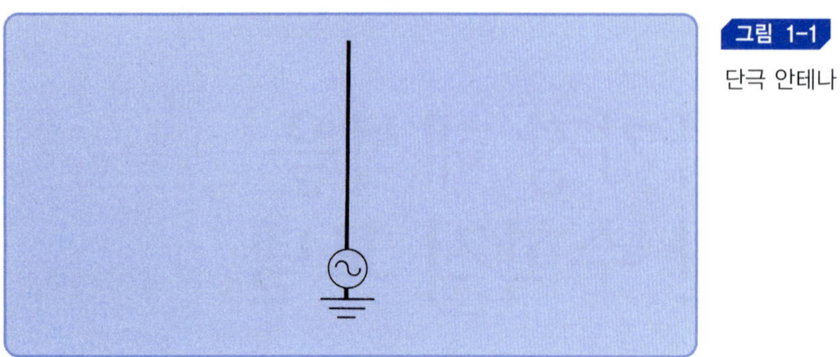

그림 1-1
단극 안테나

『Cheng의 전자기학(Field and Wave Electromagnetics)』에서는 전자기 현상을 지배하는 전자기 법칙의 원리와 응용에 관해 학습한다.

전자기학은 물리학자, 전자공학자, 정보통신공학자에게 가장 기초가 되는 중요한 교과목이다. 전자기장 이론은 입자 가속기, 음극선 오실로스코프(oscilloscope), 레이더(radar), 위성통신, 텔레비전 수상기, 원격 감지장치, 전파천문학, 초고주파 소자, 광통신, 전송선의 과도응답(transient response), 전자파 환경 적합성에 관한 문제, 항공기의 계기 착륙장치, 기계에너지의 전기에너지 변환 등을 이해하는 데 필수적인 학문이다. 회로이론(circuit theory)은 특별한 경우에 제한적으로 사용되는 전자기장 이론이다. 즉, 전자기장의 근원 주파수가 아주 낮아서 도체 회로의 기하학적 크기가 파장보다 훨씬 짧으면 전자기학 문제는 회로 문제로 간략화할 수 있음을 7장에서 배우게 된다. 그러나 회로이론은 그 자체로서 아주 잘 발달되고 정교하게 체계화된 이론임을 미리 정리해 둔다. 회로이론은 전기/전자 공학에 관한 문제를 해결할 수 있는 또 하나의 분야로 사용되며, 그 자체로도 매우 중요하다.

회로이론의 개념이 부적합하여 전자기장의 개념을 도입해야 하는 두 가지 경우를 설명하고자 한다. 그림 1-1은 휴대용 간이 무선전화기(walkie-talkie)에 장착된 단극 안테나(monopole antenna)를 나타내고 있다. 송신 시에는 정보가 포함된 전류를 적절한 반송 주파수를 이용하여 전화기의 신호원으로부터 안테나로 보낸다. 회로이론의 관점에서, 신호원은 개방회로로 전류를 보내는 것과 같다. 이것은 안테나의 상단이 물리적으로는 어디에도 연결되어 있지 않기 때문이다. 따라서 전류가 흐르지 않고 아무런 일도 일어나지 않는다. 물론 이러한 관점에서 해석하는 것은 멀리 떨어진 지점의 휴대용 무선전화기 사이에 교신이 이루어지는 이유를 설명할 수 없다. 따라서 전자기장 이론을 적용하는 것이 필요하다. 11장에서는 안테나의 길이가 반송파(carrier)의 파장과 비슷한 정도의 길이인 경우[1], 종단 부분이 개방된 안테나에 불균일한 전류가 흐르는 현상에 대해 설명할 것이다. 이 전류가 공간에서 시간에 따라 변하는 전자기장을 방사하고(radiate), 이것은 전자기파로 전파되어 멀리 떨어진 다른 안테나에 전류가 흐르게 한다.

큰 도체로 된 벽의 왼쪽으로부터 작은 구멍을 통해 전자기파가 입사되는 상황을 그림 1-2에

1) 교류 신호의 파장과 주파수의 곱은 전자파의 전파 속도에 해당한다.

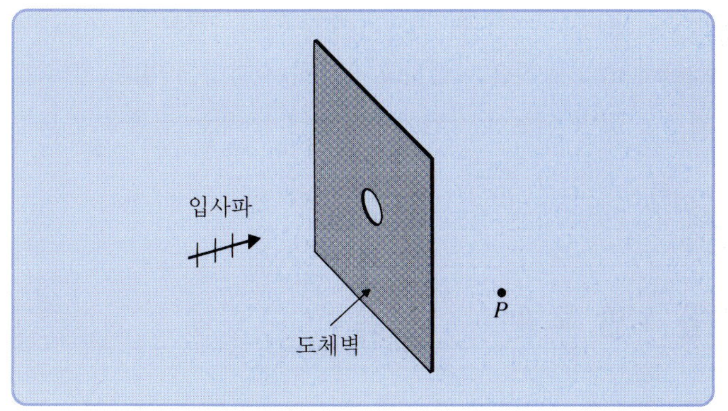

그림 1-2
전자기학 문제

나타내었다. 구멍이 뚫린 바로 뒤가 아니더라도 그림의 P와 같이 도체벽의 오른쪽 임의의 점에서 전자기장이 존재할 것이다. 회로이론으로 P점의 전자기장을 계산하는 것이나 심지어는 전자기장의 존재를 설명하는 것조차도 부적합하다는 것이 명확하다. 그러나 그림 1-2에 설명한 상황은 실제 상황에서 매우 중요한데 그것은 도체로 된 벽의 전자파 차폐효과를 평가하는 것과 관련되기 때문이다.

좀 더 평이하게 설명하면, 회로이론은 뭉치-특성 변수 시스템(또는 덩이: lumped-parameter system)을 다루는데, 이것은 저항, 인덕턴스(inductance:자기 유도 현상을 나타내는 소자), 정전용량(커패시턴스(capacitance): 전계효과를 나타내는 소자) 등의 특성 변수로 특징지어지는 구성요소로 이루어진 회로이다. 전압과 전류는 주요 시스템 변수이다. 직류 회로의 시스템 변수는 일정하며, 특성을 지배하는 방정식(governing equation)은 대수 방정식(algebraic equation)이다. 교류 회로의 시스템 변수는 시간에 따라 변하며, 그들은 스칼라량이고 공간좌표에 무관하다. 이를 지배하는 방정식은 하나의 변수만 포함하는 상미분 방정식(ordinary differential equation)이다. 이와는 달리, 대부분의 전자기학 변수는 공간뿐만 아니라 시간에 따라 변하는 함수이다. 그들의 대부분은 크기와 방향을 가진 벡터(vector)로서, 그들을 나타내고 다룰 때는 벡터 대수(algebra)와 벡터 미적분(calculus)에 대한 지식이 필요하다. 시간에 대해 불변인 경우(static case)에도 지배 방정식은 일반적으로 편미분 방정식(partial differential equation)이다. 따라서 시간과 공간에 모두 의존하는 벡터 물리량과 변수를 다룰 수 있는 기초를 갖추는 것이 필수적이다. 벡터 대수와 벡터 미적분의 기초를 2장에서 다루게 된다. 특정한 전자기장 문제를 해석하는 경우에는 편미분 방정식을 푸는 능력도 필요하며, 이들에 관해서는 4장에서 설명하게 된다. 전자기학의 학습을 위해 이러한 수학적 도구들의 사용 능력을 갖추는 것은 매우 중요함을 특별히 강조해 둔다.

회로이론을 완벽하게 이해한 학생들은 초반에는 전자기학 이론이 추상적이라는 인상을 갖게 될 수도 있다. 실제로, 전자기학과 회로이론의 타당성이 모두 실험적으로 측정된 결과에 의해 검증된다는 점에서 전자기학 이론이 회로이론보다 결코 추상적이지 않다. 전자기학에서는 훨씬 다양한 현상을 설명할 수 있는 논리적이고 완벽한 이론을 정립하기 위해 보다 많은 물리량을 정의하고 보다 많은 수식의 처리가 필요하다. 전자기장과 전자기파에서 해결해야 하는 과제는 주제의 추상적 특징(추상성: abstractness)이 아니라 전자기 현상을 해석하는 모델(model), 그리고 그와 관련된 수학적 연산(operation)의 규칙을 이해하고 숙달하는 과정에 있다. 이와 같은 이해와 숙달에 도달하도록 전념하는 것이 도전에 직면하고 헤아릴 수 없는 만족을 얻도록 하는 데 도움을 줄 것이다.

1-2 전자기학 해석을 위한 모델

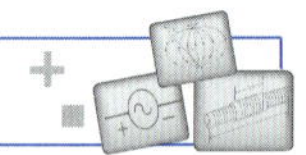

과학적 주제를 탐구하는 데는 연역적 방법과 귀납적 방법의 두 가지 접근방법이 있다. 즉, 귀납적 방법(inductive approach)에서는 아주 간단한 실험을 통한 관찰에서 시작하여 이들로부터 법칙과 이론을 추론하며, 주제에 대한 사건의 시간적 발생순서를 따른다. 이것은 특별한 현상으로부터 일반적인 원리와 법칙을 추리하는 과정이다. 이와는 달리, 연역적 방법(deductive approach)에서는 이상적인 모델에 대한 몇 가지 기본적인 관계에 가설을 세운다. 관계에 대한 가설은 공리(axiom(분명한 원리): 어떠한 논리적 체계를 구성하기 위해 가장 기본이 되는 몇 가지 명제들을 증명 없이 받아들이기로 하고 사용하는 것)이며, 이들로부터 특별한 법칙과 이론이 유도된다. 이에 사용되는 모델과 공리들의 타당성은 실험적 관찰 결과로 확인되는 결과들을 예측하는 정확성으로 검증된다. 이 책에서는 보다 명쾌하고 단계적으로 전자기학 주제를 전개할 수 있는 연역적 방법 또는 공리적 접근법을 우선적으로 사용하고자 한다.

과학적 명제를 학습하는 데 도입하는 이상적인 모델은 실생활의 상황과 상관관계를 가져야 하고 물리적 현상을 설명할 수 있어야 한다. 그렇지 않으면, 목적이 없는 지적 훈련 과정일 수 있다. 예를 들면, 이론적 모델이 정립되면 그것으로부터 많은 수학적 상관관계를 얻을 수 있으나, 이들의 관계식이 실험 결과와 일치하지 않으면 이 모델은 아무 쓸모가 없게 된다. 수학적으로는 타당할 수 있으나, 모델의 바탕이 된 기본 가정이 잘못되어 있거나 또는 내포된 가정이 적절하지 않을 수도 있다.

이상적인 모델에 기반한 이론을 정립하는 데는 기본적으로 세 가지 단계가 관련되어 있다. 첫째, 연구 주제와 관련된 일부 기본 물리량이 정의된다. 둘째, 이들 물리량의 (수학적) 연산 규칙이 정해진다. 셋째, 몇 가지 기본 관계의 가설을 세운다. 이들 가설이나 법칙은 예외 없이 특정 조건하의 실험적 관찰이나 번뜩이는 기지로 만들어진 것들이다. 익숙한 예로는 이상적인 전원, 순수한 저항, 인덕턴스, 정전용량들로 이루어진 회로 모델을 기초로 수립한 회로이론이 있다. 이 경우 전압(V), 전류(I), 저항(R), 인덕턴스(L), 정전용량(C)이 기본 물리량이며, 연산의 규칙은 대수, 상미분 방정식(ordinary differential equation), 라플라스 변환(Laplace transformation)이다. 그리고 기본 가설은 키르히호프(Kirchoff)의 전압법칙(voltage law)과 전류법칙(current law)이다. 많은 상관관계와 수식들이 이와 같이 다소 간단한 모델을 이용하여 유도될 수 있으며, 아주 복잡한 회로의 응답 특성도 해석할 수 있다. 모델의 타당성과 값에 대해서는 충분히 설명한 바 있다.

같은 방법으로, 전자기학 이론이 적절히 선정된 전자기학 모델의 기반 위에 정립될 수 있다.

이 절에서는 첫 단계로서 전자기학의 기본이 되는 물리량을 정의하게 된다. 둘째 단계로서, 연산의 규칙이 되는 벡터 대수학, 벡터 미적분, 그리고 편미분 방정식을 다루게 된다. 벡터 대수와 벡터 미적분은 2장(벡터 해석)에서 다루게 되고, 편미분 방정식의 해를 구하는 방법은 이 책의 뒷부분에서 이들 방정식이 필요할 때 소개하게 될 것이다. 셋째 단계로서 기본 가설들에 대해 3장의 정전기장, 6장의 정자기장, 그리고 7장의 전자기장의 3단계로 설명하게 될 것이다.

전자기장 모델의 물리량은 대략적으로 두 가지 분류로 구분할 수 있는데, 전자기장을 생성하는 근원 물리량(source quantity)과 전자기장 물리량(field quantity)이다. 전자기장의 근원은 당연히 정지해 있거나 이동하는 전하(electric charge)이다. 그러나 전자기장은 전하의 공간적 재분포(redistribution)를 일으킬 수도 있으며, 이로 인해 다시 전기장과 자기장에 변화가 유발될 것이다. 따라서 원인과 결과(인과관계)를 구분하는 일이 항상 명확한 것은 아니다.

기호 q(때로는 Q)는 전하(electric charge)를 표기하는 데 사용한다. 전하는 물질의 기본 특성이며, 전자의 전하량 $-e$에 대한 양의 정수배 또는 음의 정수배로만 존재한다.[2)]

$$e = 1.60 \times 10^{-19} \qquad \text{(C)} \tag{1-1}$$

여기서 C는 전하의 기본 단위인 쿨롱(coulomb)의 약자이다.[3)] 이것은 1785년에 쿨롱의 법칙(Coulomb's law)을 만든 프랑스 물리학자 Charles A. de Coulomb의 이름을 딴 것이다. (쿨롱의 법칙은 3장에서 논의될 것이다.) 쿨롱은 전하량으로는 매우 큰 단위이며, $1/(1.60 \times 10^{-19})$ 또는 6.25×10^{18}개의 전자가 -1 C의 전하량에 해당한다. 실제로 1 C의 전하 두 개가 1 m의 간격을 두고 떨어져 있을 경우, 이들 전하 사이에는 약 100만 톤의 힘이 작용한다. 전자에 대한 다른 물리량은 부록 B-2에 정리하였다.

운동량 보존의 법칙과 마찬가지로, **전하 보존의 법칙**(principle of conservation of electric charge)은 물리학의 기본이 되는 가설 또는 법칙이다. 전하는 생성되거나 소멸되지 않고 보존된다는 것을 뜻한다; 이 법칙은 자연 법칙이며 원리나 관계를 통해 유도할 수 있는 것은 아니다. 실제로 이 사실에 대해 이의가 제기되거나 의문이 제기된 적이 없다.

전하는 한 지점에서 다른 지점으로 이동할 수 있으며, 전자기장의 영향으로 공간적으로 재분포할 수 있다. 그러나 폐쇄된 시스템(closed system) 또는 격리된 시스템(isolated system) 내에서 양전하와 음전하의 합은 불변이다. **어떤 환경이나 시점에서도 전하 보존의 법칙은 항상 만족되어야 한다**. 수학적으로는 이것을 **연속 방정식**(equation of continuity 또는 continuity equation)이라고 하며, 5-4절에서 다루게 된다. 전하 보존의 법칙에 위배되는 전자기학 문제의 수식이나 해는 잘못된 것이다. 회로이론에서 회로 내의 한 접속점으로 들어오는 전류의 합은 그 접속점으로부터 빠져나가는 전류의 합과 동일하다는 키르히호프의 전류법칙 또한 전하 보존의 특성을 입증하

2) 1962년에 M. Gell-Mann이 물질 구성의 기본 단위로 **쿼크**(quark)로 가설을 세웠다. 쿼크는 전자가 가진 전하량의 일부를 띤 것으로 예측되었지만 아직까지 그들의 존재가 실험적으로 확인되지는 않았다.

3) 단위의 기준에 관해서는 1-3절에서 설명함.

는 것이다. (회로 접속점에 전하가 축적되지 않는다는 가정이 내포되어 있다.)

미시적인 관점(microscopic sense)에서 한 지점에 전하가 독립적인 상태로 존재하거나 존재하지 않더라도, 전하가 덩어리에 의한 전자기 효과를 고려할 때는 원자 단위에서 발생하는 급격한 변화는 중요하지 않다. 거시적인 또는 대규모에서 전자기학 이론을 정립하는 경우, 완만하게 다듬어진(smoothed-out) 평균 밀도함수를 사용하는 것이 아주 좋은 결과를 얻는 데 큰 도움이 된다. (원자 단위에서는 질량이 오직 개별 입자에 한해서 관계를 가짐에도 불구하고, 역학에서도 동일한 방법으로 완만하게 다듬어진 질량밀도를 사용한다.) 전기장 발생의 근원으로서 **체적전하밀도** ρ는 다음과 같이 정의한다.

$$\rho = \lim_{\Delta v \to 0} \frac{\Delta q}{\Delta v} \qquad (\mathrm{C/m^3}) \tag{1-2}$$

여기서 Δq는 미소 체적 Δv 내의 전하량이다. Δv는 얼마나 작아야 하는가? 그것은 ρ의 변화를 정확하게 표시할 만큼 아주 작으면서도 아주 많은 수의 개별 전하(discrete charge)를 모두 포함할 만큼 충분히 커야 한다. 예를 들면, 한 변의 길이가 1 마이크론(10^{-6} m 또는 1 μm)인 정육면체는 10^{-18} $\mathrm{m^3}$의 작은 체적이지만 약 10^{11}개의 원자를 포함하고 있다. 공간좌표계의 아주 작은 체적 Δv 내에서 완만하게 다듬어진 함수 ρ는 거의 대부분의 실제 상황에서 아주 정확한 거시적인 결과를 얻는다고 기대해도 좋다.

실제 물리적 상태에 따라서는 전하량 Δq가 작은 표면적 Δs 또는 작은 길이 $\Delta \ell$에 분포된 경우일 수 있다. 이 경우에는 **면전하밀도**(surface charge density) ρ_s($\mathrm{C/m^2}$) 또는 **선전하밀도**(line charge density) ρ_ℓ(C/m)을 다음과 같이 정의하여 사용하는 것이 훨씬 편리하다.

$$\rho_s = \lim_{\Delta s \to 0} \frac{\Delta q}{\Delta s} \qquad (\mathrm{C/m^2}) \tag{1-3}$$

$$\rho_\ell = \lim_{\Delta \ell \to 0} \frac{\Delta q}{\Delta \ell} \qquad (\mathrm{C/m}) \tag{1-4}$$

특별한 경우를 제외하고, 전하밀도는 공간적 위치마다 다른 값을 가지며, 따라서 ρ, ρ_s, ρ_ℓ은 일반적으로 공간좌표의 함수이다.

전류는 시간에 따른 전하량의 변화율이며, 수식으로 나타내면 다음과 같다.

$$I = \frac{dq}{dt} \qquad (\text{C/s 또는 A}) \tag{1-5}$$

여기서 전류 I도 시간에 의존하는 함수($I(t)$)일 수 있다. 전류의 단위는 초당 쿨롱(C/s)으로서 암페어(A)와 동일하다. 전류는 (예를 들면, 유한한 단면적을 가진 도선과 같은) 유한한 단면적을 통해 흘러야 하므로, 점함수(point function)가 아니다. 전자기학에서는 벡터 점함수로서 **체적전류밀도** (또는 간단히 **전류밀도**: volume current density) $\mathbf{J}$를 정의하여 사용한다. 전류밀도는 전류가 흐르는

표 1-1 전자기장과 관련된 기본 물리량

장에 대한 기호와 단위	전자기장 물리량	기호	단위
전기장	전기장 세기(electric field intensity)	**E**	V/m
	전속밀도(electric flux density) (전기 변위)	**D**	C/m^2
자기장	자속밀도(magnetic flux density)	**B**	T
	자기장 세기(magnetic field intensity)	**H**	A/m

방향에 수직인 면을 통해 흐르는 단위면적당 전류의 양을 뜻한다. 굵은 글자 표기 **J**는 벡터전류밀도를 뜻하며, 그 크기는 단위면적당 전류(A/m^2)의 크기를 나타내고 방향은 전류가 흐르는 방향이다. 전류 I와 벡터전류밀도 **J**의 관계는 5장에서 자세하게 다룰 것이다. 전기 전도도가 아주 우수한 도체에서 고주파 교류전류는 도체 내부 전 영역에 분포하여 흐르는 대신에 얇은 두께의 도체 표면에 제한되어 흐른다. 어떤 경우에는 전류가 흐르는 방향에 수직인 도체 면에서 단위폭당 전류밀도로서 단위길이당 전류(A/m)를 나타내는 **면전류밀도**(surface current density) $\mathbf{J}_s$를 정의해 사용하는 것이 편리하다.

전자기학의 기본이 되는 벡터 장(vector field)에는 **전기장 세기 E**, **전속밀도**(또는 **전기 변위**) **D**, **자속밀도 B**, **자기장 세기 H**의 네 가지 종류가 있다. 이들의 정의와 물리적 중요성은 이 책의 뒷부분에서 해당 부분을 다룰 때 자세히 설명하게 될 것이다. 이 즈음에서 다음에 관해 밝혀 두고자 한다. 전기장 세기 **E**는 자유공간에서 시간에 따라 변하지 않는 정전기학(정지해 있는 전하의 영향)을 설명하는 데 필요한 벡터로서, 1 쿨롱의 전하량을 가진 단위 시험전하(unit test charge)에 작용하는 힘으로 정의되어 있다. 전기적 변위(displacement) 벡터 **D**는 매질 내의 전기장을 이해하는 데 유용하며, 3장에서 설명하게 된다. 자속밀도 **B**는 자유공간에서 시간에 따라 변하지 않는 정자기학(일정한 크기의 전류에 의한 영향)을 설명하는 데 필요한 벡터로서, 일정한 속도로 이동하는 전하에 작용하는 자기력(magnetic force)과 밀접한 관계를 가지고 있다. 자기장 세기 **H**는 매질 내의 자기장을 이해하는 데 유용하다. **B**와 **H**의 정의와 중요성은 6장에서 설명한다.

전자기장과 관련하여 앞서 언급한 네 종류의 기본적인 물리량을 단위와 함께 표 1-1에 요약하였다. 표 1-1에서 V/m는 단위길이당 전위차(전압), T는 테슬라(tesla)로서 단위면적당 전압-시간이다. 시간에 따른 변화가 없을 때(정적인 상태: static, 정상상태: steady, 정지상태: stationary state) 전기장 물리량 **E**, **D**와 자기장 물리량 **B**, **H**는 두 개의 벡터 결레를 이룬다. 그러나 시간에 의존하는 경우에는 전기장 물리량 **E**, **D**와 자기장 물리량 **B**, **H**는 밀접하게 결합되어 상호 영향을 미친다. 즉, 시간에 따라 변하는 전기장 물리량 **E**, **D**는 자기장 물리량 **B**, **H**를 생성하며, 그 반대의 과정도 동시에 일어난다. 이들 네 개의 물리량은 모두 점함수이고, 공간의 모든 점에서 정의되며, 일반적으로 공간좌표의 함수이다. 이들의 관계를 매질의 **구성관계식**(constitutive relation)이라고 하며 나중에 설명하게 될 것이다.

전자기학을 학습하는 주된 목적은 전자기학의 모델을 기반으로 하여 공간적으로 떨어져 있는 전하들과 전류 요소들 간의 상호작용을 이해하기 위한 것이다. 전자기장과 전자기파(시간과 공간에 의존하는 장)는 이 모델의 기본적인 개념을 나타내는 물리량이다. 기본 가설들이 **E**, **D**, **B**, **H**와 그들의 근원이 되는 물리량(전하와 전류)을 연결해 주고, 유도된 관계식을 통해 전자기학 현상을 설명하고 또 예측하도록 도와준다.

1-3 국제 표준 단위와 고유상수

임의의 물리량을 측정하면 단위와 함께 숫자로 표시해야 한다. 즉, 길이는 3 미터(meter), 질량은 2 킬로그램(kg), 시간은 10 초(s)와 같은 형식으로 나타낸다. 물리량을 나타내는 단위 구조가 유용하게 활용되기 위해서는 편리한(실용적인) 크기의 기본 단위를 기반으로 해야 한다. 역학(mechanics)에서는 모든 물리량을 세 가지 기본 단위(길이, 질량, 그리고 시간)를 이용해 나타낼 수 있다. 전자기학에서는 네 가지 기본 단위(전류를 나타내기 위해)가 필요하다. SI(**국제 표준 단위**: International System of Units) 단위는 표 1-2에 정리한 네 가지의 기본 단위로부터 만들어진 **MKSA 단위**이다. 표 1-1에 나타낸 것을 포함하여 전자기학에서 사용되는 나머지 다른 모든 단위는 미터(meter), 킬로그램(kilogram), 초(second), 그리고 암페어(Ampere)를 이용하여 나타낼 수 있도록 유도된 것이다. 예를 들면, 전하의 단위인 쿨롱(C: coulomb)은 암페어-초(A·s)이고, 전기장 세기의 단위(V/m)는 kg·m/A·s^3이며, 자속밀도의 단위인 테슬라(T)는 kg/A·s^2이다. 여러 가지 물리량에 대한 단위들을 모은 표는 부록 A에 정리되어 있다.

국제 도량형 위원회(International Committee on Weights and Measures)에서 수용한 공식적인 SI 단위의 정의는 다음과 같다. (참고: P. Wallich, "Volts and amps are not what they used to be," *IEEE Spectrum*, vol. 24, pp. 44–49, March 1987.)

미터(meter): 백금(90%)-이리듐(10%) 합금 막대에 난 두 개의 흠집 사이 거리로 정의되었으나(원래는 파리를 경유하는 북극과 적도 사이 거리의 $1/10^7$으로 계산함), 지금은 1초 동안 진공 중에서 빛이 이동하는 거리인 빛의 속도 299,792,2458 (m)를 기준으로 하여 정해진 길이이다.
킬로그램(kilogram): 오염과 취급 부주의로부터 안전하게 보호할 수 있도록 봉인된 장치 안에 보관된 백금(90%)-이리듐(10%) 합금 막대의 질량
초(second): 세슘(cesium) 원자의 특정한 천이 시 발생하는 전자기 복사의 9,192,631,770 주기

표 1-2 기본적인 국제 표준 단위(SI unit)

물리량	단위	약자표기
길이	미터(meter)	m
질량	킬로그램(kilogram)	kg
시간	초(second)	s
전류	암페어(ampere)	A

암페어(ampere): 무시할 수 있을 정도로 작은 원형 단면적을 가지고 무한히 긴 직선형 평행 도선이 1 m의 간격을 두고 진공 내에 존재하는 경우 단위길이당 2×10^{-7} (N/m)의 힘을 작용하게 하는 데 필요한 전류(1 뉴턴(N)은 1 kg의 질량이 1 m/s^{2}의 가속도를 갖는 경우 작용하는 힘)

표 1-1에 목록으로 정리한 전자기장 물리량에 더하여, 전자기학을 해석하고 설명하는 모델에는 세 개의 고유상수(또는 만능/만유 상수: universal constant)가 있다. 이들은 자유공간(진공)의 특성과 관련되어 있으며 다음과 같다. 진공 내에서 (빛을 포함한) **전자기파의 속도**는 c로, 자유공간의 **유전율**(誘電率: permittivity)은 ϵ_0로, 그리고 자유공간의 **투자율**(透磁率: permeability)은 μ_0로 나타낸다. 빛의 속도를 소수점 아래 여러 자리까지 정확하게 측정하기 위한 실험도 다양하게 진행되었다. 그런데 전자기학의 물리적 현상을 이해하는 목적으로는 빛의 속도를 다음과 같이 기억해 두는 것만으로도 충분하다.

$$c \cong 3 \times 10^8 \qquad \text{(m/s)} \quad \text{(자유공간에서)} \tag{1-6}$$

다른 두 개의 고유상수 ϵ_0와 μ_0는 각각 전기장 현상과 자기장 현상과 관련되어 있다. 즉, ϵ_0는 다음 식과 같이 자유공간에서 전속밀도 **D**와 전기장 세기 **E**의 관계를 나타내는 데 사용되는 비례상수이다.

$$\mathbf{D} = \epsilon_0 \mathbf{E} \quad \text{(자유공간에서)} \tag{1-7}$$

μ_0는 다음과 같이 자유공간에서 자속밀도 **B**와 자기장 세기 **H**의 관계를 나타내는 데 사용되는 비례상수이다.

$$\mathbf{H} = \frac{1}{\mu_0} \mathbf{B} \quad \text{(자유공간에서)} \tag{1-8}$$

ϵ_0와 μ_0의 값은 사용하는 표준 단위에 의해 결정되며, 그들은 서로 독립적이고 무관한 값이다. 전자기학을 다루는 경우 거의 공통적으로 사용되는 **SI 단위**(또는 정규화된; rationalized MKSA 단위)로서 자유공간의 투자율은 다음 값을 사용한다.[4)]

$$\mu_0 = 4\pi \times 10^{-7} \qquad \text{(H/m)} \tag{1-9}$$

여기서 H/m는 Henry/meter의 약자로서 단위길이당 인덕턴스(Henry: 인덕턴스 값을 나타내는 기본 단위)를 뜻한다. 식 (1-6)과 (1-9)에 의해 고정된 c와 μ_0 값을 이용하면, 자유공간에서의 유전율

4) "정규화된 단위"는 전자기학의 가장 기본이 되는 가정인 맥스웰 방정식에 상수 4π가 나타나지 않도록 작용하기 때문이다. 그러나 이 상수는 다른 많은 수식에는 그대로 나타난다. 합리화되지 않은 MKSA 단위계에서, μ_0의 값은 10^{-7} (H/m)이고 4π가 맥스웰 방정식에 나타나게 된다. "정규화된 단위"는 "비율 조정된 단위 또는 합리화된 단위"라고 이해하는 것도 편리함.

표 1-3 국제 표준 단위(SI unit)의 고유상수

고유상수	기호	값	단위
자유공간의 빛의 속도	c	3×10^8	m/s
자유공간의 투자율(透磁率: permeability)	μ_0	$4\pi \times 10^{-7}$	H/m
자유공간의 유전율(誘電率: permittivity)	ϵ_0	$\frac{1}{36\pi} \times 10^{-9}$	F/m

값은 다음과 같은 관계를 통해 얻을 수 있다.

$$c = \frac{1}{\sqrt{\epsilon_0 \mu_0}} \qquad \text{(m/s)} \tag{1-10}$$

$$\begin{aligned} \epsilon_0 &= \frac{1}{c^2 \mu_0} \cong \frac{1}{36\pi} \times 10^{-9} \\ &\cong 8.854 \times 10^{-12} \qquad \text{(F/m)} \end{aligned} \tag{1-11}$$

여기서 F/m는 Farad/meter의 약자로서 단위길이당 정전용량(Farad: 커패시턴스 또는 정전용량을 나타내는 기본 단위)을 뜻한다. 이들 세 개의 고유상수와 그들의 값을 표 1-3에 요약하여 정리하였다.

이제 전자기학 모델의 기본 물리량과 고유상수를 정의했으므로, 전자기학에 관련된 다양한 주제를 전개할 수 있다. 그러나 그렇게 하기 전에 적절한 수학적 도구들에 관해 충분히 준비가 되어야 한다. 이를 위해 다음 장에서는 벡터 대수와 벡터 미적분 연산의 기본 규칙에 관해 설명한다.

복습 질문
Review Question

R.1-1 전자기학이란 무엇인가?

R.1-2 그림 1-1과 1-2에 묘사된 예제 이외에, 회로이론을 이용해서는 적절하게 설명할 수 없는 것 중 두 가지 현상이나 상황을 설명하라.

R.1-3 과학적 주제에 대한 연구를 위한 이상적인 모델을 세울 때 필요한 세 가지의 기본적인 단계는 무엇인가?

R.1-4 전자기학에서 사용하는 네 가지 국제 표준(SI) 단위는 무엇인가?

R.1-5 전자기학을 설명하는 모델의 네 가지 기본적인 물리량은 무엇인가? 그들을 나타내는 단위는 무엇인가?

R.1-6 전자기학 모델에 사용되는 세 개의 고유상수는 무엇이며, 그들의 관계는 무엇인가?

R.1-7 전자기학 모델의 근원 물리량은 무엇인가?

벡터 해석

Vector Analysis

2-1 개요

1장에서 설명한 바와 같이, 전자기학에서 다루는 물리량에는 전하, 전류, 에너지와 같은 스칼라(scalar)와 전기장 및 자기장의 세기와 같은 벡터(vector)가 있다. 스칼라와 벡터는 모두 시간과 위치의 함수가 될 수 있다. 주어진 시간과 위치에서 **스칼라**는 크기(단위를 포함한 양 또는 음)만으로 완전하게 정해진다. 그러므로 예를 들어 $t = 0$인 순간에 어떤 지점에서 $-1\ \mu$C의 전하를 규정할 수 있다. 반면에, 주어진 위치와 시간에 **벡터**를 규정하기 위해서는 크기와 방향이 요구된다. 벡터의 방향은 어떻게 기술할 수 있을까? 3차원 공간에서 세 개의 값이 필요하며, 이 값들은 선택된 좌표계에 따라 달라진다. 주어진 벡터를 한 좌표계로부터 다른 좌표계로 변환하면 이 값들은 바뀌게 된다. 하지만, 다양한 스칼라와 벡터 양들을 관련짓는 물리법칙이나 정리는 분명히 좌표계에 관계없이 성립한다. 전자기학의 법칙들에 관한 일반적인 표현식은 좌표계의 명시를 요구하지 않으므로, 주어진 구조의 문제를 풀고자 할 때에만 특정한 좌표계를 선택한다. 예를 들면, 전류가 흐르는 도체 루프의 중심에서 자기장을 구하고자 할 때, 만약 루프가 사각형이면 직각좌표계를 이용하는 것이 편리하지만, 루프의 형태가 원형이면 극좌표계(원통좌표계, 2차원)가 더 적합하다. 이러한 문제들의 해를 지배하는 기본적인 전자기학의 관계식은 두 구조에서 동일하다.

이 장에서는 벡터 해석에 관해 세 가지 주요 주제를 다룰 것이다.

1. 벡터 대수—벡터의 덧셈, 뺄셈, 곱셈

2. 직교좌표계—직각, 원통, 구좌표계

3. 벡터 미적분—벡터의 미분과 적분, 선적분, 면적분, 체적적분, “del” 연산자, 기울기, 발산, 회전 연산

앞으로 이 책에서는 벡터의 분해, 합성, 미분, 적분을 하고, 다른 방식으로도 벡터를 다루게 된다. 벡터 대수와 벡터 미적분법의 기법을 이해하는 것이 필수적이다. 3차원 공간에서 벡터 관계는 사실상 세 개의 스칼라 관계와 같다. 전자기학에서 벡터 해석 기법을 사용함으로써 간결하고 격조 있게 공식을 서술할 수 있다. 전자기학의 학습에서 벡터 해석이 미흡한 것은 물리학의 학습에서 대수와 미적분이 미흡한 것과 같으며, 이들이 미흡하면 풍성한 결과를 얻을 수 없다는 것은 분명하다.

실제적인 문제를 풀 때는 항상 주어진 형태의 영역이나 물체를 다루게 되며, 일반적인 공식을 주어진 구조에 적합한 좌표계에서 표현할 필요가 있다. 예를 들면, 우리에게 익숙한 직각 (x, y, z) 좌표계는 원통이나 구를 포함하는 문제에 사용하기는 매우 힘들다. 이는 원통이나 구의 경계가 x, y, z의 일정한 값으로 표현될 수 없기 때문이다. 이 장에서는 가장 일반적으로 사용되는 세 가지 직교(orthogonal)좌표계와 이들 좌표계에서 벡터의 표현과 연산에 관해 설명한다. 전자기학 문제를 푸는 데 있어서 이들 좌표계에 익숙한 것은 필수적이다.

벡터 미적분은 벡터의 미분과 적분을 포함한다. 몇 가지 미분 연산자를 정의함으로써 전자기의 기본 법칙들을 좌표계의 선택에 의해 달라지지 않는 간결한 방식으로 표현할 수 있다. 이 장에서 벡터를 포함하는 몇 가지 형태의 적분을 구하는 기법을 소개하고, 여러 종류의 미분 연산자를 정의하고 논한다.

2-2 벡터의 덧셈과 뺄셈

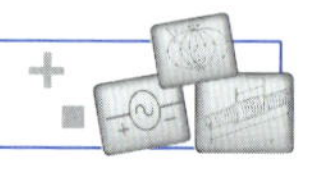

벡터는 크기와 방향을 가지고 있다는 것은 이미 알고 있다. 벡터 $\mathbf{A}$는 다음과 같이 표현된다.

$$\mathbf{A} = \mathbf{a}_A A \tag{2-1}$$

여기서 A는 $\mathbf{A}$의 크기(단위와 값을 가지고 있다)이며,

$$A = |\mathbf{A}| \tag{2-2}$$

로 표시한다. $\mathbf{a}_A$는 $\mathbf{A}$의 방향으로 크기가 1인 단위벡터이다.[1)] 따라서

$$\mathbf{a}_A = \frac{\mathbf{A}}{|\mathbf{A}|} = \frac{\mathbf{A}}{A} \tag{2-3}$$

1) 어떤 책에서는 $\mathbf{A}$ 방향의 단위벡터를 $\hat{\mathbf{A}}$, $\mathbf{u}_A$, 또는 $\mathbf{i}_A$로 다양하게 표시한다. 여기서는 $\mathbf{A}$를 $\mathbf{A} = \hat{\mathbf{A}}A$와 같이 쓰는 대신에 식 (2-1)과 같이 쓰는 것을 선호한다. 그러면 점 P_1에서 P_2로 가는 벡터는 다소 성가시게 $\widehat{\mathbf{P}_1\mathbf{P}_2}(P_1P_2)$와 같이 쓰는 대신에 $\mathbf{a}_{P_1P_2}(\overline{P_1P_2})$로 쓰게 된다. 기호 $\mathbf{u}$와 $\mathbf{i}$는 각각 속도와 전류에 대해 사용한다.

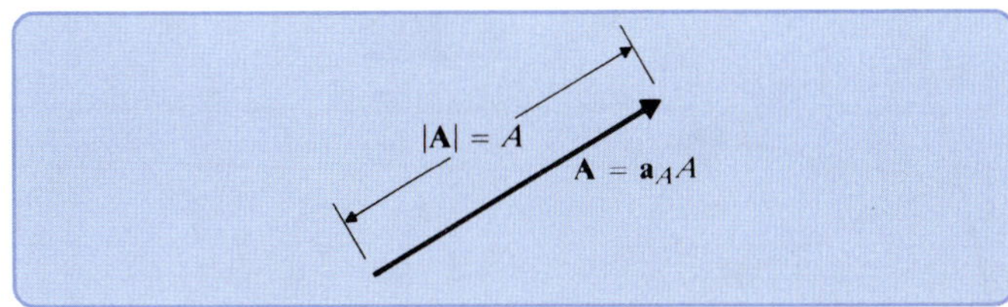

그림 2-1

벡터 **A**의 그림 표시

이다. 벡터 **A**는 그림 2-1에서 보는 바와 같이 화살촉이 $\mathbf{a}_A$ 방향으로 향하고 길이가 $|\mathbf{A}| = A$인 방향이 있는 직선 선분으로 나타낼 수 있다. 두 벡터가 동일한 크기와 동일한 방향을 가지고 있으면 공간상에서 서로 떨어져 있다 하더라도 두 벡터는 같다. 굵은체 글자를 필기하기가 어려우므로 글자 위에 화살표(→)나 bar(−)를 쓰거나($\vec{A}$ 또는 $\bar{A}$), 글자 밑에 물결표시(~)를 사용하여 ($\underset{\sim}{A}$) 벡터를 스칼라와 구분하기도 한다. 이러한 구분표시는 일단 선택하면 벡터를 쓸 때 언제 어디에서든지 절대 빠뜨리지 말아야 한다.

두 벡터 **A**와 **B**가 그림 2-2(a)와 같이 서로 같은 방향 또는 반대 방향이 아닌 경우 하나의 면을 형성한다. 이들의 합은 같은 평면의 또 다른 벡터 **C**이다. **C** = **A** + **B**는 두 가지의 도식적인 방법으로 구할 수 있다.

1. 평행사변형 규칙: 합성된 **C**는 그림 2-2(b)와 같이 같은 지점으로부터 그려진 **A**와 **B**에 의해 만들어진 평행사변형의 대각선 벡터이다.
2. 촉-꼬리 규칙: **B**의 꼬리에 **A**의 촉을 연결한다. 이들의 합 **C**는 **A**의 꼬리부터 **B**의 촉까지 그려진 벡터이며, 벡터 **A**, **B**, 그리고 **C**는 그림 2-2(c)와 같이 삼각형을 형성한다.

벡터의 덧셈이 교환법칙과 결합법칙을 따른다는 것은 명백하다.

$$\text{교환법칙: } \mathbf{A} + \mathbf{B} = \mathbf{B} + \mathbf{A} \tag{2-4}$$

$$\text{결합법칙: } \mathbf{A} + (\mathbf{B} + \mathbf{C}) = (\mathbf{A} + \mathbf{B}) + \mathbf{C} \tag{2-5}$$

벡터의 뺄셈은 다음과 같은 방법으로 벡터의 덧셈으로 정의할 수 있다.

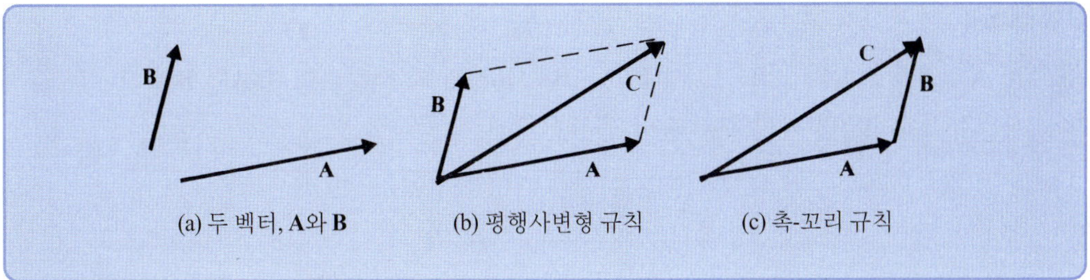

그림 2-2

벡터의 덧셈, **C** = **A** + **B**

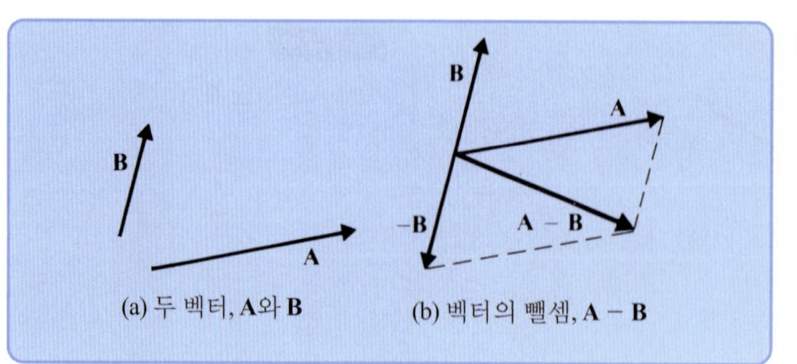

그림 2-3
벡터의 뺄셈

$$\mathbf{A} - \mathbf{B} = \mathbf{A} + (-\mathbf{B}) \tag{2-6}$$

여기서 $-\mathbf{B}$는 벡터 $\mathbf{B}$의 음이다. 즉, $-\mathbf{B}$는 $\mathbf{B}$와 같은 크기이고, 방향은 $\mathbf{B}$와 반대이다. 그러므로

$$-\mathbf{B} = (-\mathbf{a}_B)B \tag{2-7}$$

이다. 식 (2-6)으로 표현된 연산은 그림 2-3에 나타나 있다.

2-3 벡터의 곱

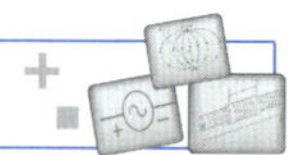

벡터 $\mathbf{A}$에 스칼라 k를 곱하면 결과는 $\mathbf{A}$의 크기가 k배로 변하고 방향은 변하지 않는다(k는 1보다 클 수도 작을 수도 있다).

$$k\mathbf{A} = \mathbf{a}_A(kA) \tag{2-8}$$

두 벡터의 곱은 두 가지 구별되는 매우 다른 형태가 있기 때문에, "하나의 벡터에 다른 벡터를 곱한다" 또는 "두 벡터의 곱"으로 표현하는 것은 충분하지 않다. 이들 곱은 (1) 스칼라곱(scalar product) 또는 내적(dot product)과 (2) 벡터곱(vector product) 또는 외적(cross product)이다. 다음의 소절들에서 이들을 정의한다.

2-3.1 스칼라곱 또는 내적

두 벡터 $\mathbf{A}$와 $\mathbf{B}$의 스칼라곱 또는 내적은 $\mathbf{A} \cdot \mathbf{B}$로 표시하고, 스칼라이며, $\mathbf{A}$와 $\mathbf{B}$의 크기의 곱과 이들 사잇각의 코사인을 곱한 것과 같다. 그러므로

$$\boxed{\mathbf{A} \cdot \mathbf{B} \triangleq AB \cos \theta_{AB}} \tag{2-9}$$

이다. 식 (2-9)에서 $\triangleq$ 기호는 "정의에 의해 같다"는 것을 표시하며, θ_{AB}는 그림 2-4에 표시된 것과 같이 $\mathbf{A}$와 $\mathbf{B}$ 사이의 작은 각으로서 π 라디안(180°)보다 작다. 두 벡터의 내적은 (1) 두 벡터의 크기를 곱한 것보다 작거나 같고, (2) 사잇각이 $\pi/2$ 라디안(90°)보다 작은지 큰지에 따라 양 또는

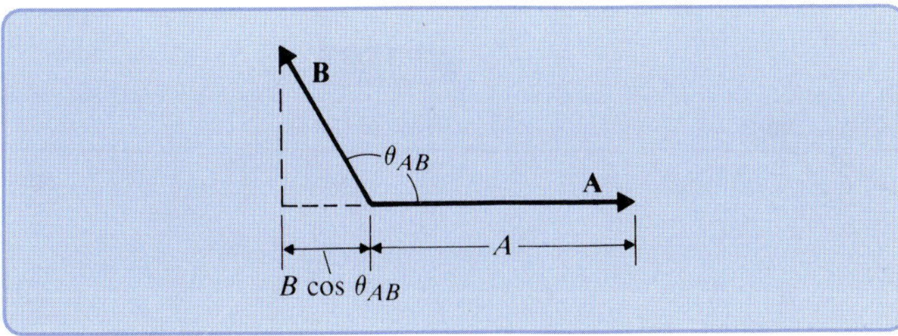

그림 2-4
A와 **B**의 내적 예시

음이 될 수 있으며, (3) 한 벡터의 크기와 나머지 벡터를 첫 번째 벡터에 투영한 것의 곱과 같고, (4) 두 벡터가 서로 직교하면 0이 된다. 아래 식들

$$\mathbf{A} \cdot \mathbf{A} = A^2 \tag{2-10}$$

또는

$$A = \sqrt{\mathbf{A} \cdot \mathbf{A}} \tag{2-11}$$

는 명백하다. 어떤 좌표계에서 벡터의 표현식이 주어질 때 식 (2-11)로부터 그 벡터의 크기를 구할 수 있다.

내적은 교환법칙과 분배법칙이 성립한다.

$$\text{교환법칙:} \quad \mathbf{A} \cdot \mathbf{B} = \mathbf{B} \cdot \mathbf{A} \tag{2-12}$$

$$\text{분배법칙:} \quad \mathbf{A} \cdot (\mathbf{B} + \mathbf{C}) = \mathbf{A} \cdot \mathbf{B} + \mathbf{A} \cdot \mathbf{C} \tag{2-13}$$

교환법칙은 식 (2-9)의 내적의 정의로부터 명백하며, 식 (2-13)의 증명은 연습으로 남겨 둔다. 결합법칙은 내적에 적용되지 않으며, 그 이유는 세 개 이상의 벡터는 내적으로 곱할 수 없으며 $\mathbf{A} \cdot \mathbf{B} \cdot \mathbf{C}$와 같은 표현은 의미가 없기 때문이다.

예제 2-1 삼각형의 코사인 법칙을 증명하라.

SOLUTION **풀이** 코사인 법칙은 삼각형의 한 변의 길이를 다른 두 변의 길이와 그 사잇각에 의해 표현한 스칼라 관계식이다. 그림 2-5를 참고하여 코사인 법칙이

$$C = \sqrt{A^2 + B^2 - 2AB \cos \alpha}$$

임을 확인한다. 각 변을 벡터로 간주하여 이 법칙을 증명한다. 즉,

$$\mathbf{C} = \mathbf{A} + \mathbf{B}$$

이다. 벡터 $\mathbf{C}$와 그 자신의 내적을 취하면, 식 (2-10)과 (2-13)으로부터

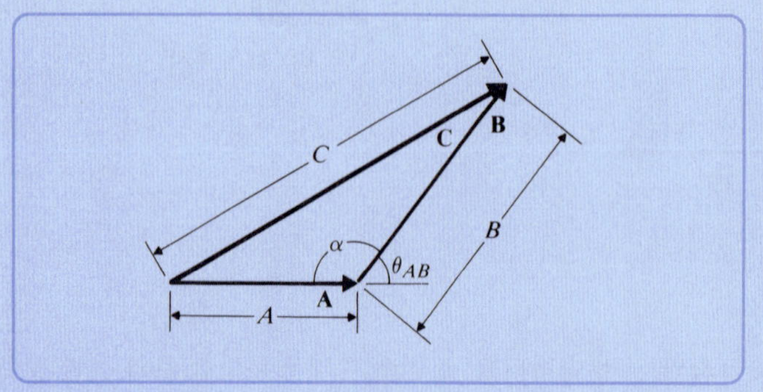

그림 2-5
예제 2-1의 예시

$$\begin{aligned} C^2 = \mathbf{C}\cdot\mathbf{C} &= (\mathbf{A}+\mathbf{B})\cdot(\mathbf{A}+\mathbf{B}) \\ &= \mathbf{A}\cdot\mathbf{A}+\mathbf{B}\cdot\mathbf{B}+2\mathbf{A}\cdot\mathbf{B} \\ &= A^2+B^2+2AB\cos\theta_{AB} \end{aligned}$$

이다. 내적의 정의에 의해, θ_{AB}는 **A**와 **B**의 작은 사잇각이므로 $(180° - \alpha)$이다. 따라서 $\cos\theta_{AB} = \cos(180° - \alpha) = -\cos\alpha$이다. 그 결과

$$C^2 = A^2 + B^2 - 2AB\cos\alpha$$

이며 코사인의 법칙을 바로 구할 수 있다.

2-3.2 벡터곱 또는 외적

두 벡터 **A**와 **B**의 벡터곱 또는 외적은 $\mathbf{A}\times\mathbf{B}$로 표시하며, **A**와 **B**를 포함하는 평면에 수직인 벡터이다. 벡터곱의 크기는 $AB\sin\theta_{AB}$이며, θ_{AB}는 A와 B의 작은 사잇각이고, 방향은 오른손 손가락들이 **A**로부터 **B**의 방향으로 각도 θ_{AB}를 따라 회전할 때 엄지손가락 방향이다(오른손 법칙).

$$\mathbf{A}\times\mathbf{B} \triangleq \mathbf{a}_n|AB\sin\theta_{AB}| \tag{2-14}$$

이는 그림 2-6에 나타나 있다. $B\sin\theta_{AB}$는 벡터 **A**와 **B**에 의해 만들어지는 평행사변형의 높이이므로, $\mathbf{A}\times\mathbf{B}$의 크기 $|AB\sin\theta_{AB}|$는 항상 양이며, 절대값이 평행사변형의 면적과 같다.

식 (2-14)의 정의를 이용하고 오른손 법칙에 따르면,

$$\mathbf{B}\times\mathbf{A} = -\mathbf{A}\times\mathbf{B} \tag{2-15}$$

임을 알 수 있다. 그러므로 외적은 교환법칙이 성립하지 않는다. 외적은 분배법칙

$$\mathbf{A}\times(\mathbf{B}+\mathbf{C}) = \mathbf{A}\times\mathbf{B}+\mathbf{A}\times\mathbf{C} \tag{2-16}$$

을 따른다는 것을 알 수 있다. 벡터를 직각좌표 성분으로 분해하지 않고 이를 일반적으로 증명

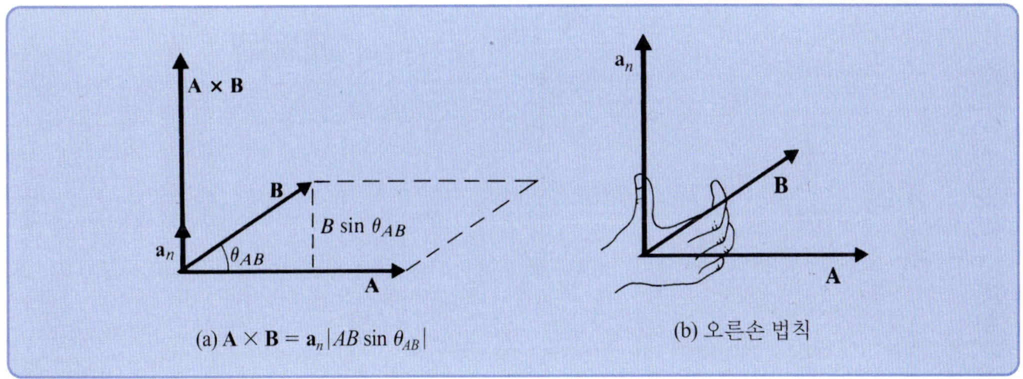

(a) $\mathbf{A} \times \mathbf{B} = \mathbf{a}_n |AB \sin \theta_{AB}|$ (b) 오른손 법칙

그림 2-6

벡터 **A**와 **B**의 외적, **A** × **B**

할 수 있는가?

벡터곱은 명백히 결합법칙이 적용되지 않는다. 즉,

$$\mathbf{A} \times (\mathbf{B} \times \mathbf{C}) \neq (\mathbf{A} \times \mathbf{B}) \times \mathbf{C} \tag{2-17}$$

이다. 위 표현의 좌변에 삼중곱을 나타내는 벡터는 **A**에 수직이고 **B**와 **C**에 의해 형성되는 평면에 놓여 있는 반면, 우변의 벡터는 **C**에 수직이고 **A**와 **B**에 의해 형성되는 평면에 놓여 있다. 그러므로 두 벡터의 곱이 이루어지는 순서는 극히 중요하며, 어떤 경우에도 괄호를 생략할 수 없다.

예제 2-2 그림 2-7(a)와 같이 축을 중심으로 회전하는 원판의 움직임을 각속도 벡터 $\boldsymbol{\omega}$에 의해 표현할 수 있다. $\boldsymbol{\omega}$의 방향은 축을 따라 향하며 오른손 법칙을 따른다. 즉, 오른손 손가락들을 회전 방향으로 감아쥐면, 엄지손가락은 $\boldsymbol{\omega}$의 방향을 가리킨다. 원판상에서 회전축으로부터 d만큼 떨어진 한 점의 속도를 나타내는 벡터 표현식을 구하라.

SOLUTION **풀이** 역학으로부터 회전축에서 거리 d만큼 떨어진 점 P의 속도 **v**의 크기는 ωd이며, 방향은 항상 회전원의 접선 방향임은 알려져 있다. 그러나 점 P가 움직이므로, **v**의 방향은 P의 위치에 따라 변한다. 이 벡터를 어떻게 표현할 수 있을까?

O를 선택한 좌표계의 원점이라 하자. 점 P의 위치 벡터는 그림 2-7(b)와 같이 **R**로 나타낼 수 있다. 따라서

$$|\mathbf{v}| = \omega d = \omega R \sin \theta$$

이다. 점 P가 어디에 있든 상관없이 **v**의 방향은 항상 벡터 $\boldsymbol{\omega}$와 **R**을 포함하는 평면에 수직이다. 그러므로 아주 간단하게

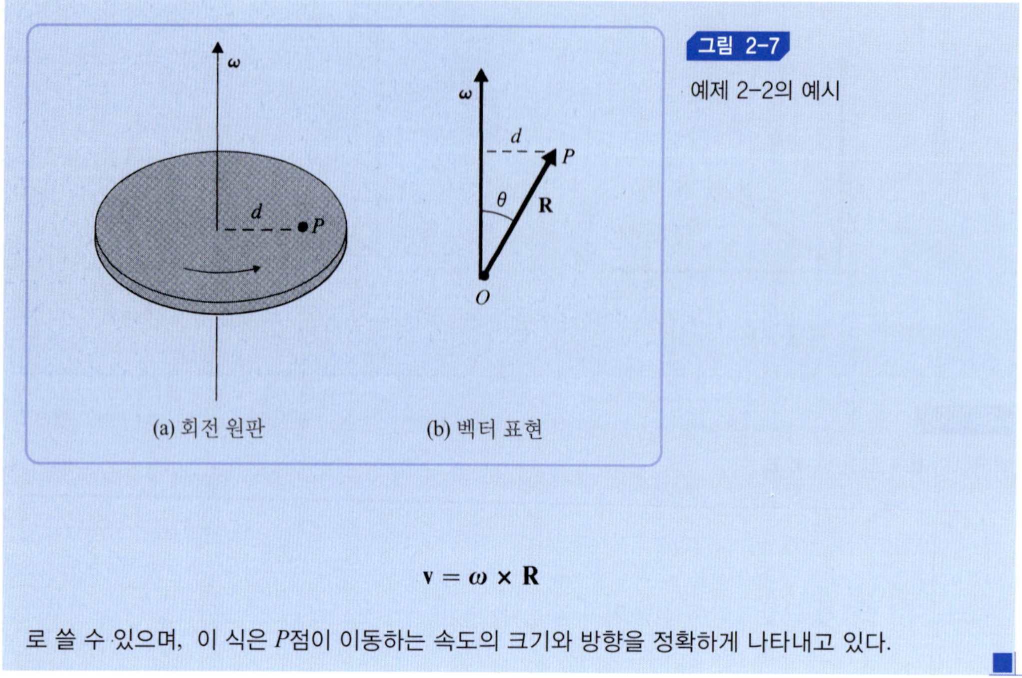

그림 2-7
예제 2-2의 예시

$$\mathbf{v} = \boldsymbol{\omega} \times \mathbf{R}$$

로 쓸 수 있으며, 이 식은 P점이 이동하는 속도의 크기와 방향을 정확하게 나타내고 있다.

2-3.3 세 벡터의 곱

세 벡터의 곱에는 두 종류가 있다. 즉, **스칼라 삼중곱**과 **벡터 삼중곱**이다. 스칼라 삼중곱은 두 가지 중 훨씬 간단하며 다음과 같은 속성을 가지고 있다.

$$\mathbf{A} \cdot (\mathbf{B} \times \mathbf{C}) = \mathbf{B} \cdot (\mathbf{C} \times \mathbf{A}) = \mathbf{C} \cdot (\mathbf{A} \times \mathbf{B}) \tag{2-18}$$

이 식에서 세 벡터 **A, B, C**는 순환순열이다. 물론

$$\begin{aligned} \mathbf{A} \cdot (\mathbf{B} \times \mathbf{C}) &= -\mathbf{A} \cdot (\mathbf{C} \times \mathbf{B}) \\ &= -\mathbf{B} \cdot (\mathbf{A} \times \mathbf{C}) \\ &= -\mathbf{C} \cdot (\mathbf{B} \times \mathbf{A}) \end{aligned} \tag{2-19}$$

이다. 그림 2-8에서 알 수 있는 바와 같이, 식 (2-18)의 세 표현식은 각각 세 벡터 **A, B, C**로 이루어지는 평행육면체의 체적과 같은 크기를 가지고 있다. 평행육면체는 밑면의 면적이 $|\mathbf{B} \times \mathbf{C}| = |BC \sin \theta_1|$이고 높이는 $|A \cos \theta_2|$와 같다. 따라서 체적(부피)은 $|ABC \sin \theta_1 \cos \theta_2|$이다.

벡터 삼중곱 $\mathbf{A} \times (\mathbf{B} \times \mathbf{C})$는 다음과 같이 단순한 벡터들의 차로 전개할 수 있다.

$$\mathbf{A} \times (\mathbf{B} \times \mathbf{C}) = \mathbf{B}(\mathbf{A} \cdot \mathbf{C}) - \mathbf{C}(\mathbf{A} \cdot \mathbf{B}) \tag{2-20}$$

식 (2-20)은 **"back-cab"**(식의 오른편이 "BAC-CAB" 형태임을 주목하라!) **규칙**으로 알려져 있으며 유용한 벡터 항등식이다.

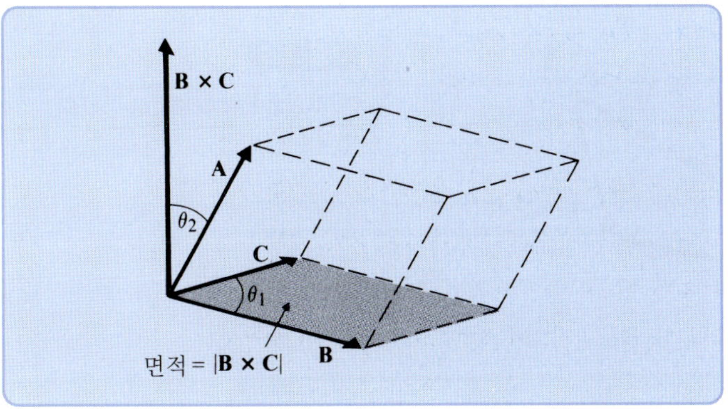

그림 2-8

스칼라 삼중곱 $\mathbf{A}\cdot(\mathbf{B}\times\mathbf{C})$의 예시

예제 2-3 벡터 삼중곱의 back-cab 규칙[2)]을 증명하라.

풀이 식 (2-20)을 증명하기 위해 **A**를 두 성분으로 분해하는 것이 편리하다.

$$\mathbf{A} = \mathbf{A}_{\|} + \mathbf{A}_{\perp}$$

여기서 $\mathbf{A}_{\|}$와 $\mathbf{A}_{\perp}$는 **B**와 **C**를 포함하는 평면에 대해 각각 평행인 성분($\mathbf{A}_{\|}$)과 수직인 성분($\mathbf{A}_{\perp}$)을 뜻한다. $(\mathbf{B}\times\mathbf{C})$를 나타내는 벡터도 역시 **B**와 **C**를 포함하는 평면에 수직이므로 $\mathbf{A}_{\perp}$와 $(\mathbf{B}\times\mathbf{C})$의 외적은 0이 된다. $\mathbf{D} = \mathbf{A}\times(\mathbf{B}\times\mathbf{C})$라 하자. 여기서 $\mathbf{A}_{\|}$만 유효하므로,

$$\mathbf{D} = \mathbf{A}_{\|}\times(\mathbf{B}\times\mathbf{C})$$

이 된다. 그림 2-9에 **B**, **C**와 $\mathbf{A}_{\|}$를 포함하는 평면을 보여주고 있으며, 이를 참조하면 **D**는 같은 평면에 놓여 있으며 $\mathbf{A}_{\|}$에 수직임을 알 수 있다. $(\mathbf{B}\times\mathbf{C})$의 크기는 $BC\sin(\theta_1-\theta_2)$이고, $\mathbf{A}_{\|}\times(\mathbf{B}\times\mathbf{C})$의 크기는 $A_{\|}BC\sin(\theta_1-\theta_2)$이다. 따라서

$$\begin{aligned} D = \mathbf{D}\cdot\mathbf{a}_D &= A_{\|}BC\sin(\theta_1-\theta_2) \\ &= (B\sin\theta_1)(A_{\|}C\cos\theta_2)-(C\sin\theta_2)(A_{\|}B\cos\theta_1) \\ &= [\mathbf{B}(\mathbf{A}_{\|}\cdot\mathbf{C})-\mathbf{C}(\mathbf{A}_{\|}\cdot\mathbf{B})]\cdot\mathbf{a}_D \end{aligned}$$

이다. 이 표현식만으로 괄호 안의 값이 **D**임을 보장하지는 않는다. 왜냐하면 괄호 안의 값이 **D**에 수직인 벡터($\mathbf{A}_{\|}$에 평행)를 포함할 수 있으며, 즉 $\mathbf{D}\cdot\mathbf{a}_D = \mathbf{E}\cdot\mathbf{a}_D$가 $\mathbf{E} = \mathbf{D}$임을 보장하지 않기 때문이다. 일반적으로

$$\mathbf{B}(\mathbf{A}_{\|}\cdot\mathbf{C})-\mathbf{C}(\mathbf{A}_{\|}\cdot\mathbf{B}) = \mathbf{D}+k\mathbf{A}_{\|}$$

로 쓸 수 있다. 여기서 k는 스칼라량이다. k를 결정하기 위해, 위 식의 양변에 $\mathbf{A}_{\|}$를 스칼라곱 하면

2) Back-cab 규칙은 직각좌표계에서 벡터를 전개하여 직접적인 방식으로 입증할 수 있다(연습문제 P.2-12). 일반적인 증명에 관심 있는 사람들만 이 예제를 공부할 필요가 있다.

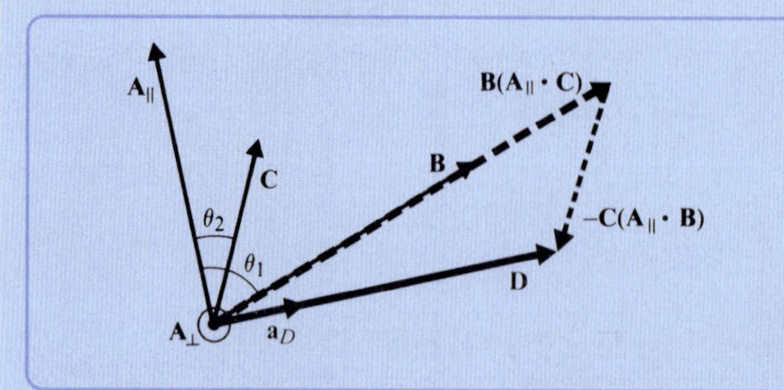

그림 2-9
벡터 삼중곱의 back-cab 규칙 예시

$$(\mathbf{A}_{||}\cdot\mathbf{B})(\mathbf{A}_{||}\cdot\mathbf{C})-(\mathbf{A}_{||}\cdot\mathbf{C})(\mathbf{A}_{||}\cdot\mathbf{B})=0=\mathbf{A}_{||}\cdot\mathbf{D}+kA_{||}^2$$

이 된다. $\mathbf{A}_{||}\cdot\mathbf{D}=0$ 이므로, $k=0$이고

$$\mathbf{D}=\mathbf{B}(\mathbf{A}_{||}\cdot\mathbf{C})-\mathbf{C}(\mathbf{A}_{||}\cdot\mathbf{B}),$$

이다. $\mathbf{A}_{||}\cdot\mathbf{C}=\mathbf{A}\cdot\mathbf{C}$이고 $\mathbf{A}_{||}\cdot\mathbf{B}=\mathbf{A}\cdot\mathbf{B}$이므로, back-cab 규칙이 증명된다.

벡터로 나누기는 정의되지 않으며, $k/\mathbf{A}$나 $\mathbf{B}/\mathbf{A}$와 같은 표현들은 무의미하다.

2-4 직교좌표계

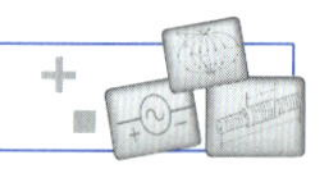

앞에서 전자기학의 법칙들은 좌표계에 따라 달라지지 않지만, 실제적인 문제들을 풀기 위해서는 이들 법칙으로부터 유도된 관계들을 주어진 문제에 적합한 좌표계에서 표현해야 한다는 것을 지적하였다. 예를 들면, 공간 내의 어떤 점에서 전기장(전장)을 정하고자 한다면, 최소한 전기장의 근원이 존재하는 위치와 관측점의 위치를 좌표계에서 표현해야 한다. 3차원 공간에서 점은 세 면의 교점에 위치한다. 세 개의 면이 u_1 = 상수, u_2 = 상수, u_3 = 상수로 표현된다고 가정하자. 여기서 u는 모두 길이일 필요는 없다. (우리에게 친숙한 직각좌표계에서 u_1, u_2, u_3는 각각 x, y, z에 해당한다.) 이들 세 면이 서로 상호 직각일 때 **직교좌표계**(orthogonal coordinate system)가 된다. 비직교좌표계는 문제를 복잡하게 하므로 사용되지 않는다.

좌표계에서 u_i = 상수(i = 1, 2, 또는 3)로 표현되는 면들은 평면이 아니어도 되며, 곡면이어도 된다. $\mathbf{a}_{u_1}$, $\mathbf{a}_{u_2}$, $\mathbf{a}_{u_3}$를 세 좌표 방향의 단위벡터라 하자. 이들을 **기저벡터**(base vector; 기본 구성벡터)라 한다. 일반적인 오른손 법칙의 직교(orthogonal), 곡선(curvilinear) 좌표계에서 기저벡터들은 다음 관계를 만족하도록 순서를 정한다.

$$\mathbf{a}_{u_1} \times \mathbf{a}_{u_2} = \mathbf{a}_{u_3} \tag{2-21a}$$
$$\mathbf{a}_{u_2} \times \mathbf{a}_{u_3} = \mathbf{a}_{u_1} \tag{2-21b}$$
$$\mathbf{a}_{u_3} \times \mathbf{a}_{u_1} = \mathbf{a}_{u_2} \tag{2-21c}$$

이들 세 방정식이 모두 독립적이지는 않으며, 이는 하나의 규정이 자동으로 다른 두 식을 의미하기 때문이다. 또한

$$\mathbf{a}_{u_1} \cdot \mathbf{a}_{u_2} = \mathbf{a}_{u_2} \cdot \mathbf{a}_{u_3} = \mathbf{a}_{u_3} \cdot \mathbf{a}_{u_1} = 0 \tag{2-22}$$

과

$$\mathbf{a}_{u_1} \cdot \mathbf{a}_{u_1} = \mathbf{a}_{u_2} \cdot \mathbf{a}_{u_2} = \mathbf{a}_{u_3} \cdot \mathbf{a}_{u_3} = 1 \tag{2-23}$$

도 성립한다. 모든 벡터 **A**는 아래와 같이 직교하는 세 방향 성분들의 합으로 쓸 수 있다.

$$\boxed{\mathbf{A} = \mathbf{a}_{u_1}A_{u_1} + \mathbf{a}_{u_2}A_{u_2} + \mathbf{a}_{u_3}A_{u_3}} \tag{2-24}$$

식 (2-24)로부터 **A**의 크기는

$$A = |\mathbf{A}| = (A_{u_1}^2 + A_{u_2}^2 + A_{u_3}^2)^{1/2} \tag{2-25}$$

이다.

예제 2-4 세 벡터 **A**, **B**, **C**가 주어져 있을 때, 직교 곡선좌표계(u_1, u_2, u_3)에서 다음의 표현식들을 구하라: (a) $\mathbf{A} \cdot \mathbf{B}$, (b) $\mathbf{A} \times \mathbf{B}$, (c) $\mathbf{C} \cdot (\mathbf{A} \times \mathbf{B})$.

SOLUTION **풀이** 먼저 **A**, **B**, **C**를 직교좌표계(u_1, u_2, u_3)에서 표현한다.

$$\mathbf{A} = \mathbf{a}_{u_1}A_{u_1} + \mathbf{a}_{u_2}A_{u_2} + \mathbf{a}_{u_3}A_{u_3}$$
$$\mathbf{B} = \mathbf{a}_{u_1}B_{u_1} + \mathbf{a}_{u_2}B_{u_2} + \mathbf{a}_{u_3}B_{u_3}$$
$$\mathbf{C} = \mathbf{a}_{u_1}C_{u_1} + \mathbf{a}_{u_2}C_{u_2} + \mathbf{a}_{u_3}C_{u_3}$$

(a) 식 (2-22)와 (2-23)으로부터

$$\begin{aligned}\mathbf{A} \cdot \mathbf{B} &= (\mathbf{a}_{u_1}A_{u_1} + \mathbf{a}_{u_2}A_{u_2} + \mathbf{a}_{u_3}A_{u_3}) \cdot (\mathbf{a}_{u_1}B_{u_1} + \mathbf{a}_{u_2}B_{u_2} + \mathbf{a}_{u_3}B_{u_3}) \\ &= A_{u_1}B_{u_1} + A_{u_2}B_{u_2} + A_{u_3}B_{u_3}\end{aligned} \tag{2-26}$$

이다.

(b) $$\begin{aligned}\mathbf{A} \times \mathbf{B} &= (\mathbf{a}_{u_1}A_{u_1} + \mathbf{a}_{u_2}A_{u_2} + \mathbf{a}_{u_3}A_{u_3}) \times (\mathbf{a}_{u_1}B_{u_1} + \mathbf{a}_{u_2}B_{u_2} + \mathbf{a}_{u_3}B_{u_3}) \\ &= \mathbf{a}_{u_1}(A_{u_2}B_{u_3} - A_{u_3}B_{u_2}) + \mathbf{a}_{u_2}(A_{u_3}B_{u_1} - A_{u_1}B_{u_3}) + \mathbf{a}_{u_3}(A_{u_1}B_{u_2} - A_{u_2}B_{u_1})\end{aligned}$$

$$= \begin{vmatrix} \mathbf{a}_{u_1} & \mathbf{a}_{u_2} & \mathbf{a}_{u_3} \\ A_{u_1} & A_{u_2} & A_{u_3} \\ B_{u_1} & B_{u_2} & B_{u_3} \end{vmatrix} \tag{2-27}$$

식 (2-26)과 (2-27)은 각각 직교 곡선좌표계에서 두 벡터의 내적과 외적을 표현하고 있다. 이들은 중요하며 반드시 기억하여야 한다.

(c) **C** · (**A** × **B**)의 표현식은 식 (2-26)과 (2-27)의 결과를 결합하여 바로 쓸 수 있다.

$$\mathbf{C}\cdot(\mathbf{A}\times\mathbf{B}) = C_{u_1}(A_{u_2}B_{u_3} - A_{u_3}B_{u_2}) + C_{u_2}(A_{u_3}B_{u_1} - A_{u_1}B_{u_3}) + C_{u_3}(A_{u_1}B_{u_2} - A_{u_2}B_{u_1})$$
$$= \begin{vmatrix} C_{u_1} & C_{u_2} & C_{u_3} \\ A_{u_1} & A_{u_2} & A_{u_3} \\ B_{u_1} & B_{u_2} & B_{u_3} \end{vmatrix}$$

식 (2-28)은 식 (2-18)과 (2-19)를 증명하는 데 사용될 수 있으며, 좌변에서 벡터 순서의 순환은 우변의 행렬식에서 단순히 행의 재배치라는 것을 관찰할 수 있다.

벡터 미적분학에서 (또한 전자기학 풀이에서) 선적분, 면적분, 그리고 체적적분이 자주 요구된다. 각각의 경우에 한 좌표의 미소 변화에 해당하는 미소 길이 변화를 표현할 필요가 있다. 그러나 어떤 좌표, 즉 $u_i(i = 1, 2, 3)$는 길이가 아닌 경우가 있으므로, 다음과 같이 미소 변화 du_i를 길이 변화 $d\ell_i$로 변환하기 위한 변환계수가 필요하다.

$$d\ell_i = h_i\, du_i \tag{2-29}$$

여기서 h_i는 **거리계수**(metric coefficient)라 하며, 그 자체가 u_1, u_2, u_3의 함수가 될 수 있다. 예를 들어, 2차원 극좌표계에서 $(u_1, u_2) = (r, \phi)$이며, $\mathbf{a}_\phi(= \mathbf{a}_{u_2})$ 방향으로 $\phi(= u_2)$의 미소 변화 $d\phi$ $(= du_2)$에 해당하는 미소 길이 변화는 $d\ell_2 = rd\phi(h_2 = r = u_1)$이다. 임의의 방향으로 향하는 미소 길이 변화는 다음과 같이 길이 변화 성분들의 벡터합으로 쓸 수 있다.

$$d\boldsymbol{\ell} = \mathbf{a}_{u_1}\, d\ell_1 + \mathbf{a}_{u_2}\, d\ell_2 + \mathbf{a}_{u_3}\, d\ell_3 \qquad \text{(2-30)}^{3)}$$

또는

$$\boxed{d\boldsymbol{\ell} = \mathbf{a}_{u_1}(h_1\, du_1) + \mathbf{a}_{u_2}(h_2\, du_2) + \mathbf{a}_{u_3}(h_3\, du_3).} \tag{2-31}$$

식 (2-25)로부터 $d\boldsymbol{\ell}$의 크기는

$$\begin{aligned} d\ell &= [(d\ell_1)^2 + (d\ell_2)^2 + (d\ell_3)^2]^{1/2} \\ &= [(h_1\, du_1)^2 + (h_2\, du_2)^2 + (h_3\, du_3)^2]^{1/2} \end{aligned} \tag{2-32}$$

3) 여기서 $\boldsymbol{\ell}$은 길이 ℓ인 벡터의 기호이다.

이다. $\mathbf{a}_{u_1}$, $\mathbf{a}_{u_2}$, $\mathbf{a}_{u_3}$ 방향의 각각의 미소 좌표 변화 du_1, du_2, du_3로 형성되는 미소 체적 dv는 $(d\ell_1\, d\ell_2\, d\ell_3)$이며, 다음과 같이 요약할 수 있다.

$$dv = h_1 h_2 h_3\, du_1\, du_2\, du_3 \tag{2-33}$$

또한 미소 면적을 통과하는 전류나 선속(flux: 단위시간당 면적을 통과하는 유동량)을 표현할 경우가 있을 것이다. 이런 경우에 전류 또는 선속의 흐름에 수직인 단면적이 사용되며, 다음과 같이 미소 면적을 면에 수직인 방향을 가진 하나의 벡터로 간주하는 것이 편리하다.

$$d\mathbf{s} = \mathbf{a}_n\, ds \tag{2-34}$$

예를 들면, 전류밀도 **J**가 크기 ds인 미소 면적에 수직이 아니라면, ds를 통과하는 전류 dI는 **J**의 면적에 수직인 성분과 면적의 곱이다. 식 (2-34)의 표기법을 사용하면 간단하게

$$\begin{aligned} dI &= \mathbf{J} \cdot d\mathbf{s} \\ &= \mathbf{J} \cdot \mathbf{a}_n\, ds \end{aligned} \tag{2-35}$$

로 쓸 수 있다. 일반적인 직교 곡선좌표계에서 단위벡터 $\mathbf{a}_{u_1}$에 수직인 미소 면적 ds_1은

$$ds_1 = d\ell_2\, d\ell_3$$

또는

$$ds_1 = h_2 h_3\, du_2\, du_3 \tag{2-36}$$

로 나타낼 수 있다. 같은 방식으로, 단위벡터 $\mathbf{a}_{u_2}$와 $\mathbf{a}_{u_3}$에 수직인 미소 면적들은 각각

$$ds_2 = h_1 h_3\, du_1\, du_3 \tag{2-37}$$

과

$$ds_3 = h_1 h_2\, du_1\, du_2 \tag{2-38}$$

로 표시된다.

많은 직교좌표계들이 있다. 그러나 여기서는 가장 보편적이고 가장 유용한 세 개의 좌표계만 다루도록 한다.

1. 직각좌표계(cartesian (or rectangular) coordinates)[4]

2. 원통좌표계(cylindrical coordinates)

3. 구좌표계(spherical coordinates)

4) "Cartesian coordinates" 라는 용어를 선호하며, "rectangular coordinates" 라는 용어는 관례적으로 2차원 구조와 연관된다.

이들 좌표계에 대해 다음의 소절에서 각각 논의한다.

2-4.1 직각좌표계

$$(u_1, u_2, u_3) = (x, y, z)$$

직각좌표계에서 점 $P(x_1, y_1, z_1)$은 그림 2-10에서 보는 바와 같이 $x = x_1$, $y = y_1$, $z = z_1$으로 규정되는 세 평면의 교점이다. 이 좌표계는 기저벡터가 $\mathbf{a}_x$, $\mathbf{a}_y$, $\mathbf{a}_z$인 오른손 체계이며, 다음 관계식을 만족한다.

$$\mathbf{a}_x \times \mathbf{a}_y = \mathbf{a}_z \tag{2-39a}$$

$$\mathbf{a}_y \times \mathbf{a}_z = \mathbf{a}_x \tag{2-39b}$$

$$\mathbf{a}_z \times \mathbf{a}_x = \mathbf{a}_y \tag{2-39c}$$

점 $P(x_1, y_1, z_1)$까지의 위치벡터는

$$\overrightarrow{OP} = \mathbf{a}_x x_1 + \mathbf{a}_y y_1 + \mathbf{a}_z z_1 \tag{2-40}$$

이다.

직각좌표계에서 벡터 **A**는 다음과 같이 쓸 수 있다.

$$\boxed{\mathbf{A} = \mathbf{a}_x A_x + \mathbf{a}_y A_y + \mathbf{a}_z A_z} \tag{2-41}$$

두 벡터 **A**와 **B**의 내적은 식 (2-26)으로부터

$$\boxed{\mathbf{A} \cdot \mathbf{B} = A_x B_x + A_y B_y + A_z B_z} \tag{2-42}$$

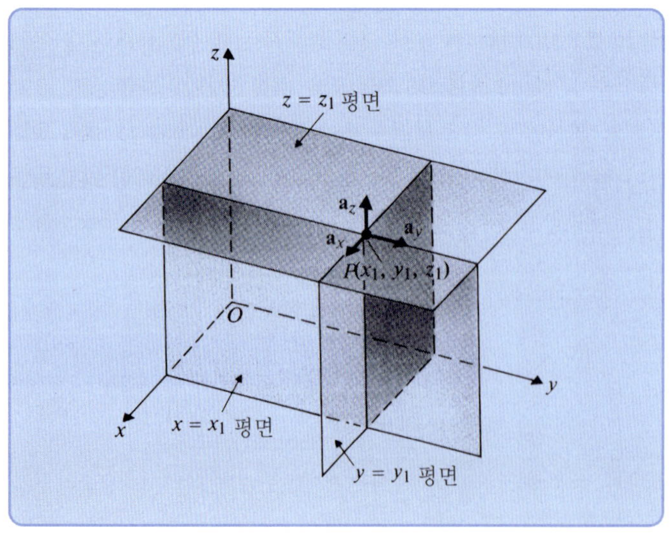

그림 2-10
직각좌표계

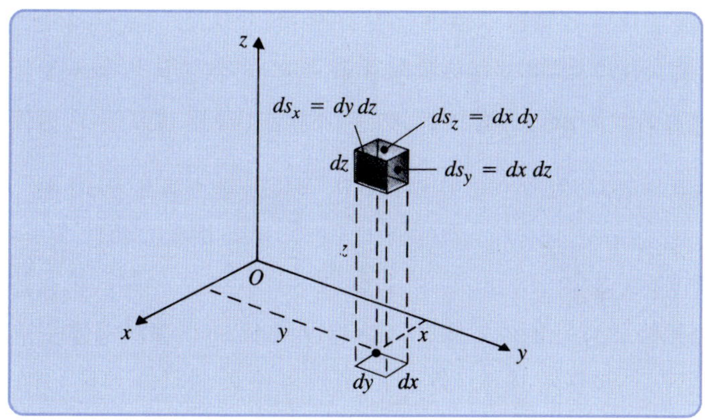

그림 2-11

직각좌표계에서 미소 체적

이고, **A**와 **B**의 외적은 식 (2-27)로부터

$$\mathbf{A} \times \mathbf{B} = \mathbf{a}_x(A_yB_z - A_zB_y) + \mathbf{a}_y(A_zB_x - A_xB_z) + \mathbf{a}_z(A_xB_y - A_yB_x)$$
$$= \begin{vmatrix} \mathbf{a}_x & \mathbf{a}_y & \mathbf{a}_z \\ A_x & A_y & A_z \\ B_x & B_y & B_z \end{vmatrix} \tag{2-43}$$

이다.

x, y, z는 그 자체로 길이이므로 세 개의 거리계수는 모두 1이다. 즉, $h_1 = h_2 = h_3 = 1$이다. 미소 길이, 미소 면적, 미소 체적의 표현식은 식 (2-31), (2-36), (2-37), (2-38), 그리고 (2-33)으로부터 각각 다음과 같은 결과를 얻는다.

$$d\ell = \mathbf{a}_x\,dx + \mathbf{a}_y\,dy + \mathbf{a}_z\,dz \tag{2-44}$$

$$ds_x = dy\,dz \tag{2-45a}$$
$$ds_y = dx\,dz \tag{2-45b}$$
$$ds_z = dx\,dy \tag{2-45c}$$

$$dv = dx\,dy\,dz \tag{2-46}$$

그림 2-11은 점 (x, y, z)에서 미소 변화 dx, dy, dz에 의해 발생하는 대표적인 미소 체적소를 보여주고 있다. $\mathbf{a}_x$, $\mathbf{a}_y$, $\mathbf{a}_z$ 방향에 수직인 미소 표면적 ds_x, ds_y, ds_z도 역시 표시되어 있다.

예제 2-5 $\mathbf{A} = \mathbf{a}_x5 - \mathbf{a}_y2 + \mathbf{a}_z$일 때, 다음과 같은 단위벡터 **B**의 표현식을 구하라.

(a) $\mathbf{B} \parallel \mathbf{A}$

(b) $\mathbf{B} \perp \mathbf{A}$, **B**는 xy-평면에 놓여 있다.

SOLUTION **풀이** $\mathbf{B} = \mathbf{a}_x B_x + \mathbf{a}_y B_y + \mathbf{a}_z B_z$라 하자. 조건으로부터 아래 식과 같다.

$$|\mathbf{B}| = (B_x^2 + B_y^2 + B_z^2)^{1/2} = 1 \tag{2-47}$$

(a) $\mathbf{B} \parallel \mathbf{A}$이므로 $\mathbf{B} \times \mathbf{A} = 0$이다. 식 (2-43)으로부터

$$-2B_z - B_y = 0 \tag{2-48a}$$

$$B_x - 5B_z = 0 \tag{2-48b}$$

$$5B_y + 2B_x = 0 \tag{2-48c}$$

이다. 위의 세 식은 모두 독립은 아니다. 예를 들어, 식 (2-48b)의 두 배로부터 식 (2-48c)를 빼면 식 (2-48a)가 된다. 식 (2-47), (2-48a), (2-48b)를 풀면,

$$B_x = \frac{5}{\sqrt{30}}, \qquad B_y = -\frac{2}{\sqrt{30}}, \qquad B_z = \frac{1}{\sqrt{30}}$$

이다. 그러므로

$$\mathbf{B} = \frac{1}{\sqrt{30}}(\mathbf{a}_x 5 - \mathbf{a}_y 2 + \mathbf{a}_z)$$

이다.

(b) $\mathbf{B} \perp \mathbf{A}$이므로 $\mathbf{B} \cdot \mathbf{A} = 0$이다. 식 (2-42)로부터

$$5B_x - 2B_y = 0 \tag{2-49}$$

이다. 여기서 $\mathbf{B}$는 xy-평면에 놓여 있으므로, $B_z = 0$으로 두었다. 식 (2-47)과 (2-49)를 풀면,

$$B_x = \frac{2}{\sqrt{29}}, \qquad B_y = \frac{5}{\sqrt{29}}$$

이다. 그러므로

$$\mathbf{B} = \frac{1}{\sqrt{29}}(\mathbf{a}_x 2 + \mathbf{a}_y 5)$$

이다. ■

예제 2-6 (a) 직각좌표계에서 점 $P_1(1, 3, 2)$으로부터 점 $P_2(3, -2, 4)$로 가는 벡터의 표현식을 구하라. (b) 이 선의 길이는 얼마인가?

SOLUTION **풀이** (a) 그림 2-12에서

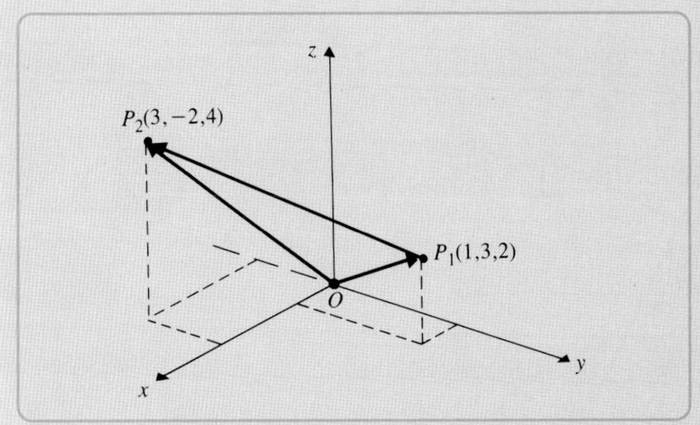

그림 2-12
예제 2-6의 예시

$$\overrightarrow{P_1P_2} = \overrightarrow{OP_2} - \overrightarrow{OP_1}$$
$$= (\mathbf{a}_x3 - \mathbf{a}_y2 + \mathbf{a}_z4) - (\mathbf{a}_x + \mathbf{a}_y3 + \mathbf{a}_z2)$$
$$= \mathbf{a}_x2 - \mathbf{a}_y5 + \mathbf{a}_z2$$

임을 알 수 있다.

(b) 선의 길이는 다음과 같다.

$$P_1P_2 = |\overrightarrow{P_1P_2}|$$
$$= \sqrt{2^2 + (-5)^2 + 2^2}$$
$$= \sqrt{33}$$

■

예제 2-7 xy-평면에서 직선의 방정식이 $2x + y = 4$로 주어져 있다.

(a) 원점에서 선에 수직인 단위벡터의 벡터식을 구하라.

(b) 점 $P(0, 2)$를 지나면서 주어진 직선에 수직인 선의 방정식을 구하라.

SOLUTION **풀이** 주어진 방정식 $y = -2x + 4$는 그림 2-13의 L_1(실선)과 같이 기울기가 -2이고 수직절편이 $+4$인 직선을 나타낸다.

(a) 선을 4만큼 아래로 이동하면 원점을 지나는 평행 점선 L_1'이 되고 식은 $2x + y = 0$이다. L_1' 상에서 점의 위치벡터를

$$\mathbf{r} = \mathbf{a}_x x + \mathbf{a}_y y$$

이라 둔다. 벡터 $\mathbf{N} = \mathbf{a}_x2 + \mathbf{a}_y$는

$$\mathbf{N} \cdot \mathbf{r} = 2x + y = 0$$

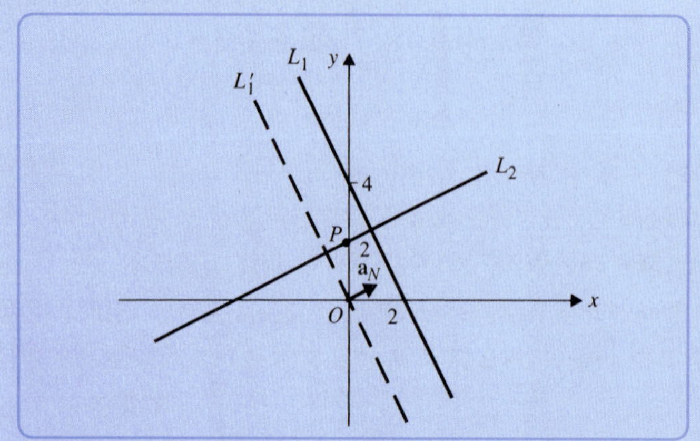

그림 2-13
예제 2-7의 예시

이므로 L_1'에 수직이다. **N**은 L_1에도 수직이다. 따라서 원점에서 단위수직벡터의 방정식은

$$\mathbf{a}_N = \frac{\mathbf{N}}{|\mathbf{N}|} = \frac{1}{\sqrt{5}}(\mathbf{a}_x 2 + \mathbf{a}_y)$$

이다. $\mathbf{a}_N$의 기울기(= 1/2)는 L_1과 L_1'의 기울기(= −2)의 음의 역수임을 주목하자.

(b) 점 $P(0, 2)$를 지나고 L_1과 L_1'에 수직인 선을 L_2라 하자. L_2는 $\mathbf{a}_N$과 평행하고 기울기가 같다. 그러면 L_2의 방정식은 L_2가 점 $P(0,2)$를 지나야 하므로

$$y = \frac{x}{2} + 2, \text{ 또는 } x - 2y = -4$$

이다.

2-4.2 원통좌표계

$$(u_1, u_2, u_3) = (r, \phi, z)$$

원통좌표계에서 점 $P(r_1, \phi_1, z_1)$은 $r = r_1$인 원통면, z축을 포함하고 xz-평면과 $\phi = \phi_1$의 각을 이루는 반평면, 그리고 $z = z_1$에서 xy-평면과 평행인 평면의 교점이다. 그림 2-14에 표시된 바와 같이, ϕ는 양의 x축으로부터의 각도이며, 기저벡터 $\mathbf{a}_\phi$는 원통면의 접선 방향이다. 다음의 오른손 법칙이 적용된다.

$$\mathbf{a}_r \times \mathbf{a}_\phi = \mathbf{a}_z \tag{2-50a}$$

$$\mathbf{a}_\phi \times \mathbf{a}_z = \mathbf{a}_r \tag{2-50b}$$

$$\mathbf{a}_z \times \mathbf{a}_r = \mathbf{a}_\phi \tag{2-50c}$$

원통좌표계는 긴 선전하나 선전류, 그리고 원통형 또는 원형 경계가 있는 경우에 중요하게 사용된다. 2차원 극좌표계(polar coordinates)는 원통좌표계에서 $z = 0$인 특별한 경우이다.

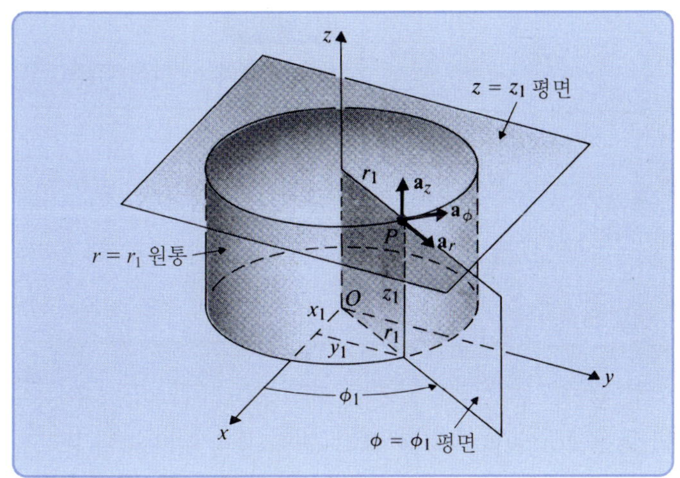

그림 2-14
원통좌표계

원통좌표계에서 벡터는 아래 식과 같이 쓴다.

$$\mathbf{A} = \mathbf{a}_r A_r + \mathbf{a}_\phi A_\phi + \mathbf{a}_z A_z \tag{2-51}$$

원통좌표계에서 두 벡터의 내적과 외적의 표현식은 식 (2-26)과 (2-27)로부터 바로 얻을 수 있다.

세 좌표 중 두 개의 좌표 r과 z(u_1과 u_3)는 그 자체로 길이이다. 그러므로 $h_1 = h_3 = 1$이다. 그러나 ϕ는 각도이며, $d\phi$로부터 길이로 변환하기 위해서는 거리계수 $h_2 = r$이 필요하다. 그러므로 원통좌표계에서 미소 길이에 대한 일반적인 표현식은 식 (2-31)로부터

$$d\ell = \mathbf{a}_r\, dr + \mathbf{a}_\phi r\, d\phi + \mathbf{a}_z\, dz \tag{2-52}$$

이다. 미소 면적과 미소 체적의 표현식은 각각 다음과 같다.

$$ds_r = r\, d\phi\, dz \tag{2-53a}$$

$$ds_\phi = dr\, dz \tag{2-53b}$$

$$ds_z = r\, dr\, d\phi \tag{2-53c}$$

$$dv = r\, dr\, d\phi\, dz \tag{2-54}$$

점 (r, ϕ, z)에서 세 직교좌표 방향으로 미소 변화 dr, $d\phi$, dz에 의해 생기는 전형적인 미소 체적소를 그림 2-15에 나타내었다.

원통좌표계에서 주어진 벡터는 직각좌표계의 벡터로 변환할 수 있고, 그 반대로도 변환할 수 있다. $\mathbf{A} = \mathbf{a}_r A_r + \mathbf{a}_\phi A_\phi + \mathbf{a}_z A_z$를 직각좌표계에서 표현한다고 하자. 이는 $\mathbf{A}$를 $\mathbf{A} = \mathbf{a}_x A_x + \mathbf{a}_y A_y + \mathbf{a}_z A_z$로 나타내고 A_x, A_y, A_z를 구하는 것을 말한다. 우선 $\mathbf{A}$의 z-성분 A_z는 원통좌표계로부터 직각좌표계로 변환해도 변화가 없다. A_x를 구하기 위해서는 $\mathbf{A}$와 $\mathbf{a}_x$를 내적한 표현식을 두 좌표계

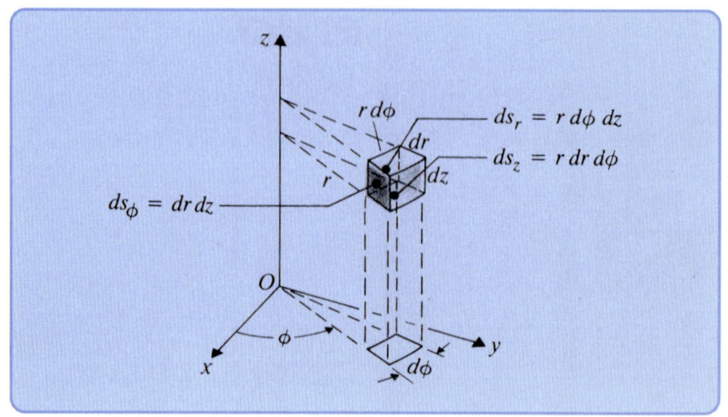

그림 2-15
원통좌표계에서의 미소 체적소

에서 같게 둔다. 그러므로

$$\begin{aligned} A_x &= \mathbf{A} \cdot \mathbf{a}_x \\ &= A_r \mathbf{a}_r \cdot \mathbf{a}_x + A_\phi \mathbf{a}_\phi \cdot \mathbf{a}_x \end{aligned}$$

이다. $\mathbf{a}_z \cdot \mathbf{a}_x = 0$이므로 A_z를 포함하는 항은 없어진다. 그림 2-16에는 기저벡터 $\mathbf{a}_x$, $\mathbf{a}_y$, $\mathbf{a}_r$과 $\mathbf{a}_\phi$의 상대적인 형태를 보여주고 있으며, 아래와 같음을 알 수 있다.

$$\mathbf{a}_r \cdot \mathbf{a}_x = \cos\phi \tag{2-55}$$

$$\mathbf{a}_\phi \cdot \mathbf{a}_x = \cos\left(\frac{\pi}{2} + \phi\right) = -\sin\phi \tag{2-56}$$

그러므로

$$A_x = A_r \cos\phi - A_\phi \sin\phi \tag{2-57}$$

이다. 유사한 방법으로, A_y를 구하기 위해 두 좌표계에서 $\mathbf{A}$의 표현식에 $\mathbf{a}_y$를 내적한다.

$$\begin{aligned} A_y &= \mathbf{A} \cdot \mathbf{a}_y \\ &= A_r \mathbf{a}_r \cdot \mathbf{a}_y + A_\phi \mathbf{a}_\phi \cdot \mathbf{a}_y \end{aligned}$$

그림 2-16에서

$$\mathbf{a}_r \cdot \mathbf{a}_y = \cos\left(\frac{\pi}{2} - \phi\right) = \sin\phi \tag{2-58}$$

와

$$\mathbf{a}_\phi \cdot \mathbf{a}_y = \cos\phi \tag{2-59}$$

이다. 그러므로

$$A_y = A_r \sin\phi + A_\phi \cos\phi \tag{2-60}$$

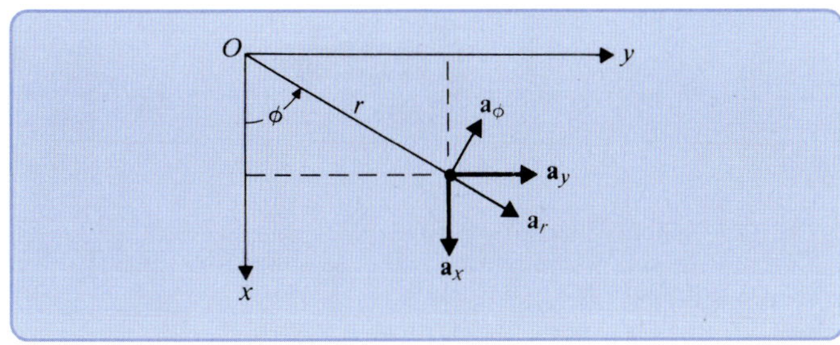

그림 2-16

$\mathbf{a}_x, \mathbf{a}_y, \mathbf{a}_r, \mathbf{a}_\phi$의 관계

이다. 직각좌표계와 원통좌표계에서의 벡터 성분들 사이의 관계는 다음과 같이 행렬식 형태로 나타내는 것이 편리하다.

$$\begin{bmatrix} A_x \\ A_y \\ A_z \end{bmatrix} = \begin{bmatrix} \cos\phi & -\sin\phi & 0 \\ \sin\phi & \cos\phi & 0 \\ 0 & 0 & 1 \end{bmatrix} \begin{bmatrix} A_r \\ A_\phi \\ A_z \end{bmatrix} \tag{2-61}$$

남은 문제는 식 (2-61)에서 $\cos\phi$와 $\sin\phi$를 직각좌표계로 변환하는 것이다. 더구나 A_r, A_ϕ, A_z 자체가 r, ϕ, z의 함수일 수도 있다. 이 경우에도 최종적으로 x, y, z의 함수로 변환되어야 한다. 그림 2-16으로부터 아래의 변환식들을 쉽게 얻을 수 있다. 원통좌표계로부터 직각좌표계로 변환할 때는

$$x = r\cos\phi \tag{2-62a}$$
$$y = r\sin\phi \tag{2-62b}$$
$$z = z \tag{2-62c}$$

를 이용한다. 반대쪽으로는(직각좌표계로부터 원통좌표계로)

$$r = \sqrt{x^2 + y^2} \tag{2-63a}$$
$$\phi = \tan^{-1}\frac{y}{x} \tag{2-63b}$$
$$z = z \tag{2-63c}$$

를 이용하여 변환할 수 있다.

예제 2-8 원통좌표계에서 $z = 0$ 평면상에 임의의 점 P는 $(r, \phi, 0)$이다. z축상의 점 $z = h$로부터 P로 향하는 단위벡터를 구하라.

SOLUTION **풀이** 그림 2-17을 참고하면,

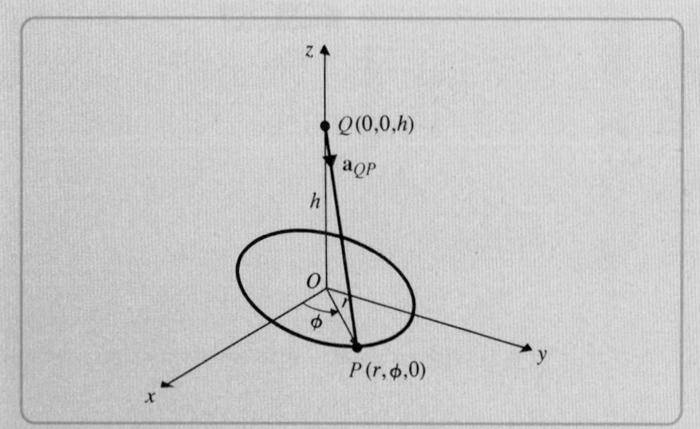

그림 2-17
예제 2-8의 예시

$$\overrightarrow{QP} = \overrightarrow{OP} - \overrightarrow{OQ}$$
$$= (\mathbf{a}_r r) - (\mathbf{a}_z h)$$

이다. 그러므로

$$\mathbf{a}_{QP} = \frac{\overrightarrow{QP}}{|\overrightarrow{QP}|} = \frac{1}{\sqrt{r^2 + h^2}} (\mathbf{a}_r r - \mathbf{a}_z h)$$

가 된다.

예제 2-9 벡터

$$\mathbf{A} = \mathbf{a}_r(3 \cos \phi) - \mathbf{a}_\phi 2r + \mathbf{a}_z 5$$

를 직각좌표계에서 표현하라.

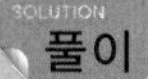
풀이 식 (2-61)을 그대로 이용하면,

$$\begin{bmatrix} A_x \\ A_y \\ A_z \end{bmatrix} = \begin{bmatrix} \cos \phi & -\sin \phi & 0 \\ \sin \phi & \cos \phi & 0 \\ 0 & 0 & 1 \end{bmatrix} \begin{bmatrix} 3 \cos \phi \\ -2r \\ 5 \end{bmatrix}$$

또는

$$\mathbf{A} = \mathbf{a}_x(3 \cos^2 \phi + 2r \sin \phi) + \mathbf{a}_y(3 \sin \phi \cos \phi - 2r \cos \phi) + \mathbf{a}_z 5$$

이다. 또한 식 (2-62)와 (2-63)으로부터

$$\cos\phi = \frac{x}{\sqrt{x^2 + y^2}}$$

과

$$\sin\phi = \frac{y}{\sqrt{x^2 + y^2}}$$

이므로, 구해진 답은

$$\mathbf{A} = \mathbf{a}_x\left(\frac{3x^2}{x^2 + y^2} + 2y\right) + \mathbf{a}_y\left(\frac{3xy}{x^2 + y^2} - 2x\right) + \mathbf{a}_z 5$$

이다.

2-4.3 구좌표계

$$(u_1, u_2, u_3) = (R, \theta, \phi)$$

구좌표계에서 점 $P(R_1, \theta_1, \phi_1)$은 다음 세 면의 교점이다. 즉, 중심이 원점이고 반지름이 $R = R_1$인 구면, 꼭지점이 원점이고 $+z$축으로부터 반각 $\theta = \theta_1$인 원추(원뿔)면, 그리고 z축을 포함하고 xz-평면으로부터 $\phi = \phi_1$을 이루는 반평면이다. P점에서 기저벡터 $\mathbf{a}_R$은 원점에서 방사 방향이며, 원통좌표계의 $\mathbf{a}_r$과는 전혀 다르다. $\mathbf{a}_r$은 z축에 수직이다. 기저벡터 $\mathbf{a}_\theta$는 $\phi = \phi_1$ 평면에 있으며, 구면의 접선 방향이다. 반면에, 기저벡터 $\mathbf{a}_\phi$는 원통좌표계에서 정의한 $\mathbf{a}_\phi$와 같으며, 이들을 그림 2-18에 나타내었다. 구좌표계의 기저벡터 간 상호관계는 오른손 법칙에 의해 다음과 같이 나타낼 수 있다.

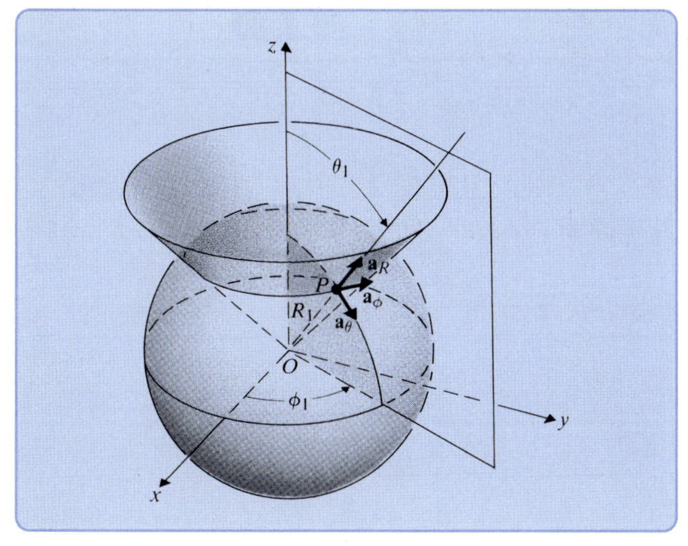

그림 2-18
구좌표계

$$\mathbf{a}_R \times \mathbf{a}_\theta = \mathbf{a}_\phi \tag{2-64a}$$

$$\mathbf{a}_\theta \times \mathbf{a}_\phi = \mathbf{a}_R \tag{2-64b}$$

$$\mathbf{a}_\phi \times \mathbf{a}_R = \mathbf{a}_\theta \tag{2-64c}$$

구좌표계는 점전원이나 구 형태의 경계를 포함하는 문제를 풀 때 중요하다. 관측자가 유한한 범위에 분포한 전기장과 자기장 발생의 근원으로부터 매우 멀다면, 근원을 구좌표계의 원점으로 간주할 수 있다. 이렇게 함으로써 간략화하기 위한 근사를 적절히 할 수 있다. 이러한 이유로 안테나 문제를 전기장과 자기장 발생의 근원으로부터 멀리 떨어진 영역에서 풀고자 할 때는 구좌표계를 사용한다.

구좌표계에서 벡터는 다음과 같이 나타낼 수 있다.

$$\mathbf{A} = \mathbf{a}_R A_R + \mathbf{a}_\theta A_\theta + \mathbf{a}_\phi A_\phi \tag{2-65}$$

구좌표계에서 두 벡터의 내적 및 외적의 표현식은 식 (2-26)과 (2-27)로부터 얻을 수 있다.

구좌표계에서는 $R(u_1)$만 길이이다. 다른 두 좌표 θ와 ϕ(u_2와 u_3)는 각도들이다. 그림 2-19에 대표적인 미소 체적소가 나타나 있으며, $d\theta$와 $d\phi$를 $d\ell_2$와 $d\ell_3$로 변환하기 위해서는 거리계수 $h_2 = R$, $h_3 = R\sin\theta$가 각각 필요함을 알 수 있다. 식 (2-31)을 이용하면 미소 길이에 대한 일반 표현식은 다음과 같다.

$$d\ell = \mathbf{a}_R\, dR + \mathbf{a}_\theta R\, d\theta + \mathbf{a}_\phi R \sin\theta\, d\phi \tag{2-66}$$

세 좌표 방향의 미소 변화 dR, $d\theta$, $d\phi$로 형성되는 미소 면적과 미소 체적의 표현식은 각각 다음과 같다.

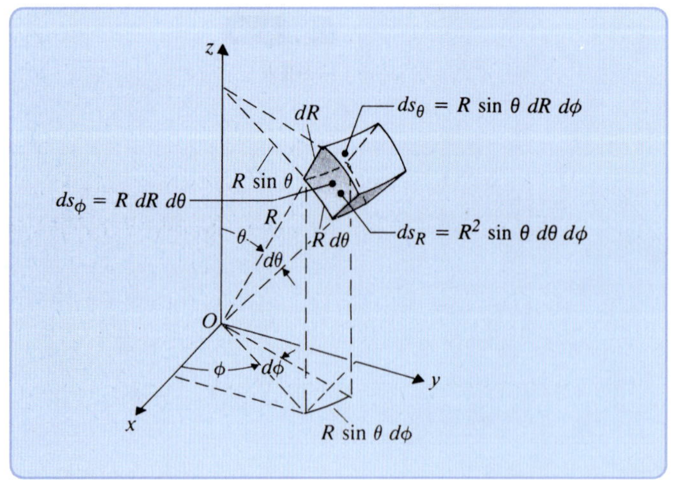

그림 2-19
구좌표계에서 미소 체적소

표 2-1 세 개의 기본적인 직교좌표계

좌표계 관계		직각좌표계 (x, y, z)	원통좌표계 (r, ϕ, z)	구좌표계 (R, θ, ϕ)
기저벡터	$\mathbf{a}_{u_1}$	$\mathbf{a}_x$	$\mathbf{a}_r$	$\mathbf{a}_R$
	$\mathbf{a}_{u_2}$	$\mathbf{a}_y$	$\mathbf{a}_\phi$	$\mathbf{a}_\theta$
	$\mathbf{a}_{u_3}$	$\mathbf{a}_z$	$\mathbf{a}_z$	$\mathbf{a}_\phi$
거리계수	h_1	1	1	1
	h_2	1	r	R
	h_3	1	1	$R\sin\theta$
미소 체적	dv	$dx\,dy\,dz$	$r\,dr\,d\phi\,dz$	$R^2\sin\theta\,dR\,d\theta\,d\phi$

$$ds_R = R^2 \sin\theta\, d\theta\, d\phi \tag{2-67a}$$
$$ds_\theta = R\sin\theta\, dR\, d\phi \tag{2-67b}$$
$$ds_\phi = R\, dR\, d\theta \tag{2-67c}$$

$$dv = R^2 \sin\theta\, dR\, d\theta\, d\phi \tag{2-68}$$

표 2-1에 기저벡터, 거리계수, 미소 체적의 표현식들을 정리하여 편리하게 활용할 수 있도록 하였다.

구좌표계에서 주어진 벡터는 직각좌표계나 원통좌표계의 벡터로 변환될 수 있고, 그 빈대로도 변환할 수 있다. 그림 2-19를 이용하면 쉽게 다음 결과식을 얻을 수 있다.

$$x = R\sin\theta\cos\phi \tag{2-69a}$$
$$y = R\sin\theta\sin\phi \tag{2-69b}$$
$$z = R\cos\theta \tag{2-69c}$$

반대로, 직각좌표계의 구성 성분은 구좌표계의 성분으로 아래와 같이 변환할 수 있다.

$$R = \sqrt{x^2 + y^2 + z^2} \tag{2-70a}$$
$$\theta = \tan^{-1}\frac{\sqrt{x^2+y^2}}{z} \tag{2-70b}$$
$$\phi = \tan^{-1}\frac{y}{x} \tag{2-70c}$$

예제 2-10 구좌표계에서 점 P의 위치가 (8, 120°, 330°)이다. (a) 직각좌표계와 (b) 원통좌표계에서 위치를 구하라.

풀이 주어진 위치의 구좌표는 $R = 8$, $\theta = 120°$, $\phi = 330°$이다.

(a) **직각좌표계:** 식 (2-69a, b, c)를 이용하면,

$$x = 8 \sin 120° \cos 330° = 6$$
$$y = 8 \sin 120° \sin 330° = -2\sqrt{3}$$
$$z = 8 \cos 120° = -4$$

이고 점의 위치는 $P(6, -2\sqrt{3}, -4)$이며, **위치벡터**(원점으로부터 점까지의 벡터)는

$$\overrightarrow{OP} = \mathbf{a}_x 6 - \mathbf{a}_y 2\sqrt{3} - \mathbf{a}_z 4$$

이다.

(b) **원통좌표계:** 점 P의 원통좌표는 (a)의 결과에 식 (2-63a, b, c)를 적용하여 구할 수 있지만, 다음 관계식들을 사용하여 구좌표로부터 직접 구할 수 있다. 이 관계식들은 그림 2-14와 2-18을 비교하여 입증할 수 있다.

$$r = R \sin \theta \tag{2-71a}$$
$$\phi = \phi \tag{2-71b}$$
$$z = R \cos \theta \tag{2-71c}$$

원통좌표는 $P(4\sqrt{3}, 330°, -4)$이며, 원통좌표계의 위치벡터는

$$\overrightarrow{OP} = \mathbf{a}_r 4\sqrt{3} - \mathbf{a}_z 4$$

이다.

여기서 주의할 것은 원통좌표계의 위치벡터는 각도 $\phi = 330°$를 명시적으로 포함하지 않는다는 점이다. 그러나 $\mathbf{a}_r$의 정확한 방향은 ϕ에 따라 다르다. 구좌표계의 경우에 위치벡터(원점으로부터 점 P까지의 벡터)는 단 하나의 항이다.

$$\overrightarrow{OP} = \mathbf{a}_R 8$$

여기서 $\mathbf{a}_R$의 방향은 점 P의 θ와 ϕ 좌표에 따라 달라진다. ■

예제 2-11 벡터 $\mathbf{A} = \mathbf{a}_R A_R + \mathbf{a}_\theta A_\theta + \mathbf{a}_\phi A_\phi$를 직각좌표계로 변환하라.

풀이 이 문제에서 $\mathbf{A}$를 $\mathbf{A} = \mathbf{a}_x A_x + \mathbf{a}_y A_y + \mathbf{a}_z A_z$의 형태로 표현하고자 한다. 이것은 한 점의 좌표를 변환하는 이전 문제와 상당히 다르다. 첫 번째로 주어진 벡터의 표현식은 관심 있는 모든 지점에서 성립하고 세 성분은 모두 좌표 변수의 함수라고 가정한다. 두 번째로 주어진 지점에서 A_R, A_θ, A_ϕ는 정확한 수치를 갖지만, $\mathbf{A}$의 방향을 결정하는 이 값들은 일반적으로 그 지점의 좌표값들과는 전

혀 다르다. $\mathbf{A}$와 $\mathbf{a}_x$의 내적을 취하면 다음과 같다.

$$\begin{aligned} A_x &= \mathbf{A} \cdot \mathbf{a}_x \\ &= A_R \mathbf{a}_R \cdot \mathbf{a}_x + A_\theta \mathbf{a}_\theta \cdot \mathbf{a}_x + A_\phi \mathbf{a}_\phi \cdot \mathbf{a}_x \end{aligned}$$

위 식에서 $\mathbf{a}_R \cdot \mathbf{a}_x$, $\mathbf{a}_\theta \cdot \mathbf{a}_x$, $\mathbf{a}_\phi \cdot \mathbf{a}_x$는 각각 단위벡터 $\mathbf{a}_R$, $\mathbf{a}_\theta$, $\mathbf{a}_\phi$의 $\mathbf{a}_x$ 방향 성분을 나타낸다는 것을 상기하면, 그림 2-19와 식 (2-69a, b, c)로부터 다음 결과를 얻는다.

$$\mathbf{a}_R \cdot \mathbf{a}_x = \sin\theta\cos\phi = \frac{x}{\sqrt{x^2+y^2+z^2}} \tag{2-72}$$

$$\mathbf{a}_\theta \cdot \mathbf{a}_x = \cos\theta\cos\phi = \frac{xz}{\sqrt{(x^2+y^2)(x^2+y^2+z^2)}} \tag{2-73}$$

$$\mathbf{a}_\phi \cdot \mathbf{a}_x = -\sin\phi = -\frac{y}{\sqrt{x^2+y^2}} \tag{2-74}$$

따라서 A_x는 다음과 같다.

$$\begin{aligned} A_x &= A_R\sin\theta\cos\phi + A_\theta\cos\theta\cos\phi - A_\phi\sin\phi \\ &= \frac{A_R x}{\sqrt{x^2+y^2+z^2}} + \frac{A_\theta xz}{\sqrt{(x^2+y^2)(x^2+y^2+z^2)}} - \frac{A_\phi y}{\sqrt{x^2+y^2}} \end{aligned} \tag{2-75}$$

동일한 방법을 통해 A_y와 A_z를 구할 수 있으며 그 결과는 다음과 같다.

$$\begin{aligned} A_y &= A_R\sin\theta\sin\phi + A_\theta\cos\theta\sin\phi + A_\phi\cos\phi \\ &= \frac{A_R y}{\sqrt{x^2+y^2+z^2}} + \frac{A_\theta yz}{\sqrt{(x^2+y^2)(x^2+y^2+z^2)}} + \frac{A_\phi x}{\sqrt{x^2+y^2}} \end{aligned} \tag{2-76}$$

$$A_z = A_R\cos\theta - A_\theta\sin\theta = \frac{A_R z}{\sqrt{x^2+y^2+z^2}} - \frac{A_\theta\sqrt{x^2+y^2}}{\sqrt{x^2+y^2+z^2}} \tag{2-77}$$

만약 A_R, A_θ, A_ϕ가 R, θ, ϕ의 함수라면, 이들도 식 (2-70a, b, c)를 이용하여 x, y, z의 함수로 변환하여야 한다. 식 (2-75), (2-76), (2-77)은 어떤 벡터가 한 좌표계에서 단순한 형태를 가지고 있다 하더라도, 이를 다른 좌표계로 변환하면 대체로 매우 복잡한 표현식으로 됨을 뜻한다. ■

예제 2-12 전자구름이 반지름 2와 5 (cm)인 두 구 사이에 분포하고 전하밀도가

$$\frac{-3\times10^{-8}}{R^4}\cos^2\phi \qquad (\mathrm{C/m^3})$$

이라고 가정하여 이 영역에 포함된 총 전하량을 구하라.

SOLUTION **풀이** 문제로부터 전하밀도와 총 전하량의 관계는 다음을 이용하여 구할 수 있다.

$$\rho = -\frac{3 \times 10^{-8}}{R^4} \cos^2 \phi$$
$$Q = \int \rho \, dv$$

주어진 문제의 조건으로부터 구좌표계를 사용하는 것이 편리함을 알 수 있다. 식 (2-68)에서 dv의 표현식을 사용하여 삼중적분 관계식은 다음과 같다.

$$Q = \int_0^{2\pi} \int_0^{\pi} \int_{0.02}^{0.05} \rho R^2 \sin\theta \, dR \, d\theta \, d\phi$$

여기서 두 가지 중요한 것이 있다. 첫째, ρ가 C/m^{3}의 단위를 가지므로 R의 적분구간은 미터 단위로 변환해야 한다. 둘째, 전 영역에 대한 θ의 적분구간은 0부터 π까지이며, 0부터 2π까지가 아님을 기억하는 것이 중요하다. 이는 반원을 z축에 대해 2π 라디안(ϕ를 0부터 2π까지) 회전하면 구가 생성된다는 것을 생각하면 분명하게 알 수 있다. 따라서 총 전하량을 아래와 같이 구할 수 있다.

$$\begin{aligned} Q &= -3 \times 10^{-8} \int_0^{2\pi} \int_0^{\pi} \int_{0.02}^{0.05} \frac{1}{R^2} \cos^2 \phi \sin\theta \, dR \, d\theta \, d\phi \\ &= -3 \times 10^{-8} \int_0^{2\pi} \int_0^{\pi} \left(-\frac{1}{0.05} + \frac{1}{0.02} \right) \sin\theta \, d\theta \cos^2 \phi \, d\phi \\ &= -0.9 \times 10^{-6} \int_0^{2\pi} (-\cos\theta) \Big|_0^{\pi} \cos^2 \phi \, d\phi \\ &= -1.8 \times 10^{-6} \left(\frac{\phi}{2} + \frac{\sin 2\phi}{4} \right) \Bigg|_0^{2\pi} = -1.8\pi \quad (\mu C) \end{aligned}$$

2-5 벡터함수를 포함한 적분

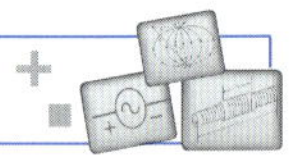

전자기학에서는 다음과 같이 벡터함수를 포함하는 적분들을 다루는 경우가 많다.

$$\int_V \mathbf{F} \, dv \tag{2-78}$$

$$\int_C V \, d\boldsymbol{\ell} \tag{2-79}$$

$$\int_C \mathbf{F} \cdot d\boldsymbol{\ell} \tag{2-80}$$

$$\int_S \mathbf{A} \cdot d\mathbf{s} \tag{2-81}$$

식 (2-78)의 체적적분은 먼저 벡터 **F**를 적절한 좌표계에서 세 성분으로 분해한 다음 세 개의 스칼라 적분을 함으로써 구할 수 있다. dv가 미소 체적을 나타내므로, 식 (2-78)은 실질적으로 3차원 공간에 대한 삼중적분을 간단히 표현하는 방법이다.

두 번째 적분식 (2-79)에서 V는 공간의 스칼라 함수이고, $d\ell$은 길이의 미소 증분을 나타내며, C는 적분경로이다. 만약 점 P_1으로부터 다른 점 P_2까지 적분한다고 하면, $\int_{P_1}^{P_2} V\,d\ell$로 쓴다. 만약 폐경로(closed path) C를 따라 적분할 경우에는 $\oint_C V\,d\ell$로 쓴다. 직각좌표계에서, 식 (2-79)는 식 (2-44)를 이용하여 다음과 같이 나타낼 수 있다.

$$\int_C V\,d\ell = \int_C V(x, y, z)[\mathbf{a}_x\,dx + \mathbf{a}_y\,dy + \mathbf{a}_z\,dz] \tag{2-82}$$

직각좌표계의 단위벡터는 크기와 방향이 모두 일정하므로, 이들 단위벡터는 적분기호 바깥으로 빼낼 수 있으며, 식 (2-82)는 다음과 같이 나타낼 수 있다.

$$\int_C V\,d\ell = \mathbf{a}_x \int_C V(x, y, z)\,dx + \mathbf{a}_y \int_C V(x, y, z)\,dy + \mathbf{a}_z \int_C V(x, y, z)\,dz \tag{2-83}$$

식 (2-83)에서 우변의 세 적분은 일상적인 스칼라 적분으로서, 이 적분들은 경로 C를 따라 주어진 $V(x, y, z)$에 대해 구할 수 있다.

예제 2-13 그림 2-20에서 다음 경로를 따라 원점으로부터 점 $P(1, 1)$까지의 적분 $\int_O^P r^2\,d\mathbf{r}$을 구하라. 여기서 $r^2 = x^2 + y^2$이다: (a) 직선경로 OP, (b) 경로 OP_1P, (c) 경로 OP_2P.

SOLUTION
풀이

(a) 직선경로 OP를 따라 적분:

$$\begin{aligned}\int_O^P r^2\,d\mathbf{r} &= \mathbf{a}_r \int_0^{\sqrt{2}} r^2\,dr = \mathbf{a}_r \frac{2\sqrt{2}}{3} \\ &= \frac{2\sqrt{2}}{3}(\mathbf{a}_x \cos 45^\circ + \mathbf{a}_y \sin 45^\circ) \\ &= \mathbf{a}_x\tfrac{2}{3} + \mathbf{a}_y\tfrac{2}{3}\end{aligned}$$

(b) 경로 OP_1P를 따라 적분:

$$\begin{aligned}\int_O^P (x^2 + y^2)\,d\mathbf{r} &= \mathbf{a}_y \int_O^{P_1} y^2\,dy + \mathbf{a}_x \int_{P_1}^P (x^2 + 1)\,dx \\ &= \mathbf{a}_y\tfrac{1}{3}y^3\Big|_0^1 + \mathbf{a}_x(\tfrac{1}{3}x^3 + x)\Big|_0^1 \\ &= \mathbf{a}_x\tfrac{4}{3} + \mathbf{a}_y\tfrac{1}{3}\end{aligned}$$

(c) 경로 OP_2P를 따라 적분:

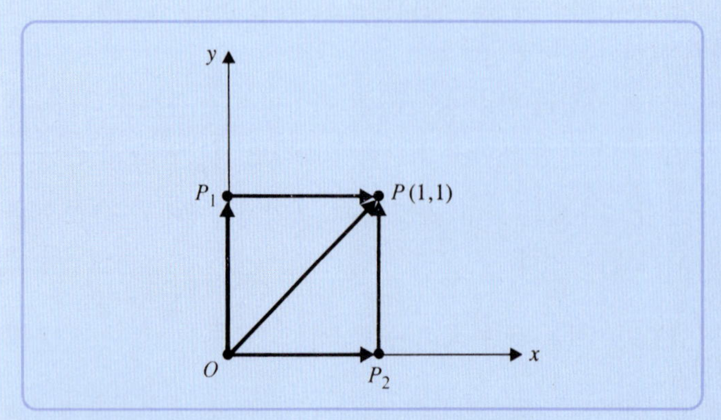

그림 2-20

예제 2-13의 예시

$$\int_O^P (x^2 + y^2)\,d\mathbf{r} = \mathbf{a}_x \int_O^{P_2} x^2\,dx + \mathbf{a}_y \int_{P_2}^{P} (1 + y^2)\,dy$$
$$= \mathbf{a}_x \tfrac{1}{3} x^3 \Big|_0^1 + \mathbf{a}_y (y + \tfrac{1}{3} y^3) \Big|_0^1$$
$$= \mathbf{a}_x \tfrac{1}{3} + \mathbf{a}_y \tfrac{4}{3}$$

위에서 (a), (b), (c) 세 항의 결과가 모두 다르며, 이로부터 이 적분값은 적분경로에 따라 달라진다는 것을 명확히 알 수 있다.

식 (2-80)과 (2-81)의 적분은 수학적으로 같은 형태이며, 결과는 두 가지 모두 스칼라로 나타난다. 식 (2-80)의 표현식은 선적분이며, 피적분함수는 벡터 **F**의 적분경로 방향의 성분이다. 이러한 형태의 스칼라 선적분은 물리학이나 전자기학에서 상당히 중요하다. (만약 **F**가 힘이라면, 이 적분은 어떤 물체를 초기 지점 P_1에서 최종 지점 P_2까지 지정된 경로 C를 따라 이동하는 데 가해준 힘이 한 일(work)에 해당한다. **F**를 전기장 세기(전계강도) **E**로 바꾸면, 이 적분은 단위전하를 P_1에서 P_2까지 이동하는 데 전기장이 한 일을 나타낸다.) 이 적분은 이 장의 뒷부분에서 다시 만나게 될 것이며 이 책의 다른 장에서도 여러 번 나타난다.

예제 2-14

$\mathbf{F} = \mathbf{a}_x xy - \mathbf{a}_y 2x$일 때, 그림 2-21의 사분원에 대한 스칼라 적분

$$\int_A^B \mathbf{F} \cdot d\ell$$

을 구하라.

SOLUTION **풀이** 이 문제는 두 가지 방법으로 풀 수 있다. 먼저 직각좌표계에서, 그 다음에 원통좌표계로 푼다.

(a) **직각좌표계**: 주어진 **F**와 $d\ell$에 대한 식 (2-44)의 표현으로부터 다음의 결과를 얻는다.

$$\mathbf{F} \cdot d\ell = xy\,dx - 2x\,dy$$

사분원의 방정식은 $x^2 + y^2 = 9(0 \le x, y \le 3)$이므로 아래와 같이 풀 수 있다.

$$\begin{aligned}\int_A^B \mathbf{F} \cdot d\ell &= \int_3^0 x\sqrt{9 - x^2}\,dx - 2\int_0^3 \sqrt{9 - y^2}\,dy \\ &= -\frac{1}{3}(9 - x^2)^{3/2}\Big|_3^0 - \left[y\sqrt{9 - y^2} + 9\sin^{-1}\frac{y}{3}\right]_0^3 \\ &= -9\left(1 + \frac{\pi}{2}\right)\end{aligned}$$

(b) **원통좌표계**: 먼저 **F**를 원통좌표계로 변환한다. 식 (2-61)의 역을 취하면 다음의 행렬식 표현을 얻는다.

$$\begin{aligned}\begin{bmatrix} A_r \\ A_\phi \\ A_z \end{bmatrix} &= \begin{bmatrix} \cos\phi & -\sin\phi & 0 \\ \sin\phi & \cos\phi & 0 \\ 0 & 0 & 1 \end{bmatrix}^{-1} \begin{bmatrix} A_x \\ A_y \\ A_z \end{bmatrix} \\ &= \begin{bmatrix} \cos\phi & \sin\phi & 0 \\ -\sin\phi & \cos\phi & 0 \\ 0 & 0 & 1 \end{bmatrix} \begin{bmatrix} A_x \\ A_y \\ A_z \end{bmatrix}\end{aligned} \qquad (2\text{-}84)$$

주어진 **F**를 식 (2-84)에 반영하면 다음 결과를 얻는다.

$$\begin{bmatrix} F_r \\ F_\phi \\ F_z \end{bmatrix} = \begin{bmatrix} \cos\phi & \sin\phi & 0 \\ -\sin\phi & \cos\phi & 0 \\ 0 & 0 & 1 \end{bmatrix} \begin{bmatrix} xy \\ -2x \\ 0 \end{bmatrix}$$

$$\mathbf{F} = \mathbf{a}_r(xy\cos\phi - 2x\sin\phi) - \mathbf{a}_\phi(xy\sin\phi + 2x\cos\phi)$$

이 문제에서 적분경로는 반지름이 3인 사분원이다. 경로를 따라 r과 z는 변화가 없으므로($dr = 0$, $dz = 0$), 식 (2-52)는 다음과 같이 간략화된다.

$$d\ell = \mathbf{a}_\phi 3\,d\phi$$

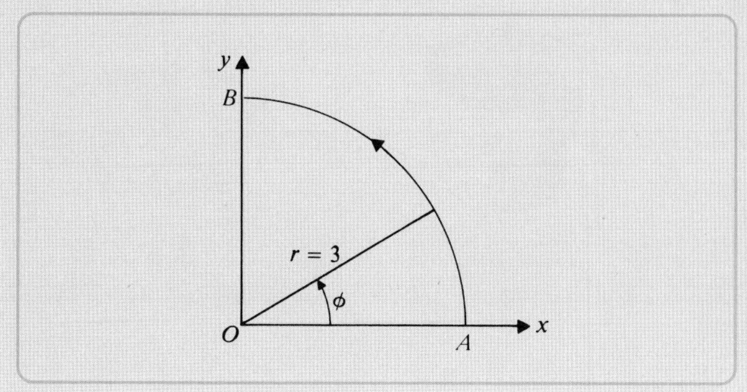

그림 2-21
선적분에 대한 경로(예제 2-14)

$$\mathbf{F} \cdot d\boldsymbol{\ell} = -3(xy \sin\phi + 2x\cos\phi)\, d\phi$$

경로가 원형이므로, F_r은 이 적분에 기여하지 않는다. 경로를 따라, $x = 3\cos\phi$이고 $y = 3\sin\phi$이다. 그러므로 선적분의 결과는 다음과 같으며, 이전의 결과와 동일하다.

$$\begin{aligned}\int_A^B \mathbf{F} \cdot d\boldsymbol{\ell} &= \int_0^{\pi/2} -3(9\sin^2\phi\cos\phi + 6\cos^2\phi)\, d\phi \\ &= -9(\sin^3\phi + \phi + \sin\phi\cos\phi)\Big|_0^{\pi/2} \\ &= -9\left(1 + \frac{\pi}{2}\right)\end{aligned}$$

이 예제에서 **F**는 직각좌표계로 주어져 있고, 경로는 원형이다. 이 문제를 푸는 데 있어서 반드시 한 가지 좌표계만으로 풀어야 하는 것은 아니다. 여기서 벡터의 변환과 두 가지 좌표계에서 문제를 푸는 과정을 확인하였다.

식 (2-81)의 표현식 $\int_S \mathbf{A} \cdot d\mathbf{s}$은 면적분이다. 실제로는 2차원에 관한 이중적분이지만, 간단하게 단일적분으로 표현하였다. 이 적분은 면적 S를 통과하는 벡터장(vector field) **A**의 선속(flux)을 구한다. 적분에서 벡터 미소 면적소 $d\mathbf{s} = \mathbf{a}_n\, ds$는 크기 ds와 단위벡터 $\mathbf{a}_n$으로 표시되는 방향을 가지고 있다. $d\mathbf{s}$ 또는 $\mathbf{a}_n$의 양의 방향에 관한 약속은 다음과 같다.

1. 적분면 S가 체적을 둘러싸는 폐곡면(닫힌 면: closed surface)이면, $\mathbf{a}_n$의 양의 방향은 항상 체적으로부터 바깥쪽으로 향하는 방향으로서, 이는 그림 2-22(a)에 나타나 있다. 여기서 $\mathbf{a}_n$의 양의 방향은 ds의 위치에 따라 다르다는 것을 알 수 있다. 만약 적분이 폐곡면에 대해 수행된다면, 적분기호에 작은 원을 추가한다.

$$\oint_S \mathbf{A} \cdot d\mathbf{s} = \oint_S \mathbf{A} \cdot \mathbf{a}_n\, ds$$

2. 만약 S가 개방면(open surface: 열린 면)이면, $\mathbf{a}_n$의 양의 방향은 개방면의 경계선의 선회하는 방

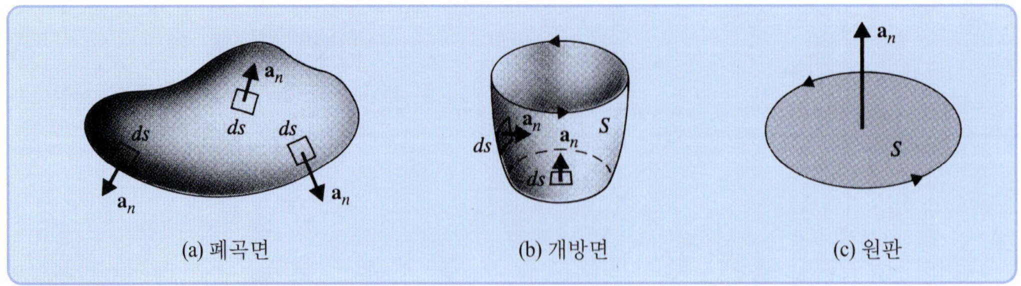

그림 2-22

스칼라 면적분에서 $\mathbf{a}_n$의 양의 방향 예시

향에 의해 결정된다. 이는 그림 2-22(b)에서 (뚜껑이 없는) 컵 모양의 표면에 대해 표시되어 있으며, 오른손 법칙을 적용하였다. 만약 오른손 손가락들이 경계선을 따라 이동하는 방향을 따른다면, 엄지손가락은 $\mathbf{a}_n$의 양의 방향을 가리킨다. 여기서도 $\mathbf{a}_n$의 양의 방향은 ds의 위치에 따라 다르다. 그림 2-22(c)와 같은 평면은 개방면 중에서 $\mathbf{a}_n$의 방향이 일정한 특별한 경우이다.

예제 2-15 $\mathbf{F} = \mathbf{a}_r k_1/r + \mathbf{a}_z k_2 z$이 주어져 있을 때, z축을 따라 $z = \pm 3$, $r = 2$에 의해 닫힌 원통면에 대해 스칼라 면적분

$$\oint_S \mathbf{F} \cdot d\mathbf{s}$$

을 구하라.

풀이 지정된 적분면 S는 그림 2-23에 나타낸 원통의 개방면이다. 원통에는 윗면, 아랫면, 옆면의 세 개 면이 있다. 따라서

$$\begin{aligned}\oint_S \mathbf{F} \cdot d\mathbf{s} &= \oint_S \mathbf{F} \cdot \mathbf{a}_n\, ds \\ &= \int_{\text{윗면}} \mathbf{F} \cdot \mathbf{a}_n\, ds + \int_{\text{아랫면}} \mathbf{F} \cdot \mathbf{a}_n\, ds + \int_{\text{옆면}} \mathbf{F} \cdot \mathbf{a}_n\, ds\end{aligned}$$

으로 표현할 수 있으며, $\mathbf{a}_n$은 각각의 면에서 바깥쪽으로 향하는 수직단위벡터이다. 우변의 세 적분은 분리해서 다음과 같이 구한다.

(a) **윗면.** $z = 3$, $\mathbf{a}_n = \mathbf{a}_z$

$$\mathbf{F} \cdot \mathbf{a}_n = k_2 z = 3k_2,$$
$$ds = r\,dr\,d\phi \text{(식 (2-53c)로부터)};$$
$$\int_{\text{윗면}} \mathbf{F} \cdot \mathbf{a}_n\, ds = \int_0^{2\pi}\int_0^2 3k_2 r\,dr\,d\phi = 12\pi k_2$$

(b) **아랫면.** $z = -3$, $\mathbf{a}_n = -\mathbf{a}_z$

$$\mathbf{F} \cdot \mathbf{a}_n = -k_2 z = 3k_2,$$
$$ds = r\,dr\,d\phi;$$
$$\int_{\text{아랫면}} \mathbf{F} \cdot \mathbf{a}_n\, ds = 12\pi k_2$$

결과는 윗면에 대한 적분과 같다.

(c) **옆면.** $r = 2$, $\mathbf{a}_n = \mathbf{a}_r$

$$\mathbf{F} \cdot \mathbf{a}_n = \frac{k_1}{r} = \frac{k_1}{2},$$

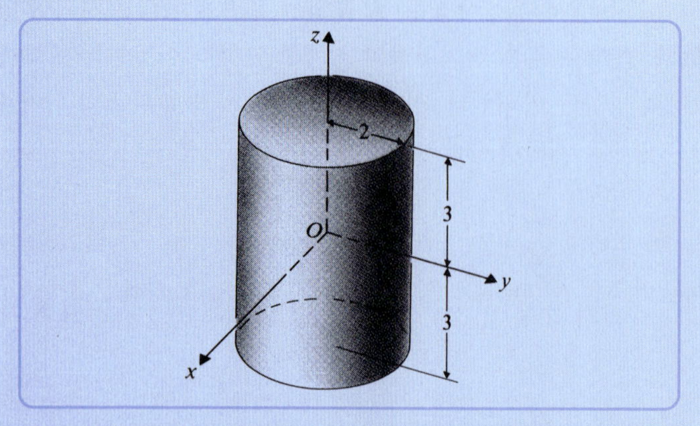

그림 2-23
원통면(예제 2-15)

$$ds = r\,d\phi\,dz = 2\,d\phi\,dz \text{(식 (2-53a)로부터)};$$

$$\int_{\text{옆면}} \mathbf{F} \cdot \mathbf{a}_n\,ds = \int_{-3}^{3} \int_{0}^{2\pi} k_1\,d\phi\,dz = 12\pi k_1$$

그러므로

$$\oint_S \mathbf{F} \cdot d\mathbf{s} = 12\pi k_2 + 12\pi k_2 + 12\pi k_1$$
$$= 12\pi(k_1 + 2k_2)$$

이다. 이 면적분은 닫힌 원통면을 통과하는 벡터 **F**의 바깥쪽 방향 순 선속(net flux)의 양을 나타낸다. ■

2-6 스칼라장의 변화율

전자기학에서는 시간과 위치, 모두에 의존하는 양을 다루어야 한다. 3차원 공간에서 세 개의 좌표 변수를 포함하므로, 네 변수(t, u_1, u_2, u_3)의 함수인 스칼라 및 벡터 장을 다루어야 한다는 것을 예상할 수 있다. 일반적으로 네 변수 중 어느 한 가지가 변화하면 전기장과 자기장의 분포도 변화할 것이다. 지금부터 주어진 시간에 스칼라장(scalar field)의 공간 변화율을 표현하는 방법을 설명한다. 세 공간좌표 변수에 대한 편미분이 사용되며, 또한 방향에 따라 변화율이 다르다. 따라서 주어진 위치와 주어진 시간에 스칼라장의 공간 변화율을 정의하기 위해서는 벡터를 사용하여 나타내는 것이 편리하다.

공간좌표계의 스칼라 함수 $V(u_1, u_2, u_3)$에는 빌딩의 온도 분포, 산악지대의 고도, 또는 영역 내의 전위 등이 있다. V의 크기는 일반적으로 공간에서 점의 위치에 좌우되지만, 어떤 선이나 면을 따라서는 일정한 값을 갖게 될 것이다. 그림 2-24에 V의 크기가 일정하고 그 값이 각각 V_1과 $V_1 + dV$인 두 면을 보여주고 있다. 여기서 dV는 V의 미소 변화를 의미한다. 일정한-V 표면은 특정 좌표계를 정의하는 어떤 면과 일치할 필요는 없다는 점을 주의하자. 점 P_1은 V_1 면 위에 있

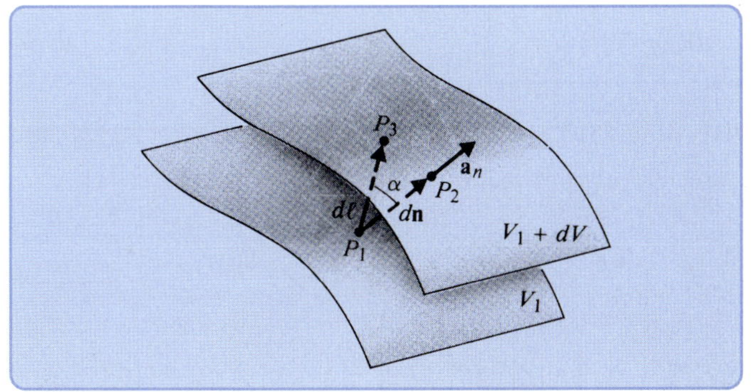

그림 2-24
스칼라의 변화율

고, P_2는 수직벡터 $d\mathbf{n}$을 따라 $V_1 + dV$ 면 위에 해당하는 위치이며, P_3는 다른 벡터 $d\boldsymbol{\ell} \neq d\mathbf{n}$을 따라 P_2에 가까운 위치이다. 동일한 크기의 변화 dV에 대해 공간 변화율 $dV/d\ell$은 명백히 $d\mathbf{n}$을 따라 가장 크며, 이는 $d\mathbf{n}$이 두 면 사이의 가장 짧은 거리이기 때문이다.[5] $dV/d\ell$의 크기는 $d\boldsymbol{\ell}$의 방향에 따라 다르므로, $dV/d\ell$은 방향성 미분을 뜻한다. **스칼라 물리량의 최대 공간 증가율에 해당하는 크기와 방향을 나타내는 벡터를 그 스칼라 물리량의 변화율**(gradient: 기울기)**로 정의한다**.

$$\mathbf{grad}\, V \triangleq \mathbf{a}_n \frac{dV}{dn} \tag{2-85}$$

간략한 표현을 위해 통상적으로 기호 $\boldsymbol{\nabla}$로 표현되는 del 연산자를 사용하며, **grad** V 대신에 $\boldsymbol{\nabla}V$로 쓴다. 그러므로 스칼라 물리량 V의 변화율은 다음과 같이 나타낼 수 있다.

$$\boldsymbol{\nabla} V \triangleq \mathbf{a}_n \frac{dV}{dn} \tag{2-86}$$

dV는 양의 값으로 가정하였으며(V의 증가), 만약 dV가 음이면(P_1에서 P_2로 V가 감소), $\boldsymbol{\nabla}V$는 $\mathbf{a}_n$ 방향과 반대 방향이다.

$d\boldsymbol{\ell}$을 따라 얻게 되는 방향성 미분은 다음과 같다.

$$\begin{aligned} \frac{dV}{d\ell} &= \frac{dV}{dn}\frac{dn}{d\ell} = \frac{dV}{dn}\cos\alpha \\ &= \frac{dV}{dn}\mathbf{a}_n \cdot \mathbf{a}_\ell = (\boldsymbol{\nabla}V)\cdot \mathbf{a}_\ell \end{aligned} \tag{2-87}$$

식 (2-87)은 $\mathbf{a}_\ell$ 방향으로 V의 공간 증가율은 V의 변화율을 그 방향으로 투영한 것(성분)과 같다는 것을 나타낸다. 또한 식 (2-87)은

5) 더 공식적인 서술에서는, 변화 ΔV와 $\Delta\ell$이 사용되고, $\Delta\ell$이 0에 접근함에 따라 비 $\Delta V/\Delta\ell$은 도함수 $dV/d\ell$이 된다. 단순함을 위해 이러한 정규적 절차는 피한다.

$$dV = (\nabla V) \cdot d\boldsymbol{\ell} \tag{2-88}$$

로 나타낼 수 있으며, $d\boldsymbol{\ell} = \mathbf{a}_\ell d\ell$이다. 식 (2-88)에서 dV는 위치의 변화(그림 2-24에서 P_1에서 P_3로)에 대한 V의 변화량이며, 이는 좌표의 미소 변화를 이용하여 다음과 같이 나타낼 수 있다.

$$dV = \frac{\partial V}{\partial \ell_1} d\ell_1 + \frac{\partial V}{\partial \ell_2} d\ell_2 + \frac{\partial V}{\partial \ell_3} d\ell_3 \tag{2-89}$$

여기서 $d\ell_1$, $d\ell_2$, $d\ell_3$는 선택한 좌표계에서 벡터 미소 변위 $d\boldsymbol{\ell}$의 성분들이다. 일반적인 직교 곡선좌표계(u_1, u_2, u_3)에서 $d\boldsymbol{\ell}$은 (식 (2-31)로부터)

$$\begin{aligned} d\boldsymbol{\ell} &= \mathbf{a}_{u_1} d\ell_1 + \mathbf{a}_{u_2} d\ell_2 + \mathbf{a}_{u_3} d\ell_3 \\ &= \mathbf{a}_{u_1}(h_1\, du_1) + \mathbf{a}_{u_2}(h_2\, du_2) + \mathbf{a}_{u_3}(h_3\, du_3) \end{aligned} \tag{2-90}$$

이다. 식 (2-89)의 dV는 벡터의 내적을 이용하여 구할 수 있으며 다음과 같이 정리할 수 있다.

$$\begin{aligned} dV &= \left(\mathbf{a}_{u_1} \frac{\partial V}{\partial \ell_1} + \mathbf{a}_{u_2} \frac{\partial V}{d\ell_2} + \mathbf{a}_{u_3} \frac{\partial V}{\partial \ell_3}\right) \cdot (\mathbf{a}_{u_1} d\ell_1 + \mathbf{a}_{u_2} d\ell_2 + \mathbf{a}_{u_3} d\ell_3) \\ &= \left(\mathbf{a}_{u_1} \frac{\partial V}{\partial \ell_1} + \mathbf{a}_{u_2} \frac{\partial V}{\partial \ell_2} + \mathbf{a}_{u_3} \frac{\partial V}{\partial \ell_3}\right) \cdot d\boldsymbol{\ell} \end{aligned} \tag{2-91}$$

식 (2-91)과 (2-88)을 비교하면, 스칼라 물리량 V의 변화율 또는 기울기에 관한 표현식은

$$\nabla V = \mathbf{a}_{u_1} \frac{\partial V}{\partial \ell_1} + \mathbf{a}_{u_2} \frac{\partial V}{\partial \ell_2} + \mathbf{a}_{u_3} \frac{\partial V}{d\ell_3} \tag{2-92}$$

또는

$$\nabla V = \mathbf{a}_{u_1} \frac{\partial V}{h_1\, \partial u_1} + \mathbf{a}_{u_2} \frac{\partial V}{h_2\, \partial u_2} + \mathbf{a}_{u_3} \frac{\partial V}{h_3\, \partial u_3} \tag{2-93}$$

을 얻을 수 있다. 식 (2-93)은 임의의 스칼라 물리량이 공간좌표의 함수로 주어져 있을 때 그 스칼라 물리량의 변화율을 계산하기 위한 유용한 공식이다.

직각좌표계에서는 (u_1, u_2, u_3) = (x, y, z)이고 $h_1 = 1$, $h_2 = 1$, $h_3 = 1$이므로,

$$\nabla V = \mathbf{a}_x \frac{\partial V}{\partial x} + \mathbf{a}_y \frac{\partial V}{\partial y} + \mathbf{a}_z \frac{\partial V}{\partial z} \tag{2-94}$$

또는

$$\nabla V = \left(\mathbf{a}_x \frac{\partial}{\partial x} + \mathbf{a}_y \frac{\partial}{\partial y} + \mathbf{a}_z \frac{\partial}{\partial z}\right) V \tag{2-95}$$

이다. 식 (2-95)로부터 직각좌표계에서는 ∇을 벡터 미분 연산자로 생각하는 것이 편리하다.

$$\nabla \equiv \mathbf{a}_x \frac{\partial}{\partial x} + \mathbf{a}_y \frac{\partial}{\partial y} + \mathbf{a}_z \frac{\partial}{\partial z} \tag{2-96}$$

그런데 식 (2-93)으로부터 일반적인 직교좌표계에서는 ∇은 다음과 같은 연산자로 정의할 수 있으리라고 착각할 수 있다.

$$\nabla \equiv \left(\mathbf{a}_{u_1} \frac{\partial}{h_1 \partial u_1} + \mathbf{a}_{u_2} \frac{\partial}{h_2 \partial u_2} + \mathbf{a}_{u_3} \frac{\partial}{h_3 \partial u_3} \right) \tag{2-97}$$

그러나 이것은 일반화하여 사용할 수 있다는 착각은 금물이다. 이 정의는 단지 스칼라 물리량의 변화량에 대해서만 제대로 된 답을 얻는다. 이 장에서는 같은 벡터 미분 연산자(∇)가 벡터의 발산(divergence, $\nabla\cdot$)과 회전(curl, $\nabla\times$) 연산을 표시하는 데도 역시 사용된다. 이 경우 곡선좌표계에서 기저벡터의 미분은 다른 방향으로의 새로운 벡터를 유발할 수 있음을 기억하는 것이 중요하다. (예를 들면, $\partial\mathbf{a}_r/\partial\phi = \mathbf{a}_\phi$ 그리고 $\partial\mathbf{a}_\phi/\partial\phi = -\mathbf{a}_r$.) 식 (2-97)에 정의된 ∇을 곡선좌표계의 벡터에 연산하고자 할 때는 적절한 주의가 필요하다.

예제 2-16 전기장 세기 $\mathbf{E}$는 스칼라 전위 V의 음의 기울기로부터 구할 수 있는데, 즉 $\mathbf{E} = -\nabla V$를 통해 얻을 수 있다. 다음과 같은 V에 대해 점 (1, 1, 0)에서 $\mathbf{E}$를 구하라.

(a) $V = V_0 e^{-x} \sin \dfrac{\pi y}{4}$

(b) $V = E_0 R \cos\theta$

풀이 식 (2-93)을 이용하여 (a)에서는 직각좌표계에서, (b)에서는 구좌표계에서 $\mathbf{E} = -\nabla V$를 구한다.

(a) $$\mathbf{E} = -\left[\mathbf{a}_x \frac{\partial}{\partial x} + \mathbf{a}_y \frac{\partial}{\partial y} + \mathbf{a}_z \frac{\partial}{\partial z}\right] V_0 e^{-x} \sin\frac{\pi y}{4}$$
$$= \left(\mathbf{a}_x \sin\frac{\pi y}{4} - \mathbf{a}_y \frac{\pi}{4}\cos\frac{\pi y}{4}\right) V_0 e^{-x}$$

그러므로 $\mathbf{E}(1, 1, 0) = \left(\mathbf{a}_x - \mathbf{a}_y \dfrac{\pi}{4}\right) \dfrac{V_0 e^{-1}}{\sqrt{2}} = \mathbf{a}_E E$ 가 된다.

여기서

$$E = V_0 e^{-1} \sqrt{\frac{1}{2}\left(1 + \frac{\pi^2}{16}\right)}$$

$$\mathbf{a}_E = \frac{1}{\sqrt{1+(\pi^2/16)}}\left(\mathbf{a}_x - \mathbf{a}_y\frac{\pi}{4}\right)$$

(b) $$\mathbf{E} = -\left[\mathbf{a}_R\frac{\partial}{\partial R} + \mathbf{a}_\theta\frac{\partial}{R\partial\theta} + \mathbf{a}_\phi\frac{\partial}{R\sin\theta\,\partial\phi}\right]E_0R\cos\theta$$
$$= -(\mathbf{a}_R\cos\theta - \mathbf{a}_\theta\sin\theta)E_0$$

식 (2-77)에 의해, 위의 결과는 직각좌표계에서 $\mathbf{E} = -\mathbf{a}_z E_0$로 매우 간단하게 변환된다. 이는 놀라운 일이 아니다. 왜냐하면 주어진 V를 주의깊게 살펴보면 $E_0R\cos\theta$는 사실상 E_0z와 같기 때문이다. 직각좌표계에서

$$\mathbf{E} = -\nabla V = -\mathbf{a}_z\frac{\partial}{\partial z}(E_0z) = -\mathbf{a}_zE_0$$

이다.

2-7 벡터장의 발산

앞 절에서 스칼라 물리량의 공간 변화율에 대해 설명하였으며, 이로부터 변화율(기울기: gradient)을 정의하였다. 지금부터 우리의 관심을 벡터장(vector field)의 공간 미분들로 옮겨서 벡터의 **발산**(divergence)과 **회전**(curl)을 정의하도록 한다. 이 절에서는 발산의 의미를 논의하고 2-9절에서는 회전의 의미를 논의한다. 두 가지 모두 전자기학을 공부하는 데 매우 중요하다.

벡터 물리량인 전기장과 자기장을 공부하는 데 있어서 장의 변화를 **유속선**(flux line) 또는 **유선**(streamline)이라 불리는 방향이 있는 선들에 의해 그림으로 나타내는 것이 편리하다. 이들은 방향이 있는 선 또는 곡선으로서 각 점에서 벡터장의 방향을 표시하며, 그림 2-25에 예시되어 있다. 한 점에서 벡터 물리량의 크기는 그 점 주위에서 방향 선분들의 밀도 또는 길이로 나타낸다. 그림 2-25(a)에서 같은 길이를 가진 방향 선분들의 밀도가 영역 A에서 더 높으므로 영역 A의 벡터장이 영역 B의 벡터장보다 더 세다는 것을 보여주고 있다. 그림 2-25(b)에서는 점 q로부터 멀어질수록 화살표의 길이가 줄어들며, 이는 방사형 장이 q에 가장 가까운 곳에서 가장 세다는 것을 표시한다. 그림 2-25(c)는 균일한 장을 나타낸다.

그림 2-25(a)에서 벡터장의 세기는 벡터에 수직인 단위면적을 통과하는 유속선의 숫자로 표시한다. 벡터장의 선속(유동량: flux)은 물과 같은 비압축성 유체의 흐름과 유사하다. 폐곡면으로 둘러싸인 체적으로부터 표면을 통해 넘쳐 흘러나오거나 흘러들어가는 흐름이 있는 것은 체적 내부에 각각 벡터장을 발생하는 근원(source)이나 흡수원(sink)이 있음을 뜻한다. 즉, 순(net) 양의 발산은 체적 내에 유체의 원천이 있다는 것을 나타내고, 순 음의 발산은 흡수원이 있음을 나타낸다. 그러므로 단위체적당 유체의 순 유출 흐름은 내부에 포함된 원천의 세기를 나타내는

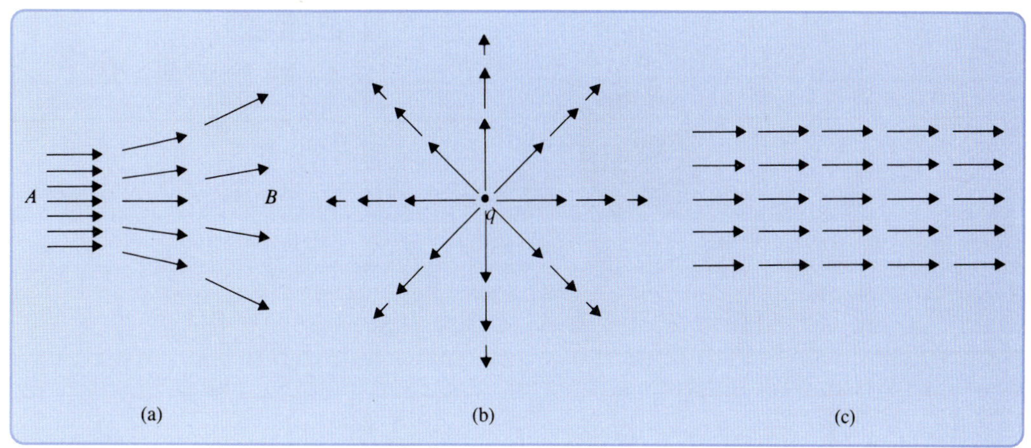

그림 2-25
벡터장의 유속선

척도이기도 하다. 그림 2-25(c)에서 보는 바와 같은, 균일한 장에서는, 원천 또는 흡수원을 포함하지 않은 임의의 체적을 둘러싸는 폐곡면을 통해 흘러들어가는 선속과 흘러나오는 선속의 양이 같으므로, 발산은 0이 된다.

어떤 점에서 벡터장 A의 발산(divergence)**은 div A로 간략하게 표현하며, 그 점을 포함하는 체적이 0으로 접근할 때 단위체적당 A의 순 유출 선속**(단위시간당 면적을 통과하는 유동량)**으로서 다음과 같이 정의한다.**

$$\operatorname{div} \mathbf{A} \triangleq \lim_{\Delta v \to 0} \frac{\oint_S \mathbf{A} \cdot d\mathbf{s}}{\Delta v} \tag{2-98}$$

식 (2-98)의 분자는 흘러나오는 순 선속을 나타내며, 체적의 경계인 전체(entire) 표면 S에 대한 적분이다. 이러한 형태의 면적분은 예제 2-15에서 다룬 적이 있다. 식 (2-98)은 div **A**의 일반적 정의이며, 각 지점에서 **A** 자체가 변함에 따라 그 크기도 변하는 스칼라량이다. 이 정의는 모든 좌표계에서 성립하며, **A**와 마찬가지로 div **A**의 표현식은 좌표계의 선택에 따라 다르다.

이 절의 처음에 벡터의 발산은 일종의 공간 변화율이라는 것을 암시하였다. 독자들은 아마도 식 (2-98)의 표현식에서 적분이 있다는 것을 이상하게 생각할 것이다. 하지만 2차원 면적분을 3차원 체적으로 나눈 것은 체적이 0에 접근함에 따라 공간 미분이 된다. 지금부터 직각좌표계에서 div **A**의 표현식을 유도한다.

그림 2-26에서 보는 바와 같이, 벡터 물리량 **A**에 대해 중심이 $P(x_0, y_0, z_0)$이고 각 변의 길이가 $\Delta x, \Delta y, \Delta z$인 미소 체적을 생각해 보자. 직각좌표계에서 $\mathbf{A} = \mathbf{a}_x A_x + \mathbf{a}_y A_y + \mathbf{a}_z A_z$이다. 점 (x_0, y_0, z_0)에서 div **A**를 구하고자 한다. 미소 체적은 6개의 면을 가지고 있으므로, 식 (2-98)의 분자에 있는 면적분은 6개의 적분으로 나눌 수 있다.

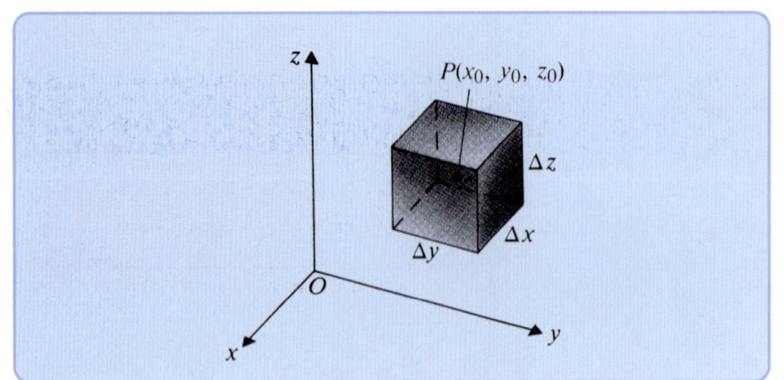

그림 2-26
직교좌표계에서의 미소 체적

$$\oint_S \mathbf{A}\cdot d\mathbf{s} = \left[\int_{\text{앞면}} + \int_{\text{뒷면}} + \int_{\text{오른쪽 면}} + \int_{\text{왼쪽 면}} + \int_{\text{윗면}} + \int_{\text{아랫면}}\right]\mathbf{A}\cdot d\mathbf{s} \tag{2-99}$$

앞면에 대한 면적분은 다음과 같다.

$$\begin{aligned}\int_{\text{앞면}} \mathbf{A}\cdot d\mathbf{s} &= \mathbf{A}_{\text{앞면}}\cdot \Delta\mathbf{s}_{\text{앞면}} = \mathbf{A}_{\text{앞면}}\cdot \mathbf{a}_x(\Delta y\,\Delta z)\\ &= A_x\left(x_0 + \frac{\Delta x}{2}, y_0, z_0\right)\Delta y\,\Delta z\end{aligned} \tag{2-100}$$

$A_x([x_0 + (\Delta x/2), y_0, z_0])$는 (x_0, y_0, z_0)에서의 값에 대해 테일러(Taylor) 급수로 다음과 같이 전개할 수 있다.

$$A_x\left(x_0 + \frac{\Delta x}{2}, y_0, z_0\right) = A_x(x_0, y_0, z_0) + \frac{\Delta x}{2}\frac{\partial A_x}{\partial x}\bigg|_{(x_0,\, y_0,\, z_0)} + \text{ 고차항} \tag{2-101}$$

여기서 고차항(higher-order terms, H.O.T.)은 $(\Delta x/2)^2$, $(\Delta x/2)^3$ 등의 성분을 포함한다. 유사한 방법으로, 뒷면에 대한 면적분은 다음과 같다.

$$\begin{aligned}\int_{\text{뒷면}} \mathbf{A}\cdot d\mathbf{s} &= \mathbf{A}_{\text{뒷면}}\cdot \Delta\mathbf{s}_{\text{뒷면}} = \mathbf{A}_{\text{뒷면}}\cdot(-\mathbf{a}_x\Delta y\,\Delta z)\\ &= -A_x\left(x_0 - \frac{\Delta x}{2}, y_0, z_0\right)\Delta y\,\Delta z\end{aligned} \tag{2-102}$$

$A_x\left(x_0 - \frac{\Delta x}{2}, y_0, z_0\right)$의 테일러 급수 전개는

$$A_x\left(x_0 - \frac{\Delta x}{2}, y_0, z_0\right) = A_x(x_0, y_0, z_0) - \frac{\Delta x}{2}\frac{\partial A_x}{\partial x}\bigg|_{(x_0,\, y_0,\, z_0)} + \text{H.O.T.} \tag{2-103}$$

이다. 식 (2-101)을 식 (2-100)에, 식 (2-103)을 식 (2-102)에 대입하고 이들을 더하면 다음 결과를 얻는다.

$$\left[\int_{앞면} + \int_{뒷면}\right]\mathbf{A}\cdot d\mathbf{s} = \left(\frac{\partial A_x}{\partial x} + \text{H.O.T.}\right)\Bigg|_{(x_0,\, y_0,\, z_0)} \Delta x\,\Delta y\,\Delta z \tag{2-104}$$

여기서는 식 (2-101)과 (2-103)의 고차항에서 한 개의 Δx 성분이 빠지지만, 식 (2-104)의 모든 고차항은 여전히 Δx의 급수를 포함한다.

오른쪽과 왼쪽 면에 대해서도 같은 과정을 따르면, 좌표 변화는 각각 $+\Delta y/2$와 $-\Delta y/2$이고, $\Delta s = \Delta x\Delta z$이므로

$$\left[\int_{오른쪽\ 면} + \int_{왼쪽\ 면}\right]\mathbf{A}\cdot d\mathbf{s} = \left(\frac{\partial A_y}{\partial y} + \text{H.O.T.}\right)\Bigg|_{(x_0,\, y_0,\, z_0)} \Delta x\,\Delta y\,\Delta z \tag{2-105}$$

이다. 여기서 고차항은 (Δy), $(\Delta y)^2$ 등의 성분을 포함한다. 윗면과 아랫면에 대해서는

$$\left[\int_{윗면} + \int_{아랫면}\right]\mathbf{A}\cdot d\mathbf{s} = \left(\frac{\partial A_z}{\partial z} + \text{H.O.T.}\right)\Bigg|_{(x_0,\, y_0,\, z_0)} \Delta x\,\Delta y\,\Delta z \tag{2-106}$$

이며, 고차항은 (Δz), $(\Delta z)^2$ 등의 성분을 포함한다. 이제 식 (2-104), (2-105), 그리고 (2-106)을 식 (2-99)에 대입하면,

$$\oint_S \mathbf{A}\cdot d\mathbf{s} = \left(\frac{\partial A_x}{\partial x} + \frac{\partial A_y}{\partial y} + \frac{\partial A_z}{\partial z}\right)\Bigg|_{(x_0,\, y_0,\, z_0)} \Delta x\,\Delta y\,\Delta z + \Delta x, \Delta y, \Delta z\text{의 고차항} \tag{2-107}$$

을 얻는다. $\Delta v = \Delta x\Delta y\Delta z$이므로, 식 (2-107)을 식 (2-98)에 대입하면 직각좌표계에서 div **A**의 표현식으로 다음 결과를 얻는다.

$$\text{div}\,\mathbf{A} = \frac{\partial A_x}{\partial x} + \frac{\partial A_y}{\partial y} + \frac{\partial A_z}{\partial z} \tag{2-108}$$

고차항은 미소 체적 $\Delta x\Delta y\Delta z$가 0으로 접근할 때 그 크기가 작아 무시할 수 있다. 일반적으로 div **A**의 값은 그 값을 구하는 점의 위치에 따라 달라진다. 식 (2-108)에서 (x_0, y_0, z_0)의 표기는 **A**와 그 편미분이 정의된 모든 점에 대해 적용되므로 생략하였다.

식 (2-96)에서 정의된 벡터 미분 연산자 del 또는 ∇을 이용하여 표시하면 식 (2-108) 대신에 $\nabla\cdot\mathbf{A}$로 쓸 수 있다.

$$\nabla\cdot\mathbf{A} \equiv \text{div}\,\mathbf{A} \tag{2-109}$$

일반적인 직교 곡선좌표계 (u_1, u_2, u_3)에서, 식 (2-98)은 다음과 같이 나타낼 수 있다.

$$\nabla\cdot\mathbf{A} = \frac{1}{h_1h_2h_3}\left[\frac{\partial}{\partial u_1}(h_2h_3A_1) + \frac{\partial}{\partial u_2}(h_1h_3A_2) + \frac{\partial}{\partial u_3}(h_1h_2A_3)\right] \tag{2-110}$$

예제 2-17 임의의 점에 대한 위치벡터의 발산을 구하라.

풀이 직각좌표계와 구좌표계에서 해를 구한다.

(a) **직각좌표계**: 임의의 점 (x, y, z)까지의 위치벡터에 대한 표현식은

$$\overrightarrow{OP} = \mathbf{a}_x x + \mathbf{a}_y y + \mathbf{a}_z z \tag{2-111}$$

이다. 식 (2-108)을 이용하면,

$$\nabla \cdot (\overrightarrow{OP}) = \frac{\partial x}{\partial x} + \frac{\partial y}{\partial y} + \frac{\partial z}{\partial z} = 3$$

을 얻는다.

(b) **구좌표계**: 구좌표계에서의 위치벡터는 간단히

$$\overrightarrow{OP} = \mathbf{a}_R R \tag{2-112}$$

이다. 구좌표(R, θ, ϕ)에서 벡터 물리량 $\mathbf{A}$의 발산은 식 (2-110)으로부터 표 2-1을 이용하여 다음과 같이 구할 수 있다.

$$\boxed{\nabla \cdot \mathbf{A} = \frac{1}{R^2}\frac{\partial}{\partial R}(R^2 A_R) + \frac{1}{R \sin\theta}\frac{\partial}{\partial \theta}(A_\theta \sin\theta) + \frac{1}{R\sin\theta}\frac{\partial A_\phi}{\partial \phi}} \tag{2-113}$$

식 (2-112)를 식 (2-113)에 대입하면, 또한 예상대로 $\nabla \cdot (\overrightarrow{OP}) = 3$을 얻는다. ■

예제 2-18 전류가 흐르는 아주 긴 도선 주변에서 자속밀도(magnetic flux density) $\mathbf{B}$는 원을 그리며 도선 축까지의 거리에 반비례한다. $\nabla \cdot \mathbf{B}$를 구하라.

풀이 긴 도선이 원통좌표계에서 z축과 일치한다고 하자. 문제로부터

$$\mathbf{B} = \mathbf{a}_\phi \frac{k}{r}$$

이다. 원통좌표계(r, ϕ, z)에서 벡터장의 발산은 식 (2-110)으로부터 다음의 관계식을 이용하여 구할 수 있다.

$$\boxed{\nabla \cdot \mathbf{B} = \frac{1}{r}\frac{\partial}{\partial r}(rB_r) + \frac{1}{r}\frac{\partial B_\phi}{\partial \phi} + \frac{\partial B_z}{\partial z}} \tag{2-114}$$

여기서 $B_\phi = k/r$, $B_r = B_z = 0$이다. 식 (2-114)로부터 자속밀도 $\mathbf{B}$의 발산은

$$\nabla \cdot \mathbf{B} = 0$$

이다.

이 예제의 벡터는 상수가 아니면서도 발산이 0(영)인 벡터이다. 이러한 성질은 자속선들이 닫혀 있고 자기장 형성의 원천이나 흡수원이 없다는 것을 나타낸다. 발산이 없는 장을 솔레노이드 장(solenoidal field: 회전장, 나선형 장)이라 한다. 이러한 형태의 장에 관해서는 나중에 더 언급하게 될 것이다.

2-8 발산 정리

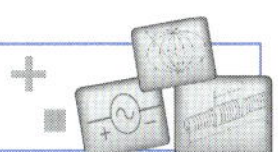

앞 절에서 벡터장의 발산을 단위체적당 흘러나가는 순 선속(유동량)으로 정의하였다. 직관적으로 **벡터장에 대한 발산의 체적적분은 그 체적의 경계면을 통과하여 흘러나가는 벡터의 총 선속과 같다**는 것을 예상할 수 있다. 즉,

$$\int_V \nabla \cdot \mathbf{A}\, dv = \oint_S \mathbf{A} \cdot d\mathbf{s} \tag{2-115}$$

이다. 이 항등식을 **발산 정리**(divergence theorem)[6]라고 하며, 다음 문단에서 증명한다. 이 정리는 표면적 S로 둘러싸인(closed surface) 임의의 체적 V에 대해 적용된다. $d\mathbf{s}$의 방향은 항상 바깥 수직 방향이며, 표면 ds에 수직이고 체적으로부터 나가는 방향이다.

표면 s_j로 둘러싸인 매우 작은 미소 체적소 Δv_j에 대해, 식 (2-98)에서 $\nabla \cdot \mathbf{A}$의 정의로부터

$$(\nabla \cdot \mathbf{A})_j \Delta v_j = \oint_{s_j} \mathbf{A} \cdot d\mathbf{s} \tag{2-116}$$

을 바로 얻게 된다. 임의의 체적 V에서, 체적을 여러 개, 즉 N개의 작은 미소 체적으로 분할할 수 있으며, Δv_j는 그 중 대표적인 것이다. 이것은 그림 2-27에 나타나 있다. 이제 이들 모든 미소 체적들에 대해 식 (2-116)의 양변에 기여한 성분들을 합치도록 하자. 그러면

$$\lim_{\Delta v_j \to 0} \left[\sum_{j=1}^{N} (\nabla \cdot \mathbf{A})_j \Delta v_j \right] = \lim_{\Delta v_j \to 0} \left[\sum_{j=1}^{N} \oint_{s_j} \mathbf{A} \cdot d\mathbf{s} \right] \tag{2-117}$$

을 얻는다. 식 (2-117)의 좌변은 정의에 의해 $\nabla \cdot \mathbf{A}$의 체적적분이다.

6) **가우스**(Gauss) **정리**로도 알려져 있다.

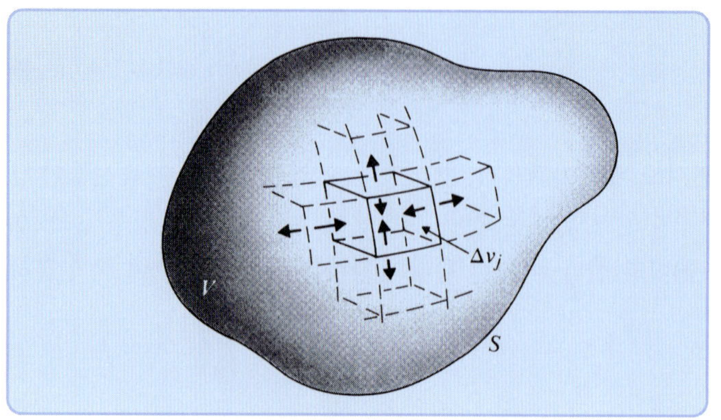

그림 2-27
발산 정리의 증명을 위해 분할된 체적

$$\lim_{\Delta v_j \to 0}\left[\sum_{j=1}^{N}(\nabla\cdot\mathbf{A})_j\,\Delta v_j\right]=\int_V(\nabla\cdot\mathbf{A})\,dv \tag{2-118}$$

식 (2-117)의 우변의 면적분은 미소 체적소들의 모든 면들에 대한 합이다. 그러나 내부의 면들에서 인접한 요소들의 기여는 서로 상쇄된다. 왜냐하면 내부 공통면에서 인접한 요소들의 바깥 수직 방향은 서로 반대이기 때문이다. 그러므로 식 (2-117)의 우변의 순 기여는 체적 V를 둘러싼 외부면 S에 의한 것 뿐이다. 즉,

$$\lim_{\Delta v_j \to 0}\left[\sum_{j=1}^{N}\int_{s_j}\mathbf{A}\cdot d\mathbf{s}\right]=\oint_S\mathbf{A}\cdot d\mathbf{s} \tag{2-119}$$

이다. 식 (2-118)과 (2-119)를 식 (2-117)에 대입하면, 식 (2-115)의 발산 정리를 얻는다.

발산 정리의 증명에서 극한 과정(limiting process)의 타당성은 벡터장 **A**와 그 1차 미분이 V와 S 상에서 존재하고 연속임이 필요조건이다. 발산 정리는 벡터 해석에서 중요한 항등식(identity)이다. 이 식은 벡터에 대한 발산의 체적적분을 그 벡터의 면적분으로 변환하고, 그 역으로도 변환하여 사용할 수 있도록 한다. 발산 정리는 전자기학에서 다른 정리들과 관계식을 세울 때 자주 사용된다. 식 (2-115)의 양변에서 단순화를 위해 단일적분으로 표시하였으나, 체적적분과 면적분은 각각 삼중 및 이중 적분임을 강조한다.

예제 2-19 $\mathbf{A}=\mathbf{a}_x x^2+\mathbf{a}_y xy+\mathbf{a}_z yz$ 일 때, 각 변의 길이가 1인 정육면체에 대해 발산 정리를 입증하라. 정육면체는 직각좌표계의 1상한에 있으며 하나의 꼭지점이 원점에 있다.

SOLUTION **풀이** 그림 2-28을 참고하라. 먼저 6개의 면에서 면적분을 구한다.

1. 앞면: $x=1$, $d\mathbf{s}=\mathbf{a}_x\,dy\,dz$

$$\int_{\text{앞면}} \mathbf{A} \cdot d\mathbf{s} = \int_0^1 \int_0^1 dy\,dz = 1$$

2. 뒷면: $x = 0$, $d\mathbf{s} = -\mathbf{a}_x dy\,dz$

$$\int_{\text{뒷면}} \mathbf{A} \cdot d\mathbf{s} = 0$$

3. 왼쪽 면: $y = 0$, $d\mathbf{s} = -\mathbf{a}_y dx\,dz$

$$\int_{\text{왼쪽 면}} \mathbf{A} \cdot d\mathbf{s} = 0$$

4. 오른쪽 면: $y = 1$, $d\mathbf{s} = \mathbf{a}_y dx\,dz$

$$\int_{\text{오른쪽 면}} \mathbf{A} \cdot d\mathbf{s} = \int_0^1 \int_0^1 x\,dx\,dz = \tfrac{1}{2}$$

5. 윗면: $z = 1$, $d\mathbf{s} = \mathbf{a}_z dx\,dy$

$$\int_{\text{윗면}} \mathbf{A} \cdot d\mathbf{s} = \int_0^1 \int_0^1 y\,dx\,dy = \tfrac{1}{2}$$

6. 아랫면: $z = 0$, $d\mathbf{s} = -\mathbf{a}_z dx\,dy$

$$\int_{\text{아랫면}} \mathbf{A} \cdot d\mathbf{s} = 0$$

위의 6개 값을 더하면,

$$\oint_S \mathbf{A} \cdot d\mathbf{s} = 1 + 0 + 0 + \tfrac{1}{2} + \tfrac{1}{2} + 0 = 2 \qquad (2\text{-}120)$$

이 된다.

이제 **A**의 발산을 구하면,

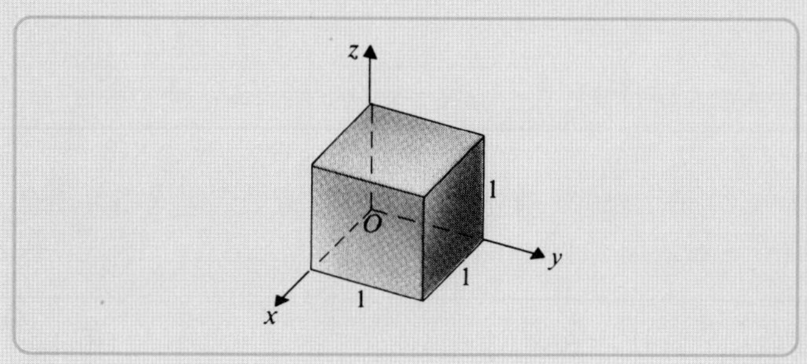

그림 2-28
단위 정육면체(예제 2-19)

$$\nabla \cdot \mathbf{A} = \frac{\partial}{\partial x}(x^2) + \frac{\partial}{\partial y}(xy) + \frac{\partial}{\partial z}(yz) = 3x + y$$

이다. 따라서

$$\int_V \nabla \cdot \mathbf{A}\, dv = \int_0^1 \int_0^1 \int_0^1 (3x + y)\, dx\, dy\, dz = 2 \tag{2-121}$$

이며, 식 (2-120)에서 폐곡면에 대한 면적적분의 결과와 같다. 이를 통해 발산 정리를 입증하였다. ■

예제 2-20 $\mathbf{F} = \mathbf{a}_R kR$일 때, 그림 2-29에 보이는 바와 같이 중심이 원점이고, $R = R_1$과 $R = R_2(R_2 > R_1)$의 구면들로 둘러싸인 껍질모양(shell) 영역에 대해 발산 정리가 성립하는지를 밝혀라.

풀이 여기서 지정된 영역은 두 개의 표면을 가지고 있으며, $R = R_1$과 $R = R_2$에 있다.

바깥쪽 면: $R = R_2$, $d\mathbf{s} = \mathbf{a}_R R_2^2 \sin\theta\, d\theta\, d\phi$

$$\int_{\text{바깥쪽 면}} \mathbf{F} \cdot d\mathbf{s} = \int_0^{2\pi} \int_0^{\pi} (kR_2) R_2^2 \sin\theta\, d\theta\, d\phi = 4\pi k R_2^3$$

안쪽 면: $R = R_1$, $d\mathbf{s} = -\mathbf{a}_R R_1^2 \sin\theta\, d\theta\, d\phi$

$$\int_{\text{안쪽 면}} \mathbf{F} \cdot d\mathbf{s} = -\int_0^{2\pi} \int_0^{\pi} (kR_1) R_1^2 \sin\theta\, d\theta\, d\phi = -4\pi k R_1^3$$

사실 두 경우 모두 피적분함수가 θ와 ϕ에 무관하므로, 구면상에서 상수의 적분은 간단히 상수와 표면적의 곱이며(바깥쪽 면은 $4\pi R_2^2$, 안쪽 면은 $4\pi R_1^2$), 적분은 필요하지 않다. 두 결과를 더하면,

$$\oint_S \mathbf{F} \cdot d\mathbf{s} = 4\pi k (R_2^3 - R_1^3) \tag{2-122}$$

이 된다.

체적적분을 구하기 위해, 먼저 $\mathbf{F}$에 대한 $\nabla \cdot \mathbf{F}$를 구한다. $\mathbf{F}$는 F_R 성분만 가지고 있으므로 식 (2-113)으로부터

$$\nabla \cdot \mathbf{F} = \frac{1}{R^2} \frac{\partial}{\partial R}(R^2 F_R) = \frac{1}{R^2} \frac{\partial}{\partial R}(kR^3) = 3k$$

이다. $\nabla \cdot \mathbf{F}$는 상수이므로, 그것의 체적적분은 상수와 체적의 곱이다. 반지름이 R_1과 R_2인 두 구면 사이의 껍질모양 영역의 체적은 $4\pi(R_2^3 - 4\pi R_1^3)/3$이다. 그러므로

$$\int_V \nabla \cdot \mathbf{F}\, dv = (\nabla \cdot \mathbf{F}) V = 4\pi k (R_2^3 - R_1^3) \tag{2-123}$$

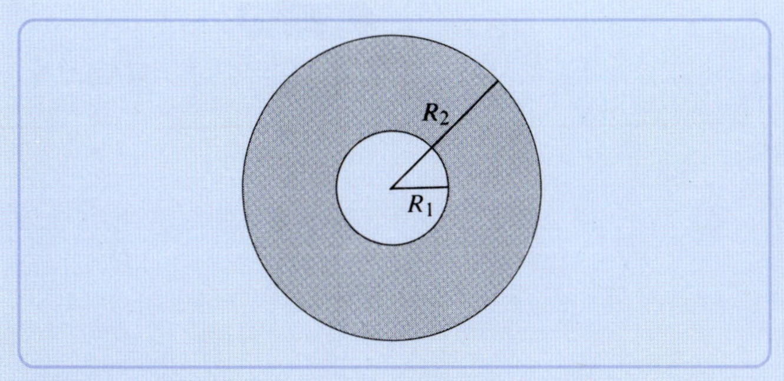

그림 2-29
구 껍질모양 영역(예제 2-20)

이며, 이는 식 (2-122)의 결과와 같다.

이 예제는 발산 정리가 체적 내부에 빈 곳이 있을 때—즉, 체적이 다중연결표면(multiply connected surface)으로 둘러싸였을 때—도 성립한다는 것을 보여주고 있다.

2-9 벡터장의 회전

2-7절에서 체적을 둘러싸는 면을 통과하여 흘러나오는 벡터 **A**의 순 유출 선속은 벡터 **A**를 형성하는 원천의 존재를 나타낸다는 것을 서술하였다. 이러한 원천을 **흐름 원천**(flow source: 유)이라 하며, div **A**는 흐름 원천의 세기를 나타내는 척도이다. 또 다른 종류의 원천이 있는데 **소용돌이 원천**(vortex source)이라고 하며, 원천 주위를 도는 벡터장의 회전성분(circulation: 순환)을 발생시킨다. 폐경로를 일주하는 벡터장의 **순 회전성분**(net circulation) 또는 간단히 **회전성분**(circulation)은 그 경로상에서 벡터장에 대한 스칼라 선적분으로 정의된다.

$$\text{윤곽선 } C\text{를 일주하는 } \mathbf{A}\text{의 회전성분} \triangleq \oint_C \mathbf{A} \cdot d\ell \qquad (2\text{-}124)$$

식 (2-124)는 회전성분에 대한 수학적인 정의이다. 회전성분의 물리적인 의미는 벡터 **A**가 어떤 종류의 장을 나타내는지에 따라 다르다. 만약 **A**가 물체에 작용하는 힘이면, 그것의 회전성분은 윤곽선(contour)을 일주하여 물체를 이동하는 데 힘이 한 일이다. 만약 **A**가 전기장 세기를 나타낸다면, 회전성분은 폐경로를 따라 발생하는 기전력(electromotive force)이며, 이 책에서 이후에 다루게 된다. 회전성분 배수구에서 물이 회전하면서 내려가는 친숙한 현상은 유체속도의 회전을 일으키는 소용돌이 흡수원(vortex sink)의 예이다. Div **A** = 0일 때(흐름 원천이 없을 때) **A**의 회전성분은 존재할 수도 있다.

회전성분은 식 (2-124)에 정의된 바와 같이 내적의 선적분이므로, 그 값은 경로 C가 벡터 **A**에 상대적으로 어느 방향으로 놓여 있는지에 따라 명백히 달라진다. 소용돌이를 일으키는 원천의 세기를 나타내는 척도를 미분 형태로 정의하기 위해, C를 매우 작게 만든 다음 그 회전성분이

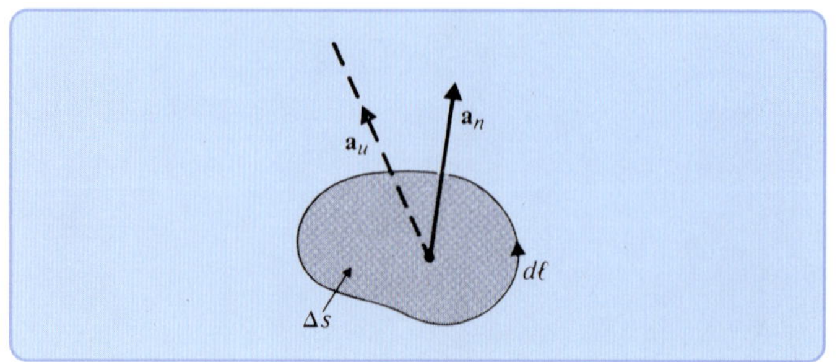

그림 2-30
회전의 정의에서 $\mathbf{a}_n$과 $d\ell$의 관계

최대가 되도록 향하게 한다. 아래와 같이 정의한다.[7]

$$\text{curl } \mathbf{A} \equiv \nabla \times \mathbf{A} \triangleq \lim_{\Delta s \to 0} \frac{1}{\Delta s}\left[\mathbf{a}_n \oint_C \mathbf{A} \cdot d\ell\right]_{\max} \tag{2-125}$$

식 (2-125)를 서술하면, **벡터장 A의 회전(curl)은 벡터로서, curl A 또는 ∇ × A로 표현하며, 그 크기는 면적이 0으로 접근할 때 단위면적당 최대 순 회전성분이며, 방향은 면적이 최대의 순 회전성분이 되도록 향할 때 그 면에 대한 수직 방향이다**. 어떤 면에 대한 수직 방향은 서로 반대인 두 가지 방향으로 향할 수 있으므로, 오른손 법칙을 따라서 오른손 손가락들이 $d\ell$의 방향을 향할 때 엄지 손가락은 $\mathbf{a}_n$ 방향을 향한다. 이는 그림 2-30에 예시되어 있다. Curl **A**는 벡터 점함수로서 통상 **∇** × **A**(del cross **A**)로 표현한다. **∇** × **A**의 임의의 $\mathbf{a}_u$ 방향 성분은 $\mathbf{a}_u \cdot (\nabla \times \mathbf{A})$이며, $\mathbf{a}_u$에 수직인 면적이 0으로 접근할 때 단위면적당 회전성분으로부터 구할 수 있다.

$$(\nabla \times \mathbf{A})_u = \mathbf{a}_u \cdot (\nabla \times \mathbf{A}) = \lim_{\Delta s_u \to 0} \frac{1}{\Delta s_u}\left(\oint_{C_u} \mathbf{A} \cdot d\ell\right) \tag{2-126}$$

여기서 면적 Δs_u를 둘러싸는 경로 C_u를 따라 선적분하는 방향과 $\mathbf{a}_u$ 방향은 오른손 법칙을 따른다.

직각좌표계에서 **∇** × **A**의 세 성분을 구하기 위해서는 식 (2-126)을 이용한다. 그림 2-31에서는 yz-평면에 평행이며 각 변이 Δy와 Δz인 미소 사각형이 점 $P(x_0, y_0, z_0)$의 주위에 그려져 있다. 여기서 $\mathbf{a}_u = \mathbf{a}_x$, $\Delta s_u = \Delta y \Delta z$이며, 폐경로 C_u는 네 변 1, 2, 3, 4로 이루어져 있다. 그러므로

$$(\nabla \times \mathbf{A})_x = \lim_{\Delta y \Delta z \to 0} \frac{1}{\Delta y \Delta z}\left(\oint_{\substack{\text{변} \\ 1,2,3,4}} \mathbf{A} \cdot d\ell\right) \tag{2-127}$$

이다. 직각좌표계에서 $\mathbf{A} = \mathbf{a}_x A_x + \mathbf{a}_y A_y + \mathbf{a}_z A_z$이다. 선적분에서 네 변의 회전성분들은 다음과 같다.

7) 유럽에서 발행되는 책에서는 **A**의 회전(curl)을 종종 **A**의 rotation이라고 하며 rot **A**로 기술한다.

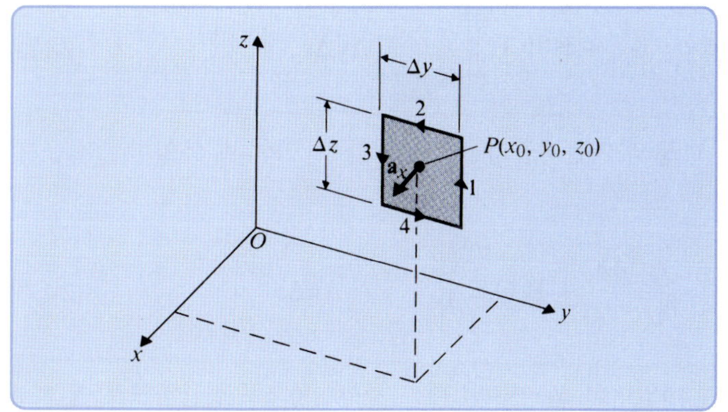

그림 2-31
$(\nabla\times\mathbf{A})_x$ 구하기

변 1: $d\ell=\mathbf{a}_z\Delta z,\ \mathbf{A}\cdot d\ell=A_z\left(x_0,\ y_0+\dfrac{\Delta y}{2},\ z_0\right)\Delta z$

여기서 $A_z\left(x_0,\ y_0+\dfrac{\Delta y}{2},\ z_0\right)$는 테일러 정리에 의해

$$A_z\left(x_0,\ y_0+\frac{\Delta y}{2},\ z_0\right)=A_z(x_0,\ y_0,\ z_0)+\frac{\Delta y}{2}\frac{\partial A_z}{\partial y}\bigg|_{(x_0,\ y_0,\ z_0)}+\text{H.O.T.}\tag{2-128}$$

로 전개할 수 있으며, 여기서 고차항(higher-order terms, H.O.T.)은 $(\Delta y)^2$, $(\Delta y)^3$ 등의 성분을 포함한다. 따라서

$$\int_{\text{변 }1}\mathbf{A}\cdot d\ell=\left\{A_z(x_0,\ y_0,\ z_0)+\frac{\Delta y}{2}\frac{\partial A_z}{\partial y}\bigg|_{(x_0,\ y_0,\ z_0)}+\text{H.O.T.}\right\}\Delta z\tag{2-129}$$

이다.

변 3: $d\ell=-\mathbf{a}_z\Delta z,\ \mathbf{A}\cdot d\ell=A_z\left(x_0,\ y_0-\dfrac{\Delta y}{2},\ z_0\right)\Delta z$

여기서

$$A_z\left(x_0,\ y_0-\frac{\Delta y}{2},\ z_0\right)=A_z(x_0,\ y_0,\ z_0)-\frac{\Delta y}{2}\frac{\partial A_z}{\partial y}\bigg|_{(x_0,\ y_0,\ z_0)}+\text{H.O.T.}\tag{2-130}$$

$$\int_{\text{변 }3}\mathbf{A}\cdot d\ell=\left\{A_z(x_0,\ y_0,\ z_0)-\frac{\Delta y}{2}\frac{\partial A_z}{\partial y}\bigg|_{(x_0,\ y_0,\ z_0)}+\text{H.O.T.}\right\}(-\Delta z)\tag{2-131}$$

이다.

식 (2-129)와 (2-131)을 결합하면,

$$\int_{\substack{\text{변} \\ 1\text{과 } 3}} \mathbf{A} \cdot d\ell = \left(\frac{\partial A_z}{\partial y} + \text{H.O.T.} \right) \Bigg|_{(x_0,\, y_0,\, z_0)} \Delta y\, \Delta z \qquad (2\text{-}132)$$

이다. 식 (2-132)의 고차항은 여전히 Δy의 거듭제곱들을 포함한다. 변 2와 4에 동일한 과정을 적용하면 다음 결과를 얻는다.

$$\int_{\substack{\text{변} \\ 2\text{와 } 4}} \mathbf{A} \cdot d\ell = \left(-\frac{\partial A_y}{\partial z} + \text{H.O.T.} \right) \Bigg|_{(x_0,\, y_0,\, z_0)} \Delta y\, \Delta z \qquad (2\text{-}133)$$

식 (2-132)와 (2-133)을 식 (2-127)에 대입하고 $\Delta y \to 0$일 때 고차항이 0으로 접근하므로, $\nabla \times \mathbf{A}$의 x-성분은

$$(\nabla \times \mathbf{A})_x = \frac{\partial A_z}{\partial y} - \frac{\partial A_y}{\partial z} \qquad (2\text{-}134)$$

이다.

식 (2-134)를 자세히 관찰하면 x, y, z의 회전성분의 순서와 구성을 알아낼 수 있으며 $\nabla \times \mathbf{A}$의 y- 및 z-성분도 구할 수 있다. 직각좌표계에서 $\mathbf{A}$의 회전에 대한 전체 식은 다음과 같이 정리할 수 있다.

$$\nabla \times \mathbf{A} = \mathbf{a}_x \left(\frac{\partial A_z}{\partial y} - \frac{\partial A_y}{\partial z} \right) + \mathbf{a}_y \left(\frac{\partial A_x}{\partial z} - \frac{\partial A_z}{\partial x} \right) + \mathbf{a}_z \left(\frac{\partial A_y}{\partial x} - \frac{\partial A_x}{\partial y} \right) \qquad (2\text{-}135)$$

식 (2-108)의 $\nabla \cdot \mathbf{A}$에 대한 표현식과 비교하면 식 (2-135)의 $\nabla \times \mathbf{A}$에 대한 표현식은 미리 예상된 바와 같이 더욱 복잡하다. 이는 $\nabla \times \mathbf{A}$가 세 성분을 가진 벡터인데 반해 $\nabla \cdot \mathbf{A}$는 스칼라이기 때문이다. 다행히 식 (2-135)는 식 (2-43)에 보여준 것처럼 외적의 방법으로 행렬식의 형태로 배열함으로써 좀 더 쉽게 기억할 수 있다.

$$\nabla \times \mathbf{A} = \begin{vmatrix} \mathbf{a}_x & \mathbf{a}_y & \mathbf{a}_z \\ \dfrac{\partial}{\partial x} & \dfrac{\partial}{\partial y} & \dfrac{\partial}{\partial z} \\ A_x & A_y & A_z \end{vmatrix} \qquad (2\text{-}136)$$

다른 좌표계에서도 $\nabla \times \mathbf{A}$의 유도는 같은 절차를 따른다. 그러나 곡선좌표계에서는 곡선 사각형의 반대쪽 변에서 적분 $\mathbf{A} \cdot d\ell$을 수행할 때 $\mathbf{A}$뿐만 아니라 $d\ell$도 크기가 변하기 때문에 더 복잡하다. 일반적인 직교 곡선좌표계(u_1, u_2, u_3)에서의 표현식은 다음과 같다.

$$\nabla \times \mathbf{A} = \frac{1}{h_1 h_2 h_3} \begin{vmatrix} \mathbf{a}_{u_1} h_1 & \mathbf{a}_{u_2} h_2 & \mathbf{a}_{u_3} h_3 \\ \dfrac{\partial}{\partial u_1} & \dfrac{\partial}{\partial u_2} & \dfrac{\partial}{\partial u_3} \\ h_1 A_1 & h_2 A_2 & h_3 A_3 \end{vmatrix} \qquad (2\text{-}137)$$

원통 및 구 좌표계에서 $\nabla \times \mathbf{A}$의 표현식은 적절한 u_1, u_2, u_3와 표 2-1에 열거된 거리계수 h_1, h_2, h_3를 사용하여 식 (2-137)로부터 쉽게 구할 수 있다.

예제 2-21 다음의 조건에서 $\nabla \times \mathbf{A} = 0$임을 보여라.

(a) 원통좌표계에서 $\mathbf{A} = \mathbf{a}_\phi(k/r)$이고, k는 상수이다.

(b) 구좌표계에서 $\mathbf{A} = \mathbf{a}_R f(R)$이고, $f(R)$은 원점으로부터의 거리 R의 임의의 함수이다.

SOLUTION **풀이**

(a) 원통좌표계에서는 다음을 적용한다: $(u_1, u_2, u_3) = (r, \phi, z)$; $h_1 = 1$, $h_2 = r$, $h_3 = 1$. 식 (2-137)로부터

$$\nabla \times \mathbf{A} = \frac{1}{r}\begin{vmatrix} \mathbf{a}_r & \mathbf{a}_\phi r & \mathbf{a}_z \\ \dfrac{\partial}{\partial r} & \dfrac{\partial}{\partial \phi} & \dfrac{\partial}{\partial z} \\ A_r & rA_\phi & A_z \end{vmatrix} \tag{2-138}$$

이며, 주어진 $\mathbf{A}$에 대해

$$\nabla \times \mathbf{A} = \frac{1}{r}\begin{vmatrix} \mathbf{a}_r & \mathbf{a}_\phi r & \mathbf{a}_z \\ \dfrac{\partial}{\partial r} & \dfrac{\partial}{\partial \phi} & \dfrac{\partial}{\partial z} \\ 0 & k & 0 \end{vmatrix} = 0$$

을 얻는다.

(b) 구좌표계에서는 다음을 적용한다: $(u_1, u_2, u_3) = (R, \theta, \phi)$; $h_1 = 1$, $h_2 = R$, $h_3 = R\sin\theta$. 그러므로

$$\nabla \times \mathbf{A} = \frac{1}{R^2\sin\theta}\begin{vmatrix} \mathbf{a}_R & \mathbf{a}_\theta R & \mathbf{a}_\phi R\sin\theta \\ \dfrac{\partial}{\partial R} & \dfrac{\partial}{\partial \theta} & \dfrac{\partial}{\partial \phi} \\ A_R & RA_\theta & R\sin\theta A_\phi \end{vmatrix} \tag{2-139}$$

이며, 주어진 $\mathbf{A}$에 대해 다음과 같이 구해진다.

$$\nabla \times \mathbf{A} = \frac{1}{R^2\sin\theta}\begin{vmatrix} \mathbf{a}_R & \mathbf{a}_\theta R & \mathbf{a}_\phi R\sin\theta \\ \dfrac{\partial}{\partial R} & \dfrac{\partial}{\partial \theta} & \dfrac{\partial}{\partial \phi} \\ f(R) & 0 & 0 \end{vmatrix} = 0$$

■

회전(curl)이 없는 벡터장을 **비회전**(irrotational) 또는 **보존**(conservative)**장**이라 한다. 다음 장에서 정전기장은 비회전(또는 보존장)이라는 것을 알게 될 것이다. 원통좌표계와 구좌표계에 대해

식 (2-138)과 (2-139)로 각각 주어진 $\nabla \times \mathbf{A}$의 표현식은 앞으로 유용하게 사용된다.

2-10 스토크스(Stokes) 정리

경로 C_j로 둘러싸인 매우 작은 미소 면적 Δs_j에 대해, 식 (2-125)의 $\nabla \times \mathbf{A}$의 정의로부터 다음 결과를 얻는다.

$$(\nabla \times \mathbf{A})_j \cdot (\Delta \mathbf{s}_j) = \oint_{C_j} \mathbf{A} \cdot d\boldsymbol{\ell} \tag{2-140}$$

식 (2-140)을 얻기 위해 식 (2-125)의 양변에 $\mathbf{a}_n \Delta s_j$ 또는 $\Delta \mathbf{s}_j$를 내적하였다. 임의의 면적 S에 대해, 그 면적을 N개의 작은 미소 면적들로 잘게 나눌 수 있다. 그림 2-32는 그러한 형태를 보여주고 있으며 Δs_j는 한 개의 대표적인 미소 요소이다. 식 (2-140)의 좌변은 면적 $\Delta \mathbf{s}_j$를 통과하는 벡터 $\nabla \times \mathbf{A}$의 선속이다. 이를 고려하여 모든 미소 면적이 선속에 기여한 값을 합치면 그 결과는 다음 식과 같다.

$$\lim_{\Delta s_j \to 0} \sum_{j=1}^{N} (\nabla \times \mathbf{A})_j \cdot (\Delta \mathbf{s}_j) = \int_S (\nabla \times \mathbf{A}) \cdot d\mathbf{s} \tag{2-141}$$

이제 식 (2-140)의 우변에 표현된 모든 미소 요소를 둘러싸는 경로들의 선적분을 합한다. 두 인접한 요소들의 경로에서 공통된 부분은 두 경로에 의해 반대 방향으로 지나가므로, 내부의 모든 공통부분이 총 선적분에 순 기여한 것은 0이며, 따라서 합한 후에는 전체 면적 S를 둘러싸는 가장 바깥의 외부 경로 C에 의한 기여 성분만 남는다.

$$\lim_{\Delta s_j \to 0} \sum_{j=1}^{N} \left(\oint_{C_j} \mathbf{A} \cdot d\boldsymbol{\ell} \right) = \oint_C \mathbf{A} \cdot d\boldsymbol{\ell} \tag{2-142}$$

식 (2-141)과 (2-142)를 결합하면 다음과 같은 **스토크스 정리**를 얻는다.

$$\boxed{\int_S (\nabla \times \mathbf{A}) \cdot d\mathbf{s} = \oint_C \mathbf{A} \cdot d\boldsymbol{\ell}} \tag{2-143}$$

이 식은 **개방면상에서 벡터장의 회전의 면적분은 그 면을 둘러싸는 폐경로를 따라 벡터의 선적분과 같다**는 것을 나타낸다.

발산 정리에서와 같이, 스토크스 정리를 유도하는 극한 과정(limiting process)의 타당성은 벡터장 $\mathbf{A}$와 그 1차 미분이 면 S 내부와 폐경로 C 내에서 연속임이 필요조건이다. 스토크스 정리는 벡터의 회전의 면적분을 벡터의 선적분으로 변환하고, 그 반대로도 변환하여 사용하는 데 편리하다. 발산 정리와 마찬가지로, 스토크스 정리는 벡터 해석에서 중요한 항등식이며, 전자

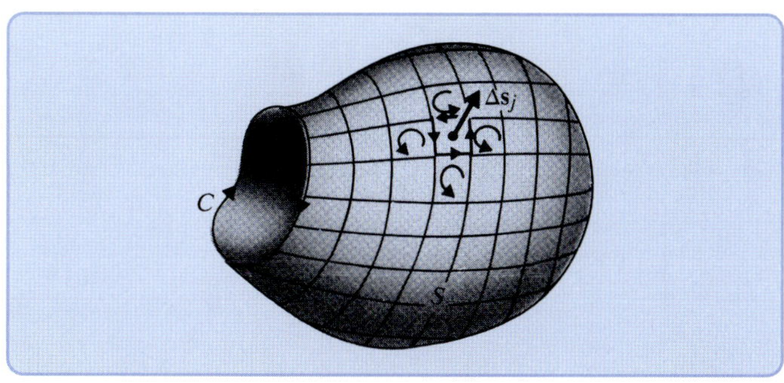

그림 2-32
스토크스 정리를 증명하기 위한 분할된 면적

기하에서 다른 정리와 관계식을 수립하는 데 자주 사용된다.

만약 $\nabla \times \mathbf{A}$의 면적분이 폐곡면(closed surface) 위에서 수행되면, 표면을 둘러싸는 외부경로가 없으므로, 식 (2-143)으로부터 임의의 폐곡면에 대해서는 다음 관계식이 성립한다.

$$\oint_S (\nabla \times \mathbf{A}) \cdot d\mathbf{s} = 0 \tag{2-144}$$

그림 2-32의 구조는 스토크스 정리의 중요한 응용은 항상 테두리가 있는 개방면(open surface)을 의미한다는 것을 강조하기 위해 일부러 선택하였다. 가장 간단한 개방면은 2차원 평면이나 원판으로서 그 테두리가 폐경로에 해당한다. 여기서 우리는 $d\boldsymbol{\ell}$과 $d\mathbf{s}(\mathbf{a}_n)$의 방향이 오른손 법칙을 따른다는 것을 염두에 두어야 한다.

예제 2-22 $\mathbf{F} = \mathbf{a}_x xy - \mathbf{a}_y 2x$로 주어질 때, 그림 2-21(예제 2-14)에서와 같이 반지름이 3이고 1사분면에 있는 1/4 원판상에서 스토크스 정리를 입증하라.

풀이 먼저 $\nabla \times \mathbf{F}$의 면적분을 구하자. 식 (2-136)으로부터

$$\nabla \times \mathbf{F} = \begin{vmatrix} \mathbf{a}_x & \mathbf{a}_y & \mathbf{a}_z \\ \dfrac{\partial}{\partial x} & \dfrac{\partial}{\partial y} & \dfrac{\partial}{\partial z} \\ xy & -2x & 0 \end{vmatrix} = -\mathbf{a}_z(2 + x)$$

이다. 그러므로

$$\begin{aligned}\int_S (\nabla \times \mathbf{F}) \cdot d\mathbf{s} &= \int_0^3 \int_0^{\sqrt{9-y^2}} (\nabla \times \mathbf{F}) \cdot (\mathbf{a}_z\, dx\, dy) \\ &= \int_0^3 \left[\int_0^{\sqrt{9-y^2}} -(2 + x)\, dx \right] dy \\ &= -\int_0^3 \left[2\sqrt{9 - y^2} + \tfrac{1}{2}(9 - y^2)\right] dy \\ &= -\left[y\sqrt{9 - y^2} + 9 \sin^{-1}\frac{y}{3} + \frac{9}{2}y - \frac{y^3}{6} \right]_0^3\end{aligned}$$

$$= -9\left(1 + \frac{\pi}{2}\right)$$

이다. 적분의 두 변수에 대해 적절한 구간을 사용하는 것이 중요하다. 적분순서를

$$\int_S (\nabla \times \mathbf{F}) \cdot d\mathbf{s} = \int_0^3 \left[\int_0^{\sqrt{9-x^2}} -(2+x)\,dy \right] dx$$

와 같이 바꿀 수 있으며 같은 결과를 얻는다. 그러나, 만약 x와 y 모두에 대해 적분구간을 0부터 3까지로 한다면 매우 잘못된 것이다. (그 이유를 아는가?)

*ABOA*를 따라 일주하는 선적분에 대해 *A*로부터 *B*까지의 호에 해당하는 부분의 값은 이미 예제 2-14에서 구하였다.

*B*로부터 *O*까지: $x = 0$, $\mathbf{F} \cdot d\ell = \mathbf{F} \cdot (-\mathbf{a}_y dy) = 2x\,dy = 0$

*O*로부터 *A*까지: $y = 0$, $\mathbf{F} \cdot d\ell = \mathbf{F} \cdot (\mathbf{a}_x dx) = xy\,dx = 0$. 그러므로 예제 2-14로부터

$$\oint_{ABOA} \mathbf{F} \cdot d\ell = \int_A^B \mathbf{F} \cdot d\ell = -9\left(1 + \frac{\pi}{2}\right)$$

이며, 스토크스 정리가 입증되었다.

물론, 스토크스 정리는 식 (2-143)에서 일반적인 항등식으로 수립되었으므로 특정한 예를 사용하여 이를 증명할 필요는 없다. 위의 예제는 면적분과 선적분의 연습을 위해 풀이를 구하였다. (여기서 벡터장과 그것의 1차 공간미분은 모두 유한하고 표면과 둘러싸는 폐경로에서 연속이라는 것을 주의한다.)

2-11 두 개의 영 항등식(Two Null Identities)

반복되는 del 연산자들을 포함하는 두 개의 항등식은 전자기학의 학습에서, 특히 포텐셜 함수를 소개할 때 상당히 중요하다. 아래에서 이들을 각각 논의한다.

2-11.1 항등식 I

$$\boxed{\nabla \times (\nabla V) \equiv 0} \qquad (2\text{-}145)$$

이를 서술하면, **모든 스칼라장에 대한 변화율의 회전은 항상 0이다.** (여기서 *V*와 그 1차 미분이 모든 곳에서 존재한다는 것을 의미한다.)

식 (2-145)는 직각좌표계에서 ∇에 대해 식 (2-96)을 사용하고 표시된 연산을 하여 손쉽게 증명할 수 있다. 일반적으로 임의의 면상에서 면적분 $\nabla \times (\nabla V)$를 구한다면, 그 결과는 스토크스 정리에 의해 그 면적을 둘러싸는 폐경로를 따라 ∇V를 선적분한 것과 같다.

$$\int_S [\nabla \times (\nabla V)] \cdot d\mathbf{s} = \oint_C (\nabla V) \cdot d\boldsymbol{\ell} \tag{2-146}$$

그러나 식 (2-88)에 의해

$$\oint_C (\nabla V) \cdot d\boldsymbol{\ell} = \oint_C dV = 0 \tag{2-147}$$

이다. 식 (2-146)과 (2-147)을 결합하면 어떠한 면에 대해서도 $\nabla \times (\nabla V)$의 면적분은 0이라는 것을 나타낸다. 그러므로 피적분함수 자체가 0이 되어야 하며, 식 (2-145)의 항등식이 유도된다. 이 식을 유도하는 데 좌표계를 지정하지 않았으므로, 이 항등식은 일반적인 것이며 좌표계의 선택에 따라 변하지 않는다.

항등식 I을 역으로 서술하면 다음과 같다: **만약 벡터장의 회전이 0이면**(curl-free), **그 벡터장은 스칼라장의 변화율로 표현할 수 있다.** 어떤 벡터장을 $\mathbf{E}$라 하자. 그러면, 만약 $\nabla \times \mathbf{E} = 0$이면,

$$\mathbf{E} = -\nabla V \tag{2-148}$$

이 되는 스칼라장 V를 정의할 수 있다. 여기서 음의 부호는 항등식 I에만 관련하는 한 중요하지 않다. (식 (2-148)에 이 부호가 포함된 것은 이 관계식이 정전기장에서 전기장 세기 $\mathbf{E}$와 스칼라 전위 V 사이의 기본적 관계와 일치하기 때문이며, 이에 대해서는 다음 장에서 다루게 된다. 이 단계에서 $\mathbf{E}$와 V가 무엇을 나타내는지는 중요하지 않다.) 2-9절에서 회전이 없는(curl-free) 벡터장은 보존장이라는 것을 알았다. 그러므로 **비회전(보존적) 벡터장은 항상 스칼라장의 변화율로 표현할 수 있다**.

2-11.2 항등식 II

$$\boxed{\nabla \cdot (\nabla \times \mathbf{A}) \equiv 0} \tag{2-149}$$

이를 서술하면, **모든 벡터장의 회전의 발산은 항상 0이다**.

식 (2-149) 또한 직각좌표계에서 ∇에 대해 식 (2-96)을 사용하고 지정된 연산을 수행하여 쉽게 증명할 수 있다. 이 식은 좌변에서 $\nabla \cdot (\nabla \times \mathbf{A})$의 체적적분을 함으로써 좌표계에 관계없이 일반적인 증명을 할 수 있다. 발산 정리를 적용하면,

$$\int_V \nabla \cdot (\nabla \times \mathbf{A})\, dv = \oint_S (\nabla \times \mathbf{A}) \cdot d\mathbf{s} \tag{2-150}$$

이다. 예를 들어, 그림 2-33에서 표면 S로 둘러싸인 임의의 체적 V를 선택하자. 폐곡면 S는 두

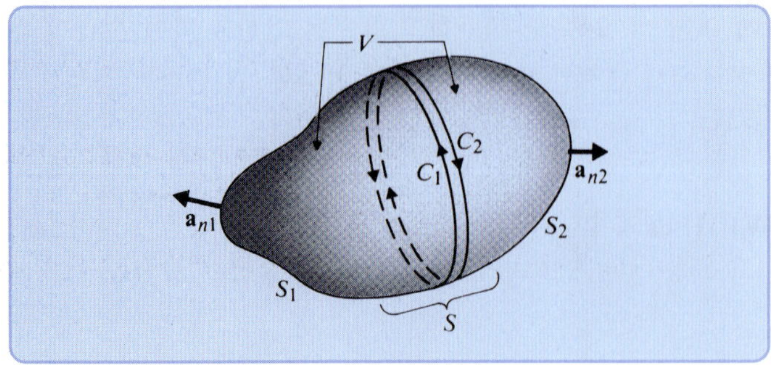

그림 2-33
표면 S로 둘러싸여진 임의의 체적 V

개의 개방면 S_1과 S_2로 나눌 수 있으며, 이들은 C_1과 C_2로 이중으로 그려진 공통경계선으로 연결되어 있다. 그 다음 C_1으로 둘러싸인 면 S_1과 C_2로 둘러싸인 면 S_2에 대해 스토크스 정리를 적용하면, 식 (2-150)의 우변은

$$\oint_S (\nabla \times \mathbf{A}) \cdot d\mathbf{s} = \int_{S_1} (\nabla \times \mathbf{A}) \cdot \mathbf{a}_{n1}\, ds + \int_{S_2} (\nabla \times \mathbf{A}) \cdot \mathbf{a}_{n2}\, ds$$
$$= \oint_{C_1} \mathbf{A} \cdot d\ell + \oint_{C_2} \mathbf{A} \cdot d\ell \tag{2-151}$$

이 된다. 면 S_1과 S_2의 수직벡터 $\mathbf{a}_{n1}$과 $\mathbf{a}_{n2}$는 바깥으로 향하는 수직벡터이며, C_1과 C_2의 경로 방향과의 관계는 오른손 법칙을 따른다. 폐경로 C_1과 C_2는 사실 하나로서 S_1과 S_2 사이에 동일한 공통경계선이므로, 식 (2-151)의 우변에서 두 선적분은 반대 방향으로 같은 경로를 지나간다. 그러므로 이들의 합은 0이며, 식 (2-150)의 좌변에서 $\nabla \cdot (\nabla \times \mathbf{A})$의 체적적분은 0이 된다. 이것은 모든 임의의 체적에 대해서 옳으므로, 식 (2-149)의 항등식으로 표현된 것과 같이 피적분함수 자체가 0이다.

항등식 II를 역으로 서술하면 다음과 같다: **만약 어떤 벡터장의 발산이 0이면, 그 벡터장은 또다른 벡터장의 회전으로 표현할 수 있다**. 어떤 벡터장을 **B**라 하자. 이 역명제에 의하면 만약 $\nabla \cdot \mathbf{B} = 0$이면,

$$\mathbf{B} = \nabla \times \mathbf{A} \tag{2-152}$$

이 되는 벡터장 **A**를 정의할 수 있다. 2-7절에서 발산이 없는 장은 솔레노이드장(회전장, 나선형장)이라고도 한다는 것을 언급하였다. 솔레노이드장은 흐름 원천이나 흡수원을 동반하지 않는다. 어떤 폐곡면을 통과하는 솔레노이드장의 순 유출 선속은 0이며, 유속선(flux line)은 자체적으로 닫혀 있다. 솔레노이드나 인덕터(inductor)의 자속선이 원점으로 회귀한다는 것을 상기하게 된다. 6장에서 배우게 되겠지만, 자속밀도 **B**는 솔레노이드 형태이며 벡터 자기장 포텐셜 **A**라고 하는 또 다른 벡터장의 회전으로 표현된다.

2-12 헬름홀츠(Helmholtz) 정리

앞 절에서 발산이 없는 장은 솔레노이드성이고 회전이 없는 장은 비회전성이라 하였다. 벡터장을 솔레노이드성인지 그리고/또는 비회전성인지에 따라 다음과 같이 분류할 수 있다. 어떤 벡터장 $\mathbf{F}$가

1. $\nabla \cdot \mathbf{F} = 0$이고 $\nabla \times \mathbf{F} = 0$이면, 솔레노이드성이고 비회전성이다.
   예: 전하가 없는 영역 내의 정전기장
2. $\nabla \cdot \mathbf{F} = 0$이고 $\nabla \times \mathbf{F} \neq 0$이면, 솔레노이드성이지만 비회전성이 아니다.
   예: 전류가 흐르는 도체 내의 정자기장
3. $\nabla \times \mathbf{F} = 0$이고 $\nabla \cdot \mathbf{F} \neq 0$이면, 비회전성이지만 솔레노이드성이 아니다.
   예: 대전된 영역 내의 정전기장
4. $\nabla \cdot \mathbf{F} \neq 0$이고 $\nabla \times \mathbf{F} \neq 0$이면, 솔레노이드성도 아니고 비회전성도 아니다.
   예: 대전된 매질에 시변자기장이 가해질 때의 전기장

그러므로 가장 일반적인 벡터장은 0이 아닌 발산과 0이 아닌 회전을 모두 가지고 있으며, 솔레노이드장과 비회전장의 합으로 생각할 수 있다.

헬름홀츠 정리: 벡터장(벡터 점함수)은 그 발산과 회전이 모두 모든 곳에서 규정된다면 부가 상수의 오차범위 내에서 결정된다. 무한한 영역에서는 무한 거리에서 벡터장의 발산과 회전이 모두 0이 된다고 가정한다. 만약 벡터장이 면으로 둘러싸인 영역 내부에 국한된다면, 그 벡터는 그 영역 내에서 발산과 회전이 주어지고, 표면에서 벡터의 수직 성분이 주어질 때 결정된다. 여기서 벡터함수는 임의의 점에서 단일한 값이고 그 미분이 유한하고 연속이라 가정하였다.

헬름홀츠 정리는 일반적인 방법으로 수학적 정리로 증명할 수 있다.[8] 이를 위해, 벡터의 발산은 흐름 원천의 세기를 나타내는 척도이고, 벡터의 회전은 소용돌이 원천의 세기를 나타내는 척도라는 것을 기억해야 한다(2-9절 참조). 즉, 흐름 원천과 소용돌이 원천의 세기가 모두 명확히 규정될 때, 그 벡터장이 결정된다고 생각할 수 있다. 따라서 일반적인 벡터장 $\mathbf{F}$를 비회전 성분 $\mathbf{F}_i$와 회전성 성분 $\mathbf{F}_s$로 분해할 수 있다.

$$\mathbf{F} = \mathbf{F}_i + \mathbf{F}_s \tag{2-153}$$

여기서

$$\begin{cases} \nabla \times \mathbf{F}_i = 0 \\ \nabla \cdot \mathbf{F}_i = g \end{cases} \tag{2-154}$$

와

8) 예를 들면, G. Arfken이 쓴 *Mathematical Methods for Physicists*, Academic Press, New York, 1966의 1.15절을 참조하라.

$$\begin{cases} \nabla \cdot \mathbf{F}_s = 0 \\ \nabla \times \mathbf{F}_s = \mathbf{G} \end{cases} \tag{2-155}$$

이며, g와 **G**는 알고 있다고 가정한다. 그러므로

$$\nabla \cdot \mathbf{F} = \nabla \cdot \mathbf{F}_i = g \tag{2-156}$$

와

$$\nabla \times \mathbf{F} = \nabla \times \mathbf{F}_s = \mathbf{G} \tag{2-157}$$

를 얻을 수 있다. 헬름홀츠 정리에 의하면 g와 **G**가 규정되면, 벡터함수 **F**가 결정됨을 의미한다. 발산 연산자 $\nabla\,\cdot$와 회전 연산자 $\nabla\,\times$는 미분 연산자이므로, **F**는 g와 **G**를 적절한 방법으로 적분하여야 얻을 수 있으며, 이 과정에서 적분상수가 발생한다. 이 적분상수들을 결정하기 위해서는 몇 가지 경계 조건을 알아야 한다. 주어진 g와 **G**로부터 **F**를 구하는 절차는 현재로서는 명확하지 않으며, 뒤에 나오는 장들의 단계에서 명확히 규정하게 될 것이다.

$\mathbf{F}_i$가 비회전성이라는 사실로부터 스칼라 (전위) 함수 V를 정의하는 것이 가능하며, 항등식 (2-145)를 고려하여

$$\mathbf{F}_i = -\nabla V \tag{2-158}$$

와 같이 정의할 수 있다. 동일한 방법으로, 항등식 (2-149)와 식 (2-155a)로부터 벡터 (자기장 준위) 함수 **A**가

$$\mathbf{F}_s = \nabla \times \mathbf{A} \tag{2-159}$$

를 만족할 수 있도록 정의할 수 있다. 헬름홀츠 정리에 의하면 일반적인 벡터함수 **F**는 스칼라 함수의 변화율과 벡터함수의 회전의 합으로 표현할 수 있으며, 다음과 같이 나타낼 수 있다.

$$\mathbf{F} = -\nabla V + \nabla \times \mathbf{A} \tag{2-160}$$

뒤의 장들에서 전자기학의 공리 전개과정에 헬름홀츠 정리를 핵심적인 요소로 사용한다.

예제 2-23 벡터함수가

$$\mathbf{F} = \mathbf{a}_x(3y - c_1 z) + \mathbf{a}_y(c_2 x - 2z) - \mathbf{a}_z(c_3 y + z)$$

로 주어져 있을 때,

(a) **F**가 비회전성일 때 상수 c_1, c_2, c_3를 결정하라.

(b) 음의 변화율이 **F**가 되는 스칼라 전위 함수 V를 결정하라.

SOLUTION
풀이

(a) **F**가 비회전성이므로, $\nabla \times \mathbf{F} = 0$, 즉

$$\nabla \times \mathbf{F} = \begin{vmatrix} \mathbf{a}_x & \mathbf{a}_y & \mathbf{a}_z \\ \dfrac{\partial}{\partial x} & \dfrac{\partial}{\partial y} & \dfrac{\partial}{\partial z} \\ 3y - c_1 z & c_2 x - 2z & -(c_3 y + z) \end{vmatrix}$$
$$= \mathbf{a}_x(-c_3 + 2) - \mathbf{a}_y c_1 + \mathbf{a}_z(c_2 - 3) = 0$$

이다. $\nabla \times \mathbf{F}$의 각 성분은 0이다. 그러므로 $c_1 = 0$, $c_2 = 3$, $c_3 = 2$이다.

(b) **F**가 비회전성이므로, **F**는 스칼라함수 V의 음의 변화율로 표현될 수 있다. 즉,

$$\mathbf{F} = -\nabla V = -\mathbf{a}_x \frac{\partial V}{\partial x} - \mathbf{a}_y \frac{\partial V}{\partial y} - \mathbf{a}_z \frac{\partial V}{\partial z}$$
$$= \mathbf{a}_x 3y + \mathbf{a}_y(3x - 2z) - \mathbf{a}_z(2y + z)$$

로부터 세 개의 식이 얻어진다.

$$\frac{\partial V}{\partial x} = -3y, \tag{2-161}$$

$$\frac{\partial V}{\partial y} = -3x + 2z \tag{2-162}$$

$$\frac{\partial V}{\partial z} = 2y + z \tag{2-163}$$

식 (2-161)을 x에 대해 적분하면

$$V = -3xy + f_1(y, z) \tag{2-164}$$

을 얻으며, 여기서 $f_1(y, z)$는 y와 z의 함수로서 구해야 한다. 유사하게, 식 (2-162)를 y에 대해 적분하고 식 (2-163)을 z에 대해 적분하면,

$$V = -3xy + 2yz + f_2(x, z) \tag{2-165}$$

와

$$V = 2yz + \frac{z^2}{2} + f_3(x, y) \tag{2-166}$$

를 얻는다. 식 (2-164), (2-165), (2-166)을 동시에 고려하면 다음과 같은 스칼라 전위 함수 V를 구할 수 있다.

$$V = -3xy + 2yz + \frac{z^2}{2} \tag{2-167}$$

식 (2-167)에 어떠한 상수를 더해도 V는 답이 된다. 상수는 경계 조건이나 무한 거리의 조건에 의해 결정하게 된다.

복습 질문
Review Question

R.2-1 세 개의 벡터 **A**, **B**, **C**를 촉-꼬리 형식을 사용하여 그림으로 표시하면 삼각형의 세 변을 형성한다. **A** + **B** + **C**는 무엇인가? **A** + **B** − **C**는 무엇인가?

R.2-2 어떤 조건에서 두 벡터의 내적이 음이 되는가?

R.2-3 다음의 조건에서 **A** · **B**와 **A** × **B**의 결과를 써라.

(a) **A** ∥ **B** (b) **A** ⊥ **B**

R.2-4 벡터의 곱 중에서 어떤 것이 이치에 맞지 않는가?

(a) (**A** · **B**) × **C** (a) **A**(**B** · **C**) (c) **A** × **B** × **C**

(d) **A**/**B** (e) **A**/$\mathbf{a}_A$ (f) (**A** × **B**) · **C**

R.2-5 (**A** · **B**)**C**는 **A**(**B** · **C**)와 같은가?

R.2-6 **A** · **B** = **A** · **C**는 **B** = **C**를 의미하는가? 설명하라.

R.2-7 **A** × **B** = **A** × **C**는 **B** = **C**를 의미하는가? 설명하라.

R.2-8 두 벡터 **A**와 **B**가 주어져 있을 때, 다음 두 가지를 어떻게 구하는가?

(a) **A**의 **B** 방향 성분

(b) **B**의 **A** 방향 성분

R.2-9 좌표계의 다음 성질은 무엇으로 되는가?

(a) 직교(orthogonal)

(b) 곡선(curvilinear)

(c) 오른손 법칙

R.2-10 직교 곡선좌표계 (u_1, u_2, u_3)에서 벡터 **F**가 주어져 있을 때, (a) F, 그리고 (b) $\mathbf{a}_F$를 구하는 방법을 설명하라.

R.2-11 거리계수가 무엇인가?

R.2-12 직각좌표계에서 두 점 $P_1(1, 2, 3)$과 $P_2(-1, 0, 2)$가 주어져 있을 때, 벡터 $\overrightarrow{P_1P_2}$와 $\overrightarrow{P_2P_1}$의 표현식을 써라.

R.2-13 직각좌표계에서 **A** · **B**와 **A** × **B**의 표현식은 무엇인가?

R.2-14 스칼라량과 스칼라장의 차이는 무엇인가? 벡터량과 벡터장의 차이는?

R.2-15 스칼라장에 대한 변화율(gradient)의 물리적 정의는 무엇인가?

R.2-16 스칼라의 공간 변화율을 주어진 방향에 대한 변화율(gradient)로 표현하라.

R.2-17 Del 연산자 **∇**는 직각좌표계에서 무엇을 의미하는가?

R.2-18 벡터장에 대한 발산의 물리적 정의는 무엇인가?

R.2-19 방사형 유속선(flux line)만 가지고 있는 벡터장은 회전성이 될 수 없다. 맞는가 혹은 틀리는

가? 설명하라.

R.2-20 곡선 모양의 유속선만 있는 벡터장은 발산이 0이 아니다. 맞는가 혹은 틀리는가? 설명하라.

R.2-21 발산 정리를 말로 기술하라.

R.2-22 벡터장에 대한 회전(curl)의 물리적 정의는 무엇인가?

R.2-23 곡선 모양의 유속선만 있는 벡터장은 비회전성이 될 수 없다. 맞는가 혹은 틀리는가? 설명하라.

R.2-24 직선 모양의 유속선만 있는 벡터장은 회전성이 될 수 있다. 맞는가 혹은 틀리는가? 설명하라.

R.2-25 스토크스 정리를 말로 기술하라.

R.2-26 비회전장과 회전성 장의 차이는 무엇인가?

R.2-27 헬름홀츠 정리를 말로 기술하라.

R.2-28 일반적인 벡터장이 어떻게 스칼라 포텐셜 함수와 벡터 포텐셜 함수로 표현될 수 있는지 설명하라.

연습문제
Problem

P.2-1 세 벡터 **A**, **B**, **C**가 다음과 같이 주어져 있다.

$$\mathbf{A} = \mathbf{a}_x + \mathbf{a}_y 2 - \mathbf{a}_z 3$$
$$\mathbf{B} = -\mathbf{a}_y 4 + \mathbf{a}_z$$
$$\mathbf{C} = \mathbf{a}_x 5 - \mathbf{a}_z 2$$

다음을 구하라.

(a) $\mathbf{a}_A$
(b) $|\mathbf{A} - \mathbf{B}|$
(c) $\mathbf{A} \cdot \mathbf{B}$
(d) θ_{AB}
(e) **A**의 **C** 방향 성분
(f) $\mathbf{A} \times \mathbf{C}$
(g) $\mathbf{A} \cdot (\mathbf{B} \times \mathbf{C})$, $(\mathbf{A} \times \mathbf{B}) \cdot \mathbf{C}$
(h) $(\mathbf{A} \times \mathbf{B}) \times \mathbf{C}$, $\mathbf{A} \times (\mathbf{B} \times \mathbf{C})$

P.2-2 다음과 같이 주어져 있을 때, **A**와 **B** 모두에 직각인 단위벡터 **C**의 표현식을 구하라.

$$\mathbf{A} = \mathbf{a}_x - \mathbf{a}_y 2 + \mathbf{a}_z 3$$
$$\mathbf{B} = \mathbf{a}_x + \mathbf{a}_y - \mathbf{a}_z 2$$

P.2-3 두 벡터장이 $\mathbf{A} = \mathbf{a}_x A_x + \mathbf{a}_y A_y + \mathbf{a}_z A_z$와 $\mathbf{B} = \mathbf{a}_x B_x + \mathbf{a}_y B_y + \mathbf{a}_z B_z$로 표현되며, 모든 성분은 공간좌표의 함수이다. 만약 이들 두 벡터가 모든 곳에서 서로 평행이면, 이들 성분들 간의 관계는 어떻게 되는가?

P.2-4 만약 $\mathbf{A} \cdot \mathbf{B} = \mathbf{A} \cdot \mathbf{C}$이고 동시에 $\mathbf{A} \times \mathbf{B} = \mathbf{A} \times \mathbf{C}$이며, **A**가 영벡터가 아니면, $\mathbf{B} = \mathbf{C}$임을 보여라.

P.2-5 미지의 벡터에 대해 만약 알고 있는 벡터와의 스칼라곱과 벡터곱이 모두 주어지면 그 벡터가 정해진다. **A**를 알고 있는 벡터라 가정하여, p와 **B**가 주어져 있을 때 $p = \mathbf{A} \cdot \mathbf{X}$이고 $\mathbf{B} = \mathbf{A} \times \mathbf{X}$인 미지의 벡터 **X**를 구하라.

P.2-6 삼각형의 세 모서리가 $P_1(0, 1, -2)$, $P_2(4, 1, -3)$, 그리고 $P_3(6, 2, 5)$이다.

(a) $\Delta P_1P_2P_3$가 직각삼각형인지 결정하라.

(b) 삼각형의 면적을 구하라.

P.2-7 마름모꼴의 두 대각선이 서로 직교한다는 것을 보여라. (마름모꼴은 등변의 평행사변형이다.)

P.2-8 삼각형의 두 변의 중심점을 연결하는 선은 세 번째 변과 평행이며 길이가 반이라는 것을 증명하라.

P.2-9 단위벡터 $\mathbf{a}_A$와 $\mathbf{a}_B$가 그림 2-34와 같이 기준 x축과 각각 α와 β의 각도를 이루는 2차원 벡터 **A**와 **B**의 방향을 나타낸다.

(a) 스칼라곱 $\mathbf{a}_A \cdot \mathbf{a}_B$를 하여 두 각도차의 코사인 $\cos(\alpha - \beta)$의 전개식을 구하라.

(b) $\sin(\alpha - \beta)$의 공식을 구하라.

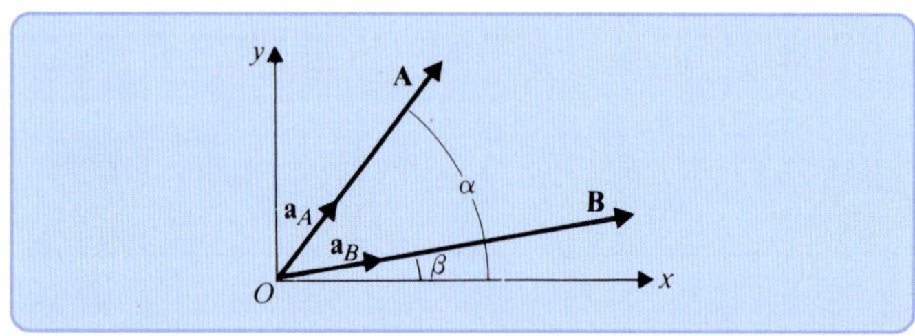

그림 2-34
연습문제 P.2-9의 그림

P.2-10 삼각형의 사인 법칙을 증명하라.

P.2-11 반원에 내접하는 각은 직각이라는 것을 증명하라.

P.2-12 세 벡터의 벡터 삼중곱에서 식 (2-20)에 표현된 back-cab 규칙을 직각좌표계에서 입증하라.

P.2-13 벡터 관계식을 이용하여 xy-평면에서 두 직선(L_1: $b_1x + b_2y = c$; L_2: $b_1'x + b_2'y = c'$)이 만약 기울기가 서로 음의 역수이면 서로 직각이라는 것을 증명하라.

P.2-14 (a) 공간에서 모든 평면의 식은 $b_1x + b_2y + b_3z = c$의 형식으로 쓸 수 있다는 것을 증명하라. (힌트: 평면 내 어떤 점까지의 위치벡터와 수직벡터의 내적이 상수라는 것을 증명하라.)

(b) 원점을 지나며 수직인 단위벡터를 구하라.

(c) 평면 $3x - 2y + 6z = 5$에서, 원점으로부터 평면까지의 수직 거리를 구하라.

P.2-15 점 $P_1(0, -2, 3)$에서 벡터 $\mathbf{A} = -\mathbf{a}_y z + \mathbf{a}_z y$의 점 $P_2(\sqrt{3}, -60°, 1)$로 향하는 성분을 구하라.

P.2-16 원통좌표계에서 점의 위치는 $(4, 2\pi/3, 3)$으로 주어진다. 이 점의 위치를

(a) 직각좌표계에서 표현하라.

(b) 구좌표계에서 표현하라.

P.2-17 장이 구좌표계에서 $\mathbf{E} = \mathbf{a}_R(25/R^2)$로 표현된다.

(a) 점 $P(-3, 4, -5)$에서 $|\mathbf{E}|$와 E_x를 구하라.

(b) **E**가 점 P에서 벡터 $\mathbf{B} = \mathbf{a}_x 2 - \mathbf{a}_y 2 + \mathbf{a}_z$와 만드는 각도를 구하라.

P.2-18 구좌표계의 기저벡터 $\mathbf{a}_R$, $\mathbf{a}_\theta$, $\mathbf{a}_\phi$를 직각좌표계에서 표현하라.

P.2-19 기저벡터의 다음 곱들의 값을 구하라.

(a) $\mathbf{a}_x \cdot \mathbf{a}_\phi$ (b) $\mathbf{a}_\theta \cdot \mathbf{a}_y$ (c) $\mathbf{a}_r \times \mathbf{a}_x$

(d) $\mathbf{a}_R \cdot \mathbf{a}_r$ (e) $\mathbf{a}_y \cdot \mathbf{a}_R$ (f) $\mathbf{a}_R \cdot \mathbf{a}_z$

(g) $\mathbf{a}_R \times \mathbf{a}_z$ (h) $\mathbf{a}_\theta \cdot \mathbf{a}_z$ (i) $\mathbf{a}_z \times \mathbf{a}_\theta$

P.2-20 벡터함수 $\mathbf{F} = \mathbf{a}_x xy + \mathbf{a}_y(3x - y^2)$이 주어져 있을 때, 그림 2-35에서 $P_1(5, 6)$에서 $P_2(3, 3)$까지의 적분 $\int \mathbf{F} \cdot d\ell$을 구하라.

(a) 직선경로 P_1P_2를 따라서

(b) 경로 P_1AP_2를 따라서

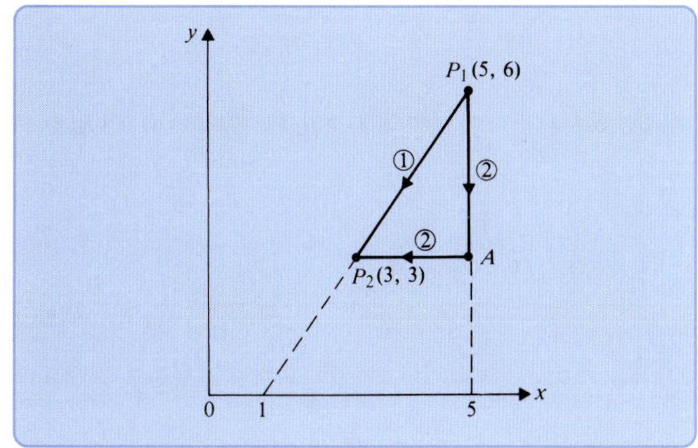

그림 2-35

연습문제 P.2-20의 적분경로

P.2-21 벡터함수 $\mathbf{E} = \mathbf{a}_x y + \mathbf{a}_y x$가 주어져 있을 때, $P_1(2, 1, -1)$에서 $P_2(8, 2, -1)$까지의 스칼라 선적분 $\int \mathbf{E} \cdot d\ell$을 다음의 두 경로에 대해 구하라.

(a) 포물선 $x = 2y^2$을 따라서

(b) 두 점을 지나는 직선을 따라서

P.2-22 문제 P.2-21의 **E**에 대해서, $P_3(3, 4, -1)$에서 $P_4(4, -3, -1)$까지의 적분 $\int \mathbf{E} \cdot d\ell$을 **E**와 위치 P_3와 P_4를 모두 원통좌표계로 변환하여 구하라.

P.2-23 스칼라함수가

$$V = \left(\sin \frac{\pi}{2} x\right)\left(\sin \frac{\pi}{3} y\right)e^{-z}$$

로 주어져 있을 때 다음을 구하라.

(a) 점 $P(1, 2, 3)$에서 V의 최대 증가율의 크기와 방향

(b) 점 P에서 원점 방향으로 V의 증가율

P.2-24 적분

$$\oint_S (\mathbf{a}_R 3 \sin \theta) \cdot d\mathbf{s}$$

을 원점이 중심이고 반지름이 5인 구의 표면에 대해 적분하라.

P.2-25 공간에서 점 (x_1, y_1, z_1)을 포함하는 평면의 식을

$$\ell(x - x_1) + m(y - y_1) + p(z - z_1) = 0$$

으로 쓸 수 있으며, 여기서 ℓ, m, 그리고 p는 평면에 대한 단위법선

$$\mathbf{a}_n = \mathbf{a}_x\ell + \mathbf{a}_y m + \mathbf{a}_z p$$

의 방향 코사인이다. 벡터장 $\mathbf{F} = \mathbf{a}_x + \mathbf{a}_y 2 + \mathbf{a}_z 3$가 주어져 있을 때, 적분 $\int_S \mathbf{F} \cdot d\mathbf{s}$를 꼭지점이 (0, 0, 2), (2, 0, 2), (2, 2, 0), 그리고 (0, 2, 0)인 정사각형 평면에서 구하라.

P.2-26 아래 방사형 장의 발산을 구하라.

(a) $f_1(\mathbf{R}) = \mathbf{a}_R R^n$

(b) $f_2(\mathbf{R}) = \mathbf{a}_R \dfrac{k}{R^2}$

P.2-27 $\mathbf{R}$이 방사형 벡터이고 V가 폐곡면 S로 둘러싸인 영역의 체적일 때, $\frac{1}{3}\oint_S \mathbf{R} \cdot d\mathbf{s} = V$임을 보여라.

P.2-28 스칼라함수 f와 벡터함수 $\mathbf{A}$에 대해

$$\nabla \cdot (f\mathbf{A}) = f\nabla \cdot \mathbf{A} + \mathbf{A} \cdot \nabla f$$

을 직각좌표계에서 증명하라.

P.2-29 벡터함수 $\mathbf{A} = \mathbf{a}_r r^2 + \mathbf{a}_z 2z$에 대해, $r = 5$, $z = 0$, 그리고 $z = 4$로 둘러싸인 원통형 영역에 대한 발산 정리를 증명하라.

P.2-30 예제 2-15에 주어진 벡터함수 $\mathbf{F} = \mathbf{a}_r k_1/r + \mathbf{a}_z k_2 z$에 대해, 그 예제에서 정해진 체적에 관해 $\int \nabla \cdot \mathbf{F} dv$를 구하라. 왜 여기서 발산 정리가 성립하지 않는지 설명하라.

P.2-31 식 (2-98)을 이용하여 원통좌표계에서 벡터장 $\mathbf{A} = \mathbf{a}_r A_r + \mathbf{a}_\phi A_\phi + \mathbf{a}_z A_z$에 대한 $\nabla \cdot \mathbf{A}$의 표현식을 유도하라.

P.2-32 $R = 1$과 $R = 2$인 두 구 사이의 껍질모양 영역에서 벡터장 $\mathbf{D} = \mathbf{a}_R(\cos^2 \phi)/R^3$이 존재한다. 다음을 구하라.

(a) $\oint \mathbf{D} \cdot d\mathbf{s}$

(b) $\int \nabla \cdot \mathbf{D}\, dv$

P.2-33 두 개의 미분 가능한 벡터함수 $\mathbf{E}$와 $\mathbf{H}$에 대해

$$\nabla \cdot (\mathbf{E} \times \mathbf{H}) = \mathbf{H} \cdot (\nabla \times \mathbf{E}) - \mathbf{E} \cdot (\nabla \times \mathbf{H})$$

을 증명하라.

P.2-34 벡터함수 $\mathbf{A} = \mathbf{a}_x 3x^2y^3 - \mathbf{a}_y x^3y^2$에 대해

(a) 그림 2-36의 삼각형 경로를 따른 폐경로 선적분 $\oint \mathbf{A} \cdot d\boldsymbol{\ell}$ 을 구하라.

(b) 삼각형 면에 대해 $\int (\nabla \times \mathbf{A}) \cdot d\mathbf{s}$의 값을 구하라.

(c) $\mathbf{A}$가 스칼라의 변화율로 표현될 수 있는가? 설명하라.

P.2-35 식 (2-126)의 정의를 이용하여 구좌표계에서 벡터장 $\mathbf{A} = \mathbf{a}_R A_R + \mathbf{a}_\theta A_\theta + \mathbf{a}_\phi A_\phi$에 대해 $\nabla \times \mathbf{A}$의 $\mathbf{a}_R$-성분에 대한 표현식을 유도하라.

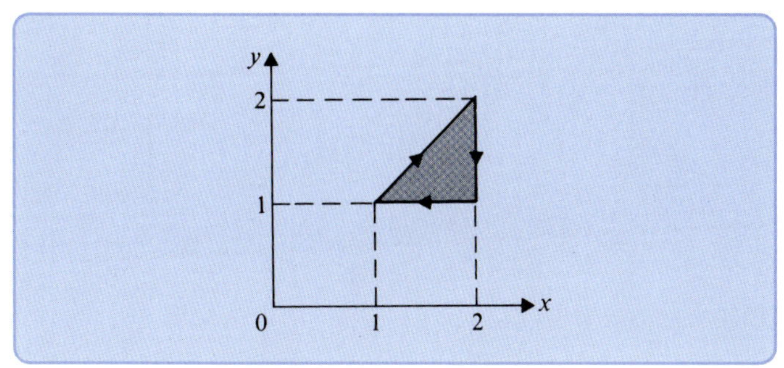

그림 2-36

연습문제 P.2-34의 그림

P.2-36 벡터함수 $\mathbf{A} = \mathbf{a}_\phi \sin(\phi/2)$가 주어져 있을 때, 그림 2-37에 나타낸 반구 표면과 그 원형 테두리에 대해 스토크스의 정리를 증명하라.

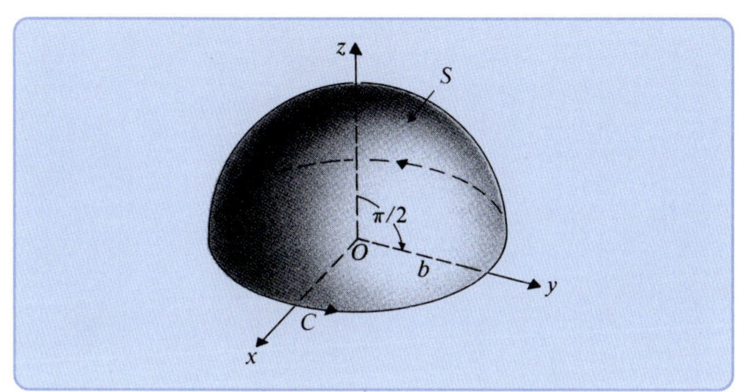

그림 2-37

연습문제 P.2-36의 그림

P.2-37 스칼라함수 f와 벡터함수 $\mathbf{G}$에 대해, 직각좌표계에서

$$\nabla \times (f\mathbf{G}) = f\nabla \times \mathbf{G} + (\nabla f) \times \mathbf{G}$$

을 증명하라.

P.2-38 아래의 영(0) 항등식들을 일반적인 직교 곡선좌표계에서 전개하여 입증하라.

(a) $\nabla \times (\nabla V) \equiv 0$

(b) $\nabla \cdot (\nabla \times \mathbf{A}) \equiv 0$

P.2-39 벡터함수 $\mathbf{F} = \mathbf{a}_x(x + c_1 z) + \mathbf{a}_y(c_2 x - 3z) + \mathbf{a}_z(x + c_3 y + c_4 z)$가 주어져 있다.

(a) $\mathbf{F}$가 비회전성일 때 상수 c_1, c_2, 그리고 c_3를 구하라.

(b) $\mathbf{F}$가 또한 회전성일 때 상수 c_4를 구하라.

(c) 음의 변화율이 $\mathbf{F}$인 스칼라 전위(포텐셜) 함수 V를 구하라.

정전기장

Static Electric Fields

3-1 개요

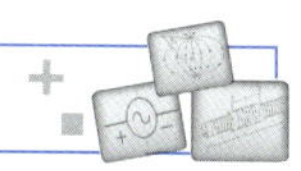

1-2절에서는 전자기학에서 사용되는 물리적 공식에 연역적으로 접근하는 3단계의 핵심 추론을 설명하였다. 이를 간단히 요약하면, 첫째, 전자기학 현상의 기초적인 특징을 정의하고, 둘째, 물리적 특성을 유도한 후, 셋째 이를 토대로 상호관계를 추정할 수 있는 근원적인 가설을 세우는 과정이라고 할 수 있다. 1장에서는 전자기학 모델에 사용되는 소스와 전자기장 성분을 정의하였고 2장에서는 벡터 공식 및 미적분에 대해서 설명하였다. 이를 바탕으로 하여 3장에서는 정전기장(정전계)을 구성하는 소스와 전자기장 성분 사이의 상호관계를 정의하는 가설을 도입한다.

장(field)은 스칼라량 혹은 벡터량의 공간 분포이며 시간에 따라 변하거나 또는 고정된 값을 갖는다. 해면으로부터 측정되는 산의 높이는 방향성이 없으므로 스칼라 값이다. 이는 지진이나 오랜 시간에 걸친 지형 변화를 무시하면 시간이 흘러도 변화하지 않는 고정값이다. 산 위의 여러 지점들은 각각 높이가 다른 스칼라 값들의 분포 위에 놓여져 있다고 볼 수 있다. 각 지점에서 높이 값의 변화율이 가장 큰 벡터 성분이 바로 높이 스칼라 분포의 기울기가 된다. 평지에서는 높이 변화량이 없으므로 기울기 벡터 성분은 존재하지 않는다. 한편 지구 중력의 크기는 각 지점의 높이에 따라 다른 중력장 분포를 갖게 되며 벡터의 방향은 지구 중심을 향한다. 전자기학에서의 전기장 세기 및 자기장 세기 역시 벡터 분포로 표현할 수 있다.

정전기학은 정지되어 있는 전하(소스)를 다루며 정전기장은 시간에 따라 변하지 않고 고정되어 있다. 또한 자기장 성분은 무시하여 문제를 단순화한다. 자기장과 시간 영역에서의 변화를 고려하는 전자기장의 문제를 다루기 위해서는 정전기장의 기본적 특성을 이해하고 정전기장의 경계면 조건을 활용하여 문제를 푸는 방법을 충분히 숙지하는 것이 선행되어야 한다. 정전기장은 전자기학의 범주에서 가장 간단한 편에 속하지만 보다 복잡한 전자기 모델을 이해하는데 기본이 된다. 또한 정전기학은 자연계의 많은 전자기적인 현상들(번개, 코로나, 세인트엘모의 불)과 아울러 실제 산업에 응용되는 사례들(오실로스코프, 잉크젯프린터, 건조 인쇄기)을 설명하는 기본 이론이라고 할 수 있다. 이와 관련하여 많은 책들과 논문들이 정전기장 이론을 활용하는 특별한 주제들에 대해서 다루고 있다.[1)]

기초 물리학에서 정전기학의 기원은 두 전하 사이의 힘의 변화를 실험적으로 유도한 쿨롱(Coulomb)의 법칙(1785년)에서부터라고 할 수 있다. 이 법칙에 따르면, 각각 q_1과 q_2의 전하량을 갖는 두 전하가 서로 충분히 멀리 떨어져 있을 때 각 전하량의 곱에 비례하고 상호 거리의 제곱에 반비례하는 힘이 두 전하를 잇는 직선상에 존재한다. 또한 그 힘은 같은 극성의 전하 사이에서 상호 척력(반발력)으로 작용하고 반대 극성의 전하 사이에서는 상호 인력의 방향으로 작용한다. 벡터 성분의 개념을 도입하여 쿨롱의 법칙을 수학적으로 표현한 식은 다음과 같다.

$$\mathbf{F}_{12} = \mathbf{a}_{R_{12}} k \frac{q_1 q_2}{R_{12}^2} \tag{3-1}$$

여기서 $\mathbf{F}_{12}$는 두 전하 q_1과 q_2 사이에 작용하는 힘이고, $\mathbf{a}_{R_{12}}$는 그 힘이 작용하는 방향으로의 단위벡터, 그리고 k는 매질과 사용되는 단위계에 의해 결정되는 비례상수이다. 여기서 전하 q_1과 q_2의 극성이 같으면 $\mathbf{F}_{12}$는 양(척력)의 값을 갖고, 극성이 서로 반대이면 $\mathbf{F}_{12}$는 음(인력)의 값을 갖는다. 정전기학은 쿨롱의 법칙을 기반으로 하여 전기장 세기 $\mathbf{E}$, 스칼라 전위 V 및 전속밀도 $\mathbf{D}$를 정의하고 가우스의 법칙(Gauss's law)과 같은 관계식을 정립하면서 발전하였다. 이는 추상적인 이론이 아닌 실험적인 관찰을 토대로 한 귀납적 접근방식이라고 할 수 있다.

비록 쿨롱의 법칙이 실험적인 결과에서 도출되었지만, 한편으로는 추론에 의해 정립된 이론이라고 해도 무방하다. 쿨롱의 법칙은 두 가지 중요 가설로 시작되는데, 첫째, 두 전하의 크기는 그 둘의 거리에 비해 매우 작다는 것이고, 둘째, 상호작용하는 힘이 거리의 제곱에 반비례한다는 것이다. 위 첫 번째 가설에서 전하가 매우 작다는 의미에 대한 명확한 정의를 내리기는 쉽지 않다. 실제 존재하는 전하는 그 크기가 유한하기 때문에 두 전하 사이의 정확한 거리를 측정하는 것도 어려운 일이 된다. 동일 조건하에서는 두 전하 사이의 거리가 상대적으로 멀어질수록 거리 측정의 정확도가 더 좋아질 것이다. 그러나 거리가 증가하면 측정되는 힘의 크기가 작아지고 외부전하에 의한 간섭도 증가할 것이기 때문에 실험값의 신뢰도는 더욱 낮아질 수밖에 없다. 이렇게 되면 작용하는 힘이 거리의 제곱에 반비례한다는 두 번째 가설을 실험적으로 증명하기가 어려워질 것이다. 아무리 실험 과정에 신중한 주의를 한다고 해도 미세한 전하량 실

1) A. Klikenberg and J. L. van der Minne, *Electrostatics in the Petroleum Industry*, Elsevier, Amsterdam, 1958. J. H. Dessauer and H. E. Clark, *Xerography and Related Processes*, Focal Press, London, 1965. A. D. Moore (Ed.) *Electrostatics and Its Applications*, John Wiley, New York, 1973. C. E. Jewett, *Electrostatics in the Electronics Enviroment*, John Wiley, New York, 1976. J. C. Crowley, *Fundamentals of Applied Electrostatics*, John Wiley, New York, 1986.

험에 대한 정확도가 완벽할 수는 없을 것이다. 그렇다면 쿨롱은 어떻게 전기력이 상호 거리의 거듭제곱(1.999999나 2.000001 제곱이 아니라)에 정확하게 반비례함을 알아냈을까? 그 당시의 장비로는 쿨롱이 결코 거듭제곱이라는 수치를 정확하게 유도할 수 있는 실험을 수행할 수가 없었음은 당연하다.[2] 따라서 쿨롱이 제안했던 식 (3-1)은 자신의 실험에서 직접적으로 증빙된 결과가 아니라 불완전한 실험 결과를 기반으로 하여 제안되고 이론적인 가설로 발전된 것이라고 할 수 있다.

이 책에서는 복잡한 정전기장 이론의 초기 발전 과정을 생략하고 쿨롱의 법칙이 유도되는 과정과 유사하게 자유공간에서 전기장 세기 벡터에 대한 발산과 회전성분을 정의하는 방식으로 정전기장 이론을 소개한다. 2-12절에 소개된 헬름홀츠의 이론에 의하면 벡터의 발산과 회전성분이 구해지면 그 벡터는 완전하게 정의될 수 있다. 이번 장에서는 전기장 세기 벡터의 발산과 회전성분을 정의한 후 이로부터 쿨롱의 법칙과 가우스의 법칙이 유도될 수 있으며, 이 두 법칙은 서로 독립된 것이 아니라 상호 연관되어 있는 것임을 보인다. 다음으로는 벡터 항등식을 사용하여 스칼라 전위 개념을 도입한다. 매질에 따른 정전기장 특성의 변화를 살펴보고, 마지막으로 정전기장 에너지 개념과 전하들 간에 작용하는 힘에 대해서 공부한다.

3-2 자유공간 정전기장의 기본 가정

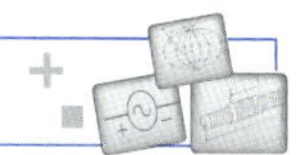

전자기학의 기본 이론은 정전하(정지전하 또는 시불변 전하)가 자유공간의 고정된 점에 존재하고 있다고 가정하고 이 정전하에 의해 발생되는 전기장을 구하는 것으로부터 출발한다. 자유공간에 놓여 있는 정전하는 전자기학에서 다루게 되는 가장 단순하고 쉬운 모델이라고 할 수 있다. 이 모델을 설명하기 위해서는 앞서 1-2절에서 언급된 네 개의 전자기장 기본 구성 벡터 중 전기장 세기 **E**만을 고려하면 된다. 또한 자유공간이므로 1-3절에서 소개한 세 개의 기본 상수 가운데 자유공간 유전율 상수 ϵ_0만 사용한다.

전기장 세기(electric field intensity: 전계강도)는 전기장이 존재하는 공간에 매우 작은 시험전하가 존재할 때 이 전하가 받게 되는 힘의 크기를 단위전하당 비율로 정의한 값이다. 이를 수식으로 표현하면,

$$\mathbf{E} = \lim_{q \to 0} \frac{\mathbf{F}}{q} \qquad \text{(V/m)} \tag{3-2}$$

와 같다. 전기장 세기 **E**는 힘 **F**에 비례하며 두 벡터의 방향은 서로 같다. 힘 **F**는 뉴턴(N), 전하량 q는 쿨롱(C)의 단위로 표현되므로 **E**는 [N/C]의 단위를 가지며 이는 [V/m]와 동일하다. 여기

2) 쿨롱 법칙의 거리 지수값은 10^{15}분의 일의 정확도로 2에 수렴함이 간접적인 실험으로 확인되었다. (E. R. Williams, J. E. Faller, and H. A. Hall, *Phys. Rev. Letters*, vol. 26, 1971, p. 721 참조)

서 사용된 시험전하량 q는 실제적으로 0이 될 수 없고 최소 전하 단위인 전자의 전하량보다는 클 수밖에 없다. 그러나 시험전하가 전기장 형성의 근원 전하 분포량에 비해 충분히 작다면 실제 측정되는 $\mathbf{E}$의 실험값과 점전하라고 가정하여 계산된 값은 차이가 없을 것이다. 식 (3-2)를 전개하여 전기장 $\mathbf{E}$에 의해 정전하 q가 받는 힘 $\mathbf{F}$를 정리하면 다음과 같다.

$$\mathbf{F} = q\mathbf{E} \qquad (\text{N}) \tag{3-3}$$

정전기장의 기본 가정은 자유공간에서 $\mathbf{E}$의 발산과 회전성분에 대해 다음과 같은 관계식을 도입한다.

$$\nabla \cdot \mathbf{E} = \frac{\rho}{\epsilon_0} \tag{3-4}$$

$$\nabla \times \mathbf{E} = 0 \tag{3-5}$$

식 (3-4)에서 ρ는 자유전하(C/m^3)의 체적밀도(부피밀도)이고 ϵ_0는 자유공간에서의 유전율이다.[3] 식 (3-4)는 ρ가 0이 아니면 정전기장의 전기장 세기가 회전성을 갖지 않음을 의미하며, 식 (3-5)는 전기장 세기의 비회전성을 상징한다. 이 두 가정은 매우 간결하고 단순하며 좌표계에 상관없이 항상 성립한다. 또한 앞으로 정전기장에서의 모든 법칙과 이론을 유도하는 데 사용되는 기본식이 되며, 그 전개과정은 자명한 연역적 추론 방식을 따른다.

식 (3-4)와 (3-5)는 공간상의 모든 좌표에서 통용된다. 이 식들은 정전기장의 기본 가정을 공간의 각 점들에 대한 발산과 회전 연산의 미분형으로 표현한 것이다. 실제 정전기장의 문제를 다룰 때는 공간상의 전하 분포에 의해 생성되는 전체 전기장을 구하게 된다. 이러한 문제들을 풀기에는 식 (3-4)를 직접 사용하는 것보다 이것의 적분형을 적용하는 것이 더 편리하다. 식 (3-4)의 양변을 임의의 체적공간 V에 대해 적분하면 다음과 같이 된다.

$$\int_V \nabla \cdot \mathbf{E}\, dv = \frac{1}{\epsilon_0} \int_V \rho\, dv \tag{3-6}$$

위 식 (3-6)을 식 (2-115)의 발산 정리에 대입하면 그 결과는 다음과 같다.

$$\oint_S \mathbf{E} \cdot d\mathbf{s} = \frac{Q}{\epsilon_0} \tag{3-7}$$

여기서 Q는 면 S로 둘러싸인 공간 V에 포함되어 있는 모든 전하의 합이다. 식 (3-7)은 **가우스의**

3) 자유공간에서의 유전율은 $\epsilon_0 \cong \frac{1}{36\pi} \times 10^{-9}$ (F/m) 이다. 식 (1-11) 참조.

법칙(Gauss's Law)이라고 하며 이는 **자유공간 내 임의의 닫힌 공간에서 외부로 발산되는 모든 전기장 세기의 합은 그 공간 내부의 총 전하량을 유전상수 ϵ_0로 나눈 값과 같다**라는 의미를 갖고 있다. 가우스의 법칙은 정전기장을 특징짓는 가장 중요한 관계식이라고 할 수 있으며, 이와 관련하여 3-4절에서 더욱 자세하게 다룬다.

식 (3-5)의 회전 관계식에서 양변을 임의의 면에 대해 적분하고 식 (2-143)의 스토크스 정리를 적용하면 다음과 같은 적분 공식을 얻을 수 있다.

$$\oint_C \mathbf{E} \cdot d\boldsymbol{\ell} = 0 \tag{3-8}$$

여기서 선적분 경로는 처음 면적분을 취한 임의의 면을 둘러싼 선 폐경로(closed loop) C이며, 따라서 선 C는 임의의 형태를 가질 수 있다. 식 (3-8)은 **임의의 면 주위를 따라 폐경로에 대한 전기장 세기 E의 선적분 값은 그 면의 특성과는 무관하게 항상 0이 됨을 의미한다**. 적분식 $\mathbf{E} \cdot d\boldsymbol{\ell}$은 벡터의 내적으로서 스칼라 값이 되며 경로 구간 사이의 전위차를 나타낸다. 따라서 식 (3-8)은 **폐회로 내부에서 전압강하의 합은 0이 된다**는 회로이론에서의 **키르히호프의 전압 법칙**과 상통하는 법칙이라고 할 수 있다. 이에 대해서는 5-3절에서 보다 자세하게 설명하기로 한다.

식 (3-8)은 **E**가 비회전성(보존) 벡터임을 의미한다. 그림 3-1에서 **E** 벡터를 임의의 폐경로 구간인 C_1C_2에 대해서 선적분을 취하면 그 결과가 0이 됨을 다음과 같이 정리할 수 있다.

$$\int_{C_1} \mathbf{E} \cdot d\boldsymbol{\ell} + \int_{C_2} \mathbf{E} \cdot d\boldsymbol{\ell} = 0 \tag{3-9}$$

$$\underset{C_1\text{을 따라서}}{\int_{P_1}^{P_2}} \mathbf{E} \cdot d\boldsymbol{\ell} = - \underset{C_2\text{를 따라서}}{\int_{P_2}^{P_1}} \mathbf{E} \cdot d\boldsymbol{\ell} \tag{3-10}$$

$$\underset{C_1\text{을 따라서}}{\int_{P_1}^{P_2}} \mathbf{E} \cdot d\boldsymbol{\ell} = \underset{C_2\text{를 따라서}}{\int_{P_1}^{P_2}} \mathbf{E} \cdot d\boldsymbol{\ell} \tag{3-11}$$

식 (3-11)에서 비회전성 벡터인 전기장 **E**에 대해 스칼라 선적분을 취하면 그 결과값은 경로에 상관없이 오직 시작과 끝점에 의해서만 결정됨을 알 수 있다. 식 (3-11)은 전기장에서 단위전하

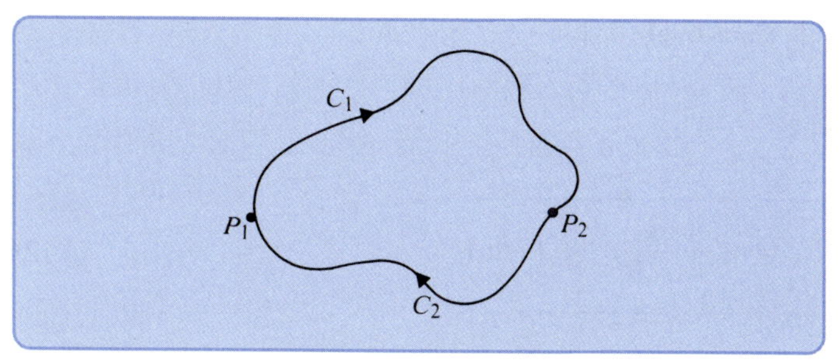

그림 3-1
임의의 궤적 경로

를 P_1 지점에서 P_2 지점까지 이동시키는 데 필요한 일의 양과 같으며 이에 대해서는 3-5절에서 자세히 다루기로 한다. 식 (3-8)과 (3-9)는 정전기장에서 에너지 또는 일 보존의 법칙이 성립함을 증명하는 식이라고 할 수 있다.

앞서 도입한 자유공간 정전기장의 두 가지 기본 가정은 앞으로 이 책에서 정전기장의 구조를 정립하는 핵심 기반이 된다. 아래의 표는 이 가정을 각각 미분형과 적분형으로 정리한 것이다.

자유공간에서 정전기장의 가정	
미분형	적분형
$\nabla \cdot \mathbf{E} = \dfrac{\rho}{\epsilon_0}$	$\oint_S \mathbf{E} \cdot d\mathbf{s} = \dfrac{Q}{\epsilon_0}$
$\nabla \times \mathbf{E} = 0$	$\oint_C \mathbf{E} \cdot d\boldsymbol{\ell} = 0$

이 두 가지 가정은 전하 보존의 법칙과 함께 자연계의 기본 법칙으로 받아들여도 무방하다. 이를 전제로 다음 절에서는 쿨롱의 법칙(Coulomb's law)을 유도하기로 한다.

3-3 쿨롱의 법칙

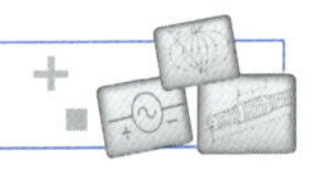

가장 단순한 정전기장 문제로서 무한 자유공간에 점전하 q가 정지되어 있는 경우를 생각해 보자. 전하 q에 의해 발생되는 전기장 세기를 구하기 위해 전하 q의 위치를 중심으로 하고 반지름이 R인 가상의 구면을 그려본다. 점전하 구조는 방향성이 없기 때문에 가상의 구면상에서는 모든 위치에서 같은 크기의 **E** 값이 방사형으로 분포할 것이다. 식 (3-7)을 그림 3-2(a)에 적용하면 아래 식들을 얻는다.

$$\oint_S \mathbf{E} \cdot d\mathbf{s} = \oint_S (\mathbf{a}_R E_R) \cdot \mathbf{a}_R \, ds = \frac{q}{\epsilon_0}$$

또는

$$E_R \oint_S ds = E_R(4\pi \mathrm{R}^2) = \frac{q}{\epsilon_0}$$

따라서 다음이 성립한다.

$$\boxed{\mathbf{E} = \mathbf{a}_R E_R = \mathbf{a}_R \frac{q}{4\pi\epsilon_0 R^2} \qquad \text{(V/m)}} \tag{3-12}$$

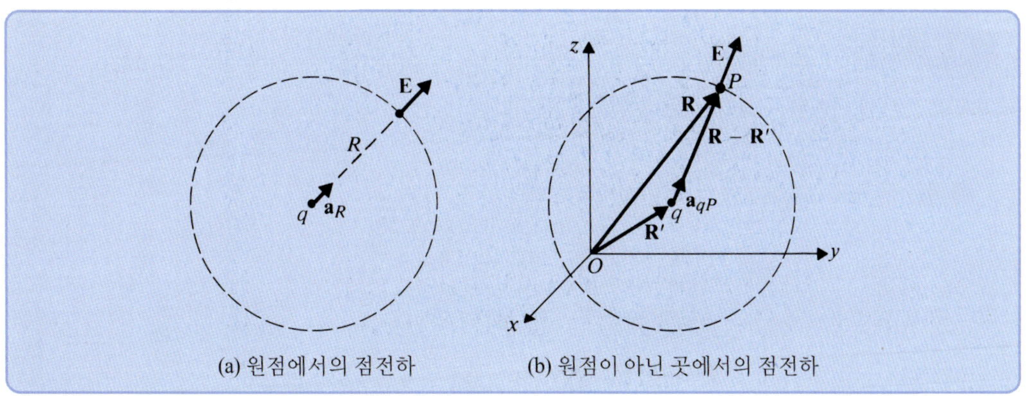

그림 3-2

점전하에 의한 전기장 세기

식 (3-12)는 **양(+)의 부호를 가진 단일 점전하에 의해 발생되는 전기장 세기는 점전하로부터 멀어지는 방사 방향으로 퍼지며, 그 크기는 점전하량에 비례하고 전하로부터의 거리의 제곱에 반비례함을 의미한다**. 이는 정전기장에서 매우 중요한 기본 공식이라고 할 수 있다. 식 (2-139)를 이용하면 식 (3-12)에 대한 회전성분은 항상 $\nabla \times \mathbf{E} = 0$으로 주어짐을 알 수 있다. 양의 점전하 q의 전기장 세기에 대한 유속선(flux line) 모양은 그림 2-25(b)와 같은 형태가 된다.

만약 전하 q가 주어진 좌표계의 원점에 있지 않다면, 전기장 세기 $\mathbf{E}$의 표현식에서 단위벡터 $\mathbf{a}_R$과 거리 변수 R은 전하의 위치를 고려한 값으로 수정되어야 한다. 그림 3-2(b)에서와 같이 점전하 q의 위치벡터가 $\mathbf{R}'$이고 $\mathbf{E}$를 측정하는 임의의 공간좌표 P의 위치벡터가 $\mathbf{R}$이라고 하면, 식 (3-12)는 다음과 같이 되고,

$$\mathbf{E}_P = \mathbf{a}_{qP}\frac{q}{4\pi\epsilon_0|\mathbf{R}-\mathbf{R}'|^2} \tag{3-13}$$

이때 $\mathbf{a}_{qP}$는 q로부터 P로 향하는 단위벡터이다. 또한

$$\mathbf{a}_{qP} = \frac{\mathbf{R}-\mathbf{R}'}{|\mathbf{R}-\mathbf{R}'|} \tag{3-14}$$

이므로, 이를 적용하면

$$\boxed{\mathbf{E}_p = \frac{q(\mathbf{R}-\mathbf{R}')}{4\pi\epsilon_0|\mathbf{R}-\mathbf{R}'|^3} \qquad (\text{V/m})} \tag{3-15}$$

가 된다.

예제 3-1 공기 중 좌표 $Q(0.2, 0.1, -2.5)$에 있는 +5 (nC)의 점전하에 의한 $P(-0.2, 0, -2.3)$에서의 전기장 세기를 구하라. 모든 단위는 미터이다.

풀이 전기장 관측점 P에 대한 위치벡터는

$$\mathbf{R} = \overrightarrow{OP} = -\mathbf{a}_x 0.2 - \mathbf{a}_z 2.3$$

이다. 또한 점전하 Q에 대한 위치벡터는

$$\mathbf{R}' = \overrightarrow{OQ} = \mathbf{a}_x 0.2 + \mathbf{a}_y 0.1 - \mathbf{a}_z 2.5$$

이다. 이 두 벡터의 차는

$$\mathbf{R} - \mathbf{R}' = -\mathbf{a}_x 0.4 - \mathbf{a}_y 0.1 + \mathbf{a}_z 0.2$$

이고, 그 크기는 다음과 같이 주어진다.

$$|\mathbf{R} - \mathbf{R}'| = [(-0.4)^2 + (-0.1)^2 + (0.2)^2]^{1/2} = 0.458 \text{ (m)}$$

이를 식 (3-15)에 대입하면,

$$\begin{aligned} \mathbf{E}_P &= \left(\frac{1}{4\pi\epsilon_0}\right)\frac{q(\mathbf{R} - \mathbf{R}')}{|\mathbf{R} - \mathbf{R}'|^3} \\ &= (9 \times 10^9)\frac{5 \times 10^{-9}}{0.458^3}(-\mathbf{a}_x 0.4 - \mathbf{a}_y 0.1 + \mathbf{a}_z 0.2) \\ &= 214.5(-\mathbf{a}_x 0.873 - \mathbf{a}_y 0.218 + \mathbf{a}_z 0.437) \quad \text{(V/m)} \end{aligned}$$

을 얻을 수 있다. 여기서 괄호 안의 벡터식은 단위벡터 $\mathbf{a}_{QP} = (\mathbf{R} - \mathbf{R}')/|\mathbf{R} - \mathbf{R}'|$와 동일하며, $\mathbf{E}_P$의 크기값은 214.5 (V/m)가 된다.

주: 공기 중의 유전율은 자유공간과 동일하다고 간주한다. $1/(4\pi\epsilon_0)$는 정전기장에서 매우 자주 사용되는 계수이다. 식 (1-11)로부터 $\epsilon_0 = 1/(c^2\mu_0)$로 표현된다. 국제 표준 단위에서 $\mu_0 = 4\pi \times 10^{-7}$ (H/m)이므로 대입하면 다음이 성립한다.

$$\frac{1}{4\pi\epsilon_0} = \frac{\mu_0 c^2}{4\pi} = 10^{-7}\, c^2 \qquad \text{(m/F)} \tag{3-16}$$

여기서 $c = 3 \times 10^8$ (m/s)로 근사화시키면, $1/(4\pi\epsilon_0) = 9 \times 10^9$ (m/F)가 된다.

점전하 q_2가 다른 점전하 q_1에 의해 생성된 전기장 내에 놓여 있으면 q_1에 의한 전기장 세기 $\mathbf{E}_{12}$가 전하 q_2에 힘 $\mathbf{F}_{12}$를 가하게 된다. 식 (3-3)과 (3-12)를 이용하면 힘 $\mathbf{F}_{12}$는 다음과 같이 표현된다.

$$\mathbf{F}_{12} = q_2\mathbf{E}_{12} = \mathbf{a}_R \frac{q_1 q_2}{4\pi\epsilon_0 R^2} \quad \text{(N)} \tag{3-17}$$

식 (3-17)은 3-1절에서 식 (3-1)로 간단히 소개되었던 **쿨롱 법칙**의 상세한 수학적 표현이라고 할 수 있다. 여기서 두 지점의 상대거리인 R의 지수가 정확하게 2로 표기되는 것은 식 (3-4)에서 설명한 정전기장 기본 가정에서 도출된 결과이다. SI 단위계에서는 비례상수 k가 $1/(4\pi\epsilon_0)$와 같으며 힘의 단위는 뉴턴(N)이 된다.

예제 3-2 총 전하량 Q가 반지름 b인 얇은 구 도체껍질(shell)에 고르게 분포되어 있다. 얇은 도체껍질 내부의 임의의 지점에서 전기장 세기를 구하라.

풀이 두 가지 접근방식으로 문제를 풀어볼 수 있다.

(a) 그림 3-3에 있는 구 내부의 빈 공간에 임의의 점 P를 잡고 그 위에 식 (3-7)의 가우스의 법칙을 적용할 수 있는 가상의 면(**가우스 표면**)을 그려본다. 도체껍질 내부에는 전하가 존재하지 않기 때문에 구 내부의 모든 지점에서 $\mathbf{E} = 0$이 성립한다.

(b) 이번에는 문제를 좀 더 상세히 분석해보도록 한다. 이를 위해 점 P를 꼭지점으로 하고 입체각이 $d\Omega$인 두 개의 기본 원뿔을 그린다. 원뿔의 길이를 점점 늘려서 각각 원형 구에 접하게 될 때 접면의 면적을 각각 ds_1, ds_2라고 하고 점 P로부터의 길이를 r_1, r_2라고 하자. 총 전하 Q가 도체각에 고루 분산되어 있기 때문에 면전하밀도는 다음과 같이 주어진다.

$$\rho_s = \frac{Q}{4\pi b^2} \tag{3-18}$$

이때 면 ds_1과 ds_2에 존재하는 전하 분포에 의해 점 P의 위치에 발생하는 전기장 세기는 식 (3-12)를 사용하여 다음과 같이 표현할 수 있다.

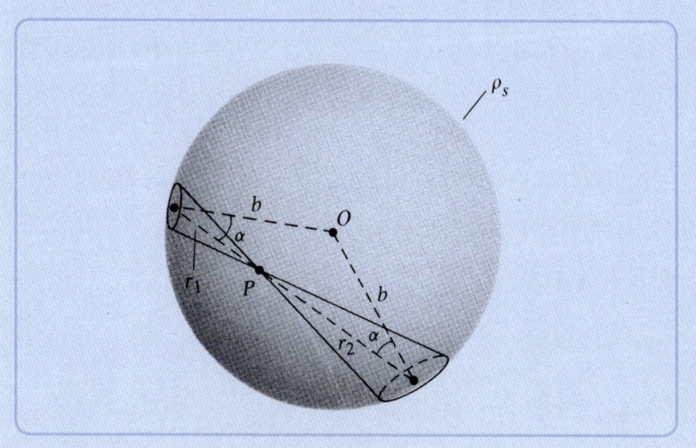

그림 3-3 도전된 구 도체껍질(예제 3-2)

$$dE = \frac{\rho_s}{4\pi\epsilon_0}\left(\frac{ds_1}{r_1^2} - \frac{ds_2}{r_2^2}\right) \tag{3-19}$$

그런데 입체각 $d\Omega$는 다음과 같이 표현되므로

$$d\Omega = \frac{ds_1}{r_1^2}\cos\alpha = \frac{ds_2}{r_2^2}\cos\alpha \tag{3-20}$$

이를 식 (3-19)에 대입하면 다음과 같은 식이 성립한다.

$$dE = \frac{\rho_S}{4\pi\epsilon_0}\left(\frac{d\Omega}{\cos\alpha} - \frac{d\Omega}{\cos\alpha}\right) = 0 \tag{3-21}$$

위 결과는 동일한 입체각을 공유하는 임의의 원뿔 도형들에 대해서도 적용할 수 있고, 이를 구 도체 껍질 모든 면으로 확장하면 결국 $\mathbf{E} = 0$이 항상 성립하게 된다. ■

만약 식 (3-12)와 (3-19)에서 사용된 쿨롱의 법칙이 거리의 제곱에 반비례하는 관계식을 포함하지 않는다면, 도형의 면적 관계식인 식 (3-20)을 식 (3-19)로 대입할 때 $dE = 0$이라는 결과를 얻을 수 없었을 것이다. 이에 따라 각 원뿔 내부전하에 의해 발생된 전기장 세기가 상쇄되지 못하고 P의 위치에 따라 변하는 값을 갖게 되었을 것이다. 쿨롱은 초기 실험에서 비틀림저울을 사용했기 때문에 실험의 정확도를 보장할 수 없었다. 그러한 제한에도 불구하고, 그는 역제곱 관계식을 훌륭하게 추론하였다. 그 후 많은 과학자들이 위의 예제에서 나오는 실험을 반복적으로 수행하였고 내부의 전기장 세기가 사라짐을 보임으로써 역제곱 관계식을 증명하였다. 전하가 대전된 구 도체껍질 내부의 전기장은 외벽에 매우 작은 구멍을 낸 후 가느다란 검출기를 삽입하여 매우 정밀하게 측정할 수 있다.

예제 3-3 그림 3-4에 음극선 오실로스코프(CRO)의 정전기장 편향 시스템이 있다. 가열된 음극으로부터 방출된 전자는 양극으로부터 힘을 받아 초기속도 $\mathbf{u}_0 = \mathbf{a}_z u_0$로 이동한다. 전자는 $z = 0$인 지점에서 폭이 w, 균일한 전기장 $\mathbf{E}_d = -\mathbf{a}_y E_d$를 유지하고 있는 편향판 사이로 입사하게 된다. 중력의 영향을 무시할 때, 전자가 $z = L$인 지점을 통과하는 순간의 수직 방향으로의 편향 값을 구하라.

SOLUTION **풀이** $z > 0$ 영역에서 z축 방향으로 어떠한 힘도 존재하지 않으므로 수평 속도 u_0는 유지된다. 전기장 $\mathbf{E}_d$는 전하량이 $-e$인 전자에 y방향으로의 편향을 일으키는 힘을 유발하는데 그 크기는 다음과 같다.

$$\mathbf{F} = (-e)\mathbf{E}_d = \mathbf{a}_y e E_d$$

수직 방향에서 뉴턴의 제 2 운동법칙을 적용하면,

$$m\,\frac{du_y}{dt} = eE_d$$

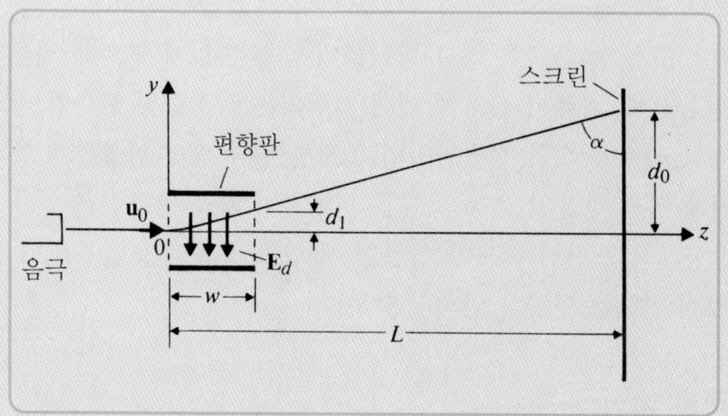

그림 3-4
음극선 오실로스코프의 정전기장 편향 시스템(예제 3-3)

가 된다. m은 전자의 질량이며 식의 양변을 적분하면,

$$u_y = \frac{dy}{dt} = \frac{e}{m} E_d t$$

이다. 여기서 $t = 0$일 때 $u_y = 0$이기 때문에 적분상수는 0이다. 양변을 다시 적분하면,

$$y = \frac{e}{2m} E_d t^2$$

가 된다. $t = 0$일 때 $y = 0$이기 때문에 적분상수는 0이다. 2차 함수 특성에 따라 전자는 편향판 사이에서 포물선 모양의 궤도를 따른다. 편향판으로부터 빠져나오는 순간에, $t = w/u_0$이므로 이를 대입하면

$$d_1 = \frac{eE_d}{2m}\left(\frac{w}{u_0}\right)^2$$

이고

$$u_{y1} = u_y\left(t = \frac{w}{u_0}\right) = \frac{eE_d}{m}\left(\frac{w}{u_0}\right)$$

이 된다. 전자가 편향판으로부터 빠져나온 후 $(L - w)$의 거리를 $(L - w)/u_0$의 시간 동안 진행하여 스크린에 도달하게 되는데 그 과정에서 수직 방향으로의 편향이 발생하며 그 크기는 다음과 같다.

$$d_2 = u_{y1}\left(\frac{L - w}{u_0}\right) = \frac{eE_d}{m}\frac{w(L - w)}{u_0^2}$$

따라서 스크린에서 중심으로부터의 편향거리는

$$d_0 = d_1 + d_2 = \frac{eE_d}{mu_0^2} w\left(L - \frac{w}{2}\right)$$

이다.

음극선 오실로스코프처럼 컴퓨터 출력에 사용되는 잉크젯 프린터도 충전된 입자 흐름의 정전기 편향 원리에 기초한 장치이다. 우선 매우 작은 잉크 방울들이 압전 변환기에 의해 제어되는 진동 노즐을 통해 분사된다. 다음으로, 컴퓨터 신호에 의해 결정되는 적정량의 전하가 잉크 방울에 섞여 전하를 띠게(대전) 되고 이후 균질한 정전기장이 존재하는 한 쌍의 편향판을 통과하게 된다. 편향판의 전기장에 의해 잉크 방울의 운동 방향은 휘어지며 최종 편향량은 잉크에 대전된 전하에 비례한다. 수평 방향으로 프린터 헤드가 이동할 때 잉크 방울은 노즐로부터 분사되어 계산된 위치에 뿌려짐으로써 원하는 영상을 인쇄하게 된다.

3-3.1 이산 전하그룹에 의한 전기장

서로 다른 n개의 독립된 전하 $q_1, q_2, \ldots, q_n$이 그룹을 형성하여 정전기장을 형성하고 있다고 가정해 보자. 전기장 세기는 $\mathbf{a}_R q/R^2$의 선형(비례)함수이므로 중첩의 원리가 적용가능하며 임의의 지점에서 총 전기장 $\mathbf{E}$의 크기는 각각의 독립된 전하에 의해 발생되는 전기장의 벡터합과 같다. 식 (3-15)로부터 위치벡터 $\mathbf{R}$ 지점에서의 전기장 세기는 다음과 같이 표현된다.

$$\mathbf{E} = \frac{1}{4\pi\epsilon_0} \sum_{k=1}^{n} \frac{q_k(\mathbf{R} - \mathbf{R}'_k)}{|\mathbf{R} - \mathbf{R}'_k|^3} \qquad \text{(V/m)} \tag{3-22}$$

식 (3-22)는 간결한 형태로 보이지만, 각기 다른 크기와 방향을 갖는 벡터들을 합산해야 하므로 사용하기에는 불편하다.

서로 다른 극성을 갖는 두 개의 전하만 존재하는 단순 **전기 쌍극자**(electric dipole)의 경우를 가정해 보자. 그림 3-5는 $+q$, $-q$의 전하가 거리 d만큼 떨어져 있는 전기 쌍극자를 보여준다. 이 쌍극자의 중심이 구좌표계의 원점이라고 가정해 보자. 임의의 위치 P에서 $\mathbf{E}$는 $+q$와 $-q$ 전하에 의한 전기장 세기 벡터의 합으로 구성되고 그 결과는 다음과 같다.

$$\mathbf{E} = \frac{q}{4\pi\epsilon_0}\left\{\frac{\mathbf{R} - \frac{\mathbf{d}}{2}}{\left|\mathbf{R} - \frac{\mathbf{d}}{2}\right|^3} - \frac{\mathbf{R} + \frac{\mathbf{d}}{2}}{\left|\mathbf{R} + \frac{\mathbf{d}}{2}\right|^3}\right\} \tag{3-23}$$

식 (3-23)에서 $d \ll R$인 경우 우변의 첫째 항은 다음과 같이 단순화시킬 수 있다.

$$\begin{aligned}\left|\mathbf{R} - \frac{\mathbf{d}}{2}\right|^{-3} &= \left[\left(\mathbf{R} - \frac{\mathbf{d}}{2}\right)\cdot\left(\mathbf{R} - \frac{\mathbf{d}}{2}\right)\right]^{-3/2} \\ &= \left[R^2 - \mathbf{R}\cdot\mathbf{d} + \frac{d^2}{4}\right]^{-3/2} \\ &\cong R^{-3}\left[1 - \frac{\mathbf{R}\cdot\mathbf{d}}{R^2}\right]^{-3/2}\end{aligned} \tag{3-24}$$

$$\cong R^{-3}\left[1 + \frac{3}{2}\frac{\mathbf{R}\cdot\mathbf{d}}{R^2}\right]$$

이항 전개 과정에서 2차 이상의 지수값을 갖는 (d/R) 항은 모두 무시하였다. 마찬가지 방식으로, 두 번째 항에 대해서도 전개하면 다음과 같은 근사값을 얻을 수 있다.

$$\left|\mathbf{R} + \frac{\mathbf{d}}{2}\right|^{-3} \cong R^{-3}\left[1 - \frac{3}{2}\frac{\mathbf{R}\cdot\mathbf{d}}{R^2}\right] \tag{3-25}$$

식 (3-24)와 (3-25)를 식 (3-23)에 대입하면 다음과 같은 결과를 얻는다.

$$\mathbf{E} \cong \frac{q}{4\pi\epsilon_0 R^3}\left[3\frac{\mathbf{R}\cdot\mathbf{d}}{R^2}\mathbf{R} - \mathbf{d}\right] \tag{3-26}$$

식 (3-26)을 전개하고 해석하기 위해서는 복잡한 벡터 연산이 필요하다. 세 개 이상의 전하가 존재하는 경우에는 전기장 세기를 구하는 연산이 더욱 복잡해질 것이다. 3-5절에서는 스칼라 전위 개념을 도입하여 전기장 세기를 좀 더 쉽게 구하는 방법을 소개할 것이다.

전기 쌍극자 개념은 유전체 매질에서 전기장을 이해하는 데 매우 유용한 수단이 된다. 전하 q와 벡터 $\mathbf{d}$($-q$에서 $+q$로 향하는)의 곱을 **전기 쌍극자 모멘트 p**로 정의한다.

$$\mathbf{p} = q\mathbf{d} \tag{3-27}$$

식 (3-26)은 다음과 같이 정리될 수 있는데,

$$\mathbf{E} = \frac{1}{4\pi\epsilon_0 R^3}\left[3\frac{\mathbf{R}\cdot\mathbf{p}}{R^2}\mathbf{R} - \mathbf{p}\right] \tag{3-28}$$

편의상 근사화 부호(~)는 생략하였다. 그림 3-5에서처럼 쌍극자가 z축상에 배열되어 있을 경우(식 (2-77) 참조)

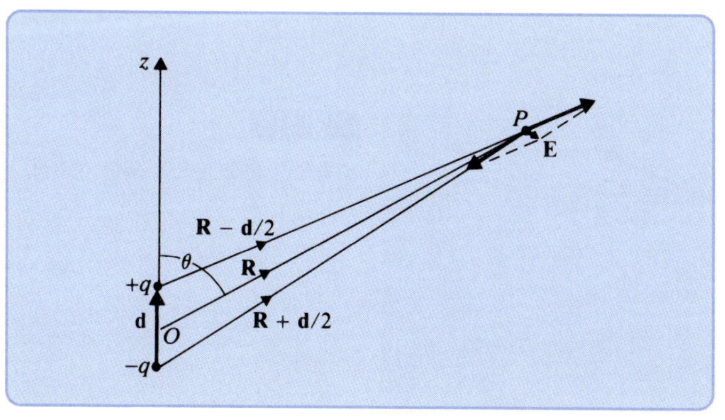

그림 3-5
쌍극자의 전기장

$$\mathbf{p} = \mathbf{a}_z p = p(\mathbf{a}_R \cos\theta - \mathbf{a}_\theta \sin\theta) \tag{3-29}$$

$$\mathbf{R} \cdot \mathbf{p} = Rp\cos\theta \tag{3-30}$$

가 성립하고 식 (3-28)은 다음과 같이 된다.

$$\mathbf{E} = \frac{p}{4\pi\epsilon_0 R^3}(\mathbf{a}_R 2\cos\theta + \mathbf{a}_\theta \sin\theta) \quad \text{(V/m)} \tag{3-31}$$

식 (3-31)은 구좌표계상에서 전기 쌍극자에 의해 발생되는 전기장 세기 성분을 나타낸다. 쌍극자에 의한 **E** 성분은 거리 R의 세제곱에 반비례한다. R이 점차 증가함에 따라 근거리에 있는 $+q$와 $-q$에 발생되는 **E** 성분이 서로 강하게 상쇄되고 따라서 단일전하에 의한 값보다 더 빠르게 감쇠되는 경향을 보이게 된다.

3-3.2 연속적인 전하 분포에 의한 전기장

연속적인 전하 분포에 의한 전기장은 각 미소 영역에 존재하는 전하에 의한 영향을 모두 적분(합산)하여 구할 수 있다. 그림 3-6은 공간상에서의 연속적인 전하 분포를 보여준다. 체적전하밀도 ρ (C/m^3)는 공간좌표의 함수이다. 각 미소 전하는 점전하로 간주할 수 있으므로 미소 체적 dv'에 존재하는 전하 $\rho\, dv'$에 의한 전기장 세기는 점 P에서 다음과 같이 구해진다.

$$d\mathbf{E} = \mathbf{a}_R \frac{\rho\, dv'}{4\pi\epsilon_0 R^2} \tag{3-32}$$

이를 양변에서 적분하면,

$$\mathbf{E} = \frac{1}{4\pi\epsilon_0}\int_{V'} \mathbf{a}_R \frac{\rho}{R^2}\, dv' \qquad \text{(V/m)} \tag{3-33}$$

이고 $\mathbf{a}_R = \mathbf{R}/R$을 대입하면, 다음의 전기장 세기를 얻는다.

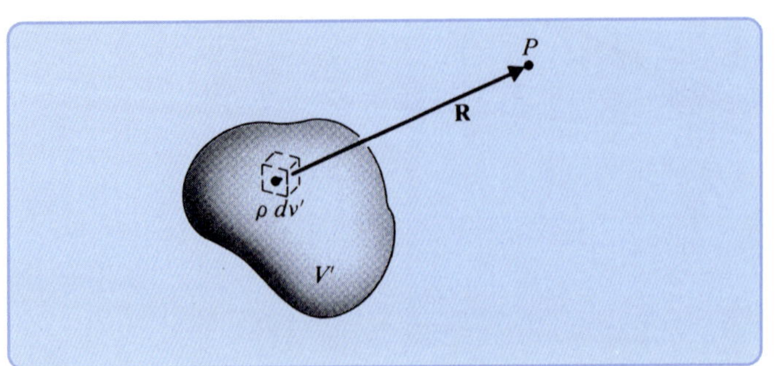

그림 3-6 연속적인 전하 분포에 의한 전기장

$$\mathbf{E} = \frac{1}{4\pi\epsilon_0}\int_{V'} \rho \frac{\mathbf{R}}{R^3} dv' \qquad \text{(V/m)} \tag{3-34}$$

특별히 매우 단순한 환경이 아니라면, 적분식 내부함수값($\mathbf{a}_R$, ρ, R)이 체적 적분 변수인 dv'의 위치에 따라 임의로 변하기 때문에 일반적인 경우에 대해 식 (3-33) 또는 (3-34)의 삼중적분을 풀어내기는 어렵다.

만약 전하가 면전하밀도 ρ_s (C/m^2)의 분포로 임의의 면(평면이 아닌 경우도 포함)에 분포되어 있는 경우라면, 면적분 식을 적용하여 다음의 전기장 세기 관계식을 얻는다.

$$\mathbf{E} = \frac{1}{4\pi\epsilon_0}\int_{S'} \mathbf{a}_R \frac{\rho_s}{R^2} ds' \qquad \text{(V/m)} \tag{3-35}$$

선전하에 대해서는

$$\mathbf{E} = \frac{1}{4\pi\epsilon_0}\int_{L'} \mathbf{a}_R \frac{\rho_\ell}{R^2} d\ell' \qquad \text{(V/m)} \tag{3-36}$$

이 되는데, ρ_ℓ (C/m)은 선전하밀도이고 L'(직선이 아니어도 무방)은 전하가 분포되어 있는 도선이다.

예제 3-4 공기 중에서 균일한 밀도 ρ_ℓ (C/m)을 갖는 무한히 긴 직선 선전하에 의해 형성되는 전기장 세기를 구하라.

풀이 그림 3-7에서 보는 바와 같이, 선전하가 z'축을 따라 놓여 있다고 가정하자. (전기장은 좌표계와 상관없이 고유하게 결정되므로 이처럼 임의의 방향으로 설정해도 무방하다. 일반적으로 전하 원천(소스: source)의 좌표에 대해서는 프라임 부호를 사용한 좌표계를, 전기장 관측점에 대해서는 프라임 부호를 사용하지 않는 좌표계를 사용한다.) 이 문제에서는 도선으로부터 거리 r인 지점에 있는 전기장 관측점에서의 전기장 세기를 구하고자 한다. 전기장이 원통대칭(전기장은 방위각 ϕ와 무관)이므로 원통좌표계를 사용하는 것이 적절하다. 식 (3-36)을 다시 쓰면 다음과 같다.

$$\mathbf{E} = \frac{1}{4\pi\epsilon_0}\int_{L'} \rho_\ell \frac{\mathbf{R}}{R^3} d\ell' \qquad \text{(V/m)} \tag{3-37}$$

주어진 문제에서 ρ_ℓ은 일정하고 미소 거리 성분이자 적분 변수인 $d\ell' = dz'$은 원점으로부터 z'만큼 떨어져 임의의 좌표상에 놓여 있다. 여기서 중요한 것은 거리벡터 $\mathbf{R}$이 전하 원천으로부터 전기장 관측점으로 진행하는 방향이라는 것이다. 이를 벡터식으로 표현하면 다음과 같다.

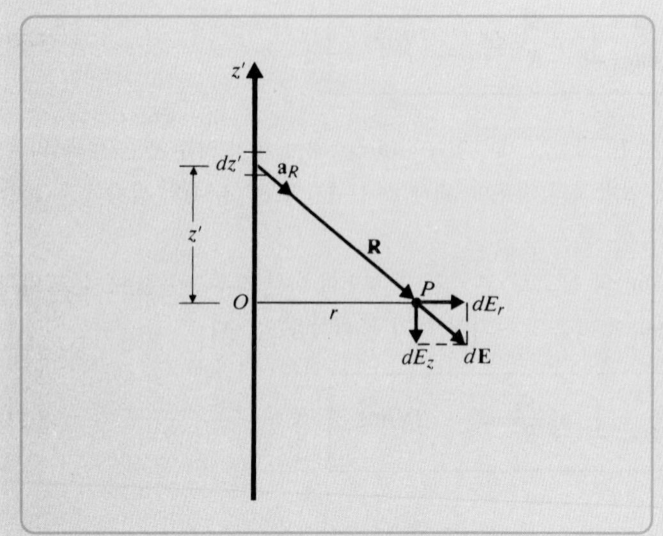

그림 3-7
무한히 긴 직선 선전하

$$\mathbf{R} = \mathbf{a}_r r - \mathbf{a}_z z' \tag{3-38}$$

미소 선전하 성분 $\rho_\ell \, d\ell' = \rho_\ell \, dz'$에 의해 형성되는 전기장 세기 $d\mathbf{E}$ 성분은 다음과 같다.

$$\begin{aligned} d\mathbf{E} &= \frac{\rho_\ell \, dz'}{4\pi\epsilon_0} \frac{\mathbf{a}_r r - \mathbf{a}_z z'}{(r^2 + z'^2)^{3/2}} \\ &= \mathbf{a}_r \, dE_r + \mathbf{a}_z \, dE_z \end{aligned} \tag{3-39}$$

여기서

$$dE_r = \frac{\rho_\ell r \, dz'}{4\pi\epsilon_0 (r^2 + z'^2)^{3/2}} \tag{3-39a}$$

이고

$$dE_z = \frac{-\rho_\ell z' \, dz'}{4\pi\epsilon_0 (r^2 + z'^2)^{3/2}} \tag{3-39b}$$

이다. 식 (3-39)에서 $d\mathbf{E}$를 $\mathbf{a}_r$과 $\mathbf{a}_z$ 성분으로 각각 분해하여 표현하였다. 임의의 $+z'$ 지점에서의 전하 $\rho_\ell dz'$의 대칭 성분이라 할 수 있는 $-z'$ 지점의 전하 $\rho_\ell dz'$에 의한 전기장 $d\mathbf{E}$를 분해해 보면 dE_r과 $-dE_z$로 표현될 수 있다. 따라서 두 전하에 의해 발생하는 전기장을 합하면 $\mathbf{a}_z$ 성분이 상호 상쇄되고 결국 식 (3-39a)의 dE_r 성분만 남게 된다. 이를 적분하면

$$\mathbf{E} = \mathbf{a}_r E_r = \mathbf{a}_r \frac{\rho_\ell r}{4\pi\epsilon_0} \int_{-\infty}^{\infty} \frac{dz'}{(r^2 + z'^2)^{3/2}}$$

또는

$$\mathbf{E} = \mathbf{a}_r \frac{\rho_\ell}{2\pi\epsilon_0 r} \qquad \text{(V/m)} \tag{3-40}$$

이 된다.

식 (3-40)은 무한 선전하에 의한 전기장 세기를 나타내며 활용성이 매우 높은 중요한 공식이다. 실질적으로 무한 길이를 갖는 도선은 존재할 수 없지만, 식 (3-40)은 긴 선전하 주변에 발생되는 **E** 성분을 근사적으로 추정할 때 매우 유용하게 활용될 수 있다.

3-4 가우스의 법칙과 응용

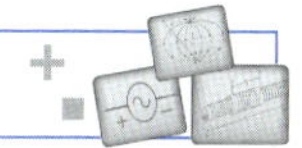

가우스의 법칙(Gauss's law)은 발산 정리를 활용하여 정전기장의 발산가정 식 (3-4)로부터 직접 유도된다. 이미 3-2절에서 식 (3-7)과 같이 유도되었는데 그 중요성을 강조하기 위해 다시 정리해 보면 다음과 같다.

$$\oint_S \mathbf{E} \cdot d\mathbf{s} = \frac{Q}{\epsilon_0} \tag{3-41}$$

가우스의 법칙은 자유공간에서 임의의 폐곡면을 통해 방출되는 전기장 E의 총 전속은 폐곡면 내부의 총 전하를 ϵ_0로 나눈 것과 같다라는 것을 말한다. 여기서 면 S는 편의상 가정된(수학적 의미로) 임의의 폐곡면으로 설정하며 실제 존재하는 면이 아니어도(대부분 그러하다) 무방하다.

가우스의 법칙은 특히 전하 소스가 대칭구조로 분포되어 있는 상황에서의 **E**를 구할 때 유용한데 이는 폐곡면에서의 **E**의 수직 성분이 상수값을 갖기 때문이다. **E**가 상수값이 되면 식 (3-41)의 좌변에 있는 적분식을 매우 쉽게 구할 수 있고, 따라서 식 (3-33)과 (3-37)을 사용하는 것보다 가우스의 법칙을 적용하여 전기장 세기를 구하는 것이 훨씬 편리한 방법이 된다. 반면에, 대칭 조건이 성립하지 않는 경우에는 가우스의 법칙이 활용되기 어렵다. 따라서 가우스의 법칙이 적용되기 위해서는 첫째로 전하 분포가 대칭 조건을 만족해야 하며, 둘째로는 주어진 전하 분포에 대응하여 **E**의 수직 성분이 상수값이 되는 폐곡면을 적절하게 선택해야 한다. 이러한 조건을 갖춘 폐곡면을 **가우스 표면**(가우스 평면: Gaussian surface)이라고 한다. 이 기법은 구면 대칭을 갖는 점전하에 대해 식 (3-12)을 구하는 과정에서 이미 활용되었는데 이때의 폐곡면은 점전하를 중심으로 하는 구면이었다. 전기 쌍극자에 관련된 식 (3-26)과 (3-31)을 구하는 과정에서는 가우스의 법칙이 활용되지 못하는데 이는 두 개의 반대 극성 전하로 구성된 쌍극자에 대해서 대칭 구조를 갖는 폐곡면이 존재하지 않기 때문이다.

예제 3-5 가우스의 법칙을 사용하여 공기 중에서 균일한 밀도 ρ_ℓ을 갖는 무한히 긴 선전하에 의해 발생되는 전기장 세기를 구하라.

풀이 동일한 문제를 예제 3-4에서는 식 (3-36)을 사용하여 풀었었다. 선전하는 무한히 길기 때문에 전기장 $\mathbf{E}$는 선전하에 대해 방사형으로 수직 성분으로만 존재하고($\mathbf{E} = \mathbf{a}_r E_r$) 선전하 방향으로의 성분은 존재하지 않는다. 원통 대칭성을 이용하면 그림 3-8처럼 선전하를 축으로 하는 임의의 길이 L과 반지름 r을 가진 원통 모양의 가우스 표면을 구성할 수 있다. 이 면에서 E_r은 상수값을 갖고 $d\mathbf{s} = \mathbf{a}_r r\, d\phi\, dz$(식 (2-53a))이다. 가우스 적분을 취하면,

$$\oint_S \mathbf{E} \cdot d\mathbf{s} = \int_0^L \int_0^{2\pi} E_r r\, d\phi\, dz = 2\pi r L E_r$$

이 된다. 원통의 윗면에서는 $d\mathbf{s} = \mathbf{a}_z r\, dr\, d\phi$이고 $\mathbf{E}$의 z-성분은 존재하지 않으므로 적분값 $\mathbf{E} \cdot d\mathbf{s} = 0$이 된다. 아랫면에 대해서도 마찬가지 결과를 얻을 수 있다. 원통 내부에 존재하는 총 전하량은 $Q = \rho_\ell L$이다. 식 (3-41)을 적용하면,

$$2\pi r L E_r = \frac{\rho_\ell L}{\epsilon_0}$$

또는

$$\mathbf{E} = \mathbf{a}_r E_r = \mathbf{a}_r \frac{\rho_\ell}{2\pi\epsilon_0 r}$$

이 된다. 이 결과는 당연히 식 (3-40)에서 구한 것과 일치한다. 그러나 이 문제에서는 훨씬 간결한 방식

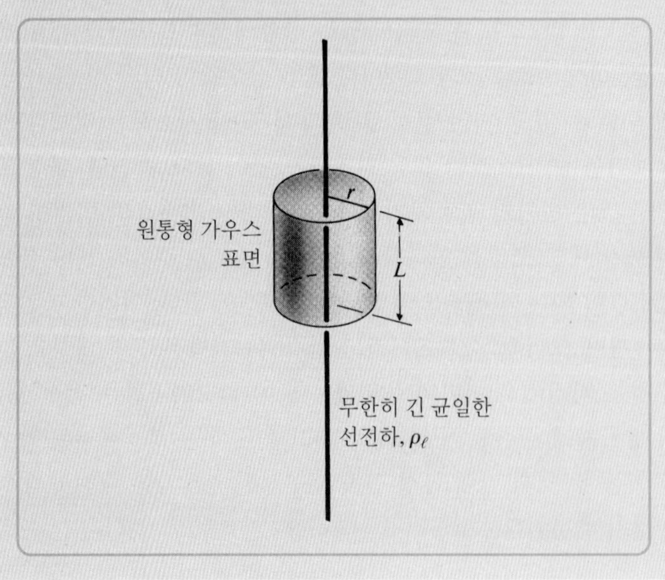

그림 3-8 무한 길이의 선전하에 대한 가우스의 법칙 적용

으로 답을 구했다. 원통 가우스 표면 내부에 존재하는 선전하의 길이 L은 최종 결과값에 표현되지 않음을 알 수 있다. 따라서 임의의 길이 대신에 단위길이의 원통을 선택하여 문제를 풀어도 무방하다. ■

예제 3-6 균일한 면전하밀도 ρ_s를 갖는 무한 판전하에 의해 발생하는 전기장 세기를 구하라.

풀이 무한히 넓은 면에 분포된 전하에 의해 발생하는 전기장 세기 **E**는 대전 면에 대해 수직 방향으로만 발생할 것이다. 식 (3-35)를 사용하면 **E**를 바로 구할 수 있지만 무한 공간에서 $(1/R^2)$항의 이중적분을 수행하는 어려움이 발생한다. 따라서 여기서는 가우스의 법칙을 사용하는 것이 편리하다.

그림 3-9는 판전하를 중심으로 하고 면적이 A인 직육면체 상자를 놓고 판전하로부터 등거리에 있는 윗면과 아랫면이 가우스 표면이 되는 설정을 보여준다. 직육면체의 측면은 대전된 판에 수직이다. 대전된 판이 xy-평면에 있다고 하면, 윗면에서의 적분식은

$$\mathbf{E}\cdot d\mathbf{s} = (\mathbf{a}_z E_z)\cdot(\mathbf{a}_z\, ds) = E_z\, ds$$

이 되고, 아랫면에서는 다음과 같이 된다.

$$\mathbf{E}\cdot d\mathbf{s} = (-\mathbf{a}_z E_z)\cdot(-\mathbf{a}_z\, ds) = E_z\, ds$$

측면 성분의 전기장은 없기 때문에 무시하면 총 적분식은

$$\oint_S \mathbf{E}\cdot d\mathbf{s} = 2E_z \int_A ds = 2E_z A$$

가 된다. 직육면체 상자 안에 존재하는 총 전하량은 $Q = \rho_s A$이다. 그러므로

$$2E_z A = \frac{\rho_s A}{\epsilon_0}$$

이고, 이것으로부터

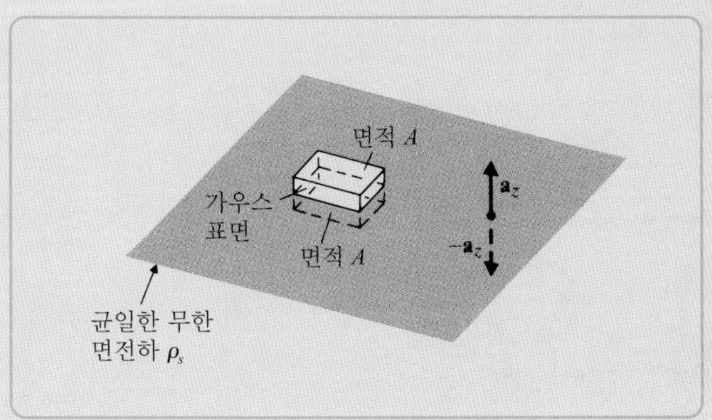

그림 3-9 무한 판전하에 가우스의 법칙 적용 (예제 3-6)

$$\mathbf{E} = \mathbf{a}_z E_z = \mathbf{a}_z \frac{\rho_s}{2\epsilon_0}, \qquad z > 0 \tag{3-42a}$$

와

$$\mathbf{E} = -\mathbf{a}_z E_z = -\mathbf{a}_z \frac{\rho_s}{2\epsilon_0}, \qquad z < 0 \tag{3-42b}$$

를 얻는다. 대전된 판이 xy-평면에 일치하는 방향으로 놓이지 않는 경우일지라도(이 경우에는 윗면과 아랫면으로 구성되지 않음), 면전하밀도 ρ_s가 양(+)일 경우 전기장 세기 **E**는 항상 판으로부터 멀어지는 방향으로 향한다. 그리고 가우스 표면은 굳이 사각형일 필요는 없으며 임의의 형태를 갖고 있어도 무방하다.

■

사무실이나 교실의 조명기구로는 백열전구, 긴 형광등, 또는 천장에 부착된 사각등이 쓰인다. 이들을 각각 빛의 발산 소스로 비유한다면 각각 점전하, 선전하, 또는 면전하 소스로 구분할 수 있다. 식 (3-12), (3-40), 그리고 (3-42)로부터 각각을 비유하면, 각각에서 발산된 빛은 백열전구의 경우 거리의 제곱에 비례하여 감쇠하고, 형광등은 거리에 비례하여 상대적으로 천천히 감쇠하며, 사각등의 경우는 감쇠가 전혀 없게 된다.

예제 3-7 구형의 전자구름이 존재하며 반지름 $0 \le R \le b$의 공간에서 체적전하밀도가 $\rho = -\rho_0$(ρ_0, b는 모두 양수임)이고 $R > b$에 대해 $\rho = 0$로 주어질 때 발생되는 전체 공간에서 전기장 세기 **E**를 구하라.

SOLUTION **풀이** 전자구름 분포에서 전하 원천이 구 대칭성을 갖고 있음을 알 수 있다. 따라서 적절한 가우스 표면은 구 형태의 면이다. 그림 3-10에서 나타낸 공간을 두 개의 영역으로 나누어 전기장 세기 **E**를 구할 수 있다.

(a) $0 \le R \le b$

가상의 구 가우스 표면 S_i를 전자구름 내부 $R < b$인 영역에 그려본다. 이 면에서 **E**는 방사형으로 존재하며 대칭성에 의해 상수값의 크기를 갖는다.

$$\mathbf{E} = \mathbf{a}_R E_R, \qquad d\mathbf{s} = \mathbf{a}_R\, ds$$

발산되는 총 E 전속(electric flux)은

$$\oint_{S_i} \mathbf{E} \cdot d\mathbf{s} = E_R \int_{S_i} ds = E_R 4\pi R^2$$

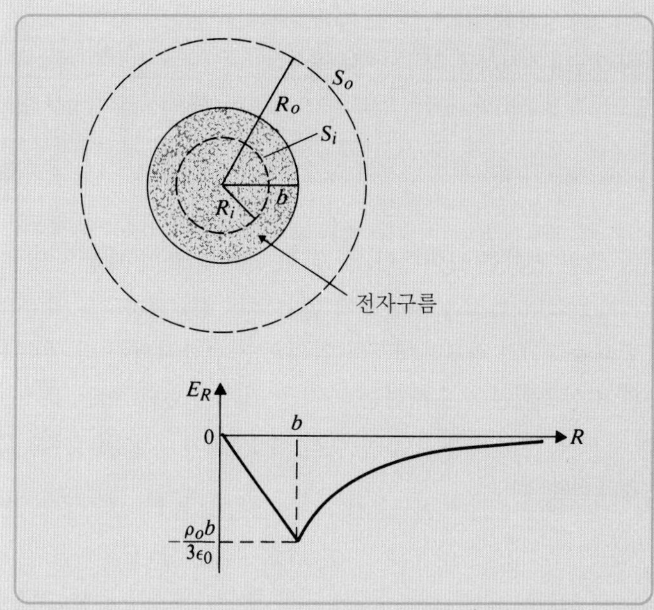

그림 3-10
구형 전자구름의 전기장 세기(예제 3-7)

이다. 가우스 표면 내부에 존재하는 총 전하량은 다음과 같다.

$$Q = \int_V \rho \, dv$$
$$= -\rho_o \int_V dv = -\rho_o \frac{4\pi}{3} R^3$$

따라서 이를 식 (3-7)에 대입하면 그 결과로서 다음과 같은 전기장 세기 **E**를 얻는다.

$$\mathbf{E} = -\mathbf{a}_R \frac{\rho_o}{3\epsilon_0} R, \qquad 0 \le R \le b$$

균일 분포를 갖는 전자구름 내부에서 전기장 **E**는 중심 방향으로 존재하고 그 크기는 중심으로부터의 거리에 비례함을 알 수 있다.

(b) $R \ge b$

이 경우에는 가우스 표면 S_o을 전자구름 외부 공간 $R > b$인 영역에 설정한다. 가우스 적분식은 (a)와 마찬가지로 $\oint_{S_o} \mathbf{E} \cdot d\mathbf{s}$로 표현된다. 가우스 표면 내부의 총 전하량은

$$Q = -\rho_o \frac{4\pi}{3} b^3$$

과 같고, 계산하면 그 결과는 다음과 같다.

$$\mathbf{E} = -\mathbf{a}_R \frac{\rho_o b^3}{3\epsilon_0 R^2}, \qquad R \ge b$$

이는 역제곱 법칙을 따르며 식 (3-12)의 결과와 일치한다. 이 결과를 분석해 보면 전자구름 밖에서의 **E**는 전자구름 내의 총 전하량만큼의 전하값을 갖는 점전하에 의해 생성되는 전기장 세기와 동일함을 알 수 있다. 이는 전하밀도 ρ가 R에 따라 변하는 경우일지라도 구 대칭성을 유지하고 있는 경우라면 마찬가지로 적용된다.

그림 3-10은 거리 R에 따른 전기장 E_R의 변화를 보여준다. 실제 이 문제의 풀이 과정은 몇 줄 정도로 요약될만큼 단순하다. 만약 가우스의 법칙을 사용하지 않는다면, (1) 전자구름 내부의 모든 전하 분포를 미소 체적 전하로 나누고, (2) 좌표계에서의 임의의 지점까지의 거리 벡터 **R**을 구한 다음, (3) 식 (3-33)에 적용하여 삼중적분을 수행하는 과정을 거쳐야 한다. 이는 문제를 지나치게 복잡하게 하여 풀이 과정을 매우 어렵게 만든다. 따라서 전하 분포가 대칭성을 갖추고 있을 때는 일단 가우스의 법칙을 적용하는 것이 바람직하다.

3-5 전위

식 (2-145)에서 설명한 영 항등식(null identity)에 따르면 임의의 벡터가 회전성분이 없을 경우 이 벡터는 스칼라 장의 변화율로 표현될 수 있다. 이를 이용하면 다음과 같이 **스칼라 전위** V를 정의할 수 있다.

$$\mathbf{E} = -\nabla V \tag{3-43}$$

일반적으로 벡터보다는 스칼라함수가 다루기 쉽고, 따라서 스칼라함수인 V 값을 쉽게 구하면 단순한 미분식만 적용되는 변화율 공식을 사용하여 **E** 벡터를 쉽게 구할 수 있게 된다. 식 (3-43)에서 음의 기호가 사용되는 이유는 나중에 언급하도록 한다.

전위는 중요한 물리적 의미를 내포하고 있는데, 이는 단일전하를 서로 다른 위치로 이동시킬 때 소요되는 일의 양과 연관되어 있다. 3-2절에서 전기장 세기는 한 개의 단위 시험전하에 인가되는 힘의 크기로 정의하였다. 따라서 전기장이 형성되어 있는 공간에서 단위전하를 P_1 지점에서 P_2 지점으로 움직이는 데 소요되는 에너지(일)는 전기장의 역방향을 기준으로 정의되고 그 크기는 다음과 같이 표현된다.

$$\frac{W}{q} = -\int_{P_1}^{P_2} \mathbf{E} \cdot d\boldsymbol{\ell} \quad \text{(J/C 또는 V)} \tag{3-44}$$

P_1에서 P_2로 이동할 수 있는 경로는 매우 다양하다. 그림 3-11은 두 가지 서로 다른 경로를 선택할 수 있는 방법을 보여준다. 식 (3-44)에서는 두 지점 간의 경로를 특정하게 지정하지 않으며 따라서 이동 경로와 소요되는 일의 크기 간의 상관관계에 대해 의문을 제기할 수 있을 것이다.

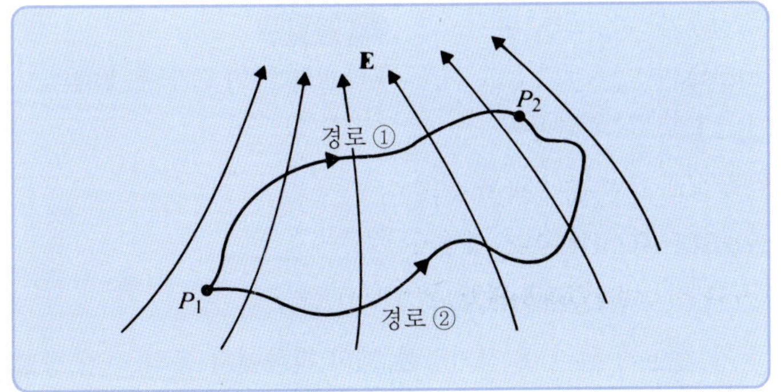

그림 3-11
전기장에서 P_1에서 P_2까지의 두 경로

직관적으로 볼 때, 식 (3-44)의 W/q는 이동경로와는 무관한 값을 가져야 한다. 만약 이 값이 경로에 따라 변한다면, P_1 지점에서 P_2 지점까지 전하를 이동시킨 후 더 적은 일이 소요되는 경로를 따라 다시 원래 자리로 복원하는 과정에서 일 또는 에너지의 이득이 발생하게 된다. 그런데 이는 에너지 보존의 법칙에 배치된다. 식 (3-8)은 비회전성(보존력 있는) 벡터인 전기장 **E**를 스칼라 선적분한 결과는 경로와 무관하다는 것을 내포하고 있다.

식 (3-44)는 단위전하가 각각 P_1과 P_2에 있을 때의 전위에너지 차이를 나타내는 것으로 이는 역학에서의 위치에너지 개념과 유사하다. 단위전하가 갖고 있는 에너지를 V, 즉 **전위**라고 한다면, 다음과 같은 관계식이 성립한다.

$$V_2 - V_1 = -\int_{P_1}^{P_2} \mathbf{E} \cdot d\ell \qquad \text{(V)} \tag{3-45}$$

수학적으로, 식 (3-45)는 식 (3-44)에 식 (3-43)을 대입하여 구할 수 있다. 적분식에 식 (2-88)을 적용하면 그 결과는 다음과 같다.

$$\begin{aligned} -\int_{P_1}^{P_2} \mathbf{E} \cdot d\ell &= \int_{P_1}^{P_2} (\nabla V) \cdot (\mathbf{a}_\ell \, d\ell) \\ &= \int_{P_1}^{P_2} dV = V_2 - V_1 \end{aligned}$$

식 (3-45)는 점 P_2와 P_1 사이의 **전위차(정전기장 전압)**를 정의한다. 지형적으로 특정 위치의 절대적인 고도값을 정하거나 신호의 절대적인 위상을 정의할 수 없듯이, 전위에 대한 절대값을 정의하는 방법은 없다. 대신 상호 비교가 가능한 기준값으로 기준 전위, 기준 위상(보통은 $t = 0$일 때의 신호값), 기준 고도(보통은 해발: 해수면)를 정하여 상대값을 찾는 것은 가능하다. 대부분의 경우(절대적이지는 않지만) 기준 전위점을 무한거리 지점에 설정한다. 그렇지 않은 경우에는 어느 지점이 0(영)전위가 되는 기준점인지를 명시해야 된다.

식 (3-43)과 관련해서 두 가지 중요한 사실을 주의할 필요가 있다. 첫째로, 음의 기호에 관한 것인데 이는 **E**의 방향을 거슬러 이동할 때 전위 V가 증가하기 때문에 부호가 서로 다르게 표현되는 것이다. 예를 들어, 그림 3-12와 같이 직류 진원 V_0가 두 평행 도체판에 연결되어 있을 경

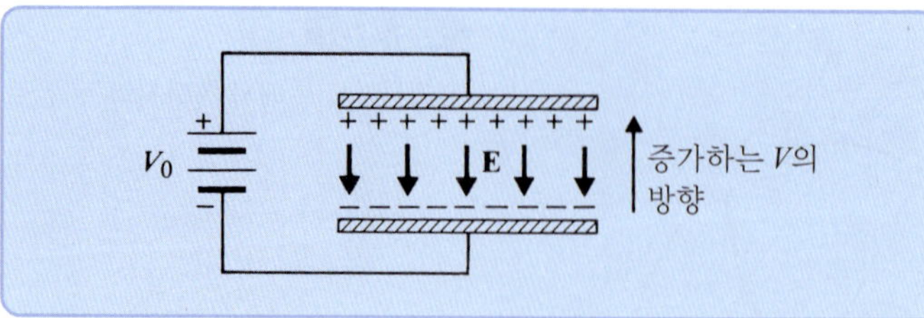

그림 3-12
E의 방향과 V가 증가하는 방향의 상호관계

우 각각의 도체판에 양과 음의 전하가 쌓이게 된다. **E** 전기장은 양의 전하에서 음의 전하 방향으로 형성되는 반면, 전위는 그와 반대되는 방향으로 증가하게 된다. 둘째로, 2-6절에서 스칼라의 기울기를 정의할 때 다루어진 내용인데, ∇V의 벡터 방향은 전위 V 스칼라 값이 상수인 점들로 형성된 면에 대해 항상 법선 방향이라는 것이다. 따라서 만일 전기장 **E**의 방향을 나타내기 위해 방향성의 **장선**(field lines) 또는 **유속선**(streamlines)을 사용한다면, 그것은 어느 곳에서나 **등전위선**(equipotential lines)과 **등전위면**(equipotential surfaces)에 항상 수직이다.

3-5.1 전하 분포에 의한 전위

무한 거리 지점을 기준으로 할 때 점전하 q로부터 거리 R만큼 떨어진 지점에서의 전위값은 식 (3-45)를 통해 구할 수 있으며, 다음 관계식으로 표현된다.

$$V = -\int_{\infty}^{R} \left(\mathbf{a}_R \frac{q}{4\pi\epsilon_0 R^2} \right) \cdot (\mathbf{a}_R \, dR) \tag{3-46}$$

이를 풀면 점전하에 의한 전위 분포는

$$\boxed{V = \frac{q}{4\pi\epsilon_0 R} \qquad \text{(V)}} \tag{3-47}$$

이 된다. 이는 점전하의 크기 q와 거리 R에 의해서만 결정되는 스칼라 값이다. 점전하 q로부터 거리가 R_2, R_1만큼 떨어져 있는 두 지점 P_2, P_1 사이의 전위차는

$$V_{21} = V_{P_2} - V_{P_1} = \frac{q}{4\pi\epsilon_0} \left(\frac{1}{R_2} - \frac{1}{R_1} \right) \tag{3-48}$$

이다. 그림 3-13을 보면, 두 지점 P_2와 P_1은 서로 동일선상에 있지 않기 때문에 위의 결과는 다소 의외로 여겨질 수 있다. 그러나 P_2와 P_1을 각각 지나는 구를 그려보면 이들은 서로 다른 스칼라 값을 갖는 등전위면 위에 존재하는 것이므로 $V_{P_2} - V_{P_1}$은 $V_{P_2} - V_{P_3}$와 동일하다. 식 (3-45)의 방식으로 생각해 보면 P_1과 P_3 사이의 적분경로를 취한 후 P_3에서 P_2로 가는 적분경로를 그려볼 수 있다. 구면 위의 경로 적분에서 힘 **F**는 $d\ell = \mathbf{a}_\phi R_1 \, d\phi$로 주어지는 거리 적분 변수에 수직($\mathbf{E} \cdot d\ell = 0$)이므로 P_1과 P_3 구간 동안에 소모되는 일의 크기는 0이다.

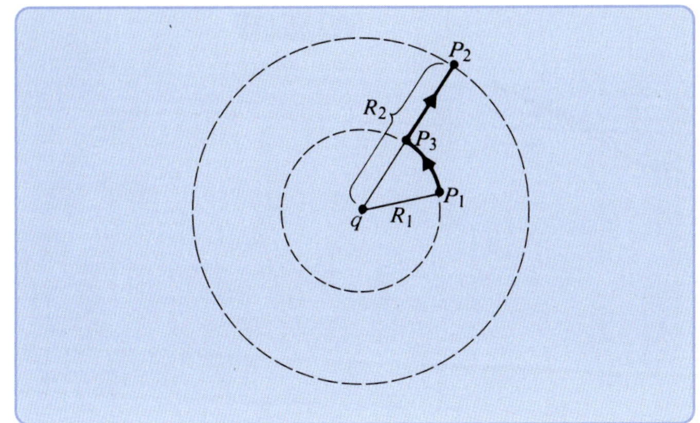

그림 3-13
점전하에 대한 적분경로

$\mathbf{R}'_1, \mathbf{R}'_2, \ldots, \mathbf{R}'_n$에 위치한 n개의 이산점 전하 $q_1, q_2, \ldots, q_n$에 의한 $\mathbf{R}$에서의 전위는 다음과 같이 각 전하에 의해 발생하는 개별 전위값의 합이다.

$$V = \frac{1}{4\pi\epsilon_0} \sum_{k=1}^{n} \frac{q_k}{|\mathbf{R} - \mathbf{R}'_k|} \qquad \text{(V)} \tag{3-49}$$

전위 V의 기울기를 통해 $\mathbf{E}$를 구하는 방식은 스칼라 연산이고 일반적으로 식 (3-22)의 벡터합 연산으로 구하는 방식보다는 계산하기가 쉽다.

예를 들어, $+q$, $-q$의 전하가 서로 d만큼 떨어져 있는 쌍극자의 경우를 생각해 보자. 그림 3-14와 같이, 두 전하로부터 장점 P까지의 거리를 각각 R_+와 R_-로 놓는다. 이때 P에서의 전위 V는 다음과 같이 구해진다.

$$V = \frac{q}{4\pi\epsilon_0}\left(\frac{1}{R_+} - \frac{1}{R_-}\right) \tag{3-50}$$

만약 $d \ll R$이라면,

$$\frac{1}{R_+} \cong \left(R - \frac{d}{2}\cos\theta\right)^{-1} \cong R^{-1}\left(1 + \frac{d}{2R}\cos\theta\right) \tag{3-51}$$

와

$$\frac{1}{R_-} \cong \left(R + \frac{d}{2}\cos\theta\right)^{-1} \cong R^{-1}\left(1 - \frac{d}{2R}\cos\theta\right) \tag{3-52}$$

가 성립한다. 식 (3-51)과 (3-52)를 식 (3-50)에 대입하면

$$V = \frac{qd\cos\theta}{4\pi\epsilon_0 R^2} \tag{3-53a}$$

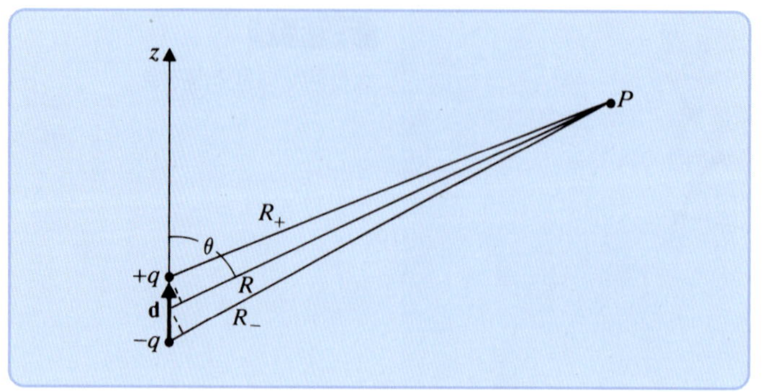

그림 3-14
전기 쌍극자

이고, $\mathbf{p} = q\mathbf{d}$("근사값" 기호(~)는 편의상 생략함)로 변환하면

$$V = \frac{\mathbf{p} \cdot \mathbf{a}_R}{4\pi\epsilon_0 R^2} \quad \text{(V)} \tag{3-53b}$$

가 된다.

전기장 세기 $\mathbf{E}$는 $-\boldsymbol{\nabla}V$를 이용하여 구할 수 있다. 구좌표계의 변화율(기울기) 공식을 적용하면 전기장 세기는 다음과 같다.

$$\begin{aligned} \mathbf{E} = -\boldsymbol{\nabla}V &= -\mathbf{a}_R \frac{\partial V}{\partial R} - \mathbf{a}_\theta \frac{\partial V}{R\,\partial\theta} \\ &= \frac{p}{4\pi\epsilon_0 R^3}(\mathbf{a}_R 2\cos\theta + \mathbf{a}_\theta \sin\theta) \end{aligned} \tag{3-54}$$

식 (3-54)는 식 (3-31)과 동일하지만 풀이 과정이 복잡한 벡터 연산을 요구하지 않아 훨씬 간편하다.

예제 3-8 전기 쌍극자에 의해 생성되는 등전위선과 전기장 세기 분포를 2차원 도면으로 그려보아라.

풀이 공간상에 분포하는 전하에 의해 생성되는 전위함수는 등전위함수 V를 임의의 상수로 놓고 풀어서 구할 수 있다. 식 (3-53a)에 사용된 q, d, ϵ_0는 모두 고정된 값이므로 $(\cos\theta/R^2)$이 상수가 되면 V값도 당연히 상수가 될 것이다. 따라서 등전위면 방정식은 다음과 같다.

$$R = c_V\sqrt{\cos\theta} \tag{3-55}$$

여기서 c_V는 비례상수이다. 그림 3-15는 c_V값이 변할 때 R과 θ 간의 상호관계를 보여주는데 이들이 바로 등전위선이 된다. $0 \le \theta \le \pi/2$ 범위에서 V는 양수이며, R은 θ가 0일 때 최대값을 갖고 θ가 $\pi/2$

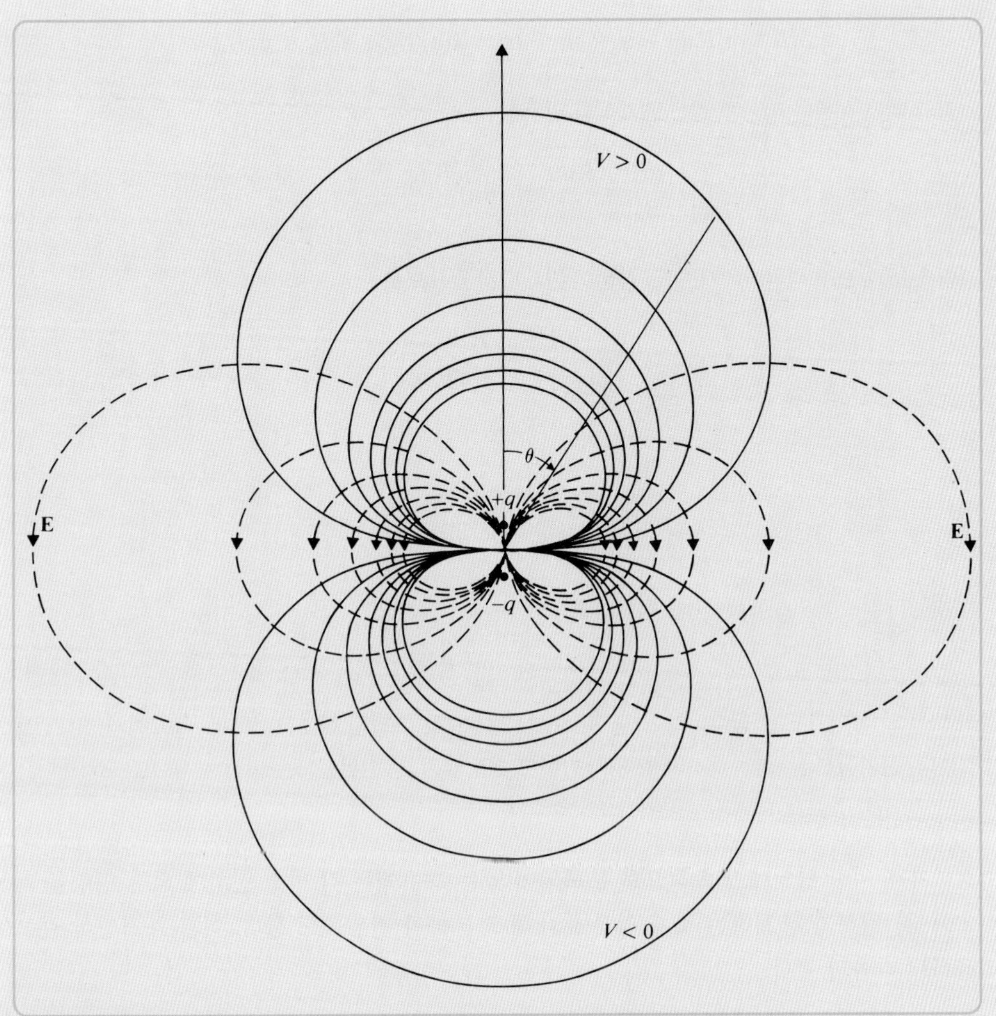

그림 3-15
전기 쌍극자에 의해 생성되는 등전위선과 전기장선(electric field lines) 분포(예제 3-8)

일 때 0이 되어 최소값을 갖는다. $\pi/2 \le \theta \le \pi$ 범위에서는 V가 음수이고 따라서 그래프는 대칭이 된다.

전기장선 또는 유선은 공간상에서 **E**의 방향을 표현한다. 미소 거리 성분은 다음과 같이 표현될 수 있다.

$$d\boldsymbol{\ell} = k\mathbf{E} \tag{3-56}$$

여기서 k는 상수값이다.

구좌표계에서 식 (3-56)은 다음과 같이 전개되며(식 (2-66) 참조),

$$\mathbf{a}_R\,dR + \mathbf{a}_\theta R\,d\theta + \mathbf{a}_\phi R\sin\theta\,d\phi = k(\mathbf{a}_R E_R + \mathbf{a}_\theta E_\theta + \mathbf{a}_\phi E_\phi) \qquad (3\text{-}57)$$

각각의 벡터 성분은 다음과 같은 관계식을 만족한다.

$$\frac{dR}{E_R} = \frac{R\,d\theta}{E_\theta} = \frac{R\sin\theta\,d\phi}{E_\phi} \qquad (3\text{-}58)$$

그림 3-15의 전기 쌍극자에서는 E_ϕ 성분이 존재하지 않으므로

$$\frac{dR}{2\cos\theta} = \frac{R\,d\theta}{\sin\theta}$$

또는

$$\frac{dR}{R} = \frac{2\,d(\sin\theta)}{\sin\theta} \qquad (3\text{-}59)$$

처럼 정리할 수 있다. 식 (3-59)를 적분하면

$$R = c_E \sin^2\theta \qquad (3\text{-}60)$$

이 되는데, 여기서 c_E는 상수이다. 그림 3-15에서 점선으로 그려진 전기장선은 $\theta = \pi/2$에서 최대값을 갖는다. 전기장선은 z축에 대해서 회전 대칭이고(ϕ와 무관) 등전위선과는 항상 수직으로 교차한다.

전하가 주어진 영역에 연속적으로 분포되어 있는 경우에는 각 미소 전하에 의한 영향을 계산하고, 이를 전하가 존재하는 전체 영역에 대해 적분하여 전위를 구한다. 이를 체적전하 분포에 적용하면 다음과 같다.

$$\boxed{V = \frac{1}{4\pi\epsilon_0}\int_{V'} \frac{\rho}{R}\,dv' \qquad \text{(V)}} \qquad (3\text{-}61)$$

면전하 분포에 대한 전위는

$$\boxed{V = \frac{1}{4\pi\epsilon_0}\int_{S'} \frac{\rho_s}{R}\,ds' \qquad \text{(V)}} \qquad (3\text{-}62)$$

와 같고 선전하의 경우에는

$$\boxed{V = \frac{1}{4\pi\epsilon_0}\int_{L'} \frac{\rho_\ell}{R}\,d\ell' \qquad \text{(V)}} \qquad (3\text{-}63)$$

처럼 된다. 식 (3-61)과 (3-62)는 각각 이중, 삼중 적분식이 된다.

예제 3-9 균일한 면전하밀도 ρ_s를 갖는 반지름 b의 원판의 중심축상에 있는 임의의 지점에서의 전기장 세기를 구하라.

풀이 판은 원대칭 구조이지만 **E**의 수직 성분이 일정한 상수가 되는 폐곡면은 존재하지 않는다. 따라서 이 문제에서는 가우스의 법칙을 적용할 수 없고 식 (3-62)를 사용하는 것이 적합하다. 그림 3-16에서처럼 원통좌표계를 사용하여 문제를 도시하면,

$$ds' = r'\,dr'\,d\phi'$$

이고

$$R = \sqrt{z^2 + r'^2}$$

으로 표현할 수 있다. 무한대 지점을 기준으로 볼 때 점 $P(0, 0, z)$에서의 전위값은

$$\begin{aligned} V &= \frac{\rho_s}{4\pi\epsilon_0}\int_0^{2\pi}\int_0^b \frac{r'}{(z^2 + r'^2)^{1/2}}\,dr'\,d\phi' \\ &= \frac{\rho_s}{2\epsilon_0}\left[(z^2 + b^2)^{1/2} - |z|\right] \end{aligned} \tag{3-64}$$

와 같이 표현된다. 따라서 전기장 세기 **E**는 전위의 변화율을 이용하여 얻을 수 있으며 그 결과는 다음과 같다.

$$\mathbf{E} = -\nabla V = -\mathbf{a}_z\frac{\partial V}{\partial z}$$

$$= \begin{cases} \mathbf{a}_z\dfrac{\rho_s}{2\epsilon_0}\left[1 - z(z^2 + b^2)^{-1/2}\right], & z > 0 \quad \text{(3-65a)} \\ -\mathbf{a}_z\dfrac{\rho_s}{2\epsilon_0}\left[1 + z(z^2 + b^2)^{-1/2}\right], & z < 0 \quad \text{(3-65b)} \end{cases}$$

z축상에서는 위에서처럼 구할 수 있으나 그 밖의 영역에서 **E**를 구하는 것은 무척 어려운 문제가 된다. 왜 그럴까?

z값이 커지게 되면 식 (3-65a)와 (3-65b)의 두 번째 항을 이항 전개하여 표현할 수 있다. 이때 (b^2/z^2)에 대해 전개되는 항 중 2차 이상의 항이 무시할 수 있을만큼 작다고 가정함으로써 다음과 같이 전개할 수 있다.

$$z(z^2 + b^2)^{-1/2} = \left(1 + \frac{b^2}{z^2}\right)^{-1/2} \cong 1 - \frac{b^2}{2z^2}$$

이를 식 (3-65a)와 (3-65b)에 대입하면, 다음과 같이 정리된다.

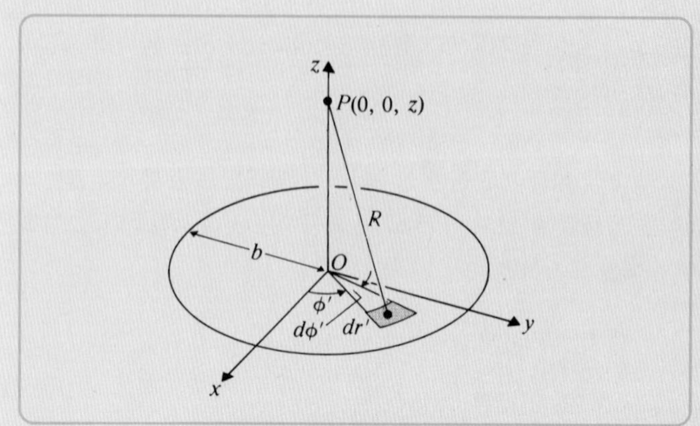

그림 3-16
균일 전하 원판(예제 3-9)

$$\mathbf{E} = \mathbf{a}_z \frac{(\pi b^2 \rho_s)}{4\pi\epsilon_0 z^2}$$

$$= \begin{cases} \mathbf{a}_z \dfrac{Q}{4\pi\epsilon_0 z^2}, & z > 0 \quad \text{(3-66a)} \\ -\mathbf{a}_z \dfrac{Q}{4\pi\epsilon_0 z^2}, & z < 0 \quad \text{(3-66b)} \end{cases}$$

여기서 Q는 원판 위에 존재하는 총 전하량이다. 대전된 원판으로부터 거리가 충분히 멀어지면, $\mathbf{E}$는 거리의 제곱에 반비례하는 값을 갖게 되고 이는 점전하 Q에 의한 결과와 동일하다. ■

예제 3-10 길이 L인 선전하가 있을 때 선전하의 축상에서 관찰되는 전기장 세기를 구하라. 선전하밀도는 ρ_ℓ로 주어진다.

풀이 만약 도선의 길이가 무한대라면, 예제 3-5에서처럼 가우스의 법칙을 적용하여 쉽게 $\mathbf{E}$를 구할 수 있다. 그러나 그림 3-17의 경우처럼 도선이 길이가 유한하다면 $\mathbf{E} \cdot d\mathbf{s}$가 상수인 조건을 만족하는 가우스 표면을 찾는 것이 불가능하다. 따라서 이 문제에서는 가우스 공식을 활용할 수 없다.

대신에, 좌표 z'에 있는 미소 길이 성분 $d\ell' = dz'$를 기본 선전하로 취한다. 이 선전하와 z축상에 존재하는 관측점 $P(0, 0, z)$인 지점까지의 거리 R은 다음과 같다.

$$R = (z - z'), \qquad z > \frac{L}{2}$$

여기서 관측점의 측위좌표(프라임 부호 없음)와 전하 원천의 위치좌표(프라임 부호 사용)를 서로 구분하는 것이 매우 중요하다. 전하 원천에 대해서 적분을 취하면 다음과 같다.

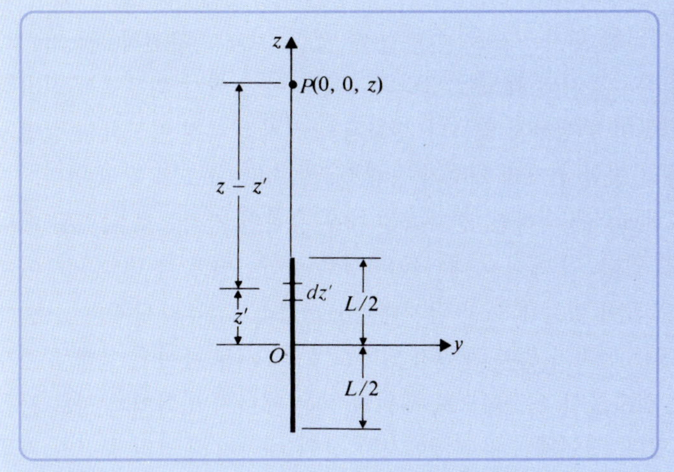

그림 3-17

균일한 선밀도 ρ_ℓ의 유한 선전하
(예제 3-10)

$$
\begin{aligned}
V &= \frac{\rho_\ell}{4\pi\epsilon_0}\int_{-L/2}^{L/2}\frac{dz'}{z-z'} \\
&= \frac{\rho_\ell}{4\pi\epsilon_0}\ln\left[\frac{z+(L/2)}{z-(L/2)}\right], \qquad z>\frac{L}{2}
\end{aligned}
\tag{3-67}
$$

관측점 P에서의 $\mathbf{E}$는 전위 V를 프라임 부호를 사용하지 않는 좌표 변수에 대해 변화율 미분을 취한 값과 크기는 같고 부호가 반대이다. 이를 적용하면 $\mathbf{E}$는 다음과 같다.

$$\mathbf{E} = -\mathbf{a}_z\frac{dV}{dz} = \mathbf{a}_z\frac{\rho_\ell L}{4\pi\epsilon_0[z^2-(L/2)^2]}, \qquad z>\frac{L}{2} \tag{3-68}$$

위의 두 예제에서는 가우스의 법칙이 적용되기 어려운 조건에서 $\mathbf{E}$를 직접적으로 구하는 방식에 대해서 설명하였다. 그러나 만약 대칭 조건이 성립하여 $\mathbf{E}\cdot d\mathbf{s}$가 상수가 되는 가우스 표면이 존재하는 경우라면 항상 가우스의 법칙을 활용하여 $\mathbf{E}$를 구하는 것이 편리하다. 이 경우 전위 V는 구해진 전기장 세기 $\mathbf{E}$를 적분하여 계산할 수 있다.

3-6 정전기장 내의 도체

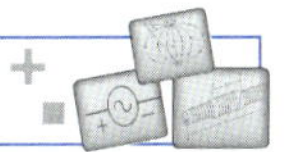

지금까지는 오직 자유공간 또는 공기 중에서 정전하가 분포된 경우만을 고려하여 전기장을 구하였다. 이제 이와 다른 매질 내에서의 전기장 특성을 생각해 보기로 하자. 일반적으로 물질은 그 전기적 특성에 따라 **도체**(conductor), **반도체**(semiconductor), 그리고 **절연체**(부도체: insulator)의 세 가지로 구분된다. 일반적인 원자 모델은 궤도에 고정된 전자와 대전핵으로 구성되는데, **도**

체에서는 최외곽의 전자가 약한 힘으로 고정되어 있어서 다른 원자로 쉽게 이동할 수 있는 구조를 갖는다. 대부분의 금속은 이러한 원자 모델로 설명될 수 있다. 그러나 **유전체**(dielectric)라고도 불리는 **절연체**에서는 전자들이 각자의 궤도에 단단히 고정되어 있어서 외부에서 전기장이 가해지더라도 원자 사이에 이동이 발생하지 않는다. **반도체**의 전기적 특성은 도체와 절연체의 중간 정도로서 자유롭게 이동 가능한 전자의 개수가 상대적으로 적은 구조를 갖고 있다.

고체의 에너지 대역이론(band theory)에 의하면, 전자들은 매우 촘촘한 간격으로 할당된 에너지 대역(energy band)을 각자 갖고 있다. 이 에너지 대역들은 서로 불연속이고 각 대역들 사이에는 전자들이 들어갈 수 없는 공간들이 있는데 이를 금지대역(gap)이라고 한다. 도체의 높은 에너지 대역(상위 대역: upper band)에는 전자가 일부 채워져 있기도 하고, 서로 중복된 상태로 존재하는 에너지 대역들 사이에서는 전자들이 부분적으로 채워져 작은 에너지 변화에도 서로 자유롭게 움직일 수 있는 공간들이 있다. 절연체나 유전체에서는 상위 에너지 대역의 공간이 가득 차 있고 각 에너지 대역 영역 사이에는 에너지 금지대역이 상대적으로 커서 전자들이 자유롭게 움직일 수 있는 여지가 적다. 만약 전자가 존재하지 않는 에너지 금지대역이 작다면, 외부로부터 유입된 적은 양의 에너지로도 상위 에너지 대역의 전자들이 높은 에너지 대역 영역으로 탈출하여 전도 현상이 발생할 수 있게 된다. 이러한 전도 현상은 반도체의 중요 동작 원리이다.

물질의 거시적인 전기적 특성은 **도전율**(전기 전도도: conductivity)이라는 구조 변수에 의해 규정될 수 있고 이에 대해서는 5장에서 자세히 다룬다. 여기서는 전류의 흐름이 아닌 매질에서의 정전기 현상만을 다루기 때문에 자세히 다루지 않는다. 대신에, 도체의 표면 또는 내부에서 관찰되는 전기장 및 전하의 분포 특성을 살펴보기로 한다.

임의의 양(또는 음)의 전하가 도체 내부에 존재한다고 가정해 보자. 그러면 도체에는 전기장이 형성되고 각 전하에는 밀어내는 힘이 인가될 것이다. 이러한 힘은 전하를 계속 이동시켜 도체 표면까지 밀려날 때까지 지속적으로 작용하고 전하 분포가 평형상태를 이루게 되면 도체 내부에는 전하 및 전기장이 더 이상 존재하지 않게 된다. 따라서 최종적으로는 다음과 같이 된다.

도체 내부
(정적 조건하에서)

$$\rho = 0 \tag{3-69}$$

$$\mathbf{E} = 0 \tag{3-70}$$

도체 내부에 전하가 존재하지 않으면($\rho = 0$), 가우스의 법칙에 따라 도체 내부에 형성된 임의의 폐곡면을 통해 외부로 향하는 전속(electric flux)이 존재할 수 없고 전기장 $\mathbf{E}$ 성분은 사라지게 된다.

도체 표면에서의 전하 분포는 도체의 모양에 의해 결정된다. 만약 도체 표면에서 전기장 $\mathbf{E}$ 성분이 존재하면, 전하가 움직이게 되므로 평형상태가 유지될 수 없고 이는 정전기장 조건에 부합하지 않다. 따라서 **정전기장 환경에서는 전기장 E의 벡터가 도체 표면에서 수직 방향으로만 존재해야 한다. 즉, 정전기장에서 도체 표면은 항상 등전위면이 된다.** 도체 내부에서는 $\mathbf{E} = 0$이므로 실질적으로 도체의 모든 공간에서는 전위가 항상 동일한 등전위 상태가 유지된다. 모든 전하가 도체의 표면까지 움직여서 평형상태에 도달하기까지는 일정한 시간이 걸리며 이 시간은 물질의 도전율에 의해 결정된다. 구리와 같은 양도체에서는 이 시간이 약 10^{-19} (s)로 매우 짧은 순간에 불과하다. (이에 대해서는 5-4절에서 더 자세히 다루기로 한다.)

그림 3-18은 도체와 자유공간 사이의 경계를 보여준다. 경로 $abcda$를 그려보면 $ab = cd = \Delta w$이고 높이 $bc = da = \Delta h$이다. 측면의 ab와 cd는 경계면과 평행이다. $\Delta h \to 0$이고 도체 내부에서 $\mathbf{E} = 0$인 조건을 고려하여 식 (3-8)[4]을 적용하면,

$$\oint_{abcda} \mathbf{E} \cdot d\ell = E_t \Delta w = 0$$

또는

$$E_t = 0 \tag{3-71}$$

가 되어 도체 표면에서 **E의 접선**(tangential) **성분은 0이 된다**는 것을 알 수 있다. 도체 표면에서 **E**의 수직 성분인 E_n을 구하기 위해 얇은 상자 모양의 도형을 설정하여 윗면은 자유공간쪽으로 놓고, 아랫면은 도체의 내부($\mathbf{E} = 0$)로 향하도록 놓는다. 식 (3-7)을 적용하면

$$\oint_S \mathbf{E} \cdot d\mathbf{s} = E_n \Delta S = \frac{\rho_s \Delta S}{\epsilon_0}$$

이고, 정리하면

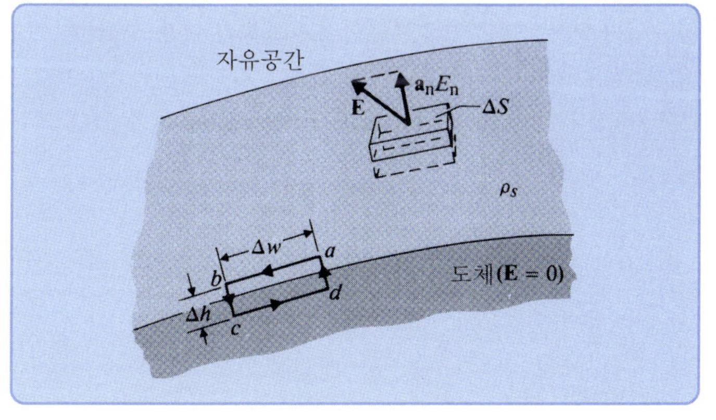

그림 3-18
도체-자유공간 경계면

4) 불연속 매질이 포함된 공간에서도 식 (3-7)과 (3-8)을 적용할 수 있다고 가정한다.

$$E_n = \frac{\rho_s}{\epsilon_0} \tag{3-72}$$

가 된다. 따라서 **도체와 자유공간의 경계에서 전기장 E의 법선(수직) 성분은 도체 표면의 면전하밀도를 자유공간의 유전율로 나눈 값과 같다.** 도체 표면에서의 경계 조건을 요약하면 다음과 같다.

도체/자유공간 사이에서의 경계 조건	
$E_t = 0$	(3-71)
$E_n = \dfrac{\rho_s}{\epsilon_0}$	(3-72)

정전기장에서 대전되지 않은 상태의 도체에 외부 전기장이 가해지면 느슨하게 고정되어 있던 전자들의 일부가 전기장의 반대 방향쪽으로 움직이게 되는데 이는 양전하가 전기장 방향으로 움직이는 효과와 동일하다. 이렇게 전이된 자유전하들은 도체의 표면으로 이동하여 자리를 잡아 다시 도체 내부에 전기장을 발생시킨다. 발생된 전기장은 도체의 내부 그리고 표면에 작용하여 외부의 전기장을 상쇄하게 된다. 이런 상쇄작용에 의해 식 (3-69)에서 (3-72)까지의 네 가지 조건을 만족하게 되면 면전하의 이동이 멈추고 도체는 다시 등전위 상태로 돌아가게 된다.

예제 3-11 양의 점전하 Q가 안지름이 R_i이고 바깥지름이 R_o인 구 도체껍질의 중심에 있다. **E**와 V를 반지름 R의 함수로 표현하라.

풀이 주어진 문제는 그림 3-19(a)에서 보는 바와 같이 구형 대칭 조건을 만족하고 따라서 가우스의 법칙을 이용해서 **E**와 V를 구하는 것이 편리하다. 전기장 분포의 조건에 따라 세 영역으로 분리해 보면 (a) $R > R_o$, (b) $R_i < R < R_o$, (c) $R < R_i$의 구간으로 구분할 수 있다. 각각의 영역마다 적합한 가우스 표면을 그려볼 수 있는데, 전기장은 모든 영역에서 $\mathbf{E} = \mathbf{a}_R E_R$의 형태로 표현할 수 있다.

(a) $R > R_o$(가우스 표면 S_1):

$$\oint_S \mathbf{E} \cdot d\mathbf{s} = E_{R1} 4\pi R^2 = \frac{Q}{\epsilon_0}$$

또는

$$E_{R1} = \frac{Q}{4\pi\epsilon_0 R^2} \tag{3-73}$$

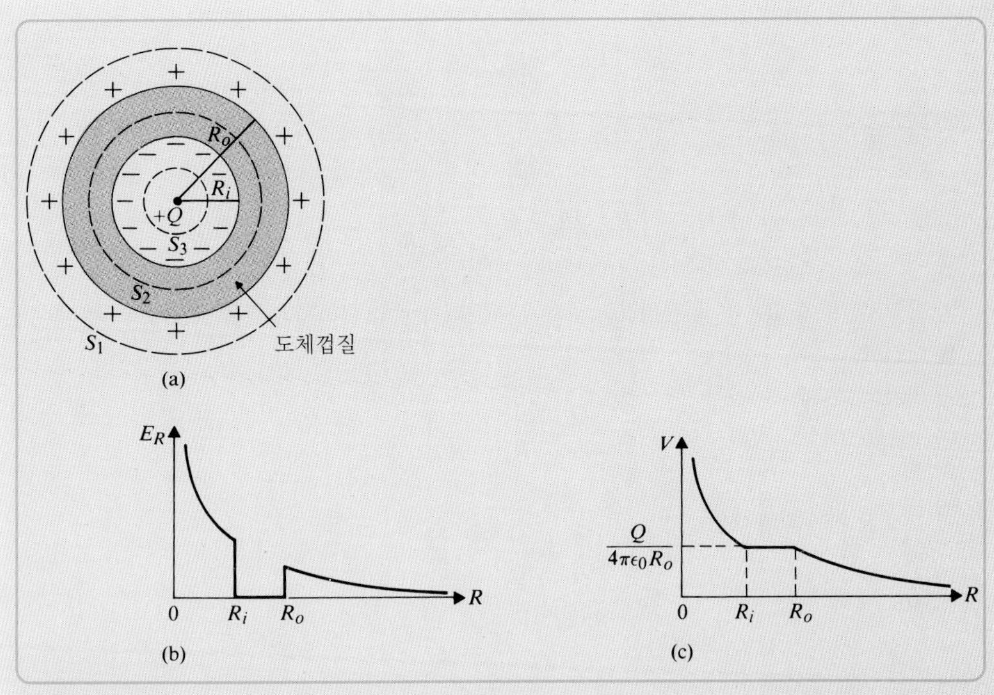

그림 3-19

구 도체껍질의 중심에 있는 $+Q$의 점전하에 의해 발생되는 전기장 세기와 전위의 변화(예제 3-11)

가 된다. 위 결과값은 구 도체각이 없는 상태에서의 점전하 Q에 의해 발생하는 $\mathbf{E}$와 동일하다. 무한점을 기준으로 전위값은 다음과 같이 구한다.

$$V_1 = -\int_{\infty}^{R} (E_{R1})\, dR = \frac{Q}{4\pi\epsilon_0 R} \tag{3-74}$$

(b) $R_i < R < R_o$(가우스 표면 S_2): 식 (3-70)으로부터 다음의 식을 얻을 수 있다.

$$E_{R2} = 0 \tag{3-75}$$

구 도체껍질에서의 전하밀도 $\rho = 0$이고 표면 S_2 내부에서의 총 전하는 0이 되어야 하므로 이를 만족하기 위해서는 $R = R_i$ 지점에서 $-Q$만큼의 전하가 대전되어 있어야 한다. (이에 따라 $R = R_o$인 구의 바깥면에는 $+Q$의 전하가 대전되어 있어야 한다.) 도체 표면에서 전위값은 상수로 유지되어야 하고, 그 값은 다음과 같다.

$$V_2 = V_1\Big|_{R=R_o} = \frac{Q}{4\pi\epsilon_0 R_o} \tag{3-76}$$

(c) $R < R_i$(가우스 표면 S_3): 식 (3-73)의 E_{R1}을 구했던 방식과 마찬가지로 가우스의 법칙을 적용해서 E_{R3}를 구해보면 다음과 같다.

$$E_{R3} = \frac{Q}{4\pi\epsilon_0 R^2} \qquad (3\text{-}77)$$

이 영역에서의 전위값은

$$V_3 = -\int E_{R3}\, dR + C = \frac{Q}{4\pi\epsilon_0 R} + C$$

이고 적분상수 C 값은 V_3의 전위값이 $R = R_i$ 지점에서 V_2와 같아져야 함을 이용해서 구한다. 이를 대입하면

$$C = \frac{Q}{4\pi\epsilon_0}\left(\frac{1}{R_o} - \frac{1}{R_i}\right)$$

이고, 이를 원래 식에 대입하면

$$V_3 = \frac{Q}{4\pi\epsilon_0}\left(\frac{1}{R} + \frac{1}{R_o} - \frac{1}{R_i}\right) \qquad (3\text{-}78)$$

이 된다.

그림 3-19(b)와 3-19(c)에서는 거리 R에 따른 각 영역에서의 E_R와 V 값의 변화를 보여준다. 여기서 전기장 세기는 불연속 경계를 갖는 지점이 있는 반면, 전위값은 지속적으로 연속된 값을 갖고 있다. 만약 전위값의 변화가 불연속이 되는 지점이 있다면, 그 지점에서의 전기장 세기는 무한대의 값을 갖게 될 것이다.

3-7 정전기장에서의 유전체

이상적인 유전체는 자유전하를 갖고 있지 않다. 유전체 물질이 전기장 안에 놓여지더라도 도체와는 다르게 전하가 겉면으로 이동하지 않고 내부의 전기장을 상쇄시키는 전기장이 생성되지 않는다. 그러나 유전체는 이동이 불가능한 **구속전하**(bound charge)를 포함하고 있어서 전기장에 방향을 줄 가능성이 있다.

모든 매질을 구성하고 있는 원자는 양으로 대전된 원자핵과 이를 둘러싸고 있는 음전하의 전자들로 구성된다. 비록 유전체의 분자들은 거시적으로는 중성으로 볼 수 있지만, 외부에서 전기장이 들어오면 각 대전 입자들에 영향을 미치게 되고 양과 음의 전하는 서로 반대 방향으로 조금씩 틀어지는 결과로 이어진다. 이러한 변형은 원자의 전체 크기에 비해 그다지 크지 않지만, **분극**(polarization) 현상을 유발하여 전기 쌍극자를 생성하게 된다. 그림 3-20은 이러한 현상을 설명한다. 전기 쌍극자는 유한한 크기의 전위와 전기장 세기를 가질 수 있고, 따라서 **유도된 전기 쌍극자**(induced electric dipole)는 유전체의 내부와 외부에서의 전기장에 영향을 줄 것이다.

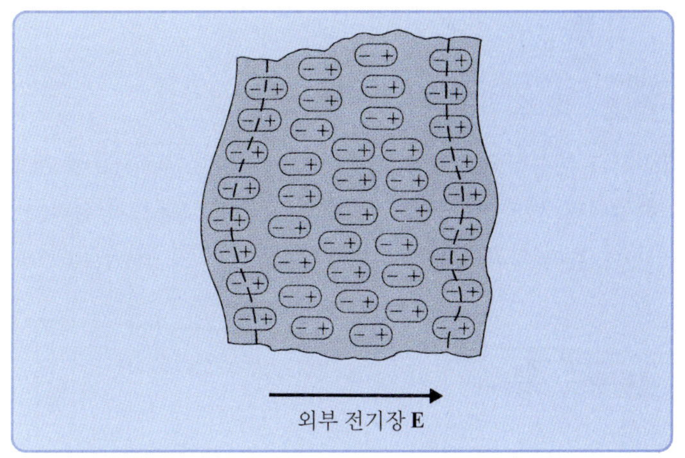

그림 3-20
분극화된 유전체 매질의 단면도

어떤 유전체에서는 외부 전기장이 없는 상황에서도 분자가 영구적 쌍극자 모멘트를 갖고 있는 경우가 있다. 이러한 분자들은 보통 둘 또는 그 이상의 서로 다른 원자로 구성되는 **분극 분자**(polar molecules)라고 한다. 영구적인 전기 쌍극자를 갖지 않는 분자들은 **무극 분자**(nonpolar molecules)라고 한다. 대표적인 예로, 두 개의 수소 원자와 한 개의 산소 원자로 구성되어 있는 물분자 H_2O를 생각해볼 수 있다. 수소 원자와 산소 원자는 정확하게 대칭점에 위치하고 있지 않은 상태로 유지되고 따라서 물 분자의 쌍극자 모멘트는 0이 아닌 값을 갖는다.

분극 분자의 쌍극자 모멘트는 보통 약 10^{-30} (C·m) 정도이다. 외부에서 가해지는 전기장이 없을 때 분극 유전체 내의 쌍극자들은 각기 무작위한 방향으로 배치되어 있고 따라서 거시적으로 보면 쌍극자 모멘트가 존재하지 않는다. 반면에, 외부에서 전기장이 가해지면 각 쌍극자들에 토크가 전달되고 그림 3-20과 같이 모든 분자들이 일정한 방향으로 재배열되기 시작한다.

어떤 유전체의 경우에는 외부 전기장이 없는 상황에서도 영구적인 쌍극자 모멘트가 존재하기도 하는데 이를 **분극 유전체**(electrets)이라고 한다. 분극 유전체은 특정 왁스나 플라스틱을 부드럽게 가열한 후 전기장 내에 놓아두는 방식으로 만들 수 있다. 외부 전기장에 의해 각 쌍극자 모멘트들이 일정한 방향으로 배열되는데 열이 천천히 식어가는 과정에서 일정하게 배열된 상태로 영구히 남게 되는 것이다. 그러면 외부에서 전기장을 가하지 않아도 영구적 분극 특성이 유지된다. 전기장에서의 분극 유전체는 자기장에서의 영구자석과 비교될 수 있다. 분극 유전체의 중요 활용 분야로는 고감도의 마이크로폰을 들 수 있다.[5]

3-7.1 분극 유전체의 등가 전하 분포

유도 쌍극자의 거시적 특성을 이해하기 위해 분극벡터(polarization vector) **P**를 다음과 같이 정의한다.

5) J. M. Crowley, *Fundamentals of Applied Electrostatics*, Section 8-3, Wiley, New York, 1986 참조.

$$\mathbf{P} = \lim_{\Delta v \to 0} \frac{\sum_{k=1}^{n\Delta v} \mathbf{p}_k}{\Delta v} \qquad (\mathrm{C/m^2}) \tag{3-79}$$

여기서 n은 단위체적당 분자의 개수이고 분수식에서 분자식은 미소 체적(미소 부피) Δv에 존재하는 유도 쌍극자 모멘트 벡터의 총합이다. 벡터 $\mathbf{P}$는 단위체적당의 쌍극자 모멘트가 된다. 미소 체적 dv'의 쌍극자 모멘트 $d\mathbf{p}$는 $d\mathbf{p} = \mathbf{P}\, dv'$이고 정전위를 발생시키는 소스가 된다(식 (3-53b) 참조).

$$dV = \frac{\mathbf{P} \cdot \mathbf{a}_R}{4\pi\epsilon_0 R^2}\, dv' \tag{3-80}$$

유전체의 체적 V'에 대해 적분을 취하면 분극 유전체에 의한 전위를 다음과 같이 계산할 수 있다.

$$V = \frac{1}{4\pi\epsilon_0} \int_{V'} \frac{\mathbf{P} \cdot \mathbf{a}_R}{R^2}\, dv' \tag{3-81}$$[6]

여기서 R은 미소 체적 dv'에서 관측점까지의 거리이다. 직각좌표계에서 R은 다음과 같다.

$$R^2 = (x - x')^2 + (y - y')^2 + (z - z')^2 \tag{3-82}$$

위 식에서 소스의 위치를 나타내는 프라임 좌표계에 대해 $1/R$의 변화율을 구하면,

$$\nabla'\left(\frac{1}{R}\right) = \frac{\mathbf{a}_R}{R^2} \tag{3-83}$$

과 같이 된다. 이를 식 (3-81)에 대입하면 다음과 같다.

$$V = \frac{1}{4\pi\epsilon_0} \int_{V'} \mathbf{P} \cdot \nabla'\left(\frac{1}{R}\right) dv' \tag{3-84}$$

벡터 등가식(연습문제 P.2-28)을 적용하면,

$$\nabla' \cdot (f\mathbf{A}) = f\nabla' \cdot \mathbf{A} + \mathbf{A} \cdot \nabla' f \tag{3-85}$$

에서 $\mathbf{A} = \mathbf{P}$ 그리고 $f = 1/R$로 놓고 식 (3-84)에 대입하면 다음과 같다.

$$V = \frac{1}{4\pi\epsilon_0}\left[\int_{V'} \nabla' \cdot \left(\frac{\mathbf{P}}{R}\right) dv' - \int_{V'} \frac{\nabla' \cdot \mathbf{P}}{R}\, dv'\right] \tag{3-86}$$

---

6) 식 (3-81)의 좌변에 있는 V는 전기장에서 **전기 전위**(electric potential)를 나타내고, 우변의 V'은 분극 유전체의 **체적**을 표현하는 변수이다.

식 (3-86)의 우변에서 첫째 항에 대한 적분식은 발산 공식에 의해 폐곡면에 대한 면적분 식으로 치환된다. 따라서

$$V = \frac{1}{4\pi\epsilon_0}\oint_{S'}\frac{\mathbf{P}\cdot\mathbf{a}'_n}{R}\,ds' + \frac{1}{4\pi\epsilon_0}\int_{V'}\frac{(-\nabla'\cdot\mathbf{P})}{R}\,dv' \tag{3-87}$$

이 되는데, 여기서 $\mathbf{a}'_n$은 유전체의 미소 면적 ds'에서 밖으로 향하는 단위법선벡터이다. 식 (3-87)의 우변에 있는 두 개의 적분식을 식 (3-62)와 (3-61)과 각각 비교하면 분극 유전체에 의한 전기 전위(전기장 세기 역시 마찬가지임)는 다음과 같은 면전하밀도 또는 체적전하밀도에 의해 결정되는 것을 알 수 있다.

$$\boxed{\rho_{ps} = \mathbf{P}\cdot\mathbf{a}_n} \tag{3-88}$$ [7]

$$\boxed{\rho_p = -\nabla\cdot\mathbf{P}} \tag{3-89}$$ [7]

위 식들을 **분극전하밀도** 또는 **구속전하밀도**라고 부른다. 분극된 유전체는 등가 분극면전하밀도 ρ_{ps}나 등가 분극체적밀도 ρ_p로 대체될 수 있으며, 이를 대입하면 다음과 같은 식으로 표현될 수 있다.

$$V = \frac{1}{4\pi\epsilon_0}\oint_{S'}\frac{\rho_{ps}}{R}\,ds' + \frac{1}{4\pi\epsilon_0}\int_{V'}\frac{\rho_p}{R}\,dv' \tag{3-90}$$

식 (3-88)과 (3-89)는 벡터 등가식에 의해 유도되었지만, 물리적으로 설명하기 위해서는 전하 분포를 이용하는 것이 편리하다. 그림 3-20에서 비슷하게 편향된 쌍극자들의 양 끝에 있는 전하들이 편향 전기장의 방향과 평행하게 배열되어 있는 것을 볼 수 있다. 유전체 내에 면적이 Δs인 가상의 면공간을 생각해 보자. 이때 외부에서 전기장이 면 Δs의 수직 방향으로 가해지면 구속전하가 d의 간격만큼 벌어지게 된다($+q$ 전하는 전기장의 방향으로 $d/2$만큼 그리고 $-q$ 전하는 전기장의 반대 방향으로 $-d/2$만큼 이동한다). 전기장 방향으로 면 Δs를 통과하는 총 전하 ΔQ의 크기는 $nq\,d(\Delta s)$와 같다(n은 단위체적당 분자의 개수). 만약 외부 전기장의 방향이 Δs에 수직이 아니라면, $\mathbf{a}_n$ 방향으로 편이되는 간격은 $\mathbf{d}\cdot\mathbf{a}_n$이고 총 전하량 식은 다음과 같이 수정된다.

$$\Delta Q = nq(\mathbf{d}\cdot\mathbf{a}_n)(\Delta s) \tag{3-91}$$

그런데 $nq\mathbf{d}$는 단위체적당 쌍극자 모멘트이면서 정의에 의해 분극 벡터 $\mathbf{P}$가 된다. 따라서

$$\Delta Q = \mathbf{P}\cdot\mathbf{a}_n(\Delta s) \tag{3-92}$$

가 되며, 식 (3-88)에서

7) 식 (3-88)과 (3-89)는 오직 전하 소스에 대해서만 표현하여 혼선의 우려가 없으므로 $\mathbf{a}_n$과 ∇의 프라임 부호를 편의상 생략하였다.

$$\rho_{ps} = \frac{\Delta Q}{\Delta s} = \mathbf{P} \cdot \mathbf{a}_n$$

이 된다.

여기서 $\mathbf{a}_n$은 폐곡면으로부터 항상 밖으로 향하는 수직 벡터이다. 이 관계식에 의해 그림 3-20의 오른쪽 면은 항상 양의 면전하가 위치하게 되고, 왼쪽 면에는 음의 면전하가 위치한다.

체적 V를 둘러싸고 있는 면 S를 가정해 보면, 편향에 의해 체적 V에서 발산되는 총 전하량은 식 (3-92)를 적분해서 구할 수 있다. 체적 V 내부에 존재하는 순전하의 양은 이 적분식에 다음과 같이 음의 값을 취해서 구할 수 있으며,

$$\begin{aligned} Q &= -\oint_S \mathbf{P} \cdot \mathbf{a}_n \, ds \\ &= \int_V (-\nabla \cdot \mathbf{P}) \, dv = \int_V \rho_p \, dv \end{aligned} \tag{3-93}$$

이는 식 (3-89)의 체적전하밀도와 같은 식이 된다. 따라서 $\mathbf{P}$의 발산값이 0이 아니면 대전된 분극 유전체가 존재한다고 말할 수 있다. 그런데 원래의 유전체는 전기적으로 중성이었으므로 편향이 발생한 후에도 전체 내부전하량은 0이어야 한다. 다음의 적분식을 발산 정리를 이용하여 전개하면 전하량이 0이 됨을 증명할 수 있다.

$$\begin{aligned} \text{총 전하량} &= \oint_S \rho_{ps} \, ds + \int_V \rho_p \, dv \\ &= \oint_S \mathbf{P} \cdot \mathbf{a}_n \, ds - \int_V \nabla \cdot \mathbf{P} \, dv = 0 \end{aligned} \tag{3-94}$$

3-8 전속밀도와 유전상수

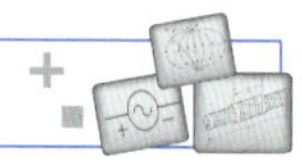

분극 유전체는 등가 체적전하밀도 ρ_p를 갖기 때문에 유전체에서는 자유공간과는 다른 방식으로 전기장 세기를 구해야 한다. 특히 식 (3-4)의 발산 가정은 ρ_p의 영향을 고려하여 다음과 같이 수정된다.

$$\nabla \cdot \mathbf{E} = \frac{1}{\epsilon_0} (\rho + \rho_p) \tag{3-95}$$

식 (3-89)를 이용하면 다음과 같이 된다.

$$\nabla \cdot (\epsilon_0 \mathbf{E} + \mathbf{P}) = \rho \tag{3-96}$$

이 수식으로부터 정전기장에서의 새로운 전기장량을 표현하는 지표 $\mathbf{D}$를 정의할 수 있는데, 이를 **전속밀도**(electric flux density) 또는 **전기 변위**(electric displacement)라고 하며, 다음과 같이 표현된다.

$$\mathbf{D} = \epsilon_0\mathbf{E} + \mathbf{P} \qquad (\text{C/m}^2) \tag{3-97}$$

벡터 **D**는 분극벡터 **P** 또는 분극전하밀도 ρ_p 대신에 자유전하들의 분포만으로 매질에서의 전기장을 표현할 수 있는 발산 특성을 갖는다. 식 (3-96)과 (3-97)을 묶으면

$$\nabla \cdot \mathbf{D} = \rho \qquad (\text{C/m}^3) \tag{3-98}$$

이 성립하며, 여기서 ρ는 자유전하의 체적밀도이다. 식 (3-98)과 (3-5)는 정전기장을 설명하는 두 개의 기본 미분식이며 모든 매질에 적용가능하다. 여기서 자유공간의 유전율 ϵ_0는 수식에 포함되지 않는다.

식 (3-98)의 양변에 체적적분을 취한 적분식은 다음과 같다.

$$\int_V \nabla \cdot \mathbf{D}\, dv = \int_V \rho\, dv \tag{3-99}$$

또는

$$\oint_S \mathbf{D} \cdot d\mathbf{s} = Q \qquad (\text{C}) \tag{3-100}$$

식 (3-100)은 **가우스의 법칙**의 형태를 갖고 있으며, **임의의 폐곡면을 투과하는 전기적 분극에 의한 총 선속의 방출량(간단하게 외부 전속량)은 폐곡면 내부에 있는 총 전하량과 같음**을 의미한다. 앞서 3-4절에서 이미 언급되었지만, 대칭 구조를 갖는 문제에서 가우스의 법칙은 매우 유용하다.

유전체의 물질적 특성이 선형(linear)이고 등방성(isotropic)일 경우에는 외부 전기장 세기에 비례하여 분극이 발생하고 그 비례상수는 전기장의 방향과 무관하다. 이를 정리하면

$$\mathbf{P} = \epsilon_0 \chi_e \mathbf{E} \tag{3-101}$$

와 같고, 여기서 χ_e는 전기 감수율(electric susceptibility)이라고 하며 단위는 없다. 유전체 매질은 χ_e가 E와 무관할 때 선형이라고 할 수 있고 χ_e가 공간상의 위치에 상관없이 일정할 때 균질(homogeneous)이라고 할 수 있다. 식 (3-101)을 식 (3-97)에 대입하면

$$\begin{aligned}\mathbf{D} &= \epsilon_0(1 + \chi_e)\mathbf{E} \\ &= \epsilon_0\epsilon_r\mathbf{E} = \epsilon\mathbf{E} \qquad (\text{C/m}^2)\end{aligned} \tag{3-102}$$

가 되고, 여기서

$$\epsilon_r = 1 + \chi_e = \frac{\epsilon}{\epsilon_0} \tag{3-103}$$

는 매질의 상대 유전율(relative permittivity) 또는 유전상수(dielectric constant)이며 단위는 없다. 여기서 계수 $\epsilon = \epsilon_0\epsilon_r$는 매질의 절대 유전율(absolute permittivity)(또는 단순히 유전율(permittivity)이라고 한다)이 되며 단위는 단위길이당의 정전용량(F/m)이 된다. 공기 중의 유전상수는 1.00059이며 통상적으로 자유공간의 유전율과 같다고 놓는다. 다른 매질들에서의 유전상수값 중 대표적인 것들은 표 3-1 또는 부록 B-3에서 보여준다.

ϵ_r은 공간상에서 위치에 따른 변수가 될 수 있다. 만약 위치에 상관없이 일정한 값을 갖는다면, 그 매질은 **균질**(homogenous)이라고 한다. 선형, 균질, 등방성의 조건을 갖춘 매질을 **단순 매질**(simple medium)이라고 한다. 단순 매질에서의 상대 유전율 값은 상수이다.

손실 매질(lossy medium)에 의한 영향은 복소 유전상수값으로 표현할 수 있는데, 이때 복소 유전상수의 허수부가 전력 손실값을 나타내고 그 영향은 대체로 주파수에 따라 달라진다. 이에 대해서는 이 책의 후반부에서 더 자세히 다루기로 한다. 방향에 따라 분극 특성이 다른 **이방성**(anisotropic) 물질에서는 유진상수값이 전기장의 방향에 따라 달라지고, **D**와 **E**의 방향이 역시 서로 다르며 유전율 값은 벡터의 조합이 된다. 이를 행렬식으로 표현하면 다음과 같다.

$$\begin{bmatrix} D_x \\ D_y \\ D_z \end{bmatrix} = \begin{bmatrix} \epsilon_{11} & \epsilon_{12} & \epsilon_{13} \\ \epsilon_{21} & \epsilon_{22} & \epsilon_{23} \\ \epsilon_{31} & \epsilon_{32} & \epsilon_{33} \end{bmatrix} \begin{bmatrix} E_x \\ E_y \\ E_z \end{bmatrix} \tag{3-104}$$

예를 들어 수정체에서, 기준 좌표계가 수정체의 기본 구조 방향으로 설정되면, 식 (3-104)에서 대각선 이외의 행렬값들은 모두 0이 되어 다음과 같아진다.

$$\begin{bmatrix} D_x \\ D_y \\ D_z \end{bmatrix} = \begin{bmatrix} \epsilon_1 & 0 & 0 \\ 0 & \epsilon_2 & 0 \\ 0 & 0 & \epsilon_3 \end{bmatrix} \begin{bmatrix} E_x \\ E_y \\ E_z \end{bmatrix} \tag{3-105}$$

식 (3-105)와 같은 특성을 갖는 매질을 **쌍축**(biaxial)이라고 한다. 이것을 풀어쓰면 다음과 같다.

$$D_x = \epsilon_1 E_x \tag{3-106a}$$

$$D_y = \epsilon_2 E_y \tag{3-106b}$$

$$D_z = \epsilon_3 E_z \tag{3-106c}$$

만약 $\epsilon_1 = \epsilon_2$이면, 매질은 **단축**(uniaxial) 특성을 갖는다. 여기서 $\epsilon_1 = \epsilon_2 = \epsilon_3$가 되면 매질은 당연히 등방성이 된다. 이 책에서는 오직 등방성 매질만을 다룬다.

예제 3-12 양의 점전하 Q가 안지름이 R_i이고 바깥지름이 R_o인 유전체 구 껍질(shell)의 중심에 놓여 있다. 유전체 구 껍질의 유전상수값은 ϵ_r이다. 이때 **E**, V, **D**, **P**를 반지름 R에 대한 함수로 표현하라.

풀이 이 문제의 구조는 예제 3-11에서의 그림과 동일하다. 외부 도체껍질이 전도체가 아닌 유전체로 바뀌었지만 문제를 푸는 과정은 동일하다. 구조가 대칭형이므로 R의 범위에 따른 $\mathbf{E}$와 $\mathbf{D}$를 찾기 위해 가우스의 법칙을 적용한다: $R > R_o$; (b) $R_i < R < R_o$; 그리고 (c) $R < R_i$. 전위 V 값은 $\mathbf{E}$에 대한 음의 적분식을 통해 구하고 $\mathbf{P}$는 다음의 관계식을 이용한다.

$$\mathbf{P} = \mathbf{D} - \epsilon_0 \mathbf{E} = \epsilon_0(\epsilon_r - 1)\mathbf{E} \tag{3-107}$$

각 $\mathbf{E}$, $\mathbf{D}$, $\mathbf{P}$ 벡터는 오직 방사 형태로만 존재하여 R에 대한 함수가 된다. 그림 3-21(a)에서는 편의상 가우스 표면을 생략했다.

(a) $R > R_o$

이 영역에서의 해는 예제 3-11과 동일하다. 식 (3-73)과 (3-74)로부터

$$E_{R1} = \frac{Q}{4\pi\epsilon_0 R^2}$$

$$V_1 = \frac{Q}{4\pi\epsilon_0 R}$$

을 얻는다. 식 (3-102)와 (3-107)로부터 다음과 같은 식을 얻을 수 있다.

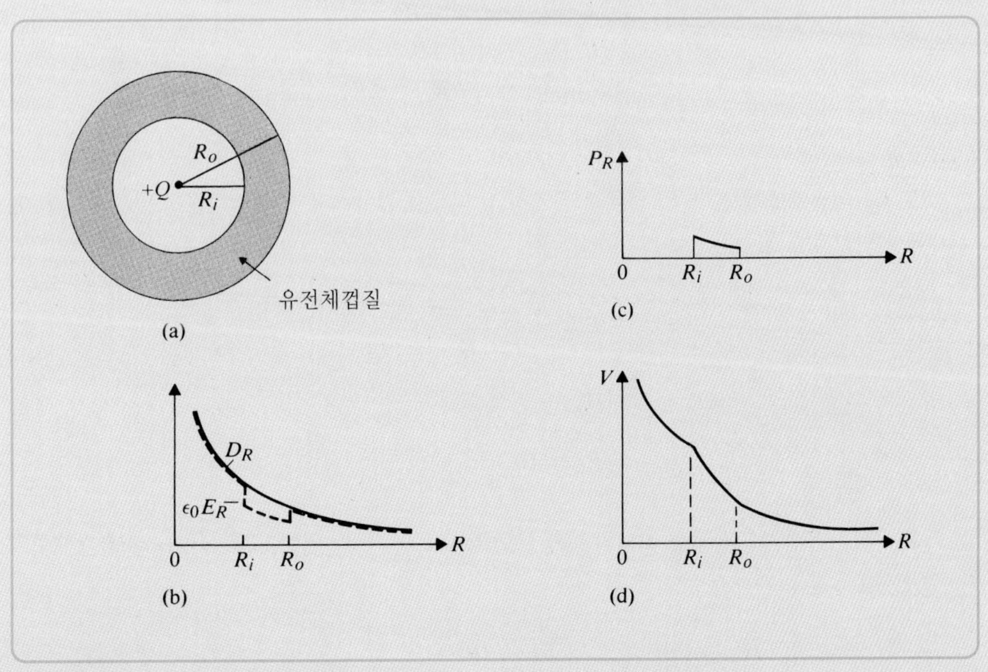

그림 3-21

얇은 유전체껍질의 중심에 존재하는 점전하 $+Q$에 의한 전기장의 변화(예제 3-12)

$$D_{R1} = \epsilon_0 E_{R1} = \frac{Q}{4\pi R^2} \tag{3-108}$$

$$P_{R1} = 0 \tag{3-109}$$

(b) $R_i < R < R_o$

가우스의 법칙을 적용하면 바로 다음과 같은 식을 얻을 수 있다.

$$E_{R2} = \frac{Q}{4\pi\epsilon_0\epsilon_r R^2} = \frac{Q}{4\pi\epsilon R^2} \tag{3-110}$$

$$D_{R2} = \frac{Q}{4\pi R^2} \tag{3-111}$$

$$P_{R2} = \left(1 - \frac{1}{\epsilon_r}\right)\frac{Q}{4\pi R^2} \tag{3-112}$$

여기서 D_{R2}는 D_{R1}과 같은 식이 되고, E_R과 P_R은 $R = R_o$에서 불연속이다. 이 영역에서 전위 분포는 다음과 같다.

$$\begin{aligned} V_2 &= -\int_{\infty}^{R_o} E_{R1}\,dR - \int_{R_o}^{R} E_{R2}\,dR \\ &= V_1\Big|_{R=R_o} - \frac{Q}{4\pi\epsilon}\int_{R_o}^{R}\frac{1}{R^2}\,dR \\ &= \frac{Q}{4\pi\epsilon_0}\left[\left(1 - \frac{1}{\epsilon_r}\right)\frac{1}{R_o} + \frac{1}{\epsilon_r R}\right] \end{aligned} \tag{3-113}$$

(c) $R < R_i$

이 영역에서의 매질은 $R > R_o$ 영역과 동일하다. 따라서 가우스의 법칙을 적용하면 E_R, D_R, P_R에 대해 동일한 값을 얻는다.

$$E_{R3} = \frac{Q}{4\pi\epsilon_0 R^2}$$

$$D_{R3} = \frac{Q}{4\pi R^2}$$

$$P_{R3} = 0$$

V_3를 구하기 위해서는 $R = R_1$에서의 V_2를 구한 후 여기에 E_{R3}에 대한 음의 선적분 값을 더해주어야 한다.

$$\begin{aligned} V_3 &= V_2\Big|_{R=R_i} - \int_{R_i}^{R} E_{R3}\,dR \\ &= \frac{Q}{4\pi\epsilon_0}\left[\left(1 - \frac{1}{\epsilon_r}\right)\frac{1}{R_o} - \left(1 - \frac{1}{\epsilon_r}\right)\frac{1}{R_i} + \frac{1}{R}\right] \end{aligned} \tag{3-114}$$

그림 3-21(b)는 거리 R에 따른 $\epsilon_0 E_R$과 D_R 값을 보여준다. P_R은 $D_R - \epsilon_0 E_R$로 주어지고 그림 3-21(c)와 같다. 그림 3-21(d)는 각 영역에서의 전위값 V_1, V_2, V_3의 변화를 보여준다. 여기서 D_R은 불연속 지점이 없는 연속함수이며, P_R은 오직 유전체 내부에서 존재함을 알 수 있다.

그림 3-21(b)와 3-21(d)를 예제 3-11의 그림 3-19(b)와 3-19(c)와 비교해 보자. 식 (3-88)과 (3-89)로부터 도체껍질 내부 도체에서 면전하밀도는

$$\begin{aligned}\rho_{ps}\Big|_{R=R_i} &= \mathbf{P}\cdot(-\mathbf{a}_R)\Big|_{R=R_i} = -P_{R2}\Big|_{R=R_i} \\ &= -\left(1-\frac{1}{\epsilon_r}\right)\frac{Q}{4\pi R_i^2}\end{aligned} \tag{3-115}$$

이고, 외부 도체껍질에서의 면전하밀도는

$$\begin{aligned}\rho_{ps}\Big|_{R=R_o} &= \mathbf{P}\cdot\mathbf{a}_R\Big|_{R=R_o} = P_{R2}\Big|_{R=R_o} \\ &= \left(1-\frac{1}{\epsilon_r}\right)\frac{Q}{4\pi R_o^2}\end{aligned} \tag{3-116}$$

이며, 분극전하밀도는 다음과 같다.

$$\begin{aligned}\rho_p &= -\nabla\cdot\mathbf{P} \\ &= -\frac{1}{R^2}\frac{\partial}{\partial R}(R^2 P_{R2}) = 0\end{aligned} \tag{3-117}$$

따라서 유전체 구 도체껍질 내부에는 순수 분극전하가 존재하지 않음을 알 수 있다. 그러나 내부표면에는 음의 전하, 바깥쪽 면에는 양의 전하가 존재한다. 이러한 면전하들에 의해 구의 중심으로 향하는 전기장이 발생하고 영역 2에서 $+Q$에 의한 전기장 $\mathbf{E}$와 서로 상쇄된다.

표 3-1 일반적인 물질의 유전상수와 유전체 강도

물질	유전상수	유전체 강도 (V/m)
공기(대기 압력)	1.0	3×10^6
광물유	2.3	15×10^6
종이	2–4	15×10^6
폴리스티렌	2.6	20×10^6
고무	2.3–4.0	25×10^6
유리	4–10	30×10^6
운모	6.0	200×10^6

3-8.1 유전체 강도

앞서 전기장이 유전체 내부의 구속전하들을 서로 분리함으로써 분극을 유발한다고 설명하였다. 만약 전기장이 매우 강하면, 그 힘에 의해 전자는 분자로부터 완전히 떨어져 나오게 된다. 전기장의 영향에 의해 전자는 계속 가속되고, 분자의 격자 구조와 부딪히면서 물질의 영구적인 변형과 손상을 일으킨다. 충돌이 계속되면서 일종의 눈사태(avalanche) 효과와 같은 연쇄 반응이 일어나는 것이다. 이렇게 되면 물질 내부에 이동전하가 존재하게 되어 전류가 흐를 수 있는 환경이 된다. 이러한 현상을 **유전체 붕괴**(dielectric breakdown)라고 한다. 유전체가 붕괴되지 않고 버틸 수 있는 최대 크기의 전기장값을 **유전체 강도**(dielectric strength)라고 한다. 여러 가지 종류의 물질들에 대한 유전체 강도값을 표 3-1에 나열하였다. 물질의 유전체 강도는 그 물질의 유전상수(ϵ_r)와는 구별되는 값이다.

대기 압력에서 공기의 유전체 강도는 3 kV/mm이며 이 값은 알아두는 것이 유용하다. 전기장 세기가 이 값을 넘어서면 공기의 유전체 결합은 붕괴된다. 대량의 이온화가 발생하여 스파크 현상(코로나 방전)이 뒤따르기도 한다. 전하는 뾰족한 부분에 모이는 성향을 갖는다. 식 (3-72)를 보면, 전기장 세기는 뭉툭한 구조의 주변에서보다 날카로운 구조 주위에서 더 큰 값을 가짐을 알 수 있다. 높은 건물의 피뢰침에 번개가 내려앉는 것은 바로 이러한 원리와 연관되어 있다. 많은 전하를 담고 있는 구름이 지상으로 이동할 때, 근처에 피뢰침이 설치된 빌딩이 있으면, 반대 극성의 전하가 지상으로부터 전기장 세기가 상대적으로 높은 피뢰침 끝부분으로 올라온다. 전기장 세기가 흐린 공기의 유전체 강도보다 커지면, 유전체 붕괴가 일어나고 피뢰침 끝부분에서부터 이온화된 전하들이 도전되는 현상이 발생된다. 그리고 구름에 담겨 있던 많은 전하들이 도전된 부분을 따라 흘러내려오면서 방전된다.

전기장 세기는 같은 조건에서 뭉툭한 부분보다는 상대적으로 뾰족한 부분에서 더 높은 강도를 갖는데 다음의 예제를 풀어보면 이 관계를 정량적으로 이해할 수 있을 것이다.

예제 3-13 반지름이 b_1, b_2($b_1 < b_2$)로 주어지는 두 개의 구 도체가 있고 둘 사이는 가느다란 전선으로 연결되어 있다. 도체 사이의 거리는 반지름 b_2에 비해 매우 커서 각 구 도체에 있는 전하는 균일하게 분포되어 있다고 가정한다. 두 전하에 분포되어 있는 총 전하량은 Q라고 한다. 이때 (a) 각 구 도체에 있는 전하량을 계산해 보고, (b) 각 구 도체 표면에서의 전기장 세기를 구하라.

SOLUTION **풀이**

(a) 그림 3-22에서 구 도체들은 서로 연결되어 있기 때문에 같은 전위값을 갖는다. 따라서

$$\frac{Q_1}{4\pi\epsilon_0 b_1} = \frac{Q_2}{4\pi\epsilon_0 b_2}$$

또는

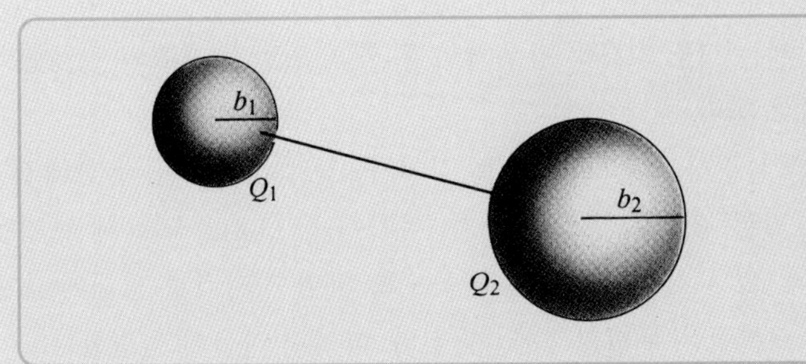

그림 3-22
서로 연결된 두 개의 구 도체(예제 3-13)

$$\frac{Q_1}{Q_2} = \frac{b_1}{b_2}$$

이 성립한다. 위 식에 의해 각 구 도체에 존재하는 전하량은 각각의 반지름에 비례함을 알 수 있다. 그런데

$$Q_1 + Q_2 = Q$$

이므로, 각각의 전하량은 다음과 같이 계산된다.

$$Q_1 = \frac{b_1}{b_1 + b_2} Q \quad \text{그리고} \quad Q_2 = \frac{b_2}{b_1 + b_2} Q$$

(b) 각 구 도체 표면에서의 전기장 세기는 다음의 식으로 주어진다.

$$E_{1n} = \frac{Q_1}{4\pi\epsilon_0 b_1^2} \quad \text{그리고} \quad E_{2n} = \frac{Q_2}{4\pi\epsilon_0 b_2^2}$$

따라서 다음과 같은 관계식이 성립한다.

$$\frac{E_{1n}}{E_{2n}} = \left(\frac{b_2}{b_1}\right)^2 \frac{Q_1}{Q_2} = \frac{b_2}{b_1}$$

위 식을 살펴보면 각 구 도체에서의 전기장 세기는 구의 반지름에 반비례하고, 이에 따라 끝이 상대적으로 뾰족한 작은 구면에서 더 큰 전기장 세기값을 갖게 되는 것이다. ■

3-9 정전기장의 경계 조건

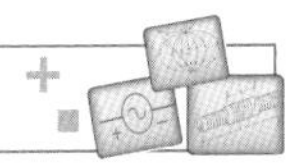

전자기학의 문제에서는 종종 여러 가지 종류의 물리적 특성을 갖는 매질을 다루게 되며, 따라서 서로 다른 매질의 경계에서 발생하는 전기장의 특성 변화를 이해할 필요가 있다. 예를 들면, **E**와 **D** 성분이 두 개의 서로 다른 매질 사이를 투과할 때 발생하는 변화를 알아내는 것이 필요

할 때가 있다. 자유공간과 도체 사이의 경계면에서 전기장 특성 변화에 대해서는 이미 식 (3-71)과 (3-72)를 통해서 다루었다. 이제는 그림 3-23의 경우처럼 두 개의 일반적 매질의 경계면에서 발생하는 특성 변화를 살펴보기로 한다.

우선 작은 직사각형 경로 *abcda*를 설정하고 면 *ab*와 *cd*는 길이가 Δw로 주어지며 각각 매질 1과 2에서 경계면과 평행하게 놓여 있는 경우를 생각해 보자. 여기에 식 (3-8)을 적용해 보기로 한다. 직사각형의 옆면의 길이 $bc = da = \Delta h$가 0으로 수렴하도록 하면 직사각형 둘레에 대한 **E**의 선적분에서 이 옆면들에 의한 적분값은 무시할 수 있게 된다. 따라서 다음이 성립한다.

$$\oint_{abcda} \mathbf{E} \cdot d\ell = \mathbf{E}_1 \cdot \Delta \mathbf{w} + \mathbf{E}_2 \cdot (-\Delta \mathbf{w}) = E_{1t}\Delta w - E_{2t}\Delta w = 0$$

정리하면,

$$\boxed{E_{1t} = E_{2t} \qquad (\mathrm{V/m})} \tag{3-118}$$

이 되는데 이는 **매질의 경계에서 E의 접선(수평) 성분이 연속임**을 의미한다. 두 매질 중 하나가 도체이면 식 (3-118)은 식 (3-71)과 같아진다. 매질 1과 2가 모두 유전체이고 각각의 유전율이 ϵ_1과 ϵ_2로 주어지면, 다음의 식이 성립한다.

$$\frac{D_{1t}}{\epsilon_1} = \frac{D_{2t}}{\epsilon_2} \tag{3-119}$$

두 경계면에서 법선(수직) 성분의 관계를 알아보기 위해, 그림 3-23에 나타낸 것처럼 매질 1에 윗면을 그리고 매질 2에 밑면을 갖는 작은 상자를 그린다. 각 면의 면적은 ΔS이고 상자의 높이는 Δh이며 그 길이가 무시할 수 있을 만큼 매우 작다고 가정한다. 상자들 각 면에 가우스의 법칙을 적용하면, 식 (3-100)[8]은

$$\begin{aligned}\oint_S \mathbf{D} \cdot d\mathbf{s} &= (\mathbf{D}_1 \cdot \mathbf{a}_{n2} + \mathbf{D}_2 \cdot \mathbf{a}_{n1})\Delta S \\ &= \mathbf{a}_{n2} \cdot (\mathbf{D}_1 - \mathbf{D}_2)\Delta S \\ &= \rho_s \Delta S\end{aligned} \tag{3-120}$$

이 된다. 여기서 $\mathbf{a}_{n2} = -\mathbf{a}_{n1}$이다. 단위벡터 $\mathbf{a}_{n1}$과 $\mathbf{a}_{n2}$는 각각 매질 1과 2에서 나오는 방향으로의 단위법선벡터이다. 식 (3-120)으로부터

$$\boxed{\mathbf{a}_{n2} \cdot (\mathbf{D}_1 - \mathbf{D}_2) = \rho_s} \tag{3-121a}$$

8) 식 (3-8)과 (3-100) 모두 불연속 매질의 영역에서도 성립한다고 가정한다. C. T. Tai, "On the presentation of Maxwell's theory," *Proceedings of the IEEE*, vol. 60, pp. 936–945, August 1972.

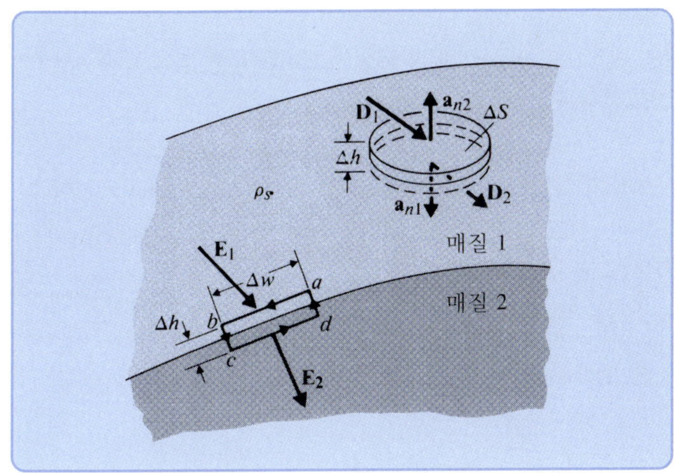

그림 3-23
두 매질 사이의 경계면

또는

$$D_{1n} - D_{2n} = \rho_s \qquad (\text{C/m}^2) \tag{3-121b}$$

를 얻을 수 있으며, 여기서 단위법선벡터의 기준 방향은 매질 2로부터 나가는 방향이다.

식 (3-121b)는 **매질 사이의 경계면에 면전하가 존재할 경우 D의 법선 성분은 불연속이며 그 불연속 편차는 면전하밀도와 같다**는 것을 말한다. 매질 2가 도체일 경우, $\mathbf{D}_2 = 0$이 되고 식 (3-121b)는 다음과 같이 간략화된다.

$$D_{1n} = \epsilon_1 E_{1n} = \rho_s \tag{3-122}$$

이는 매질 1을 자유공간으로 가정한 식 (3-72)와 같은 형태이다.

두 유전체 사이의 경계면에 전하가 존재하지 않으면 $\rho_s = 0$이 되므로,

$$D_{1n} = D_{2n} \tag{3-123}$$

또는

$$\epsilon_1 E_{1n} = \epsilon_2 E_{2n} \tag{3-124}$$

가 된다. 지금까지의 식들을 다시 정리하면, 정전기장에서의 경계 조건을 다음과 같이 요약할 수 있다.

접선 성분	$E_{1t} = E_{2t}$	(3-125)
법선 성분	$\mathbf{a}_{n2} \cdot (\mathbf{D}_1 - \mathbf{D}_2) = \rho_s$	(3-126)

예제 3-14 투명합성수지판($\epsilon_r = 3.2$)이 자유공간에서 균일한 전기장 $\mathbf{E}_o = \mathbf{a}_x E_o$에 수직으로 놓여 있다. 합성수지판 내부에서 $\mathbf{E}_i$, $\mathbf{D}_i$, $\mathbf{P}_i$를 구하라.

풀이 원래 존재하던 균일 전기장 $\mathbf{E}_o$가 삽입된 합성수지판에 의해 방해받지 않는다고 가정하고 그 분포도를 그림 3-24와 같이 그려본다. 경계면이 전기장의 방향에 수직이기 때문에 여기서는 오직 법선 성분만을 다루면 된다. 또한 자유전하는 존재하지 않는다.

왼쪽 경계면에 식 (3-123)의 경계 조건을 적용하면,

$$\mathbf{D}_i = \mathbf{a}_x D_i = \mathbf{a}_x D_o$$

또는

$$\mathbf{D}_i = \mathbf{a}_x \epsilon_0 E_o$$

을 얻는다. 전속밀도는 경계면을 통과하면서 변하지 않는다. 합성수지판 내에서의 전기장 세기는 다음과 같다.

$$\mathbf{E}_i = \frac{1}{\epsilon}\mathbf{D}_i = \frac{1}{\epsilon_o \epsilon_r}\mathbf{D}_i = \mathbf{a}_x \frac{E_o}{3.2}$$

분극벡터는 합성수지판 외부에서 0이고($\mathbf{P}_o = 0$) 내부에서는 다음과 같이 계산된다.

$$\begin{aligned}\mathbf{P}_i = \mathbf{D}_i - \epsilon_0 \mathbf{E}_i &= \mathbf{a}_x\left(1 - \frac{1}{3.2}\right)\epsilon_0 E_o \\ &= \mathbf{a}_x 0.6875 \epsilon_0 E_o \qquad (\mathrm{C/m^2})\end{aligned}$$

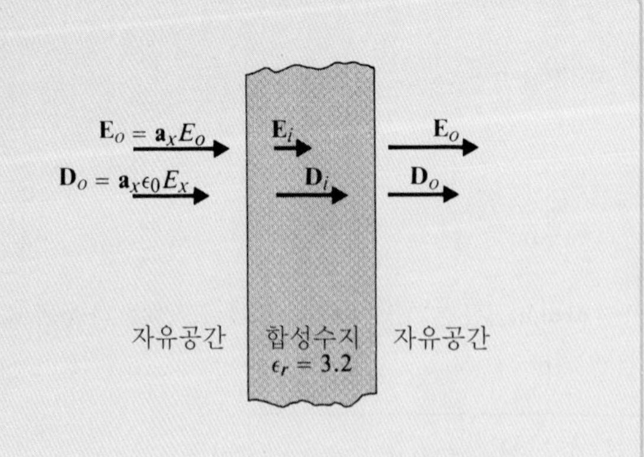

그림 3-24 균일 전기장에 놓여 있는 합성수지판(예제 3-14)

우측 경계면에 대해서도 식 (3-123)을 적용하면 원래의 자유공간 전기장인 $\mathbf{E}_o$와 $\mathbf{D}_o$를 얻게 될 것이다. 만일 원래의 전기장이 균일하지 않고 $\mathbf{E}_o = \mathbf{a}_x E(y)$로 주어진다면, 문제의 해는 어떻게 달라질까?

예제 3-15 그림 3-25처럼 두 개의 유전체가 서로 경계하고 있고, 각 유전체의 유전율은 ϵ_1과 ϵ_2로 주어지며, 경계면에서의 자유전하는 없다고 한다. 매질 1의 지점 P_1에서의 전기장 세기는 E_1으로 주어지고 법선 방향으로부터 α_1만큼의 각을 이루면서 입사된다. 매질 2에 위치한 P_2 지점에서의 전기장 세기 크기와 진행 방향을 구하라.

풀이 접선 방향과 법선 방향 전기장 세기 성분인 두 개의 미지수 E_{2t}와 E_{2n}을 구하기 위해서는 두 개의 방정식이 필요하다. E_{2t}와 E_{2n}을 각각 구하고 나면 E_2와 α_2 값은 바로 구할 수 있다. 식 (3-118)과 (3-123)을 이용하면,

$$E_2 \sin \alpha_2 = E_1 \sin \alpha_1 \tag{3-127}$$

이고

$$\epsilon_2 E_2 \cos \alpha_2 = \epsilon_1 E_1 \cos \alpha_1 \tag{3-128}$$

이 성립한다. 식 (3-127)을 식 (3-128)로 나누면 다음과 같은 관계식을 얻는다.

$$\boxed{\frac{\tan \alpha_2}{\tan \alpha_1} = \frac{\epsilon_2}{\epsilon_1}} \tag{3-129}$$

$\mathbf{E}_2$의 크기는

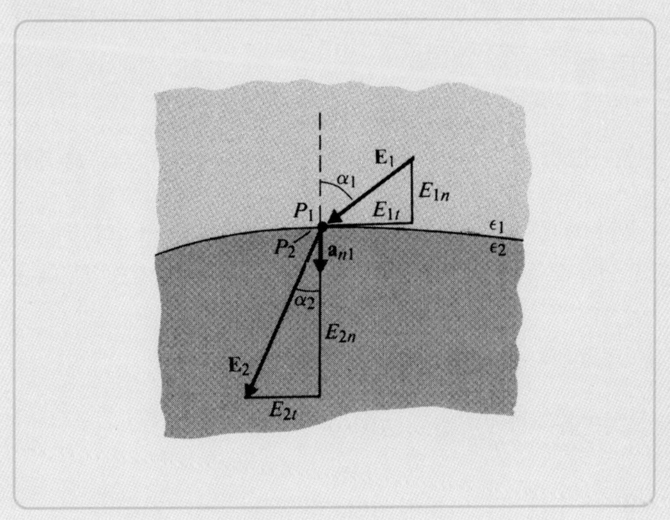

그림 3-25 두 개의 유전체 매질 사이에서의 경계 조건(예제 3-15)

$$E_2 = \sqrt{E_{2t}^2 + E_{2n}^2} = \sqrt{(E_2 \sin \alpha_2)^2 + (E_2 \cos \alpha_2)^2}$$
$$= \left[(E_1 \sin \alpha_1)^2 + \left(\frac{\epsilon_1}{\epsilon_2} E_1 \cos \alpha_1 \right)^2 \right]^{1/2}$$

또는

$$\boxed{E_2 = E_1 \left[\sin^2 \alpha_1 + \left(\frac{\epsilon_1}{\epsilon_2} \cos \alpha_1 \right)^2 \right]^{1/2}} \qquad (3\text{-}130)$$

으로 주어진다. 그림 3-25를 관찰하여 ϵ_1이 ϵ_2보다 큰지 또는 작은지 여부를 판별할 수 있는가? ■

예제 3-16 동축 케이블이 전력을 전송할 때 내부 도체의 반지름은 흐르는 전류에 의해 결정되고, 전체 크기는 전압과 내부에 있는 절연체에 의해 결정된다. 내부 도체의 반지름은 0.4 (cm)이고 내부 절연체는 고무(ϵ_{rr} = 3.2)와 폴리스티렌(ϵ_{rp} = 2.6)으로 채워져 있다. 이러한 조건에서 20 (kV)에서 동작하는 케이블을 설계하라. 단, 번개에 의한 갑작스런 전압 상승이나 다른 외부 자극에 의해 발생하는 전압 붕괴를 막기 위해, 내부 절연체에 인가되는 전기장 세기는 유전체 강도의 25%를 초과해서는 안 된다.

SOLUTION 풀이 표 3-1에서 고무와 폴리스티렌의 유전체 강도는 각각 25×10^6 (V/m)와 20×10^6 (V/m)로 주어진다. 식 (3-40)을 이용해서 각 유전체 강도의 25% 값을 계산하면 다음과 같다.

$$\text{고무:} \quad \text{Max } E_r = 0.25 \times 25 \times 10^6 = \frac{\rho_\ell}{2\pi\epsilon_0}\left(\frac{1}{3.2r_i}\right) \qquad (3\text{-}131a)$$

$$\text{폴리스티렌:} \quad \text{Max } E_p = 0.25 \times 20 \times 10^6 = \frac{\rho_\ell}{2\pi\epsilon_0}\left(\frac{1}{2.6r_p}\right) \qquad (3\text{-}131b)$$

식 (3-131a)와 (3-131b)를 조합하면 다음의 식을 얻는다.

$$r_p = 1.54 r_i = 0.616 \qquad \text{(cm)} \qquad (3\text{-}132)$$

식 (3-132)는 내부 절연체 구성에서 폴리스티렌이 고무의 바깥쪽에 위치해야 함을 의미하며 그림 3-26(a)는 이를 반영한 동축 케이블의 단면을 보여준다. (폴리스티렌이 고무의 안쪽에 위치할 경우에는 어떠할까?)

케이블의 안쪽과 바깥쪽 도체 사이의 전위차는 20,000 (V)이다. 이에 대한 관계식은

$$-\int_{r_o}^{r_p} E_p \, dr - \int_{r_p}^{r_i} E_r \, dr = 20{,}000$$

이며, 여기서 E_p와 E_r는 각각 식 (3-40)으로 주어진다. 이를 위 식에 대입하면,

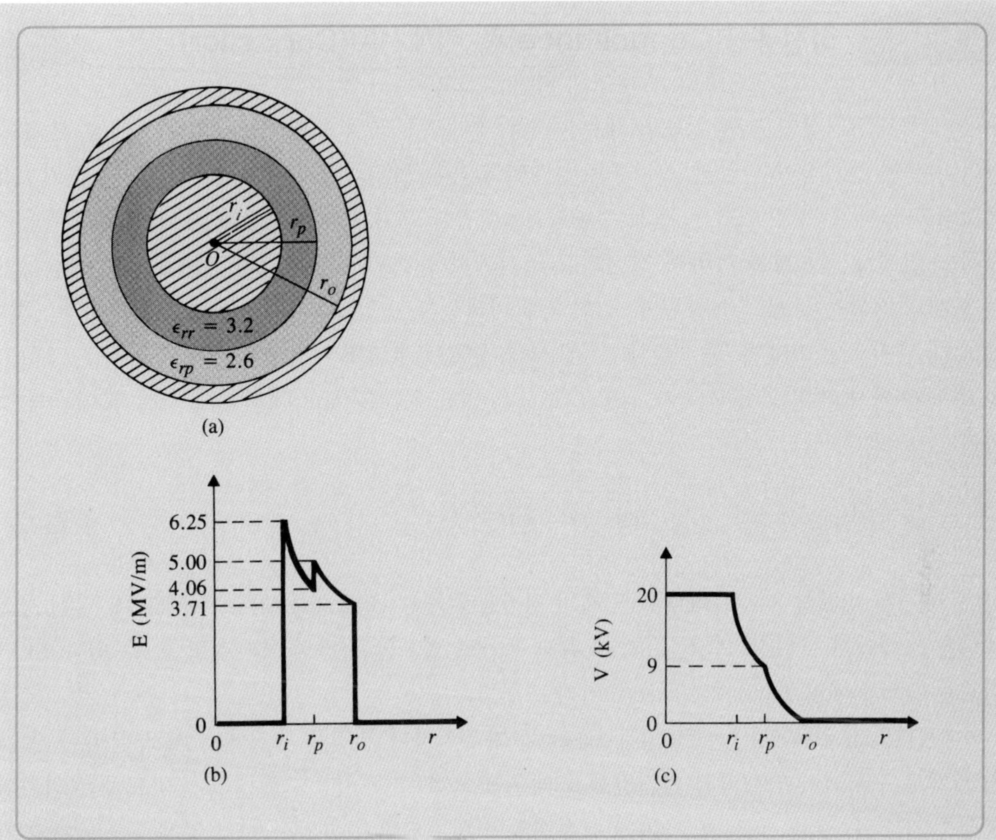

그림 3-26

두 개의 서로 다른 절연 유전체로 구성된 동축 케이블 단면도(예제 3-16)

$$\frac{\rho_\ell}{2\pi\epsilon_0}\left(\frac{1}{\epsilon_{rp}}\ln\frac{r_o}{r_p}+\frac{1}{\epsilon_{rr}}\ln\frac{r_p}{r_i}\right)=20{,}000$$

또는

$$\frac{\rho_\ell}{2\pi\epsilon_0}\left(\frac{1}{2.6}\ln\frac{r_o}{1.54r_i}+\frac{1}{3.2}\ln 1.54\right)=20{,}000 \qquad (3\text{-}133)$$

이 된다. $r_i = 0.4$ (cm)이므로 식 (3-131a)에서의 계수값 $\rho_\ell/2\pi\epsilon_0$을 계산하고 이를 식 (3-133)에 대입하면 r_o를 구할 수 있다. 계산하면 $\rho_\ell/2\pi\epsilon_0 = 8 \times 10^4$이고 $r_o = 2.08r_i = 0.832$ (cm)로 구해진다.

그림 3-26(b)와 3-26(c)는 반지름에 따른 전기장 세기 E와 전위 V의 변화를 보여준다. 문제를 풀어서 각 그래프에 표기된 숫자를 검증하라.

3-10 정전용량(Capacitance)과 커패시터(Capacitor)

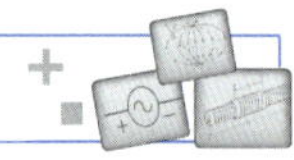

3-6절에서 정전기장에 놓여 있는 도체는 등전위체이고 도체의 표면에는 전하가 균일하게 분포되어 내부에 전기장이 사라지도록 하는 성질이 있음을 설명하였다. 전하 Q에 의해 등전위 V가 유지되고 있다고 가정해 보자. 전체 전하량을 k배만큼 증가시키면 면전하 ρ_s 역시 같은 비율로 전체 표면에서 고르게 증가하여 정전기장 조건에서 등전위가 유지된다. 식 (3-62)로부터 독립된 도체의 전위는 도체에 저장된 총 전하량에 비례한다. 이는 V가 k배만큼 증가하면 $\mathbf{E} = -\nabla V$에 의해 역시 같은 비율로 증가한다. 그러나 식 (3-72)로부터 $\mathbf{E} = \mathbf{a}_n \rho_s / \epsilon_0$이다. 따라서 ρ_s 그리고 총 전하 Q 역시 k배만큼 증가하게 되고 Q/V 값은 변하지 않은 채 일정하게 유지된다. 이를 정리하면

$$\boxed{Q = CV} \tag{3-134}$$

이고, 여기서 비례상수 C는 독립된 도체의 **정전용량**(커패시턴스: capacitance)이라고 부른다. 정전용량은 도체에서 단위전위만큼 올리기 위해 추가로 필요한 전하의 양이라고 할 수 있다. SI 단위로는 C(coulomb)/V(volt)이고 farad(F)이라고 한다.

커패시터(capacitor) 또는 콘덴서(condenser)는 자유전하나 유전체 매질에서 서로 분리된 두 개의 도체로 구성되어 있으며 정전기장에서 매우 중요한 요소이다. 그림 3-27처럼 도체는 임의의 형태를 가질 수 있다. 두 도체 사이에 직류전압이 인가되면 전하의 전이가 발생하여 도체의 한 쪽에는 $+Q$, 다른 쪽에는 $-Q$의 전하가 축전된다. 그림 3-27은 양전하로 대전된 도체에서 발산된 전기장선이 음전하로 대전된 도체로 들어가는 과정을 보여준다. 여기서 각 전기장선은 등전위면인 도체의 표면에 수직 방향으로 생성된다. 두 도체 간의 전위차를 V_{12}라고 할 때 식 (3-134)를 대입하면 다음과 같은 식이 된다.

$$\boxed{C = \frac{Q}{V_{12}} \qquad \text{(F)}} \tag{3-135}$$

커패시터의 정전용량은 두 개의 도체로 구성된 시스템의 고유한 물리적 특성값이며, 도체의 모양과 두 도체 사이 매질의 유전율에 의해 결정된다. 그 크기는 커패시터에 존재하는 전하량의 크기나 전위와는 상관이 없다. 따라서 전하가 존재하지 않고 전위차가 존재하지 않아도 정전용량은 일정한 값을 유지한다. 식 (3-135)를 이용해서 정전용량을 구하기 위해서는 (1) V_{12} 값을 임의로 가정하고 이에 대응하는 정전하값 Q를 V_{12}에 대해서 구하거나, (2) Q를 임의로 가정하고 이 Q 값에 대응하는 전위차 V_{12}를 구하면 된다. 아직까지는 경계 조건을 이용한 문제 풀이를 다루지 않았기 때문에(이에 대해서는 4장에서 다룬다) 여기서는 두 번째 방식을 통해 C를 구하기로 한다. 풀이 절차는 다음과 같다.

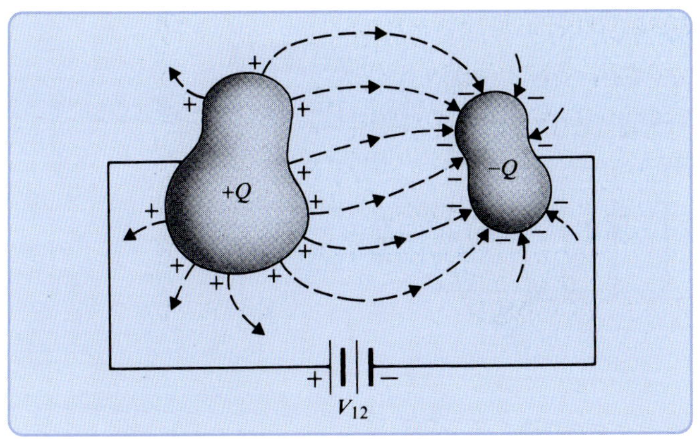

그림 3-27
두 개의 도체로 구성된 커패시터

1. 주어진 문제의 기하학적 조건에 적합한 좌표계를 선택한다.
2. 각 도체에 $+Q$와 $-Q$의 전하가 있다고 가정한다.
3. 식 (3-122), 가우스의 법칙, 또는 다른 관계식들을 사용하여 Q에 의해 발생하는 $\mathbf{E}$를 계산한다.
4. 다음 식을 이용하여 $-Q$ 전하가 있는 도체로부터 $+Q$ 전하 도체 사이의 전위 V_{12}를 구한다.

$$V_{12} = -\int_2^1 \mathbf{E} \cdot d\ell$$

5. Q/V_{12}를 계산하여 C를 구한다.

예제 3-17 면적이 S인 두 개의 평판 도체가 거리 d만큼 떨어져 있고 서로 평행하게 놓여 있다고 한다. 두 평판 도체 사이는 유전율이 ϵ로 주어지는 유전체로 채워져 있다. 이때 커패시터의 정전용량을 구하라.

SOLUTION **풀이** 그림 3-28은 커패시터의 단면을 보여준다. 주어진 커패시터의 구조에 가장 적합한 좌표계는 직각좌표계임을 추측할 수 있다. 위에서 언급한 절차에 따라, 위와 아래쪽에 있는 도체에 각각 $+Q$와 $-Q$의 전하가 대전되어 있다고 가정한다. 전하는 각각의 면에 균일하게 분포되어 있으며 면전하밀도 $+\rho_s$, $-\rho_s$는 다음과 같이 주어진다.

$$\rho_s = \frac{Q}{S}$$

식 (3-122)로부터

$$\mathbf{E} = -\mathbf{a}_y \frac{\rho_s}{\epsilon} = -\mathbf{a}_y \frac{Q}{\epsilon S}$$

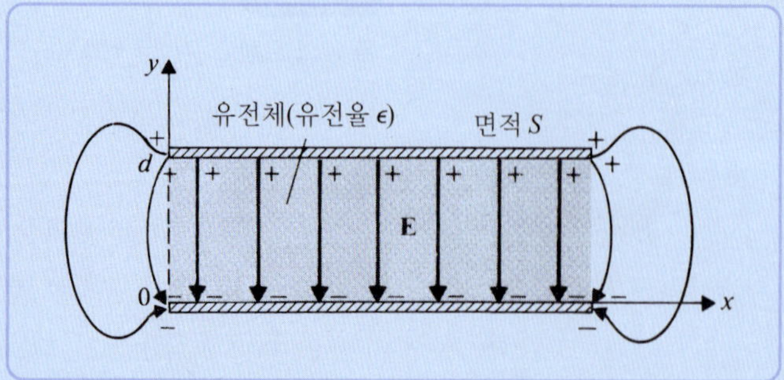

그림 3-28
평판 커패시터의 단면(예제 3-17)

이 되고 도체판의 각 끝면에서 발생하는 가장자리(fringing) 전기장을 무시하면 유전체 공간에서 전기장은 일정한 상수값을 갖는다. 두 평판 간의 전위차는 다음과 같다.

$$V_{12} = -\int_{y=0}^{y=d} \mathbf{E} \cdot d\ell = -\int_0^d \left(-\mathbf{a}_y \frac{Q}{\epsilon S}\right) \cdot (\mathbf{a}_y\, dy) = \frac{Q}{\epsilon S} d$$

따라서 평판 커패시터의 정전용량은 다음과 같고,

$$\boxed{C = \frac{Q}{V_{12}} = \epsilon \frac{S}{d}} \tag{3-136}$$

이는 Q와 V_{12}와는 무관하다.

위 문제에서 두 평판 도체 사이에 전위값 V_{12}를 먼저 설정하는 것으로 풀이를 시작할 수도 있다. 두 평판 도체 사이의 전기장은 균일하며 다음과 같이 표현될 수 있다.

$$\mathbf{E} = -\mathbf{a}_y \frac{V_{12}}{d}$$

윗면과 아랫면에 위치한 각 도체판에서의 면전하밀도는 각각 $+\rho_s$와 $-\rho_s$이며 식 (3-72)를 사용하여 다음과 같이 계산된다.

$$\rho_s = \epsilon E_y = \epsilon \frac{V_{12}}{d}.$$

따라서 $Q = \rho_s S = (\epsilon S/d)V_{12}$이고 $C = Q/V_{12} = \epsilon S/d$가 되며, 이는 앞서 구한 결과와 일치한다.

예제 3-18 원통 커패시터의 내부 도체 반지름이 a이고 외부 도체 반지름이 b로 주어진다. 두 도체 사이는 유전율이 ϵ인 유전체로 채워져 있고, 커패시터의 길이는 L이다. 이 커패시터의 정전용량을 구하라.

풀이 이 문제의 구조에 적합한 좌표계는 원통좌표계이다. 먼저 내부 도체의 외면과 외부 도체의 내면에서 각각 $+Q$, $-Q$의 전하가 있다고 가정한다. 유전체에서의 전기장 $\mathbf{E}$는 $a < r < b$의 구간에 가우스 표면을 설정하고 가우스의 법칙을 적용하여 구한다. (식 (3-122)는 도체 표면과 $\mathbf{E}$가 수직인 경우에 적용된다. 이 문제에서 도체는 평면이 아니기 때문에 전기장 $\mathbf{E}$는 유전체 매질에서 상수값이 아니며 따라서 $a < r < b$ 영역에서의 $\mathbf{E}$를 구할 때 식 (3-122)를 적용할 수는 없다.) 그림 3-29에서 가우스의 법칙을 적용하면, 다음과 같은 식이 된다.

$$\mathbf{E} = \mathbf{a}_r E_r = \mathbf{a}_r \frac{Q}{2\pi\epsilon L r} \tag{3-137}$$

이 경우에도 도체 양끝단에서 발생하는 가장자리 전기장 성분은 무시한다. 내부와 외부 도체 사이의 전위차는 다음과 같다.

$$\begin{aligned} V_{ab} &= -\int_{r=b}^{r=a} \mathbf{E} \cdot d\ell = -\int_b^a \left(\mathbf{a}_r \frac{Q}{2\pi\epsilon L r}\right) \cdot (\mathbf{a}_r\, dr) \\ &= \frac{Q}{2\pi\epsilon L} \ln\left(\frac{b}{a}\right) \end{aligned} \tag{3-138}$$

위 식으로부터 원통 커패시터의 정전용량은

$$\boxed{C = \frac{Q}{V_{ab}} = \frac{2\pi\epsilon L}{\ln\left(\frac{b}{a}\right)}} \tag{3-139}$$

가 된다.

이 문제에서는 두 도체 사이의 전기장이 일정하지 않기 때문에 전위 V_{ab}를 먼저 가정한 후 문제를 풀기 어렵다. $\mathbf{E}$와 Q를 V_{ab}에 대해서 풀어내기 위해서는 경계 조건을 이용한 문제 풀이를 공부해야 하며 이는 나중에 다루기로 한다.

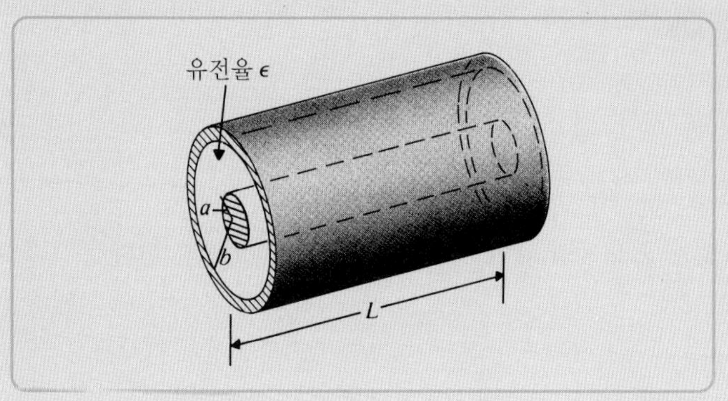

그림 3-29
원통 커패시터(예제 3-18)

예제 3-19 두 개의 구 도체가 서로 포개져 있는데 내부 도체의 반지름은 R_i, 외부 도체의 반지름은 R_o로 주어진다. 두 도체 사이의 공간은 유전율 ϵ인 유전체로 채워져 있다. 이때 정전용량을 계산하라.

풀이 그림 3-30은 두 개의 구 도체가 포개져 있는 단면을 보이고 있는데 여기서 내부 도체에는 $+Q$, 외부 도체에는 $-Q$의 전하가 존재하고 있다고 가정해 보자. 반지름 $R(R_i < R < R_o)$인 구를 가우스 표면으로 설정한 후 가우스의 법칙을 적용하면,

$$\mathbf{E} = \mathbf{a}_R E_R = \mathbf{a}_R \frac{Q}{4\pi\epsilon R^2}$$

$$V = -\int_{R_o}^{R_i} \mathbf{E} \cdot (\mathbf{a}_R \, dR) = -\int_{R_o}^{R_i} \frac{Q}{4\pi\epsilon R^2} \, dR = \frac{Q}{4\pi\epsilon}\left(\frac{1}{R_i} - \frac{1}{R_o}\right)$$

가 된다. 따라서 구 커패시터의 정전용량은 다음과 같이 주어진다.

$$\boxed{C = \frac{Q}{V} = \frac{4\pi\epsilon}{\dfrac{1}{R_i} - \dfrac{1}{R_o}}} \tag{3-140}$$

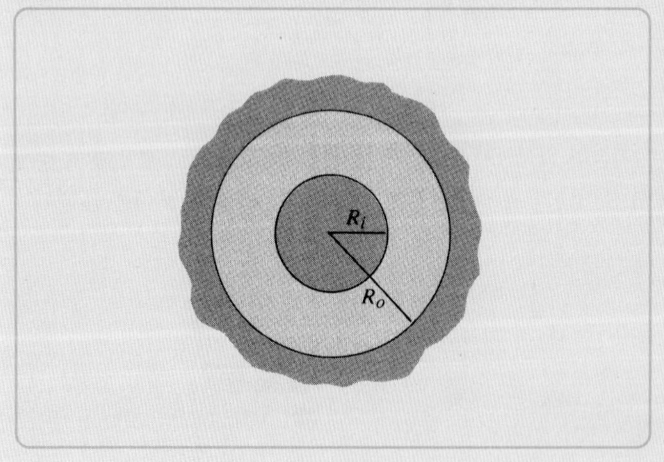

그림 3-30
구 커패시터(예제 3-19)

■

R_o가 ∞가 되면 독립된 반지름 R_i의 구 도체만 남게 되는데, 이때 $C = 4\pi\epsilon R_i$가 된다.

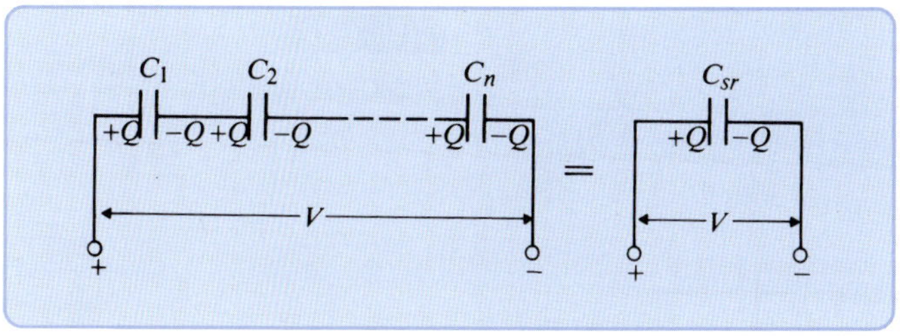

그림 3-31

커패시터의 직렬 연결

3-10.1 커패시터의 직렬 및 병렬 연결

전기회로에서 커패시터는 다양한 방식으로 혼합되어 사용된다. 그 기본이 되는 것은 직렬 및 병렬 연결이다. 직렬 연결은 그림 3-31에서 보여주듯이 커패시터의 머리와 꼬리가 서로 붙어서 이어지는 방식을 말한다.[9] 전위차 또는 정전전압 V가 인가되면 바깥쪽에 있는 커패시터에 각각 $+Q$와 $-Q$의 전하가 축전된다. 이후에는 내부에 있는 커패시터들에 연속적으로 $+Q$와 $-Q$ 전하가 번갈아가면서 유도되며 이는 정전용량의 크기와는 무관하다. 각각의 커패시터에 인가되는 전압의 크기는 $Q/C_1, Q/C_2, \ldots, Q/C_n$이며, 총합은

$$V = \frac{Q}{C_{sr}} = \frac{Q}{C_1} + \frac{Q}{C_2} + \cdots + \frac{Q}{C_n}$$

이 된다. 여기서 C_{sr}은 직렬 연결된 커패시터들에 대한 등가 정전용량 값인데 이를 정리하면,

$$\boxed{\frac{1}{C_{sr}} = \frac{1}{C_1} + \frac{1}{C_2} + \cdots + \frac{1}{C_n}} \qquad (3\text{-}141)$$

이 된다.

커패시터의 병렬 연결에서는 외부 단자가 모든 커패시터에 동시에 연결되어 있으며 그림 3-32는 이 구조를 보여준다. 단자에 전압 V가 인가되면, 각 커패시터에는 전하가 축전되고 그 양은 커패시터의 정전용량에 의해 결정된다. 총 전하량은 각 커패시터 전하들의 합이다.

$$\begin{aligned} Q &= Q_1 + Q_2 + \cdots + Q_n \\ &= C_1 V + C_2 V + \cdots + C_n V = C_{||} V \end{aligned}$$

그러므로 병렬 연결에서 등가 정전용량은

$$\boxed{C_{||} = C_1 + C_2 + \cdots + C_n} \qquad (3\text{-}142)$$

이다. 위 식들을 보면 병렬 연결된 커패시터의 등가 정전용량은 직렬 연결된 저항의 등가 저항

9) 커패시터는 실제 모양과 상관없이 회로도에서는 항상 한 쌍의 평판으로 그려진다.

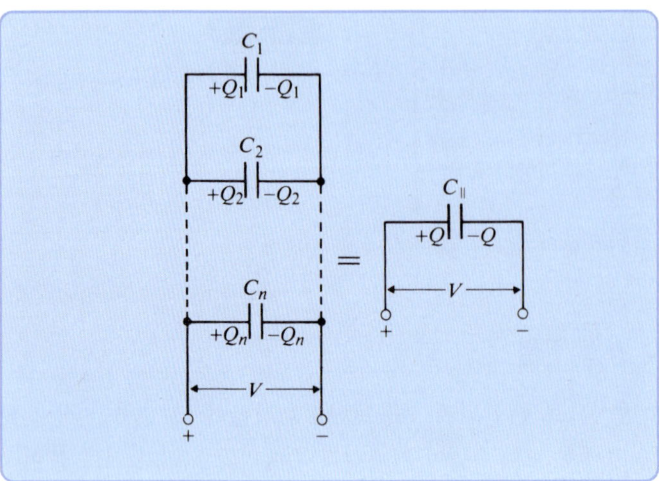

그림 3-32

커패시터의 병렬 연결

식과 유사하고 직렬 연결된 커패시터의 등가 정전용량은 병렬 연결된 저항의 등가 저항식과 유사함을 알 수 있다. 이를 설명할 수 있는가?

예제 3-20 그림 3-33에서처럼 네 개의 커패시터 $C_1 = 1$ (μF), $C_2 = 2$ (μF), $C_3 = 3$ (μF), $C_4 = 4$ (μF)가 연결되어 있다. 직류전압 100 (V)가 외부 단자 $a-b$에 연결되어 있다. 이때 (a) $a-b$ 단자 사이의 커패시터 등가 정전용량, (b) 각 커패시터에서의 전하량, (c) 각 커패시터에 인가되는 전압을 구하라.

SOLUTION 풀이

(a) C_1과 C_2의 직렬 연결에 대한 등가 정전용량 C_{12}는 다음과 같다.

$$C_{12} = \frac{1}{(1/C_1) + (1/C_2)} = \frac{C_1 C_2}{C_1 + C_2} = \frac{2}{3} \quad (\mu\text{F})$$

C_{12}와 C_3의 병렬 연결에 대한 등가 정전용량은

$$C_{123} = C_{12} + C_3 = \tfrac{11}{3} \quad (\mu\text{F})$$

이다. 따라서 전체 등가 정전용량 C_{ab}는 다음과 같다.

$$C_{ab} = \frac{C_{123} C_4}{C_{123} + C_4} = \frac{44}{23} = 1.913 \quad (\mu\text{F})$$

(b) 정전용량을 구했으므로 전하량을 계산하면 전압값도 구할 수 있다. 전하량 변수는 Q_1, Q_2, Q_3, Q_4의 네 개가 있으며 따라서 네 개의 방정식이 필요하다.

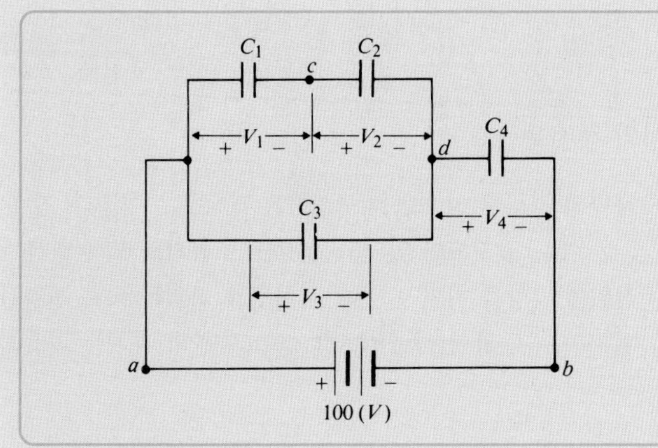

그림 3-33
커패시터 결합(예제 3-20)

C_1과 C_2의 직렬 연결: $Q_1 = Q_2$

키르히호프의 전압법칙, $V_1 + V_2 = V_3$: $\dfrac{Q_1}{C_1} + \dfrac{Q_2}{C_2} = \dfrac{Q_3}{C_3}$

키르히호프의 전압법칙, $V_3 + V_4 = 100$: $\dfrac{Q_3}{C_3} + \dfrac{Q_4}{C_4} = 100$

d에서의 직렬 연결: $Q_2 + Q_3 = Q_4$

문제에서 주어진 C_1, C_2, C_3, C_4를 이용해서 위의 방정식을 풀면,

$$Q_1 = Q_2 = \frac{800}{23} = 34.8 \quad (\mu\text{C})$$

$$Q_3 = \frac{3600}{23} = 156.5 \quad (\mu\text{C})$$

$$Q_4 = \frac{4400}{23} = 191.3 \quad (\mu\text{C})$$

가 된다.

(c) 각 전하값에서 정전용량을 나누면 각 단자에서의 전압값을 구할 수 있다.

$$V_1 = \frac{Q_1}{C_1} = 34.8 \quad (\text{V})$$

$$V_2 = \frac{Q_2}{C_2} = 17.4 \quad (\text{V})$$

$$V_3 = \frac{Q_3}{C_3} = 52.2 \quad (\text{V})$$

$$V_4 = \frac{Q_4}{C_4} = 47.8 \quad (\text{V})$$

위 식은 원래의 조건 $V_1 + V_2 = V_3$ 그리고 $V_3 + V_4 = 100$ (V)를 만족함을 알 수 있다

3-10.2 다중도체 시스템에서의 정전용량

그림 3-34는 여러 개의 도체가 모여 하나의 격리된 시스템을 구성하는 경우를 보여준다. 각 도체는 임의의 위치에 놓여 있고, 그 중 한 개는 접지되어 있다고 가정한다. 임의의 도체에 존재하는 전하는 나머지 모든 도체들의 전위에 영향을 미치게 된다. 전하량과 전위는 서로 선형관계에 있고 N개의 도체에서의 전압 $V_1, V_2, \ldots, V_N$과 전하량 $Q_1, Q_2, \ldots, Q_N$ 간의 관계는 다음과 같은 N개의 식으로 표현할 수 있다.

$$\begin{aligned} V_1 &= p_{11}Q_1 + p_{12}Q_2 + \cdots + p_{1N}Q_N \\ V_2 &= p_{21}Q_1 + p_{22}Q_2 + \cdots + p_{2N}Q_N \\ &\vdots \\ V_N &= p_{N1}Q_1 + p_{N2}Q_2 + \cdots + p_{NN}Q_N \end{aligned} \tag{3-143}$$

식 (3-143)에서 p_{ij}는 **전위계수**(coefficients of potential)라고 부르는 상수이며 그 값은 도체의 모양과 위치 그리고 주변 매질의 유전율에 의해 결정된다. 고립된 시스템에서는 다음과 같은 조건이 만족된다.

$$Q_1 + Q_2 + Q_3 + \cdots + Q_N = 0 \tag{3-144}$$

식 (3-143)에 있는 N개의 선형 방정식을 역으로 풀어 전하에 대한 식으로 정리하면 다음과 같다.

$$\begin{aligned} Q_1 &= c_{11}V_1 + c_{12}V_2 + \cdots + c_{1N}V_N \\ Q_2 &= c_{21}V_1 + c_{22}V_2 + \cdots + c_{2N}V_N \\ &\vdots \\ Q_N &= c_{N1}V_1 + c_{N2}V_2 + \cdots + c_{NN}V_N \end{aligned} \tag{3-145}$$

여기서 c_{ij}는 식 (3-143)의 계수 p_{ij}에 의해 결정되는 상수이다. 계수 c_{ii}는 **정전용량계수**(coefficient of capacitance)라고 하며 이는 다른 모든 도체가 접지되어 있을 때 i번째($i = 1, 2, \ldots, N$) 도체의

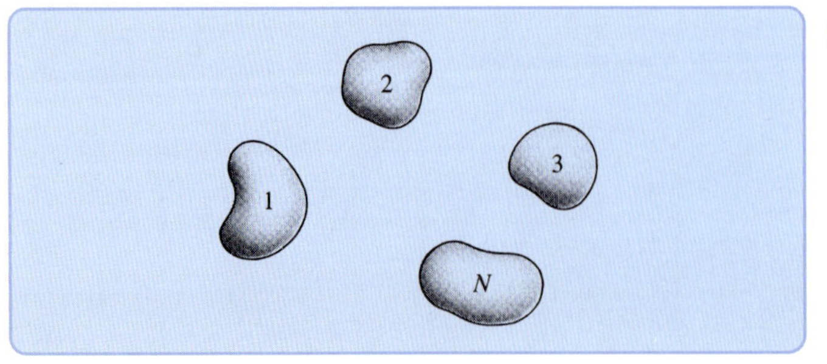

그림 3-34
다중도체 시스템

전하 Q_i와 전압 V_i의 비(ratio)와 같다. c_{ij}는 **유도계수**(coefficients of induction)라고도 한다. i번째 도체에 Q_i의 양전하가 존재하면 전위 V_i 역시 양의 값을 갖게 되지만, $j(j \neq i)$번째 도체에서는 음의 전하가 대전될 것이다. 따라서 정전용량계수 c_{ii}는 양수이고 유도계수 c_{ij}는 음수이다. 도체 간의 상호 대칭적 관계를 고려해 보면 $p_{ij} = p_{ji}$, $c_{ij} = c_{ji}$가 됨을 추측해볼 수 있다.

정전용량과 유도 계수의 물리적 의미를 이해하기 위해 N번째 도체를 접지시키고 0으로 표기하기로 한다. 네 개의 도체로 이루어진 시스템의 회로도를 그림 3-35에 도시하였는데 1, 2, 3으로 표기된 도체는 접점(노드: nodes)으로 표현한다. 상호 커패시터를 각 접점 간의 결합과 각 도체와 접지면과의 사이에 각각 표시하였다. 각 1, 2, 3 도체에서의 전하와 전압을 각각 Q_1, Q_2, Q_3 그리고 V_1, V_2, V_3로 표기하면, 식 (3-145)에 있는 세 개의 식은 각각 다음과 같다.

$$Q_1 = c_{11}V_1 + c_{12}V_2 + c_{13}V_3 \tag{3-146a}$$

$$Q_2 = c_{12}V_1 + c_{22}V_2 + c_{23}V_3 \tag{3-146b}$$

$$Q_3 = c_{13}V_1 + c_{23}V_2 + c_{33}V_3 \tag{3-146c}$$

여기서 상호 계수의 대칭성인 $c_{ij} = c_{ji}$ 관계식을 적용하였다. 한편으로, 그림 3-35의 회로도에 대한 $Q \sim V$ 관계식을 정리하면 다음과 같다.

$$Q_1 = C_{10}V_1 + C_{12}(V_1 - V_2) + C_{13}(V_1 - V_3) \tag{3-147a}$$

$$Q_2 = C_{20}V_2 + C_{12}(V_2 - V_1) + C_{23}(V_2 - V_3) \tag{3-147b}$$

$$Q_3 = C_{30}V_3 + C_{13}(V_3 - V_1) + C_{23}(V_3 - V_2) \tag{3-147c}$$

여기서 C_{10}, C_{20}, C_{30}은 자기-부분(self partial) 정전용량이고 $C_{ij}(i \neq j)$는 상호-부분(mutual partial) 정전용량이다.

식 (3-147a), (3-147b), (3-147c)는 다음과 같이 정리할 수 있다.

$$Q_1 = (C_{10} + C_{12} + C_{13})V_1 - C_{12}V_2 - C_{13}V_3 \tag{3-148a}$$

$$Q_2 = -C_{12}V_1 + (C_{20} + C_{12} + C_{23})V_2 - C_{23}V_3 \tag{3-148b}$$

$$Q_3 = -C_{13}V_1 - C_{23}V_2 + (C_{30} + C_{13} + C_{23})V_3 \tag{3-148c}$$

식 (3-148)과 (3-146)을 비교해서 정리하면,

$$c_{11} = C_{10} + C_{12} + C_{13} \tag{3-149a}$$

$$c_{22} = C_{20} + C_{12} + C_{23} \tag{3-149b}$$

$$c_{33} = C_{30} + C_{13} + C_{23} \tag{3-149c}$$

과

$$c_{12} = -C_{12} \tag{3-150a}$$

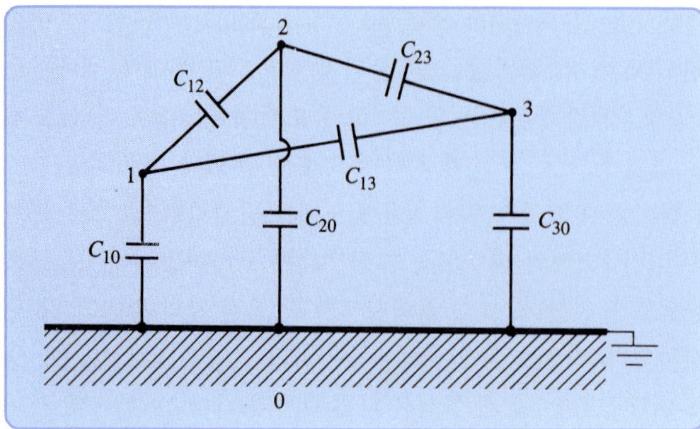

그림 3-35
세 개의 도체와 접지면으로 구성된 회로도

$$c_{23} = -C_{23} \tag{3-150b}$$

$$c_{13} = -C_{13} \tag{3-150c}$$

을 얻을 수 있다.

식 (3-149a)로부터 정전용량계수 c_{11}은 도체 1과 접지된 상태로 묶어진 나머지 모든 도체들과의 상호 정전용량이라고 해석할 수 있고 c_{22}, c_{33}에 대해서도 마찬가지로 해석할 수 있다. 식 (3-150)은 유도계수가 상호 정전용량과 크기가 같고 부호가 반대임을 말하고 있다. 식 (3-149)를 역으로 정리하면, 각 도체와 접지면 간의 정전용량값을 상호 정전용량계수와 유도계수에 대한 식으로 다음과 같이 표현할 수 있다.

$$C_{10} = c_{11} + c_{12} + c_{13} \tag{3-151a}$$

$$C_{20} = c_{22} + c_{12} + c_{23} \tag{3-151b}$$

$$C_{30} = c_{33} + c_{13} + c_{23} \tag{3-151c}$$

예제 3-21 반지름이 a이고 접지면에서 떨어져 있는 세 개의 평행 도체선이 그림 3-36에서처럼 서로 분리되어 있다. $d \gg a$라고 가정할 때 각 도선 간의 단위길이당 상호 정전용량값을 구하라.

풀이 그림 3-36에서 각 도선을 0, 1, 2로 표시한다. 도선 0을 기준으로 하고 식 (3-138)을 사용해서 세 도선 간의 전위차 V_{10}, V_{20}을 다음과 같이 표현할 수 있다.

$$V_{10} = \frac{\rho_{\ell 0}}{2\pi\epsilon_0}\ln\frac{a}{d} + \frac{\rho_{\ell 1}}{2\pi\epsilon_0}\ln\frac{d}{a} + \frac{\rho_{\ell 2}}{2\pi\epsilon_0}\ln\frac{3d}{2d}$$

또는

$$2\pi\epsilon_0 V_{10} = \rho_{\ell 0} \ln\frac{a}{d} + \rho_{\ell 1} \ln\frac{d}{a} + \rho_{\ell 2} \ln\frac{3}{2} \tag{3-152a}$$

$\rho_{\ell 0}$, $\rho_{\ell 1}$, $\rho_{\ell 2}$는 각 도선 0, 1, 2의 선전하밀도이다. 동일한 방법으로,

$$2\pi\epsilon_0 V_{20} = \rho_{\ell 0} \ln\frac{a}{3d} + \rho_{\ell 1} \ln\frac{d}{2d} + \rho_{\ell 2} \ln\frac{3d}{a} \tag{3-152b}$$

가 성립한다. 세 개의 도선은 고립된 시스템으로서 존재하므로 선전하밀도의 합은 0이 되어 $\rho_{\ell 0} + \rho_{\ell 1} + \rho_{\ell 2} = 0$이 되고, 다음과 같이 나타낼 수 있다.

$$\rho_{\ell 0} = -(\rho_{\ell 1} + \rho_{\ell 2}) \tag{3-153}$$

식 (3-152a), (3-152b), (3-153)을 조합하여 다음의 결과를 얻을 수 있다.

$$2\pi\epsilon_0 V_{10} = \rho_{\ell 1} 2 \ln\frac{d}{a} + \rho_{\ell 2} \ln\frac{3d}{2a} \tag{3-154a}$$

$$2\pi\epsilon_0 V_{20} = \rho_{\ell 1} \ln\frac{3d}{2a} + \rho_{\ell 2} 2 \ln\frac{3d}{a} \tag{3-154b}$$

식 (3-154a)와 (3-154b)를 이용하면 $\rho_{\ell 1}$, $\rho_{\ell 2}$를 V_{10}, V_{20}으로 다음과 같이 표현할 수 있다.

$$\rho_{\ell 1} = \Delta_0\left(V_{10} 2 \ln\frac{3d}{a} - V_{20} \ln\frac{3d}{2a}\right) \tag{3-155a}$$

$$\rho_{\ell 2} = \Delta_0\left(-V_{10} \ln\frac{3d}{2a} + V_{20} 2 \ln\frac{d}{a}\right) \tag{3-155b}$$

여기서

$$\Delta_0 = \frac{2\pi\epsilon_0}{4\ln\dfrac{d}{a}\ln\dfrac{3d}{a} - \left(\ln\dfrac{3d}{2a}\right)^2} \tag{3-156}$$

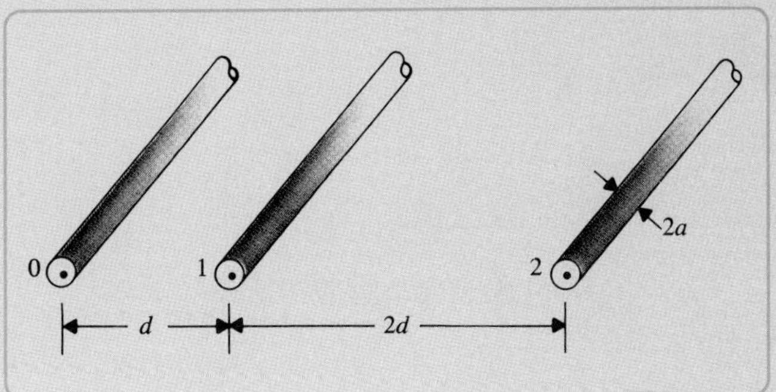

그림 3-36
세 개의 병렬 도선(예제 3-21)

이다. 식 (3-155)를 식 (3-146), (3-148), (3-151)과 비교하면 세 개의 선전하 시스템에서의 부분 상호 정전용량은 다음과 같이 구할 수 있다.

$$C_{12} = -c_{12} = \Delta_0 \ln \frac{3d}{2a} \tag{3-157a}$$

$$C_{10} = c_{11} + c_{12} = \Delta_0 \left(2 \ln \frac{3d}{a} - \ln \frac{3d}{2a} \right) \tag{3-157b}$$

$$C_{20} = c_{22} + c_{12} = \Delta_0 \left(2 \ln \frac{d}{a} - \ln \frac{3d}{2a} \right) \tag{3-157c}$$

3-10.3 정전기 차폐

정전기 차폐(electrostatic shielding)는 도체 간의 커패시터 간섭을 최소화하는 기법으로서 매우 중요하게 활용된다. 그림 3-37에서처럼, 1번 도체가 접지된 2번 도체벽으로 둘러싸여 있는 경우를 가정해 보자. 식 (3-147a)에서 $V_2 = 0$이라 놓으면,

$$Q_1 = C_{10}V_1 + C_{12}V_1 + C_{13}(V_1 - V_3) \tag{3-158}$$

이 된다. $Q_1 = 0$이면, 2번 도체벽 내부에서는 전기장이 존재하지 않는다. 따라서 1번과 2번 도체의 전위는 $V_1 = V_2 = 0$으로 동일하다. 식 (3-158)이 임의의 V_3 값에 대해 항상 성립하기 위해서는 C_{13}이 0이 되어야 한다. 이는 V_3이 Q_1에 영향을 미치지 못하고 그 반대도 마찬가지임을 뜻한다. 따라서 도체 1과 3은 서로 전기적으로 차폐되어 있다고 말할 수 있다. 2번 도체벽이 3번 도체를 감싸고 있을 경우에도 동일한 차폐효과를 얻을 수 있다.

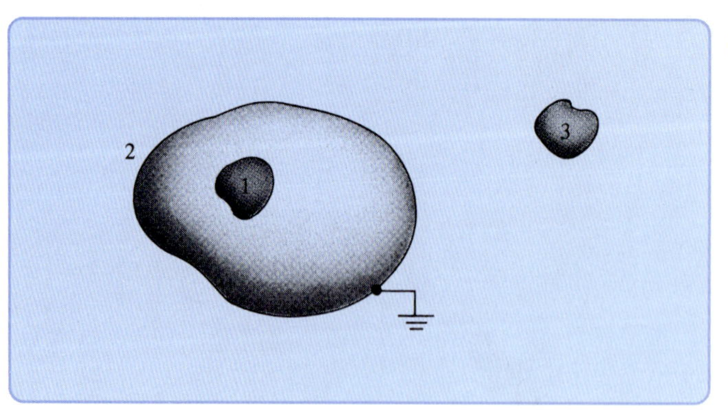

그림 3-37 정전기 차폐 그림

3-11 정전에너지와 힘

3-5절에서 전기장 안에서 한 점의 전위는 무한 지점(0전위)으로부터 그 점까지 단위 양전하를 이동하는 데 소요되는 일(에너지)임을 설명하였다. 자유공간에서 전하 Q_1에 의한 전기장을 거슬러서 무한대로부터 거리 R_{12}까지 이동하는 데 소용되는 일(매우 천천히 움직여서 운동에너지와 방사효과를 무시할 수 있다고 가정)은

$$W_2 = Q_2V_2 = Q_2\frac{Q_1}{4\pi\epsilon_0 R_{12}} \tag{3-159}$$

와 같다. 정전기장의 보존성에 의해, W_2는 Q_2의 이동경로와는 무관하게 일정하다. 식 (3-159)를 다시 정리하면

$$W_2 = Q_1\frac{Q_2}{4\pi\epsilon_0 R_{12}} = Q_1V_1 \tag{3-160}$$

이 성립하며, 이 일은 위치에너지처럼 두 전하에 저장되어 있다. 식 (3-159)와 (3-160)의 결과를 결합하여 정리하면,

$$W_2 = \tfrac{1}{2}(Q_1V_1 + Q_2V_2) \tag{3-161}$$

가 된다.

이제 다른 전하 Q_3를 무한 시점에서 Q_1으로부터의 거리가 R_{13}, Q_2로부터의 거리가 R_{23}인 지점으로 이동하기 위해서는 추가로 일을 해주어야 하며, 그 크기는 다음과 같다.

$$\Delta W = Q_3V_3 = Q_3\left(\frac{Q_1}{4\pi\epsilon_0 R_{13}} + \frac{Q_2}{4\pi\epsilon_0 R_{23}}\right) \tag{3-162}$$

식 (3-162)의 ΔW와 식 (3-159)의 W_2의 합은 세 전하 Q_1, Q_2, Q_3에 저장된 에너지이며,

$$W_3 = W_2 + \Delta W = \frac{1}{4\pi\epsilon_0}\left(\frac{Q_1Q_2}{R_{12}} + \frac{Q_1Q_3}{R_{13}} + \frac{Q_2Q_3}{R_{23}}\right) \tag{3-163}$$

과 같다. 따라서 W_3는 다시 다음과 같이 정리할 수 있다.

$$\begin{aligned} W_3 &= \frac{1}{2}\left[Q_1\left(\frac{Q_2}{4\pi\epsilon_0 R_{12}} + \frac{Q_3}{4\pi\epsilon_0 R_{13}}\right) + Q_2\left(\frac{Q_1}{4\pi\epsilon_0 R_{12}} + \frac{Q_3}{4\pi\epsilon_0 R_{23}}\right)\right. \\ &\quad \left. + Q_3\left(\frac{Q_1}{4\pi\epsilon_0 R_{13}} + \frac{Q_2}{4\pi\epsilon_0 R_{23}}\right)\right] \\ &= \tfrac{1}{2}(Q_1V_1 + Q_2V_2 + Q_3V_3) \end{aligned} \tag{3-164}$$

식 (3-164)에서 Q_1의 전위 V_1은 Q_2와 Q_3에 의해 유발된 것이며 이는 전하가 두 개인 식 (3-160)의

V_1 경우와는 다르다. 마찬가지로, V_2와 V_3는 3전하 시스템에서 Q_2와 Q_3 전하의 전위값이다.

임의의 전하를 추가로 삽입하는 시나리오로 확대하면, N개의 정전하로 구성된 시스템이 저장하고 있는 전기에너지에 대한 일반식을 다음과 같이 정리할 수 있다. (W_e에서 첨자 e는 독립된 전기에너지를 의미함.)

$$W_e = \frac{1}{2}\sum_{k=1}^{N} Q_k V_k \qquad \text{(J)} \tag{3-165}$$

여기서 V_k는 다른 모든 전하에 의해 유발되는 Q_k 전하의 전위이며 다음과 같이 표현된다.

$$V_k = \frac{1}{4\pi\epsilon_0}\sum_{\substack{j=1\\(j\neq k)}}^{N} \frac{Q_j}{R_{jk}} \tag{3-166}$$

이와 관련하여 두 가지 추가적으로 언급할 사항이 있는데, 첫째, W_e는 음의 값을 가질 수 있다는 것이다. 예를 들면, Q_1과 Q_2가 서로 부호가 반대이면 식 (3-159)는 음수가 된다. 그러면 Q_1에 의해 발생한 전기장이 Q_2 전하를 무한 지점에서 현재의 위치로 이동(전기장 방향으로)시키면서 일을 하게 된다. 둘째, 식 (3-165)의 W_e는 결합에너지(상호에너지)를 뜻하는 것으로서 각각의 전하를 생성하는 데 필요한 에너지(자기에너지)는 포함하지 않는다.

에너지의 SI 단위인 **주울**(J)은 입자물리학에서 사용되기에는 지나치게 큰 값이므로 대신 **전자볼트**(eV(electron-volt) 일렉트론-볼트)라는 단위가 더 자주 사용된다. 일렉트론-볼트는 한 개의 전자를 단위전위만큼 이동하는 데 소요되는 에너지의 크기이다.

$$1 \quad \text{(eV)} = (1.60 \times 10^{-19}) \times 1 = 1.60 \times 10^{-19} \qquad \text{(J)} \tag{3-167}$$

1 (eV)의 에너지는 한 개의 전자가 갖고 있는 에너지(J)라고 할 수 있다. 현존하는 가장 강력한 입자 가속기에서 가속된 양자빔이 2 TeV 또는 $(2 \times 10^{12}) \times (1.6 \times 10^{-19}) = 3.20 \times 10^{-7}$ (J)의 운동에너지를 갖는다. 이온 수정체에서의 결합에너지 $W = 5 \times 10^{-19}$ (J)은 $W/e = 5 \times 10^{-19}/1.60 \times 10^{-19} = 3.125$ (eV)로 표현하는 것이 더 편리하다.

예제 3-22 반지름이 b이고 체적전하밀도가 ρ인 균질의 구전하를 생성하는 데 소요되는 일을 계산하라.

풀이 대칭성을 고려하면 구전하를 두께 dR의 매우 얇은 전하층을 차곡차곡 쌓아가면서 생성한 것으로 가정하는 것이 가장 편할 것이다. 그림 3-38에서 중심에서 거리 R인 지점에서의 전위값은

$$V_R = \frac{Q_R}{4\pi\epsilon_0 R}$$

이고, 여기서 Q_R은 반지름 R 내부에 있는 전하량으로 다음과 같다.

$$Q_R = \rho\tfrac{4}{3}\pi R^3$$

두께 dR의 전하층에 존재하는 전하량은 다음과 같고

$$dQ_R = \rho 4\pi R^2\, dR$$

dQ_R의 전하를 모으는 데 필요한 일 또는 에너지는

$$dW = V_R\, dQ_R = \frac{4\pi}{3\epsilon_0}\rho^2 R^4\, dR$$

이다. 따라서 반지름 b이고 체적전하밀도 ρ인 균질의 구전하를 모으는 데 필요한 일 또는 에너지는 다음과 같다.

$$W = \int dW = \frac{4\pi}{3\epsilon_0}\rho^2 \int_0^b R^4\, dR = \frac{4\pi\rho^2 b^5}{15\epsilon_0} \quad \text{(J)} \tag{3-168}$$

이를 총 전하량

$$Q = \rho\frac{4\pi}{3}b^3$$

으로 표현하면, 에너지는 다음과 같다.

$$W = \frac{3Q^2}{20\pi\epsilon_0 b} \quad \text{(J)} \tag{3-169}$$

식 (3-169)의 에너지 식은 총 전하량의 제곱에 비례하고 반지름에 반비례한다. 그림 3-38의 구전하는 일종의 전자구름이라고 할 수 있다.

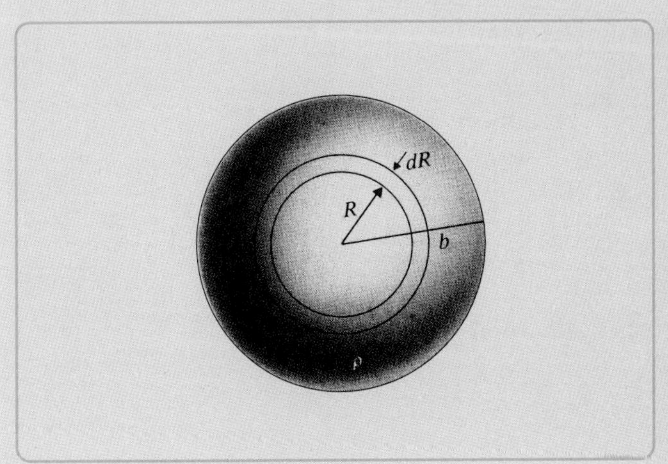

그림 3-38

균질의 구전하 생성 단면(예제 3-22)

식 (3-165)는 이산(흩어져 분포하는)전하들에 대한 식이므로 전하밀도 ρ가 연속적인 분포를 갖는 경우 W_e는 수정되어야 한다. Q_k를 $\rho\, dv$로 대체하고 단순 합산을 적분식으로 치환하면 다음의 식을 얻을 수 있다(증명 과정은 편의상 생략).

$$\boxed{W_e = \frac{1}{2}\int_{V'} \rho V\, dv \qquad \text{(J)}} \tag{3-170}$$

식 (3-170)에서 V는 체적전하밀도가 ρ인 지점에서의 전위값이고 V'은 ρ 전하가 존재하는 영역을 의미한다.

예제 3-23 예제 3-22를 식 (3-170)을 이용하여 풀어라.

풀이 예제 3-22에서는 매우 얇은 층의 구형 띠전하를 차례로 축적함으로써 구전하를 생성하는 방식으로 문제를 풀었다. 여기서는 구전하가 이미 공간상에 존재한다고 가정한다. ρ가 상수값이므로 적분식 밖으로 내보낸다. 구대칭 성질을 이용하면 적분식은 다음과 같이 단순해진다.

$$W_e = \frac{\rho}{2}\int_{V'} V\, dv = \frac{\rho}{2}\int_0^b V\, 4\pi R^2\, dR \tag{3-171}$$

여기서 V는 중심에서 R인 지점의 전위값이다. R에서의 V를 찾기 위해서는 $\mathbf{E}$에 대한 음의 선적분 값을 두 영역에서 찾아야 한다: (1) $R = \infty$에서 $R = b$까지 영역 $\mathbf{E}_1 = \mathbf{a}_R E_{R1}$, (2) $R = \infty$에서 $R = b$까지 영역 $\mathbf{E}_2 = \mathbf{a}_R E_{R2}$. 각 영역에서

$$\mathbf{E}_{R1} = \mathbf{a}_R \frac{Q}{4\pi\epsilon_0 R^2} = \mathbf{a}_R \frac{\rho b^3}{3\epsilon_0 R^2}, \qquad R \geq b$$

이고

$$\mathbf{E}_{R2} = \mathbf{a}_R \frac{Q_R}{4\pi\epsilon_0 R^2} = \mathbf{a}_R \frac{\rho R}{3\epsilon_0}, \qquad 0 < R \leq b$$

이 된다. 따라서 전위값은 다음과 같다.

$$\begin{aligned} V &= -\int_\infty^R \mathbf{E}\cdot d\mathbf{R} = -\left[\int_\infty^b E_{R1}\, dR + \int_b^R E_{R2}\, dR\right] \\ &= -\left[\int_\infty^b \frac{\rho b^3}{3\epsilon_0 R^2}\, dR + \int_b^R \frac{\rho R}{3\epsilon_0}\, dR\right] \\ &= \frac{\rho}{3\epsilon_0}\left(b^2 + \frac{b^2}{2} - \frac{R^2}{2}\right) = \frac{\rho}{3\epsilon_0}\left(\frac{3}{2}b^2 - \frac{R^2}{2}\right) \end{aligned} \tag{3-172}$$

식 (3-172)를 식 (3-171)에 대입하면

$$W_e = \frac{\rho}{2}\int_0^b \frac{\rho}{3\epsilon_0}\left(\frac{3}{2}b^2 - \frac{R^2}{2}\right)4\pi R^2\, dR = \frac{4\pi\rho^2 b^5}{15\epsilon_0}$$

이고, 이는 식 (3-168)의 결과와 일치한다.

식 (3-170)의 W_e는 거시적 전하 분포 생성에 필요한 일(자기에너지)을 포함하는데, 이것은 각각의 미소 전하 간의 상호작용을 모두 고려하고 있기 때문이다. 예제 3-23에서는 균질의 구전하가 갖고 있는 실제 자기에너지를 계산하기 위해 식 (3-170)을 사용하였다. 반지름 b가 0으로 수렴하면, 주어진 점전하 Q의 자기에너지는 수학적으로 무한대가 된다(식 (3-169) 참조). 식 (3-165)에서 점전하 Q_k의 자기에너지는 포함되지 않는다. 물론, 최소 전하 단위인 전자도 전하가 공간 분포되어 있는 형태이므로 엄밀한 의미에서 점전하란 존재하지 않는다고 할 수 있다.

3-11.1 전기장 세기와 전속으로 표현되는 정전에너지

식 (3-170)에서 전하 분포에 의한 정전에너지 식 (3-170)은 전하밀도 ρ와 전위함수 V를 포함하고 있다. 그러나 ρ를 모르는 경우에도 전기장량 $\mathbf{E}$와 $\mathbf{D}$를 사용하여 W_e를 표현하는 것이 편할 때가 종종 있다. 이를 위해 식 (3-170)에서 ρ 대신에 $\nabla \cdot \mathbf{D}$를 사용하면 다음과 같다.

$$W_e = \tfrac{1}{2}\int_{V'} (\nabla \cdot \mathbf{D})V\, dv \tag{3-173}$$

여기서 벡터 항등식을 사용하면(연습문제 P.2-28)

$$\nabla \cdot (V\mathbf{D}) = V\nabla \cdot \mathbf{D} + \mathbf{D} \cdot \nabla V \tag{3-174}$$

가 되고, 식 (3-173)은

$$\begin{aligned} W_e &= \tfrac{1}{2}\int_{V'} \nabla \cdot (V\mathbf{D})\, dv - \tfrac{1}{2}\int_{V'} \mathbf{D} \cdot \nabla V\, dv \\ &= \tfrac{1}{2}\oint_{S'} V\mathbf{D} \cdot \mathbf{a}_n\, ds + \tfrac{1}{2}\int_{V'} \mathbf{D} \cdot \mathbf{E}\, dv \end{aligned} \tag{3-175}$$

처럼 쓸 수 있다. 여기서 우변의 첫 번째 적분식에는 발산 정리를 적용하여 체적적분을 면적분으로 치환하였으며, 두 번째 적분식에는 $-\nabla V$ 대신에 $\mathbf{E}$를 대입하였다. V'은 전하를 포함하고 있는 임의의 공간이므로 여기서는 반지름 R인 매우 큰 구로 설정하기로 한다. $R \to \infty$가 되면, 전위 V와 전속밀도 D는 각각 $1/R$과 $1/R^2$의 비율로 감쇠하게 된다.[10] 그런데 경계면 S'의 면적은 R^2의 비율로 증가한다. 따라서 식 (3-175)의 면적분값은 $1/R$의 비율로 감소하고 $R \to \infty$가 되면 값이 0으로 수렴하게 된다. 따라서 식 (3-175)에서 두 번째 적분식만 고려하면 되므로 다음과

10) 점전하의 경우 $V \propto 1/R$이고 $D \propto 1/R^2$이며, 쌍극자의 경우 $V \propto 1/R^2$이고 $D \propto 1/R^3$이다.

같이 간략화할 수 있다.

$$W_e = \frac{1}{2}\int_{V'} \mathbf{D} \cdot \mathbf{E}\, dv \qquad \text{(J)} \tag{3-176a}$$

선형 매질에서 $\mathbf{D} = \epsilon\mathbf{E}$ 관계식을 사용하면, 식 (3-176a)는 다음과 같이 두 가지 형태로 표현할 수 있다.

$$W_e = \frac{1}{2}\int_{V'} \epsilon E^2\, dv \qquad \text{(J)} \tag{3-176b}$$

$$W_e = \frac{1}{2}\int_{V'} \frac{D^2}{\epsilon}\, dv \qquad \text{(J)} \tag{3-176c}$$

정전에너지 밀도(electrostatic energy density) w_e를 적분하면 수학적으로 총 정전에너지와 같다.

$$W_e = \int_{V'} w_e\, dv \tag{3-177}$$

따라서 다음의 식이 성립함을 알 수 있다.

$$w_e = \frac{1}{2}\mathbf{D} \cdot \mathbf{E} \qquad (\text{J/m}^3) \tag{3-178a}$$

$$w_e = \frac{1}{2}\epsilon E^2 \qquad (\text{J/m}^3) \tag{3-178b}$$

$$w_e = \frac{D^2}{2\epsilon} \qquad (\text{J/m}^3) \tag{3-178c}$$

이러한 에너지 밀도 표현식은 전기장에 의한 에너지가 특정 공간에 한정되어 있다는 가정을 전제로 하므로 매우 인위적인 정의라고 할 수 있다. 그렇지만 식 (3-176a, b, c)의 체적적분을 통해 총 정전에너지값을 정확하게 구할 수 있음은 유효하다.

예제 3-24 그림 3-39에 면적이 S이고 도체 사이의 간격이 d인 평판 커패시터가 전압 V로 대전되어 있다. 매질의 유전율은 ϵ이다. 저장되어 있는 총 정전에너지를 구하라.

SOLUTION **풀이** 직류 전원(전지)이 그림과 같이 연결되면 윗면과 아랫면에는 각각 양전하와 음전하로 대전된다. 양 끝단에서의 가장자리 전기장을 무시하면, 유전체에서의 전기장은 평판 위에서 균일하며 다음과 같은 크기의 상수값을 갖는다.

$$E = \frac{V}{d}$$

식 (3-176b)를 사용하면,

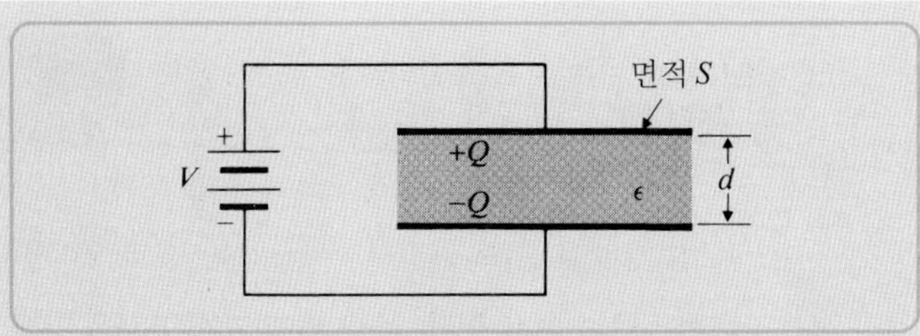

그림 3-39
대전된 평판 커패시터(예제 3-24)

$$W_e = \frac{1}{2}\int_{V'} \epsilon\left(\frac{V}{d}\right)^2 dv = \frac{1}{2}\epsilon\left(\frac{V}{d}\right)^2 (Sd) = \frac{1}{2}\left(\epsilon\frac{S}{d}\right)V^2 \tag{3-179}$$

가 된다. 위에서 마지막 항의 괄호 안 표현식 $\epsilon S/d$는 평판 커패시터의 정전용량과 같다(식 (3-136) 참조). 따라서

$$\boxed{W_e = \tfrac{1}{2}CV^2 \qquad \text{(J)}} \tag{3-180a}$$

가 된다. $Q = CV$이므로, 식 (3-180a)는 다음과 같이 두 가지 형태로 표현가능하다.

$$\boxed{W_e = \tfrac{1}{2}QV \qquad \text{(J)}} \tag{3-180b}$$

$$\boxed{W_e = \frac{Q^2}{2C} \qquad \text{(J)}} \tag{3-180c}$$

식 (3-180a, b, c)는 두 개의 도체로 구성된 모든 커패시터에 항상 적용가능하다(연습문제 P.3-43 참조).

예제 3-25 에너지 공식인 식 (3-176)과 (3-180)을 사용하여 그림 3-29에서 보여주는 것처럼, 길이가 L이고 내부 도체의 반지름이 a, 외부 도체의 반지름이 b, 도체 사이의 유전율이 ϵ인 원통 커패시터의 정전용량을 구하라.

풀이 가우스의 법칙을 적용하면,

$$\mathbf{E} = \mathbf{a}_r E_r = \mathbf{a}_r \frac{Q}{2\pi\epsilon L r}, \qquad a < r < b$$

이 된다. 유전체 영역에 축적된 정전에너지는 식 (3-176b)에서

$$W_e = \frac{1}{2}\int_a^b \epsilon\left(\frac{Q}{2\pi\epsilon Lr}\right)^2 (L2\pi r\,dr)$$
$$= \frac{Q^2}{4\pi\epsilon L}\int_a^b \frac{dr}{r} = \frac{Q^2}{4\pi\epsilon L}\ln\frac{b}{a} \qquad (3\text{-}181)$$

가 된다. W_e는 또한 식 (3-180c)와 같이 정전용량 C로 표현할 수 있다. 식 (3-180c)와 (3-181)을 등가식으로 설정하면

$$\frac{Q^2}{2C} = \frac{Q^2}{4\pi\epsilon L}\ln\frac{b}{a}$$

또는

$$C = \frac{2\pi\epsilon L}{\ln\frac{b}{a}}$$

이 되며, 이는 식 (3-139)와 일치한다.

3-11.2 정전기력(Electrostatic Forces)

쿨롱의 법칙은 두 점전하 사이의 힘을 결정한다. 대전된 물체들이 있는 복잡한 시스템에서 다른 대전체들에서 발생한 전기장으로 인해 특정 대전체에 미치는 힘을 일일이 계산하는 것은 매우 까다로운 일이다. 이는 대전된 평판 커패시터의 각 대전판 사이에 적용되는 힘을 계산하는 비교적 간단한 구조의 경우에서도 마찬가지이다. 이제 대전된 시스템에서 상호 대전체 간에 미치는 힘을 정전에너지로부터 계산하는 방법에 대해 논의하기로 한다. 이 방법은 **가상 변위의 원리**(principle of virtual displacement)에 기초를 두고 있다. 이를 위해 두 가지 경우를 설정한다: (1) 고정된 전하값을 갖는 독립된 대전체로 구성된 시스템, (2) 고정된 전위값을 갖는 도체로 구성된 시스템.

고정된 전하값을 갖는 대전체 시스템

대전된 도체와 유전체가 외부 세계와 단절되어 독립된 시스템으로 존재하는 경우를 생각해 보자. 도체에 대전된 전하량은 일정하게 고정되어 있다. 이제 전기장에 의해 시스템의 한 물체가 미소 거리 $d\ell$(가상 변위)만큼 이동했다고 가정해 보자. 이때 시스템에 의해 부과된 일의 양은

$$dW = \mathbf{F}_Q \cdot d\ell \qquad (3\text{-}182)$$

이다. 여기서 $\mathbf{F}_Q$는 일정 전하의 조건하에서 물체에 작용하는 총 정전기적 힘(정전기력)이다. 에너지의 외부 공급이 없는 고립된 시스템에서 수행된 일은 축적된 정전에너지를 사용한 결과이다. 즉,

$$dW = -dW_e = \mathbf{F}_Q \cdot d\ell \tag{3-183}$$

이 된다. 2-6절의 식 (2-88)로부터 위치 변화 $d\ell$로 인한 미소 에너지 변화량은 에너지의 기울기와 미소 위치 변화 벡터 $d\ell$의 내적으로 구해진다.

$$dW_e = (\nabla W_e) \cdot d\ell \tag{3-184}$$

여기서 $d\ell$은 임의로 취할 수 있는 변수이므로, 식 (3-183)과 (3-184)를 비교하여 다음의 등가식을 얻을 수 있다.

$$\boxed{\mathbf{F}_Q = -\nabla W_e \qquad \text{(N)}} \tag{3-185}$$

식 (3-185)는 시스템의 에너지로부터 $\mathbf{F}_Q$를 직접 계산할 수 있도록 해주는 매우 간결한 형태의 식이다. 직각좌표계에서 각 힘의 성분은

$$(F_Q)_x = -\frac{\partial W_e}{\partial x} \tag{3-186a}$$

$$(F_Q)_y = -\frac{\partial W_e}{\partial y} \tag{3-186b}$$

$$(F_Q)_z = -\frac{\partial W_e}{\partial z} \tag{3-186c}$$

와 같다.

주어진 물체가 한 축(z축)에 대해서만 회전할 수 있다고 하면, 가상의 각변위 $d\phi$만큼의 회전을 수행할 수 있는 역학적 에너지는

$$dW = (T_Q)_z \, d\phi \tag{3-187}$$

과 같다. 여기서 $(T_Q)_z$는 고정전하 조건에서 물체에 인가되는 토크(torque: 회전력)의 z-성분이다. 이를 다시 정리하면 다음과 같이 표현된다.

$$\boxed{(T_Q)_z = -\frac{\partial W_e}{\partial \phi} \qquad (\text{N}\cdot\text{m})} \tag{3-188}$$

고정 전위를 갖는 도체 시스템

이제 도체 구조물들이 외부 전원에 의해 고정 전위값을 유지하고 있는 시스템을 가정해 보자. 시스템에는 전하가 없는 유전체도 포함된다. 도체를 $d\ell$만큼 움직이면 총 정전에너지의 크기에도 변화가 생기고, 도체에서의 전위값을 일정하게 유지하기 위해서는 전원으로부터 전하를 공급받아야 한다. 전하 dQ_k(양 또는 음의 전하)가 전위 V_k로 유지되고 있는 k번째 도체에 추가되기

위해서는 전원으로부터 $V_k dQ_k$의 에너지를 공급받아야 한다. 따라서 전원으로부터 공급받아야 할 총 에너지의 크기는 다음과 같다.

$$dW_s = \sum_k V_k dQ_k \tag{3-189}$$

거리 이동에 의해 발생하는 시스템의 역학적 일의 크기는

$$dW = \mathbf{F}_V \cdot d\ell \tag{3-190}$$

과 같으며, 여기서 $\mathbf{F}_V$는 고정전위 조건에서 도체에 인가되는 정전기력의 크기이다. 전하량에 변화가 생기면 시스템의 전체 정전에너지 크기에도 dW_e만큼의 변화가 생기는데 식 (3-165)에서

$$dW_e = \frac{1}{2}\sum_k V_k dQ_k = \frac{1}{2} dW_s \tag{3-191}$$

가 된다. 에너지 보존의 법칙에 의해

$$dW + dW_e = dW_s \tag{3-192}$$

가 만족된다. 식 (3-189), (3-190), (3-191)을 식 (3-192)에 대입하면,

$$\begin{aligned} \mathbf{F}_V \cdot d\ell &= dW_e \\ &= (\nabla W_e) \cdot d\ell \end{aligned}$$

또는

$$\boxed{\mathbf{F}_V = \nabla W_e \qquad \text{(N)}} \tag{3-193}$$

이 된다. 식 (3-193)과 (3-185)를 비교해 보면 두 가지 경우에 대한 정전기력의 표현식은 부호만 서로 반대이고 나머지는 같음을 알 수 있다. 만약 도체가 z축에 대해서만 회전할 수 있도록 고정되어 있다면, 전기 토크의 z 방향 성분은

$$\boxed{(T_V)_z = \frac{\partial W_e}{\partial \phi} \qquad (\text{N}\cdot\text{m})} \tag{3-194}$$

이며 이는 식 (3-188)에서 부호만 바뀐 것임을 알 수 있다.

예제 3-26 면적이 S이고 x만큼 떨어져 있는 두 도체판 사이가 공기로 채워져 있다. 대전된 평판 커패시터의 도체판이 받는 힘의 크기를 구하라.

SOLUTION **풀이** 두 가지 방식으로 문제를 풀어본다: (a) 전하량이 고정되어 있는 경우, (b) 전위가 고정되어 있는 경우. 평판 양 끝단의 가장자리 전기장은 무시한다.

(a) 전하가 고정된 경우: 평판의 전하가 $\pm Q$로 고정되어 있는 경우, 평판 사이의 거리와 관계없이 일정한 전기장 세기값 $E_x = Q/(\epsilon_0 S) = V/x$가 공기에 분포된다(거리 이격에도 변하지 않는다). 식 (3-180b)로부터

$$W_e = \tfrac{1}{2}QV = \tfrac{1}{2}QE_x x$$

이고, 여기서 Q와 E_x는 상수이다. 식 (3-186a)를 사용하면,

$$(F_Q)_x = -\frac{\partial}{\partial x}\left(\frac{1}{2}QE_x x\right) = -\frac{1}{2}QE_x = -\frac{Q^2}{2\epsilon_0 S} \tag{3-195}$$

가 만족된다. 여기서 음의 부호는 힘의 방향이 x의 증가 방향과 반대임을 의미하며 잡아당기는 인력이다.

(b) 전위가 고정된 경우: 전위 또는 전압이 고정되어 있는 경우에는 W_e에 대한 식 (3-180a)를 사용하는 것이 편리하다. 평판 공기 커패시터의 정전용량 C는 $\epsilon_0 S/x$이다. 식 (3-193)에서

$$(F_V)_x = \frac{\partial W_e}{\partial x} = \frac{\partial}{\partial x}\left(\frac{1}{2}CV^2\right) = \frac{V^2}{2}\frac{\partial}{\partial x}\left(\frac{\epsilon_0 S}{x}\right) = -\frac{\epsilon_0 SV^2}{2x^2} \tag{3-196}$$

을 얻을 수 있다. 식 (3-195)의 $(F_Q)_x$와 식 (3-196)의 $(F_V)_x$는 어떻게 다를까? 다음의 관계식을 떠올려보면,

$$Q = CV = \frac{\epsilon_0 SV}{x}$$

이므로

$$(F_Q)_x = (F_V)_x \tag{3-197}$$

이 성립한다. 식 (3-185)와 (3-193)은 서로 부호가 다르게 표현되지만 결과적으로는 같은 힘을 표현하는 것을 알 수 있다. 물리적인 관점에서 보면 이는 당연한 결과라고 할 수 있다. 대전된 커패시터는 크기가 고정되어 있고 Q는 V를 결정하며 그 역도 역시 마찬가지이다. 따라서 Q 혹은 V 어느 값이 주어지더라도 평판 사이의 힘은 유일하게 결정되고 그 값은 평판의 간격과는 무관하다. 따라서 둘 중 어느 한 조건(일정한 Q 또는 일정한 V)이 주어지더라도 평판 사이의 힘은 유일하게 결정된다.

위에서 논의된 사항들은 두 개의 도체로 구성된 정전용량 C의 평판 커패시터에서 항상 적용된다. 전하가 고정되어 있을 때 이동 변위 $d\ell$ 방향으로 발생하는 정전기력 F_ℓ은

$$(F_Q)_\ell = -\frac{\partial W_e}{\partial \ell} = -\frac{\partial}{\partial \ell}\left(\frac{Q^2}{2C}\right) = \frac{Q^2}{2C^2}\frac{\partial C}{\partial \ell} \tag{3-198}$$

이다. 전위가 고정된 경우에는

$$(F_V)_\ell = \frac{\partial W_e}{\partial \ell} = \frac{\partial}{\partial \ell}\left(\frac{1}{2}CV^2\right) = \frac{V^2}{2}\frac{\partial C}{\partial \ell} = \frac{Q^2}{2C^2}\frac{\partial C}{\partial \ell} \tag{3-199}$$

가 성립한다. 위 두 식은 서로 다른 제한 조건에서 출발하여 유도되었지만, 동일한 커패시터에 적용하면 결국 같은 식임을 알 수 있다.

복습 질문
Review Question

R.3-1 자유공간에서 정전기장의 기본 가정을 미분식으로 써라.

R.3-2 전기장 세기가 솔레노이드와 비회전성 조건을 모두 만족할 수 있는 조건을 기술하라.

R.3-3 자유공간에서 정전기장의 기본 가정을 적분식으로 표현하고 각각의 식이 갖는 의미를 써라.

R.3-4 식 (3-12)의 점전하에 대한 전기장 세기 공식을 유도할 때 다음의 질문에 답하라.

(a) 전하 q가 무한 자유공간에 놓여 있다는 가정을 하는 이유는 무엇인가?

(b) 전하 q 주위에 육면체 또는 원통의 폐곡면을 설정하지 않은 이유는 무엇인가?

R.3-5 다음 각각의 경우 전기장 세기가 거리에 따라 어떻게 변하는지 설명하라.

(a) 점전하

(b) 전기 쌍극자

R.3-6 쿨롱의 법칙을 설명하라.

R.3-7 잉크젯 프린터의 동작 원리를 설명하라.

R.3-8 가우스의 법칙에 대해 설명하라. 전하 분포에 의한 전기장 세기를 계산할 때 가우스의 법칙이 특히 유용한 경우는 어떤 조건에서인지 설명하라.

R.3-9 직선 방향으로 길이가 무한대인 선전하가 있고 선전하밀도는 일정하게 유지될 때 거리에 따른 전기장 세기 특성을 설명하라.

R.3-10 유한 길이의 선전하에 의해 발생하는 **E**를 구하는 데 있어서 가우스의 법칙이 유용한지 여부를 설명하라.

R.3-11 예제 3-6과 그림 3-9을 참고하여 윗면과 아랫면이 닫힌 원통의 표면이 가우스 표면으로 활용될 수 있는지 여부를 설명하라.

R.3-12 점전하에 의해 발생하는 전기장에서 전기장선과 등전위선의 분포를 2차원상의 그래프로 그려 보아라.

R.3-13 z 방향으로 놓여 있는 전기 쌍극자에 의해 생성된 전기장에서 **E**가 $-z$ 방향이 되는 θ값을 구하라.

R.3-14 식 (3-64)에서 z에 절대값 부호가 필요한 이유는 무엇인가?

R.3-15 임의의 위치에서 전위값이 0이 되면 그 위치에서의 전기장 세기도 역시 0이 되는가? 이를 설명하라.

R.3-16 임의의 위치에서 전기장 세기가 0이 되면 그 위치에서의 전위값도 역시 0이 되는가? 이를 설명하라.

R.3-17 얇은 두께의 도체로 만들어진 구가 대전되지 않은 상태로 놓여져 있다. 이 구 도체가 전기장 세기 $\mathbf{E}_o$인 전기장에 놓여질 때 구의 중심에서의 E는 어떻게 될까? 또 구 도체의 외면과 내면에서의 전하 분포에 대해서 설명하라.

R.3-18 분극 유전체(electrets)란 무엇이고 어떻게 만들어지는지 설명하라.

R.3-19 식 (3-84)의 $\nabla'(1/R)$이 $\nabla(1/R)$로 대체될 수 있는가?

R.3-20 분극벡터(polarization vector)를 정의하라. SI 단위는 무엇인가?

R.3-21 분극전하밀도(polarization charge density)란 무엇인가? $\mathbf{P}\cdot\mathbf{a}_n$과 $\nabla\cdot\mathbf{P}$의 SI 단위는 무엇인가?

R.3-22 단순 매질(simple medimum)이란 무엇을 말하는가?

R.3-23 이방성(aniostropic) 물질의 특성은 무엇인가?

R.3-24 단축(uniaxial) 매질의 특성은 무엇인가?

R.3-25 전기 변위(electric displacement) 벡터를 정의하라. SI 단위는 무엇인가?

R.3-26 전기 감수율(electric susceptibility)을 정의하라. 단위는 무엇인가?

R.3-27 매질에서 유전율(permittivity)과 유전상수(dielectric constant)의 차이점은 무엇인가?

R.3-28 주어진 전하 분포에 의해 생성된 전속밀도는 매질의 특성에 따라 어떻게 달라지는가? 또한 전기장 세기 특성은 어떠한가? 이에 대해 설명하라.

R.3-29 유전체에서 유전상수와 유전체 강도의 차이점을 설명하라.

R.3-30 피뢰침의 동작 원리를 설명하라.

R.3-31 두 개의 서로 다른 유전체 경계에서 정전기장 성분의 일반적인 경계 조건은 무엇인가?

R.3-32 도체와 유전율이 ϵ인 유전체 경계면에서 정전기장 성분의 경계 조건은 무엇인가?

R.3-33 서로 다른 두 유전체 매질 사이에서 전위값의 경계 조건은 무엇인가?

R.3-34 점전하와 유전체 사이에 힘이 존재할 수 있는가? 설명하라.

R.3-35 정전용량(capacitance)과 커패시터(capacitor)를 정의하라.

R.3-36 평판 커패시터에 있는 유전체의 유전상수가 상수값이 아니라고 가정해 보자. 식 (3-136)에서 ϵ 대신에 유전율의 평균값을 대입해도 무방한가? 설명하라.

R.3-37 세 개의 1 μF 용량의 커패시터가 있다. 다음의 정전용량값을 얻기 위해서는 이들을 어떻게 연결해야 하는지 설명하라.

(a) $\frac{1}{3}$ (μF) (b) $\frac{2}{3}$ (μF) (c) $\frac{3}{2}$ (μF) (d) 3 (μF)

R.3-38 전위계수(coefficients of potential), 정전용량계수(coefficients of capacitance), 유도계수(coefficients of inducntion)란 무엇인가?

R.3-39 부분(partial) 정전용량이란 무엇인가? 이는 정전용량계수(coefficients of capacitance)와 어떻게 다른가?

R.3-40 정전기 차폐의 원리를 설명하라.

R.3-41 "전자볼트"의 정의는 무엇인가? 이것은 주울(J)과 어떻게 다른가?

R.3-42 네 개의 이산 점전하가 있을 때 정전에너지는 어떻게 표현되는가?

R.3-43 일정 체적, 면적, 선에 전하가 연속적으로 분포되어 있을 때 정전에너지는 각각 어떻게 표현되는지 설명하라.

R.3-44 정전에너지를 **E**와 **D**를 이용하여 수학적으로 표현하라.

R.3-45 가상 변위의 원리(principle of virtual displacement)의 의미와 활용에 대해 논의하라.

R.3-46 총 전하량이 고정되어 있을 때 정전하로 구성된 시스템의 에너지와 힘은 어떤 관계를 갖는가? 전위가 고정되어 있는 조건이라면 관계는 어떠한가?

연습문제
Problem

P.3-1 그림 3-4에서

(a) 스크린에 도착하는 전자빔의 입사각 α와 반사되는 전기장 세기 E_d의 관계를 구하라.

(b) $d_1 = d_0/20$가 만족되기 위해서 필요한 w과 L의 관계 조건은 무엇인가?

P.3-2 그림 3-4에서 음극선 오실로스코프(CRO)를 사용하여 평행 굴절판 사이의 전압을 측정한다.

(a) 유전체 붕괴가 일어나지 않는 조건에서 평판 사이의 거리가 h일 때 양 단자 사이에서 측정할 수 있는 최대 전압은 얼마인가?

(b) 스크린의 지름이 D일 때 L이 만족해야 할 제한 조건은 무엇인가?

(c) 전체의 구조는 그대로 유지하면서 CRO의 최대 측정 전압을 두 배 늘리기 위한 방법은 어떤 것이 있을까?

P.3-3 음극선 오실로스코프의 굴절 시스템은 서로 직교하는 전기장을 갖는 두 쌍의 평판으로 구성되어 있다. 그림 3-4의 굴절 영역에서 $\mathbf{E}_x = \mathbf{a}_x E_x$를 생성하는 또 다른 평판이 있다고 가정해 보자. 각 평판에는 $v_x(t)$와 $v_y(t)$ 굴절 전압이 적용되어 $\mathbf{E}_x$와 $\mathbf{E}_y$ 전기장을 각각 생성한다. 굴절된 전자들에 의해 형광판 스크린에 다음과 같은 그래프가 생성되기 위해서 필요한 전압 함수 $v_x(t)$와 $v_y(t)$ 신호를 구하라.

(a) 수평 직선

(b) -1의 기울기를 갖는 직선

(c) 원

(d) 2주기의 사인(sine) 곡선

P.3-4 전자복사기(xerography)의 동작 원리에 대해서 간단히 설명하라. (필요하면 참고문헌을 활용)

P.3-5 두 개의 점전하 Q_1과 Q_2가 각각 (1, 2, 0)과 (2, 0, 0) 지점에 위치하고 있다. $P(-1, 1, 0)$ 지점에 놓여 있는 시험전하가 받는 힘이 다음의 조건을 만족하기 위한 Q_1과 Q_2의 관계를 구하라.

(a) x 방향 성분이 없음

(b) y 방향 성분이 없음

P.3-6 무게가 1.0×10^{-4} (kg)인 두 개의 매우 작은 구 도체가 길이 0.2 (m)인 비전도성 실에 의해 한 점에 연결되어 있다. 각 구 도체에는 Q의 전하가 대전되어 있다. 두 도체는 서로 간의 척력에 의해 서로 떨어지게 되는데 각 구를 지탱하고 있는 실이 각 10°만큼 벌어질 때 평형상태

에 도달한다고 한다. 중력가속도가 9.80 (N/kg)이고 실의 무게는 무시할 때 Q의 값을 구하라.

P.3-7 반지름 b인 원형의 전선에 선전하밀도가 ρ_ℓ인 전하가 대전되어 있고 원의 중심축을 따라 거리가 h인 지점에 Q라는 점전하가 있을 때 상호작용하는 힘의 크기를 구하라. $h \gg b$일 때 그리고 $h = 0$일 때의 힘은 어떤 값인가? 힘의 크기를 h에 대한 함수 그래프로 그려 보아라.

P.3-8 균일 전하밀도 ρ_ℓ를 갖는 선전하가 반지름이 b인 반원의 형태로 자유공간에 놓여 있다. 반원의 중심에서 전기장 세기의 크기와 방향을 구하라.

P.3-9 길이가 L인 세 개의 균일 선전하가 정삼각형의 모양으로 놓여 있고 각각의 전하밀도는 $\rho_{\ell 1}$, $\rho_{\ell 2}$, $\rho_{\ell 3}$로 주어진다. 전하밀도가 $\rho_{\ell 1} = 2\rho_{\ell 2} = 2\rho_{\ell 3}$의 관계를 만족할 때 삼각형 중심에서의 전기장 세기를 구하라.

P.3-10 전기장 세기가 $\mathbf{E} = \mathbf{a}_x 100x$ (V/m)일 때 다음과 같이 주어진 구조 내부의 전하량을 구하라.

(a) 한 변의 길이가 100 (mm)이고 중심이 원점에 대칭 형태로 존재하는 정육면체

(b) 반지름이 50 (mm)이고 높이가 100 (mm)이며 z축을 중심축으로 하며 중심이 원점인 원통 실린더

P.3-11 $0 \le R \le b$인 구의 영역에서 전하가 존재하며 그 전하밀도는 $\rho = \rho_0[1 - (R^2/b^2)]$로 주어진다. 내부의 반지름은 $R_i(> b)$, 외부의 반지름은 R_o인 구 도체각이 이 전하를 대칭 형태로 감싸고 있다. 이때 모든 영역에서의 $\mathbf{E}$를 구하라.

P.3-12 반지름이 각각 $r = a$, $r = b(b > a)$인 두 개의 매우 긴 원통형 도체면이 있고 각각 면전하밀도가 ρ_{sa}와 ρ_{sb}로 주어진다.

(a) 모든 영역에서의 $\mathbf{E}$를 구하라.

(b) $r > b$에서 $\mathbf{E}$가 사라지기 위한 a와 b의 관계 조건을 구하라.

P.3-13 전기장이 $\mathbf{E} = \mathbf{a}_x y + \mathbf{a}_y x$로 주어질 때 -2 (μC)의 전하를 $P_1(2, 1, -1)$에서 $P_2(8, 2, -1)$까지 이동시킨다고 한다. 그 이동경로가 다음과 같이 주어질 때 각각 소요되는 일의 크기를 구하라.

(a) $x = 2y^2$으로 주어지는 포물선

(b) P_1과 P_2를 바로 연결하는 직선

P.3-14 전기 쌍극자가 z 방향으로 존재한다. 이때 발생하는 전기장 세기에서 z 방향 성분이 0이 되는 θ값은 무엇인가?

P.3-15 세 개의 점전하($+q$, $-2q$, $+q$)가 각각 z축상에서 $z = d/2$, $z = 0$, $z = -d/2$의 위치에 존재한다.

(a) $P(R, \theta, \phi)$ 지점에서의 V와 $\mathbf{E}$를 각각 구하라.

(b) 등가면과 유속선(streamline)의 방정식을 구하라.

(c) 등가면과 유속선의 분포를 그림으로 그려 보아라.

(이러한 세 개의 전하 분포를 **선형 정전기 사중극자**(linear electrostatic quadrupole)라고 한다.)

P.3-16 길이가 L이고 전하밀도가 ρ_ℓ인 선전하가 x축 위에 놓여 있다.

(a) 선전하의 중심을 통과하고 선전하에 수직인 평면 위에서의 V를 구하라.

(b) 쿨롱의 법칙을 사용해서 ρ_ℓ로부터 $\mathbf{E}$를 직접 구하라.

(c) $-\nabla V$를 계산한 결과와 (b)의 계산 결과를 비교하라.

P.3-17 예제 3-5에서는 무한 길이의 균일 선전하 주변의 전기장 세기를 가우스의 법칙을 사용하여 간단하게 구했다. $|\mathbf{E}|$가 오직 r의 함수이기 때문에 선전하를 둘러싸고 있는 원통의 표면은

항상 등전위면이 될 것이다. 그러나 실제로는 모든 전도체의 길이가 유한하다. 전하밀도가 ρ_ℓ인 선전하의 길이가 유한하면 주변을 대칭으로 감싸고 있는 원통면에서의 전위값은 상수가 될 수 없다. 그림 3-40처럼 길이가 L이고 전하밀도가 ρ_ℓ인 선전하가 있을 때 반지름 b의 원통면에서의 전위를 x의 함수로 표현하고 이를 그려 보아라.
(힌트: P 지점에서 $\rho_\ell dx'$에 의한 dV를 구하고 이를 적분하라.)

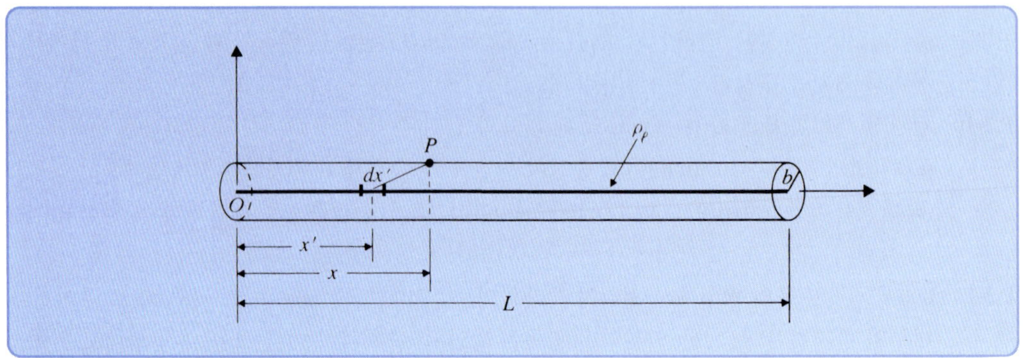

그림 3-40
유한 길이의 선전하(연습문제 P.3-17)

P.3-18 전하 Q가 $L \times L$인 사각 평판 위에 균일하게 분포한다. 사각형의 중심을 통과하고 평판에 수직인 직선 위에서의 V와 $\mathbf{E}$를 구하라.

P.3-19 높이가 h이고 반지름이 b인 원통 튜브가 있으며 그 표면에 전하 Q가 균일하게 분포되어 있다. 이때 원통의 중심축 위에서의 V와 $\mathbf{E}$를 구하고자 한다. 중심축을 다음과 같이 나누어서 값을 구하라.

(a) 튜브 외부의 공간에 분포하는 중심축에서의 값

(b) 튜브 내부의 공간에 분포하는 중심축에서의 값

P.3-20 원소에 대한 초창기 원자 구조는 원자가 양전하 성분 Ne가 균일하게 구 형태의 구름과 같이 분포되어 있는 모델로 알려졌다. 이때 N은 원자번호, e는 전자의 전하량이다. 전자는 $-e$의 전하를 갖고 전하구름 내부에 갇혀 있는 것으로 설명되었다. 전하구름의 반지름이 R_o이고 전하 간의 충돌은 무시할 때,

(a) 전자가 구의 중심으로부터 거리 r인 지점에 있을 때 전자가 받는 힘을 구하라.

(b) 전자의 움직임에 대해서 설명하라.

(c) 이러한 원자 모델이 왜 문제가 있는지 설명하라.

P.3-21 단순 고전 모델에 의하면 원자는 양전하 Ne를 갖는 원자핵과 그 주위를 구 형태로 둘러싸고 있는 같은 전하량의 음전하 구름으로 구성되어 있다. (N은 원자번호이고 e는 단위전자의 전하량이다.) 외부 전기장 $\mathbf{E}_o$에 의해 원자핵을 중심으로부터 r_o만큼 이동시키고 이에 따라 원자는 분극 구조를 갖게 된다. 전자구름이 반지름 b 내부에 균일하게 분포되어 있다고 할 때

r_o를 구하라.

P.3-22 한 변의 길이가 L인 정육면체 유전체가 원점을 중심으로 위치하고, $\mathbf{P} = P_o(\mathbf{a}_x x + \mathbf{a}_y y + \mathbf{a}_z z)$의 분극 벡터를 갖는다고 할 때 다음에 답하라.

(a) 유전체 외벽에서의 면전하밀도와 내부의 체적전하밀도를 구하라.

(b) 유전체 내부의 총 전하량은 0임을 보여라.

P.3-23 분극벡터 **P**가 존재하는 유전체로부터 잘라낸 구가 있다. 구 내부는 비어 있다고 할 때 구의 중심에서의 전기장 세기를 구하라.

P.3-24 다음의 문제에 답하라.

(a) 두 도체판 사이의 간격이 50 (mm)이고 공기로만 채워진 평판 커패시터의 항복전압을 구하라.

(b) 도체판 사이가 공기 대신에 플렉시유리 매질로 채워져 있다고 한다. 플렉시유리의 유전율은 3이고 유전체 강도가 20 (kv/mm)로 주어질 때 항복전압을 구하라.

(c) 두께 10-mm의 플렉시유리가 평판 사이에 삽입될 때 유전체 붕괴가 발생하지 않는 범위에서 적용될 수 있는 최대 전압은 얼마인가?

P.3-25 $z = 0$인 면을 사이로 양쪽에 무손실의 유전체 매질이 존재하고 각각의 유전율은 $\epsilon_{r1} = 2$, $\epsilon_{r2} = 3$으로 주어진다고 한다. 영역 1에서의 $\mathbf{E}_1$ 벡터가 $\mathbf{a}_x 2y - \mathbf{a}_y 3x + \mathbf{a}_z(5 + z)$로 주어진다고 할 때 영역 2에서의 $\mathbf{E}_2$와 $\mathbf{D}_2$에 대해서 어느 정도 알아낼 수 있는가? 영역 2에서의 $\mathbf{E}_2$와 $\mathbf{D}_2$를 정확하게 구할 수 있는가? 이에 대해 설명하라.

P.3-26 두 개의 완전 유전체 매질이 서로 경계하고 있고 각각의 유전율은 ϵ_{r1}과 ϵ_{r2}로 주어진다. 두 매실의 경계면에서 P의 수평 및 수직 성분이 만족해야 하는 경계 조건을 구하라.

P.3-27 두 개의 완전 유전체 매질이 서로 경계하고 있고 각각의 유선율은 ϵ_{r1}과 ϵ_{r2}로 주어진다. 두 매질의 경계면에서 전위가 만족해야 하는 경계 조건을 구하라.

P.3-28 유전체 렌즈를 사용하면 전자기장의 성분을 평행하게 유지할 수 있다. 그림 3-41에서 렌즈의 왼쪽 면은 원통 실린더이고 오른쪽 면은 평면이다. 영역 1의 $P(r_o, 45°, z)$ 지점에서 $\mathbf{E}_1$은 $\mathbf{a}_r 5 - \mathbf{a}_\phi 3$으로 주어진다고 한다. 영역 3에서 $\mathbf{E}_3$의 방향이 x축과 평행이 되기 위한 렌즈의 유전율 값은 얼마인가?

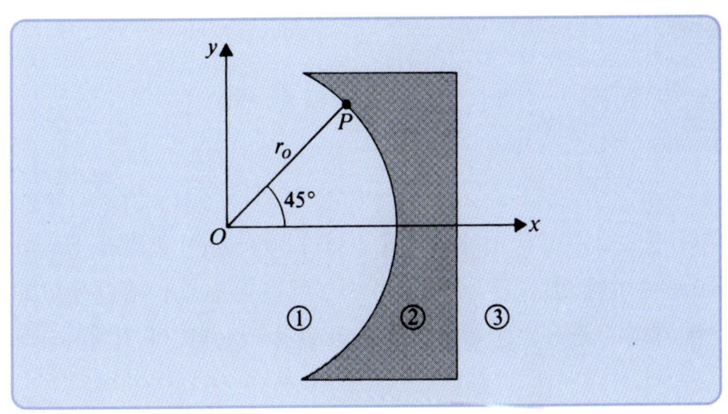

그림 3-41
유전체 렌즈(연습문제 P.3-28)

P.3-29 예제 3-16과 동일한 구조의 케이블이 있다. r_i와 r_o의 값은 동일하고 내부 절연체에 인가되는 전기장 세기의 크기는 유전체 강도 값의 25%를 넘지 않아야 한다고 할 때, 다음 각 조건에서 케이블에 인가될 수 있는 전압 범위를 구하라.

(a) $r_p = 1.75r_i$일 때

(b) $r_p = 1.35r_i$일 때

(c) 위의 (a)와 (b)에서 거리 r에 따른 E_r과 V의 그래프를 그려 보아라.

P.3-30 면적 S인 평판 커패시터 내부에 채워져 있는 유전체의 유전율이 한 면에서($y = 0$) ϵ_1이고 다른 한 면에서($y = d$) ϵ_2가 되도록 선형적으로 변하는 값을 갖는다고 한다. 양 끝단의 누설효과는 무시할 때 정전용량값을 구하라.

P.3-31 예제 3-18에서 원통 모양의 커패시터의 외부 도체가 접지되었고 내부 도체는 전위 V_o를 유지한다고 한다.

(a) 내부 도체면에서 전기장 세기 $\mathbf{E}(a)$를 구하라.

(b) 외부 도체의 내부 반지름이 b로 고정되어 있을 때 $\mathbf{E}(a)$가 최소값을 갖기 위한 a를 구하라.

(c) 이때 $\mathbf{E}(a)$의 최소값을 구하라.

(d) (b)의 조건에서 정전용량을 구하라.

P.3-32 매우 긴 동축 케이블에서 내부 코어(core)의 반지름이 r_i, 외부 도체의 반지름이 r_o라고 한다. 도체 사이의 공간은 두 개의 유전체 층으로 채워져 있다. 유전체의 유전상수는 $r_i < r < b$에서 ϵ_{r1}이고 $b < r < r_o$에서는 ϵ_{r2}이다. 케이블의 단위길이당 정전용량을 구하라.

P.3-33 길이가 L인 원통 커패시터가 각각 반지름이 r_i와 r_o인 두 개의 동축 도체로 구성되어 있다. 유전상수가 ϵ_{r1}과 ϵ_{r2}인 두 개의 유전체 매질이 그림 3-42처럼 두 도체 사이를 채우고 있다. 이 도체의 정전용량을 구하라.

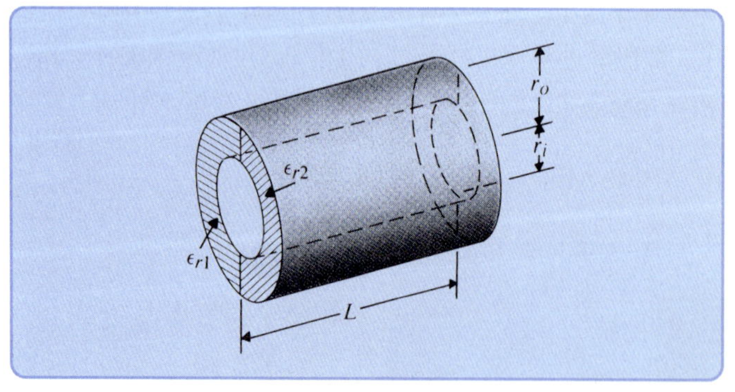

그림 3-42 두 개의 유전체 매질로 구성된 원통 커패시터(연습문제 P.3-33)

P.3-34 두 개의 금속 동축 원형 실린더 면으로 구성된 커패시터의 길이가 30 (mm)이고 각각 실린더의 반지름이 5 (mm)와 7 (mm)로 주어져 있다. 두 실린더 면 사이에는 유전체가 채워져 있고 mm 단위로 측정되는 변수 r에 대해 유전상수는 $\epsilon_r = 2 + (4/r)$ 값을 갖는다. 이 커패시터의 정전용량을 구하라.

P.3-35 지구를 공기에 둘러싸여 있는 거대한 도체 구(반지름 $= 6.37 \times 10^3$ km)라고 가정할 때 다음

을 구하라.

(a) 지구의 정전용량

(b) 공기가 전압붕괴되지 않는 범위 내에서 지구에 존재할 수 있는 전하량의 최대값

P.3-36 두께 d의 균일한 유전체 층으로 표면처리되어 있는 반지름 b의 구 도체의 정전용량을 구하라. 유전체는 전기 감수율(electric susceptibility) χ_e로 주어진다.

P.3-37 반지름이 각각 R_i와 R_o인 두 개의 구 도체각으로 이루어진 커패시터가 있다. 두 도체각 사이는 유전체로 채워져 있고 유전율은 반지름 R_i에서 $b(R_i < b < R_o)$ 구간에서 ϵ_r로 주어지고 반지름 b에서 R_o 사이에서는 $2\epsilon_r$로 주어진다고 한다.

(a) 커패시터에 전압 V가 인가될 때 모든 공간에서의 **E**와 **D**를 구하라.

(b) 정전용량을 구하라.

P.3-38 전력 전송선이 두 개의 평행한 도선으로 구성되어 있고 각각의 반지름은 a이며 서로 거리 d만큼 떨어져 있다. 도선은 지상으로부터 높이 h인 지점에 있다. 지상은 완전 도체이고 d와 h는 a에 비해 매우 크다고 가정할 때, 전송선의 단위길이당 자기 정전용량과 상호 정전용량을 구하라.

P.3-39 세 개의 매우 긴 평행 도선이 외부와 차단되어 존재한다. 세 개의 도선 모두 같은 평면 위에 존재한다. 바깥쪽에 있는 두 개의 도선은 반지름이 b이고 반지름 $2b$인 중간 도선으로부터 각각 거리 $d = 500b$만큼 떨어져 있다. 이때 단위길이당 부분 정전용량을 구하라.

P.3-40 전하가 반지름 b인 구의 형태로 균일하게 분포되어 있을 때 다음 각각의 영역에 존재하는 정전에너지를 구하라.

(a) 구의 내부

(b) 구의 외부

계산 결과를 예제 3-22의 답과 비교하라.

P.3-41 아인슈타인의 상대성 이론에 의하면, 전하를 모으는 데 필요한 에너지는 전하의 무게에 저장되고 그 크기는 mc^2과 같다. 여기서 m은 전하의 무게이고 c는 빛의 속도이며 대략 3×10^8 (m/s)과 같다. 전자의 모양이 완전한 구의 형태일 때 전자의 전하량과 무게(9.1×10^{-31} kg)로부터 전자의 반지름을 구하라.

P.3-42 모멘트 **p**를 갖는 전기 쌍극자 주변에서 $R > b$인 영역에 저장되어 있는 정전에너지의 크기를 계산하라.

P.3-43 식 (3-180)의 정전에너지 식은 임의의 두 도체로 구성된 커패시터에도 적용될 수 있음을 증명하라.

P.3-44 그림 3-43처럼 폭 w, 길이 L, 간격 d를 갖는 평판 커패시터 도체판 사이 공간에 유전율 ϵ_r인

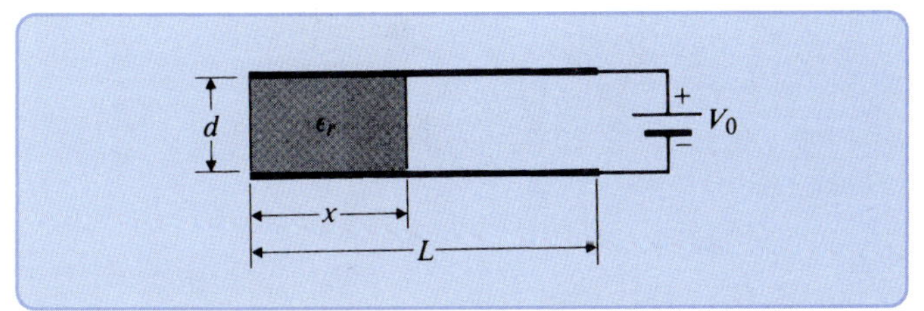

그림 3-43
평판 커패시터(연습문제 P.3-44)

유전체 매질이 부분적으로 채워져 있다. 전압 V_0을 갖는 전원이 양 평판에 연결되어 있다.

(a) 각 영역에서의 **D**, **E**, 그리고 ρ_s를 구하라.

(b) 두 영역에 저장된 정전에너지가 서로 같아지는 x값을 찾아라.

P.3-45 가상 변위의 원리(principle of virtual displacement)를 사용하여 자유공간에서 서로 거리 x만큼 떨어져 있는 두 점전하 $+Q$, $-Q$ 사이에 작용하는 힘을 유도하라.

P.3-46 그림 3-44처럼 전압 V_0가 인가된 평판 커패시터 사이에 부분적으로 유전체가 채워져 있다. 평판의 면적은 S이고 유전체의 유전율은 ϵ이다. 이때 상위 평판이 받는 힘의 크기를 구하라.

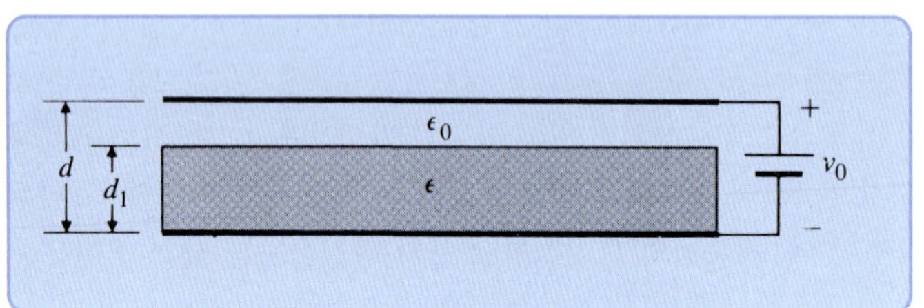

그림 3-44
평판 커패시터(연습문제 P.3-46)

P.3-47 두 개의 도선으로 구성된 전송선이 있고 각 도선은 반지름이 b이며 서로 거리 D만큼 떨어져 있다. $D \gg b$라고 가정하고 두 도선 사이에 전압 V_0가 인가되어 있을 때, 도선 사이에서 단위길이당 작용하는 힘을 구하라.

P.3-48 폭 w, 길이 L, 간격 d인 평판 커패시터 사이에 유전율이 ϵ인 유전체 판이 놓여 있다. 그림 3-45처럼 커패시터는 전압 V_0인 전원에서 의해 충전되어 있다. 유전체 판이 그림의 위치와 같이 당겨져 있을 때 다음 각 경우에서 유전체 판이 받는 힘의 크기를 구하라.

(a) 스위치가 닫혀 있을 때

(b) 스위치를 처음 열고 난 후

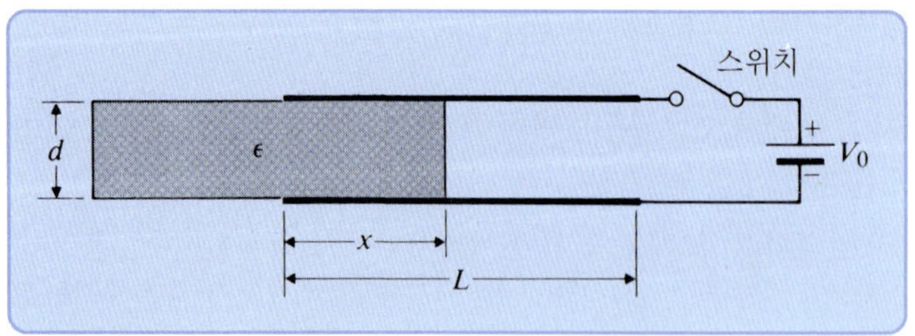

그림 3-45
부분적으로 채워진 평판 커패시터(연습문제 P.3-48)

정전기장 문제의 해

Solution of Electrostatic Problems

4-1 개요

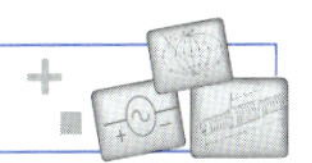

정전기장(시불변 전기장) 문제는 정지해 있는 전하의 영향을 다루는 문제이다. 이 문제들은 처음에 무엇을 알고 있는지에 따라 여러 가지 다른 방법으로 나타닌다. 정전기장의 해는 보통 전위, 전기장 세기, 그리고/또는 전하 분포의 결정을 요한다. 만약 전하 분포가 주어져 있으면, 전위와 전기장 세기 모두 3장에서 전개한 공식들에 의해 구할 수 있다. 그러나 많은 실제적인 문제에서 모든 곳의 정확한 전하 분포를 알지 못하므로, 3장의 공식들을 전위와 전기장의 세기를 구하는 데 직접 적용할 수 없다. 예를 들면, 만일 전하가 공간의 어떤 이산된 점들에 대해 주어져 있고 몇 개의 도체들에 전위가 주어져 있으면, 도체의 면전하 분포 그리고/또는 공간의 전기장 세기를 구하는 것은 상당히 어렵다. 도체의 경계가 간단한 구조일 때는 **영상법**(method of images)을 사용하는 것이 크게 유리하다. 이 방법은 4-4절에서 논의한다.

또 다른 형태의 문제에서는 모든 도체의 전위를 알고 있고, 주변 공간의 전위와 전기장 세기와 함께 도체 경계면의 면전하 분포를 구하길 원한다. 이를 위해서는 미분 방정식을 적절한 경계 조건하에서 풀어야 한다. 이들이 **경계치 문제**(boundary-value problem)이다. 여러 좌표계에서 경계치 문제를 푸는 기법들에 대해 4-5절부터 4-7절까지에서 논의할 것이다.

4-2 포아송 방정식과 라플라스 방정식

3-8절에서 식 (3-98)과 (3-5)는 모든 매질 내에서 정전기에 대한 두 개의 기본적인 지배 미분 방정식이라는 것을 지적하였다. 편의상 이 방정식들을 아래에 다시 정리하였다.

$$\text{식 (3-98):}\quad \nabla\cdot\mathbf{D}=\rho \tag{4-1}$$

$$\text{식 (3-5):}\quad \nabla\times\mathbf{E}=0 \tag{4-2}$$

식 (4-2)에 나타난 $\mathbf{E}$의 비회전 성질로부터 스칼라 전위 V를 식 (3-43)과 같이 정의할 수 있다.

$$\text{식 (3-43):}\quad \mathbf{E}=-\nabla V \tag{4-3}$$

선형 등방성 매질에서 $\mathbf{D}=\epsilon\mathbf{E}$이며, 식 (4-1)은

$$\nabla\cdot\epsilon\mathbf{E}=\rho \tag{4-4}$$

이다. 식 (4-3)을 식 (4-4)에 대입하면,

$$\nabla\cdot(\epsilon\nabla V)=-\rho \tag{4-5}$$

이 된다. 여기서 ϵ은 위치의 함수가 될 수 있다. 단순 매질에서, 즉 균일한 매질에서 ϵ은 상수이며 발산 연산자의 바깥으로 나올 수 있다. 따라서

$$\boxed{\nabla^2 V=-\frac{\rho}{\epsilon}} \tag{4-6}$$

이다. 식 (4-6)에서 새로운 연산자 ∇^2(del 제곱), 즉 **라플라시안**(Laplacian) **연산자**를 도입하였으며, 이는 "변화율의 발산" 또는 $\nabla\cdot\nabla$를 의미한다. 식 (4-6)은 **포아송**(Poisson) **방정식**으로 알려져 있으며, 이 식은 V의 라플라시안(변화율의 발산)은 단순 매질에서 $-\rho/\epsilon$와 같다는 것을 의미하며, ϵ은 매질의 유전율(상수)이고 ρ는 자유전하의 체적밀도(공간좌표의 함수가 될 수 있다)이다.

발산과 기울기의 연산은 모두 1차 공간 미분을 포함하므로, 포아송 방정식은 2차 편미분 방정식으로서 2차 미분이 존재하는 공간의 모든 점에서 성립한다. 직각좌표계에서의 라플라스 방정식은

$$\nabla^2 V=\nabla\cdot\nabla V=\left(\mathbf{a}_x\frac{\partial}{\partial x}+\mathbf{a}_y\frac{\partial}{\partial y}+\mathbf{a}_z\frac{\partial}{\partial z}\right)\cdot\left(\mathbf{a}_x\frac{\partial V}{\partial x}+\mathbf{a}_y\frac{\partial V}{\partial y}+\mathbf{a}_z\frac{\partial V}{\partial z}\right)$$

이며, 식 (4-6)은

$$\boxed{\frac{\partial^2 V}{\partial x^2}+\frac{\partial^2 V}{\partial y^2}+\frac{\partial^2 V}{\partial z^2}=-\frac{\rho}{\epsilon}\qquad (\mathrm{V/m^2})} \tag{4-7}$$

이 된다. 동일한 방법으로, 식 (2-93)과 (2-110)을 사용하여 원통좌표계와 구좌표계에서 $\nabla^2 V$에

대한 다음의 표현식을 쉽게 입증할 수 있다.

원통좌표계:

$$\nabla^2 V = \frac{1}{r}\frac{\partial}{\partial r}\left(r\frac{\partial V}{\partial r}\right) + \frac{1}{r^2}\frac{\partial^2 V}{\partial \phi^2} + \frac{\partial^2 V}{\partial z^2} \tag{4-8}$$

구좌표계:

$$\nabla^2 V = \frac{1}{R^2}\frac{\partial}{\partial R}\left(R^2\frac{\partial V}{\partial R}\right) + \frac{1}{R^2 \sin\theta}\frac{\partial}{\partial \theta}\left(\sin\theta\frac{\partial V}{\partial \theta}\right) + \frac{1}{R^2 \sin^2\theta}\frac{\partial^2 V}{\partial \phi^2} \tag{4-9}$$

정해진 경계 조건하에서 3차원 포아송 방정식의 해를 구하는 것은 일반적으로 쉬운 일이 아니다.

자유전하가 없이 $\rho = 0$인 단순 매질 내의 한 점에서 식 (4-6)은

$$\boxed{\nabla^2 V = 0} \tag{4-10}$$

로 간략화되며, 이 식을 **라플라스(Laplace) 방정식**이라 한다. 라플라스 방정식은 전자기학을 학습하는 데 매우 중요한 관계식이다. 이 식은 커패시터와 같이 다른 전위를 가지는 도체 군을 포함하는 문제들의 지배 방정식이다. 식 (4-10)으로부터 V를 구하면, $\mathbf{E}$를 $-\nabla V$로부터 구할 수 있고, 도체 표면의 전하 분포는 $\rho_s = \epsilon E_n$으로부터 구할 수 있다(식 (3-72)).

예제 4-1 평판 커패시터의 두 판이 그림 4-1과 같이 기리 d만큼 떨어져 있고, 전위는 0과 V_0로 유지된다. 끝부분(edge)에서 가장자리 효과(fringing effect)를 무시할 수 있다고 가정하여, (a) 두 판 사이의 모든 위치에서 전위를 구하고, (b) 판상에서 면전하밀도를 구하라.

풀이

(a) 두 판 사이에서 $\rho = 0$이므로, 라플라스 방정식이 전위에 관한 지배 방정식이다. 전기장의 가장자리 효과를 무시하면 판 사이의 전기장 분포는 마치 판이 무한히 넓은 것과 같으며 x와 y 방향으로는 V의 변화가 없다. 따라서 식 (4-7)은 다음과 같이 간략화된다.

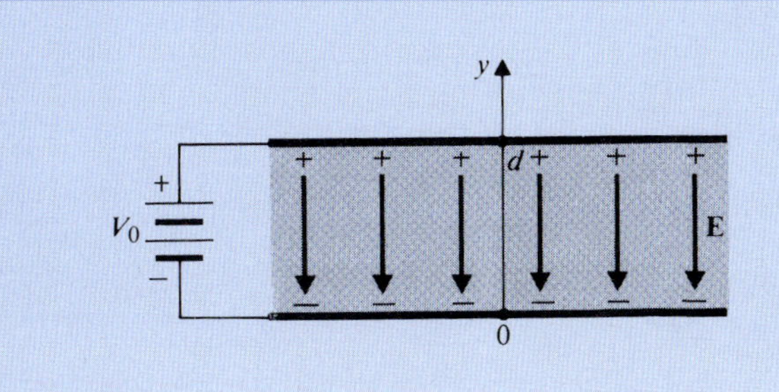

그림 4-1
평판 커패시터(예제 4-1)

$$\frac{d^2V}{dy^2} = 0 \tag{4-11}$$

여기서 y가 유일한 공간 변수이므로 $\partial^2/\partial y^2$ 대신에 d^2/dy^2을 사용하였다.

식 (4-11)을 y에 대해 적분하면

$$\frac{dV}{dy} = C_1$$

을 얻으며, 여기서 적분상수 C_1을 구해야 한다. 한 번 더 적분하면,

$$V = C_1 y + C_2 \tag{4-12}$$

을 얻는다. 두 적분상수 C_1과 C_2를 구하기 위해 다음과 같은 두 개의 경계 조건이 필요하다.

$$y = 0 \text{ 일 때 } V = 0 \tag{4-13a}$$

$$y = d \text{ 일 때 } V = V_0 \tag{4-13b}$$

식 (4-13a)와 (4-13b)를 식 (4-12)에 대입하면 즉시 $C_1 = V_0/d$와 $C_2 = 0$을 얻는다. 그러므로 판 사이의 모든 점 y의 전위는 식 (4-12)로부터

$$V = \frac{V_0}{d}y \tag{4-14}$$

이다. 전위는 $y = 0$에서 $y = d$까지 선형적으로 증가한다.

(b) 면전하밀도를 구하기 위해, 먼저 $y = 0$과 $y = d$의 도체판에서 전기장 $\mathbf{E}$를 구한다. 식 (4-3)과 (4-14)로부터

$$\mathbf{E} = -\mathbf{a}_y \frac{dV}{dy} = -\mathbf{a}_y \frac{V_0}{d} \tag{4-15}$$

이며, 이 식은 y에 무관하게 일정한 값을 갖는다. $\mathbf{E}$의 방향은 V가 증가하는 방향과 반대임을 주의하라. 도체판의 전하밀도는 식 (3-72)

$$E_n = \mathbf{a}_n \cdot \mathbf{E} = \frac{\rho_s}{\epsilon}$$

를 이용하여 구할 수 있다. 아래쪽 판에서는

$$\mathbf{a}_n = \mathbf{a}_y, \qquad E_{n\ell} = -\frac{V_0}{d}, \qquad \rho_{s\ell} = -\frac{\epsilon V_0}{d}$$

이고, 위쪽 판에서는

$$\mathbf{a}_n = -\mathbf{a}_y, \qquad E_{nu} = \frac{V_0}{d}, \qquad \rho_{su} = \frac{\epsilon V_0}{d}$$

이다. 정전기장의 전기장선(electric field line)은 양전하에서 시작하여 음전하에서 끝난다.

예제 4-2 $0 \leq R \leq b$에서 균일한 전하밀도 $\rho = -\rho_0$(여기서 ρ_0는 양수)이고 $R > b$에서 $\rho = 0$인 구 모양 전자구름의 내부와 외부에서 포아송과 라플라스 방정식을 이용하여 V에 대해 풀어서 $\mathbf{E}$를 구하라.

풀이 이 문제는 3장에서 가우스의 법칙을 적용하여 푼 적이 있다(예제 3-7). 이제 1차원 포아송 및 라플라스 방정식의 풀이를 예를 들어 설명하기 위해 같은 문제를 이용한다. θ와 ϕ 방향으로 변화가 없으므로, 구좌표계에서 R의 함수만을 다룬다.

(a) 전자구름 내부의 전하밀도 분포는 다음과 같다.

$$0 \leq R \leq b, \qquad \rho = -\rho_0$$

이 영역에서는 포아송 방정식($\nabla^2 V_i = -\rho/\epsilon_0$)이 성립한다. 식 (4-9)에서 $\partial/\partial\theta$와 $\partial/\partial\phi$를 제외하면

$$\frac{1}{R^2}\frac{d}{dR}\left(R^2\frac{dV_i}{dR}\right) = \frac{\rho_0}{\epsilon_0}$$

이 되며,

$$\frac{d}{dR}\left(R^2\frac{dV_i}{dR}\right) = \frac{\rho_0}{\epsilon_0}R^2 \tag{4-16}$$

으로 간략화할 수 있다. 식 (4-16)을 적분하면,

$$\frac{dV_i}{dR} = \frac{\rho_0}{3\epsilon_0}R + \frac{C_1}{R^2} \tag{4-17}$$

을 얻는다. 따라서 전자구름 내부의 전기장 세기는

$$\mathbf{E}_i = -\nabla V_i = -\mathbf{a}_R\left(\frac{dV_i}{dR}\right)$$

이다. $\mathbf{E}_i$는 $R = 0$에서 무한대가 될 수 없으므로, 식 (4-17)의 적분상수 C_1은 0이다. 따라서

$$\mathbf{E}_i = -\mathbf{a}_R\frac{\rho_0}{3\epsilon_0}R, \qquad 0 \leq R \leq b \tag{4-18}$$

을 얻는다.

(b) 전자구름 외부의 전하밀도는 다음과 같다.

$$R \geq b, \qquad \rho = 0$$

이 영역에서는 라플라스 방정식이 성립한다. $\nabla^2 V_o = 0$이므로

$$\frac{1}{R^2}\frac{\partial}{\partial R}\left(R^2\frac{dV_o}{dR}\right) = 0 \tag{4-19}$$

이다. 식 (4-19)를 적분하면,

$$\frac{dV_o}{dR} = \frac{C_2}{R^2} \tag{4-20}$$

또는

$$\mathbf{E}_o = -\nabla V_o = -\mathbf{a}_R\frac{dV_o}{dR} = -\mathbf{a}_R\frac{C_2}{R^2} \tag{4-21}$$

을 얻는다. 적분상수 C_2는 $R = b$에서 $\mathbf{E}_o$와 $\mathbf{E}_i$를 같게 하여 구할 수 있으며, 이 영역에서 매질 특성의 불연속은 없다. 따라서 다음 결과를 얻는다.

$$\frac{C_2}{b^2} = \frac{\rho_0}{3\epsilon_0}b$$

이 식으로부터

$$C_2 = \frac{\rho_0 b^3}{3\epsilon_0} \tag{4-22}$$

와

$$\mathbf{E}_o = -\mathbf{a}_R\frac{\rho_0 b^3}{3\epsilon_0 R^2}, \qquad R \geq b \tag{4-23}$$

을 얻게 된다. 전자구름에 포함된 총 전하는

$$Q = -\rho_0\frac{4\pi}{3}b^3$$

이므로, 식 (4-23)은

$$\mathbf{E}_o = \mathbf{a}_R\frac{Q}{4\pi\epsilon_0 R^2} \tag{4-24}$$

이 되며, 이 식은 점전하 Q로부터 R 지점의 전기장 세기에 관한 익숙한 표현식과 동일하다. ■

R의 함수로 전위를 고찰하면 이 문제에 대해 보다 깊이 있게 이해할 수 있다. $C_1 = 0$이므로 식 (4-17)을 적분하면,

$$V_i = \frac{\rho_0 R^2}{6\epsilon_0} + C_1' \tag{4-25}$$

이 된다. C_1'은 새로운 적분상수이며 C_1과 같지 않다는 것을 주목해야 한다. 식 (4-22)를 식 (4-20)에 대입하고 적분하면,

$$V_o = -\frac{\rho_0 b^3}{3\epsilon_0 R} + C_2' \tag{4-26}$$

을 얻는다. 그러나 식 (4-26)의 C_2'은 0이 되며, 이는 V_o가 무한 거리($R \to \infty$)에서 0이기 때문이다. 정전위는 경계면에서 연속이므로, $R = b$에서 V_i와 V_o를 같게 하여 다음과 같이 C_1'을 결정한다.

$$\frac{\rho_0 b^2}{6\epsilon_0} + C_1' = -\frac{\rho_0 b^2}{3\epsilon_0}$$

또는

$$C_1' = -\frac{\rho_0 b^2}{2\epsilon_0} \tag{4-27}$$

이며, 식 (4-25)로부터 다음의 결과를 얻는다.

$$V_i = -\frac{\rho_0}{3\epsilon_0}\left(\frac{3b^2}{2} - \frac{R^2}{2}\right) \tag{4-28}$$

식 (4-28)의 V_i는 식 (3-172)에서 $\rho = -\rho_0$일 때의 V와 같다.

4-3 정전기장 해의 유일성

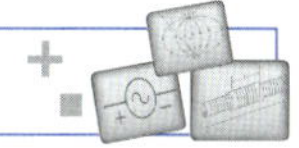

이전 절의 비교적 간단한 두 예제에서 직접 적분을 통해 전기장의 해를 얻었다. 더욱 복잡한 경우에는 다른 풀이방법을 사용해야 한다. 이들 방법을 논의하기 전에, **주어진 경계 조건을 만족하는 포아송 방정식**(라플라스 방정식은 포아송 방정식의 특수한 경우임)**의 해는 유일해라는 것을 인식하는 것**이 중요하다. 이것을 **유일성 정리**(uniqueness theorem)라 한다. 유일성 정리의 의미는 경계조건을 만족하는 정전기장 문제의 해는 해를 얻는 방법에 관계없이 단 하나만 가능한 해이다. 지적인 추측을 통해 얻은 해조차도 단 하나의 해이다. 이 정리의 중요성은 4-4절에서 영상법을 논의할 때 진가를 인정하게 된다.

유일성 정리를 증명하기 위해, 외곽이 표면 S_o로 둘러싸인 체적 τ를 가정하자. S_o는 무한 거리의 면이어도 된다. 그림 4-2에 나타낸 것과 같이, 폐곡면 S_o의 내부에 여러 개의 충전된 도체가 있으며, 표면은 $S_1, S_2, \ldots, S_n$으로서 특정한 전위가 가해져 있다. 이제 유일성 정리에 반하여, τ 내에서 포아송 방정식에 두 개의 해 V_1과 V_2가 있다고 가정하자.

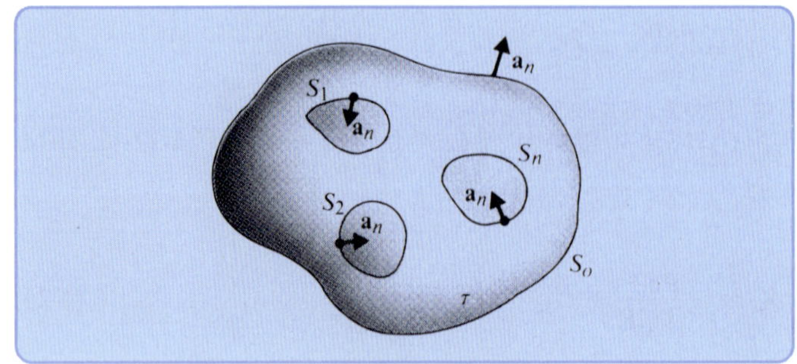

그림 4-2
도체들과 체적 τ를 둘러싸는 폐곡면 S_o

$$\nabla^2 V_1 = -\frac{\rho}{\epsilon} \tag{4-29a}$$

$$\nabla^2 V_2 = -\frac{\rho}{\epsilon} \tag{4-29b}$$

또한 V_1과 V_2 모두 $S_1, S_2, \ldots, S_n$ 상에서 동일한 경계 조건을 만족한다고 가정한다. 다음과 같이 새로운 전위차를 정의하여 문제를 해석해보고자 한다.

$$V_d = V_1 - V_2 \tag{4-30}$$

식 (4-29a)와 (4-29b)로부터 V_d는 τ 내에서 라플라스 방정식을 만족한다.

$$\nabla^2 V_d = 0 \tag{4-31}$$

도체 경계면에서는 전위가 정해져 있으므로 $V_d = 0$이다.

벡터 항등식(연습문제 P.2-28)

$$\nabla \cdot (f\mathbf{A}) = f\nabla \cdot \mathbf{A} + \mathbf{A} \cdot \nabla f \tag{4-32}$$

을 이용하고 $f = V_d$, $\mathbf{A} = \nabla V_d$로 두면,

$$\nabla \cdot (V_d \nabla V_d) = V_d \nabla^2 V_d + |\nabla V_d|^2 \tag{4-33}$$

을 얻는다. 여기서 식 (4-31)에 의해 우변의 첫째 항은 0이 된다. 식 (4-33)을 체적 τ에 대해 적분하면

$$\oint_S (V_d \nabla V_d) \cdot \mathbf{a}_n \, ds = \int_\tau |\nabla V_d|^2 \, dv \tag{4-34}$$

가 되며, 여기서 $\mathbf{a}_n$은 τ로부터 바깥으로 향하는 단위수직벡터이다. 표면 S는 S_o뿐만 아니라 $S_1, S_2, \ldots, S_n$으로 구성되어 있으며, 도체 경계면에서 $V_d = 0$이다. 전체 계(whole system)를 감싸는 커다란 표면 S_o 상에서, S_o를 반지름이 R인 매우 큰 구의 표면으로 생각하여 식 (4-34)의 좌변 면적분값을 구할 수 있다. R이 증가함에 따라, V_1과 V_2 모두(V_d도 마찬가지로) $1/R$로 감소하므로, ∇V_d는 $1/R^2$으로 감소하며 피적분함수(V_d ∇V_d)는 $1/R^3$으로 감소한다. 그러나 표면 면적 S_o는 R^2으로 증가한다. 그러므로 식 (4-34)의 좌변에서 면적분은 $1/R$로 감소하며 무한 거리에서 0에 접

근한다. 우변의 체적적분도 0이 되어야 하므로 다음과 같이 나타낼 수 있다.

$$\int_\tau |\nabla V_d|^2 \, dv = 0 \tag{4-35}$$

피적분함수 $|\nabla V_d|^2$는 모든 곳에서 음이 아니므로, 식 (4-35)는 $|\nabla V_d|$가 균일하게 0일 때만 만족된다. 모든 곳에서 변화율이 0이라는 것은 V_d가 τ 내의 모든 점에서 같은 값을 가진다는 것을 의미하며, $V_d = 0$인 경계면 $S_1, S_2, \ldots, S_n$의 값과 같다. 그러므로 $V_1 = V_2$이며, 단 하나의 값만 가능하다.

유일성 정리는 도체들의 전위가 아닌 면전하 분포($\rho_s = \epsilon E_n = -\epsilon \partial V/\partial n$)가 규정되어도 성립한다는 것을 쉽게 알 수 있다. 이 경우에는 ∇V_d가 0이 되어 식 (4-34)의 좌변이 0이 되며 같은 결과를 얻는다. 사실상 유일성 정리는 비균질 유전체(유전율이 위치에 따라 변화하는 유전체)가 존재하는 경우에도 적용된다. 그러나 그 증명은 매우 복잡하므로 여기서는 생략한다.

4-4 영상법

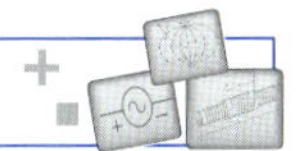

전기장과 전위 분포를 지배하는 포아송 또는 라플라스 방정식을 직접 풀려고 할 때 만족시키기 어려운 경계 조건을 가진 정전기장 문제들의 종류가 있다. 그러나 이러한 문제들에서 둘러싸는 면에서의 조건을 적절한 **영상**(등가)**전하**에 의해 만들 수 있으며, 그렇게 하면 전위 분포를 쉬운 방법으로 구할 수 있다. 이와 같이 포아송 또는 라플라스 방정식의 정규적인 풀이 대신에 둘러싸는 표면을 영상전하로 대체하는 방법을 **영상법**(method of images)이라 한다.

그림 4-3(a)에서 보는 바와 같이, 점전하 Q가 넓은 도체 접지면(0전위)으로부터 d만큼 위쪽에 위치해 있는 경우를 생각해 보자. 문제는 도체면 위쪽($y > 0$)의 모든 점에서 전위를 구하는 것이다. 그렇게 하기 위한 정규적인 절차는 다음과 같이 직각좌표계에서 라플라스 방정식을 푸는 것이 될 것이다.

$$\nabla^2 V = \frac{\partial^2 V}{\partial x^2} + \frac{\partial^2 V}{\partial y^2} + \frac{\partial^2 V}{\partial z^2} = 0 \tag{4-36}$$

이 식은 점전하를 제외한 $y > 0$에서 성립하며, 그 해가 되는 전위 분포 $V(x, y, z)$는 다음 조건들을 만족해야 한다.

1. 접지된 도체면의 모든 점에서 전위는 0이다. 즉,

$$V(x, 0, z) = 0$$

2. Q에 매우 가까운 점의 전위는 점전하만 있을 때의 전위에 근접한다. 즉,

$$V \to \frac{Q}{4\pi\epsilon_0 R} \qquad (R \to 0)$$

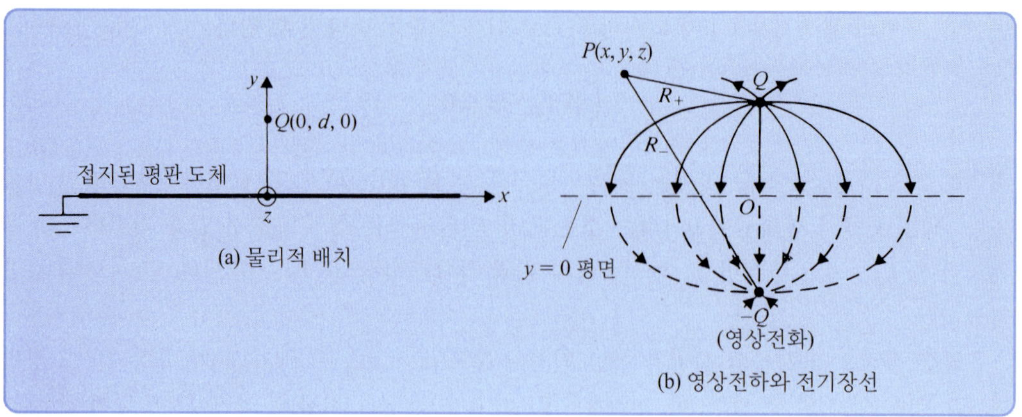

그림 4-3

점전하와 접지된 평판 도체

이며, R은 Q로부터의 거리이다.

3. Q로부터 매우 먼 점($x \to \pm\infty$, $y \to +\infty$, 또는 $z \to \pm\infty$)에서 전위는 0에 접근한다.

4. 전위함수(포텐셜 함수: potential function)는 x와 z에 대해 우함수이다; 즉,

$$V(x, y, z) = V(-x, y, z)$$

과

$$V(x, y, z) = V(x, y, -z)$$

이다.

이러한 모든 조건들을 만족하는 해를 구하는 것은 어려운 것으로 판명된다.

다른 관점으로, $y = d$에 양전하 Q가 있으면 도체판의 표면에 음전하가 유기되어 면전하밀도 ρ_s가 나타난다는 것을 추론할 수 있다. 따라서 도체판 위쪽의 점에서 전위는

$$V(x, y, z) = \frac{Q}{4\pi\epsilon_0\sqrt{x^2 + (y-d)^2 + z^2}} + \frac{1}{4\pi\epsilon_0}\int_S \frac{\rho_s}{R_1}\, ds$$

이며, 여기서 R_1은 ds로부터 고려하는 지점까지의 거리, S는 전체 도체판의 표면이다. 여기서 문제점은 경계 조건 $V(x, 0, z) = 0$으로부터 ρ_s를 먼저 구해야 한다는 것이다. 더욱이 ρ_s를 도체 면상의 모든 점에서 결정한 후에도 제시된 면적분의 값을 구하기 어렵다. 다음 소절들에서 영상법이 이러한 문제를 얼마나 크게 단순화하는지 보여준다.

4-4.1 점전하와 도체면

그림 4-3(a)의 문제는 0전위인 넓은 평판 도체 위쪽의 거리 d에 위치한 양의 점전하 Q에 관한

것이다. 만약 도체를 제거하고 그것을 $y = -d$의 영상 점전하 $-Q$로 대체한다면, $y > 0$ 영역에서 점 $P(x, y, z)$에서의 전위는

$$V(x, y, z) = \frac{Q}{4\pi\epsilon_0}\left(\frac{1}{R_+} - \frac{1}{R_-}\right) \tag{4-37}$$

이며, 다음에 정리한 R_+와 R_-는 각각 Q와 $-Q$로부터 점 P까지의 거리이다.

$$R_+ = [x^2 + (y-d)^2 + z^2]^{1/2}$$
$$R_- = [x^2 + (y+d)^2 + z^2]^{1/2}$$

식 (4-37)의 $V(x, y, z)$가 식 (4-36)의 라플라스 방정식을 만족한다는 것은 직접 대입(연습문제 P.4-5a)하여 쉽게 증명할 수 있으며, 식 (4-36) 밑에 열거한 네 개의 모든 조건들이 만족된다는 것은 분명하다. 그러므로 식 (4-37)은 이 문제의 해이다; 또한 유일성 정리의 관점에서 이는 유일한 해이다.

$y > 0$ 영역에서 전기장 세기 $\mathbf{E}$는 식 (4-37)과 함께 $-\nabla V$로부터 쉽게 구할 수 있다. 이것은 거리 $2d$만큼 떨어진 두 점전하 $+Q$와 $-Q$ 사이의 전기장 세기와 정확히 일치한다. 그림 4-3(b)에서 몇 개의 전기장선을 보여주고 있다. 영상법에 의한 이 정전기장 문제의 풀이는 아주 단순하다; 그러나 영상전하가 구하고자 하는 영역 바깥에 위치하고 있다는 것을 강조한다. 이 문제에서 점전하들 $+Q$와 $-Q$는 $y < 0$ 영역에서 V 또는 $\mathbf{E}$를 계산하는 데 사용될 수 없다. 사실 $y < 0$ 영역에서 V와 $\mathbf{E}$는 모두 0이다. 이것을 설명할 수 있는가?

무한 도체평면 위쪽의 선전하 ρ_ℓ에 의한 전기장은 (도체판을 제거하고) ρ_ℓ과 그 영상전하 $-\rho_\ell$을 이용하여 구할 수 있다는 것을 쉽게 알 수 있다.

예제 4-3 양의 점전하 Q가 그림 4-4(a)와 같이 직각을 이루는 두 개의 접지된 도체 반평면으로부터 각각 거리 d_1과 d_2에 위치하고 있다. 판에 유기된 전하로 인해 Q에 작용하는 힘을 구하라.

풀이 도체 반평면에서 0전위 경계 조건을 만족하는 포아송 방정식의 정규과정을 통한 풀이는 매우 어려울 것이다. 이제 $-Q$를 4상한에 두면 수평 반평면의 전위가 0이 된다(하지만 수직 반평면의 전위는 0이 아님). 동일한 방법으로, 영상전하 $-Q$를 2상한에 두면 수직 반평면의 전위가 0이 된다(하지만 수평 반평면의 전위는 0이 아님). 그러나 만약 3상한에 $+Q$를 추가하면, 대칭성으로부터 그림 4-4(b)의 영상전하 배열이 모든 반평면에서 0전위 경계 조건을 만족하며 그림 4-4(a)의 물리적 배치와 전기적으로 동일하다는 것을 알 수 있다.

반평면에 음의 면전하가 유기되지만, 이들이 Q에 미치는 영향을 세 영상전하에 의한 영향으로부터 구할 수 있다. 그림 4-4(c)를 참조하면, Q에 가해지는 순 힘은 다음과 같다.

$$\mathbf{F} = \mathbf{F}_1 + \mathbf{F}_2 + \mathbf{F}_3$$

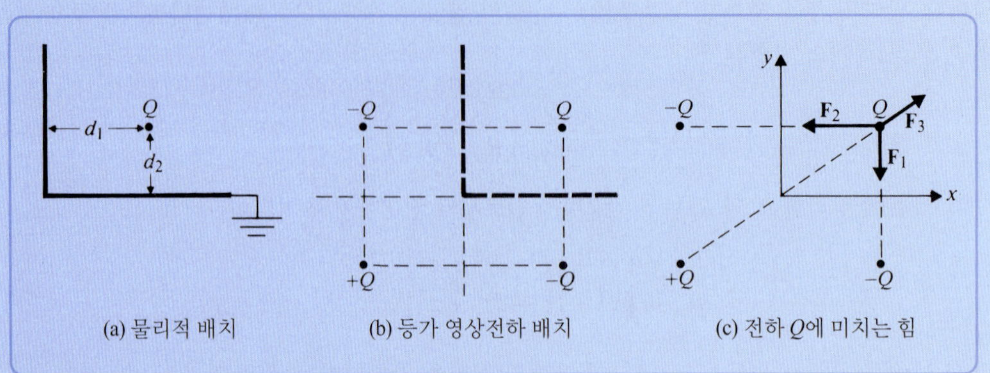

(a) 물리적 배치 (b) 등가 영상전하 배치 (c) 전하 Q에 미치는 힘

그림 4-4

점전하와 직각을 이루는 도체 반평면

점전하와 직각을 이루는 도체 반평면 구조에서 각 영상전하에 의해 Q에 작용하는 각각의 정전기력(또는 쿨롱 힘)은 다음과 같다.

$$\mathbf{F}_1 = -\mathbf{a}_y \frac{Q^2}{4\pi\epsilon_0(2d_2)^2}$$

$$\mathbf{F}_2 = -\mathbf{a}_x \frac{Q^2}{4\pi\epsilon_0(2d_1)^2}$$

$$\mathbf{F}_3 = \frac{Q^2}{4\pi\epsilon_0[(2d_1)^2 + (2d_2)^2]^{3/2}}(\mathbf{a}_x 2d_1 + \mathbf{a}_y 2d_2)$$

그러므로 직각을 이루는 도체 반평면 부근에 존재하는 전하 Q에 작용하는 힘은

$$\mathbf{F} = \frac{Q^2}{16\pi\epsilon_0}\left\{\mathbf{a}_x\left[\frac{d_1}{(d_1^2 + d_2^2)^{3/2}} - \frac{1}{d_1^2}\right] + \mathbf{a}_y\left[\frac{d_2}{(d_1^2 + d_2^2)^{3/2}} - \frac{1}{d_2^2}\right]\right\}$$

이다.

1상한의 점에서 전위 및 전기장 세기와 두 반평면에 유기되는 면전하밀도도 역시 네 전하 시스템으로부터 구할 수 있다(연습문제 P.4-8).

4-4.2 선전하와 평행 도체 원통

이제부터 선전하 ρ_ℓ이 반지름 a인 평행 도체 원통의 축으로부터 d의 거리에 위치했을 때의 정전기장 문제를 생각해 보자. 선전하와 도체 원통은 모두 무한히 길다고 가정한다. 그림 4-5(a)는 이 구조의 단면을 보여준다. 영상법에 의해 이 문제를 풀기에 앞서 다음을 유념한다: (1) $r = a$의 원통면이 등전위면이 되도록 하기 위해서 영상전하는 원통 내부의 평행 선전하가 된다. 이 전하를 영상 선전하 ρ_i라 하자. (2) 선 OP에 대해 대칭이므로, 영상 선전하는 OP 상의 어딘가에

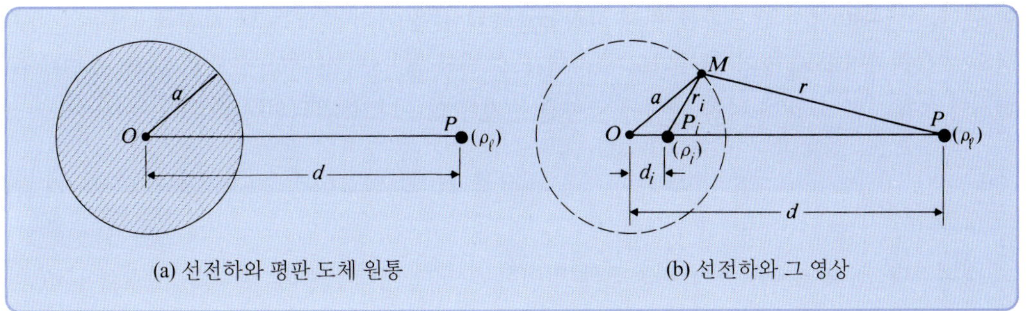

그림 4-5

선전하와 평판 도체 원통 내부의 영상

있으며, 그곳이 점 P_i로서 축으로부터 거리 d_i에 있다(그림 4-5b). 따라서 결정해야 할 두 미지수는 ρ_i와 d_i이다.

첫 번째 시도로서,

$$\boxed{\rho_i = -\rho_\ell} \tag{4-38}$$

로 가정하자. 이 단계에서 식 (4-38)은 단지 하나의 시험해(trial solution)로서(지적인 추측), 이것이 참일지는 확신할 수 없다. 한편, 이 시험해로 경계 조건을 만족할 수 없다는 것이 판명될 때까지 진행할 것이다. 다른 한편으로, 만약 식 (4-38)로부터 모든 경계 조건을 만족하는 해를 구하게 된다면, 유일성 정리에 의해 이것이 유일한 해이다. 다음에 할 일은 d_i를 결정할 수 있는지를 확인하는 것이다.

선전하 ρ_ℓ로부터 거리 r에서의 전위는 식 (3-40)의 전기장 세기 $\mathbf{E}$를 적분하여 얻을 수 있다.

$$\begin{aligned} V &= -\int_{r_0}^{r} E_r\,dr = -\frac{\rho_\ell}{2\pi\epsilon_0}\int_{r_0}^{r}\frac{1}{r}\,dr \\ &= \frac{\rho_\ell}{2\pi\epsilon_0}\ln\frac{r_0}{r} \end{aligned} \tag{4-39}$$

0전위 기준점 r_0는 무한 거리가 아니며, 이는 식 (4-39)에서 $r_0 = \infty$로 두면 V가 모든 곳에서 무한대가 되기 때문이다. 당분간 r_0를 정하지 않고 남겨두자. 원통면 또는 외부의 점에서 전위는 ρ_ℓ과 ρ_i의 기여분을 더해 얻는다. 특히, 그림 4-5(b)에서 원통면 위의 점 M에서

$$\begin{aligned} V_M &= \frac{\rho_\ell}{2\pi\epsilon_0}\ln\frac{r_0}{r} - \frac{\rho_\ell}{2\pi\epsilon_0}\ln\frac{r_0}{r_i} \\ &= \frac{\rho_\ell}{2\pi\epsilon_0}\ln\frac{r_i}{r} \end{aligned} \tag{4-40}$$

이 된다. 식 (4-40)에서 단순화를 위해 ρ_ℓ과 ρ_i로부터 같은 거리에 있는 한 지점을 0전위의 기준점으로 선택하여 $\ln r_0$ 항이 상쇄되도록 하였다. 그렇지 않으면, 상수항이 식 (4-40)의 우변에 포함되어야 하지만, 그것은 다음 과정에 영향을 주지는 않는다. 등전위면은

$$\frac{r_i}{r} = \text{상수} \tag{4-41}$$

로 정해진다. 만약 등전위면이 원통면과 일치하고자 하면($\overline{OM} = a$), 점 P_i는 삼각형 OMP_i와 OPM이 닮음꼴이 되도록 위치해야 한다. 이들 두 삼각형은 이미 하나의 공통각 $\angle OMP_i = \angle OPM$가 있다. 그러므로

$$\frac{\overline{P_iM}}{\overline{PM}} = \frac{\overline{OP_i}}{\overline{OM}} = \frac{\overline{OM}}{\overline{OP}}$$

또는

$$\frac{r_i}{r} = \frac{d_i}{a} = \frac{a}{d} = \text{상수} \tag{4-42}$$

이다. 식 (4-42)로부터 만약

$$\boxed{d_i = \frac{a^2}{d}} \tag{4-43}$$

이면, 영상 선전하 $-\rho_\ell$는 ρ_ℓ와 함께 그림 4-5(b)의 점선 원통면을 등전위로 만들 것이다. 점 M이 점선으로 된 원 위에서 위치가 변화하면, r_i와 r이 모두 변화한다; 그러나 그 비는 일정하게 유지되며 a/d와 같다. 점 P_i는 반경 a인 원에 대해 P의 **반대점**(inverse point: 대칭점)이라 한다.

영상 선전하 $-\rho_\ell$은 원통 도체 표면을 대체할 수 있으며, 표면 외부의 모든 점에서 V와 $\mathbf{E}$는 선전하 ρ_ℓ과 $-\rho_\ell$로부터 구할 수 있다. 대칭성으로부터 원래 선전하 ρ_ℓ을 둘러싸는 반지름 a이고 축이 P의 오른쪽으로 거리 d_i에 위치한 평행 원통면도 역시 등전위면이라는 것을 알 수 있다. 이러한 특성을 이용하여 원형 단면의 평행한 두 도체로 이루어진 개방된-도선 전송선의 단위길이당 정전용량을 계산할 수 있다.

예제 4-4 반지름이 a인 두 개의 긴 평행 원형 도체 선 사이의 단위길이당 정전용량을 구하라. 도선의 축은 거리 D만큼 떨어져 있다.

SOLUTION **풀이** 그림 4-6에서 보여주는 두 도선으로 된 전송선의 단면을 참조하여 해석하자. 두 도선의 등전위면은 거리 $(D - 2d_i) = d - d_i$만큼 떨어진 한 쌍의 선전하 $+\rho_\ell$과 $-\rho_\ell$에 의해 발생한 것으로 생각할 수 있다. 두 도선 사이의 전위차는 각 도선 위의 임의의 두 점 사이의 전위차와 같다. 첨자 1과

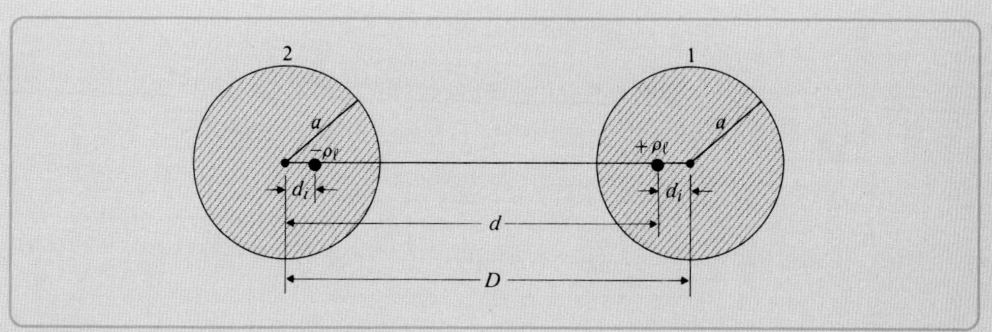

그림 4-6

두 도선 전송선의 단면과 등가 선전하(예제 4-4)

2는 각각 등가 선전하 $+\rho_\ell$과 $-\rho_\ell$을 둘러싸는 도선을 의미한다. 식 (4-40)과 (4-42)로부터 도선 1, 2의 전위 V_1과 V_2는 각각 다음과 같다.

$$V_2 = \frac{\rho_\ell}{2\pi\epsilon_0}\ln\frac{a}{d}$$

$$V_1 = -\frac{\rho_\ell}{2\pi\epsilon_0}\ln\frac{a}{d}$$

$a < d$이므로 V_1은 양수이며, 반면에 V_2는 음수이다. 단위길이당 전전용량은

$$C = \frac{\rho_\ell}{V_1 - V_2} = \frac{\pi\epsilon_0}{\ln(d/a)} \tag{4-44}$$

이며, 여기서

$$d = D - d_i = D - \frac{a^2}{d}$$

이므로

$$d = \tfrac{1}{2}(D + \sqrt{D^2 - 4a^2}) \tag{4-45}$$

을 얻는다.[1)] 식 (4-44)에 식 (4-45)를 이용하면,

$$\boxed{C = \frac{\pi\epsilon_0}{\ln\left[(D/2a) + \sqrt{(D/2a)^2 - 1}\right]} \quad \text{(F/m)}} \tag{4-46}$$

1) 다른 해, $d = \frac{1}{2}(D - \sqrt{D^2 - 4a^2})$는 D와 d가 모두 a보다 매우 크기 때문에 사용하지 않는다.

이 된다. $x > 1$일 때

$$\ln\left[x + \sqrt{x^2 - 1}\right] = \cosh^{-1} x$$

이므로, 식 (4-46)은 또한

$$C = \frac{\pi\epsilon_0}{\cosh^{-1}(D/2a)} \quad \text{(F/m)} \tag{4-47}$$

로 쓸 수 있다.

그림 4-6에서 두 도선 주위의 전위 분포와 전기장 세기는 등가 선전하를 이용하여 쉽게 구할 수 있다.

이제부터 좀 더 일반적인 경우로서 반지름이 다른 두 도선에 대해 생각한다. 이 문제는 도선 표면을 등전위로 만드는 등가 선전하의 위치를 구하면 풀 수 있다는 것을 알 수 있다. 그러면 먼저 단면이 그림 4-7과 같은 한 쌍의 양과 음 선전하 주변의 전위 분포를 알아보자. $+\rho_\ell$과 $-\rho_\ell$에 의한 어떤 지점의 전위는 식 (4-40)으로부터

$$V_P = \frac{\rho_\ell}{2\pi\epsilon_0} \ln \frac{r_2}{r_1} \tag{4-48}$$

이다. xy-평면에서 등전위선은 $r_2/r_1 = k$로 정의된다. 그러므로

$$\frac{r_2}{r_1} = \frac{\sqrt{(x+b)^2 + y^2}}{\sqrt{(x-b)^2 + y^2}} = k \tag{4-49}$$

이며,

$$\left(x - \frac{k^2+1}{k^2-1} b\right)^2 + y^2 = \left(\frac{2k}{k^2-1} b\right)^2 \tag{4-50}$$

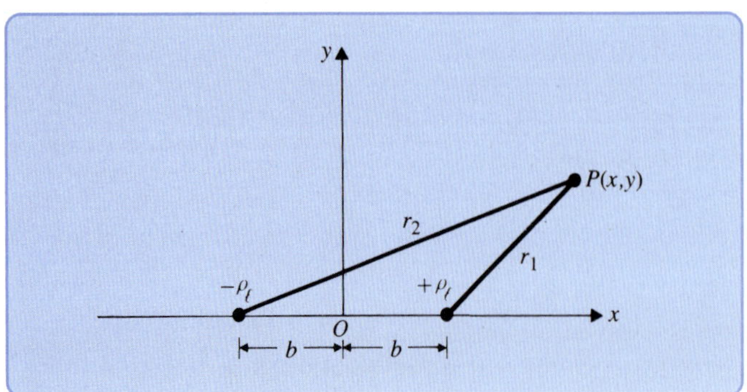

그림 4-7 선전하 쌍의 단면

으로 간략화할 수 있다. 식 (4-49)는 xy-평면에서 다양한 반지름의 원들을 나타내며, 반지름은

$$a = \left| \frac{2kb}{k^2 - 1} \right| \tag{4-51}$$

이다. 여기서 절대값 기호는 식 (4-49)의 k가 1보다 작은 경우가 있으며 a가 양이어야 하므로 필요하다. 원의 중심은 원점으로부터 거리

$$c = \frac{k^2 + 1}{k^2 - 1} b \tag{4-52}$$

만큼 이동해 있다. a, b, c 사이에는 다음과 같은 간단한 관계가 있다.

$$c^2 = a^2 + b^2 \tag{4-53}$$

$$b = \sqrt{c^2 - a^2} \tag{4-54}$$

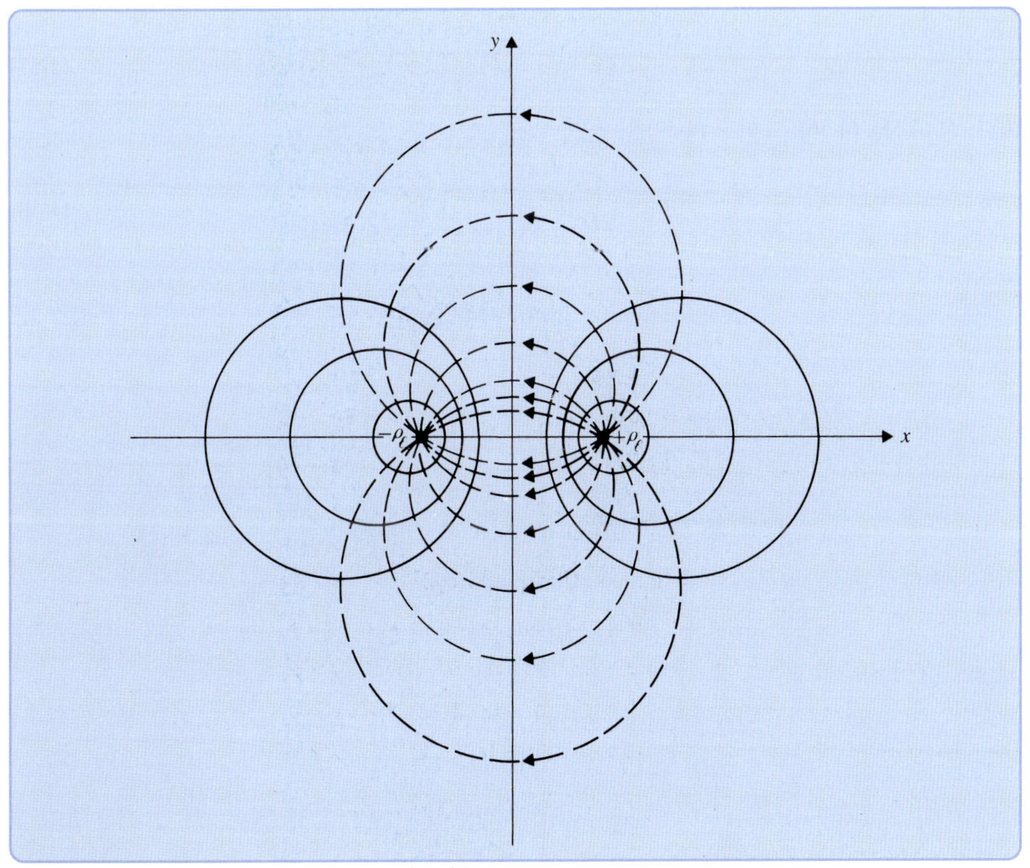

그림 4-8

선전하 쌍 주변의 등전위선(실선)과 전기장선(점선)

두 개의 원형 등전위선들을 그림 4-8에 나타내었다: 하나의 등전위 원은 $k > 1$일 때 $+\rho_\ell$ 주변에 있고, 다른 하나는 $k < 1$일 때 $-\rho_\ell$ 주변에 있다. y축은 $k = 1$에 해당하는 0전위선(무한 반지름의 원)이다. 그림 4-8에서 점선은 전기장선을 나타내는 원이며, 모든 점에서 등전위선에 수직이다(연습문제 P.4-12). 그러므로 반지름이 다른 두 도선의 정전기장 문제는 반지름이 같지 않은 두 등전위선 문제이며, 그림 4-8에서 등전위선은 y축의 한쪽에 하나씩 있다. 이 문제는 등가 선전하의 위치를 구하면 풀 수 있다.

그림 4-9에서 보는 바와 같이, 도선의 반지름이 a_1과 a_2이고 이들의 축이 거리 D만큼 떨어져 있다고 가정하자. 선전하로부터 원점까지의 거리 b를 결정해야 한다. 이것은 먼저 c_1과 c_2를 a_1, a_2, 그리고 D에 대해 표현함으로써 가능하다. 식 (4-54)로부터

$$b^2 = c_1^2 - a_1^2 \tag{4-55}$$

와

$$b^2 = c_2^2 - a_2^2 \tag{4-56}$$

을 얻는다. 또한

$$c_1 + c_2 = D \tag{4-57}$$

이다. 식 (4-55), (4-56), 그리고 (4-57)을 풀면,

$$c_1 = \frac{1}{2D}(D^2 + a_1^2 - a_2^2) \tag{4-58}$$

과

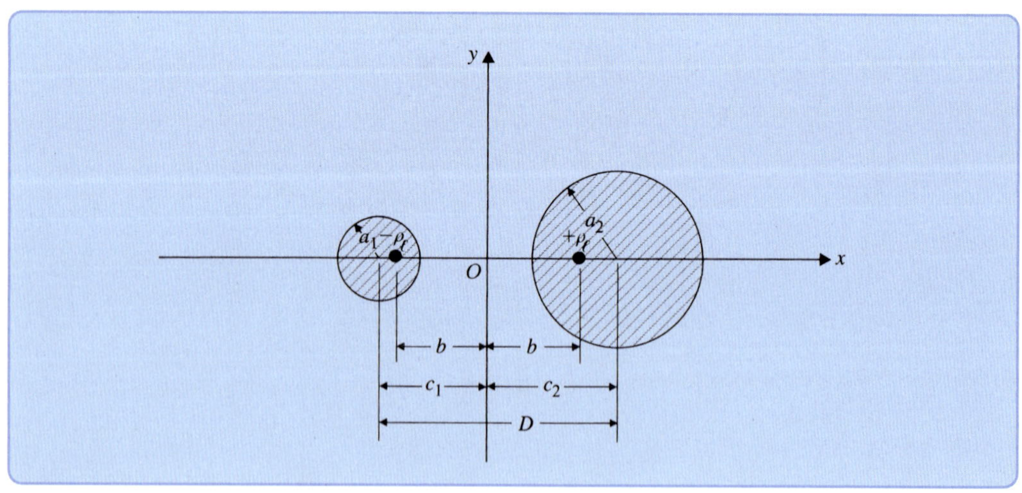

그림 4-9

다른 반지름을 가진 두 평행 도선의 단면

$$c_2 = \frac{1}{2D}(D^2 + a_2^2 - a_1^2) \tag{4-59}$$

가 된다. 그러면 거리 b는 식 (4-55) 또는 (4-56)으로부터 구할 수 있다.

두 도선 문제의 변형된 형태로서 흥미로운 구조는 그림 4-10(a)에서 보는 것과 같이 도체 원통 터널 내부의 중심이 일치하지 않는(off-center) 도체 문제이다. 여기서는 두 등전위면들이 크기가 같고 부호가 반대인 선전하 쌍의 같은 쪽에 있다. 이것은 그림 4-10(b)에 그려져 있다. 식 (4-55)와 (4-56)에 추가로 다음 조건이 만족되어야 한다.

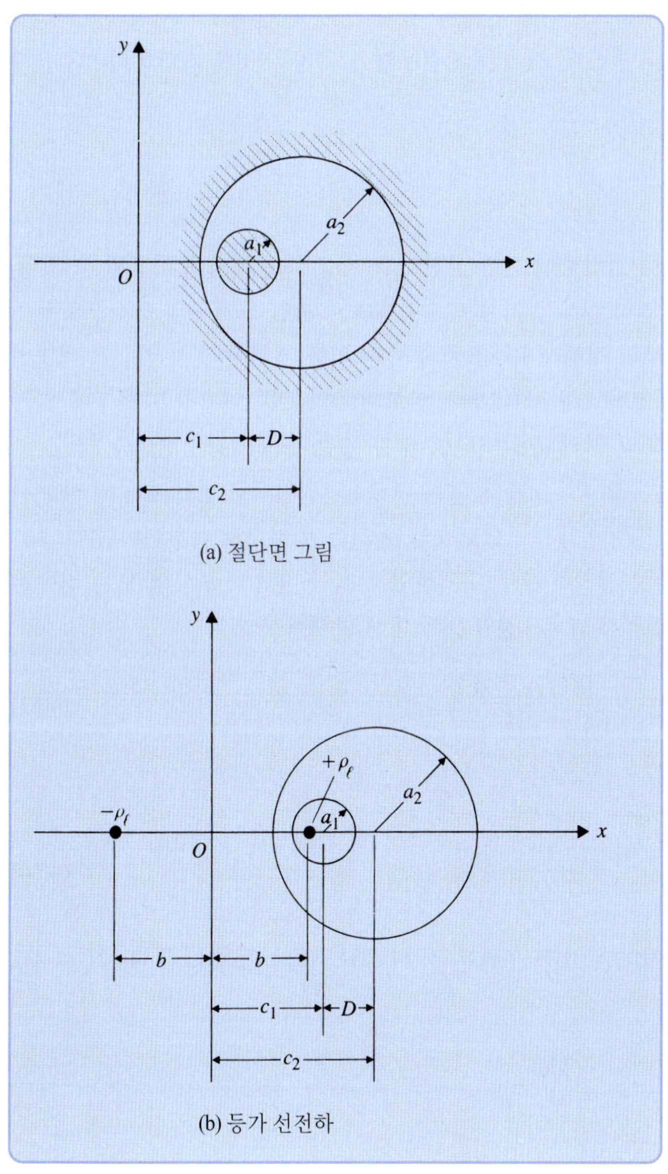

그림 4-10
도체 터널 내부의 중심이 벗어난 도체

$$c_2 - c_1 = D \tag{4-60}$$

식 (4-55), (4-56), 그리고 (4-60)을 결합하면,

$$c_1 = \frac{1}{2D}(a_2^2 - a_1^2 - D^2) \tag{4-61}$$

과

$$c_2 = \frac{1}{2D}(a_2^2 - a_1^2 + D^2) \tag{4-62}$$

를 얻는다. 거리 b는 식 (4-55)와 (4-56)으로부터 구할 수 있다. 등가 선전하들의 위치를 알면, 전위와 전기장 분포, 그리고 단위길이당 도체 사이의 정전용량을 구하는 것은 간단하다(연습문제 P.4-13과 P.4-14).

4-4.3 점전하와 도체구

영상법은 구 모양의 도체가 있을 때 점전하에 관한 정전기 문제를 푸는 데에도 적용할 수 있다. 그림 4-11(a)를 참고하면, 양의 점전하 Q가 접지된 반지름 $a(a < d)$인 도체구의 중심으로부터 거리 d에 위치하고 있으며, 구 외부의 점에서 V와 $\mathbf{E}$를 구하는 일을 지금부터 시작한다. 대칭성으로 인해 영상전하 Q_i는 음의 점전하로서 구 내부에 있으며 O와 Q를 연결하는 선상에 있는 것으로 예상된다. 그 전하가 O로부터 거리 d_i에 있다고 하자. Q_i는 $-Q$와 같지 않다는 것은 분명하다. 왜냐하면 $-Q$와 원래 Q는 구면 $R = a$를 원하는 대로 0전위면으로 만들지 않기 때문이다. (만약 $Q_i = -Q$이면, 0전위면은 무엇인가?) 그러므로 d_i와 Q_i 모두 미지수로 다루어야 한다.

그림 4-11(b)에서는 도체구를 영상 점전하 Q_i로 대체하였으며, 구면 $R = a$ 상의 모든 점에서 전위가 0이 되도록 하였다. 대표적인 점 M에서 Q와 Q_i에 의해 발생한 전위는

$$V_M = \frac{1}{4\pi\epsilon_0}\left(\frac{Q}{r} + \frac{Q_i}{r_i}\right) = 0 \tag{4-63}$$

이며, 이를 만족하기 위해서는

$$\frac{r_i}{r} = -\frac{Q_i}{Q} = \text{일정} \tag{4-64}$$

가 되어야 한다. 비율 r_i/r이 일정하다는 요구 조건은 식 (4-41)에서와 같으며, 식 (4-42), (4-43), 그리고 (4-64)로부터

$$-\frac{Q_i}{Q} = \frac{a}{d}$$

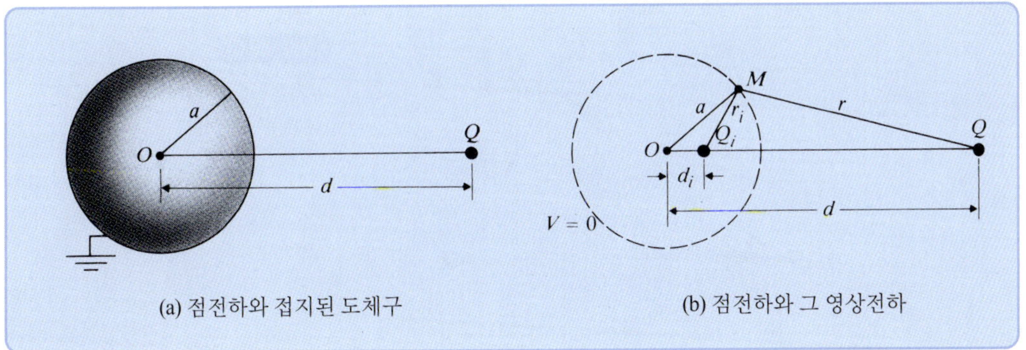

그림 4-11
점전하와 접지구 내의 그 영상

이므로

$$Q_i = -\frac{a}{d}Q \tag{4-65}$$

와

$$d_i = \frac{a^2}{d} \tag{4-66}$$

를 얻을 수 있다. 그러므로 점 Q_i는 반지름 a인 구에 관한 Q의 **대칭점**(inverse point)이나. 접지된 구 외부의 모든 지점에서 V와 $\mathbf{E}$는 이제 두 점전하 Q와 $-aQ/d$에 의한 V와 $\mathbf{E}$로부터 계산할 수 있다.

예제 4-5 점전하 Q가 반지름 $a(a < d)$인 접지된 도체구의 중심으로부터 거리 d에 있다. (a) 구 표면에 유기된 전하 분포, 그리고 (b) 구에 유기된 총 전하를 구하라.

풀이 전기장 문제 해석을 위한 실제 상황은 그림 4-11(a)에 보인 것과 같다. 영상법으로 문제를 풀며, 그림 4-12와 같이 접지구를 구의 중심으로부터 거리 $d_i = a^2/d$에 영상전하 $Q_i = -aQ/d$로 대체한다. 임의의 점 $P(R, \theta)$에서 전위 V는

$$V(R, \theta) = \frac{Q}{4\pi\epsilon_0}\left(\frac{1}{R_Q} - \frac{a}{dR_{Q_i}}\right) \tag{4-67}$$

이며, 코사인 법칙에 의해

$$R_Q = [R^2 + d^2 - 2Rd\cos\theta]^{1/2} \tag{4-68}$$

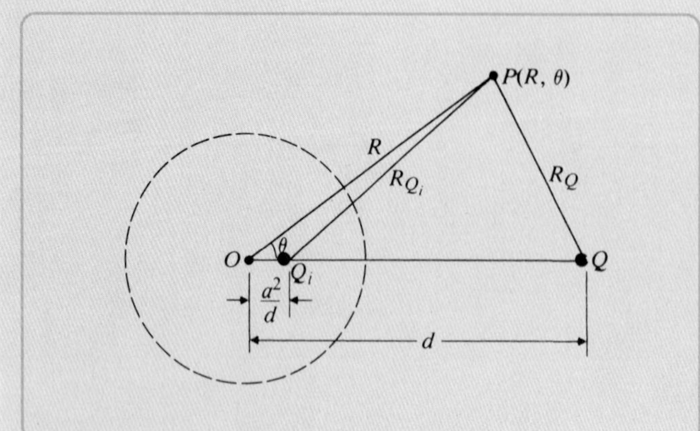

그림 4-12
유기전하를 계산하기 위한 도형 (예제 4-5)

과

$$R_{Q_i} = \left[R^2 + \left(\frac{a^2}{d}\right)^2 - 2R\left(\frac{a^2}{d}\right)\cos\theta\right]^{1/2} \tag{4-69}$$

이다. θ는 선 OQ로부터의 각도이다. 전기장 세기의 R-성분 E_R은

$$E_R(R, \theta) = -\frac{\partial V(R, \theta)}{\partial R} \tag{4-70}$$

이다. 식 (4-67)과 (4-70)을 사용하고 식 (4-68)과 (4-69)를 유념하면,

$$E_R(R, \theta) = \frac{Q}{4\pi\epsilon_0}\left\{\frac{R - d\cos\theta}{(R^2 + d^2 - 2Rd\cos\theta)^{3/2}} - \frac{a[R - (a^2/d)\cos\theta]}{d[R^2 + (a^2/d)^2 - 2R(a^2/d)\cos\theta]^{3/2}}\right\} \tag{4-71}$$

을 얻는다.

(a) 구의 표면에 유기된 전하를 구하기 위해, 식 (4-71)에서 $R = a$로 두고

$$\rho_s = \epsilon_0 E_R(a, \theta) \tag{4-72}$$

를 계산하고 간략화하면 다음 식이 된다.

$$\rho_s = -\frac{Q(d^2 - a^2)}{4\pi a(a^2 + d^2 - 2ad\cos\theta)^{3/2}} \tag{4-73}$$

식 (4-73)은 표면에 유기된 전하는 음전하이며 그 크기는 예상대로 $\theta = 0$에서 최대이고 $\theta = \pi$에서 최소임을 나타낸다.

(b) 구에 유기된 총 전하는 ρ_s를 구의 표면에 대해 적분하여 얻을 수 있으며 그 결과는 다음과 같다.

$$\text{유기된 총 전하} = \oint \rho_s \, ds = \int_0^{2\pi} \int_0^{\pi} \rho_s a^2 \sin\theta \, d\theta \, d\phi$$
$$= -\frac{a}{d} Q = Q_i \qquad (4\text{-}74)$$

유기된 총 전하는 정확히 구를 대체한 영상전하 Q_i와 같다는 것을 알 수 있다. 이것을 설명할 수 있는가?

만약 도체구가 전기적으로 중성으로서 접지되어 있지 않으면, 구의 중심으로부터 거리 d에 있는 점전하 Q의 영상은 여전히 식 (4-66)과 (4-65)에 각각 주어진 대로 d_i에 있는 Q_i이며, 구면 $R = a$를 등전위로 만든다. 그러나 대체한 구의 순 전하가 0이 되도록 하기 위해 중심에 추가적인 점전하

$$Q' = -Q_i = \frac{a}{d} Q \qquad (4\text{-}75)$$

가 필요하다. 전기적으로 중성인 구가 있을 때 점전하 Q의 정전기장 문제는 영상전하로서 $R = 0$에 Q', $R = a^2/d$ 에 Q_i, 그리고 $R = d$에 Q가 있는 세 개의 점전하 문제로부터 변형하여 해석할 수 있다.

4-4.4 충전된 구와 접지면

그림 4-13(a)와 같이 충전된 도체구가 접지된 넓은 도체면에 가까이 있을 때, 도체상의 전하 분포와 그 사이의 전기장은 분명히 균일하지 않다. 이 구조는 구좌표계와 직각좌표계가 혼합되어 있으므로, 라플라스 방정식의 해를 통해 전기장과 정전용량을 구하는 것은 상당히 어렵다. 이 문제를 풀기 위해 지금부터 영상법을 반복적으로 적용하는 방법을 설명한다.

구의 중심에 전하 Q_0가 놓여 있다고 가정하자. Q_0와 함께 영상전하들이 구와 평면 모두를 등전위면으로 만들도록 하고자 한다. 그러면 접지면에 가까운 충전된 구에 관한 문제는 훨씬 간단한 점전하들의 문제로 대체된다. xy-평면에서의 단면이 그림 4-13(b)에 나타나 있다. $(-c, 0)$에 Q_0가 있으면 yz-평면을 등전위로 만들기 위해 $(c, 0)$에 $-Q_0$가 필요하다. 그러나 전하 쌍 Q_0와 $-Q_0$는 식 (4-65)와 (4-66)에 따라 영상전하 $Q_1 = (a/2c)Q_0$가 점선 원 내부의 $(-c + a^2/2c, 0)$에 있지 않으면, 구의 등전위 특성이 성립하지 않는다. 이는 다시 yz-평면을 등전위로 만들기 위해 영상전하 $-Q_1$을 요구한다. 이러한 영상법의 연속적용 과정이 계속되며, y축의 오른쪽에 한 군 $(-Q_0, -Q_1, -Q_2, \ldots)$와 구 내부의 다른 군 $(Q_1, Q_2, \ldots)$으로 된 두 군의 영상 점전하를 얻게 된다. 그러므로

$$Q_1 = \left(\frac{a}{2c}\right) Q_0 = \alpha Q_0 \qquad (4\text{-}76a)$$

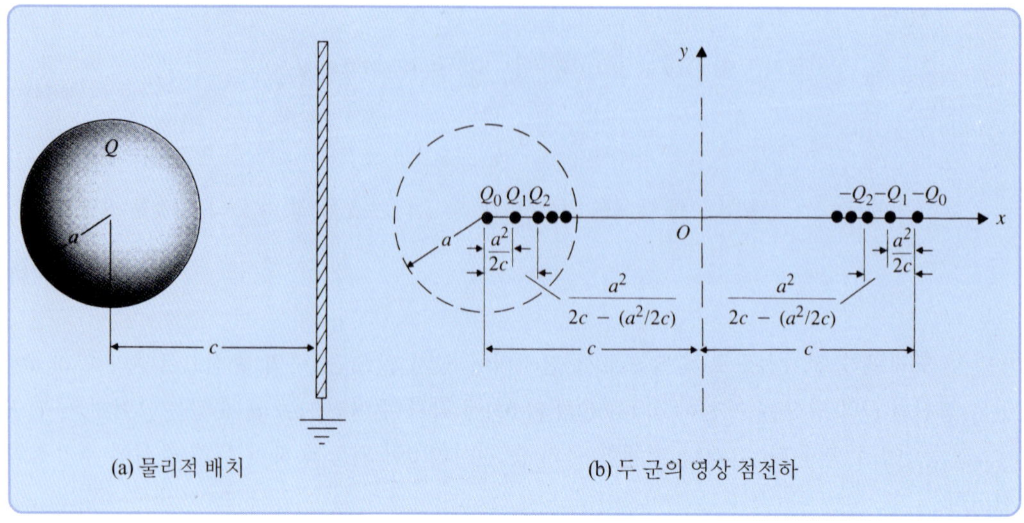

그림 4-13
충전된 구와 접지된 도체면

$$Q_2 = \frac{a}{\left(2c - \frac{a^2}{2c}\right)} Q_1 = \frac{\alpha^2}{1-\alpha^2} Q_0 \tag{4-76b}$$

$$Q_3 = \frac{a}{2c - \frac{a^2}{\left(2c - \frac{a^2}{2c}\right)}} Q_2 = \frac{\alpha^3}{(1-\alpha^2)\left(1 - \frac{\alpha^3}{1-\alpha^3}\right)} Q_0 \tag{4-76c}$$

$$\vdots$$

이며,

$$\alpha = \frac{a}{2c} \tag{4-77}$$

이다.

구의 총 전하는 다음과 같다.

$$\begin{aligned} Q &= Q_0 + Q_1 + Q_2 + \cdots \\ &= Q_0\left(1 + \alpha + \frac{\alpha^2}{1-\alpha^2} + \cdots\right) \end{aligned} \tag{4-78}$$

식 (4-78)의 급수는 빠르게 수렴한다($\alpha < 1/2$). 그런데 전하 쌍 ($-Q_0$, Q_1), ($-Q_1$, Q_2),...가 구의 0전위를 만들므로, 원래의 Q_0만이 구의 전위에 기여하므로 이로 인한 전위 V_0는 다음과 같다.

$$V_0 = \frac{Q_0}{4\pi\epsilon_0 a} \tag{4-79}$$

그러므로 구와 도체면 사이의 정전용량은 식 (4-78)과 (4-79)로부터

$$C = \frac{Q}{V_0} = 4\pi\epsilon_0 a\left(1 + \alpha + \frac{\alpha^2}{1-\alpha^2} + \cdots\right) \tag{4-80}$$

이며, 이는 예상대로 반지름 a인 고립된 구의 정전용량보다 크다. 구와 도체면 사이의 전위 및 전기장 분포 또한 영상 점전하들을 이용하여 구할 수 있다.

4-5 직각좌표계에서의 경계치 문제

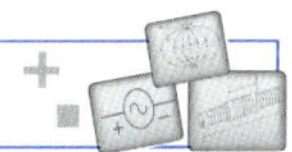

앞 절에서 영상법이 단순한 기하학적 구조로 이루어진 도체 경계에 가까운 지점에 존재하는 자유전하를 포함하는 정전기장 문제를 푸는 데 매우 유용하다는 것을 확인하였다. 그러나, 만약 문제가 특정한 전위로 유지되는 도체 군으로 이루어지고 고립된 자유전하가 없으면, 영상법으로 풀 수 없다. 이러한 유형의 문제는 라플라스 방정식의 풀이가 요구된다. 예제 4-1은 그러한 문제의 한 예로서 전위는 한 개 좌표만의 함수이다. 물론 3차원에 적용된 라플라스 방정식은 편미분 방정식이며, 전위는 일반적으로 세 좌표의 함수이다. 지금부터 경계가 직교 곡선 좌표계의 좌표면과 일치하고, ⊥ 경계면에 전위 또는 전위의 수직 방향 미분이 정의된 3차원 문제를 풀기 위한 방법을 설명하려고 한다. 이러한 경우에 해는 세 개의 1차원 함수들의 곱으로 표현되며, 이들 각 함수는 한 좌표 변수에만 독립적으로 의존한다. 이 과정을 **변수분리법**(method of separation of variables)이라 한다.

지정된 경계 조건과 함께 미분 방정식에 의해 지배되는 (전자기적 또는 다른) 문제들을 **경계치 문제**(boundary-value problem)라 한다. 전위함수에 대한 경계치 문제는 세 유형으로 분류된다: (1) 경계의 모든 점에서 전위값이 규정된 **디리클레**(Dirichlet) **문제**; (2) 경계의 모든 점에서 전위의 수직 미분이 규정된 **노이만**(Neumann) **문제**; (3) 경계의 일부에서 전위가 규정되고 나머지 경계에서 전위의 수직 미분이 규정된 **혼합**(mixed) **경계치 문제**. 다르게 규정된 경계 조건은 다른 전위함수를 요구하지만, 세 가지 유형의 문제들에 대해 변수분리법에 의해 이러한 문제를 푸는 과정은 동일하다. 라플라스 방정식의 해를 흔히 **조화함수**(harmonic function)이라 한다.

직각좌표계에서 스칼라 전위 V에 대한 라플라스 방정식은

$$\frac{\partial^2 V}{\partial x^2} + \frac{\partial^2 V}{\partial y^2} + \frac{\partial^2 V}{\partial z^2} = 0 \tag{4-81}$$

이다. 변수분리법을 적용하기 위해, 해 $V(x, y, z)$가 다음과 같이 x, y, z에 독립적으로 의존하는 함수들의 곱으로 표현된다고 가정한다.

$$V(x, y, z) = X(x)Y(y)Z(z) \tag{4-82}$$

여기서 $X(x)$, $Y(y)$, $Z(z)$는 각각 x, y, z만의 함수이다. 식 (4-82)를 식 (4-81)에 대입하면

$$Y(y)Z(z)\frac{d^2X(x)}{dx^2} + X(x)Z(z)\frac{d^2Y(y)}{dy^2} + X(x)Y(y)\frac{d^2Z(z)}{dz^2} = 0$$

을 얻으며, 이 식을 곱 $X(x)Y(y)Z(z)$으로 나누면 다음과 같이 변형하여 정리할 수 있다.

$$\frac{1}{X(x)}\frac{d^2X(x)}{dx^2} + \frac{1}{Y(y)}\frac{d^2Y(y)}{dy^2} + \frac{1}{Z(z)}\frac{d^2Z(z)}{dz^2} = 0 \tag{4-83}$$

식 (4-83)에서 좌변의 세 항은 각각 한 좌표변수만의 함수이며 상미분만 포함되어 있다는 것을 주의하자. x, y, z의 모든 값에 대해 식 (4-83)을 만족하기 위해서는 각각의 세 항이 상수이어야 한다. 예를 들어, 식 (4-83)을 x에 대해 미분하면

$$\frac{d}{dx}\left[\frac{1}{X(x)}\frac{d^2X(x)}{dx^2}\right] = 0 \tag{4-84}$$

가 되며, 이는 다른 두 항이 x와 무관하기 때문이다. 식 (4-84)로부터

$$\frac{1}{X(x)}\frac{d^2X(x)}{dx^2} = -k_x^2 \tag{4-85}$$

이 되며, 여기서 k_x^2은 문제의 경계 조건으로부터 결정할 적분상수이다. 식 (4-85)의 우변에서 음의 부호는 임의로 선택한 것이며, k_x의 제곱 기호도 역시 임의로 정한 것이다. **분리상수** k_x는 실수 또는 허수가 될 수 있다. 만약 k_x가 허수이면, k_x^2은 음의 실수이고 $-k_x^2$은 양의 실수가 된다. 식 (4-85)를 편의상

$$\frac{d^2X(x)}{dx^2} + k_x^2X(x) = 0 \tag{4-86}$$

으로 쓸 수 있다. 동일한 방법으로, $Y(y)$와 $Z(z)$에 대해 정리하면 다음과 같다.

$$\frac{d^2Y(y)}{dy^2} + k_y^2Y(y) = 0 \tag{4-87}$$

$$\frac{d^2Z(z)}{dz^2} + k_z^2Z(z) = 0 \tag{4-88}$$

여기서 분리상수 k_y와 k_z는 일반적으로 k_x와 다르다. 그러나 식 (4-83)에 의해 다음 조건을 만족하여야 한다.

$$k_x^2 + k_y^2 + k_z^2 = 0 \tag{4-89}$$

이제 문제는 2차 상미분 방정식 (4-86), (4-87), (4-88)로부터 각각 적합한 해 $X(x)$, $Y(y)$, $Z(z)$를 구하

표 4-1 $X''(x) + k_x^2 X(x) = 0$의 가능한 해

k_x^2	k_x	$X(x)$	$X(x)$의 지수형*
0	0	$A_0 x + B_0$	
+	k	$A_1 \sin kx + B_1 \cos kx$	$C_1 e^{jkx} + D_1 e^{-jkx}$
−	jk	$A_2 \sinh kx + B_2 \cosh kx$	$C_2 e^{kx} + D_2 e^{-kx}$

* 지수형의 $X(x)$는 세 번째 열에 열거된 삼각함수 또는 쌍곡선함수와 다음 공식들로 연관된다.

$e^{\pm jkx} = \cos kx \pm j \sin kx$, $\cos kx = \frac{1}{2}(e^{jkx} + e^{-jkx})$, $\sin kx = \frac{1}{2j}(e^{jkx} - e^{-jkx})$

$e^{\pm kx} = \cosh kx \pm \sinh kx$, $\cosh kx = \frac{1}{2}(e^{kx} + e^{-kx})$, $\sinh kx = \frac{1}{2}(e^{kx} - e^{-kx})$

는 것으로 단순화되었다. 식 (4-86)에서 가능한 해는 상수계수를 가진 상미분 방정식에서 학습한 내용에서 알고 있으며, 이들은 표 4-1에 나와 있다. 열거된 해들이 식 (4-86)을 만족하는 것은 직접 대입하여 쉽게 확인할 수 있다.

표 4-1에 열거된 해들 중에서, 첫 번째 $k_x = 0$에 대한 $A_0x + B_0$는 기울기 A_0이고 $x = 0$에서 B_0를 지나는 직선이다. $A_0 = 0$일 때, $X(x) = B_0$이며, 이는 라플라스 방정식의 해 V가 x의 크기에 관계없다는 것을 의미한다.

물론 사인과 코사인 함수는 우리에게 익숙하며, 둘 다 주기 2π인 주기함수이다. x에 대해 그리면, $\sin kx$와 $\cos kx$는 주기 $2\pi/k$를 갖는다. 주어진 문제를 주의깊게 관찰하면 사인과 코사인 함수 중 어느 것을 선택하는 것이 적절한지를 결정할 수 있다. 예를 들면, 만약 해가 $x = 0$에서 0이 되면 $\sin kx$를 선택해야 한다. 반면에, 만약 해가 $x = 0$에 대해 대칭으로 예상되면, $\cos kx$가 올바른 선택이 된다. 일반적으로는 두 항 모두 필요하다. 간혹 $A_1 \sin kx + B_1 \cos kx$를 $A_s \sin (kx + \psi_s)$ 또는 $A_c \cos (kx + \psi_c)$로 쓰는 것이 더 바람직한 경우도 있다.[2)]

$k_x = jk$이면 해는 쌍곡선함수로 변환된다.

$$\sin jkx = -j \sinh kx$$

$$\cos jkx = \cosh kx$$

쌍곡선 함수는 실수 지수를 가진 지수함수의 결합이며, 주기적이 아니다. 이들은 그림 4-14에 쉽게 참조할 수 있도록 그려져 있다. $\sinh kx$의 중요한 특성은 x의 기함수라는 것과 그 값이 x가 $\pm\infty$로 갈 때 $\pm\infty$에 접근한다는 것이다. 함수 $\cosh kx$는 x의 우함수이며, $x = 0$에서 1이고, x가 $+\infty$로 또는 $-\infty$로 갈 때 $+\infty$에 접근한다.

주어진 경계 조건에 의해 적절한 형태의 해와 상수 A와 B 또는 C와 D가 결정된다. $Y(y)$와 $Z(z)$에 대한 식 (4-87)과 (4-88)의 해도 $X(x)$를 구하는 과정과 동일하다.

2) $A_s \sin (kx + \psi_s) = (A_s \cos \psi_s) \sin kx + (A_s \sin \psi_s) \cos kx$; $A_1 = A_s \cos \psi_s$, $B_1 = A_s \sin \psi_s$; $A_s = (A_1^2 + B_1^2)^{1/2}$, $\psi_s = \tan^{-1}(B_1/A_1)$. $A_c \cos (kx + \psi_c) = (-A_c \sin \psi_c) \sin kx + (A_c \cos \psi_c) \cos kx$; $A_1 = -A_c \sin \psi_c$, $B_1 = A_c \cos \psi_c$; $A_c = (A_1^2 + B_1^2)^{1/2}$, $\psi_c = \tan^{-1}(-A_1/B_1)$.

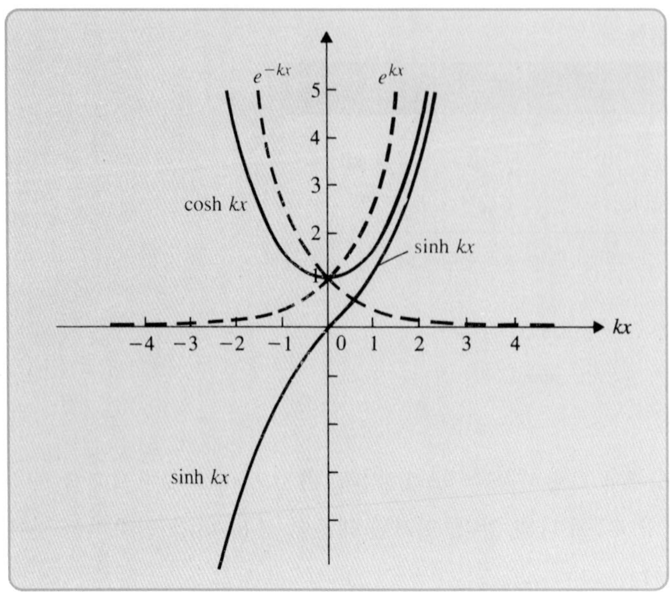

그림 4-14
쌍곡선과 지수함수

예제 4-6 두 개의 접지된 반 무한 평면 전극이 거리 b만큼 떨어져 있다. 세 번째 전극이 두 면에 직각이고 절연되어 있으며 일정한 전위 V_o로 유지되고 있다(그림 4-15 참조). 전극들로 둘러싸인 영역의 전위 분포를 구하라.

풀이 그림 4-15의 좌표계를 참조하면, 전위함수 $V(x, y, z)$에 대한 경계 조건을 다음과 같이 쓸 수 있다.

V가 z에 관계 없으므로:

$$V(x, y, z) = V(x, y) \tag{4-90a}$$

x 방향으로:

$$V(0, y) = V_0 \tag{4-90b}$$

$$V(\infty, y) = 0 \tag{4-90c}$$

y 방향으로:

$$V(x, 0) = 0 \tag{4-90d}$$

$$V(x, b) = 0 \tag{4-90e}$$

식 (4-90a)의 조건은 $k_z = 0$을 의미하며, 표 4-1로부터

$$Z(z) = B_0 \tag{4-91}$$

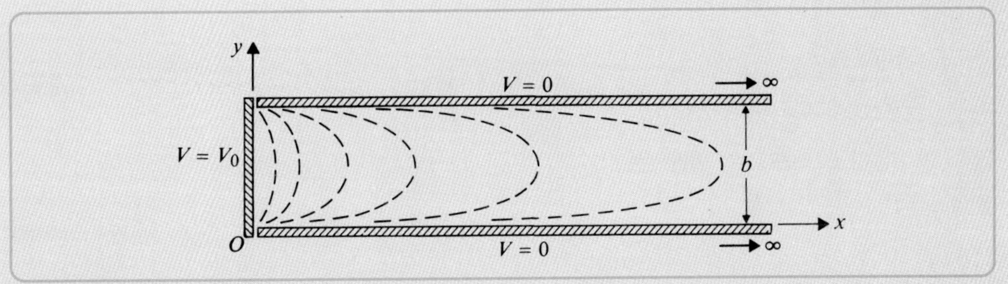

그림 4-15
예제 4-6에 대한 단면도. 평면 전극은 z 방향으로 무한하다.

이다. Z가 z에 무관하므로 상수 A_0는 0이다. 식 (4-89)로부터

$$k_y^2 = -k_x^2 = k^2 \tag{4-92}$$

이며, 여기서 k는 실수이다. k를 이렇게 선택한 것은 k_x는 허수이고 k_y는 실수라는 것을 의미한다. 식 (4-90c)의 조건과 함께 $k_x = jk$를 사용하면, 다음과 같이 $X(x)$는 x에 대해 지수적으로 감소하는 형태가 된다.

$$X(x) = D_2 e^{-kx} \tag{4-93}$$

y 방향으로는 $k_y = k$이다. 조건식 (4-90d)로부터 표 4-1에서 적절한 $Y(y)$의 형태는 다음과 같다.

$$Y(y) = A_1 \sin ky \tag{4-94}$$

식 (4-91), (4-93), 그리고 (4-94)에서 주어진 식을 식 (4-82)에 결합하면, 다음과 같은 형태의 적절한 해를 얻는다.

$$\begin{aligned} V_n(x, y) &= (B_0 D_2 A_1) e^{-kx} \sin ky \\ &= C_n e^{-kx} \sin ky \end{aligned} \tag{4-95}$$

여기서 임의의 상수 C_n은 $B_0D_2A_1$의 곱을 대신하여 사용하였다.

지금까지 식 (4-90a)에서 (4-90e)까지 열거된 5개의 경계 조건 중에서 조건식 (4-90a), (4-90c), 그리고 (4-90d)를 사용하였다. 조건식 (4-90e)를 충족하기 위해

$$V_n(x, b) = C_n e^{-kx} \sin kb = 0 \tag{4-96}$$

이 요구되며, 이는 모든 x에 대해

$$\sin kb = 0$$

또는

$$kb = n\pi$$

또는

$$k = \frac{n\pi}{b}, \qquad n = 1, 2, 3, \ldots \tag{4-97}$$

일 때 만족된다. 그러므로 식 (4-95)는

$$V_n(x, y) = C_n e^{-n\pi x/b} \sin \frac{n\pi}{b} y \tag{4-98}$$

가 된다.

질문: 식 (4-97)의 n에서 0과 음의 정수가 포함되지 않은 이유는 무엇인가?

식 (4-98)의 $V_n(x, y)$가 라플라스 방정식 (4-81)을 만족한다는 것은 직접 대입하여 쉽게 입증할 수 있다. 그러나 식 (4-98)의 $V_n(x, y)$만으로 $x = 0$에서 b까지의 모든 y값에 대해 남은 경계 조건식 (4-90b)를 만족할 수 없다. 라플라스 방정식은 선형 편미분 방정식이므로, 다른 n값을 가진 식 (4-98) 형태의 $V_n(x, y)$의 합(중첩)도 또한 해이다. $x = 0$에서

$$\begin{aligned} V(0, y) &= \sum_{n=1}^{\infty} V_n(0, y) = \sum_{n=1}^{\infty} C_n \sin \frac{n\pi}{b} y \\ &= V_0, \qquad 0 < y < b \end{aligned} \tag{4-99}$$

이다. 식 (4-99)는 본질적으로 $x = 0$에서 그림 4-16에 나타난 주기적 구형파의 푸리에 급수이며, 이 구형파는 $0 < y < b$ 구간에서 상수값 V_0를 가진다.

계수 C_n을 구하기 위해, 식 (4-99)의 양변에 $\sin \frac{m\pi}{b} y$를 곱하고 그 결과를 $y = 0$에서 b까지 적분한다.

$$\sum_{n=1}^{\infty} \int_0^b C_n \sin \frac{n\pi}{b} y \sin \frac{m\pi}{b} y\, dy = \int_0^b V_0 \sin \frac{m\pi}{b} y\, dy \tag{4-100}$$

식 (4-100)의 우변의 적분은 쉽게 구해지며 그 결과는 다음과 같다.

$$\int_0^b V_0 \sin \frac{m\pi}{b} y\, dy = \begin{cases} \text{만약 } m\text{이 홀수라면, } \dfrac{2bV_0}{m\pi} \\ \text{만약 } m\text{이 짝수라면, } 0 \end{cases} \tag{4-101}$$

식 (4-100)의 좌변의 각 적분은 다음과 같다.

$$\begin{aligned} \int_0^b C_n \sin \frac{n\pi}{b} y \sin \frac{m\pi}{b} y\, dy &= \frac{C_n}{2} \int_0^b \left[\cos \frac{(n-m)\pi}{b} y - \cos \frac{(n+m)\pi}{b} y \right] dy \\ &= \begin{cases} \dfrac{C_n}{2} b & (m = n) \\ 0 & (m \neq n) \end{cases} \end{aligned} \tag{4-102}$$

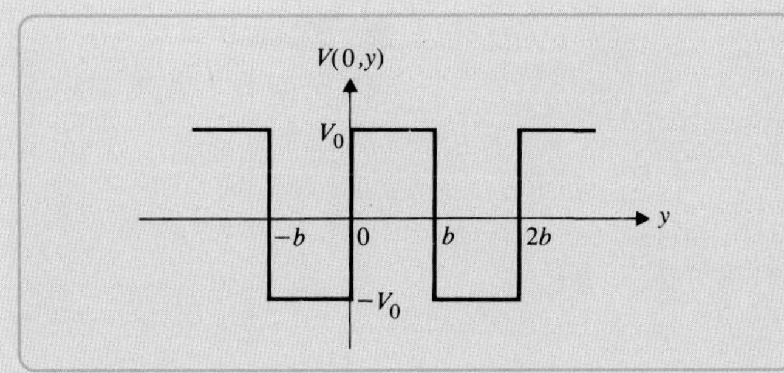

그림 4-16
$x = 0$에서 경계 조건의 푸리에 급수 전개(예제 4-6)

식 (4-101)과 (4-102)를 식 (4-100)에 대입하면,

$$C_n = \begin{cases} \text{만약 } n\text{이 홀수라면,} & \dfrac{4V_0}{n\pi} \\ \text{만약 } n\text{이 짝수라면,} & 0 \end{cases} \tag{4-103}$$

을 얻는다. 구하고자 하는 전위 분포는 식 (4-98)의 $V_n(x, y)$의 중첩으로서

$$\begin{aligned} V(x, y) &= \sum_{n=1}^{\infty} C_n e^{-n\pi x/b} \sin \frac{n\pi}{b} y \\ &= \frac{4V_0}{\pi} \sum_{n=\text{홀수}}^{\infty} \frac{1}{n} e^{-n\pi x/b} \sin \frac{n\pi}{b} y \\ n &= 1, 3, 5, \ldots, \\ x > 0 &\quad \text{그리고} \quad 0 < y < b \end{aligned} \tag{4-104}$$

이다.

식 (4-104)는 2차원 평면에서 그리기에는 매우 복잡한 표현식이다. 그러나 급수에서 사인항의 크기는 n이 증가함에 따라 매우 빠르게 감소하며, 처음 몇 항만을 사용하더라도 좋은 근사값을 얻을 수 있다. 몇 개의 등전위선을 그림 4-15에 그려 놓았다.

예제 4-7 그림 4-17과 같이 세 면이 접지된 도체면으로 둘러싸인 영역을 생각하자. 왼쪽의 면은 접지면과 절연되어 있으며 정전위 V_0를 가졌다. 모든 면은 z 방향으로 무한하다고 가정한다. 이 영역에서 전위 분포를 구하라.

풀이 전위 분포 $V(x, y, z)$의 경계 조건은 다음과 같다.

V가 z에 무관:

$$V(x, y, z) = V(x, y) \tag{4-105a}$$

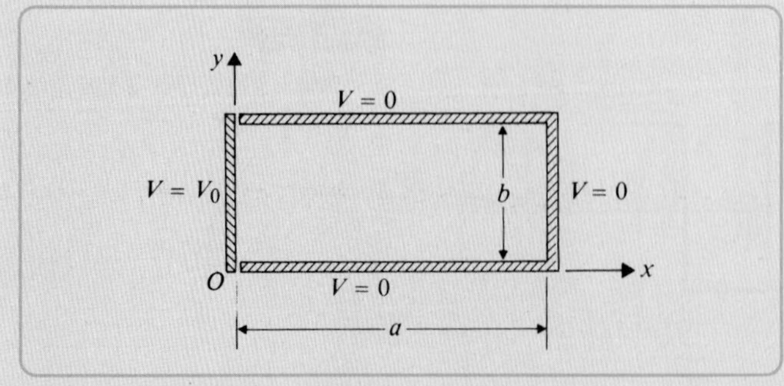

그림 4-17
예제 4-7에 대한 절단면 그림

x 방향:

$$V(0, y) = V_0 \tag{4-105b}$$

$$V(a, y) = 0 \tag{4-105c}$$

y 방향:

$$V(x, 0) = 0 \tag{4-105d}$$

$$V(x, b) = 0 \tag{4-105e}$$

조건식 (4-105a)는 $k_z = 0$을 의미하므로, 표 4-1로부터

$$Z(z) = B_0 \tag{4-106}$$

이다. 그 결과, 식 (4-89)는

$$k_y^2 = -k_x^2 = k^2 \tag{4-107}$$

로 간략화되며, 예제 4-6의 식 (4-92)와 같다.

y 방향의 경계 조건식 (4-105d)와 (4-105e)는 식 (4-90d)와 (4-90e)에서 주어진 것과 같다. 0과 a 사이의 모든 x값에 대해 $V(x, 0) = 0$을 만들기 위해서는 $Y(0)$가 0이 되어야 하므로

$$Y(y) = A_1 \sin ky \tag{4-108}$$

이며, 식 (4-94)와 같다. 그러나 식 (4-93)에 주어진 $X(x)$는 경계 조건식 (4-105c)를 만족하지 못하므로 여기서 해가 아닌 것이 분명하다. 이 경우에는 $k_x = jk$에 대해 표 4-1의 세 번째 열에 주어진 일반적인 형식을 사용하는 것이 편리하다. (마찬가지로 마지막 열에 주어진 지수형 해를 사용할 수도 있다. 그러나 $x = a$에서 사인항을 0으로 만드는 것에 비해 두 지수항의 합을 0으로 하는 조건을 찾기가 쉽지 않으므로 지수형 해는 편리하지 않다. 이는 곧 명확하게 이해하게 될 것이다.) 그러므로

$$X(x) = A_2 \sinh kx + B_2 \cosh kx \tag{4-109}$$

이다. 임의의 상수 A_2와 B_2 사이에는 식 (4-105c)에 의한 관계가 존재하며, $X(a) = 0$이 되어야 하므로,

$$0 = A_2 \sinh ka + B_2 \cosh ka$$

또는

$$B_2 = -A_2 \frac{\sinh ka}{\cosh ka}$$

이다. 식 (4-109)로부터

$$\begin{aligned} X(x) &= A_2 \left[\sinh kx - \frac{\sinh ka}{\cosh ka} \cosh kx \right] \\ &= \frac{A_2}{\cosh ka} [\cosh ka \sinh kx - \sinh ka \cosh kx] \\ &= A_3 \sinh k(x-a) \end{aligned} \tag{4-110}$$

이며, 여기서 A_3는 $A_2/\cosh ka$를 대신하여 사용하였다. 식 (4-110)이 조건 $X(a) = 0$을 만족하는 것은 명확하다. 경험적으로 식 (4-110)에 주어진 해를 유도하는 단계 없이 바로 쓸 수 있다. 이는 해가 $x = a$에서 0이 되도록 하기 위해서는 독립 변수인 sinh 함수를 이동시키기만 하면 되기 때문이다.

식 (4-106), (4-108), 그리고 (4-110)을 모으면 적절한 곱의 해

$$\begin{aligned} V_n(x, y) &= B_0 A_1 A_3 \sinh k(x-a) \sin ky \\ &= C'_n \sinh \frac{n\pi}{b}(x-a) \sin \frac{n\pi}{b} y, \qquad n = 1, 2, 3, \ldots \end{aligned} \tag{4-111}$$

를 얻을 수 있다. 여기서 $C'_n = B_0A_1A_3$이고, k는 경계 조건식 (4-105e)를 만족하도록 $n\pi/b$로 두었다.

지금까지 식 (4-105b)를 제외한 모든 경계 조건을 사용하였으며, 이 조건은 $y = 0$부터 $y = b$까지의 구간에서 $V(0, y) = V_0$의 푸리에 급수로서 만족시킬 수 있다. 따라서

$$V_0 = \sum_{n=1}^{\infty} V_n(0, y) = -\sum_{n=1}^{\infty} C'_n \sinh \frac{n\pi}{b} a \sin \frac{n\pi}{b} y, \qquad 0 < y < b \tag{4-112}$$

이다. 식 (4-112)는 C_n이 $-C'_n \sinh (n\pi a/b)$로 대체된 것을 제외하고는 식 (4-99)와 같은 형태이다. C'_n의 값은 식 (4-103)으로부터

$$C'_n = \begin{cases} \text{만약 } n\text{이 홀수라면}, & -\dfrac{4V_0}{n\pi \sinh (n\pi a/b)} \\ \text{만약 } n\text{이 짝수라면}, & 0 \end{cases} \tag{4-113}$$

으로 쓸 수 있다. 그림 4-17의 둘러싸인 영역 내에서 원하는 전위 분포는 식 (4-111)의 $V_n(x, y)$의 합이며,

$$\begin{aligned} V(x, y) &= \sum_{n=1}^{\infty} C'_n \sinh \frac{n\pi}{b}(x-a) \sin \frac{n\pi}{b} y \\ &= \frac{4V_0}{\pi} \sum_{n=\text{홀수}}^{\infty} \frac{\sinh [n\pi(a-x)/b]}{n \sinh (n\pi a/b)} \sin \frac{n\pi}{b} y \end{aligned} \tag{4-114}$$

$$n = 1, 3, 5, \ldots$$
$$0 < x < a \quad \text{그리고} \quad 0 < y < b$$

이다. 둘러싸인 영역 내의 전기장 분포는

$$\mathbf{E}(x, y) = -\nabla V(x, y)$$

의 관계로부터 구할 수 있다.

4-6 원통좌표계에서의 경계치 문제

원통형 경계가 있는 문제에서는 원통좌표계에서 지배 방정식을 쓴다. 식 (4-8)을 원통좌표계에 적용하면 스칼라 전위 V에 대한 라플라스 방정식은

$$\frac{1}{r}\frac{\partial}{\partial r}\left(r\frac{\partial V}{\partial r}\right) + \frac{1}{r^2}\frac{\partial^2 V}{\partial \phi^2} + \frac{\partial^2 V}{\partial z^2} = 0 \tag{4-115}$$

이다. 식 (4-115)의 일반해는 **베셀**(Bessel) **함수**의 지식을 요구하며, 그에 대한 논의는 10장으로 미룬다. 원통 구조에서 길이 방향 크기가 반지름에 비해 큰 상황이면, 관련된 장량(field quantity)은 근사적으로 z에 무관한 것으로 생각할 수 있다. 이 경우 $\partial^2V/\partial z^2 = 0$이며 식 (4-115)는 2차원 문제의 지배 방정식이 된다.

$$\frac{1}{r}\frac{\partial}{\partial r}\left(r\frac{\partial V}{\partial r}\right) + \frac{1}{r^2}\frac{\partial^2 V}{\partial \phi^2} = 0 \tag{4-116}$$

변수분리법을 적용하여 다음과 같이 $R(r)$과 $\Phi(\phi)$의 곱으로 가정할 수 있다.

$$V(r, \phi) = R(r)\Phi(\phi) \tag{4-117}$$

여기서 $R(r)$와 $\Phi(\phi)$는 각각 r과 ϕ만의 함수이다. 해인 식 (4-117)을 식 (4-116)에 대입하고 $R(r)\Phi(\phi)$로 나누면,

$$\frac{r}{R(r)}\frac{d}{dr}\left[r\frac{dR(r)}{dr}\right] + \frac{1}{\Phi(\phi)}\frac{d^2\Phi(\phi)}{d\phi^2} = 0 \tag{4-118}$$

을 얻는다. 식 (4-118)에서 좌변의 첫째 항은 r만의 함수이며, 둘째 항은 ϕ만의 함수이다. (상미분이 편미분을 대체하였다는 것을 주의하라.) 식 (4-118)이 r과 ϕ의 모든 값에 대해 성립하기 위해서는 각 항이 상수가 되어야 하며 서로 부호가 반대이어야 한다. 따라서

$$\frac{r}{R(r)}\frac{d}{dr}\left[r\frac{dR(r)}{dr}\right] = k^2 \tag{4-119}$$

와

$$\frac{1}{\Phi(\phi)}\frac{d^2\Phi(\phi)}{d\phi^2} = -k^2 \tag{4-120}$$

이며, 여기서 k는 분리상수이다.

식 (4-120)은

$$\frac{d^2\Phi(\phi)}{d\phi^2} + k^2\Phi(\phi) = 0 \tag{4-121}$$

로 쓸 수 있다. 이 식은 식 (4-86)과 같은 형태이며, 해는 표 4-1에 열거된 것 중 하나이다. 원통 구조에서 전위함수 또는 $\Phi(\phi)$는 ϕ에 대해 주기적이며, 쌍곡선(hyperbolic)함수는 적용되지 않는다. 만약 ϕ가 제한되어 있지 않다면, k는 정수이다. k를 n이라 정의하면, 근사해는

$$\Phi(\phi) = A_\phi \sin n\phi + B_\phi \cos n\phi \tag{4-122}$$

이며, 여기서 A_ϕ와 B_ϕ는 임의의 상수이다.

이제 식 (4-119)로 관심을 돌리면,

$$r^2\frac{d^2R(r)}{dr^2} + r\frac{dR(r)}{dr} - n^2R(r) = 0 \tag{4-123}$$

으로 다시 쓸 수 있다. 여기서 n은 k 대신에 사용되었으며, 이는 ϕ의 범위가 2π임을 의미한다. 식 (4-123)의 해는

$$R(r) = A_r r^n + B_r r^{-n} \tag{4-124}$$

이며, 이것을 식 (4-123)에 직접 대입하여 입증할 수 있다. 식 (4-122)와 (4-124)의 해를 곱하면, ϕ의 범위가 제한되지 않은 원통형 영역에서 다음과 같이 z-좌표에 독립적인 라플라스 방정식 (4-116)의 일반해를 얻을 수 있다.

$$V_n(r, \phi) = r^n(A_n \sin n\phi + B_n \cos n\phi) + r^{-n}(A_n' \sin n\phi + B_n' \cos n\phi), \qquad n \neq 0 \tag{4-125}$$

경계 조건에 따라 문제의 완전한 해가 결정되며 식 (4-125)에 나열된 항들의 합이다. 관심 영역이 $r = 0$의 원통축을 포함하면, r^{-n} 인자를 포함하는 항은 존재할 수 없다. 반면에, 관심 영역이 무한 거리의 점을 포함하면, 전위가 $r \to \infty$에서 0이어야 하므로 r^n 인자를 포함하는 항이 존재할 수 없다.

식 (4-121)은 $k = 0$일 때 다음과 같이 가장 간단한 형태가 된다.

$$\frac{d^2\Phi(\phi)}{d\phi^2} = 0 \tag{4-126}$$

식 (4-126)의 일반해는 $\Phi(\phi) = A_0\phi + B_0$이다. 만약 회전하는 방향으로 변화가 없으면, A_0는 0

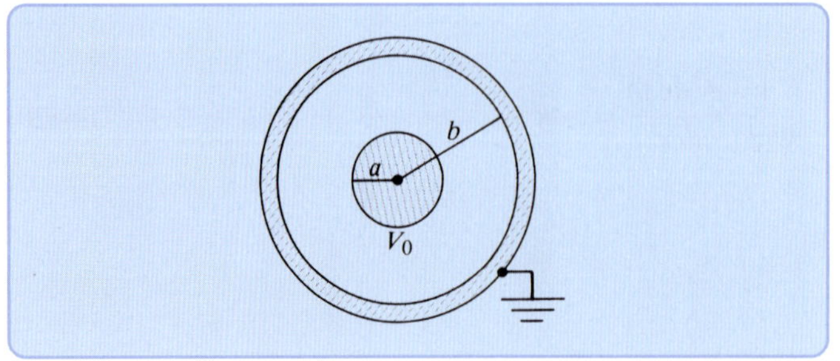

그림 4-18
동축 케이블의 단면(예제 4-8)

이며,[3)]

$$\Phi(\phi) = B_0, \qquad k = 0 \tag{4-127}$$

을 얻는다. $R(r)$에 관한 식도 역시 $k = 0$이면 더 간단하다. 식 (4-119)로부터

$$\frac{d}{dr}\left[r\frac{dR(r)}{dr}\right] = 0 \tag{4-128}$$

을 얻으며, 식에 대한 해의 일반적인 형태는 다음과 같다.

$$R(r) = C_0 \ln r + D_0, \qquad k = 0 \tag{4-129}$$

따라서 식 (4-127)과 (4-129)를 곱하면 다음과 같이 z와 ϕ에 독립인 해 $V(r)$를 얻는다.

$$V(r) = C_1 \ln r + C_2 \tag{4-130}$$

여기서 임의의 상수 C_1과 C_2는 경계 조건에 의해 결정된다.

지금부터 위의 과정을 두 개의 예와 함께 설명한다. 하나(예제 4-8)는 원형 대칭인 상황을 다루고, 나머지(예제 4-9)는 회전 방향으로 변화가 있는 문제를 다룬다.

예제 4-8 매우 긴 동축 케이블을 생각하자. 내부 도체는 반지름이 a이고 전위는 V_0로 유지된다. 외부 도체는 내부 반지름이 b이고 접지되어 있다. 도체들 사이의 공간에서 전위 분포를 구하라.

SOLUTION 풀이 그림 4-18은 동축 케이블의 단면을 보여주고 있다. z 방향으로 변화가 없고, 대칭에 의해 ϕ 방향으로도 변화가 없다고 가정한다($k = 0$). 그러므로 전위는 r만의 함수이며 식 (4-130)으로 주어진다.

경계 조건은

3) 만약 쐐기를 포함하는 문제(연습문제 P.4-23)와 같이 원주 방향으로 변화가 있다면, $A_0\phi$ 항은 반드시 계속 있어야 한다.

$$V(b) = 0 \tag{4-131a}$$

$$V(a) = V_0 \tag{4-131b}$$

이다. 식 (4-131a)와 (4-131b)를 식 (4-130)에 대입하면, 두 관계식은 다음과 같이 정리할 수 있다.

$$C_1 \ln b + C_2 = 0 \tag{4-132a}$$

$$C_1 \ln a + C_2 = V_0 \tag{4-132b}$$

식 (4-132a)와 (4-132b)로부터 C_1과 C_2는 쉽게 구해지며, 그 결과는 다음과 같다.

$$C_1 = -\frac{V_0}{\ln (b/a)}, \qquad C_2 = \frac{V_0 \ln b}{\ln (b/a)}$$

그러므로 $a \le r \le b$의 공간에서 전위 분포는

$$V(r) = \frac{V_0}{\ln (b/a)} \ln \left(\frac{b}{r}\right) \tag{4-133}$$

이다. 등전위면은 동축 원통면임을 확인할 수 있다. ■

예제 4-9 무한히 길고 가는 반지름 b의 도체 원형 관이 두 쪽으로 나뉘어져 있다. 위쪽 반은 전위가 $V = V_0$가 가해지고 아래쪽 반은 $V = -V_0$이다. 관의 내부와 외부에서 전위 분포를 모두 구하라.

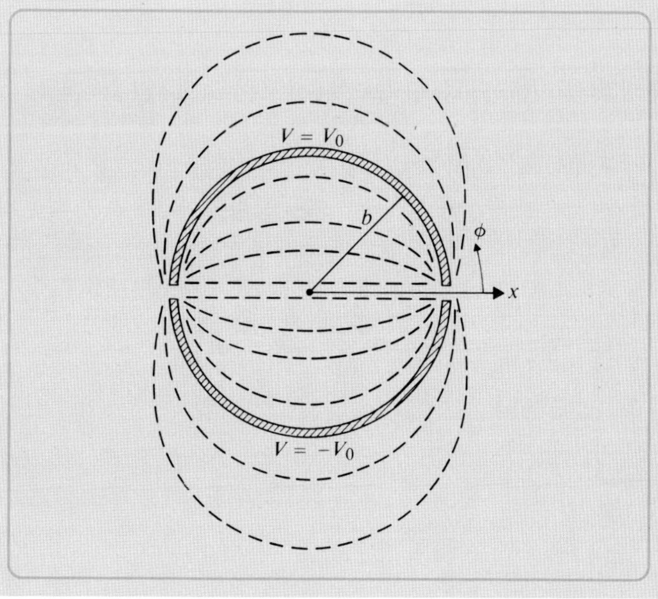

그림 4-19 갈라진 원형 관과 등전위선(예제 4-9)

풀이 갈라진 원형 관의 단면은 그림 4-19와 같다. 관은 무한히 긴 것으로 가정했으므로, 전위는 z에 독립적이며 2차원 라플라스 방정식 (4-116)을 적용한다. 경계 조건은

$$V(b, \phi) = \begin{cases} V_0 & (0 < \phi < \pi) \\ -V_0 & (\pi < \phi < 2\pi) \end{cases} \tag{4-134}$$

으로서, 이 조건은 그림 4-20에 나타나 있다. 분명히 $V(r, \phi)$는 ϕ의 기함수이며, 관의 내부와 외부로 분리하여 $V(r, \phi)$를 구한다.

(a) 관 내부에서는

$$r < b$$

이다. 이 영역은 $r = 0$을 포함하므로, r^{-n} 인자를 가진 항은 존재할 수 없다. 더욱이 $V(r, \phi)$는 ϕ의 기함수이므로, 해의 근사적인 형태는 식 (4-125)로부터

$$V_n(r, \phi) = A_n r^n \sin n\phi \tag{4-135}$$

이다. 그러나 이러한 항 하나만으로는 식 (4-134)에 주어진 경계 조건을 만족하지 않는다. 급수해

$$V(r, \phi) = \sum_{n=1}^{\infty} V_n(r, \phi) = \sum_{n=1}^{\infty} A_n r^n \sin n\phi \tag{4-136}$$

을 구성하고 $r = b$에서 식 (4-134)가 만족되도록 한다. 이것은 그림 4-20에 나타난 구형파(주기 = 2π)를 푸리에 사인 급수로 전개하는 것에 해당한다.

$$\sum_{n=1}^{\infty} A_n b^n \sin n\phi = \begin{cases} V_0 & (0 < \phi < \pi) \\ -V_0 & (\pi < \phi < 2\pi) \end{cases} \tag{4-137}$$

계수 A_n은 예제 4-6에서 보여준 방법으로 구할 수 있다. 사실, 식 (4-103)에 그 결과가 있으므로

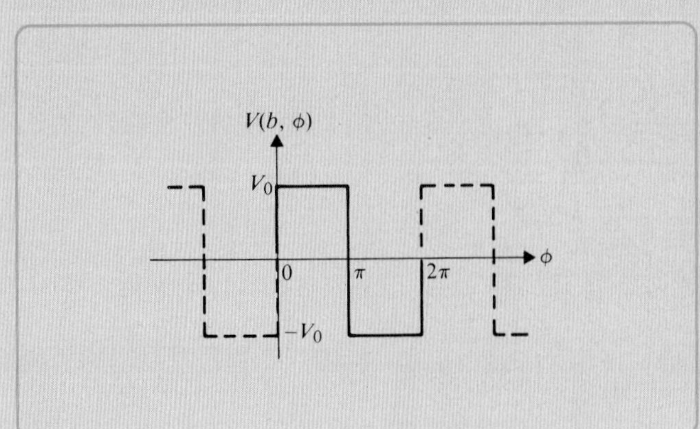

그림 4-20
예제 4-9에 대한 경계 조건

$$A_n = \begin{cases} \text{만약 } n\text{이 홀수라면,} & \dfrac{4V_0}{n\pi b^n} \\ \text{만약 } n\text{이 짝수라면,} & 0 \end{cases} \tag{4-138}$$

로 바로 쓸 수 있다. 관 내부의 전위 분포는 식 (4-138)을 식 (4-136)에 대입하여 얻으며 푸리에 급수의 계수는 다음과 같다.

$$V(r, \phi) = \frac{4V_0}{\pi} \sum_{n = \text{홀수}}^{\infty} \frac{1}{n} \left(\frac{r}{b}\right)^n \sin n\phi \qquad (r < b) \tag{4-139}$$

(b) 관 외부에서는

$$r > b$$

이다. 이 영역에서 전위는 $r \to \infty$에 따라 0으로 감소한다. 따라서 r^n 인자를 가진 항은 허용되지 않으며, 식 (4-125)로부터 얻게 되는 해의 근사적인 형태는 다음과 같다.

$$\begin{aligned} V(r, \phi) &= \sum_{n=1}^{\infty} V_n(r, \phi) \\ &= \sum_{n=1}^{\infty} B'_n r^{-n} \sin n\phi \end{aligned} \tag{4-140}$$

$r = b$에서 전위 분포의 경계 조건은

$$\begin{aligned} V(b, \phi) &= \sum_{n=1}^{\infty} B'_n b^{-n} \sin n\phi \\ &= \begin{cases} V_0 & (0 < \phi < \pi) \\ -V_0 & (\pi < \phi < 2\pi) \end{cases} \end{aligned} \tag{4-141}$$

이다. 식 (4-141)에서 계수 B'_n는 식 (4-137)에서 A_n과 유사하며, 식 (4-138)로부터

$$B'_n = \begin{cases} \text{만약 } n\text{이 홀수라면,} & \dfrac{4V_0 b^n}{n\pi} \\ \text{만약 } n\text{이 짝수라면,} & 0 \end{cases} \tag{4-142}$$

를 얻는다. 그러므로 식 (4-140)으로부터 얻게 되는 관 외부의 전위 분포는 다음과 같다.

$$V(r, \phi) = \frac{4V_0}{\pi} \sum_{n = \text{홀수}}^{\infty} \frac{1}{n} \left(\frac{b}{r}\right)^n \sin n\phi \qquad (r > b) \tag{4-143}$$

관의 내부와 외부에서 몇 개의 등전위선을 그림 4-19에 그려 놓았다.

4-7 구좌표계에서의 경계치 문제

구좌표계에서 라플라스 방정식의 일반적인 풀이는 매우 복잡한 과정이므로, 전위 분포가 방위각 ϕ에 독립인 경우에 국한하여 논의하고자 한다. 이러한 제한을 해도 어떤 새로운 함수를 도입해야 할 필요가 있다. 식 (4-9)로부터 얻게 되는 전위분포의 라플라스 방정식은 다음과 같다.

$$\frac{1}{R^2}\frac{\partial}{\partial R}\left(R^2\frac{\partial V}{\partial R}\right)+\frac{1}{R^2\sin\theta}\frac{\partial}{\partial\theta}\left(\sin\theta\frac{\partial V}{\partial\theta}\right)=0 \tag{4-144}$$

변수분리법을 적용하여, 전하 분포를 다음과 같이 R과 θ에 관한 함수의 곱으로 나타낼 수 있다.

$$V(R,\theta)=\Gamma(R)\Theta(\theta) \tag{4-145}$$

이 해를 식 (4-144)에 대입하고 다시 정리하면,

$$\frac{1}{\Gamma(R)}\frac{d}{dR}\left[R^2\frac{d\Gamma(R)}{dR}\right]+\frac{1}{\Theta(\theta)\sin\theta}\frac{d}{d\theta}\left[\sin\theta\frac{d\Theta(\theta)}{d\theta}\right]=0 \tag{4-146}$$

이 된다. 식 (4-146)에서 좌변의 첫째 항은 R만의 함수이며, 둘째 항은 θ만의 함수이다. 만약 모든 R과 θ의 값에 대해 식이 성립한다면, 각 항은 상수이고 서로 부호가 반대가 되어야 한다. 그러므로

$$\frac{1}{\Gamma(R)}\frac{d}{dR}\left[R^2\frac{d\Gamma(R)}{dR}\right]=k^2 \tag{4-147}$$

과

$$\frac{1}{\Theta(\theta)\sin\theta}\frac{d}{d\theta}\left[\sin\theta\frac{d\Theta(\theta)}{d\theta}\right]=-k^2 \tag{4-148}$$

로 분리하여 쓸 수 있으며, 여기서 k는 분리상수이다. 이제 두 개의 2차 상미분 방정식 (4-147)과 (4-148)을 풀어야 한다.

식 (4-147)은

$$R^2\frac{d^2\Gamma(R)}{dR^2}+2R\frac{d\Gamma(R)}{dR}-k^2\Gamma(R)=0 \tag{4-149}$$

로 다시 쓸 수 있으며, 그 해의 형태는

$$\Gamma_n(R)=A_nR^n+B_nR^{-(n+1)} \tag{4-150}$$

이다. 식 (4-150)에서 A_n과 B_n은 임의의 상수이며, n과 k 사이에 다음 관계를 통해 증명할 수 있다.

$$n(n+1)=k^2 \tag{4-151}$$

표 4-2 르장드르 다항식

n	$P_n(\cos\theta)$
0	1
1	$\cos\theta$
2	$\frac{1}{2}(3\cos^2\theta - 1)$
3	$\frac{1}{2}(5\cos^3\theta - 3\cos\theta)$

여기서 $n = 0, 1, 2, \ldots$은 양의 정수이다.

식 (4-151)에 k^2의 값이 주어져 있으므로, 식 (4-148)로부터

$$\frac{d}{d\theta}\left[\sin\theta \frac{d\Theta(\theta)}{d\theta}\right] + n(n+1)\Theta(\theta)\sin\theta = 0 \tag{4-152}$$

가 되며, 이것은 **르장드르**(Legendre) **방정식**의 형태이다. 0부터 π까지 θ의 전 영역을 포함하는 문제에 대해 르장드르 방정식 (4-152)의 해를 **르장드르 함수**라 하며, 보통 $P(\cos\theta)$로 나타낸다. 정수값 n에 대한 르장드르 함수는 $\cos\theta$의 다항식이므로 이를 **르장드르 다항식**이라 하며, 다음과 같이 쓴다.

$$\Theta_n(\theta) = P_n(\cos\theta) \tag{4-153}$$

표 4-2에 몇 개의 n 값에 대한 르장드르 다항식[4)]의 표현식을 요약하였다.

식 (4-150)과 (4-153)의 해를 식 (4-145)와 결합하면, 방위각 방향으로 변화가 없는 구 모양의 경계 조건에 대해 전위 분포함수는 다음과 같다.

$$V_n(R, \theta) = [A_n R^n + B_n R^{-(n+1)}]P_n(\cos\theta) \tag{4-154}$$

주어진 문제의 경계 조건에 따라, 완전한 해는 식 (4-154)의 항들의 합으로 된다. 다음 예제에서 간단한 경계치 문제에 르장드르 다항식을 적용한 예를 보여준다.

예제 4-10 반지름 b의 충전되지 않은 도체구가 최초에 균일한 전장 $\mathbf{E}_0 = \mathbf{a}_z E_0$ 내에 놓여 있다. 도체구를 들여놓은 후에 (a) 전위 분포 $V(R, \theta)$와 (b) 전기장 세기 $\mathbf{E}(R, \theta)$를 구하라.

SOLUTION **풀이** 도체구를 전기장 내에 들여놓은 후, 구면에서 등전위가 유지되는 방식으로 전하의 분리와

4) 실제적으로, 르장드르 다항식은 제1종 르장드르 함수이다. 르장드르 함수에는 또 다른 군(set)의 해가 있으며, 제2종 르장드르 함수라고 한다. 그러나 이 해는 $\theta = 0$과 π에서 특이점을 가지고 있으므로, 만약 극축(polar axis)이 관심 영역이라면 이들은 제외되어야 한다.

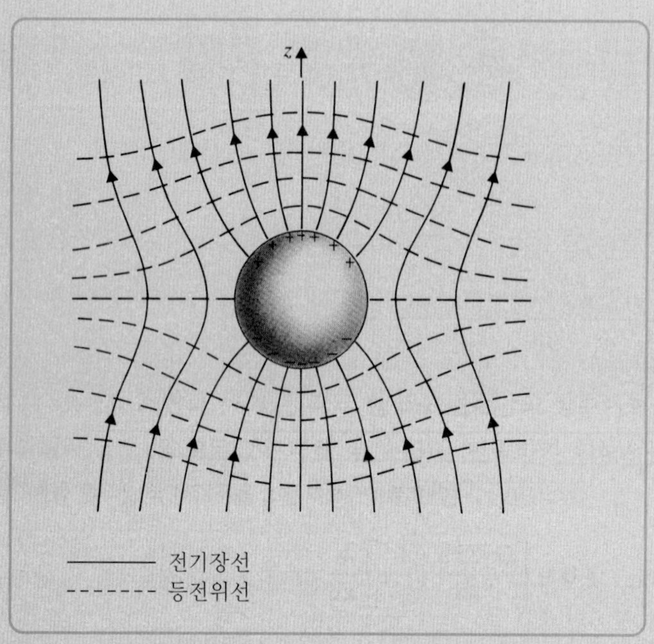

그림 4-21
균일 전기장에서 도체 구(예제 4-10)

재분배가 이루어진다. 구 내부의 전기장 세기는 0이다. 구 외부에서 전기장선은 표면에 수직으로 교차하고, 구로부터 매우 먼 점에서의 전기장 세기는 감지할 수 있을 정도의 영향을 받지 않는다. 이 문제의 구조는 그림 4-21에 그려져 있다. 전위는 분명히 방위각 ϕ에 독립이며, 이 절에서 얻은 해를 적용할 수 있다.

(a) $R \geq b$에 대해 전위 분포 $V(R, \theta)$를 구하기 위한 경계 조건은 다음과 같다.

$$V(b, \theta) = 0^{5)} \tag{4-155a}$$

$$V(R, \theta) = -E_0 z = -E_0 R\cos\theta, \qquad R \gg b \tag{4-155b}$$

식 (4-155b)는 원래의 $\mathbf{E}_0$가 구로부터 매우 먼 곳에서는 교란되지 않는다는 것을 뜻한다. 식 (4-154)를 사용하여 일반해를

$$V(R, \theta) = \sum_{n=0}^{\infty} [A_n R^n + B_n R^{-(n+1)}] P_n(\cos\theta), \qquad R \geq b \tag{4-156}$$

으로 쓸 수 있다. 그러나 식 (4-155b)로부터 A_1을 제외한 모든 A_n은 0이 되며, $A_1 = -E_0$이다. 식 (4-156)과 표 4-2로부터 전위 분포의 일반 형태로서 다음 결과를 얻는다.

5) 이 문제에 대해 적도면($\theta = \pi/2$)에서 $V = 0$으로 가정하는 것이 편리하다. 그렇게 하면 도체면은 등전위면이므로 $V(b, \theta) = 0$이 된다. ($V(b, \theta) = V_0$에 대해서는 연습문제 P.4-28을 참조하라.)

$$V(R, \theta) = -E_0 R P_1(\cos\theta) + \sum_{n=0} B_n R^{-(n+1)} P_n(\cos\theta)$$

$$= B_0 R^{-1} + (B_1 R^{-2} - E_0 R)\cos\theta + \sum_{n=2}^{\infty} B_n R^{-(n+1)} P_n(\cos\theta) \qquad R \geq b \quad (4\text{-}157)$$

사실, 식 (4-157)의 우변 첫째 항은 충전된 구의 전위에 해당한다. 구가 충전되어 있지 않으므로 $B_0 = 0$이며, 식 (4-157)은

$$V(R, \theta) = \left(\frac{B_1}{R^2} - E_0 R\right)\cos\theta + \sum_{n=2}^{\infty} B_n R^{-(n+1)} P_n(\cos\theta), \qquad R \geq b \qquad (4\text{-}158)$$

가 된다. 이제 $R = b$에서 경계 조건식 (4-155a)를 적용하면

$$0 = \left(\frac{B_1}{b^2} - E_0 b\right)\cos\theta + \sum_{n=2}^{\infty} B_n b^{-(n+1)} P_n(\cos\theta)$$

가 되며, 이 식으로부터 B_1과 B_n에 관해 다음 결과를 얻는다.

$$B_1 = E_0 b^3$$

$$B_n = 0, \qquad n \geq 2$$

마지막으로, 식 (4-158)에 위의 결과를 적용하여 정리하면 전위 분포는 다음과 같다.

$$V(R, \theta) = -E_0\left[1 - \left(\frac{b}{R}\right)^3\right] R\cos\theta, \qquad R \geq b \qquad (4\text{-}159)$$

(b) $R \geq b$에서 전기장 세기 $\mathbf{E}(R, \theta)$는 $-\nabla V(R, \theta)$로부터 쉽게 구할 수 있다.

$$\mathbf{E}(R, \theta) = \mathbf{a}_R E_R + \mathbf{a}_\theta E_\theta \qquad (4\text{-}160)$$

여기서

$$E_R = -\frac{\partial V}{\partial R} = E_0\left[1 + 2\left(\frac{b}{R}\right)^3\right]\cos\theta, \qquad R \geq b \qquad (4\text{-}160a)$$

그리고

$$E_\theta = -\frac{\partial V}{R\,\partial\theta} = -E_0\left[1 - \left(\frac{b}{R}\right)^3\right]\sin\theta, \qquad R \geq b \qquad (4\text{-}160b)$$

이다. 구의 면전하밀도는

$$\rho_s(\theta) = \epsilon_0 E_R\Big|_{R=b} = 3\epsilon_0 E_0 \cos\theta \qquad (4\text{-}161)$$

로부터 구할 수 있으며, cos θ에 비례하고, $\theta = \pi/2$에서 0이다. 몇 개의 등전위면과 전기장선이 그림 4-21에 그려져 있다.

식 (4-159)로부터 전위가 두 항의 합이라는 흥미로운 사실을 알 수 있다. $-E_0R\cos\theta$는 가해진 균일 전기장에 의한 것이고, $(E_0b^3\cos\theta)/R^2$는 구의 중심에 있는 쌍극자 모멘트가 다음과 같은

$$\mathbf{p} = \mathbf{a}_z 4\pi\epsilon_0 b^3 E_0 \tag{4-162}$$

전기 쌍극자에 의한 것이다. 등가 쌍극자에 의한 기여는 식 (3-53)을 참조하면 확인할 수 있다. 최종적으로, 전기장 세기에 관한 식 (4-160a)와 (4-160b)의 표현은 전위로부터 유도할 수 있으며, 이것 역시 가해진 균일 전기장과 식 (3-54)에 주어진 등가 쌍극자에 의한 전기장의 합이라는 것을 명확하게 나타낸다.

이 장에서는 전하영상법과 라플라스 방정식의 직접 해에 의한 정전기장 문제의 해석적인 해를 논하였다. 영상법은 전하가 단순하고 적용 가능한 구조의 도체에 가까이 존재할 때, 즉 도체 구나 무한 도체면에 가까운 점전하, 그리고 도체 원통이나 도체면에 평행하는 선전하 등에 의한 전기장의 해석에 유용하다. 변수분리법에 의해 라플라스 방정식을 풀기 위해서는 경계가 좌표면과 일치할 것이 요구된다. 이러한 요구들에 의해 두 방법의 활용이 제한된다. 실제적인 문제에서는 더욱 복잡한 경계를 자주 접하게 되며, 이들은 간결한 해석적 풀이를 사용할 수 없다. 이러한 경우에는 근사적으로 그림 또는 수치적인 방법에 의존하게 된다. 이들 방법은 이 책에서 다루는 범위를 넘어선다.6)

복습 질문
Review Question

R.4-1 아래 매질에 대해 포아송 방정식을 벡터 표시로 써라.
(a) 단순 매질
(b) 선형이고 등방성이며 비균질 매질

R.4-2 복습 질문 R.4-1의 두 가지에 대해 직각좌표계에서 반복하라.

R.4-3 단순 매질에 대해 라플라스 방정식을
(a) 벡터 표시로 써라.
(b) 직각좌표계로 써라.

R.4-4 $\nabla^2 U = 0$이라면, 왜 U가 0이 되지 않는가?

---

6) 예를 들면, B. D. Popović이 쓴 *Introductory Engineering Electromagnetics*, Addison-Wesley Publishing Co., Reading, Mass., 1971의 5장을 참조하라.

R.4-5 평판 커패시터 양단에 고정전압이 연결되어 있다.
(a) 도체판들 사이의 공간에서 전기장 세기는 매질의 유전율에 좌우되는가?
(b) 전속밀도는 매질의 유전율에 좌우되는가? 설명하라.

R.4-6 고정된 전하 $+Q$와 $-Q$가 평판 커패시터의 분리된 판에 충전되어 있다.
(a) 도체판들 사이의 공간에서 전기장 세기는 매질의 유전율에 좌우되는가?
(b) 전속밀도는 매질의 유전율에 좌우되는가? 설명하라.

R.4-7 정전기 전위는 경계에서 왜 연속인가?

R.4-8 정전기장의 유일성 정리를 서술하라.

R.4-9 무한 도체면에 대한 구 모양 전자구름의 영상전하는 무엇인가?

R.4-10 무한 선전하에 대해 무한 거리의 점은 왜 점전하에서처럼 기준 0전위점이 될 수 없는가? 이 차이에 대한 물리적인 이유는 무엇인가?

R.4-11 평행한 도체 원통에 대해 밀도 ρ_ℓ인 무한히 긴 선전하의 영상전하는 무엇인가?

R.4-12 그림 4-6의 두 도체 전송선에서 0전위면은 어디인가?

R4-13 점전하에 의해 접지된 구에 유기되는 면전하를 구하는데, 식 (4-67)에서 $R = a$로 둔 다음 $-\epsilon_0\, \partial V(a, \theta)/\partial R$에 의해 ρ_s를 구할 수 있는가?

R.4-14 변수분리법이 무엇인가? 라플라스 방정식을 푸는 데 어떤 조건에서 이것이 유용한가?

R.4-15 경계치 문제가 무엇인가?

R.4-16 직각좌표계에서 세 개의 분리상수(k_x, k_y, 그리고 k_z)가 모두 실수가 될 수 있는가? 이들은 모두 허수가 될 수 있는가? 설명하라.

R.4-17 2차원 라플라스 방정식 (4-120)의 풀이에서 분리상수 k는 허수인가? 설명하라.

R.4-18 예제 4-8에 대해 만약 동축 케이블의 내부 도체가 접지되어 있고 외부 도체가 전위 V_0로 유지된다면 식 (4-133)의 해를 어떻게 변형해야 하는가?

R.4-19 예제 4-9에 대해 만약 도체 원통이 수직으로 두 쪽으로 분리되어 $-\pi/2 < \phi < \pi/2$에서 $V = V_0$이고 $\pi/2 < \phi < 3\pi/2$에서 $V = -V_0$이면, 식 (4-139)의 해를 어떻게 변형해야 하는가?

R.4-20 함수 $V_1(R, \theta) = C_1 R \cos\theta$와 $V_2(R, \theta) = C_2 R^{-2} \cos\theta$가 C_1과 C_2가 임의의 상수일 때 구좌표계에서 라플라스 방정식의 해가 될 수 있는가?

연습문제
Problem

P.4-1 큰 평판 커패시터의 위쪽과 아래쪽 도체판이 거리 d만큼 떨어져 있고 전위가 각각 V_0와 0으로 유지된다. 상대적 유전상수가 6.0이고 두께가 $0.8d$로 균일한 유전체 판이 아래쪽 도체판 위에 놓여 있다. 가장자리 효과를 무시할 수 있다고 가정하여 다음을 구하라.
(a) 유전체 판 내부의 전위와 전기장 분포
(b) 유전체 판과 위쪽 판 사이의 공기층에서의 전위와 전기장 분포
(c) 위쪽과 아래쪽 판의 면전하밀도

(d) (b)의 결과를 유전체 판이 없을 때의 결과와 비교

P.4.2 식 (3-61)의 스칼라 전위 V가 식 (4-6)의 포아송 방정식을 만족한다는 것을 증명하라.

P.4-3 주어진 영역에서 라플라스 방정식을 만족하는 전위함수는 영역 내부에서 최대 또는 최소를 가지지 않는다는 것을 증명하라.

P.4-4 다음을 입증하라.

$$V_1 = C_1/R, \qquad V_2 = C_2 z/(x^2 + y^2 + z^2)^{3/2}$$

여기서 C_1과 C_2는 임의의 상수이며, 라플라스 방정식의 해이다.

P.4-5 무한 도체 평면이 $y = 0$에 있고 위쪽에 점전하 Q가 있다고 가정하자.

(a) 식 (4-37)의 $V(x, y, z)$가 도체면이 0전위로 유지된다면 라플라스 방정식을 만족한다는 것을 증명하라.

(b) 만약 도체면이 0이 아닌 전위 V_0라면 $V(x, y, z)$의 표현식은 어떻게 되어야 하는가?

(c) 전하 Q와 도체면 사이에 끌어당기는 정전기력은 얼마인가?

P.4-6 긴 동축 원통 구조에서 내부 도체와 외부 도체 사이의 공간이 전하구름으로 채워져 있으며 체적전하밀도가 $a < r < b$에서 $\rho = A/r$로 가정하자. 여기서 a와 b는 각각 내부와 외부 도체의 반지름이다. 내부 도체는 전위 V_0로 유지되고 외부 도체는 접지되어 있다. 영역 $a < r < b$에서 포아송 방정식을 풀어 전위 분포를 구하라.

P.4-7 점전하 Q가 접지된 큰 도체면 위쪽으로 거리 d에 있다. 다음을 구하라.

(a) 면전하밀도 ρ_s

(b) 도체면에 유기된 총 전하량

P.4-8 양의 점전하 Q가 그림 4-4(a)와 같은 두 개의 접지된 직각 도체 반평면으로부터 각각 거리 d_1과 d_2에 위치해 있다. 다음에 대한 표현식을 구하라.

(a) 1상한의 임의의 점 $P(x, y)$에서 전위와 전기장 세기

(b) 두 반평면에 유기되는 면전하밀도. xy-평면에서 면전하밀도의 변화를 그려라.

P.4-9 아래와 같이 0전위가 유지되는 도체면을 대체할 영상전하 군을 구하라.

(a) 그림 4-22(a)와 같이 두 개의 크고 접지된 평행도체면 사이에 위치한 점전하 Q

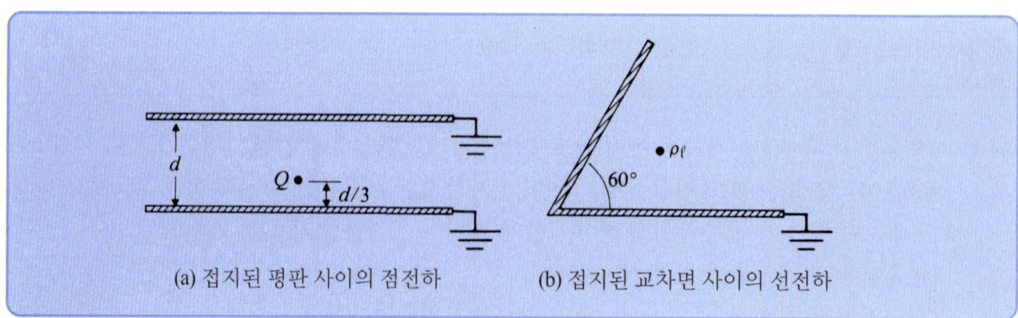

그림 4-22

연습문제 P.4-9의 그림

(b) 그림 4-22(b)와 같이 두 개의 크고 60도 각도로 교차하는 도체면 사이의 중간에 위치한 무한 선전하 ρ_ℓ

P.4-10 반지름 a인 직선 도체 선은 지구표면에 평행하고 높이 h에 있다. 지구가 완전도체라 가정하고 도체와 지구 사이의 단위길이당 정전용량과 힘을 구하라.

P.4-11 매우 긴 두 도선 전송선에서, 각 도체의 반지름이 a이고 거리 d만큼 떨어져 있으며, 평평한 도체 접지면으로부터 높이 h에 지지되어 있다. d와 h 모두 a보다 매우 크다고 가정하여 선의 단위길이당 정전용량을 구하라.

P.4-12 그림 4-7에서와 같이 크기가 같고 부호가 반대인 선전하 쌍에 대해,

(a) 직각좌표계의 점 $P(x, y)$에서 전기장 세기 $\mathbf{E}$의 표현식을 써라.

(b) 그림 4-8에 그려진 전기장선의 방정식을 구하라.

P.4-13 반지름이 a_1과 a_2인 평행 도체 원통으로 된 두 도선 전송선에서, 이들의 축이 D만큼 떨어져 있을 때(여기서 $D > a_1 + a_2$) 단위길이당 정전용량을 구하라.

P.4-14 반지름 a_1인 긴 도선이 반지름 a_2의 도체 원형 터널의 내부에 그림 4-10(a)와 같이 놓여 있다. 이들 축 간의 거리는 D이다.

(a) 단위길이당 정전용량을 구하라.

(b) 도체와 터널이 크기가 ρ_ℓ로 같고 부호가 반대인 선전하를 지니고 있다면, 도선에 작용하는 단위길이당 힘을 구하라.

P.4-15 점전하 Q가 반지름 b인 접지된 도체껍질(shell) 내부에 중심으로부터 거리 d에 놓여 있다($b > d$). 영상전하법을 이용하여 다음을 구하라.

(a) 껍질 안쪽의 전위 분포

(b) 껍질 안쪽표면에 유기되는 전하밀도 ρ_s

P.4-16 두 개의 도체구가 같은 반지름 a이며, 전위가 각각 V_0와 0이다. 이들의 중심은 거리 D만큼 떨어져 있다.

(a) 두 도체를 대체할 수 있는 영상전하와 그 위치를 구하라.

(b) 두 구 사이의 정전용량을 구하라.

P.4-17 두 유전체 매질의 유전상수가 각각 ϵ_1과 ϵ_2이며 그림 4-23과 같이 $x = 0$에서 평면경계에 의

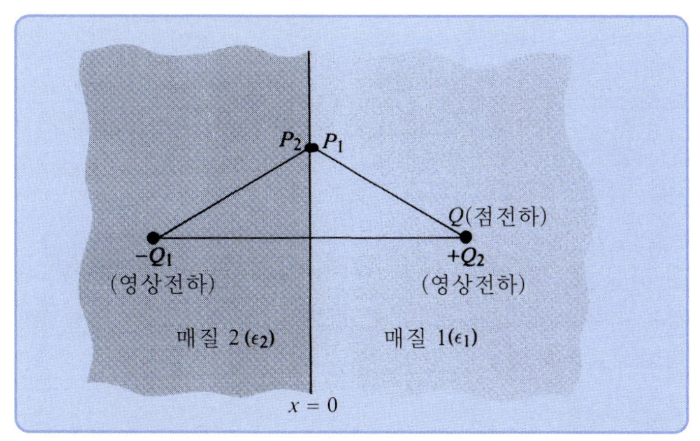

그림 4-23
유전체 매질에서의 영상전하(연습문제 P.4-17)

해 분리되어 있다. 점전하 Q가 매질 1에 경계로부터 거리 d에 존재하고 있다.

(a) 매질 1의 장은 모두 매질 1에서 작용하는 Q와 영상전하 $-Q_1$으로부터 구할 수 있다는 것을 증명하라.

(b) 매질 2의 장은 Q와 Q와 겹치는 영상전하 $+Q_2$로부터 구할 수 있으며, 모두 매질 2에서 작용한다는 것을 증명하라.

(c) Q_1과 Q_2를 구하라. (힌트: 각각 매질 1과 2에 있는 두 점 P_1과 P_2를 생각하고, **E**-장의 접선 성분과 **D**-장의 법선 성분이 연속이 되도록 한다.)

P.4-18 전위함수가 다음과 같이 한 항으로 나타내어질 수 있는 영역의 구조를 묘사하라.

(a) $V(x, y) = c_1 xy$

(b) $V(x, y) = c_2 \sin kx \sinh ky$

구조의 크기와 고정된 전위 V_0에 대해 C_1, C_2, 그리고 k를 구하라.

P.4-19 예제 4-7에서 만약 경계 조건이 그림 4-17의 위, 아래, 우측 면에서 $\partial V/\partial n = 0$이라면 식 (4-114)의 해는 어떻게 바뀌어야 하는가?

P.4-20 예제 4-7에서 만약 그림 4-17의 위, 아래, 좌측 면이 접지되어 있고($V = 0$) 오른쪽 끝의 면이 일정한 전위 V_0로 유지된다면 식 (4-114)의 해는 어떻게 바뀌어야 하는가?

P.4-21 그림 4-17의 사각형 영역을 네 개의 도체판으로 둘러싸인 단면이라 생각하자. 왼쪽과 오른쪽 판은 접지되어 있고, 위쪽과 아래쪽 판은 각각 일정한 전위 V_1과 V_2로 유지된다. 둘러싸인 영역 내부에서 전위 분포를 구하라.

P.4-22 변이 a와 b이고 높이가 c인 금속 사각형 박스를 생각하자. 옆면과 바닥은 접지되어 있다. 윗면은 분리되어 있고 일정 전위 V_0로 유지된다. 박스 내부의 전위 분포를 구하라.

P.4-23 두 개의 절연된 무한 도체판이 그림 4-24와 같이 쐐기(wedge) 모양 구조를 하고 있고, 전위가 0과 V_0이다. 다음 영역의 전위 분포를 구하라.

(a) $0 < \phi < \alpha$

(b) $\alpha < \phi < 2\pi$

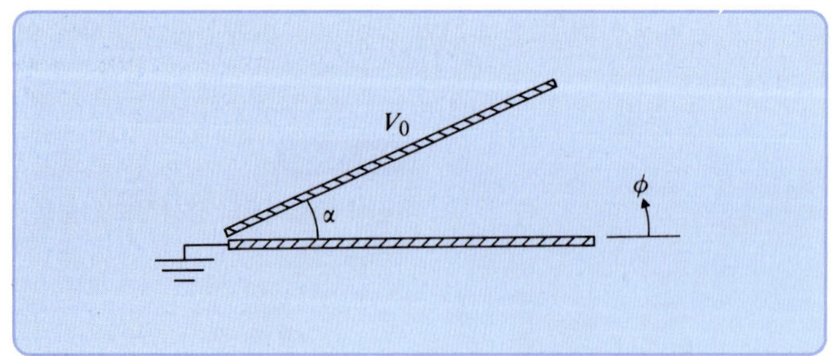

그림 4-24

일정 전위로 유지되는 두 개의 무한 도체판(연습문제 P.4-23)

P.4-24 반지름 b인 무한히 길고 얇은 도체 원통이 그림 4-25와 같이 네 개의 사분 원통으로 나누어져 있다. 2상한과 4상한의 사분 원통은 접지되어 있고, 1상한과 3상한의 것들은 각각 전위 V_0와 $-V_0$로 유지된다. 원통의 내부와 외부에서 전위 분포를 구하라.

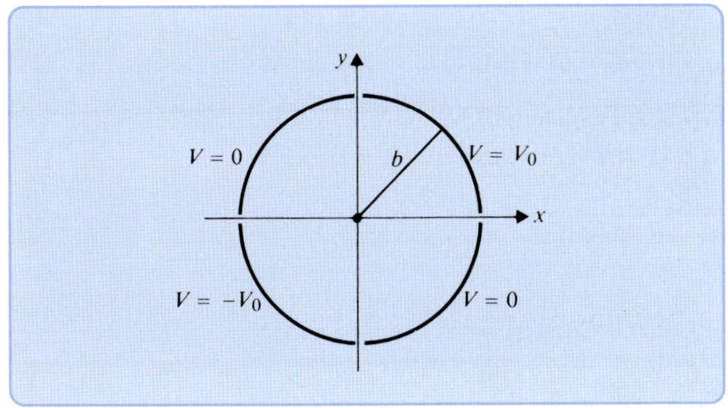

그림 4-25
네 개로 나뉘어진 긴 원통의 단면(연습문제 P.4-24)

P.4-25 초기에 균일한 전기장 $\mathbf{E}_0 = \mathbf{a}_x E_0$ 내에 반지름 b인 길고 접지된 도체 원통이 z축을 따라 놓여 있다. 원통 외부에서 전위 분포 $V(r, \phi)$와 전기장 세기 $\mathbf{E}(r, \phi)$를 구하라. 원통 표면에서 전기장이 먼 곳의 전기장의 두 배가 되어 부분적 절연파괴 또는 코로나 방전을 일으킬 것이라는 것을 보여라. (폭풍우 가까이에서 배의 돛대나 가로뼈대 그리고 항공기에서 나타나는 코로나 방전 현상은 **St. Elmo의 불**[7]로 알려져 있다.)

P.4-26 초기에 균일한 전기장 $\mathbf{E}_0 = \mathbf{a}_x E_0$ 내에 반지름 b이고 유전상수가 ϵ_r인 긴 유전체 원통이 z축을 따라 놓여 있다. 유전체 원통 내부와 외부 모두에서 $V(r, \phi)$와 $\mathbf{E}(r, \phi)$를 구하라.

P.4-27 그림 4-26과 같이 반각이 α인 무한 도체 원추가 전위 V_0로 유지되고 접지된 도체면과 절연되어 있다. 다음을 구하라.

(a) 영역 $\alpha < \theta < \pi/2$에서 전위 분포 $V(\theta)$

(b) 영역 $\alpha < \theta < \pi/2$에서 전기장 세기

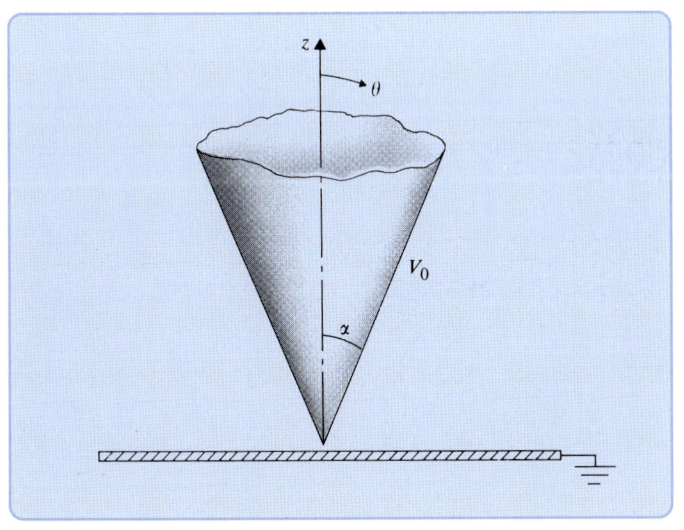

그림 4-26
무한 도체 원추와 접지된 도체면(연습문제 P.4-27)

7) R. H. Golde (ed.), *Lightning*, Academic Press, New York, 1977, vol. 2, Chap. 21.

(c) 원추면과 접지면 상에서 전하밀도

P.4-28 식 (4-155a)에서 $V(b, \theta) = V_0$로 가정하여 예제 4-10을 다시 풀어라.

P.4-29 공기 중에서, 초기에 균일한 전기장 $\mathbf{E}_0 = \mathbf{a}_x E_0$ 내에서 반지름 b이고 유전상수가 ϵ_r인 유전체 구가 놓여 있다. 유전체 구 내부와 외부에서 $V(R, \theta)$와 $\mathbf{E}(R, \theta)$를 구하라.

5 정상상태 전류

Steady Electric Currents

5-1 개요

3장과 4장에서는 전하가 움직이지 않고 정지해 있는 경우와 관련된 문제인 정전기장(정전계) 문제(electrostatic problem)에 관하여 논하였다. 지금부터는 전류의 흐름에 기여하는 움직이는 전하에 대해서 다루고자 한다. 자유전하의 움직임[1](motion of free charges)에 기인하는 전류에는 몇 가지가 있다. 첫 번째로, **전도성 전류**(conduction currents)로서 전도성 전자 및 정공(hole)의 이동(drift motion)에 기인하며 주로 도체 및 반도체(半導體)에서 볼 수 있다. 다음으로, **전해성 전류**(electrolytic currents)로서 이것은 양이온 및 음이온의 이동의 결과로 발생한다. 마지막으로, **대류성 전류**(convection currents)인데 이것은 진공에서 전자와 이온의 이동 결과로 발생하는 것이다. 이 장에서는 옴의 법칙(Ohm's law)에 지배를 받는 전도성 전류에 특별히 관심을 가질 것이다. 전류밀도와 전기장 세기(electric field intensity) 사이의 관계를 나타내는 옴의 법칙에 대한 점함수[2] 형태로부터 시작하여 회로이론의 $V = IR$ 관계식을 얻을 것이다. 또한 기전력(electromotive force)의 개념을 소개할 것이며 친근한 키르히호프의 전압법칙(Kirchhoff's voltage law)을 유도할 것이다. **전하 보존**(conservation of charge)의 법칙을 이용하여 전류와 전하밀도 사이의 관계식, 즉 키르히호프의 전류법칙(Kirchhoff's Current Law)이 유도되는 **연속 방정식**(equation of continuity)이라고 하는 관계식을 어떻게 얻을 수 있는지를 보여줄 것이다.

1) 시변(時變, time-varying) 상황에서는 구속된 전하에 의해 발생되는 다른 종류의 전류가 있다. 전기변위(electric displcement)의 시간변화율이 **변위전류**(displacement current)를 유도한다. 이것은 7장에서 논의될 것이다.

2) 역자주: 공간좌표의 위치에 따라 달라지는 함수

다른 전도 특성을 갖는 두 매질 사이의 경계면을 기준으로 주위에 전류가 흐를 때, 어떤 경계 조건이 반드시 만족되어야 하며 전류 흐름의 방향이 변할 것이다. 이에 이러한 경계 조건에 대해서 논의하고자 한다. 또한 균질[3]의 전도성 매질에 대해서, 전류밀도가 어떤 스칼라장(scalar field)의 변화율(gradient)로 표현될 수 있으며 이때의 스칼라장은 라플라스 방정식을 만족하는 양임을 보일 것이다. 그리고 비슷한 상황은 **전해용 탱크**(electrolytic tank) 내에서 정전기장 문제의 전위 분포를 나타내는 데 기본이 되는 정전기장과 정전류 사이의 관계에서도 존재한다.

전해용 탱크에서의 전해질(電解質 또는 전해용액)은 본질적으로 낮은 전도성을 가진 액체매질이며 보통 농도가 희박한 소금용액이다. 높은 전도성의 금속전극이 이 용액의 내부로 삽입되고, 전압 또는 전위차(電位差, potential difference)가 두 전극 사이에 주어진다면, 전기장이 용액 내에서 발생할 것이다. 이로 인해 전해질의 분자들이 **전기분해**(electrolysis)로 불리는 화학작용에 의해 반대의 극성을 갖는 이온으로 분리된다. 양이온은 전기장의 방향과 같은 방향으로 움직이며 음이온들은 전기장에 반대되는 방향으로 움직이게 되어 두 이온 모두가 전기장과 같은 방향의 전류 흐름을 형성하는 데 기여하게 된다. 정전기장 문제의 경계 조건과 유사한 특성을 갖도록 적절한 기하학적 구조의 전극을 활용하여 전해 탱크에 대한 실험적 모델을 설정할 수 있다.

대류성 전류는 진공 또는 희박한 기체 내에서 양 또는 음의 전하입자의 움직임에 의한 결과로 발생한다. 친근한 예로서는 음극선관(cathode-ray tube) 내에서 전자빔(electron beam)과 천둥번개 내에서 전하를 띤 입자들의 격렬한 운동 등이 있다. 질량 전달을 동반한 유체역학적인 움직임의 결과인 대류성 전류는 옴의 법칙(Ohm's law)에 의한 지배를 받지 않는다.

전도성 전류의 메커니즘(mechanism)은 앞서 언급한 전해성 전류 및 대류성 전류의 메커니즘과는 다르다. 정상적인 상태에서는 도체의 원자들이 결정구조에 있어서 규칙적인 위치를 차지하고 있다. 원자들은 양의 극성을 띤 원자핵과 음전하를 띤 전자들로 구성되어 있으며, 이 전자들은 원자핵을 외피에서 둘러싸고 있는 궤도 형태로 배열되어 있다. 안쪽 궤도에 있는 전자들은 원자핵에 의해 강하게 구속되어(tightly bound) 자유스럽게 이동을 할 수 없다. 반면에, 도체 원자에서 가장 최외각(바깥쪽 궤도) 궤도에 있는 전자들은 허용된 에너지 상태를 완전히 채우지 못한다. 이러한 전자들은 가전자대(valence band) 또는 전도대역(conduction band)의 전자들[4]이며 원자핵에 매우 약하게 구속되어 있다. 후자의 전자들은 한 원자로부터 다른 원자로 자유롭게 이동할 수 있다. 평균적으로, 원자들은 전기적으로 중성이며 전자들의 순 이동(net drift)은 없다. 도체에 외부 전기장이 가해지면 전도대역에 있는 전자들의 유기적인 이동이 전류를 발생시킨다. 우수한 도체(very good conductor)일지라도 전자들의 평균 드리프트 속도(drift velocity)는 매우 느리다(10^{-4} 또는 10^{-3} m/s 정도). 이것은 이동하는 동안 다른 원자들과 충돌하기

3) 역자주: 균질(homogeneous)의 의미는 매질의 특성을 나타내는 매질 변수들(σ, ϵ 등)이 공간좌표에 따라 변하는 함수가 아닌 경우의 매질이다.

4) 역자주: 화학반응에서 보통 Na 원자는 가전자대의 전자를 쉽게 잃고 Na^+ 이온으로 바뀐다. 이와 같이 하나의 이온으로부터 다른 이온으로 쉽게 움직이는 이동성 전자를 고체물리에서는 전도대역 전자라고 한다.

때문이며 이들의 운동에너지의 일부가 열로서 소모된다. 전기적인 힘은 도체 내의 임의의 어떤 점에 과도한 전자들이 축적되는 것을 막아준다. 도체 내에서 전하밀도가 시간에 따라서 지수함수적으로 감소함을 해석적인 수식을 통해 보일 것이다. 전도성이 우수한 도체에서는 평형상태(state of equilibrium)에 도달함에 따라 전하밀도가 매우 급격하게 0으로 감소한다.

5-2 전류밀도와 옴의 법칙

그림 5-1에서 보듯이, 전하량이 q인 한 가지 종류의 전하 캐리어가 미소 면적 Δs를 가로지르며 속도 $\mathbf{u}$로서 일정한 속도로 운동을 하고 있는 경우를 고려해 보자. 단위체적당 전하 캐리어의 수를 N이라고 하면 시간 Δt 이후에 각 전하들은 $\mathbf{u}\,\Delta t$만큼의 거리를 이동하게 되며, 면적 Δs를 통과하는 전하량은

$$\Delta Q = Nq\mathbf{u}\cdot\mathbf{a}_n\,\Delta s\,\Delta t \qquad \text{(C)} \tag{5-1}$$

이 된다. 전류는 전하의 시간에 따른 변화율이므로

$$\Delta I = \frac{\Delta Q}{\Delta t} = Nq\mathbf{u}\cdot\mathbf{a}_n\,\Delta s = Nq\mathbf{u}\cdot\Delta\mathbf{s} \qquad \text{(A)} \tag{5-2}$$

가 된다. 위의 식 (5-2)에서 벡터량으로서 $\Delta\mathbf{s} = \mathbf{a}_n\Delta s$를 이용하여 나타내었다. 벡터 점함수(point function)인 **체적전류밀도**(volume current density) 또는 간단히 **전류밀도**(current density) $\mathbf{J}$를 다음과 같이 A/m²으로 정의하는 것이 편리하다.

$$\mathbf{J} = Nq\mathbf{u} \qquad (\text{A/m}^2) \tag{5-3}$$

그러면 식 (5-2)는

$$\Delta I = \mathbf{J}\cdot\Delta\mathbf{s} \tag{5-4}$$

로 쓸 수 있다. 따라서 임의의 면적 S를 통과하는 전체 전류 I는 S를 통과하는 $\mathbf{J}$ 벡터의 유속(flux)이 된다.

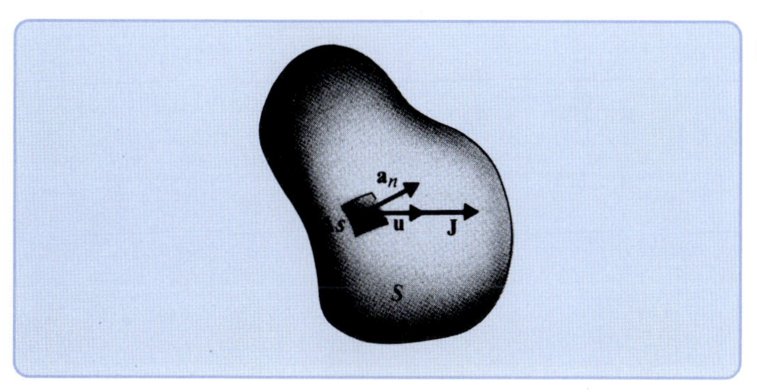

그림 5-1
표면을 가로질러 전기장에 의해 이동하는 전하 캐리어로 인한 대류성 전류

$$\boxed{I = \int_S \mathbf{J} \cdot d\mathbf{s} \qquad \text{(A)}} \tag{5-5}$$

사실, Nq는 단위체적당 자유전하이므로 식 (5-3)을 다음과 같이 다시 쓸 수 있다.

$$\boxed{\mathbf{J} = \rho\mathbf{u} \qquad (\text{A/m}^2)} \tag{5-6}$$

이것이 **대류성 전류밀도**(convection current density)와 전하 캐리어 속도와의 관계이다.

예제 5-1 진공관 다이오드에 있어서, 전자들이 전위가 0인 열음극(hot cathode)으로부터 방출되어 전위가 V_0에 연결된 양극에 집속되면서 대류성 전류를 발생시킨다. 음극과 양극은 평행 도체판으로 되어 있으며, 음극을 떠날 때 전자의 속도가 0(공간전하에 국한된다는 조건으로)이라고 가정할 때, 전류밀도 J와 V_0 사이의 관계를 구하라.

SOLUTION **풀이** 그림 5-2에서 보듯이, 음극과 양극 사이의 영역이 주어져 있고 전자구름(음의 공간전하)이 존재하여 반발력으로 인해 열음극(hot cathode)으로부터 방출된 전자들이 0의 속도로 움직이게 된다. 다시 말하면, 음극에서 순 전기장(net electric field)은 0이다. 가장자리 효과(fringing effects)를 무시하면, 전기장에 관한 관계식을 다음과 같이 얻을 수 있다.

$$\mathbf{E}(0) = \mathbf{a}_y E_y(0) = -\mathbf{a}_y \left.\frac{dV(y)}{dy}\right|_{y=0} = 0 \tag{5-7}$$

정상상태에서는 전류밀도가 일정하고 y축에 독립이므로

$$\mathbf{J} = -\mathbf{a}_y J = \mathbf{a}_y \rho(y) u(y) \tag{5-8}$$

가 된다. 여기서 전하밀도 $\rho(y)$는 음의 값이다. 속도 $\mathbf{u} = \mathbf{a}_y u(y)$는 뉴턴의 운동법칙에 의해 전기장 세기 $\mathbf{E}(y) = \mathbf{a}_y E(y)$에 다음 식으로 연관되어 있다.

$$m\frac{du(y)}{dt} = -eE(y) = e\frac{dV(y)}{dy} \tag{5-9}$$

여기서 $m = 9.11 \times 10^{-31}$ (kg) 및 $-e = -1.60 \times 10^{-19}$ (C)는 각각 전자의 질량과 전하를 나타낸다. 다음의 관계식에 주의하라.

$$\begin{aligned} m\frac{du}{dt} &= m\frac{du}{dy}\frac{dy}{dt} = mu\frac{du}{dy} \\ &= \frac{d}{dy}\left(\frac{1}{2}mu^2\right) \end{aligned}$$

식 (5-9)를 다시 정리하면 다음과 같으며,

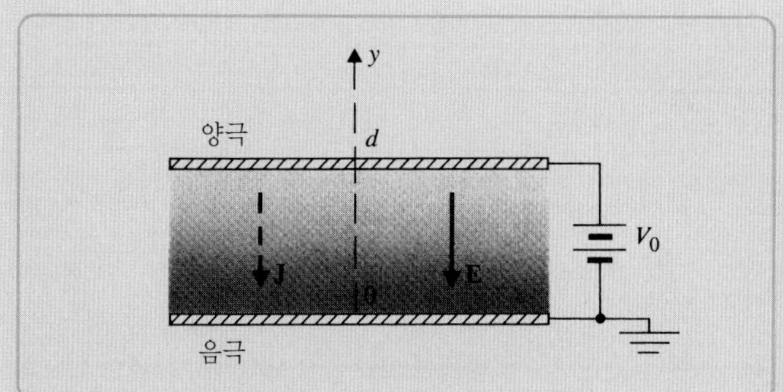

그림 5-2
공간전하에 국한된 진공관 다이오드(예제 5-1)

$$\frac{d}{dy}\left(\frac{1}{2}mu^2\right) = e\frac{dV}{dy} \tag{5-10}$$

식 (5-10)을 적분하면,

$$\tfrac{1}{2}mu^2 = eV \tag{5-11}$$

를 얻을 수 있다. 여기서 적분상수는 0으로 설정하였다. 그 이유는 $y = 0$에서 $u(0) = V(0) = 0$이기 때문이다. 식 (5-11)로부터

$$u = \left(\frac{2e}{m}V\right)^{1/2} \tag{5-12}$$

를 얻을 수 있다.

두 전극 사이의 영역에서 $V(y)$를 구하기 위해서는 식 (5-8)로부터 $V(y)$로 표현된 ρ에 관한 다음 식을 포아송 방정식에 대입하여 해를 구해야 한다.

$$\rho = -\frac{J}{u} = -J\sqrt{\frac{m}{2e}}\,V^{-1/2} \tag{5-13}$$

식 (4-6)으로부터 다음의 포아송 방정식을 얻는다.

$$\frac{d^2V}{dy^2} = -\frac{\rho}{\epsilon_0} = \frac{J}{\epsilon_0}\sqrt{\frac{m}{2e}}\,V^{-1/2} \tag{5-14}$$

식 (5-14)의 양변에 $2\,dV/dy$를 곱해줌으로써 적분이 가능하게 되며, 그 결과는 다음과 같다.

$$\left(\frac{dV}{dy}\right)^2 = \frac{4J}{\epsilon_0}\sqrt{\frac{m}{2e}}\,V^{1/2} + c \tag{5-15}$$

$y = 0$에서 $V = 0$이고 식 (5-7)로부터 $dV/dy = 0$이므로, 위의 적분상수는 $c = 0$이다. 따라서 식 (5-15)는 다음과 같이 간략화된다.

$$V^{-1/4}\,dV = 2\sqrt{\frac{J}{\epsilon_0}}\left(\frac{m}{2e}\right)^{1/4} dy \tag{5-16}$$

식 (5-16)의 좌변을 $V = 0$에서 V_0까지 적분하고 우변은 $y = 0$에서 d까지 적분함으로써

$$\frac{4}{3} V_0^{3/4} = 2\sqrt{\frac{J}{\epsilon_0}}\left(\frac{m}{2e}\right)^{1/4} d$$

또는

$$J = \frac{4\epsilon_0}{9d^2}\sqrt{\frac{2e}{m}}\, V_0^{3/2} \qquad (\mathrm{A/m^2}) \tag{5-17}$$

을 얻을 수 있다. 식 (5-17)이 의미하는 바는 공간전하로 국한된 진공관 다이오드에서 대류성 전류밀도는 양극과 음극 사이의 전위차의 (3/2)제곱에 비례한다는 것이다. 이러한 비선형 관계식을 **차일드-랭뮤어**(Child-Langmuir) **법칙**이라고 한다.

전도성 전류인 경우에는 각기 다른 속도를 가지면서 드리프트 이동을 하는 한 종류 이상의 전하들(전자, 정공, 이온)이 있을 수 있다. 식 (5-3)은 다음과 같이 일반화할 수 있다.

$$\mathbf{J} = \sum_i N_i q_i \mathbf{u}_i \qquad (\mathrm{A/m^2}) \tag{5-18}$$

5-1절에서 언급한 바와 같이, 전도성 전류는 인가된 전기장의 영향으로 전하 캐리어가 드리프트되어 이동한 결과이다. 원자들은 중성으로 유지된다($\rho = 0$). 대부분의 도체에서 평균 드리프트 속도는 인가된 전기장 세기에 비례한다는 것이 옳음을 해석적으로 증명할 수 있다. 금속도체에서

$$\mathbf{u} = -\mu_e \mathbf{E} \qquad (\mathrm{m/s}) \tag{5-19}$$

과 같이 쓸 수 있으며, 여기서 μ_e는 단위 ($\mathrm{m^2/V\cdot s}$)로 표기되는 전자 **이동도**(mobility)를 의미한다. 구리의 전자 이동도는 3.2×10^{-3} ($\mathrm{m^2/V\cdot s}$)이며, 알루미늄은 1.4×10^{-4} ($\mathrm{m^2/V\cdot s}$), 은(silver)은 5.2×10^{-3} ($\mathrm{m^2/V\cdot s}$)이다. 식 (5-3)과 (5-19)로부터

$$\mathbf{J} = -\rho_e \mu_e \mathbf{E} \tag{5-20}$$

을 얻을 수 있으며, 이때 $\rho_e = -Ne$는 드리프트 전자들의 전하밀도이며 음전하이다. 식 (5-20)은 다음과 같이 다시 쓸 수 있다.

$$\boxed{\mathbf{J} = \sigma \mathbf{E} \qquad (\mathrm{A/m^2})} \tag{5-21}$$

여기서 비례상수 $\sigma = -\rho_e\mu_e$는 **전도도**(conductivity)라고 하며, 매질의 특성변수이다.

반도체에서, 전도도는 다음과 같이 전자와 정공 모두의 농도와 이동도에 의존한다.

$$\sigma = -\rho_e \mu_e + \rho_h \mu_h \tag{5-22}$$

여기서 첨자 h는 정공을 의미한다. 일반적으로 $\mu_e \neq \mu_h$이다. 게르마늄의 전형적인 값으로 $\mu_e = 0.38$, $\mu_h = 0.18$이며, 실리콘에서는 $\mu_e = 0.12$, $\mu_h = 0.03$ ($\mathrm{m^2/V\cdot s}$)이다.

식 (5-21)은 전도성 매질에 관한 전류 방정식이다. 선형 관계식인 식 (5-21)이 성립하는 등방성 매질을 **저항성 매질**(ohmic media)이라고 한다. σ의 단위는 (A/V·m) 또는 (S/m)이다. 가장 일반적으로 사용되는 도체인 구리의 전도도는 5.80×10^7 (S/m)이고, 반면에 게르마늄의 전도도는 약 2.2 (S/m)이다. 그리고 실리콘의 전도도는 1.6×10^{-3} (S/m)이다. 반도체의 전도도는 온도의존성이 매우 크다(온도에 따라 증가한다). 양질의 절연체인 고무는 단지 10^{-15} (S/m)의 전도도를 가진다. 부록 B-4에서 자주 사용되는 몇몇 재료의 전도도를 나열하였다. 그러나 유전상수와는 달리, 매질의 전도도는 상당히 많은 변화 범위를 갖고 있음에 주의해야 한다. 전도도의 역수를 **저항률**(resistivity: 비저항)이라고 하며 단위는 (Ω·m)이다. 전도도를 많이 사용하지만 전도도와 비저항을 둘 다 사용해야 하는 강제성은 없다.

점 1로부터 점 2로 전류 I가 흐를 때 저항 R의 양단에 걸리는 전압 V_{12}는 RI와 같다는 것을 회로이론의 **옴의 법칙**을 통해 알고 있다.

$$V_{12} = RI \tag{5-23}$$

여기서 R은 일정한 길이의 전도성 매질의 한 부분에 해당하고, V_{12}는 단자 1과 2 사이의 전압을, I는 점 1로부터 점 2로 유한한 단면적을 통해 흐르는 총 전류를 말한다.

식 (5-23)은 한 점에 있어서의 관계식이 아니다. 식 (5-21)과 (5-23) 사이에는 약간의 유사성이 있음에도 불구하고, 식 (5-21)은 일반적으로 옴의 법칙의 임의의 한 점에서의 표현 형태로 언급된다. 그것은 공간의 모든 점에서 성립하는 유효한 식이며 σ는 공간좌표의 함수이다.

그림 5-3에서 보는 바와 같이, 전도도 σ, 길이 ℓ, 단면적 S인 균질의 매질에서 전압-전류의 관계식을 유도하기 위해 특정 지점 서술 형태(point form)의 옴의 법칙을 이용하자. 도체 내에서 $\mathbf{J} = \sigma\mathbf{E}$이며, 여기서 $\mathbf{J}$와 $\mathbf{E}$는 전류 흐름과 같은 방향이다. 단자 1과 2 사이의 전위차,[5] 즉 전압 V_{12}는 다음과 같다.

$$V_{12} = E\ell$$

또는

$$E = \frac{V_{12}}{\ell} \tag{5-24}$$

따라서 총 전류는

$$I = \int_S \mathbf{J} \cdot d\mathbf{s} = JS$$

또는

$$J = \frac{I}{S} \tag{5-25}$$

5) V_{12}와 E의 중요성에 대해서 5-3절에서 좀 더 상세히 언급할 것이다.

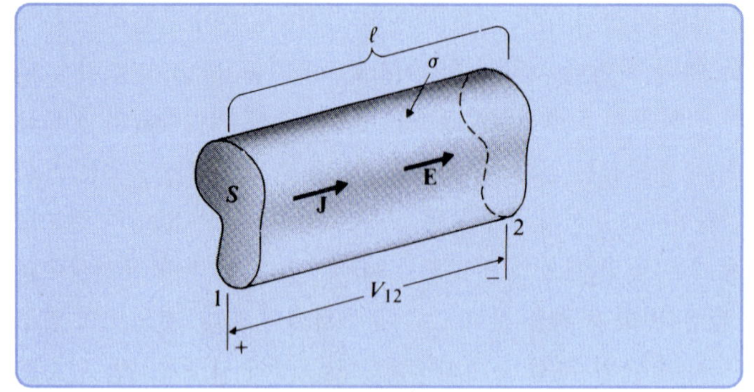

그림 5-3
일정한 단면적을 가진 균질의 도체

가 된다. 식 (5-21)에 식 (5-24)와 (5-25)를 대입하면

$$\frac{I}{S} = \sigma \frac{V_{12}}{\ell}$$

또는

$$V_{12} = \left(\frac{\ell}{\sigma S}\right) I = RI \tag{5-26}$$

을 얻을 수 있으며, 이것은 식 (5-23)과 같다. 식 (5-26)으로부터 일정한 단면적을 가진 작은 직선 형태의 균질 매질에 대한 정상상태의 **저항**(resistance)에 관한 관계식을 얻을 수 있으며 그 결과는 다음과 같다.

$$\boxed{R = \frac{\ell}{\sigma S} \qquad (\Omega)} \tag{5-27}$$

실험에 근거를 둔 옴의 법칙인 식 (5-23)으로부터 시작하여 균일한 단면적 S와 길이 ℓ을 갖는 균질 도체에 적용할 수도 있었다. 식 (5-27)에 있는 공식을 이용함으로써 식 (5-21)에 있는 관계식을 유도할 수 있다.

예제 5-2 1 (mm)의 반지름을 가진 도선의 길이가 1 (km)일 때의 직류저항(d-c resistance)을 구하라.

(a) 도선이 구리로 만들어진 경우

(b) 도선이 알루미늄으로 만들어진 경우

풀이 균일한 단면적을 갖는 도체를 다루고 있기 때문에 식 (5-27)을 적용한다.

(a) 구리 도선에 대해, $\sigma_{cu} = 5.80 \times 10^7$ (S/m)이므로

$$\ell = 10^3 \text{ (m)}, \qquad S = \pi(10^{-3})^2 = 10^{-6}\pi \quad (\text{m}^2)$$

이 되고, 최종 저항은 다음과 같다.

$$R_{cu} = \frac{\ell}{\sigma_{cu} S} = \frac{10^3}{5.80 \times 10^7 \times 10^{-6}\pi} = 5.49 \quad (\Omega)$$

(b) 알루미늄 도선에 대해서는 $\sigma_{al} = 3.14 \times 10^7$ (S/m)이므로

$$R_{al} = \frac{\ell}{\sigma_{al} S} = \frac{\sigma_{cu}}{\sigma_{al}} R_{cu} = \frac{5.80}{3.54} \times 5.49 = 8.99 \quad (\Omega)$$

을 얻는다.

저항의 역수인 **컨덕턴스**(conductance) G는 병렬로 저항들을 결합할 때 유용하다. 컨덕턴스의 단위는 (Ω^{-1}) 또는 (S: "지멘스"라고 읽음)이다.

$$G = \frac{1}{R} = \sigma \frac{S}{\ell} \qquad \text{(S)} \tag{5-28}$$

회로이론으로부터 다음의 결과들을 알고 있을 것이다.

(a) 저항 R_1과 R_2가 직렬(series, same current)로 연결되었을 때, 전체 저항 R은

$$\boxed{R_{sr} = R_1 + R_2} \tag{5-29}$$

이다.

(b) 저항 R_1과 R_2가 병렬(같은 전압)로 연결되었을 때, 전체 저항은

$$\boxed{\frac{1}{R_{||}} = \frac{1}{R_1} + \frac{1}{R_2}} \tag{5-30a}$$

또는

$$\boxed{G_{||} = G_1 + G_2} \tag{5-30b}$$

이다.

5-3 기전력과 키르히호프의 전압법칙

3-2절에서 정전기장은 보존력이며 정전기 세기를 다음과 같이 임의의 폐경로 주위로 스칼라 선

적분을 수행하면 0이 된다는 것을 확인하였다.

$$\oint_C \mathbf{E} \cdot d\ell = 0 \tag{5-31}$$

$\mathbf{J} = \sigma\mathbf{E}$가 성립하는 저항성 매질에서는 식 (5-31)이

$$\oint_C \frac{1}{\sigma} \mathbf{J} \cdot d\ell = 0 \tag{5-32}$$

이 된다. 식 (5-32)가 의미하는 바는 **정전기장에 의해 형성된 폐회로**(closed circuit) **내에서 정상상태의 전류는 같은 방향으로 유지할 수 없음**을 의미한다. 회로에서 정상상태 전류는 전하 캐리어의 이동 결과이며, 그들의 이동경로 내의 원자들과 충돌하여 회로 내에서 에너지를 소비한다. 이러한 에너지는 비보존장(nonconservative field)으로부터 나오며, 그 이유는 보존장(conservative field)에 있어서 폐회로를 구성하는 전하 캐리어는 에너지를 얻을 수도 또는 잃을 수도 없기 때문이다. 비보존장의 원천은 전지(electric battery, 화학에너지를 전기에너지로 변환)일 수도 있고, 전기 발전기(electric generator, 기계적 에너지를 전기에너지로 변환), 열전지(thermocouple, 열에너지를 전기에너지로 변환), 광전지(photovoltaic cell, 빛에너지를 전기에너지로 변환)일 수도 있으며, 또는 그 외의 많은 장치들이 될 수도 있다. 이러한 전기에너지원들은 전기회로에 연결될 때, 전하 캐리어에 구동력을 제공한다. 이 전기에너지원들이 **인가된 전기장 세기**(impressed electric field intensity) $\mathbf{E}_i$를 결정한다.

그림 5-4에서 보이듯이, 전극 1과 2를 갖는 전지를 고려해 보자. 화학작용으로 인해 전극 1과 2에 각각 양과 음의 전하들이 축적된다. 이러한 전하들이 전지의 안쪽과 바깥쪽 모두에 정전기장 세기 $\mathbf{E}$를 발생시킨다. 전지 안에서는 $\mathbf{E}$가 화학작용에 의해 발생된 비보존력 $\mathbf{E}_i$와 크기는 같고 방향은 반대이어야 한다. 그 이유는 개방된 회로에서 전지에는 전류가 흐르지 않으며, 전하 캐리어에 작용하는 순 힘(net force)은 사라지기 때문이다. 인가된 전기장 세기 $\mathbf{E}_i$를 전지 내부의 음극에서 양극까지(그림 5-4에 있는 전극 2에서부터 전극 1까지) 선적분한 결과를 일반적으로 전지의 **기전력**(起電力: electromotive force(emf))[6]이라고 부른다. 기전력의 SI 단위계는 볼트(volt)이며

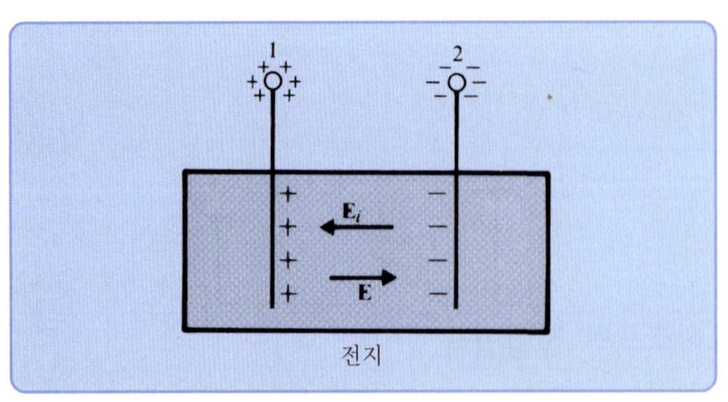

그림 5-4
전지 내에서의 전기장

6) **기전력**(electromotance)이라고도 불린다.

뉴턴 단위인 힘이 아니다. $\mathscr{V}$로 지칭되는 기전력은 비보존력 원천의 세기에 대한 척도이다.

$$\mathscr{V} = \int_2^1 \mathbf{E}_i \cdot d\ell = -\underset{\substack{\text{전지}\\\text{안쪽}}}{\int_2^1} \mathbf{E} \cdot d\ell \tag{5-33}$$

가 되고, 보존력인 정전기장 세기 $\mathbf{E}$는 식 (5-31)을 만족하므로 다음과 같이 나타낼 수 있다.

$$\oint_C \mathbf{E} \cdot d\ell = \underset{\substack{\text{전지}\\\text{바깥쪽}}}{\int_1^2} \mathbf{E} \cdot d\ell + \underset{\substack{\text{전지}\\\text{안쪽}}}{\int_2^1} \mathbf{E} \cdot d\ell = 0 \tag{5-34}$$

와 같이 쓸 수 있고 식 (5-33)과 (5-34)를 결합하면

$$\mathscr{V} = \underset{\substack{\text{전지}\\\text{바깥쪽}}}{\int_1^2} \mathbf{E} \cdot d\ell \tag{5-35}$$

또는

$$\mathscr{V} = V_{12} = V_1 - V_2 \tag{5-36}$$

을 얻을 수 있다.

식 (5-35)와 (5-36)에서 기전력(emf)을 보존력 $\mathbf{E}$의 선적분으로 표현하였으며, **전압상승**(voltage rise)이라고 해석한다. $\mathbf{E}_i$이 비보존력 특성에도 불구하고, 기전력은 양과 음의 단자 사이의 전위차로서 표현될 수 있다. 이것이 식 (5-24)를 유도할 때 이용한 방식이다.

회로를 구성하는 전지의 단자 1과 2 사이에 그림 5-3과 같은 형태를 가진 저항이 연결되었을 때 총 전기장 세기(화학작용에 의한 인가된 전기장 $\mathbf{E}_i$와 전하의 축적으로 인한 정전기장 $\mathbf{E}$)는 옴의 법칙의 점함수 형태로 사용될 것이다. 따라서 식 (5-21)과는 달리 다음 관계식을 얻는다.

$$\mathbf{J} = \sigma(\mathbf{E} + \mathbf{E}_i) \tag{5-37}$$

여기서 $\mathbf{E}_i$는 전지 안에서만 존재하는 것이고, $\mathbf{E}$는 전지의 안쪽과 바깥쪽 모두에서 0이 아닌 값을 가지고 있다. 식 (5-37)로부터

$$\mathbf{E} + \mathbf{E}_i = \frac{\mathbf{J}}{\sigma} \tag{5-38}$$

을 얻을 수 있다. 식 (5-31)과 (5-33)의 결과를 참고하여 식 (5-38)을 폐회로 주위로 스칼라 선적분을 취하면 다음의 결과를 얻는다.

$$\mathscr{V} = \oint_C (\mathbf{E} + \mathbf{E}_i) \cdot d\ell = \oint_C \frac{1}{\sigma} \mathbf{J} \cdot d\ell \tag{5-39}$$

식 (5-39)는 비보존력이 없을 때 유효한 식 (5-32)와 구별되어야 한다. 만약 저항이 전도도 σ, 길이 ℓ, 그리고 균일한 단면적 S를 가지고 있다면, $J = I/S$일 것이며 식 (5-39)의 우변은 RI가 된다.

따라서

$$\mathscr{V} = RI \tag{5-40}$$

을 얻는다.7) 만약 하나 이상의 기전력과 하나 이상의 저항이 폐회로의 경로상에 존재한다면, 식 (5-40)을 일반화하여

$$\boxed{\sum_j \mathscr{V}_j = \sum_k R_k I_k \qquad \text{(V)}} \tag{5-41}$$

을 얻는다. 식 (5-41)은 **키르히호프의 전압법칙**을 나타내는 표현식이다. 이것이 의미하는 바는 **전기회로의 폐경로에 대한 기전력(전압상승)의 대수적인 합은 저항에 나타나는 전압강하**(voltage drops)**의 대수적 합과 같다**는 것이다. 이것은 회로망에서 어떠한 폐회로 경로에도 적용될 수 있다. 경로를 따라가는 방향은 임의로 부여할 수 있으며, 다른 저항에서의 전류는 같을 필요는 없다. 키르히호프의 전압법칙은 회로이론에서 폐회로 해석의 기본 근거가 된다.

5-4 연속 방정식과 키르히호프의 전류법칙

전하 보존의 법칙은 물리학에서 가장 기본적인 가설 중의 하나이다. 전하는 생성되거나 소멸될 수 없다; 모든 전하들은 정지상태에 있거나 이동하거나 언제든지 설명이 가능해야 한다. 표면 S에 의해 둘러싸인 임의의 체적 V를 고려해 보자. 이 영역 내에 순 전하(net charge) Q가 존재하고 있다. 만일 표면을 가로질러 이 영역 밖으로 순 전류 I가 흐른다면, 체적 내에서의 전하는 전류와 같은 비율로 감소되어야 한다. 반대로, 만일 순 전류가 표면을 통해 이 영역 안으로 흐른다면, 체적 내의 전하는 전류와 같은 비율로 증가하여야 한다. 영역을 떠나는 전류는 면 S를 통해 바깥으로 흘러나가는 전류밀도 벡터의 총 유속과 같으므로 다음과 같이 나타낼 수 있다.

$$I = \oint_S \mathbf{J} \cdot d\mathbf{s} = -\frac{dQ}{dt} = -\frac{d}{dt}\int_V \rho\, dv \tag{5-42}$$

J에 관한 면적분을 $\boldsymbol{\nabla} \cdot \mathbf{J}$의 체적적분으로 바꾸기 위해 발산 정리인 식 (2-115)를 적용하면, 일정하게 유지되는 체적에 대해서

$$\int_V \boldsymbol{\nabla} \cdot \mathbf{J}\, dv = -\int_V \frac{\partial \rho}{\partial t}\, dv \tag{5-43}$$

7) 전지는 무시할 만한 내부저항을 가지고 있다고 가정한다. 그렇지 않으면 그것의 효과가 식 (5-40)에 포함되어야 한다. **이상적인 전압원**은 그 단자의 전압이 기전력과 같고 그것을 관통하여 흐르는 전류와 무관한 것을 의미한다. 이것은 이상적인 전압원이 내부저항으로 0의 값을 갖는다는 것을 의미한다.

을 얻을 수 있다. ρ의 시간미분을 적분식 안으로 이동시킬 때, ρ는 시간의 함수일 뿐만 아니라 공간좌표의 함수일 수도 있으므로 편미분의 기호를 사용할 필요가 있다. 식 (5-43)은 체적 V의 선택에 관계없이 성립해야 하므로, 피적분함수는 서로 같아야 한다. 따라서

$$\nabla \cdot \mathbf{J} = -\frac{\partial \rho}{\partial t} \qquad (\mathrm{A/m^3}) \tag{5-44}$$

을 얻을 수 있다. 전하 보존의 법칙으로부터 유도된 관계식을 **연속 방정식**(equation of continuity)이라고 한다.

정상상태의 전류에서는 $\partial\rho/\partial t = 0$과 같이 전하밀도가 시간에 따라 변하지 않으므로, 식 (5-44)는

$$\nabla \cdot \mathbf{J} = 0 \tag{5-45}$$

이 된다. 따라서 정상상태 전류는 발산값이 없거나(무발산: divergenceless) 회전장의 특성을 갖는다. 식 (5-45)는 임의의 위치에서 성립되는 점 관계식이며 $\rho = 0$인(흐름 원천이 없는) 점에서도 유효하다. 위 식은 정상상태 전류의 장선(field line) 또는 유선(streamline)은 그 자체로 되돌아오도록 닫혀 있음을 의미한다. 또한 장선이 전하로부터 시작되고 전하로 끝나는, 즉 시작과 끝이 있는 정전기장의 경우와는 다르다. 임의의 폐곡면(enclosed surface)에 대해 식 (5-45)를 적용하면, 다음과 같은 적분형으로 정리할 수 있다.

$$\oint_S \mathbf{J} \cdot d\mathbf{s} = 0 \tag{5-46}$$

이것은 다시 다음과 같이 나타낼 수 있다.

$$\sum_j I_j = 0 \qquad (\mathrm{A}) \tag{5-47}$$

위 식 (5-47)은 **키르히호프의 전류법칙**을 나타내는 식이다. 이는 **회로에서 교점**(회로접점)**으로부터 흘러나가는 모든 전류의 대수합은 0**(**영**)**이라는 것**[8]을 의미한다. 키르히호프의 전류법칙은 회로이론(circuit theory)에서 마디 해석(node analysis)의 기본이 된다.

3-6절에서 설명했듯이, 도체 내부에 들어온 전하들은 도체면으로 이동하게 되며 이는 평형상태에서 도체 내부에서는 $\rho = 0$, $\mathbf{E} = 0$이 되도록 전하들이 재분포하게 됨을 뜻한다. 이 시점에서 이것을 증명하고 평형상태에 도달할 때까지 걸리는 시간을 계산해보도록 하자. 식 (5-21)의 옴의 법칙과 연속 방정식을 결합하면,

8) 이것은 교점에서 전류 발생원이 있다면 그때의 전류도 포함한다. **이상적인 전류 발생원**은 전류가 그것의 단자에 걸리는 전압에 상관없는 경우이다. 이것은 이상적인 전류원이 무한의 내부저항을 가지고 있다는 것을 의미한다.

$$\sigma \nabla \cdot \mathbf{E} = -\frac{\partial \rho}{\partial t} \tag{5-48}$$

을 얻을 수 있다. 단순 매질(simple medium)에서는 $\nabla \cdot \mathbf{E} = \rho/\epsilon$이므로, 위의 식 (5-48)은 다음과 같이 나타낼 수 있다.

$$\frac{\partial \rho}{\partial t} + \frac{\sigma}{\epsilon}\rho = 0 \tag{5-49}$$

연속 방정식으로부터 얻은 이 미분 방정식의 해는 다음과 같다.

$$\boxed{\rho = \rho_0 e^{-(\sigma/\epsilon)t} \qquad (\mathrm{C/m^3})} \tag{5-50}$$

여기서 ρ_0는 $t = 0$일 때의 초기 전하밀도이다. ρ와 ρ_0는 둘 다 공간좌표의 함수일 수 있으며, 식 (5-50)은 주어진 위치에서 전하밀도가 시간에 따라 지수적으로 감소함을 나타내고 있다. 초기 전하밀도 ρ_0는 다음의 식으로 정의된 τ만큼의 시간이 지난 후에는 초기값의 $1/e$, 즉 36.8%로 감소하게 된다.

$$\tau = \frac{\epsilon}{\sigma} \qquad (\mathrm{s}) \tag{5-51}$$

이 시간상수 τ를 **완화시간**(relaxation time: 전하 소멸시간)이라고 부른다. 구리와 같은 우수한 도체에서는 $\sigma = 5.80 \times 10^7$ (S/m), $\epsilon \cong \epsilon_0 = 8.85 \times 10^{-12}$ (F/m)이므로, τ는 1.52×10^{-19} (s)가 되어 매우 짧은 시간이 된다. 전하가 표면으로 재분포하는 데 소요되는 시간이 너무 짧아서 실제적인 경우에서는 도체 내부에서 ρ는 0으로 간주할 수 있다(3-6절의 식 (3-69) 참조). 우수한 절연체(good insulator)에 대한 전하 소멸시간은 무한대는 아니지만 몇 시간 또는 심지어 며칠이 걸릴 수도 있다.

5-5 전력소모와 주울의 법칙

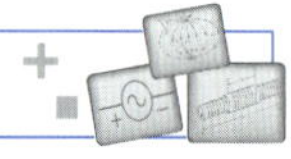

5-1절에서, 전기장의 영향하에 있는 도체 내의 전도성 전자들은 거시적으로 드리프트 운동을 하게 된다고 말했다. 미시적인 관점에서, 이들 전자들은 격자 구조를 하고 있는 원자들과 충돌하게 된다. 따라서 전기장으로부터 얻은 에너지는 열적 진동을 하고 있는 원자들에게로 전달된다. 전기장 $\mathbf{E}$에 의해서 전하 q를 $\Delta\ell$만큼 이동시키는 데 필요한 일 Δw는 $q\mathbf{E} \cdot (\Delta\ell)$이며, 이는 다음과 같이 전력 p로 나타낼 수 있다.

$$p = \lim_{\Delta t \to 0} \frac{\Delta w}{\Delta t} = q\mathbf{E} \cdot \mathbf{u} \tag{5-52}$$

여기서 $\mathbf{u}$는 드리프트 속도이다. 체적 dv 내에 있는 모든 전하들에 전달되는 총 전력은

$$dP = \sum_i p_i = \mathbf{E} \cdot \left(\sum_i N_i q_i \mathbf{u}_i \right) dv$$

가 된다. 식 (5-18)을 이용하면, 위의 식은

$$dP = \mathbf{E} \cdot \mathbf{J}\, dv$$

또는

$$\frac{dP}{dv} = \mathbf{E} \cdot \mathbf{J} \qquad (\text{W/m}^3) \tag{5-53}$$

가 된다. 따라서 점함수 $\mathbf{E} \cdot \mathbf{J}$는 정상상태 전류 조건하에서 **전력밀도**(power density)와 같다. 주어진 체적 V에 대해 열로 변환된 총 전력은 다음과 같다.

$$\boxed{P = \int_V \mathbf{E} \cdot \mathbf{J}\, dv \qquad (\text{W})} \tag{5-54}$$

이것은 **주울의 법칙**(Joule's law)으로 알려져 있다. (P에 대한 SI 단위는 와트(W, Watt)이지 에너지 또는 일의 단위인 주울(joule)이 아니다.) 식 (5-53)은 이에 상응하는 점 관계식이다.

일정한 단면을 갖는 도체에서, $\mathbf{J}$와 같은 방향으로 측정된 거리 $d\ell$을 이용하면 미소 체적은 $dv = ds\, d\ell$이다. 이를 이용하면 식 (5-54)는 다음과 같이 쓸 수 있다.

$$P = \int_L E\, d\ell \int_S J\, ds = VI$$

여기서 I는 도체 내 전류로서 $V = RI$이므로

$$\boxed{P = I^2 R \qquad (\text{W})} \tag{5-55}$$

를 얻을 수 있다. 물론, 위의 식 (5-55)는 단위시간당 저항 R에서 열로 소모되는 저항성 전력에 대한 표현식으로 잘 알려져 있다.

5-6 전류밀도에 대한 경계 조건

전도도가 다른 두 개의 매질이 형성하는 경계면에 대해서 비스듬히 전류가 통과하고 있다고 할 때, 전류밀도 벡터는 방향 및 크기 모두 변화한다. 3-9절에서 $\mathbf{D}$와 $\mathbf{E}$에 대한 경계 조건을 얻을 때 사용된 것과 비슷한 방법으로 $\mathbf{J}$의 경계 조건을 유도할 수 있다. 비보존력 에너지원이 없는 상황에서 정상상태 전류밀도 $\mathbf{J}$를 지배하는 관계식은 다음과 같다.

정상상태 전류밀도를 지배하는 방정식		
미분형	적분형	
$\nabla \cdot \mathbf{J} = 0$	$\oint_S \mathbf{J} \cdot d\mathbf{s} = 0$	(5-56)
$\nabla \times \left(\dfrac{\mathbf{J}}{\sigma}\right) = 0$	$\oint_C \dfrac{1}{\sigma} \mathbf{J} \cdot d\ell = 0$	(5-57)

위의 식에서 발산 관련 방정식은 식 (5-45)와 같으며, 또한 회전력 관련 방정식은 옴의 법칙($\mathbf{J} = \sigma\mathbf{E}$)과 $\nabla \times \mathbf{E} = 0$을 조합하여 얻어진다. 전도도로서 각각 σ_1, σ_2를 갖고 있는 두 개의 저항성 매질의 경계에 식 (5-56)과 (5-57)을 적용하여 $\mathbf{J}$의 법선(수직) 및 접선(수평) 성분에 대한 경계 조건을 얻는다.

실제로 그림 3-23에서 했듯이 경계면에서 작은 체적(pillbox)을 만들지 않고도 3-9절의 내용으로부터 **발산값이 0**(divergenceless)**인 벡터장의 법선 성분은 연속**인 것을 알 수 있다. 따라서 $\nabla \cdot \mathbf{J} = 0$으로부터 다음의 결과를 얻는다.

$$J_{1n} = J_{2n} \qquad (\text{A/m}^2) \tag{5-58}$$

유사한 방법으로, **회전력값이 0**(curl-free)**인 벡터장의 접선 성분은 경계면을 따라 연속이다.** $\nabla \times (\mathbf{J}/\sigma) = 0$으로부터 다음의 결론을 얻을 수 있다.

$$\frac{J_{1t}}{J_{2t}} = \frac{\sigma_1}{\sigma_2} \tag{5-59}$$

식 (5-59)가 의미하는 바는 **경계면을 기준으로 양쪽에 있는 J의 접선 성분의 비는 각각의 매질이 갖고 있는 전도도의 비와 같다**는 것이다. 유전체 매질로 이루어진 경계면에 자유전하가 없는 경우의 정전속밀도(electrostatic flux density)에 대해 얻은 경계 조건인 식 (3-123) 및 (3-119)를 저항성 매질의 정상상태 전류밀도에 대해 얻은 경계 조건인 식 (5-58) 및 (5-59)와 각각 비교해 보면

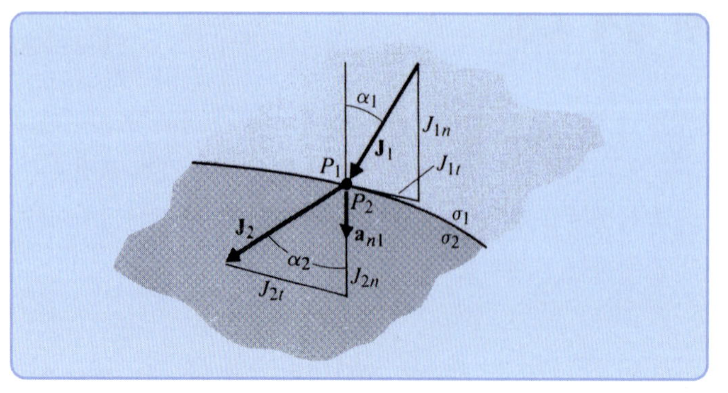

그림 5-5 두 개의 도체 매질이 형성하는 경계면에서의 경계 조건(예제 5-3)

D와 ϵ, 그리고 **J**와 σ 사이에는 밀접한 유사성이 있음을 확인할 수 있다.

예제 5-3 각각 전도도 σ_1과 σ_2를 가지고 있는 두 개의 도체 매질이 그림 5-5에 나타낸 바와 같이 보듯이 경계면에 의해 분리되어 있다. 점 P_1에서 매질 1에 속한 정상상태 전류밀도는 크기 J_1을 가지고 있고 경계면에 수직인 선과 각도 α_1을 이루고 있다. 이때 매질 2 내부의 점 P_2에서 전류밀도의 크기와 방향을 결정하라.

풀이 식 (5-58)과 (5-59)를 이용하면,

$$J_1 \cos \alpha_1 = J_2 \cos \alpha_2 \tag{5-60}$$

과

$$\sigma_2 J_1 \sin \alpha_1 = \sigma_1 J_2 \sin \alpha_2 \tag{5-61}$$

을 얻는다.

식 (5-61)을 식 (5-60)으로 나누면,

$$\boxed{\frac{\tan \alpha_2}{\tan \alpha_1} = \frac{\sigma_2}{\sigma_1}} \tag{5-62}$$

를 얻을 수 있다.

만약 매질 1의 전도도가 매질 2의 전도도보다 훨씬 큰 경우($\sigma_1 \gg \sigma_2$ 또는 $\sigma_2/\sigma_1 \to 0$), 각도 α_2는 0으로 접근하고 $\mathbf{J}_2$는 경계면에 거의 수직(양도체의 면에 법선)으로 나오게 된다. 이때 $\mathbf{J}_2$의 크기는

$$\begin{aligned} J_2 &= \sqrt{J_{2t}^2 + J_{2n}^2} = \sqrt{(J_2 \sin \alpha_2)^2 + (J_2 \cos \alpha_2)^2} \\ &= \left[\left(\frac{\sigma_2}{\sigma_1} J_1 \sin \alpha_1\right)^2 + (J_1 \cos \alpha_1)^2\right]^{1/2} \end{aligned}$$

또는

$$\boxed{J_2 = J_1\left[\left(\frac{\sigma_2}{\sigma_1} \sin \alpha_1\right)^2 + \cos^2 \alpha_1\right]^{1/2}} \tag{5-63}$$

이 된다. 그림 5-5를 이용하여 매질 1 또는 2 중에서 어느 쪽이 더 좋은 도체인지 말할 수 있는가? ■

균질의 도체 매질에 대해서는 식 (5-57)의 미분형은 다음의 수식으로 간단화된다.

$$\nabla \times \mathbf{J} = 0 \tag{5-64}$$

2-11절로부터 회전력 0인 벡터는 스칼라 전위장(scalar potential field)의 변화율로 표현될 수 있

음을 알고 있다. 따라서 이를 이용하면,

$$\mathbf{J} = -\nabla\psi \tag{5-65}$$

로 쓸 수 있다.

식 (5-65)를 $\nabla \cdot \mathbf{J} = 0$에 대입하여 변수 ψ에 관한 라플라스 방정식을 유도할 수 있다. 즉,

$$\nabla^2\psi = 0 \tag{5-66}$$

과 같이 된다. 정상상태 전류 흐름에 대한 문제는 적절한 경계 조건을 부여하고 식 (5-66)으로부터 ψ (A/m)를 결정한다. 다음으로 이 변수에 음의 변화율을 취함으로써 **J**를 찾을 수 있으며, 정전기장 문제에서 해를 구하는 방법과 정확히 일치하는 방법이다. 사실, ψ와 정전기장 전위는 다음과 같이 간단한 관계식으로 연결되어 있다: $\psi = \sigma V$. 5-1절에서 지적했듯이, 정전기장과 정상상태 전류 사이의 이러한 유사성은 해를 구하기 어려운 정전기장 경계치 문제[9]의 전위 분포를 도식화하기 위해 전해질 탱크를 사용하는 근거가 된다.

정상상태 전류가 두 개의 다른 손실 유전체(유전율 ϵ_1과 ϵ_2, 유한 전도도 σ_1과 σ_2) 사이의 경계면을 가로질러 흐를 때, 전기장의 접선 성분은 일반적으로 경계면의 양쪽에서 연속이므로 $E_{2t} = E_{1t}$이다. 이것은 식 (5-59)와 동일이다. 그러나 전기장의 법선 성분은 식 (5-58)과 (3-121b)를 동시에 만족해야 하며, 다음과 같은 조건이 요구된다.

$$J_{1n} = J_{2n} \rightarrow \sigma_1 E_{1n} = \sigma_2 E_{2n} \tag{5-67}$$

$$D_{1n} - D_{2n} = \rho_s \rightarrow \epsilon_1 E_{1n} - \epsilon_2 E_{2n} = \rho_s \tag{5-68}$$

여기서 기준이 되는 법선 방향 단위벡터는 매질 2로부터 밖으로 향하는 방향이다. 따라서 $\sigma_2/\sigma_1 = \epsilon_2/\epsilon_1$라는 조건이 만족되지 않으면 경계면에는 면전하가 존재하게 된다. 식 (5-67)과 (5-68)로부터 다음 결과를 얻는다.

$$\rho_s = \left(\epsilon_1 \frac{\sigma_2}{\sigma_1} - \epsilon_2\right) E_{2n} = \left(\epsilon_1 - \epsilon_2 \frac{\sigma_1}{\sigma_2}\right) E_{1n} \tag{5-69}$$

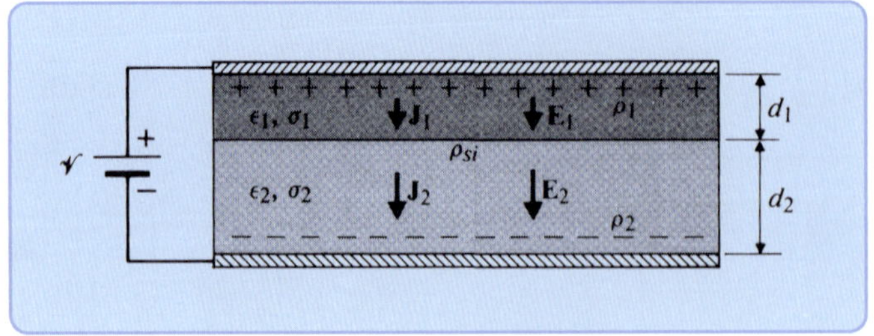

그림 5-6

두 개의 손실 유전체가 끼어 있는 평판 커패시터(예제 5-4)

9) 예로서, E. Weber의 *Electromagnetic Fields*, Vol. I: *Mapping of Fields*, pp. 187–193, John Wiley and Sons, 1950을 참조하라.

여기서 매질 2가 매질 1보다 훨씬 더 우수한 전도도를 가진 경우($\sigma_2 \gg \sigma_1$ 또는 $\sigma_1/\sigma_2 \to 0$), 식 (5-69)는 다음과 같이 간략화할 수 있으며, 이 식은 식 (3-122)와 같다.

$$\rho_s = \epsilon_1 E_{1n} = D_{1n} \tag{5-70}$$

예제 5-4 기전력 $\mathcal{V}$가 면적 S를 갖는 평판 커패시터에 인가되어 있다. 그림 5-6에 나타낸 바와 같이, 도체판 사이의 공간은 두께 d_1, d_2, 유전율 ϵ_1, ϵ_2, 그리고 전도도 σ_1, σ_2의 특성을 가진 두 개의 손실이 있는 유전체로 각각 채워져 있다. 다음을 구하라.

(a) 도체 평판 사이의 전류밀도
(b) 두 개의 유전체 모두에서의 전기장 세기
(c) 도체 평판 위에서와 유전체 경계면에서의 면전하밀도

SOLUTION **풀이** 그림 5-6을 참고하라.

(a) **J**의 법선 성분의 연속성으로부터 전류밀도가 두 유전체 매질에서 같다는 것, 나아가서 전류도 두 유전체 매질에서 같다는 것을 알 수 있다. 키르히호프의 전압법칙을 이용하여

$$\mathcal{V} = (R_1 + R_2)I = \left(\frac{d_1}{\sigma_1 S} + \frac{d_2}{\sigma_2 S}\right)I$$

을 얻을 수 있고, 그 결과로

$$J = \frac{I}{S} = \frac{\mathcal{V}}{(d_1/\sigma_1) + (d_2/\sigma_2)} = \frac{\sigma_1\sigma_2\mathcal{V}}{\sigma_2 d_1 + \sigma_1 d_2} \quad (\text{A/m}^2) \tag{5-71}$$

을 얻는다.

(b) 두 매질 내에서 각각의 전기장 세기 E_1과 E_2를 결정하기 위해 두 개의 방정식이 필요하다. 평판의 가장자리에서 발생할 수 있는 가장자리 효과를 무시하면,

$$\mathcal{V} = E_1 d_1 + E_2 d_2 \tag{5-72}$$

와

$$\sigma_1 E_1 = \sigma_2 E_2 \tag{5-73}$$

를 얻을 수 있다. 식 (5-73)은 $J_1 = J_2$로부터 얻어진 것이다. 식 (5-72)와 (5-73)을 연립하여 풀면,

$$E_1 = \frac{\sigma_2\mathcal{V}}{\sigma_2 d_1 + \sigma_1 d_2} \quad (\text{V/m}) \tag{5-74}$$

와

$$E_2 = \frac{\sigma_1\mathcal{V}}{\sigma_2 d_1 + \sigma_1 d_2} \quad (\text{V/m}) \tag{5-75}$$

를 얻는다.

(c) 위쪽과 아래쪽 평판에 있는 면전하밀도는 식 (5-70)을 이용하여 구할 수 있으며 그 결과는 다음과 같다.

$$\rho_{s1} = \epsilon_1 E_1 = \frac{\epsilon_1 \sigma_2 \mathscr{V}}{\sigma_2 d_1 + \sigma_1 d_2} \qquad (\text{C/m}^2) \tag{5-76}$$

$$\rho_{s2} = -\epsilon_2 E_2 = -\frac{\epsilon_2 \sigma_1 \mathscr{V}}{\sigma_2 d_1 + \sigma_1 d_2} \qquad (\text{C/m}^2) \tag{5-77}$$

식 (5-77)에 있는 음의 부호는 $\mathbf{E}_2$의 방향과 낮은 쪽 평판에서 **밖으로 향하는** 법선 방향이 서로 반대이기 때문에 발생하는 것이다.

식 (5-69)는 유전체 경계면에서의 면전하밀도를 찾을 때 사용될 수 있다.

$$\begin{aligned}\rho_{si} &= \left(\epsilon_2 \frac{\sigma_1}{\sigma_2} - \epsilon_1\right) \frac{\sigma_2 \mathscr{V}}{\sigma_2 d_1 + \sigma_1 d_2} \\ &= \frac{(\epsilon_2 \sigma_1 - \epsilon_1 \sigma_2)\mathscr{V}}{\sigma_2 d_1 + \sigma_1 d_2} \qquad (\text{C/m}^2)\end{aligned} \tag{5-78}$$

위의 결과들로부터 $\rho_{s2} \neq -\rho_{s1}$이고 대신에 $\rho_{s1} + \rho_{s2} + \rho_{si} = 0$임을 알 수 있다.

예제 5-4에서 정전기장과 정상상태 전류가 함께 존재하는 경우에 대해서 살펴보았다. 6장에서 살펴보겠지만, 정상상태 전류는 자기장(자계: magnetic field)를 발생시킨다. 따라서 정전기장과 정자기장이 모두 존재하는 경우를 다루었다. 이들은 **정전자기장**(electromagnetostatic field)을 구성하며, 이 정전자기장의 전기장 및 자기장은 도체 매질에서의 매질 방정식인 $\mathbf{J} = \sigma\mathbf{E}$를 통해 서로 결합되어 있다.

5-7 저항 계산

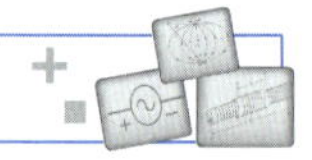

3-10절에서, 유전체 매질에 의해 분리되어 있는 두 개의 도체 사이의 정전용량을 구하는 과정에 대해서 논의하였다. 이 도체들은 그림 3-27에서처럼 임의의 형태를 가질 수 있으며, 이를 그림 5-7에 다시 나타내었다. 정전용량에 관한 기본 공식을 전속과 전기장 세기를 이용하여 나타내면 다음과 같다.

$$C = \frac{Q}{V} = \frac{\oint_S \mathbf{D} \cdot d\mathbf{s}}{-\int_L \mathbf{E} \cdot d\boldsymbol{\ell}} = \frac{\oint_S \epsilon \mathbf{E} \cdot d\mathbf{s}}{-\int_L \mathbf{E} \cdot d\boldsymbol{\ell}} \tag{5-79}$$

여기서 분자의 면적분은 양의 도체를 둘러싸고 있는 표면에 걸쳐서 행해지는 것이며 분모의

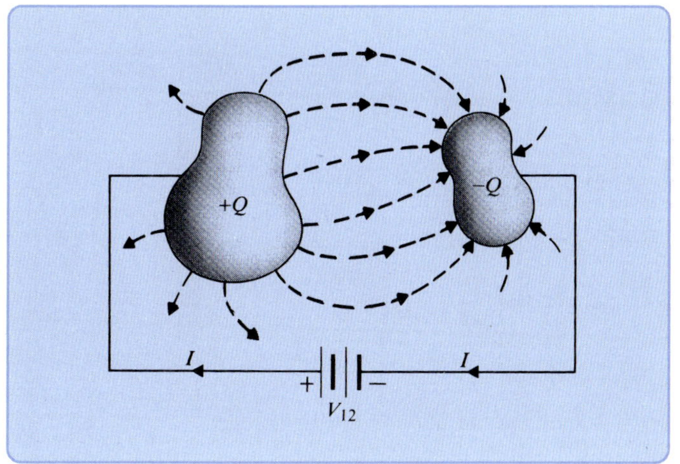

그림 5-7
손실 유전체 매질 내에 있는 두 도체

선적분은 음의 도체(낮은 전위)로부터 양의 도체(높은 전위)까지이다(식 (5-35) 참조).

유전체 매질이 손실이 있을 때(작지만 0이 아닌 전도도(도전율)를 가질 때) 전류는 양의 도체로부터 음의 도체로 흐르게 될 것이고, 전류밀도가 매질 내에 형성될 것이다. 옴의 법칙인 $\mathbf{J} = \sigma\mathbf{E}$이므로 등방성 매질 내에서 **J**와 **E**의 유선은 동일함을 의미한다. 도체 사이의 저항은

$$R = \frac{V}{I} = \frac{-\int_L \mathbf{E} \cdot d\ell}{\oint_S \mathbf{J} \cdot d\mathbf{s}} = \frac{-\int_L \mathbf{E} \cdot d\ell}{\oint_S \sigma\mathbf{E} \cdot d\mathbf{s}} \tag{5-80}$$

이 되고, 여기서 선적분과 면적분은 식 (5-79)에서 행해지는 L, S와 같이 취해진다. 식 (5-79)와 (5-80)을 비교하면 다음과 같은 흥미로운 관계를 얻을 수 있다.

$$\boxed{RC = \frac{C}{G} = \frac{\epsilon}{\sigma}} \tag{5-81}$$

식 (5-81)은 매질의 ϵ과 σ가 동일한 공간함수를 갖거나 매질이 균질일 때(공간좌표 변화에 무관) 유효하다. 이 경우에 두 도체 사이의 정전용량을 알면 저항(또는 컨덕턴스)은 ϵ/σ비를 이용하여 편리하게 얻을 수 있게 된다.

예제 5-5 다음의 경우에 단위길이당 누설저항을 구하라.

(a) 내부 도체의 반지름이 a, 외부 도체의 안쪽 반지름이 b, 전도도가 σ인 동축 케이블의 내부와 외부 도체 사이

(b) 전도도 σ인 매질에서 거리 D만큼 서로 떨어져 있으며 반지름 a인 두 평행 전송선 사이

풀이

(a) 동축 케이블의 단위길이당 정전용량은 예제 3-18의 식 (3-139)로부터 얻을 수 있다.

$$C_1 = \frac{2\pi\epsilon}{\ln(b/a)} \qquad \text{(F/m)}$$

따라서 식 (5-81)의 관계로부터 단위길이당 누설저항은

$$R_1 = \frac{\epsilon}{\sigma}\left(\frac{1}{C_1}\right) = \frac{1}{2\pi\sigma}\ln\left(\frac{b}{a}\right) \qquad (\Omega\cdot\text{m}) \tag{5-82}$$

가 된다. 단위길이당 컨덕턴스는 $G_1 = 1/R_1$이다.

(b) 평행 전송선에 대해서는, 예제 4-4의 식 (4-47)로부터 단위길이당 정전용량은

$$C_1' = \frac{\pi\epsilon}{\cosh^{-1}\left(\dfrac{D}{2a}\right)} \qquad \text{(F/m)}$$

이다. 따라서 단위길이당 누설저항은 다시 계산을 따로 할 필요 없이 식 (5-81)로부터

$$\begin{aligned} R_1' &= \frac{\epsilon}{\sigma}\left(\frac{1}{C_1'}\right) = \frac{1}{\pi\sigma}\cosh^{-1}\left(\frac{D}{2a}\right) \\ &= \frac{1}{\pi\sigma}\ln\left[\frac{D}{2a} + \sqrt{\left(\frac{D}{2a}\right)^2 - 1}\,\right] \qquad (\Omega\cdot\text{m}) \end{aligned} \tag{5-83}$$

을 얻을 수 있다. 단위길이당 컨덕턴스는 $G_1' = 1/R_1'$이다.

길이 ℓ인 동축 케이블에 대한 도체 사이의 저항은 ℓR_1이 아니라 R_1/ℓ인 점을 강조할 필요가 있다. 또한 유사하게, 길이 ℓ을 갖는 평행도선(parallel-wire) 전송선의 누설저항은 $\ell R_1'$이 아니라 R_1'/ℓ이다. 그 이유에 대해서 알고 있는가?

어떤 상황에서는 기하학적인 구성이 같더라도 정전기장 문제와 정상상태 전류 문제가 정확히 유사하지 않는 경우가 있다. 이것은 전류의 흐름이 도체 내에서만(주위 매질의 전도도에 비해 매우 큰 전도도 σ를 갖고 있다) 한정되어 있기 때문이다. 반면에, 전속은 대개 유한한 크기를 갖는 유전체 판(dielectric slab) 내에 국한되어 있을 수 없다. 유용한 재료들의 유전상수 범위는 매우 제한적이고(부록 B-3 참조), 도체 끝단 주위에서 전속의 가장자리(fringing) 효과는 정전용량의 정확성을 떨어뜨린다.

등전위면(또는 단자)들 사이의 일부 도체 매질의 저항을 구하는 과정은 다음과 같다.

1. 주어진 기하학적 구조에 따른 적절한 좌표계를 선정한다.
2. 두 도체 단자 사이의 전위차 V_0를 가정한다.
3. 도체에서 전기장 세기 $\mathbf{E}$를 구한다. (만약 매질이 일정한 전도도를 갖는 균질체라면, 선정한 좌표계에서 V에 대한 라플라스 방정식 $\nabla^2 V = 0$을 푼 다음, 이로부터 $\mathbf{E} = -\nabla V$를 구하는 것이 일반적인 방

법이다.)

4. 총 전류는 다음과 같이 구한다.

$$I = \int_S \mathbf{J} \cdot d\mathbf{s} = \int_S \sigma \mathbf{E} \cdot d\mathbf{s}$$

여기서 S는 전류 I가 흐르는 면의 단면적이다.

5. V_0/I를 구함으로써 저항 R을 구한다.

만약 도체 매질이 비균질(inhomogeneous)이고 전도도가 공간좌표의 함수(즉, 좌표의 위치마다 전도도가 다름)라면, V에 대한 라플라스 방정식이 성립하지 않는다. 그 이유를 설명할 수 있으며, 또한 이러한 상황하에서 어떻게 $\mathbf{E}$가 구해질 수 있는지 보일 수 있는가?

$\mathbf{J}$가 총 전류 I로부터 쉽게 결정될 수 있는 기학학적 구조를 가지고 있을 때, 먼저 전류 I를 가정하고 해를 구할 수도 있다. 즉, 전류 I로부터 $\mathbf{J}$와 $\mathbf{E} = \mathbf{J}/\sigma$가 구해진다. 그런 다음 전위차 V_0는 다음의 관계로부터 결정된다.

$$V_0 = -\int \mathbf{E} \cdot d\ell$$

여기서 적분은 낮은 전위의 단자로부터 시작하여 높은 전위의 단자까지 선적분이다. 저항 $R = V_0/I$는 계산과정에서 소거되어 없어질 변수인 I와는 무관한 독립적인 관계식이다.

예제 5-6 일정한 두께 h와 전도도 σ인 도체 매질(도체)이 그림 5-8과 같이 평평한 원형 워서의 1/4의 모양을 하고 있다. 내부 반지름은 a이고 외부 반지름은 b이다. 양쪽 끝단 사이의 저항을 구하라.

SOLUTION **풀이** 분명한 것은 이 문제를 풀기에 적절한 좌표계는 원통좌표계이다. 앞서의 진행과정을 따르면, 먼저 양쪽 끝단 사이의 전위차 V_0를 가정한다. 즉, $y = 0(\phi = 0)$인 끝단은 $V = 0$이고 $x = 0(\phi = \pi/2)$인 끝단에서는 $V = V_0$이라고 하자. 그러면 다음의 경계 조건을 이용하여 V에 관한 라플라스 방정식을 푼다.

$$V = 0 \qquad (\phi = 0\text{일 때}) \tag{5-84a}$$

$$V = V_0 \qquad (\phi = \pi/2\text{일 때}) \tag{5-84b}$$

전위 V는 ϕ만의 함수이므로 원통좌표계에서 라플라스 방정식은 다음과 같이 단순화된다.

$$\frac{d^2V}{d\phi^2} = 0 \tag{5-85}$$

식 (5-85)의 일반해는

$$V = c_1\phi + c_2$$

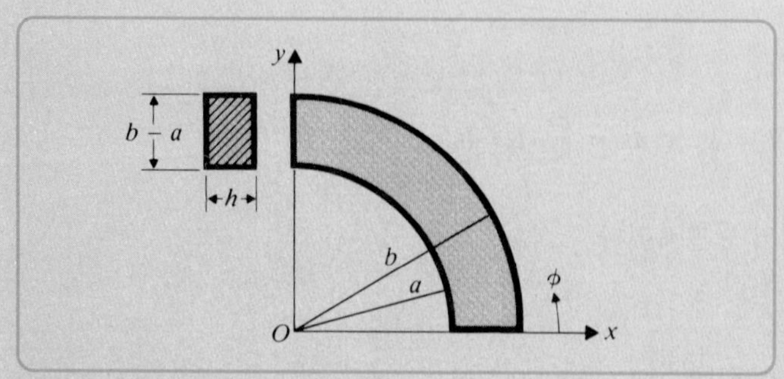

그림 5-8

평평한 원형 도체 워셔의 1/4을 도시한 그림(예제 5-6)

가 되고, 위의 식 (5-84a)와 (5-84b)에 있는 경계 조건을 대입하여 풀면 다음 결과를 얻는다.

$$V = \frac{2V_0}{\pi}\phi \tag{5-86}$$

따라서 전류밀도 **J**는

$$\begin{aligned}\mathbf{J} &= \sigma\mathbf{E} = -\sigma\nabla V \\ &= -\mathbf{a}_\phi\sigma\frac{\partial V}{r\partial\phi} = -\mathbf{a}_\phi\frac{2\sigma V_0}{\pi r}\end{aligned} \tag{5-87}$$

이다. 총 전류 I는 다음과 같이 **J**를 $\phi = \pi/2$인 면에 걸쳐서 $d\mathbf{s} = -\mathbf{a}_\phi h\,dr$로 적분함으로써 구할 수 있다.

$$\begin{aligned}I &= \int_S \mathbf{J}\cdot d\mathbf{s} = \frac{2\sigma V_0}{\pi}h\int_a^b\frac{dr}{r} \\ &= \frac{2\sigma h V_0}{\pi}\ln\frac{b}{a}\end{aligned} \tag{5-88}$$

따라서

$$R = \frac{V_0}{I} = \frac{\pi}{2\sigma h\ln(b/a)} \tag{5-89}$$

가 된다.

이 문제에서는 총 전류 I를 먼저 가정하고 문제를 풀면 쉽지 않음에 주의해야 한다. 왜냐하면 주어진 전류 I에 대해 **J**가 위치 r에 따라서 어떻게 변화하는지 명확하지 않기 때문이다. 따라서 **J**를 구하지 못하면 **E**와 V_0 역시 구할 수 없게 된다. ■

복습 질문
Review Question

R.5-1 전도성 전류와 대류성 전류의 차이점에 대해 설명하라.

R.5-2 전해질 탱크의 동작에 관하여 설명하라. 어떤 점에서 전해성 전류가 전도성 전류 및 대류성 전류와 다른가?

R.5-3 도체 내에서 전자의 이동도(mobility)를 정의하라. SI 단위로는 무엇인가?

R.5-4 차일드-랭뮤어 법칙이 무엇인가?

R.5-5 옴의 법칙에 대한 점 형태(point form)란 무엇인가?

R.5-6 전도도를 정의하라. SI 단위로는 무엇인가?

R.5-7 식 (5-27)에 있는 저항 공식은 재질이 균질이고 직선이며, 또한 균일한 단면적을 갖는 것에 대해 요구하는 이유는 무엇인가?

R.5-8 식 (5-29)와 (5-30b)를 증명하라.

R.5-9 기전력(electromotive force)을 말로서 정의하라.

R.5-10 인가 및 정전기장 강도 사이의 차이점은 무엇인가?

R.5-11 키르히호프의 전압법칙을 설명하라.

R.5-12 이상적인 전압원의 특성은 무엇인가?

R.5-13 전기회로망에서 폐루프 중 다른 전류경로(branch)에 있는 전류는 반대 방향으로 흐를 수 있는가? 있다면 그 이유를 설명하라.

R.5-14 연속 방정식의 물리적 의미와 중요성은 무엇인가?

R.5-15 키르히호프의 전류법칙을 설명하라.

R.5-16 이상적인 전류원의 특성은 무엇인가?

R.5-17 완화시간(전하 재분포시간: relaxation time)을 정의하라. 구리에서 전하 재분포시간의 크기의 차수는 어느 정도인가?

R.5-18 전도도 σ가 공간좌표의 함수일 때 식 (5-48)은 어떤 방법으로 수정되어야 하는가?

R.5-19 주울의 법칙에 대해서 설명하라. 체적 내에서 소비되는 전력을 표현하라.

(a) $\mathbf{E}$와 σ의 함수로

(b) $\mathbf{J}$와 σ의 함수로

R.5-20 관계식 $\nabla \times \mathbf{J} = 0$이 전도도가 일정하지 않는 매질 내에서도 유효한가? 설명하라.

R.5-21 각각 다른 전도도를 가진 두 개 매질이 형성하는 경계면에서 정상상태 전류의 법선 및 접선 성분의 경계 조건은 무엇인가?

R.5-22 저항성 매질에서 정상상태 전류밀도 벡터와 전도도의 관계와 유사한 것으로 정전기장에서 어떤 종류의 물리량과 비슷한가?

R.5-23 정전기장에서의 경계치 문제의 전위 분포를 그리기 위해 전해질 탱크를 사용하는 근거는 무엇인가?

R.5-24 유전율 ϵ과 전도도 σ를 가지고 있는 손실 유전체 매질에 담겨진 두 개의 도체에 의해 형성된 저항과 정전용량(커패시턴스) 사이의 관계는 무엇인가?

R.5-25 어떤 환경하에서 R.5-24에 있는 R과 C 사이의 관계가 근사적으로 옳은 것인가? 구체적인 예를 들어라.

연습문제
Problem

P.5-1 그림 5-2에 있는 공간전하로 한정된 진공관 다이오드에서 전극의 면적을 S라고 가정할 때 다음을 구하라.

(a) 전극 사이의 영역에서 $V(y)$와 $E(y)$

(b) 전극 사이의 영역에서 총 전하량

(c) 음극(cathode)과 양극(anode)의 총 면전하

(d) $V_0 = 200$ (V)와 $d = 1$ (cm)일 때 음극으로부터 양극까지의 전자의 이동시간

P.5-2 길이 ℓ, 전도도 σ, 균일한 단면적 S를 가진 저항에 적용되는 식 (5-26)과 같은 옴의 법칙으로부터 시작하여 식 (5-21)로 표현되는 점함수 형태의 옴의 법칙을 증명하라.

P.5-3 반지름이 a이면서 전도도가 σ로 되어 있는 긴 둥근 도선에 전도도 0.1σ의 매질이 코팅처리 되어 있다.

(a) 코팅되어 있지 않은 내부 도선의 단위길이당 저항이 50% 감소하기 위해서는 코팅의 두께가 어느 정도이어야 하는가?

(b) 이때 코팅이 된 도선 전체에 흐르는 총 전류를 I라고 가정할 때, 도체 내부와 코팅이 된 매질에 있어서 각각 **J**와 **E**는 어떻게 되는지 구하라.

P.5-4 그림 5-9와 같은 회로망에 5개의 저항 각각에 흐르는 전류와 소비전력을 구하라.

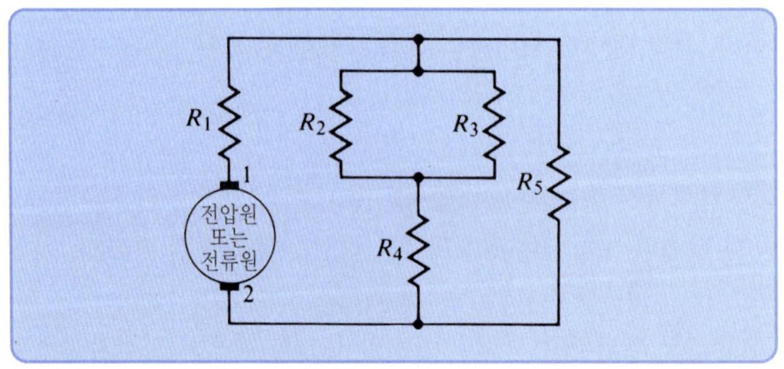

그림 5-9
회로망 문제(연습문제 P.5-4)

$$R_1 = \tfrac{1}{3}\,(\Omega),\quad R_2 = 20\,(\Omega),\quad R_3 = 30\,(\Omega),\quad R_4 = 8\,(\Omega),\quad R_5 = 10\,(\Omega)$$

이고 단자 1은 0.7 (V)의 이상적인 직류전원의 양의 단자가 연결되어 있다. 단자 쌍 1–2에서 바라본 총 저항은 얼마인가?

P.5-5 단자 1로부터 0.7 (A)의 직류전류를 공급하는 이상적인 전류원이 연결되었다고 가정하고 연습문제 P.5-4의 해를 구하라.

P.5-6 번개가 반경 0.1m의 손실이 있는 유전체 구(dielectric sphere) $\epsilon = 1.2\epsilon_0$, $\sigma = 10$ S/m에 시간 $t = 0$에 부딪쳐서 1 (mC)에 해당하는 총 전하를 이 구 안에 균일하게 저장시켰다. 모든 시간 t에 대해서 다음을 구하라.

(a) 구의 안쪽과 바깥쪽에서의 전기장 세기

(b) 구 내에서의 전류밀도

P.5-7 연습문제 P 5-6에서,

(a) 구 내에서의 전하밀도가 초기의 전하밀도 값의 1%로 감소하는 데 걸리는 시간을 계산하라.

(b) 전하밀도가 초기값으로부터 그 값의 1%로 감소됨에 따라 구 내부에 저장되는 정전에너지의 변화를 계산하라.

(c) 구 외부공간에 저장되는 정전에너지를 결정하라. 이 에너지는 시간에 따라 변화하는가?

P.5-8 반지름 0.5 (mm)의 도체 권선의 길이 1 (km) 되는 지점의 끝단에 6 (V)의 직류전압을 가하여 1/6 (A)의 전류가 흐르게 되었다. 다음을 구하라. 이때 권선 내에서의 전자의 이동도는 1.4×10^{-3} (m^2/V·s)으로 가정하라.

(a) 권선의 전도도

(b) 권선에서의 전기장 세기

(c) 권선에서 소비되는 전력

(d) 전자의 드리프트 속도

P.5-9 유전율 및 전도도가 각각(ϵ_1, σ_1), (ϵ_2, σ_2)를 갖는 손실이 있는 두 개의 유전체 매질이 서로 접하고 있다. 그림 5-10에서 보듯이, 크기가 E_1인 전기장이 공통법선(common normal)으로부터 α_1의 각도로 측정되고 경계면에서 매질 1로부터 입사한다고 하자.

(a) 매질 2에서 $\mathbf{E}_2$의 크기와 방향을 구하라.

(b) 경계면에서의 면전하밀도를 구하라.

(c) 두 매질이 완전한 유전체인 경우에 있어서의 (a)와 (b)의 결과를 비교하라.

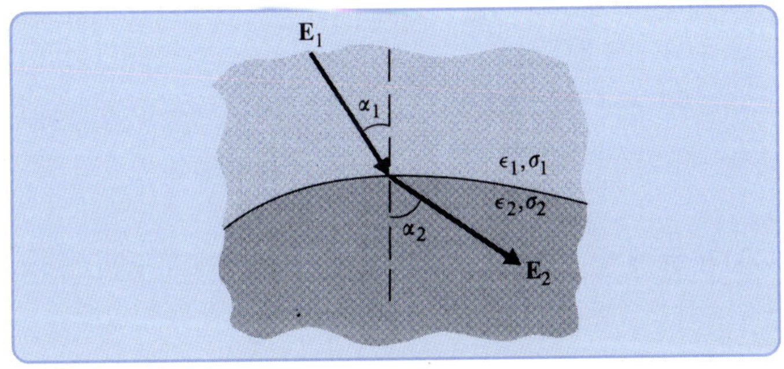

그림 5-10

두 개의 손실 유전체 매질 사이의 경계(연습문제 P.5-9)

P.5-10 각각 면적이 S인 평행 도체판 사이의 공간이 전도도가 위치에 따라 선형적으로 변화하는 비균질의 저항성 매질로 채워져 있다. 이때 전도도는 한쪽 판($y = 0$)에서 σ_1이고 다른 쪽 판(y

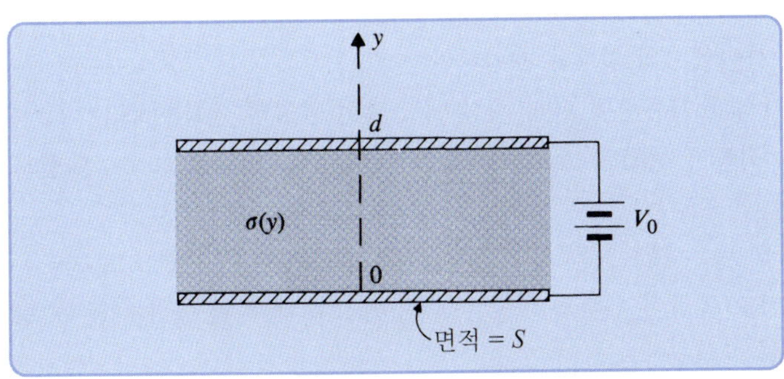

그림 5-11

전도도 $\sigma(y)$를 갖는 비균질 저항성 매질(연습문제 P.5-10)

$= d$)에서 σ_2로서 선형적으로 변화한다. 직류전압 V_0가 그림 5-11에서 보듯이 도체판 양단에 가해지고 있다. 다음을 구하라.

(a) 도체판 사이의 총 저항

(b) 도체판 표면에서의 면전하밀도

(c) 도체판 사이의 체적전하밀도와 총 전하량

P.5-11 예제 5-4에 있어서,

(a) 손실 유전체로 채워진 두 층의 평판 커패시터의 등가회로를 그려라. 그리고 각 회로성분들의 크기를 확인하라.

(b) 커패시터에서 소모되는 전력을 결정하라.

P.5-12 예제 5-4로 다시 돌아가서, $t = 0$인 시각에 서로 다른 손실 유전체로 두 개의 층을 형성하는 평판 커패시터에 전압 V_0가 가해졌다고 가정하자.

(a) 유전체 경계면에서의 면전하밀도 ρ_{si}를 시간(t)의 함수로 표현하라.

(b) 전기장 세기 $\mathbf{E}_1$과 $\mathbf{E}_2$를 시간(t)의 함수로 표현하라.

P.5-13 내부와 외부 도체의 반지름이 각각 a와 b인 길이 L의 원통 커패시터에 직류전압 V_0가 가해졌다. 두 도체 사이의 공간은 두 개의 손실 유전체로 채워져 있는데, 영역 $a < r < c$에서는 유전율 ϵ_1과 전도도 σ_1으로, 영역 $c < r < b$에서는 유전율 ϵ_2와 전도도 σ_2로 되어 있다. 다음을 결정하라.

(a) 각 영역에서의 전류밀도

(b) 내부와 외부 도체면에서의 면전하밀도와 두 유전체 사이의 경계면에서의 면전하밀도

P.5-14 예제 5-6 및 그림 5-8에 나타낸 것과 같이 평평한 원형 도체의 1/4이 있는 그림에서 곡선부분 사이의 저항을 구하라.

P.5-15 반지름이 각각 R_1과 R_2($R_1 < R_2$)인 두 개의 구가 중심이 일치한다. 이때 두 개의 구면 사이의 저항을 계산하라. 이때 구면 사이의 공간은 전도도 σ를 갖는 균질이며 등방성 매질로 채워져 있다.

P.5-16 반지름이 각각 R_1과 R_2($R_1 < R_2$)인 두 개의 구가 중심이 일치한다. 이때 두 개의 구면 사이의 저항을 계산하라. 구면 사이의 공간은 전도도 $\sigma = \sigma_0(1 + k/R)$인 매질로 채워져 있다고 가정하라. (주: V에 관한 라플라스 방정식이 이 문제에서는 적용되지 않는다.)

P.5-17 균일한 전도도 σ를 가진 균질한 매질이 다음의 수식으로 구좌표계에서 정의되며, 원뿔형 블록(block)의 잘린 부분과 같은 모양을 하고 있다.

$$R_1 \le R \le R_2 \qquad \text{그리고} \qquad 0 \le \theta \le \theta_0$$

$R = R_1$인 면과 $R = R_2$인 면 사이에서의 저항을 계산하라.

P.5-18 연습문제 P.5-17을 다음의 가정을 이용하여 다시 계산하라. 잘린 원뿔형 블록(block)이 $R_1 \le R \le R_2$인 영역에서 비균일 전도도 $\sigma(R) = \sigma_0 R_1/R$로 분포된 비균질(inhomogeneous) 매질로 구성되어 있다고 가정하라.

P.5-19 각각 반지름 b_1과 b_2이며 매우 높은 전도도를 가지고 있는 두 개의 도체구가 전도도 σ와 유전율 ϵ으로 구성되어 있는 전도 특성이 우수하지 않은 도체 매질 속에 묻혀 있다(예로서, 땅

속 깊은 곳에 도체구가 묻혀 있는 경우). 도체구 중심 사이의 거리 d는 각 도체구의 반지름에 비해 매우 크다. 도체구 사이의 저항을 계산하라. (힌트: 식 (5-81)을 이용하고 3-10절의 과정을 따라 구 사이의 정전용량을 구하라.)

P.5-20 그림 5-12(a)에서 보듯이, 평면으로 된 경계면 부근에 전도 특성이 우수하지 않은 전도성 매질 속에 도체가 묻혀 있을 때 정상상태 전류 문제는 그림 5-12(b)에 보듯이 전도 특성이 우수하지 못한 전도성 매질 내에 원래 도체와 영상 도체가 모두 같이 묻혀진 경우의 정상상태 전류 문제로 대체될 수 있음을 증명하라.

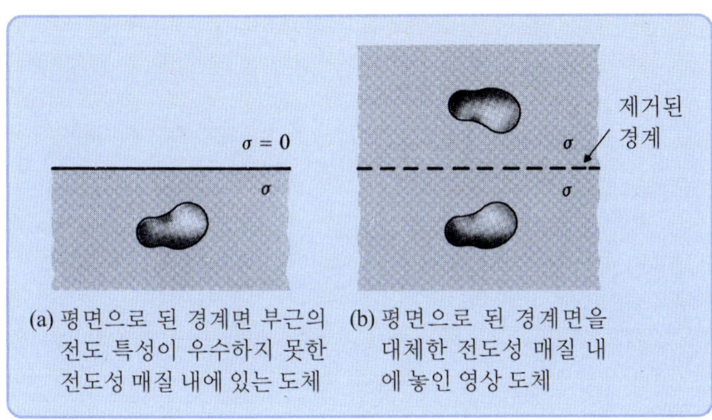

그림 5-12
평면 경계를 가진 정상상태 전류 문제(연습문제 P.5-20)

P.5-21 그림 5-13에서 나타낸 바와 같이, 반지름 25 (mm)의 반구형 도체(hemispherical conductor)를 넓은 면이 위쪽을 향하도록 지구 내에 묻어서 접지 연결을 만들 수 있다. 지구의 전도도를 $\sigma = 10^{-6}$ S/m로 가정할 때 접지되어 있는 먼 지점까지의 도체저항을 구하라. (힌트: 연습문제 P.5-20의 영상법을 사용하라.)

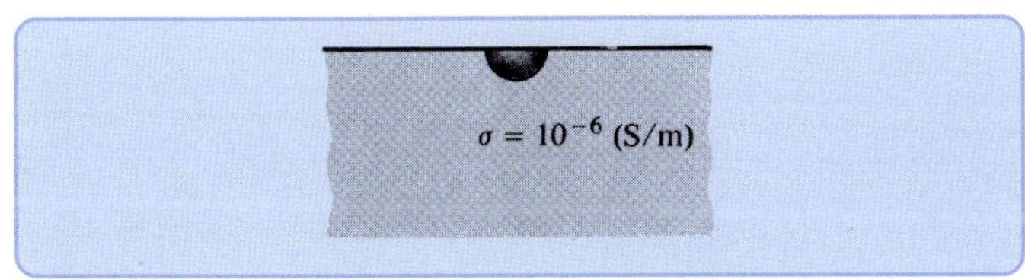

그림 5-13
접지된 반구형 도체(연습문제 P.5-21)

P.5-22 전도도 σ, 폭 a, 높이 b를 갖는 직사각형의 얇은 도체판을 가정하자. 전위차 V_0가 그림 5-14에서 보듯이 양쪽 가장자리에 인가되었다. 다음을 구하라.

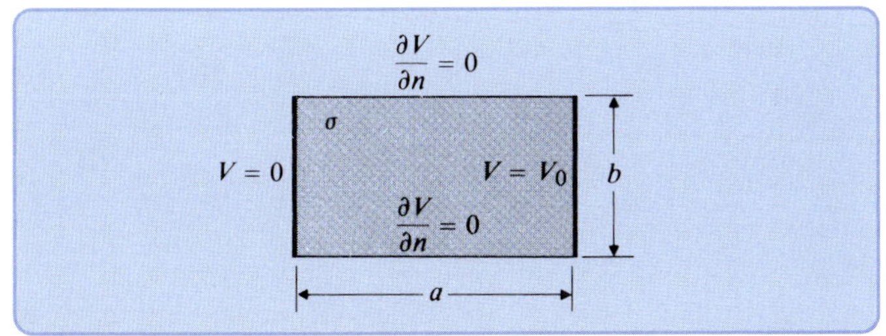

그림 5-14
얇은 도체판(연습문제 P.5-22)

(a) 전위 분포

(b) 도체판 내부의 모든 위치에서의 전류밀도

P.5-23 균일 전류밀도 $\mathbf{J} = \mathbf{a}_{\alpha} J_0$가 전도도 σ를 가지고 균일한 두께의 균질 매질로 구성된 매우 큰 직사각형 블록에 흐르고 있다. 반지름 b의 크기로 매질 내에 원통 형태로 구멍이 뚫려 있다. 전도성 매질 내에서 새롭게 바뀐 전류밀도 $\mathbf{J}'$를 구하라.

(힌트: 원통좌표계에서 라플라스 방정식을 풀어라. 또한 $r \to \infty$일 때 전압 V는 $-(J_0 r/\sigma)\cos\phi$의 값으로 접근한다. 여기서 ϕ는 x축을 기준으로 측정한 각도이다.)

정자기장

Static Magnetic Fields

6-1 개요

3장에서는 움직이지 않고 정지해 있는 전하들에 의해 발생하는 정전기장(정전계)에 관하여 다루었다. 전기장 세기 **E**는 자유공간에서 정전기장을 공부할 때 필요한 기본적인 벡터장 양(vector field quantity)이었다. 매질 내의 두 번째 벡터장 양인 전속밀도(electric flux density) 또는 전기 변위(electric displacement)라고 하는 **D**를 정의하면 매우 편리하며, 이는 분극효과까지 고려하고 있는 양이다. 다음은 정전기장 모델에서 기본이 되는 두 개의 수식을 나타낸다.

$$\nabla \cdot \mathbf{D} = \rho \tag{6-1}$$

$$\nabla \times \mathbf{E} = 0 \tag{6-2}$$

매질의 전기적인 성질은 **D**와 **E** 사이의 관계를 결정짓는다. 만일 매질이 선형이고 등방성이면, $\mathbf{D} = \epsilon\mathbf{E}$라는 간단한 **상관관계**(constitutive relation)를 이루게 되며, 이때 유전율 ϵ은 스칼라이다.

미소 시험전하 q가 전기장 **E**가 작용하는 영역 내에 놓여 있을 때 미소 전하는 **전기력**(electric force) $\mathbf{F}_e$를 받게 되며, 이때 $\mathbf{F}_e$는 q의 크기에 비례하는 위치함수이다.

$$\mathbf{F}_e = q\mathbf{E} \quad \text{(N)} \tag{6-3}$$

앞으로 곧 정의될 자기장(자계: magnetic field)가 작용하고 있는 곳에 시험전하가 움직이고 있을 때, 실험에 의하면 또 다른 힘 $\mathbf{F}_m$이 작용하고 있음을 알 수 있으며, 그 힘의 특성은 다음과 같다.

1. $\mathbf{F}_m$의 크기는 전하량 q에 비례한다.
2. 임의의 한 지점에서 벡터 $\mathbf{F}_m$의 방향은 시험전하가 움직이는 방향으로의 속도벡터(velocity vector)에 수직으로 작용할 뿐만 아니라 바로 그 지점에 영향을 주고 있는 자기장의 방향과도 수직으로 작용한다.
3. $\mathbf{F}_m$의 크기는 또한 이러한 일정 방향에 수직인 속도 성분의 크기에 비례한다.

이러한 힘 $\mathbf{F}_m$은 자기력(magnetic force)이라고 하며 **E**와 **D**로서 표현될 수 없는 양이다. 따라서 $\mathbf{F}_m$의 특성은 새로운 벡터장 성분인 **자속밀도 B**(magnetic flux density)를 정의함으로써 기술이 가능하며, 이때 자속밀도 **B**는 방향과 비례상수로서 결정된다. SI 단위계에서의 자기력은 다음과 같이 표현된다.

$$\mathbf{F}_m = q\mathbf{u} \times \mathbf{B} \qquad \text{(N)} \tag{6-4}$$

여기서 **u** (m/s)는 속도벡터이고 **B**는 Wb/m^2 또는 테슬라(T)[1]의 단위를 사용한다. 따라서 시험전하 q에 미치는 총 **전자기력**(electromagnetic force)은 $\mathbf{F} = \mathbf{F}_e + \mathbf{F}_m$이며,

$$\mathbf{F} = q(\mathbf{E} + \mathbf{u} \times \mathbf{B}) \qquad \text{(N)} \tag{6-5}$$

로 표현된다. 이것을 **Lorentz 힘의 방정식**이라고 부른다. 이 식의 타당성은 의심할 여지없이 실험적으로 잘 정립되었다. 미소 전하 q에 대한 $\mathbf{F}_e/q$를 전기장 세기 **E**에 대한 정의(식 (3-2)에서 했던 것처럼)로서 고려하고, $\mathbf{F}_m/q = \mathbf{u} \times \mathbf{B}$를 자속밀도 **B**에 대한 관계식으로 정의하여 생각해볼 수 있다. 또 다른 방법으로는 Lorentz 힘의 방정식을 전자기장 모델의 기본 가정으로서 생각해 볼 수 있다; 이것은 다른 가정으로부터는 유도될 수 없다.

이 장에서는 **B**에 발산(divergence) 및 회전을 취했을 때의 특성을 규정짓는 두 개의 가정으로부터 자유공간의 정자기장에 관하여 공부하고자 한다. **B**의 회전 특성(solenoidal character)으로부터 벡터 자기장 포텐셜(벡터 자기장 준위: vector magnetic potential)이 정의되고, 이것은 벡터 포아송 방정식을 따르게 됨을 보이게 된다. 다음으로는 전류가 흐르고 있는 회로에 의한 자기장을 구하는 데 사용될 수 있는 비오-사바르(Biot-Savart) 법칙을 유도하게 된다. 또한 가정한 회전력 관계식으로부터 직접 암페어의 주회법칙(Ampere's circuital law)이 유도된다. 이것은 대칭성이 존재할 때 더욱 유용한 법칙이다.

자기장이 존재하는 곳에 놓인 자성체의 거시적 효과는 자화벡터(magnetization vector)를 정의함으로써 분석할 수 있으며, 여기서 또 다른 벡터량인 자기장 세기 **H**가 도입된다. **B**와 **H**의 관계로부터 매질의 투자율을 정의하게 되고 자성체의 미시적인 동작 특성과 자기회로(magnetic circuit)에 대해서 논의하게 된다. 그 다음으로 두 개의 다른 자성 매질의 경계에서 발생하는 경

1) 1 W/m^2 또는 1 테슬라(tesla, T)는 CGS 단위계로는 10^4 가우스(gauss)에 해당한다. 지구의 자기장은 약 1/2 가우스 또는 0.5×10^{-4} T이다. (웨버는 볼트-초와 같다.)

계 조건을 검토하고 자체(self) 및 상호(mutual) 유도용량, 자기에너지, 자기력, 토크(torque) 등에 대해서 다루게 될 것이다.

6-2 자유공간에서의 정자기장의 기본 가정

자유공간에서 정자기장(magnetostatics) 또는 정상자기장(steady magnetic fields)을 살펴보기 위해 자속밀도벡터 **B**만을 고려할 필요가 있다. 자유공간 내에서 **B**에 대해 발산 및 회전력을 규정짓는 정자기장의 두 기본 가정은 다음과 같다.

$$\boxed{\nabla \cdot \mathbf{B} = 0} \tag{6-6}$$

$$\boxed{\nabla \times \mathbf{B} = \mu_0 \mathbf{J}} \tag{6-7}$$

식 (6-7)에서 μ_0는 자유공간에서의 투자율(permeability)로서

$$\mu_0 = 4\pi \times 10^{-7} \quad (\text{H/m})$$

이며(식 (1-9) 참조), **J**는 전류밀도이다. 임의의 벡터에 회전을 취한 후 발산을 적용하면 0이 되므로(식 (2-149) 참조), 식 (6-7)로부터 다음의 관계식을 얻을 수 있다.

$$\nabla \cdot \mathbf{J} = 0 \tag{6-8}$$

이것은 정상상태 전류에 대한 식 (5-44)와 일치하는 것이다.

식 (6-6)과 자유공간의 정전기장에 있어서 비슷한 식인 식 (3-4)의 $\nabla \cdot \mathbf{E} = \rho/\epsilon_0$를 비교해 보면 전하밀도 ρ에 해당하는 비슷한 양이 정자기장에서는 없다는 것을 결론지을 수 있다. 식 (6-6)에 체적(부피: volume)적분을 취하고 발산 정리를 적용하면

$$\boxed{\oint_S \mathbf{B} \cdot d\mathbf{s} = 0} \tag{6-9}$$

가 되고, 여기서 면적분은 임의의 체적을 둘러싸고 있는 표면에 대해 수행된다. 식 (6-9)와 (3-7)을 비교해 보면 다시 한번 고립된 자하(magnetic charge)의 존재를 부정할 수밖에 없다. **어떠한 자기 흐름의 원천도 존재하지 않으며 자속선은 항상 그들 자신으로 다시 돌아오도록 닫혀 있음을 의미한다.** 식 (6-9)는 또한 임의의 폐곡면을 밖으로 흘러나간 총 자속은 0이라는 **자속 보존의 법칙**(law of conservation of magnetic flux)을 나타내고 있다.

영구 막대자석에서 북극과 남극이라는 전통적인 명칭은 북극에 고립된 양의 자하가 있고 남극에는 이에 대응할 정도의 고립된 음의 자하가 있다는 것을 의미하는 것은 아니다. 그림 6-1(a)에서 북극과 남극으로 구성된 막대자석을 고려해 보자. 이 자석이 만일 두 부분으로 나뉘게

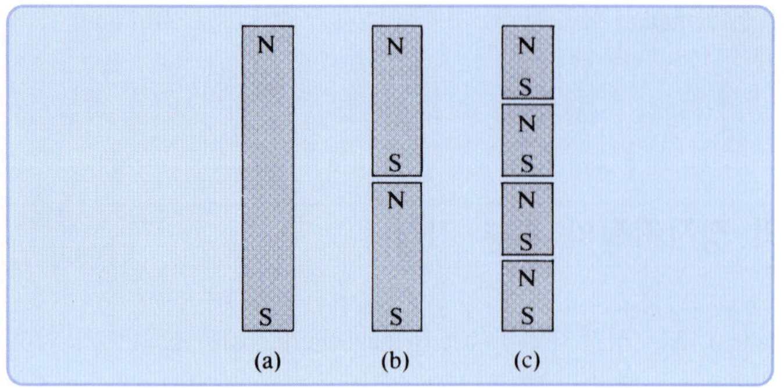

그림 6-1
막대자석의 연속적인 분리

된다면, 새로운 북극과 남극이 생길 것이고 그림 6-1(b)에 보듯이 두 개의 짧아진 자석을 얻게 될 것이다. 만일 이들 두 개의 짧아진 자석의 각각을 또 다시 두 개의 조각으로 나눈다면, 그림 6-1(c)와 같이 각각이 북극과 남극을 갖는 네 개의 자석을 얻게 될 것이다. 이러한 과정은 자석이 원자 차원의 크기가 될 때까지 계속될 수 있다; 그러나 각각의 아주 작은 미소 단위의 자석들은 여전히 북극과 남극을 갖게 된다. 이제 분명한 것은 자석의 극(자극: magnetic pole)은 따로 격리되어 홀로 존재할 수 없다는 것이다. 자속선(magnetic flux line)은 자석의 한쪽 끝으로부터 다른 쪽 끝까지 자석의 바깥의 폐경로를 따르게 되고, 그리고 다시 자석의 내부를 따라 처음 시작된 끝단 쪽으로 연결된다. 북극과 남극에 대한 명칭은 지자기장(earth's magnetic field)에 자유롭게 매달린 자석의 양쪽 끝단 각각이 북극과 남극 방향으로 향한다는 사실에 따른 것이다.[2)]

식 (6-7)에 있는 회전력 관계식에 대한 적분 형태는 개방면에 대해 양변을 적분하고 스토크스 정리를 적용하면,

$$\int_S (\nabla \times \mathbf{B}) \cdot d\mathbf{s} = \mu_0 \int_S \mathbf{J} \cdot d\mathbf{s}$$

또는

$$\boxed{\oint_C \mathbf{B} \cdot d\ell = \mu_0 I} \qquad (6\text{-}10)$$

을 얻는다. 여기서 선적분에 대한 경로 C는 면 S를 구분짓고 있는 곡선이며, I는 S를 관통하는 총 전류를 나타낸다. C의 방향과 전류 흐름의 방향은 오른손 법칙을 따른다. 식 (6-10)은 **암페어**

2) 덧붙여서 말하자면, 선사시대 암석의 형성에 대한 조사를 통해 천만 년 정도마다 한 번씩 지자기장의 극적인 반전이 있어 왔다고 믿어 왔다. 지자기장은 지구 외핵에 있는 용해된 철의 회전운동에 의해 생기는 것이라고 생각되었다. 그러나 지자기장의 반전에 대한 정확한 원인은 아직 밝혀지지 않고 있다. 다음에 있을 반전은 지금으로부터 약 2000년 후가 될 것이라고 예측하고 있다. 어느 누구도 그러한 반전으로 인한 비참한 결과들을 예측할 수는 없다. 그러나 그것들 가운데는 지구 항해에 엄청난 혼란과 철새들의 이동 패턴에 대한 예상치 못한 변화도 있을 것이다.

의 **주회법칙**(Ampere's circuital law)이며, 이는 **자유공간에서 임의의 폐경로를 따른 자속밀도의 순환**(circulation)**은 폐경로에 의해 둘러싸인 표면을 통해 흘러나가는 총 전류에 μ_0를 곱한 것과 같다**는 것을 의미한다. 암페어의 주회법칙은 전류 주위에 폐경로 C가 있어서 **B**의 크기가 경로를 따라 일정할 때 전류 I에 의해 발생하는 **B**의 크기를 구할 때 매우 유용한 법칙이다.

다음은 자유공간에서 정자기장의 두 기본 가정을 요약한 것이다.

자유공간에서 정자기장의 가정	
미분형	적분형
$\nabla \cdot \mathbf{B} = 0$	$\oint_S \mathbf{B} \cdot d\mathbf{s} = 0$
$\nabla \times \mathbf{B} = \mu_0 \mathbf{J}$	$\oint_C \mathbf{B} \cdot d\ell = \mu_0 I$

예제 6-1 반지름 b의 원형 단면을 갖는 무한히 긴 비자성 도체에 정상상태 전류 I가 흐르고 있다. 도체 내부와 외부에 있어서 자속밀도를 구하라.

풀이 먼저 이것은 원통 대칭형으로 되어 있는 문제이므로 암페어의 주회법칙이 보다 유리하게 사용될 수 있을 것이다. 도체를 z축을 따라 놓게 되면 자속밀도 **B**는 ϕ 방향이 될 것이고 축을 중심으로 임의의 원형 폐경로에 대해서는 일정한 값을 갖게 될 것이다. 그림 6-2(a)는 도체의 단면과 전류가 흐르는 도체의 내부와 외부 각각의 두 원형 적분경로 C_1과 C_2를 보여주고 있다. C_1과 C_2의 방향과 I의 방향이 오른손 법칙을 따르고 있는지 다시 한번 확인해 두는 것이 필요하다. (오른손 손가락들이 C_1과 C_2의 방향을 따를 때 엄지손가락이 I의 방향을 나타낸다.)

(a) **도체 내부:**

$$\mathbf{B}_1 = \mathbf{a}_\phi B_{\phi 1}, \qquad d\ell = \mathbf{a}_\phi r_1 d\phi$$

$$\oint_{C_1} \mathbf{B}_1 \cdot d\ell = \int_0^{2\pi} B_{\phi 1} r_1 \, d\phi = 2\pi r_1 B_{\phi 1}$$

C_1에 의해 둘러싸인 면을 관통하는 전류는

$$I_1 = \frac{\pi r_1^2}{\pi b^2} I = \left(\frac{r_1}{b}\right)^2 I$$

이다. 따라서 암페어의 주회법칙으로부터

$$\mathbf{B}_1 = \mathbf{a}_\phi B_{\phi 1} = \mathbf{a}_\phi \frac{\mu_0 r_1 I}{2\pi b^2}, \qquad r_1 \leq b \tag{6-11a}$$

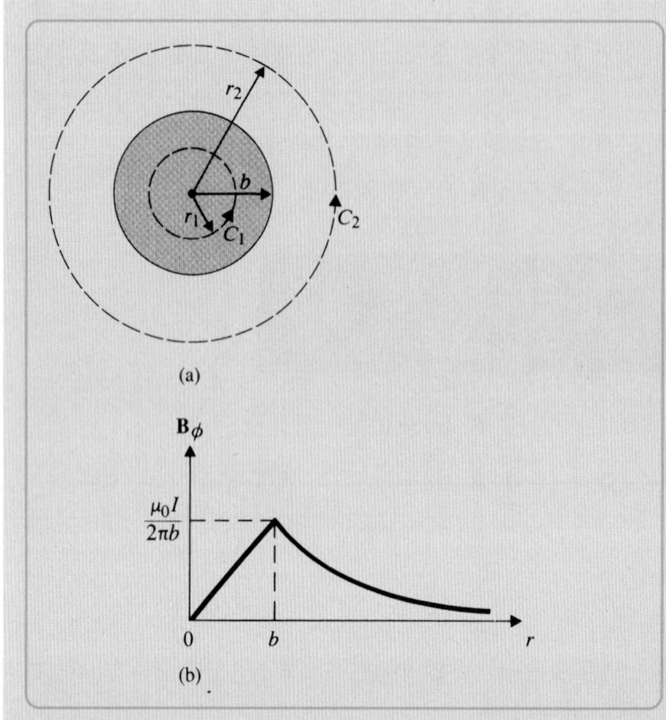

그림 6-2
지면으로부터 밖으로 전류 I가 흐르고 있는 무한히 긴 원통형 도체의 자속밀도(예제 6-1)

이 된다.

(b) **도체 외부:**

$$\mathbf{B}_2 = \mathbf{a}_\phi B_{\phi 2}, \qquad d\boldsymbol{\ell} = \mathbf{a}_\phi r_2\, d\phi$$

$$\oint_{C_2} \mathbf{B}_2 \cdot d\boldsymbol{\ell} = 2\pi r_2 B_{\phi 2}$$

도체 외부에 있는 경로 C_2는 총 전류 I를 모두 포함하고 있다. 따라서

$$\mathbf{B}_2 = \mathbf{a}_\phi B_{\phi 2} = \mathbf{a}_\phi \frac{\mu_0 I}{2\pi r_2}, \qquad r_2 \geq b \tag{6-11b}$$

가 된다.

식 (6-11a)와 (6-11b)를 살펴보면 $\mathbf{B}$의 크기가 r_1이 0부터 b까지 변할 때 선형적으로 증가하고 그 후에 r_2의 변화에 따라 반비례로 감소한다는 것을 알 수 있다. r에 대한 B_ϕ의 변화는 그림 6-2(b)에 그려져 있다.

주어진 문제가 총 정상상태 전류 I가 흐르고 있는 단단한 원통형 도체에 관한 것이 아니라 표면전류의 형태로 매우 얇은 원통형 관에 전류가 흐르고 있는 것에 관한 것이라면, 분명히 암페어의 주회법칙으로부터 도체관 내에서 $\mathbf{B} = 0$이다. 도체관 밖에서는 전류 I = 튜브 내의 흐르

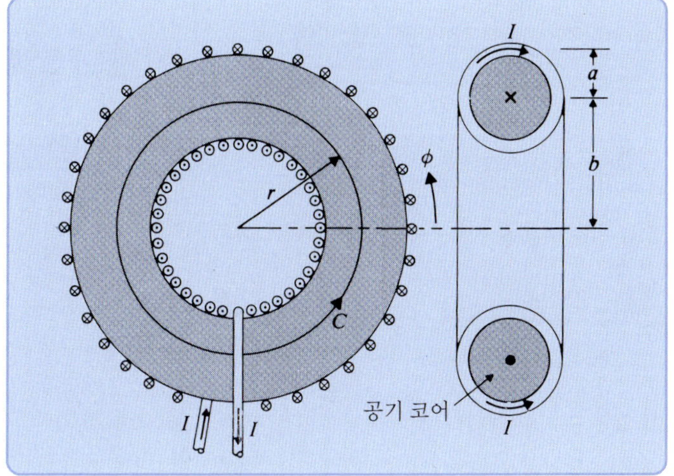

그림 6-3
전류가 흐르고 있는 토로이드 코일 (예제 6-2)

는 총 전류라는 것을 식 (6-11b)에 여전히 적용할 수 있다. 따라서 무한히 길고 속이 빈 원통형 도체관에 전류밀도 $\mathbf{J}_s = \mathbf{a}_z \mathbf{J}_s$ (A/m), 전류 $I = 2\pi b J_s$가 흐르는 경우,

$$B = \begin{cases} 0, & r < b \\ \mathbf{a}_\phi \dfrac{\mu_0 b}{r} J_s, & r > b \end{cases} \tag{6-12}$$

의 결과를 얻는다.

예제 6-2 코어(core)가 공기로 되어 있고 권선수 N을 갖는 촘촘히 감긴 토로이드(고리형) 코일(toroidal coil)에 전류 I가 흐르고 있을 때 내부에서의 자속밀도를 구하라. 토로이드의 평균 반지름은 b이고 이에 감긴 권선의 반지름은 a이다.

SOLUTION **풀이** 그림 6-3은 이 문제의 기하학적인 구조를 보여주고 있다. 원통형 대칭성을 띠고 있으므로 **B**는 ϕ-성분만을 갖고 토로이드 축 주위의 임의의 원형 경로에서는 일정한 값을 가지게 된다. 그림에서 보이는 것처럼 반지름 r을 가진 원형 경로 C를 설정해 보자. $(b - a) < r < (b + a)$에 대해, 식 (6-10)은 다음과 같이 된다.

$$\oint \mathbf{B} \cdot d\ell = 2\pi r B_\phi = \mu_0 N I$$

여기서 토로이드는 투자율 μ_0인 공기 코어로 되어 있다고 가정하였다. 따라서

$$\mathbf{B} = \mathbf{a}_\phi B_\phi = \mathbf{a}_\phi \frac{\mu_0 N I}{2\pi r}, \qquad (b - a) < r < (b + a) \tag{6-13}$$

가 된다. 명백히 $r < (b - a)$와 $r > (b + a)$에서는 $\mathbf{B} = 0$이다. 왜냐하면 이들 두 영역에서 설정된 경

로에 둘러싸인 면을 관통하는 순 전류(net total current)는 0이기 때문이다.

예제 6-3 코어가 공기로 되어 있고 단위길이당 권선수 n개로 촘촘하게 감긴 무한히 긴 솔레노이드 내부에서의 자속밀도를 구하라. 이때 그림 6-4에 나타낸 것과 같이 전류 I가 흐르고 있다.

풀이 이 문제의 해를 구하는 방법에는 두 가지가 있다.

(a) **암페어의 주회법칙의 직접 적용**

솔레노이드의 외부에는 자기장이 없는 것이 분명하다. 내부에서의 **B**를 구하기 위해, 솔레노이드의 내부 및 외부의 일부분씩을 조금씩 포함하는 길이 L의 직사각형 경로 C를 설정해 보자. 대칭성으로 인해 내부에서의 **B**는 축과 평행할 것이다. 암페어의 주회법칙을 적용하면,

$$BL = \mu_0 nLI$$

또는

$$B = \mu_0 nI \tag{6-14}$$

을 얻는다. **B**의 방향은 오른쪽으로부터 왼쪽을 향하고 있으며, 이는 그림 6-4에서 보이듯이 솔레노이드에서 전류 I의 방향에 대해 오른손 법칙을 따른 것이다.

(b) **토로이드의 특수한 경우로 해석**

직선 형태의 솔레노이드는 예제 6-2에 있는 토로이드 코일에서 무한히 긴 반지름($b \to \infty$)의 특수한 경우로 생각할 수 있다. 그 경우 코어의 단면적은 무한히 긴 반지름 b에 비해 매우 작아서 코어 내부에서의 자속밀도는 거의 일정하다. 따라서 식 (6-13)으로부터

$$B = \mu_0\left(\frac{N}{2\pi b}\right)I = \mu_0 nI$$

을 얻을 수 있고, 이것은 식 (6-14)와 동일하다.

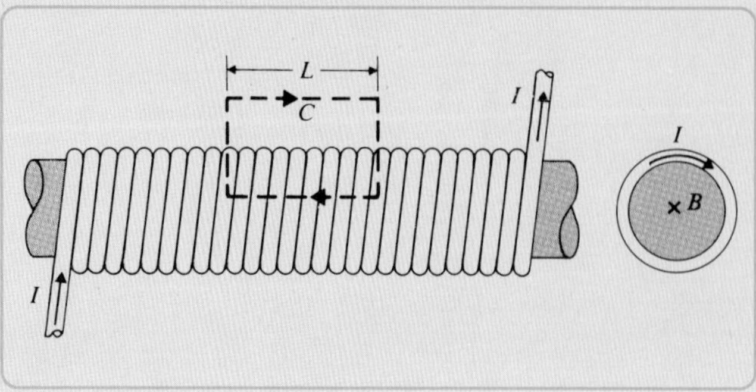

그림 6-4 전류가 흐르고 있는 긴 솔레노이드 (예제 6-3)

6-3 벡터 자기장 포텐셜

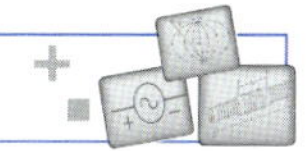

식 (6-6)에서 발산값이 0(무발산)이라는 가정인 $\nabla \cdot \mathbf{B} = 0$은 **B**가 솔레노이드성(solenoidal)을 가졌다는 것을 뜻한다. 따라서 **B**는 다음과 같이 다른 벡터(여기서는 임의의 벡터 **A**)의 회전으로서 나타낼 수 있다(2-11절, 식 (2-149)의 항등식 II 참조).

$$\boxed{\mathbf{B} = \nabla \times \mathbf{A} \qquad (\mathrm{T})} \tag{6-15}$$

이와 같이 정의된 벡터장 **A**를 **벡터 자기장 포텐셜**(vector magnetic potential: 또는 벡터 자기장 준위)이라고 한다. 이것의 SI 단위는 Wb/m이다. 만일 어떤 전류 분포에 대한 **A**를 구할 수 있다면, 회전연산(curl operation)을 이용하여 **A**로부터 **B**를 얻을 수 있다. 이것은 정전기장에서(3-5절) 회전값이 없는(무회전) **E**에 대해 스칼라 전위 V를 도입하고 $\mathbf{E} = -\nabla V$로부터 **E**를 얻는 과정과 유사하다. 그러나 어떤 벡터를 유일하게 정의하기 위해서는 그에 대한 발산과 회전 모두에 대해 특성이 명확하게 주어져야 한다. 따라서 식 (6-15)만으로는 **A**를 유일하게 정의하는 데 충분하지 않으므로 발산에 대한 특성을 규정지을 필요가 있다.

어떻게 $\nabla \cdot \mathbf{A}$를 선택하는가? 이 질문에 답하기 전에 식 (6-15)의 양변에 회전을 취하고 식 (6-7)에 대입하면,

$$\nabla \times \nabla \times \mathbf{A} = \mu_0 \mathbf{J} \tag{6-16}$$

을 얻는다. 이를 위해서 또 하나의 벡터 특성으로 벡터에 두 번의 회전(회전의 회전)을 취하는 공식을 도입해 보자.

$$\nabla \times \nabla \times \mathbf{A} = \nabla(\nabla \cdot \mathbf{A}) - \nabla^2 \mathbf{A} \tag{6-17a}$$

또는

$$\nabla^2 \mathbf{A} = \nabla(\nabla \cdot \mathbf{A}) - \nabla \times \nabla \times \mathbf{A} \tag{6-17b}$$

이다. 식 (6-17a)[3] 또는 (6-17b)는 **A**의 라플라시안(Laplacian), 또는 $\nabla^2\mathbf{A}$에 대한 정의로 볼 수 있다. 직각좌표계에서 직접 대입함으로써 다음과 같이 정의됨을 쉽게 증명할 수 있다(연습문제 P. 6-16).

$$\nabla^2 \mathbf{A} = \mathbf{a}_x \nabla^2 A_x + \mathbf{a}_y \nabla^2 A_y + \mathbf{a}_z \nabla^2 A_z \tag{6-18}$$

3) 식 (2-20)에 있는 벡터 삼중곱(vector triple product)에 관한 공식에 연산자 ∇를 벡터로 고려함으로써 식 (6-17a)가 다음과 같이 얻어질 수 있음을 발견할 수 있다.

$$\nabla \times (\nabla \times \mathbf{A}) = \nabla(\nabla \cdot \mathbf{A}) - (\nabla \cdot \nabla)\mathbf{A} = \nabla(\nabla \cdot \mathbf{A}) - \nabla^2 \mathbf{A}$$

따라서 직각좌표계에서 벡터 **A**의 라플라시안은 **A**를 구성하는 성분들의 라플라시안(변화율에 다시 발산을 취함)을 취한 것을 구성 성분으로 갖는 또 다른 벡터이다. 그러나 이것은 다른 좌표계에서는 성립되지 않는다.

이제 식 (6-17a)에 따라 식 (6-16)에 있는 $\nabla \times \nabla \times \mathbf{A}$를 전개하면 다음을 얻을 수 있다.

$$\nabla(\nabla \cdot \mathbf{A}) - \nabla^2 \mathbf{A} = \mu_0 \mathbf{J} \tag{6-19}$$

위의 식 (6-19)를 간단화할 목적에 가장 적합하도록 다음과 같이 선택을 하면,

$$\boxed{\nabla \cdot \mathbf{A} = 0} \qquad \text{(6-20)}^{4)}$$

식 (6-19)는

$$\boxed{\nabla^2 \mathbf{A} = -\mu_0 \mathbf{J}} \tag{6-21}$$

이 된다. 이것이 **벡터 포아송 방정식**(vector Poisson equation)이다. 직각좌표계에서 식 (6-21)은 다음과 같이 세 개의 스칼라 포아송 방정식과 같다.

$$\nabla^2 A_x = -\mu_0 J_x \tag{6-22a}$$

$$\nabla^2 A_y = -\mu_0 J_y \tag{6-22b}$$

$$\nabla^2 A_z = -\mu_0 J_z \tag{6-22c}$$

이와 같은 세 개의 방정식 각각은 정전기장에서 포아송 방정식인 식 (4-6)과 수학적으로 같은 것이다. 자유공간에서 방정식

$$\nabla^2 V = -\frac{\rho}{\epsilon_0}$$

은 다음과 같은 하나의 특수해를 갖는다(식 (3-61) 참조).

$$V = \frac{1}{4\pi\epsilon_0} \int_{V'} \frac{\rho}{R}\, dv'$$

따라서 식 (6-22a)에 대한 해는

$$A_x = \frac{\mu_0}{4\pi} \int_{V'} \frac{J_x}{R}\, dv'$$

이 된다. A_y와 A_z에 대해서도 비슷한 해를 얻을 수 있으며, 세 성분을 결합하면 다음과 같이 식 (6-21)에 대한 해를 얻을 수 있다.

4) 이러한 관계를 **쿨롱 조건**(Coulomb condition) 또는 **쿨롱 척도**(Coulomb gauge)라고 부른다.

$$\mathbf{A} = \frac{\mu_0}{4\pi} \int_{V'} \frac{\mathbf{J}}{R} dv' \qquad \text{(Wb/m)} \tag{6-23}$$

식 (6-23)은 체적전류밀도 **J**로부터 벡터 자기장 포텐셜 **A**를 구할 수 있음을 보여준다. 그 다음으로 자속밀도 **B**는 미분을 이용하여 $\nabla \times \mathbf{A}$로부터 얻을 수 있다. 이것은 정전기장 **E**를 구할 때 $-\nabla V$를 이용하는 것과 비슷한 방법이다.

벡터 자기장 포텐셜 **A**는 경로 C에 의해 둘러싸인 면적 S를 관통하는 자속(magnetic flux) Φ와 관계가 있으며 그 관계는 다음과 같이 간단히 기술된다.

$$\Phi = \int_S \mathbf{B} \cdot d\mathbf{s} \tag{6-24}$$

자속에 대한 SI 단위는 웨버(Wb)이며, 이것은 테슬라-제곱미터($\mathrm{T \cdot m^2}$)와 같다. 식 (6-15)와 스토크스 정리를 이용하면,

$$\Phi = \int_S (\nabla \times \mathbf{A}) \cdot d\mathbf{s} = \oint_C \mathbf{A} \cdot d\boldsymbol{\ell} \qquad \text{(Wb)} \tag{6-25}$$

를 얻을 수 있다. 따라서 벡터 자기장 포텐셜 **A**를 임의의 폐경로 주위를 따라 선적분한 것은 그 경로에 의해 둘러싸인 면적을 관통하여 지나가는 총 자속과 같다는 중요한 물리적 의미를 갖고 있다.

6-4 비오-사바르 법칙과 응용

많은 응용분야에서 전류가 흐르는 회로에 의해 발생하는 자기장을 구하는 데 관심이 있다. 단면적 S를 갖는 얇은 도선의 경우, dv'은 $S\,d\ell'$과 같고 전류는 도선을 따라서만 흐른다. 그러면

$$\mathbf{J}\,dv' = JS\,d\boldsymbol{\ell}' = I\,d\boldsymbol{\ell}' \tag{6-26}$$

을 얻을 수 있고, 식 (6-23)은

$$\mathbf{A} = \frac{\mu_0 I}{4\pi} \oint_{C'} \frac{d\boldsymbol{\ell}'}{R} \qquad \text{(Wb/m)} \tag{6-27}$$

이 된다. 여기서 전류 I는 C'으로 표기된 폐경로에서 흐르기 때문에[5] 적분기호 위에 원으로 나

5) 현재 정상자기장을 발생시키는 직류전류(시간에 따라 변하지 않는)를 다루고 있다. 그러나 시변전원을 포함하고 있는 회로에서 개방회로를 따라 시변전류가 보내질 수 있고 개방회로의 끝단에서 전하가 저장될 수도 있다. 안테나가 그 예이다.

타내었다. 이때 자속밀도는

$$\begin{aligned}\mathbf{B} = \nabla \times \mathbf{A} &= \nabla \times \left[\frac{\mu_0 I}{4\pi} \oint_{C'} \frac{d\ell'}{R}\right] \\ &= \frac{\mu_0 I}{4\pi} \oint_{C'} \nabla \times \left(\frac{d\ell'}{R}\right)\end{aligned} \tag{6-28}$$

이 된다. 식 (6-28)에서 주의해야 할 것은 프라임 부호(′)가 붙어 있지 않는 회전연산은 관측점(field point)의 공간좌표에 대해서 미분을 취하라는 의미이고 적분연산을 취할 변수는 프라임 부호가 붙은 원천(source)좌표라는 것이다. 식 (6-28)에서 피적분항은 다음의 항등식(연습문제 P.2-37 참조)을 사용함으로써 두 항으로 전개할 수 있다.

$$\nabla \times (f\mathbf{G}) = f\nabla \times \mathbf{G} + (\nabla f) \times \mathbf{G} \tag{6-29}$$

위의 식에서 $f = 1/R$과 $\mathbf{G} = d\ell'$으로 치환을 하면

$$\mathbf{B} = \frac{\mu_0 I}{4\pi} \oint_{C'} \left[\frac{1}{R}\nabla \times d\ell' + \left(\nabla \frac{1}{R}\right) \times d\ell'\right] \tag{6-30}$$

을 얻는다. 이제 프라임 부호가 붙은 좌표계와 붙지 않은 좌표계는 무관하므로 $\nabla \times d\ell'$은 0이 되고 식 (6-30)의 우변에서 첫 번째 항은 사라진다. 거리 R은 (x', y', z')에 있는 $d\ell'$로부터 (x, y, z)에 있는 관측점까지의 거리이다. 따라서

$$\begin{aligned}\frac{1}{R} &= [(x - x')^2 + (y - y')^2 + (z - z')^2]^{-1/2} \\ \nabla\left(\frac{1}{R}\right) &= \mathbf{a}_x \frac{\partial}{\partial x}\left(\frac{1}{R}\right) + \mathbf{a}_y \frac{\partial}{\partial y}\left(\frac{1}{R}\right) + \mathbf{a}_z \frac{\partial}{\partial z}\left(\frac{1}{R}\right) \\ &= -\frac{\mathbf{a}_x(x - x') + \mathbf{a}_y(y - y') + \mathbf{a}_z(z - z')}{[(x - x')^2 + (y - y')^2 + (z - z')^2]^{3/2}} \\ &= -\frac{\mathbf{R}}{R^3} = -\mathbf{a}_R \frac{1}{R^2},\end{aligned} \tag{6-31}$$

을 얻는다. 여기서 $\mathbf{a}_R$은 자기장의 근원이 존재하는 원천점으로부터 관측점을 향하는 단위벡터이다. 식 (6-31)을 식 (6-30)에 대입하면,

$$\boxed{\mathbf{B} = \frac{\mu_0 I}{4\pi} \oint_{C'} \frac{d\ell' \times \mathbf{a}_R}{R^2} \qquad \text{(T)}} \tag{6-32}$$

를 얻을 수 있다. 이것이 **비오-사바르 법칙**으로 알려져 있다. 이것은 폐경로 C'에서 전류 I로 인해 발생하는 $\mathbf{B}$를 구하는 공식이며, 또한 식 (6-27)에 있는 $\mathbf{A}$에 회전을 취함으로써 얻어진다. 때로는 식 (6-32)를 다음의 두 단계로 기술하는 것이 편리할 때도 있다.

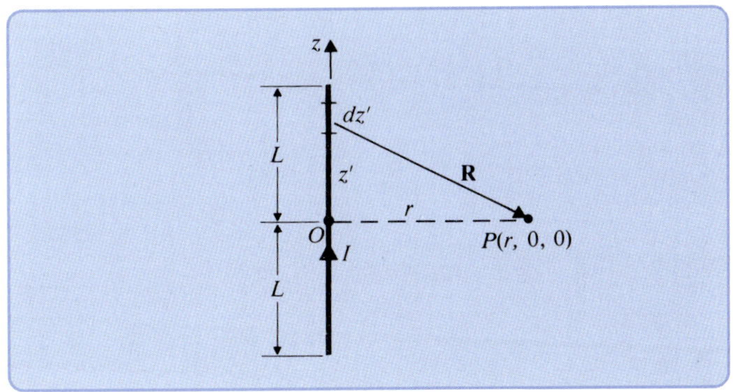

그림 6-5

전류가 흐르고 있는 직선 도선(예제 6-4)

$$\mathbf{B} = \oint_{C'} d\mathbf{B} \qquad \text{(T)} \tag{6-33a}$$

여기서

$$d\mathbf{B} = \frac{\mu_0 I}{4\pi}\left(\frac{d\boldsymbol{\ell}' \times \mathbf{a}_R}{R^2}\right) \qquad \text{(T)} \tag{6-33b}$$

로서 미소 전류 성분인 $Id\boldsymbol{\ell}'$로 인한 자속밀도를 나타낸다. 식 (6-33b)에 대해서 또 다른 편리한 표현은 다음과 같다.

$$d\mathbf{B} = \frac{\mu_0 I}{4\pi}\left(\frac{d\boldsymbol{\ell}' \times \mathbf{R}}{R^3}\right) \qquad \text{(T)} \tag{6-33c}$$

식 (6-32)를 식 (6-10)과 비교해 보면 일반적으로 비오-사바르 법칙이 암페어의 주회법칙보다 적용하기가 더 어렵다는 것을 알 수 있다. 그러나 **B**가 일정한 크기가 되는 폐경로를 찾을 수 없다면 암페어의 주회법칙은 회로에 흐르는 전류로부터 **B**를 구할 때 효과적이지 못하므로 비오-사바르 법칙을 사용한다.

예제 6-4 길이 $2L$의 직선 도선에 직류전류 I가 흐르고 있다. 도선의 이등분면에서 도선으로부터 r만큼 떨어진 점에서의 자속밀도 **B**를 구하라.

(a) 먼저 벡터 자기장 포텐셜 **A**를 구함으로써

(b) 비오-사바르 법칙을 적용함으로써

SOLUTION **풀이** 전류는 폐회로 내에서만 존재한다. 그러므로 이 문제에서 도선은 전류를 운반하는 폐경로의 일부분임에 틀림이 없다. 회로의 나머지 부분을 모르기 때문에 암페어의 주회법칙을 이용할 수 없다. 그림 6-5에서 보듯이, 전류가 흐르는 도선의 한 부분이 z축을 따라 놓여 있다고 하자. 도선상의

미소 성분은

$$d\ell' = \mathbf{a}_z\, dz'$$

이고 관측점 P의 원통좌표계는 $(r, 0, 0)$이다.

(a) **$\nabla \times$ A로부터 B를 구하는 방법**

$R = \sqrt{z'^2 + r^2}$ 을 식 (6-27)에 대입하면 다음과 같은 식을 얻는다.

$$\begin{aligned}\mathbf{A} &= \mathbf{a}_z \frac{\mu_0 I}{4\pi}\int_{-L}^{L}\frac{dz'}{\sqrt{z'^2 + r^2}}\\ &= \mathbf{a}_z \frac{\mu_0 I}{4\pi}\left[\ln\left(z' + \sqrt{z'^2 + r^2}\right)\right]\Bigg|_{-L}^{L}\\ &= \mathbf{a}_z \frac{\mu_0 I}{4\pi}\ln\frac{\sqrt{L^2 + r^2} + L}{\sqrt{L^2 + r^2} - L}\end{aligned} \tag{6-34}$$

따라서

$$\mathbf{B} = \nabla \times \mathbf{A} = \nabla \times (\mathbf{a}_z A_z) = \mathbf{a}_r \frac{1}{r}\frac{\partial A_z}{\partial \phi} - \mathbf{a}_\phi \frac{\partial A_z}{\partial r}$$

이다. 또한 도선 주위로 원형 대칭이므로 $\partial A_z/\partial\phi = 0$이다. 따라서

$$\begin{aligned}\mathbf{B} &= -\mathbf{a}_\phi \frac{\partial}{\partial r}\left[\frac{\mu_0 I}{4\pi}\ln\frac{\sqrt{L^2 + r^2} + L}{\sqrt{L^2 + r^2} - L}\right]\\ &= \mathbf{a}_\phi \frac{\mu_0 I L}{2\pi r\sqrt{L^2 + r^2}}\end{aligned} \tag{6-35}$$

가 된다. $r \ll L$일 때, 식 (6-35)는

$$\mathbf{B}_\phi = \mathbf{a}_\phi \frac{\mu_0 I}{2\pi r} \tag{6-36}$$

으로 간단히 쓸 수 있다. 이것은 식 (6-11b)에 주어진 것과 같이 전류 I가 흐르는 무한히 긴 직선 도체로부터 거리 r만큼 떨어진 곳에서의 **B**에 대한 표현식이다.

(b) **비오-사바르 법칙으로부터 구하는 방법**

그림 6-5에 의하면 자기장이 근원이 위치하고 있는 미소 길이 dz'로부터 관측점 P까지의 길이벡터는

$$\mathbf{R} = \mathbf{a}_r r - \mathbf{a}_z z'$$
$$d\ell' \times \mathbf{R} = \mathbf{a}_z\, dz' \times (\mathbf{a}_r r - \mathbf{a}_z z') = \mathbf{a}_\phi r\, dz'$$

이 됨을 알 수 있고, 식 (6-33c)에 위의 값을 대입하면

$$\begin{aligned}\mathbf{B} = \int d\mathbf{B} &= \mathbf{a}_\phi \frac{\mu_0 I}{4\pi}\int_{-L}^{L}\frac{r\, dz'}{(z'^2 + r^2)^{3/2}}\\ &= \mathbf{a}_\phi \frac{\mu_0 I L}{2\pi r\sqrt{L^2 + r^2}}\end{aligned}$$

이 된다. 이것은 식 (6-35)와 같은 결과이다.

예제 6-5 한 변의 길이가 w인 정사각형 루프에 직류전류 I가 흐를 때 루프의 중앙에서의 자속밀도를 구하라.

풀이 그림 6-6에 보이듯이, 루프가 xy-평면상에 놓여 있다고 가정하자. 정사각형 루프의 가운데 지점에서의 자속밀도는 길이 w인 한 변에 의한 것의 4배가 될 것이다. 식 (6-35)에서 $L = r = w/2$로 놓으면

$$\mathbf{B} = \mathbf{a}_z \frac{\mu_0 I}{\sqrt{2}\pi w} \times 4 = \mathbf{a}_z \frac{2\sqrt{2}\mu_0 I}{\pi w} \tag{6-37}$$

을 얻을 수 있고, 여기서 $\mathbf{B}$와 루프에 흐르는 전류의 방향은 오른손 법칙을 따른다.

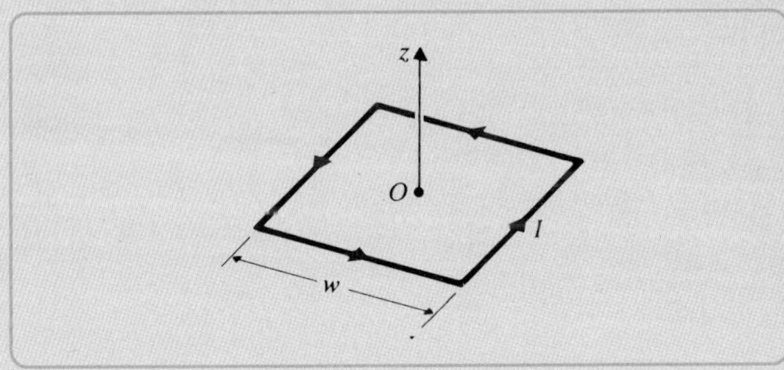

그림 6-6 전류 I가 흐르고 있는 정사각형 루프(예제 6-5)

예제 6-6 반지름 b인 원형 루프에 전류 I가 흐르고 있을 때 루프의 축상의 임의의 점에서의 자속밀도를 구하라.

풀이 그림 6-7에 보이는 원형 루프에 비오-사바르 법칙을 적용하자.

$$d\boldsymbol{\ell}' = \mathbf{a}_\phi b\, d\phi',$$
$$\mathbf{R} = \mathbf{a}_z z - \mathbf{a}_r b,$$
$$R = (z^2 + b^2)^{1/2}$$

다시 한번 기억할 것은 $\mathbf{R}$은 원천이 있는 미소 길이 $d\boldsymbol{\ell}'$로부터 관측점 P까지의 벡터이므로

$$\begin{aligned} d\boldsymbol{\ell}' \times \mathbf{R} &= \mathbf{a}_\phi b\, d\phi' \times (\mathbf{a}_z z - \mathbf{a}_r b) \\ &= \mathbf{a}_r bz\, d\phi' + \mathbf{a}_z b^2\, d\phi' \end{aligned}$$

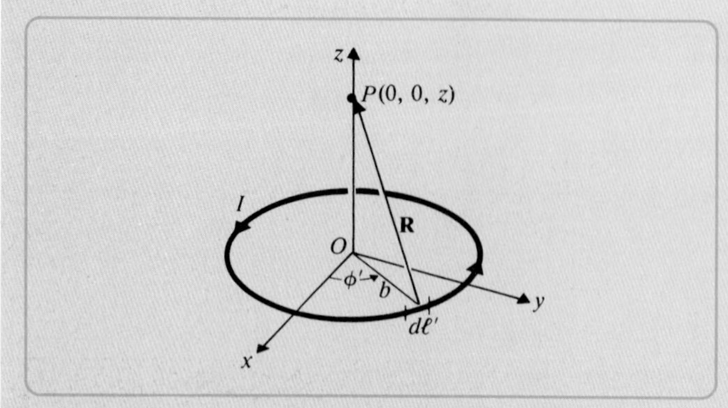

그림 6-7
전류 I가 흐르는 원형 루프(예제 6-6)

이 된다. 원형 대칭성이 있기 때문에 $d\ell'$과 $d\ell'$의 정반대 위치에 놓여 있는 미소 성분의 영향으로 인해 $\mathbf{a}_r$-성분은 서로 상쇄되어 없어지고 $\mathbf{a}_z$-성분만 남게 되어 식 (6-33a)와 (6-33c)로부터

$$\mathbf{B} = \frac{\mu_0 I}{4\pi}\int_0^{2\pi} \mathbf{a}_z \frac{b^2\, d\phi'}{(z^2+b^2)^{3/2}}$$

또는

$$\boxed{\mathbf{B} = \mathbf{a}_z \frac{\mu_0 I b^2}{2(z^2+b^2)^{3/2}} \qquad \text{(T)}} \tag{6-38}$$

을 얻는다.

6-5 자기 쌍극자

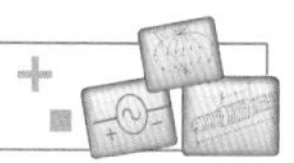

이 절은 예제로부터 시작해 보자.

예제 6-7 반지름 b의 작은 원형 루프(자기 쌍극자: magnetic dipole)에 전류가 흐르고 있을 때 임의의 떨어진 지점에서의 자속밀도를 구하라.

풀이 문제의 내용으로 볼 때, 관계 $R \gg b$를 만족(이 경우에는 간단한 근사식을 얻을 수 있을 것이다)하며 루프의 중심으로부터 거리 R 떨어진 지점에서의 $\mathbf{B}$를 구하는 것에 관심이 있다.

그림 6-8에서 보는 바와 같이, 루프의 중앙을 구좌표계의 원점이 되도록 하자. 자기장의 근원이 되는 전류 도선이 존재하는 좌표계는 프라임 부호(′)를 붙인다. 먼저 벡터 자기장 포텐셜 $\mathbf{A}$를 구하고 그 다음에 $\nabla \times \mathbf{A}$로부터 $\mathbf{B}$를 구해보자.

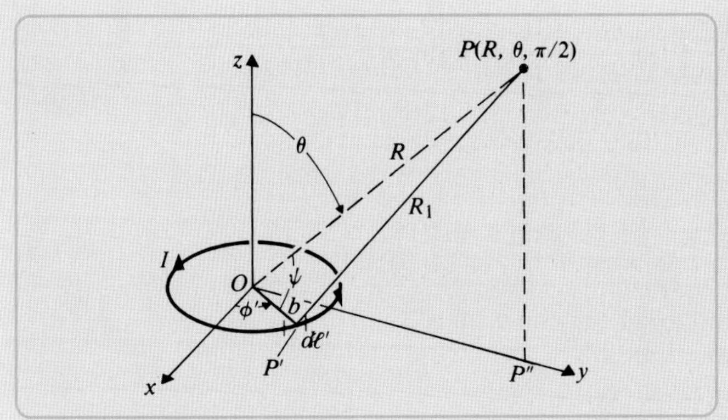

그림 6-8
전류 I가 흐르는 작은 원형 루프 (예제 6-7)

$$\mathbf{A} = \frac{\mu_0 I}{4\pi} \oint_{C'} \frac{d\boldsymbol{\ell}'}{R_1} \tag{6-39}$$

식 (6-39)는 한가지 중요한 점만 제외하고는 식 (6-27)과 같다. 즉, 식 (6-27)에서 R은 자기장의 근원이 되는 전류 도선이 있는 P'에서 미소 전류 $d\boldsymbol{\ell}'$과 관측점 P까지의 거리를 의미하고 있지만, 그림 6-8에 있는 표시방법과 일치시키기 위해 R_1으로 바꿔야 한다. 대칭성으로 인해 자기장은 확실히 관측점의 각도 ϕ에 무관하다. 편의상 yz-평면상에 있는 $P(R, \theta, \pi/2)$를 선택해 보자.

또 한 가지 중요한 점으로는 자기장의 근원인 전류 도선이 있는 $d\boldsymbol{\ell}'$에서의 $\mathbf{a}_{\phi'}$는 관측점 P에서의 $\mathbf{a}_\phi$와는 다르다는 것이다. 사실, 그림 6-8에서 보는 바와 같이 P에서 $\mathbf{a}_\phi$는 $-\mathbf{a}_x$이고

$$d\boldsymbol{\ell}' = (-\mathbf{a}_x \sin\phi' + \mathbf{a}_y \cos\phi')b\,d\phi' \tag{6-40}$$

이다. 모든 $Id\boldsymbol{\ell}'$에 대해 y축의 반대편상에 대칭적으로 미소 전류 성분들이 있고, 이것들은 $-\mathbf{a}_x$ 방향으로는 $\mathbf{A}$에 동일한 양으로 기여하며, $\mathbf{a}_y$ 방향으로는 기여도가 서로 상쇄되도록 작용한다. 식 (6-39)를 다음과 같이 두 가지 형태로 쓸 수 있다.

$$\mathbf{A} = -\mathbf{a}_x \frac{\mu_0 I}{4\pi} \int_0^{2\pi} \frac{b\sin\phi'}{R_1}\,d\phi'$$

$$\mathbf{A} = \mathbf{a}_\phi \frac{\mu_0 Ib}{2\pi} \int_{-\pi/2}^{\pi/2} \frac{\sin\phi'}{R_1}\,d\phi' \tag{6-41}$$

삼각형 OPP'에 코사인 법칙을 적용하면

$$R_1^2 = R^2 + b^2 - 2bR\cos\psi$$

이 되고, 여기서 $R\cos\psi$는 반지름 OP'상에 R을 정사영(또는 투영)시킨 것이며, 이것은 또 OP'상에 $OP''(OP'' = R\sin\theta)$를 정사영시킨 것과 같은 것이다. 따라서

$$R_1^2 = R^2 + b^2 - 2bR\sin\theta\sin\phi'$$

과

$$\frac{1}{R_1} = \frac{1}{R}\left(1 + \frac{b^2}{R^2} - \frac{2b}{R}\sin\theta\sin\phi'\right)^{-1/2}$$

이 된다. $R^2 \gg b^2$이면, b^2/R^2은 1과 비교해서 무시할 수 있으므로

$$\begin{aligned}\frac{1}{R_1} &\cong \frac{1}{R}\left(1 - \frac{2b}{R}\sin\theta\sin\phi'\right)^{-1/2} \\ &\cong \frac{1}{R}\left(1 + \frac{b}{R}\sin\theta\sin\phi'\right)\end{aligned} \qquad (6\text{-}42)$$

가 된다. 식 (6-41)에 식 (6-42)를 대입하면,

$$\mathbf{A} = \mathbf{a}_\phi \frac{\mu_0 Ib}{2\pi R}\int_{-\pi/2}^{\pi/2}\left(1 + \frac{b}{R}\sin\theta\sin\phi'\right)\sin\phi'\,d\phi'$$

또는

$$\mathbf{A} = \mathbf{a}_\phi \frac{\mu_0 Ib^2}{4R^2}\sin\theta \qquad (6\text{-}43)$$

을 얻을 수 있다. 자속밀도는 $\mathbf{B} = \nabla \times \mathbf{A}$이다. 식 (2-139)를 이용하면 다음과 같이 원하는 답을 얻을 수 있다.

$$\mathbf{B} = \frac{\mu_0 Ib^2}{4R^3}(\mathbf{a}_R\, 2\cos\theta + \mathbf{a}_\theta \sin\theta) \qquad (6\text{-}44)$$

이 시점에서 식 (6-44)와 (3-54)에 주어진 전기 쌍극자에 의해 **원역계**(멀리 떨어진 지점)에서의 전기장 세기 표현식과 유사성이 있음을 인식할 필요가 있다. 따라서 멀리 떨어진 지점에서 그림 6-8과 같은 자기 쌍극자(xy-평면상에 놓인)의 자속선들은 그림 3-15와 같은 전기 쌍극자(z 방향에 놓인)의 전속선들과 같은 형태를 띠고 있다. 그러나 쌍극자 근처에서는 자기 쌍극자의 자속선은 연속인 데 반해, 전기 쌍극자의 전속선은 항상 양전하로부터 출발해서 음전하로 그 끝을 형성하고 있다. 이것이 그림 6-9에 그려져 있다.

이제 식 (6-43)에 있는 벡터 자기장 포텐셜의 표현식을 다시 정리해 보면,

$$\mathbf{A} = \mathbf{a}_\phi \frac{\mu_0(I\pi b^2)}{4\pi R^2}\sin\theta$$

또는

$$\boxed{\mathbf{A} = \frac{\mu_0 \mathbf{m} \times \mathbf{a}_R}{4\pi R^2} \qquad (\text{Wb/m})} \qquad (6\text{-}45)$$

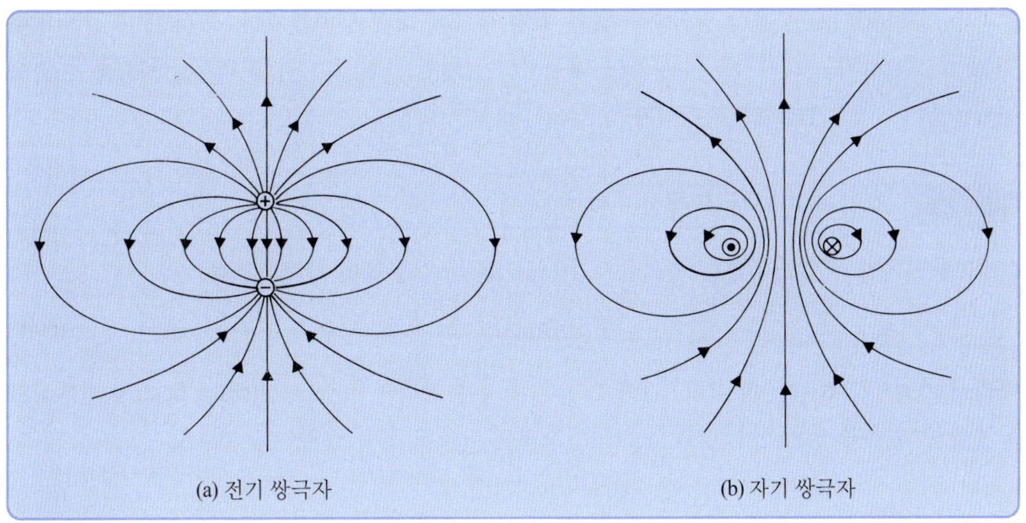

그림 6-9
전기 쌍극자의 전속선과 자기 쌍극자의 자속선

로 쓸 수 있다. 여기서

$$\mathbf{m} = \mathbf{a}_z I\pi b^2 = \mathbf{a}_z IS = \mathbf{a}_z m \qquad (\mathrm{A \cdot m^2}) \tag{6-46}$$

은 **자기 쌍극자 모멘트**(magnetic dipole moment)로 정의된다. 이것은 벡터이며 크기는 루프의 면적과 루프에 흐르는 전류를 곱한 것이고, 방향은 전류의 흐르는 방향을 따라 오른손을 거머쥘 때 엄지손가락이 향하는 방향이다. 식 (3-53b)에 있는 전기 쌍극자의 스칼라 전위에 대한 표현과 식 (6-45)를 비교해 보면

$$V = \frac{\mathbf{p} \cdot \mathbf{a}_R}{4\pi\epsilon_0 R^2} \qquad (\mathrm{V}) \tag{6-47}$$

로서, 두 경우에서 **A**는 V와 유사하다는 것을 나타내고 있다. 전류가 흐르는 작은 루프를 **자기 쌍극자**(magnetic dipole)라고 부른다.

이와 같은 방법으로 식 (6-44)를 다시 쓰면,

$$\boxed{\mathbf{B} = \frac{\mu_0 m}{4\pi R^3}(\mathbf{a}_R\, 2\cos\theta + \mathbf{a}_\theta \sin\theta) \qquad (\mathrm{T})} \tag{6-48}$$

로 표현할 수 있다. p가 m으로, ϵ_0가 $1/\mu_0$으로 바뀐 것을 제외하고는 식 (6-48)은 전기 쌍극자로부터 먼 거리에서 **E**에 대한 표현식인 식 (3-54)와 같은 형태를 띠고 있다. 따라서 앞서 살펴본 것과 같이 xy-평면에 놓여 있는 자기 쌍극자의 자속선은 z축을 따라 놓인 전기 쌍극자의 전속선과 같은 형태를 띠게 된다.

비록 예제 6-7에서는 자기 쌍극자가 작은 원형 루프에 대해 구해졌지만, 식 (6-46)에 주어졌듯이 $m = IS$를 가지는 직사각형의 루프에 대해서도 동일한 표현식인 식 (6-45)와 (6-48)을 얻을 수 있음을 보일 수 있다(연습문제 P.6-19).

6-5.1 스칼라 자기장 포텐셜

$\mathbf{J} = 0$인 전류가 존재하지 않는 영역에서, 식 (6-7)은 다음과 같이 간략화된다.

$$\nabla \times \mathbf{B} = 0 \tag{6-49}$$

따라서 자속밀도 **B**는 무회전(회전값이 0)이며, 이것은 임의의 스칼라 장(scalar field)의 변화율로 표현될 수 있음을 의미한다. 따라서 자속밀도 **B**는 다음과 같이 정의할 수 있다.

$$\mathbf{B} = -\mu_0 \nabla V_m \tag{6-50}$$

여기서 V_m은 **스칼라 자기장 포텐셜**(암페어로 표현됨)이라고 한다. 식 (6-50)에 있는 음의 부호는 관습적이며(식 (3-43)에 있는 스칼라 전기장 포텐셜에 대한 정의 참조), 자유공간의 투자율인 μ_0는 단순히 비례상수이다. 식 (3-45)와 유사하게, 전류가 존재하지 않는 자유공간에서 두 지점 P_2와 P_1 사이의 스칼라 자기장 포텐셜 차이는

$$V_{m2} - V_{m1} = -\int_{P_1}^{P_2} \frac{1}{\mu_0} \mathbf{B} \cdot d\ell \tag{6-51}$$

과 같이 쓸 수 있다.

만약 체적 V' 내에 체적밀도 ρ_m (A/m²)을 갖는 자하(magnetic charges)가 있다면, 다음의 식으로부터 V_m을 구하는 것이 가능하다.

$$V_m = \frac{1}{4\pi} \int_{V'} \frac{\rho_m}{R} dv' \qquad \text{(A)} \tag{6-52}$$

그러면 자속밀도 **B**는 식 (6-50)으로부터 얻을 수 있다. 그러나 고립된(독립적으로 존재하는) 자하는 아직까지 실험적으로 관측된 적은 없다; 이것들은 가상적인 것으로 생각된다. 그럼에도 불구하고, 수학적인(물리적인 현실이 아닌) 모델에서 가상의 자하를 생각하는 것은 정전기장에 대한 지식으로 어떤 정자기장에서의 관계들에 관하여 논의한다든지 자기학(magnetism)에서의 전통적인 자기극(magnetic-pole) 관점과 자기학의 원천으로서 미시적인 순환전류의 개념 사이의 연결고리를 완성하는 데 편리하다.

작은 막대자석의 자기장은 자기 쌍극자의 자기장과 같다. 이것은 실험적으로 자석 주위에 쇠줄밥(iron filings)이 그리는 윤곽을 관찰함으로써 증명될 수 있다. 영구자석의 양끝(북극과 남극)은 양과 음의 자하들이 각각 놓여 있다고 생각하는 것이 전통적인 견해이다. 막대 자석에서는 가상의 자하들인 $+q_m$과 $-q_m$이 거리 d만큼 떨어져 있고 등가의 자기 쌍극자 모멘트인 다음의 식을 형성한다고 가정한다.

$$\mathbf{m} = q_m\mathbf{d} = \mathbf{a}_n IS \tag{6-53}$$

따라서 이러한 자기 쌍극자로 인해 발생하는 스칼라 자기장 포텐셜 V_m은 전기 쌍극자로 인한 스칼라 전기장 포텐셜을 찾기 위해 3-5.1절에서 사용된 과정을 따름으로써 구해질 수 있다. 식 (3-53b)에 있는 것과 같이,

$$V_m = \frac{\mathbf{m}\cdot\mathbf{a}_R}{4\pi R^2} \quad \text{(A)} \tag{6-54}$$

을 얻을 수 있다. 식 (6-54)를 식 (6-50)에 대입하면 식 (6-48)에 주어진 것과 같은 **B**를 얻는다.

여기서 주목할 것은 자기 쌍극자에 대한 식 (6-54)에 있는 스칼라 자기장 포텐셜 V_m의 표현식은 전기 쌍극자에 대한 식 (6-47)에 있는 스칼라 전기장 포텐셜(준위) V에 대한 표현식과 정확히 닮았다는 것이다. 그러나 식 (6-45)에 있는 벡터 자기장 포텐셜 **A**와 식 (6-47)에 있는 V 사이의 닮은 정도는 정확히 일치하는 것은 아니다. 스칼라 자기장 포텐셜 V_m이 정의되기 위한 식 (6-49)에서 가정한 **B**의 무회전 특성은 전류가 없는 지점에서만 유효하다. 전류가 존재하는 영역에서는 자기장이 비보존장(not conservative)이며 그리고 스칼라 자기장 포텐셜이 단가(單價, single-valued)의 함수가 아니다; 따라서 식 (6-51)에 의해 계산된 자기장 포텐셜 차이는 적분경로에 따라 다르다. 이러한 이유로, 자성체에서 자기장을 공부하는 데 있어서 가상의 자하와 스칼라 전위를 이용하는 방법 대신에 순환전류 및 벡터 포텐셜 접근방법을 사용할 것이다. 막대자석의 거시적인 특성은 궤도운동과 스핀운동을 하는 전자들에 의해 발생하는 회전하는 원자전류(암페어성 전류)에 기인하는 것으로 생각한다. 등가 자하밀도에 관한 몇 가지 견해들은 6-6.1절에서 논의될 것이다.

6-6 자화와 등가 전류밀도

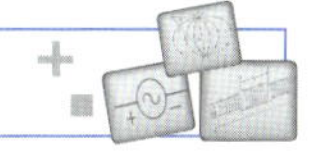

물질의 기본적인 원자 모델에 의하면, 모든 물질은 원자들로 구성되어 있으며, 원자 각각은 양전하의 핵과 그 둘레를 돌고 있는 다수의 음의 전자들로 되어 있다. 궤도전자는 회전하는 전류를 발생시키고 미시적인 자기 쌍극자를 발생시킨다. 더욱이 전자와 원자핵은 어느 정도의 자기 쌍극자 모멘트를 갖고 자신의 축에 대해서도 자전(spin)한다. 자전하는 원자핵의 자기쌍극자 모멘트는 핵의 질량이 무겁고 각속도가 작기 때문에 자전하는 전자에 의한 것과 비교해서 무시할 수 있다. 매질의 자기적 효과에 관하여 완전히 이해하기 위해서는 양자역학에 관한 지식이 요구된다. (6-9절에서 여러 종류의 자성체의 특성에 관하여 정성적으로 언급할 것이다.)

외부에서 가해지는 자기장이 없는 경우에 대부분의 매질(영구자석은 제외)을 구성하는 원자들의 자기 쌍극자들은 일정한 방향을 갖지 않기 때문에 순 자기 모멘트는 없다. 외부 자기장의 인가는 전자들의 궤도운동의 변화로 인한 유도 자기 모멘트와 자전하는 전자들의 자기 모멘트가 일정한 방향으로 정렬하게 된다. 자성체가 존재하는 경우의 자속밀도 변화를 정량적으로

구하는 공식을 얻기 위해 $\mathbf{m}_k$를 원자의 자기 쌍극자 모멘트라고 두자. 만일 단위체적당 n개의 원자가 있다면, **자화벡터**(magnetization vector) $\mathbf{M}$을 다음과 같이 정의한다.

$$\mathbf{M} = \lim_{\Delta v \to 0} \frac{\sum_{k=1}^{n\Delta v} \mathbf{m}_k}{\Delta v} \qquad \text{(A/m)} \tag{6-55}$$

이것은 자기 쌍극자 모멘트의 체적밀도이다. 미소 체적 dv' 내의 자기 쌍극자 모멘트 $d\mathbf{m}$은 $d\mathbf{m} = \mathbf{M}\,dv'$이고, 식 (6-45)에 의하면 이것은 벡터 자기장 포텐셜을 다음과 같이 발생시킬 것이다.

$$d\mathbf{A} = \frac{\mu_0 \mathbf{M} \times \mathbf{a}_R}{4\pi R^2}\, dv' \tag{6-56}$$

식 (3-83)을 사용하여 식 (6-56)을 다시 쓰면

$$d\mathbf{A} = \frac{\mu_0}{4\pi} \mathbf{M} \times \mathbf{\nabla}'\left(\frac{1}{R}\right) dv'$$

이 되고, 따라서

$$\mathbf{A} = \int_{V'} d\mathbf{A} = \frac{\mu_0}{4\pi} \int_{V'} \mathbf{M} \times \mathbf{\nabla}'\left(\frac{1}{R}\right) dv' \tag{6-57}$$

을 얻을 수 있다. 여기서 V'는 자화된 매질의 체적이다.

식 (6-29)에 있는 벡터 항등식을 사용하면 다음과 같은 식을 유도할 수 있고,

$$\mathbf{M} \times \mathbf{\nabla}'\left(\frac{1}{R}\right) = \frac{1}{R} \mathbf{\nabla}' \times \mathbf{M} - \mathbf{\nabla}' \times \left(\frac{\mathbf{M}}{R}\right) \tag{6-58}$$

또한 식 (6-57)의 우변을 다음의 두 항으로 분리할 수 있다.

$$\mathbf{A} = \frac{\mu_0}{4\pi} \int_{V'} \frac{\mathbf{\nabla}' \times \mathbf{M}}{R}\, dv' - \frac{\mu_0}{4\pi} \int_{V'} \mathbf{\nabla}' \times \left(\frac{\mathbf{M}}{R}\right) dv' \tag{6-59}$$

또한 임의의 벡터에 회전을 취한 후 체적적분하는 것을 표면적분으로 바꾸는 과정인 다음의 벡터 항등식(연습문제 P.6-20 참조)을 이용하면,

$$\int_{V'} \mathbf{\nabla}' \times \mathbf{F}\, dv' = -\oint_{S'} \mathbf{F} \times d\mathbf{s}' \tag{6-60}$$

여기서 $\mathbf{F}$는 1차 미분이 연속인 임의의 벡터이다. 식 (6-59)는 다음의 식으로 바뀐다.

$$\mathbf{A} = \frac{\mu_0}{4\pi} \int_{V'} \frac{\mathbf{\nabla}' \times \mathbf{M}}{R}\, dv' + \frac{\mu_0}{4\pi} \oint_{S'} \frac{\mathbf{M} \times \mathbf{a}'_n}{R}\, ds' \tag{6-61}$$

여기서 $\mathbf{a}'_n$은 ds'으로부터 수직으로 바깥으로 향하는 단위벡터이다. 또한 S'는 체적 V'를 둘러싸는 표면이다.

체적전류밀도 $\mathbf{J}$로 표현된 식 (6-23)의 $\mathbf{A}$의 형태와 식 (6-61)의 우변에 있는 표현식을 비교해

보면 자화벡터의 효과는 등가적으로 체적전류밀도인

$$\mathbf{J}_m = \nabla \times \mathbf{M} \qquad (\mathrm{A/m^2}) \tag{6-62}$$

와 표면전류밀도인

$$\mathbf{J}_{ms} = \mathbf{M} \times \mathbf{a}_n \qquad (\mathrm{A/m}) \tag{6-63}$$

으로 나타낼 수 있다.

식 (6-62)와 (6-63)에서 편의상 단순화하기 위해 ∇와 $\mathbf{a}_n$에 있는 프라임 부호를 생략하였다. 왜냐하면 위의 두 방정식은 자화벡터 **M**이 존재하는 자기장의 근원이 있는 지점의 좌표에 대한 것이 분명하기 때문이다. 그러나 자기장의 근원이 되는 지점과 관측점의 좌표가 혼란을 일으킬 가능성이 있을 때는 프라임 부호가 계속 사용되어야 한다.

어떤 주어진 자기 쌍극자 모멘트 **M**에 의해 발생되는 자속밀도 **B**를 구하는 문제는 먼저 식 (6-62)와 (6-23)을 이용하여 등가적인 **자화전류밀도**(magnetization current density) $\mathbf{J}_m$과 $\mathbf{J}_{ms}$을 구한 후, 식 (6-61)로부터 **A**를 결정하고, 그런 다음 구한 **A**에 회전을 취함으로써 **B**를 구하는 문제로 바뀌게 된다. 외부에서 가해지는 자기장이 존재한다면 따로 고려되어야 한다.

식 (6-62)와 (6-63)의 수학적 유도과정은 그리 복잡하지 않다. 자기 쌍극자 모멘트의 체적밀도를 체적전류밀도와 표면전류밀도로 등가화하는 과정은 그림 6-10에 있는 자성체의 단면을 살펴봄으로써 정량적으로 확인할 수 있다. 외부에서 가해진 자기장은 원자 단위의 회전하는 전류가 일정한 방향으로 배열되도록 작용함으로써 매질을 자화시킨다고 가정한다. 이러한 자화 효과의 크기는 자화벡터 **M**에 의해 그 정도가 측정된다. 매질의 표면에서는 표면전류밀도 $\mathbf{J}_{ms}$가 존재할 것이며, 이때의 방향은 벡터곱인 $\mathbf{M} \times \mathbf{a}_n$의 방향으로 정확히 주어진다. 만일 **M**이 매질 내에서 균일하다면, 이웃하고 있는 원자 쌍극자의 전류는 서로 반대 방향으로 흘러서 모든 곳에서 상쇄되어 결국 내부에서는 순 전류가 없다. 이것은 상수인 **M**을 공간미분(즉, 회전을 취하면)하면 0이 되기 때문에 식 (6-62)로부터 예측할 수 있다. 그러나 만일 **M**이 공간적 변화를 가

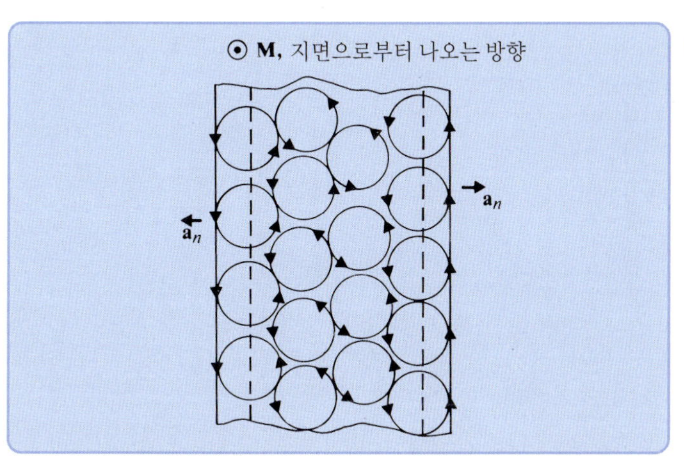

그림 6-10
자화된 매질의 단면

진다면, 내부의 원자적 전류는 완전히 상쇄되지 않으므로 결국에는 순 체적전류밀도 $\mathbf{J}_m$이 존재하게 된다. 자성체의 표면과 내부에서의 원자 단위의 전류를 유도함으로써 전류밀도와 **M** 사이의 정량적인 관계를 규명짓는 것이 가능하지만, 이러한 추가적인 유도과정이 실질적으로 필요하지도 않고 너무 지루한 경향이 있으므로 여기서는 유도하지 않을 것이다.

예제 6-8 균일하게 자화된 원형 실린더의 자성체의 축상에서 자속밀도를 구하라. 실린더는 반지름 b, 길이 L, 축방향 자화 $\mathbf{M} = \mathbf{a}_z M_0$를 갖는다.

풀이 원통형 막대자석과 관련된 이 문제에서, 그림 6-11과 같이 자화된 원통의 축을 원형좌표계의 z축으로 놓자. 자석 내에서 자화 **M**은 일정하므로 $\mathbf{J}_m = \nabla' \times \mathbf{M} = 0$이고, 등가 체적전류밀도는 없다. 옆면 벽에서 등가 자화 표면전류밀도는

$$\begin{aligned}\mathbf{J}_{ms} &= \mathbf{M} \times \mathbf{a}_n' = (\mathbf{a}_z M_0) \times \mathbf{a}_r \\ &= \mathbf{a}_\phi M_0\end{aligned} \qquad (6\text{-}64)$$

이다. 이때 자석은 마치 선 모양의 전류밀도(lineal current density) M_0 (A/m)를 갖는 원통판과 같다. 윗면과 아랫면 상에는 표면전류가 없다. $P(0, 0, z)$에서 **B**를 구하기 위해 전류 $\mathbf{a}_\phi M_0 dz'$를 갖는 미소 길이 dz'를 고려하고 식 (6-38)을 이용하면

$$d\mathbf{B} = \mathbf{a}_z \frac{\mu_0 M_0 b^2\, dz'}{2[(z - z')^2 + b^2]^{3/2}}$$

을 얻을 수 있고,

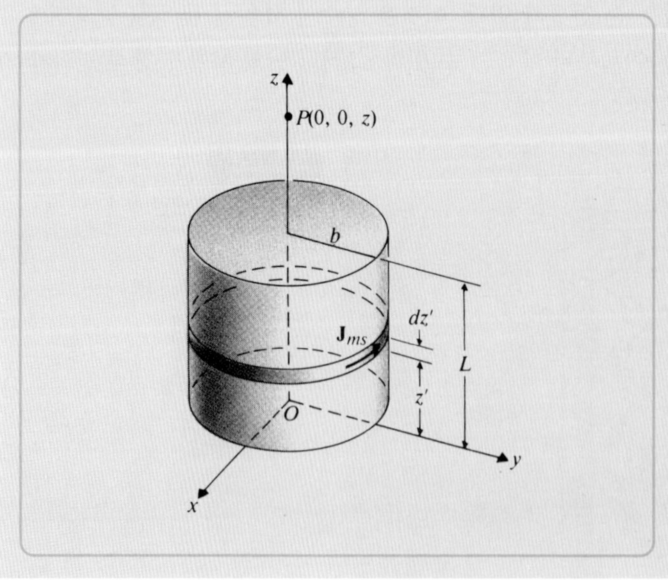

그림 6-11 균일하게 자화된 원형 실린더(예제 6-8)

$$\mathbf{B} = \int d\mathbf{B} = \mathbf{a}_z \int_0^L \frac{\mu_0 M_0 b^2 \, dz'}{2[(z-z')^2 + b^2]^{3/2}}$$
$$= \mathbf{a}_z \frac{\mu_0 M_0}{2} \left[\frac{z}{\sqrt{z^2 + b^2}} - \frac{z-L}{\sqrt{(z-L)^2 + b^2}} \right] \qquad (6\text{-}65)$$

이 된다.

6-6.1 등가 자하밀도

6-5.1절에서, 전류가 없는 영역에서 스칼라 자기장 포텐셜 V_m을 정의할 수 있으며, 이것으로 자속밀도 **B**가 식 (6-50)에 있는 것처럼 미분을 취함으로써 얻을 수 있음에 주목하였다. 자화벡터 **M**(자기 쌍극자 모멘트의 체적밀도)에 관하여 식 (6-54)를 다시 쓰면 다음과 같다.

$$dV_m = \frac{\mathbf{M} \cdot \mathbf{a}_R}{4\pi R^2} \qquad (6\text{-}66)$$

따라서 전류가 흐르지 않는 자성체(자석: magnetized body)에 대해서 식 (6-66)을 적분하면,

$$V_m = \frac{1}{4\pi} \int_{V'} \frac{\mathbf{M} \cdot \mathbf{a}_R}{R^2} \, dv' \qquad (6\text{-}67)$$

을 얻는다. 식 (6-67)은 분극 유전체의 스칼라 전위(electric potential)에 대해 얻은 식 (3-81)과 정확히 같은 형태의 식이다. 식 (3-87)을 유도하는 과정을 따르면, 다음의 관계식을 얻을 수 있다.

$$V_m = \frac{1}{4\pi} \oint_{S'} \frac{\mathbf{M} \cdot \mathbf{a}'_n}{R} \, ds' + \frac{1}{4\pi} \int_{V'} \frac{-(\boldsymbol{\nabla}' \cdot \mathbf{M})}{R} \, dv' \qquad (6\text{-}68)$$

이때 $\mathbf{a}'_n$은 자성체의 미소 면적 ds'에 수직이면서 밖으로 향하는 단위벡터이다. 전기장을 계산함에 있어서, 분극 유전체가 식 (3-88)에 주어진 등가 분극 면전하밀도와 식 (3-89)에 주어진 등가 분극 체적전하밀도로 바꿔 쓸 수 있음을 3-7절에서 확인하였다. 유사하게, 자기장을 계산함에 있어서도 자성체는 등가(가상의) 표면자하밀도 ρ_{ms}와 등가(가상의) 체적자하밀도 ρ_m으로 바꿔 쓸 수 있을 것으로 결론지을 수 있으며, 그 자하밀도는 각각

$$\boxed{\rho_{ms} = \mathbf{M} \cdot \mathbf{a}_n \qquad (\text{A/m})} \qquad (6\text{-}69)$$

와

$$\boxed{\rho_m = -\boldsymbol{\nabla} \cdot \mathbf{M} \qquad (\text{A/m}^2)} \qquad (6\text{-}70)$$

이다. 자성체의 자속밀도를 구함에 있어서 등가 자하밀도 개념을 사용하는 것이 다음의 예제에서 설명될 것이다.

예제 6-9 반지름 b와 길이 L을 갖는 원통형 막대자석이 축을 따라서 균일한 자화 $\mathbf{M} = \mathbf{a}_z M_0$를 가지고 있다. 등가 자하밀도 개념을 사용하여 임의의 거리로 떨어진 지점에서의 자속밀도를 구하라.

풀이 그림 6-12를 생각하자. 식 (6-69)와 (6-70)에 따라, $\mathbf{M} = \mathbf{a}_z M_0$에 대한 등가 자하밀도는

$$\rho_{ms} = \begin{cases} M_0 & \text{(윗면상에서)} \\ -M_0 & \text{(아랫면상에서)} \\ 0 & \text{(옆면상에서)} \end{cases}$$

$$\rho_m = 0 \qquad \text{(내부에서)}$$

이 된다. 임의의 지점에서 윗면과 아랫면 상에서의 총 등가 자하는 점자하들인 $q_m = \pi b^2 \rho_{ms} = \pi b^2 M_0$로서 보인다. 임의의 지점 $P(x, y, z)$에서

$$V_m = \frac{q_m}{4\pi}\left(\frac{1}{R_+} - \frac{1}{R_-}\right) \qquad \text{(A)} \tag{6-71}$$

을 얻을 수 있으며, 이 식은 전기 쌍극자에 대한 식 (3-50)과 유사하다. 만약 $R \gg b$이면, 식 (6-71)은 다음의 식으로 단순화될 수 있다(식 (3-53a) 참조).

$$\begin{aligned} V_m &= \frac{q_m L \cos\theta}{4\pi R^2} = \frac{(\pi b^2 M_0) L \cos\theta}{4\pi R^2} \\ &= \frac{M_T \cos\theta}{4\pi R^2} \end{aligned} \tag{6-72}$$

여기서 $M_T = \pi b^2 L M_0$은 원통형 자석의 총 쌍극자 모멘트이다. 그리고 자속밀도 $\mathbf{B}$는 식 (6-50)을 적용하면 다음과 같이 쓸 수 있다.

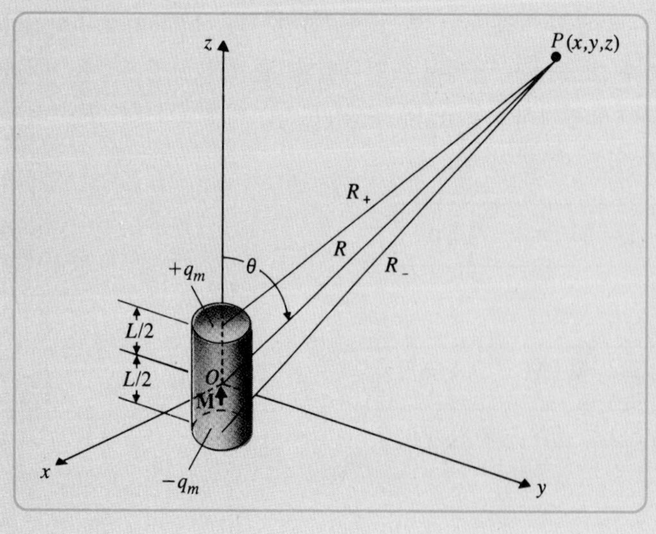

그림 6-12 원통형 막대자석(예제 6-9)

$$\mathbf{B} = -\mu_0 \nabla V_m = \frac{\mu_0 M_T}{4\pi R^3}(\mathbf{a}_R 2\cos\theta + \mathbf{a}_\theta \sin\theta) \qquad \text{(T)} \tag{6-73}$$

이것은 모멘트 $I\pi b^2$을 갖는 단일 자기 쌍극자로 인해 임의의 떨어진 지점에서 **B**를 구하는 식 (6-44)에 있는 표현식과 같은 형태를 띠고 있다.

이 문제는 등가 자하전류밀도 개념을 이용함으로써 바로 쉽게 구할 수 있다. (연습문제 P.6-25 참조)

6-7 자기장 세기 및 상대 유전율

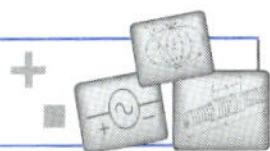

외부 자기장의 인가는 자성체 내의 내부 쌍극자 모멘트와 유도 자기 모멘트가 일정한 방향으로 정렬되도록 작용한다. 이로 인해 자성체가 존재하는 상황하에서 발생하는 자속밀도는 자유공간에서의 값과 다름을 예상할 수 있다. 자화의 거시적인 효과는 식 (6-62)에 있는 등가 체적전류밀도 $\mathbf{J}_m$을 기본 관계식인 식 (6-7) 내에 반영시킴으로써 분석할 수 있다. 즉,

$$\frac{1}{\mu_0}\nabla \times \mathbf{B} = \mathbf{J} + \mathbf{J}_m = \mathbf{J} + \nabla \times \mathbf{M}$$

또는

$$\nabla \times \left(\frac{\mathbf{B}}{\mu_0} - \mathbf{M}\right) = \mathbf{J} \tag{6-74}$$

를 얻을 수 있으며, 이제 새롭고 기본적인 자기장량인 **자기장 세기**(magnetic field intensity) **H**를 다음과 같이 정의한다.

$$\boxed{\mathbf{H} = \frac{\mathbf{B}}{\mu_0} - \mathbf{M} \qquad \text{(A/m)}} \tag{6-75}$$

벡터 **H**의 사용은 어떤 매질 내에서 자기장과 자유전류 분포의 관계를 회전 방정식으로 표현하게 해 준다. 또한 자화벡터 **M** 또는 등가 체적전류밀도 $\mathbf{J}_m$을 표현식상에서 다룰 필요가 없어진다. 식 (6-74)와 (6-75)를 결합하면, 다음의 새로운 방정식을 얻을 수 있다.

$$\boxed{\nabla \times \mathbf{H} = \mathbf{J} \qquad (\text{A/m}^2)} \tag{6-76}$$

여기서 **J** (A/M²)은 자유전류의 체적밀도이다. 식 (6-6)과 (6-76)은 정자기장에 대한 두 개의 기본적인 미분 방정식이나. 매질의 투자율은 이들 두 방정식에서 외형적으로는 나타나지 않는다.

식 (6-76)에 해당하는 적분형은 양변에 스칼라 면적분을 취함으로써 얻어진다.

$$\int_S (\nabla \times \mathbf{H}) \cdot d\mathbf{s} = \int_S \mathbf{J} \cdot d\mathbf{s} \tag{6-77}$$

또는 스토크스 정리로부터

$$\boxed{\oint_C \mathbf{H} \cdot d\ell = I \qquad \text{(A)}} \tag{6-78}$$

을 얻을 수 있다. 여기서 C는 면적 S를 둘러싸는 폐경로이고 I는 S를 관통하여 흐르는 총 자유전류이다. C와 전류 흐름 I의 상대적인 방향은 오른손 법칙에 따른다. 식 (6-78)은 **암페어의 주회법칙**의 또 다른 형태로서 이는 **임의의 폐경로 주위를 따라 자기장 세기의 순환은 경로에 둘러싸인 면적을 관통하여 흐르는 자유전류와 같다**는 것을 의미한다. 6-2절에서 언급했듯이, 암페어의 주회법칙은 원통형 대칭이 존재할 때, 즉 전류 도선 주위의 폐경로상에 자기장 세기가 일정한 값을 가질 때 전류에 의해 발생하는 자기장을 구하는 데 매우 유용하다.

매질의 자기적 성질이 선형(linear)이고 등방성(isotropic)[6)]일 때 자화는 자기장 세기에 정비례한다.

$$\mathbf{M} = \chi_m \mathbf{H} \tag{6-79}$$

여기서 χ_m은 단위가 없는 양으로서 **자화율**(또는 자화감도; magnetic susceptibility)이라고 한다. 식 (6-79)를 식 (6-75)에 대입하면 다음과 같은 관계를 얻는다.

$$\boxed{\begin{aligned}\mathbf{B} &= \mu_0(1 + \chi_m)\mathbf{H} \\ &= \mu_0\mu_r\mathbf{H} = \mu\mathbf{H} \qquad (\text{Wb/m}^2)\end{aligned}} \tag{6-80a}$$

또는

$$\boxed{\mathbf{H} = \frac{1}{\mu}\mathbf{B} \qquad \text{(A/m)}} \tag{6-80b}$$

여기서

$$\boxed{\mu_r = 1 + \chi_m = \frac{\mu}{\mu_0}} \tag{6-81}$$

이다. 이것은 단위가 없는 양으로서 매질의 **상대 투자율**(relative permeability)이라고 한다. 특성변수 $\mu = \mu_0\mu_r$은 매질의 **절대 투자율**(absolute permeability)(또는 때로는 단순히 **투자율**)이며 단위는 H/m이다; χ_m과 μ_r은 공간좌표의 함수일 수 있다. 단순 매질(simple medium)—선형이며, 등방

---

6) 역자주: 선형(linear)이란 매질의 특성변수들(μ, ϵ)이 외부에서 가해지는 장(field)의 함수가 아닌 특성을 의미하고, 등방성(isotropic)이란 특성변수들이 외부에서 가해지는 장(field)의 방향에 따라 달라지는 함수가 아닌 매질 특성을 의미한다.

성이며, 균일한 특성의 매질—에 대해 χ_m과 μ_r은 상수이다.

대부분 매질의 투자율은 자유공간의 투자율(μ_0)과 거의 같다. 철, 니켈, 코발트와 같은 강자성체에 있어서 μ_r은 매우 크다(50-5000, 특수합금인 경우는 10^6 또는 그 이상). 투자율은 **H**의 크기뿐만 아니라 매질의 이전상태(이력: previous history)에 좌우된다. 6-9절은 자성체의 거시적 성질에 대한 정성적인 내용을 담고 있다.

이 시점에서 정전기장에서의 물리량과 정자기장에서의 물리량 사이에 비슷한 관계가 많이 있음을 주목할 필요가 있으며 이를 비교하여 정리하면 다음과 같다.

정전기장	정자기장
E	**B**
D	**H**
ϵ	$\dfrac{1}{\mu}$
P	−**M**
ρ	**J**
V	**A**
·	×
×	·

위의 표에서, 정전기장에서 기본적인 물리량들을 관련짓는 대부분의 방정식들은 정자기장에서의 대응되는 비슷한 방정식으로 변환될 수 있다.

6-8 자기회로

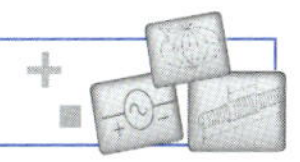

전기회로 문제에서는 전압원 그리고/또는 전류원에 의해 여기되는 전기회로망 내의 여러 지로(branches)와 소자(elements)들에 걸리는 전압과 흐르는 전류를 구하는 것이 요구된다. 자기회로(magnetic circuit)를 다룰 때에도 비슷한 종류의 문제들이 있다. 자기회로에서는 일반적으로 강자성체 코어 주위에 전류를 흐르게 하는 도선에 의해 발생되는 것으로 회로의 여러 부분에서의 자속과 자기장 세기를 구하는 데 관심이 있다. 자기회로 문제는 변압기(變壓器: transformer), 발전기(發電機: generator), 모터, 계전기(繼電器: relay), 자기 기록장치(magnetic recording devices) 등에서 발생한다.

자기회로의 해석은 정자기장에서 기본이 되는 두 개의 방정식인 식 (6-6)과 (6-76)에 기반을 두고 있으며 편의를 위해 아래에 다시 기술하였다.

$$\nabla \cdot \mathbf{B} = 0 \tag{6-82}$$

$$\nabla \times \mathbf{H} = \mathbf{J} \tag{6-83}$$

식 (6-83)은 암페어의 주회법칙으로 전환될 수 있음을 식 (6-78)에서 확인하였다. 만약 자기회로를 여기시키는 전류 I가 N번 감긴 권선에 흐르며, 이때 폐경로 C가 이 권선을 포함하도록 선택된다면,

$$\oint_C \mathbf{H} \cdot d\ell = NI = \mathscr{V}_m \tag{6-84}$$

를 얻을 수 있다. 이 물리량 $\mathscr{V}_m(= NI)$은 전기회로에서의 기전력(electromotive force, emf)과 유사한 역할을 하는 것으로 **기자력**(magnetomotive force, mmf)이라고 불린다. SI 단위는 암페어(ampere, A)이다; 그러나 식 (6-84) 때문에 기자력은 자주 암페어-턴수($\mathbf{A} \cdot$t)로 측정된다. 기자력은 뉴턴 단위로 측정되는 힘이 아니다.

예제 6-10 투자율 μ를 갖는 강자성체 매질의 토로이드 코어 주위에 N번 감긴 도선이 있다고 가정하자. 그림 6-13에 있듯이, 코어의 평균 반지름은 r_o, 원형 단면적의 반지름은 a이고($a \ll r_o$), 좁은 공기틈의 길이는 ℓ_g이다. 정상상태 전류 I_o가 권선에 흐르고 있다. (a) 강자성체 코어에서의 자속밀도 $\mathbf{B}_f$를 구하라. (b) 코어에서의 자기장 세기 $\mathbf{H}_f$를 구하라. 그리고 (c) 공기틈에 있어서의 자기장 세기 $\mathbf{H}_g$를 구하라.

SOLUTION **풀이**

(a) 암페어의 주회법칙인 식 (6-84)를 그림 6-13에 있는 것처럼 평균 반지름이 r_o인 원형 경로 C 주위에 적용하면,

$$\oint_C \mathbf{H} \cdot d\ell = NI_o \tag{6-85}$$

를 얻을 수 있다. 누설자속(flux leakage)이 무시될 정도이면, 같은 양의 총 자속이 자성체 코어와 공기틈 모두에 흐를 것이다. 공기틈에서 자속의 가장자리 효과 또한 무시될 정도이면, 코어와 공기틈 내 모두에서 자속밀도 $\mathbf{B}$가 같을 것이다. 그러나 각기 다른 투자율로 인해 두 부분 모두에서의 자기장 세기는 다를 것이다.

$$\mathbf{B}_f = \mathbf{B}_g = \mathbf{a}_\phi B_f \tag{6-86}$$

으로 표현되며, 이때 첨자 f 및 g는 각각 자성체 및 틈을 의미한다. 자성체 코어에서는

$$\mathbf{H}_f = \mathbf{a}_\phi \frac{B_f}{\mu} \tag{6-87}$$

이고, 공기틈에서는

$$\mathbf{H}_g = \mathbf{a}_\phi \frac{B_f}{\mu_0} \tag{6-88}$$

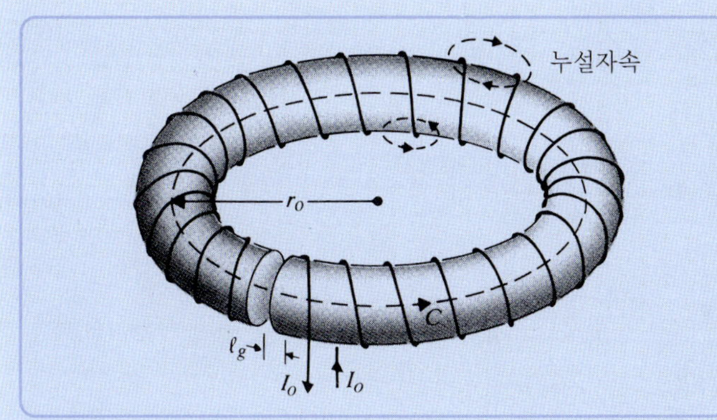

그림 6-13
간극(공기틈)이 있는 자성체 토로이드에 감긴 코일(예제 6-10)

이다. 식 (6-87)과 (6-88)을 식 (6-85)에 대입하면,

$$\frac{B_f}{\mu}(2\pi r_o - \ell_g) + \frac{B_f}{\mu_0}\ell_g = NI_o$$

과

$$\mathbf{B}_f = \mathbf{a}_\phi \frac{\mu_0 \mu N I_o}{\mu_0(2\pi r_o - \ell_g) + \mu \ell_g} \tag{6-89}$$

를 얻을 수 있다.

(b) 식 (6-87)과 (6-89)로부터

$$\mathbf{H}_f = \mathbf{a}_\phi \frac{\mu_0 N I_o}{\mu_0(2\pi r_o - \ell_g) + \mu \ell_g} \tag{6-90}$$

을 얻는다.

(c) 유사하게, 식 (6-88)과 (6-89)로부터

$$\mathbf{H}_g = \mathbf{a}_\phi \frac{\mu N I_o}{\mu_0(2\pi r_o - \ell_g) + \mu \ell_g} \tag{6-91}$$

을 얻는다. $H_g/H_f = \mu/\mu_0$이므로 공기틈 내에서의 자기장 세기는 자성체 코어 내의 자기장 세기보다 더 강하다.

만약 코어 단면의 반지름이 토로이드의 평균 반지름보다 매우 작다면, 코어 내에서의 자속밀도 **B**는 거의 일정하며, 회로 내에서의 자속은

$$\Phi \cong BS \tag{6-92}$$

가 된다. 여기서 S는 코어의 단면적을 의미한다. 식 (6-92)와 (6-89)를 결합하면,

$$\Phi = \frac{NI_o}{(2\pi r_o - \ell_g)/\mu S + \ell_g/\mu_0 S} \tag{6-93}$$

이 된다. 식 (6-93)은 다시 쓸 수 있는데,

$$\Phi = \frac{\mathscr{V}_m}{\mathscr{R}_f + \mathscr{R}_g} \tag{6-94}$$

$$\mathscr{R}_f = \frac{2\pi r_o - \ell_g}{\mu S} = \frac{\ell_f}{\mu S} \tag{6-95}$$

가 된다. 여기서 $\ell_f = 2\pi r_o - \ell_g$는 자성체 코어의 길이이고,

$$\mathscr{R}_g = \frac{\ell_g}{\mu_0 S} \tag{6-96}$$

이다. $\mathscr{R}_f$와 $\mathscr{R}_g$는 일정한 단면적 S를 갖는 균질 매질에서 직선부분의 직류저항을 나타내는 식 (5-27)과 같은 형태를 띠고 있다. 이를 **자기저항**(reluctance)이라고 한다: 자성체 코어에서의 $\mathscr{R}_f$, 공기틈에서의 $\mathscr{R}_g$, 자기저항의 SI 단위는 헨리(henry)의 역수(H^{-1})이다. 코어가 직선이 아님에도 불구하고, 식 (6-95)와 (6-96)이 그 자체로서 의미있는 것은 **B**가 코어의 단면적에 걸쳐서 근사적으로 일정하다는 것을 가정한 결과라는 것이다.

식 (6-94)는 이상적인 전압원인 기전력 V가 두 개의 전기저항인 R_f와 R_g에 직렬로 연결되었을 때 전기회로에 흐르는 전류에 대한 표현식인

$$I = \frac{\mathscr{V}}{R_f + R_g} \tag{6-97}$$

과 유사하다.

그림 6-14(a)와 6-14(b)에서 보듯이, 자기회로와 전기회로 사이에는 상호(또는 서로) 유사성이 있다. 유사성에 의해, 전기회로를 해석할 때 사용한 방법과 똑같은 방법을 이용하여 자기회로를 해석할 수 있다. 유사성을 가진 물리량은 다음과 같다.

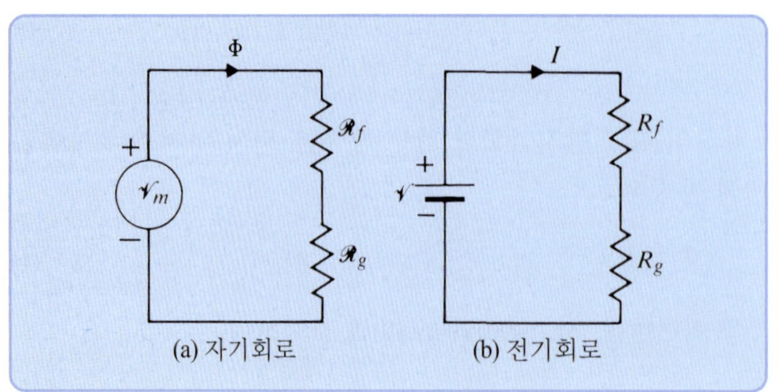

그림 6-14

그림 6-13에서 공기틈이 있는 토로이드 코일에 대한 등가 자기회로와 유사한 전기회로

자기회로	전기회로
기자력(mmf, $\mathscr{V}_m(=NI)$)	기전력, $\mathscr{V}$
자속, Φ	전류, I
자기저항, $\mathscr{R}$	전기저항, R
투자율, μ	전도도, σ

이와 같이 편리한 유사성에도 불구하고, 자기회로의 정확한 해석은 본래 매우 어렵다.

첫째로, 자기회로에서 주로 자속이 지나가야 할 경로로부터 빗나가거나 누설되는 자속을 고려하기가 어렵다. 그림 6-13에 있는 토로이드 코일의 경우에 있어서, 누설자속이 각 감긴 권선 하나하나를 둘러싸고 있는 형태이다. 이들은 그림에서 보듯이 코어 주위의 공간을 부분적으로 가로지르고 있는데, 이는 공기의 투자율이 0이 아니기 때문이다. (직류전류가 흐르고 있는 전기회로의 도체경로 바깥에서는 누설전류를 고려할 필요가 거의 없다. 그 이유는 공기의 전도도가 우수한 도체의 전도도에 비해 사실상 거의 0이기 때문이다.)

두 번째로 어려운 것은 공기틈에서의 자속선이 외부로 확산되거나 불룩해지도록 하는 가장자리 효과 때문이다.[7] (예제 6-10에서 "좁은 공기틈"으로 한정지은 목적은 이러한 가장자리 효과를 최소화하기 위한 것이었다.)

세 번째로 어려운 것은 강자성체의 투자율이 자속밀도에 따라 변한다는 것이다; 즉, **B**와 **H**는 비선형 관계를 가지고 있다. (심지어 두 벡터의 방향이 같은 방향이 아닐 수도 있다). 따라서 $\mathbf{B}_c$ 또는 $\mathbf{H}_c$ 중 어느 한쪽이 알려지기 전에 투자율 μ가 주어졌다고 가정한 예제 6-10의 문제는 실제적인 문제가 아니다.

나중에 그림 6-17에서 보일 것이지만, 실제 문제에서는 강자성체 매질의 $B-H$ 곡선이 주어져야만 한다. B와 H의 비는 분명히 상수가 아니며 B_f는 H_f가 알려져야만 알 수 있다. 그렇다면 이러한 문제를 어떻게 풀 수 있는가? 두 조건이 만족되어야 한다. 첫째로, $H_g\ell_g$와 $H_f\ell_f$의 합이 전체 기자력인 NI_o와 같아야 한다.

$$H_g\ell_g + H_f\ell_f = NI_o \tag{6-98}$$

둘째로, 누설자속이 없다고 가정하면, 강자성체 코어 및 공기틈에 있어서의 총 자속 Φ는 같아

7) 더 정확하게 수학적 결과를 얻기 위해, 관례상 공기틈의 유효면적을 강자성체 코어의 단면적보다 약간 크게 설정한다. 이때 코어 단면적의 선형적 치수를 공기틈의 길이만큼 증가시킨다. 식 (6-86)에 이와 같은 교정을 취하면, B_g는 다음과 같이 된다.

$$B_g = \frac{a^2 B_f}{(a+\ell_g)^2} < B_f$$

야 한다. 또는 $B_f = B_g$이어야 한다.[8)]

$$B_f = \mu_0 H_g \tag{6-99}$$

식 (6-98)에 식 (6-99)를 대입하면 코어에 있어서의 B_f와 H_f를 관계짓는 방정식을 얻는다.

$$B_f + \mu_0 \frac{\ell_f}{\ell_g} H_f = \frac{\mu_0}{\ell_g} N I_o \tag{6-100}$$

이 식은 $B-H$ 평면에서 음의 기울기($-\mu_0 \ell_f / \ell_g$)를 갖는 직선에 관한 방정식이다. 이 직선과 $B-H$ 곡선의 교점이 동작점(operating point)을 결정한다. 일단 동작점이 찾아지면 μ, H_f를 비롯한 다른 물리량들을 얻을 수 있다.

식 (6-94)와 (6-97)의 유사성으로부터 전기회로에서 사용되는 키르히호프의 전압 및 전류 법칙에 대응하는 자기회로에서의 두 개 기본 방정식을 쓸 수 있다. 식 (5-41)에 있는 키르히호프의 전압법칙과 유사하게, 자기회로 내 임의의 폐경로에 대해

$$\boxed{\sum_j N_j I_j = \sum_k \mathscr{R}_k \Phi_k} \tag{6-101}$$

으로 쓸 수 있다. 식 (6-101)이 의미하는 바는 **자기회로에서 폐경로를 따라 암페어-턴수(기자력의 단위)의 대수합은 자기저항과 자속을 곱한 것의 대수합과 같다**는 것이다.

전기회로에서 교점에 대한 키르히호프의 전류법칙인 식 (5-47)은 $\nabla \cdot \mathbf{J} = 0$의 결과이다. 같은 방법으로, 식 (6-82)에 있는 기본 가정 $\nabla \cdot \mathbf{B} = 0$은 식 (6-9)를 유도한다. 이로 인해서

$$\boxed{\sum_j \Phi_j = 0} \tag{6-102}$$

을 얻으며, 이것이 의미하는 바는 **자기회로에서 접합점으로부터 흘러나오는 모든 자속의 대수합은 0이라는 것**이다. 식 (6-101)과 (6-102)는 각각 자기회로의 루프 및 마디 해석(node analysis)에 있어서 기본이 되는 식들이다.

예제 6-11 그림 6-15(a)에 있는 자기회로를 생각해 보자. 정상상태 전류 I_1과 I_2가 강자성체 코어의 바깥쪽 단자(leg)에 각각 감긴 권선수가 N_1 및 N_2인 도선에 흐르고 있다. 코어의 단면적은 S_c이고 투자율은 μ이다. 가운데 단자에서의 자속을 구하라.

8) 이것은 코어와 공기틈에 대한 단면적을 같다고 가정한다. 만약 코어가 강자성체 매질의 절연된 얇은 적층인 구조로 되어 있다면, 코어 내에서 자속이 지나가는 유효면적은 실제 기하학적인 단면적보다 작을 것이며, 따라서 B_c가 B_g보다 어느 정도 클 것이다. 이때의 크기는 절연된 얇은 적층 구조의 자료로부터 결정할 수 있다.

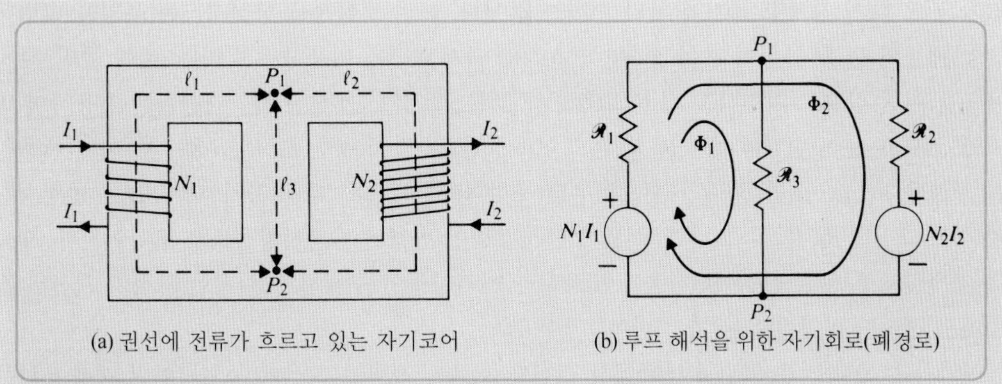

그림 6-15

자기회로(예제 6-11)

풀이 폐경로 해석을 위한 등가 자기회로가 그림 6-15(b)에 나타나 있다. 기자력으로서 두 개의 원천인 N_1I_1과 N_2I_2가 적절한 극성 표현을 갖고 각각 자기저항 $\mathscr{R}_1$ 및 $\mathscr{R}_2$와 직렬로 연결되어 있다. 이것은 확실히 두 개의 폐회로망과 같다. 가운데 단자 P_1P_2에서의 자속을 결정하는 것이 문제이므로 계산의 편의를 위해 하나의 폐회로 자속(Φ_1)만이 가운데 단자를 통해 흐르도록 설정하자. 자기저항들은 평균 경로길이에 기반을 두고 계산된다. 이 값들은 물론 근사적이며 다음과 같이 얻을 수 있다.

$$\mathscr{R}_1 = \frac{\ell_1}{\mu S_c} \tag{6-103a}$$

$$\mathscr{R}_2 = \frac{\ell_2}{\mu S_c} \tag{6-103b}$$

$$\mathscr{R}_3 = \frac{\ell_3}{\mu S_c} \tag{6-103c}$$

식 (6-101)로부터 얻을 수 있는 두 개의 폐회로 방정식은

$$\text{루프 1:}\ N_1I_1 = (\mathscr{R}_1 + \mathscr{R}_3)\Phi_1 + \mathscr{R}_1\Phi_2 \tag{6-104}$$

$$\text{루프 2:}\ N_1I_1 - N_2I_2 = \mathscr{R}_1\Phi_1 + (\mathscr{R}_1 + \mathscr{R}_2)\Phi_2 \tag{6-105}$$

이다. 위의 연립 방정식들을 풀면,

$$\Phi_1 = \frac{\mathscr{R}_2 N_1 I_1 + \mathscr{R}_1 N_2 I_2}{\mathscr{R}_1\mathscr{R}_2 + \mathscr{R}_1\mathscr{R}_3 + \mathscr{R}_2\mathscr{R}_3} \tag{6-106}$$

과 같이 원하는 답을 얻을 수 있다.

실제로, 세 개의 단자에서의 자속과 자속밀도가 각기 다르기 때문에 식 (6-103a), (6-103b), (6-103c)에 있는 자기저항을 계산할 때에는 다른 투자율들이 사용되어야 한다. 그러나 투자율의

값들은 또 다시 자기장 세기에 따라 변하는 값이다. 해의 정확성을 향상시키는 유일한 방법은 코어 매질의 $B-H$ 곡선이 주어졌다면 연속적인 근사과정을 이용하는 것이다. 예를 들면, 투자율 μ를 어떤 값으로 가정하고 식 (6-103)의 세 부분으로부터 계산된 자기저항들을 이용하여 먼저 Φ_1, Φ_2, Φ_3를 구한다(따라서 B_1, B_2, B_3도 구하게 된다). 앞서 구한 B_1, B_2, B_3로부터 이에 대응하는 투자율 μ_1, μ_2, μ_3를 $B-H$ 곡선으로부터 구한다. 이 값들은 다시 자기저항값들을 변경시킬 것이다. 그러면 B_1, B_2, B_3에 대한 두 번째 근사값들이 변경된 자기저항들로부터 얻어진다. 새로운 자속밀도로부터 새로운 투자율과 새로운 자기저항들이 구해진다. 이러한 과정이 계산된 값들에서 변화가 거의 없을 때까지 반복수행된다.

여기서 주목할 것은 그림 6-15(a)에서 권선에 흐르는 전류는 시간에 독립적이며 예제 6-11은 엄밀하게는 직류 자기회로(d-c magnetic circuit) 문제라는 것이다. 만약 전류가 시간에 따라 변한다면, 전자기 유도의 효과에 대해 다루어야 하며 변압기 문제에 직면하게 될 것이다. 다른 기본 법칙들이 포함되어야 하며, 이것은 7장에서 논의할 것이다.

6-9 자성체의 성질

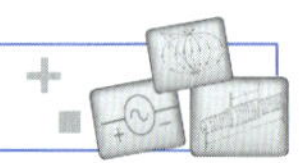

6-7절의 식 (6-79)에서, 자화 **M**과 자기장 세기 **H** 사이의 무차원의 비례상수인 자화율 χ_m을 정의함으로써 선형, 등방성 매질의 거시적인 자기 특성을 설명하였다. 상대 투자율 μ_r은 간단히 $1 + \chi_m$이다. 자성체는 μ_r값에 따라서 크게 세 그룹으로 분류할 수 있다.

반자성체(diamagnetic), $\mu_r \lesssim 1$일 때(χ_m은 매우 작은 음수)
상자성체(paramagnetic), $\mu_r \gtrsim 1$일 때(χ_m은 매우 작은 양수)
강자성체(ferromagnetic), $\mu_r \gg 1$일 때(χ_m은 매우 큰 양수)

앞서 언급했듯이, 미시적인 자기 현상을 완전히 이해한다는 것은 양자역학에 대한 지식들을 요구하게 된다. 아래에서 고전적인 원자 모델에 기반을 둔 다양한 자성체의 특성에 대해 정성적인 서술을 하고자 한다.

반자성체에서는 외부에서 인가되는 자기장이 없다면 어떤 특별한 원자 내에 전자들의 궤도 및 자전운동으로 인한 순 자기 모멘트(net magnetic moment)는 0이다. 식 (6-4)에서 예견되듯이, 이러한 매질에 외부 자기장을 가하면 궤도전자들에 미치는 힘이 발생하여 각속도에 있어서 흔들림(攝動: 섭동)을 야기시킨다. 그 결과로서, 순 자기 모멘트가 만들어진다. 이것은 유도 자화과정이다. 전자기 유도(7-2절)에서 나오는 **렌츠의 법칙**에 따라, 유도 자기 모멘트는 항상 가해진 자기장에 반대 방향으로 작용하며 그 결과로 자속밀도를 감소시킨다. 이러한 과정의 거시적인 효과는 음의 자화율(magnetic susceptibility)에 의해서 표현될 수 있는 음의 자화효과와 같다. 이 효과는 매우 작으며 잘 알려진 반자상체 매질(비스무스, 구리, 납, 수은, 게르마늄, 은, 금, 다이아몬드)에 대한 χ_m은 대략 -10^{-5} 정도이다.

반자성(diamagnetism)은 원자 내 전자들의 궤도운동으로부터 주로 발생하며 모든 매질에 존재한다. 대부분의 매질에서 너무 약해서 실질적인 중요성이 많이 떨어진다. 반자성 효과는 상자성 및 강자성 매질에 의해 가리워진다. 반자성 매질들은 영구자석 특성을 보이지 않으며 외부에서 가해진 자기장이 없어지면 유도 자기 모멘트는 사라진다.

어떤 매질에서는 궤도운동 및 스핀(자전)운동을 하는 전자들로 인해 발생한 자기 모멘트들이 완전히 서로 상쇄되지 않아서 원자와 분자들이 순수한 평균 자기 모멘트를 갖게 된다. 외부에서 가해지는 자기장이 매우 약한 반자성 효과를 야기시킬 뿐만 아니라 가해진 자기장과 같은 방향으로 분자 자기 모멘트를 정렬시키는 경향이 있어서 이로 인해 자속밀도가 증가된다. 따라서 거시적인 효과로는 양의 자화율로 표현될 수 있는 양의 자화효과와 등가가 된다. 그러나 정렬 과정에서 무작위 열진동의 힘에 의해 방해를 받게 된다. 연관성 있는 상호작용은 거의 없으며 자속밀도의 증가도 매우 작다. 이러한 동작 특성을 갖는 매질들을 **상자성**이라고 한다. 상자성체는 일반적으로 매우 작은 양의 값의 자화율을 가지며 알루미늄, 마그네슘, 티타늄, 텅스텐 같은 상자성체는 10^{-5} 정도의 크기를 갖는다.

상자성(paramagnetic)은 스핀 전자들의 자기 쌍극자 모멘트에 의해 주로 발생한다. 인가된 자기장에 의해 분자 모델의 쌍극자에 작용하여 정렬이 되도록 하는 힘은 열적 진동으로 인한 교란효과에 의해 줄어든다. 본질적으로 온도의존성이 없는 반자성과는 달리, 상자성 효과는 온도의존적이며 열적 충돌이 다소 적은 낮은 온도에서 더 강하게 된다.

강자성체의 자화의 크기는 상자성 매질의 자화보다 훨씬 크다. (상대 투자율의 대표적인 값들은 부록 B-5를 참조하라.) **강자성**은 **자구**(磁區, 자화된 구획: magnetized domain)로서 설명될 수 있다. 이 보넬에 의하면, 물론 실험적으로 입증된 것이지만, 강자성체(코발트, 니켈, 철 등)는 크기가 수 μm부터 약 1 mm의 크기를 갖는 아주 많은 작은 자구들로 구성되어 있다. 각각은 약 10^{15}에서 10^{16}개의 원자들을 포함하고 있는 이들 자구들은 인가자기장이 없는 경우에도 자전하고 있는 전자들로부터 기인한 정렬된 자기 쌍극자들을 포함하고 있다는 의미에서 완전히 자화되어 있다고 볼 수 있다. 양자이론에 의하면, 한 자구 내에서는 쌍극자 모멘트를 평행하게 유지하는 원자들의 자기 쌍극자 모멘트 사이에 강한 결합력이 존재한다. 인접한 자구 사이에는 **자벽**(구획장벽: domain wall)이라고 불리는 약 100개의 원자두께의 천이 영역(transition region)이 존재한다. 강자성체의 자화되지 않은 상태에서 인접하는 자구들의 자기 모멘트는 다결정(多結晶: polycrystalline) 시료에서 볼 수 있는 것으로, 그림 6-16에 예시되어 있는 바와 같이 다른 방향을 향하고 있다. 전체로 보면, 많은 자구들에서 정렬 방향의 무작위 특성으로 인해 순 자화는 없다.

강자성체에 외부 자기장이 가해질 때 가해진 자기장과 같이 정렬된 자기 모멘트를 갖는 자구들의 벽은 다른 자구들을 희생하더라도 자기 모멘트를 갖는 자구들의 영역이 확장되도록 움직인다. 그 결과로서 자속밀도가 증가한다. 약한 인가자기장에 대해 예를 들어 그림 6-17의 점 P_1이라면 자벽의 이동은 원래의 위치로 이동가능하다. 그러나 인가자기장이 강하면(P_1을 지나) 자벽 이동은 더 이상 원상복귀가 가능하지 않고 인가자기장의 방향을 향해 자구 회전이 일어나게 된다. 예를 들어, 인가자기장이 점 P_2에서 0으로 줄어들면 $B-H$의 관계는 더 이상 곡선

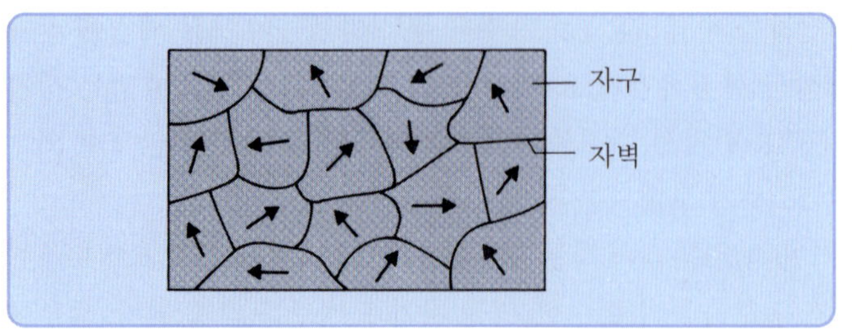

그림 6-16

다결정 강자성 시료의 자구 구조

P_2P_1O를 따르지 않고 그림에서 점선으로 표시한 것과 같이 P_2로부터 P_2'로 떨어지게 될 것이다. 자화 현상을 발생시키는 자기장보다 자화 현상이 늦어지는 것을 **자기이력**(hysteresis)이라고 한다. 이것은 "지체한다(to lag)"라는 그리스어로부터 파생된 용어이다. 인가된 자기장이 더욱 더 강하게 되면(P_2를 지나 P_3까지) 자벽 이동과 자구 회전에 의해 미시적인 자기 모멘트들이 본질적으로 인가자계에 완전히 정렬하게 되며 그 점에서 자성체는 **포화**(saturation)에 이르게 된다. $B-H$ 평면상의 곡선 $OP_1P_2P_3$를 **정규 자화곡선**(normal magnetization curve)이라고 한다.

만일 인가자기장이 P_3에서의 값으로부터 0으로 줄어들게 되면, 자속밀도는 0으로 떨어지지 않고 B_r값을 갖게 된다. 이 값을 **잔류자속밀도**(residual or remanent flux density)(단위: Wb/m^2)라 하고 최대 인가자기장의 강도에 의존한다. 강자성체에서 잔류자속밀도가 존재하므로 영구자석을 만드는 것이 가능하게 된다.

시료의 자속밀도를 0으로 만들기 위해서는 반대 방향으로 자기장 세기 H_c를 인가해야 한다. 이 H_c를 항자력(coercive force)이라 한다. 보다 적절한 이름은 **항자력강도**(coercive field intensity)(단위: A/m)이다. B_r과 같이 H_c도 인가된 자기장 세기의 최대값에 의존한다.

그림 6-17로부터 강자성체의 $B-H$ 관계는 비선형이라는 것을 분명히 알 수 있다. 그래서 식 (6-80a)에 있듯이 $\mathbf{B} = \mu\mathbf{H}$로 쓰면, 투자율 μ 자체는 $\mathbf{H}$의 크기의 함수이다. 또한 투자율 μ는 매질의 자화이력에 의존적이다. 왜냐하면 같은 $\mathbf{H}$라고 하더라도, μ의 값을 정확히 알기 위해서는

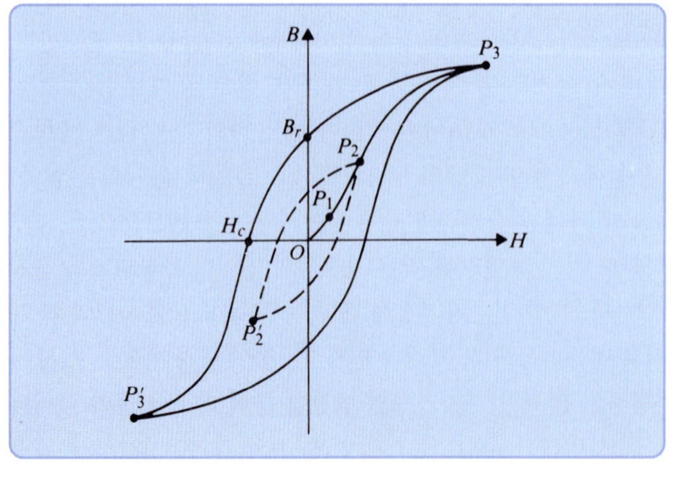

그림 6-17

강자성체에 대한 $B-H$ 평면에서의 자기이력곡선

자기이력곡선의 동작점의 위치를 알아야 하기 때문이다. 어떤 응용에서는 작은 교류 신호가 큰 정상상태 자화전류에 덧붙여 추가되는 경우도 있다. 정상상태 자기장 세기는 동작점에 위치하며 동작점에서 자기이력곡선의 기울기는 **증분 투자율**(incremental permeability)을 결정한다.

발전기, 모터, 변압기 등에 사용되기 위해 강자성체는 매우 작은 인가자기장에서도 큰 자화를 가져야 한다; 강자성체는 높고 좁은 자기이력 특성을 가져야 한다. 인가자기장 세기가 $\pm H_{max}$ 사이에서 주기적으로 변할 때 자기이력곡선은 한 주기에 대해서 한 번의 궤적을 그리게 된다. 자기이력곡선의 면적은 단위체적당 에너지 손실(**자기이력 손실**, hysteresis loss)에 해당한다(연습문제 P.6-29 참조). 자기이력 손실은 자벽 이동과 자구 회전 동안에 만나게 되는 마찰을 극복하는 데 있어서 열의 형태로 나타나는 에너지 손실이다. 작은 곡선 면적을 가지며, 높고 좁은 자기이력 특성을 갖는 강자성체를 '무른(soft)' 강자성체라고 한다. 이들은 대개 자벽들이 쉽게 움직일 수 있도록 하기 위해서 위치이탈 및 불순물이 거의 없는 잘 단련된(달구어져서 식혀짐) 재료들이다.

반면에, 좋은 영구자석들은 소(消)자화(demagnetization, 자화 특성을 없앰)되는 데 큰 저항을 가져야 한다. 이는 매우 큰 항자력 H_c를 갖고 이에 따라 넓은 자기이력곡선 특성을 갖는 재료로 만들어진다. 이러한 재료를 "굳은(hard)" 강자성체라고 한다. 굳은 강자성체(Alnico 합금 등)의 항자력은 10^5 (A/m) 정도 또는 그 이상이며, 반면에 무른 강자성체는 보통 50 (A/m) 정도 또는 그 이하이다.

앞서 지적했듯이, 강자성이란 자구 내에 원자들의 자기 쌍극자 모멘트 사이의 강한 결합효과의 결과이다. 그림 6-18(a)는 강자성체의 원자스핀 구조를 묘사하고 있다. 강자성체의 온도가 높아져서 열에너지가 자기 쌍극자 모멘트의 결합에너지를 초과하게 될 때에는 자구들이 무질서하게 된다. 이 임계온도를 **퀴리온도**(curie temperature)라고 하며 이 이상의 온도에서 강자성체는 상자성체와 같은 동작을 하게 된다. 그래서 영구자석이 퀴리온도 이상으로 가열될 때는 자화 특성을 잃어버리게 된다. 대부분 강자성체의 퀴리온도는 섭씨 수백도에서 천도 사이이며 철의 경우에는 770°C이다.

크롬 및 망간과 같은 몇몇 원소들은 원자수에서 강자성체 원소와 매우 가까우며 주기율표에서 철과 이웃하고 있다. 또한 원자의 자기 쌍극자 모멘트 사이에 강한 결합력을 가지고 있다; 그러나 그들 간의 결합력은 그림 6-18(b)에서 보듯이 전자스핀들의 역평행 정렬을 일으킨다. 자전의 방향은 원자들마다 서로 엇갈려 있으며 따라서 순수 자기 모멘트는 0이다. 이러한 특성을 가지고 있는 매질을 **역강자성**(antiferromagnetic)이라고 부른다. 역강자성은 또한 온도에 의존적이다. 역강자성체가 자체의 퀴리온도보다 높게 가열되면, 자전 방향들이 갑자기 무작위로 되며 따라서 매질은 상자성으로 된다.

자성체의 또 다른 부류로는 강자성과 역강자성 사이의 특성을 보여주는 매질이다. 여기서 양자역학 효과는 정렬된 스핀 구조로 되어 있는 자기 모멘트의 방향을 교대로 바뀌게 하며 크기도 같지 않게 만듦으로써 그림 6-18(c)에 묘사되어 있는 것처럼 자기 모멘트가 0이 되지 않는 결과를 초래한다. 이러한 매질을 **준강자성**(ferrimagnetic)이라고 한다. 부분적인 상쇄로 인해 준강자성체 매질에서 얻어지는 최대 자속밀도는 강자성 시료에서 얻어진 것보다 본질적으로 작다. 전형적으로, 약 0.3 Wb/m^2이며 근사적으로는 강자성체에 대한 것의 1/10 정도이다.

준강자성체의 소분류에 속하는 것으로 **페라이트**(ferrites)가 있다. **자기 첨정석**(magnetic spinels)이라 불리는 페라이트의 일종은 복잡한 스피넬 구조(spinel structure)로 결정화되어 있으며 $XO \cdot Fe_2O_3$의 공식을 가지고 있다. 여기서 X가 의미하는 바는 철(Fe), 코발트(Co), 니켈(Ni), 망간(Mn), 마그네슘(Mg), 아연(Zn), 카드뮴(Cd) 등과 같은 2가의 금속이온을 지칭한다. 이것들은 매우 낮은 전도도를 갖는 세라믹 같은 화합물로 되어 있다(예를 들면, 철은 10^7 (S/m)인 데 비해 10^{-4}에서 1 (S/m) 정도). 낮은 전도도는 고주파수에서 맴돌이전류(eddy-current) 손실에 제한을 준다. 따라서 페라이트들은 FM 안테나의 코어, 고주파 변압기, 위상천이기(phase shifter) 등과 같은 고주파, 마이크로파 응용분야에서 널리 사용되고 있다. 페라이트 재료들은 또한 컴퓨터 자기코어(magnetic-core)와 자기디스크 기억소자에도 폭넓게 이용되고 있다. 다른 페라이트로는 자기산화 석류석(magnetic-oxide garnets)을 포함하고 있으며 그 중에서 이트륨-철-석류석(yttrium-iron-garnet, “YIG,” $Y_3Fe_5O_{12}$)이 대표적이다. 석류석은 마이크로파 다중포트 접합에 사용된다.

페라이트는 자기장이 있는 경우에 비등방성(anisotropic)이다. 이것은 일반적으로 페라이트 내에서 **H**와 **B** 벡터가 서로 다른 방향을 가지고 있으며, 또한 투자율이 텐서(tensor: 행렬식 표현)로 표현된다는 것을 의미한다. **H**와 **B**의 성분들 간의 관계는 식 (3-104) 또는 (3-105)에 주어진 것처럼 비등방성 유전체에서의 **D**와 **E**의 성분들 간의 관계와 유사하게 행렬 형태로 표현될 수 있다. 비등방성 그리고/또는 비선형성 매질을 포함하는 문제에 관한 해석은 이 책의 범위를 벗어난다.

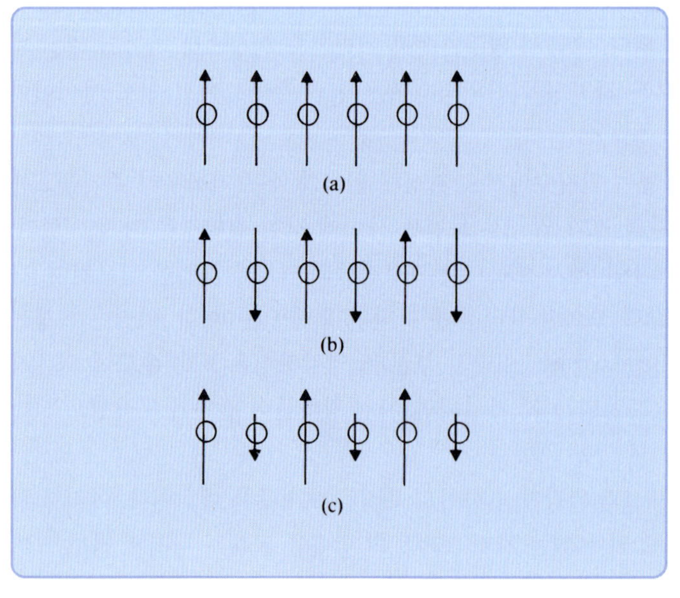

그림 6-18

(a) 강자성체, (b) 역강자성체, (c) 준강자성체 매질에 대한 원자스핀 구조의 그림

6-10 정자기장에 대한 경계 조건

서로 다른 물리적 성질을 갖는 매질로 되어 있는 영역 내에서 자기장에 관한 문제를 풀기 위해서는 다른 매질들 간의 경계면에서 **B**와 **H** 벡터가 만족해야 하는 조건(경계 조건)을 조사할 필요가 있다. 정전기장의 경계 조건을 얻기 위해 3-9절에서 전개한 것과 비슷한 방식을 사용하여, 정자기장의 경계 조건을 유도해 낼 수 있다. 이때 경계면을 포함하도록 작은 상자 모양과 작은 폐경로에 대해 두 개의 기본이 되는 방정식인 식 (6-82)와 (6-83)을 각각 적용한다. 식 (6-82)에 있는 **B**의 무발산(발산값이 0인 경우) 성질로 시작하여 지난 경험들을 비추어볼 때, **B의 법선 성분은 경계면을 가로지를 때 연속적이어야 한다**는 결론을 바로 내릴 수 있다. 즉,

$$B_{1n} = B_{2n} \qquad \text{(T)} \tag{6-107}$$

이다. 선형 매질에서는 $\mathbf{B}_1 = \mu_1\mathbf{H}_1$이고 $\mathbf{B}_2 = \mu_2\mathbf{H}_2$이며, 식 (6-107)은

$$\mu_1 H_{1n} = \mu_2 H_{2n} \tag{6-108}$$

이 된다.

경계면에서 정자기장의 접선 성분들에 대한 경계 조건은 **H**에 대한 회전 방정식의 적분 형태인 식 (6-78)로부터 얻어지며, 편의를 위해 아래에 다시 표기하였다.

$$\oint_C \mathbf{H}\cdot d\ell = I \tag{6-109}$$

적분경로로서 그림 6-19에 있듯이 폐경로 $abcda$로 선택한다. 식 (6-109)를 적용하고 $bc = da = \Delta h$가 0에 접근하도록 하면,

$$\oint_{abcda} \mathbf{H}\cdot d\ell = \mathbf{H}_1\cdot\Delta\mathbf{w} + \mathbf{H}_2\cdot(-\Delta\mathbf{w}) = J_{sn}\Delta w$$

또는

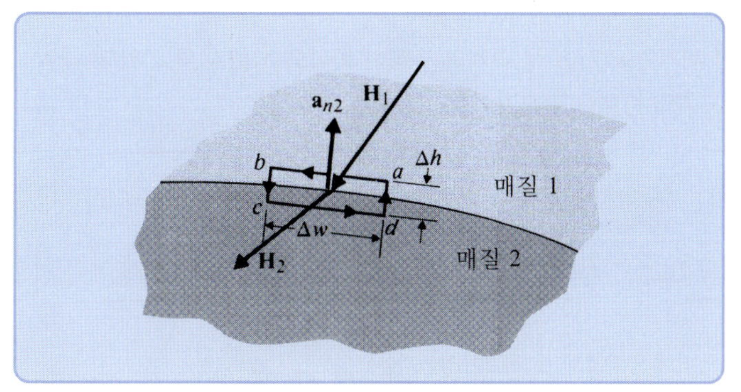

그림 6-19 접선 성분 H_t의 경계 조건을 구하기 위한 두 매질의 경계면에서의 폐경로

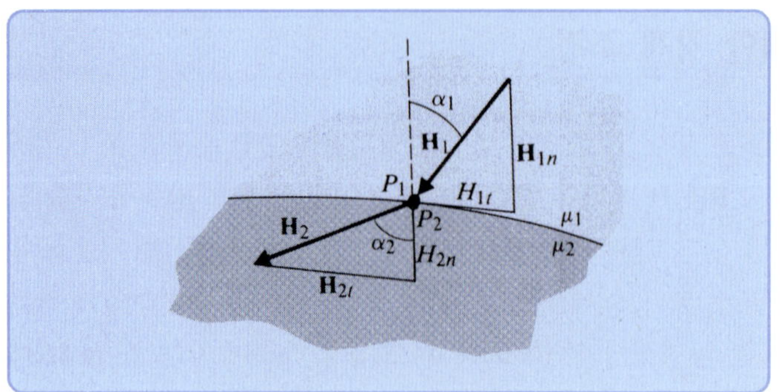

그림 6-20
경계면에서의 정자기장에 대한 경계 조건(예제 6-12)

$$H_{1t} - H_{2t} = J_{sn} \qquad \text{(A/m)} \tag{6-110}$$

을 얻을 수 있고,[9] 여기서 J_{sn}은 경로 C에 수직인 경계면상의 표면전류밀도이다. J_{sn}의 방향은 오른손가락을 경로의 방향을 따라 감아쥘 때 엄지손가락이 향하는 방향이다. 그림 6-19에서 선택된 경로에 대한 J_{sn}의 양의 방향은 지면으로부터 나오는 방향이다. 다음의 식은 **H**의 접선 성분에 대한 경계 조건의 더 간략화된 표현식으로서 크기와 방향 관계를 모두 포함하고 있다(연습문제 P.6-30).

$$\mathbf{a}_{n2} \times (\mathbf{H}_1 - \mathbf{H}_2) = \mathbf{J}_s \qquad \text{(A/m)} \tag{6-111}$$

여기서 $\mathbf{a}_{n2}$는 경계면에서 매질 2로부터 수직으로 바깥을 향하는 단위벡터이다. 따라서 **경계면을 따라 표면전류가 있다면 자기장 H의 접선 성분은 불연속이다.** 이때의 불연속의 정도는 식 (6-111)에 의해 결정된다.

양쪽 매질의 도전율이 유한한 값일 때, 전류는 체적전류밀도에 의해 정의되고 표면자유전류는 경계면에서 존재하지 않는다. 따라서 $\mathbf{J}_s$는 0이 되고 **H의 접선 성분은 거의 모든 물리적인 매질의 경계면을 가로질러 연속이다; 이상적인 완전도체나 초전도체를 갖는 경계면을 가정할 때만 불연속이다.**

예제 6-12 각각 μ_1과 μ_2를 갖는 두 개의 자성체가 그림 6-20에 보듯이 경계면을 공유하고 있다. 매질 1의 P_1인 점에서의 자기장 세기는 크기 H_1을 가지며 수직선과 각도 α_1을 이루고 있다. 매질 2의 P_2인 점에서의 자기장 세기의 크기와 방향을 구하라.

SOLUTION **풀이** 구하고자 하는 미지의 양은 H_2와 α_2이다. **B**의 법선 성분의 연속성은 식 (6-108)로부터 다음의 식을 규명한다.

9) 식 (6-109)는 불연속 매질을 포함하는 영역에서 유효한 것으로 가정한다.

$$\mu_2 H_2 \cos\alpha_2 = \mu_1 H_1 \cos\alpha_1 \tag{6-112}$$

매질의 어느쪽도 완전도체가 아니므로, **H**의 접선 성분은 연속이다. 이로부터

$$H_2 \sin\alpha_2 = H_1 \sin\alpha_1 \tag{6-113}$$

을 얻을 수 있다. 식 (6-113)을 식 (6-112)로 나누면

$$\boxed{\frac{\tan\alpha_2}{\tan\alpha_1} = \frac{\mu_2}{\mu_1}} \tag{6-114}$$

또는

$$\alpha_2 = \tan^{-1}\left(\frac{\mu_2}{\mu_1}\tan\alpha_1\right) \tag{6-115}$$

이 되며, 이것은 자기장의 굴절 특성을 묘사한다. $\mathbf{H}_2$의 크기는

$$H_2 = \sqrt{H_{2t}^2 + H_{2n}^2} = \sqrt{(H_2 \sin\alpha_2)^2 + (\mathrm{H}_2 \cos\alpha_2)^2}$$

이다. 식 (6-112)와 (6-113)으로부터

$$\boxed{H_2 = H_1\left[\sin^2\alpha_1 + \left(\frac{\mu_1}{\mu_2}\cos\alpha_1\right)^2\right]^{1/2}} \tag{6-116}$$

을 얻을 수 있다.

여기서 세 가지 주목할 것이 있다. 첫 번째로, 식 (6-114)와 (6-116)은 유전체 매질에서 전기장을 위한 표현식인 식 (3-129)와 (3-130)과 각각 아주 비슷하다—자기장의 경우에는 (유전율 대신에) 투자율을 사용하는 것을 제외하고는. 두 번째로, 만약 매질 1이 (공기와 같이) 비자성체이고 매질 2가 (철과 같이) 강자성체이면, $\mu_2 \gg \mu_1$가 되며 식 (6-114)로부터 α_2는 거의 90°가 될 것이다. 이것은 0에 가깝지 않은 임의의 각도 α_1에 대해서, 강자성체 매질에서의 자기장은 거의 경계면과 평행하게 된다. 세 번째로, 만약 매질 1이 강자성체 매질이고 매질 2가 공기이면($\mu_1 \gg \mu_2$), α_2는 거의 0이 될 것이다; 즉, 자기장이 강자성체 매질에서부터 발생했다면, 자속선은 경계면에 거의 수직인 방향으로 공기를 향하여 빠져 나올 것이다.

예제 6-13 균일하게 축방향으로 자화 $\mathbf{M} = \mathbf{a}_z M_0$를 갖는 원통형 막대자석의 내부와 외부에서의 자속선을 그려라.

풀이 예제 6-8에서 원통형 막대자석에 관한 문제는 표면전류밀도 $\mathbf{J}_{ms} = \mathbf{a}_\phi M_0$(등가 체적전류밀도는 0이다)를 갖는 자화 전류판에 관한 문제로 대체될 수 있음을 살펴보았다. 자석의 내부와 외부의 임의의 지점에서 **B**를 구하는 것은 계산하기 어려운 적분을 포함하고 있다. 자석축상의 임의의 지점에 있어서 **B**의 대략적인 그림을 그리기 위해 예제 6-8에 있는 결과를 사용할 것이다.

반지름 b와 길이 L을 갖는 원통형 막대자석의 단면은 그림 6-21에 그려져 있다. 식 (6-65)로부터

$$\mathbf{B}_{P_0} = \mathbf{a}_z \frac{\mu_0 M_0}{2}\left[\frac{L}{\sqrt{(L/2)^2 + b^2}}\right] \tag{6-117}$$

$$\mathbf{B}_{P_1} = \mathbf{a}_z \frac{\mu_0 M_0}{2}\left[\frac{L}{\sqrt{L^2 + b^2}}\right] = \mathbf{B}_{P'_1} \tag{6-118}$$

을 얻는다. 식 (6-117)과 (6-118)로부터 $\mathbf{B}_{P_1} = \mathbf{B}_{P'_1} < \mathbf{B}_{P_o}$라는 것은 분명하다; 즉, 자석의 양 끝면에서 축을 따라서 본 자속밀도는 중앙에서의 자속밀도보다 작다. 이것은 자속선이 양 끝면에서 벌어지는 경향이 있다. 아는 바와 같이 축에서 벗어나서는 **B**가 방사상의 성분을 가진다. 또한 **B**는 양 끝면에서 굴절하지 않고 자기 자신으로 돌아오는 닫힌 구조임을 알고 있다.

자석의 옆면에는 식 (6-64)와 같이 주어지는 표면전류인

$$\mathbf{J}_{ms} = \mathbf{a}_\phi M_0 \tag{6-119}$$

가 있다. 식 (6-111)에 따라, **B**의 축성분은 $\mu_0 M_0$에 해당하는 양만큼 변한다. 식 (6-117)과 (6-118)로부터 자석 내부의 B_z는 $\mu_0 M_0$보다 작다. 결론적으로, B_z에 대한 크기와 방향에 대한 변화는 옆면을 가로

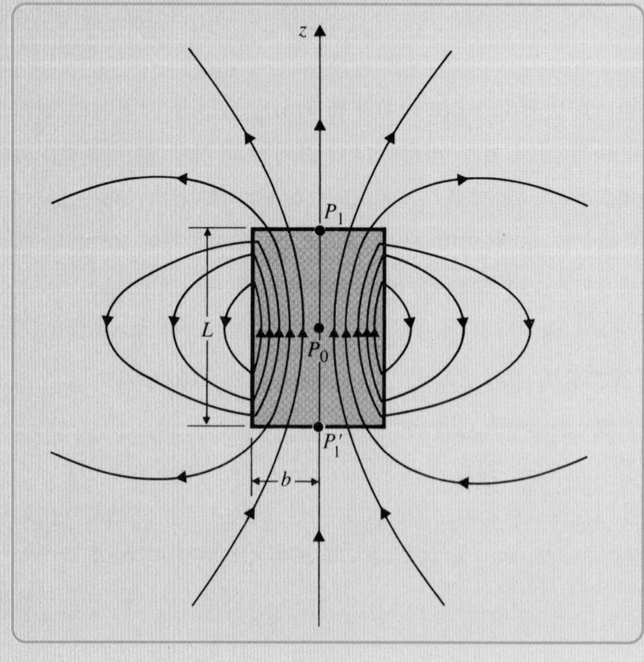

그림 6-21 원통형 막대자석 주위의 자속선(예제 6-13)

지를 때 발생한다. 따라서 자속선은 그림 6-21에 그려진 형태를 가정하게 될 것이다.

여기서 주목할 것은 자석의 외부에서는 $\mathbf{H} = \mathbf{B}/\mu_0$인 반면, 자석의 내부에서의 **H**와 **B**는 더 이상 같은 방향의 비례관계가 성립하는 벡터가 아니다. 식 (6-75)인 아래 식과

$$\mathbf{H} = \frac{\mathbf{B}}{\mu_0} - \mathbf{M} \tag{6-120}$$

내부에서 축을 따라서 B/μ_0는 M_0보다 작다는 사실로부터 내부에서 축을 따라서 **H**와 **B**는 서로 반대 방향임을 알 수 있다. $L \gg b$처럼 길이가 길고 얇은 자석인 경우에는 식 (6-117)은 근사적으로 $B_{P_0} = \mu_0 M_0$라는 결과를 주며, 식 (6-120)으로부터는 $H_{P_0} \cong 0$을 얻는다. 따라서 길이가 길고 얇은 자석의 중앙에서의 **H**는 거의 사라진다. 여기서 **B**는 최대값을 갖는다. 가정에 의해 자화벡터 **M**은 자석의 외부에서는 0이고 자석 내부의 모든 점에서는 상수벡터이다.

전류가 존재하지 않는 영역에서 자속밀도 **B**는 무회전(회전값이 0, irrotational)이고 6-5.1절에서 지적했듯이 임의의 스칼라 자기장 포텐셜 V_m의 변화율로서 다음과 같이 표현될 수 있다.

$$\mathbf{B} = -\mu \nabla V_m \tag{6-121}$$

상수 μ를 가정하고 식 (6-121)을 식 (6-6)의 $\nabla \cdot \mathbf{B} = 0$에 대입하면 다음과 같이 V_m에 관한 라플라스 방정식을 얻을 수 있다.

$$\nabla^2 V_m = 0 \tag{6-122}$$

식 (6-122)는 전하가 없는 영역에서 스칼라 전위 V에 대한 라플라스 방정식인 식 (4-10)과 아주 유사하다. 주어진 경계 조건을 만족하는 식 (6-122)에 대한 해가 유일하다는 것은 식 (4-10)에 대한 것과 같은 방법으로 증명될 수 있다(4-3절 참조). 따라서 정전기장에서의 경계치 문제를 풀기 위해 4장에서 논의된 기법(영상법과 변수분리법)을 유사하게 정자기장에서의 경계치 문제를 푸는데 도입할 수 있다. 그러나 고정된 전위를 유지하고 있는 도체 경계가 있는 정전기장 문제는 실제로 자주 발생하는 데도 불구하고 일정한 자기장 포텐셜 경계를 갖는 유사 정자기장 문제는 실질적인 중요성이 거의 없다. (고립된 자하는 존재하지 않으며 자속선은 항상 폐경로를 형성한다는 것을 상기하자.) 강자성체 매질에서 **B**와 **H** 사이의 관계에 비선형성이 있다면 이것은 정자기장에서의 경계치 문제에 대한 해석적인 해를 복잡하게 만든다.

6-11 인덕턴스와 인덕터

그림 6-22와 같이, 각각 면적 S_1과 S_2를 경계로 하고 있으며 서로 이웃한 폐루프 C_1과 C_2에 대해 생각해 보자. 만일 전류 I_1이 C_1에 흐른다면, 자기장 $\mathbf{B}_1$이 생성될 것이며 $\mathbf{B}_1$으로 인해 자속의 일

부가 C_2에 결합이 될 것이다. 즉, C_2에 의해 경계가 결정되는 면 S_2를 관통하게 될 것이다. 이것을 상호자속(mutual flux) Φ_{12}라고 하며,

$$\Phi_{12} = \int_{S_2} \mathbf{B}_1 \cdot d\mathbf{s}_2 \qquad \text{(Wb)} \tag{6-123}$$

이 된다. 물리적인 현상으로 인해 시간적으로 변하는 전류 I_1(그리고 결국에는 시간적으로 변하는 Φ_{12})는 패러데이의 법칙인 전자기 유도 현상의 결과로서 C_2에 유도 기전력 또는 전압을 발생시킨다. (다음 장까지 패러데이의 법칙에 대한 논의를 연기한다.) 그러나 I_1이 정상상태의 직류전류이더라도 Φ_{12}는 존재한다.

비오-사바르 법칙인 식 (6-32)로부터 B_1은 I_1에 정비례한다는 것을 알고 있다. 따라서 Φ_{12}도 또한 I_1에 비례하며, 이것은 다음과 같이 쓸 수 있다.

$$\Phi_{12} = L_{12} I_1 \tag{6-124}$$

여기서 비례상수 L_{12}는 루프 C_1과 C_2 사이의 **상호 인덕턴스**(mutual inductance)라고 하고 SI 단위로는 헨리(H)이다. C_2가 N_2개의 권수를 갖는 경우, Φ_{12}로 인한 **쇄교자속**(flux linkage) Λ_{12}는

$$\Lambda_{12} = N_2 \Phi_{12} \qquad \text{(Wb)} \tag{6-125}$$

이고, 식 (6-124)는 일반적으로

$$\Lambda_{12} = L_{12} I_1 \qquad \text{(Wb)} \tag{6-126}$$

또는

$$\boxed{L_{12} = \frac{\Lambda_{12}}{I_1} \qquad \text{(H)}} \tag{6-127}$$

로 나타낼 수 있다. **두 회로 사이의 상호 인덕턴스**는 한 회로에서의 단위전류당 다른 회로에 쇄교되는 자속이다. 식 (6-124)는 매질의 투자율은 I_1에 따라서 변하지 않는다는 것을 암시하고 있다. 다시 말하면, 식 (6-124)와 (6-127)은 선형 매질에만 적용된다. L_{12}에 대한 좀 더 일반적인 정의는

$$\boxed{L_{12} = \frac{d\Lambda_{12}}{dI_1} \qquad \text{(H)}} \tag{6-128}$$

이다. I_1에 의해 생성된 자속의 일부는 C_1 자신에만 결합하고 C_2에는 결합되지 않는다. I_1으로 인해 C_1과 결합하는 총 쇄교자속은

$$\Lambda_{11} = N_1 \Phi_{11} > N_1 \Phi_{12} \tag{6-129}$$

이다. 루프 C_1의 **자체**(또는 자기) **인덕턴스**(self inductance)는 루프 자체 내에서 단위전류당 쇄교하는 자속으로 정의된다. 즉, 선형 매질에서

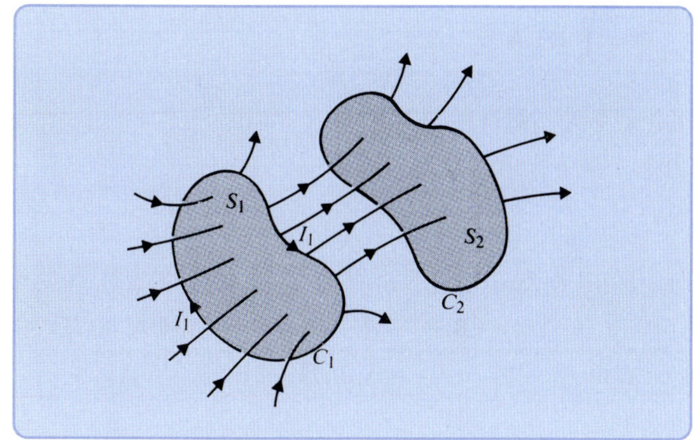

그림 6-22
자기적으로 결합된 두 개의 루프

$$L_{11} = \frac{\Lambda_{11}}{I_1} \quad \text{(H)} \tag{6-130}$$

이 된다. 일반적으로

$$L_{11} = \frac{d\Lambda_{11}}{dI_1} \quad \text{(H)} \tag{6-131}$$

로 표현할 수 있다. 루프 또는 회로의 자체 인덕턴스는 루프나 회로를 구성하고 있는 도체의 기하학적 구조와 물리적 배열뿐만 아니라 매질의 투자율에도 의존한다. 선형 매질에 대해 자체 인덕턴스는 루프나 회로의 전류에 의존하지 않는다. 사실, 루프나 회로가 열려(open) 있든지 닫혀(closed) 있든지에 상관없이, 또는 다른 루프나 회로에 가까이 있는지에 상관없이 자체 인덕턴스는 존재한다.

어느 정도의 자체 인덕턴스를 제공하기 위해 적절한 모양(코일과 같이 도선이 감겨 있는 것과 같은)으로 정렬된 도체를 **인덕터**(inductor)라고 한다. 커패시터가 전기에너지를 저장할 수 있는 것처럼 인덕터도 자기에너지를 저장할 수 있다. 이것은 6-12절에서 보여줄 것이다. 하나의 루프 또는 하나의 코일을 다룰 때는 식 (6-130) 또는 (6-131)에서 첨자를 붙일 필요가 없고, 종속된 것이 없는 **인덕턴스**(inductance)는 자체 인덕턴스로 취급할 수 있다. 인덕터의 자체 인덕턴스를 구하는 과정은 다음과 같다.

1. 주어진 기하학적인 구조에 대해 적절한 좌표계를 선정한다.
2. 도선에서 전류 I를 가정한다.
3. 만약 대칭성이 있다면, 식 (6-10)의 암페어의 주회법칙에 의해 I로부터 $\mathbf{B}$를 구한다. 만약 그렇지 않다면, 식 (6-32)의 비오-사바르 법칙이 사용되어야 한다.
4. $\mathbf{B}$로부터 적분에 의해 각 권선과 결합하는 자속 Φ를 구한다.

$$\Phi = \int_S \mathbf{B} \cdot d\mathbf{s}$$

여기서 S는 $\mathbf{B}$가 존재하면서 가정한 전류와 결합하는 면적이다.

5. Φ에 권선수를 곱함으로써 쇄교자속 Λ를 구한다.

6. $L = \Lambda/I$를 취함으로써 L을 구한다.

이 과정을 약간 변경하면 두 회로 사이의 상호 인덕턴스 L_{12}를 구할 수 있다. 적절한 좌표계를 선정한 후에 다음과 같이 하면 된다: I_1을 가정 → $\mathbf{B}_1$을 구함 → $\mathbf{B}_1$을 면적 S_2에 대해 적분함으로써 Φ_{12}를 구함 → 쇄교자속 $\Lambda_{12} = N_2\Phi_{12}$를 구함 → $L_{12} = \Lambda_{12}/I_1$을 구함.

예제 6-14 그림 6-23에 보이는 치수를 갖는 직사각형 단면의 토로이드 구조 위에 권선수 N의 도선이 촘촘히 감겨 있다. 매질의 투자율을 μ_0라고 가정할 때 이 토로이드 코일의 자체 인덕턴스를 구하라.

SOLUTION **풀이** 토로이드가 원통좌표축에 대해 대칭이므로 이 문제에 대해서는 원통좌표계를 사용하는 것이 적절하다. 도선에 전류 I가 흐른다고 가정하면, 반지름 $r(a < r < b)$의 원형 경로에 식 (6-10)을 적용하여

$$\mathbf{B} = \mathbf{a}_\phi B_\phi,$$
$$d\boldsymbol{\ell} = \mathbf{a}_\phi r d\phi,$$
$$\oint_C \mathbf{B} \cdot d\boldsymbol{\ell} = \int_0^{2\pi} B_\phi r\, d\phi = 2\pi r B_\phi$$

를 얻는다. 이 결과는 원형 경로 C를 따라 B_ϕ와 r이 일정하기 때문에 얻게된 것이다. 경로 내에 포함되는 총 전류는 NI이므로

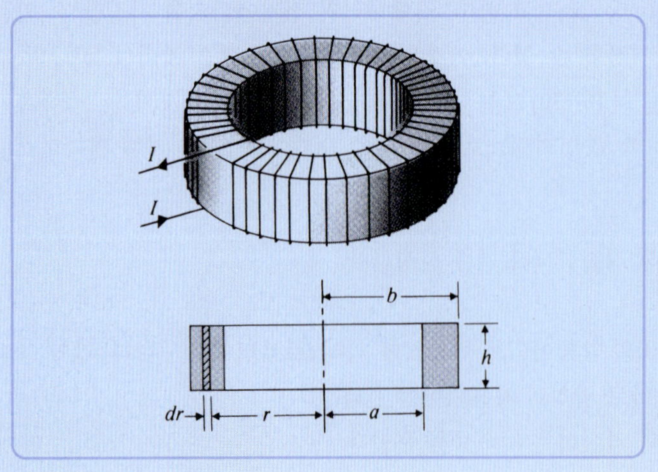

그림 6-23 촘촘히 감긴 토로이드 코일(예제 6-14)

$$2\pi r B_\phi = \mu_0 NI$$

가 되고

$$B_\phi = \frac{\mu_0 NI}{2\pi r}$$

가 된다. 그 다음으로

$$\Phi = \int_S \mathbf{B} \cdot d\mathbf{s} = \int_S \left(\mathbf{a}_\phi \frac{\mu_0 NI}{2\pi r} \right) \cdot (\mathbf{a}_\phi h\, dr)$$
$$= \frac{\mu_0 NIh}{2\pi} \int_a^b \frac{dr}{r} = \frac{\mu_0 NIh}{2\pi} \ln \frac{b}{a}$$

을 얻을 수 있으며, 쇄교자속 Λ는 $N\Phi$ 또는

$$\Lambda = \frac{\mu_0 N^2 Ih}{2\pi} \ln \frac{b}{a}$$

가 되고, 따라서

$$L = \frac{\Lambda}{I} = \frac{\mu_0 N^2 h}{2\pi} \ln \frac{b}{a} \qquad \text{(H)} \tag{6-132}$$

를 얻을 수 있다.

주목할 것은 자체 인덕턴스는 I의 함수가 아니며(투자율이 일정한 매질에 대해) 권선수의 제곱에 비례한다는 것이다. 토로이드상에 코일을 촘촘히 감는 것이 개개의 권선 둘레에 쇄교하는 자속을 최소화하는 좋은 방법이다.

예제 6-15 단위길이당 권선수 n을 가지며 공기 코어로 된 매우 긴 솔레노이드의 단위길이당 인덕턴스를 구하라.

SOLUTION **풀이** 무한히 긴 솔레노이드 내부의 자속밀도는 예제 6-3에서 구했다. 전류 I에 대해서 식 (6-14)로부터

$$B = \mu_0 nI$$

을 얻을 수 있고, 이 값은 솔레노이드 내부에서는 일정하다. 따라서

$$\Phi = BS = \mu_0 nSI \tag{6-133}$$

이 되고, 여기서 S는 솔레노이드의 단면적이다. 단위길이당 쇄교자속은

$$\Lambda' = n\Phi = \mu_0 n^2 SI \tag{6-134}$$

이므로, 단위길이당 인덕턴스는

$$L' = \mu_0 n^2 S \qquad \text{(H/m)} \tag{6-135}$$

가 된다. 식 (6-135)는 솔레노이드의 길이가 단면을 이루는 선형적인 치수보다 매우 크다는 가정하에서 계산된 근사식이다. 유한한 길이의 솔레노이드 양 끝단에서 단위길이당 자속밀도와 쇄교자속에 대한 보다 더 정확한 유도가 이루어진다면, 그 유도된 값들이 각각 식 (6-14)와 (6-134)보다 작은 값일 것이다. 따라서 유한한 길이의 솔레노이드의 총 인덕턴스는 식 (6-135)에 주어진 L'에 길이를 곱한 값보다 다소 작아지게 된다. ■

앞서 언급한 두 예제의 결과에 대해 중요하게 주목할 사항은 다음과 같다: 도선이 감긴 인덕터의 자체 인덕턴스는 권선수의 제곱에 비례한다.

예제 6-16 공기로 차 있는 동축 전송선의 내부 도체 반지름은 a이고 매우 얇은 외부 도체의 내경(안쪽 반지름)은 b이다. 선의 단위길이당 인덕턴스를 구하라.

풀이 그림 6-24를 참고하라. 내부 도체에 전류 I가 흐르고 외부 도체를 통해 반대 방향으로 돌아온다고 가정하자. 원통 대칭이기 때문에 $\mathbf{B}$는 두 영역에서는 다른 표현식을 갖지만 ϕ-성분만을 갖게 된다: (a) 내부 도체의 안에서, 그리고 (b) 내부 도체와 외부 도체 사이에서. 또한 전류 I는 내부 도체의 단면 전체에 균일하게 분포되어 있다고 가정하자.

(a) 내부 도체 안에서

$$0 \le r \le a$$

식 (6-11a)로부터

$$\mathbf{B}_1 = \mathbf{a}_\phi B_{\phi 1} = \mathbf{a}_\phi \frac{\mu_0 r I}{2\pi a^2} \tag{6-136}$$

가 된다.

(b) 내부 도체와 외부 도체 사이에서

$$a \le r \le b$$

식 (6-11b)로부터

$$\mathbf{B}_2 = \mathbf{a}_\phi B_{\phi 2} = \mathbf{a}_\phi \frac{\mu_0 I}{2\pi r} \tag{6-137}$$

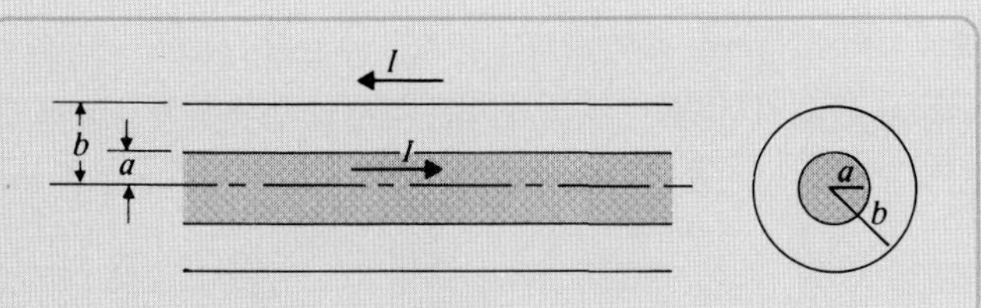

그림 6-24
동축 전송선의 두 단면(예제 6-16)

가 된다.

이제 내부 도체에서 반지름 r과 $r + dr$ 사이의 환형 고리(annular ring)를 생각해 보자. 이 환형 고리의 단위길이에 있어서 전류는 식 (6-136)과 (6-137)을 적분함으로써 얻을 수 있는 자속에 의해 결합되어 있다. 이를 구해 보면,

$$\begin{aligned} d\Phi' &= \int_r^a B_{\phi 1}\, dr + \int_a^b B_{\phi 2}\, dr \\ &= \frac{\mu_0 I}{2\pi a^2}\int_r^a r\, dr + \frac{\mu_0 I}{2\pi}\int_a^b \frac{dr}{r} \\ &= \frac{\mu_0 I}{4\pi a^2}(a^2 - r^2) + \frac{\mu_0 I}{2\pi}\ln\frac{b}{a} \end{aligned} \tag{6-138}$$

을 얻는다. 환형 고리에서의 전류는 전체 전류 I의 한 부분($2\pi r\,dr/\pi a^2 = 2r\,dr/a^2$)만 흐르므로[10] 이 환형 고리에 대한 쇄교자속은

$$d\Lambda' = \frac{2r\,dr}{a^2}\,d\Phi' \tag{6-139}$$

가 된다. 단위길이당 총 쇄교자속은

$$\begin{aligned} \Lambda' &= \int_{r=0}^{r=a} d\Lambda' \\ &= \frac{\mu_0 I}{\pi a^2}\left[\frac{1}{2a^2}\int_0^a (a^2 - r^2) r\, dr + \left(\ln\frac{b}{a}\right)\int_0^a r\, dr\right] \\ &= \frac{\mu_0 I}{2\pi}\left(\frac{1}{4} + \ln\frac{b}{a}\right) \end{aligned}$$

이다. 따라서 동축 전송선의 단위길이당 인덕턴스는

$$\boxed{L' = \frac{\Lambda'}{I} = \frac{\mu_0}{8\pi} + \frac{\mu_0}{2\pi}\ln\frac{b}{a} \qquad \text{(H/m)}} \tag{6-140}$$

가 된다.

10) 전류가 내부 도체 내에서는 균일하게 분포하는 것으로 가정한다. 이러한 가정은 고주파 교류전류에서는 유효하지 않다.

첫째 항 $\mu_0/8\pi$는 내부 쇄교자속으로부터 발생하여 내부 도체에 영향을 주는 것으로 도체의 단위길이당 내부 인덕턴스(internal inductance)로 알려져 있다. 두 번째 항은 내부와 외부 도체 사이에 존재하는 쇄교자속으로 인해 발생하는 것으로 동축 전송선의 단위길이당 외부 인덕턴스(external inductance)로 알려져 있다.

고주파수 장치에서는 우수한 전도성을 가진 도체(good conductor) 내에 흐르는 전류가 도체의 표면으로 치우쳐 흐르는 경향이 있어서(8장에서 살펴볼 내용으로 이를 **표피효과**(skin effect)라고 함), 도체 내부에서는 불균일한 전류 분포가 발생하고 이로 인해 내부 인덕턴스의 값을 변화시킨다. 아주 극한 상황하에서는 전류가 표면전류로서 내부 도체의 "표면"에만 집중하므로 내부 자체 인덕턴스는 0으로 감소한다.

예제 6-17 서로 반대 방향으로 전류가 흐르고 있는 반지름 a인 두 개의 긴 평행 도선으로 구성된 전송선의 단위길이당 내부와 외부 인덕턴스를 구하라. 선의 축은 d만큼 떨어져 있고 이것은 a보다 매우 크다.

풀이 식 (6-140)으로부터 각 도선의 단위길이당 자체 인덕턴스는 $\mu_0/8\pi$이다. 두 도선에 대해

$$L_i' = 2 \times \frac{\mu_0}{8\pi} = \frac{\mu_0}{4\pi} \qquad \text{(H/m)} \tag{6-141}$$

을 얻을 수 있다.

단위길이당 외부 자체 인덕턴스를 구하기 위해, 먼저 도선에 전류 I가 흐른다고 가정할 때 전송선의 단위길이당 결합되는 자속을 구한다. 그림 6-25와 같이 두 도선이 놓여 있는 xz-평면에서, 두 도선에 크기는 같고 방향이 반대인 전류로 인한 $\mathbf{B}$ 벡터들은 y-성분만을 갖는다.

$$B_{y1} = \frac{\mu_0 I}{2\pi x} \tag{6-142}$$

$$B_{y2} = \frac{\mu_0 I}{2\pi(d-x)} \tag{6-143}$$

이때 단위길이당 쇄교자속은

$$\begin{aligned}\Phi' &= \int_a^{d-a} (B_{y1} + B_{y2})\,dx \\ &= \int_a^{d-a} \frac{\mu_0 I}{2\pi}\left[\frac{1}{x} + \frac{1}{d-x}\right]dx \\ &= \frac{\mu_0 I}{\pi}\ln\left(\frac{d-a}{a}\right) \cong \frac{\mu_0 I}{\pi}\ln\frac{d}{a} \qquad \text{(Wb/m)}\end{aligned}$$

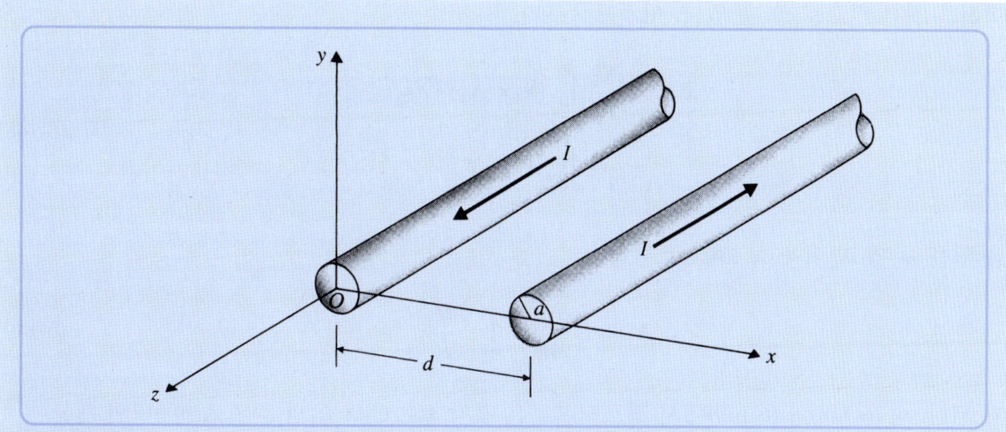

그림 6-25

두 개의 도선으로 이루어진 전송선(예제 6-17)

이므로

$$L'_e = \frac{\Phi'}{I} = \frac{\mu_0}{\pi}\ln\frac{d}{a} \qquad \text{(H/m)} \tag{6-144}$$

이 된다. 따라서 두 도선으로 구성된 선의 단위길이당 총 자체 인덕턴스는

$$L' = L'_i + L'_e = \frac{\mu_0}{\pi}\left(\frac{1}{4} + \ln\frac{d}{a}\right) \qquad \text{(H/m)} \tag{6-145}$$

가 된다.

두 선 사이의 상호 인덕턴스를 어떻게 구하는지 보여주는 몇 가지 예제를 소개하기 전에 그림 6-22와 식 (6-127)에 대한 다음의 의문을 제기하고자 한다. 루프 C_1에 흐르는 단위전류로 인해 루프 C_2에 쇄교하는 자속은 반대로 C_2에 흐르는 단위전류로 인해 루프 C_1과 쇄교하는 자속과는 같은 값인가? 즉, 다음의 식이 옳은가?

$$L_{12} = L_{21}? \tag{6-146}$$

어렴풋이 직감적으로 위의 질문에 대한 대답은 "가역성(reciprocity)으로 인해"라는 긍정적인 대답이 얻어질 것이라는 것을 예측할 수 있다. 그러나 어떻게 이것을 증명하는가? 다음과 같이 진행한다. 먼저 식 (6-123), (6-125), 그리고 (6-127)을 결합하면, 다음을 얻을 수 있다.

$$L_{12} = \frac{N_2}{I_1}\int_{S_2} \mathbf{B}_1 \cdot d\mathbf{s}_2 \tag{6-147}$$

그러나 식 (6-15)의 관점에서 보면, $\mathbf{B}_1$은 어떤 임의의 벡터 자기장 포텐셜 $\mathbf{A}_1$, $\mathbf{B}_1 = \nabla \times \mathbf{A}_1$에

회전을 취한 것으로 쓸 수 있다. 이것으로부터

$$\begin{aligned} L_{12} &= \frac{N_2}{I_1}\int_{S_2} (\mathbf{\nabla} \times \mathbf{A}_1) \cdot d\mathbf{s}_2 \\ &= \frac{N_2}{I_1}\oint_{C_2} \mathbf{A}_1 \cdot d\boldsymbol{\ell}_2 \end{aligned} \tag{6-148}$$

을 얻을 수 있고, 이제 식 (6-27)로부터

$$\mathbf{A}_1 = \frac{\mu_0 N_1 I_1}{4\pi}\oint_{C_1} \frac{d\boldsymbol{\ell}_1}{R} \tag{6-149}$$

가 된다. 식 (6-148)과 (6-149)에서 경로적분들은 각각 루프 C_2와 C_1의 주위로 한 번씩만 계산한 것으로 여러 번 감긴 권선의 효과는 N_2와 N_1을 따로 고려하였다. 식 (6-149)를 식 (6-148)에 대입함으로써

$$L_{12} = \frac{\mu_0 N_1 N_2}{4\pi}\oint_{C_1}\oint_{C_2} \frac{d\boldsymbol{\ell}_1 \cdot d\boldsymbol{\ell}_2}{R} \tag{6-150a}$$

를 얻을 수 있으며, 여기서 R은 미소 길이인 $d\ell_1$과 $d\ell_2$ 사이의 거리이다. 관례상 식 (6-150a)를 다음과 같이 표현한다.

$$L_{12} = \frac{\mu_0}{4\pi}\oint_{C_1}\oint_{C_2} \frac{d\boldsymbol{\ell}_1 \cdot d\boldsymbol{\ell}_2}{R} \quad \text{(H)} \tag{6-150b}$$

여기서 N_1과 N_2는 한쪽 끝에서 다른 쪽 끝으로의 회로 C_1과 C_2 상의 경로적분 속에 이미 포함되어 있다. 식 (6-150b)를 상호 인덕턴스를 위한 **노이만 공식**(Neumann formula)이라고 한다. 이 공식은 이중 선적분의 계산이 일반적으로 요구된다. 어떤 문제가 주어지면, 식 (6-150b)에 곧바로 의존하지 않고 쇄교자속과 상호 인덕턴스를 구하는 과정을 간단히 할 수 있는 대칭성이 존재하는지를 먼저 살펴본다.

상호 인덕턴스는 기하학적인 모양과 결합된 회로의 물리적인 배치에 따른 특성이라는 것을 식 (6-150b)로부터 확인할 수 있다. 선형 매질(linear medium)에서 상호 인덕턴스는 매질의 투자율에 비례하고 회로 내에 흐르는 전류에는 독립적이다. 첨자 1과 2의 상호 교환은 이중적분의 값을 변화시키지 않는다. 따라서 식 (6-146)에서 제기되었던 문제에 대한 답은 긍정적인 대답이다. 이것이 중요한 결론인 이유는 상호 인덕턴스[11]를 구할 때 두 가지 방법 중(L_{12} 또는 L_{21} 구하기) 더 쉽게 구할 수 있는 방법을 사용해도 된다는 것을 의미하기 때문이다.

11) 회로이론 책들에서는 기호 M이 상호 인덕턴스를 표시할 때 자주 사용된다.

예제 6-18 감긴 권선수가 각각 N_1과 N_2인 두 개의 코일이 반지름 a이며 투자율이 μ인 직선 원통형 코어에 같은 중심을 갖도록 감겨져 있다. 권선의 길이는 각각 ℓ_1과 ℓ_2이다. 코일 간의 상호 인덕턴스를 구하라.

풀이 그림 6-26은 문제에서 제기된 중심이 일치하는 두 개의 권선을 갖는 솔레노이드를 보여주고 있다. 전류 I_1이 내부 코일에 흐르고 있다고 가정하자. 식 (6-133)으로부터 외부 코일과 쇄교하는 솔레노이드 코어 내의 자속 Φ_{12}는

$$\Phi_{12} = \mu\left(\frac{N_1}{\ell_1}\right)(\pi a^2)I_1$$

이고, 외부 코일은 N_2의 권수를 가지고 있으므로

$$\Lambda_{12} = N_2\Phi_{12} = \frac{\mu}{\ell_1}N_1N_2\pi a^2 I_1$$

을 얻을 수 있다. 따라서 상호 인덕턴스는

$$L_{12} = \frac{\Lambda_{12}}{I_1} = \frac{\mu}{\ell_1}N_1N_2\pi a^2 \qquad \text{(H)} \tag{6-151}$$

이 되며, 여기서 누설되는 자속은 무시하였다.

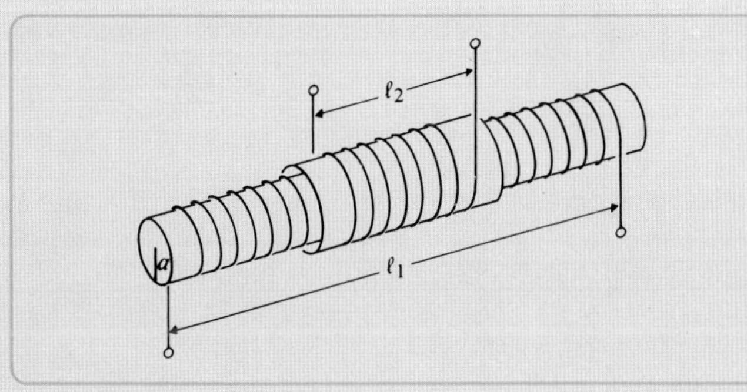

그림 6-26 두 개의 권선을 가지고 있는 솔레노이드 (예제 6-18)

예제 6-19 그림 6-27에서 보듯이, 삼각형 도체 루프와 매우 긴 직선 도선 사이의 상호 인덕턴스를 구하라.

풀이 삼각형 루프를 회로 1, 긴 도선을 회로 2로 표시하자. 삼각형 루프에 전류 I_1이 흐른다고 가정하면, 임의의 지점에서의 자속밀도 $\mathbf{B}_1$을 구하는 것은 어렵다. 당연한 결과로, 식 (6-127)에 있는 Λ_{12}/I_1으로부터 상호 인덕턴스 L_{12}를 구하는 것도 어렵다. 그러나 암페어의 주회법칙을 적용하여 긴

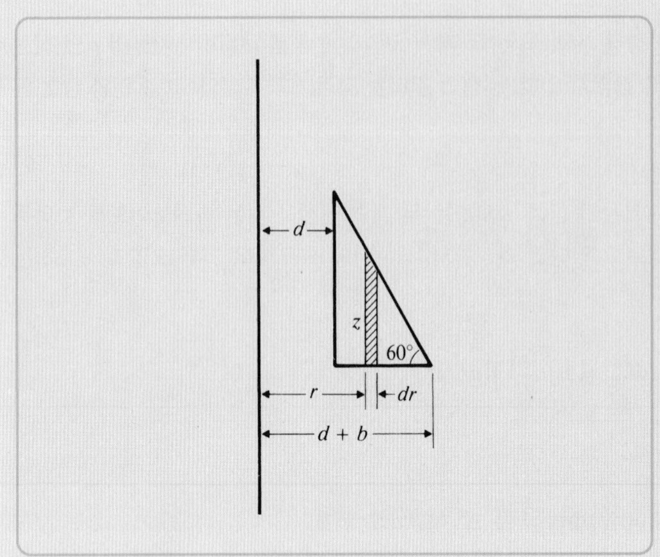

그림 6-27
삼각형 도체 루프와 긴 직선 도선 (예제 6-19)

직선 도선에 흐르는 전류 I_2로 인한 자속밀도 $\mathbf{B}_2$에 대한 표현식을 얻을 수 있다.

$$\mathbf{B}_2 = \mathbf{a}_\phi \frac{\mu_0 I_2}{2\pi r} \tag{6-152}$$

쇄교자속 $\Lambda_{21} = \Phi_{21}$은

$$\Lambda_{21} = \int_{S_1} \mathbf{B}_2 \cdot d\mathbf{s}_1 \tag{6-153}$$

이고, 여기서

$$d\mathbf{s}_1 = \mathbf{a}_\phi z\, dr \tag{6-154}$$

이다. z와 r 사이의 관계는 삼각형의 빗변에 관한 관계식인 다음의 식에 의해 주어진다.

$$\begin{aligned} z &= -[r - (d + b)] \tan 60° \\ &= -\sqrt{3}[r - (d + b)] \end{aligned} \tag{6-155}$$

식 (6-152), (6-154), 그리고 식 (6-155)를 식 (6-153)에 대입하면

$$\begin{aligned} \Lambda_{21} &= -\frac{\sqrt{3}\mu_0 I_2}{2\pi} \int_d^{d+b} \frac{1}{r} [r - (d + b)]\, dr \\ &= \frac{\sqrt{3}\mu_0 I_2}{2\pi} \left[(d + b) \ln\left(1 + \frac{b}{d}\right) - b \right] \end{aligned}$$

을 얻을 수 있으며, 따라서 상호 인덕턴스는

$$L_{21} = \frac{\Lambda_{21}}{I_2} = \frac{\sqrt{3}\mu_0}{2\pi}\left[(d+b)\ln\left(1+\frac{b}{d}\right)-b\right] \quad \text{(H)} \tag{6-156}$$

가 된다.

6-12 자기에너지

지금까지는 시불변의 정상상태에서 자체, 상호 인덕턴스에 대해 논의하였다. 인덕턴스는 기하학적인 모양과 회로를 구성하는 도체들의 물리적인 배열 형태에 의존적이며, 또한 선형 매질에서는 전류에 독립적이기 때문에 인덕턴스를 정의함에 있어서 비정상상태 전류에 관해서는 관심이 없었다. 그러나 아는 바와 같이 무저항 인덕터는 정상상태의 직류전류에서는 단락회로로 보인다. 회로상에서 인덕턴스와 자기장의 효과가 관심사항일 때는 교류전류를 고려하는 것이 분명히 필요하다. 시변 전자기장에 대한 일반적인 논의는 다음 장까지 유보하도록 하겠다. 현재로서는 **준정적**(quasi-static) **조건**을 가정하며, 이것이 의미하는 바는 전류가 시간에 따라 매우 천천히 변하고(낮은 주파수) 회로의 전체 크기가 파장에 비해 매우 작다는 것이다. 이러한 조건들은 지연(retardation)과 방사(radiation) 효과들을 무시하는 것과 같은 것이며, 이것은 8장에서 전자기파를 언급할 때 살펴볼 것이다.

3-11절에서 전하 그룹들을 모으기 위해서는 일이 요구된다는 것과 그 일이 전기에너지로서 저장된다는 사실을 배웠다. 의심의 여지없이 도체 루프 안으로 전류를 보내는 데 일이 필요한 것과 그것이 자기에너지로 저장된다는 사실을 예상할 수 있다. 초기전류가 0이고 자체 인덕턴스 L_1을 갖는 단일 폐루프를 생각해 보자. 전류발생기가 루프에 연결되어 전류 i_1이 0에서부터 I_1까지 증가한다. 물리학에서 전류 변화에 반대되는 방향으로 유도 기전력(electromotive force: emf)이 발생한다는 사실을 알고 있다. 이러한 유도 기전력을 극복하기 위해 어느 정도 일을 해야만 한다. $v_1 = L_1 di_1/dt$를 인덕턴스 양단의 전압이라고 하면, 요구되는 일은

$$W_1 = \int v_1 i_1\, dt = L_1 \int_0^{I_1} i_1\, di_1 = \tfrac{1}{2}L_1 I_1^2 \tag{6-157}$$

이다. 선형 매질에서 $L_1 = \Phi_1/I_1$이므로, 식 (6-157)은 다른 표현식으로 쇄교자속을 이용하여

$$W_1 = \tfrac{1}{2}I_1\Phi_1 \tag{6-158}$$

으로 쓸 수 있으며, 이것이 자기에너지(magnetic energy)로서 저장된다.

이제 각각 전류 i_1과 i_2가 흐르는 두 개의 폐루프 C_1과 C_2를 생각해 보자. 전류가 초기에는 0이고 각각 I_1과 I_2까지 증가한다. 필요한 일의 양을 구하기 위해, 먼저 $i_2 = 0$으로 유지하고 i_1을 0부터 I_1까지 증가시킨다. 이것은 식 (6-157) 또는 (6-158)에 주어진 것과 같이 루프 C_1에서 W_1만

큼의 일을 요구하게 된다. $i_2 = 0$이므로 루프 C_2에는 아무런 일도 행해지지 않았다. 다음으로 i_1을 I_1으로 유지시키고 i_2를 0에서부터 I_2까지 증가시킨다. 상호 결합 때문에 i_2로 인해 발생한 자속의 일부는 루프 C_1에 결합되고 i_1을 I_1으로 일정하게 유지하기 위해 $v_{21} = \pm L_{21} di_2/dt$만큼 이겨내야 하는 유도 기전력을 발생킨다. 이때 수반되는 일은

$$W_{21} = \int v_{21} I_1\, dt = L_{21} I_1 \int_0^{I_2} di_2 = L_{21} I_1 I_2 \tag{6-159}$$

이다. 동시에 i_2가 0에서부터 I_2까지 증가함에 따라 유도 기전력과 반대로 작용하기 위해 루프 C_2에서 행해지는 일 W_{22}는

$$W_{22} = \tfrac{1}{2} L_2 I_2^2 \tag{6-160}$$

이다. 따라서 루프 C_1과 C_2에서 전류를 각각 0에서부터 I_1과 I_2로 증가시키는 데 있어서 행해지는 전체 일의 양은 W_1, W_{21}, 그리고 W_{22}의 합이 된다.

$$\begin{aligned} W_2 &= \tfrac{1}{2} L_1 I_1^2 + L_{21} I_1 I_2 + \tfrac{1}{2} L_2 I_2^2 \\ &= \frac{1}{2} \sum_{j=1}^{2} \sum_{k=1}^{2} L_{jk} I_j I_k \end{aligned} \tag{6-161}$$

위의 결과를 전류 $I_1, I_2, \ldots, I_n$이 흐르는 N개의 루프가 있는 시스템으로 일반화시키면 다음의 식을 얻는다.

$$W_m = \frac{1}{2} \sum_{j=1}^{N} \sum_{k=1}^{N} L_{jk} I_j I_k \quad \text{(J)} \tag{6-162}$$

이것이 자기장에 저장된 에너지이다. 인덕턴스 L을 갖는 단일 인덕터에 흐르는 전류 I에 대해, 저장된 자기에너지는

$$W_m = \tfrac{1}{2} L I^2 \quad \text{(J)} \tag{6-163}$$

이다.

또 다른 방법으로 식 (6-162)를 유도하는 것이 도움이 된다. 자기적으로 결합된 N개의 루프 중에서 k번째 루프를 생각해 보자. v_k와 i_k는 각각 루프에 걸리는 전압과 흐르는 전류라고 하자. 시간 dt 동안 k번째 루프에 행해지는 일은

$$dW_k = v_k i_k\, dt = i_k\, d\phi_k \tag{6-164}$$

이며, 여기서 관계식인 $v_k = d\phi_k/dt$를 이용하였다. k번째 루프와 결합하는 자속 ϕ_k에서의 변화 $d\phi_k$는 모든 결합된 루프들에 흐르는 전류의 변화로 발생하는 것이다. 따라서 이러한 시스템에 행해지는 미소 일(differential work), 또는 시스템에 저장되는 미소 자기에너지는

$$dW_m = \sum_{k=1}^{N} dW_k = \sum_{k=1}^{N} i_k \, d\phi_k \tag{6-165}$$

이다. 전체 저장된 에너지는 dW_m의 적분으로 얻어지며 전류와 자속이 마지막 값에 어떻게 도달하는지에 대한 방식에는 상관없다. 모든 전류들이 일제히 각각의 최종값의 일부분에 해당하는 양으로서 0에서 1까지 증가하는 α비만큼 도달했다고 가정하자; 즉, 어느 임의의 순간에 $i_k = \alpha I_k$이고 $\phi_k = \alpha \Phi_k$이다. 전체 **자기에너지**(magnetic energy)는 다음과 같이 얻을 수 있다.

$$W_m = \int dW_m = \sum_{k=1}^{N} I_k \Phi_k \int_0^1 \alpha \, d\alpha$$

또는

$$W_m = \frac{1}{2} \sum_{k=1}^{N} I_k \Phi_k \qquad \text{(J)} \tag{6-166}$$

이고 예상했듯이 $N = 1$인 경우에는 식 (6-158)로 간단하게 된다. 선형 매질인 경우에는

$$\Phi_k = \sum_{j=1}^{N} L_{jk} I_j$$

라는 것에 주목하면 바로 식 (6-162)를 얻을 수 있다.

6-12.1 자기장량(Field Quantities)으로 표현된 자기에너지

식 (6-166)은 체적 내에 연속적으로 분포된 전류로 인한 자기에너지를 구하는 식으로 일반화될 수 있다. 단일전류가 흐르는 루프는 폐경로 C_k와 같은 연속적인 필라멘트(아주 가는) 전류가 N개로 구성되어 있다고 생각할 수 있다. 이때 각 경로 C_k에는 무한히 작은 단면적 $\Delta a_k'$에 흐르는 전류 ΔI_k가 있으며 다음 식으로 표현되는 자속 Φ_k로 결합되어 있다.

$$\Phi_k = \int_{S_k} \mathbf{B} \cdot \mathbf{a}_n \, ds_k' = \oint_{C_k} \mathbf{A} \cdot d\ell_k' \tag{6-167}$$

여기서 S_k는 C_k에 의해 둘러싸인 면적이다. 식 (6-167)을 식 (6-166)에 대입하면

$$W_m = \frac{1}{2} \sum_{k=1}^{N} \Delta I_k \oint_{C_k} \mathbf{A} \cdot d\ell_k' \tag{6-168}$$

을 얻고, 바로

$$\Delta I_k \, d\ell_k' = J(\Delta a_k') \, d\ell_k' = \mathbf{J} \, \Delta v_k'$$

이다. 이제 $N \to \infty$에 따라 $\Delta v_k'$는 dv'가 되고, 식 (6-168)의 합으로 표현된 식은 적분식으로 쓸 수 있다. 따라서

$$W_m = \frac{1}{2}\int_{V'} \mathbf{A} \cdot \mathbf{J}\, dv' \qquad \text{(J)} \tag{6-169}$$

을 얻을 수 있다. 여기서 V'는 $\mathbf{J}$가 존재하는 루프 또는 선형 매질의 체적이다. 이때의 체적은 모든 공간을 포함하는 것으로 확장될 수 있는데, 그 이유는 $\mathbf{J} = 0$인 영역을 포함시키는 것은 자기에너지 W_m에 변화를 주지 않기 때문이다. 식 (6-169)는 식 (3-170)에 있는 전기에너지 W_e에 대한 표현식과 비교할 필요가 있다.

때로는 자기에너지를 전류밀도 $\mathbf{J}$와 벡터 포텐셜 $\mathbf{A}$를 사용하는 대신에 자기장량인 벡터 $\mathbf{B}$와 $\mathbf{H}$를 이용하여 표현하는 것이 더 요구될 때도 있다. 벡터 항등식인 다음의 식을 이용하고

$$\nabla \cdot (\mathbf{A} \times \mathbf{H}) = \mathbf{H} \cdot (\nabla \times \mathbf{A}) - \mathbf{A} \cdot (\nabla \times \mathbf{H})$$

(연습문제 P.2-33 또는 책 끝부분에 있는 리스트 참조), 정렬을 다시 하면 다음의 식을 얻을 수 있고

$$\mathbf{A} \cdot (\nabla \times \mathbf{H}) = \mathbf{H} \cdot (\nabla \times \mathbf{A}) - \nabla \cdot (\mathbf{A} \times \mathbf{H})$$

또한

$$\mathbf{A} \cdot \mathbf{J} = \mathbf{H} \cdot \mathbf{B} - \nabla \cdot (\mathbf{A} \times \mathbf{H}) \tag{6-170}$$

으로도 쓸 수 있다. 식 (6-170)을 식 (6-169)에 대입하면,

$$W_m = \frac{1}{2}\int_{V'} \mathbf{H} \cdot \mathbf{B}\, dv' - \frac{1}{2}\oint_{S'} (\mathbf{A} \times \mathbf{H}) \cdot \mathbf{a}_n\, ds' \tag{6-171}$$

을 얻는다. 식 (6-171)에서는 발산 정리를 적용하였고 S'는 체적 V'를 둘러싸는 표면이다. 만약 V'가 충분히 크도록 취해진다면, 그 면 S' 상에 있는 점들은 전류들로부터 매우 멀리 떨어져 있을 것이다. 이렇게 멀리 떨어져 있는 지점에서 식 (6-171)에 있는 면적분의 기여도는 점점 줄어들어 0이 될 것이다. 왜냐하면 식 (6-23)과 (6-32)에서 볼 수 있듯이 $|\mathbf{A}|$은 $1/R$의 크기로, $|\mathbf{H}|$는 $1/R^2$의 크기로 각각 줄어들기 때문이다. 이런 식으로 $(\mathbf{A} \times \mathbf{H})$의 크기는 $1/R^3$로 줄어드는 반면, 동시에 면 S'만 R^2의 크기로 증가한다. R이 무한대의 값으로 접근하면, 식 (6-171)에 있는 면적분은 사라져 없어진다. 따라서

$$W_m = \frac{1}{2}\int_{V'} \mathbf{H} \cdot \mathbf{B}\, dv' \qquad \text{(J)} \tag{6-172a}$$

를 얻는다. $\mathbf{H} = \mathbf{B}/\mu$라는 것을 주목하면, 식 (6-172a)를 아래와 같이 또 다른 두 개의 표현식으로 쓸 수 있다.

$$W_m = \frac{1}{2}\int_{V'} \frac{B^2}{\mu}\, dv' \qquad \text{(J)} \tag{6-172b}$$

또는

$$W_m = \tfrac{1}{2}\int_{V'} \mu H^2\, dv' \qquad \text{(J)} \tag{6-172c}$$

선형 매질에 있어서 자기에너지 W_m에 대한 표현식들인 식 (6-172a), (6-172b), 그리고 (6-172c)는 전기에너지 W_e에 대한 표현식들인 식 (3-176a), (3-176b), 그리고 (3-176c)를 비교하면 각각 유사성을 갖고 있다.

만약 **자기에너지밀도** w_m을 체적적분을 했을 때 그 값이 전체 자기에너지

$$W_m = \int_{V'} w_m\, dv' \tag{6-173}$$

로 표현되도록 정의한다면, 아래와 같이 세 개의 다른 형태로 W_m을 쓸 수 있다.

$$w_m = \tfrac{1}{2}\,\mathbf{H}\cdot\mathbf{B} \qquad (\text{J/m}^3) \tag{6-174a}$$

또는

$$w_m = \frac{B^2}{2\mu} \qquad (\text{J/m}^3) \tag{6-174b}$$

또는

$$w_m = \tfrac{1}{2}\mu H^2 \qquad (\text{J/m}^3) \tag{6-174c}$$

식 (6-163)을 사용함으로써 종종 자체 인덕턴스(self-inductance)를 쇄교자속으로부터 계산하는 것보다 **B** 그리고/또는 **H**로 계산된 저장에너지로부터 더 쉽게 구할 수 있다. 그 결과로

$$L = \frac{2W_m}{I^2} \qquad \text{(H)} \tag{6-175}$$

이다.

예제 6-20 저장된 자기에너지를 이용하여, 내부 도체 반지름이 a, 얇은 외부 도체의 안쪽 반지름이 b이며 그 사이가 공기로 채워져 있는 동축 전송선의 단위길이당 인덕턴스를 구하라.

SOLUTION **풀이** 이 문제는 쇄교자속을 고려하여 자체 인덕턴스를 구하는 예제 6-16과 같은 문제이다. 다시 그림 6-24를 참고하라. 일정한 전류 I가 내부 도체에 흐르고 있고 외부 도체를 통해 돌아온다고 가정하자. 내부 도체에 저장된 단위길이당 자기에너지는 식 (6-136)과 (6-172b)로부터

$$W'_{m1} = \frac{1}{2\mu_0}\int_0^a B_{\phi1}^2 2\pi r\,dr$$
$$= \frac{\mu_0 I^2}{4\pi a^4}\int_0^a r^3\,dr = \frac{\mu_0 I^2}{16\pi} \qquad \text{(J/m)} \tag{6-176a}$$

가 된다. 내부 도체와 외부 도체 사이의 영역에서 저장된 단위길이당 자기에너지는 식 (6-137)과 (6-172b)로부터

$$W'_{m2} = \frac{1}{2\mu_0}\int_a^b B_{\phi2}^2 2\pi r\,dr$$
$$= \frac{\mu_0 I^2}{4\pi}\int_a^b \frac{1}{r}\,dr = \frac{\mu_0 I^2}{4\pi}\ln\frac{b}{a} \qquad \text{(J/m)} \tag{6-176b}$$

가 된다. 따라서 식 (6-175)로부터

$$L' = \frac{2}{I^2}(W'_{m1} + W'_{m2})$$
$$= \frac{\mu_0}{8\pi} + \frac{\mu_0}{2\pi}\ln\frac{b}{a} \qquad \text{(H/m)}$$

을 얻을 수 있으며, 이것은 식 (6-140)과 같은 결과이다. 이 결과를 얻기 위해 사용된 과정은 특히 내부 인덕턴스 $\mu_0/8\pi$를 유도하는 과정을 설명한 예제 6-16에서 사용되었던 과정보다 비교적 쉽게 구할 수 있는 방법이다.

6-13 자기력과 토크

6-1절에서 자속밀도 $\mathbf{B}$를 갖는 자기장 내에 속도 $\mathbf{u}$로 이동하는 전하 q는 식 (6-4)에 주어진 것과 같은 자기력 $\mathbf{F}_m$을 받게 된다는 것을 주의깊게 살펴본 바 있다. 이것을 다시 쓰면 아래와 같다.

$$\mathbf{F}_m = q\mathbf{u} \times \mathbf{B} \qquad \text{(N)} \tag{6-177}$$

이 절에서는 정자기장 내에서 다양한 형태의 힘과 토크(회전력)에 대해서 다루기로 한다.

6-13.1 홀 효과

그림 6-28에서 나타낸 것과 같이, 균일한 자기장 $\mathbf{B} = \mathbf{a}_z B_0$ 내에 $d \times b$의 직사각형 단면적을 갖는 도체를 고려하자. 일정한 직류전류가 다음과 같이 y 방향으로 흐르고 있다.

$$\mathbf{J} = \mathbf{a}_y J_0 = Nq\mathbf{u} \tag{6-178}$$

여기서 N은 속도 $\mathbf{u}$로 움직이는 단위체적당 전하 캐리어의 농도를 의미하고 q는 각 전하 캐리어의 전하량이다. 식 (6-177) 때문에, 전하 캐리어는 $\mathbf{B}$와 $\mathbf{u}$ 모두에 수직인 힘을 겪게 된다. 매질

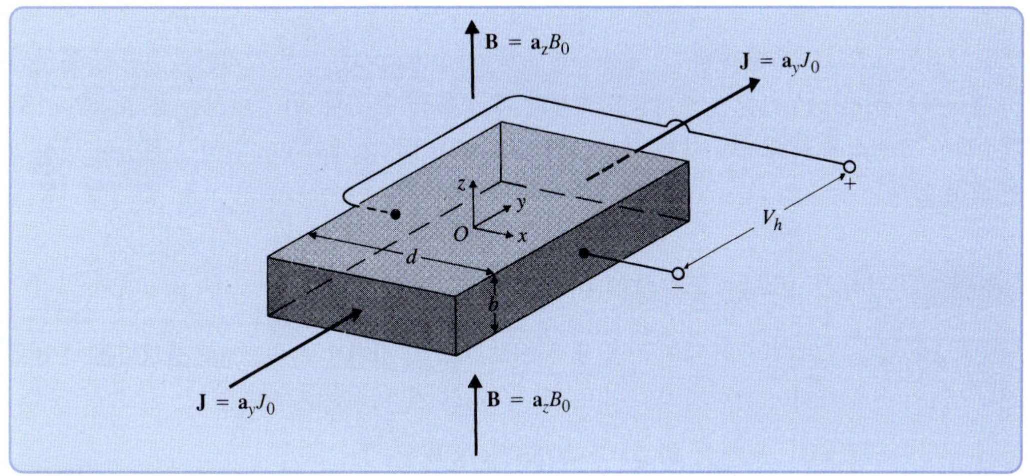

그림 6-28

홀 효과를 묘사하는 그림

이 도체 또는 n-형 반도체라면, 전하 캐리어는 전자이며 q는 음의 부호를 갖는다. 자기력이 전자들을 $+x$ 방향으로 움직이게 하면서 (자기력 방향에 대해) 수직인 면에 내부 전기장을 발생시킨다. 이러한 현상은 이때 발생된 내부 전기장이 전하 캐리어의 이동이 더 이상 일어나지 않을 정도도 충분할 때까지 계속될 것이다. 정상상태에서 전하 캐리어에 작용하는 힘은 0이 된다.

$$\mathbf{E}_h + \mathbf{u} \times \mathbf{B} = 0 \tag{6-179a}$$

또는

$$\mathbf{E}_h = -\mathbf{u} \times \mathbf{B} \tag{6-179b}$$

이것을 **홀 효과**(Hall effect)라고 하며, 이때의 $\mathbf{E}_h$를 **홀 전기장**(Hall field)라고 한다. 도체 또는 n-형 반도체이면서 J_0가 양의 값인 경우에는 $\mathbf{u} = -\mathbf{a}_y u_0$이고 홀 전기장은

$$\begin{aligned}\mathbf{E}_h &= -(-\mathbf{a}_y u_0) \times \mathbf{a}_z B_0 \\ &= \mathbf{a}_x u_0 B_0\end{aligned} \tag{6-180}$$

가 된다. 이로 인해 매질의 양 옆면에 걸쳐서 전위차가 나타나며, 이로부터 전자 캐리어인 경우에 대해

$$V_h = -\int_0^d E_h\, dx = u_0 B_0 d \tag{6-181}$$

을 얻는다. 식 (6-181)에서, V_h는 **홀 전압**(Hall voltage)이라 한다. 또한 $E_x/J_y B_z = 1/Nq$는 매질의 특성을 나타내며 이 비를 **홀 계수**(Hall coefficient)라 한다.

만약 전하 캐리어가 p-형 반도체에서와 같이 정공이라면, 홀 전기장(Hall field)은 반대 방향으로 바뀔 것이며, 식 (6-181)에 있는 홀 전압은 그림 6-28에 있는 극성을 기준으로 하여 음의 부호

가 될 것이다.

홀 효과는 (n-형 반도체와 p-형 반도체를 구분할 때) 다수(majority) 전하 캐리어의 부호가 무엇인지 결정하기 위한 경우라든지 자기장을 측정할 때 사용될 수 있다. 이 절에서는 홀 효과의 아주 단순화된 표현식에 대해서만 다루었다. 실제로는 양자이론의 개념을 포함하는 복잡한 현상으로 되어 있다.

6-13.2 전류가 흐르는 도체상에 미치는 힘과 토크

단면적 S를 갖는 도체의 미소 길이 $d\ell$을 생각해 보자. $d\ell$의 방향으로 속도 $\mathbf{u}$로 움직이는 단위체적당 N개의 전하 캐리어(전자)가 있다면, 이때 미소 길이에 미치는 자기력은

$$\begin{aligned} d\mathbf{F}_m &= -NeS|d\ell|\mathbf{u} \times \mathbf{B} \\ &= -NeS|\mathbf{u}|\,d\ell \times \mathbf{B} \end{aligned} \tag{6-182}$$

가 된다. 여기서 e는 전자의 전하량이다. 식 (6-182)에서 $\mathbf{u}$와 $d\ell$의 방향이 같으므로 두 표현식은 등가이다. 이제 $-NeS|\mathbf{u}|$는 도체에 흐르는 전류와 같기 때문에 식 (6-182)를 다음과 같이 쓸 수 있다.

$$\boxed{d\mathbf{F}_m = I\,d\ell \times \mathbf{B} \quad \text{(N)}} \tag{6-183}$$

따라서 자기장 $\mathbf{B}$ 내에서 전류 I가 흐르는 경로 C의 폐회로상에 미치는 자기력은

$$\boxed{\mathbf{F}_m = I \oint_C d\ell \times \mathbf{B} \quad \text{(N)}} \tag{6-184}$$

가 된다.

두 회로에 각각 전류 I_1과 I_2가 흐를 때 어느 한쪽 회로에 의해 발생된 자기장 내에 다른 회로가 놓여 있는 상황이 된다. C_2에 흐르는 전류 I_2에 의한 자기장 $\mathbf{B}_{21}$가 존재할 때, 회로 C_1 상에 미치는 힘 $\mathbf{F}_{21}$은

$$\mathbf{F}_{21} = I_1 \oint_{C_1} d\ell_1 \times \mathbf{B}_{21} \tag{6-185a}$$

로 나타낼 수 있다. 여기서 $\mathbf{B}_{21}$은 식 (6-32)에 있는 비오-사바르 법칙에 따라

$$\mathbf{B}_{21} = \frac{\mu_0 I_2}{4\pi} \oint_{C_2} \frac{d\ell_2 \times \mathbf{a}_{R_{21}}}{R_{21}^2} \tag{6-185b}$$

이다. 식 (6-185a)와 (6-185b)를 결합하면,

$$\boxed{\mathbf{F}_{21} = \frac{\mu_0}{4\pi} I_1 I_2 \oint_{C_1} \oint_{C_2} \frac{d\ell_1 \times (d\ell_2 \times \mathbf{a}_{R_{21}})}{R_{21}^2} \quad \text{(N)}} \tag{6-186a}$$

를 얻을 수 있다. 이것을 전류가 흐르는 두 회로 사이에 작용하는 **암페어의 힘의 법칙**(Ampere's law of force)이라고 한다. 이 식은 거리의 제곱에 반비례하는 관계를 갖고 있으며 좀 더 간단한 식인 식 (3-17)과 같이 두 정지전하(stationary charges) 사이에 작용하는 쿨롱의 힘의 법칙과 비교될 수 있다.

회로 C_1에 흐르는 전류 I_1에 의해 형성된 자기장이 존재할 때 회로 C_2 상에 미치는 힘 $\mathbf{F}_{12}$는 식 (6-186a)로부터 첨자 1과 2를 바꿈으로써

$$\mathbf{F}_{12} = \frac{\mu_0}{4\pi} I_2 I_1 \oint_{C_2} \oint_{C_1} \frac{d\ell_2 \times (d\ell_1 \times \mathbf{a}_{R_{12}})}{R_{12}^2} \tag{6-186b}$$

를 얻을 수 있다. 그러나 $d\ell_2 \times (d\ell_1 \times \mathbf{a}_{R_{12}}) \neq -d\ell_1 \times (d\ell_2 \times \mathbf{a}_{R_{21}})$이므로, 이것이 $\mathbf{F}_{21} \neq -\mathbf{F}_{12}$를 의미하는지, 즉 작용과 반작용의 힘에 관한 뉴턴의 제3법칙이 이 경우에는 유효하지 않은지에 대해 의문이 들게 된다. 식 (6-186a)의 피적분항에 있는 벡터 삼중곱(vector triple product)을 식 (2-20)의 back-cab 규칙을 이용하여 전개하면,

$$\frac{d\ell_1 \times (d\ell_2 \times \mathbf{a}_{R_{21}})}{R_{21}^2} = \frac{d\ell_2(d\ell_1 \cdot \mathbf{a}_{R_{21}})}{R_{21}^2} - \frac{\mathbf{a}_{R_{21}}(d\ell_1 \cdot d\ell_2)}{R_{21}^2} \tag{6-187}$$

을 얻을 수 있다. 이제 식 (6-187)의 우변의 첫째 항에 이중 폐경로 선적분을 취한 결과는

$$\begin{aligned}\oint_{C_1} \oint_{C_2} \frac{d\ell_2(d\ell_1 \cdot \mathbf{a}_{R_{21}})}{R_{21}^2} &= \oint_{C_2} d\ell_2 \oint_{C_1} \frac{d\ell_1 \cdot \mathbf{a}_{R_{21}}}{R_{21}^2} \\ &= \oint_{C_2} d\ell_2 \oint_{C_1} d\ell_1 \cdot \left(-\nabla_1 \frac{1}{R_{21}}\right) \\ &= -\oint_{C_2} d\ell_2 \oint_{C_1} d\left(\frac{1}{R_{21}}\right) = 0\end{aligned} \tag{6-188}$$

이 된다. 식 (6-188)의 전개과정에는 식 (2-88)과 $\nabla_1(1/R_{21}) = -\mathbf{a}_{R_{21}}/R_{21}^2$ 관계식을 이용하였다. 회로 C_1 주위를 따라 $d(1/R_{21})$의 폐경로 적분(적분의 위쪽 끝과 아래쪽 끝이 같음)은 0이 된다. 식 (6-187)을 식 (6-186a)에 대입하고 식 (6-188)을 이용하면,

$$\mathbf{F}_{21} = -\frac{\mu_0}{4\pi} I_1 I_2 \oint_{C_1} \oint_{C_2} \frac{\mathbf{a}_{R_{21}}(d\ell_1 \cdot d\ell_2)}{R_{21}^2} \tag{6-189}$$

를 얻는다. 위 식의 적분값은 $\mathbf{a}_{R_{12}} = -\mathbf{a}_{R_{21}}$이 성립하는 한 명확히 $-\mathbf{F}_{12}$와 같다. 이것의 의미하는 바는 예상했던 대로 뉴턴의 제3법칙이 이 경우에도 유효하다는 것이다.

예제 6-21 같은 방향으로 각각 전류 I_1과 I_2가 흐르고 있는 두 개의 무한히 긴 평행도선 사이에서 단위길이당 작용하는 힘을 구하라. 이때 두 도선의 간격은 d이다.

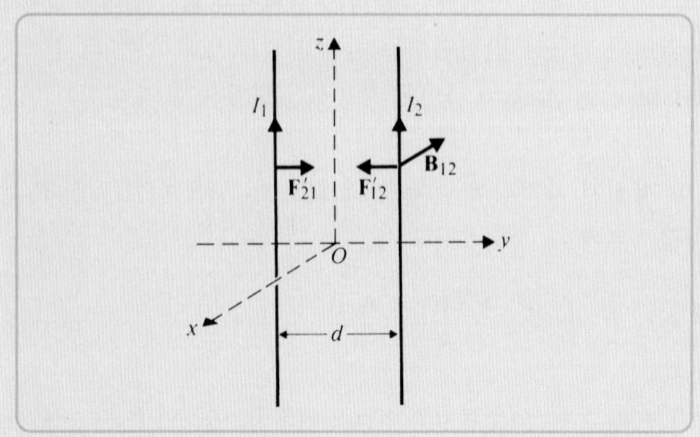

그림 6-29
전류가 흐르고 있는 두 개의 평행 도선 사이의 힘(예제 6-21)

SOLUTION 풀이 그림 6-29처럼 도선이 yz-평면상에 놓여 있고 z-축을 따라 평행하게 있다고 가정하자. 이 문제는 식 (6-158a)를 곧바로 적용할 수 있다. 도선 2에 미치는 단위길이당 힘을 $\mathbf{F}'_{12}$라고 하면,

$$\mathbf{F}'_{12} = I_2(\mathbf{a}_z \times \mathbf{B}_{12}) \tag{6-190}$$

을 얻는다. 여기서 $\mathbf{B}_{12}$, 즉 도선 1에 흐르는 전류 I_1에 의해 형성된 도선 2에서의 자속밀도는 도선 2에 걸쳐서 일정하다. 도선은 무한히 길고 원통 대칭이 존재한다고 가정했으므로 $\mathbf{B}_{12}$를 구하기 위해 식 (6-185b)를 사용할 필요는 없다. 암페어의 주회법칙을 적용하면, 식 (6-11b)로부터

$$\mathbf{B}_{12} = -\mathbf{a}_x \frac{\mu_0 I_1}{2\pi d} \tag{6-191}$$

로 쓸 수 있고, 또한 식 (6-191)을 식 (6-190)에 대입하여

$$\mathbf{F}'_{12} = -\mathbf{a}_y \frac{\mu_0 I_1 I_2}{2\pi d} \qquad \text{(N/m)} \tag{6-192}$$

를 얻는다. 도선 2에 작용하는 힘은 도선 1을 향해 당겨진다는 것을 알 수 있다. 따라서 같은 방향으로 전류가 흐르는 두 도선 사이에는 서로 끌어당기는 힘이 작용한다(이것은 같은 극성을 갖는 두 전하 사이에 생기는 힘인 반발력과는 다르다). $\mathbf{F}'_{21} = -\mathbf{F}'_{12} = \mathbf{a}_y(\mu_0 I_1 I_2/2\pi d)$가 되는 것과 반대 방향으로 전류가 흐르는 두 도선 사이에 작용하는 힘을 구하는 일은 그리 어렵지 않을 것이다. ■

이제 균일한 자속밀도 $\mathbf{B}$ 내에 전류 I가 흐르고 있는 반지름 b의 작은 원형 루프를 생각해 보자. $\mathbf{B}$를 두 성분 $\mathbf{B} = \mathbf{B}_\perp + \mathbf{B}_\parallel$으로 나누어 생각하는 것이 편리하다. 이때 $\mathbf{B}_\perp$와 $\mathbf{B}_\parallel$는 각각 루프 평면에 수직과 수평인 방향의 성분이다. 그림 6-30(a)에 나타낸 것과 같이, 수직 성분인 $\mathbf{B}_\perp$는 루프를 확장시키려는 경향이 있으나(전류 I의 방향이 반대이면 수축하려는 경향이 있다), 루프를 움직이는 순 힘(net force)은 발휘하지 못한다. 평행한 성분인 $\mathbf{B}_\parallel$는 미소 길이 $d\ell_1$에는 위쪽으로 향하는 힘 $d\mathbf{F}_1$(지면 밖으로 나오려는)을 발생시키고, 그림 6-30(b)에 보여지듯이 대칭적으로 위치

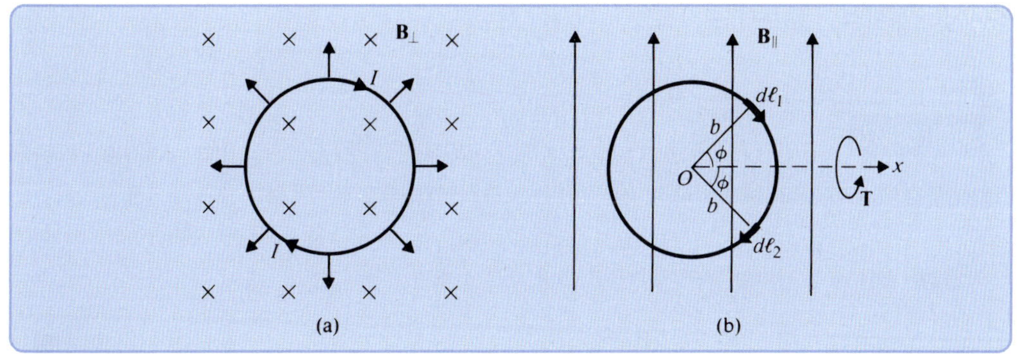

그림 6-30

균일한 자기장 $\mathbf{B} = \mathbf{B}_\perp + \mathbf{B}_\parallel$ 내에 놓여 있는 원형 루프

한 미소 길이 $d\ell_2$에는 아래쪽으로 향하는 힘 $d\mathbf{F}_2 = -d\mathbf{F}_1$(지면 안으로 들어가는)을 발생시킨다. $\mathbf{B}_\parallel$로 인해 전체 루프에 미치는 순 힘(net force)이 0이라 하더라도, (I로 인해 발생한) 자기장을 외부 자기장 $\mathbf{B}_\parallel$과 나란히 정렬이 될 수 있도록 x축에 대해 루프를 회전시키려는 토크가 존재한다. $d\mathbf{F}_1$과 $d\mathbf{F}_2$에 의해 발생되는 미소 토크는

$$\begin{aligned} d\mathbf{T} &= \mathbf{a}_x(dF)2b \sin\phi \\ &= \mathbf{a}_x(I\,d\ell\,B_{||} \sin\phi)2b \sin\phi \\ &= \mathbf{a}_x 2Ib^2 B_{||} \sin^2\phi\, d\phi \end{aligned} \tag{6-193}$$

이다. 여기서 $dF = |d\mathbf{F}_1| = |d\mathbf{F}_2|$이고 $d\ell = |d\ell_1| = |d\ell_2| = bd\phi$이다. 따라서 루프에 작용하는 총 토크는

$$\begin{aligned} \mathbf{T} &= \int d\mathbf{T} = \mathbf{a}_x 2Ib^2 B_{||} \int_0^\pi \sin^2\phi\, d\phi \\ &= \mathbf{a}_x I(\pi b^2) B_{||} \end{aligned} \tag{6-194}$$

가 된다. 만일 식 (6-46)에 있는 자기 쌍극자 모멘트의 정의를 이용한다면,

$$\mathbf{m} = \mathbf{a}_n I(\pi b^2) = \mathbf{a}_n IS$$

이다. 여기서 $\mathbf{a}_n$은 전류의 방향을 따라 오른손을 감아쥘 때 오른손 엄지손가락이 향하는 방향(루프가 있는 평면에 수직)으로 단위벡터이다. 따라서 식 (6-194)는 다음과 같이 쓸 수 있다.

$$\boxed{\mathbf{T} = \mathbf{m} \times \mathbf{B} \qquad (\text{N}\cdot\text{m})} \tag{6-195}$$

위의 식 (6-195)에서 $\mathbf{m} \times (\mathbf{B}_\perp + \mathbf{B}_\parallel) = \mathbf{m} \times \mathbf{B}_\parallel$이므로 벡터 $\mathbf{B}_\parallel$ 대신에 벡터 $\mathbf{B}$가 사용되었다. 이것은 바로 자성체 내에서 미시적인 자기 쌍극자를 정렬시키고 외부에서 인가된 자기장에 의해 매질이 자화되도록 하는 토크이다. 전류가 흐르고 있는 루프에 걸쳐서 $\mathbf{B}$가 균일하지 않다면 식

(6-195)는 성립되지 않는다는 사실에 주의해야 한다.

예제 6-22 균일한 자기장 $\mathbf{B} = \mathbf{a}_x B_x + \mathbf{a}_y B_y + \mathbf{a}_z B_z$ 내에 전류 I가 흐르고 있는 직사각형 루프가 xy-평면상에 놓여 있다. 이때 직사각형의 각 변은 b_1과 b_2이다. 루프에 작용하는 힘과 토크를 구하라.

풀이 $\mathbf{B}$를 수직 성분과 수평 성분인 $\mathbf{B}_\perp$과 $\mathbf{B}_\parallel$으로 나누면,

$$\mathbf{B}_\perp = \mathbf{a}_z B_z \tag{6-196a}$$

$$\mathbf{B}_\parallel = \mathbf{a}_x B_x + \mathbf{a}_y B_y \tag{6-196b}$$

를 얻는다. 그림 6-31에서 보듯이, 시계 방향으로 전류가 흐른다고 가정하면 수직 성분인 $\mathbf{a}_z B_z$는 변 (1)과 (3)에 Ib_1B_z의 힘을 발휘하며 변 (2)와 (4)에는 Ib_2B_z의 힘을 발휘하게 된다. 이 힘들은 모두 루프의 중앙으로 향하는 방향이다. 이들 네 개의 연관된 힘의 벡터합은 0이 되고, 토크는 발생하지 않는다.

자속밀도의 수평 성분인 $\mathbf{B}_\parallel$은 네 변에 다음과 같은 힘을 발생시킨다.

$$\begin{aligned}\mathbf{F}_1 &= Ib_1\mathbf{a}_x \times (\mathbf{a}_x B_x + \mathbf{a}_y B_y)\\ &= \mathbf{a}_z Ib_1 B_y = -\mathbf{F}_3\end{aligned} \tag{6-197a}$$

$$\begin{aligned}\mathbf{F}_2 &= Ib_2(-\mathbf{a}_y) \times (\mathbf{a}_x B_x + \mathbf{a}_y B_y)\\ &= \mathbf{a}_z Ib_2 B_x = -\mathbf{F}_4\end{aligned} \tag{6-197b}$$

반복하면, 루프상의 순 힘인 $\mathbf{F}_1 + \mathbf{F}_2 + \mathbf{F}_3 + \mathbf{F}_4$는 0이다. 그러나 이들 힘은 다음과 같이 계산될 순 토크(net torque)를 발생시키게 된다. 변 (1)과 (3)에 미치는 힘인 $\mathbf{F}_1$과 $\mathbf{F}_3$에 의한 토크 $\mathbf{T}_{13}$은

$$\mathbf{T}_{13} = \mathbf{a}_x Ib_1 b_2 B_y \tag{6-198a}$$

이고, 변 (2)와 (4)에 미치는 힘인 $\mathbf{F}_2$와 $\mathbf{F}_4$에 의한 토크 $\mathbf{T}_{24}$는

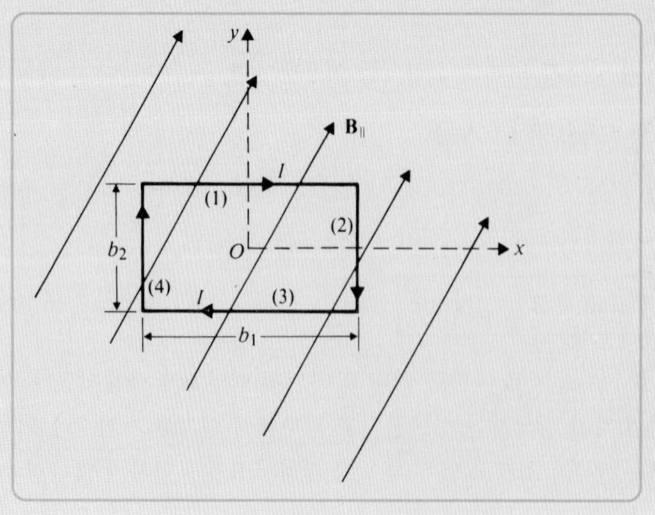

그림 6-31 균일한 자기장 내에 놓인 직사각형 루프(예제 6-22)

$$\mathbf{T}_{24} = -\mathbf{a}_y I b_1 b_2 B_x \quad (6\text{-}198b)$$

가 된다. 따라서 직사각형 루프에 미치는 총 토크는

$$\mathbf{T} = \mathbf{T}_{13} + \mathbf{T}_{24} = I b_1 b_2 (\mathbf{a}_x B_y - \mathbf{a}_y B_x) \quad (\text{N}\cdot\text{m}) \quad (6\text{-}199)$$

가 된다.

루프의 자기 모멘트는 $\mathbf{m} = -\mathbf{a}_z I b_1 b_2$이므로 식 (6-199)의 결과는 정확히 $\mathbf{T} = \mathbf{m} \times (\mathbf{a}_x B_x + \mathbf{a}_y B_y) = \mathbf{m} \times \mathbf{B}$가 된다. 따라서 식 (6-195)가 원형 루프에 대한 것으로부터 유도되었음에도 불구하고 직사각형 루프에 대해서도 토크 공식은 성립한다. 사실, 식 (6-195)는 균일한 자기장 내에 루프가 놓여 있는 한 어떠한 모양의 평면 루프에 대해서도 성립하는 식이다. 마지막 문장에 대한 증명을 할 수 있는가?

직류(dc) 모터의 동작 원리는 식 (6-195)에 기초를 두고 있다. 그림 6-32(a)는 이러한 모터의 구조를 보여주고 있다. 자기장 **B**는 극편들(pole pieces) 주위에 감겨 있는 도선의 전류 I_f에 의해 발생한다. 전류 I가 직사각형 루프를 통해 흐를 때, 토크는 $+x$ 방향으로부터 보면 시계 방향으로 루프를 회전시키게 한다. 이것이 그림 6-32(b)에 그려져 있다. 브러시가 있는 분리된 고리는 토크 **T**를 항상 같은 방향으로 발생하도록 유지하기 위한 것으로, 코일의 두 단자(leg)가 매 (1/2)회전마다 전류의 방향을 바꾸기 위해 필요하다. 루프의 자기 모멘트 **m**은 양의 z-성분을 가져야 한다.

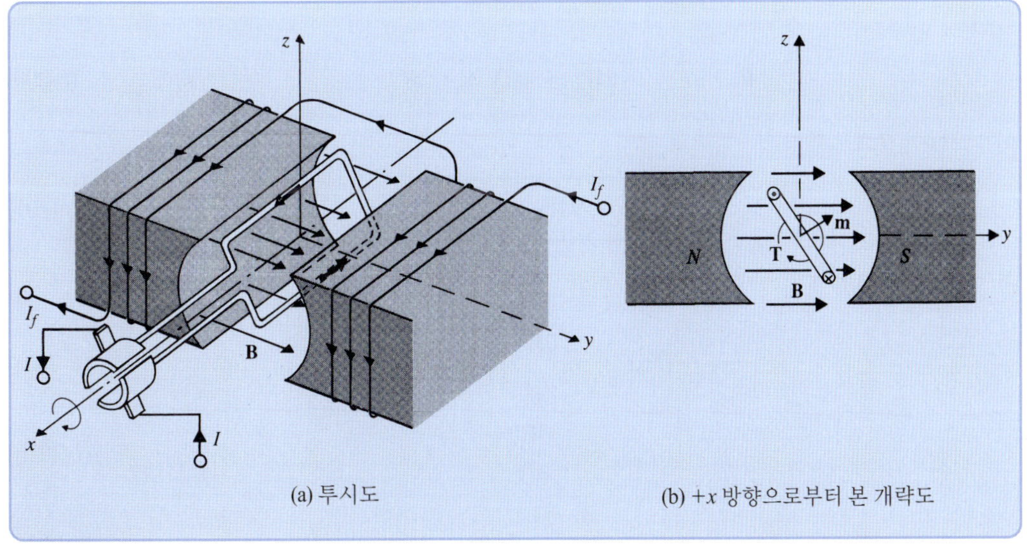

그림 6-32

직류 모터의 동작 원리를 보여주는 그림

원활한 동작을 얻기 위해, 실제 직류 모터에는 접극자(接極子: armature) 주위에 많은 직사각형 루프들이 감겨져 있다. 각 루프의 끝은 **정류자**(commutator)라고 불리는 작은 원통 드럼 위에 정렬된 한 쌍의 도체 막대에 부착되어 있다. 정류자는 루프수보다 두 배나 많은 평행도체 막대를 가지고 있으며 이들은 서로 절연되어 있다.

6-13.3 저장된 에너지의 형태로 나타낸 자기력과 토크

전류가 흐르는 모든 도체와 회로는 자기장 내에 놓이게 될 때 자기력을 받게 된다. 이들 도체와 회로에 자기력과 크기가 같고 반대 방향으로 기계력이 존재한다면 움직이지 않고 그 자리에 그대로 있게 된다. 특별히 대칭적인 경우(예제 6-21의 무한히 길며 전류가 흐르고 있는 두 평행도선의 경우와 같이)를 제외하고는 암페어의 힘의 법칙에 의해 전류가 흐르는 회로들 사이의 자기력을 구하는 것은 간혹 지루하고 따분한 일이다. 이제 **가상 변위의 원리**(principle of virtual displacement)에 기반을 두고 자기력과 토크를 구하는 또 다른 방법을 살펴보도록 한다. 이 원리는 3-11.2절에서 충전된 도체들 사이의 정전기력(electrostatic force)을 구하기 위해 사용되었다. 두 경우를 고려하자: 첫째로는 일정한 쇄교자속이 있는 회로 시스템과 두 번째로는 일정한 전류가 흐르는 회로 시스템.

일정한 쇄교자속이 있는 회로 시스템

전류가 흐르고 있는 회로(도전회로)들 중 하나에 가상의 미소 변위 $d\ell$로부터 쇄교자속의 어떠한 변화도 없다고 가정하면, 유도 기전력은 없을 것이며 따라서 시스템에 어떠한 에너지도 공급하지 못하게 될 것이다. 시스템에 의해 행해지는 기계적인 일 $\mathbf{F}_\Phi \cdot d\ell$은 저장된 자기에너지의 감소에 대한 대가로 얻어진 것이다. 여기서 $\mathbf{F}_\Phi$는 일정한 자속 조건하에서의 힘을 나타낸다. 따라서

$$\mathbf{F}_\Phi \cdot d\ell = -dW_m = -(\nabla W_m) \cdot d\ell \qquad (6\text{-}200)$$

이 되고, 이것으로부터

$$\boxed{\mathbf{F}_\Phi = -\nabla W_m \qquad (\mathrm{N})} \qquad (6\text{-}201)$$

을 얻는다. 직각좌표계에서 각 성분의 힘은

$$(F_\Phi)_x = -\frac{\partial W_m}{\partial x} \qquad (6\text{-}202a)$$

$$(F_\Phi)_y = -\frac{\partial W_m}{\partial y} \qquad (6\text{-}202b)$$

$$(F_\Phi)_z = -\frac{\partial W_m}{\partial z} \qquad (6\text{-}202c)$$

이다.

만일 회로가 축에 대해, 예를 들어 z축에 대해 회전하도록 제한을 가하면, 시스템에 의해 행해진 기계적인 일은 $(T_\phi)_z d\phi$가 될 것이다. 그리고

$$(T_\Phi)_z = -\frac{\partial W_m}{\partial \phi} \qquad (\text{N}\cdot\text{m}) \tag{6-203}$$

은 일정한 쇄교자속이라는 조건하에서 회로에 작용하는 토크의 z-성분을 나타내고 있다.

예제 6-23 그림 6-33에 있는 전자석(electromagnet)을 고려하자. 권선수 N의 코일에 흐르는 전류 I가 자기회로에서 자속 Φ를 발생시키고 있다. 코어의 단면적은 S이다. 접극자(接極子: armature)에 작용하는 들어올리는 힘을 구하라.

풀이 접극자는 가상 변위 dy(y 방향으로 미소 증가)를 갖고 자기장의 근원이 되는 전류는 자속 Φ가 일정하게 유지되도록 조절되어 있다. 접극자의 변위는 오직 공기틈(간극: air gap)의 길이만 변화시킨다. 결국, 변위는 두 공기틈에 저장된 자기에너지만 변화시킨다. 식 (6-172b)로부터

$$\begin{aligned} dW_m = d(W_m)_{\text{공기틈}} &= 2\left(\frac{B^2}{2\mu_0} S\,dy\right) \\ &= \frac{\Phi^2}{\mu_0 S}\,dy \end{aligned} \tag{6-204}$$

를 얻으며, 간극 길이의 증가(양의 dy)는 Φ가 일정하다면 저장된 자기에너지를 증가시킨다. 식 (6-202b)를 이용하면 다음의 식을 얻는다.

$$\mathbf{F}_\Phi = \mathbf{a}_y (F_\Phi)_y = -\mathbf{a}_y \frac{\Phi^2}{\mu_0 S} \qquad (\text{N}) \tag{6-205}$$

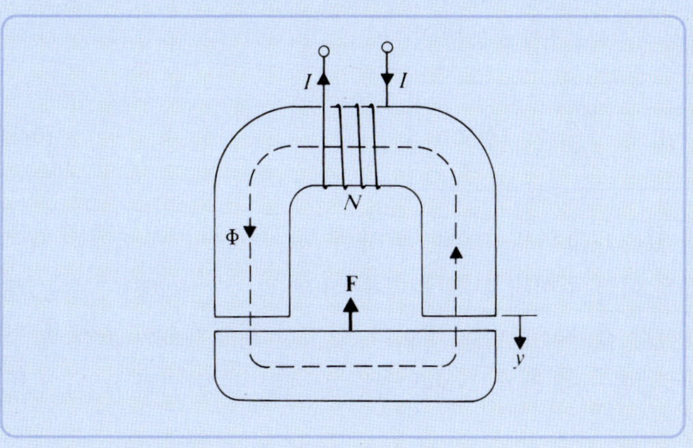

그림 6-33 전자석(예제 6-23)

여기서 음의 부호는 공기틈의 길이를 감소시키려는 힘을 나타낸다. 즉, 끌어당기는 힘(인력)을 말한다.

일정한 전류가 흐르는 회로 시스템

이 경우에는 회로가 가상 변위 $d\ell$에 의해 생기는 쇄교자속의 변화로 인해 발생하는 유도 기전력을 방해하는 전류원에 연결되어 있다. 전류원에 의해 공급된 에너지 또는 행해진 일(식 (6-165) 참조)은

$$dW_s = \sum_k I_k \, d\Phi_k \tag{6-206}$$

이다. 이 에너지는 시스템에 의해 행해지는 기계적인 일 dW($dW = \mathbf{F}_I \cdot d\ell$, 여기서 $\mathbf{F}_I$는 일정한 전류가 흐르는 조건하에서의 변위가 발생한 회로에 미치는 힘을 나타낸다)과 저장된 자기에너지인 dW_m의 증가량의 합과 같다. 즉,

$$dW_s = dW + dW_m \tag{6-207}$$

이다. 식 (6-166)으로부터

$$dW_m = \frac{1}{2}\sum_k I_k \, d\Phi_k = \frac{1}{2} dW_s \tag{6-208}$$

을 얻을 수 있고, 식 (6-207)과 (6-208)을 결합하면 다음의 식을 얻는다.

$$\begin{aligned} dW = \mathbf{F}_I \cdot d\ell &= dW_m \\ &= (\nabla W_m) \cdot d\ell \end{aligned}$$

또는

$$\boxed{\mathbf{F}_I = \nabla W_m \qquad (\text{N})} \tag{6-209}$$

이다. 위 식은 식 (6-201)에 있는 $\mathbf{F}_\Phi$에 대한 표현식과 부호가 다르다. 만일 회로가 z축에 대해 회전하도록 제한을 하면, 회로에 작용하는 토크의 z-성분은

$$\boxed{(T_I)_z = \frac{\partial W_m}{\partial \phi} \qquad (\text{N}\cdot\text{m})} \tag{6-210}$$

이다. 위의 표현식과 식 (6-203)에 있는 $(T_\Phi)_z$와의 차이는 역시 부호만 다르다. 부호에는 차이가 있지만, 여기서 이해해야 하는 것은 어떤 주어진 문제에 대해 식 (6-201)과 (6-203)이 주는 해는 식 (6-209)와 (6-210)이 주는 해와 각각 같아야 한다는 것이다. 일정한 쇄교자속의 조건 및 일정한 전류의 조건하에서 가상 변위방법을 사용하는 공식은 같은 문제를 풀기 위한 두 가지 방법이다.

예제 6-23에 있는 전자석 문제를 일정한 전류 조건하에서 가상 변위를 가정하여 풀어보자. 이러한 취지에 맞게 전류 I로 자기에너지 W_m을 표현한다.

$$W_m = \tfrac{1}{2}LI^2 \tag{6-211}$$

여기서 L은 코일의 자체 인덕턴스이다. 전자석에서 자속 Φ는 인가된 기자력(NI)을 코어의 자기저항($\mathscr{R}_c$)과 두 개의 간극(공기틈)의 자기저항($2y/\mu_0 S$)의 합으로 나누면 얻을 수 있다. 따라서

$$\Phi = \frac{NI}{\mathscr{R}_c + 2y/\mu_0 S} \tag{6-212}$$

가 되고, 인덕턴스 L은 단위전류당 쇄교자속과 같다.

$$L = \frac{N\Phi}{I} = \frac{N^2}{\mathscr{R}_c + 2y/\mu_0 S} \tag{6-213}$$

식 (6-209)와 (6-211)을 결합하고 식 (6-213)을 이용하면

$$\begin{aligned}\mathbf{F}_I = \mathbf{a}_y \frac{I^2}{2}\frac{dL}{dy} &= -\mathbf{a}_y \frac{1}{\mu_0 S}\left(\frac{NI}{\mathscr{R}_c + 2y/\mu_0 S}\right)^2 \\ &= -\mathbf{a}_y \frac{\Phi^2}{\mu_0 S} \qquad \text{(N)}\end{aligned} \tag{6-214}$$

를 얻을 수 있으며, 이것은 식 (6-205)에 있는 $\mathbf{F}_\Phi$와 정확히 같다.

6-13.4 상호 인덕턴스로 나타낸 힘과 토크

일정한 전류에 대한 가상 변위의 방법은 일정한 전류가 흐르고 있는 회로들 간의 힘과 토크를 결정하기 위한 강력한 기법이다. 각각의 전류가 I_1과 I_2이고, 자체 인덕턴스가 L_1과 L_2이며 상호 인덕턴스가 L_{12}인 두 개의 회로에 대해, 자기에너지는 식 (6-161)로부터

$$W_m = \tfrac{1}{2}L_1 I_1^2 + L_{12} I_1 I_2 + \tfrac{1}{2}L_2 I_2^2 \tag{6-215}$$

가 된다. 만일 일정한 전류가 흐르는 조건하에서 회로 중 하나에 가상 변위가 주어진다면, W_m에 변화가 있을 것이며 식 (6-209)가 적용된다. 식 (6-215)를 식 (6-209)에 대입하면 다음과 같다.

$$\boxed{\mathbf{F}_I = I_1 I_2 (\nabla L_{12}) \qquad \text{(N)}} \tag{6-216}$$

유사하게, 식 (6-210)으로부터

$$\boxed{(T_I)_z = I_1 I_2 \frac{\partial L_{12}}{\partial \phi} \qquad (\text{N}\cdot\text{m})} \tag{6-217}$$

을 얻는다.

예제 6-24 각각 반지름이 b_1과 b_2이며 서로 거리 d로 떨어져 있는 두 개의 동축 원형 코일 간의 힘을 구하라. 이때 서로 떨어진 거리 d는 반지름들보다 매우 크다($d \gg b_1, b_2$). 두 개의 코일은 각각 권선수가 N_1과 N_2로 촘촘히 감겨 있으며 전류도 각각 I_1과 I_2로 흐르고 있다.

풀이 이 문제는 식 (6-185a)에 기술된 암페어의 힘의 법칙으로 문제를 풀려고 한다면 다소 어렵게 된다. 그러므로 해를 구하기 위해 식 (6-216)을 기반으로 할 것이다. 먼저, 두 코일 간의 상호 인덕턴스를 구한다. 예제 6-7에서 전류 I가 흐르고 있는 단일권선(한 번 감긴) 원형 루프에 의해 임의의 떨어진 지점에서 생기는 벡터 포텐셜이 식 (6-43)이 됨을 살펴보았다. 이 문제를 위해 그림 6-34를 생각하면, 권선수 N_1인 코일 1에 흐르는 전류 I_1으로 인해 코일 2 위에 있는 임의의 점 P에서 발생하는 벡터 포텐셜 $\mathbf{A}_{12}$는 다음과 같다.

$$\begin{aligned}\mathbf{A}_{12} &= \mathbf{a}_\phi \frac{\mu_0 N_1 I_1 b_1^2}{4R^2} \sin\theta \\ &= \mathbf{a}_\phi \frac{\mu_0 N_1 I_1 b_1^2}{4R^2}\left(\frac{b_2}{R}\right) \\ &= \mathbf{a}_\phi \frac{\mu_0 N_1 I_1 b_1^2 b_2}{4(z^2 + b_2^2)^{3/2}}\end{aligned} \tag{6-218}$$

식 (6-218)에서, d 대신에 z를 사용하였으며 이는 가상 변위를 고려하고 있기 때문이며, 따라서 z를 당분간 변수로서 취급한다. 식 (6-25)에 식 (6-218)을 이용하면, 상호자속(mutual flux)은

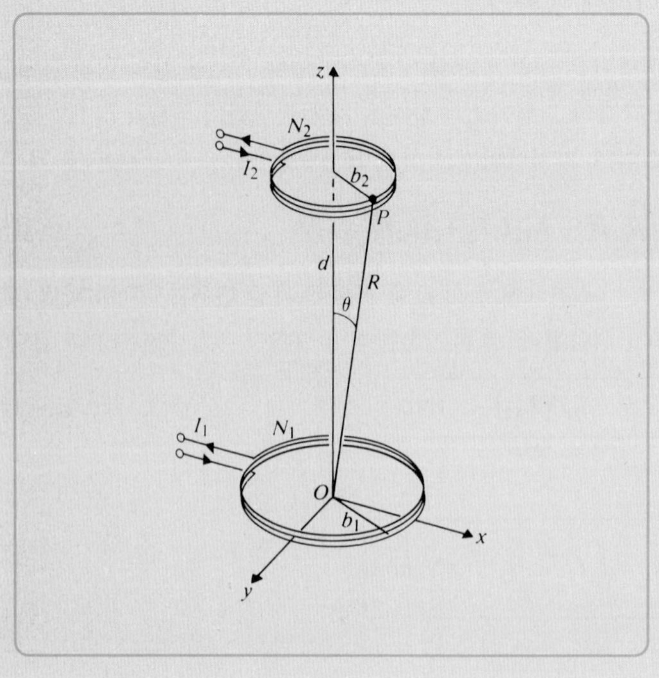

그림 6-34 동축 전류운반 원형 루프(예제 6-24)

$$\Phi_{12} = \oint_{C_2} \mathbf{A}_{12} \cdot d\ell_2 = \int_0^{2\pi} A_{12} b_2 \, d\phi$$
$$= \frac{\mu_0 N_1 I_1 b_1^2 b_2^2 \pi}{2(z^2 + b_2^2)^{3/2}} \tag{6-219}$$

가 됨을 알 수 있다. 따라서 상호 인덕턴스는 식 (6-127)로부터

$$L_{12} = \frac{N_2 \Phi_{12}}{I_1} = \frac{\mu_0 N_1 N_2 \pi b_1^2 b_2^2}{2(z^2 + b_2^2)^{3/2}} \quad \text{(H)} \tag{6-220}$$

가 된다. 코일 1의 자기장에 의해 코일 2에 미치는 힘은 식 (6-216)에 식 (6-220)을 대입함으로써 곧바로 얻을 수 있다.

$$\mathbf{F}_{12} = \mathbf{a}_z I_1 I_2 \left. \frac{dL_{12}}{dz} \right|_{z=d} = -\mathbf{a}_z I_1 I_2 \frac{3\mu_0 N_1 N_2 \pi b_1^2 b_2^2 d}{2(d^2 + b_2^2)^{5/2}}$$

이것은 다음과 같이 쓸 수 있다.

$$F_{12} \cong -\mathbf{a}_z \frac{3\mu_0 m_1 m_2}{2\pi d^4} \quad \text{(N)} \tag{6-221}$$

여기서 $(d^2 + b_2^2)$은 근사적으로 d^2으로 바뀌었으며, m_1과 m_2는 각각 코일 1과 2의 자기 모멘트의 크기들이다.

$$m_1 = N_1 I_1 \pi b_1^2, \qquad m_2 = N_2 I_2 \pi b_2^2$$

식 (6-221)에 있는 음의 부호는 $\mathbf{F}_{12}$가 같은 방향의 전류에 대해서는 끌어당기는 힘이라는 것을 보여주고 있다. 이 힘은 서로 떨어진 거리의 네제곱의 역수로 매우 빨리 감소한다.

복습 질문
Review Question

R.6-1 자속밀도 **B**를 갖는 자기장 내에 속도 **u**로 이동하는 시험전하 q에 미치는 힘은 어떻게 표현할 수 있는가?

R.6-2 자속밀도에 대한 단위인 테슬라(T)가 V·s/m²과 같은 단위인지 증명하라.

R.6-3 로렌츠 힘의 방정식을 써라.

R.6-4 고립된 자하의 존재를 부인하는 정자기장의 가정은 어떤 것인가?

R.6-5 자속 보존의 법칙을 설명하라.

R.6-6 암페어의 주회법칙을 설명하라.

R.6-7 암페어의 주회법칙을 적용할 때, 적분경로는 반드시 원형이어야 하는가? 설명하라.

R.6-8 무한히 길고, 직선이며, 전류가 흐르고 있는 도체로 인한 **B**는 전류 방향과 같은 방향의 성분을 왜 가질 수 없는가?

R.6-9 식 (6-11)과 (6-12)와 같이 둥근 도체에 대한 **B**의 공식이 같은 면적과 같은 전류가 흐르면서 정사각형 단면적을 갖는 도체에도 적용될 수 있는가?

R.6-10 직류 I가 흐르고 있는 무한히 긴 직선 필라멘트에 의한 **B**는 거리에 따라 어떻게 변하는가?

R.6-11 정자기장이 양도체에서 존재할 수 있는가? 설명하라.

R.6-12 벡터 자기장 포텐셜 **A**를 정의하라. 그것의 SI 단위는?

R.6-13 자속밀도 **B**와 벡터 자기장 포텐셜 **A**와의 관계는? **B**가 0이고 **A**가 0이 아닌 경우의 예를 들어라.

R.6-14 벡터 자기장 포텐셜 **A**와 주어진 면적을 관통하는 자속(Φ) 사이의 관계는?

R.6-15 비오-사바르(Biot-Savart) 법칙을 설명하라.

R.6-16 전류가 흐르고 있는 회로에서 **B**를 구할 때 암페어의 주회법칙과 비오-사바르 법칙을 비교하라.

R.6-17 자기 쌍극자란 무엇인가? 자기 쌍극자 모멘트를 정의하라. 그것의 SI 단위는 무엇인가?

R.6-18 스칼라 자기장 포텐셜 V_m을 정의하라. 또한 그것의 SI 단위는 무엇인가?

R.6-19 정자기장에서 벡터 및 스칼라 자기장 포텐셜을 사용하는 상대적인 이점에 대해서 논하라.

R.6-20 자화벡터를 정의하라. 이것의 SI 단위는 무엇인가?

R.6-21 "등가 자화전류밀도"란 무엇을 의미하는가? $\mathbf{\nabla} \times \mathbf{M}$과 $\mathbf{M} \times \mathbf{a}_n$의 SI 단위는 무엇인가?

R.6-22 자기장 세기 벡터를 정의하라. 이것의 SI 단위는 무엇인가?

R.6-23 자화된 전하밀도(magnetization charge density)란 무엇인가? $\mathbf{M} \cdot \mathbf{a}_n$과 $-\mathbf{\nabla} \cdot \mathbf{M}$의 SI 단위는 무엇인가?

R.6-24 쌍극자 모멘트의 체적밀도가 알려져 있을 때 막대자석의 외부 자기장을 찾는 과정을 기술하라.

R.6-25 자화율(magnetization susceptibility)과 상대 투자율(relative permeability)을 정의하라. 이들의 SI 단위는 무엇인가?

R.6-26 전류 분포로 인한 자기장 세기가 매질의 특성에 의존적인가? 자속밀도는 어떤가?

R.6-27 기자력(magnetomotive force)을 정의하라. 이것의 SI 단위는 무엇인가?

R.6-28 어떤 일부분이 자성체 매질로서 투자율 μ, 길이 ℓ, 그리고 일정한 단면적 S를 가질 때의 자기저항(reluctance)은? 이것의 SI 단위는 무엇인가?

R.6-29 공기틈이 강자성체 토로이드 코어에 삽입되어 있다. NI [암페어-권수]의 값을 갖는 기자력이 코어에 여기된다. 공기틈에서의 자속밀도가 코어 내에서의 자속밀도보다 높은가 또는 낮은가?

R.6-30 반자성체(diamagnetic), 상자성체(paramagnetic), 강자성체(ferromagnetic)를 정의하라.

R.6-31 자구(magnetic domain)란 무엇인가?

R.6-32 잔류자속밀도(remanent flux density)와 항자기장 세기(coercive field intensity)를 정의하라.

R.6-33 무른(soft) 강자성체와 굳은(hard) 강자성체 사이의 차이점에 대해서 논하라.

R.6-34 퀴리온도(curie temperature)란 무엇인가?

R.6-35 페라이트의 특성은 무엇인가?

R.6-36 두 개의 서로 다른 자성체 사이의 경계면에 있어서 정자기장의 경계 조건은 무엇인가?

R.6-37 자속선은 강자성체의 표면에서 왜 수직으로 벗어나는지를 설명하라.

R.6-38 원통형 막대자석의 축을 따라서 **H**와 **B**가 서로 반대 방향을 향하고 있음을 정성적으로 설명하라.

R.6-39 다음을 정의하라: (a) 두 회로 사이의 상호 인덕턴스, (b) 단일코일의 자체 인덕턴스

R.6-40 감긴 도선으로 된 인덕터의 자체 인턱턴스는 감긴 권수에 어떻게 의존하는지 설명하라.

R.6-41 예제 6-16에서, 만일 외부 도체가 "매우 얇은" 것이 아니라도 해답은 같을 것인가? 설명하라.

R.6-42 전자기학에서 "준정적 조건(quasi-static condition)"이 의미하는 것은 무엇인가?

R.6-43 **B** 그리고/또는 **H**로 자기에너지의 표현식을 나타내어라.

R.6-44 홀 효과(Hall effect)를 설명하라.

R.6-45 자기장 **B**가 있는 상황에서 전류 I가 흐르는 폐회로상에 미치는 힘을 적분형으로 나타내어라.

R.6-46 균일한 자기장 내에 놓여 있는 전류가 흐르는 회로에 미치는 순 힘을 먼저 구하고 다음으로 순 토크를 구하라.

R.6-47 직류 모터의 동작 원리를 설명하라.

R.6-48 일정한 쇄교자속이라는 조건하에 있는 전류가 흐르는 회로 시스템에서 힘과 저장된 자기에너지 사이의 관계는 무엇인가?

연습문제
Problem

P.6-1 균일한 자기장 $\mathbf{B} = \mathbf{a}_x B_0$가 존재하는 $y > 0$인 영역에 질량 m을 갖는 양의 점전하 q가 속도 $\mathbf{u}_0 = \mathbf{a}_y u_0$로 주입되었다. 전하의 움직임에 대한 방정식을 얻고 전하가 따르는 경로에 대해 기술하라.

P.6-2 전기장 **E**와 자기장 **B** 모두가 존재하고 있는 영역에 전자가 속도 $\mathbf{u}_0 = \mathbf{a}_y u_0$로 주입되었다. 다음의 조건일 때 전자의 움직임에 대해 기술하라.

(a) $\mathbf{E} = \mathbf{a}_z E_0$이고 $\mathbf{B} = \mathbf{a}_x B_0$일 때

(b) $\mathbf{E} = -\mathbf{a}_z E_0$이고 $\mathbf{B} = -\mathbf{a}_z B_0$일 때

위의 (a)와 (b)에서 전자의 경로에 E_0와 B_0의 상대적인 크기가 미치는 영향에 대해 논의하라.

P.6-3 무한히 긴 동축 케이블의 내부 도체에 전류 I가 흐르고 있고 외부 도체를 통해 다시 돌아오고 있다. 내부 도체의 반지름은 a이고 외부 도체의 안쪽 반지름과 바깥쪽 반지름이 각각 b와 c이다. 모든 영역에서 자속밀도 **B**를 구하고 r에 따른 $|\mathbf{B}|$를 그려라.

P.6-4 그림 6-35에서 보는 바와 같이, 넓이가 w인 매우 길고 얇은 도체판에 길이 방향으로 전류 I가 흐르고 있다.

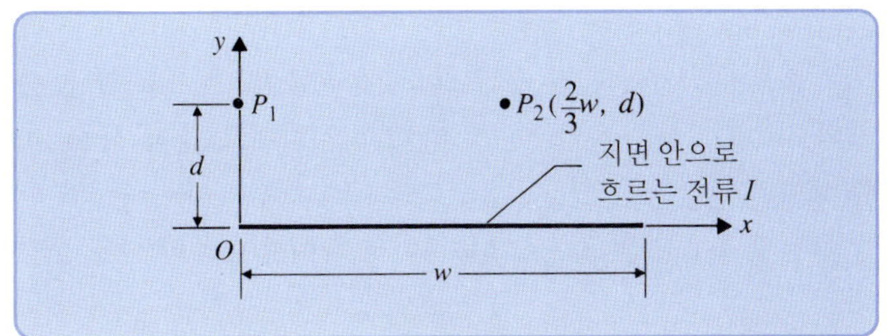

그림 6-35
전류 I가 흐르고 있는 얇은 도체판(연습문제 P.6-4)

(a) 전류가 지면 안으로 들어가는 방향으로 흐른다고 가정할 때, 점 $P_1(0, d)$에서의 자속밀도 $\mathbf{B}_1$을 구하라.

(b) 점 $P_2(2w/3, d)$에서의 자속밀도 $\mathbf{B}_2$를 구하기 위해 위의 (a)에서 얻은 결과를 사용하라.

P.6-5 그림 6-36처럼 $w \times w$ 크기의 정사각형 루프에 전류 I가 흐르고 있다. 중심에서 벗어난 지점인 $P(w/4, w/2)$에서의 자속밀도를 구하라.

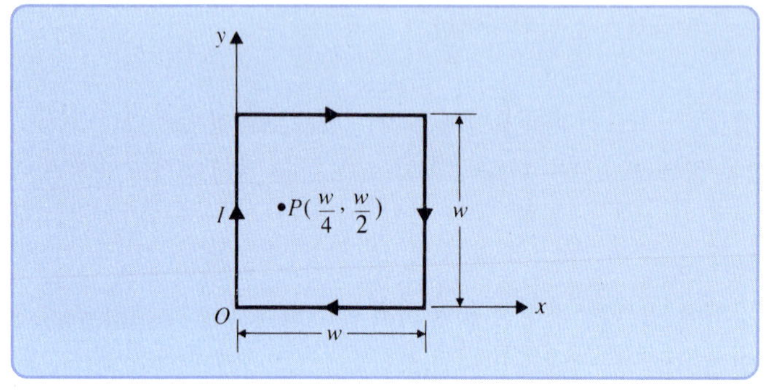

그림 6-36
전류 I가 흐르고 있는 정사각형 루프 (연습문제 P.6-5)

P.6-6 그림 6-37은 반지름 b인 공기 코어로 되어 있는 무한히 긴 솔레노이드에 단위길이당 권선수 n으로 촘촘히 도선이 감겨 있는 것을 보여주고 있다. 감긴 도선은 각도 α로 기울어져 있으며 전류 I가 흐르고 있다. 솔레노이드의 내부와 외부에서의 자속밀도를 구하라.

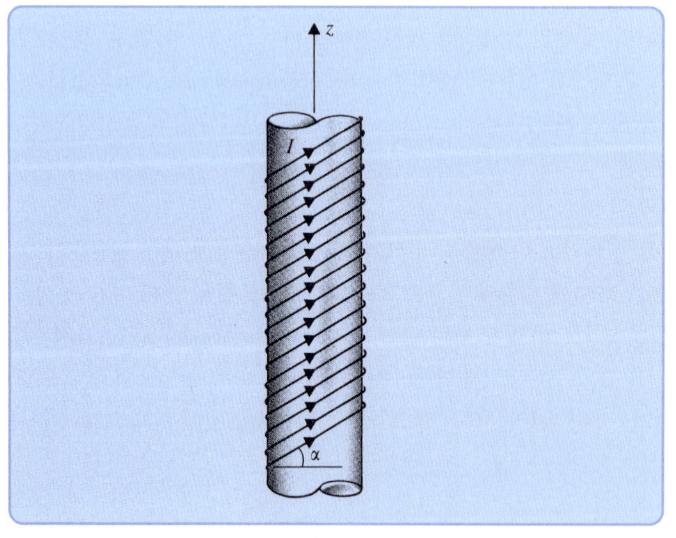

그림 6-37
촘촘히 감긴 권선에 전류 I가 흐르고 있는 긴 솔레노이드(연습문제 P.6-6)

P.6-7 반지름 b, 길이 L, 권선수 N으로 촘촘히 코일이 감긴 솔레노이드에 전류 I가 흐르고 있다. 솔레노이드의 축상의 한 점에서의 자속밀도를 구하라. 이 결과는 L이 무한대로 될 때 식 (6-14)에 있는 결과로 수렴하는지를 보여라.

P.6-8 식 (6-23)에 있는 벡터 자기장 포텐셜 $\mathbf{A}$에 대한 표현식으로부터 시작해서 다음의 식을 증명하라.

$$\mathbf{B} = \frac{\mu_0}{4\pi}\int_{V'} \frac{\mathbf{J} \times \mathbf{a}_R}{R^2}\, dv' \tag{6-222}$$

더욱이 식 (6-222)에 있는 **B**가 자유공간에서 정자기장의 기본 가정인 식 (6-6)과 (6-7)을 만족함을 증명하라.

P.6-9 속도 $\mathbf{u}_1$을 갖고 움직이는 전하 q_1이 속도 $\mathbf{u}_2$를 갖고 움직이는 전하 q_2에 미치는 자기력인 $\mathbf{F}_{12}$에 대한 공식을 얻기 위해 식 (6-4)와 (6-33)을 결합하라.

P.6-10 폭 w이면서 매우 길고 얇은 도체판이 xz-평면상의 $x = \pm w/2$ 사이에 놓여 있다. 또한 표면전류 $\mathbf{J}_s = \mathbf{a}_z J_{s0}$가 도체판에 흐르고 있다. 도체판 외부의 임의의 점에서 자속밀도를 구하라.

P.6-11 그림 6-38에서 보듯이, 전류 I가 흐르는 긴 도선이 반지름 b로 된 반원형 접힌 구조를 이용하여 다시 돌아오고 있다. 접힌 부분의 중심점인 P에서의 자속밀도를 구하라.

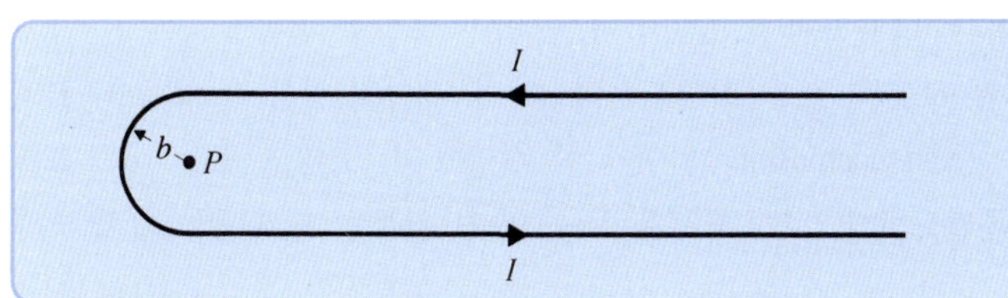

그림 6-38
반원형 접힌 구조를 갖는 매우 긴 도선
(연습문제 P.6-11)

P.6-12 각각의 권선수가 N이고 반지름이 b인 두 개의 똑같은 동축 코일이 그림 6-39에 나타낸 것과 같이 거리 d만큼 떨어져 있다. 각 코일에서 흐르는 전류 I는 같은 방향이다.

(a) 코일들 간의 중간지점에서 자속밀도 $\mathbf{B} = \mathbf{a}_x B_x$를 구하라.

(b) 중간지점에서 dB_x/dx가 0이 됨을 보여라.

(c) 또한 d^2B_x/dx^2가 중간지점에서 0이 되도록 하는 b와 d 사이의 관계를 구하라.

중간영역에서 근사적으로 균일한 자기장을 얻기 위해 이와 같은 한 쌍의 코일이 사용된다. 이것은 **헬름홀츠**(Helmholtz) **코일**로 알려져 있다.

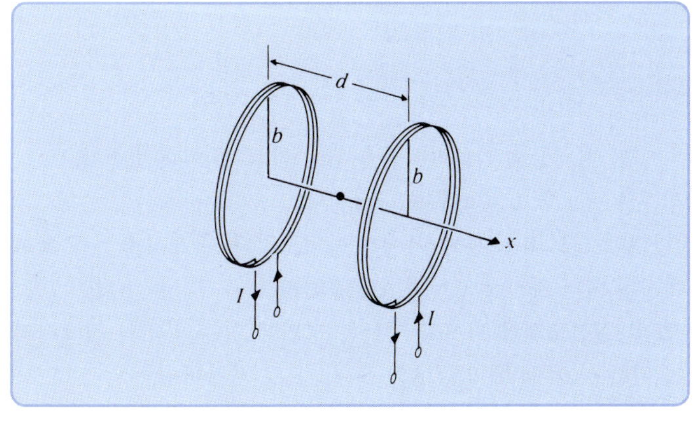

그림 6-39
헬름홀츠 코일(연습문제 P.6-12)

P.6-13 얇은 도선이 N개의 변을 갖는 정다각형 모양으로 구부려져 있다. 또한 전류 I가 도선에 흐르고 있다. 중심에서의 자속밀도가

$$\mathbf{B} = \mathbf{a}_n \frac{\mu_0 NI}{2\pi b} \tan \frac{\pi}{N}$$

이 됨을 보여라. 여기서 b는 다각형 둘레를 감싸는 원의 반지름이고 $\mathbf{a}_n$은 다각형의 평면에 대해 수직인 단위벡터이다. 또한 N이 매우 커짐에 따라 이 결과가 식 (6-38)에 $z = 0$을 대입한 결과로 수렴하는지를 보여라.

P.6-14 높이 h의 직사각형 단면을 갖는 원형 토로이드를 통과하는 전체 자속밀도를 구하라. 토로이드의 내부와 외부의 반지름은 각각 a와 b이다. 전류 I가 토로이드 주위의 권선수 N으로 촘촘히 감긴 도선에 흐르고 있다. 만일 자속을 평균 반지름에서의 자속밀도에 단면적을 곱하여 얻었다면 실제값에 대한 오차율을 구하라.

P.6-15 어떤 실험에서는 어떤 영역이 일정한 자속밀도로 되어 있기를 원한다. 이것은 균일한 전류밀도로 흐르고 있는 매우 긴 원통형 도체 내에 중심에서 벗어난 원통형 공동(空洞: cavity)이 깍여져서 생기도록 하는 것이다. 그림 6-40을 참고하자. 균일한 축방향 전류밀도는 $\mathbf{J} = \mathbf{a}_z J$이다. 원통형 공동의 축이 도체 부분의 축으로부터 거리 d만큼 떨어져 있을 때 공동 내 $\mathbf{B}$의 크기와 방향을 구하라. (힌트: 중첩(superposition)의 원리를 사용하라. 그리고 공동 내의 $\mathbf{B}$를 반지름이 b와 a이고 각각 전류밀도 $\mathbf{J}$와 $-\mathbf{J}$가 흐르는 두 개의 긴 원통형 도체에 의해 발생하는 것으로 간주하라.)

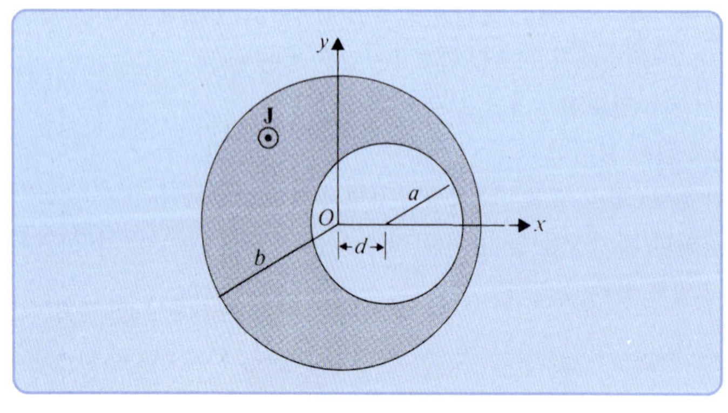

그림 6-40
공동을 가진 긴 원통형 도체의 단면
(연습문제 P.6-15)

P.6-16 다음을 증명하라.

(a) 직각좌표계가 사용된다면, 어떤 벡터장의 라플라시안을 위한 식 (6-18)이 성립한다.

(b) 원통좌표계가 사용된다면, $\nabla^2\mathbf{A} \neq \mathbf{a}_r\nabla^2 A_r + \mathbf{a}_\phi\nabla^2 A_\phi + \mathbf{a}_z\nabla^2 A_z$

P.6-17 무한히 긴 원통형 도체에 대한 자속밀도 $\mathbf{B}$는 예제 6-1에서 살펴보았다. 관계식 $\mathbf{B} = \nabla \times \mathbf{A}$로부터 도체의 내부와 외부에서의 벡터 자기장 포텐셜 $\mathbf{A}$를 구하라.

P.6-18 전류 I가 흐르고 있는 길이 $2L$의 직선도선를 반으로 나누는 평면에 있는 임의의 점에서의 벡터 자기장 포텐셜을 구하기 위한 식 (6-34)에 있는 $\mathbf{A}$의 표현식으로 시작하여,

(a) 그림 6-41에서 보듯이, $y = \pm d/2$에 위치하며 크기가 같고 서로 반대 방향으로 전류가 흐르고 있는 각각 길이 $2L$인 두 개의 평행도선을 반으로 나누는 평면에 있는 점 $P(x, y, 0)$에

서 **A**를 구하라.

(b) 매우 긴 두 개의 도선으로 구성된 전송선에서 크기가 같고 반대 방향으로 흐르는 전류로 인한 **A**를 구하라.

(c) 위의 (b)에서 구한 **A**로부터 **B**를 구하라. 또한 이렇게 얻은 해와 암페어의 주회법칙을 적용하여 얻은 결과를 대조하라.

(d) xy-평면에서 자속선에 대한 방정식을 구하라.

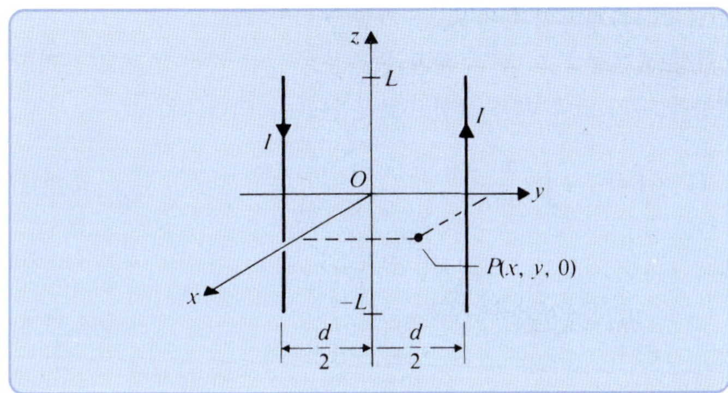

그림 6-41

크기가 같고 방향이 반대인 전류가 흐르고 있는 평행도선(연습문제 P.6-18)

P.6-19 그림 6-42에 보이듯이, 각 변이 a와 b인 작은 직사각형 루프에 전류 I가 흐르고 있다.

(a) 임의의 떨어진 지점 $P(x, y, z)$에서의 벡터 자기장 포텐셜 **A**를 구하라. 또한 식 (6-45)의 형태로 쓸 수 있음을 보여라.

(b) **A**로부터 자속밀도 **B**를 구하고 그 결과가 식 (6-48)에 주어진 것과 같은 형태임을 보여라.

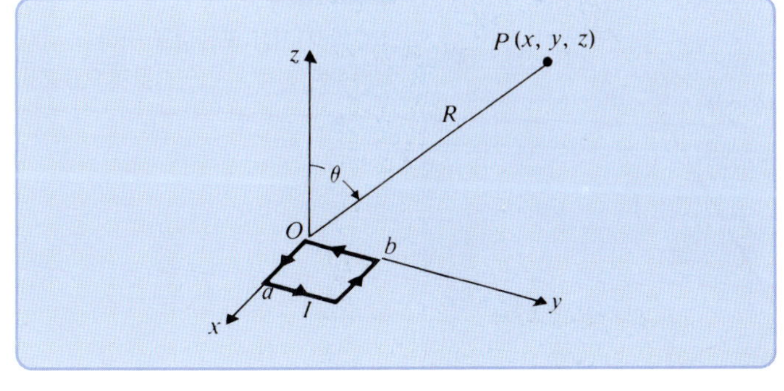

그림 6-42

전류 I가 흐르고 있는 작은 직사각형 루프(연습문제 P.6-19)

P.6-20 주어진 벡터 **F**가 1차 미분이 연속함수 특성을 가질 때 다음을 증명하라.

$$\int_V (\nabla \times \mathbf{F})\, dv = -\oint_S \mathbf{F} \times d\mathbf{s}$$

여기서 S는 체적 V를 둘러싸는 표면이다. (힌트: $(\mathbf{F} \times \mathbf{C})$에 발산 정리를 적용하라. 이때 **C**는 상수벡터이다.)

P.6-21 두께 d이며 매우 넓은 유전체 판이 균일한 자기장 세기 $\mathbf{H}_0 = \mathbf{a}_z H_0$에 수직으로 놓여 있다. 모

서리 효과를 무시하고, 유전체 판 내에서의 자기장 세기를 구하라.

(a) 만일 유전체 판의 투자율이 μ이면

(b) 만일 유전체 판이 자화벡터 $\mathbf{M}_i = \mathbf{a}_z M_i$를 갖는 영구자석이면

P.6-22 투자율 μ를 갖는 원형 봉이 그림 6-4의 긴 솔레노이드 내에 동축 방향으로 삽입되어 있다. 봉의 반지름인 a는 솔레노이드의 내부 반지름인 b보다 작다. 솔레노이드 권선수는 단위길이 당 n이며 전류 I가 흐르고 있다.

(a) 솔레노이드 내부인 $r < a$와 $a < r < b$에서의 **B**, **H**, 그리고 **M**의 값을 구하라.

(b) 자화된 봉에 대해서 등가 자화전류밀도인 $\mathbf{J}_m$과 $\mathbf{J}_{ms}$은 어떻게 되는가?

P.6-23 전류 루프로 인한 스칼라 자기장 포텐셜 V_m이 먼저 루프 면적을 수많은 작은 루프로 분리한 다음, 각각의 작은 루프의 영향들(자기 쌍극자)을 합함으로써 얻을 수 있다. 즉,

$$V_m = \int dV_m = \int \frac{d\mathbf{m} \cdot \mathbf{a}_R}{4\pi R^2} \tag{6-223a}$$

이며, 여기서

$$d\mathbf{m} = \mathbf{a}_n I\, ds \tag{6-223b}$$

이다. 다음을 증명하라.

$$V_m = -\frac{I}{4\pi}\Omega \tag{6-224}$$

여기서 Ω는 루프의 표면으로부터 관측지점 P까지 연장시켰을 때의 입체각이다(그림 6-43 참조).

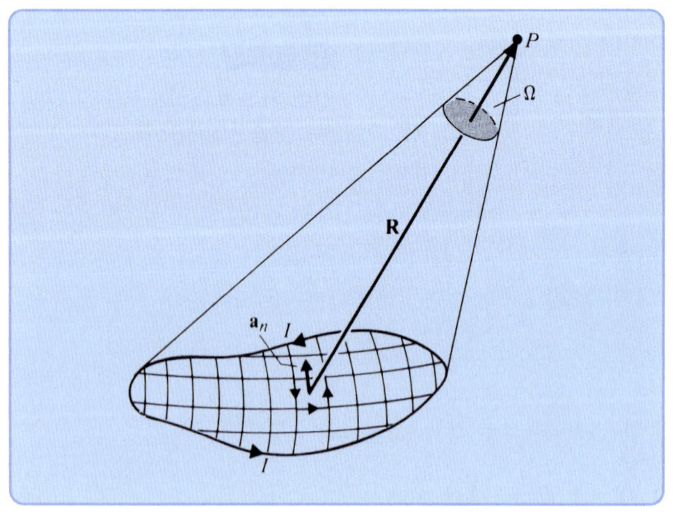

그림 6-43
스칼라 자기장 포텐셜을 구하기 위해 세분화된 전류 루프(연습문제 P.6-23)

P.6-24 식 (6-224)를 이용하여 다음을 수행하라.

(a) 반지름이 b이고 전류 I가 흐르고 있는 원형 루프의 축상에 있는 임의의 지점에서의 스칼라 자기장 포텐셜을 구하라.

(b) 자속밀도 $\mathbf{B}$를 $-\mu_0 \nabla V_m$으로부터 구하고, 그리고 그 결과를 식 (6-38)과 비교하라.

P.6-25 등가 자화전류밀도의 개념을 이용하여 예제 6-9에 있는 원통형 막대자석 문제를 풀어라.

P.6-26 반지름 b인 강자성체 구가 자화 $\mathbf{M} = \mathbf{a}_z M_0$로서 균일하게 자화되었다.

(a) 등가 자화전류밀도 $\mathbf{J}_m$과 $\mathbf{J}_{ms}$를 구하라.

(b) 구의 중앙에서의 자속밀도를 구하라.

P.6-27 상대 투자율 3000인 토로이드 철제 코어가 평균 반지름 $R = 80$ (mm)이고 원형 단면의 반지름이 $b = 25$ (mm)로 되어 있다. 공기틈으로 $\ell_g = 3$ (mm)가 존재하고 10^{-5} (Wb)의 자속을 발생시키기 위해서 500번 감긴 도선에 전류 I가 흐르고 있다. (그림 6-44 참조) 누설자속을 무시하고 평균 경로 길이를 사용하여 다음을 구하라.

(a) 공기틈 및 철제 코어의 자기저항

(b) 공기틈에 있어서의 $\mathbf{B}_g$와 $\mathbf{H}_g$, 그리고 철제 코어에서의 $\mathbf{B}_c$와 $\mathbf{H}_c$

(c) 요구되는 전류 I

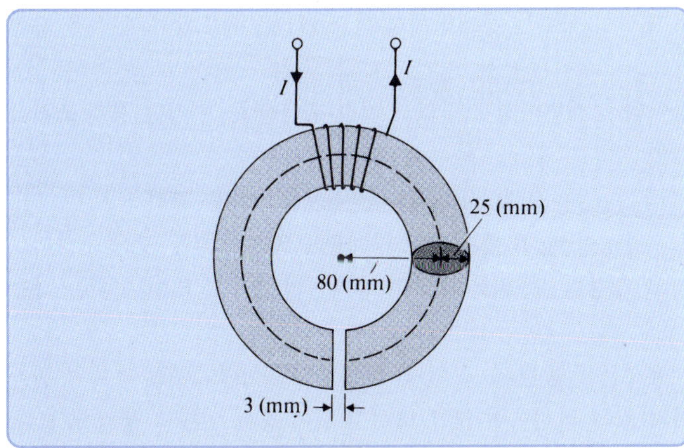

그림 6-44 공기틈이 있는 토로이드 철제 코어(연습문제 P.6-27)

P.6-28 그림 6-45에 있는 자기회로를 고려하자. 가운데 단자의 200번 감긴 도선에 전류 3 (A)가 흐르고 있다. 코어는 10^{-3} (m^2)의 일정한 단면적을 가지고 있고 상대 투자율이 5000이라고 가정하자.

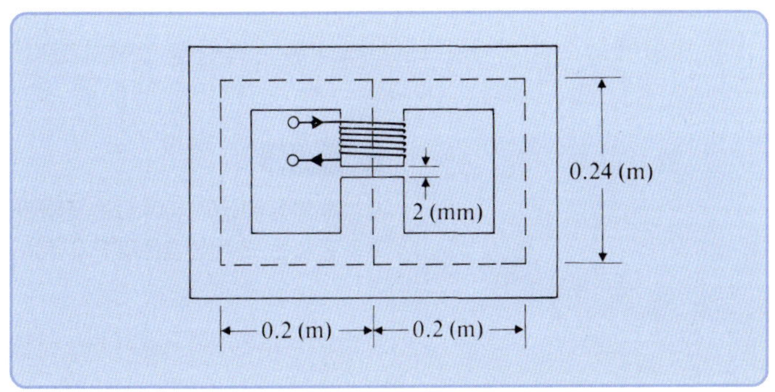

그림 6-45 공기틈을 가진 자기회로(연습문제 P.6-28)

(a) 각 단자에서의 자속을 구하라.

(b) 공기틈과 코어의 각 단자에서의 자속밀도를 구하라.

P.6-29 단면적 S의 강자성체 코어 주위에 단위길이당 n번 권선수를 갖는 무한히 긴 솔레노이드를 생각해 보자. 자기장을 발생시키기 위해서 코일에 전류를 흐르게 할 때, 전류 변화를 방해하도록 단위길이당 전압 $v_1 = -n\,d\Phi/dt$가 유도된다. 전류가 I까지 증가할 수 있도록 하기 위해 이렇게 유도된 전압을 극복하는 전력 $P_1 = -v_1 I$가 공급되어야만 한다.

(a) 최종 자속밀도 B_f를 발생시키기 위해 요구되는 단위체적당 일이

$$W_1 = \int_0^{B_f} H\,dB \tag{6-225}$$

임을 증명하라.

(b) 자속밀도 B가 B_f에서 $-B_f$로 감소했다가 다시 B_f로 증가하도록 전류가 주기적으로 변한다고 가정할 때, 강자성체 코어에 있에서 그러한 주기적인 변화에 대한 단위체적당 행해지는 일은 코어 매질의 자기이력 루프 면적으로 표현됨을 증명하라.

P.6-30 관계식 $\nabla \times \mathbf{H} = \mathbf{J}$로부터 두 매질이 이루는 경계면에서 식 (6-111)을 유도할 수 있음을 증명하라.

P.6-31 두 개의 다른 자성체 매질 사이의 경계면에서 스칼라 자기장 포텐셜 V_m은 어떤 경계 조건을 만족해야 하는가?

P.6-32 공기(영역 1, $\mu_{r1} = 1$)와 철(영역 2, $\mu_{r2} = 5000$) 사이의 평면 경계($y = 0$)를 고려해 보자.

(a) $\mathbf{B}_1 = \mathbf{a}_x 0.5 - \mathbf{a}_y 10$ (mT)라고 가정할 때, $\mathbf{B}_2$를 구하고 경계면과 $\mathbf{B}_2$가 이루는 각을 구하라.

(b) $\mathbf{B}_2 = \mathbf{a}_x 10 + \mathbf{a}_y 0.5$ (mT)라고 가정할 때, $\mathbf{B}_1$을 구하고 경계면의 법선과 $\mathbf{B}_1$이 이루는 각을 구하라.

P.6-33 영상법은 어떤 정자기장 문제에서는 적용될 수도 있다. 상대 투자율 μ_r의 평면 경계면 위에 평행하면서 거리 d만큼 떨어져 있는 직선이며 얇은 도선이 공기 중에 있다고 생각해 보자. 또한 전류 I가 이 도선에 흐르고 있다.

(a) 다음의 경우들을 가정하면 모든 경계 조건이 만족됨을 보여라.

(i) 공기 중에서의 자기장은 전류 I와 다음으로 표현되는 영상전류 I_i에 의해 계산되고

$$I_i = \left(\frac{\mu_r - 1}{\mu_r + 1}\right) I$$

이들 전류들이 모두 공기 중에 놓여 있으며 경계면으로부터 같은 거리만큼 떨어져 있다.

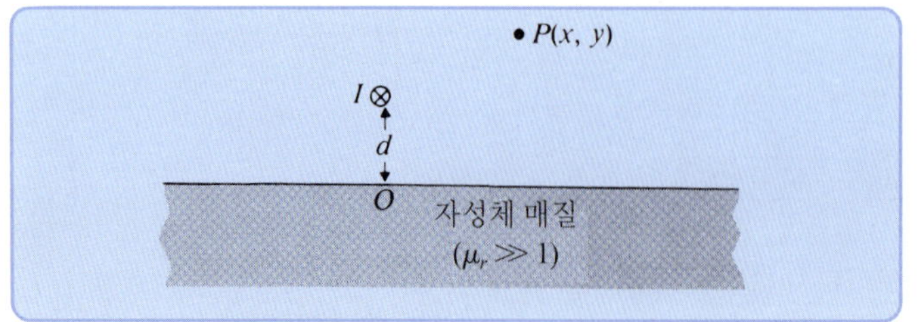

그림 6-46
자성체 매질 부근에 놓여 있는 전류가 흐르고 있는 도체(연습문제 P.6-33)

(ii) 경계면 이하에서의 자기장은 I와 $-I_i$에 의해 계산되며, 이때 전류들은 같은 위치에 놓여 있다. 이 전류들은 상대 투자율 μ_r인 무한한 자성체 매질 내에 놓여 있다.

(b) 전류 I가 흐르고 있는 긴 도체와 $\mu_r \gg 1$인 경우에 대해, 그림 6-46에 있는 점 P에서 자속밀도 **B**를 구하라.

P.6-34 전류 I가 흐르고 있는 매우 긴 도체가 공기 중에 놓여 있으며 어떤 매질로 구성된 무한 평면과 경계면을 형성하고 있다. 이 전류 도체는 경계면과 거리 d만큼 떨어져 있고 경계면에 평행하게 공기 중에 놓여 있다.

(a) 경계면에서 **B**와 **H**의 법선 성분과 접선 성분의 동작 특성에 대해서 논의하라.

(i) 어떤 매질이 무한한 도체라면

(ii) 어떤 매질이 무한한 투자율을 갖는다면

(b) 위의 (a)에서의 두 가지 경우에 대해 공기 중의 임의의 점에서 자기장 세기 **H**를 구한 후에 서로 비교하라.

(c) 두 가지 경우에 대해 경계면에서 표면전류밀도가 있다면 그 값을 구하라.

P.6-35 원형 단면의 반지름이 b이고 평균 반지름(mean radius)이 r_o인 토로이드 코일이 공기 프레임 위에 권선수 N으로서 감겨 있다. 자체 인덕턴스를 구하라. $b \ll r_o$로 가정하고 근사식으로 표현하라.

P.6-36 예제 6-16을 고려해 보자. 바깥쪽 도체가 매우 얇은 것은 아니고 두께 d라고 가정했을 때 공기로 되어 있는 동축선의 단위길이당 인덕턴스를 구하라.

P.6-37 그림 6-47에서 보듯이, 두 개의 도선으로 구성된 전송선 $A-A'$과 $B-B'$가 거리 D만큼 떨어져 있다. 이때 두 평행선 사이의 단위길이당 상호 인덕턴스를 계산하라. 도선의 반지름이 D와 도선 간의 간격인 d보다도 매우 작다고 가정하라.

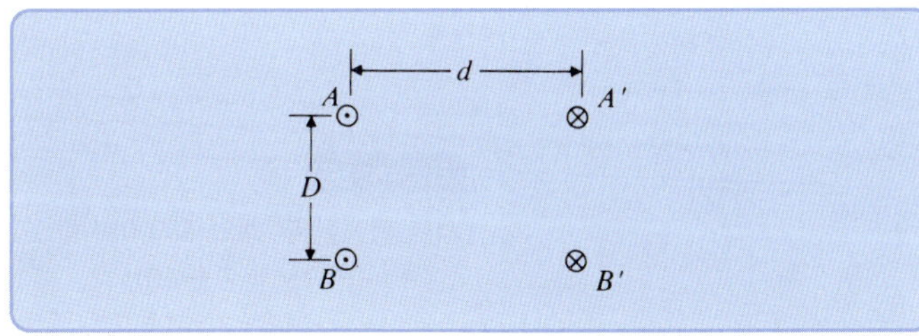

그림 6-47

결합된 두 개의 도선으로 구성된 전송선(연습문제 P.6-37)

P.6-38 그림 6-48에서 보는 바와 같이, 매우 긴 직선도선과 정삼각형 도체 루프 사이의 상호 인덕턴스를 구하라.

P.6-39 그림 6-49에서 보는 바와 같이, 매우 긴 직선도선과 원형 도체 루프 사이의 상호 인덕턴스를 구하라.

P.6-40 그림 6-50에서 보는 바와 같이, 서로 평행한 두 개의 직사각형 루프 사이의 상호 인덕턴스를 구하라. $h_1 \gg h_2 (h_2 > w_2 > d)$라고 가정하라.

P.6-41 각각 전류 I_1, I_2와 자체 인덕턴스 L_1, L_2를 갖고 있는 두 개의 결합된 회로를 고려하자. 회로들 사이의 상호 인덕턴스는 M이다.

(a) 식 (6-161)을 이용하여 저장된 자기에너지 W_2가 최소가 되도록 하는 I_1/I_2비를 구하라.

(b) $M \leq \sqrt{L_1 L_2}$임을 보여라.

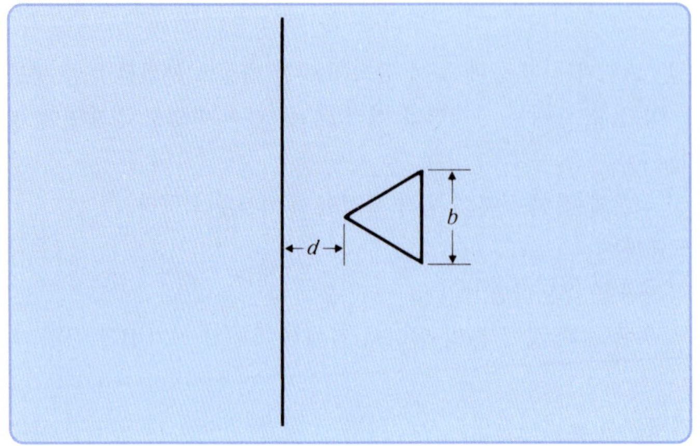

그림 6-48
길고 곧은 직선과 정삼각형 도체 루프(연습문제 P.6-38)

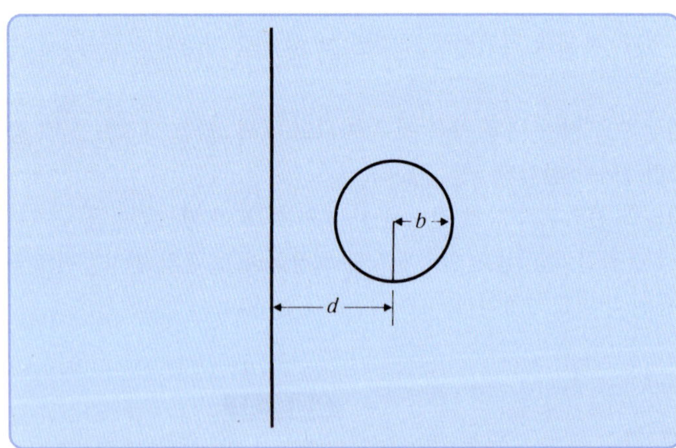

그림 6-49
길고 곧은 직선과 원형 도체 루프(연습문제 P.6-39)

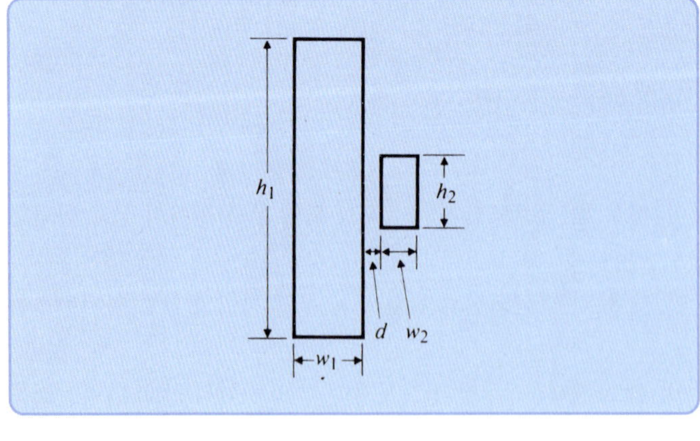

그림 6-50
서로 평행한 두 개의 직사각형 루프, $h_1 \gg h_2$(연습문제 P.6-40)

P.6-42 무한히 긴 세 개의 평행도선이 동일한 간격으로 0.15 (m)씩 떨어져 있다. 모두 같은 방향으로 전류 25 (A)의 전류가 흐를 때 단위길이당 힘을 계산하라. 힘의 방향을 상세히 기술하라.

P.6-43 가늘고 긴 금속 판과 평행도선의 단면이 그림 6-51에 나타나 있다. 도체들에서는 크기가 같고 방향이 반대인 전류 I가 흐르고 있다. 도체들에 미치는 단위길이당 힘을 구하라.

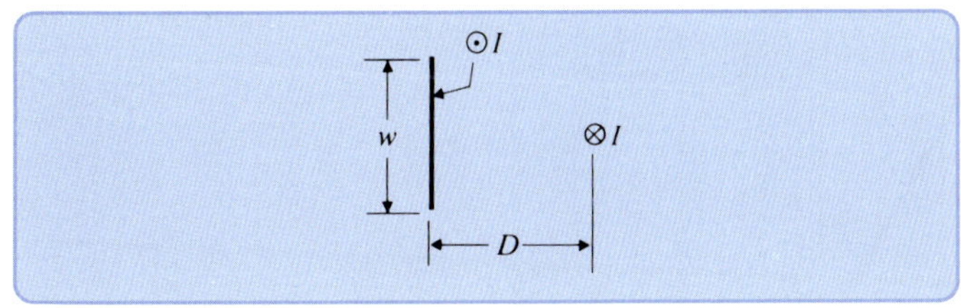

그림 6-51

서로 평행한 판과 도선의 단면(연습문제 P.6-43)

P.6-44 똑같은 폭 w를 갖는 평행하고 길며 얇은 두 개의 도체판 사이의 단위길이당 힘을 구하라. 그림 6-52에서 보듯이, 도체판은 서로 d만큼 떨어져 있으며 전류 I_1과 I_2가 서로 반대 방향으로 흐르고 있다.

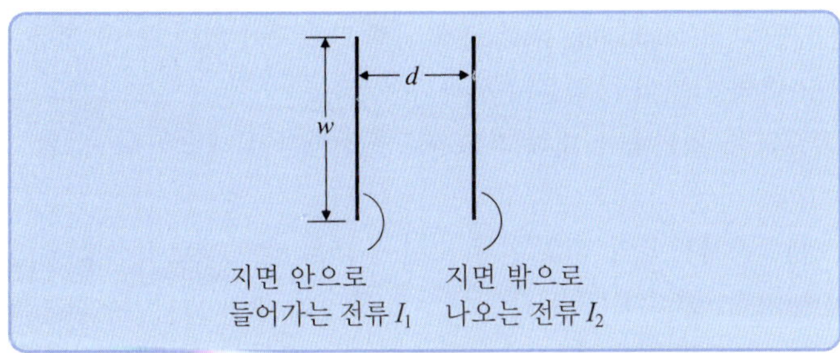

그림 6-52

서로 반대 방향으로 전류가 흐르고 있는 두 개의 평판 단면(연습문제 P.6-44)

P.6-45 연습문제 P.6-39와 그림 6-49를 생각해 보자. 긴 직선도선에서 위쪽 방향으로 흐르는 전류 I_1에 의해 발생한 자기장으로 인해 원형 루프에 미치는 힘을 구하라. 원형 루프에서는 시계 반대 방향으로 전류 I_2가 흐르고 있다.

P.6-46 그림 6-53에서, 막대 AA'가 매우 긴 두 개의 평행 선에 흐르는 전류 I에 대한 도전 경로(conducting path)의 역할(회로 차단기의 블레이드 같은)을 하고 있다. 선들은 반지름 b로 되어 있고 서로 d만큼 떨어져 있다. 막대에 미치는 자기력의 크기와 방향을 구하라.

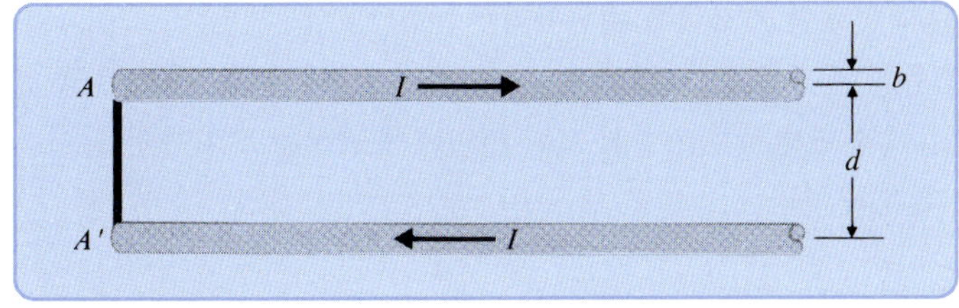

그림 6-53

끝부분에 있는 도체 막대에 미치는 힘(연습문제 P.6-46)

P.6-47 그림 6-54에 있는 것처럼, xy-평면 위에 놓인 삼각형 루프에 $I = 10$ (A)가 흐르고 있다. 이 영역에서 균일한 자속밀도 $\mathbf{B} = \mathbf{a}_y 0.5$ (T)를 가정한다면 루프상에 미치는 힘과 토크를 구하라. 치수는 cm 단위이다.

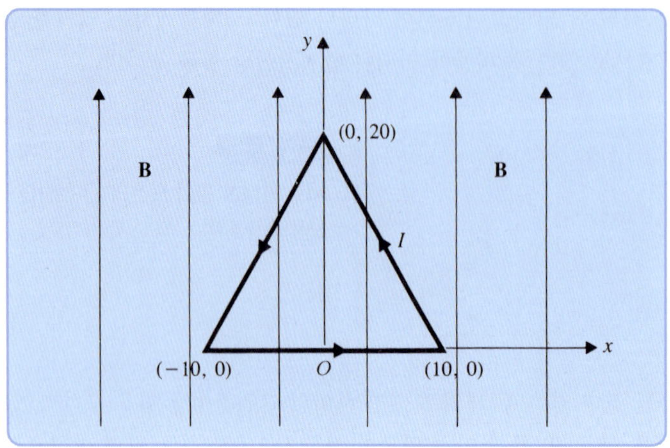

그림 6-54
균일한 자기장 내에 있는 삼각형 루프(연습문제 P.6-47)

P.6-48 내부 도체의 반지름이 a이고 외부 도체의 안쪽 반지름이 b인 공기로 채워진 긴 동축 전송선의 한쪽 끝이 얇고 꽉 끼는 도체 와셔(conducting washer)에 의해 단락되어 있다. 선에 전류 I가 흐를 때 와셔에 미치는 자기력의 크기와 방향을 구하라.

P.6-49 연습문제 P.6-45에 있는 원형 루프가 평면축에 대해 각도 α로 회전한다고 가정하자. 이 원형 루프에 작용하는 토크를 구하라.

P.6-50 정상상태 전류 I_1이 흐르고 있는 반지름 r_1의 작은 원형 도선이 같은 방향으로 정상상태 전류 I_2가 흐르고 있는 보다 큰 반지름 $r_2(r_2 \gg r_1)$의 원형 도선의 중앙에 놓여 있다. 두 회로의 수직 방향 사이의 각도는 θ이고 작은 원형 도선은 그 지름에 대해 자유로이 회전할 수 있다. 작은 원형 도선에 미치는 힘과 토크의 방향을 구하라.

P.6-51 자화된 나침반 바늘은 지자기장(earth's magnetic field)와 같이 일렬을 형성하고 있다. 자기 모멘트 2 $(\text{A}\cdot\text{m}^2)$을 가진 작은 막대자석(자기 쌍극자)이 나침반 바늘의 중앙으로부터 0.15 (m) 떨어진 지점에 놓여 있다. 나침반 바늘에서 지자기장 세기를 0.1 (mT)라고 할 때, 막대자석이 바늘을 북-남 방향으로부터 벗어나도록 하는 최대 각도를 구하라.

P.6-52 그림 6-33의 전자석의 철에서 자속경로의 전체 평균 거리는 3 (m)이고 이음막대 접촉 부위의 면적이 0.01 (m^2)이다. 철의 투자율을 $4000\mu_0$이라 하고 각 공기틈을 2 (mm)라고 할 때 전체 100 (kg)의 질량을 들기 위해 필요한 기자력을 계산하라.

P.6-53 단위길이당 권선수 n으로 촘촘히 감겨 있는 코일로 된 긴 솔레노이드에 전류 I가 흐르고 있다. 투자율 μ를 갖는 철제 코어의 단면적은 S이다. 그림 6-55에서 보이는 위치까지 코어를 빼내면 이때 코어에 미치는 힘을 구하라.

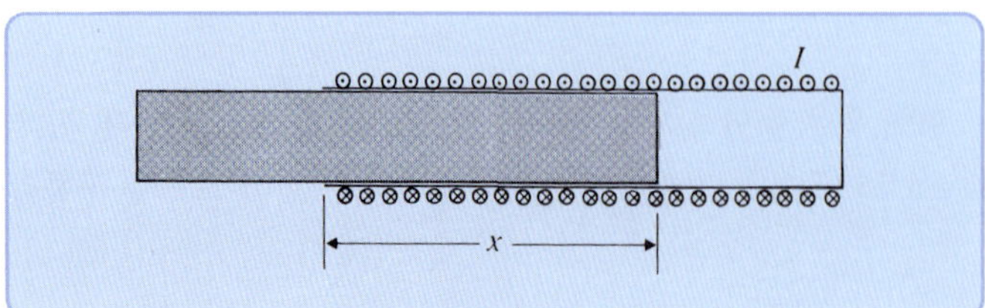

그림 6-55
부분적으로 회수된 철제 코어를 갖는 긴 솔레노이드(연습문제 P.6-53)

7 시간에 따라 변하는 전자기장과 맥스웰 방정식

Time-Varying Fields and Maxwell's Equations

7-1 개요

시간에 따라 변하지 않는 정전기 현상을 설명하는 모델로서 전기장 세기 벡터 **E**, 전기장에 의한 전하의 변위효과를 나타내는 전속밀도(전하유동밀도) 벡터 **D**를 정의하였다. 이들의 관계를 지배하는 미분 방정식은 다음과 같다.

$$\nabla \times \mathbf{E} = 0 \tag{3-5}$$

$$\nabla \cdot \mathbf{D} = \rho \tag{3-98}$$

선형의 등방성(반드시 균일한 특성일 필요는 없음) 매질에서 **E**와 **D**는 다음의 기본 관계식을 통해 상호 연관되어 있다.

$$\mathbf{D} = \epsilon \mathbf{E} \tag{3-102}$$

또한 시간에 따라 변하지 않는 정자기 현상을 설명하는 모델로서는 자속밀도 벡터 **B**와 자기장 세기 벡터 **H**를 정의하였다. 이들의 관계를 지배하는 미분 방정식은 다음과 같다.

$$\nabla \cdot \mathbf{B} = 0 \tag{6-6}$$

$$\nabla \times \mathbf{H} = \mathbf{J} \tag{6-76}$$

선형의 등방성 매질에서 **B**와 **H**의 관계는 다음의 기본 관계식을 통해 상호 연관되어 있다.

표 7-1 정전기장과 정자기장 모델에 대한 기본 관련식

물질	정전기장 모델	정자기장 모델
지배방정식	$\nabla \times \mathbf{E} = 0$ $\nabla \cdot \mathbf{D} = \rho$	$\nabla \cdot \mathbf{B} = 0$ $\nabla \times \mathbf{H} = \mathbf{J}$
구성관계 (선형 및 등방성 매질)	$\mathbf{D} = \epsilon \mathbf{E}$	$\mathbf{H} = \frac{1}{\mu}\mathbf{B}$

$$\mathbf{H} = \frac{1}{\mu}\mathbf{B} \tag{6-80b}$$

정전기장과 정자기장에서 이들의 기본 관계식을 표 7-1에 요약하였다.

시간에 따라 불변인 정전기장과 정자기장의 경우, 전기장을 나타내는 벡터 **E**, **D**는 자기장을 나타내는 **B**, **H**와 상관관계가 없고 서로 독립적인 것으로 이해하였다. 즉, 정전기장을 설명하는 데 사용되는 **E**, **D**는 정자기장을 설명하는 데 사용되는 **B**, **H**와 무관한 것으로 설명하였다. 이동 전하에 의한 전도성이 있는 매질에서는 정전기장과 정자기장이 동시에 존재하며 시간에 무관한 **정전자기장**(electromagnetostatic field; 예제 5-4의 설명 참조)을 형성할 수 있다. 전도성 매질 내의 정전기장은 일정한 크기의 전류가 흐르게 하며, 이 전류로 인해 정자기장이 형성된다. 그러나 전기장은 전적으로 정전하 분포 또는 정전위 분포에 의해 결정된다. 즉, 정자기장은 정전기장의 결과이지만, 정자기장이 정전기장의 계산과 이해에 연관되어 있지는 않다.

7장에서는 시간에 따라 변하는 자기장은 전기장의 변화를 유도하고, 그것과 역의 과정으로 시간에 따라 변하는 전기장은 자기장의 변화를 유도하게 됨을 이해하게 된다. 시간에 따라 변하는 상태의 전자기장 현상, 즉 시간에 따라 변하는 전기장을 나타내는 벡터 **E**, **D**와 자기장을 나타내는 **B**, **H**의 관계를 설명하기 위한 전자기장 모델이 필요하다. 따라서 시간에 따라 변하는 전기장과 자기장 벡터의 상호 연관성을 반영하기 위해 표 7-1에 요약한 식 중 두 쌍의 관계식을 수정하게 된다.

먼저 표 7-1의 $\nabla \times \mathbf{E}$ 식을 변형하는 기본 가정으로 출발하여 전자기 유도 현상을 설명하는 패러데이의 법칙(Faraday's lay)을 얻게 된다. 변압기의 기전력(emf)과 운동(motional) 기전력의 개념에 관해서도 설명한다. 또한 연속 방정식(전하 보존의 법칙)이 그대로 유지되면서 전자기 현상을 지배하는 관계식을 구성하기 위해 새로운 가정을 이용하여 $\nabla \times \mathbf{H}$ 식을 변형하게 된다. 표 7-1에 요약한 변형된 두 개의 발산 관계식과 변형된 두 개의 회전 관계식은 맥스웰 방정식(Maxwell's equations)이라고 하며, 전자기장 이론의 가장 기본적인 도구로 이용된다. 정전기장과 정자기장을 지배하는 관계식들도 모든 물리량이 시간에 무관한 경우의 맥스웰 방정식의 특수한 형태에 해당한다. 맥스웰 방정식은 빛의 속도로 전파되는 전자기파의 존재와 전파 특성을 이해하는 파동 방정식을 구성하는 데도 사용된다. 특히 7장에서는 시간에 따라 정현파 형태로 주기적으로 변하는 전자기장에서 파동 방정식의 해에 관해서도 다루게 된다.

7-2 전자기 유도 현상에 관한 패러데이 법칙

1831년, 폐루프를 지나는 결합자속(magnetic flux linkage)의 양이 변하면 도체로 구성된 폐루프(conducting closed loop)에 전류가 유도되는 것을 발견한 패러데이(Michael Faraday)에 의해 전자기학 이론의 획기적 발전이 이루어졌다. 실험적으로 관찰된 것을 근거로 결합자속의 변화와 유도된 기전력의 정량적 상관관계를 나타내는 것이 **패러데이의 법칙**(Faraday's law)이다. 이것은 실험적으로 관찰된 법칙으로 일종의 가정으로 간주되기도 한다. 그러나 유한 폐루프에서 실험적으로 관찰된 결합자속의 변화와 유도전류의 관계를 전자기 유도에 관한 이론을 정립하는 출발로 삼지는 않겠다. 그 대신에, 3장의 정전기장과 6장의 정자기장 이론 전개에서 사용한 방법과 동일하게 다음에 설명하는 기본적인 가정과, 그 가정을 기반으로 한 적분 형태의 패러데이 법칙을 먼저 유도하는 방식으로 설명하고자 한다.

전자기 유도 현상에 관한 기본 가정

$$\boxed{\nabla \times \mathbf{E} = -\frac{\partial \mathbf{B}}{\partial t}} \tag{7-1}$$

식 (7-1)은 전자기 유도 현상에 관한 미분 형태의 관계식으로서, 자유공간 또는 매질에 관계없이 공간 내의 모든 지점에 적용이 가능하다. 시간에 따라 자속밀도가 변하는 영역 내에서 전기장 세기는 보존되지 않으므로(시간에 따라 변하므로), 전기장 세기는 스칼라 전위의 공간적 변화율로 나타낼 수 없다.

식 (7-1)의 양변을 각각 특정한 개방면에 대해 면적분을 수행하고, (개방면에서의 면적분과 그 개방면을 감싸는 경계선을 따르는 선적분의 관계를 나타내는) 스토크스의 정리를 적용하면, 다음의 결과식을 얻는다.

$$\oint_C \mathbf{E} \cdot d\ell = -\int_S \frac{\partial \mathbf{B}}{\partial t} \cdot d\mathbf{s} \tag{7-2}$$

식 (7-2)는 개방면의 경계선(contour)으로 정의한 C 주변에 실제 전류가 흐르는 회로의 존재 여부에 상관없이 경계선 C를 가진 어떤 면 S에 대해서도 적용할 수 있다. 시간에 따른 변화가 없는 경우($\partial \mathbf{B}/\partial t = 0$), 식 (7-1)과 (7-2)는 각각 정전기장에서 적용되던 식 (3-5)와 (3-8)로 간략화됨은 당연하다.

다음 절에서는

- 시간에 따라 변하는 자기장 내에 폐루프가 정지된 상태로 존재하는 경우
- 일정한 세기의 자기장 내에서 전도성 도체가 이동하는 경우
- 시간에 따라 변하는 자기장 내에서 이동하는 루프가 존재하는 경우

로 구분하여 설명하고자 한다.

7-2.1 시간에 따라 변하는 자기장 내에 폐루프가 정지된 상태로 존재하는 경우

면 S와 그것을 둘러싸고 있는 경계선 C로 이루어진 정지된 루프에 대해, 식 (7-2)는 다음과 같이 정리할 수 있다.

$$\oint_C \mathbf{E} \cdot d\ell = -\frac{d}{dt}\int_S \mathbf{B} \cdot d\mathbf{s} \tag{7-3}$$

경계선 C를 가진 루프에 유도된 기전력과 경계선 C를 갖는 면 S를 관통하는 자속을 각각 다음과 같이 정의하면

$$\mathscr{V} = \oint_C \mathbf{E} \cdot d\ell : \text{경계선 } C\text{를 가진 루프에 유도된 기전력} \quad (\text{V}) \tag{7-4}$$

$$\Phi = \int_S \mathbf{B} \cdot d\mathbf{s} : \text{경계선 } C\text{를 갖는 면 } S\text{를 관통하는 자속} \quad (\text{Wb}) \tag{7-5}$$

식 (7-3)은 다음과 같이 변형된다.

$$\boxed{\mathscr{V} = -\frac{d\Phi}{dt} \quad (\text{V})} \tag{7-6}$$

식 (7-6)은 **고정된 루프에 유도되는 기전력은 그 루프를 관통하는 자속의 음의 증가율과 같음**을 의미한다. 이것이 **전자기 유도에 관한 패러데이의 법칙**이다. 시간에 따른 자속의 변화는 실제 루프의 존재 여부에 무관하게 식 (7-3)에 의해 결정되는 전기장을 유도함을 뜻한다. 식 (7-6)에 있는 음의 부호는 유도된 기전력이 결합자속의 변화를 방해하는 방향으로 루프에 전류가 흐르게 함을 의미한다. 이 현상을 **렌츠의 법칙**(Lenz's law)이라고 한다. 변압기의 동작 원리와 같이 시간에 따른 자기장의 변화에 의해 고정된 루프에 유도된 기전력을 **변압기 기전력**(transformer emf)이라고 한다.

예제 7-1 자기장의 세기가 $\mathbf{B} = \mathbf{a}_z B_0 \cos(\pi r/2b) \sin \omega t$인 xy-평면의 원점에 중심을 둔 권선 수 N의 원형 루프가 있다. b는 루프의 반지름, ω는 각주파수일 때, 루프에 유도된 기전력을 구하라.

풀이 이 문제는 고정된 루프가 시간에 따라 변하는 자기장 내에 존재하는 전자기 유도 현상에 관한 것이다. 따라서 기전력 $\mathscr{V}$를 구하기 위해서 식 (7-6)을 이용할 수 있다. 즉, 원형 루프의 각 권선을 관통하는 결합자속은 다음과 같다.

$$\begin{aligned}\Phi &= \int_S \mathbf{B} \cdot d\mathbf{s} \\ &= \int_0^b \left[\mathbf{a}_z B_0 \cos\frac{\pi r}{2b} \sin \omega t\right] \cdot (\mathbf{a}_z 2\pi r\, dr)\end{aligned}$$

$$= \frac{8b^2}{\pi}\left(\frac{\pi}{2} - 1\right)B_0 \sin \omega t$$

그런데 권선수가 N이므로 총 결합자속은 $N\Phi$가 되며, 다음의 결과를 얻는다.

$$\mathscr{V} = -N\frac{d\Phi}{dt}$$
$$= -\frac{8N}{\pi}b^2\left(\frac{\pi}{2} - 1\right)B_0\omega \cos \omega t \qquad \text{(V)}$$

즉, 유도된 기전력은 자속과 90°의 위상차가 존재한다.

7-2.2 변압기

변압기(transformer)는 전자기장의 원리를 이용해 전압, 전류, 임피던스를 변환하는 데 사용되는 교류(a-c) 소자이다. 변압기는 그림 7-1에 개략적인 그림으로 나타낸 바와 같이 강자성을 띤 코어를 통해 두 개 또는 그 이상의 코일이 자기적으로 결합된 구조이다. 전자기 유도에 관한 패러데이의 법칙이 변압기 동작의 핵심 원리이다.

그림 7-1(a)에 나타낸 자기회로의 자속 Φ을 흐르는 궤적으로 이루어진 폐경로에 대해 식 (6-101)을 이용하여 다음의 결과를 얻을 수 있다.

$$N_1 i_1 - N_2 i_2 = \mathscr{R}\Phi \tag{7-7}$$

여기서 N_1, N_2와 i_1, i_2는 각각 1차와 2차 회로의 권선수와 전류를 뜻하며, $\mathscr{R}$은 자기회로의 자기저항을 의미한다. 식 (7-7)에서 강조한 대로, 2차 회로에 유도된 자기 기전력(mmf(magnetomotive force) 또는 기자력) $N_2 i_2$는 렌츠의 법칙에 따라 1차 회로의 자기 기전력 $N_1 i_1$에 의해 생성된 자속 Φ의 흐름을 방해하는 방향이다. 6-8절에서 설명한 바와 같이 길이 ℓ, 단면적 S, 그리고 투자율 μ인 강자성 코어의 자기저항(reluctance)은 다음과 같이 나타낼 수 있다.

$$\mathscr{R} = \frac{\ell}{\mu S} \tag{7-8}$$

식 (7-8)을 식 (7-7)에 대입하면 다음의 관계식을 얻는다.

$$N_1 i_1 - N_2 i_2 = \frac{\ell}{\mu S}\Phi \tag{7-9}$$

(a) 이상적인 변압기. $\mu = \infty$인 이상적인 변압기에 대해서 식 (7-9)는 다음과 같이 간략하게 정리할 수 있다.

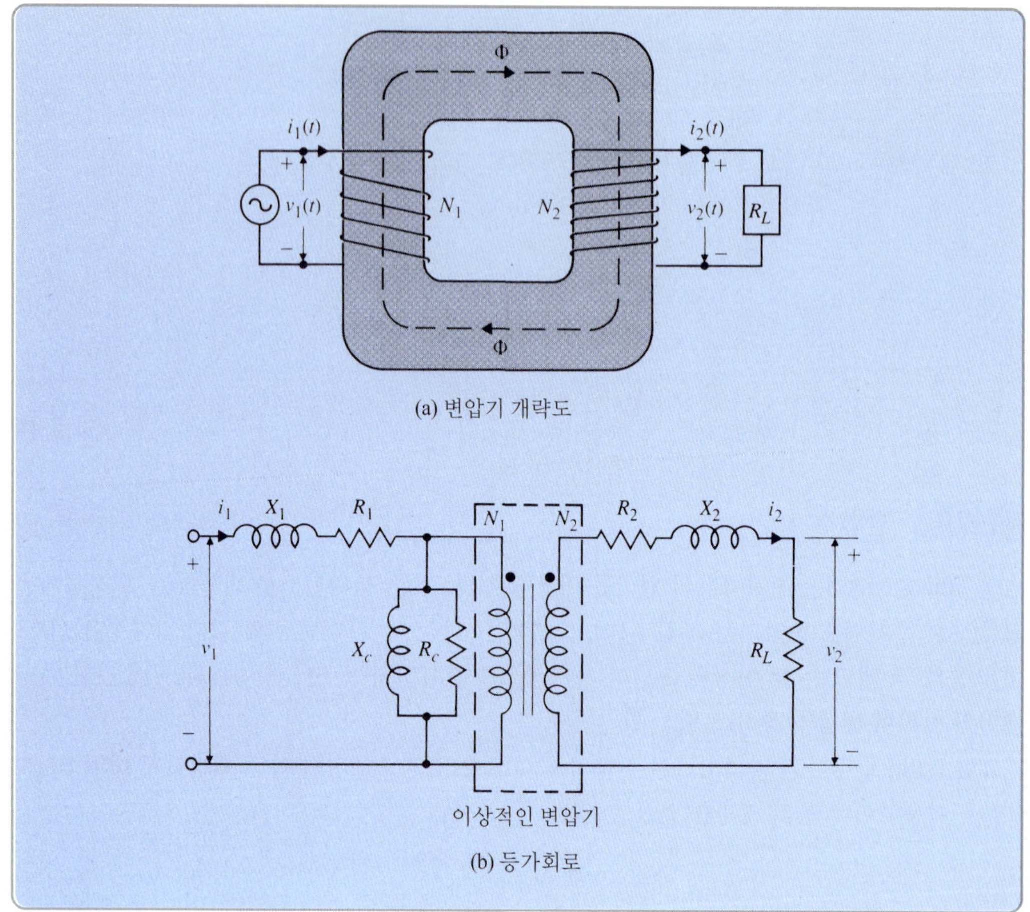

그림 7-1

변압기의 개략도와 등가회로

$$\frac{i_1}{i_2} = \frac{N_2}{N_1} \tag{7-10}$$

식 (7-10)은 **이상적인 변압기의 1차 코일에 흐르는 전류와 2차 코일에 흐르는 전류의 비는 권선수 비의 역수와 같음**을 뜻한다. 따라서 패러데이의 법칙은 전압에 관한 다음의 상관관계를 정의한다.

$$v_1 = N_1 \frac{d\Phi}{dt} \tag{7-11}$$

와

$$v_2 = N_2 \frac{d\Phi}{dt} \tag{7-12}$$

v_1과 v_2의 부호는 그림 7-1(a)의 표기를 참고하여 결정할 수 있다. 따라서 식 (7-11)과 (7-12)를 이용하여 변압기의 1차 코일과 2차 코일의 전압에 관한 다음의 관계를 얻는다.

$$\frac{v_1}{v_2} = \frac{N_1}{N_2} \tag{7-13}$$

즉, **이상적인 변압기의 1차와 2차 코일의 전압비는 권선비와 동일함**을 뜻한다.

그림 7-1(a)에 나타낸 바와 같이, 2차 코일이 부하저항 R_L에 연결되었을 때 1차 코일에 연결된 전원 쪽에 작용하는 유효 부하저항은 다음과 같이 부하저항에 권선수의 제곱을 곱한 것과 같다.

$$(R_1)_{\text{eff}} = \frac{v_1}{i_1} = \frac{(N_1/N_2)v_2}{(N_2/N_1)i_2}$$

또는

$$(R_1)_{\text{eff}} = \left(\frac{N_1}{N_2}\right)^2 R_L \tag{7-14a}$$

정현파 신호전압 $v_1(t)$와 부하 임피던스 Z_L에 대해 1차 전원 쪽에 작용하는 유효 임피던스는 다음 식과 같이 $(N_1/N_2)^2 Z_L$로 임피던스 변환이 이루어짐이 명확하다.

$$(Z_1)_{\text{eff}} = \left(\frac{N_1}{N_2}\right)^2 Z_L \tag{7-14b}$$

(b) 실제 변압기. 앞의 식 (7-9)에 의하면, 1차와 2차 권선의 결합자속은 그 관계를 다음과 같이 정리할 수 있다.

$$\Lambda_1 = N_1\Phi = \frac{\mu S}{\ell}(N_1^2 i_1 - N_1 N_2 i_2) \tag{7-15}$$

$$\Lambda_2 = N_2\Phi = \frac{\mu S}{\ell}(N_1 N_2 i_1 - N_2^2 i_2) \tag{7-16}$$

식 (7-15)와 (7-16)을 식 (7-11)과 (7-12)에 적용하면, 그 결과로 다음 관계를 얻는다.

$$v_1 = L_1 \frac{di_1}{dt} - L_{12}\frac{di_2}{dt} \tag{7-17}$$

$$v_2 = L_{12} \frac{di_1}{dt} - L_2\frac{di_2}{dt} \tag{7-18}$$

여기서

$$L_1 = \frac{\mu S}{\ell} N_1^2 \tag{7-19}$$

$$L_2 = \frac{\mu S}{\ell} N_2^2 \tag{7-20}$$

$$L_{12} = \frac{\mu S}{\ell} N_1 N_2 \tag{7-21}$$

은 각각 1차 권선의 자체 인덕턴스, 2차 권선의 자체 인덕턴스, 1차와 2차 권선의 상호 인덕턴스를 뜻한다. 이상적인 변압기에서는 자속 누설이 없으므로 $L_{12} = \sqrt{L_1 L_2}$ 가 된다. 실제 변압기에서는

$$L_{12} = k\sqrt{L_1 L_2}, \qquad k < 1 \tag{7-22}$$

로서 k는 **결합계수**(coefficient of coupling)라고 한다. 식 (7-19), (7-20), (7-21)은 식 (6-135)에 요약한 바와 같이 긴 솔레노이드(막대형 권선 코일)의 단위길이당 인덕턴스 관계식과 일치한다. 또한 이상적인 변압기로서 $\mu = \infty$로 가정하는 것은 인덕턴스가 무한대임을 뜻하는 것도 염두에 두어야 한다.

실제 변압기에서는 다음과 같은 실제 조건을 고려해야 한다. 즉, 자속의 손실 또는 누설 자속($k < 1$), 유한한 인덕턴스, 권선의 저항, 그리고 전압의 인가 방향(양 → 음, 음 → 양)에 따른 자속 변화에 차이가 나는 자기이력(히스테레시스: hysteresis)과 소용돌이 형태의 맴돌이전류(와전류: eddy current)에 의한 손실이 존재한다. 특히, 변압기를 구성하는 강자성체 코어의 비선형 특성(자성체의 투자율이 일정하지 않고 자기장의 세기에 따라 변하는 특성)으로 인해 실제 변압기의 특성을 정확히 해석하는 것은 매우 복잡하다. 그림 7-1(b)의 R_1과 R_2는 권선의 저항, X_1과 X_2는 권선의 누설 유도 저항, R_c는 자기이력 현상과 소용돌이 전류효과에 의한 전력 손실, 그리고 X_c는 강자성체 코어의 비선형 자화 현상을 나타내는 비선형 유도 저항을 뜻한다. 이들 특성변수 값을 해석적인 방법으로 결정하는 것은 굉장히 어려운 일이다. 이상적인 변압기의 권선 단자에 표시된 두 개의 점은 전자기 유도로 인해 두 개의 점이 표시된 이들 단자의 전위가 동시에 상승하고 감소함을 뜻하는 부호이다. 이와 같은 점의 표기 방법은 변압기 코어에 감는 권선의 방향을 나타내는 편리한 방법이다.[1)]

강자성체 코어에 시간에 따라 변하는 자속이 흐를 때 유도된 기전력은 패러데이의 법칙에 따른 결과이다. 이것은 자속과 수직인 방향으로 전도성 코어 내부에 국부적인 전류를 유도하게 되는데 이것을 **맴돌이전류**(와전류 또는 소용돌이전류: eddy current)라고 한다. 소용돌이전류는 저항성 전력소모를 유발하고 국부적으로 열이 발생하는 근원이 된다. 이 현상은 실제로 유도 가열의 원리이기도 하다. 유도 가열을 이용하는 용광로는 금속을 용융시킬 정도의

1) D. K. Cheng, *Analysis of Linear Systems*, Addison-Wesley, Reading, Mass, 1959, p. 50 참조

높은 온도를 얻는 데 사용된다. 변압기의 강자성체 코어에서 소용돌이전류에 의해 발생하는 전력 손실은 불필요한 성분이며, 따라서 투자율(μ)은 크나 전기 전도도(σ)는 낮은 자성체 코어 재료를 선택함으로써 이를 감소시킬 수 있다. 이러한 특성을 가진 대표적인 물질이 페라이트(ferrite: 강자성 물질)이다. 낮은 주파수의 큰 전력을 변환하는 변압기를 위해서 소용돌이전류에 의한 전력 손실을 억제하는 경제적인 방법은 얇은 강자성체 판을 적층한(laminated) 구조이며, 각각의 얇은 판은 절연성 유약을 바르거나 강자성체 판의 표면에 산화막을 형성하여 전기적으로 절연된 형태를 사용한다. 절연성 막은 저속의 방향과 평행하고 자속에 수직인 소용돌이전류가 얇은 판 내에 한정되도록 한다. 적층판의 수가 증가함에 따라 소용돌이전류에 의한 전력 손실이 감소함을 증명할 수 있다. (연습문제 P.7-6 참조) 전력 손실의 감소는 적층의 방법뿐만 아니라 단면의 모양과 단면적에 따라 크게 달라진다. 예를 들면, 그림 7-12(a)의 원형 코어 구조는 그림 7-12(b)에 나타낸 선형의 필라멘트 구조에 대신에 얇은 절연판을 적층하여 형성할 수도 있다.

7-2.3 일정한 세기의 자기장 내에서 도체가 이동하는 경우

그림 7-2에 나타낸 바와 같이 시간에 따라 변하지 않는 일정한 세기의 정자기장 **B** 내에서 도체가 **u**의 속도로 이동하면 $\mathbf{F}_m = q\mathbf{u} \times \mathbf{B}$의 힘이 작용하며, 도체 내의 이동전하인 전자는 도체의 한쪽 끝으로 드리프트되어 다른 한쪽 끝은 양의 전하를 띤 상태가 된다. 이와 같이 양과 음의 전하의 공간적 분리로 인해 정전기적 인력(쿨롱의 힘)이 발생되며, 전하 분리 과정은 정전기적 힘과 자기장에 의한 힘이 서로 평형을 이룰 때까지 계속된다. 이 평형상태를 이루는 과정은 매우 짧은 시간에 일어나며, 평형상태의 이동하는 도체에 존재하는 자유전하에 작용하는 힘은 0이 된다.

도체와 같이 움직이는 관찰자에게 겉으로는 이동하지 않는 것처럼 보이며, 단위전하당 자기장에 의한 힘은 $\mathbf{F}_m/q = \mathbf{u} \times \mathbf{B}$의 도체와 평행한 전기장을 유도하여 다음과 같은 크기의 전압을 유도하는 것으로 해석할 수 있다.

$$V_{21} = \int_1^2 (\mathbf{u} \times \mathbf{B}) \cdot d\ell \tag{7-23}$$

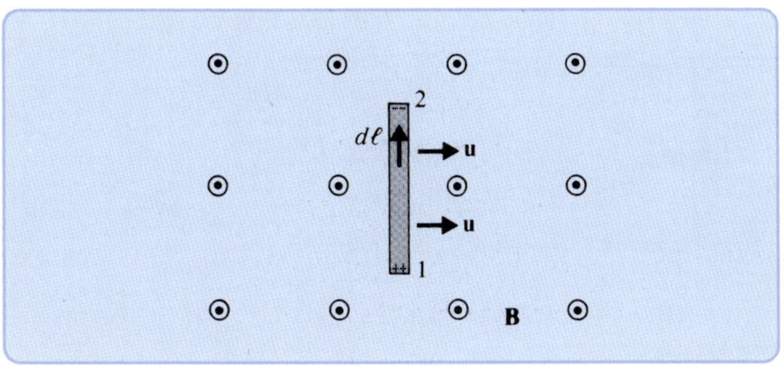

그림 7-2
일정한 세기의 자기장 내에서 이동하는 도체 막대

이동하는 도체가 폐회로 C를 구성하는 일부인 경우, 폐회로 전체에 걸쳐 생성되는 기전력은 다음과 같다.

$$\mathscr{V}' = \oint_C (\mathbf{u} \times \mathbf{B}) \cdot d\ell \qquad \text{(V)} \tag{7-24}$$

이것을 **이동 기전력**(moving emf) 또는 **자속절단 기전력**(flux-cutting emf)이라고 한다. 분명히 자속에 평행하지 않은 방향(따라서 비유적으로 설명하면 자속을 "절단하는" 방향)으로 움직이는 회로의 일부만이 식 (7-24)의 기전력 $\mathscr{V}'$의 생성에 기여함을 알 수 있다.

예제 7-2 그림 7-3에 나타낸 바와 같이, 자기장의 세기가 $\mathbf{B} = \mathbf{a}_z B_0$로 전 공간에 걸쳐 균일하고 시간에 따라 변하지 않는 공간에 존재하는 도체 레일 위에서 금속 막대가 일정한 속도 $\mathbf{u}$로 이동하고 있다.

(a) 단자 1과 2 양단에 나타나는 개방회로 전압 V_0를 구하라.

(b) 단자 1과 2 사이에 저항 R이 연결되었을 때 저항에서 소모되는 전력을 구하라.

(c) 이때 소모되는 전력은 금속 막대를 일정한 속도 $\mathbf{u}$로 이동시키는 데 필요한 기계력과 같음을 보여라. 금속 막대의 전기저항과 도체 레일의 저항은 무시하며, 금속 막대와 도체 레일의 접촉점에서 발생하는 기계적 마찰도 무시한다.

풀이

(a) 이동하는 도체 막대는 자속절단 기전력을 생성한다. 식 (7-24)를 이용하여 개방회로 전압 V_0를 구하면 다음과 같다.

$$\begin{aligned} V_0 = V_1 - V_2 &= \oint_C (\mathbf{u} \times \mathbf{B}) \cdot d\ell \\ &= \int_{2'}^{1'} (\mathbf{a}_x u \times \mathbf{a}_z B_0) \cdot (\mathbf{a}_y\, d\ell) \\ &= -uB_0 h \qquad \text{(V)} \end{aligned} \tag{7-25}$$

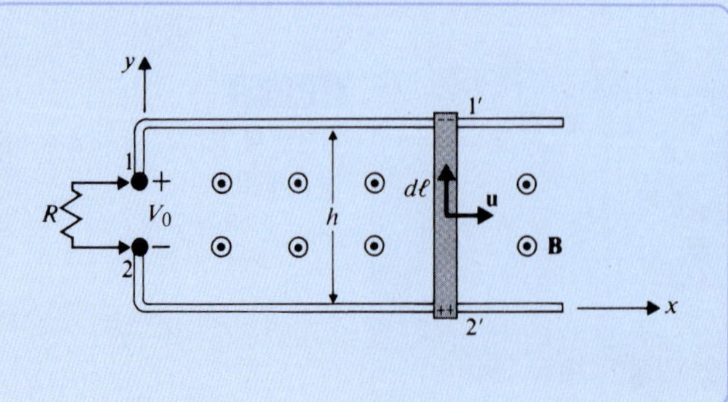

그림 7-3 도체 레일 위를 움직이는 금속 막대(예제 7-2)

(b) 단자 1과 2 양단에 저항 R이 연결되면, $I = uB_0h/R$의 전류가 단자 2로부터 단자 1로 흐르게 되며, 이때 저항에서 소모되는 전력 P_e는 다음과 같다.

$$P_e = I^2R = \frac{(uB_0h)^2}{R} \qquad \text{(W)} \tag{7-26}$$

(c) 금속 막대를 이동시키는 데 필요한 기계력 P_m은 다음과 같다.

$$P_m = \mathbf{F} \cdot \mathbf{u} \qquad \text{(W)} \tag{7-27}$$

여기서 $\mathbf{F}$는 전류가 흐르는 금속 막대에 자기장에 의해 가해지는 자기력 $\mathbf{F}_m$과 상응하는 반대 방향의 힘이다. 식 (6-184)를 이용하여 다음 결과를 얻는다.

$$\mathbf{F}_m = I\int_{2'}^{1'} d\ell \times \mathbf{B} = -\mathbf{a}_x IB_0h \qquad \text{(N)} \tag{7-28}$$

식 (7-28)의 음의 부호는 전류 I가 $d\ell$과 반대 방향으로 흐르기 때문에 나타난 결과이며, 다음의 결과를 얻는다.

$$\mathbf{F} = -\mathbf{F}_m = \mathbf{a}_x IB_0h = \mathbf{a}_x uB_0^2h^2/R \qquad \text{(N)} \tag{7-29}$$

식 (7-29)를 식 (7-27)에 대입하면 $P_m = P_e$임이 입증되며, 에너지 보존의 법칙을 뒷받침한다. ■

예제 7-3 **패러데이의 원판 발전기**(Faraday's disk generator)는 원판의 회전축에 평행한 방향의 균일하고 일정한 자기장 $\mathbf{B} = \mathbf{a}_zB_0$ 내에서 일정한 각속도 ω로 회전하는 원형의 금속판으로 구성되어 있다. 그림 7-4에 나타낸 바와 같이, 중심축과 원판의 가장자리에 브러시 형태의 접점이 있다. 회전하는 금속 원판의 반지름이 b인 경우 원판 발전기의 개방회로 전압을 구하라.

SOLUTION **풀이** 그림에 표기된 122′341′1의 폐회로를 대상으로 해석하고자 한다. 원판과 같이 움직이는 2′34 중에서 34의 직선부분만이 자속을 "절단"한다. 패러데이의 원판 발전기의 기전력은 식 (7-24)를 이용하여 구할 수 있으며, 그 결과는 다음과 같다.

$$\begin{aligned} V_0 &= \oint (\mathbf{u} \times \mathbf{B}) \cdot d\ell \\ &= \int_3^4 [(\mathbf{a}_\phi r\omega) \times \mathbf{a}_zB_0] \cdot (\mathbf{a}_r\, dr) \\ &= \omega B_0 \int_b^0 r\, dr = -\frac{\omega B_0 b^2}{2} \qquad \text{(V)} \end{aligned} \tag{7-30}$$

V_0를 측정하는 과정에서 외부에서 인가된 자기장을 변화시킬 정도의 전류는 흐르지 않도록 유지하기 위해서는 저항이 아주 큰 전압계를 사용해야 한다.

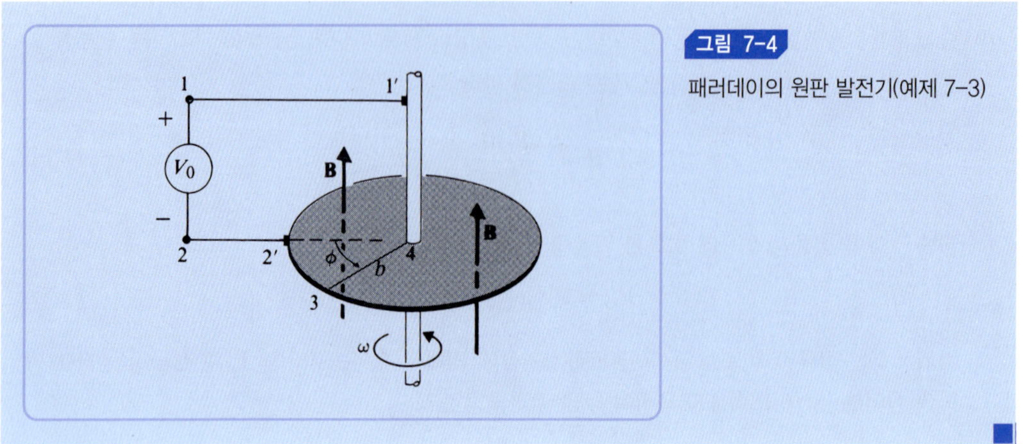

그림 7-4
패러데이의 원판 발전기(예제 7-3)

7-2.4 시간에 따라 변하는 자기장 내에서 이동하는 폐루프

전기장 **E**와 자기장 **B**가 모두 존재하는 공간에 전하 q가 **u**의 속도로 이동하면, 실험적으로 관측된 식 (6-5)로 정의된 로렌츠의 힘 방정식에 의해 다음과 같은 전자기력 **F**가 가해진다.

$$\mathbf{F} = q(\mathbf{E} + \mathbf{u} \times \mathbf{B}) \tag{7-31}$$

q와 동일한 속도로 이동하는 관찰자에게는 겉으로 보이는 상대적 이동속도는 없으며, q에 작용하는 힘은 전기장 **E**′에 의한 것으로 해석할 수 있다. 이를 수식으로 정리하면 다음과 같다.

$$\mathbf{E}' = \mathbf{E} + \mathbf{u} \times \mathbf{B} \tag{7-32}$$

$$\mathbf{E} = \mathbf{E}' - \mathbf{u} \times \mathbf{B} \tag{7-33}$$

따라서 면 S와 경로 C를 가진 도체 루프가 (**E**′, **B**)가 모두 존재하는 공간에서 **u**의 속도로 이동하는 경우, 식 (7-33)을 식 (7-2)에 대입함으로써 다음의 결과를 얻는다.

$$\oint_C \mathbf{E}' \cdot d\boldsymbol{\ell} = -\int_S \frac{\partial \mathbf{B}}{\partial t} \cdot d\mathbf{s} + \oint_C (\mathbf{u} \times \mathbf{B}) \cdot d\boldsymbol{\ell} \quad \text{(V)} \tag{7-34}$$

식 (7-34)를 시간에 따라 변하는 자기장 내에서 이동하는 루프에 대한 **패러데이 법칙**의 일반형이라고 한다. 좌변의 선적분 항은 기준이 되는 이동 프레임에 유도된 기전력이다. 우변의 첫 번째 항은 시간에 따른 자기장 **B**의 변화로 인해 유도된 변압기 기전력이며, 두 번째 항은 자기장 **B** 내에서 루프의 이동으로 유도된 이동 기전력을 나타내는 성분이다. 변압기 기전력과 이동 기전력의 분리는 기준 프레임의 선택방법에 따라 달라진다.

시간에 따라 변하는 자기장 **B** 내에서 경계선 C를 가진 루프가 시간 t인 시점에 C_1으로부터 $t + \Delta t$인 시점에 C_2로 움직이는 경우를 통해 전자기 유도 현상을 이해하고자 한다. 이 과정의 이동에는 평행이동, 회전, 그리고 임의 형태의 변형이 있을 수도 있으며, 이를 그림 7-5에 나타내

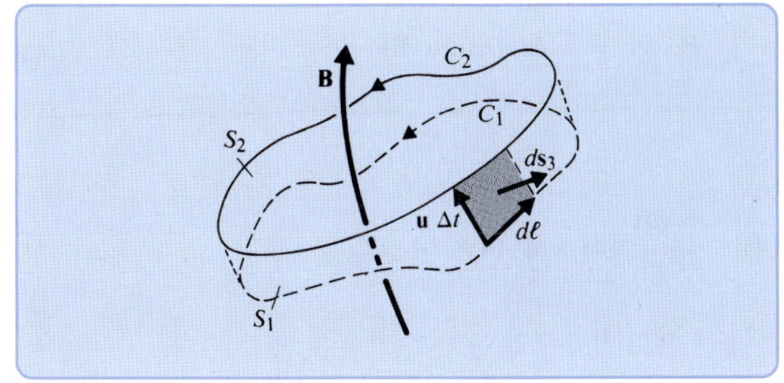

그림 7-5
시간에 따라 변하는 자기장 내에서 이동하는 루프

었다. 경계선을 관통하는 자속의 시간에 따른 변화는 다음의 식을 통해 구할 수 있다.

$$\begin{aligned}\frac{d\Phi}{dt} &= \frac{d}{dt}\int_S \mathbf{B}\cdot d\mathbf{s} \\ &= \lim_{\Delta t\to 0}\frac{1}{\Delta t}\left[\int_{S_2}\mathbf{B}(t+\Delta t)\cdot d\mathbf{s}_2 - \int_{S_1}\mathbf{B}(t)\cdot d\mathbf{s}_1\right]\end{aligned} \tag{7-35}$$

식 (7-35)의 $\mathbf{B}(t+\Delta t)$는 테일러 급수(Taylor's series)를 이용하여 다음과 같이 전개할 수 있다.

$$\mathbf{B}(t+\Delta t) = \mathbf{B}(t) + \frac{\partial \mathbf{B}(t)}{\partial t}\Delta t + \text{H.O.T.} \tag{7-36}$$

여기서 (H.O.T.)는 Δt에 대한 2차 이상의 고차항을 포함한다. 식(7-36)을 식(7-35)에 대입하고 $\mathbf{B}(t)$를 $\mathbf{B}$로 간략화하여 나타내면 다음 결과를 얻는다.

$$\frac{d}{dt}\int_S \mathbf{B}\cdot d\mathbf{s} = \int_S \frac{\partial \mathbf{B}}{\partial t}\cdot d\mathbf{s} + \lim_{\Delta t\to 0}\frac{1}{\Delta t}\left[\int_{S_2}\mathbf{B}\cdot d\mathbf{s}_2 - \int_{S_1}\mathbf{B}\cdot d\mathbf{s}_1 + \text{H.O.T.}\right] \tag{7-37}$$

C_1로부터 C_2로 이동하는 경우 회로는 S_1, S_2, S_3로 정해진 영역을 지나게 된다. 측면 S_3는 Δt의 시간 동안 경계선이 스치고 지나간 면적에 해당한다. 측면의 면적 성분은 다음과 같다.

$$d\mathbf{s}_3 = d\boldsymbol{\ell} \times \mathbf{u}\,\Delta t \tag{7-38}$$

그림 7-5에 빗금친 영역에 대해 시간 t인 시점에 $\mathbf{B}$에 대해 발산 정리를 적용하면 다음 결과를 얻는다.

$$\int_V \nabla\cdot\mathbf{B}\,dv = \int_{S_2}\mathbf{B}\cdot d\mathbf{s}_2 - \int_{S_1}\mathbf{B}\cdot d\mathbf{s}_1 + \int_{S_3}\mathbf{B}\cdot d\mathbf{s}_3 \tag{7-39}$$

발산 정리에서 면적 성분은 폐곡면의 내부로부터 외부로 향하는 수직 방향 벡터를 사용해야 하기 때문에 $d\mathbf{s}_1$을 포함하는 항에 음의 부호가 포함되었다. 식 (7-38)과 (7-39)를 사용하고 $\nabla\cdot\mathbf{B} = 0$을 적용하면 다음 관계식을 얻는다.

$$\int_{S_2} \mathbf{B} \cdot d\mathbf{s}_2 - \int_{S_1} \mathbf{B} \cdot d\mathbf{s}_1 = -\Delta t \oint_C (\mathbf{u} \times \mathbf{B}) \cdot d\boldsymbol{\ell} \tag{7-40}$$

따라서 식 (7-37)과 (7-40)을 연립하면

$$\frac{d}{dt}\int_S \mathbf{B} \cdot d\mathbf{s} = \int_S \frac{\partial \mathbf{B}}{\partial t} \cdot d\mathbf{s} - \oint_C (\mathbf{u} \times \mathbf{B}) \cdot d\boldsymbol{\ell} \tag{7-41}$$

을 얻으며, 이것은 식 (7-34)의 우측 항에 음의 부호를 붙인 것과 같음을 알 수 있다.

이동하는 프레임에서 측정한 루프 C의 유도 기전력을 다음과 같이 정의하면,

$$\mathscr{V}' = \oint_C \mathbf{E}' \cdot d\boldsymbol{\ell} \tag{7-42}$$

식 (7-34)는 다음과 같이 간략화할 수 있으며 이것은 식 (7-6)과 같은 형태이다.

$$\begin{aligned} \mathscr{V}' &= -\frac{d}{dt}\int_S \mathbf{B} \cdot d\mathbf{s} \\ &= -\frac{d\Phi}{dt} \qquad \text{(V)} \end{aligned} \tag{7-43}$$

물론 회로가 움직이지 않으면 $\mathscr{V}'$는 $\mathscr{V}$와 같아지며, 식 (7-43)과 (7-6)은 완전히 동일한 식이 된다. 따라서 폐루프에 유도되는 기전력과 루프의 결합자속의 시간에 따른 음의 변화량이 동일함을 설명하는 패러데이의 법칙은 이동하는 루프뿐만 아니라 정지된 루프에도 적용됨을 뜻한다. 유도 기전력에 관한 문제를 해석할 때 식 (7-34)와 (7-43)의 두 식 중 어느 식을 사용해도 무방하다. 만약 고-임피던스의 전압계가 도체 루프에 삽입되면 정지된 루프이든 이동하는 루프이든 어느 경우나 전자기 유도로 인한 개방회로 전압을 측정하게 된다. 식 (7-34)의 유도 기전력을 변압기 기전력과 이동 기전력으로 분리하는 방법은 유일하지 않으나 그들의 합은 식 (7-43)을 사용하여 계산한 결과와 항상 동일함은 앞서 설명한 것과 같다.

예제 7-2(그림 7-3)를 통해 식 (7-24)를 이용하여 개방회로 전압을 결정하는 방법을 확인하였다. 식 (7-43)을 사용하면

$$\Phi = \int_S \mathbf{B} \cdot d\mathbf{s} = B_0(hut)$$

와

$$V_0 = -\frac{d\Phi}{dt} = -uB_0h \qquad \text{(V)}$$

을 결과로 얻게 되며, 이것은 식 (7-25)와 동일하다.

유사하게, 예제 7-3의 패러데이의 원판 발전기에서 폐루프 122′341′1을 통과하는 자속은 쐐기

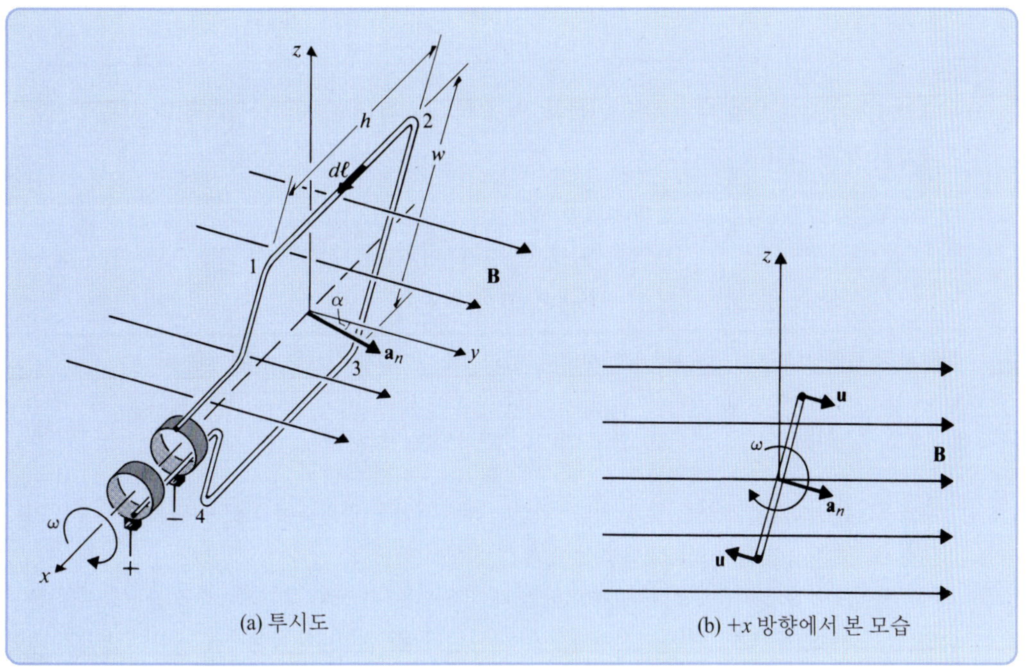

그림 7-6
변하는 자장 내에서 회전하는 직사각형의 도체 루프(예제 7-4)

형(wedge-shaped) 면적 2′342′을 통과하는 사속과 같으며, 다음 수식을 통해 얻을 수 있다.

$$\Phi = \int_S \mathbf{B} \cdot d\mathbf{s} = B_0 \int_0^b \int_0^{\omega t} r\, d\phi\, dr$$
$$= B_0(\omega t)\frac{b^2}{2}$$

와

$$V_0 = -\frac{d\Phi}{dt} = -\frac{\omega B_0 b^2}{2}$$

이것은 식 (7-30)과 동일하다.

예제 7-4 가로와 세로가 각각 h와 w인 직사각형 도체 루프가 시간에 따라 변하는 자기장 $\mathbf{B} = \mathbf{a}_y B_0 \sin \omega t$ 내에 있다. 그림 7-6에 나타낸 바와 같이, 초기에는 도체 루프가 이루는 면에 수직인 방향이 $\mathbf{a}_y$축과 α의 각도를 이루고 있다: (a) 루프가 정지상태에 있을 때 루프에 유도되는 기전력을 구하라. (b) x축을 중심으로 ω의 각속도로 루프가 회전할 때 유도되는 기전력을 구하라.

SOLUTION
풀이

(a) 루프가 정지상태에 있을 때의 유도 기전력: 먼저 식 (7-6)을 사용하여 다음과 같이 루프의 결합 자속을 구할 수 있다.

$$\begin{aligned}\Phi &= \int \mathbf{B}\cdot d\mathbf{s}\\ &= (\mathbf{a}_y B_0 \sin \omega t)\cdot(\mathbf{a}_n hw)\\ &= B_0 hw \sin \omega t \cos \alpha\end{aligned}$$

따라서 루프의 면적을 $S = hw$로 정의하면, 다음과 같은 변압기 기전력 $\mathscr{V}_a$를 얻는다.

$$\mathscr{V}_a = -\frac{d\Phi}{dt} = -B_0 S\omega \cos \omega t \cos \alpha \tag{7-44}$$

단자의 극성은 그림에 표시한 것과 같다. 외부에 부하저항을 연결하여 회로가 구성되면, 변압기 기전력 $\mathscr{V}_a$는 자속 Φ의 변화를 방해하는 전류를 생성하게 된다.

(b) x축을 중심으로 ω의 각속도로 루프가 회전할 때 유도되는 기전력: 루프가 x축을 중심으로 회전하면 식 (7-34)의 두 항이 모두 기전력에 기여하게 된다. 즉, 첫 번째 항은 식 (7-44)의 변압기 기전력 $\mathscr{V}_a$로 기여하고, 두 번째 항은 이동 기전력 $\mathscr{V}'_a$로 기여하며 다음을 통해 구할 수 있다.

$$\begin{aligned}\mathscr{V}'_a &= \oint_C (\mathbf{u}\times\mathbf{B})\cdot d\boldsymbol{\ell}\\ &= \int_2^1 \left[\left(\mathbf{a}_n \frac{w}{2}\omega\right)\times(\mathbf{a}_y B_0 \sin \omega t)\right]\cdot(\mathbf{a}_x\, dx)\\ &\quad + \int_4^3 \left[\left(-\mathbf{a}_n \frac{w}{2}\omega\right)\times(\mathbf{a}_y B_0 \sin \omega t)\right]\cdot(\mathbf{a}_x\, dx)\\ &= 2\left(\frac{w}{2}\omega B_0 \sin \omega t \sin \alpha\right)h\end{aligned}$$

루프 중 변 23과 41의 도체 성분은 기전력 $\mathscr{V}'_a$에 기여하지 않으며, 변 12와 34는 같은 방향, 같은 크기로 기여하게 된다. $t = 0$인 시점에 y축과 이루는 각이 $\alpha = 0$인 상태에서 회전을 시작하는 경우에 $\alpha = \omega t$로 표시할 수 있으므로, 운동 기전력은 다음과 같이 정리할 수 있다.

$$\mathscr{V}'_a = B_0 S\omega \sin \omega t \sin \omega t \tag{7-45}$$

따라서 식 (7-44)로 표시되는 변압기 기전력 $\mathscr{V}_a$와 식 (7-45)로 표시되는 운동 기전력 $\mathscr{V}'_a$의 합으로 표시되는 루프 내의 유도 기전력 $\mathscr{V}'_t$는

$$\mathscr{V}'_t = -B_0 S\omega(\cos^2 \omega t - \sin^2 \omega t) = -B_0 S\omega \cos 2\omega t \tag{7-46}$$

로 나타낼 수 있으며 2ω의 각주파수를 갖는다.

총 유도 기전력 $\mathscr{V}'_t$은 식 (7-43)을 바로 구할 수도 있다. 즉, 임의의 시점 t에 루프를 관통하는 결합자속은 다음과 같다.

$$\Phi(t) = \mathbf{B}(t) \cdot [\mathbf{a}_n(t)S] = B_0 S \sin \omega t \cos \alpha$$
$$= B_0 S \sin \omega t \cos \omega t = \tfrac{1}{2} B_0 S \sin 2\omega t$$

이를 이용하면 루프에 유도되는 총 기전력 $\mathscr{V}_t'$는

$$\mathscr{V}_t' = -\frac{d\Phi}{dt} = -\frac{d}{dt}\left(\frac{1}{2} B_0 S \sin 2\omega t\right)$$
$$= -B_0 S\omega \cos 2\omega t$$

로서, 앞서 유도한 결과와 동일하다.

7-3 맥스웰 방정식

전자기 유도에 관한 기본 가정을 통해 시간에 따라 변하는 자기장($\mathbf{B}$)은 전기장($\mathbf{E}$)을 생성함을 확인하였다. 이것은 다양한 실험을 통해 충분히 검증된 바 있다. 따라서 시간에 따라 변하는 전자기장에서는 표 7-1의 식 $\nabla \times \mathbf{E} = 0$은 식 (7-1)로 대체되어야 한다. 즉, 시간에 따라 변하는 전자기장에서는 표 7-1의 회전과 발산에 관한 식이 다음과 같은 수식으로 수정된다.

$$\nabla \times \mathbf{E} = -\frac{\partial \mathbf{B}}{\partial t} \tag{7-47a}$$

$$\nabla \times \mathbf{H} = \mathbf{J} \tag{7-47b}$$

$$\nabla \cdot \mathbf{D} = \rho \tag{7-47c}$$

$$\nabla \cdot \mathbf{B} = 0 \tag{7-47d}$$

또한 항상 전하 보존의 법칙(또는 연속 방정식)을 만족해야 함도 알고 있다. 식 (5-44)의 전하 보존의 법칙을 수식으로 다시 정리하면 다음과 같다.

$$\nabla \cdot \mathbf{J} = -\frac{\partial \rho}{\partial t} \tag{7-48}$$

시간에 따라 변하는 전자기장 내에서도 (7-47a, b, c, d)의 관계식이 식 (7-48)과 모순되지 않을까 하는 심각한 의문이 제기된다. 그런데 다음과 같이 간단히 식 (7-47b)의 발산을 택한 결과를 통해 이것이 모순됨을 알 수 있다.

$$\nabla \cdot (\nabla \times \mathbf{H}) = 0 = \nabla \cdot \mathbf{J} \tag{7-49}$$

이것은 식 (2-149)에서 정리한 바와 같이 완만하게 변하는 특성을 가진(well-behaved) 벡터 물리

량의 회전성분에 대한 발산은 항상 0이 되어야 하는 영 항등식(null identity)이기 때문이다. 식 (7-48)은 시간에 따라 변하는 전자기장의 경우 $\nabla \cdot \mathbf{J}$가 0이 되지 않으므로 식 (7-49)가 모든 경우에 적용할 수 있도록 일반화할 수는 없다.

그렇다면 위에 제시한 물리적 관계식의 타당성을 확보하기 위해서는 식 (7-47a, b, c, d)를 어떻게 수정해야 하는가? 무엇보다 먼저 식 (7-49)의 오른쪽 항에 $\partial\rho/\partial t$를 더해야 하며 다음 결과를 얻는다.

$$\nabla \cdot (\nabla \times \mathbf{H}) = 0 = \nabla \cdot \mathbf{J} + \frac{\partial \rho}{\partial t} \tag{7-50}$$

식 (7-47c)를 식 (7-50)에 대입하면

$$\nabla \cdot (\nabla \times \mathbf{H}) = \nabla \cdot \left(\mathbf{J} + \frac{\partial \mathbf{D}}{\partial t}\right) \tag{7-51}$$

을 얻으며, 그 결과로 다음을 얻는다.[2)]

$$\boxed{\nabla \times \mathbf{H} = \mathbf{J} + \frac{\partial \mathbf{D}}{\partial t}} \tag{7-52}$$

식 (7-52)는 전류가 흐르지 않더라도 시간에 따른 전기장의 변화는 자기장을 형성함을 뜻한다. 추가된 항 $\partial\mathbf{D}/\partial t$는 식 (7-52)가 전하 보존의 법칙을 그대로 유지되기 위해 필요하다.

$\partial\mathbf{D}/\partial t$가 전류밀도(SI 단위: $\mathrm{A/m^2}$)의 단위를 가짐을 확인하는 것은 어렵지 않다. $\partial\mathbf{D}/\partial t$ 항을 **변위 전류밀도**(displacement current density)라고 하며, $\nabla \times \mathbf{H}$의 관계식에 도입하게 된 것은 맥스웰(James Clerk Maxwell; 1831–1879)의 가장 중요한 업적 중 하나이다. 시간에 따라 변하는 전자기장에서 연속 방정식이 유지되기 위해서는 표 7-1의 회전성분 관계식의 양변이 보다 일반적인 형태로 수정되어야 한다. 즉, 일부 모순점을 가진 식 (7-47a, b, c, d)는 상호 일관성 있고 합당한 다음 네 개의 관계식으로 수정되며, 이것을 전자기장에 관한 **맥스웰 방정식**(Maxwell's equation)이라고 한다.

$$\nabla \times \mathbf{E} = -\frac{\partial \mathbf{B}}{\partial t} \tag{7-53a}$$

$$\nabla \times \mathbf{H} = \mathbf{J} + \frac{\partial \mathbf{D}}{\partial t} \tag{7-53b}$$

$$\nabla \cdot \mathbf{D} = \rho \tag{7-53c}$$

$$\nabla \cdot \mathbf{B} = 0 \tag{7-53d}$$

2) 식 (7-51)을 유효하게 유지하기 위해서는 식 (7-52)에 적분상수를 추가해야 한다. 그런데 시간에 따라 변하지 않는 경우 식 (7-52)가 식 (7-47b)로 간략화되기 위해서는 적분상수가 0이 되어야 한다.

식 (7-53c)의 ρ는 단위체적당 **전하밀도**, 식 (7-53b)의 **J**는 이동전하에 의한 자유전류로서 대류전류(ρ**u**)와 전도성 전류(σ**E**)로 구성되어 있다. 식 (7-48)의 연속 방정식, 식 (6-5)의 로렌츠의 힘 방정식과 함께 네 개의 방정식은 전자기 이론의 해석을 위한 가장 근본이 되는 관계식이다. 이들 관계식은 모든 거시적인 전자기 현상을 설명하고 예측하는 데 사용된다.

식 (7-53a, b, c, d)로 표시되는 네 개의 맥스웰 방정식이 일관성이 있고 상호 합치되지만, 이들이 상호 독립적이지는 못하다. 실제로, 발산에 관한 두 개의 방정식은 식 (7-48)의 연속 방정식을 사용하여 회전성분과 관련된 방정식(식 (7-53a와 b))으로부터 유도할 수도 있다(연습문제 P.7-11 참조). 전자장을 나타내는 네 개의 가장 기본적인 벡터 **E**, **D**, **B**, **H**(각각은 세 가지 성분으로 구성)는 총 12개의 미지수를 포함하고 있다. 이 12개의 미지수를 구하기 위해서는 12개의 스칼라 방정식이 필요하다. 이에 필요한 관계식은 두 개의 벡터 회전성분 관계식과 각각이 세 개의 스칼라 방정식과 동일한 두 개의 벡터 구성요소 관계식 $\mathbf{D} = \epsilon\mathbf{E}$와 $\mathbf{H} = \mathbf{B}/\mu$를 통해 제공된다.

7-3.1 적분 형태의 맥스웰 방정식

식 (7-53a, b, c, d)에 나타낸 맥스웰 방정식은 공간 내의 모든 점에서 유효한 미분 방정식이다. 실제 상황의 전자기장 현상을 설명할 때는 특정한 형태와 경계를 가진 유한한 대상을 다루어야 한다. 이때는 미분 형태의 맥스웰 방정식을 적분 형태로 변환하여 적용하는 것이 편리하다. 식 (7-53a)와 (7-53b)의 회전성분 관계식은 외곽 테두리 경계선을 C로 하는 개방면 S에 대해 양변에 면적분을 취하고 스토크스의 정리를 적용하면 다음과 같이 적분 형태의 결과를 얻는다.

$$\oint_C \mathbf{E}\cdot d\ell = -\int_S \frac{\partial \mathbf{B}}{\partial t}\cdot d\mathbf{s} \tag{7-54a}$$

$$\oint_C \mathbf{H}\cdot d\ell = \int_S \left(\mathbf{J} + \frac{\partial \mathbf{D}}{\partial t}\right)\cdot d\mathbf{s} \tag{7-54b}$$

식 (7-53c)와 (7-53d)의 발산성분 관계식은 폐곡면(closed surface) S를 가진 체적(부피) V에 대해 양변에 체적적분을 취하고 발산 정리를 적용하면 다음과 같이 적분 형태의 결과를 얻는다.

$$\oint_S \mathbf{D}\cdot d\mathbf{s} = \int_V \rho\, dv \tag{7-54c}$$

$$\oint_S \mathbf{B}\cdot d\mathbf{s} = 0 \tag{7-54d}$$

위에 정리한 네 개의 방정식 (7-54a, b, c, d)은 적분형 맥스웰 방정식이다. 식 (7-54a)는 식 (7-2)와 동일하며 전자기 유도 현상에 관한 패러데이의 법칙에 관한 표현이다. 식 (6-78)은 시간에 따라 불변인 정자기장에 한정해서 적용되었던 것과 비교하여 식 (7-54b)는 암페어의 주회법칙

표 7-2 맥스웰 방정식

미분형	적분형	의미
$\nabla \times \mathbf{E} = -\dfrac{\partial \mathbf{B}}{\partial t}$	$\oint_C \mathbf{E} \cdot d\ell = -\dfrac{d\Phi}{dt}$	패러데이의 법칙
$\nabla \times \mathbf{H} = \mathbf{J} + \dfrac{\partial \mathbf{D}}{\partial t}$	$\oint_C \mathbf{H} \cdot d\ell = I + \int_S \dfrac{\partial \mathbf{D}}{\partial t} \cdot d\mathbf{s}$	암페어의 주회법칙
$\nabla \cdot \mathbf{D} = \rho$	$\oint_S \mathbf{D} \cdot d\mathbf{s} = Q$	가우스의 법칙
$\nabla \cdot \mathbf{B} = 0$	$\oint_S \mathbf{B} \cdot d\mathbf{s} = 0$	독립된 자하가 없음

을 보다 일반화한 형태이다. 전류밀도 $\mathbf{J}$는 농도 차이로 인해 자유전하가 이동하여 생성된 대류(convection) 전류밀도 $\rho\mathbf{u}$와 도체 내에 존재하는 전기장으로 인해 생성된 전도성 전류밀도 $\sigma\mathbf{E}$로 구성되어 있음을 이해하는 것도 중요하다. 전류밀도 $\mathbf{J}$의 면적분을 통해 개방면 S를 통해 흐르는 전류 I를 얻게 된다.

식 (7-54c)는 가우스 법칙의 적분형으로 해석할 수 있으며, 시불변의 정전기장에서뿐만 아니라 시간에 따라 변하는 경우에도 동일하게 널리 활용할 수 있다. 즉, 전하밀도 ρ의 체적적분은 폐곡면 S로 둘러싸인 체적 내에 존재하는 총 전하량과 같다. 식 (7-54d)는 특별한 법칙과는 관계없으나 식 (7-54c)와 비교하면 독립된 자하(자기전하: magnetic charge)는 존재하지 않으며 임의의 폐곡면을 통해 통과하는 총 자속은 0임을 결론적으로 얘기할 수 있다. 맥스웰 방정식을 편리하게 활용할 수 있도록 미분형과 적분형을 모아 표 7-2에 요약하였다. 시간에 불변인 전자기장에서 표 7-1의 정전기장과 정자기장에 관한 기본 관계식으로 간략화할 수 있음은 명확하다.

예제 7-5 그림 7-7에 나타낸 것과 같이, 진폭이 V_0이고 각주파수가 ω인 교류전압원 $v_c = V_0 \sin \omega t$가 평판 커패시터 C_1에 연결되어 있다. (a) 커패시터에 흐르는 변위전류와 도선에 흐르는 전도전류가 동일함을 증명하라. (b) 도선으로부터 거리 r인 지점의 자기장 세기를 구하라.

SOLUTION **풀이**

(a) 도선에 흐르는 전도전류는 다음과 같이 평판 커패시터에 흐르는 변위전류와

$$i_C = C_1 \frac{dv_C}{dt} = C_1 V_0 \omega \cos \omega t \qquad \text{(A)}$$

면적 A, 평판 간의 간격 d, 유전체의 유전율이 ϵ인 평판 커패시터의 정전용량은 다음과 같다.

$$C_1 = \epsilon \frac{A}{d}$$

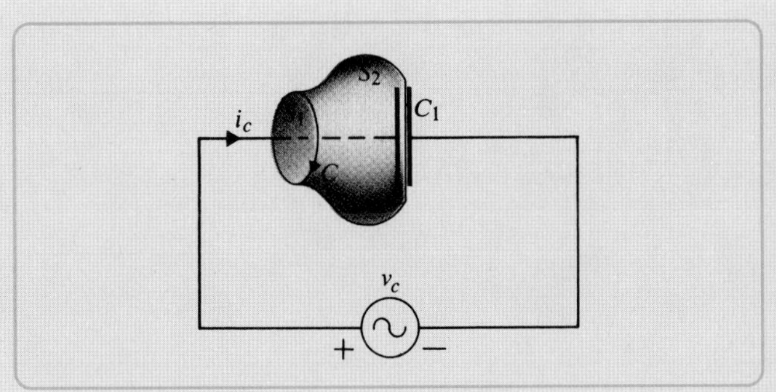

그림 7-7
교류전압원에 열결된 평판 커패시터(예제 7-5)

평판 양단에 전압 v_C가 인가되면 유전체 내에는 (가장자리 효과를 무시하면) 균일한 전기장 세기가 형성되며 그 크기는 $E = v_C/d$이므로, 다음 결과를 얻는다.

$$D = \epsilon E = \epsilon \frac{V_0}{d} \sin \omega t$$

따라서 변위전류는 다음과 같이 전도전류와 동일함을 확인할 수 있다.

$$\begin{aligned} i_D &= \int_A \frac{\partial \mathbf{D}}{\partial t} \cdot d\mathbf{s} = \left(\epsilon \frac{A}{d} \right) V_0 \omega \cos \omega t \\ &= C_1 V_0 \omega \cos \omega t = i_C. \qquad \text{Q.E.D.} \end{aligned}$$

(b) 도선으로부터 거리 r인 지점의 자기장 세기는 그림 7-7의 경계선 C에 대해 식 (7-54b)의 일반화된 암페어의 주회법칙을 적용하여 구할 수 있다. 즉, 다음과 같이 경계선 C를 갖는 두 개의 개방면을 택할 수 있다.

(1) 원판의 평면 S_1

(2) 유전체를 관통하는 곡면 S_2

도선 주변의 대칭성에 의해 경로 C 주변은 일정한 크기의 H_ϕ가 존재함을 알 수 있다. 따라서 식 (7-54b)의 왼쪽 항에 대한 선적분 결과는 다음과 같다.

$$\oint_C \mathbf{H} \cdot d\ell = 2\pi r H_\phi$$

면 S_1에 대해, 도선에는 전하를 공급하지 않았으므로 $\mathbf{D} = 0$이며, 따라서 식 (7-54b)의 우변 첫 번째 항만 0이 아니며, 적분 결과로 다음을 얻는다.

$$\int_{S_1} \mathbf{J} \cdot d\mathbf{s} = i_C = C_1 V_0 \omega \cos \omega t$$

면 S_2는 유전체를 지나므로 S_2를 통과하는 전도전류는 존재하지 않는다. 만약 두 번째 적분이 없다면, 식 (7-54b)의 우변도 0이 될 것이며, 이것은 모순된 결과이다. 맥스웰에 의한 변위전류 항이 포함됨으로써 이 모순을 해결하였다. (a)의 풀이에서 확인한 바와 같이 $i_D = i_C$이다. 따라서 S_1과

S_2의 어느 면을 택하더라도 동일한 결과를 얻게 된다. 앞에서 얻은 두 개의 적분 결과가 동일함을 이용하면, 도선 주변의 자기장의 세기는

$$H_\phi = \frac{C_1 V_0}{2\pi r}\omega \cos \omega t \qquad \text{(A/m)}$$

을 얻는다.

7-4 전자기장 해석을 위한 포텐셜 함수

6-3절에서 자기장 **B**의 나선형(solenoidal) 특성($\nabla \cdot \mathbf{B} = 0$)을 만족해야 하므로 다음 관계식을 만족하는 벡터 자기장 포텐셜 **A**의 개념을 도입하였다.

$$\mathbf{B} = \nabla \times \mathbf{A} \qquad \text{(T)} \tag{7-55}$$

식 (7-55)를 식 (7-1)로 표시된 미분형 패러데이의 법칙에 대입하면,

$$\nabla \times \mathbf{E} = -\frac{\partial}{\partial t}(\nabla \times \mathbf{A})$$

또는

$$\nabla \times \left(\mathbf{E} + \frac{\partial \mathbf{A}}{\partial t}\right) = 0 \tag{7-56}$$

을 얻는다. 식 (7-56)의 괄호 안에 있는 두 벡터량의 합은 회전성분과는 무관하므로 이것은 스칼라 물리량의 공간적 변화율(gradient)로 나타낼 수 있다. 정전기장에서 정의된 식 (3-43)의 스칼라 전위(electric potential) V와 일치하도록 하기 위해서

$$\mathbf{E} + \frac{\partial \mathbf{A}}{\partial t} = -\nabla V$$

로 정리하며, 이것으로부터 전기장의 세기로 다음 결과를 얻는다.

$$\mathbf{E} = -\nabla V - \frac{\partial \mathbf{A}}{\partial t} \qquad \text{(V/m)} \tag{7-57}$$

시간에 불변인 정전자기장에서는 $\partial \mathbf{A}/\partial t = 0$이므로, 식 (7-57)은 $\mathbf{E} = -\nabla V$로 간략화된다. 따라서 전기장 세기 **E**는 전위 V로부터 구할 수 있고 자기장 **B**는 식 (7-55)를 이용하여 **A**로부터 구할 수 있다. 시간에 따라 변하는 전자기장에서 **E**는 V와 **A**에 모두 의존하며, 이는 곧 전기장

세기 $\mathbf{E}$는 $-\nabla V$ 항을 통한 전하의 축적과 $-\partial\mathbf{A}/\partial t$ 항을 통한 시변 자기장으로부터 생성됨을 뜻한다. $\mathbf{B}$가 $\mathbf{A}$에 의존하므로, $\mathbf{E}$와 $\mathbf{B}$는 상호 연관성을 갖고 결합된 물리량임을 뜻한다.

식 (7-57)의 전기장 세기는 두 개의 항으로 이루어진 것으로 해석할 수 있다. 즉, 첫째 항 $-\nabla V$는 전하 분포 ρ에 의한 것이며, 둘째 항 $-\partial\mathbf{A}/\partial t$은 시간에 따라 변하는 전류 $\mathbf{J}$에 의해 생성된 것이다. 한편, 전위 V를 구할 때는 다음에 다시 정리한 식 (3-61)을 사용하여 전하밀도 ρ로부터 구하고

$$V = \frac{1}{4\pi\epsilon_0}\int_{V'}\frac{\rho}{R}\,dv' \tag{7-58}$$

벡터 자기장 포텐셜 $\mathbf{A}$를 구할 때는 다음에 다시 정리한 식 (6-23)을 사용하여 전류밀도로부터 구하고 싶을 것이다.

$$\mathbf{A} = \frac{\mu_0}{4\pi}\int_{V'}\frac{\mathbf{J}}{R}\,dv' \tag{7-59}$$

그러나, 앞에 정리한 두 식은 시간 불변인 정전기장과 정자기장에서 얻은 결과로서, V와 $\mathbf{A}$는 각각 식 (4-6)과 (6-21)의 포아송 방정식(Poisson's equation)으로부터 얻은 해이다. ρ와 $\mathbf{J}$가 시간에 의존하는 함수이기 때문에 이 해들은 그 자체로 시간에 의존하는 함수일 수 있으나, 시변 전자기장의 유한한 전파속도로 인한 시간-지연 효과는 무시한다. 시간에 따른 ρ와 $\mathbf{J}$의 변화가 아주 느리고(아주 낮은 주파수에 대해서는) 저항의 길이가 파장에 비해 짧은 경우에는 시불변 전자기장과 유사한(**유사-정전자기장**: quasi-static field) 문제를 해석하기 위해 식 (7-55)와 (7-57)에 식 (7-58)과 (7-59)를 대입해도 무방하다. 이에 대해서는 7-7.2절에서 다시 논의할 것이다.

유사 전자기장은 가정이며, 이러한 유사 전자기장을 통한 해석은 전자기장 이론을 회로이론으로 해석할 수 있도록 한다. 그러나 신호 주파수가 높고 저항체 또는 회로의 길이가 파장에 비해 짧지 않은 경우에는 유사 정전기장 가정에 의한 해는 충분치 않다. 이 경우에는 안테나를 통한 전자기장 복사의 경우에서와 같이 시간 지연 효과를 고려해야 한다. 이러한 점들은 파동 방정식에 대한 해를 학습하는 과정에서 충분히 논의하게 될 것이다.

식 (7-55)와 (7-57)을 식 (7-53b)에 대입하고 균일 매질을 가정한 자기장 세기의 상관관계 $\mathbf{H} = \mathbf{B}/\mu$와 전기장 세기의 상관관계 $\mathbf{D} = \epsilon\mathbf{E}$를 이용하면, 다음 관계식을 얻는다.

$$\nabla \times \nabla \times \mathbf{A} = \mu\mathbf{J} + \mu\epsilon\frac{\partial}{\partial t}\left(-\nabla V - \frac{\partial\mathbf{A}}{\partial t}\right) \tag{7-60}$$

식 (6-17a)의 $\nabla \times \nabla \times \mathbf{A}$에 대한 벡터 항등식을 이용하면, 식 (7-60)은 다음의 두 가지 형태로 정리할 수 있다.

$$\nabla(\nabla\cdot\mathbf{A}) - \nabla^2\mathbf{A} = \mu\mathbf{J} - \nabla\left(\mu\epsilon\frac{\partial V}{\partial t}\right) - \mu\epsilon\frac{\partial^2\mathbf{A}}{\partial t^2}$$

또는

$$\nabla^2\mathbf{A} - \mu\epsilon\frac{\partial^2\mathbf{A}}{\partial t^2} = -\mu\mathbf{J} + \nabla\left(\nabla\cdot\mathbf{A} + \mu\epsilon\frac{\partial V}{\partial t}\right) \tag{7-61}$$

이제 벡터의 회전성분과 발산성분의 특징을 적용하는 것이 필요한 시점이다. **A**의 회전성분이 식 (7-55)에서 **B**로 표시되었지만 **A**의 발산을 택하는 방법은 아직 자유롭다. 따라서 **A**와 관련된 항을 다음과 같이 정의하면,

$$\boxed{\nabla\cdot\mathbf{A} + \mu\epsilon\frac{\partial V}{\partial t} = 0} \tag{7-62}$$

식 (7-61)의 우변의 두 번째 항은 소멸되며, 다음의 결과를 얻는다.

$$\boxed{\nabla^2\mathbf{A} - \mu\epsilon\frac{\partial^2\mathbf{A}}{\partial t^2} = -\mu\mathbf{J}} \tag{7-63}$$

식 (7-63)은 **벡터 자기장 포텐셜 A에 대한 불균일**(nonhomogeneous) **파동 방정식**이다. 이것을 파동 방정식으로 부르는 이유는 그 해가 $1/\sqrt{\mu\epsilon}$의 속도로 이동하는 파동을 나타내기 때문이다. 이 사실은 파동 방정식의 해를 다루는 7-6절에서 명확하게 이해하게 될 것이다. 식 (7-62)의 **A**와 V의 관계를 **전위에 대한 로렌츠 조건**(Lorentz condition: **또는 로렌츠 게이지**(Lorentz gauge))이라고 부른다. 이것은 시간에 따른 변화가 없는 정전기장에서는 $\nabla\cdot\mathbf{A} = 0$으로 간략화된다. 로렌츠 조건은 전하에 관한 연속 방정식과 일치됨을 확인할 수 있다(연습문제 P.7-12).

스칼라 전위 V에 대한 파동 방정식은 식 (7-57)을 식 (7-53c)에 대입하여 얻을 수 있다. 즉, 다음의 관계식을 얻으며,

$$-\nabla\cdot\epsilon\left(\nabla V + \frac{\partial\mathbf{A}}{\partial t}\right) = \rho$$

ϵ이 일정한 경우에 다음 결과를 얻는다.

$$\nabla^2 V + \frac{\partial}{\partial t}(\nabla\cdot\mathbf{A}) = -\frac{\rho}{\epsilon} \tag{7-64}$$

식 (7-62)를 이용하여

$$\boxed{\nabla^2 V - \mu\epsilon\frac{\partial^2 V}{\partial t^2} = -\frac{\rho}{\epsilon}} \tag{7-65}$$

를 얻으며, 이를 **스칼라 전위 V에 대한 불균일 파동 방정식**이라고 한다. 따라서 식 (7-62)의 로렌츠 조건은 **A**와 V의 파동 방정식의 분리가 가능하도록 한다. 식 (7-63)과 (7-65)의 불균일 파동 방정식은 시간에 따른 변화가 없는 정전기장에서는 포아송 방정식으로 간략화된다. 식 (7-58)과 (7-59)의 포텐셜 함수(potential function)가 포아송 방정식의 해이므로 수정하지 않고는 시간

에 따라 변하는 전자기장의 불균일 파동 방정식의 해가 되기를 예상하기는 어렵다.

7-5 전자기장의 경계 조건

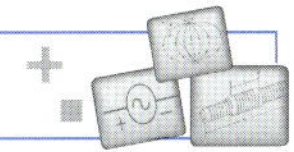

서로 다른 특성 지표를 가진 매질이 인접한 경우 전자기장 문제를 해석하기 위해서는 인접한 경계면에서 전자기장 벡터 **E**, **D**, **B**, **H**가 만족해야 하는 경계 조건을 알아야 한다. 경계 조건은 정전기장과 정자기장에서의 경계 조건을 얻는 데 사용한 것과 동일한 방법으로 두 매질의 경계면의 아주 작은 영역에 적분 형태의 맥스웰 방정식(7-54a, b c, d)을 적용하여 유도할 수 있다. 이를 위해서 두 매질의 불연속 경계면을 포함하는 영역 내에서 이들 방정식이 유효함을 가정하며, 필요한 경우 3-9절과 6-10절에서 설명한 과정을 복습하는 것도 필요하다. 일반적으로 적분 형태의 회전 방정식을 두 매질이 만나는 경계면의 위와 아래를 포함하는 평면 폐경로에 적용함으로써 경계면과 평행한 성분(접선 방향 성분)에 대한 경계 조건을 얻을 수 있다. 또한 적분 형태의 발산 방정식을 인접한 두 매질의 윗면과 아랫면을 포함하는 두께가 얇은 약통 모양(pill box)에 적용함으로써 경계면에 수직인 성분(또는 법선 방향 성분)에 대한 경계 조건을 얻을 수 있다.

E와 **H**의 경계면과 평행한 접선 방향 성분에 대한 경계 조건은 각각 식 (7-54a)와 (7-54b)를 이용하여 얻을 수 있으며, 그 결과는 다음과 같다.

$$\boxed{E_{1t} = E_{2t} \qquad (\mathrm{V/m})} \tag{7-66a}$$

$$\boxed{\mathbf{a}_{n2} \times (\mathbf{H}_1 - \mathbf{H}_2) = \mathbf{J}_s \qquad (\mathrm{A/m})} \tag{7-66b}$$

비록 식 (7-54a)와 (7-54b)에 시간 의존성을 포함하고 있음에도 불구하고, 시간에 따라 변하는 전자기장에 대한 경계 조건식 (7-66a)와 (7-66b)는 정전기장의 경계 조건식 (3-118)과 정자기장의 경계 조건식 (6-111)과 완전히 같음을 강조해 둔다. 그 이유는 적분경로(그림 3-23과 6-19의 *abcda*)를 구성하는 높이가 0에 가깝도록 아주 낮고, 적분경로에 의해 정해지는 면적도 0에 가깝도록 아주 작게 선택함으로써 $\partial\mathbf{B}/\partial t$와 $\partial\mathbf{D}/\partial t$가 소멸되기 때문이다.

같은 방식으로, **D**와 **B**의 경계면에 수직인 법선 방향 성분에 대한 경계 조건은 식 (7-54c)와 (7-54d)를 이용하여 얻을 수 있으며, 그 결과는 다음과 같다.

$$\boxed{\mathbf{a}_{n2} \cdot (\mathbf{D}_1 - \mathbf{D}_2) = \rho_s \qquad (\mathrm{C/m^2})} \tag{7-66c}$$

$$\boxed{B_{1n} = B_{2n} \qquad (\mathrm{T})} \tag{7-66d}$$

이 결과들도 정전기장에 대한 법선 방향 경계 조건식 (3-121a)와 정자기장에 대한 법선 방향 경계 조건식 (6-107)과 동일하며, 이는 모두 같은 발산 방정식으로부터 출발했기 때문이다.

따라서 전자기장의 경계 조건에 대해 다음과 같이 요약할 수 있다.

1. **전기장 세기 E의 경계면과 평행한 접선 방향 성분은 경계면에서 연속이다.**
2. **계면전류가 존재하는 경우 자기장 세기 H의 경계면과 평행한 접선 방향 성분은 불연속이며, 불연속의 크기는 식 (7-66b)에 의해 결정된다.**
3. **계면전하가 존재하는 경우 전하유동밀도(전속) D의 경계면과 수직인 법선 방향 성분은 불연속이며, 불연속의 크기는 식 (7-66c)에 의해 결정된다.**
4. **자속밀도 B의 경계면과 수직인 법선 방향 성분은 경계면에서 연속이다.**

앞서 강조한 바와 같이, 발산에 관한 두 개의 방정식은 두 개의 회전 방정식과 연속 방정식으로부터 유도할 수 있다. 따라서 발산 방정식으로부터 얻은 식 (7-66c)와 (7-66d)의 경계 조건은 회전 방정식으로부터 얻은 식 (7-66a)와 (7-66b)와 무관하지 않다. 실제로, 시간에 따라 변하는 전자기장에서 (7-66d)로 표시되는 전기장 세기 **E**의 접선 방향에 대한 경계 조건은 식 (7-66a)로 표시된 자속강도 **B**의 법선 방향 경계 조건과 같으며, 식 (7-66b)로 표시된 자기장 세기 **H**의 접선 방향에 대한 경계 조건은 식 (7-66c)로 표시된 전하유동밀도 **D**의 법선 방향 경계 조건과 동일하다. 시간에 따라 변하는 전자기장의 경계면에서 **E**의 접선 방향 성분과 **B**의 법선 방향 성분을 동시에 만족하도록 특정하는 것은 굳이 필요하지 않으며, 경우에 따라 모순된 결과를 얻게 될 수도 있으므로 주의해야 한다.

(1) 무손실의 두 선형 매질이 경계를 이루고 있는 경우와 (2) 우수한 특성을 가진 유전체와 우수한 특성을 가진 도체가 경계를 이루는 경우의 두 가지 특별한 경우에 대해 경계 조건을 확인하고자 한다.

7-5.1 무손실의 두 선형 매질이 경계를 이루고 있는 경우의 경계 조건

무손실의 선형 매질은 유전율 ϵ, 투자율 μ, 전도도 $\sigma = 0$의 특성지표로 나타낼 수 있다. 일반적으로 무손실 매질의 경계면에는 자유전하가 존재하지 않고 표면전류도 흐르지 않는다. 따라서 식 (7-66a, b, c, d)에 $\rho_s = 0$, $\mathbf{J}_s = 0$을 대입하여 표 7-3에 요약한 경계 조건을 얻는다.

표 7-3 두 개의 무손실 매질에 대한 경계 조건

$$E_{1t} = E_{2t} \rightarrow \frac{D_{1t}}{D_{2t}} = \frac{\epsilon_1}{\epsilon_2} \tag{7-67a}$$

$$H_{1t} = H_{2t} \rightarrow \frac{B_{1t}}{B_{2t}} = \frac{\mu_1}{\mu_2} \tag{7-67b}$$

$$D_{1n} = D_{2n} \rightarrow \epsilon_1 E_{1n} = \epsilon_2 E_{2n} \tag{7-67c}$$

$$B_{1n} = B_{2n} \rightarrow \mu_1 H_{1n} = \mu_2 H_{2n} \tag{7-67d}$$

표 7-4 유전체(매질 1)와 완전도체(매질 2)의 경계 조건(시간에 따라 변하는 전자기장)

매질 1의 경계면	매질 2의 경계면	
$E_{1t} = 0$	$E_{2t} = 0$	(7-68a)
$\mathbf{a}_{n2} \times \mathbf{H}_1 = \mathbf{J}_s$	$H_{2t} = 0$	(7-68b)
$\mathbf{a}_{n2} \cdot \mathbf{D}_1 = \rho_s$	$D_{2n} = 0$	(7-68c)
$B_{1n} = 0$	$B_{2n} = 0$	(7-68d)

7-5.2 유전체와 완전도체가 경계를 이루고 있는 경우의 경계 조건

완전도체는 전기 전도도가 무한대인 재료이다. 실제로 전기 전도도가 약 $\sigma = 10^7$ (S/m)인 은, 구리, 알루미늄 등을 포함한 "우수한 도체"가 많이 존재한다. (부록 B-4의 표 참조) 또한 극저온(cryogenic temperature)에서 $\sigma > 10^{20}$ (S/m)의 무한히 큰 전기 전도도를 갖는 초전도체성 재료가 있으며, 이들을 **초전도체**(superconductor)라고 한다(부록 B-4의 표 참조). 초저온의 필요성으로 인해 실제 사용이 가능한 초전도체가 많이 발견되지는 않는다. (1973년에 개발된 초전도체의 동작상한 온도는 절대온도 23 K로서, 가격이 비싼 액체 헬륨에 의한 냉각이 필요함.) 그러나 가격이 저렴한 냉각 재료인 액체 질소의 비등점인 77 K보다 20~30도 이상의 온도까지도 동작하는 세라믹(ceramic: 도자기 물질) 재료를 사용한 초전도체가 개발되어 머지않은 장래에 이 상황은 바뀌게 될 것이다. 그런데 현재로서는 세라믹 재료가 잘 부서지는 특성과 제한된 전류밀도와 자속밀도로 인해 산입화에는 한계가 있다.[3] 상온에서 동작하는 초전도체는 아직도 꿈의 재료이다.

전자기장 문제의 해석적 풀이를 간단히 하기 위해 우수한 도체의 경계 조건을 다루는 경우에는 주로 완전도체로 간주한다. 완전도체의 내부에는 전기장이 0이며(그렇지 않으면 무한대 크기의 전류밀도가 형성될 것이다), 또한 도체의 전하는 모두 표면에만 분포하게 된다. 맥스웰 방정식을 통한 (**E**, **D**)와 (**B**, **H**)의 상호관계를 이용하면 시간에 따라 변하는 전자기장에서 도체 내부의 **B**와 **H**도 역시 0임을 뜻한다.[4] 무손실 유전체(매질 1)와 완전도체(매질 2)가 이루는 경계면에 대해 고찰하기로 한다. 완전도체인 매질 2에서는 $\mathbf{E}_2 = 0$, $\mathbf{H}_2 = 0$, $\mathbf{D}_2 = 0$, $\mathbf{B}_2 = 0$이다. 식 (7-66a, b, c, d)의 일반화된 경계 조건은 표 7-4에 요약한 것과 같이 간략화된다. 식 (7-68b)와 (7-68c)를 적용할 때 단위법선벡터(unit normal vector)는 매질 2로부터 밖으로 향하는 방향의 단위벡터임을 염두에 두고 부호에 착오가 발생하지 않도록 하는 것이 중요하다. 6-10절에서 언급한 바와 같이, 유한한 전도도를 가진 매질 내의 전류는 체적전류밀도로 나타내며, 극히 얇은 두께를 통해 흐르는 전류를 나타내는 표면전류밀도는 0이다. 이러한 경우에, 식 (7-68b)는 유한한 전기 전도도를 가진 도체의 경계면에서 자기장 세기 **H**의 접선 방향 성분은 연속이 되어야 하는 경계 조건을 얻는다.

3) R. K. Jurgen, "Technology'88 – The main event," *IEEE Spectrum*, vol. 25, pp. 27–28, January 1988.

4) 도체에 일정한 전류가 흐르는 정자기장은 전기장에 영향을 미치지 않는다. 따라서 도체 내부의 **E**와 **D**는 0임에도 **B**와 **H**는 0이 아닐 수도 있다.

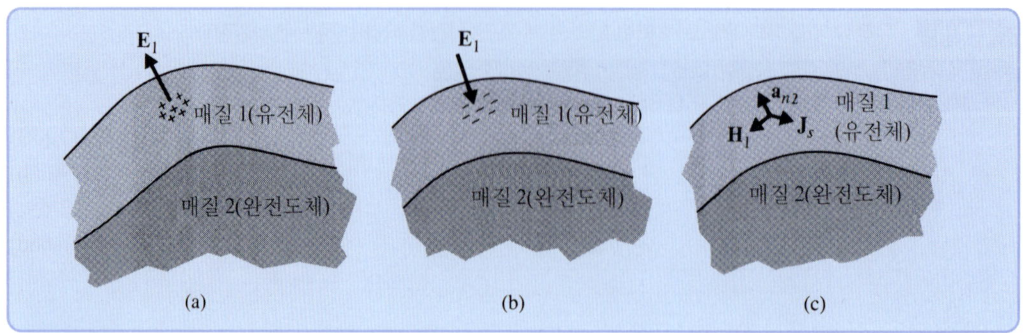

그림 7-8

유전체(매질 1)와 완전도체(매질 2)의 계면에서 경계 조건

그림 7-8(a)와 7-8(b)에 나타낸 바와 같이, 도체 표면에 양의(음의) 전하가 존재하는 경우 유전체와 완전도체의 경계면에서 전기장 세기 **E**는 도체 표면으로부터 밖으로(안으로) 향하는 수직 성분을 갖게 됨을 식 (7-68a)와 (7-68c)로부터 결론지을 수 있다. 경계면에서 $\mathbf{E}_1$의 크기 E_{1n}은 다음 관계식을 통해 면전하밀도 ρ_s와 상관관계를 갖는다.

$$|\mathbf{E}_1| = E_{1n} = \frac{\rho_s}{\epsilon_1} \tag{7-69}$$

유사하게, 자기장 세기 $\mathbf{H}_1$은 경계면과 평행한 접선 방향 성분을 갖게 됨을 식 (7-68b)와 (7-68d)를 통해 알 수 있으며, 경계면에서 표면전류밀도의 크기는 다음과 같다.

$$|\mathbf{H}_1| = |\mathbf{H}_{1t}| = |\mathbf{J}_s| \tag{7-70}$$

$\mathbf{H}_{1t}$의 방향은 식 (7-68b)에 의해 결정되며, 그림 7-8(c)에 나타내었다. 식 (7-69)와 (7-70)은 아주 단순한 해석적 관계식이다.

이 절에서는 서로 다른 매질로 이루어진 경계에서 전기장과 자기장 벡터의 상호관계에 대해 설명하였다. 경계 조건은 전자기 문제를 해석하는 데 가장 기본적이면서도 중요한 항목이다. 그 이유는 경계 조건을 고려해야 하는 특정한 영역의 실제 상황에 적용하기 전까지는 맥스웰 방정식이 별다른 의미를 전하지 못하기 때문이다. 맥스웰 방정식의 해들은 경계 조건에 의해 특징지어지는 추가의 정보에 의해 결정되는 적분상수를 포함하고 있으며, 주어진 상황에 대한 경계 조건에 의해 각각의 해가 유일한 해로 변하게 된다.

7-6 파동방정식과 해

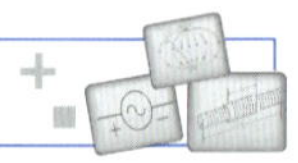

이제 전자기장 이론의 근간이 되는 내용을 모두 학습하고 정리하였다. 맥스웰 방정식을 통해

전자기장, 전하, 전류 분포의 상관관계를 완전하게 이해할 수 있게 되었다. 경우에 따라 다소 어려움이 있기는 하나 맥스웰 방정식의 해는 모든 전자기장 문제에 대한 해답을 제공한다. 해를 구하는 과정에서 해석적 방법이나 수치적 방법을 통해 컴퓨터 등의 도움을 받을 수도 있으나 전자기장 이론의 기본 구조에 추가하거나 더 간편하게 하는 것은 불가능하다. 그런 면이 맥스웰 방정식의 중요성이다.

주어진 전하 분포 ρ와 전류 분포 $\mathbf{J}$에 대해, 먼저 자기장과 전기장 전위 $\mathbf{A}$와 V를 나타내는 식 (7-63)과 (7-65)를 이용한 불균일 파동 방정식의 해를 구한다. 이를 통해 얻은 $\mathbf{A}$와 V로부터, 식 (7-57)과 (7-55)의 미분을 이용하여 $\mathbf{E}$와 $\mathbf{B}$를 각각 구하게 된다.

7-6.1 전기장과 자기장 포텐셜에 대한 파동 방정식의 해

지금부터 스칼라 전위 V에 대한 불균일 파동 방정식 (7-65)의 해에 대해 고찰하기로 한다. 먼저 임의의 시점 t에 좌표계의 원점에 존재하는 미소 점전하 $\rho(t)\Delta v'$의 해를 구하고, 주어진 영역에 분포하는 전하 요소들의 영향을 모두 적분함으로써 전자기장을 해석할 수 있다. 좌표계의 원점에 존재하는 점전하에 대해서는 구좌표계를 사용하는 것이 가장 편리하다. 구 대칭으로 인해 V는 오직 R과 t에 의존하고 θ와 ϕ에는 무관하다. 원점을 제외하고는 다음과 같은 동차(homogeneous) 방정식을 얻게 된다.

$$\frac{1}{R^2}\frac{\partial}{\partial R}\left(R^2\frac{\partial V}{\partial R}\right) - \mu\epsilon\frac{\partial^2 V}{\partial t^2} = 0 \tag{7-71}$$

여기서 다음과 같이 정의된 새로운 변수를 도입하면,

$$V(R, t) = \frac{1}{R}U(R, t) \tag{7-72}$$

가 된다. 식 (7-71)은 다음과 같이 변환할 수 있다.

$$\frac{\partial^2 U}{\partial R^2} - \mu\epsilon\frac{\partial^2 U}{\partial t^2} = 0 \tag{7-73}$$

식 (7-73)은 공간에 대한 1차원 동차 파동 방정식(注: 모든 항이 동일한 차수의 미분으로 구성된 방정식을 뜻함: 균일 파동 방정식이라고도 함)이 된다. $(t - R\sqrt{\mu\epsilon})$ 또는 $(t + R\sqrt{\mu\epsilon})$에 대한 2차 미분 가능한 함수는 모두 식 (7-73)의 해가 되는 것은 이것을 직접 대입함으로써(연습문제 P.7-20 참조) 확인할 수 있다. 이 절의 후반부에서 $(t + R\sqrt{\mu\epsilon})$의 함수는 실제로 유효한 해가 되지 않음을 알게 될 것이다. 따라서 식 (7-73)의 해는 다음과 같이 $(t - R\sqrt{\mu\epsilon})$의 함수가 된다.

$$U(R, t) = f(t - R\sqrt{\mu\epsilon}) \tag{7-74}$$

식 (7-74)는 R의 양의 방향으로 $1/\sqrt{\mu\epsilon}$ 의 속도로 진행하는 파동을 뜻한다. 우리가 알고 있듯이,

이후 $t + \Delta t$인 시점에 $R + \Delta R$인 지점에서는 다음과 같은 함수가 된다.

$$U(R + \Delta R, t + \Delta t) = f[t + \Delta t - (R + \Delta R)\sqrt{\mu\epsilon}] = f(t - R\sqrt{\mu\epsilon})$$

따라서 $\Delta t = \Delta R\sqrt{\mu\epsilon} = \Delta R/u$ 인 경우 함수의 형태는 그대로 유지되며, 이때 $u = 1/\sqrt{\mu\epsilon}$ 은 매질의 특성인 **전파 속도**이다. 식 (7-22)로부터 다음의 결과를 얻는다.

$$V(R, t) = \frac{1}{R} f(t - R/u) \tag{7-75}$$

시불변의 점전하 $\rho(t)\Delta v'$가 원점에 존재하는 경우 식 (3-47)에 의하면 전위차는 다음과 같이 나타낼 수 있음을 확인함으로써 $f(t - R/u)$가 어떤 특정한 함수가 되어야 하는지를 결정할 수 있다.

$$\Delta V(R) = \frac{\rho(t)\,\Delta v'}{4\pi\epsilon R} \tag{7-76}$$

식 (7-75)와 (7-76)으로부터 다음의 결과를 얻는다.

$$\Delta f(t - R/u) = \frac{\rho(t - R/u)\,\Delta v'}{4\pi\epsilon}$$

체적 V'에 걸쳐 분포하는 전하로 인한 스칼라 전위는 다음과 같다.

$$V(R, t) = \frac{1}{4\pi\epsilon}\int_{V'} \frac{\rho(t - R/u)}{R}\,dv' \qquad \text{(V)} \tag{7-77}$$

식 (7-77)은 시간 t인 시점에 전하로부터 거리 R인 지점의 스칼라 전위는 이전 시간 $(t - R/u)$의 전하밀도에 따라 달라짐을 뜻한다. 거리 R만큼 떨어진 지점에서 전하밀도 ρ의 영향을 느낄 때까지는 R/u의 시간이 걸린다. 이러한 이유로, 식 (7-77)의 $V(R, t)$를 **지연된 스칼라 전위**(retarded scalar potential)라고 부른다. 전위의 근원이 되는 전하밀도가 생성되기도 전에 멀리 떨어진 지점에서 ρ의 영향을 느끼게 된다는 상황은 불가능하므로, $(t + R/u)$의 함수는 실제 물리적으로 의미있는 해가 될 수 없음이 명확해졌다.

벡터 자기장 포텐셜 **A**에 대해서도 식 (7-63)의 불균일 파동 방정식(주: 파동 방정식을 구성하는 항이 다른 차수의 미분이 포함된 경우를 뜻함: 비동차 파동 방정식이라고도 함)의 해는 스칼라 전위 V에 대한 해를 구하는 과정과 완전히 동일하게 수행할 수 있다. 벡터 방정식 (7-63)은 스칼라 전위 V에 대한 식 (7-65)와 동일한 형태로서 세 개의 스칼라 방정식으로 분해할 수 있다. 따라서 **지연된 벡터 자기장 포텐셜**(retarded vector potential)은 다음과 같이 정리할 수 있다.

$$\mathbf{A}(R, t) = \frac{\mu}{4\pi}\int_{V'} \frac{\mathbf{J}(t - R/u)}{R}\,dv' \qquad \text{(Wb/m)} \tag{7-78}$$

벡터 자기장 포텐셜 **A**와 스칼라 전위 V의 미분으로부터 얻어지는 전기장과 자기장도 당연히 $(t - R/u)$의 함수이며, 따라서 시간-지연 효과를 갖고 있다. 전자기파가 전파되어 시간에 따라 변하는 전하와 전류의 효과가 멀리 떨어진 지점에 나타나는 데는 시간이 걸린다. 파동과 달리, 시간에 대한 변화율이 매우 적은 준정적(quasi-static) 상태에서는 시간-지연 효과를 무시하고 시간에 따른 변화가 즉각적인 순시 응답으로 가정한다. 회로이론에서는 시간-지연 효과를 무시하는 가정이 포함된 상태로 회로를 해석한다.

7-6.2 자유공간($\rho = 0$, $\mathbf{J} = 0$)의 파동 방정식

$\rho = 0$, $\mathbf{J} = 0$(source-free)인 자유공간에서 전자기파의 전파 특성에 관한 현상을 이해하는 것도 중요하다. 다시 말하면, 전자기파가 "어떻게 발생되는가"하는 것보다 전자기파(electromagnetic wave)가 "어떻게 전파되는가"에 보다 더 관심이 있는 경우가 종종 있다. 만약 전파가 선형, 등방성, 균질의 특성을 가진 단순한 비전도성 매질(유전율 ϵ, 투자율 μ, 전도도 $\sigma = 0$) 내에 존재하는 경우, 식 (7-53a, b, c, d)의 맥스웰 방정식은 다음과 같이 간략화된다.

$$\nabla \times \mathbf{E} = -\mu \frac{\partial \mathbf{H}}{\partial t} \tag{7-79a}$$

$$\nabla \times \mathbf{H} = \epsilon \frac{\partial \mathbf{E}}{\partial t} \tag{7-79b}$$

$$\nabla \cdot \mathbf{E} = 0 \tag{7-79c}$$

$$\nabla \cdot \mathbf{H} = 0 \tag{7-79d}$$

식 (7-79a, b, c, d)는 $\mathbf{E}$와 $\mathbf{H}$의 두 변수에 관한 1차 미분 방정식으로서 상호 밀접하게 연관되어 있다. 이들은 $\mathbf{E}$ 또는 $\mathbf{H}$만을 포함하는 2차 미분 방정식으로 결합할 수 있다. 이를 위해서 식 (7-79)에 회전 연산을 취하고 식 (7-79b)를 이용하여 정리하면 다음과 같은 방정식을 얻는다.

$$\nabla \times \nabla \times \mathbf{E} = -\mu \frac{\partial}{\partial t}(\nabla \times \mathbf{H}) = -\mu\epsilon \frac{\partial^2 \mathbf{E}}{\partial t^2}$$

그런데 식 (7-79c)를 이용하면 $\nabla \times \nabla \times \mathbf{E} = \nabla(\nabla \cdot \mathbf{E}) - \nabla^2\mathbf{E} = -\nabla^2\mathbf{E}$를 얻으므로 위의 결과는 다음과 같이 정리할 수 있다.

$$\nabla^2\mathbf{E} - \mu\epsilon \frac{\partial^2 \mathbf{E}}{\partial t^2} = 0 \tag{7-80}$$

그런데 $u = 1/\sqrt{\mu\epsilon}$이므로 이를 적용하여 다시 정리하면 다음의 간략화된 미분 방정식을 얻는다.

$$\boxed{\nabla^2\mathbf{E} - \frac{1}{u^2}\frac{\partial^2 \mathbf{E}}{\partial t^2} = 0} \tag{7-81}$$

위에 적용한 과정을 적용하여 자기장 세기 $\mathbf{H}$에 관한 미분 방정식으로 정리하면 다음 결과를 얻는다.

$$\nabla^2\mathbf{H} - \frac{1}{u^2}\frac{\partial^2\mathbf{H}}{\partial t^2} = 0 \tag{7-82}$$

식 (7-81)과 (7-82)를 모두 2차 미분항을 갖는 **동차 벡터 파동 방정식**(homogeneous vector wave equation)이라고 부른다.

직각좌표계에서는 식 (7-81)과 (7-82)는 세 개의 1차원, 동차 스칼라 파동 방정식으로 분해할 수 있다. **E**와 **H**의 각 성분은 그 해가 파동을 나타내는 식 (7-73)과 같은 형태의 방정식을 만족해야 한다. 다음의 두 개 장에서 다양한 환경에서 파동의 전파 특성을 깊이있게 다루게 된다.

7-7 시간에 대한 정현파 주기성을 가진 전자기장

지금까지 7장에서 다룬 맥스웰 방정식과 그를 통해 유도한 모든 수식들은 어떤 형태의 시간의존성을 갖는 전자기장의 물리량들에 대해서도 유효하다. 실제 상황의 전자기장에서 다루는 물리량들의 시간에 대한 함수의 형태는 전하밀도 ρ와 전류밀도 **J**로 대표되는 근원함수(전자기장 형성의 근원이 되는 물리량: source function)에 의존한다. 공학에서 시간에 대한 사인파 또는 코사인파로 불리는 정현파 형태의 함수는 매우 중요한 위치를 차지하며 매우 유용하게 활용되고 있다. 정현파는 생성도 매우 쉽다. 즉, 임의의 형태를 갖는 시간에 대한 주기함수는 정현파들로 구성된 푸리에 급수를 이용하여 전개할 수 있으며, 시간에 대한 주기성을 갖지 않는 과도함수는 푸리에 적분으로 전개하여 나타낼 수 있다(앞서 언급한 D. K. Cheng의 도서 5장 참조). 맥스웰 방정식은 선형 미분 방정식이므로 특정한 주파수를 가진 근원함수가 시간에 대해 정현파 형태로 변하는 경우 정상상태에서는 동일한 주파수를 가진 **E**와 **H**를 생성한다. ρ와 **J**의 근원함수가 임의의 시간의존성을 갖는 경우, 전자기장은 근원함수를 구성하는 주파수 성분들에 의해 생성된 전자기장들의 함수를 이용하여 나타낼 수 있다. 즉, 근원함수를 구성하는 각각의 응답 특성을 구하고, 이들을 중첩의 원리(principle of superposition)를 이용하여 더함으로써 총 자기장의 해를 구할 수 있다. 이 절에서는 시간에 대해 정현파(정상상태의 정현파) 형태의 전자기장에 대해 설명한다.

7-7.1 위상자를 이용한 해석—복습

시간에 대한 정현파 형태의 전자기장을 해석하는 데는 위상자(phasor: 정현파 형태의 물리량을 표시할 때 물리량의 진폭과 위상각을 이용하여 나타내는 표기법임)를 사용하는 것이 편리하다. 잠시 전자기장에서 벗어나 위상자에 대해 간단히 복습하기로 한다. 개념적으로 스칼라 형태의 위상자를 설명하는 것이 다소 간단하다. 전류 i와 같이 정현파 특성을 가진 스칼라 물리량의 시간에 따른 변화는 코사인 또는 사인 함수를 이용하여 나타낼 수 있다. 설명을 위해 코사인 함수를 기준(reference: 신호의 함수 형태를 설명하는 데 사용되는)으로 택하면, 모든 유도 결과는 코사인 함수를 기준으로 해석하게 된다. 정현파 물리량을 나타내는 특성지표에는 **진폭**, **주파수**, 그리고 **위상**의 세 가지 지표가 필요하다. 다음의 전류에 관한 표현을 예로 들어보자.

$$i(t) = I\cos(\omega t + \phi) \tag{7-83}$$

여기서 I는 진폭, ω는 각주파수(rad/s)로서 주파수 f(Hz)와는 $\omega \equiv 2\pi f$의 관계이며, ϕ는 코사인 함수를 기준으로 한 위상을 뜻한다. 식 (7-83)의 $i(t)$는 필요한 경우 $i(t) = I\sin(\omega t + \phi')$, $\phi' = \phi + \pi/2$의 형태로 된 사인 함수로 나타낼 수도 있다. 따라서 해석을 시작할 때 코사인을 기준으로 할 것인가 또는 사인으로 할 것인가를 결정하는 것이 중요하며, 결정 후에는 문제를 해석하는 동안 그 기준을 그대로 유지해야 한다.

$i(t)$의 미분이나 적분을 포함하는 경우 직접 코사인 함수 형태를 사용하면 그 결과에는 사인(1차 미분 또는 적분)과 코사인(2차 미분 또는 적분)이 모두 포함될 뿐만 아니라, 사인과 코사인 함수를 결합하여 해석하는 것이 매우 번잡한 일이므로 시간에 따른 변화를 해석할 때 불편하다. 예를 들면, 인가전압이 $e(t) = E\cos\omega t$인 RLC 직렬회로의 전압에 관한 회로 방정식은 다음과 같다.

$$L\frac{di}{dt} + Ri + \frac{1}{C}\int i\,dt = e(t) \tag{7-84}$$

전류 $i(t)$를 식 (7-83)과 같이 표시하여 정리하면, 식 (7-84)는 다음과 같은 결과를 얻는다.

$$I\left[-\omega L\sin(\omega t + \phi) + R\cos(\omega t + \phi) + \frac{1}{\omega C}\sin(\omega t + \phi)\right] = E\cos\omega t \tag{7-85}$$

식 (7-85)를 이용하여 I와 ϕ를 구하기 위해서는 복잡한 수학적 처리과정이 필요하다.

그런데 인가전압과 식 (7-83)의 $i(t)$를 각각 다음 식과 같이 지수함수를 사용하여 나타내면 해석이 훨씬 간단해진다.

$$\begin{aligned} e(t) &= E\cos\omega t = \mathscr{R}e[(Ee^{j0})e^{j\omega t}] \\ &= \mathscr{R}e(E_s e^{j\omega t}) \end{aligned} \tag{7-86}$$

$$\begin{aligned} i(t) &= \mathscr{R}e[(Ie^{j\phi})e^{j\omega t}] \\ &= \mathscr{R}e(I_s e^{j\omega t}) \end{aligned} \tag{7-87}$$

여기서 $\mathscr{R}e$은 "실수 성분 또는 실수부"를 뜻한다. 식 (7-86)과 (7-87)에서

$$E_s = Ee^{j0} = E \tag{7-88a}$$

$$I_s = Ie^{j\phi} \tag{7-88b}$$

는 (스칼라) **위상자**로서 진폭과 위상 정보를 포함하지만 시간 t에 대해서는 무관하다. 식 (7-88a)의 위상각이 0인 위상자 E_s는 기준이 되는 위상자이다. 또한 전류의 미분과 적분은 각각 다음과 같이 나타낼 수 있다.

$$\frac{di}{dt} = \mathscr{Re}(j\omega I_s e^{j\omega t}) \tag{7-89}$$

$$\int i\,dt = \mathscr{Re}\left(\frac{I_s}{j\omega} e^{j\omega t}\right) \tag{7-90}$$

식 (7-86)~(7-90)의 결과를 식 (7-84)에 대입하면 다음의 결과를 얻으며,

$$\left[R + j\left(\omega L - \frac{1}{\omega C}\right)\right] I_s = E_s \tag{7-91}$$

이를 이용하여 전류 위상자 I_s를 쉽게 얻을 수 있다. 그런데 대입한 후에 시간에 의존하는 요소 $e^{j\omega t}$는 식 (7-84)의 모든 항에 공통으로 존재하므로 그것을 약분하면 $e^{j\omega t}$는 식 (7-91)로부터 사라지게 된다. 이것이 시간에 대한 정현파 신호가 인가된 선형 시스템의 해석에 위상자를 사용하는 것이 편리하고 유용한 특징이 된다. I_s를 구한 후 (1) I_s에 $e^{j\omega t}$를 곱하고, (2) 그 결과의 실수 부분을 택함으로써 식 (7-87)로부터 $i(t)$를 구할 수 있다.

인가전압이 $e(t) = E \sin \omega t$ 형태의 사인 함수로 주어지면, 직렬 RLC-회로 문제는 위상자를 사용하여 완전히 동일한 방식으로 해석할 수 있으며, 단지 차이점은 $e^{j\omega t}$가 포함된 위상자 결과식에서 허수 성분(허수부: imaginary part)을 택해 시간에 따른 변화를 얻는다는 사실이다. (실수부와 허수부를 포함하는) 복소 위상자(complex phasor)는 시간에 대한 정현파를 해석할 때 대상이 되는 물리량의 크기와 위상차를 나타낸다.

예제 7-6 $3 \cos \omega t - 4 \sin \omega t$를 (a) $A_1 \cos (\omega t + \theta_1)$, (b) $A_2 \sin (\omega t + \theta_2)$로 표시하고 A_1, θ_1, A_2, θ_2를 구하라.

풀이 이 문제를 해석하는 데는 위상자를 사용하는 것이 편리하다.

(a) $3 \cos \omega t - 4 \sin \omega t$를 $A_1 \cos (\omega t + \theta_1)$로 나타내기 위해서는 $\cos \omega t$를 기준으로 사용하고, $\sin \omega t = \cos (\omega t - \pi/2)$로서 $\cos \omega t$에 비해 $\pi/2$ rad의 시간 지연이 있으므로, 다음과 같이 두 개의 위상자 3과 $-4e^{-j\pi/2}$ $(= j4)$의 합을 고려하기로 한다. 즉,

$$3 + j4 = 5e^{j \tan^{-1}(4/3)} = 5e^{j53.1°}$$

가 된다. 이 위상자와 $e^{j\omega t}$의 곱으로부터 실수부를 택하여 다음 결과를 얻는다.

$$\begin{aligned} 3 \cos \omega t - 4 \sin \omega t &= \mathscr{Re}[(5e^{j53.1°})e^{j\omega t}] \\ &= 5 \cos (\omega t + 53.1°) \end{aligned} \tag{7-92a}$$

따라서 $A_1 = 5$, $\theta_1 = 53.1° = 0.927$ rad이 된다.

(b) $3 \cos \omega t - 4 \sin \omega t$를 $A_2 \sin (\omega t + \theta^2)$로 나타내기 위해서는 $\sin \omega t$를 기준으로 사용하고, 다음과

같이 두 개의 위상자 $3e^{j\pi/2}$ $(= j3)$과 -4의 합을 고려하기로 한다. 즉,

$$j3 - 4 = 5e^{j\tan^{-1} 3/(-4)} = 5e^{j143.1^\circ}$$

가 된다. (위에서 위상각은 $-36.9°$가 아니라 $143.1°$라는 사실을 기억해야 한다.) 이 위상자와 $e^{j\omega t}$의 곱으로부터 허수부를 택하여 다음과 같이 필요한 결과를 얻는다.

$$\begin{aligned} 3\cos\omega t - 4\sin\omega t &= \mathscr{I}m[(5e^{j143.1^\circ})e^{j\omega t}] \\ &= 5\sin(\omega t + 143.1^\circ) \end{aligned} \tag{7-92b}$$

따라서 $A_2 = 5$, $\theta_2 = 143.1° = 2.5$ rad이 된다.

특히, 식 (7-92a)와 (7-92b)는 동일한 결과임을 이해해야 한다.

7-7.2 시간에 따른 변화가 정현파인 전자기장의 이해

위치에 따른 의존도를 가지고 시간에 따른 변화가 정현파 함수인 전자기장 벡터도 공간에는 의존하나 시간에는 무관한 벡터 위상자를 이용하여 나타낼 수 있다. 예를 들면, $\cos\omega t$를 기준으로 하는[4] 정현파 형태의 전기장 **E**는 다음과 같이 나타낼 수 있다.

$$\mathbf{E}(x, y, z, t) = \mathscr{R}e[\mathbf{E}(x, y, z)e^{j\omega t}] \tag{7-93}$$

여기서 $\mathbf{E}(x, y, z)$는 방향, 크기, 위상을 포함하는 **벡터 위상자**이다. 위상자는 일반적으로 실수부와 허수부를 갖는 복소 물리량이다. $\mathbf{E}(x, y, z, t)$를 벡터 위상자 $\mathbf{E}(x, y, z)$로 표시하면, 식 (7-93), (7-87), (7-89), 그리고 (7-90)으로부터 시간에 대한 변화 $\partial\mathbf{E}(x, y, z, t)/\partial t$와 시간에 대한 적분 $\int\mathbf{E}(x, y, z, t)dt$는 각각 벡터 위상자 $j\omega\mathbf{E}(x, y, z)$와 $\mathbf{E}(x, y, z)/j\omega$로 나타낼 수 있다. 시간에대한 고차 미분과 고차 적분은 벡터 위상자 $\mathbf{E}(x, y, z)$에 미분과 적분의 차수만큼 $j\omega$를 곱하거나 나누어 나타낼 수 있다.

이제 선형, 등방성, 그리고 균질의 특성을 가진 단순 매질 내에서 시간에 대한 정현파 형태의 맥스웰 방정식 (7-53a, b, c, d)를 벡터 전자기장 위상자$(\mathbf{E}, \mathbf{H})$와 전자기장의 근원 위상자$(\rho, \mathbf{J})$를 사용하여 나타내면, 그 결과는 다음과 같다.

$$\nabla \times \mathbf{E} = -j\omega\mu\mathbf{H} \tag{7-94a}$$

$$\nabla \times \mathbf{H} = \mathbf{J} + j\omega\epsilon\mathbf{E} \tag{7-94b}$$

$$\nabla \cdot \mathbf{E} = \rho/\epsilon \tag{7-94c}$$

$$\nabla \cdot \mathbf{H} = 0 \tag{7-94d}$$

표현을 간략화하기 위해 공간좌표 기호는 생략하였다. 시간에 의존하는 물리량을 나타낼 때

4) 시간에 대한 기준이 표시되어 있지 않으면, $\cos\omega t$를 기준으로 하는 것이 일반적이다.

사용하던 표기법은 위상자를 표시할 때도 동일하게 사용하므로 혼동이 없어야 한다. 이후부터는 시간에 따른 변화가 정현파 형태인 전자기장만을 다루게 되고, 위상자를 가지고 설명할 것이기 때문이다. 위상자와 시간에 따른 의존도를 가진 물리량을 구분할 필요가 있는 경우에는 표기에 t를 포함하여 명확하게 구분되도록 할 것이다. 위상자는 시간의 함수가 아니다. 복소상수 j를 포함하는 물리량은 반드시 위상자임을 강조해둔다.

식 (7-65)로 표시되는 스칼라 전위 V와 식 (7-63)으로 표시되는 벡터 자기장 포텐셜 $\mathbf{A}$가 시간에 대해 정현파 형태인 경우 정현파 파동 방정식은 각각 다음과 같다.

$$\nabla^2 V + k^2 V = -\frac{\rho}{\epsilon} \tag{7-95}$$

와

$$\nabla^2 \mathbf{A} + k^2 \mathbf{A} = -\mu \mathbf{J} \tag{7-96}$$

여기서 **파수**(wave number) 또는 전파상수로 표시되는 k는 다음과 같다.

$$k = \omega\sqrt{\mu\epsilon} = \frac{\omega}{u} \tag{7-97}$$

식 (7-95)와 (7-96)을 **비동차 헬름홀츠 방정식**(nonhomogeneous Hemlholtz's equation)이라고 한다. 위상자를 이용하면 식 (7-62)의 전위에 대한 로렌츠 조건(Lorentz condition)은 다음과 같이 나타낼 수 있다.

$$\nabla \cdot \mathbf{A} + j\omega\mu\epsilon V = 0 \tag{7-98}$$

식 (7-77)과 (7-78)을 이용하면 식 (7-95)와 (7-96)에 대한 스칼라 전위 V와 벡터 자기장 포텐셜 $\mathbf{A}$의 위상자 해는 다음과 같다.

$$V(R) = \frac{1}{4\pi\epsilon}\int_{V'} \frac{\rho e^{-jkR}}{R}\, dv' \qquad \text{(V)} \tag{7-99}$$

$$\mathbf{A}(R) = \frac{\mu}{4\pi}\int_{V'} \frac{\mathbf{J} e^{-jkR}}{R}\, dv' \qquad \text{(Wb/m)} \tag{7-100}$$

이 결과들은 전자기장에 대한 근원(ρ, $\mathbf{J}$)이 시간에 대한 정현파인 경우 시간 지연이 포함된 스칼라 전위와 벡터 자기장 포텐셜에 대한 표현이다. 지수함수 e^{-jkR}에 대한 태일러 급수 전개는 다음과 같다.

$$e^{-jkR} = 1 - jkR - \frac{k^2R^2}{2} + \cdots \tag{7-101}$$

여기서 식 (7-97)로 표시된 파수 k는 매질 내의 파장 $\lambda = u/f$의 함수를 이용하여 다음과 같이 나타낼 수 있다.

$$k = \frac{2\pi f}{u} = \frac{2\pi}{\lambda} \tag{7-102}$$

따라서 만약 다음 조건을 만족하거나

$$kR = 2\pi \frac{R}{\lambda} \ll 1 \tag{7-103}$$

또는 거리 R이 파장에 비해 훨씬 작으면 e^{-jkR}은 1로 근사화할 수 있다. 따라서 식 (7-99)와 (7-100)은 준정상상태의 전자기장 해석에 사용하던 식 (7-58)과 (7-59)로 간략화된다.

전자기장의 근원인 전하와 전류가 시간에 대해 정현파 형태의 의존도를 갖는 경우 전기장과 자기장을 구하는 정형화된 절차와 과정은 다음과 같다.

1. 식 (7-99)와 (7-100)으로부터 전위 위상자 $V(R)$과 벡터 자기장 포텐셜 위상자 $\mathbf{A}(R)$을 구한다.
2. 전기장 세기 위상자 $\mathbf{E}(R) = -\nabla V - j\omega\mathbf{A}$와 자속밀도 위상자 $\mathbf{B}(R) = \nabla \times \mathbf{A}$를 구한다.
3. 코사인 기준함수인 경우 시간에 의존하는 전기장 세기와 자속밀도는 $\mathbf{E}(R, t) = \mathcal{R}e\,[\mathbf{E}(R)e^{-j\omega t}]$와 $\mathbf{B}(R, t) = \mathcal{R}e\,[\mathbf{E}(R)e^{-j\omega t}]$를 이용하여 구한다.

문제의 난이도는 적분을 수행하는 1단계 과정의 어려움에 달렸다.

7-7.3 단순 매질에서 전자기장 생성의 근원이 존재하지 않는 경우의 전자기장

$\rho = 0$, $\mathbf{J} = 0$, $\sigma = 0$인 단순, 비전도성, 전자기장의 근원이 없는 자유공간에서 시간에 대한 정현파 형태의 맥스웰 방정식 (7-94a, b, c, d)는 다음과 같이 정리할 수 있다.

$$\nabla \times \mathbf{E} = -j\omega\mu\mathbf{H} \tag{7-104a}$$

$$\nabla \times \mathbf{H} = j\omega\epsilon\mathbf{E} \tag{7-104b}$$

$$\nabla \cdot \mathbf{E} = 0 \tag{7-104c}$$

$$\nabla \cdot \mathbf{H} = 0 \tag{7-104d}$$

식 (7-104a, b, c, d)를 결합하면 $\mathbf{E}$와 $\mathbf{H}$에 관한 2차 미분 방정식이 되며, 식 (7-81)과 (7-82)로부터 다음 결과를 얻는다.

$$\boxed{\nabla^2\mathbf{E} + k^2\mathbf{E} = 0} \tag{7-105}$$

$$\boxed{\nabla^2\mathbf{H} + k^2\mathbf{H} = 0} \tag{7-106}$$

이 결과는 동차 벡터 헬름홀츠 방정식이며, 다양한 경계 조건을 가진 경우를 8장과 10장에서 다루게 된다.

예제 7-7 (**E**, **H**)가 유전상수와 투자율이 ϵ과 μ인 단순 매질 내에서의 전자기장의 근원이 없는($\rho = 0$, $\mathbf{J} = 0$) 자유공간에 대한 맥스웰 방정식은 다음과 같이 정의된 (**E**′, **H**′)도 해가 됨을 보여라.

$$\mathbf{E}' = \eta\mathbf{H} \tag{7-107a}$$

$$\mathbf{H}' = -\frac{\mathbf{E}}{\eta} \tag{7-107b}$$

위의 식에서, $\eta = \sqrt{\mu/\epsilon}$ 은 매질의 **고유 임피던스**(intrinsic impedance)라고 한다.

풀이 **E**′과 **H**′의 회전과 발산을 적용하고 식 (7-104a, b, c, d)를 사용하여 정리함으로써 전자기장의 근원이 없는 자유공간에 대한 맥스웰 방정식은 (**E**′, **H**′)도 해가 됨을 보이고자 한다.

$$\begin{aligned}\nabla \times \mathbf{E}' &= \eta(\nabla \times \mathbf{H}) = \eta(j\omega\epsilon\mathbf{E}) \\ &= -j\omega\epsilon\eta^2\left(-\frac{\mathbf{E}}{\eta}\right) = -j\omega\mu\mathbf{H}'\end{aligned} \tag{7-108a}$$

$$\begin{aligned}\nabla \times \mathbf{H}' &= -\frac{1}{\eta}(\nabla \times \mathbf{E}) = -\frac{1}{\eta}(-j\omega\mu\mathbf{H}) \\ &= j\omega\mu\frac{1}{\eta^2}(\eta\mathbf{H}) = j\omega\epsilon\mathbf{E}'\end{aligned} \tag{7-108b}$$

$$\nabla \cdot \mathbf{E}' = \eta(\nabla \cdot \mathbf{H}) = 0 \tag{7-108c}$$

$$\nabla \cdot \mathbf{H}' = -\frac{1}{\eta}(\nabla \cdot \mathbf{E}) = 0 \tag{7-108d}$$

식 (7-108a, b, c, d)는 전자기장의 근원이 없는 자유공간에 대해 **E**′과 **H**′로 나타낸 맥스웰 방정식이다. ■

위의 예제를 통해 전자기장의 근원이 없는 자유공간의 단순 매질에서 맥스웰 방정식은 식 (7-107a)와 (7-107b)를 사용하여 선형 변환하더라도 불변임을 확인하였다. 이것을 **이중성 원리**(쌍대 원리: principle of duality)라고 하며, 하나의 명제가 성립하면 나머지 명제도 성립한다는 원리이다. 이것은 자유공간에서 맥스웰 방정식이 대칭성을 갖기 때문이다. 이중성 원리와 그러한 특성을 갖는 소자(자기 쌍극자: magnetic dipole)에 대해서는 11-2.2절에서 설명한다.

만약 단순 매질의 전기 전도도가 0이 아닌 경우($\sigma \neq 0$)에는 $\mathbf{J} = \sigma\mathbf{E}$의 전도성 전류가 흐르므로, 식 (7-104b)는 다음과 같이 변형된다.

$$\begin{aligned}\nabla \times \mathbf{H} &= (\sigma + j\omega\epsilon)\mathbf{E} = j\omega\left(\epsilon + \frac{\sigma}{j\omega}\right)\mathbf{E} \\ &= j\omega\epsilon_c\mathbf{E}\end{aligned} \tag{7-109}$$

$$\epsilon_c = \epsilon - j\frac{\sigma}{\omega} \qquad \text{(F/m)} \tag{7-110}$$

나머지 식 (7-104a, c, d)는 불변이다. 따라서 유전상수만 **복소 유전율**(complex permittivity) ϵ_c로 바꾸면 비전도성 매질에서의 모든 수식을 전도성 매질에서도 그대로 사용할 수 있다.

앞서 3-7절에서 설명한 것과 같이, 매질에 시간에 따라 변하는 전기장이 외부에서 인가되면 매질 내에 갇힌 전하(속박전하: bound charge)의 미세한 위치 변화(변위: displacement)로 인한 분극 현상이 발생하여 분극 체적전하밀도로 나타나게 된다. 이 분극벡터 **P**는 인가한 전기장과 동일한 주파수로 변하게 될 것이다. 주파수가 증가함에 따라, 전하를 띤 입자들의 관성(inertia)으로 인해 입자들의 변위가 전기장과 같은 위상을 유지하는 것을 방해하게 되어 마찰에 의한 감쇠와 동일한 현상을 유발한다. 따라서 감쇠력(damping force)을 극복하기 위해 일을 해야 하므로 전력소모가 발생한다. 이와 같이 위상차를 수반하는 분극 현상은 복소 전기 감수율(complex electric susceptibility)과 복소 유전율의 특성 변수를 이용하여 나타낸다. 또한 물체나 매질 내에 도체 내의 전자와 정공 또는 전해질 내의 이온과 같이 이동이 자유로운 전하가 많이 존재하는 경우 저항성 손실이 발생하게 된다. 이와 같이 손실이 있는 매질을 다룰 때는 감쇠력과 저항성 손실을 모두 포함하도록 다음과 같이 복소 유전상수 ϵ_c를 정의하여 사용한다.

$$\epsilon_c = \epsilon' - j\epsilon'' \qquad \text{(F/m)} \tag{7-111}$$

여기서 ϵ'과 ϵ''은 모두 주파수에 의존하는 함수이다. 또한 모든 손실을 포함하는 등가 전도도(유효 전도도: equivalent conductivity)를 다음과 같이 정의하기도 한다.

$$\sigma = \omega\epsilon'' \qquad \text{(S/m)} \tag{7-112}$$

식 (7-111)과 (7-112)를 결합하면 식 (7-110)을 얻는다. 저손실 매질에서, 감쇠손실은 아주 작으며 식 (7-110)으로 표시한 ϵ_c의 실수부는 윗첨자 표시 없이 ϵ으로 적기도 한다.

손실이 있는 매질에 시간에 따라 변하는 자기장이 인가된 경우에도 자화의 시간 지연 현상이 존재하고 이로 인한 현상을 설명할 때는 동일한 논리가 적용된다. 즉, 높은 주파수에서 투자율은 다음과 같이 실수부와 허수 성분을 갖는 복소 투자율로 나타낼 수 있다.

$$\mu = \mu' - j\mu'' \tag{7-113}$$

강자성체 재료의 경우, 실수부 μ'는 허수 성분 μ''에 비해 그 크기가 훨씬 큰 값을 가지며, 따라서 허수 성분의 영향은 일반적으로 무시할 수 있다. 이때 식 (7-105)와 (7-106)의 헬름홀츠 방정식을 지배하는 실수값의 파수(전파상수) k는 손실이 있는 매질에서는 다음과 같이 복소 파수로 수정된다.

$$\begin{aligned} k_c &= \omega\sqrt{\mu\epsilon_c} \\ &= \omega\sqrt{\mu(\epsilon' - j\epsilon'')} \end{aligned} \tag{7-114}$$

ϵ''/ϵ'의 비는 유전체의 전기 전도성으로 인한 전력손실을 나타내는 지표이기 때문에 이를 다음과 같이 정의하고 **손실 탄젠트**(loss tangent)라고 부른다.

$$\tan\delta_c = \frac{\epsilon''}{\epsilon'} \cong \frac{\sigma}{\omega\epsilon} \tag{7-115}$$

그리고 식 (7-115)의 손실 탄젠트를 결정하는 δ_c를 손실각(loss angle)이라고 한다.

식 (7-110)을 근거로 하여, $\sigma \gg \omega\epsilon$인 매질을 (전기 전도성이) **우수한 도체**(good conductor), $\sigma \ll \omega\epsilon$인 매질을 **우수한 절연체**(good insulator)라고 부른다. 따라서 물질에 따라서 낮은 주파수에서는 우수한 도체이나 아주 높은 주파수에서는 손실이 있는 유전체의 특성을 갖는 재료도 있다. 예를 들면, 습기가 찬 땅의 유전율과 전기 전도도는 $\epsilon_r \sim 10$, $\sigma \sim 10^{-2}$ (S/m) 정도로 알려져 있다. 습기 찬 땅의 주파수가 $f = 1$ (kHz)인 전자파의 손실 탄젠트는 $\sigma/\omega\epsilon \sim 1.8 \times 10^4$으로서 전기 전도도가 우수한 도체에 해당한다. $f = 10$ (GHz)인 전자파에 대해서는 손실 탄젠트는 $\sigma/\omega\epsilon \sim 1.8 \times 10^{-3}$으로서 절연체와 유사한 특성을 갖는다.[5)]

예제 7-8 상대 유전율 $\epsilon_r = 2.5$, 손실 탄젠트 = 0.001인 손실이 있는 유전체에 진폭 = 250 (V/m)이고 주파수 = 1 (GHz)인 정현파 전기장 세기가 존재한다. 단위체적(m^3)당 매질에서 소모되는 평균 전력을 구하라.

SOLUTION **풀이** 먼저 손실이 있는 매질의 유효 전도도를 구해야 하며, 그 과정과 결과는 다음과 같다.

$$\tan\delta_c = 0.001 = \frac{\sigma}{\omega\epsilon_0\epsilon_r},$$

$$\begin{aligned}\sigma &= 0.001(2\pi 10^9)\left(\frac{10^{-9}}{36\pi}\right)(2.5)\\ &= 1.39 \times 10^{-4}\ \text{(S/m)}\end{aligned}$$

단위체적당 평균 전력소모는 다음과 같다.

$$\begin{aligned}p &= \tfrac{1}{2}JE = \tfrac{1}{2}\sigma E^2\\ &= \tfrac{1}{2} \times (1.39 \times 10^{-4}) \times 250^2 = 4.34 \quad (\text{W/m}^3)\end{aligned}$$

마이크로파 오븐(microwave oven: 전자 레인지로 부르기도 함)은 마그네트론(전자기장 발생기: magnetron)에 의해 생성된 마이크로파 전력을 음식물에 조사(irradiation: 쪼임)하여 음식을 조리한

5) 실제로 유전물질의 손실 메커니즘은 매우 복잡하며, 일정한 전기 전도도를 갖는다는 가정은 현상 이해를 위한 가정일 뿐이다.

다. 동작 주파수는 대체로 2.45 GHz(2.45 × 10^9 Hz)로 정해져 있다. f = 2.45 GHz의 마이크로파에 대해 상대 유전상수가 약 40이고 손실 탄젠트가 0.35인 비프 스테이크의 전기 전도도는 σ = 1.91 (S/m)이며, 예제 7-8에서 주어진 정현파 전기장 세기가 인가되면 단위체적당 평균 전력소모는 p = 59.6 (kW/m^3)를 얻게 된다. 그러나 도체 내에서 고주파 전류는 **표피효과**(skin effect; 전류가 도체의 표면에 집중되어 흐르는 현상으로 8-3.2절 참조)로 인해 표피층에 집중되어 흐르게 되므로, 평균 전력소모는 어림 짐작에 불과하다.

7-7.4 전자기파 스펙트럼

공간적으로 전자기장의 생성의 근원이 존재하지 않는 영역 내의 **E**와 **H**는 각각 식 (7-81)과 (7-82)의 동차 파동 방정식을 만족함을 알고 있다. 전자기장의 근원이 시간에 대한 정현파인 경우에 이들은 식 (7-105)와 (7-106)의 동차 헬름홀츠 방정식으로 간략화된다. 식 (7-105)와 (7-106)의 해는 곧 전파되는 파동을 나타낸다는 사실은 다음 장의 전반부에서 명확해진다. 당분간 다음의 두 가지 중요한 사실을 강조해 둔다. 첫째, 맥스웰 방정식, 이를 기반으로 한 파동방정식과 헬름홀츠 방정식은 파동의 주파수에 제한이 없다. 실험적으로 분석된 전자기파 스펙트럼은 아주 낮은 주파수로부터 라디오, 텔레비전, 마이크로파, 적외선(IR), 가시광선, 자외선(UV), X-선, 그리고 10^{24} (Hz)를 초과하는 감마(γ)선까지 포함한다. 둘째, 모든 전자기파는 주파수 대역에 상관없이 매질 내에서 동일한 속도 $u = 1/\sqrt{\mu\epsilon}$(공기 중에서 $c \cong 3 \times 10^8$ m/s)로 전파된다.

응용분야와 고유 특성에 따른 전자기 스펙트럼을 주파수와 파장으로 구분하여 그림 7-9에 나타내었다. "마이크로파(microwave)"라는 용어는 다소 애매하고 부정확한 용어이며, 1 (GHz)이상의 주파수부터 UHF, SHF, EHF, 그리고 밀리미터파(mm-wave) 대역을 아우르는 주파수 영역의 전자파를 뜻하기도 한다. 가시광선보다 높은 주파수 영역은 (eV) 단위를 갖는 광자의 에너지 hf로 나타내는 것이 일반적이며, h = 6.63 × 10^{-34} (J·s)는 플랑크 상수(Planck constant)이다. 이 또한 그림 7-9에 나타내었다.[6] 가시광선은 λ = 720 (nm)(또는 0.72 μm)의 적색으로부터 λ = 380 (nm)(또는 0.38 μm)의 자외선까지를 포함하며, 주파수 영역은 f = 4.2 × 10^{14} (Hz)부터 7.9 × 10^{14} (Hz)의 범위이다. 레이더, 위성통신, 항법 보조장치. 텔레비전, FM과 AM 라디오, 일반인 휴대용 라디오 대역(CB), 초음파 탐지기(sonar), 그리고 명기하지 않은 많은 용도로 이 주파수들이 사용된다. 전파의 효율적인 복사를 위해 대형 안테나가 필요하고 낮은 주파수에서의 낮은 데이터 전송률로 인해 VLF 이하의 주파수 대역이 무선송신용으로 사용되는 일은 드물다. 이러한 주파수 대역은 전도성이 있는 바닷물에서 잠수함과의 전략통신용으로 사용이 제안된 바 있다. 레이더에서는 마이크로파 주파수 대역에 알파벳 이름을 부여하여 편리하게 사용하고 있다. 이

6) 주파수와 에너지의 변환관계: 1 (Hz) ↔ 4.14 × 10^{-15} (eV) ↔ 3 × 10^8 (m), 또는 2.42 × 10^{14} (Hz) ↔ 1 (eV) ↔ 1.24 × 10^{-6} (m)

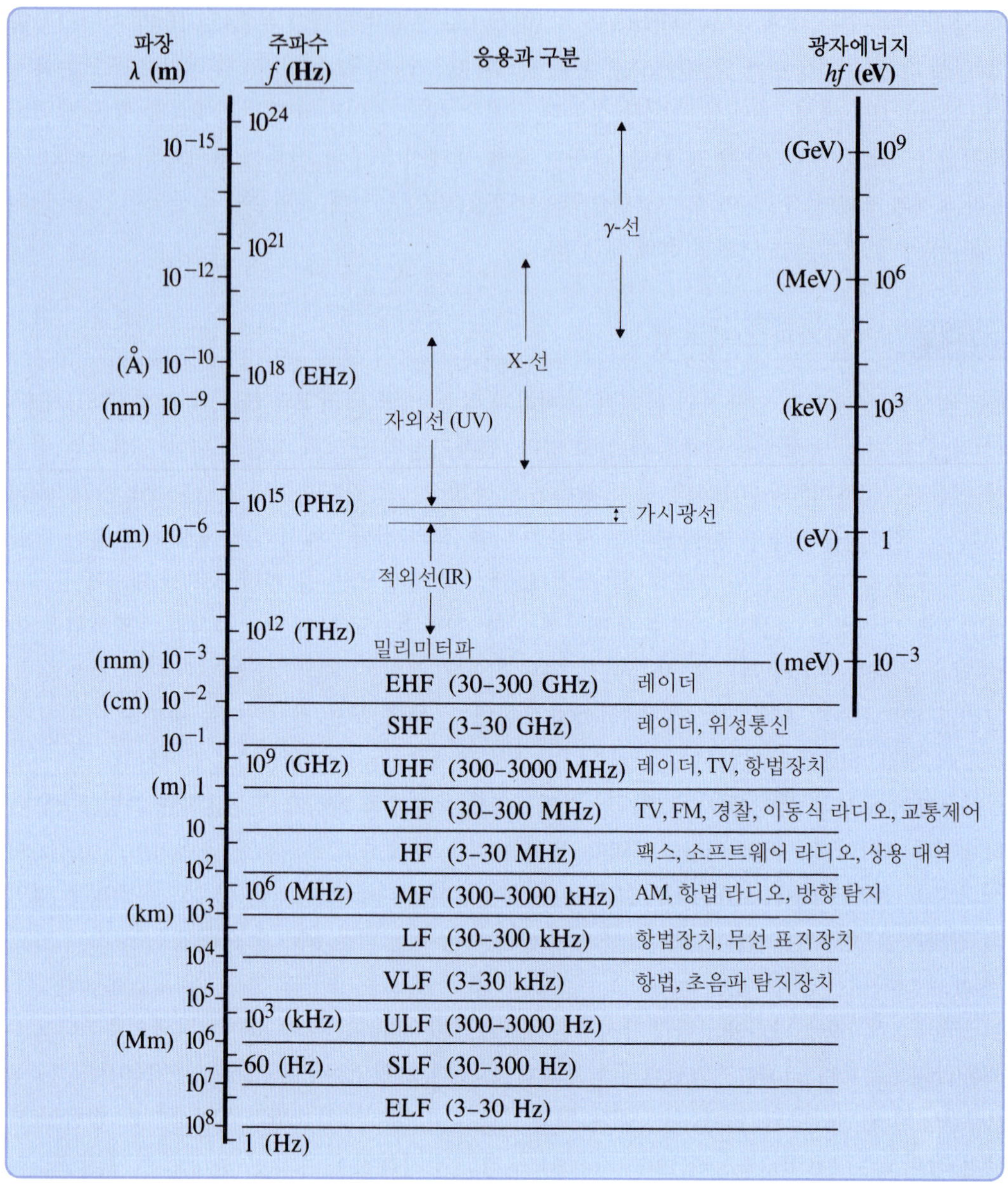

그림 7-9

전자기파의 스펙트럼

들을 표 7-5에 요약하였다.

다음 장에서는 평면파(plane wave)의 특성에 대해 논의하고, 평면파가 매질의 불연속 경계면에서 전파될 때의 특성에 관해 이해하게 된다.

표 7-5 마이크로파 주파수 영역의 대역 명칭

구 표기법	새로운 표기법	주파수 영역(GHz)
Ka	K	26.5–40
K	K	20–26.5
K	J	18–20
Ku	J	12.4–18
X	J	10–12.4
X	I	8–10
C	H	6–8
C	G	4–6
S	F	3–4
S	E	2–3
L	D	1–2
UHF	C	0.5–1

복습 질문
Review Question

R.7-1 정전자기장(electromagnetostatic field)을 형성하는 근원은 무엇인가? 시간에 대해 불변인 조건에서 도체 내의 **E**와 **B**는 어떤 관계를 갖는가?

R.7-2 전자기 유도에 대한 기본 가정을 요약하고 패러데이의 법칙을 연결하여 설명하라.

R.7-3 렌츠의 법칙(Lenz's law)을 설명하라.

R.7-4 변압기의 기전력에 관한 식을 정리하라.

R.7-5 이상적인 변압기의 특성은 무엇인?

R.7-6 전자기 유도회로에서 결합계수의 정의는 무엇인가?

R.7-7 맴돌이전류(와전류: eddy current)가 무엇인가?

R.7-8 초전도체란 무엇인가?

R.7-9 높은 투자율(permeability)과 낮은 전기 전도도를 가진 재료가 변압기 코어로 사용되는 이유는 무엇인가?

R.7-10 전력용 변압기의 코어를 적층하여 사용하는 이유는 무엇인가?

R.7-11 자속절단 기전력에 관한 식을 써라.

R.7-12 자기장 세기가 변하는 공간에서 폐회로가 이동할 때 유도되는 기전력에 관한 식을 써라.

R.7-13 패러데이의 원판 발전기는 무엇인가?

R.7-14 미분 형식의 맥스웰 방정식을 써라.

R.7-15 맥스웰 방정식을 구성하는 네 개의 식은 서로 독립적인지에 대해 설명하라.

R.7-16 적분 형태의 맥스웰 방정식을 적고 각각의 식이 어떤 실험 법칙과 관련되는지 구분하라.

R.7-17 변위전류(displacement current)의 중요성에 대해 설명하라.

R.7-18 전자기학에서 전기장의 전위와 자기장의 벡터 자기장 포텐셜함수(potential function)를 사용하는 이유를 설명하라.

R.7-19 **E**와 **B**를 포텐셜함수 V와 **A**를 이용하여 나타내어라.

R.7-20 준정상상태(quasi-static)의 전자기장의 의미를 설명하고, 그들이 맥스웰 방정식의 정확한 해가 되는지 설명하라.

R.7-21 전자기장의 전위에 대한 로렌츠 조건은 무엇인가? 실제 상황에서의 중요성에 대해 설명하라.

R.7-22 스칼라 전위 V와 벡터 자기장 포텐셜 **A**에 대한 비동차(불균일) 파동 방정식을 적어라.

R.7-23 전기장 세기 **E**의 접선 방향 성분과 자속밀도 **B**의 법선 방향 성분의 경계 조건을 설명하라.

R.7-24 자기장 세기 **H**의 접선 방향 성분과 전하유동밀도 **D**의 법선 방향 성분의 경계 조건을 설명하라.

R.7-25 완전도체의 표면에서 전기장 세기 **E**는 왜 도체 표면에 수직인 성분만 존재하는가?

R.7-26 완전도체의 표면에서 자기장 세기 **H**는 왜 도체 표면에 평행인 성분만 존재하는가?

R.7-27 완전도체의 내부에 시간에 따라 변하지 않는 정자기장이 존재할 수 있는지에 대해 설명하라. 시간에 따라 변하는 자기장은 존재하는가에 대해 설명하라.

R.7-28 시간 지연 전위의 의미를 설명하라.

R.7-29 지연시간과 전파속도의 관계가 매질의 특성 지표에 어떻게 의존하는지 설명하라.

R.7-30 자유공간에서 **E**와 **H**에 대한 파동 방정식을 써라.

R.7-31 위상자란 무엇인가? 시간 t의 함수인가? 주파수 ω의 함수인가?

R.7-32 위상자와 벡터의 차이점은 무엇인가?

R.7-33 전자기학에서 위상자를 사용할 때의 편리한 점은 무엇인가?

R.7-34 시간에 대한 정현파인 전자기장에서 전도전류와 변위전류는 위상이 일치하는가?

R.7-35 단순 매질에서 시간에 대해 정현파인 경우의 맥스웰 방정식을 위상자를 이용하여 나타내어라.

R.7-36 파수(wave number: 전파상수)를 정의하라.

R.7-37 시간에 대한 정현파인 시간 지연 스칼라 전위와 벡터 자기장 포텐셜을 각각 전하 분포와 전류 분포를 이용하여 정리하라.

R.7-38 전도성이 없고 전자기 발생의 근원물질이 존재하지 않으며 단순 매질 내의 전기장 세기 **E**에 대한 동차(균일) 벡터 헬름홀츠 방정식을 써라.

R.7-39 손실이 있는 매질에서의 파수를 유전율과 투자율의 함수로 나타내어라.

R.7-40 매질의 손실 탄젠트의 의미를 설명하라.

R.7-41 시간에 따라 변하는 전자기장에서 우수한 도체(good conductor)와 손실이 있는 유전체(lossy dielectric)는 각각 어떻게 정의되어 있는가?

R.7-42 전자기파의 전파속도는 무엇인가? 공기 중의 전파속도는 진공에서의 전파속도와 동일한가?

R.7-43 가시광선 영역의 파장은 어느 범위인가?

R.7-44 VLF보다 낮은 대역의 주파수가 무선통신에 잘 사용되지 않는 이유는 무엇인가?

연습문제
Problem

P.7-1 정지된 루프에 유도되는 변압기 기전력을 시간에 따라 변하는 벡터 자기장 포텐셜 **A**의 함수로 표시하라.

P.7-2 그림 7-10의 회로가 다음과 같은 자기장 내에 있다.

$$\mathbf{B} = \mathbf{a}_z 3 \cos(5\pi 10^7 t - \tfrac{2}{3}\pi x) \qquad (\mu\text{T})$$

$R = 15\ (\Omega)$을 가정하고 전류 i를 구하라.

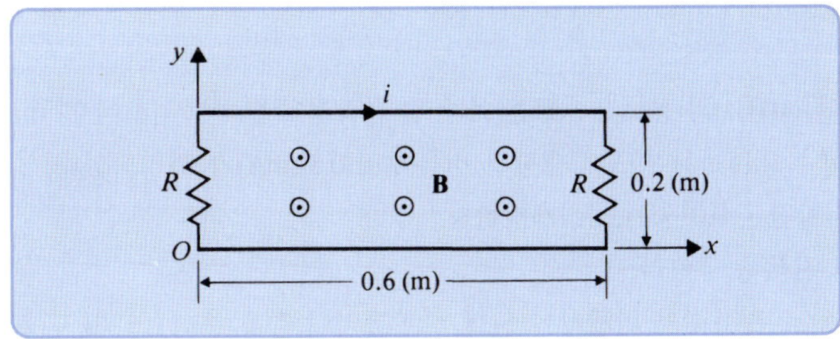

그림 7-10

시간에 따라 변하는 자기장 내의 회로 (연습문제 P.7-2)

P.7-3 그림 7-11(a)에 나타낸 것과 같이, 폭이 w이고 높이가 h인 직사각형 루프가 전류 i_1이 흐르는 아주 긴 도선 주변에 있다. i_1은 그림 7-11(b)에 나타낸 것과 같은 직사각형 펄스로 가정한다.

(a) 자체 인덕턴스가 L인 직사각형 루프에 유도되는 전류 i_2를 구하라.

(b) $T \gg L/R$인 경우 저항 R에서 소모되는 에너지를 계산하라.

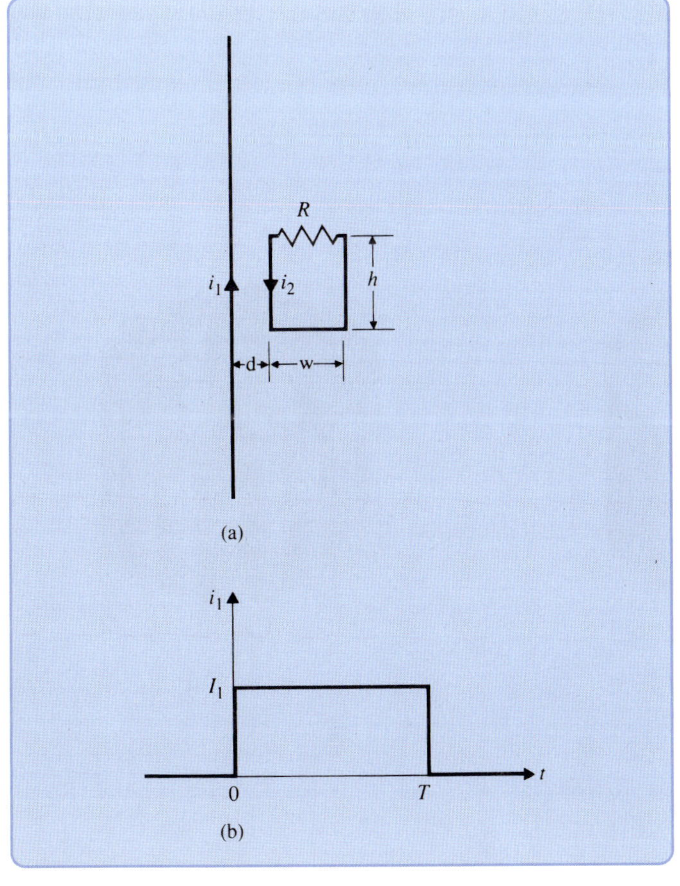

그림 7-11

전류가 흐르는 아주 긴 도선 주변의 직사각형 루프(연습문제 P.7-3)

P.7-4 그림 6-48에 나타낸 것과 같이, 아주 긴 직선 형태의 도선 주변에 정삼각형의 도체 루프($d = b/2$)가 있다. 이 도선에 $i(t) = I \sin \omega t$의 전류가 흐른다.

(a) 회로에 삽입된 고저항의 실효치(rms) 전압계에 측정되는 전압을 구하라.

(b) 정삼각형 도체 루프를 중심을 지나는 수직축을 기준으로 60° 회전할 경우 전압계에 측정되는 전압을 구하라.

P.7-5 그림 6-49에 나타낸 것과 같이, 60 (Hz)의 전류가 흐르는 아주 긴 전력선 주변에 반지름이 0.1 (m)인 원형 도체 루프가 있다(d = 0.15 m). 루프에 내장된 전류계로 0.3 (mA)가 측정되었다. 전류계를 포함한 루프의 총 저항값은 0.01 (Ω)으로 가정한다.

(a) 전력선에 흐르는 전류의 진폭을 구하라.

(b) 전류계의 전류가 0.2 (mA)로 측정되기 위해서는 원형 루프를 수평축을 중심으로 몇도 회전하여야 하는가?

P.7-6 변압기 코어에서 맴돌이전류에 의한 전력손실을 방지하기 위해 원형 단면 구조를 갖도록 제안된 코어 구조는 여러 개의 절연된 선 모양으로 나뉘어져 있다. 그림 7-12에 그림으로 나타낸 바와 같이 (a)의 구조를 (b)의 구조로 대체한 것이다. 자속밀도는 $B(t) = B_0 \sin \omega t$이며, N개의 가느다란 도선 형태는 원래 단면적의 95%를 채우고 있다고 가정한다.

(a) 그림 7-12(a)에서 높이가 h인 코어 부분에서의 맴돌이전류에 의한 평균 소모전력을 구하라.

(b) 그림 7-12(b)에 나타낸 N개의 도선 형태로 이루어진 코어에서 맴돌이전류에 의한 평균 소모전력을 구하라.

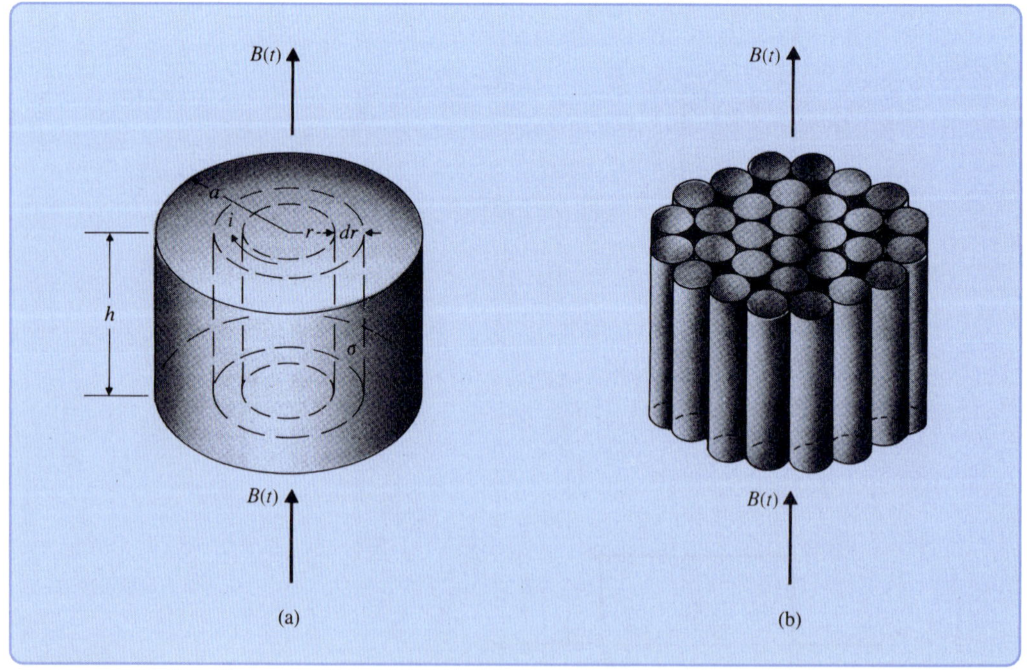

그림 7-12

맴돌이전류에 의한 전력손실을 감소하기 위해 제안된 구조(연습문제 P.7-6)

맴돌이전류에 의한 자기장의 생성은 무시할 수 있는 것으로 가정한다. (힌트: 높이가 h이고 반지름 r인 지점에서 폭이 dr인 작은 원형 반지 모양에서의 전류와 미소 소모전력을 먼저 구하라.)

P.7-7 다음과 같이 시간에 따라 정현파 형태로 변하는 자기장 내에 설치된 평행한 두 도체 레일 위를 도체 막대가 주기적으로 왕복하고 있다.

$$\mathbf{B} = \mathbf{a}_z 5 \cos \omega t \qquad \text{(mT)}$$

이동 막대의 시간에 따른 위치는 $x = 0.35(1 - \cos \omega t)$ (m)이며, 레일 끝의 종단저항은 $R = 0.2$ (Ω)이다. 전류 i를 구하라.

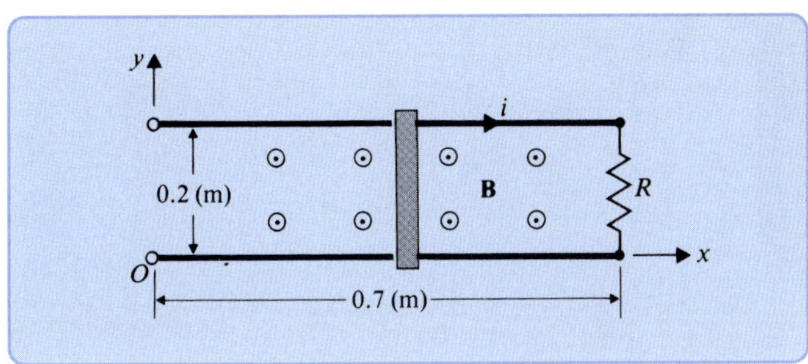

그림 7-13 시간에 따라 변하는 자기장 내에 있는 평행한 레일 위의 도체 이동 막대 (연습문제 P.7-7)

P.7-8 그림 6-32에 기술한 직류 모터에서 자기장 **B** 내의 루프에 전류를 흘리면 회전력이 발생하여 루프가 회전하게 됨을 설명하였다. 루프가 회전함에 따라 루프에 결합되는 자속의 양이 변하므로 기전력이 유도된다. 이 유도 기전력을 상쇄시키는 전류가 생성되기 위해서 외부 전원에 의해 에너지가 소모된다. 이 에너지는 루프를 회전시키는 데 필요한 기계적 에너지(또는 일)와 동일함을 증명하라. (힌트: **B**와 임의의 각 α를 이루고 있는 루프의 법선을 찾은 후 $\Delta\alpha$만큼의 각도를 회전하는 것으로 설정하라.)

P.7-9 그림 7-6에 나타낸 것처럼, 일정한 자기장 $\mathbf{B} = \mathbf{a}_y B_0$ 내에서 회전하는 직사각형 도체 루프의 집전고리(slip ring) 양단에 저항 R이 연결된 것으로 가정하고, 저항 R에서 소모되는 전력은 각 주파수 ω로 루프를 회전시키는 데 필요한 단위시간당 에너지(전력)와 동일함을 증명하라.

P.7-10 안쪽 반지름이 a, 바깥쪽 반지름이 b인 가운데가 빈 원통형 자석이 그 중심축을 중심으로 각 주파수 ω로 회전하고 있다. 자석은 $\mathbf{M} = \mathbf{a}_z M_0$의 균일한 축방향 자화강도를 생성하고 있으며, 그림 7-14에 나타낸 바와 같이 집전용 미끄럼식 브러시 접점이 내부와 외부 표면에 연결되어 있다. 자석의 상대 투자율과 전기 전도도가 각각 $\mu_r = 5000$, $\sigma = 10^7$ (S/m)인 경우,

(a) 자석 내부의 **H**와 **B**를 구하라.

(b) 개방회로 전압 V_0를 구하라.

(c) 단락회로(short-circuit) 시의 전류를 구하라.

P.7-11 두 회전 방정식 (7-53a)와 (7-53b), 그리고 연속 방정식 (7-48)을 이용하여 두 발산 방정식을 유도하라.

P.7-12 식 (7-62)로 나타낸 전기장 전위와 벡터 자기장 포텐셜의 관계를 설명하는 로렌츠 조건은 연속 방정식과 합치됨을 증명하라.

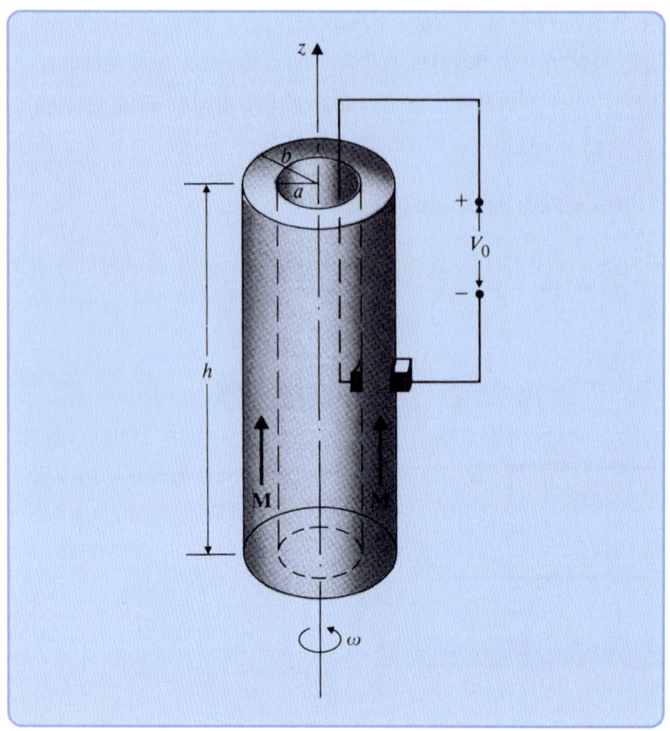

그림 7-14
회전하는 가운데가 빈 원통형 자석 (연습문제 P.7-10)

P.7-13 7-4절에서 정의한 벡터 자기장 포텐셜 **A**와 스칼라 전위 V는 유일한 값은 아니다. 따라서 다음 식과 같이 벡터 자기장 포텐셜 **A**에 스칼라 전위 ψ의 3차원 기울기(공간 변화율) $\nabla\psi$를 더하여도 식 (7-55)로부터 얻는 **B**에는 변화가 없다.

$$\mathbf{A}' = \mathbf{A} + \nabla\psi \tag{7-116}$$

식 (7-57)을 사용할 때 **E**에 변화가 없도록 하기 위해서는 V가 V'로 수정되어야 한다.

(a) V'와 V의 관계를 구하라.

(b) 새로운 벡터 자기장 포텐셜 $\mathbf{A}'$와 스칼라 전위 V'가 상호 무관한 파동 방정식 (7-63)과 (7-65)에 그대로 적용되기 위해 ψ가 만족해야 하는 조건에 대해 설명하라.

P.7-14 맥스웰 방정식에 식 (7-55)와 (7-56)을 대입하여 스칼라 전위 V와 벡터 자기장 포텐셜 **A**에 관한 파동 방정식을 구하라. 단순 매질에 대한 파동방정식이 식 (7-65)와 (7-73)으로 간략화됨을 보여라. (힌트: 스칼라 전위와 벡터 자기장 포텐셜의 상관관계를 제한하는 다음의 게이지 조건(또는 로렌츠 조건)을 참고하라.)

$$\nabla \cdot (\epsilon\mathbf{A}) + \mu\epsilon^2 \frac{\partial V}{\partial t} = 0 \tag{7-117}$$

P.7-15 식 (7-53a, b, c, d)로 나타낸 네 개의 맥스웰 방정식을 8개의 스칼라 방정식으로 정리하라.

(a) 직각좌표계로 표시

(b) 원통좌표계로 표시

(c) 구좌표계로 표시

P.7-16 전자기장에 대한 경계 조건을 나타내는 식 (7-66a, b, c, d)의 자세한 유도과정을 보여라.

P.7-17 다음의 관계를 설명하라.

(a) **E**의 접선 방향 성분에 대한 경계 조건과 **B**의 (경계면과 수직인) 법선 방향 성분에 대한 경계 조건의 관계

(b) **D**의 법선 방향 성분에 대한 경계 조건과 **H**의 접선 방향 성분에 대한 경계 조건의 관계

P.7-18 분극 유전체의 전기장을 계산할 때는 식 (3-88)과 (3-89)와 같이 등가 분극 면전하밀도 ρ_{ps}와 등가 분극 체적전하밀도 ρ_p로 대체할 수 있음을 설명하였다. 서로 다른 두 매질의 계면에서 다음의 경계 조건을 구하라.

(a) **P**의 법선 방향 성분

(b) **E**의 법선 방향 성분

P.7-19 자유공간과 거의 무한대 크기의 투자율을 가진 자성체의 계면에서 만족해야 하는 경계 조건을 써라.

P.7-20 $(t - R\sqrt{\mu\epsilon})$ 또는 $(t + R\sqrt{\mu\epsilon})$에 대한 2차 미분이 가능한 임의의 함수는 식 (7-73)의 동차 파동 방정식의 해가 됨을 직접 대입하여 증명하라.

P.7-21 식 (7-77)의 지연 전위는 식 (7-65)의 비동차 파동 방정식을 만족함을 증명하라.

P.7-22 그림 7-15에 나타낸 것과 같은 $R = 0$에서의 함수 $f(t)$에 대해

(a) 시간에 따른 $f(t - R/u)$의 변화를 그림으로 나타내어라.

(b) $t > T$인 시점에 R의 변화에 따른 $f(t - R/u)$의 변화를 그림으로 나타내어라.

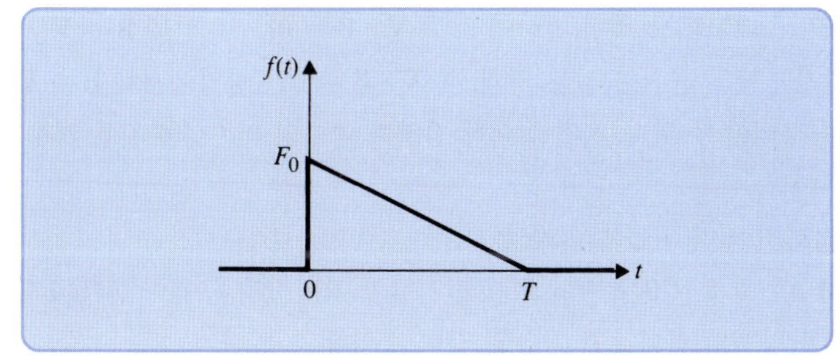

그림 7-15
시간에 대한 삼각형 함수(연습문제 P.7-22)

P.7-23 다음 식으로 표시된 전자기파의 전기장 세기

$$\mathbf{E} = \mathbf{a}_x E_0 \cos\left[10^8\pi\left(t - \frac{z}{c}\right) + \theta\right]$$

는 다음과 같은 두 식의 합으로 이루어져 있다.

$$\mathbf{E}_1 = \mathbf{a}_x 0.03 \sin 10^8\pi\left(t - \frac{z}{c}\right)$$

$$\mathbf{E}_2 = \mathbf{a}_x 0.04 \cos\left[10^8\pi\left(t - \frac{z}{c}\right) - \frac{\pi}{3}\right]$$

E_0와 θ를 구하라.

P.7-24 전하밀도 분포 ρ와 전류밀도 분포 **J**가 존재하는 비전도성 단순 매질 내의 **E**와 **H**에 대한 일반화된 파동 방정식을 유도하라. 이 파동 방정식을 시간에 대해 정현파 형태의 시간의존성을 갖는 헬름홀츠 방정식으로 변환하라. 이에 대한 해 $\mathbf{E}(R, t)$와 $\mathbf{H}(R, t)$를 ρ와 **J**의 함수로 써라.

P.7-25 공기 중에서의 전기장 세기가 다음과 같을 때,

$$\mathbf{E} = \mathbf{a}_y 0.1 \sin(10\pi x) \cos(6\pi 10^9 t - \beta z) \qquad \text{(V/m)}$$

H와 β를 구하라.

P.7-26 공기 중에서의 자기장 세기가 다음과 같을 때,

$$\mathbf{H} = \mathbf{a}_y 2 \cos(15\pi x) \sin(6\pi 10^9 t - \beta z) \qquad \text{(A/m)}$$

E와 β를 구하라.

P.7-27 자유공간에서 구형 파동의 전기장 세기가 다음과 같은 것으로 알려져 있다.

$$\mathbf{E} = \mathbf{a}_\theta \frac{E_0}{R} \sin\theta \cos(\omega t - kR)$$

자기장 세기 **H**와 k를 구하라.

P.7-28 7-4절에서 **E**와 **B**가 시간에 대해 정현파 형태의 의존도를 갖는 경우 식 (7-98)의 로렌츠 조건을 통해 상호 연관된 스칼라 전위 V와 벡터 자기장 포텐셜 **A**에 의해 결정됨을 확인하였다. 벡터 자기장 포텐셜 **A**는 **B**의 솔레노이드 특성(발산이 0, 즉 $\nabla \cdot \mathbf{B} = 0$)으로 인해 $\mathbf{B} = \nabla \times \mathbf{A}$가 되도록 도입하였다. 전자기장의 근원이 없는 영역, 즉 $\nabla \cdot \mathbf{E} = 0$인 영역에서는 $\mathbf{E} = \nabla \times \mathbf{A}_e$가 되는 벡터 전위 $\mathbf{A}_e$를 정의할 수 있다. 시간에 대해 정현파 형태의 의존성을 갖는 경우,

(a) **H**를 $\mathbf{A}_e$의 함수로 나타내어라.

(b) $\mathbf{A}_e$가 동차 헬름홀츠 방정식의 해가 됨을 보여라.

P.7-29 분극전하밀도 **P**가 존재하나 $\rho = 0$, $\mathbf{J} = 0$, $\mu = \mu_0$로서 전기장과 자기장의 근원이 존재하지 않는 분극화된 매질에 대해 단일벡터 전위 π_e를 다음과 같이 정의할 수 있다.

$$\mathbf{H} = j\omega\epsilon_0 \nabla \times \boldsymbol{\pi}_e \qquad (7\text{-}118)$$

(a) 전기장 세기 **E**를 π_e와 **P**의 함수로 나타내어라.

(b) π_e는 다음의 비동차 헬름홀츠 방정식을 만족함을 보여라.

$$\nabla^2 \boldsymbol{\pi}_e + k_0^2 \boldsymbol{\pi}_e = -\frac{\mathbf{P}}{\boldsymbol{\epsilon}_0} \qquad (7\text{-}119)$$

π_e는 **전기적 헤르츠 전위**(electric Hertz potential)라고 알려져 있다.

P.7-30 우수한 도체에서 전류에 의한 전자기장 효과를 계산할 때는 일반적으로 마이크로파 주파수

에서도 변위전류를 무시한다.

(a) 구리의 상대 유전율과 전기 전도도를 각각 $\epsilon_r = 1$, $\sigma = 5.70 \times 10^7$ (S/m)로 가정하고 $f =$ 100 (GHz)에서의 변위전류와 전도전류의 진폭을 비교하라.

(b) 전기장과 자기장의 근원이 존재하지 않는 우수한 도체 내의 자기장 세기 **H**를 지배하는 미분 방정식을 써라.

8 평면 전자기파

Plane Electromagnetic Waves

8-1 개요

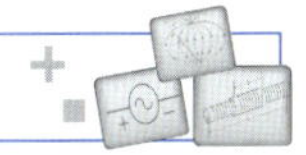

7장에서는 전자기장 발생을 위한 소스가 존재하지 않는 단순 무도체 매질에서 맥스웰 방정식(식 7-79a, b, c, d)을 서로 결합하여 **E**와 **H**로 표현되는 동차(homogeneous) 벡터 파동 방정식을 얻을 수 있다는 것을 확인하였다. 이 두 개의 방정식, 식 (7-81)과 (7-82)는 정확히 동일한 형태이다. 전자기장 발생을 위한 소스가 없는 자유공간에서, **E**에 대한 파동 방정식은 다음과 같다.

$$\nabla^2\mathbf{E} - \frac{1}{c^2}\frac{\partial^2\mathbf{E}}{\partial t^2} = 0 \tag{8-1}$$

여기서

$$c = \frac{1}{\sqrt{\mu_0\epsilon_0}} \cong 3 \times 10^8 \text{ (m/s)} = 300 \quad \text{(Mm/s)} \tag{8-2}$$

는 자유공간에서 전파(wave)의 전파(propagation) 속도이며, 이는 빛의 속도와 같다. 식 (8-1)의 해는 파를 나타낸다. 이 장에서는 1차원 공간좌표로 표현되는 전파(**평면파**)의 특성에 대해 알아보고자 한다.

우선 이 장에서는 무한한 균질 매질내에서 시정현(time-harmonic) 평면파의 전파 특성을 알아보고 특성 임피던스, 감쇠상수와 위상상수 등과 같은 매질 변수들을 소개하고 우수한 도체(양도체)내로 전파가 투과할 수 있는 두께를 나타내는 **표피두께**(skin depth)의 의미를 설명하고자 한다. 전자기파는 전자기 전력(electromagnetic power)을 전달한다. 전력밀도를 나타내는 **포인팅 벡터**(poynting vector)의 개념에 대해서도 논의할 것이다.

또한 평면 경계면에 수직으로 입사되는 평면파의 특성에 대해 설명하고, 평면 경계면에 비스듬히 입사하는 평면파의 반사 및 굴절과 관련된 법칙과 무반사 및 전반사의 조건에 대해서도 알아보고자 한다.

균일 평면파(uniform plane wave)는 전기장 **E**에 대한 맥스웰 방정식의 특수해로서 진행 방향에 수직인 무한 평면에서 동일한 방향과 크기, 그리고 동일한 위상을 갖게 된다(자기장 **H**에 대해서도 유사하다). 엄밀히 말하면, 균일 평면파는 실제로는 존재하지 않는다. 왜냐하면 이러한 균일 평면파를 발생시킬 수 있는 근원은 무한히 커야 하지만 실제로는 근원의 크기가 유한하기 때문이다. 그러나 근원으로부터 충분히 멀리 떨어져 있다고 가정하면 **파면**(wavefront: 위상이 일정한 면)은 거의 구가 되며, 이러한 거대한 구면의 아주 작은 부분은 거의 평면에 가깝다고 할 수 있기 때문이다. 평면파의 특성은 매우 간단하며, 이에 대한 연구는 실질적인 연구뿐만 아니라 기초적인 이론 연구에도 중요한 역할을 한다.

8-2 무손실 매질에서의 평면파

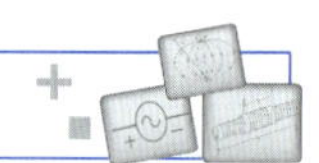

이 장과 다음 장에서는 여러 가지 면에서 편리한 위상자를 사용함으로써 정현 정상상태(sinusoidal steady state)에서의 파의 동작에 대해 알아보고자 한다. 전자기장 발생의 근원이 없는 파동 방정식 (8-1)은 자유공간에서 동차 벡터 헬름홀츠 방정식(식 (7-105))이 된다.

$$\nabla^2\mathbf{E} + k_0^2\mathbf{E} = 0 \tag{8-3}$$

여기서 k_0는 **자유공간의 파수**(wavenumber)이다.

$$k_0 = \omega\sqrt{\mu_0\epsilon_0} = \frac{\omega}{c} \qquad \text{(rad/m)} \tag{8-4}$$

직각좌표계에서 식 (8-3)은 E_x, E_y, E_z의 성분을 갖는 세 개의 스칼라 헬름홀츠 방정식과 같다. E_x 성분에 대해 나타내면,

$$\left(\frac{\partial^2}{\partial x^2} + \frac{\partial^2}{\partial y^2} + \frac{\partial^2}{\partial z^2} + k_0^2\right)E_x = 0 \tag{8-5}$$

가 된다. z축에 수직인 평면에서 균일한 E_x에 의해 정의되는 균일 평면파(진폭이 일정하고 위상이 일정한 파)를 고려하면,

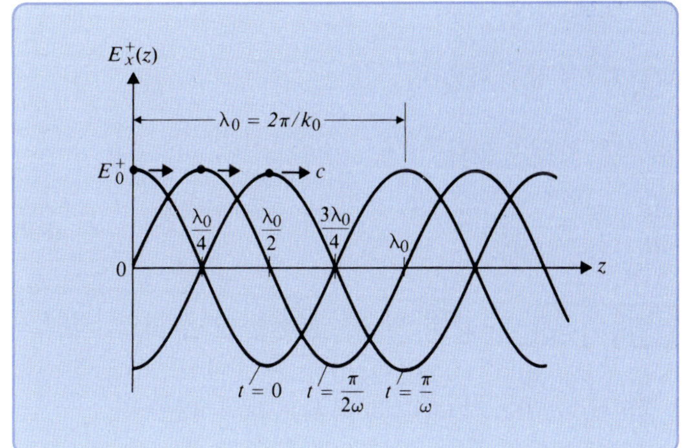

그림 8-1 몇 가지 t 값에 대해 양의 z 방향으로 진행하는 전자기파 $E_x^+(z, t) = E_0^+ \cos(\omega t - k_0 z)$

$$\partial^2 E_x/\partial x^2 = 0 \quad \text{그리고} \quad \partial^2 E_x/\partial y^2 = 0$$

이 된다.

따라서 식 (8-5)는 다음과 같이 간략화할 수 있으며,

$$\frac{d^2 E_x}{dz^2} + k_0^2 E_x = 0 \tag{8-6}$$

위상자 E_x는 z만의 함수이므로 상미분 방정식이 된다.

식 (8-6)의 해는

$$\begin{aligned} E_x(z) &= E_x^+(z) + E_x^-(z) \\ &= E_0^+ e^{-jk_0 z} + E_0^- e^{jk_0 z} \end{aligned} \tag{8-7}$$

가 됨을 알 수 있다. 여기서 E_0^+와 E_0^-는 경계 조건으로부터 결정되는 임의의 상수이며, 일반적으로는 복소수이다. 식 (8-6)은 2차 방정식이기 때문에 식 (8-7)의 일반해는 두 개의 적분상수를 포함하고 있다.

실수로 표현되는 식 (8-7)의 우변의 첫 번째 위상자 항을 살펴보자. cos ωt를 기준으로 사용하고 E_0^+가 상수라고 가정하면 ($z = 0$에서 위상값을 0) 다음과 같이 쓸 수 있다.

$$\begin{aligned} E_x^+(z, t) &= \mathscr{R}e[E_x^+(z)e^{j\omega t}] \\ &= \mathscr{R}e[E_0^+ e^{j(\omega t - k_0 z)}] \\ &= E_0^+ \cos(\omega t - k_0 z) \qquad \text{(V/m)} \end{aligned} \tag{8-8}$$

몇 가지 시점 t에 대해 식 (8-8)을 그림 8-1에 나타내었다. $t = 0$에서 $E_x^+(z, 0) = E_0^+ \cos k_0 z$는 크기가 E_0^+인 정현파 곡선이다. 시간이 증가하면 이 곡선은 $+z$ 방향으로 진행하게 되며, 이를 **진행파**(traveling wave)라고 한다. 만약 이 파의 특정한 지점(특정한 위상을 갖는 한 점)을 고려하면,

$\cos(\omega t - k_0 z)$ = 상수로 놓을 수 있다. 또는

$$\omega t - k_0 z = \text{상수 위상}$$

으로 놓을 수 있으며, 이로부터 다음 식을 얻을 수 있다.

$$u_p = \frac{dz}{dt} = \frac{\omega}{k_0} = \frac{1}{\sqrt{\mu_0 \epsilon_0}} = c \tag{8-9}$$

식 (8-9)는 자유공간에서 동일한 위상면의 전파 속도(**위상 속도**)가 빛의 속도와 동일하며 약 3×10^8 (m/s)이다.

파수 k_0는 파장과 관련된 식으로 정의할 수 있다. 식 (8-4)로부터 $k_0 = 2\pi f/c$ 또는

$$\boxed{k_0 = \frac{2\pi}{\lambda_0} \qquad \text{(rad/m)}} \tag{8-10}$$

로 나타내며 완전한 한 주기내에 파장의 개수로 표현되므로 파수(wavenumber)라고 부른다. 식 (8-10)을 파장에 대해 다시 쓰면,

$$\boxed{\lambda_0 = \frac{2\pi}{k_0} \qquad \text{(m)}} \tag{8-11}$$

과 같다. 식 (8-10)과 (8-11)에서 자유공간 대신에 완전 유전체와 같은 무손실 매질이라면 아랫첨자 0을 사용하지 않아도 된다.

식 (8-7)의 우변에 있는 두 번째 위상자 항 $E_0^- e^{jk_0 z}$는 다시 언급할 필요없이 동일한 속도 c로 $-z$ 방향으로 진행하는 정현파를 나타낸다. 만약 $+z$ 방향으로 진행하는 파만을 고찰하고자 한다면, $E_0^- = 0$으로 놓으면 된다. 그러나 매질 내에 불연속점이 있다면 이 장의 뒷부분에서 알 수 있듯이 반대 방향으로 진행하는 반사파도 고려해야 한다.

이와 관련된 자기장 **H**는 식 (7-104a)로부터 구할 수 있다.

$$\nabla \times \mathbf{E} = \begin{vmatrix} \mathbf{a}_x & \mathbf{a}_y & \mathbf{a}_z \\ 0 & 0 & \dfrac{\partial}{\partial z} \\ E_x^+(z) & 0 & 0 \end{vmatrix} = -j\omega\mu_0(\mathbf{a}_x H_x^+ + \mathbf{a}_y H_y^+ + \mathbf{a}_z H_z^+)$$

이 식으로부터

$$H_x^+ = 0 \tag{8-12a}$$

$$H_y^+ = \frac{1}{-j\omega\mu_0} \frac{\partial E_x^+(z)}{\partial z} \tag{8-12b}$$

$$H_z^+ = 0 \tag{8-12c}$$

이다. 따라서 H_y^+만이 자기장 **H** 성분 중에서 0이 아닌 성분이다. 그리고

$$\frac{\partial E_x^+(z)}{\partial z} = \frac{\partial}{\partial z}(E_0^+ e^{-jk_0 z}) = -jk_0 E_x^+(z)$$

이므로, 식 (8-12b)는

$$H_y^+(z) = \frac{k_0}{\omega\mu_0} E_x^+(z) = \frac{1}{\eta_0} E_x^+(z) \qquad \text{(A/m)} \tag{8-13}$$[1)]

으로 나타낼 수 있다. 식 (8-13)에서 새로운 상수 η_0는 다음과 같다.

$$\boxed{\eta_0 = \sqrt{\frac{\mu_0}{\epsilon_0}} \cong 120\pi \cong 377 \qquad (\Omega)} \tag{8-14}$$

이것을 자유공간에서 매질의 **고유 임피던스**(intrinsic impedance)라고 한다. η_0는 실수이므로 $H_y^+(z)$와 $E_x^+(z)$는 위상이 같으며 자기장 **H**에 대한 순시식은 다음과 같이 나타낼 수 있다.

$$\begin{aligned}\mathbf{H}(z, t) &= \mathbf{a}_y H_y^+(z, t) = \mathbf{a}_y \mathscr{Re}[H_y^+(z)e^{j\omega t}] \\ &= \mathbf{a}_y \frac{E_0^+}{\eta_0} \cos(\omega t - k_0 z) \qquad \text{(A/m)}\end{aligned} \tag{8-15}$$

균일 평면파에 대해 전기장 **E**와 자기장 **H**의 크기의 비는 매질의 고유 임피던스이다. 또한 전기장 **E**와 자기장 **H**는 서로 수직이면서 진행 방향과 모두 수직이다. 여기서 $\mathbf{E} = \mathbf{a}_x E_x$로 정의한 것은 전파의 진행 방향을 $\mathbf{a}_z$로 정의하고, **E**의 방향을 진행방향에 수직방향인$+x$ 방향으로 지정한 것이지 방향설정에 특별히 제한은 없다.

예제 8-1 $\mathbf{E} = \mathbf{a}_x E_x$인 균일 평면파가 무손실 단순 매질($\epsilon_r = 4$, $\mu_r = 1$, $\sigma = 0$)에서 $+z$ 방향으로 진행하고 있다. E_x가 주파수 100 (MHz)를 갖고 $t = 0$와 $z = 1/8$ (m)에서 최대값 $+10^{-4}$ (V/m)를 갖는 정현파라고 가정하자.

(a) 임의의 t와 z에 대한 전기장 **E**의 순시식을 구하라.
(b) 자기장 **H**의 순시식을 구하라.
(c) $t = 10^{-8}$ (s)일 때 E_x가 양의 최대값을 갖는 위치를 구하라.

---

1) 만일 $E_x^-(z) = E_0^- e^{jk_0 z}$를 이용했다면 $H_y^-(z) = -\dfrac{1}{\eta_0} E_x^-(z)$가 된다.

SOLUTION 풀이 우선 전파상수 k를 구한다.

$$k = \omega\sqrt{\mu\epsilon} = \frac{\omega}{c}\sqrt{\mu_r\epsilon_r}$$
$$= \frac{2\pi 10^8}{3 \times 10^8}\sqrt{4} = \frac{4\pi}{3} \quad \text{(rad/m)}$$

(a) $\cos \omega t$를 기준으로 사용하면, 전기장 $\mathbf{E}$에 대한 순시식은 다음과 같다.

$$\mathbf{E}(z, t) = \mathbf{a}_x E_x = \mathbf{a}_x 10^{-4} \cos(2\pi 10^8 t - kz + \psi)$$

이 된다. 정현파 함수의 편각이 0일 때, 즉

$$2\pi 10^8 t - kz + \psi = 0$$

일 때 E_x는 $+10^{-4}$과 같아지므로, $t = 0$과 $z = 1/8$에서

$$\psi = kz = \left(\frac{4\pi}{3}\right)\left(\frac{1}{8}\right) = \frac{\pi}{6} \quad \text{(rad)}$$

이 된다. 따라서 전기장의 순시식은 다음 결과를 얻는다.

$$\mathbf{E}(z, t) = \mathbf{a}_x 10^{-4} \cos\left(2\pi 10^8 t - \frac{4\pi}{3}z + \frac{\pi}{6}\right)$$
$$= \mathbf{a}_x 10^{-4} \cos\left[2\pi 10^8 t - \frac{4\pi}{3}\left(z - \frac{1}{8}\right)\right] \quad \text{(V/m)}$$

이 식으로부터 알 수 있듯이 $+z$ 방향으로 1/8 (m)만큼 이동되었다는 것을 나타내며, 문제로부터 직접 구할 수도 있다.

(b) 자기장 $\mathbf{H}$에 대한 위상자(페이저) 식은 다음과 같다.

$$\mathbf{H} = \mathbf{a}_y H_y = \mathbf{a}_y \frac{E_x}{\eta}$$

여기서

$$\eta = \sqrt{\frac{\mu}{\epsilon}} = \frac{\eta_0}{\sqrt{\epsilon_r}} = 60\pi \quad (\Omega)$$

이다. 따라서

$$\mathbf{H}(z, t) = \mathbf{a}_y \frac{10^{-4}}{60\pi} \cos\left[2\pi 10^8 t - \frac{4\pi}{3}\left(z - \frac{1}{8}\right)\right] \quad \text{(A/m)}$$

가 된다.

역자주) 편각이란 cos 또는 sin 함수의 괄호 속의 값을 의미한다.

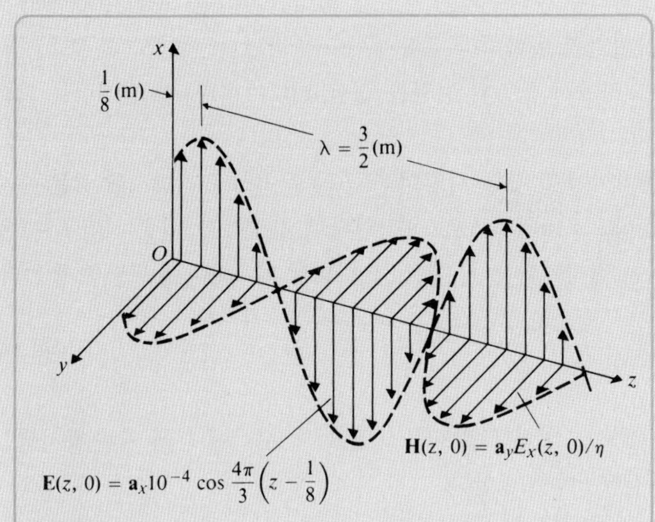

그림 8-2

$t = 0$에서 균일 평면파의 전기장 **E**와 자기장 **H**(예제 8-1)

(c) $t = 10^{-8}$에서 E_x가 양의 최대값이 되기 위해서는 정현파함수의 편각을 $+2n\pi$와 같게 놓으면 된다. 즉,

$$2\pi 10^8(10^{-8}) - \frac{4\pi}{3}\left(z_m - \frac{1}{8}\right) = \pm 2n\pi$$

가 되며, 이 식으로부터

$$z_m = \frac{13}{8} \pm \frac{3}{2}n \quad \text{(m)}, \qquad n = 0, 1, 2, \ldots; \qquad z_m > 0$$

을 구할 수 있으며 이 결과를 보다 자세히 살펴보면 주어진 매질에 대한 파장은 다음과 같다.

$$\lambda = \frac{2\pi}{k} = \frac{3}{2} \quad \text{(m)}$$

따라서 E_x의 양의 최대값은 다음과 같은 경우에 나타나게 된다.

$$z_m = \frac{13}{8} \pm n\lambda \quad \text{(m)}$$

전기장 **E**와 자기장 **H**를 $t = 0$일 때 z의 함수로 표현하면 그림 8-2와 같다. ■

8-2.1 도플러 효과

시정현파 근원과 수신단 사이에 상대적인 움직임이 있을 때 수신단에서 감지되는 파의 주파수는 파를 발생하는 근원으로부터 방사되는 주파수와는 다르다. 이러한 현상을 **도플러**(Doppler) **효과**[2]라고 한다. 도플러 효과는 전자기파뿐만 아니라 음향에서도 나타난다. 아마도 독자들은 빠른 속도로 달리는 기관차의 기적소리에서 음조의 변화를 경험했을 것이다. 이 절에서는 도플러 효과에 대해 설명하고자 한다.

그림 8-3(a)에 보인 바와 같이, 주파수 f를 갖는 시정현파 근원(송신기) T가 정지해 있는 수신기 R의 직선에 대해 상대각 θ의 방향으로 $\mathbf{u}$의 속도로 움직인다고 가정하자. 기준 시간 $t = 0$일 때 자유공간에서 T에 의해 방사되는 전자기파는 식 (8-16)에 나타낸 시간에 R에 도달하게 된다.

$$t_1 = \frac{r_0}{c} \tag{8-16}$$

이보다 늦은 시간 $t = \Delta t$에서 T는 새로운 위치 T'로 이동하였고, 이 시간에 T'에 의해 방사되는 전자기파는 식 (8-17)에 나타낸 시간에 R에 도달한다.

$$\begin{aligned} t_2 &= \Delta t + \frac{r'}{c} \\ &= \Delta t + \frac{1}{c}\left[r_0^2 - 2r_0(u\,\Delta t)\cos\theta + (u\,\Delta t)^2\right]^{1/2} \end{aligned} \tag{8-17}$$

만약 $(u\,\Delta t)^2 \ll r_0^2$라고 가정하면, 식 (8-17)은

$$t_2 \cong \Delta t + \frac{r_0}{c}\left(1 - \frac{u\,\Delta t}{r_0}\cos\theta\right) \tag{8-18}$$

가 된다. 따라서 T에서의 Δt에 해당하는 R에서의 경과시간 $\Delta t'$는

$$\begin{aligned} \Delta t' &= t_2 - t_1 \\ &= \Delta t\left(1 - \frac{u}{c}\cos\theta\right) \end{aligned} \tag{8-19}$$

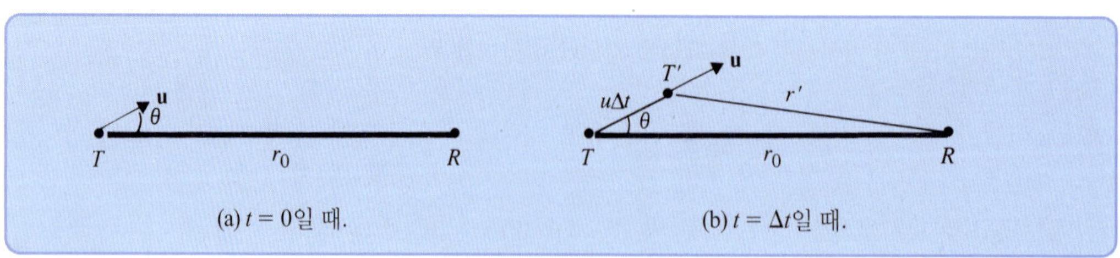

그림 8-3

도플러 효과

2) C. Doppler(1803～1853)

로서 Δt와는 같지 않다.

만약 Δt가 시정현파 전자기장 근원의 주기를 나타낸다면, 즉 $\Delta t = 1/f$이면, 관측점 R에서 수신된 파의 주파수는

$$f' = \frac{1}{\Delta t'} = \frac{f}{\left(1 - \frac{u}{c}\cos\theta\right)} \simeq f\left(1 + \frac{u}{c}\cos\theta\right) \tag{8-20}$$

가 된다. 여기서 근사식 (8-20)은 $(u/c)^2 \ll 1$인 일반적인 경우를 가정하여 얻은 것이며 θ가 $\pi/2$에 접근할 경우 성립하지 않는다. $\theta = 0$일 때, 식 (8-20)은 T가 R 방향으로 움직일 때 수신단 R에서 수신되는 주파수가 방사된 주파수보다 더 높다는 것이다. 반대로 T가 R로부터 멀어지면($\theta = \pi$), 수신된 주파수는 방사된 주파수보다 낮아진다. R이 움직이고 T가 정지되어 있을 때도 유사한 결과를 얻을 수 있다.

도플러 효과는 움직이는 자동차의 속도를 알아내기 위해 경찰이 사용하는 도플러 레이더 동작의 기본 원리이다. 움직이는 물체에 반사되어 수신된 파의 주파수 천이는 그 물체의 속도에 비례하므로 이를 감지하여 손에 든 스피드 건에 표시하면 된다(연습문제 P.8-3 참조). 도플러 효과는 또한 천문학에서 멀리 떨어진 별이 점점 멀어지면서 방출하는 빛의 스펙트럼의 **적색 천이**(red shift)의 원인이 된다. 천체의 별이 지구 위의 관찰자로부터 빠른 속도로 멀어짐에 따라, 수신된 주파수는 스펙트럼의 끝인 낮은 주파수(적색) 방향으로 천이하게 된다.

8-2.2 횡방향 전자기파(TEM)

$+z$ 방향으로 진행하는 전기장 $\mathbf{E} = \mathbf{a}_x E_x$로 나타낼 수 있는 균일 평면파는 이와 연관된 자기장으로 $\mathbf{H} = \mathbf{a}_y H_y$가 존재하게 된다. 따라서 전기장 $\mathbf{E}$와 자기장 $\mathbf{H}$는 서로 수직이며 전파 방향에 대해 모두 횡방향 성분을 갖게 된다. 이것이 **횡방향 전자기파**(transverse electromagnetic(TEM) wave)의 특별한 경우이다. 단일 좌표축을 따라 위상자 값은 거리 z만의 함수로 나타난다. 이제 좌표축과 일치하지 않는 임의의 방향으로 전파되는 균일 평면파의 전파에 대해 알아보자.

$+z$ 방향으로 진행하는 균일 평면파에 대한 전기장 세기의 위상자 표현식은

$$\mathbf{E}(z) = \mathbf{E}_0 e^{-jkz} \tag{8-21}$$

이고, 여기서 $\mathbf{E}_0$는 상수벡터이다. 식 (8-21)을 더 일반적인 형태로 표현하면

$$\mathbf{E}(x, y, z) = \mathbf{E}_0 e^{-jk_x x - jk_y y - jk_z z} \tag{8-22}$$

이다. 이 식은 동차 헬름홀츠 방정식에 다음과 같은 식을 직접 치환함으로써 쉽게 구할 수 있다. 즉,

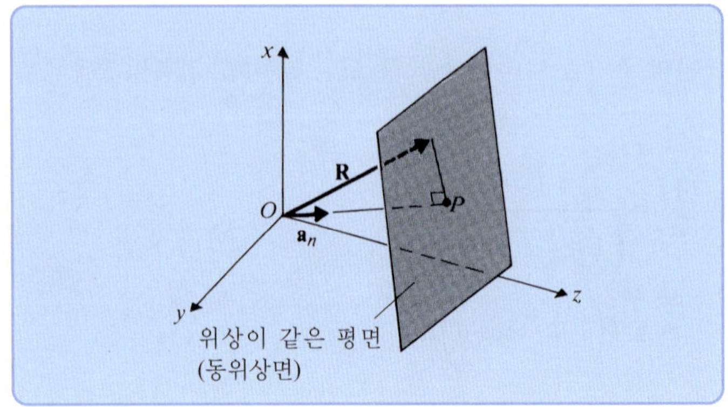

그림 8-4
거리 벡터와 균일 평면파의 동위상면에 수직인 파

$$k_x^2 + k_y^2 + k_z^2 = \omega^2\mu\epsilon \tag{8-23}$$

파수 벡터(wavenumber vector)를 다음과 같이 정의하고

$$\mathbf{k} = \mathbf{a}_x k_x + \mathbf{a}_y k_y + \mathbf{a}_z k_z = k\mathbf{a}_n \tag{8-24}$$

원점으로부터 임의의 점까지의 거리 벡터를

$$\mathbf{R} = \mathbf{a}_x x + \mathbf{a}_y y + \mathbf{a}_z z \tag{8-25}$$

로 정의하면, 식 (8-22)는

$$\boxed{\mathbf{E}(\mathbf{R}) = \mathbf{E}_0 e^{-j\mathbf{k}\cdot\mathbf{R}} = \mathbf{E}_0 e^{-jk\mathbf{a}_n\cdot\mathbf{R}} \qquad \text{(V/m)}} \tag{8-26}$$

와 같이 간결하게 쓸 수 있다. 여기서 $\mathbf{a}_n$은 전파 방향의 단위벡터이다. 식 (8-24)로부터

$$k_x = \mathbf{k}\cdot\mathbf{a}_x = k\mathbf{a}_n\cdot\mathbf{a}_x \tag{8-27a}$$

$$k_y = \mathbf{k}\cdot\mathbf{a}_y = k\mathbf{a}_n\cdot\mathbf{a}_y \tag{8-27b}$$

$$k_z = \mathbf{k}\cdot\mathbf{a}_z = k\mathbf{a}_n\cdot\mathbf{a}_z \tag{8-27c}$$

이 되며 $\mathbf{a}_n\cdot\mathbf{a}_x$, $\mathbf{a}_n\cdot\mathbf{a}_y$와 $\mathbf{a}_n\cdot\mathbf{a}_z$는 $\mathbf{a}_n$에 대한 방향 코사인을 나타낸다.

$\mathbf{a}_n$과 $\mathbf{R}$의 기하학적 관계는 그림 8-4에 나타내었으며, 관계식

$$\mathbf{a}_n\cdot\mathbf{R} = \overline{OP} \text{ 의 길이 (상수)}$$

는 전파 방향 $\mathbf{a}_n$에 수직인 평면의 방정식이다. 마찬가지로, z = 상수 표현은 식 (8-21)의 파에 대해 균일한 진폭과 일정한 위상을 갖는 평면을 나타내며, $\mathbf{a}_n\cdot\mathbf{R}$ = 상수는 식 (8-26)에 나타낸 파에 대해 균일한 진폭과 일정한 위상을 갖는 평면이다. 전하가 존재하지 않는 영역에서 $\mathbf{\nabla}\cdot\mathbf{E} = 0$이므로, 결과적으로

$$\mathbf{E}_0 \cdot \nabla(e^{-jk\mathbf{a}_n \cdot \mathbf{R}}) = 0 \qquad (8\text{-}28a)^{3)}$$

이다. 그러나

$$\begin{aligned}\nabla(e^{-jk\mathbf{a}_n \cdot \mathbf{R}}) &= \left(\mathbf{a}_x \frac{\partial}{\partial x} + \mathbf{a}_y \frac{\partial}{\partial y} + \mathbf{a}_z \frac{\partial}{\partial z}\right) e^{-j(k_x x + k_y y + k_z z)} \\ &= -j(\mathbf{a}_x k_x + \mathbf{a}_y k_y + \mathbf{a}_z k_z) e^{-j(k_x x + k_y y + k_z z)} \\ &= -jk\mathbf{a}_n e^{-jk\mathbf{a}_n \cdot \mathbf{R}}\end{aligned}$$

이므로, 식 (8-28a)는 다음과 같이 쓸 수 있다. 즉,

$$-jk(\mathbf{E}_0 \cdot \mathbf{a}_n) e^{-jk\mathbf{a}_n \cdot \mathbf{R}} = 0$$

이며, 이것은

$$\mathbf{a}_n \cdot \mathbf{E}_0 = 0 \qquad (8\text{-}28b)$$

을 의미한다. 따라서 식 (8-26)에서 평면파의 해는 $\mathbf{E}_0$가 전파 방향의 횡방향임을 의미한다.

식 (8-26)에서 $\mathbf{E}(\mathbf{R})$과 연관된 자기장은 식 (7-104a)로부터 구할 수 있으며 그 결과는 다음과 같다.

$$\mathbf{H}(\mathbf{R}) = -\frac{1}{j\omega\mu} \nabla \times \mathbf{E}(\mathbf{R})$$

또는

$$\boxed{\mathbf{H}(\mathbf{R}) = \frac{1}{\eta} \mathbf{a}_n \times \mathbf{E}(\mathbf{R}) \qquad (\text{A/m})} \qquad (8\text{-}29)$$

여기서

$$\boxed{\eta = \frac{\omega\mu}{k} = \sqrt{\frac{\mu}{\epsilon}} \qquad (\Omega)} \qquad (8\text{-}30)$$

은 매질의 **고유 임피던스**[4]이다. 식 (8-29)에 식 (8-26)을 대입하면,

$$\boxed{\mathbf{H}(\mathbf{R}) = \frac{1}{\eta} (\mathbf{a}_n \times \mathbf{E}_0) e^{-jk\mathbf{a}_n \cdot \mathbf{R}} \qquad (\text{A/m})} \qquad (8\text{-}31)$$

을 얻을 수 있다. 이제 임의의 방향 $\mathbf{a}_n$에 대한 균일 평면파는 $\mathbf{E}$와 $\mathbf{H}$가 수직이고 전기장 $\mathbf{E}$와 자

3) $\nabla \cdot \mathbf{E}_0 = 0$의 결과이며, 여기서 $\mathbf{E}_0$는 상수벡터이다(연습문제 P.2-28 참조).

4) 또는 **파동 임피던스**(wave impedance)라고도 한다.

기장 **H**가 모두 $\mathbf{a}_n$에 수직인 TEM 파임을 알 수 있다.

예제 8-2 TEM 파의 **E**(**R**)이 식 (8-26)과 같이 주어졌다면, **H**(**R**)은 식 (8-29)를 이용하여 구할 수 있다. **H**(**R**)을 이용하여 **E**(**R**)을 표현하라.

SOLUTION **풀이** **H**(**R**)이 다음과 같다고 가정하면,

$$\mathbf{H}(\mathbf{R}) = \mathbf{H}_0 e^{-jk\mathbf{a}_n \cdot \mathbf{R}} \tag{8-32}$$

식 (7-104b)로부터

$$\begin{aligned}\mathbf{E}(\mathbf{R}) &= \frac{1}{j\omega\epsilon} \nabla \times \mathbf{H}(\mathbf{R}) \\ &= \frac{1}{j\omega\epsilon} (-jk)\mathbf{a}_n \times \mathbf{H}(\mathbf{R})\end{aligned}$$

또는

$$\boxed{\mathbf{E}(\mathbf{R}) = -\eta \mathbf{a}_n \times \mathbf{H}(\mathbf{R}) \qquad (\text{V/m})} \tag{8-33}$$

을 얻을 수 있다. 다른 방법으로, 식 (2-20)의 삼중곱 전개식(back-cab 규칙)을 사용하고 식 (8-29)의 양변에 외적(cross-multiplying)을 하면 동일한 결과식을 얻을 수 있다. ■

8-2.3 평면파의 편파

균일 평면파의 **편파**(polarization)는 공간상의 한 점에서 전기장 세기 벡터가 시간에 따라 변하는 특성을 설명하고 있다. 예제 8-1에서 평면파의 전기장 **E**가 x 방향으로 고정되었다면($\mathbf{E} = \mathbf{a}_x E_x$, 여기서 E_x는 양 또는 음의 값을 갖는다), 이 파는 x 방향으로 **선형 편파**(linearly polarized)**되었다**고 말한다. 자기장에 대한 별도의 설명은 필요치 않다. 왜냐하면 자기장 **H**의 방향은 전기장 **E**의 방향에 따라 결정되기 때문이다.

공간상의 한 점에서 평면파의 전기장 **E**의 방향은 시간에 따라 변하는 경우가 있다. x 방향으로 선형 편파된 파와 y 방향으로 시간적으로 위상이 90°(또는 $\pi/2$ 라디안) 지연되어 편파된 두 개의 선형 편파된 파가 중첩되었다고 하자. 위상자로 표현하면,

$$\begin{aligned}\mathbf{E}(z) &= \mathbf{a}_x E_1(z) + \mathbf{a}_y E_2(z) \\ &= \mathbf{a}_x E_{10} e^{-jkz} - \mathbf{a}_y j E_{20} e^{-jkz}\end{aligned} \tag{8-34}$$

로 쓸 수 있다. 여기서 E_{10}와 E_{20}는 두 개의 선형 편파된 파의 진폭을 나타내는 실수이다.

전기장 **E**에 대한 순시식은

$$\begin{aligned}\mathbf{E}(z, t) &= \mathscr{R}e\{[\mathbf{a}_x E_1(z) + \mathbf{a}_y E_2(z)]e^{j\omega t}\} \\ &= \mathbf{a}_x E_{10} \cos(\omega t - kz) + \mathbf{a}_y E_{20} \cos\left(\omega t - kz - \frac{\pi}{2}\right)\end{aligned}$$

가 된다. t가 변할 때 공간의 한 점에서 **E**의 방향 변화를 살펴보는 데는 $z = 0$으로 놓는 것이 편리하다. 따라서

$$\begin{aligned}\mathbf{E}(0, t) &= \mathbf{a}_x E_1(0, t) + \mathbf{a}_y E_2(0, t) \\ &= \mathbf{a}_x E_{10} \cos \omega t + \mathbf{a}_y E_{20} \sin \omega t\end{aligned} \tag{8-35}$$

가 되며, ωt가 0에서부터 증가하여 $\pi/2$를 거쳐 π, $3\pi/2$, 그리고 2π까지 한 주기를 완성함에 따라 벡터 $\mathbf{E}(0, t)$의 끝은 반시계 방향으로 타원형 궤적을 그리며 진행하게 된다. 수식으로 분석해 보면

$$\cos \omega t = \frac{E_1(0, t)}{E_{10}}$$

가 되고

$$\begin{aligned}\sin \omega t &= \frac{E_2(0, t)}{E_{20}} \\ &= \sqrt{1 - \cos^2 \omega t} = \sqrt{1 - \left[\frac{E_1(0, t)}{E_{10}}\right]^2}\end{aligned}$$

가 되어 다음과 같은 타원의 방정식이 나온다.

$$\left[\frac{E_2(0, t)}{E_{20}}\right]^2 + \left[\frac{E_1(0, t)}{E_{10}}\right]^2 = 1 \tag{8-36}$$

따라서 공간과 시간 모두에 대해 두 개의 선형 편파의 합으로 표현되는 **E**는 만약 $E_{20} \neq E_{10}$이면 **타원 편파**(elliptically polarized)가 되며, 만약 $E_{20} = E_{10}$이면 **원형 편파**(circularly polarized)가 된다. 전형적인 편파 원은 그림 8-5(a)에 보인 바와 같다.

$E_{20} = E_{10}$일 때, $z = 0$에서 전기장 **E**가 x축과 이루는 순시각 α는

$$\alpha = \tan^{-1} \frac{E_2(0, t)}{E_1(0, t)} = \omega t \tag{8-37}$$

가 되며 이것은 **E**가 반시계 방향으로 일정한 각속도 ω로 회전한다는 것을 의미한다. 오른손 손가락들이 **E**의 회전 방향이라면 엄지손가락은 그 파의 진행 방향을 나타낸다. 이것이 **오른손**(right-hand) 또는 **양의 원형 편파**(positive circularly polarized wave)이다.

만약 시간 위상에서 $E_1(z)$보다 90°($\pi/2$ 라디안) 앞선 $E_2(z)$로 출발한다면, 식 (8-34)와 (8-35)는 각각

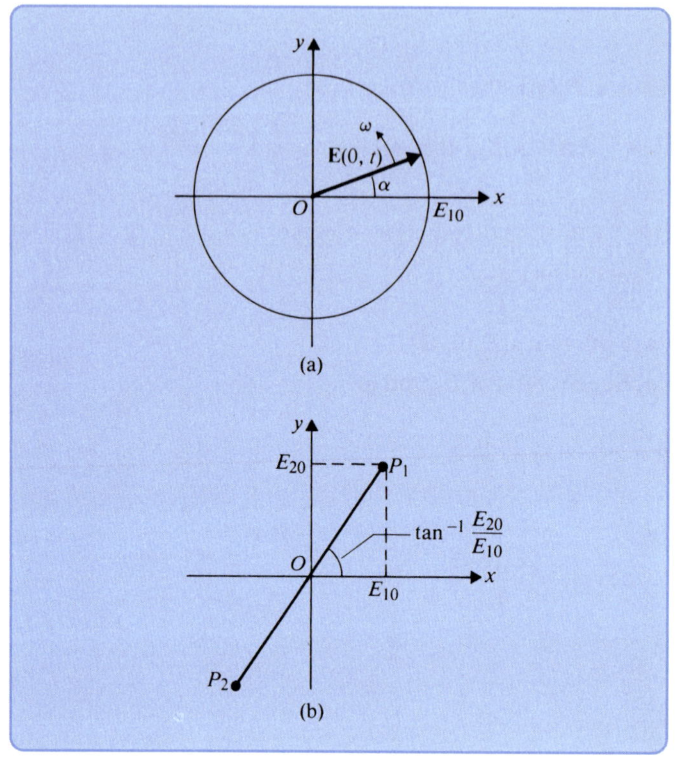

그림 8-5

$z = 0$에서 4사분면에 있는 두 개의 선형 편파의 합에 대한 편파 그림: (a) 원형 편파 $E(0, t) = E_{10}(\mathbf{a}_x \cos \omega t + \mathbf{a}_y \sin \omega t)$, (b) 선형 편파 $\mathbf{E}(0, t) = (\mathbf{a}_x E_{10} + \mathbf{a}_y E_{20}) \cos \omega t$.

$$\mathbf{E}(z) = \mathbf{a}_x E_{10} e^{-jkz} + \mathbf{a}_y jE_{20} e^{-jkz} \tag{8-38}$$

$$\mathbf{E}(0, t) = \mathbf{a}_x E_{10} \cos \omega t - \mathbf{a}_y E_{20} \sin \omega t \tag{8-39}$$

가 된다.

식 (8-39)와 (8-35)를 비교해 보면, **E**는 여전히 타원 편파되어 있음을 알 수 있다. 만약 $E_{20} = E_{10}$이면, **E**는 원형 편파되어 있으며 $z = 0$에서 x축으로부터 측정된 각은 $-\omega t$가 되어 **E**는 시계 방향으로 각속도 ω로 회전하고 있음을 나타낸다. 이것이 **왼손**(left-hand) 또는 **음의 원형 편파**(negative circularly polarized wave)이다.

만약 $E_2(z)$와 $E_1(z)$가 4사분면에서 시간 위상이 일치한다면, **E**의 합은 x축과 $\tan^{-1}(E_{20}/E_{10})$의 각을 이루는 선을 따라 선형 편파되었다고 하며 그림 8-5(b)에 나타내었다. $z = 0$에서, **E**의 순시식은

$$\mathbf{E}(0, t) = (\mathbf{a}_x E_{10} + \mathbf{a}_y E_{20}) \cos \omega t \tag{8-40}$$

가 된다. $\mathbf{E}(0, t)$의 끝은 $\omega t = 0$일 때 점 P_1에 위치하게 된다. 그 크기는 ωt가 증가하여 $\pi/2$로 갈 때 0으로 감소하며, 이후에 $\mathbf{E}(0, t)$가 다시 반대 방향으로 증가하여 $\omega t = \pi$일 때 점 P_2에 도달하게 된다.

일반적인 경우, 4사분면에 있는 $E_2(z)$와 $E_1(z)$는 크기가 다르며($E_{20} \neq E_{10}$) 임의의 위상차(0 이 아니거나 $\pi/2$의 정수배)가 날 수 있다. 따라서 **E**의 합은 타원 편파가 되며 편파되는 타원의 축은 좌표축과 일치하지 않는다(연습문제 P.8-7 참조).

AM 방송국의 안테나에서 방사되는 전자기파는 **E**가 지표면과 수직으로 선형 편파되어 있다. 수신 안테나가 최대 수신감도를 갖기 위해서는 **E**와 평행하게, 즉 지면과 수직 방향을 이루어야 한다. 반면에, TV 신호는 수평 방향으로 선형 편파되어 있다. TV 위에 있는 수신 안테나가 수평 방향으로 위치하고 있는 이유이다. FM 방송국으로부터 송출되는 파는 일반적으로 원형 편파이다. 따라서 FM 수신 안테나의 방향은 신호의 방향과 수직으로 놓지 않아도 된다는 것을 의미한다.

예제 8-3 선형 편파된 파는 같은 크기를 갖는 오른손 원형 편파와 왼손 원형 편파로 분해될 수 있음을 증명하라.

풀이 $+z$ 방향으로 진행하는 선형 편파에 대해 고찰하자. 전기장 **E**가 x 방향으로 편파되었다고 가정하자(이러한 가정은 일반성을 잃지 않는다). 위상자로 표현하면

$$\mathbf{E}(z) = \mathbf{a}_x E_0 e^{-jkz}$$

와 같이 쓸 수 있으며, 다시 쓰면

$$\mathbf{E}(z) = \mathbf{E}_{rc}(z) + \mathbf{E}_{lc}(z)$$

이며, 여기서

$$\mathbf{E}_{rc}(z) = \frac{E_0}{2}(\mathbf{a}_x - j\mathbf{a}_y)e^{-jkz} \tag{8-41a}$$

와

$$\mathbf{E}_{lc}(z) = \frac{E_0}{2}(\mathbf{a}_x + j\mathbf{a}_y)e^{-jkz} \tag{8-41b}$$

가 된다. 앞서 논의된 정의로부터 식 (8-41a)의 $\mathbf{E}_{rc}(z)$와 식 (8-41b)의 $\mathbf{E}_{lc}(z)$는 각각 크기가 $E_0/2$를 갖는 오른손 및 왼손 원형 편파임을 확인할 수 있으며 이로써 증명이 완료되었다. 반대로, 같은 크기를 갖고 서로 반대 방향으로 회전하는 두 개의 원형 편파의 합은 선형 편파가 된다는 것 또한 사실이다. ■

8-3 손실 매질에서의 평면파

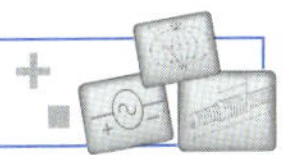

전자기장 발생의 근원이 없는 손실 매질에서 풀어야 할 동차 벡터 헬름홀츠 방정식은

$$\nabla^2\mathbf{E} + k_c^2\mathbf{E} = 0 \tag{8-42}$$

이다. 여기서 파수 $k_c = \omega\sqrt{\mu\epsilon_c}$는 식 (7-114)에 주어졌듯이 복소수이다. 8-2절의 무손실 매질에서 평면파와 관련된 유도와 설명을 손실 매질에서 진행하는 파의 전파와 비교할 때 단순히 k를 k_c로 바꿈으로써 변환될 수 있다. 그러나 전송선 이론(transmission-line theory)에 사용되는 관습적인 표기법에 따르기 위해, 다음과 같은 전파상수 γ를 정의한다.

$$\boxed{\gamma = jk_c = j\omega\sqrt{\mu\epsilon_c} \qquad (\mathrm{m}^{-1})} \tag{8-43}$$

γ가 복소수이기 때문에, 식 (7-110)을 이용하면

$$\gamma = \alpha + j\beta = j\omega\sqrt{\mu\epsilon}\left(1 + \frac{\sigma}{j\omega\epsilon}\right)^{1/2} \tag{8-44}$$

또는 식 (7-114)로부터

$$\gamma = \alpha + j\beta = j\omega\sqrt{\mu\epsilon'}\left(1 - j\frac{\epsilon''}{\epsilon'}\right)^{1/2} \tag{8-45}$$

로 쓸 수 있다. 여기서 α와 β는 각각 γ의 실수와 허수 부분이며 물리적 특성은 곧 설명할 것이다. 무손실 매질에서 $\sigma = 0(\epsilon'' = 0,\ \epsilon = \epsilon')$, $\alpha = 0$, 그리고 $\beta = k = \omega\sqrt{\mu\epsilon}$이다.

식 (8-42)의 헬름홀츠 방정식은

$$\nabla^2\mathbf{E} - \gamma^2\mathbf{E} = 0 \tag{8-46}$$

이 된다. $+z$ 방향으로 진행하는 균일 평면파를 나타내는 식 (8-46)의 해는

$$\mathbf{E} = \mathbf{a}_x E_x = \mathbf{a}_x E_0 e^{-\gamma z} \tag{8-47}$$

이며 파는 x-방향으로 선형 편파되었다고 가정하였다. 전파인자 $e^{-\gamma z}$는 두 인자의 곱으로 나타낼 수 있으며 다음과 같다.

$$E_x = E_0 e^{-\alpha z} e^{-j\beta z}$$

여기서 α와 β는 양의 값을 갖는다. 첫 번째 인자 $e^{-\alpha z}$는 z가 증가함에 따라 감소하므로 감쇠인자이며 α를 **감쇠상수**(attenuation constant)라고 부른다. 감쇠상수의 SI 단위는 단위길이당 네퍼(Np/m)[5)]이다. 두 번째 인자 $e^{-j\beta z}$는 위상인자이고 β는 **위상상수**(phase constant)라 하며 단위길이당 라디안(rad/m)으로 표시된다. 위상상수는 전자기파가 1 m 진행할 때 발생하는 위상 변화의

5) 네퍼는 단위가 없는 양이다. 만약 $\alpha = 1$ (Np/m)이면, 진폭이 1인 전자기파가 1 (m) 진행할 때 그 크기가 e^{-1}(= 0.368)로 감소한다. 1 (Np/m)의 감쇠는 $20\log_{10}e = 8.69$ (dB/m)에 해당한다.

양을 나타낸다.

매질의 구성 특성지표인 ϵ, μ, σ와 ω를 사용하여 α와 β를 나타내는 일반화된 표현식은 다소 복잡하다(연습문제 P.8-9 참조). 다음으로 저손실 유전체, 양도체, 전리층에서의 근사식에 대해 알아보자.

8-3.1 저손실 유전체

저손실 유전체는 $\epsilon'' \ll \epsilon'$또는 $\sigma/\omega\epsilon \ll 1$인 0이 아닌 등가 도전율을 갖는 매질로써 양호하지만 불완전한 절연체이다. 이러한 조건하에서 식 (8-45)에 주어진 γ는 이항 전개식을 사용하면,

$$\gamma = \alpha + j\beta \cong j\omega\sqrt{\mu\epsilon'}\left[1 - j\frac{\epsilon''}{2\epsilon'} + \frac{1}{8}\left(\frac{\epsilon''}{\epsilon'}\right)^2\right]$$

로 근사화시킬 수 있다. 이 식으로부터 감쇠상수

$$\alpha \cong \frac{\omega\epsilon''}{2}\sqrt{\frac{\mu}{\epsilon'}} \qquad \text{(Np/m)} \tag{8-48}$$

와 위상상수

$$\beta \cong \omega\sqrt{\mu\epsilon'}\left[1 + \frac{1}{8}\left(\frac{\epsilon''}{\epsilon'}\right)^2\right] \qquad \text{(rad/m)} \tag{8-49}$$

를 구할 수 있다. 식 (8-48)로부터 저손실 유전체의 감쇠상수는 양의 값을 가지며 근사적으로 주파수에 비례함을 알 수 있다. 식 (8-49)에 주어진 위상상수는 완전(무손실) 유전체에 대한 위상상수 $\omega\sqrt{\mu\epsilon}$와 약간 차이가 있다.

저손실 유전체의 고유 임피던스는 복소량이다.

$$\begin{aligned} \eta_c &= \sqrt{\frac{\mu}{\epsilon'}}\left(1 - j\frac{\epsilon''}{\epsilon'}\right)^{-1/2} \\ &\cong \sqrt{\frac{\mu}{\epsilon'}}\left(1 + j\frac{\epsilon''}{2\epsilon'}\right) \qquad (\Omega) \end{aligned} \tag{8-50}$$

고유 임피던스는 균일 평면파에 대한 E_x와 H_y의 비이므로 손실 유전체에서 전기장세기와 자기장세기는 무손실 매질에서처럼 위상이 일치하지 않는다.

위상속도 u_p는 ω/β의 비로부터 식 (8-9)와 비슷한 방법으로 구한다. 식 (8-49)를 사용하면,

$$u_p = \frac{\omega}{\beta} \cong \frac{1}{\sqrt{\mu\epsilon'}}\left[1 - \frac{1}{8}\left(\frac{\epsilon''}{\epsilon'}\right)^2\right] \qquad \text{(m/s)} \tag{8-51}$$

가 된다.

8-3.2 양도체(Good Conductors)

양도체란 $\sigma/\omega\epsilon \gg 1$인 특성을 갖는 우수한 전도성을 가진 매질이다. 이러한 조건하에서는 식 (8-44)에서 $\sigma/j\omega\epsilon$와 비교하여 1을 무시하면 편리하다. 즉,

$$\gamma \cong j\omega\sqrt{\mu\epsilon}\sqrt{\frac{\sigma}{j\omega\epsilon}} = \sqrt{j}\,\sqrt{\omega\mu\sigma} = \frac{1+j}{\sqrt{2}}\sqrt{\omega\mu\sigma}$$

또는

$$\gamma = \alpha + j\beta \cong (1+j)\sqrt{\pi f\mu\sigma} \tag{8-52}$$

가 되는데, 여기서 $\omega = 2\pi f$이고

$$\sqrt{j} = (e^{j\pi/2})^{1/2} = e^{j\pi/4} = (1+j)/\sqrt{2}$$

인 관계식을 사용한다. 식 (8-52)로부터 알 수 있는 것은 양도체인 경우 α와 β가 거의 같고, 모두가 $\sqrt{f}$ 와 $\sqrt{\sigma}$ 에 비례하여 증가한다는 것이다. 양도체에 대해 식으로 나타내면,

$$\boxed{\alpha = \beta = \sqrt{\pi f\mu\sigma}} \tag{8-53}$$

가 된다.

양도체의 고유 임피던스는

$$\eta_c = \sqrt{\frac{\mu}{\epsilon_c}} \cong \sqrt{\frac{j\omega\mu}{\sigma}} = (1+j)\sqrt{\frac{\pi f\mu}{\sigma}} = (1+j)\frac{\alpha}{\sigma} \quad (\Omega) \tag{8-54}$$

이며 위상각이 45°임을 알 수 있다. 따라서 자기장 세기는 전기장세기에 비해 45°만큼 지연된다.

양도체 내에서의 위상 속도는

$$u_p = \frac{\omega}{\beta} \cong \sqrt{\frac{2\omega}{\mu\sigma}} \quad (\text{m/s}) \tag{8-55}$$

이며 $\sqrt{f}$ 와 $1/\sqrt{\sigma}$ 에 비례한다. 구리를 예로 들면, 3 (MHz)에서

$$\sigma = 5.80 \times 10^{7} \quad (\text{S/m})$$
$$\mu = 4\pi \times 10^{-7} \quad (\text{H/m})$$
$$u_p = 720\ (\text{m/s})$$

이다. 이는 공기 중에서 음속의 두 배 정도의 속도이고 공기 중 광속보다 몇 배나 느리다. 양도체에서 평면파의 파장은

$$\lambda = \frac{2\pi}{\beta} = \frac{u_p}{f} = 2\sqrt{\frac{\pi}{f\mu\sigma}} \quad (\text{m}) \tag{8-56}$$

표 8-1 여러 가지 물질의 표피두께 δ(mm)

물질	σ (S/m)	f = 60 (Hz)	1 (MHz)	1 (GHz)
은	6.17×10^7	8.27 (mm)	0.064 (mm)	0.0020 (mm)
구리	5.80×10^7	8.53	0.066	0.0021
금	4.10×10^7	10.14	0.079	0.0025
알루미늄	3.54×10^7	10.92	0.084	0.0027
철($\mu_r \cong 10^3$)	1.00×10^7	0.65	0.005	0.00016
바닷물[6)]	4	32 (m)	0.25 (m)	

이다. 구리의 경우, 3 (MHz)에서 $\lambda = 0.24$ (mm)가 된다. 공기 중에서 3 (MHz)의 전자기파는 그 파장이 100 (m)이다.

매우 높은 주파수에서 양도체의 감쇠상수 α는 식 (8-53)에 주어진 바와 같이 매우 커진다. 구리의 경우, 3 (MHz)에서

$$\alpha = \sqrt{\pi(3 \times 10^6)(4\pi \times 10^{-7})(5.80 \times 10^7)} = 2.62 \times 10^4 \quad \text{(Np/m)}$$

이다. 감쇠인자가 $e^{-\alpha z}$이므로 이 전자기파의 진폭은 $\delta = 1/\alpha$의 거리를 진행할 때 $e^{-1} = 0.368$만큼 감쇠될 것이다. 구리의 경우, 3 (MHz)에서 이 거리는 $(1/2.62) \times 10^{-4}$ (m) 혹은 0.038 (mm)가 되며, 10 (GHz)에서는 0.66 (μm) 밖에 되지 않는다. 따라서 높은 주파수의 전자기파는 양도체에서 진행할 때 매우 급격히 감쇠한다. 진행 평면파의 진폭이 e^{-1} 혹은 0.368만큼 감쇠하는 거리 δ를 **표피두께**(skin depth) 혹은 도체의 **침투두께**(depth of penetration)라고 한다.

$$\boxed{\delta = \frac{1}{\alpha} = \frac{1}{\sqrt{\pi f \mu \sigma}} \quad \text{(m)}} \tag{8-57}$$

양도체인 경우 $\alpha = \beta$이므로, δ는

$$\boxed{\delta = \frac{1}{\beta} = \frac{\lambda}{2\pi} \quad \text{(m)}} \tag{8-58}$$

로 쓸 수 있다. 초고주파 대역에서 양도체의 표피두께 혹은 침투두께는 너무나 작아서 대부분의 실질적인 경우 전자기장과 전류는 도체 표면의 매우 얇은 층(즉, 표피)에 갇혀 있는 것으로 간주해도 무방하다.

표 8-1은 주파수에 대한 매질의 표피두께를 나타낸 것이다.

6) 바닷물의 ϵ는 근사적으로 $72\epsilon_0$이다. $f = 1$ (GHz)에서, $\sigma/\omega\epsilon \cong 1$($\gg 1$이 아님)이다. 이러한 조건에서 바닷물은 양도체가 아니고, 식 (8-57)은 더 이상 성립하지 않는다.

예제 8-4 바닷물에서 $+z$ 방향으로 진행하는 선형 편파된 균일 평면파의 전기장 세기는 $z = 0$에서 $\mathbf{E} = \mathbf{a}_x 100 \cos(10^7 \pi t)$ (V/m)이다. 바닷물의 구성 특성지표를 $\epsilon_r = 72$, $\mu_r = 1$, $\sigma = 4$ (S/m)라 할 때, (a) 전파상수, 위상상수, 고유 임피던스, 위상속도, 파장, 그리고 표피두께를 계산하라. (b) $\mathbf{E}$의 진폭이 $z = 0$에서의 값의 1%가 되는 거리를 구하라. (c) $z = 0.8$ (m)에서 $\mathbf{E}(z, t)$와 $\mathbf{H}(z, t)$를 시간의 함수로 표현하라.

SOLUTION
풀이

$$\omega = 10^7 \pi \quad \text{(rad/s)}$$

$$f = \frac{\omega}{2\pi} = 5 \times 10^6 \quad \text{(Hz)}$$

$$\frac{\sigma}{\omega\epsilon} = \frac{\sigma}{\omega\epsilon_0\epsilon_r} = \frac{4}{10^7\pi\left(\frac{1}{36\pi} \times 10^{-9}\right)72} = 200 \gg 1$$

따라서 양도체와 관련된 식을 사용할 수 있다.

(a) 감쇠상수:

$$\alpha = \sqrt{\pi f \mu \sigma} = \sqrt{5\pi 10^6 (4\pi 10^{-7}) 4} = 8.89 \quad \text{(Np/m)}$$

위상상수:

$$\beta = \sqrt{\pi f \mu \sigma} = 8.89 \quad \text{(rad/m)}$$

고유 임피던스:

$$\eta_c = (1 + j)\sqrt{\frac{\pi f \mu}{\sigma}}$$
$$= (1 + j)\sqrt{\frac{\pi(5 \times 10^6)(4\pi \times 10^{-7})}{4}} = \pi e^{j\pi/4} \quad (\Omega)$$

위상속도:

$$u_p = \frac{\omega}{\beta} = \frac{10^7\pi}{8.89} = 3.53 \times 10^6 \quad \text{(m/s)}$$

파장:

$$\lambda = \frac{2\pi}{\beta} = \frac{2\pi}{8.89} = 0.707 \quad \text{(m)}$$

표피두께:

$$\delta = \frac{1}{\alpha} = \frac{1}{8.89} = 0.112 \quad \text{(m)}$$

(b) 전자기파의 진폭이 $z = 0$일 때의 값으로부터 1% 감소하는 거리 z_1:

$$e^{-\alpha z_1} = 0.01 \quad \text{또는} \quad e^{\alpha z_1} = \frac{1}{0.01} = 100$$

$$z_1 = \frac{1}{\alpha} \ln 100 = \frac{4.605}{8.89} = 0.518 \quad \text{(m)}$$

(c) 위상자 형태로 나타내면,

$$\mathbf{E}(z) = \mathbf{a}_x 100 e^{-\alpha z} e^{-j\beta z}$$

이고 **E**에 대한 순시식은

$$\begin{aligned}\mathbf{E}(z, t) &= \mathscr{Re}[\mathbf{E}(z)e^{j\omega t}] \\ &= \mathscr{Re}[\mathbf{a}_x 100 e^{-\alpha z} e^{j(\omega t - \beta z)}] = \mathbf{a}_x 100 e^{-\alpha z} \cos(\omega t - \beta z)\end{aligned}$$

이다. $z = 0.8$ (m)에서

$$\begin{aligned}\mathbf{E}(0.8, t) &= \mathbf{a}_x 100 e^{-0.8\alpha} \cos(10^7 \pi t - 0.8\beta) \\ &= \mathbf{a}_x 0.082 \cos(10^7 \pi t - 7.11) \quad \text{(V/m)}\end{aligned}$$

가 된다. 균일 평면파는 전기장과 자기장이 서로 직교하며, 또한 파의 진행 방향 $\mathbf{a}_z$에 대해서도 모두 직교하는 TEM 파이므로 $\mathbf{H} = \mathbf{a}_y H_y$이다. 시간 t의 함수로서의 **H**의 순시식인 $\mathbf{H}(z, t)$를 구할 때 $H_y(z, t) = E_x(z, t)/\eta_c$의 관계식을 이용하면 안 된다. 왜냐하면 이것은 실시간 함수 $E_x(z, t)$와 $H_z(z, t)$를 복소수 η_c와 혼합시키는 것이기 때문이다. 위상자량 $E_x(z)$와 $H_y(z)$를 사용해야 하는데, 그 관계식은

$$H_y(z) = \frac{E_x(z)}{\eta_c}$$

가 되어, 이로부터 순시식 사이의 관계를 구하면

$$H_y(z, t) = \mathscr{Re}\left[\frac{E_x(z)}{\eta_c} e^{j\omega t}\right]$$

가 된다. 예제 8-4에 대해 위상자 형태로 쓰면,

$$H_y(0.8) = \frac{100 e^{-0.8\alpha} e^{-j0.8\beta}}{\pi e^{j\pi/4}} = \frac{0.082 e^{-j7.11}}{\pi e^{j\pi/4}} = 0.026 e^{-j1.61}$$

가 된다. 두 개의 각은 서로 결합되기 전에 라디안으로 바뀌어야 한다. 따라서 $z = 0.8$ (m)에서의 **H**에 대한 순시식은

$$\mathbf{H}(0.8, t) = \mathbf{a}_y 0.026 \cos(10^7 \pi t - 1.61) \quad (\text{A/m})$$

가 된다.이 예제로부터 알 수 있는 것은 5 (MHz)의 평면파는 바닷물 속에서 매우 급격히 감쇠하며 전자기장의 근원으로부터 아주 가까운 거리에서도 무시할 수 있을 정도로 그 진폭이 약해짐을 알 수 있다. 매우 낮은 주파수로도 잠수함과의 장거리 통신은 매우 어렵다.

8-3.3 전리층

지구의 대기권에는 높이가 약 50 (km)에서 500 (km)되는 곳에 **전리층**(ionosphere)이라고 불리는 이온화된 가스층이 있다. 전리층은 태양으로부터의 자외선 복사가 대기권에 있는 원자와 분자들에 의해 흡수될 때 발생하는 음의 전하를 띤 자유전자와 양의 전하를 띤 이온들로 구성되어 있으며, 대전된 입자들은 지구의 자기장에 의해 구속되어 있다. 전리층의 높이와 특성은 태양 복사의 성질과 대기권의 구성에 따라 달라진다. 또한 태양의 흑점 주기, 계절, 그리고 그 날의 시간에 따라 매우 복잡한 방식으로 변화한다. 각각의 전리층에 있는 전자와 이온의 농도는 근본적으로 같으며, 이와 같이 동일한 전자와 이온농도를 갖는 이온화된 가스를 **플라즈마**(plasma)라고 한다.

전리층은 전자기파의 전파에 매우 중요한 역할을 하며 원격 통신에도 영향을 준다. 전자는 양이온보다 훨씬 가볍기 때문에 전리층을 통과하는 전자기파의 전기장에 의해 더 많이 가속된다. 여기서 이온의 이동은 무시하고 전리층을 자유전자의 가스라고 간주한다. 또한 전자, 원자 기체, 그리고 분자 간의 충돌을 무시한다.[7)]

질량이 m이고 $-e$로 대전된 전자가 각주파수 ω를 갖고 x 방향으로 놓여 있는 시정현 전기장 $\mathbf{E}$에서 양이온으로부터 임의의 거리 $\mathbf{x}$까지 옮겨지는 데는 $-eE$의 힘이 필요하다. 즉,

$$-e\mathbf{E} = m\frac{d^2\mathbf{x}}{dt^2} = -m\omega^2\mathbf{x} \tag{8-59}$$

또는

$$\mathbf{x} = \frac{e}{m\omega^2}\mathbf{E} \tag{8-60}$$

가 된다. 여기서 $\mathbf{E}$와 $\mathbf{x}$는 위상자이다. 이러한 변위는 다음과 같이 전기 쌍극자 모멘트를 발생한다.

$$\mathbf{p} = -e\mathbf{x} \tag{8-61}$$

만약 단위체적당 N개의 전자가 있으면, 전기 쌍극자 모멘트의 체적밀도 또는 분극벡터는 다음

7) 기압이 높은 전리층의 최하층부에서는 올바른 가정이 아니다.

과 같이 표현할 수 있다.

$$\mathbf{P} = N\mathbf{p} = -\frac{Ne^2}{m\omega^2}\mathbf{E} \tag{8-62}$$

식 (8-62)에서 전자들 간에 유도되는 쌍극자 모멘트 간의 상호작용은 은연중에 무시하였다. 식 (3-97)과 (8-62)로부터 다음과 같은 식을 얻을 수 있다.

$$\begin{aligned}\mathbf{D} = \epsilon_0\mathbf{E} + \mathbf{P} &= \epsilon_0\left(1 - \frac{Ne^2}{m\omega^2\epsilon_0}\right)\mathbf{E} \\ &= \epsilon_0\left(1 - \frac{\omega_p^2}{\omega^2}\right)\mathbf{E}\end{aligned} \tag{8-63}$$

여기서

$$\omega_p = \sqrt{\frac{Ne^2}{m\epsilon_0}} \qquad \text{(rad/s)} \tag{8-64}$$

는 이온화된 매질의 특성을 나타내는 **플라즈마 각주파수**(plasma angular frequency)라 한다. 대응되는 **플라즈마 주파수**(plasma frequency)는

$$f_p = \frac{\omega_p}{2\pi} = \frac{1}{2\pi}\sqrt{\frac{Ne^2}{m\epsilon_0}} \qquad \text{(Hz)} \tag{8-65}$$

이다. 따라서 전리층 혹은 플라즈마의 등가 유전율은

$$\begin{aligned}\epsilon_p &= \epsilon_0\left(1 - \frac{\omega_p^2}{\omega^2}\right) \\ &= \epsilon_0\left(1 - \frac{f_p^2}{f^2}\right) \qquad \text{(F/m)}\end{aligned} \tag{8-66}$$

이다. 식 (8-66)에 의해 전파상수는

$$\gamma = j\omega\sqrt{\mu\epsilon_0}\sqrt{1 - \left(\frac{f_p}{f}\right)^2} \tag{8-67}$$

이 되고 고유 임피던스는

$$\eta_p = \frac{\eta_0}{\sqrt{1 - \left(\frac{f_p}{f}\right)^2}} \tag{8-68}$$

이다. 여기서 $\eta_0 = \sqrt{\mu_0/\epsilon_0} = 120\pi\ (\Omega)$이다.

식 (8-66)에서 f가 f_p에 가까워짐에 따라 ϵ이 사라지는 특이한 현상을 알 수 있다. ϵ이 0이 되

면 자유전하와 분극전하에 의해 영향을 받는 전기장 세기 **E**가 0이 아니어도 자유전하에 의해서만 영향을 받는 전기적 변위 **D**는 0이 된다. 이러한 경우 자유전하가 존재하지 않는 플라즈마에서 발진하는 **E**가 존재할 수 있는데, 이를 **플라즈마 발진**(plasma oscillation)이라 한다.

$f < f_p$이면, γ는 실수가 되어 전파되지 못하고 감쇠하게 된다. 한편, η_p가 순 허수가 되면 전력을 전송하지 않는 부하를 나타낸다. 그러므로 f_p를 **차단 주파수**(cutoff frequency)라고 할 수 있다. 이 장의 뒷부분에서 여러 가지 조건하에서의 파의 반사와 전파에 대해 다룰 것이다. $f > f_p$이면, γ는 순 허수가 되어 전자기파는 플라즈마에서 감쇠 없이 전파하게 된다. 여기서 충돌에 의한 손실은 무시하기로 한다.

식 (8-65)에 e, m, ϵ_0을 대입하면 플라즈마(차단) 주파수에 대한 매우 간단한 공식을 얻을 수 있다.

$$f_p \cong 9\sqrt{N} \qquad \text{(Hz)} \tag{8-69}$$

앞에서 이미 언급했듯이, 어떤 주어진 고도에서 N은 상수가 아니며 그 날의 시간과 계절, 그리고 다른 여러 인자에 따라 변한다. 전리층의 전자밀도는 가장 낮은 층에서는 $10^{10}/\text{m}^3$으로부터 가장 높은 층에서는 $10^{12}/\text{m}^3$까지 퍼져 있다. 이러한 N의 값을 식 (8-69)에 사용하면 f_p는 0.9 (MHz)에서 9 (MHz)까지 변하게 된다. 따라서 전리층 위에 있는 인공위성이나 우주 정거장과 교신하려면 전자기파가 어떤 각도로 입사하든 가장 큰 N 값을 갖는 층을 통과할 수 있도록 9 (MHz)보다 훨씬 높은 주파수를 사용해야 한다(연습문제 P.8-14 참조). 0.9 (MHz)보다 낮은 주파수를 갖는 신호는 전리층의 가장 낮은 층도 통과할 수 없지만 전리층의 경계와 지구 표면을 여러 번 반사하면서 아주 멀리까지 지구 주위를 따라 전파할 수는 있다. 0.9 (MHz)와 9 (MHz) 사이의 주파수를 갖는 신호는 낮은 전리층을 부분적으로 투과할 수는 있지만 N이 큰 곳에서는 궁극적으로 되돌아오게 된다. 실제로는 전자의 밀도가 일정하지 않으며 지구 자기장이 존재하기 때문에 매우 복잡한 현상이 발생하게 된다.

예제 8-5 우주선이 지구의 대기권으로 되돌아 올 때는 그 속도와 온도에 의해 주위의 원자와 분자들이 이온화되고 플라즈마가 발생한다. 대략적으로, 전자밀도는 cm^3당 2×10^8 정도라고 추정하고 있다. 우주선과 지상 제어국 사이의 무선통신에 사용되는 주파수에 대한 플라즈마의 영향에 대해 설명하라.

풀이

$$\begin{aligned} N &= 2 \times 10^8 \quad (\text{cm}^3\text{당}) \\ &= 2 \times 10^{14} \quad (\text{m}^3\text{당}) \end{aligned}$$

이므로, 식 (8-69)에 대입하면 $f_p = 9 \times \sqrt{2 \times 10^{14}} = 12.7 \times 10^7$ (Hz) 혹은 127 (MHz)가 된다. 따라서 무선통신을 하려면 127 (MHz)보다 낮은 주파수를 사용할 수 없다.

8-4 군속도

8-2절에서 정의한 단일 주파수 평면파의 위상 속도 u_p는 동일한 위상을 갖는 표면의 전파 속도이다. u_p와 위상상수 β 사이의 관계는

$$u_p = \frac{\omega}{\beta} \qquad \text{(m/s)} \tag{8-70}$$

이다. 무손실 매질 내의 평면파에 있어서 $\beta = \omega\sqrt{\mu\epsilon}$은 ω의 선형함수이다. 결과적으로, 위상속도 $u_p = 1/\sqrt{\mu\epsilon}$은 주파수에 무관한 상수임을 알 수 있다. 그러나 앞에서 설명했듯이, 손실 유전체에서의 전파나 전송선로를 따라서, 혹은 후에 다루어질 도파관 내에서의 전파와 같은 경우에는 위상상수가 ω의 선형 함수가 아니므로, 다른 주파수를 갖는 파는 다른 위상 속도로 전파할 것이다. 정보를 싣고 있는 모든 신호는 특정 대역의 여러 가지 주파수로 구성되어 있으므로 다른 주파수 성분을 갖는 파는 다른 위상 속도로 진행하여 신호 파형에 왜곡이 생긴다. 이 경우 신호가 "분산되었다"고 하는데, 이와 같이 주파수에 대한 위상 속도의 변화에 의해 야기되는 신호 왜곡 현상을 **분산**(dispersion)이라 한다. 식 (8-51)과 (7-115)로부터 알 수 있듯이, 손실 유전체는 **분산성 매질**(dispersive medium)이다.

정보를 싣고 있는 신호는 보통 높은 반송파 주파수 주위를 기준으로 주파수가 약간 퍼져 있다. 이러한 신호는 여러 개의 주파수를 갖는 "군(group)"으로 이루어져 있어서 파의 다발을 형성한다. **군속도**(group velocity)란 이러한 파의 다발의 포락선이 진행하는 속도이다.

진폭이 같고 약간의 차이가 있는 각주파수 $\omega_0 + \Delta\omega$와 $\omega_0 - \Delta\omega(\Delta\omega \ll \omega_0)$를 갖는 두 개의 진행파로 구성된 파의 다발인 간단한 경우를 고려해 보자. 주파수의 함수인 위상상수 또한 약간 차이가 생길 것이다. 두 개의 주파수에 해당하는 위상상수를 $\beta_0 + \Delta\beta$와 $\beta_0 - \Delta\beta$라 하면,

$$\begin{aligned} E(z, t) &= E_0 \cos\left[(\omega_0 + \Delta\omega)t - (\beta_0 + \Delta\beta)z\right] \\ &\quad + E_0 \cos\left[(\omega_0 - \Delta\omega)t - (\beta_0 - \Delta\beta)z\right] \\ &= 2E_0 \cos(t\,\Delta\omega - z\,\Delta\beta)\cos(\omega_0 t - \beta_0 z) \end{aligned} \tag{8-71}$$

가 된다. $\Delta\omega \ll \omega_0$이므로, 식 (8-71)은 각주파수 ω_0로 급속히 진동하는 파와 각주파수 $\Delta\omega$로 천천히 변하는 파의 곱을 나타낸다. 이러한 파의 형태가 그림 8-6에 도시되어 있다.

포락선 안쪽의 파는 다음과 같이 $\omega_0 t - \beta_0 z$ = 상수로 놓고 구한 위상 속도로 전파된다.

$$u_p = \frac{dz}{dt} = \frac{\omega_0}{\beta_0}$$

포락선의 속도(**군속도** u_g)는 식 (8-71)의 첫 번째 코사인 항의 위상각을 다음과 같이 상수로 놓으면 구할 수 있다.

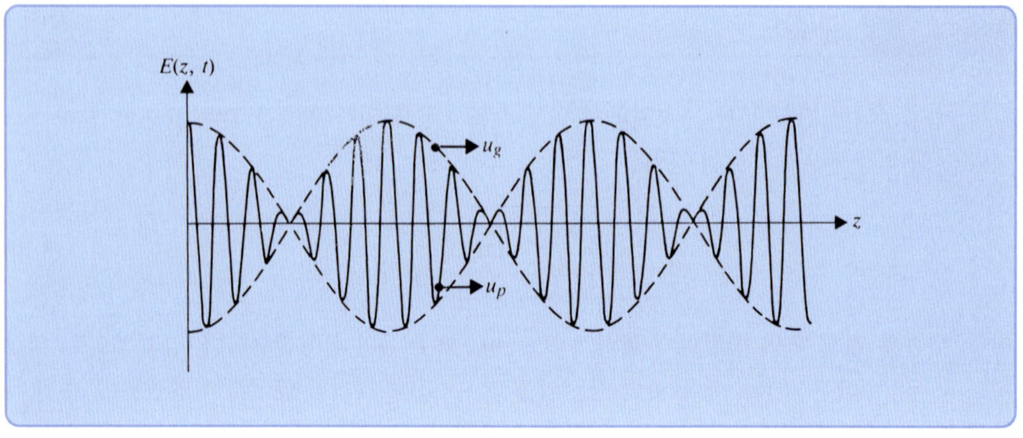

그림 8-6

주어진 시간 t에서 진폭은 서로 같고 주파수는 약간 차이가 나는 두 개의 시정현 진행파의 합

$$t\,\Delta\omega - z\,\Delta\beta = \text{상수}$$

이 식으로부터

$$u_g = \frac{dz}{dt} = \frac{\Delta\omega}{\Delta\beta} = \frac{1}{\Delta\beta/\Delta\omega}$$

가 되는데, $\Delta\omega \to 0$의 극한을 취하면 분산성 매질에서의 군속도를 계산할 수 있는 다음의 결과식을 얻을 수 있다.

$$u_g = \frac{1}{d\beta/d\omega} \qquad \text{(m/s)} \tag{8-72}$$

이것이 그림 8-6에 보인 바와 같이 파의 다발의 포락선상의 한 점의 속도이며 협대역 신호의 속

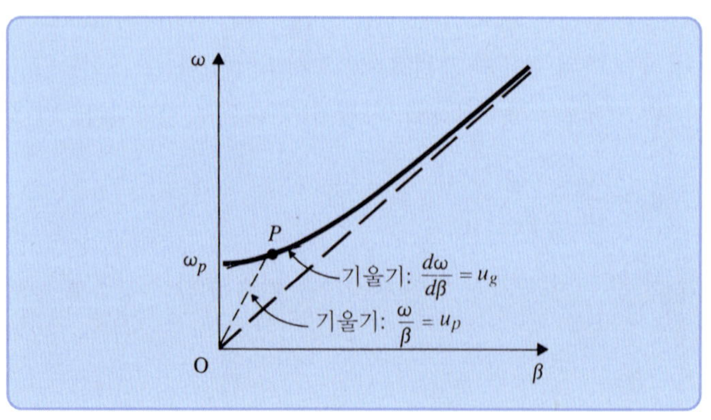

그림 8-7

이온화된 가스의 ω–β 그래프

도와 같다.[8] 8-3.3절에서 살펴본 것과 같이, β는 ω의 함수이다. ω를 β에 관하여 그래프를 그리면 $\omega-\beta$ 그래프를 얻을 수 있다. 원점에서부터 그래프 위의 한 점까지 그어진 직선의 기울기 ω/β는 위상 속도이고, 그래프의 접선의 기울기 성분 $d\omega/d\beta$는 군속도를 나타낸다.

그림 8-7에서 식 (8-67)을 이용하여 이온화된 매질에서의 $\omega-\beta$ 그래프를 나타냈다.

$$\begin{aligned}\beta &= \omega\sqrt{\mu\epsilon_0}\sqrt{1-\left(\frac{f_p}{f}\right)^2} \\ &= \frac{\omega}{c}\sqrt{1-\left(\frac{\omega_p}{\omega}\right)^2}\end{aligned} \tag{8-73}$$

$\omega = \omega_p$(차단 각주파수)이면, $\beta = 0$이고, $\omega > \omega_p$이면, 파는 양의 방향으로 진행하며,

$$u_p = \frac{\omega}{\beta} = \frac{c}{\sqrt{1-\left(\frac{\omega_p}{\omega}\right)^2}} \tag{8-74}$$

이다. 식 (8-72)에 식 (8-73)을 대입하면,

$$u_g = c\sqrt{1-\left(\frac{\omega_p}{\omega}\right)^2} \tag{8-75}$$

을 얻을 수 있다. 이온화된 매질 내의 전파에서 $u_p \geq c$이고 $u_g \geq c$이며, $u_p u_g = c^2$임을 알 수 있다. 비슷한 상황이 도파관에서도 일어난다(10-2절).

군속도와 위상 속도의 일반적인 관계는 식 (8-70)과 (8-72)를 결합하면 얻을 수 있다. 식 (8-70)으로부터,

$$\frac{d\beta}{d\omega} = \frac{d}{d\omega}\left(\frac{\omega}{u_p}\right) = \frac{1}{u_p} - \frac{\omega}{u_p^2}\frac{du_p}{d\omega}$$

식 (8-72)를 대입하면,

$$u_g = \frac{u_p}{1-\frac{\omega}{u_p}\frac{du_p}{d\omega}} \tag{8-76}$$

을 얻을 수 있다. 식 (8-76)으로부터 다음에 구분한 세 가지의 경우를 확인할 수 있다.

(a) 분산이 존재하지 않는 경우,

$$\frac{du_p}{d\omega} = 0 \quad (u_p\text{는 }\omega\text{와 독립이고, }\beta\text{는 }\omega\text{의 선형함수이다})$$

8) 군속도의 개념은 분산성 매질 속에서의 광대역 신호에서는 적용되지 않는다(10-3.2절 참조).

$$u_g = u_p$$

(b) 정규 분산형 매질인 경우,

$$\frac{du_p}{d\omega} < 0 \quad (u_p\text{는 }\omega\text{가 증가함에 따라 감소한다})$$

$$u_g < u_p$$

(c) 이상 분산형 매질인 경우,

$$\frac{du_p}{d\omega} > 0 \quad (u_p\text{는 }\omega\text{가 증가함에 따라 증가한다})$$

$$u_g > u_p$$

예제 8-6 신호의 반송파 주파수가 550 (kHz)에서 손실 탄젠트가 0.2인 손실성 유전체 매질에서 협대역 신호가 전파된다. 매질의 유전상수는 2.5이다. (a) α와 β를 구하라. (b) u_p와 u_g를 구하라. 매질은 분산성 매질인가?

풀이

(a) 손실 탄젠트 $\epsilon''/\epsilon' = 0.2$이고 $\epsilon''^2/8\epsilon'^2 \ll 1$이기 때문에, 식 (8-48)과 (8-49)는 각각 α와 β를 구하는 데 사용할 수 있다. 그러나 손실 탄젠트로부터 ϵ''를 먼저 구해야 한다.

$$\begin{aligned}\epsilon'' &= 0.2\,\epsilon' = 0.2 \times 2.5\,\epsilon_0 \\ &= 4.42 \times 10^{-12} \quad \text{(F/m)}\end{aligned}$$

그러므로

$$\alpha = \frac{\omega\epsilon''}{2}\sqrt{\frac{\mu}{\epsilon'}} = \pi(550 \times 10^3) \times (4.42 \times 10^{-12}) \times \frac{377}{\sqrt{2.5}} = 1.82 \times 10^{-3} \quad \text{(Np/m)}$$

$$\begin{aligned}\beta &= \omega\sqrt{\mu\epsilon'}\left[1 + \frac{1}{8}\left(\frac{\epsilon''}{\epsilon'}\right)^2\right] \\ &= 2\pi(550 \times 10^3)\frac{\sqrt{2.5}}{3 \times 10^8}\left[1 + \frac{1}{8}(0.2)^2\right] \\ &= 0.0182 \times 1.005 = 0.0183 \quad \text{(rad/m)}\end{aligned}$$

이다.

(b) 위상 속도:

식 (8-51)로부터

$$u_p = \frac{\omega}{\beta} = \frac{1}{\sqrt{\mu\epsilon'}\left[1 + \frac{1}{8}\left(\frac{\epsilon''}{\epsilon'}\right)^2\right]} \cong \frac{1}{\sqrt{\mu\epsilon'}}\left[1 - \frac{1}{8}\left(\frac{\epsilon''}{\epsilon'}\right)^2\right]$$

$$= \frac{3 \times 10^8}{\sqrt{2.5}}\left[1 - \frac{1}{8}(0.2)^2\right] = 1.888 \times 10^8 \quad \text{(m/s)}$$

이다.

(c) 군속도:

식 (8-49)로부터

$$\frac{d\beta}{d\omega} = \sqrt{\mu\epsilon'}\left[1 + \frac{1}{8}\left(\frac{\epsilon''}{\epsilon'}\right)^2\right]$$

$$u_g = \frac{1}{(d\beta/d\omega)} \cong \frac{1}{\sqrt{\mu\varepsilon'}} \cong u_p$$

이다. 그러므로 저손실 유전체는 분산을 거의 일으키지 않는다. ϵ''는 주파수에 독립이라고 가정하였다. 손실이 많은 유전체에서는 ϵ''는 ω의 함수이며 ϵ'의 크기에 따라 결정된다. 식 (8-49)의 근사식은 더 이상 성립하지 않고, 매질은 분산 매질이 된다.

8-5 전자기파 전력의 흐름과 포인팅 벡터

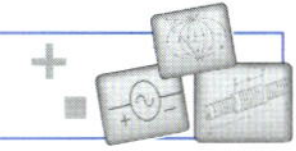

전자기파는 자체적으로 전력을 운반한다. 에너지는 전자기파에 의해 공간을 통해 멀리 떨어져 있는 수신점까지 전달된다. 이 절에서는 진행하는 전자기파와 관련하여 에너지의 전송률과 전기장 및 자기장 세기와의 관계를 알아보고자 한다. 다음과 같은 회전 방정식과

$$\nabla \times \mathbf{E} = -\frac{\partial \mathbf{B}}{\partial t} \qquad \text{(7-53a) (8-77)}$$

$$\nabla \times \mathbf{H} = \mathbf{J} + \frac{\partial \mathbf{D}}{\partial t} \qquad \text{(7-53b) (8-78)}$$

다음에서 정리한 벡터 항등식을 이용한다(연습문제 P.2-33 참조).

$$\nabla \cdot (\mathbf{E} \times \mathbf{H}) = \mathbf{H} \cdot (\nabla \times \mathbf{E}) - \mathbf{E} \cdot (\nabla \times \mathbf{H}) \qquad \text{(8-79)}$$

식 (8-79)에 식 (8-77)과 (8-78)을 대입하면 다음 결과를 얻는다.

$$\nabla \cdot (\mathbf{E} \times \mathbf{H}) = -\mathbf{H} \cdot \frac{\partial \mathbf{B}}{\partial t} - \mathbf{E} \cdot \frac{\partial \mathbf{D}}{\partial t} - \mathbf{E} \cdot \mathbf{J} \qquad \text{(8-80)}$$

단순 매질에서는 매질의 특성지표 ϵ, μ, 그리고 σ는 시간에 따라 변하지 않으므로

$$\mathbf{H}\cdot\frac{\partial\mathbf{B}}{\partial t}=\mathbf{H}\cdot\frac{\partial(\mu\mathbf{H})}{\partial t}=\frac{1}{2}\frac{\partial(\mu\mathbf{H}\cdot\mathbf{H})}{\partial t}=\frac{\partial}{\partial t}\left(\frac{1}{2}\mu H^2\right)$$

$$\mathbf{E}\cdot\frac{\partial\mathbf{D}}{\partial t}=\mathbf{E}\cdot\frac{\partial(\epsilon\mathbf{E})}{\partial t}=\frac{1}{2}\frac{\partial(\epsilon\mathbf{E}\cdot\mathbf{E})}{\partial t}=\frac{\partial}{\partial t}\left(\frac{1}{2}\epsilon E^2\right)$$

$$\mathbf{E}\cdot\mathbf{J}=\mathbf{E}\cdot(\sigma\mathbf{E})=\sigma E^2$$

이 된다. 식 (8-80)은

$$\nabla\cdot(\mathbf{E}\times\mathbf{H})=-\frac{\partial}{\partial t}\left(\frac{1}{2}\epsilon E^2+\frac{1}{2}\mu H^2\right)-\sigma E^2 \qquad (8\text{-}81)$$

과 같이 쓸수 있으며 이것은 점함수 관계식(point-function relationship)이다. 식 (8-81)에 대한 적분형은 다음과 같이 양변에 체적적분을 취함으로써 얻을 수 있다.

$$\oint_S(\mathbf{E}\times\mathbf{H})\cdot d\mathbf{s}=-\frac{\partial}{\partial t}\int_V\left(\frac{1}{2}\epsilon E^2+\frac{1}{2}\mu H^2\right)dv-\int_V\sigma E^2\,dv \qquad (8\text{-}82)$$

여기서 발산 정리는 $(\mathbf{E}\times\mathbf{H})$의 폐곡면 적분을 $\nabla\cdot(\mathbf{E}\times\mathbf{H})$의 체적적분으로 변환할 수 있음을 의미한다.

식 (8-82)의 우변의 첫 번째와 두 번째 항은 각각 전기장과 자기장에 저장되는 에너지의 시간에 따른 변화율을 나타낸다. [식 (3-176b)와 (6-172c)를 비교하라.] 마지막 항은 전기장 $\mathbf{E}$에서 전도성 전류밀도 $\sigma\mathbf{E}$의 결과로서 체적 내에서 소모되는 저항성 전력이다. 따라서 식 (8-82)의 우변은 체적 V에서 열로 소비되는 저항성 전력을 뺀 저장된 전자기에너지의 감소율이다. 에너지 보존의 법칙을 만족하기 위해서는 그 체적의 표면을 떠나는 전력(에너지변화율)과 같아야 한다. 따라서 $(\mathbf{E}\times\mathbf{H})$는 단위체적당 전력의 흐름을 나타내는 벡터이다. 즉, 다음과 같이 정의된다.

$$\boxed{\mathscr{P}=\mathbf{E}\times\mathbf{H} \qquad (\mathrm{W/m^2})} \qquad (8\text{-}83)$$

여기서 $\mathscr{P}$는 **포인팅 벡터**(Poynting vector)라고 하며, 이는 전자기장과 관련된 전력밀도 벡터이다. 식 (8-82)의 좌변에 주어진 폐곡면에 대한 $\mathscr{P}$의 표면적분은 그 표면에 의해 형성된 체적 내부를 떠나는 전력과 같다고, 하는것을 **포인팅 정리**(Poynting's theorem)라고 한다. 이는 평면파에만 국한되는 것은 아니다.

식 (8-82)를 또 다른 형태로 표현하면

$$-\oint_S\mathscr{P}\cdot d\mathbf{s}=\frac{\partial}{\partial t}\int_V(w_e+w_m)\,dv+\int_V p_\sigma\,dv \qquad (8\text{-}84)$$

이고, 여기서

$$w_e=\tfrac{1}{2}\epsilon E^2=\tfrac{1}{2}\epsilon\mathbf{E}\cdot\mathbf{E}^*=\text{전기에너지밀도} \qquad (8\text{-}85)$$

$$w_m=\tfrac{1}{2}\mu H^2=\tfrac{1}{2}\mu\mathbf{H}\cdot\mathbf{H}^*=\text{자기에너지밀도} \qquad (8\text{-}86)$$

$$p_\sigma = \sigma E^2 = J^2/\sigma = \sigma \mathbf{E} \cdot \mathbf{E}^* = \mathbf{J} \cdot \mathbf{J}^*/\sigma = \text{저항성 전력밀도} \qquad (8\text{-}87)$$

이 된다. 식 (8-84)가 의미하는 것은, 어느 순간에 닫힌 표면 안으로 흘러들어오는 전체 전력은 저장된 전기장 및 자기장 에너지의 증가율과 그 닫힌 체적 내에서 소모되는 저항성 전력의 합과 같다는 것이다.

포인팅 벡터는 두 가지 관점에서 중요한 의미를 갖는다. 첫 번째로, 식 (8-82)와 (8-84)에 주어진 전력관계는 $(\mathbf{E} \times \mathbf{H})$의 표면적분에 의해 얻어지는 폐곡면을 통과하여 흐르는 총 전력의 흐름을 의미한다. 식 (8-83)에서 표면의 모든 점에서의 전력밀도 벡터로 정의되는 포인팅 벡터는 유용하지만 임의적인 개념이다. 두 번째로, 포인팅 벡터 $\mathscr{P}$는 $\mathbf{E}$와 $\mathbf{H}$ 모두에 수직 방향이다.

관찰하고자 하는 영역이 무손실이라면($\sigma = 0$), 식 (8-84)의 마지막 항은 사라지며, 폐곡면을 통해 흐르는 전체 전력은 체적 내부에 저장되는 전자기에너지의 증가율과 같다. 시간 변화가 없는 상황에서는 식 (8-84)의 우변의 처음 두 항은 사라지며, 폐곡면을 통해 흐르는 전체 전력은 체적 내부에서 소비되는 저항성 전력과 같다.

예제 8-7 반지름이 b이고 도전율이 σ인 긴 도체 전선에 직류전류 I가 흐를 때, 그 표면에서의 포인팅 벡터를 구하고 포인팅 정리를 증명하라.

풀이 직류전류가 흐르므로 전선의 단면적에 균일하게 전류가 분포되어 있다. 그림 8-8에 보인 바와 같이, 긴 전선 중에서 길이가 ℓ인 부분만 떼어낸 상황에서 전선축이 z축과 같다고 하면,

$$\mathbf{J} = \mathbf{a}_z \frac{I}{\pi b^2}$$

이 되고

$$\mathbf{E} = \frac{\mathbf{J}}{\sigma} = \mathbf{a}_z \frac{I}{\sigma \pi b^2}$$

이 된다. 전선의 표면에서

$$\mathbf{H} = \mathbf{a}_\phi \frac{I}{2\pi b}$$

이므로, 전선 표면에서의 포인팅 벡터는

$$\begin{aligned}\mathscr{P} = \mathbf{E} \times \mathbf{H} &= (\mathbf{a}_z \times \mathbf{a}_\phi) \frac{I^2}{2\sigma\pi^2 b^3} \\ &= -\mathbf{a}_r \frac{I^2}{2\sigma\pi^2 b^3}\end{aligned}$$

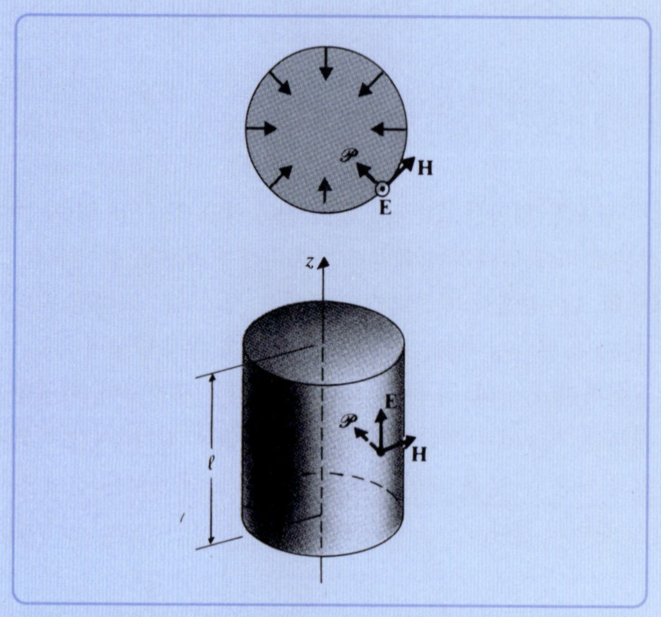

그림 8-8
포인팅 정리를 예시하는 그림(예제 8-7)

이 되어 도선 표면의 모든 점에서 안쪽으로 향하게 된다.

포인팅 정리를 증명하기 위해, 그림 8-8의 전선의 단면벽에서 $\mathscr{P}$를 적분하면

$$-\oint_S \mathscr{P} \cdot d\mathbf{s} = -\oint_S \mathscr{P} \cdot \mathbf{a}_r\, ds = \left(\frac{I^2}{2\sigma\pi^2 b^3}\right) 2\pi b \ell$$

$$= I^2 \left(\frac{\ell}{\sigma\pi b^2}\right) = I^2 R$$

이 되는데, 여기서 식 (5-27)에 주어진 직선 도선의 저항 공식 $R = \ell/\sigma S$를 사용하였다. 위의 결과로부터 알 수 있는 것은 포인팅 벡터의 음의 표면적분이 이 도선에서 소모되는 저항성 전력 I^2R과 정확히 같다는 것이다. 따라서 포인팅 정리를 증명할 수 있다.

8-5.1 순시 및 평균 전력밀도

시정현 전자기파를 다루는 데 있어서 위상자 표기법을 사용하는 것이 편리하다는 것은 앞에서 이미 논의하였다. 어떤 물리적인 양의 순시값은 cos ωt가 기준으로 사용되었을 때에는 $e^{j\omega t}$와 그 위상자 값을 곱한 결과의 실수부를 취한 것이다. 예를 들어, 위상자

$$\mathbf{E}(z) = \mathbf{a}_x E_x(z) = \mathbf{a}_x E_0 e^{-(\alpha + j\beta)z} \tag{8-88}$$

의 순시식은

$$\begin{aligned}\mathbf{E}(z, t) &= \mathcal{R}e[\mathbf{E}(z)e^{j\omega t}] = \mathbf{a}_x E_0 e^{-\alpha z}\, \mathcal{R}e[e^{j(\omega t - \beta z)}] \\ &= \mathbf{a}_x E_0 e^{-\alpha z} \cos(\omega t - \beta z)\end{aligned} \tag{8-89}$$

이다. 손실 매질에서 $+z$ 방향으로 진행하는 균일 평면파의 자기장 세기 위상자는

$$\mathbf{H}(z) = \mathbf{a}_y H_y(z) = \mathbf{a}_y \frac{E_0}{|\eta|} e^{-\alpha z} e^{-j(\beta z + \theta_\eta)} \tag{8-90}$$

이다. 여기서 θ_η은 그 매질의 고유 임피던스 $\eta_c = |\eta| e^{j\theta_\eta}$의 위상각이다. 따라서 $\mathbf{H}(z)$에 대한 순시식은

$$\mathbf{H}(z, t) = \mathcal{R}e[\mathbf{H}(z)e^{j\omega t}] = \mathbf{a}_y \frac{E_0}{|\eta|} e^{-\alpha z} \cos(\omega t - \beta z - \theta_\eta) \tag{8-91}$$

이 된다. 이 과정은 정현 시간으로 표현되는 물리량을 포함하는 식, 또는 연산이 선형인 한에서 성립한다. 두 개의 정현값을 곱함으로써 나타나는 비선형 연산에 이러한 과정을 적용하면 잘못된 결과를 얻는다. (**E**와 **H**의 외적인 포인팅 벡터는 이러한 분류에 속한다.) 그 이유는

$$\mathcal{R}e[\mathbf{E}(z)e^{j\omega t}] \times \mathcal{R}e[\mathbf{H}(z)e^{j\omega t}] \neq \mathcal{R}e[\mathbf{E}(z) \times \mathbf{H}(z)e^{j\omega t}]$$

때문이다.

식 (8-88)과 (8-90)을 이용하여 포인팅 벡터 혹은 전력밀도 벡터의 순시식을 표현하면,

$$\begin{aligned}\mathcal{P}(z, t) &= \mathbf{E}(z, t) \times \mathbf{H}(z, t) = \mathcal{R}e[\mathbf{E}(z)e^{j\omega t}] \times \mathcal{R}e[\mathbf{H}(z)e^{j\omega t}] \\ &= \mathbf{a}_z \frac{E_0^2}{|\eta|} e^{-2\alpha z} \cos(\omega t - \beta z) \cos(\omega t - \beta z - \theta_\eta) \\ &= \mathbf{a}_z \frac{E_0^2}{2|\eta|} e^{-2\alpha z}[\cos\theta_\eta + \cos(2\omega t - 2\beta z - \theta_\eta)]\end{aligned} \tag{8-92}$$[9]

이 된다. 반면에,

$$\mathcal{R}e[\mathbf{E}(z) \times \mathbf{H}(z)e^{j\omega t}] = \mathbf{a}_z \frac{E_0^2}{|\eta|} e^{-2\alpha z} \cos(\omega t - 2\beta z - \theta_\eta)$$

---

9) 일반 복소벡터 **A**와 **B**로부터

$$\mathcal{R}e(\mathbf{A}) = \tfrac{1}{2}(\mathbf{A} + \mathbf{A}^*) \quad \text{그리고} \quad \mathcal{R}e(\mathbf{B}) = \tfrac{1}{2}(\mathbf{B} + \mathbf{B}^*)$$

임을 알 수 있고, 여기서 아스트리크 기호는 "공액 복소수(complex conjugate)"를 나타낸다. 따라서

$$\begin{aligned}\mathcal{R}e(\mathbf{A}) \times \mathcal{R}e(\mathbf{B}) &= \tfrac{1}{2}(\mathbf{A} + \mathbf{A}^*) \times \tfrac{1}{2}(\mathbf{B} + \mathbf{B}^*) \\ &= \tfrac{1}{4}[(\mathbf{A} \times \mathbf{B}^* + \mathbf{A}^* \times \mathbf{B}) + (\mathbf{A} \times \mathbf{B} + \mathbf{A}^* \times \mathbf{B}^*)] \\ &= \tfrac{1}{2}\mathcal{R}e(\mathbf{A} \times \mathbf{B}^* + \mathbf{A} \times \mathbf{B})\end{aligned} \tag{8-93}$$

이 된다. 이 관계식은 벡터함수의 내적에도 적용되며 두 개의 복소 스칼라함수의 곱에서도 적용된다. 곧 식 (8-93)의 벡터 **A**와 **B**를 각각 $\mathbf{E}(z)e^{j\omega t}$와 $\mathbf{H}(z)e^{j\omega t}$로 놓음으로써 식 (8-92)의 결과로부터 직접 얻을 수 있다.

는 식 (8-92)와 분명히 같지 않다.

전자기파에 의해 송출되는 전력에 관한 한 그 평균값이 순시값보다 중요하다. 식 (8-92)로부터 시간-평균 포인팅 벡터 $\mathscr{P}_{av}(z)$를 구하면

$$\mathscr{P}_{av}(z) = \frac{1}{T}\int_0^T \mathscr{P}(z, t)\,dt = \mathbf{a}_z \frac{E_0^2}{2|\eta|} e^{-2\alpha z} \cos\theta_\eta \qquad (\mathrm{W/m^2}) \tag{8-94}$$ [10)]

가 되는데, 여기서 $T = 2\pi/\omega$는 파의 시간 주기이다. 식 (8-92)의 우변에 있는 두 번째 항은 주파수가 두 배인 코사인 함수로서 그 평균은 기본 주기에 대해 0이 된다.

식 (8-93)을 사용하면 식 (8-92)의 순시 포인팅 벡터는 두 복소수 벡터의 실수부의 곱을 구하는 대신에 두 항의 합의 실수부로 표현할 수 있다.

$$\begin{aligned}\mathscr{P}(z, t) &= \mathscr{R}e[\mathbf{E}(z)e^{j\omega t}] \times \mathscr{R}e[\mathbf{H}(z)e^{j\omega t}] \\ &= \tfrac{1}{2}\mathscr{R}e[\mathbf{E}(z) \times \mathbf{H}^*(z) + \mathbf{E}(z) \times \mathbf{H}(z)e^{j2\omega t}]\end{aligned} \tag{8-95}$$

평균 전력밀도 $\mathscr{P}_{av}(z)$는 $\mathscr{P}(z, t)$를 기본 주기 T로 적분하여 얻을 수 있다. 식 (8-95)의 마지막 항(2차 고조파)의 평균이 사라지므로,

$$\mathscr{P}_{av}(z) = \tfrac{1}{2}\mathscr{R}e[\mathbf{E}(z) \times \mathbf{H}^*(z)]$$

을 얻을 수 있다. 일반적인 경우, 진행하는 파를 z 방향으로 취급하지 않을 수도 있다.

$$\mathscr{P}_{av} = \tfrac{1}{2}\mathscr{R}e(\mathbf{E} \times \mathbf{H}^*) \qquad (\mathrm{W/m^2}) \tag{8-96}$$ [11)]

---

10) 식 (8-94)는 정현전압 $v(t) = V_0 \cos \omega t$가 양단에 인가되었을 때 임피던스 $Z = |Z|e^{j\theta_z}$에서 소비되는 전력을 계산하는 식과 유사하다. 전류 $i(t)$에 대한 순시 표현은

$$i(t) = \frac{V_0}{|Z|}\cos(\omega t - \theta_z)$$

이 된다. 교류회로의 이론으로부터 임피던스 Z에서 소비되는 평균 전력은

$$P_{av} = \frac{1}{T}\int_0^T v(t)i(t)\,dt = \frac{V_0^2}{2|Z|}\cos\theta_z$$

이고, 여기서 $\cos\theta_z$는 부하 임피던스의 전력 인자이다. 식 (8-94)의 $\cos\theta_\eta$는 매질의 고유 임피던스의 전력 인자로 나타낼 수 있다.

11) 회로이론에서 전압 $v(t) = V_0\cos(\omega t + \phi) = \mathscr{R}e[V_0 e^{j(\omega t + \phi)}]$는 임피던스에 따라 전류 $i(t) = I_0 \cos(\omega t + \phi - \theta_z) = \mathscr{R}e[I_0 e^{j(\omega t + \phi - \theta_z)}]$를 생성해 내며, 소비되는 평균 전력은 $P_{av} = (V_0 I_0/2)\cos\theta_z$가 된다. 위상자 형식으로 표현하면 $V = V_0\, e^{j\phi(\phi - \theta_z)}$, $I = I_0\, e^{j(\phi - \theta_z)}$, 그리고

$$P_{av} = \tfrac{1}{2}V_0 I_0 \cos\theta_z = \tfrac{1}{2}\mathscr{R}e(VI^*) \qquad (\mathrm{W}) \tag{8-97}$$

이 되며 식 (8-96)과 유사한 결과임을 알 수 있다.

는 진행하는 파의 평균 전력밀도를 계산하는 일반적인 공식이다.

예제 8-8 자유공간에서 구좌표계의 원점에 놓여 있는 미소 수직 전류원 $I\,d\ell$에 의한 원거리에서의 전자장에 대한 식은

$$\mathbf{E}(R, \theta) = \mathbf{a}_\theta E_\theta(R, \theta) = \mathbf{a}_\theta\left(j\,\frac{60\pi I\,d\ell}{\lambda R}\sin\theta\right)e^{-j\beta R} \qquad \text{(V/m)}$$

이고

$$\mathbf{H}(R, \theta) = \mathbf{a}_\phi\,\frac{E_\theta(R, \theta)}{\eta_0} = \mathbf{a}_\phi\left(j\,\frac{I\,d\ell}{2\lambda R}\sin\theta\right)e^{-j\beta R} \qquad \text{(A/m)}$$

이다. 여기서 파장 $\lambda = 2\pi/\beta$이다.

(a) 순시 포인팅 벡터에 대한 식을 구하라.
(b) 이 전류원에 의해 방사되는 전체 평균 전력을 구하라.

풀이

(a) 공기 중의 고유 임피던스는 $E_\theta/H_\phi = \eta_0 = 120\pi\,(\Omega)$이므로, 순시 포인팅 벡터는

$$\begin{aligned}\mathscr{P}(R, \theta; t) &= \mathscr{Re}[\mathbf{E}(R, \theta)e^{j\omega t}] \times \mathscr{Re}[\mathbf{H}(R, \theta)e^{j\omega t}] \\ &= (\mathbf{a}_\theta \times \mathbf{a}_\phi)30\pi\left(\frac{I\,d\ell}{\lambda R}\right)^2 \sin^2\theta\,\sin^2(\omega t - \beta R) \\ &= \mathbf{a}_R 15\pi\left(\frac{I\,d\ell}{\lambda R}\right)^2 \sin^2\theta[1 - \cos 2(\omega t - \beta R)] \qquad (\text{W/m}^2)\end{aligned}$$

가 된다.

(b) 식 (8-96)으로부터, 평균 전력밀도 벡터는

$$\mathscr{P}_{\text{av}}(R, \theta) = \mathbf{a}_R 15\pi\left(\frac{I\,d\ell}{\lambda R}\right)^2 \sin^2\theta$$

가 되어, 위의 (a)번에서 구한 $P(R, \theta; t)$의 시간평균값과 같음을 알 수 있다. 방사되는 전체 평균 전력은 반지름 R인 구의 표면에 대해 $\mathscr{P}_{\text{av}}(R, \theta)$를 적분하면 된다.

$$\begin{aligned}\text{총 } P_{\text{av}} &= \oint_S \mathscr{P}_{\text{av}}(R, \theta)\cdot d\mathbf{s} = \int_0^{2\pi}\int_0^{\pi}\left[15\pi\left(\frac{I\,d\ell}{\lambda R}\right)^2 \sin^2\theta\right]R^2\sin\theta\,d\theta\,d\phi \\ &= 40\pi^2\left(\frac{d\ell}{\lambda}\right)^2 I^2 \qquad \text{(W)}\end{aligned}$$

여기서 I는 $d\ell$에서의 정현전류의 진폭(실효값의 $\sqrt{2}$배)이다. ■

8-6 도체 경계면에 수직으로 입사하는 평면파

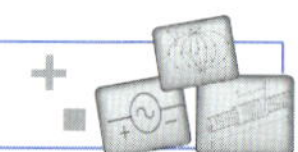

지금까지 무한한 균질 매질에서 균일 평면파의 전파에 대해 알아보았다. 실질적으로 전자기파는 몇 개의 매질로 구성된 제한된 영역에서 전파하는데 이러한 매질의 여러 상수들은 보통 서로 다르다. 어떤 전자기파가 하나의 매질에서 진행하다가 다른 고유 임피던스를 갖는 또 다른 매질로 들어갈 때는 반사파가 발생한다. 8-6절과 8-7절에서는 도체 경계면에 입사하는 파의 특성에 대해 고찰하고 파가 두 개의 유전체 경계면 사이에서 일어나는 현상에 대해서는 8-8절, 8-9절, 그리고 8-10절에서 알아볼 것이다.

단순화하기 위해, 입사파($\mathbf{E}_i$, $\mathbf{H}_i$)가 무손실 매질(매질 1의 $\sigma_1 = 0$)에서 진행한다고 가정하고 경계면은 완전도체(매질 2의 $\sigma_2 = \infty$)와 경계면을 이룬다고 하자. 두 가지 경우에 대해 수직 입사와 임의의 각을 갖고 입사하는 경우에 대해 살펴보자. 이 절에서는 도체 경계면에 수직으로 입사하는 균일 평면파의 특성에 대해 알아보고자 한다.

그림 8-9에 나타난 바와 같이, 경계면이 $z = 0$에 존재하고 $+z$ 방향으로 입사파가 진행한다고 하면, 입사되는 전기장과 자기장 세기의 위상자 형태는 다음과 같다.

$$\mathbf{E}_i(z) = \mathbf{a}_x E_{i0} e^{-j\beta_1 z} \tag{8-98}$$

$$\mathbf{H}_i(z) = \mathbf{a}_y \frac{E_{i0}}{\eta_1} e^{-j\beta_1 z} \tag{8-99}$$

여기서 E_{i0}는 $z = 0$에서 $\mathbf{E}_i$의 크기이며, β_1과 η_1은 매질 1에서의 위상상수와 고유 임피던스이다. 입사파의 포인팅 벡터 $\mathscr{P}_i(z) = \mathbf{E}_i(z) \times \mathbf{H}_i(z)$는 $\mathbf{a}_z$의 방향을 가지며 이 방향은 에너지의 전달과 같은 방향이다. 변수 z는 매질 1에서 음수이다.

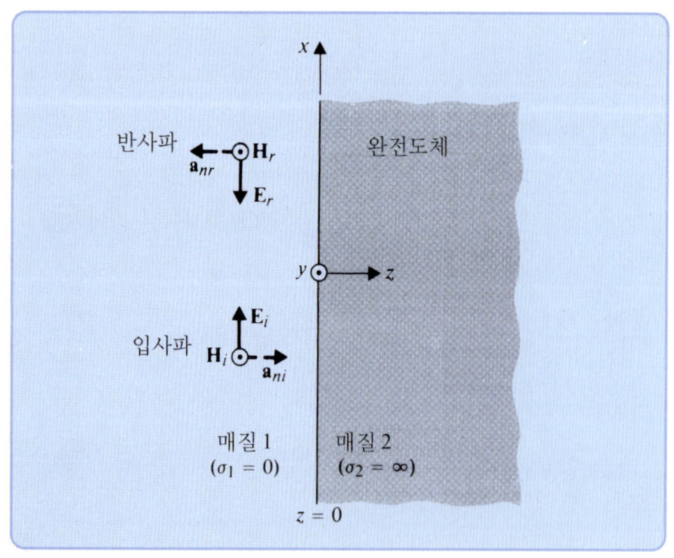

그림 8-9
평면 도체 경계면에 수직으로 입사하는 평면파

매질 2 내부(완전 도체)에서, 전기장과 자기장은 사라지고 $\mathbf{E}_2 = 0, \mathbf{H}_2 = 0$이다; 따라서 $z > 0$인 경계면 안쪽에서는 파가 진행하지 않는다. 즉, 입사파는 반사파($\mathbf{E}_r$, $\mathbf{H}_r$)를 만들어 낸다. 반사되는 전기장 세기는 다음 식과 같이 쓸 수 있다.

$$\mathbf{E}_r(\mathrm{z}) = \mathbf{a}_x E_{r0} e^{+j\beta_1 z} \tag{8-100}$$

여기서 8-2절에서 설명했듯이 $-z$ 방향으로 진행하는 반사파는 지수 성분이 양의 부호를 갖게 된다. 매질 1에서의 총 전기장 세기는 $\mathbf{E}_i$와 $\mathbf{E}_r$의 합으로 나타나며,

$$\mathbf{E}_1(z) = \mathbf{E}_i(z) + \mathbf{E}_r(z) = \mathbf{a}_x(E_{i0} e^{-j\beta_1 z} + E_{r0} e^{+j\beta_1 z}) \tag{8-101}$$

이다. $z = 0$인 경계면에서 전기장 $\mathbf{E}$의 접선 성분은 연속이므로

$$\mathbf{E}_1(0) = \mathbf{a}_x(E_{i0} + E_{r0}) = \mathbf{E}_2(0) = 0$$

이 되며, $E_{r0} = -E_{i0}$가 된다. 따라서 식 (8-101)은

$$\begin{aligned}\mathbf{E}_1(z) &= \mathbf{a}_x E_{i0}(e^{-j\beta_1 z} - e^{+j\beta_1 z}) \\ &= -\mathbf{a}_x j2E_{i0} \sin \beta_1 z\end{aligned} \tag{8-102}$$

가 된다.

반사되는 파의 자기장 세기 $\mathbf{H}_r$은 식 (8-29)에 의해 $\mathbf{E}_r$과 관계가 있으며,

$$\begin{aligned}\mathbf{H}_r(z) &= \frac{1}{\eta_1}\mathbf{a}_{nr} \times \mathbf{E}_r(z) = \frac{1}{\eta_1}(-\mathbf{a}_z) \times \mathbf{E}_r(z) \\ &= -\mathbf{a}_y \frac{1}{\eta_1} E_{r0} e^{+j\beta_1 z} = \mathbf{a}_y \frac{E_{i0}}{\eta_1} e^{+j\beta_1 z}\end{aligned}$$

이 된다.

식 (8-99)에서 $\mathbf{H}_i(z)$와 $\mathbf{H}_r(z)$를 결합하면 매질 1에서의 총 자기장 세기를 얻을 수 있다.

$$\mathbf{H}_1(z) = \mathbf{H}_i(z) + \mathbf{H}_r(z) = \mathbf{a}_y 2\frac{E_{i0}}{\eta_1} \cos \beta_1 z \tag{8-103}$$

식 (8-102), (8-103), 그리고 (8-96)으로부터 알 수 있듯이, 매질 1에서 $\mathbf{E}_1(z)$와 $\mathbf{H}_1(z)$가 서로 직교 위상값(시간적으로 서로 90°의 위상차가 있음)을 갖기 때문에 총 전자기파와 관련된 평균 전력은 없다는 것이다.

매질 1에서의 총 전자기파의 시간-공간 특성을 파악하기 위해서는 먼저 식 (8-102)와 (8-103)에서 구한 전기장과 자기장 세기 위상자에 해당하는 순시식부터 나타내어야 한다.

$$\mathbf{E}_1(z, t) = \mathcal{R}e[\mathbf{E}_1(z)e^{j\omega t}] = \mathbf{a}_x 2E_{i0} \sin \beta_1 z \sin \omega t \tag{8-104}$$

$$\mathbf{H}_1(z, t) = \mathcal{R}e[\mathbf{H}_1(z)e^{j\omega t}] = \mathbf{a}_y 2\frac{E_{i0}}{\eta_1} \cos \beta_1 z \cos \omega t \tag{8-105}$$

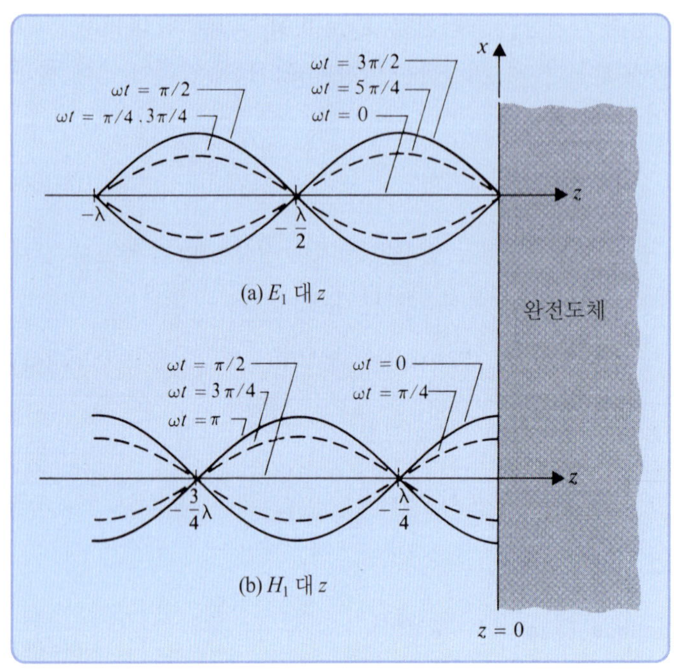

그림 8-10

ωt의 값에 따른 $\mathbf{E}_1 = \mathbf{a}_x E_1$과 $\mathbf{H}_1 = \mathbf{a}_y H_1$의 정재파

$\mathbf{E}_1(z, t)$와 $\mathbf{H}_1(z, t)$ 모두 모든 시간 t에 대해 도체 경계면으로부터 정해진 위치에 0(영)과 최대값을 갖고 있다. 즉,

$$\left.\begin{matrix} \mathbf{E}_1(z, t)\text{의 0값} \\ \mathbf{H}_1(z, t)\text{의 최대값} \end{matrix}\right\} \quad \beta_1 z = -n\pi, \ \text{또는}\ z = -n\frac{\lambda}{2}\ \text{에서 발생},\ n = 0, 1, 2, \ldots$$

$$\left.\begin{matrix} \mathbf{E}_1(z, t)\text{의 최대값} \\ \mathbf{H}_1(z, t)\text{의 0값} \end{matrix}\right\} \quad \beta_1 z = -(2n+1)\frac{\pi}{2},\ \text{또는}\ z = -(2n+1)\frac{\lambda}{4}\ \text{에서 발생},$$

$$n = 0, 1, 2, \ldots$$

매질 1에서 전체 파는 진행하는 파가 아니다. 두 개의 파가 서로 반대 방향으로 진행하면서 중첩이 되면서 나타나는 파를 **정재파**(standing wave)라고 한다. 시간 t에 대해 $\mathbf{E}_1$과 $\mathbf{H}_1$은 모두 평면 경계면으로부터 측정된 거리에 따라 정현적으로 변하게 된다. ωt의 몇 가지 값에 대한 정재파 $\mathbf{E}_1 = \mathbf{a}_x E_1$과 $\mathbf{H}_1 = \mathbf{a}_y H_1$이 그림 8-10에 나타나 있다. 다음과 같은 세 가지 경우를 확인할 수 있다.

1. $\mathbf{E}_1$은 $E_{r0} = -E_{i0}$인 도체 경계면과 경계면에서부터의 거리가 $\lambda/2$의 정수배인 점에서 0(영)이 된다.
2. $\mathbf{H}_1$은 $H_{r0} = H_{i0} = E_{i0}/\eta_1$인 도체 경계면에서 최대이다.
3. $\mathbf{E}_1$과 $\mathbf{H}_1$의 정재파는 시간상으로는 위상이 90° 차이가 나고, 공간상에서는 1/4파장만큼 이동해 있다.

예제 8-9 주파수 100 (MHz)를 갖는 y축 편파된 균일 평면파($\mathbf{E}_i$, $\mathbf{H}_i$)가 공기 중에서 $+x$ 방향으로 진행하여 $x = 0$에 위치한 완전도체 평면에 직각으로 입사하였다. $\mathbf{E}_i$의 진폭이 6 (mV/m)로 가정하고 (a) 입사파 $\mathbf{E}_i$와 $\mathbf{H}_i$, (b) 반사파 $\mathbf{E}_r$과 $\mathbf{H}_r$, (c) 공기 중의 총 전자기파 $\mathbf{E}_1$과 $\mathbf{H}_1$에 대한 위상자와 순시식을 구하고, (d) $\mathbf{E}_1$이 0이 되는 도체 평면으로부터 가장 가까운 위치를 결정하라.

풀이 주어진 주파수 100 (MHz)에서

$$\omega = 2\pi f = 2\pi \times 10^8 \qquad \text{(rad/s)}$$

$$\beta_1 = k_0 = \frac{\omega}{c} = \frac{2\pi \times 10^8}{3 \times 10^8} = \frac{2\pi}{3} \qquad \text{(rad/m)}$$

$$\eta_1 = \eta_0 = \sqrt{\frac{\mu_0}{\epsilon_0}} = 120\pi \qquad (\Omega)$$

이다.

(a) 입사파(진행파)의 경우

(i) 위상자 식:

$$\mathbf{E}_i(x) = \mathbf{a}_y 6 \times 10^{-3} e^{-j2\pi x/3} \qquad \text{(V/m)}$$

$$\mathbf{H}_i(x) = \frac{1}{\eta_1}\mathbf{a}_x \times \mathbf{E}_i(x) = \mathbf{a}_z \frac{10^{-4}}{2\pi} e^{-j2\pi x/3} \qquad \text{(A/m)}$$

(ii) 순시식:

$$\begin{aligned}\mathbf{E}_i(x, t) &= \mathscr{Re}[\mathbf{E}_i(x)e^{j\omega t}] \\ &= \mathbf{a}_y 6 \times 10^{-3} \cos\left(2\pi \times 10^8 t - \frac{2\pi}{3}x\right) \qquad \text{(V/m)}\end{aligned}$$

$$\mathbf{H}_i(x, t) = \mathbf{a}_z \frac{10^{-4}}{2\pi} \cos\left(2\pi \times 10^8 t - \frac{2\pi}{3}x\right) \qquad \text{(A/m)}$$

(b) 반사파(진행파)의 경우

(i) 위상자 식:

$$\mathbf{E}_r(x) = -\mathbf{a}_y 6 \times 10^{-3} e^{j2\pi x/3} \qquad \text{(V/m)}$$

$$\mathbf{H}_r(x) = \frac{1}{\eta_1}(-\mathbf{a}_x) \times \mathbf{E}_r(x) = \mathbf{a}_z \frac{10^{-4}}{2\pi} e^{j2\pi x/3} \qquad \text{(A/m)}$$

(ii) 순시식:

$$\mathbf{E}_r(x, t) = \mathscr{Re}[\mathbf{E}_r(x)e^{j\omega t}] = -\mathbf{a}_y 6 \times 10^{-3} \cos\left(2\pi \times 10^8 t + \frac{2\pi}{3}x\right) \qquad \text{(V/m)}$$

$$\mathbf{H}_r(x, t) = \mathbf{a}_z \frac{10^{-4}}{2\pi} \cos\left(2\pi \times 10^8 t + \frac{2\pi}{3} x\right) \quad \text{(A/m)}$$

(c) 전체 전자기파(정재파)의 경우

(i) 위상자 식:

$$\mathbf{E}_1(x) = \mathbf{E}_i(x) + \mathbf{E}_r(x) = -\mathbf{a}_y j12 \times 10^{-3} \sin\left(\frac{2\pi}{3} x\right) \quad \text{(V/m)}$$

$$\mathbf{H}_1(x) = \mathbf{H}_i(x) + \mathbf{H}_r(x) = \mathbf{a}_z \frac{10^{-4}}{\pi} \cos\left(\frac{2\pi}{3} x\right) \quad \text{(A/m)}$$

(ii) 순시식:

$$\mathbf{E}_1(x, t) = \mathscr{R}e[\mathbf{E}_1(x)e^{j\omega t}] = \mathbf{a}_y 12 \times 10^{-3} \sin\left(\frac{2\pi}{3} x\right) \sin(2\pi \times 10^8 t) \quad \text{(V/m)}$$

$$\mathbf{H}_1(x, t) = \mathbf{a}_z \frac{10^{-4}}{\pi} \cos\left(\frac{2\pi}{3} x\right) \cos(2\pi \times 10^8 t) \quad \text{(A/m)}$$

(d) $x = 0$인 도체 평면의 표면에서 전기장은 0이 된다. 매질 1에서 첫 번째 0은

$$x = -\frac{\lambda_1}{2} = -\frac{\pi}{\beta_1} = -\frac{3}{2} \quad \text{(m)}$$

에서 발생하게 된다.

8-7 도체 경계면에 경사 입사된 평면파

균일 평면파가 도체 표면에 비스듬히 입사하면 반사파는 입사파의 편파에 영향을 받게 된다. $\mathbf{E}_i$의 방향을 명확하게 다루기 위해서는 입사파의 진행 방향과 경계면에 수직인 벡터를 포함하는 **입사 평면**(plane of incidence)을 정의해야 한다. 임의의 방향으로 편파된 $\mathbf{E}_i$를 항상 입사 평면에 수직인 것과 평행한 것의 두 가지 성분으로 분해할 수 있기 때문에 두 상황을 분리하여 고려할 수 있고, 일반적인 경우 두 가지 상황을 중첩함으로써 원하는 결과를 얻을 수 있다.

8-7.1 직교 편파[12)]

직교 편파(perpendicular polarization)의 경우에 $\mathbf{E}_i$는 그림 8-11에 보인 바와 같이 입사 평면에 대해 수직이다.

12) **수평 편파**(horizontal polarization) 또는 **전기장 편파**(E-polarization)라고도 부른다.

$$\mathbf{a}_{ni} = \mathbf{a}_x \sin\theta_i + \mathbf{a}_z \cos\theta_i \tag{8-106}$$

여기서 θ_i는 경계면의 수직 방향에서 측정한 **입사각**(angle of incidence)이다. 식 (8-26)과 (8-29)를 사용하여

$$\mathbf{E}_i(x, z) = \mathbf{a}_y E_{i0} e^{-j\beta_1 \mathbf{a}_{ni}\cdot\mathbf{R}} = \mathbf{a}_y E_{i0} e^{-j\beta_1(x\sin\theta_i + z\cos\theta_i)} \tag{8-107}$$

$$\begin{aligned}\mathbf{H}_i(x, z) &= \frac{1}{\eta_1}[\mathbf{a}_{ni} \times \mathbf{E}_i(x, z)] \\ &= \frac{E_{i0}}{\eta_1}(-\mathbf{a}_x \cos\theta_i + \mathbf{a}_z \sin\theta_i)e^{-j\beta_1(x\sin\theta_i + z\cos\theta_i)}\end{aligned} \tag{8-108}$$

을 얻을 수 있다. 반사파에 대해서는

$$\mathbf{a}_{nr} = \mathbf{a}_x \sin\theta_r - \mathbf{a}_z \cos\theta_r \tag{8-109}$$

이다. 여기서 θ_r은 **반사각**(angle of reflection)이며,

$$\mathbf{E}_r(x, z) = \mathbf{a}_y E_{r0} e^{-j\beta_1(x\sin\theta_r - z\cos\theta_r)} \tag{8-110}$$

이다.

경계면에서는 $z = 0$이며, 총 전기장 세기는 0이 되어야 한다. 그러므로

$$\begin{aligned}\mathbf{E}_1(x, 0) &= \mathbf{E}_i(x, 0) + \mathbf{E}_r(x, 0) \\ &= \mathbf{a}_y(E_{i0}e^{-j\beta_1 x\sin\theta_i} + E_{r0}e^{-j\beta_1 x\sin\theta_r}) = 0\end{aligned}$$

이다. x의 모든 값에 대해 이 식이 성립하려면, $E_{r0} = -E_{i0}$이어야 하고, 위상 성분이 일치해야 한다. 즉, $\theta_r = \theta_i$이다. 이 식은 **반사각이 입사각과 같다는 스넬(Snell)의 반사 법칙**을 나타낸다. 그러므로 식 (8-110)은

$$\mathbf{E}_r(x, z) = -\mathbf{a}_y E_{i0} e^{-j\beta_1(x\sin\theta_i - z\cos\theta_i)} \tag{8-111}$$

가 된다. 대응되는 자기장 세기 $\mathbf{H}_r(x, z)$는

$$\begin{aligned}\mathbf{H}_r(x, z) &= \frac{1}{\eta_1}[\mathbf{a}_{nr} \times \mathbf{E}_r(x, z)] \\ &= \frac{E_{i0}}{\eta_1}(-\mathbf{a}_x \cos\theta_i - \mathbf{a}_z \sin\theta_i)e^{-j\beta_1(x\sin\theta_i - z\cos\theta_i)}\end{aligned} \tag{8-112}$$

이다.

전체 전자기장은 입사파와 반사파를 더하면 얻어진다. 식 (8-107)과 (8-111)로부터

$$\begin{aligned}\mathbf{E}_1(x, z) &= \mathbf{E}_i(x, z) + \mathbf{E}_r(x, z) \\ &= \mathbf{a}_y E_{i0}(e^{-j\beta_1 z\cos\theta_i} - e^{j\beta_1 z\cos\theta_i})e^{-j\beta_1 x\sin\theta_i} \\ &= -\mathbf{a}_y j2E_{i0}\sin(\beta_1 z\cos\theta_i)e^{-j\beta_1 x\sin\theta_i}\end{aligned} \tag{8-113}$$

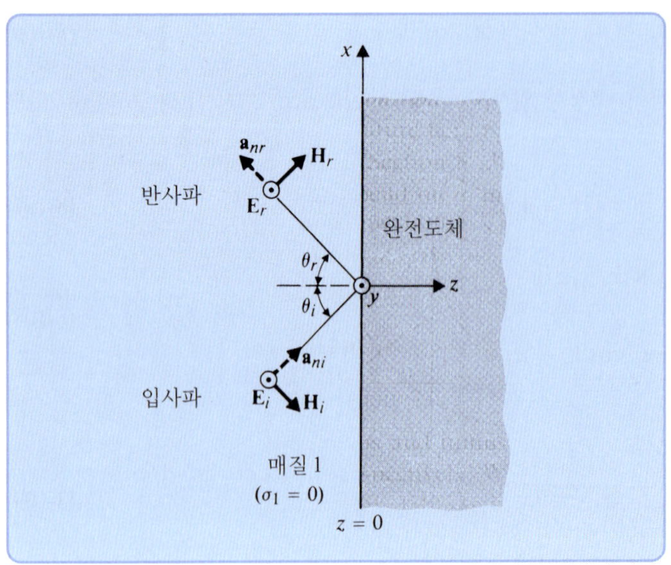

그림 8-11
평판 도체 경계면에 경사각을 갖고 입사하는 균일 평면파(직교 편파)

이 되며, 식 (8-108)과 (8-112)의 결과를 더하면

$$\mathbf{H}_1(x, z) = -2\frac{E_{i0}}{\eta_1}[\mathbf{a}_x \cos\theta_i \cos(\beta_1 z \cos\theta_i)e^{-j\beta_1 x \sin\theta_i} + \mathbf{a}_z j \sin\theta_i \sin(\beta_1 z \cos\theta_i)e^{-j\beta_1 x \sin\theta_i}] \tag{8-114}$$

이다.

식 (8-113)과 (8-114)는 다소 복잡한 표현이지만, 균일 평면파가 평판 도체면에 직교 편파로 비스듬히 입사되는 경우에 다음과 같은 결과를 얻을 수 있다.

1. 경계면과 수직인 방향(z 방향)에서 E_{1y}와 H_{1x}는 각각 $\sin\beta_{1z}z$와 $\cos\beta_{1z}z$에 의해 정재파의 패턴을 유지한다. 여기서 $\beta_{1z} = \beta_1 \cos\theta_i$이다. E_{1y}와 H_{1x}는 90° 위상차가 나므로 이 방향으로는 평균 전력이 전파되지 않는다.

2. 경계면과 평행인 방향(x 방향)에서 E_{1y}와 H_{1z}는 시간과 공간에 대해 같은 위상이고 위상 속도

$$u_{1x} = \frac{\omega}{\beta_{1x}} = \frac{\omega}{\beta_1 \sin\theta_i} = \frac{u_1}{\sin\theta_i} \tag{8-115}$$

로 전파한다. 이 방향에 대한 파장은

$$\lambda_{1x} = \frac{2\pi}{\beta_{1x}} = \frac{\lambda_1}{\sin\theta_i} \tag{8-116}$$

이다.

3. x 방향으로 전파하는 파는 **비균일 평면파**(nonuniform plane wave)이다. 왜냐하면 z에 따라 진폭이 변화되기 때문이다.

4. $\sin(\beta_1 z \cos\theta_i) = 0$일 때, 즉

$$\beta_1 z \cos\theta_i = \frac{2\pi}{\lambda_1} z \cos\theta_i = -m\pi, \qquad m = 1, 2, 3, \ldots$$

일 때 모든 x에 대해 $\mathbf{E}_1 = 0$이므로, 도체판이

$$z = -\frac{m\lambda_1}{2\cos\theta_i}, \qquad m = 1, 2, 3, \ldots \tag{8-117}$$

에 삽입될 수 있으며 $z = 0$의 도체 경계면과 도체판 사이에 존재하는 장의 패턴은 마찬가지이다. **횡방향 전기장파**(transverse eletric(TE) wave)($E_{1x} = 0$)는 도체판 사이에서 앞뒤로 튕기며 x 방향으로 전파한다. 결과적으로 평행판 도파관과 같은 효과를 얻는다.

그림 8-12에 $z = -\lambda_1/2\cos\theta_i$에 삽입된 도체판과 도체 경계면 $z = 0$ 사이의 반사되는 파와 간섭 패턴을 도시하였다. 두꺼운 점선은 **E** 벡터가 지면으로부터 뚫고(out of page) 나오는 평면파의 마루들을 의미하며, 얇은 점선은 지면을 뚫고 들어가는(into the page) 파를 의미한다. 도체 경계면에서 반사되는 **E** 벡터는 위상이 180° 바뀌기 때문에 입사되는 **E** 벡터는 상쇄된다. 그러므로 O점, A점, 그리고 A''점과 같이 굵은 점선과 얇은 점선이 교차되는 곳은 전기적 밀도가 0이다. B점과 같이 굵은 점선이 교차되는 곳은 지면으로부터 뚫고(out of page) 나오는 전기장밀도가 최대인 곳이고, B'점과 같이 얇은 점선이 교차되는 곳은 지면을 뚫고 들어가는 전기장밀도가 최대인 곳이다. 두 평면파(입사파와 반사파)의 교점은 식 (8-115)에 주어진 위상 속도로 진행한다. 그림 8-12에서

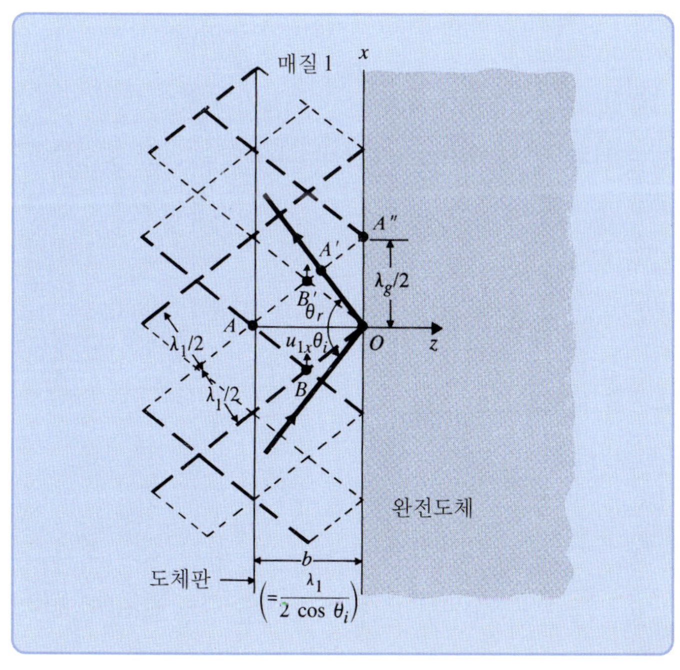

그림 8-12

유전체 경계면에 경사각을 갖고 입사하는 파와 반사되는 파와의 간섭 패턴(직교 편파)

$$\overline{OA}' = \frac{\lambda_1}{2} = \frac{\pi}{\beta_1} \tag{8-118}$$

$$\overline{OA} = b = \frac{\lambda_1}{2\cos\theta_i} \tag{8-119}$$

이다. 평행판 도파관에서의 진행파는 가이드 파장(guide wavelength)이 $2\overline{OA}''$ 또는

$$\begin{aligned}\lambda_g &= 2\overline{OA}'' = 2\frac{\overline{OA}'}{\sin\theta_i} \\ &= \frac{\lambda_1}{\sin\theta_i} > \lambda_1\end{aligned} \tag{8-120}$$

와 같다. $\theta_i = 0$일 때 x 방향으로 전파하는 파는 없다. 평행판 사이의 TE 파의 성질은 10-3.2절에서 다룰 것이다.

예제 8-10 각주파수가 ω인 직교 편파된 균일 평면파($\mathbf{E}_i$, $\mathbf{H}_i$)가 공기 중에서 매우 크고 완전도체인 벽에 입사각 θ_i로 입사한다. (a) 벽 표면에 유기된 전류, (b) 매질 1에서의 시간-평균 포인팅 벡터를 구하라.

SOLUTION **풀이**

(a) 이 문제의 조건은 방금 다룬 내용과 정확히 같으므로 바로 공식을 사용한다. 그림 8-11에 나타내었듯이, $z = 0$은 완전도체벽의 표면을 나타내는 평면이고, $\mathbf{E}_i$는 y 방향으로 편파되어 있다. $z = 0$에서 $\mathbf{E}_1(x, 0) = 0$이고, 식 (8-114)로부터 $\mathbf{H}_1(x, 0)$을 구할 수 있다.

$$\mathbf{H}_1(x, 0) = -\frac{E_{i0}}{\eta_0}(\mathbf{a}_x 2\cos\theta_i)e^{-j\beta_0 x\sin\theta_i} \tag{8-121}$$

완전도체벽 내부에서 $\mathbf{E}_2$와 $\mathbf{H}_2$는 0이므로, 자기장의 불연속이 나타난다. 불연속의 양은 표면전류와 같다. 식 (7-68b)으로부터

$$\begin{aligned}\mathbf{J}_s(x) &= \mathbf{a}_{n2} \times \mathbf{H}_1(x, 0) \\ &= (-\mathbf{a}_z) \times (-\mathbf{a}_x)\frac{E_{i0}}{\eta_0}(2\cos\theta_i)e^{-j\beta_0 x\sin\theta_i} \\ &= \mathbf{a}_y \frac{E_{i0}}{60\pi}(\cos\theta_i)e^{-j(\omega/c)x\sin\theta_i}\end{aligned}$$

이다. 표면전류에 대한 순시식은

$$\mathbf{J}_s(x, t) = \mathbf{a}_y \frac{E_{i0}}{60\pi}\cos\theta_i \cos\omega\left(t - \frac{x}{c}\sin\theta_i\right) \quad \text{(A/m)} \tag{8-122}$$

이다. 이것이 매질 1에서 반사파를 발생시키고 도체벽 안에서는 입사파를 상쇄시키는 유도전류이다.

(b) 식 (8-113)과 (8-114)를 식 (8-96)에 대입하면 매질 1에서의 시간-평균 포인팅 벡터를 구할 수 있다. E_{1y}와 H_{1x}는 시간에 대해 90° 위상 차이가 나기 때문에, $\mathscr{P}_{av}$는 E_{1y}와 H_{1z}에 의해 발생하며 0이 아닌 x-성분만 갖게 된다.

$$\begin{aligned}\mathscr{P}_{av_1} &= \frac{1}{2}\mathscr{R}e[\mathbf{E}_1(x, z) \times \mathbf{H}_1^*(x, z)] \\ &= \mathbf{a}_x 2\frac{E_{i0}^2}{\eta_1}\sin\theta_i \sin^2\beta_{1z}z\end{aligned} \tag{8-123}$$

여기서 $\beta_{1z} = \beta_1 \cos\theta_i$이다. 매질 2(완전도체)에서의 시간-평균 포인팅 벡터는 당연히 0이다.

8-7.2 평행 편파[13)]

완전도체 경계면에 균일 평면파가 그림 8-13에 보인 바와 같이 경사각을 갖고 입사할 때 입사평면에 놓인 $\mathbf{E}_i$를 생각해 보자. 단위벡터 $\mathbf{a}_{ni}$와 $\mathbf{a}_{nr}$은 식 (8-106)과 (8-109)에서 보는 바와 같이 각각 입사파와 반사파의 전파 방향을 의미한다. $\mathbf{H}_i$와 $\mathbf{H}_r$은 y-성분만을 갖지만, $\mathbf{E}_i$와 $\mathbf{E}_r$은 모두 x-와 z-성분을 갖는다. 입사파는

$$\mathbf{E}_i(x, z) = E_{i0}(\mathbf{a}_x \cos\theta_i - \mathbf{a}_z \sin\theta_i)e^{-j\beta_1(x\sin\theta_i + z\cos\theta_i)} \tag{8-124}$$

$$\mathbf{H}_i(x, z) = \mathbf{a}_y \frac{E_{i0}}{\eta_1} e^{-j\beta_1(x\sin\theta_i + z\cos\theta_i)} \tag{8-125}$$

이고, 반사파($\mathbf{E}_r$, $\mathbf{H}_r$)는 다음과 같은 위상자 표현으로 나타낼 수 있다.

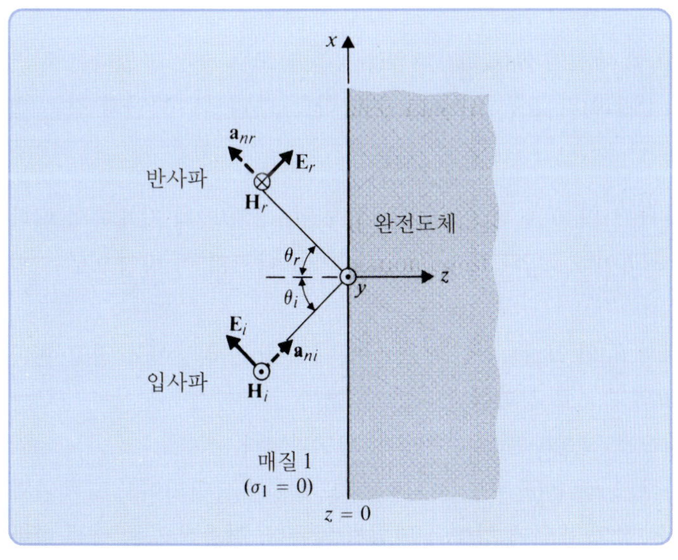

그림 8-13 도체 경계면으로 경사각을 갖고 입사하는 평면파(평행 편파)

13) **수직 편파**(vertical polarization) 또는 **자기장 편파**(H-polarization)라고도 한다.

$$\mathbf{E}_r(x, z) = E_{r0}(\mathbf{a}_x \cos\theta_r + \mathbf{a}_z \sin\theta_r)e^{-j\beta_1(x\sin\theta_r - z\cos\theta_r)} \tag{8-126}$$

$$\mathbf{H}_r(x, z) = -\mathbf{a}_y \frac{E_{r0}}{\eta_1} e^{-j\beta_1(x\sin\theta_r - z\cos\theta_r)} \tag{8-127}$$

완전도체의 표면 $z = 0$에서, 총 전기장 세기의 접선 성분(x-성분)은 모든 x에서 0이므로, $E_{ix}(x, 0) + E_{rx}(x, 0) = 0$이다. 식 (8-124)와 (8-126)에서

$$(E_{i0}\cos\theta_i)e^{-j\beta_1 x\sin\theta_i} + (E_{r0}\cos\theta_r)e^{-j\beta_1 x\sin\theta_r} = 0$$

이며, 여기서 $E_{r0} = -E_{i0}$이고 $\theta_r = \theta_i$이다. 매질 1에서의 총 전기장 세기는 식 (8-124)와 (8-126)의 합이다.

$$\begin{aligned}\mathbf{E}_1(x, z) &= \mathbf{E}_i(x, z) + \mathbf{E}_r(x, z)\\ &= \mathbf{a}_x E_{i0}\cos\theta_i(e^{-j\beta_1 z\cos\theta_i} - e^{j\beta_1 z\cos\theta_i})e^{-j\beta_1 x\sin\theta_i}\\ &\quad - \mathbf{a}_z E_{i0}\sin\theta_i(e^{-j\beta_1 z\cos\theta_i} + e^{j\beta_1 z\cos\theta_i})e^{-j\beta_1 x\sin\theta_i}\end{aligned}$$

또는

$$\begin{aligned}\mathbf{E}_1(x, z) = -2E_{i0}[&\mathbf{a}_x j\cos\theta_i \sin(\beta_1 z\cos\theta_i)\\ &+ \mathbf{a}_z \sin\theta_i \cos(\beta_1 z\cos\theta_i)]e^{-j\beta_1 x\sin\theta_i}\end{aligned} \tag{8-128}$$

식 (8-125)와 (8-127)을 더함으로써 매질 1에서의 총 자기장 세기를 구할 수 있다.

$$\begin{aligned}\mathbf{H}_1(x, z) &= \mathbf{H}_i(x, z) + \mathbf{H}_r(x, z)\\ &= \mathbf{a}_y 2\frac{E_{i0}}{\eta_1}\cos(\beta_1 z\cos\theta_i)e^{-j\beta_1 x\sin\theta_i}\end{aligned} \tag{8-129}$$

식 (8-128)과 (8-129)의 해석은 $\mathbf{H}_1(x, z)$ 대신에 $\mathbf{E}_1(x, z)$가 x-와 z-성분을 모두 가지고 있다는 것만 제외하면 직교편파의 식 (8-113)과 (8-114)의 경우의 해석과 비슷하다. 그러므로 다음과 같은 결론을 얻을 수 있다.

1. 경계면과 수직인 방향(z 방향)에서 E_{1x}와 H_{1y}는 각각 $\sin\beta_{1z}z$와 $\cos\beta_{1z}z$에 의해 정재파의 패턴을 유지한다. 여기서 $\beta_{1z} = \beta_1\cos\theta_i$이다. E_{1x}와 H_{1y}는 90° 위상차가 나므로 이 방향으로는 평균 전력이 전파되지 않는다.
2. 경계면과 평행인 방향(x 방향)에서 E_{1z}와 H_{1y}는 시간과 공간에 대해 같은 위상이고 직교 편파와 같은 위상 속도 $u_{1x} = u_1/\sin\theta_i$의 속도로 전파한다.
3. 직교 편파의 경우와 같이 x 방향으로 진행하는 파는 비균일 평면파이다.
4. 모든 x에 대해 $E_{1x} = 0$인 $z = -m\lambda_1/2\cos\theta_i\,(m = 1, 2, 3, \ldots)$에 도체판이 삽입되어도 도체판과 도체 경계 $z = 0$ 사이에 존재하는 장의 패턴에 영향을 미치지 않는다. 결과적으로, 평행 평판 도파관이 된다. **횡방향 자기장파**(tranverse magnetic(TM) wave)($\mathbf{H}_{1x} = 0$)는 x 방향으로 진행한다. (평판 사이의 TM 파는 10-3.1절에서 다룰 것이다.)

식 (8-113), (8-114), (8-128), 그리고 (8-129)에서 경사 입사에 대한 표현식 $\mathbf{E}_1$과 $\mathbf{H}_1$은 입사파와 반사파의 합임을 알 수 있는데 이는 간섭 패턴을 의미한다. 입사파가 좁은 빔에 에너지가 집중되어 있다면, 반사파도 좁은 빔을 가지면서 입사방향과 다른 방향으로 진행할 것이다. 그러면 도체 표면에 근접한 매우 작은 영역을 제외하고는 간섭이 일어나지 않을 것이다. 그러므로 초고주파 중계기의 반사판은 간섭 패턴이 없는 원래의 입사파를 수신하고, 증폭하고, 재전송할 수 있다.

8-8 평면 유전체 경계면에 수직 입사된 평면파

유전체 매질의 표면에 전자기파가 입사하면 매질의 고유 임피던스가 서로 다르기 때문에 입사되는 전력의 일부는 반사되고 일부는 투과된다. 이러한 현상은 회로에서 임피던스가 정합되지 않을 때 일어나는 현상과 같다고 생각할 수 있다. 앞의 두 절에서 고찰한 바와 같이, 완전한 도체 경계면에 입사되는 파의 경우 단락회로에서 임의의 내부 임피던스를 갖는 발진기의 종단과 같으며 도체 영역으로 전력이 전달되지 않는다.

앞에서 유전체 매질 면에서 균일 평면파의 수직 입사와 경사 입사의 두 가지 경우에 대해 각각 알아보았다. 두 개의 매질 모두 손실이 없다($\sigma_1 = \sigma_2 = 0$)고 가정하자. 이 절에서는 파가 수직으로 입사하는 경우에 대해 알아보고, 8-9절에서 경사를 갖고 입사하는 경우에 대해 고찰하고자 한다.

그림 8-14에 보인 바와 같이, 경계면이 $z = 0$인 평면에 놓여 있고 $+z$ 방향으로 진행하는 입사파에 대해 고찰해 보자. 입사 전기장 세기와 자기장 세기의 위상자 식은

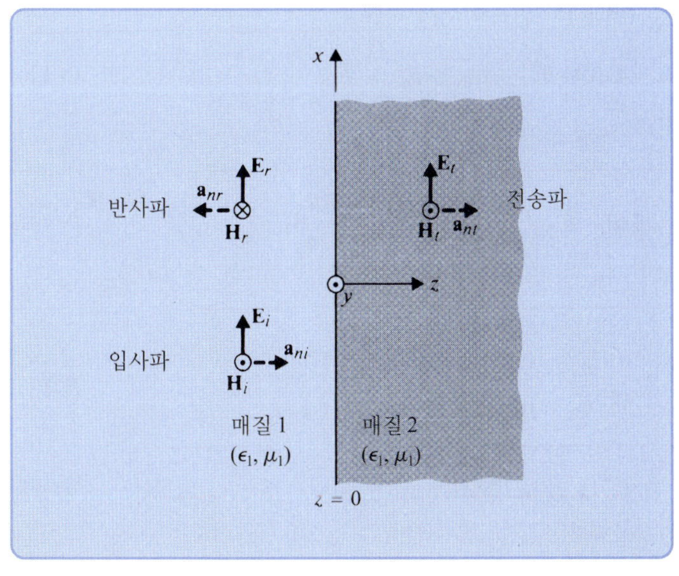

그림 8-14
평면 유전체 경계면에 수직으로 입사하는 평면파

$$\mathbf{E}_i(z) = \mathbf{a}_x E_{i0} e^{-j\beta_1 z} \tag{8-130}$$

$$\mathbf{H}_i(z) = \mathbf{a}_y \frac{E_{i0}}{\eta_1} e^{-j\beta_1 z} \tag{8-131}$$

이다. 이는 식 (8-98)과 (8-99)에 주어진 식과 같다. z는 매질 1에서 음수임에 주의하라.

$z = 0$에서 매질이 불연속이기 때문에 입사파는 일부가 매질 1로 반사되고 일부는 매질 2로 투과된다.

(a) 반사된 파($\mathbf{E}_r$, $\mathbf{H}_r$)에 대해서는

$$\mathbf{E}_r(z) = \mathbf{a}_x E_{r0} e^{j\beta_1 z} \tag{8-132}$$

$$\mathbf{H}_r(z) = (-\mathbf{a}_z) \times \frac{1}{\eta_1} \mathbf{E}_r(z) = -\mathbf{a}_y \frac{E_{r0}}{\eta_1} e^{j\beta_1 z} \tag{8-133}$$

(b) 전송된 파($\mathbf{E}_t$, $\mathbf{H}_t$)에 대해서는

$$\mathbf{E}_t(z) = \mathbf{a}_x E_{t0} e^{-j\beta_2 z} \tag{8-134}$$

$$\mathbf{H}_t(z) = \mathbf{a}_z \times \frac{1}{\eta_2} \mathbf{E}_t(z) = \mathbf{a}_y \frac{E_{t0}}{\eta_2} e^{-j\beta_2 z} \tag{8-135}$$

로 쓸 수 있다. 여기서 E_{t0}는 $z = 0$에서의 $\mathbf{E}_t$의 크기이고, β_2와 η_2는 각각 매질 2의 위상상수와 고유 임피던스이다.

그림 8-14의 $\mathbf{E}_r$과 $\mathbf{E}_t$의 화살표의 방향은 임의적으로 그려졌다. 그것은 E_{r0}와 E_{t0}가 두 매질 간의 구성 변수들의 상대값에 따라 그 자체가 양이거나 음일 수 있기 때문이다.

두 식은 미지의 크기인 E_{r0}와 E_{t0}를 결정하는 데 쓰인다. 유전체의 경계면인 $z = 0$에서는 전기장 세기와 자기장 세기의 접선 성분(x-성분)이 연속이어야 하므로,

$$\mathbf{E}_i(0) + \mathbf{E}_r(0) = \mathbf{E}_t(0) \quad \text{또는} \quad E_{i0} + E_{r0} = E_{t0} \tag{8-136}$$

이고

$$\mathbf{H}_i(0) + \mathbf{H}_r(0) = \mathbf{H}_t(0) \quad \text{또는} \quad \frac{1}{\eta_1}(E_{i0} - E_{r0}) = \frac{E_{t0}}{\eta_2} \tag{8-137}$$

이다. 식 (8-136)과 (8-137)을 풀면

$$E_{r0} = \frac{\eta_2 - \eta_1}{\eta_2 + \eta_1} E_{i0} \tag{8-138}$$

$$E_{t0} = \frac{2\eta_2}{\eta_2 + \eta_1} E_{i0} \tag{8-139}$$

이 되는데, E_{r0}/E_{i0}의 비를 **반사계수**(reflection coefficient)라 하고 E_{t0}/E_{i0}를 **투과계수**(transmission coefficient)라고 한다. 고유 임피던스를 사용하여 다시 쓰면,

$$\Gamma = \frac{E_{r0}}{E_{i0}} = \frac{\eta_2 - \eta_1}{\eta_2 + \eta_1} \quad (\text{단위 없음}) \tag{8-140}$$

이고

$$\tau = \frac{E_{t0}}{E_{i0}} = \frac{2\eta_2}{\eta_2 + \eta_1} \quad (\text{단위 없음}) \tag{8-141}$$

이다. η_2가 η_1보다 큰가 작은가에 따라 식 (8-140)의 반사계수 Γ는 양수이거나 음수가 될 수 있다. 그러나 투과계수 τ는 항상 양수이다.

식 (8-140)과 (8-141)의 Γ와 τ의 정의는 매질이 손실 매질일때도 적용된다. 즉, η_1과 η_2가 모두 복소수이거나 하나만 복소수일 때도 적용된다. 따라서 Γ와 τ는 일반적인 경우 그 자체가 복소수이다. 복소수 Γ(혹은 τ)는 단순히 경계면에서 반사(또는 투과)시에 위상의 변화가 일어난 것을 의미한다. 반사계수와 투과계수의 관계는 다음과 같은 관계식을 갖는다.

$$1 + \Gamma = \tau \quad (\text{단위 없음}) \tag{8-142}$$

만약 매질 2가 완전도체이면 $\eta_2 = 0$이고, 식 (8-140)과 (8-141)에 의해 $\Gamma = -1$이고 $\tau = 0$이다. 결과적으로, $E_{r0} = -E_{i0}$이고 $E_{t0} = 0$이다. 입사파는 전반사되고, 매질 1에 정재파가 만들어질 것이다. 8-6절에서 살펴본 바와 같이, 정재파는 0인 점과 최대인 점을 갖는다.

만약 매질 2가 완전도체가 아니라면, 부분 반사가 일어난다. 매질 1의 총 전기장은

$$\begin{aligned}\mathbf{E}_1(z) = \mathbf{E}_i(z) + \mathbf{E}_r(z) &= \mathbf{a}_x E_{i0}(e^{-j\beta_1 z} + \Gamma e^{j\beta_1 z}) \\ &= \mathbf{a}_x E_{i0}[(1+\Gamma)e^{-j\beta_1 z} + \Gamma(e^{j\beta_1 z} - e^{-j\beta_1 z})] \\ &= \mathbf{a}_x E_{i0}[(1+\Gamma)e^{-j\beta_1 z} + \Gamma(j2\sin\beta_1 z)]\end{aligned}$$

이고, 식 (8-142)를 적용하면

$$\mathbf{E}_1(z) = \mathbf{a}_x E_{i0}[\tau e^{-j\beta_1 z} + \Gamma(j2\sin\beta_1 z)] \tag{8-143}$$

이다. 식 (8-143)에서 $\mathbf{E}_1(z)$는 진폭이 $\tau\mathbf{E}_{i0}$인 진행파와 진폭이 $2\Gamma\mathbf{E}_{i0}$인 정재파의 두 부분으로 구성됨을 알 수 있다. 진행파가 존재하기 때문에 $\mathbf{E}_1(z)$는 경계면으로부터 일정한 거리에서 0이 되지 않고 단지 최대값과 최소값을 갖는다.

$|\mathbf{E}_1(z)|$가 최대값과 최소값이 존재하는 위치는 $\mathbf{E}_1(z)$를

$$\mathbf{E}_1(z) = \mathbf{a}_x E_{i0} e^{-j\beta_1 z}(1 + \Gamma e^{j2\beta_1 z}) \tag{8-144}$$

로 하면 간단하게 구할 수 있다. 무손실 매질에서 η_1과 η_2는 실수이고, Γ와 τ 또한 실수이다. 그

러나 Γ는 양수이거나 음수일 수 있다. 다음 두 가지 경우를 살펴보자.

1. $\Gamma > 0(\eta_2 > \eta_1)$

$|\mathbf{E}_1(z)|$의 최대값은 $2\beta_1 z_{max} = -2n\pi(n = 0, 1, 2, \ldots)$ 또는

$$z_{\max} = -\frac{n\pi}{\beta_1} = -\frac{n\lambda_1}{2}, \qquad n = 0, 1, 2, \ldots \tag{8-145}$$

에서 $E_{i0}(1 + \Gamma)$이다. $|\mathbf{E}_1(z)|$의 최소값은 $2\beta_1 z_{min} = -(2n + 1)\pi$ 또는

$$z_{\min} = -\frac{(2n+1)\pi}{2\beta_1} = -\frac{(2n+1)\lambda_1}{4}, \qquad n = 0, 1, 2, \ldots \tag{8-146}$$

에서 $E_{i0}(1 - \Gamma)$이다.

2. $\Gamma < 0(\eta_2 < \eta_1)$

$|\mathbf{E}_1(z)|$의 최대값은 식 (8-146)에 주어진 z_{min}에서 발생하며 그 값은 $E_{i0}(1 - \Gamma)$이고, $|\mathbf{E}_1(z)|$의 최소값은 식 (8-145)에 주어진 z_{max}에서 발생하며 그 값은 $E_{i0}(1 + \Gamma)$이다. 즉, $|E_1(z)|_{max}$와 $|E_1(z)|_{min}$의 위치는 $\Gamma > 0$과 $\Gamma < 0$일 때 서로 바뀐다.

어떤 정재파의 전기장 세기의 최대값과 최소값의 비를 **정재파비**(standing-wave ratio, SWR) S라고 한다.

$$S = \frac{|E|_{\max}}{|E|_{\min}} = \frac{1 + |\Gamma|}{1 - |\Gamma|} \quad (\text{단위 없음}) \tag{8-147}$$

식 (8-147)의 역관계식은

$$|\Gamma| = \frac{S - 1}{S + 1} \quad (\text{단위 없음}) \tag{8-148}$$

이다. Γ의 값은 -1에서 $+1$사이의 값을 갖는 반면, S의 값은 1에서 ∞사이의 값을 갖는다. 관례적으로 S는 로그 형태로 나타낸다. 데시벨로 나타내는 정재파비는 $20 \log_{10} S$이다. 그러므로 $S = 2$일 때 정재파비는 $20 \log_{10} 2 = 6.02$ dB이고 $|\Gamma| = (2 - 1)/(2 + 1) = 1/3$이다. 정재파비가 2 dB이면 $S = 1.26$이고 $|\Gamma| = 0.115$이다.

매질 1에서의 자기장 세기는 식 (8-131)의 $\mathbf{H}_i(z)$와 식 (8-133)의 $\mathbf{H}_r(z)$를 결합하면 얻을 수 있으며, 그 결과는 다음과 같다.

$$\begin{aligned}\mathbf{H}_1(z) &= \mathbf{a}_y \frac{E_{i0}}{\eta_1}(e^{-j\beta_1 z} - \Gamma e^{j\beta_1 z}) \\ &= \mathbf{a}_y \frac{E_{i0}}{\eta_1} e^{-j\beta_1 z}(1 - \Gamma e^{j2\beta_1 z})\end{aligned} \tag{8-149}$$

이 식을 (8-114)의 $\mathbf{E}_1(z)$와 비교해 보라. 무손실 매질에서 Γ는 실수이며 $|\mathbf{H}_1(z)|$는 $|\mathbf{E}_1(z)|$가 최대값을 갖는 z의 위치에서 최소값을 갖고 $|\mathbf{E}_1(x)|$가 최소값을 갖는 z의 위치에서 최대값을 갖는다.

매질 2에서 $(\mathbf{E}_t, \mathbf{H}_t)$는 $+z$ 방향으로 진행하는 투과파를 나타낸다. 식 (8-134)와 (8-141)으로부터

$$\mathbf{E}_t(z) = \mathbf{a}_x \tau E_{i0} e^{-j\beta_2 z} \tag{8-150}$$

이고 식 (8-135)로부터

$$\mathbf{H}_t(z) = \mathbf{a}_y \frac{\tau}{\eta_2} E_{i0} e^{-j\beta_2 z} \tag{8-151}$$

얻는다.

예제 8-11 고유 임피던스 η_1을 갖는 무손실 매질에서 고유 임피던스 η_2를 갖는 다른 무손실 매질로 어떤 균일 평면파가 평면 경계면을 통해 수직으로 입사하였다. 양쪽 매질에서의 시간-평균 전력밀도식을 구하라.

풀이 식 (8-96)은 시간-평균 전력밀도와 시간-평균 포인팅 벡터를 계산하는 데 사용하는 식이다.

$$\mathscr{P}_{\text{av}} = \tfrac{1}{2}\mathscr{Re}(\mathbf{E} \times \mathbf{H}^*)$$

매질 1에서 식 (8-144)와 (8-149)를 사용하면,

$$\begin{aligned}(\mathscr{P}_{\text{av}})_1 &= \mathbf{a}_z \frac{E_{i0}^2}{2\eta_1} \mathscr{Re}[(1 + \Gamma e^{j2\beta_1 z})(1 - \Gamma e^{-j2\beta_1 z})] \\ &= \mathbf{a}_z \frac{E_{i0}^2}{2\eta_1} \mathscr{Re}[(1 - \Gamma^2) + \Gamma(e^{j2\beta_1 z} - e^{-j2\beta_1 z})] \\ &= \mathbf{a}_z \frac{E_{i0}^2}{2\eta_1} \mathscr{Re}[(1 - \Gamma^2) + j2\Gamma \sin 2\beta_1 z] \\ &= \mathbf{a}_z \frac{E_{i0}^2}{2\eta_1} (1 - \Gamma^2)\end{aligned} \tag{8-152}$$

가 된다. 여기서 양쪽 매질은 무손실이기 때문에 Γ는 실수이다.

매질 2에서 식 (8-150)과 (8-151)을 사용하면,

$$(\mathscr{P}_{\text{av}})_2 = \mathbf{a}_z \frac{E_{i0}^2}{2\eta_2} \tau^2 \tag{8-153}$$

가 된다.

무손실 매질을 다루고 있기 때문에, 매질 1에서의 전력은 매질 2에서의 전력과 같아야 한다. 즉,

$$(\mathscr{P}_{\text{av}})_1 = (\mathscr{P}_{\text{av}})_2 \tag{8-154}$$

또는

$$1 - \Gamma^2 = \frac{\eta_1}{\eta_2}\tau^2 \tag{8-155}$$

이다. 식 (8-155)의 타당성은 식 (8-140)과 (8-141)을 사용하여 증명할 수 있다.

8-9 다중 유전체 경계면에 수직 입사된 평면파

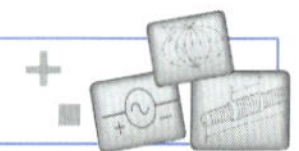

어떤 실질적인 상황에서 전자기파는 매질의 특성지표가 다른 여러 층의 유전체 매질에 입사할 수 있다. 그러한 한 예는 햇빛의 눈부심을 줄이기 위해 유리에 유전체 코팅을 하는 경우이다. 또 다른 예는 **레이돔**(radome)이다. 돔 모양의 레이돔은 궂은 날씨로부터 레이더 설비를 보호할 뿐만 아니라 가능한 한 반사가 거의 일어나지 않으며 전자기파가 그 부분을 통과하며 전파할 수 있게 한다. 두 예 모두에서, 적절한 유전체 물질과 그 두께를 결정하는 것은 설계 시에 중요한 고려사항이다.

그림 8-15에 도시된 세 영역에 대해 고찰해 보자. 매질 1(ϵ_1, μ_1)에서 $+z$ 방향으로 진행하는 균일 평면파가 $z = 0$에서 경계면에 수직으로 매질 2(ϵ_2, μ_2)로 입사된다. 매질 2는 유한한 두께를 가지며 $z = d$에서 매질 3(ϵ_3, μ_3)과 접해 있다. $z = 0$과 $z = d$에서 모두 반사가 일어난다. 입사되는 장이 x 방향으로 편파되었다고 가정하면, 매질 1에서 총 전기장 세기는 항상 입사 성분 $\mathbf{a}_x E_{i0} e^{-j\beta_1 z}$과 반사 성분 $\mathbf{a}_x E_{r0} e^{j\beta_1 z}$의 합으로 나타낼 수 있다.

$$\mathbf{E}_1 = \mathbf{a}_x (E_{i0} e^{-j\beta_1 z} + E_{r0} e^{j\beta_1 z}) \tag{8-156}$$

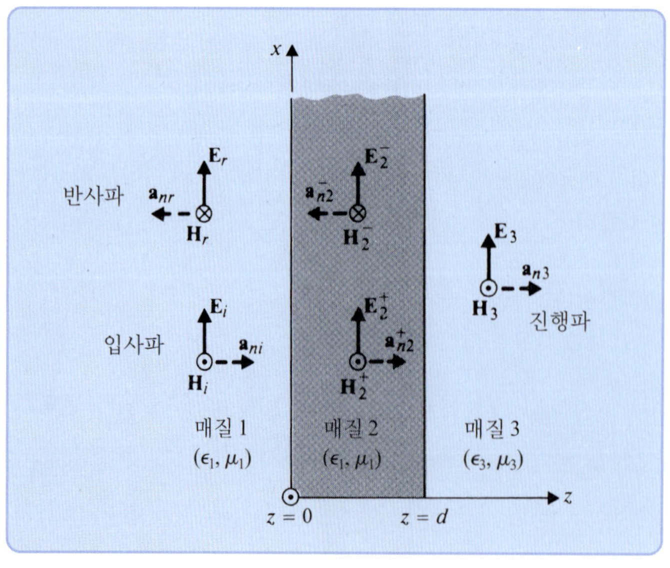

그림 8-15 다중 유전체 경계면에 수직 입사

그러나 $z = d$에서의 두 번째 불연속면으로 인해서 E_{r0}와 E_{i0}와의 관계는 더 이상 식 (8-138)과 (8-140)으로 표현되지 않는다. 매질 2의 내부에서 파의 일부는 두 경계면에서 앞뒤로 다시 반사되고 파의 일부는 매질 1과 매질 3으로 관통해 지나간다. 매질 1의 반사된 장은 (a) 입사파가 입사함에 따라 경계면 $z = 0$에서 반사된 장, (b) $z = d$에서 첫 번째 반사된 이후 매질 2에서 매질 1로 다시 투과된 장, (c) $z = d$에서 두 번째 반사가 일어난 이후 매질 2에서 매질 1로 다시 전송된 전자기장 등의 합이다. 총 반사파는 사실 최초의 반사 성분과 무한히 계속되는 다중반사 성분들의 합으로 나타난다. 모든 성분들이 매질 1에서 $-z$ 방향으로 진행하고, 전파계수 $e^{j\beta_1 z}$를 갖기 때문에 계수 E_{r0}인 하나의 항으로 결합시킬 수 있다. 그러나 이제 E_{r0}와 E_{i0}의 관계를 어떻게 결정할 것인가?

E_{r0}를 구하는 하나의 방법은 세 영역에서 전기장 세기 벡터와 자기장 세기 벡터의 표현식을 기술하고 경계 조건들을 적용하는 것이다. 식 (8-156)의 $\mathbf{E}_1$과 대응하는 영역 1에서의 $\mathbf{H}_1$은 식 (8-131)과 (8-133)으로부터

$$\mathbf{H}_1 = \mathbf{a}_y \frac{1}{\eta_1}(E_{i0}e^{-j\beta_1 z} - E_{r0}e^{j\beta_1 z}) \tag{8-157}$$

이다. 영역 2의 전기장과 자기장도 또한 진행파와 반사파의 조합으로 표현할 수 있다.

$$\mathbf{E}_2 = \mathbf{a}_x(E_2^+ e^{-j\beta_2 z} + E_2^- e^{j\beta_2 z}) \tag{8-158}$$

$$\mathbf{H}_2 = \mathbf{a}_y \frac{1}{\eta_2}(E_2^+ e^{-j\beta_2 z} - E_2^- e^{j\beta_2 z}) \tag{8-159}$$

영역 3에서는 $+z$ 방향으로 진행하는 진행파만 존재한다. 그러므로

$$\mathbf{E}_3 = \mathbf{a}_x E_3^+ e^{-j\beta_3 z} \tag{8-160}$$

$$\mathbf{H}_3 = \mathbf{a}_y \frac{E_3^+}{\eta_3} e^{-j\beta_3 z} \tag{8-161}$$

이다.

식 (8-156)부터 (8-161)까지의 우변에는 총 네 개의 미지의 진폭(E_{r0}, E_2^+, E_2^-, E_3^+)이 있다. 이들은 전기장과 자기장의 접선 성분의 연속성으로부터 얻을 수 있는 네 개의 경계 조건식을 이용하여 구할 수 있다.

$z = 0$에서:

$$\mathbf{E}_1(0) = \mathbf{E}_2(0) \tag{8-162}$$

$$\mathbf{H}_1(0) = \mathbf{H}_2(0) \tag{8-163}$$

$z = d$에서:

$$\mathbf{E}_2(d) = \mathbf{E}_3(d) \tag{8-164}$$

$$\mathbf{H}_2(d) = \mathbf{H}_3(d) \tag{8-165}$$

이 계산과정은 간단하며 대수적인 결과이다(연습문제 P.8-29). 다음 장에서는 파동 임피던스의 개념을 소개하고, 이 파동 임피던스의 개념을 수직 입사의 다중 반사 문제를 공부하는 데 사용할 것이다.

8-9.1 전체 장에서의 파동 임피던스

경계면과 평행한 임의의 평면에서 총 전기장 세기와 총 자기장 세기 비를 **전체 전자기장에서의 파동 임피던스**(wave impedance of the total field)라고 정의한다. 그림 8-15에 보인 바와 같이, z와 관계되는 균일 평면파는 일반적으로

$$Z(z) = \frac{\text{총 } E_x(z)}{\text{총 } H_y(z)} \quad (\Omega) \tag{8-166}$$

처럼 쓸 수 있다. 경계가 없는 매질에서 $+z$ 방향으로 진행하는 단일 파에서 파동 임피던스는 매질의 고유 임피던스 η와 같다. $-z$ 방향으로 진행하는 단일 파는 모든 z에 대해 파동 임피던스는 $-\eta$이다.

그림 8-14와 8-8절에서 고찰한 바와 같이, 매질 1로 부터 무한한 매질 2와의 평면 경계면에 수직 입사하는 균일 평면파의 경우에서 매질 1의 총 전기장 세기와 자기장 세기의 크기는 식 (8-144)와 (8-149)로부터

$$E_{1x}(z) = E_{i0}(e^{-j\beta_1 z} + \Gamma e^{j\beta_1 z}) \tag{8-167}$$

$$H_{1y}(z) = \frac{E_{i0}}{\eta_1}(e^{-j\beta_1 z} - \Gamma e^{j\beta_1 z}) \tag{8-168}$$

와 같이 나타낼 수 있다. 이들의 비는 경계면으로 부터 거리 z만큼 떨어진 매질 1에서의 전체 장의 파동 임피던스를 나타낸다.

$$Z_1(z) = \frac{E_{1x}(z)}{H_{1y}(z)} = \eta_1 \frac{e^{-j\beta_1 z} + \Gamma e^{j\beta_1 z}}{e^{-j\beta_1 z} - \Gamma e^{j\beta_1 z}} \tag{8-169}$$

이것은 분명히 z의 함수이다.

경계면의 왼쪽으로 거리 $z = -\ell$에서,

$$Z_1(-\ell) = \frac{E_{1x}(-\ell)}{H_{1y}(-\ell)} = \eta_1 \frac{e^{j\beta_1 \ell} + \Gamma e^{-j\beta_1 \ell}}{e^{j\beta_1 \ell} - \Gamma e^{-j\beta_1 \ell}} \tag{8-170}$$

이며 식 (8-170)에 $\Gamma = (\eta_2 - \eta_1)/(\eta_2 + \eta_1)$의 정의를 사용하면

$$Z_1(-\ell) = \eta_1 \frac{\eta_2 \cos \beta_1 \ell + j\eta_1 \sin \beta_1 \ell}{\eta_1 \cos \beta_1 \ell + j\eta_2 \sin \beta_1 \ell} \tag{8-171}$$

이 된다. 이것은 분명히 $\eta_2 = \eta_1$일 때 정확히 η_1으로 간략화된다. 그러한 경우에서는 $z = 0$에서 불연속이 없다. 그러므로 반사파가 없고 전체 전자기장에 대한 파동 임피던스는 매질의 고유 임피던스와 같다.

다음 장에서 전송선에 대해 다룰 때, 식 (8-170)과 (8-171)은 특성 임피던스가 η_1인 길이 ℓ의 전송선이 임피던스 η_2로 종단되었을때의 입력 임피던스에 대한 식과 비슷하다는 것을 알게 될 것이다. 수직으로 입사하는 균일 평면파가 전달될 때의 모습과 전송선에서의 모습이 매우 유사하다는 것을 알 수 있다.

평면 경계면이 완전도체, 즉 $\eta_2 = 0$이고 $\Gamma = -1$이면, 식 (8-171)은

$$Z_1(-\ell) = j\eta_1 \tan \beta_1 \ell \tag{8-172}$$

이 된다. 이는 끝단(종단)이 단락되어 있으며, 특성 임피던스가 η_1이고 길이가 ℓ인 전송선의 입력 임피던스와 같다.

8-9.2 다중 유전체에서의 임피던스 변환

전체 전자기장 시스템에 대한 파동 임피던스의 개념은 그림 8-15와 같은 다중 유전체 경계면의 문제를 해결하는 데 매우 유용하다. 매질 2의 전체 전자기장은 $z = 0$과 $z = d$인 두 경계 평면에 의해 발생하는 다중 반사의 결과이다. 그러나 $+z$ 방향으로 진행하는 파와 $-z$ 방향으로 진행하는 파로 분류될 수 있다. 좌측 경계면 $z = 0$에서 매질 2의 전체 전자기장에 대한 파동 임피던스는 식 (8-171)에서 우변의 η_2를 η_3로, η_1을 η_2로, β_1을 β_2로, ℓ을 d로 바꾸어 얻을 수 있다. 그러므로

$$Z_2(0) = \eta_2 \frac{\eta_3 \cos \beta_2 d + j\eta_2 \sin \beta_2 d}{\eta_2 \cos \beta_2 d + j\eta_3 \sin \beta_2 d} \tag{8-173}$$

이다.

매질 1에서의 파에 관한 한, $z = 0$에서 불연속 경계면을 만나게 되고, 불연속은 식 (8-173)과 같이 주어진 고유 임피던스 $Z_2(0)$인 무한한 매질의 특성을 갖게 된다. 매질 1의 입사파에 대한 $z = 0$에서의 유효 반사계수는

$$\Gamma_0 = \frac{E_{r0}}{E_{i0}} = -\frac{H_{r0}}{H_{i0}} = \frac{Z_2(0) - \eta_1}{Z_2(0) + \eta_1} \tag{8-174}$$

이다. 여기서 Γ_0가 Γ와 다른것은 η_2가 $Z_2(0)$로 대체된 것이다. 그러므로 고유 임피던스 η_3를 가진 매질 3 앞에 두께 d이고 고유 임피던스가 η_2인 유전체의 삽입은 η_3를 $Z_2(0)$로 변환시키는 효과가 있다. 주어진 η_1과 η_3에서, Γ_0는 η_2와 d를 적절히 선택함으로써 조절할 수 있다.

식 (8-174)로 부터 일단 Γ_0가 구해지면, 매질 1에서 반사파의 E_{r0}를 계산할 수 있으며 $E_{r0} = \Gamma_0 E_{i0}$이다. 대부분의 경우에 Γ_0와 E_{r0}만이 관심있는 양이며, 이 임피던스-변환 접근은 개념적으로 간단하고 직접적인 방법으로 원하는 답을 구할 수 있다. 매질 2와 매질 3의 전기장 E_2^+, E_2^-,

E_t 또한 구해야 하면, 이는 식 (8-162)부터 (8-165)에 나타냈듯이 $z = 0$과 $z = d$에서의 경계 조건으로부터 구할 수 있다.

예제 8-12 두께가 d이고 고유 임피던스가 η_2인 유전체가 고유 임피던스가 각각 η_1과 η_3인 매질 1과 매질 3 사이에 놓여 있다. 매질 1로 부터 균일 평면파가 매질 2의 경계면에 수직으로 입사할 때 반사가 일어나지 않도록 하는 d와 η_2를 구하라.

SOLUTION **풀이** 그림 8-15에 보인 바와 같이 매질 1과 매질 3 사이에 있는 유전체에서 $z = 0$에서 반사가 일어나지 않게 하려면, 식 (8-173)에서 $\Gamma_0 = 0$이거나 $Z_2(0) = \eta_1$이어야 한다. 식 (8-173)으로부터

$$\eta_2(\eta_3 \cos \beta_2 d + j\eta_2 \sin \beta_2 d) = \eta_1(\eta_2 \cos \beta_2 d + j\eta_3 \sin \beta_2 d) \tag{8-175}$$

이다. 실수부와 허수부로 분리하면,

$$\eta_3 \cos \beta_2 d = \eta_1 \cos \beta_2 d \tag{8-176}$$

이고

$$\eta_2^2 \sin \beta_2 d = \eta_1 \eta_3 \sin \beta_2 d \tag{8-177}$$

이다.

식 (8-176)은

$$\eta_3 = \eta_1 \tag{8-178}$$

이거나

$$\cos \beta_2 d = 0 \tag{8-179}$$

이면 성립한다. 이는

$$\beta_2 d = (2n + 1)\frac{\pi}{2}$$

이거나

$$d = (2n + 1)\frac{\lambda_2}{4}, \qquad n = 0, 1, 2, \ldots \tag{8-180}$$

임을 의미한다.

반면에, 만약에 조건식 (8-178)유효하다면 식 (8-177)은 (a) $\eta_2 = \eta_3 = \eta_1$인 불연속이 없는 간단한 경우이거나

(b) $\sin \beta_2 d = 0$ 또는 $d = n\lambda_2/2$인 경우에 모두 성립한다.

한편, 식 (8-179)나 (8-180)의 조건이 만족되면, $\sin \beta_2 d$는 0이 되지 않고 식 (8-177)은 $\eta_2 = \sqrt{\eta_1 \eta_3}$일 때 성립한다. 반사가 없는 조건으로 두 가지 경우가 있다.

1. $\eta_3 = \eta_1$일 때,

$$d = n\frac{\lambda_2}{2}, \qquad n = 0, 1, 2, \ldots, \tag{8-181}$$

이다. 이는 유전체의 두께는 유전체에서 동작 주파수의 반파장의 정수배이어야 함을 의미한다. 이러한 유전체를 **반파 유전 창**(half-wave dielectric window)이라고 한다. $\lambda_2 = u_{p2}/f = 1/f\sqrt{\mu_2\epsilon_2}$ (여기서 f는 동작 주파수)이기 때문에, 반파 유전 창은 협대역 소자이다.

2. $\eta_3 \neq \eta_1$일 때,

$$\eta_2 = \sqrt{\eta_1 \eta_3} \tag{8-182a}$$

이고

$$d = (2n+1)\frac{\lambda_2}{4}, \qquad n = 0, 1, 2, \ldots. \tag{8-182b}$$

이다. 매질 1과 매질 3이 다를 때에는, η_2는 η_1과 η_3의 기하학적 평균이어야 하며 d는 반사를 제거하기 위해 유전체에서 동작 주파수의 1/4파장의 홀수배이어야 함을 의미한다. 이러한 조건하에서 유전체(매질 2)를 **1/4파장 임피던스 변환기**(quater-wave impedance transformer)라고 한다. 이 용어는 9장에서 유사한 전송선문제를 다룰 때 다시 언급할 것이다.

앞에서 알 수 있듯이, 레이다 장비($\eta_1 = \eta_3 = \eta_0$) 주변에 레이돔이 설치될 때 반사를 최소화하기 위해서는 반파 창이어야 한다. 이는 레이돔 물질의 두께가 $\lambda_2/2(= 1/2f_2\sqrt{\mu_2\epsilon_2})$(레이다 주파수 f_2, 투자율 μ_2, 유전율 ϵ_2)의 정수배이어야 함을 의미한다.

8-10 평면 유전체 경계면에 경사 입사된 평면파

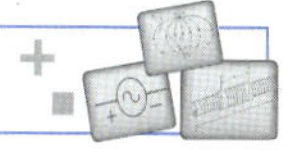

두 유전체 매질의 평면 경계면에서 임의의 입사각 θ_i로 경사각을 갖고 입사하는 평면파의 경우를 생각해 보자. 매질은 무손실로 가정하고 그림 8-16에 나타내었듯이 서로 다른 특성지표 (ϵ_1, μ_1)과 (ϵ_2, μ_2)를 가진다. 경계면에서 매질이 불연속이기 때문에, 입사파의 일부는 반사되고 일부는 투과된다. 선 AO, $O'A'$, 그리고 $O'B$는 각각 입사 평면에 대한 입사파, 반사파, 그리고 투과파의 파면(상수 위상 표면)의 교점이다. 입사파와 반사파는 모두 같은 위상 속도 u_{p1}을 갖고 매질 1에서 전파되므로 거리 $\overline{OA'}$과 $\overline{AO'}$은 같아야 한다. 따라서

$$\overline{OO'}\sin\theta_r = \overline{OO'}\sin\theta_i$$

또는

$$\boxed{\theta_r = \theta_i} \qquad (8\text{-}183)$$

가 된다. 식 (8-183)은 **반사각이 입사각과 같다**는 **Snell의 반사법칙**을 나타낸다.

매질 2에서, 투과파가 O로부터 B까지 진행하는 데 걸리는 시간은 입사파가 A로부터 O'까지 가는 데 걸리는 시간과 같다. 따라서

$$\frac{\overline{OB}}{u_{p2}} = \frac{\overline{AO'}}{u_{p1}}$$

$$\frac{\overline{OB}}{\overline{AO'}} = \frac{\overline{OO'}\sin\theta_t}{\overline{OO'}\sin\theta_i} = \frac{u_{p2}}{u_{p1}}$$

이 되어, 이로부터

$$\boxed{\frac{\sin\theta_t}{\sin\theta_i} = \frac{u_{p2}}{u_{p1}} = \frac{\beta_1}{\beta_2} = \frac{n_1}{n_2}} \qquad (8\text{-}184)$$

를 얻는다. 여기서 n_1과 n_2는 각각 매질 1과 매질 2에서의 굴절률이다. 어떤 매질의 **굴절률**(index of refraction)은 그 매질 내에서 빛(전자기파)의 속도에 대한 자유공간에서 빛(전자기파)의 속도의 비이다. 즉, $n = c/u_p$이다. 식 (8-184)에 주어진 관계식이 **Snell의 굴절법칙**이다. 이는 **두 유전체 매질의 경계에서, 매질 2의 굴절(투과)각의 사인값과 매질 1의 입사각의 사인값의 비가 굴절률 n_1/n_2의 역수임을 의미한다.**

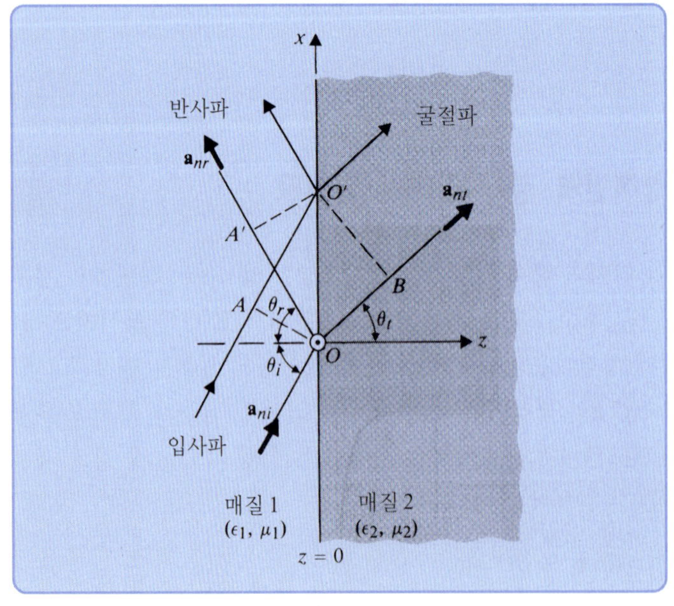

그림 8-16 평면 유전체 경계면에 경사각을 갖고 입사하는 균일 평면파

$\mu_1 = \mu_2 = \mu_0$인 비자기성 매질에서, 식 (8-184)는

$$\boxed{\frac{\sin\theta_t}{\sin\theta_i} = \sqrt{\frac{\epsilon_1}{\epsilon_2}} = \sqrt{\frac{\epsilon_{r1}}{\epsilon_{r2}}} = \frac{n_1}{n_2} = \frac{\eta_2}{\eta_1}} \tag{8-185}$$

가 되는데, 여기서 η_1과 η_2는 그 매질에서의 고유 임피던스이다. 또한 매질 1이 $\epsilon_{r1} = 1$이고 $n_1 = 1$인 자유공간이면, 식 (8-185)는

$$\boxed{\frac{\sin\theta_t}{\sin\theta_i} = \frac{1}{\sqrt{\epsilon_{r2}}} = \frac{1}{n_2} = \frac{\eta_2}{120\pi}} \tag{8-186}$$

으로 간략화 할 수 있다. $n_2 \geq 1$이기 때문에 경사각을 갖고 밀도가 높은 매질의 경계면에 입사하는 평면파는 경계면에 수직 방향으로 꺾인다는 것을 알 수 있다.

지금까지 입사파, 반사파, 그리고 굴절파의 경로를 고려하여 Snell의 반사법칙과 굴절법칙을 유도하였다. 그 파의 편파의 상태에 관해서는 아무런 언급이 없었으므로 Snell의 법칙들은 파의 편파와는 무관하다. 이 법칙들은 경계면 $z = 0$에서 여러 진행파의 위상을 대응시켜봄으로써 유도해 낼 수 있으며 직교 편파(8-10.2절)와 평행 편파(8-10.3절)를 다룰 때 확인할 수 있다.

8-10.1 전반사

어떤 파가 매질 1에서 밀도가 낮은 매실 2로 입사할 때, 즉 $\epsilon_1 > \epsilon_2$인 경우에 식 (8-185)에 주어진 Snell의 법칙을 살펴보자. 이 경우 $\theta_t > \theta_i$가 되고 θ_i가 증가하면 θ_t가 증가하므로, $\theta_t = \pi/2$가 될 때는 흥미있는 현상이 발생한다. 즉, 굴절파는 경계면을 따라 미끄러지게 되며 θ_i가 더욱 증가하면 굴절파는 없어지게 되고 입사파는 모두 반사하게 된다. **전반사**(total reflection)의 경계값 $\theta_t = \pi/2$에 해당하는 입사각 θ_c를 **임계각**(critical angle)이라고 한다. 식 (8-185)에서 $\theta_t = \pi/2$로 놓으면,

$$\sin\theta_c = \sqrt{\frac{\epsilon_2}{\epsilon_1}} \tag{8-187}$$

또는

$$\boxed{\theta_c = \sin^{-1}\sqrt{\frac{\epsilon_2}{\epsilon_1}} = \sin^{-1}\left(\frac{n_2}{n_1}\right)} \tag{8-188}$$

가 된다. 이러한 경우를 그림 8-17에 나타내었는데, 여기서 $\mathbf{a}_{ni}$, $\mathbf{a}_{nr}$, 그리고 $\mathbf{a}_{nt}$는 각각 입사파와 반사파, 그리고 투과파의 진행 방향을 나타내는 단위벡터이다. θ_i가 임계각 θ_c보다 크면($\sin\theta_i > \sin\theta_c = \sqrt{\epsilon_2/\epsilon_1}$) 수학적으로 어떻게 될까? 식 (8-185)로부터

$$\sin \theta_t = \sqrt{\frac{\epsilon_1}{\epsilon_2}} \sin \theta_i > 1 \tag{8-189}$$

가 되어 θ_t에 대한 실수해는 존재하지 않는다. 식 (8-189)의 $\sin \theta_t$는 여전히 실수이지만 $\cos \theta_t$는 $\sin \theta_t > 1$일 때 허수가 된다:

$$\cos \theta_t = \sqrt{1 - \sin^2 \theta_t} = \pm j \sqrt{\frac{\epsilon_1}{\epsilon_2} \sin^2 \theta_i - 1} \tag{8-190}$$

이다.

그림 8-16에 보인 바와 같이, 매질 2에서 전형적인 투과파(굴절파)의 진행 방향을 나타내는 단위벡터 $\mathbf{a}_{nt}$는

$$\mathbf{a}_{nt} = \mathbf{a}_x \sin \theta_t + \mathbf{a}_z \cos \theta_t \tag{8-191}$$

이다. $\mathbf{E}_t$와 $\mathbf{H}_t$ 모두 다음과 같은 인자에 따라 공간적으로 변화한다.

$$e^{-j\beta_2 \mathbf{a}_{nt} \cdot \mathbf{R}} = e^{-j\beta_2 (x \sin \theta_t + z \cos \theta_t)}$$

여기서 $\theta_i > \theta_c$일 때의 식 (8-189)와 (8-190)을 사용하면,

$$e^{-\alpha_2 z} e^{-j\beta_{2x} x} \tag{8-192}$$

가 된다. 여기서

$$\alpha_2 = \beta_2 \sqrt{(\epsilon_1/\epsilon_2) \sin^2 \theta_i - 1}$$

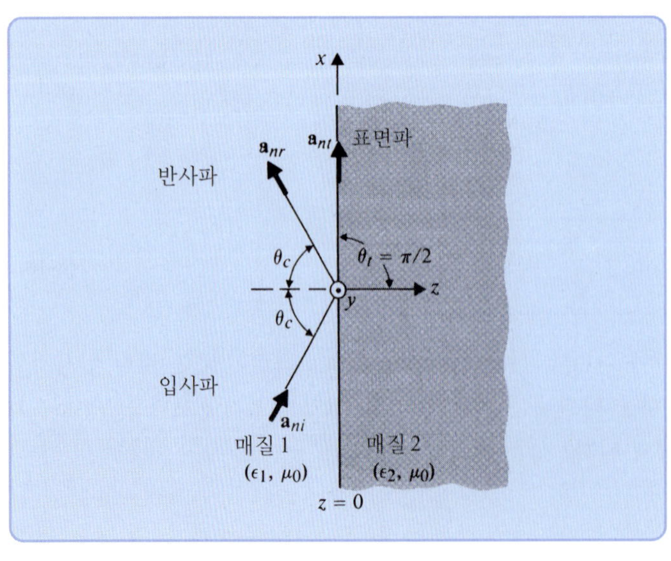

그림 8-17
임계각을 갖고 입사하는 평면파의 입사, $\epsilon_1 > \epsilon_2$

$$\beta_{2x} = \beta_2 \sqrt{\epsilon_1/\epsilon_2} \sin \theta_i$$

이다. 식 (8-190)의 양(+)의 부호는 z가 증가함에 따라 전기장 세기가 함께 증가하게 되는데 이는 불가능하므로 제외하였다. 식 (8-192)로 부터 내릴수 있는 결론은 $\theta_i > \theta_c$일 때 매질 2의 수직 방향(z축 방향)으로 지수함수적으로 (급격히) 감쇠되는 **소멸파**(evanescent wave)가 경계면을 따라 (x축 방향) 존재한다는 것을 알 수 있다. 이 파는 경계면에 구속되어 있으며 **표면파**(surface wave)라고 한다. 그림 8-17에 나타난 이 표면파는 비균일 평면파이며, 이러한 조건에서는 매질 2로 투과되는 전력은 없다(연습문제 P.8-37 참조).

예제 8-13 빛의 주파수에서 물의 유전율은 $1.75\epsilon_0$이다. 수면으로부터 거리 d인 곳에 등방성 광원이 있으며 반지름 5 (m)의 원형 면적을 통과하여 공기영역을 비추고 있을 때 거리 d를 구하라.

SOLUTION **풀이** 물의 굴절률은 $n_w = \sqrt{1.75} = 1.32$이다. 그림 8-18을 참조하면, 조광 영역의 반지름 $O'P$ = 5 (m)는 다음의 임계각

$$\theta_c = \sin^{-1}\left(\frac{1}{n_w}\right) = \sin^{-1}\left(\frac{1}{1.32}\right) = 49.2^\circ$$

에 해당된다. 따라서

$$d = \frac{\overline{O'P}}{\tan \theta_c} = \frac{5}{\tan 49.2^\circ} = 4.32 \quad (\text{m})$$

가 된다. 그림 8-18에 나타난 바와 같이, 점 P에서 $\theta_i = \theta_c$로 입사하는 빛은 반사도 하고 표면을 따라 진행하기도 한다. $\theta_i < \theta_c$인 각도로 입사한 파는 부분적으로 물 속으로 반사하고 부분적으로는 위의 공기로 굴절하며, $\theta_i > \theta_c$인 각도로 입사한 빛은 모두 반사된다(소멸파는 나타내지 않았다).

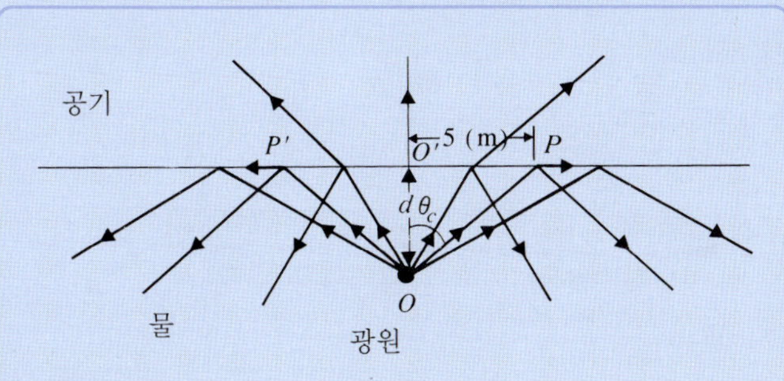

그림 8-18 수면 밑의 임의의 광원(예제 8-13)

예제 8-14 투명한 물질로 만든 유전체 봉이나 광섬유는 전반사 조건하에서 빛이나 전자기파를 유도하는 데 사용될 수 있다. 이 도파 매질의 한쪽 끝에서 어떤 각도로 입사한 파가 다른 끝으로 나올 때까지 봉 안에 가두어 둘 수 있는 매질의 최소 유전상수를 구하라.

풀이 그림 8-19를 참고하라. 전반사를 위해, θ_1은 이 유전체 도파 매질의 임계각 θ_c보다 크거나 같아야 한다; 즉,

$$\sin\theta_1 \geq \sin\theta_c$$

또는 $\theta_1 = \pi/2 - \theta_t$이므로

$$\cos\theta_t \geq \sin\theta_c \tag{8-193}$$

가 되며, 식 (8-186)에 주어진 Snell의 굴절법칙에 의해

$$\sin\theta_t = \frac{1}{\sqrt{\epsilon_{r1}}}\sin\theta_i \tag{8-194}$$

가 된다. 여기에서 기호를 일치시키기 위해 유전체 매질을 매질 1(밀한 매질)로 지정했다. 식 (8-193), (8-194), 그리고 (8-187)을 결합하면

$$\sqrt{1 - \frac{1}{\epsilon_{r1}}\sin^2\theta_i} \geq \sqrt{\frac{\epsilon_0}{\epsilon_1}} = \frac{1}{\sqrt{\epsilon_{r1}}}$$

이 되며, 따라서

$$\epsilon_{r1} \geq 1 + \sin^2\theta_i \tag{8-195}$$

가 되어야 한다.

식 (8-195)의 우변은 $\theta_i = \pi/2$일 때 최대값이 되므로 이 도파 매질의 유전상수는 적어도 2보다는 커야 하는데, 이것은 굴절률 $n_1 = \sqrt{2}$에 해당한다. 굴절률이 $\sqrt{2}$보다 큰 매질로는 유리와 석영 등이 있다.

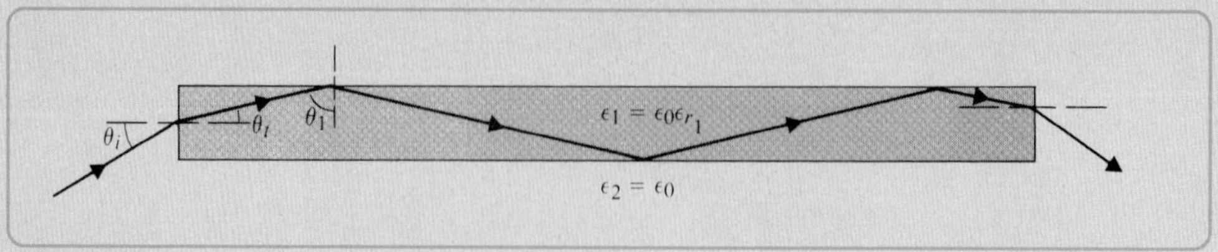

그림 8-19
전반사에 의해 전자기파를 유도하는 유전체 봉 혹은 광섬유

앞에서 식 (8-185)의 Snell의 굴절법칙과 식 (8-188)에서 전반사를 위한 임계각은 입사하는 전기장의 편파와는 무관하다는 사실을 알 수 있다. 그러나 반사계수와 투과계수에 대한 식은 편파 상태에 따라 달라진다. 다음의 두 절에서 직교 편파와 평행 편파의 특성에 대해 각각 살펴보기로 한다.

8-10.2 직교 편파

그림 8-20에 보인 바와 같이, 직교 편파된 파가 경사각을 갖고 입사하는 경우를 살펴보면 매질 1에서 입사파의 전기장 세기 위상자와 자기장 세기 위상자는 식 (8-107)과 (8-108)로부터

$$\mathbf{E}_i(x, z) = \mathbf{a}_y E_{i0} e^{-j\beta_1(x \sin\theta_i + z\cos\theta_i)} \tag{8-196}$$

$$\mathbf{H}_i(x, z) = \frac{E_{i0}}{\eta_1}(-\mathbf{a}_x \cos\theta_i + \mathbf{a}_z \sin\theta_i) e^{-j\beta_1(x\sin\theta_i + z\cos\theta_i)} \tag{8-197}$$

이다. 반사된 전기장과 자기장은 식 (8-110)과 (8-112)로부터 구할 수 있다. 그러나 E_{r0}가 $-E_{i0}$와 더 이상 같지 않음을 유의하자.

$$\mathbf{E}_r(x, z) = \mathbf{a}_y E_{r0} e^{-j\beta_1(x\sin\theta_r - z\cos\theta_r)} \tag{8-198}$$

$$\mathbf{H}_r(x, z) = \frac{E_{r0}}{\eta_1}(\mathbf{a}_x \cos\theta_r + \mathbf{a}_z \sin\theta_r) e^{-j\beta_1(x\sin\theta_r - z\cos\theta_r)} \tag{8-199}$$

유사하게, 매질 2에서 투과된 전기장 세기 위상자와 자기장 세기 위상자는

$$\mathbf{E}_t(x, z) = \mathbf{a}_y E_{t0} e^{-j\beta_2(x\sin\theta_t + z\cos\theta_t)} \tag{8-200}$$

$$\mathbf{H}_t(x, z) = \frac{E_{t0}}{\eta_2}(-\mathbf{a}_x \cos\theta_t + \mathbf{a}_z \sin\theta_t) e^{-j\beta_2(x\sin\theta_t + z\cos\theta_t)} \tag{8-201}$$

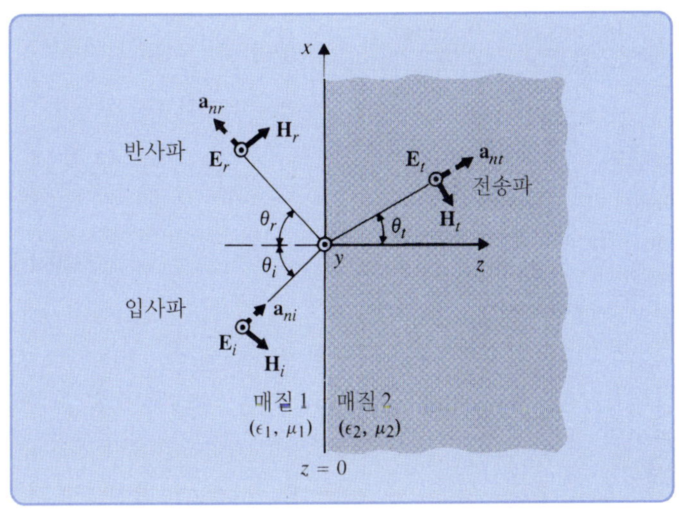

그림 8-20 평면 유전체 경계면에 경사각을 갖고 입사하는 평면파(직교 편파)

과 같이 쓸 수 있다.

식 (8-196)부터 (8-201)을 살펴보면 E_{r0}, E_{t0}, θ_r, 그리고 θ_t의 네 가지 미지수들이 있다. 이 네 가지 미지수들은 $z = 0$에서 **E**와 **H**의 접선 성분의 연속성으로부터 구할 수 있다. $E_{iy}(x, 0) + E_{ry}(x, 0) = E_{ty}(x, 0)$로부터

$$E_{i0}e^{-j\beta_1 x \sin\theta_i} + E_{r0}e^{-j\beta_1 x \sin\theta_r} = E_{t0}e^{-j\beta_2 x \sin\theta_t} \tag{8-202}$$

이며, 유사한 방법으로 $H_{ix}(x, 0) + H_{rx}(x, 0) = H_{tx}(x, 0)$로부터

$$\frac{1}{\eta_1}(-E_{i0}\cos\theta_i e^{-j\beta_1 x \sin\theta_i} + E_{r0}\cos\theta_r e^{-j\beta_1 x \sin\theta_r}) = -\frac{E_{t0}}{\eta_2}\cos\theta_t e^{-j\beta_2 x \sin\theta_t} \tag{8-203}$$

을 얻을 수 있다. 식 (8-202)와 (8-203)이 모든 x에 대해 만족해야 하므로 x의 함수인 세 개의 모든 지수인자는 같아야 한다("위상 정합"). 따라서

$$\beta_1 x \sin\theta_i = \beta_1 x \sin\theta_r = \beta_2 x \sin\theta_t$$

이며, 여기서 Snell의 반사법칙($\theta_r = \theta_i$)과 굴절법칙($\sin\theta_t/\sin\theta_i = \beta_1/\beta_2 = n_1/n_2$)을 유도해 낼 수 있다. 식 (8-202)와 (8-203)은

$$E_{i0} + E_{r0} = E_{t0} \tag{8-204}$$

와

$$\frac{1}{\eta_1}(E_{i0} - E_{r0})\cos\theta_i = \frac{E_{t0}}{\eta_2}\cos\theta_t \tag{8-205}$$

로 간단히 쓸 수 있다. 이로 부터 E_{r0}와 E_{t0}는 E_{i0}로 표현하여 구할 수 있다. 여기서

$$\begin{aligned}\Gamma_\perp = \frac{E_{r0}}{E_{i0}} &= \frac{\eta_2\cos\theta_i - \eta_1\cos\theta_t}{\eta_2\cos\theta_i + \eta_1\cos\theta_t}\\ &= \frac{(\eta_2/\cos\theta_t) - (\eta_1/\cos\theta_i)}{(\eta_2/\cos\theta_t) + (\eta_1/\cos\theta_i)}\end{aligned} \tag{8-206}$$ [14]

이고

$$\begin{aligned}\tau_\perp = \frac{E_{t0}}{E_{i0}} &= \frac{2\eta_2\cos\theta_i}{\eta_2\cos\theta_i + \eta_1\cos\theta_t}\\ &= \frac{2(\eta_2/\cos\theta_t)}{(\eta_2/\cos\theta_t) + (\eta_1/\cos\theta_i)}\end{aligned} \tag{8-207}$$ [15]

14) 이 식들은 **프레넬의 등식**(Fresnel's equation)이라고도 한다.

15) 이 식들은 **프레넬의 등식**이라고도 한다.

가 된다. 이 식들을 수직 입사에서의 반사계수와 투과계수의 식 (8-140) 및 (8-141)과 비교해 보면, η_1과 η_2가 각각 $(\eta_1/\cos\theta_i)$와 $(\eta_2/\cos\theta_t)$로 바뀌면 같은 공식임을 알 수 있다. $\theta_i = 0$이면 $\theta_r = \theta_t = 0$이 되고 이 표현식들은 수직 입사의 표현식들이 된다. 더욱이, $\Gamma_\perp$와 $\tau_\perp$는 다음과 같이 연관되어 있으므로,

$$\boxed{1 + \Gamma_\perp = \tau_\perp} \tag{8-208}$$

이는 수직입사의 식 (8-142)와 비슷하다.

만약 매질 2가 완전도체이면 $\eta_2 = 0$이 되어 $\Gamma_\perp = -1(E_{r0} = -E_{i0})$이고 $\tau_\perp = 0(E_{t0} = 0)$이 된다. 도체 표면의 접선 방향 전기장 **E**는 0이 되고, 완전도체의 경계면을 통해서는 에너지가 전달되지 않는다. 이는 8-6절과 8-7절에서 알아보았다.

식 (8-206)의 반사계수의 분자가 두 항의 차에 대한 형태이므로 η_1, η_2, 그리고 θ_i의 값을 적절히 선택하면, $\Gamma_\perp = 0$, 즉 반사가 없도록 할 수 있게 된다. 이 특정한 θ_i를 $\theta_{B\perp}$로 표시하면,

$$\eta_2 \cos\theta_{B\perp} = \eta_1 \cos\theta_t \tag{8-209}$$

이 된다. Snell의 굴절법칙을 사용하면,

$$\cos\theta_t = \sqrt{1 - \sin^2\theta_t} = \sqrt{1 - \frac{n_1^2}{n_2^2}\sin^2\theta_i} \tag{8-210}$$

이고 식 (8-209)로부터

$$\sin^2\theta_{B\perp} = \frac{1 - \mu_1\epsilon_2/\mu_2\epsilon_1}{1 - (\mu_1/\mu_2)^2} \tag{8-211}$$

을 얻을 수 있다. 각 $\theta_{B\perp}$는 직교 편파인 경우에 반사가 일어나지 않는 **브루스터 각**(Brewster angle)이다. $\mu_1 = \mu_2 = \mu_0$인 비자성체 매질에서, 식 (8-211)의 우변은 무한대가 되고, $\theta_{B\perp}$는 존재하지 않는다. $\epsilon_1 = \epsilon_2$이고 $\mu_1 \neq \mu_2$인 경우, 식 (8-211)은

$$\sin\theta_{B\perp} = \frac{1}{\sqrt{1 + (\mu_1/\mu_2)}} \tag{8-212}$$

이 되며, 이는 μ_1/μ_2가 1보다 큰가 작은가에 따라 해를 갖기도 하고 갖지 않기도 한다. 그러나 전자기학에서 두 연속적인 매질이 같은 유전율을 가지면서 다른 투자율을 갖는 경우는 매우 드물다.

8-10.3 평행 편파

그림 8-21에 나타낸 것과 같이, 평행 편파된 균일 평면파가 평면 경계면에 경사각을 갖고 입사할 때, 매질 1에서의 입사 및 반사 전기장 세기 위상자와 자기장 세기 위상자는 식 (8-124)에서 (8-127)로부터

$$\mathbf{E}_i(x, z) = E_{i0}(\mathbf{a}_x \cos\theta_i - \mathbf{a}_z \sin\theta_i)e^{-j\beta_1(x\sin\theta_i + z\cos\theta_i)} \tag{8-213}$$

$$\mathbf{H}_i(x, z) = \mathbf{a}_y \frac{E_{i0}}{\eta_1} e^{-j\beta_1(x\sin\theta_i + z\cos\theta_i)} \tag{8-214}$$

$$\mathbf{E}_r(x, z) = E_{r0}(\mathbf{a}_x \cos\theta_r + \mathbf{a}_z \sin\theta_r)e^{-j\beta_1(x\sin\theta_r - z\cos\theta_r)} \tag{8-215}$$

$$\mathbf{H}_r(x, z) = -\mathbf{a}_y \frac{E_{r0}}{\eta_1} e^{-j\beta_1(x\sin\theta_r - z\cos\theta_r)} \tag{8-216}$$

이며, 매질 2로 투과된 전기장 세기 위상자와 자기장 세기 위상자는

$$\mathbf{E}_t(x, z) = E_{t0}(\mathbf{a}_x \cos\theta_t - \mathbf{a}_z \sin\theta_t)e^{-j\beta_2(x\sin\theta_t + z\cos\theta_t)} \tag{8-217}$$

$$\mathbf{H}_t(x, z) = \mathbf{a}_y \frac{E_{t0}}{\eta_2} e^{-j\beta_2(x\sin\theta_t + z\cos\theta_t)} \tag{8-218}$$

이다. $z = 0$에서 **E**와 **H**의 접선 성분의 연속성으로부터 Snell의 반사법칙과 굴절법칙이 유도되며, 다음과 같은 두 개의 방정식을 얻을 수 있다.

$$(E_{i0} + E_{r0})\cos\theta_i = E_{t0}\cos\theta_t \tag{8-219}$$

$$\frac{1}{\eta_1}(E_{i0} - E_{r0}) = \frac{1}{\eta_2}E_{t0} \tag{8-220}$$

E_{i0}에 대해 E_{r0}와 E_{t0}를 E_{i0}에 대해서 풀면,

$$\Gamma_{||} = \frac{E_{r0}}{E_{i0}} = \frac{\eta_2\cos\theta_t - \eta_1\cos\theta_i}{\eta_2\cos\theta_t + \eta_1\cos\theta_i} \tag{8-221}$$ [16)]

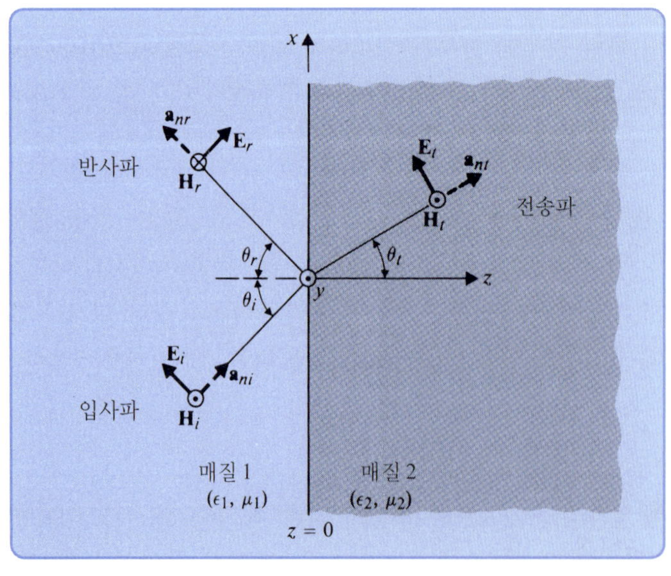

그림 8-21
평면 유전체 경계면에 경사각을 갖고 입사하는 평면파(평행 편파)

16) 이 식들은 **프레넬의 등식**이라고도 한다.

와

$$\tau_{||} = \frac{E_{t0}}{E_{i0}} = \frac{2\eta_2 \cos\theta_i}{\eta_2 \cos\theta_t + \eta_1 \cos\theta_i} \tag{8-222}$$[17]

을 얻을 수 있다. 또한

$$1 + \Gamma_{||} = \tau_{||}\left(\frac{\cos\theta_t}{\cos\theta_i}\right) \tag{8-223}$$

임을 쉽게 증명할 수 있다. 식 (8-223)은 $\theta_i = \theta_t = 0$, 즉 수직 입사일 때를 제외하고는 직교 편파의 경우인 식 (8-208)과 다르다는 것을 알 수 있다. 수직 입사에서, $\Gamma_{||}$와 $\tau_{||}$는 $\Gamma_{\perp}$와 $\tau_{\perp}$이 그랬던 것과 같이 각각 식 (8-140)과 (8-141)에 나타난 Γ와 τ로 줄어든다.

매질 2가 완전도체이면($\eta_2 = 0$), 식 (8-221)과 (8-222)는 각각 $\Gamma_{||} = -1$과 $\tau_{||} = 0$으로 간단해지고, 기대했던 바와 같이 도체 표면의 총 전기장 **E**의 접선 성분은 0이 된다. 여기서 그림 8-11, 8-13, 8-20, 그리고 8-21에 나타낸 $\mathbf{E}_r$과 $\mathbf{H}_r$의 기준 방향은 임의적으로 선택할 수 있다는 것에 유의하자. 그림 8-11과 8-13의 $\mathbf{E}_r$과 $\mathbf{H}_r$의 실제 방향은 $E_{r0} = -E_{i0}$이기 때문에 반대 방향이 된다. 그림 8-20과 8-21에서 $\mathbf{E}_r$과 $\mathbf{H}_r$의 실제 방향은 식 (8-206)에 주어진 $\Gamma_{\perp}$와 식 (8-221)에 주어진 $\Gamma_{||}$이 각각 양수인가 음수인가에 따라 그림에 보인 것과 같을 수도 있고 다를 수도 있다.

θ_i에 대해 $|\Gamma_{\perp}|^2$과 $|\Gamma_{||}|^2$을 그림으로 나타내 보면 $\theta_i = 0$일 때만 같고 그 외에는 $|\Gamma_{\perp}|^2$가 $|\Gamma_{||}|^2$보다 항상 크다. 이것은 편파되지 않은 파가 평면 유전체 경계면으로 입사할 때 직교 편파 성분을 갖는 반사파가 평행 편파된 반사파보다 더 많은 전력을 포함하고 있음을 의미한다. 이러한 사실의 아주 좋은 응용으로는 태양의 섬광을 줄여 주는 폴라로이드 선글라스의 설계를 들 수 있다. 눈으로 들어오는 대부분의 태양광은 지구의 수평면으로부터 반사된다. $|\Gamma_{\perp}|^2 > |\Gamma_{||}|^2$이므로, 눈에 도착하는 빛은 반사 평면(입사 평면과 같음)에 대해 수직이 되고, 따라서 전기장은 지표면에 평행하다. 폴라로이드 선글라스는 이러한 성분을 제거하도록 설계되었다.

식 (8-221)에서 입사각 θ_i가 $\theta_{B||}$와 같으면 $\Gamma_{||}$이 0을 향해 간다는 것을 알 수 있다. 여기서

$$\eta_2 \cos\theta_t = \eta_1 \cos\theta_{B||} \tag{8-224}$$

이 되는데, 식 (8-210)을 이용하면

$$\sin^2\theta_{B||} = \frac{1 - \mu_2\epsilon_1/\mu_1\epsilon_2}{1 - (\epsilon_1/\epsilon_2)^2} \qquad (\mu_1 \neq \mu_2) \tag{8-225}$$

을 얻을 수 있다. 이 각 $\theta_{B||}$은 평행 편파인 경우에 반사가 일어나지 않게 해 주는 **브루스터 각**이다. 식 (8-225)의 해는 두 개의 인접한 비자성체 매질에 대해 항상 존재한다. 따라서 만약 $\mu_1 =$

17) 이 식들은 **프레넬의 등식**이라고도 한다.

μ_2이면, 매질 1에서 입사하는 파의 입사각이 브루스터 각 $\theta_{B\parallel}$와 같을 때 반사가 일어나지 않으며, 즉

$$\boxed{\sin\theta_{B\parallel} = \frac{1}{\sqrt{1+(\epsilon_1/\epsilon_2)}}} \qquad (\mu_1 = \mu_2) \tag{8-226}$$

이다. 식 (8-226)에 대한 다른 형태는

$$\boxed{\theta_{B\parallel} = \tan^{-1}\sqrt{\frac{\epsilon_2}{\epsilon_1}} = \tan^{-1}\left(\frac{n_2}{n_1}\right)} \qquad (\mu_1 = \mu_2) \tag{8-227}$$

이다.

직교 편파와 평행 편파의 브루스터 각에 대한 식이 서로 다르기 때문에 편파되지 않은 파에서 이 두 종류의 편파를 분리시킬 수 있다. 불규칙한 빛(랜덤광)과 같은 편파되지 않은 파가 식 (8-225)에 주어진 브루스터 각 $\theta_{B\parallel}$로 경계면에 입사하면 직교 편파 성분만 반사될 것이다. 따라서 브루스터 각을 **편파각**(polarizing angle)이라고도 한다. 이 원리를 이용하여 레이저 관의 한쪽 끝에 브루스터 각으로 맞추어 놓은 석영 창을 놓으면 방출되는 빛의 편파상태를 제어할 수 있다.

예제 8-15 어떤 전자기파가 공기로부터 유전상수 80의 물의 표면으로 입사하였다.

(a) 평행 편파에 대한 브루스터 각 $\theta_{B\parallel}$와 이에 해당하는 투과각을 구하라.

(b) 이 파가 직교 편파되었고 $\theta_i = \theta_{B\parallel}$의 각도로 물의 표면으로 입사한다고 할 때, 반사 및 투과 계수를 구하라.

SOLUTION **풀이**

(a) 평행 편파에서 반사가 일어나지 않는 브루스터 각은 식 (8-226)으로부터 직접 구할 수 있다.

$$\theta_{B\parallel} = \sin^{-1}\frac{1}{\sqrt{1+(1/\epsilon_{r2})}}$$
$$= \sin^{-1}\frac{1}{\sqrt{1+(1/80)}} = 81.0^\circ$$

식 (8-186)으로부터, 이에 해당하는 투과각을 구해 보면

$$\theta_t = \sin^{-1}\left(\frac{\sin\theta_{B\parallel}}{\sqrt{\epsilon_{r2}}}\right) = \sin^{-1}\left(\frac{1}{\sqrt{\epsilon_{r2}+1}}\right)$$
$$= \sin^{-1}\left(\frac{1}{\sqrt{81}}\right) = 6.38^\circ$$

가 된다.

(b) 직교 편파된 입사파에 대해 식 (8-206)과 (8-207)을 사용하면 $\theta_i = 81.0°$와 $\theta_t = 6.38°$에서 $\Gamma_\perp$와 $\tau_\perp$를 구할 수 있다.

$$\eta_1 = 377 \quad (\Omega), \qquad \eta_1/\cos\theta_i = 2410 \quad (\Omega)$$
$$\eta_2 = \frac{377}{\sqrt{\epsilon_{r2}}} = 40.1 \quad (\Omega), \qquad \eta_2/\cos\theta_t = 40.4 \quad (\Omega)$$

따라서

$$\Gamma_\perp = \frac{40.4 - 2410}{40.4 + 2410} = -0.967$$
$$\tau_\perp = \frac{2 \times 40.4}{40.4 + 2410} = 0.033$$

이다. 식 (8-208)에 주어진 $\Gamma_\perp$와 $\tau_\perp$ 사이의 관계가 위의 결과에 대해서도 만족함에 유의하라. ■

복습 질문
Review Question

R.8-1 균일 평면파를 정의하라.

R.8-2 파면이란 무엇인가?

R.8-3 자유공간에서 **E**에 대한 동차 벡터 헬름홀츠 방정식은 무엇인가?

R.8-4 파수를 정의하라. 파수는 파장과 어떻게 관련되어 있는가?

R.8-5 위상 속도를 정의하라.

R.8-6 매질의 고유 임피던스를 정의하라. 자유공간에서 고유 임피던스의 값은 얼마인가?

R.8-7 도플러 효과란 무엇인가?

R.8-8 TEM 파란 무엇인가?

R.8-9 $+z$ 방향으로 진행하는 x-편파된 균일 평면파의 전기장 세기 벡터와 자기장 세기 벡터의 위상자 표현식을 써라.

R.8-10 파의 편파란 무엇을 의미하는가? 파가 선형으로 편파된 것은 어떠한 의미인가? 파가 원형으로 편파된 것은 어떠한 의미인가?

R.8-11 서로 수직하게 선형 편파된 두 파가 결합되었다. 어떠한 조건에서 다음의 결과가 나타나는지 설명하라.

(a) 다른 선형 편파된 파

(b) 원형 편파된 파

(c) 타원 편파된 파

R.8-12 AM 방송국, 텔레비전 방송국, FM 방송국의 전기장 **E**는 어떻게 편파되는가?

R.8-13 (a) 전파상수, (b) 감쇠상수, (c) 위상상수를 정의하라.

R.8-14 도체의 **표피두께**란 무엇인가? 이것이 감쇠상수와 어떻게 관련되어 있는가? 또한 σ와 f와는 어떻게 관련되어 있는가?

R.8-15 전리층은 어떻게 구성되어 있는가?

R.8-16 **플라즈마**는 무엇인가?

R.8-17 **플라즈마 주파수**의 의미는 무엇인가?

R.8-18 전리층의 등가 유전율이 음수가 되는 때는 언제인가? 파의 전파에 대해 음의 유전율이 갖는 의미가 무엇인가?

R.8-19 신호의 **분산**의 의미는 무엇인가? 분산 매질의 예를 들어라.

R.8-20 **군속도**를 정의하라. 위상 속도와 군속도는 어떻게 다른가?

R.8-21 **포인팅 벡터**를 정의하라. 이 벡터의 SI 단위는 무엇인가?

R.8-22 포인팅 정리를 설명하라.

R.8-23 시정현파 전자기장에서, 전기장 세기 벡터와 자기장 세기 벡터로 (a) 순시 포인팅 벡터 (b) 시간-평균 포인팅 벡터의 표현식을 기술하라.

R.8-24 **정재파**는 무엇인가?

R.8-25 파가 완전도체 경계면에 수직으로 입사할 때 경계면에서 **E**와 **H**의 접선 성분의 크기에 대해 설명하라.

R.8-26 **입사 평면**을 정의하라.

R.8-27 입사파가 (a) 직교 편파, (b) 평행 편파되었다고 할 때의 의미는 무엇인가?

R.8-28 **반사계수**와 **투과계수**를 정의하라. 이들 사이의 관계는 무엇인가?

R.8-29 어떤 조건하에서 반사계수와 투과계수가 실수가 되는가?

R.8-30 완전도체 표면의 경계면에서 반사계수와 투과계수의 값은 무엇인가?

R.8-31 매질 $1(\epsilon_1, \mu_1 = \mu_0, \sigma_1 = 0)$에서 평면파가 수직으로 매질 $2(\epsilon_2 \neq \epsilon_1, \mu_2 = \mu_0, \sigma_2 = 0)$의 평면 경계면에 입사한다. 어떠한 조건하에서 경계면의 전기장이 최대 또는 최소가 되는가?

R.8-32 **정재파비**를 정의하라. 이는 반사계수와 어떤 관계가 있는가?

R.8-33 전체 장의 파동 임피던스는 무엇을 의미하는가? 이 임피던스가 매질의 고유 임피던스와 같아지는 때는 언제인가?

R.8-34 얇은 유전체 코팅이 반짝임을 줄이기 위해 광학 기구에 뿌려진다. 코팅의 두께를 결정하는 요인은 무엇인가?

R.8-35 레이다 장치에서 레이돔의 두께는 어떻게 결정되는가?

R.8-36 Snell의 **반사법칙**을 설명하라.

R.8-37 Snell의 **굴절법칙**을 설명하라.

R.8-38 **임계각**을 정의하라. 이것은 두 비자성체 매질의 경계에서 언제 존재하는가?

R.8-39 **브루스터 각**을 정의하라. 이것은 두 비자성체 매질의 경계에서 언제 존재하는가?

R.8-40 왜 브루스터 각을 **편파각**이라고도 하는가?

R.8-41 어떠한 조건하에서 직교 편파의 반사계수 및 투과계수가 평행 편파의 반사계수 및 투과계수와 같아지는가?

연습문제
Problem

P.8-1 전자기장 발생의 근원이 없으며 ϵ, μ, 그리고 σ로 구성된 도체 매질에서 **E**와 **H**를 지배하는 파동방정식을 구하라.

P.8-2 식 (8-22)의 전기장 세기가 식 (8-23)의 조건이 만족된다면 동차 헬름홀츠 방정식을 만족함을 증명하라.

P.8-3 비행기에서 반사된 주파수의 변화를 측정함으로 움직이는 비행기의 속도를 결정하기 위해 도플러 레이다가 사용된다.

(a) 비행기의 반사 표면이 완전도체 평면이고, 전송 신호는 주파수 f인 시간-조화 균일 평면파이며 반사 표면에 수직으로 입사한다고 가정하자. 주파수 변화량 Δf와 비행기의 속도 u사이의 관계식을 구하라.

(b) $f = 10.5$ (GHz)에서 $\Delta f = 2.33$ (kHz)일 때 u를 (km/hr)와 (miles/hr)로 구하라.

P.8-4 단순 매질에서 진행하는 조화 균일 평면파가 있다. **E**와 **H**는 식 (8-26)의 $(-j\mathbf{k}\cdot\mathbf{R})$에 따라 변한다. 전자기장 발생의 근원이 없는 균일 평면파에 대해 네 개의 맥스웰 방정식이 다음과 같이 간략화됨을 보여라.

$$\mathbf{k}\times\mathbf{E} = \omega\mu\mathbf{H}$$
$$\mathbf{k}\times\mathbf{H} = -\omega\epsilon\mathbf{E}$$
$$\mathbf{k}\cdot\mathbf{E} = 0$$
$$\mathbf{k}\cdot\mathbf{H} = 0$$

P.8-5 공기 중에서 $+y$ 방향으로 진행하는 균일 평면파의 자기장 세기의 순시식은

$$\mathbf{H} = \mathbf{a}_z 4\times 10^{-6}\cos\left(10^7\pi t - k_0 y + \frac{\pi}{4}\right) \qquad \text{(A/m)}$$

이다.

(a) k_0를 구하고 H_z가 $t = 3$ (ms)에서 0이 되는 곳을 구하라.

(b) **E**의 순시식을 써라.

P.8-6 유전체 매질에서 진행하는 균일 평면파의 전기장 **E**가 다음과 같이 주어져 있다.

$$E(t, z) = \mathbf{a}_x 2\cos(10^8 t - z/\sqrt{3}) - \mathbf{a}_y \sin(10^8 t - z/\sqrt{3}) \qquad \text{(V/m)}$$

(a) 이 파의 주파수와 파장을 구하라.

(b) 이 매질의 유전상수는 얼마인가?

(c) 이 파의 편파상태에 대해 설명하라.

(d) 이에 해당하는 자기장 **H**를 구하라.

P.8-7 다음과 같은 전기장에 대한 순시식

$$\mathbf{E}(z, t) = \mathbf{a}_x E_{10}\sin(\omega t - kz) + \mathbf{a}_y E_{20}\sin(\omega t - kz + \psi)$$

를 갖는 평면파는 타원 편파되어 있음을 보여라.

P.8-8 (a) 타원 편파된 평면파는 오른쪽 방향으로 원형 편파된 파와 왼쪽 방향으로 원형 편파된 파로 분리할 수 있음을 증명하라.

(b) 원형 편파된 평면파는 방향이 반대인 두 개의 타원 편파의 중첩으로 구할 수 있음을 증명하라.

P.8-9 도체 매질에 대한 감쇠상수와 위상상수에 대한 일반적인 표현식이 다음과 같이 됨을 유도하라.

$$\alpha = \omega\sqrt{\frac{\mu\epsilon}{2}}\left[\sqrt{1+\left(\frac{\sigma}{\omega\epsilon}\right)^2}-1\right]^{1/2} \qquad \text{(Np/m)}$$

$$\beta = \omega\sqrt{\frac{\mu\epsilon}{2}}\left[\sqrt{1+\left(\frac{\sigma}{\omega\epsilon}\right)^2}+1\right]^{1/2} \qquad \text{(rad/m)}$$

P.8-10 다음과 같이 주어진 주파수에서 동[$\sigma_{cu} = 5.80 \times 10^7$ (S/m)], 은[$\sigma_{ag} = 6.15 \times 10^7$ (S/m)], 황동[$\sigma_{br} = 1.59 \times 10^7$ (S/m)]의 표피두께를 구하고, 고유 임피던스와 감쇠상수를 Np/m과 dB/m로 모두 구하라.

(a) 60 (Hz) (b) 1 (MHz) (c) 1 (GHz)

P.8-11 유전상수 2.5, 손실 탄젠트가 10^{-2}인 비자성체 매질에서 주파수가 3 (GHz)인 y-편파된 균일 평면파가 $+x$ 방향으로 진행하고 있다.

(a) 진행하는 파의 진폭이 반으로 줄어드는 거리를 구하라.

(b) 주어진 매질에서 파의 고유 임피던스, 파장, 위상 속도, 그리고 군속도를 구하라.

(c) $x = 0$에서 $\mathbf{E} = \mathbf{a}_y 50 \sin(6\pi 10^9 t + \pi/3)$ (V/m)라고 가정하자. 모든 t와 x에 대해 $\mathbf{H}$의 순시식을 써라.

P.8-12 바닷물[$\epsilon_r = 80$, $\mu_r = 1$, $\sigma = 4$ (S/m)]에서 $+y$ 방향으로 진행하는 선형 편파된 균일 평면파의 자기장 세기는 $y = 0$에서

$$\mathbf{H} = \mathbf{a}_x 0.1 \sin(10^{10}\pi t - \pi/3) \qquad \text{(A/m)}$$

이다.

(a) 감쇠상수, 위상상수, 고유 임피던스, 위상 속도, 파장, 표피두께를 구하라.

(b) $\mathbf{H}$의 진폭이 0.01 (A/m)가 되는 위치를 구하라.

(c) $y = 0.5$ (m)에서 $\mathbf{E}(y, t)$와 $\mathbf{H}(y, t)$를 t의 함수로 나타내어라.

P.8-13 100 (MHz)에서의 흑연의 표피두께는 0.16 (mm)이다. (a) 흑연의 도전율, (b) 1 (GHz) 파가 흑연에서 진행할 때 장의 세기가 30 (dB)만큼 줄어드는 거리를 구하라.

P.8-14 전리층이 아래쪽 경계에서 고도가 상승함에 따라 전자농도가 N_{max}까지 증가하다가 고도가 계속 상승함에 따라 다시 감소하는 플라즈마 구역으로 모델링되었다고 가정하자. 평면 전자기파가 아래쪽 경계의 수직에 대해 θ_i의 각도로 입사한다. 전자기파가 다시 지구 쪽으로 돌아올 수 있는 최대 주파수를 구하라(힌트: 전리층이 N_{max}를 포함하는 층까지 유전율이 연속적으로 일정하게 감소하는 층으로 구성되어 있다고 상상해 보라. 구하는 주파수는 $\pi/2$로 나

오는 각에 해당하는 것과 같다).

P.8-15 분산성 매질에서의 군속도 u_g와 위상 속도 u_p에 관한 다음 관계식이 성립함을 증명하라.

(a) $u_g = u_p + \beta \dfrac{du_p}{d\beta}$ (b) $u_g = u_p - \lambda \dfrac{du_p}{d\lambda}$

P.8-16 인체에 대한 전자기파 복사의 위험성에 대해 그 논란이 계속되고 있다. 다음을 계산하면 정확하지는 않지만 적당한 비교 자료는 될 것이다.

(a) 초고주파 환경에서 개인의 안전에 대한 미국의 기준은 전력밀도가 10 (mW/cm^2)보다 적어야 한다고 규정하고 있다. 이에 해당하는 자기장 세기와 전기장 세기로 이에 해당하는 기준을 계산하라.

(b) 화창한 날 지구는 태양으로부터 약 1.3 (kW/m^2)의 비율로 복사에너지를 받는 것으로 추정된다. 단일 파장 평면파라고 가정하고(사실은 그렇지 않음) 전기장 세기와 자기장 세기 벡터의 등가 진폭을 계산하라.

P.8-17 무손실 매질에서 진행하는 원형 편파된 평면파의 순시 포인팅 벡터는 시간과 거리에 무관한 상수임을 보여라.

P.8-18 어떤 안테나 시스템의 복사 전기장 세기가

$$\mathbf{E} = \mathbf{a}_\theta E_\theta + \mathbf{a}_\phi E_\phi$$

라고 가정할 때, 단위면적당 바깥으로 빠져나오는 평균 전력에 대한 식을 구하라.

P.8-19 전자기학 관점에서 보았을 때, 무손실 동축 케이블에 의해 전송되는 전력은 내부 도체와 외장(sheath) 사이에 있는 유전체 매질 안의 포인팅 베터에 의헤 도출해 낼 수 있나. 내부 도체(반지름 a)와 외장(내부 반지름 b) 사이에 가해진 직류전압 V_0에 의해 전류 I가 부하저항에 흐른다고 가정할 유전체 매질의 단면적에 포인팅 벡터를 적분하면 부하에 전송되는 전력 V_0I가 같아짐을 증명하라.

P.8-20 균일 평면 전자기파가 $+z$(아래쪽) 방향으로 진행하여 해수면 $z = 0$에 수직으로 입사하고 있다. $z = 0$에서의 자기장은 $\mathbf{H}(0, t) = \mathbf{a}_y H_0 \cos 10^4 t$ (A/m)이다.

(a) 표피두께를 구하라(바다의 도전율 $= \sigma$, 투자율 $= \mu_0$).

(b) $\mathbf{H}(z, t)$와 $\mathbf{E}(z, t)$의 식을 구하라.

(c) 바다에서 단위면적당 전력 손실을 H_0의 항을 이용하여 구하라.

P.8-21 오른손 방향으로 원형 편파된 평면파의 위상자 식은 다음과 같이 나타낼 수 있다.

$$\mathbf{E}(z) = E_0(\mathbf{a}_x - j\mathbf{a}_y)e^{-j\beta z}$$

이 평면파가 $z = 0$에 놓인 완전도체벽에 수직으로 입사되었을 때,

(a) 반사파의 편파상태를 설명하라.

(b) 도체벽면에 유도되는 전류를 구하라.

(c) 코사인 시간 기준에 근거하여 총 전기장 세기의 순시식을 구하라.

P.8-22 공기 중에서 전기장 세기에 대한 위상자 시이 다음괴 같이 주이지는 균일 성현파가 $z = 0$에 있는 완전도체 평면에 입사되었다.

$$\mathbf{E}_i(x, z) = \mathbf{a}_y 10 e^{-j(6x+8z)} \qquad \text{(V/m)}$$

(a) 이 파의 주파수와 파장을 구하라.

(b) 코사인 시간 기준을 이용하여 $\mathbf{E}_i(x, z; t)$와 $\mathbf{H}_i(x, z; t)$의 순시식을 써라.

(c) 입사각을 구하라.

(d) 반사파 $\mathbf{E}_r(x, z)$과 $\mathbf{H}_r(x, z)$를 구하라.

(e) 전체 장 $\mathbf{E}_1(x, z)$과 $\mathbf{H}_1(x, z)$를 구하라.

P.8-23 연습문제 P.8-22를 $\mathbf{E}_i(y, z) = 5(\mathbf{a}_y + \mathbf{a}_z\sqrt{3})e^{j6(\sqrt{3}y - z)}$ (V/m)인 경우에 대해 구하라.

P.8-24 그림 8-11에서 보여주는 것처럼 완전도체 경계면에 직교 편파된 균일 평면파가 경사각을 갖고 입사하는 경우에, (a) 코사인 시간 기준을 사용하여 매질 1에서 총 전자기장

$$\mathbf{E}_1(x, z; t) \quad \text{그리고} \quad \mathbf{H}_1(x, z; t)$$

의 순시식을 쓰고, (b) 시간-평균 포인팅 벡터를 구하라.

P.8-25 그림 8-13에 보인 바와 같이 평행 편파된 균일 평면파가 경사각을 갖고 완전도체 경계면에 입사하는 경우에, (a) 사인 시간 기준을 사용하여 매질 1의 전체 전자기장

$$\mathbf{E}_1(x, z; t) \quad \text{그리고} \quad \mathbf{H}_1(x, z; t)$$

의 순시식을 쓰고, (b) 시간-평균 포인팅 벡터를 구하라.

P.8-26 두 개의 무손실 유전체 매질 사이의 경계면에 수직으로 입사하는 균일 평면파에 있어서 반사계수와 투과계수의 크기가 같아지는 조건을 구하라. 이 조건하에서 dB로 구한 정재파비는 얼마인가?

P.8-27 공기 중에서 $\mathbf{E}_i(z) = \mathbf{a}_x 10 e^{-j6z}$ (V/m)인 균일 평면파가 $z = 0$에 놓인 경계면을 통해 유전상수 2.5와 손실 탄젠트 0.5를 갖는 손실 매질에 수직으로 입사하였다. 다음을 구하라.

(a) 코사인 시간 기준을 이용한 $\mathbf{E}_r(z, t)$, $\mathbf{H}_r(z, t)$, $\mathbf{E}_t(z, t)$, 그리고 $\mathbf{H}_t(z, t)$에 대한 순시 표현식

(b) 공기와 이 손실 매질에서의 시간-평균 포인팅 벡터에 대한 표현식

P.8-28 공기 중에서 $\mathbf{E}_i(z) = \mathbf{a}_x E_0 \exp(-j\beta_0 z)$인 균일 평면파가 $z = 0$에 놓인 전도가 잘 되는 매질(ϵ_0, μ, $\sigma(\sigma/\omega\epsilon_0 \gg 1)$)에 수직으로 입사하였다.

(a) 반사계수를 구하라.

(b) 도체 매질에 입사전력에 대한 흡수전력의 비율을 구하라.

(c) 매질이 철(iron)일 때 1 (MHz)에서 흡수된 전력의 비율을 구하라.

P.8-29 그림 8-15에 보인 바와 같이, 공기 중에 있는 두께가 d인 무손실 유전체 판에 수직 입사하는 경우를 고려해 보자. 다음과 같을 때,

$$\epsilon_1 = \epsilon_3 = \epsilon_0 \quad \text{그리고} \quad \mu_1 = \mu_3 = \mu_0$$

(a) E_{r0}, E_2^+, E_2^- 및 E_{t0}를 E_{i0}, d, ϵ_2 및 μ_2를 이용하여 구하라.

(b) 만약 $d = \lambda_2/4$이면 경계면 $z = 0$에서 반사가 일어나는가? $d = \lambda_2/2$일 때는 어떻게 되는지 설명하라.

P.8-30 붉은 빛[$\lambda_0 = 0.75$ (μm)]의 반사를 없애기 위해 유리($\epsilon_r = 4$, $\mu_r = 1$)에 투명한 유전체 코팅이 되어 있다.

(a) 만족해야 하는 코팅의 유전상수와 두께를 구하라.

(b) 만약 보라색 빛[$\lambda_0 = 0.42$ (μm)]이 코팅된 유리에 수직으로 입사한다면 입사 전력의 몇 퍼센트가 반사되는가?

P.8-31 그림 8-15에 도시된 두 평행 경계면을 가진 세 개의 다른 유전체 매질이 있다. 매질 1에서 균일 평면파가 $+z$ 방향으로 진행한다. Γ_{12}와 Γ_{23}은 각각 매질 1과 매질 2 그리고 매질 2와 매질 3 사이의 반사계수를 나타낸다. $z = 0$에서 입사파에 대한 유효 반사계수 Γ_0를 Γ_{12}, Γ_{23}, 그리고 $\beta_2 d$의 항으로 나타내어라.

P.8-32 그림 8-22에 보인 바와 같이 매질 1(ϵ_1, μ_1)에서 전기장 **E**가

$$\mathbf{E}_i(z, t) = \mathbf{a}_x E_{i0} \cos \omega\left(t - \frac{z}{u_p}\right)$$

인 균일 평면파가 완전도체 평면에 붙어 있는 두께가 d인 무손실 유전체 판(ϵ_2, μ_2)에 수직으로 입사하고 있다.

(a) $\mathbf{E}_r(z, t)$ (b) $\mathbf{E}_1(z, t)$ (c) $\mathbf{E}_2(z, t)$ (d) $(\mathscr{P}_{av})_1$ (e) $(\mathscr{P}_{av})_2$

(f) $\mathbf{E}_1(z, t)$가 유전체 판이 없었을 때와 같아지게 하는 두께 d를 구하라.

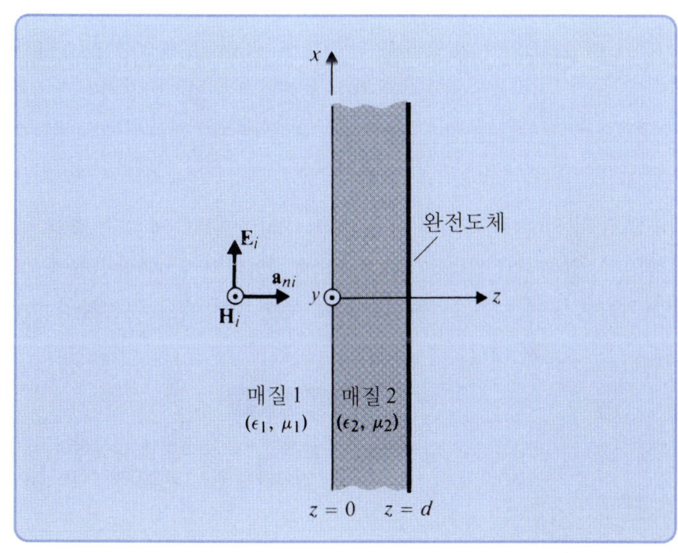

그림 8-22 완전도체 평면에 붙어 있는 유전체 판에 수직으로 입사하는 평면파(연습문제 P.8-32)

P.8-33 그림 8-23에 보인 바와 같이, 공기 중에서 $\mathbf{E}_i(z) = \mathbf{a}_x E_{i0} e^{-j\beta_0 z}$인 균일 평면파가 두께가 d인 얇은 구리판을 수직으로 뚫고 진행한다. 구리판 내부의 다중반사를 무시한다고 가정할 때

(a) E_2^+, H_2^+ (b) E_2^-, H_2^- (c) E_{30}, H_{30} (d) $(\mathscr{P}_{av})_3/(\mathscr{P}_{av})_i$

를 구하고, 10 (MHz)에서 표피두께와 같은 두께 d에서의 $(\mathscr{P}_{av})_3/(\mathscr{P}_{av})_i$를 구하라. (이것은 얇은 구리판의 차폐효과와 관련되어 있다는 것에 유의하라.)

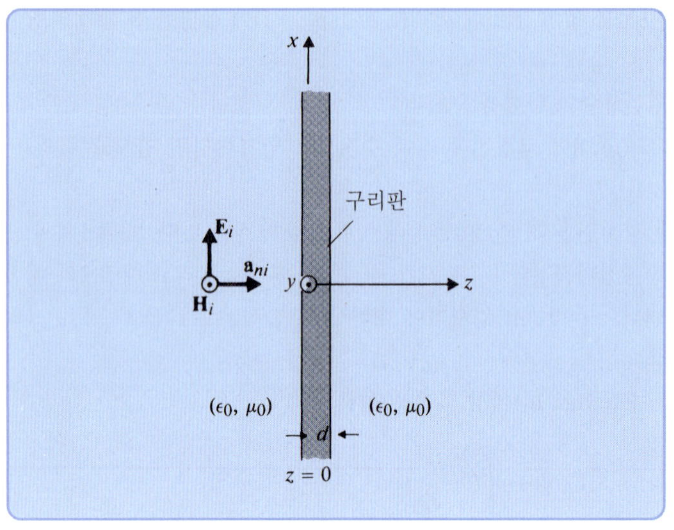

그림 8-23
얇은 구리판을 통과하는 평면파(연습문제 P.8-33)

P.8-34 어떤 균일 평면파가 입사각 $\theta_i = 60°$로 전리층에 입사하였다. 전리층의 전자밀도가 일정하고 전자기파의 주파수가 전리층의 플라즈마 주파수의 절반이라고 가정할 때 다음을 계산하라.

(a) $\Gamma_\perp$와 $\tau_\perp$

(b) $\Gamma_\parallel$와 $\tau_\parallel$

이들 복소수 값의 중요도에 대해 설명하라.

P.8-35 공기 중에서 평행 편파된 주파수 10 (kHz)의 전자기파가 입사각 $\theta_i = 88°$로 해수면으로 입사하였다. 바닷물에 대해 $\epsilon_r = 81$, $\mu_r = 1$, $\sigma = 4$ (S/m)사용하여, (a) 굴절각 θ_t, (b) 투과계수 $\tau_\parallel$, (c) $(\mathscr{P}_{av})_3/(\mathscr{P}_{av})_i$, 그리고 (d) 전기장 세기가 30 (dB)만큼 감소하는 해수면으로부터의 거리를 계산하라.

P.8-36 그림 8-24에 보인 바와 같이, 어떤 빛이 공기로부터 굴절률이 n이고 두께가 d인 투명한 판 위로 경사각을 가지고 입사하였다. 입사각을 θ_i라고 할 때, (a) θ_t, (b) 빛이 이 투명판을 통과하는 점까지의 거리 ℓ_1, 그리고 (c) 이 빛이 이 판을 통과할 때의 측면 거리 ℓ_2를 계산하라.

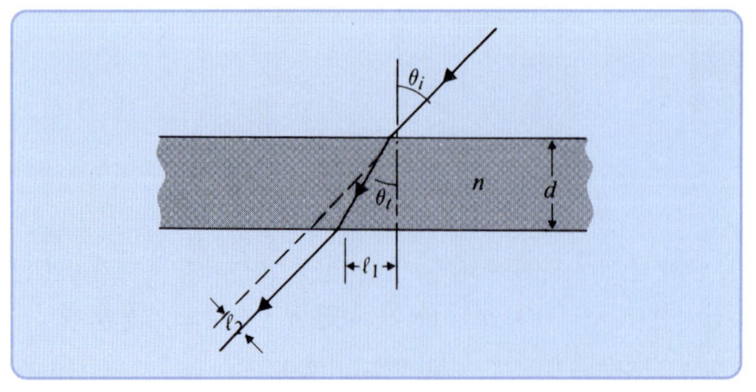

그림 8-24
굴절률이 n인 투명판에 경사각을 갖고 입사하는 광선(연습문제 P.8-36)

P.8-37 그림 8-16에 보인 바와 같이, 식 (8-196)과 (8-197)로 표현되는 직교 편파된 균일 평면파가 z

= 0인 경계면에 입사하였다. $\epsilon_2 < \epsilon_1$이고 $\theta_i > \theta_c$라고 가정할 때, (a) 투과파($\mathbf{E}_t$, $\mathbf{H}_t$)에 대한 위상자 식을 구하고, (b) 매질 2로 투과된 평균 전력이 0임을 증명하라.

P.8-38 굴절률 n_1인 매질 1에서 각주파수 ω를 갖는 균일 평면파가 $z = 0$에서 경계면을 이루는 굴절률 $n_2(< n_1)$인 매질 2에 임계각도로 입사하였다. E_{i0}와 E_{t0}를 각각 입사파와 굴절파의 전기장 세기의 진폭이라고 할 때,

(a) 직교 편파에 대한 비 E_{t0}/E_{i0}를 구하라.

(b) 평행 편파에 대한 비 E_{t0}/E_{i0}를 구하라.

(c) 특성지표 ω, n_1, n_2, θ_i, 그리고 E_{i0}로 직교 편파에 대한 $\mathbf{E}_i(x, z; t)$와 $\mathbf{E}_t(x, z; t)$의 순시식을 구하라.

P.8-39 직교 편파된 전자기파가 입사각 $\theta_i = 20°$로 물 속으로부터 물-공기 경계면으로 입사하였다. 깨끗한 물일 경우 $\epsilon_r = 81$, $\mu_r = 1$이라고 할 때, (a) 임계각 θ_c, (b) 반사계수 $\Gamma_\perp$, (c) 투과계수 $\tau_\perp$, 그리고 (d) 공기 중에서 한 파장에 대한 감쇠를 dB로 구하라.

P.8-40 그림 8-25에 보인 유리로 만든 이등변삼각형 프리즘은 광학 계측용으로 사용된다. 유리의 유전상수를 $\epsilon_r = 4$라고 할 때, 이 프리즘에 의해 반사되는 입사광의 전력비를 구하라.

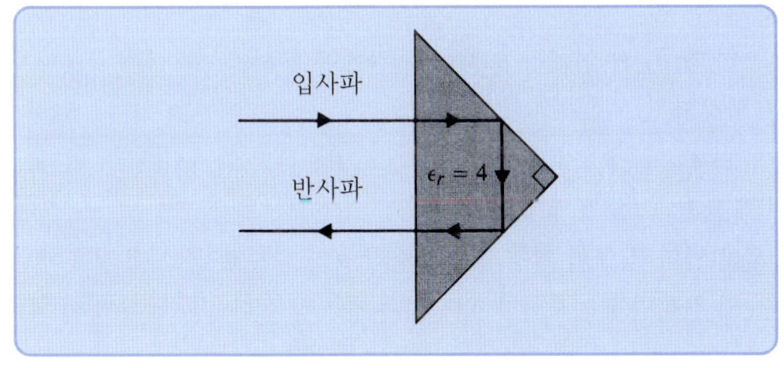

그림 8-25 직각 이등변삼각형 프리즘에 의한 빛의 반사(연습문제 P.8-40)

P.8-41 그림 8-26에 보인 바와 같이, 이웃한 광섬유를 따라 진행하는 광파의 간섭을 막고 기계적으로 광섬유를 보호하기 위해 각각의 광섬유는 보통보다 낮은 굴절률을 갖는 물질로 둘러싸여 있다. 여기서 $n_2 < n_1$이다.

(a) 코어의 한쪽 끝면에서 입사한 광섬유 축을 통과하는 빛(**머리디오널 레이**: meridional rays)이 전반사에 의해 광섬유 내에 갇혀 있기 위한 최대 입사각 θ_a를 n_0, n_1, n_2의 함수로 표현하라(머리디오널 레이란 광섬유 축을 통과하는 빛을 말한다. 각 θ_a는 **수광각**(acceptance angle)이라고 하고 $\sin\theta_a$는 이 광섬유의 **개구수**(numerical aperture, N.A.)라고 한다.)

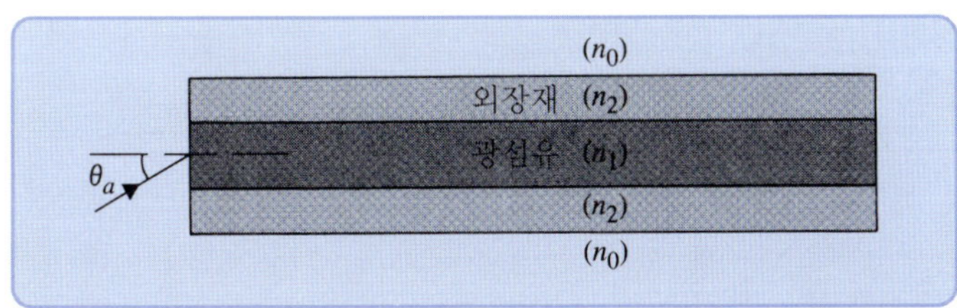

그림 8-26 외장재와 코어로 구성된 광섬유(연습문제 P.8-41)

(b) $n_1 = 2$, $n_2 = 1.74$, $n_0 = 1$일 때 θ_a와 N.A.를 구하라.

P.8-42 유전체 매질 $1(\epsilon_1, \mu_0)$에서 전자기파가 경사각을 가지고 유전체 매질 $2(\epsilon_2, \mu_0)$의 경계면에 입사한다. θ_i와 θ_t는 각각 입사각과 굴절각이다. 다음을 증명하라.

(a) 직교 편파에서,

$$\Gamma_\perp = \frac{\sin(\theta_t - \theta_i)}{\sin(\theta_t + \theta_i)}, \qquad \tau_\perp = \frac{2\sin\theta_t\cos\theta_i}{\sin(\theta_t + \theta_i)}$$

(b) 평행 편파에서,

$$\Gamma_{\|} = \frac{\sin 2\theta_t - \sin 2\theta_i}{\sin 2\theta_t + \sin 2\theta_i}, \qquad \tau_{\|} = \frac{4\sin\theta_t\cos\theta_i}{\sin 2\theta_t + \sin 2\theta_i}$$

(이 네 개의 관계식을 **프레넬의 공식**이라고 한다.)

P.8-43 경계면에서의 무반사 조건하에서 다음에 대해 브루스터 각과 굴절각의 합이 $\pi/2$가 됨을 증명하라.

(a) 직교 편파($\mu_1 \neq \mu_2$)

(b) 평행 편파($\epsilon_1 \neq \epsilon_2$)

P.8-44 평행 편파된 입사파에 대해,

(a) 비자성체 매질에서 브루스터 각 $\theta_{B\|}$와 임계각 θ_c 사이의 관계를 구하라.

(b) ϵ_1/ϵ_2에 대해 θ_c와 $\theta_{B\|}$를 도시하라.

P.8-45 Snell의 굴절법칙을 사용하여 (a) ϵ_{r1}, ϵ_{r2}, θ_i로 Γ와 τ를 나타내고, (b) 직교 편파와 평행 편파에 대해 $\epsilon_{r1}/\epsilon_{r2} = 2.25$일 때 θ_i에 대한 Γ와 τ를 도시하라.

P.8-46 공기 중에서 주파수가 f인 직교 편파된 균일 평면파가 경사각 θ_i의 각도로 복소 유전율이 $\epsilon_2 = \epsilon' - j\epsilon''$인 손실 유전체 매질의 경계면에 입사한다. 입사하는 전기장을 다음과 같다고 할 때,

$$\mathbf{E}_i(x, z) = \mathbf{a}_y E_{i0} e^{-jk_0(x\sin\theta_i - z\cos\theta_i)}$$

(a) 주어진 특성지표를 이용하여 투과된 전기장 세기와 자기장 세기의 위상자 식을 구하라.

(b) 굴절각이 복소수임을 보이고 $\mathbf{H}_t$가 타원 편파되어 있음을 보여라.

P.8-47 몇몇 책에서 평행 편파에 대한 반사계수와 투과계수는 반사된 전기장 **E** 및 투과된 전기장 **E**의 접선 성분에 대한 진폭과 입사되는 전기장 **E**의 접선 성분에 대한 진폭의 비로 정의한다. 이렇게 정의된 계수를 각각 $\Gamma'_{\|}$와 $\tau'_{\|}$라 하자.

(a) η_1, η_2, θ_i, θ_t의 항으로 $\Gamma'_{\|}$와 $\tau'_{\|}$를 구하고, 식 (8-221)과 (8-222)의 $\Gamma_{\|}$, $\tau_{\|}$과 비교하라.

(b) $\Gamma'_{\|}$와 $\tau'_{\|}$ 사이의 관계를 구하고, 식 (8-223)과 비교하라.

9 전송선의 이론과 응용

Theory and Applications of Transmission Lines

9-1 개요

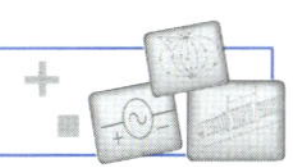

전사기 모델에 따르면, 시간에 따라 변하는 전하와 전류로 전자기적 작용을 분석할 수 있다. 이러한 작용들은 전자기장과 전자기파에 의해 설명된다. 등방성 혹은 전방향성의 전자기원은 모든 방향으로 파를 발산한다. 높은 지향성을 갖는 안테나를 통해 전자기원이 발산된다고 하더라도 그 에너지는 먼 곳까지 넓게 퍼져 나간다. 그러나 이 발산된 에너지는 원하는 방향으로 전송될 수 없으며, 따라서 공급원에서 수신기까지 전력이나 정보를 전송하는 데는 비효율적이다. 이는 낮은 주파수를 쓰는 지향성 안테나인 경우에는 더욱 더 두드러져서 안테나의 크기가 매우 커지게 되며 과도하게 비용이 많이 들게 된다. 예를 들어, AM 방송 주파수에서 단일 반파장 안테나(약간의 지향성을 가짐[1])는 길이가 수백 미터가 되어야 하며 60 (Hz) 전력 주파수에서는 파장이 5백만 미터, 즉 5 (Mm)나 된다.

전력이나 정보를 효율적으로 전송하기 위한 점대점(point to point) 전송을 위해서는 공급원의 에너지가 지향적이거나 잘 유도되어야 한다. 이 장에서는 전송선에 의해 유도되는 횡방향 전자기파(transverse electromagnetic, TEM)에 대해 알아보고자 한다. 유도된 파의 TEM 모드는 **E**와 **H**가 서로에 대해 수직이고 둘 다 전송선을 따라 전파하는 방향에 횡방향이다. 이전 장에서는 유도되지 않은(unguided) TEM 평면파의 전파에 대해 다루었다. 이 장에서는 전송선에 의해 유도된 TEM 파의 여러 가지 특징이 경계가 없는 유전체 매질에서 전파하는 균일 평면파와 동일

1) 안테나와 복사 시스템의 원리는 11장에서 다룰 것이다.

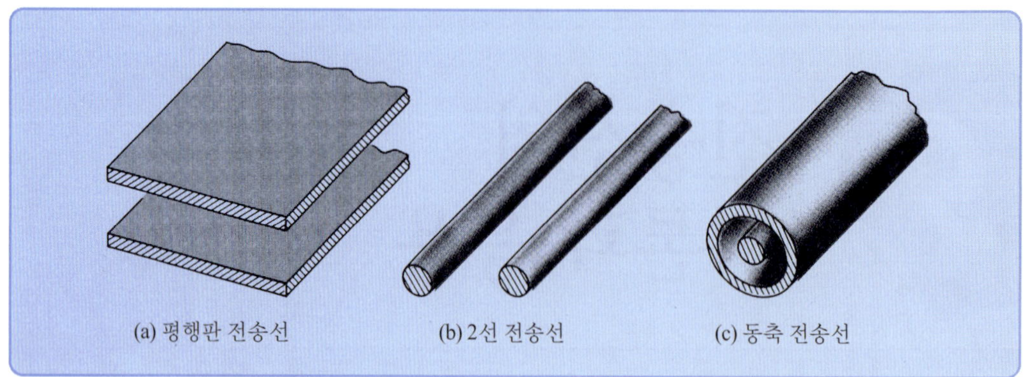

그림 9-1

일반적인 형태의 전송선

하다는 것을 알게 될 것이다.

TEM 파를 유도하기 위한 일반적인 세 가지 구조는 다음과 같다.

(a) **평행판 전송선**: 이러한 형태의 전송선은 균일한 두께의 유전체 판에 의해 분리된 두 개의 평행 도체판으로 이루어진다[그림 9-1(a) 참조]. 마이크로파 주파수에서 평행판 전송선은 인쇄회로 기술을 이용하는 유전체 기판으로 값싸게 제조될 수 있다. 이를 종종 **스트립 선**(strip-lines)이라 부른다.

(b) **2선 전송선**: 이러한 전송선은 균일한 거리만큼 떨어져 있는 한 쌍의 평행한 도선으로 이루어져 있다[그림 9-1(b) 참조]. 예를 들면, 시골지역의 도처에 있는 가공 전력선(overhead power line), 전화선 및 지붕 꼭대기의 안테나에서 TV 수신기에 이르는 도입선들이다.

(c) **동축 전송선**: 이것은 내부 도체와 동일한 축을 갖는 외부 도체 외장을 유전체 매질로 분리한 형태로 이루어져 있다[그림 9-1(c) 참조]. 이러한 구조는 유전체 내에서 전기장과 자기장을 구속시키는 데 매우 유리하며 외부로부터의 간섭은 선에 거의 영향을 주지 않는다. 예를 들면, 전화와 TV 케이블, 고주파 정확도를 측정하는 장치의 입력 케이블들이다.

도체 사이의 간격이 다루고자 하는 신호의 파장보다 크다면 TEM 모드보다 복잡한 다른 파동 모드도 이 세 가지 종류의 전송선에서 전파할 수 있음을 유의하자. 이러한 다른 전송모드들은 다음 장에서 다루어질 것이다.

그림 9-1(a)의 평행판 구조에서 맥스웰 방정식의 TEM 파의 해는 한 쌍의 전송선 방정식을 유도해 낼 수 있다는 것을 알게 될 것이다. 일반적인 전송선 방정식은 선의 단위길이당 저항, 인덕턴스, 컨덕턴스, 그리고 정전용량에 대한 회로 모델로부터 유도해 낼 수 있다. 회로 모델에서 전자기 모델로의 전환은 집중정수(lumped parameter) 성분을 갖는 단일 저항기, 인덕터, 커패시터가 선을 따라 분포되어 있는 분포정수(distributed parameter) 성분인 R, L, G 및 C에까지 영향을 주게 된다. 임의의 선을 따라 전송되는 전파의 모든 특성은 전송선 식으로부터 모두 유도할

수 있고 해석이 가능하다.

시정현 정상상태에서 전송선의 특성은 차트를 사용하면 반복적으로 복소수를 계산할 필요가 없어 매우 쉽게 해석할 수 있다. 가장 잘 알려져 있고 널리 사용되는 차트는 **스미스 차트**(Smith chart)이다. 전송선에서 전파의 특성을 결정하고 임피던스 정합을 위해 스미스 차트를 어떻게 사용하는지 알아볼 것이다.

9-2 평행판 전송선에서 진행하는 TEM 파

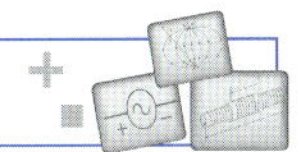

균일 평행판 전송선을 따라 $+z$ 방향으로 전파하는 y-편파된 TEM 파를 고려해 보자. 그림 9-2는 주어진 좌표계에서 선의 횡단면을 보여주고 있다. 시정현에서 전자기 발생의 근원이 없는 유전체 영역에 대한 파동 방정식은 식 (8-46)에 보인 동차 헬름홀츠 방정식이 된다. 이러한 경우에 $+z$ 방향으로 전파하는 파의 적절한 위상자 해는

$$\mathbf{E} = \mathbf{a}_y E_y = \mathbf{a}_y E_0 e^{-\gamma z} \tag{9-1a}$$

이다. 또한 이와 관련된 자기장 **H**는 식 (8-31)로부터

$$\mathbf{H} = \mathbf{a}_x H_x = -\mathbf{a}_x \frac{E_0}{\eta} e^{-\gamma z} \tag{9-1b}$$

이다. 여기서 γ와 η은 각각 유전체 매질의 전파상수와 고유 임피던스이다. 판의 모서리에서 발생하는 현상은 무시하기로 한다. 완전도체판이고 무손실 유전체라고 가정하면, 8장으로부터

$$\gamma = j\beta = j\omega\sqrt{\mu\epsilon} \tag{9-2}$$

와

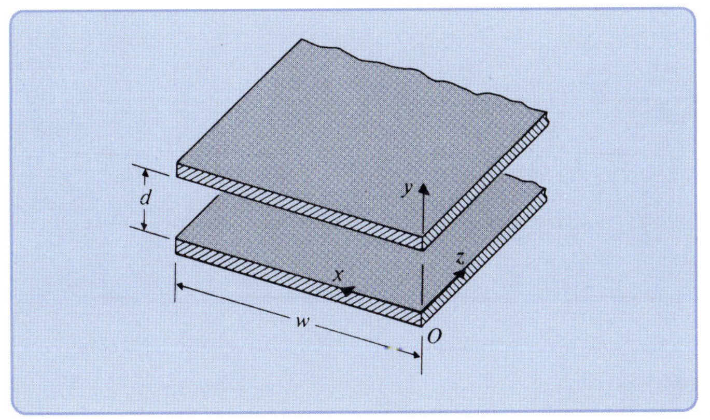

그림 9-2
평행판 전송선

$$\eta = \sqrt{\frac{\mu}{\epsilon}} \tag{9-3}$$

이다.

유전체와 완전도체 평면의 경계면에서 만족하는 경계 조건은 식 (7-68a, b, c, d)로부터 $y = 0, y = d$일 때,

$$E_t = 0 \tag{9-4}$$

이고

$$H_n = 0 \tag{9-5}$$

이며, 이는 $E_x = E_z = 0$이고 $H_y = 0$이기 때문에 만족한다.

$y = 0$(아래쪽 판), $\mathbf{a}_n = \mathbf{a}_y$일 때:

$$\mathbf{a}_y \cdot \mathbf{D} = \rho_{s\ell} \quad \text{또는} \quad \rho_{s\ell} = \epsilon E_y = \epsilon E_0 e^{-j\beta z} \tag{9-6a}$$

$$\mathbf{a}_y \times \mathbf{H} = \mathbf{J}_{s\ell} \quad \text{또는} \quad \mathbf{J}_{s\ell} = -\mathbf{a}_z H_x = \mathbf{a}_z \frac{E_0}{\eta} e^{-j\beta z} \tag{9-7a}$$

$y = d$(위쪽 판), $\mathbf{a}_n = -\mathbf{a}_y$일 때:

$$-\mathbf{a}_y \cdot \mathbf{D} = \rho_{su} \quad \text{또는} \quad \rho_{su} = -\epsilon E_y = -\epsilon E_0 e^{-j\beta z} \tag{9-6b}$$

$$-\mathbf{a}_y \times \mathbf{H} = \mathbf{J}_{su} \quad \text{또는} \quad \mathbf{J}_{su} = \mathbf{a}_z H_x = -\mathbf{a}_z \frac{E_0}{\eta} e^{-j\beta z} \tag{9-7b}$$

식 (9-6)과 (9-7)은 E_y와 H_x가 z에 따라 정현적으로 변하는 도체 평면상의 면전하와 표면전류를 나타낸다. 그림 9-3에 개략도가 도시되어 있다.

식 (9-1a)와 (9-1b)의 전자기장 위상자 **E**와 **H**는 두 개의 맥스웰의 회전 방정식을 만족한다. 즉,

$$\nabla \times \mathbf{E} = -j\omega\mu\mathbf{H} \tag{9-8}$$

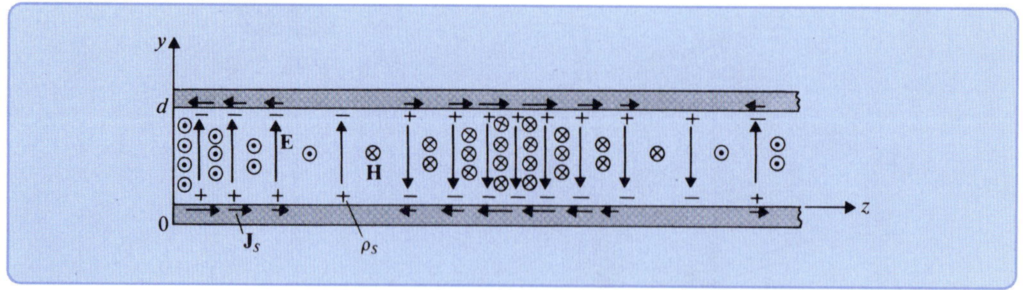

그림 9-3

평행판 전송선 사이의 전자기장, 전하 및 전류 분포

이고

$$\nabla \times \mathbf{H} = j\omega\epsilon\mathbf{E} \tag{9-9}$$

이다. $\mathbf{E} = \mathbf{a}_y E_y$이고 $\mathbf{H} = \mathbf{a}_x H_x$이기 때문에, 식 (9-8)과 (9-9)는

$$\frac{dE_y}{dz} = j\omega\mu H_x \tag{9-10}$$

와

$$\frac{dH_x}{dz} = j\omega\epsilon E_y \tag{9-11}$$

이 된다. 상미분계수로 표현되는 이유는 E_y와 H_x가 단지 z의 함수이기 때문이다.

식 (9-10)을 0부터 d까지 y에 대해 적분하면,

$$\frac{d}{dz}\int_0^d E_y\,dy = j\omega\mu\int_0^d H_x\,dy$$

또는

$$\begin{aligned} -\frac{dV(z)}{dz} &= j\omega\mu J_{su}(z)d = j\omega\left(\mu\frac{d}{w}\right)[J_{su}(z)w] \\ &= j\omega L I(z) \end{aligned} \tag{9-12}$$

가 되며, 여기서

$$V(z) = -\int_0^d E_y\,dy = -E_y(z)d$$

은 위쪽 판과 아래쪽 판 사이의 전위차 또는 전압이며,

$$I(z) = J_{su}(z)w$$

은 위쪽 판(w = 판의 넓이)에서 $+z$ 방향으로 흐르는 총 전류이고

$$\boxed{L = \mu\frac{d}{w} \qquad \text{(H/m)}} \tag{9-13}$$

은 평행판 전송선의 단위길이당 인덕턴스이다. z에 관한 $V(z)$와 $I(z)$의 위상자는 식 (9-12)에 나타나 있다.

유사한 방법으로, 식 (9-11)을 x에 대해 0부터 w까지 적분하면,

$$\frac{d}{dz}\int_0^w H_x\,dx = j\omega\epsilon\int_0^w E_y\,dx$$

또는

$$\begin{aligned}-\frac{dI(z)}{dz} &= -j\omega\epsilon E_y(z)w = j\omega\left(\epsilon\frac{w}{d}\right)[-E_y(z)d] \\ &= j\omega CV(z)\end{aligned} \tag{9-14}$$

이 되며, 여기서

$$C = \epsilon\frac{w}{d} \qquad \text{(F/m)} \tag{9-15}$$

는 평행판 전송선의 단위길이당 정전용량이다.

식 (9-12)와 (9-14)는 위상자 $V(z)$와 $I(z)$에 대한 한 쌍의 **시정현 전송선 방정식**(time-harmonic transmission line equation)으로 구성되어 있다. 이는 $V(z)$와 $I(z)$에 대해 다음과 같은 2차 미분 방정식의 조합으로 나타낼 수 있다.

$$\frac{d^2V(z)}{dz^2} = -\omega^2 LCV(z) \tag{9-16a}$$

$$\frac{d^2I(z)}{dz^2} = -\omega^2 LCI(z) \tag{9-16b}$$

$+z$ 방향으로 전파하는 전파에 대한 식 (9-16a)와 (9-16b)의 해는

$$V(z) = V_0e^{-j\beta z} \tag{9-17a}$$

와

$$I(z) = I_0e^{-j\beta z} \tag{9-17b}$$

이며, 여기서 위상상수

$$\beta = \omega\sqrt{LC} = \omega\sqrt{\mu\epsilon} \qquad \text{(rad/m)} \tag{9-18}$$

은 식 (9-2)에서 주어진 것과 같다. V_0와 I_0 사이의 관계식은 식 (9-12) 또는 (9-14)를 사용하여 구할 수 있다.

$$Z_0 = \frac{V(z)}{I(z)} = \frac{V_0}{I_0} = \sqrt{\frac{L}{C}} \qquad (\Omega) \tag{9-19}$$

이는 식 (9-13)과 (9-15)의 결과로부터

$$Z_0 = \frac{d}{w}\sqrt{\frac{\mu}{\epsilon}} = \frac{d}{w}\eta \qquad (\Omega) \tag{9-20}$$

을 얻게 된다. Z_0는 무한히 긴(즉, 반사가 없는) 전송선을 바라보았을 때 임의 위치에서의 임피던스이다. 이를 선의 **특성 임피던스**(characteristic impedance)라고 한다. Z_0로 종단된 임의의 길이를 갖는 유한한 선상의 어떤 점에서 $V(z)$와 $I(z)$의 비는 Z_0가 된다.[2)] 폭이 w이고 두께가 d인 무손실 유전체로 분리되고 완전도체판으로 구성된 평행판 전송선에서 특성 임피던스 Z_0는 유전체 매질의 고유 임피던스 η의 (d/w)배가 된다.

선을 따라 전파되는 파의 전파 속도는

$$u_p = \frac{\omega}{\beta} = \frac{1}{\sqrt{LC}} = \frac{1}{\sqrt{\mu\epsilon}} \qquad (\text{m/s}) \tag{9-21}$$

이 되며, 이는 유전체 매질에서 TEM 평면파의 위상 속도와 같다.

9-2.1 손실 평행판 전송선

지금까지는 평행판 전송선을 무손실로 가정하였다. 그러나 실제로는 다음과 같은 두 가지 이유 때문에 손실이 발생하게 된다. 첫째는 유선체 매질의 손실 딘젠드기 0이 이니며, 들째로 평행판이 완전도체가 아니기 때문이다. 이 두 가지 영향을 설명하기 위해 두 개의 새로운 특성지표를 정의한다. 하나는 두 평행판 사이의 단위길이당 컨덕턴스를 나타내는 G와 두 번째는 두 도체판의 단위길이당 저항 R이다.

유전율이 ϵ인 유전체 매질에 의해 분리된 두 도체판 사이의 컨덕턴스와 등가 도전율 σ는 두 도체 사이의 정전용량을 알고 있다고 할 때 식 (5-81)을 이용하여 쉽게 구할 수 있다. 여기서

$$G = \frac{\sigma}{\epsilon}C \tag{9-22}$$

를 얻을 수 있다. 식 (9-15)를 사용하면,

$$G = \sigma\frac{w}{d} \qquad (\text{S/m}) \tag{9-23}$$

이 된다.

평행판 도체가 매우 크지만 유한한 도전율 σ_c(유전체 매질의 전도율 σ와 혼동하지 않도록 주의

2) 이 내용에 대해서는 9-4절에서 증명하고자 한다(식 (9-107) 참조).

해야 한다)를 가지면, 저항성 전력이 평행판에서 소비될 것이다. 이는 평행판의 표면에서 축과 같은 방향의 전기장 $\mathbf{a}_z E_z$가 0이 아니어야 한다는 것을 나타내며, 이러한 평균 포인팅 벡터

$$\mathscr{P}_{\text{av}} = \mathbf{a}_y p_\sigma = \tfrac{1}{2}\mathscr{R}e(\mathbf{a}_z E_z \times \mathbf{a}_x H_x^*) \tag{9-24}$$

는 y-성분을 가지고 각 도체판에서 소비되는 단위면적당 평균 전력과 같다. (분명히, $\mathbf{a}_y E_y$와 $\mathbf{a}_x E_x$의 외적은 y-성분으로 표현되지 않는다.)

표면전류밀도가 $J_{su} = H_x$인 위쪽 판에 대해 생각해 보자. 도체의 표면에서 전기장의 접선 성분과 표면전류밀도의 비로 표현되는 불완전 도체의 **표면 임피던스**(surface impedance) Z_s를 정의하는 것이 편리하다.

$$Z_s = \frac{E_t}{J_s} \qquad (\Omega) \tag{9-25}$$

평행판의 위쪽 판에서

$$Z_s = \frac{E_z}{J_{su}} = \frac{E_z}{H_x} = \eta_c \tag{9-26a}$$

이며, 여기서 η_c는 도체판의 고유 임피던스이다. 여기서 도체판의 도전율(전기 전도도) σ_c와 동작 주파수는 전류가 매우 얇은 표면층에 흐를 수 있을 정도로 충분히 크다고 가정하고 표면전류 J_{su}로 표현할 수 있다. 우수한 도체의 고유 임피던스는 식 (8-54)에 나타내었다. 여기서

$$Z_s = R_s + jX_s = (1 + j)\sqrt{\frac{\pi f \mu_c}{\sigma_c}} \qquad (\Omega) \tag{9-26b}$$

이고, 아랫첨자 c는 도체의 특성을 나타내기 위해 사용하였다.

식 (9-24)에 식 (9-26a)를 대입하면,

$$\begin{aligned} p_\sigma &= \tfrac{1}{2}\mathscr{R}e(|J_{su}|^2 Z_s) \\ &= \tfrac{1}{2}|J_{su}|^2 R_s \qquad (\text{W/m}^2) \end{aligned} \tag{9-27}$$

이다. 폭이 w인 판의 단위길이당 소비되는 저항성 전력은 wp_σ이고, 총 표면전류 $I = wJ_{su}$의 항으로 표현하면 다음과 같이 나타낼 수 있다.

$$P_\sigma = wp_\sigma = \frac{1}{2} I^2 \left(\frac{R_s}{w}\right) \qquad (\text{W/m}) \tag{9-28}$$

식 (9-28)은 진폭이 I인 정현파 전류가 저항 R_s/w를 통과할 때 소비된 전력을 나타낸다. 따라서 폭이 w인 평행판 전송선의 두 판에서 단위길이당 유효 직렬 저항은

표 9-1 평행판 전송선(폭 = w, 간격 = d)의 분포정수

항	식	단위
R	$\frac{2}{w}\sqrt{\frac{\pi f\mu_c}{\sigma_c}}$	Ω/m
L	$\mu\frac{d}{w}$	H/m
G	$\sigma\frac{w}{d}$	S/m
C	$\epsilon\frac{w}{d}$	F/m

$$R = 2\left(\frac{R_s}{w}\right) = \frac{2}{w}\sqrt{\frac{\pi f\mu_c}{\sigma_c}} \qquad (\Omega/\text{m}) \tag{9-29}$$

이다. 표 9-1은 폭이 w이고 d만큼 떨어진 평행판 전송선의 네 가지 **분포정수**(단위길이당 R, L, G, 그리고 C)를 나타내고 있다.

식 (9-26b)에서, 표면 임피던스 Z_s는 값이 R_s와 같은 양(+)의 리액턴스 X_s를 갖는다는 것을 알 수 있다. 판의 단위길이와 관련된 총 복소 전력(실수부 대신 저항성 전력 P_σ)을 고려하면, X_s는 단위길이당 **내부 직렬 인덕턴스**(internal series inductance) $L_i = X_s/\omega = R_s/\omega$를 찾을 수 있나. 높은 주파수에서 L_i는 외부 인덕턴스 L과 비교하면 무시할 수 있다.

유한한 도전율 σ_c를 갖는 도체판에서의 전력 손실을 계산할 때, 0이 아닌 전기장 $\mathbf{a}_z E_z$가 존재해야 함을 알 수 있다. 이 축방향 전기장이 존재한다는 것은 손실 전송선을 따라 전송되는 파가 엄밀히 말하면 TEM 파가 아니라는 것이다. 그러나 이 축방향 성분은 횡파 성분 E_y와 비교하면 매우 작다. 이러한 크기의 비례값은 다음과 같이 나타낼 수 있으며,

$$\frac{|E_z|}{|E_y|} = \frac{|\eta_c H_x|}{|\eta H_x|} = \sqrt{\frac{\epsilon}{\mu}}\,|\eta_c|$$
$$= \sqrt{\frac{\omega\epsilon\mu_c}{\mu\sigma_c}} = \sqrt{\frac{\omega\epsilon}{\sigma_c}}$$

여기에 식 (8-54)를 사용하였다. 주파수 3 (GHz)에서 공기[$\epsilon = \epsilon_0 = 10^{-9}/36\pi$ (F/m)] 중에 있는 구리판[$\sigma_c = 5.80 \times 10^7$ (s/m)]의 경우에

$$|E_z| \cong 5.3 \times 10^{-5}|E_y| \ll |E_y|$$

이 된다. 따라서 이러한 모든 결과뿐만 아니라 TEM 파도 유지하게 된다. P_σ와 R의 계산에 나타나는 E_z는 작기 때문에 별로 고려할 필요가 없다.

9-2.2 마이크로스트립 선

초고주파 반도체 소자와 시스템의 발전으로 마이크로스트립 선 또는 간단히 **스트립 선**(striplines)이라 불리는 평행판 형태의 전송선이 널리 사용되고 있다. 스트립 선은 그림 (9-4a)에 보인 바와 같이 일반적으로 기판 윗면에 얇고 좁은 금속 조각이 있는 접지된 도체 평면에 놓여 있는 유전체 기판으로 만들어진다. 인쇄회로 기술의 출현으로 스트립 선은 제작이 간단하며 다른 회로 소자와의 결합도 쉽다. 그러나 평행판 전송선에 대해 유도했던 결과는 동일한 폭을 갖는 두 개의 넓은 도체판(가장자리 효과는 무시할 수 있을 정도로 작다고 가정)에 대한 가정을 기초로 했기 때문에, 마이크로스트립 선에 적용했을 경우 정확한 결과를 기대할 수는 없다. 금속 스트립의 폭이 기판두께보다 훨씬 크다면 보다 정확한 근사값을 얻을 수 있다.

기판이 높은 유전상수를 가질 때, TEM 파의 근사값은 만족할 수 있는 결과라고 할 수 있다. 그림 9-4(a)에 보인 스트립 선에서 모든 경계 조건을 만족하는 정확한 해석을 구사하는 것은 어려운 문제이다. 모든 전자기장이 유전체 기판으로 한정되어 있는 것은 아니다. 어떤 전자기장은 스트립의 바깥쪽 영역에서 스트립의 맨 윗부분으로부터 벗어나 이웃하는 회로와 간섭을 일으키기도 한다. 좀 더 정확한 계산을 하기 위해 분포회로 정수와 특성 임피던스에 대한 공식을 경험적으로 약간 수정할 필요가 있다.[3] 이와 같은 모든 값들은 주파수에 의존하는 경향이 있으며, 따라서 스트립 선은 분산성 매질이다.

스트립 선에서 선 밖으로 이탈하는 전자기파를 감소시키기 위한 한 가지 방법은 유전체 기판의 양쪽 면에 접지된 도체면을 갖고 그림 9-4(b)에서처럼 중앙에 얇은 금속 스트립을 놓는 것이다. 이러한 형태를 **트리플레이트 선**(triplate lines)이라고 한다. 트리플레이트 선은 제작하기가 더 어렵고 제작 비용이 비싸며 트리플레이트 선의 특성 임피던스는 동일한 스트립 선의 특성 임피던스의 반이다.

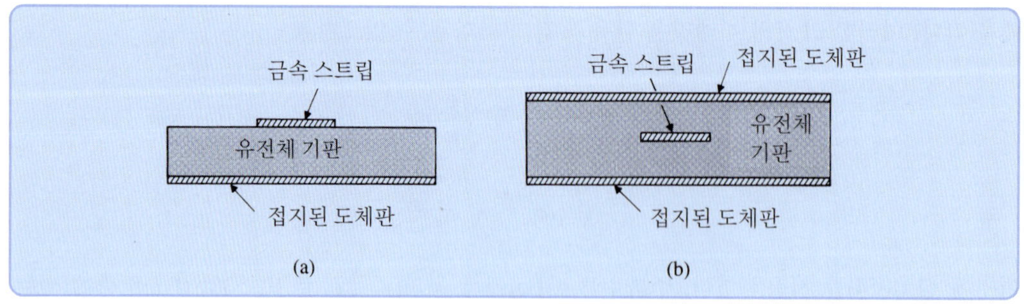

그림 9-4
두 가지 형태의 마이크로스트립 선

3) 실례로는 K. F. Sander와 G. A. L. Reed의 *Transmission and Propagation of Electromagnetic Waves*의 2판 6.5.6절을 참조하라. Cambridge University Press, New York, 1986.

예제 9-1 두께가 0.4 (mm)이고 유전상수가 2.25를 갖는 스트립 선의 기판을 가정할 때, (a) 스트립 선이 50 (Ω)의 특성저항을 갖기 위한 금속 스트립의 폭 w를 구하라. (b) 선의 L과 C를 구하라. (c) 선의 u_p를 구하라. (d) 특성저항이 75 (Ω)일 때 문제 (a), (b), (c)를 반복하라(단, 손실과 가장자리 효과는 무시한다).

풀이

(a) w를 직접 구하기 위해 식 (9-20)을 이용한다.

$$w = \frac{d}{Z_0}\sqrt{\frac{\mu}{\epsilon}} = \frac{0.4 \times 10^{-3}}{50}\frac{\eta_0}{\sqrt{\epsilon_r}}$$

$$= \frac{0.4 \times 10^{-3} \times 377}{50\sqrt{2.25}} = 2 \times 10^{-3} \quad (\text{m}), \text{ 또는 } 2 \quad (\text{mm})$$

(b) $$L = \mu\frac{d}{w} = 4\pi 10^{-7} \times \frac{0.4}{2} = 2.51 \times 10^{-7} \quad (\text{H/m}), \text{ 또는 } 0.521 \quad (\mu\text{H/m})$$

$$C = \epsilon_0\epsilon_r\frac{w}{d} = \frac{10^{-9}}{36\pi} \times 2.25 \times \frac{2}{0.4} = 99.5 \times 10^{-12} \quad (\text{F/m}), \text{ 또는 } 99.5 \quad (\text{pF/m})$$

(c) $$u_p = \frac{1}{\sqrt{\mu\epsilon}} = \frac{c}{\sqrt{\epsilon_r}} = \frac{c}{\sqrt{2.25}} = \frac{c}{1.5} = 2 \times 10^8 \quad (\text{m/s})$$

(d) w는 Z_0에 반비례하므로, 특성저항 $Z_0' = 75$ (Ω)일 때 다음과 같은 결과를 얻을 수 있다.

$$w' = \left(\frac{Z_0}{Z_0'}\right)w = \frac{50}{75} \times 2 = 1.33 \quad (\text{mm})$$

$$L' = \left(\frac{w}{w'}\right)L = \left(\frac{2}{1.33}\right) \times 0.251 = 0.377 \quad (\mu\text{H/m})$$

$$C' = \left(\frac{w'}{w}\right)C = \left(\frac{1.33}{2}\right) \times 99.5 = 66.2 \quad (\text{pF/m})$$

$$u_p' = u_p = 2 \times 10^8 \quad (\text{m/s})$$

9-3 일반적인 전송선 방정식

이 장에서는 평행판 전송선, 2선 전송선, 동축선을 포함한 두 개의 도체로 이루어진 균일한 전송선의 일반적인 방정식을 유도해 보기로 한다. 전송선은 보통의 전기회로망의 특징과 근본적으로 한 가지가 다르다. 회로망의 물리적인 크기는 사용하는 주파수의 파장보다 훨씬 작은 반면, 전송선의 경우 물리적인 크기는 대개 한 파장 정도이거나 그 이상이다. 보통의 회로망에서 회로 성분들은 따로 분리되어 있으며 그러한 이유 때문에 집중정수 회로로 설명할 수 있다. 집중정수 회로소자에 흐르는 전류는 그 소자 주위에서 공간적으로 변하지 않고 어떠한 정재파도 존재하지 않는 것으로 가정한다. 반면에, 전송선은 분포정수 회로망이며, 선 길이의 전체에 걸쳐 분포되어 있는 회로 성분으로 설명하여야 한다. 정합이 이루어졌다는 조건을 제외하면 정재파는 선상에 항상 존재한다.

다음 네 가지 변수로 기술되는 전송선의 미소 길이 Δz를 살펴보기로 하자.

R, 단위길이당 저항(양쪽의 도체), Ω/m
L, 단위길이당 인덕턴스(양쪽의 도체), H/m
G, 단위길이당 컨덕턴스, S/m
C, 단위길이당 정전용량, F/m

R과 L은 직렬소자이고, G와 C는 병렬소자이다. 그림 9-5는 이러한 선의 한 부분 등가회로를 보여준다. $v(z, t)$와 $v(z + \Delta z, t)$의 값은 각각 z와 $z + \Delta z$에서의 순시전압을 나타내며 $i(z, t)$와 $i(z + \Delta z, t)$는 각각 z와 $z + \Delta z$에서 순시전류를 나타낸다. 키르히호프의 전압법칙을 적용하면

$$v(z, t) - R\,\Delta z i(z, t) - L\,\Delta z \frac{\partial i(z, t)}{\partial t} - v(z + \Delta z, t) = 0 \tag{9-30}$$

이고, 이 식을 정리하면

$$-\frac{v(z + \Delta z, t) - v(z, t)}{\Delta z} = Ri(z, t) + L\frac{\partial i(z, t)}{\partial t} \tag{9-30a}$$

가 된다. $\Delta z \to 0$으로 극한을 취하면, 식 (9-30a)는 다음과 같이 된다.

$$\boxed{-\frac{\partial v(z, t)}{\partial z} = Ri(z, t) + L\frac{\partial i(z, t)}{\partial t}} \tag{9-31}$$

유사한 방법으로, 그림 9-5에서 회로교점 N에 키르히호프의 전류법칙을 적용하면

$$i(z, t) - G\,\Delta z v(z + \Delta z, t) - C\,\Delta z \frac{\partial v(z + \Delta z, t)}{\partial t} - i(z + \Delta z, t) = 0 \tag{9-32}$$

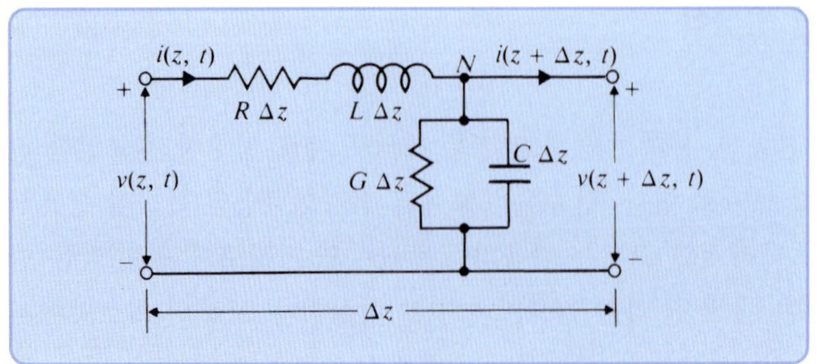

그림 9-5
두 개의 도체 전송선에서 미소 길이 Δz에 대한 등가회로

가 되고, Δz로 나누고 Δz를 0으로 접근시키면, 식 (9-32)는 다음과 같이 된다.

$$-\frac{\partial i(z,t)}{\partial z} = Gv(z,t) + C\frac{\partial v(z,t)}{\partial t} \tag{9-33}$$

식 (9-31)과 (9-33)은 $v(z, t)$와 $i(z, t)$에서 한 쌍의 1차 편미분 방정식이고 **일반적인 전송선 방정식**[4]이라고 부른다.

정현파인 경우 위상자를 이용하면 전송선 방정식은 상미분 방정식으로 간단해진다. 코사인을 기준으로 하면

$$v(z,t) = \mathscr{Re}\left[V(z)e^{j\omega t}\right] \tag{9-34a}$$

$$i(z,t) = \mathscr{Re}\left[I(z)e^{j\omega t}\right] \tag{9-34b}$$

로 나타낼 수 있으며, 여기서 위상자 $V(z)$와 $I(z)$는 공간좌표 z만의 함수이고, 둘다 복소수가 될 수 있다. 식 (9-34a)와 (9-34b)를 식 (9-31)과 (9-33)에 대입하면 위상자 $V(z)$와 $I(z)$에 대한 다음과 같은 상미분 방정식을 얻을 수 있다.

$$-\frac{dV(z)}{dz} = (R + j\omega L)I(z) \tag{9-35a}$$

$$-\frac{dI(z)}{dz} = (G + j\omega C)V(z) \tag{9-35b}$$

식 (9-35a)와 (9-35b)를 **시정현파**(시변) **전송선 방정식**(time-harmonic transmission-line equation)이라고 하며, 무손실 조건($R = 0$, $G = 0$)에서는 식 (9-12)와 (9-14)와 같이 된다.

9-3.1 무한 전송선의 전파 특성

시정현파(시변) 전송선 방정식인 식 (9-35a)와 (9-35b)를 결합하면 $V(z)$와 $I(z)$를 구할 수 있으며,

$$\frac{d^2V(z)}{dz^2} = \gamma^2 V(z) \tag{9-36a}$$

와

$$\frac{d^2I(z)}{dz^2} = \gamma^2 I(z), \tag{9-36b}$$

를 얻는다. 여기서

4) **전신 기사의 방정식**(telegraphis's equation, telegrapher's equation)이라고도 한다.

$$\gamma = \alpha + j\beta = \sqrt{(R + j\omega L)(G + j\omega C)} \qquad (m^{-1}) \tag{9-37}$$

은 **전파상수**(propagation constant)이며, 이 전파상수의 실수부와 허수부인 α, β는 각각 선의 **감쇠상수**(attenuation constant)(Np/m)와 **위상상수**(phase constant)(rad/m)이다. 이 명칭은 8-3절에서 정의한 손실 매질에서의 평면파 전파에 대한 것과 비슷하다. 일반적으로 이러한 값들은 실제로는 하나의 값으로 정해진 상수는 아니다. 왜냐하면 이 값들은 ω에 의해 복잡하게 변화하기 때문이다.

식 (9-36a)와 (9-36b)의 해는 다음과 같다.

$$\begin{aligned} V(z) &= V^{+}(z) + V^{-}(z) \\ &= V_0^{+} e^{-\gamma z} + V_0^{-} e^{\gamma z} \end{aligned} \tag{9-38a}$$

$$\begin{aligned} I(z) &= I^{+}(z) + I^{-}(z) \\ &= I_0^{+} e^{-\gamma z} + I_0^{-} e^{\gamma z} \end{aligned} \tag{9-38b}$$

여기서 플러스와 마이너스로 표시된 윗첨자는 각각 $+z$와 $-z$ 방향으로 진행하는 파를 표시한다. 파의 진폭 (V_0^+, I_0^+)와 (V_0^-, I_0^-)는 식 (9-35a)와 (9-35b)와 연관이 있으며 쉽게 다음과 같은 식을 증명할 수 있다(연습문제 P.9-5).

$$\frac{V_0^+}{I_0^+} = -\frac{V_0^-}{I_0^-} = \frac{R + j\omega L}{\gamma} \tag{9-39}$$

무한 선(실제로는 왼쪽 끝에 공급원이 있는 반무한 선)에 대해 $e^{\gamma z}$ 성분을 포함하는 항은 없어져야 한다. 반사파는 존재하지 않으며, $+z$ 방향으로 진행하는 파만이 존재한다. 따라서

$$V(z) = V^{+}(z) = V_0^{+} e^{-\gamma z} \tag{9-40a}$$

$$I(z) = I^{+}(z) = I_0^{+} e^{-\gamma z} \tag{9-40b}$$

가 된다. 무한히 긴 선의 임의의 z에서 전압과 전류의 비는 z와 무관하며 이를 선의 **특성 임피던스**(characteristic impedance)라 부른다.

$$Z_0 = \frac{R + j\omega L}{\gamma} = \frac{\gamma}{G + j\omega C} = \sqrt{\frac{R + j\omega L}{G + j\omega C}} \qquad (\Omega) \tag{9-41}$$

γ와 Z_0는 무한히 긴 선이든 그렇지 않든지 간에 전송선의 고유한 특성임을 주목하라. 이 값들은 선의 길이와 무관하며 R, L, G, C 및 ω에 의존한다. 무한히 긴 선은 단지 반사파가 없음을 의미한다.

전송선의 전파 특성과 손실이 있는 매질에서 균일 평면파의 전파 특성 간에는 밀접한 관계가 있다. 이 유사성은 다음 예제에서 살펴보자.

예제 9-2 전송선의 전파 특성과 손실 매질에서의 균일 평면파의 유사성을 증명하라.

풀이 복소 유전율이 $\epsilon_c = \epsilon' - j\epsilon''$이고 복소 투자율이 $\mu = \mu' - j\mu''$인 손실 매질에서 맥스웰의 회전 방정식 (7-104a)와 (7-104b)는

$$\nabla \times \mathbf{E} = -j\omega(\mu' - j\mu'')\mathbf{H} \tag{9-42a}$$

$$\nabla \times \mathbf{H} = j\omega(\epsilon' - j\epsilon'')\mathbf{E} \tag{9-42b}$$

가 된다. 균일 평면파가 z에 의해서만 변하는 E_x로 특정지어진다고 가정하면, 식 (9-42a)는

$$\begin{aligned} -\frac{dE_x(z)}{dz} &= j\omega(\mu' - j\mu'')H_y \\ &= (\omega\mu'' + j\omega\mu')H_y \end{aligned} \tag{9-43a}$$

와 같이 간략화 할 수 있다(식 (8-12b) 참조). 비슷한 방법으로, 식 (9-42b)로부터 다음 식을 얻을 수 있다.

$$-\frac{dH_y(z)}{dz} = (\omega\epsilon'' + j\omega\epsilon')E_x \tag{9-43b}$$

식 (9-43a)와 (9-43b)를 식 (9-35a) 및 (9-35b)와 각각 비교하면, 균일 평면파의 E_x와 H_y는 전송선의 V와 I의 유사성을 바로 알아볼 수 있다.

식 (9-43a)와 (9-43b)를 결합하면

$$\frac{d^2E_x(z)}{dz^2} = \gamma^2 E_x(z) \tag{9-44a}$$

와

$$\frac{d^2H_y(z)}{dz^2} = \gamma^2 H_y(z) \tag{9-44b}$$

가 되며, 이는 식 (9-36a) 및 (9-36b)와 완전히 비슷하다. 균일 평면파의 전파상수는

$$\gamma = \alpha + j\beta = \sqrt{(\omega\mu'' + j\omega\mu')(\omega\epsilon'' + j\omega\epsilon')} \tag{9-45}$$

이며, 이는 전송선에 대한 식 (9-37)과 비교할 수 있다. 손실 매질의 고유 임피던스, 즉 $+z$ 방향으로 진행하는 평면파의 고유 임피던스(식 (8-30) 참조)는

$$\eta_c = \sqrt{\frac{\mu'' + j\mu'}{\epsilon'' + j\epsilon'}} \tag{9-46}$$

이며 이는 전송선의 특성 임피던스에 대한 표현인 식 (9-41)과 유사하다.

이러한 유사성 때문에, 평면파의 수직 입사에서 얻어진 많은 결과가 전송선 문제에 적용될 수 있고, 그 역도 가능하다. ■

식 (9-41)의 특성 임피던스와 식 (9-37)의 전파상수에 대한 일반적인 표현은 비교적 복잡하다. 다음의 세 가지 특수한 경우는 특별한 의미를 갖는다.

1. 무손실 선($R = 0, G = 0$)

(a) 전파상수

$$\gamma = \alpha + j\beta = j\omega\sqrt{LC} \tag{9-47}$$

$$\alpha = 0 \tag{9-48}$$

$$\beta = \omega\sqrt{LC} \quad (\omega\text{의 선형함수}) \tag{9-49}$$

(b) 위상 속도

$$u_p = \frac{\omega}{\beta} = \frac{1}{\sqrt{LC}} \quad (\text{상수}) \tag{9-50}$$

(c) 특성 임피던스

$$Z_0 = R_0 + jX_0 = \sqrt{\frac{L}{C}} \tag{9-51}$$

$$R_0 = \sqrt{\frac{L}{C}} \qquad (\text{상수}) \tag{9-52}$$

$$X_0 = 0 \tag{9-53}$$

2. 저손실 선($R \ll \omega L$, $G \ll \omega C$). 저손실 선의 조건은 매우 높은 주파수에 대해 더 쉽게 만족함을 알 수 있다.

(a) 전파상수

$$\begin{aligned}\gamma = \alpha + j\beta &= j\omega\sqrt{LC}\left(1 + \frac{R}{j\omega L}\right)^{1/2}\left(1 + \frac{G}{j\omega C}\right)^{1/2} \\ &\cong j\omega\sqrt{LC}\left(1 + \frac{R}{2j\omega L}\right)\left(1 + \frac{G}{2j\omega C}\right) \\ &\cong j\omega\sqrt{LC}\left[1 + \frac{1}{2j\omega}\left(\frac{R}{L} + \frac{G}{C}\right)\right]\end{aligned} \tag{9-54}$$

$$\alpha \cong \frac{1}{2}\left(R\sqrt{\frac{C}{L}} + G\sqrt{\frac{L}{C}}\right) \tag{9-55}$$

$$\beta \cong \omega\sqrt{LC} \ (\text{근사적으로 } \omega\text{의 선형함수}) \tag{9-56}$$

(b) 위상 속도

$$u_p = \frac{\omega}{\beta} \cong \frac{1}{\sqrt{LC}} \quad (\text{근사적으로 상수}) \tag{9-57}$$

(c) 특성 임피던스

$$Z_0 = R_0 + jX_0 = \sqrt{\frac{L}{C}}\left(1+\frac{R}{j\omega L}\right)^{1/2}\left(1+\frac{G}{j\omega C}\right)^{-1/2} \cong \sqrt{\frac{L}{C}}\left[1+\frac{1}{2j\omega}\left(\frac{R}{L}-\frac{G}{C}\right)\right] \tag{9-58}$$

$$R_0 \cong \sqrt{\frac{L}{C}} \tag{9-59}$$

$$X_0 \cong -\sqrt{\frac{L}{C}}\,\frac{1}{2\omega}\left(\frac{R}{L}-\frac{G}{C}\right) \cong 0 \tag{9-60}$$

3. 무왜곡 선($R/L = G/C$). 만약 다음과 같은 조건을 만족한다면, γ와 Z_0의 수식은 간단해진다.

$$\frac{R}{L}=\frac{G}{C} \tag{9-61}$$

(a) 전파상수

$$\gamma = \alpha + j\beta = \sqrt{(R+j\omega L)\left(\frac{RC}{L}+j\omega C\right)} = \sqrt{\frac{C}{L}}\,(R+j\omega L) \tag{9-62}$$

$$\alpha = R\sqrt{\frac{C}{L}} \tag{9-63}$$

$$\beta = \omega\sqrt{LC} \qquad (\omega\text{의 선형함수}) \tag{9-64}$$

(b) 위상 속도

$$u_p = \frac{\omega}{\beta} = \frac{1}{\sqrt{LC}} \quad (\text{상수}) \tag{9-65}$$

(c) 특성 임피던스

$$Z_0 = R_0 + jX_0 = \sqrt{\frac{R+j\omega L}{(RC/L)+j\omega C}} = \sqrt{\frac{L}{C}} \tag{9-66}$$

$$R_0 = \sqrt{\frac{L}{C}} \qquad (\text{상수}) \tag{9-67}$$

$$X_0 = 0 \tag{9-68}$$

따라서 0이 아닌 감쇠상수를 제외하고 무왜곡 선의 특성은 무손실 선의 특성과 같다. 즉, 위상 속도($u_p = 1/\sqrt{L/C}$)와 실수 특성 임피던스($Z_0 = R_0 = \sqrt{L/C}$)는 모두 상수이다.

위상 속도가 상수인 것은 ω에 대해 위상상수 β가 선형적으로 의존한다는 것을 나타내고 있다. 신호는 보통 주파수 대역으로 이루어지므로, 다른 주파수 성분들은 왜곡을 피하기 위해 같은 속도로 전송선을 따라 진행한다. 무손실 선은 이러한 조건을 만족하며, 손실이 매우 작은 선은 무손실 선으로 근사화된다. 손실이 있는 선의 경우 파의 진폭은 감쇠하며, 다른 주파수 성분들이 같은 속도로 진행하더라도 감쇠되는 정도가 주파수에 따라 다르면 왜곡이 생긴다. 식 (9-61)에 주어진 조건 때문에 α와 u_p가 모두 상수가 되며 따라서 **무왜곡 선**(distortionless line)이라고 부르게 된다.

손실이 있는 전송선의 위상상수는 식 (9-37)에 주어진 γ에 대한 수식을 확장함으로써 구할 수 있다. 일반적으로 위상상수는 ω의 선형함수가 아니며, 따라서 위상 속도 u_p는 주파수에 따라 달라진다. 주파수 성분이 서로 다른 어떤 신호가 선을 따라 전파할 때 서로 다른 속도로 전파되기 때문에 이 신호는 **분산**(dispersion)이 일어나는 것이다. 따라서 손실이 있는 일반적인 전송선은 손실이 있는 유전체와 마찬가지로 **분산성** 매질이 된다.

예제 9-3 50 (Ω)의 무왜곡 전송선에서 0.01 (dB/m)의 감쇠가 발생하고, 선의 정전용량은 0.1 (nF/m)이다.

(a) 선의 단위길이당 저항, 인덕턴스, 그리고 컨덕턴스를 구하라.

(b) 파의 전파 속도를 구하라.

(c) 1 (km)와 5 (km)에서 감소한 전송선의 전압의 진폭비를 구하라.

SOLUTION **풀이**

(a) 왜곡이 없는 선에서

$$\frac{R}{L} = \frac{G}{C}$$

이다. 주어진 값은

$$R_0 = \sqrt{\frac{L}{C}} = 50 \quad (\Omega)$$

$$\alpha = R\sqrt{\frac{C}{L}} = 0.01 \quad (\text{dB/m})$$

$$= \frac{0.01}{8.69}\,(\text{Np/m}) = 1.15 \times 10^{-3}$$

이다. 위의 세 개의 관계식과 $C = 10^{-10}$ (F/m)로부터 미지의 R, L, 그리고 G를 구할 수 있다.

$$R = \alpha R_0 = (1.15 \times 10^{-3}) \times 50 = 0.057 \quad (\Omega/\text{m})$$

$$L = CR_0^2 = 10^{-10} \times 50^2 = 0.25 \quad (\mu\text{H/m})$$

$$G = \frac{RC}{L} = \frac{R}{R_0^2} = \frac{0.057}{50^2} = 22.8 \quad (\mu\text{S/m})$$

(b) 왜곡이 없는 선에서 파의 전파 속도는 식 (9-65)에 주어진 위상 속도와 같다.

$$u_p = \frac{1}{\sqrt{LC}} = \frac{1}{\sqrt{(0.25 \times 10^{-6} \times 10^{-10}}} = 2 \times 10^8 \quad \text{(m/s)}$$

(c) 선을 따라 z만큼 떨어진 두 전압의 비는 다음과 같이 구할 수 있다.

$$\frac{V_2}{V_1} = e^{-\alpha z}$$

$$1\ \text{(km) 후,}\quad (V_2/V_1) = e^{-1000\alpha} = e^{-1.15} = 0.317,\ \text{또는 } 31.7\%$$

$$5\ \text{(km) 후,}\quad (V_2/V_1) = e^{-5000\alpha} = e^{-5.75} = 0.0032,\ \text{또는 } 0.32\%$$

9-3.2 전송선 특성지표

주어진 주파수에서 전송선의 전기적 특성은 분포회로와 관련된 네 개의 특성지표 R, L, G, 그리고 C에 의해 완벽하게 나타낼 수 있다. 평행판 전송선에 대한 특성지표 값은 표 9-1에 나와 있다. 이 절에서는 2선 전송선과 동축 전송선에서의 특성지표(또는 특성상수)를 구하고자 한다.

기본적인 전제는 전송선에서 도체의 도전율은 일반적으로 너무 높아서 전파상수를 계산할 때 직렬저항의 영향은 무시하고, 선상의 파는 근사적으로 TEM 파라는 것이다. 식 (9-37)로부터 R을 소거하면 다음과 같이 쓸 수 있다.

$$\gamma = j\omega\sqrt{LC}\left(1 + \frac{G}{j\omega C}\right)^{1/2} \tag{9-69}$$

식 (8-44)로부터 구성 특성지표(μ, ϵ, σ)를 갖는 매질에서 TEM 파의 전파상수는 다음과 같다.

$$\gamma = j\omega\sqrt{\mu\epsilon}\left(1 + \frac{\sigma}{j\omega\epsilon}\right)^{1/2} \tag{9-70}$$

그러나 식 (5-81)에 의해

$$\frac{G}{C} = \frac{\sigma}{\epsilon} \tag{9-71}$$

이므로, 식 (9-69)와 (9-70)을 비교하면 다음과 같은 식을 얻을 수 있다.

$$\boxed{LC = \mu\epsilon} \tag{9-72}$$

식 (9-72)로부터 주어진 매질에서 선의 L 값을 알면 C를 구할 수 있고 반대로 C를 알면 L을 구할 수 있기 때문에 이 관계식은 매우 유용하다. C를 알면 식 (9-71)로부터 G를 알 수 있다. 직렬저항 R은 9-2.1절에서처럼 불안정한 TEM 파를 만들어 내기 위한 E_z 성분을 도입하는 데 사용되며 선의 단위길이당 소비되는 저항성 전력을 구하기 위해 사용된다.

식 (9-72)는 무손실 선에서도 당연히 성립한다. 그러므로 **무손실 전송선에서 전파하는 파의 속도 $u_p = 1/\sqrt{LC}$ 는 선의 유전체 내에서 유도되지 않은 평면파의 전파 속도 $1/\sqrt{LC}$와 같다**. 이러한 사실은 평행판 전송선에 대한 식 (9-21)과도 관계가 있다.

1. 2선 전송선. 반지름이 각각 a이고 거리 D만큼 떨어진 두 선으로 이루어진 2선 전송선의 단위길이당 정전용량은 식 (4-47)에 나타내었다.

$$C = \frac{\pi\epsilon}{\cosh^{-1}(D/2a)} \qquad \text{(F/m)} \tag{9-73}$$ [5]

식 (9-72)와 (9-71)로부터

$$L = \frac{\mu}{\pi}\cosh^{-1}\left(\frac{D}{2a}\right) \qquad \text{(H/m)} \tag{9-74}$$ [5]

와

$$G = \frac{\pi\sigma}{\cosh^{-1}(D/2a)} \qquad \text{(S/m)} \tag{9-75}$$ [5]

를 얻을 수 있다.

R을 구하기 위해, 식 (9-28)에 보인 바와 같이 두 선에서의 단위길이당 소비되는 저항성 전력을 p_σ로 표현한다. 전류 J_s (A/m)가 매우 얇은 표면층으로 흐른다고 가정하면, 각 선의 전류는 $I = 2\pi a J_s$이고

$$P_\sigma = 2\pi a p_\sigma = \frac{1}{2}I^2\left(\frac{R_s}{2\pi a}\right) \quad \text{(W/m)} \tag{9-76}$$

이다. 따라서 두 선의 단위길이당 직렬저항은

$$R = 2\left(\frac{R_s}{2\pi a}\right) = \frac{1}{\pi a}\sqrt{\frac{\pi f \mu_c}{\sigma_c}} \qquad (\Omega/\text{m}) \tag{9-77}$$

이 된다. 식 (9-76)과 (9-77)을 유도하기 위해 표면전류 J_s가 두 선의 주변에 걸쳐 균일하다고 가정하였다. 이는 근사적이며, 그렇기 때문에 두 선이 가까우면 표면전류는 비균일하다고 가정하게 된다.

5) $\cosh^{-1}(D/2a) \cong \ln(D/a)$이면 $(D/2a) \gg 1$

표 9-2 2선, 동축 전송선의 분포 특성지표

특성지표	2 선 선	동축선	단위
R	$\dfrac{R_s}{\pi a}$	$\dfrac{R_s}{2\pi}\left(\dfrac{1}{a}+\dfrac{1}{b}\right)$	Ω/m
L	$\dfrac{\mu}{\pi}\cosh^{-1}\left(\dfrac{D}{2a}\right)$	$\dfrac{\mu}{2\pi}\ln\dfrac{b}{a}$	H/m
G	$\dfrac{\pi\sigma}{\cosh^{-1}(D/2a)}$	$\dfrac{2\pi\sigma}{\ln(b/a)}$	S/m
C	$\dfrac{\pi\epsilon}{\cosh^{-1}(D/2a)}$	$\dfrac{2\pi\epsilon}{\ln(b/a)}$	F/m

주: $R_s = \sqrt{\pi f \mu_c/\sigma_c}$; 만약 $(D/2a)^2$이면 $\cosh^{-1}(D/2a) \cong \ln(D/a)^2$. 내부 인덕턴스는 포함되지 않았다.

2. 동축 전송선. 반지름이 a인 내부 도체가 내부 반지름이 b인 외부 도체로 둘러싸여 있는 동축 전송선의 단위길이당 외부 인덕턴스는 식 (6-140)으로부터 구할 수 있다.

$$L = \frac{\mu}{2\pi}\ln\frac{b}{a} \qquad (\text{H/m}) \tag{9-78}$$

식 (9-72)로부터

$$C = \frac{2\pi\epsilon}{\ln(b/a)} \qquad (\text{F/m}) \tag{9-79}$$

이고, 식 (9-71)로부터

$$G = \frac{2\pi\sigma}{\ln(b/a)} \qquad (\text{S/m}) \tag{9-80}$$

이다. 여기서 σ는 손실 유전체에서의 등가 도전율이다. σ는 식 (7-112)에서처럼 $\omega\epsilon''$로 대치할 수 있다.

다시 식 (9-27)로부터 R을 구해보자. 여기서 내부 도체 표면의 J_{si}는 외부 도체의 내부 표면에서의 J_{so}와 다르다. 즉,

$$I = 2\pi a J_{si} = 2\pi b J_{so} \tag{9-81}$$

이어야 한다. 내부 도체와 외부 도체의 단위길이당 소비되는 전력은 각각

$$P_{\sigma i} = 2\pi a p_{\sigma i} = \frac{1}{2} I^2 \left(\frac{R_s}{2\pi a}\right) \tag{9-82}$$

$$P_{\sigma o} = 2\pi b p_{\sigma o} = \frac{1}{2} I^2 \left(\frac{R_s}{2\pi b} \right) \tag{9-83}$$

이다.

식 (9-82)와 (9-83)에서 단위길이당 저항을 구하면,

$$R = \frac{R_s}{2\pi}\left(\frac{1}{a}+\frac{1}{b}\right) = \frac{1}{2\pi}\sqrt{\frac{\pi f \mu_c}{\sigma_c}}\left(\frac{1}{a}+\frac{1}{b}\right) \quad (\Omega/\mathrm{m}) \tag{9-84}$$

이다.

2선 전송선와 동축 전송선의 R, L, G, C 특성지표를 표 9-2에 나타내었다.

9-3.3 전력관계로부터의 감쇠상수

전송선상의 진행파의 감쇠상수는 전파상수의 실수부이다. 즉, 기본 정의식 (9-37)에 의해 결정할 수 있다.

$$\alpha = \mathscr{Re}(\gamma) = \mathscr{Re}\left[\sqrt{(R + j\omega L)(G + j\omega C)}\right] \tag{9-85}$$

또한 감쇠상수는 전력관계로부터 구할 수 있다. 무한히 긴 (반사가 없는) 전송선에서 위상자 전압과 위상자 전류의 분포는 다음과 같이 쓸 수 있다(식 (9-40a)와 (9-40b)의 +윗첨자는 간략화를 위해 생략하였다).

$$V(z) = V_0 e^{-(\alpha + j\beta)z} \tag{9-86a}$$

$$I(z) = \frac{V_0}{Z_0} e^{-(\alpha + j\beta)z} \tag{9-86b}$$

어떤 점 z에서 전송선을 따라 전파되는 시간-평균 전력은

$$\begin{aligned} P(z) &= \tfrac{1}{2}\mathscr{Re}[V(z)I^*(z)] \\ &= \frac{V_0^2}{2|Z_0|^2} R_0 e^{-2\alpha z} \end{aligned} \tag{9-87}$$

이다. 에너지 보존의 법칙에 의하면, 전송선을 따라 나타나는 $P(z)$의 감소율은 단위길이당 시간-평균 전력 손실 P_L과 같다. 그러므로

$$\begin{aligned} -\frac{\partial P(z)}{\partial z} &= P_L(z) \\ &= 2\alpha P(z) \end{aligned}$$

가 되며, 이로부터 다음과 같은 식을 얻을 수 있다.

$$\alpha = \frac{P_L(z)}{2P(z)} \qquad \text{(Np/m)} \tag{9-88}$$

예제 9-4

(a) 식 (9-88)을 이용하여, 분포정수 특성지표 R, L, G, C를 갖는 손실 전송선의 감쇠상수를 구하라.

(b) (a)의 결과를 이용하여 저손실 선과 무왜곡 선의 감쇠상수를 구하라.

풀이

(a) 손실 전송선의 단위길이당 시간-평균 전력 손실은

$$\begin{aligned} P_L(z) &= \tfrac{1}{2}[|I(z)|^2 R + |V(z)|^2 G] \\ &= \frac{V_0^2}{2|Z_0|^2}(R + G|Z_0|^2)e^{-2\alpha z} \end{aligned} \tag{9-89}$$

이다. 식 (9-88)에 식 (9-87)과 (9-89)를 대입하면,

$$\alpha = \frac{1}{2R_0}(R + G|Z_0|^2) \qquad \text{(Np/m)} \tag{9-90}$$

을 얻을 수 있다.

(b) 저손실 선의 경우 $Z_0 \cong R_0 = \sqrt{L/C}$이고, 식 (9-90)은 다음과 같이 된다.

$$\begin{aligned} \alpha &\cong \frac{1}{2}\left(\frac{R}{R_0} + GR_0\right) \\ &= \frac{1}{2}\left(R\sqrt{\frac{C}{L}} + G\sqrt{\frac{L}{C}}\right) \end{aligned} \tag{9-91}$$

이는 식 (9-55)와 부합한다. 무왜곡 선의 경우, $Z_0 = R_0 = \sqrt{L/C}$가 된다. 그러므로 식 (9-91)을 이용하면, 다음과 같은 결과를 얻는다. 즉,

$$\alpha = \frac{1}{2}R\sqrt{\frac{C}{L}}\left(1 + \frac{G}{R}\frac{L}{C}\right)$$

이고, 이는 식 (9-61)의 조건에서

$$\alpha = R\sqrt{\frac{C}{L}} \tag{9-92}$$

로 단순화된다. 식 (9-92)는 식 (9-63)과 같다. ■

9-4 유한 전송선의 전파 특성

9-3.1절에서 전송선의 1차원 시정현파(시변) 헬름홀츠 방정식은 식 (9-36a)와 (9-36b)에 나타내었으며, 일반해는

$$V(z) = V_0^+ e^{-\gamma z} + V_0^- e^{\gamma z} \tag{9-93a}$$

와

$$I(z) = I_0^+ e^{-\gamma z} + I_0^- e^{\gamma z} \tag{9-93b}$$

임을 보였다. 여기서

$$\frac{V_0^+}{I_0^+} = -\frac{V_0^-}{I_0^-} = Z_0 \tag{9-94}$$

이다. 무한히 긴 선의 $z = 0$에서 발진되는 파는 $+z$ 방향으로만 진행하는 파만 있으며, 따라서 식 (9-93a)와 식 (9-93b)의 오른쪽 두 번째 항은 반사파로서 0이다. 이는 특성 임피던스로 종단된 유한한 선에서도 적용된다. 즉 선이 **정합**된 경우이다. 회로이론에서, 주어진 전압원으로부터 부하까지 최대 전력 전달은 "정합이 이루어진 상태"에서 나타나게 되며 이때 부하 임피던스는 전원 임피던스의 공액 복소수가 된다(연습문제 P.9-11 참조). **전송선 해석에서는, 부하 임피던스가 선과 정합되었다는 것은 선의 특성 임피던스(특성 임피던스의 공액 복소수가 아니라)와 부하 임피던스가 같다는 것을 의미한다.**

특성 임피던스가 Z_0이고 길이가 ℓ인 유한 전송선이 그림 9-6에 보인 바와 같이 임의의 부하 임피던스 Z_L로 종단되어 있는 일반적인 경우를 고찰해 보자. 내부 임피던스가 Z_g인 정현파 전압원 $V_g\underline{/0°}$가 $z = 0$에서 선과 접속되어 있다. 이러한 경우에는

$$\left(\frac{V}{I}\right)_{z=\ell} = \frac{V_L}{I_L} = Z_L \tag{9-95}$$

이고, 이것은 $Z_L = Z_0$가 아니면 식 (9-93a)와 (9-93b)의 오른쪽 두 번째 항 없이는 만족될 수 없다. 그러므로 정합되지 않은 선에서는 반사파가 존재한다.

길이가 ℓ이고 전파상수가 γ이며 특성 임피던스가 Z_0인 전송선은 식 (9-93a)와 (9-93b)에서 네 개의 미지수 $V_0^+, V_0^-, I_0^+, I_0^-$가 존재한다. 이 네 개의 미지수는 $z = 0$와 $z = \ell$에서의 관계식으로 연관되어 있으므로 모두가 독립적인 변수들은 아니다. $V(z)$와 $I(z)$는 입력 끝단(연습문제 P.9-12 참조) 또는 부하 끝단에서의 조건에 의해 V_i와 I_i로 표현할 수 있다. 후자의 경우를 살펴보자.

식 (9-93a)와 (9-93b)에서 $z = \ell$이라 하면,

$$V_L = V_0^+ e^{-\gamma\ell} + V_0^- e^{\gamma\ell} \tag{9-96a}$$

$$I_L = \frac{V_0^+}{Z_0} e^{-\gamma\ell} - \frac{V_0^-}{Z_0} e^{\gamma\ell} \tag{9-96b}$$

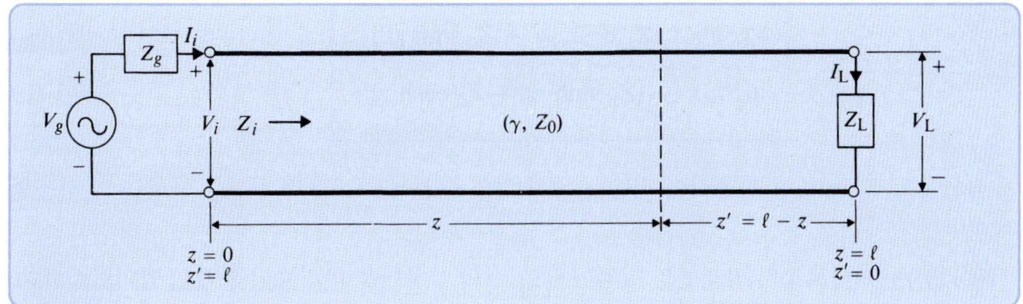

그림 9-6

부하 임피던스 Z_L로 종단된 유한한 길이의 전송선

를 얻는다. 식 (9-96a)와 (9-96b)를 V_0^+와 V_0^-에 대해 풀면,

$$V_0^+ = \tfrac{1}{2}(V_L + I_L Z_0)e^{\gamma\ell} \tag{9-97a}$$

$$V_0^- = \tfrac{1}{2}(V_L - I_L Z_0)e^{-\gamma\ell} \tag{9-97b}$$

가 된다. 식 (9-95)를 식 (9-97a)와 (9-97b)에 대입하고, 식 (9-93a)와 (9-93b)의 결과를 사용하면,

$$V(z) = \frac{I_L}{2}[(Z_L + Z_0)e^{\gamma(\ell - z)} + (Z_L - Z_0)e^{-\gamma(\ell - z)}] \tag{9-98a}$$

$$I(z) = \frac{I_L}{2Z_0}[(Z_L + Z_0)e^{\gamma(\ell - z)} - (Z_L - Z_0)e^{-\gamma(\ell - z)}] \tag{9-98b}$$

을 얻을 수 있다.

ℓ과 z가 $(\ell - z)$로 함께 나타나기 때문에, 새로운 변수 $z' = \ell - z$를 도입하는 것이 편리하며, 이것은 부하로부터 후방에서 측정된 거리이다. 따라서 식 (9-98a)와 (9-98b)는

$$V(z') = \frac{I_L}{2}[(Z_L + Z_0)e^{\gamma z'} + (Z_L - Z_0)e^{-\gamma z'}] \tag{9-99a}$$

$$I(z') = \frac{I_L}{2Z_0}[(Z_L + Z_0)e^{\gamma z'} - (Z_L - Z_0)e^{-\gamma z'}] \tag{9-99b}$$

가 된다. 여기서 같은 기호 V와 I가 식 (9-99a)와 (9-99b) 및 식 (9-98a)와 (9-98b)에 사용되었지만, $V(z')$와 $I(z')$의 z'에 대한 의존성은 $V(z)$와 $I(z)$에서 z에 대한 의존성과 다르다는 것에 유의하자.

쌍곡선함수를 사용하면 위의 방정식들을 간단히 쓸 수 있다. 다음의 관계를 이용하면,

$$e^{\gamma z'} + e^{-\gamma z'} = 2\cosh\gamma z' \quad \text{그리고} \quad e^{\gamma z'} - e^{-\gamma z'} = 2\sinh\gamma z'$$

식 (9-99a)와 (9-99b)를 다음과 같이 쓸 수 있다.

$$V(z') = I_L(Z_L \cosh \gamma z' + Z_0 \sinh \gamma z') \tag{9-100a}$$

$$I(z') = \frac{I_L}{Z_0}(Z_L \sinh \gamma z' + Z_0 \cosh \gamma z') \tag{9-100a}$$

이 식들은 I_L, Z_L, γ, Z_0를 이용하여 전송선 위의 임의의 점에서 전압과 전류를 구하는 데 사용할 수 있다.

$V(z')/I(z')$는 부하로부터 거리 z'인 지점에서 그 선의 부하단을 바라보았을 때의 임피던스이다.

$$Z(z') = \frac{V(z')}{I(z')} = Z_0 \frac{Z_L \cosh \gamma z' + Z_0 \sinh \gamma z'}{Z_L \sinh \gamma z' + Z_0 \cosh \gamma z'} \tag{9-101}$$

또는

$$Z(z') = Z_0 \frac{Z_L + Z_0 \tanh \gamma z'}{Z_0 + Z_L \tanh \gamma z'} \quad (\Omega) \tag{9-102}$$

이다. 선의 전원단 $z' = \ell$에서 그 선을 들여다본 발전기 측에서의 **입력 임피던스** Z_i는

$$Z_i = (Z)_{\substack{z=0 \\ z'=\ell}} = Z_0 \frac{Z_L + Z_0 \tanh \gamma \ell}{Z_0 + Z_L \tanh \gamma \ell} \quad (\Omega) \tag{9-103}$$

이다. 신호원(신호발생기) 측에서의 조건들만 고려하면, 종단된 유한한 전송선은 그림 9-7에서 보인 바와 같이 Z_i로 대체시킬 수 있다. 그림 9-6에서 입력전압 V_i와 입력전류 I_i는 그림 9-7의 등가회로로부터 쉽게 구할 수 있으며 결과는 다음과 같다.

$$V_i = \frac{Z_i}{Z_g + Z_i} V_g \tag{9-104a}$$

$$I_i = \frac{V_g}{Z_g + Z_i} \tag{9-104b}$$

당연히, 전송선의 다른 위치에서의 전압과 전류는 그림 9-7의 등가회로를 사용해서 구할 수 있다.

전송선의 입력 단자에 전원으로부터 전달되는 평균 전력은

$$(P_{av})_i = \tfrac{1}{2}\mathcal{R}e[V_i I_i^*]_{z=0,\, z'=\ell} \tag{9-105}$$

이고, 부하에 전달되는 평균 전력은

$$(P_{av})_L = \tfrac{1}{2}\mathcal{R}e[V_L I_L^*]_{z=\ell,\, z'=0} = \frac{1}{2}\left|\frac{V_L}{Z_L}\right|^2 R_L = \frac{1}{2}|I_L|^2 R_L \tag{9-106}$$

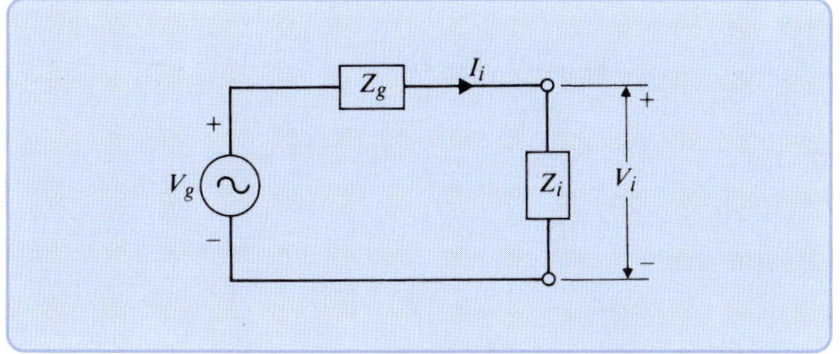

그림 9-7
신호원 종단에서 그림 9-6의 유한 전송선에 대한 등가회로

이다. 무손실 선에서는 전력의 보존법칙에 의해 $(P_{av})_i = (P_{av})_L$이 된다.

전송선이 그 선의 특성 임피던스와 같은 부하로 종단되었을 경우, 즉 $Z_L = Z_0$일 때 특별한 경우이다. 식 (9-103)의 입력 임피던스 Z_i는 Z_0와 같은 것처럼 보이지만 부하 쪽으로 바라보았을 때 부하에서부터 거리 z'만큼 떨어진 지점에서 임피던스는 식 (9-102)로부터

$$Z(z') = Z_0 \quad (Z_L = Z_0\text{에 대해}) \tag{9-107}$$

이다. 식 (9-98a)와 (9-98b)의 전압과 전류 방정식은

$$V(z) = (I_L Z_0 e^{\gamma\ell})e^{-\gamma z} = V_i e^{-\gamma z} \tag{9-108a}$$

$$I(z) = (I_L e^{\gamma\ell})e^{-\gamma z} = I_i e^{-\gamma z} \tag{9-108b}$$

로 간단해진다. 식 (9-108a)와 (9-108b)는 $+z$ 방향으로 진행하는 파를 나타내는 식 (9-40a)와 (9-40b)인 전압과 전류 방정식의 쌍과 관련되며 이는 반사파가 존재하지 않는다. 따라서 **유한한 전송선이 이 전송선의 특성 임피던스로 종단되었을 때, 즉 유한한 전송선이 정합되었을 때 선에서의 전압과 전류 분포식은 선이 무한하다고 가정했을 때와 정확히 같다.**

예제 9-5 내부 저항이 1 (Ω)이고 개방회로 전압 $v_g(t) = 0.3 \cos 2\pi 10^8 t$ (V)인 전원이 50 (Ω) 무손실 전송선에 접속되어 있다. 전송선의 길이는 4 (m)이고, 선에서 파의 전파 속도는 2.5×10^8 (m/s)이다. 부하가 정합되었을 때 (a) 선의 임의의 위치에서 전압과 전류의 순시 표현, (b) 부하에서 전압과 전류의 순시 표현, (c) 부하에 전달되는 평균 전력을 구하라.

SOLUTION **풀이**

(a) 전송선의 임의의 위치에서 전압과 전류를 구하기 위해 우선 입력단($z = 0$, $z' = \ell$)에서의 전압과 전류를 구해야 한다. 주어진 값은 다음과 같다.

$$V_g = 0.3\angle 0° \quad (\text{V}) \qquad \text{코사인 시간 기준 위상자}$$
$$Z_g = R_g = 1 \quad (\Omega)$$
$$Z_0 = R_0 = 50 \quad (\Omega)$$
$$\omega = 2\pi \times 10^8 \quad (\text{rad/s})$$
$$u_p = 2.5 \times 10^8 \quad (\text{m/s})$$
$$\ell = 4 \quad (\text{m})$$

전송선은 정합된 부하와 종단되었으므로, $Z_i = Z_0 = 50$ (Ω)이다. 입력 단자에서 전압과 전류는 그림 9-7의 등가회로로부터 확인할 수 있다. 식 (9-104a)와 (9-104b)로부터

$$V_i = \frac{50}{1+50} \times 0.3\angle 0° = 0.294\angle 0° \quad (\text{V})$$
$$I_i = \frac{0.3\angle 0°}{1+50} = 0.0059\angle 0° \quad (\text{A})$$

을 구할 수 있다.

정합된 전송선에는 진행파만이 존재하므로, 임의의 위치에서 전압과 전류를 구하기 위해 식 (9-86a)와 (9-86b)를 사용한다. 주어진 전송선에서 $\alpha = 0$이고

$$\beta = \frac{\omega}{u_p} = \frac{2\pi \times 10^8}{2.5 \times 10^8} = 0.8\pi \quad (\text{rad/m})$$

이므로

$$V(z) = 0.294 e^{-j0.8\pi z} \quad (\text{V})$$
$$I(z) = 0.0059 e^{-j0.8\pi z} \quad (\text{A})$$

이고, 이들은 위상자 식이다. 이와 관련된 순시식은 식 (9-34a)와 (9-34b)로부터

$$v(z,t) = \mathcal{R}e\left[0.294 e^{j(2\pi 10^8 t - 0.8\pi z)}\right]$$
$$= 0.294 \cos(2\pi 10^8 t - 0.8\pi z) \quad (\text{V})$$
$$i(z,t) = \mathcal{R}e\left[0.0059 e^{j(2\pi 10^8 t - 0.8\pi z)}\right]$$
$$= 0.0059 \cos(2\pi 10^8 t - 0.8\pi z) \quad (\text{A})$$

이 된다.

(b) $z = \ell = 4$ (m)에 있는 부하에서는

$$v(4,t) = 0.294 \cos(2\pi 10^8 t - 3.2\pi) \quad (\text{V})$$
$$i(4,t) = 0.0059 \cos(2\pi 10^8 t - 3.2\pi) \quad (\text{A})$$

이다.

(c) 무손실 전송선의 부하에 전달된 평균 전력은 입력 단자에서의 평균 전력과 같다.

$$(P_{av})_L = (P_{av})_i = \tfrac{1}{2}\mathscr{R}e[V(z)I^*(z)]$$
$$= \tfrac{1}{2}(0.294 \times 0.0059) = 8.7 \times 10^{-4}\ \text{(W)} = 0.87 \quad \text{(mW)}$$

9-4.1 회로소자로서의 전송선

전송선은 한 지점에서 다른 지점으로 전력 및 정보를 전송하는 도파로 뿐만 아니라 주파수가 300 (MHz)~3 (GHz)이고 파장이 1 (m)~0.1 (m)에 이르는 극초고주파(UHF)에서 회로소자로 사용되기도 한다. 이 주파수에서는 일반적인 집중정수 회로소자를 구현하기 어려우며 회로 밖으로 누설되는 전자기장도 중요해진다. 전송선의 단면은 유도성 임피던스나 용량성 임피던스를 만들기 위해 설계할 수 있으며, 최대 전력 전달을 위해 "전자기 신호원" 내부 임피던스와 임의의 부하 임피던스를 정합하는 데 사용된다. 회로소자로서 필요한 전송선의 길이는 UHF 주파수 범위에서는 실질적인 고려 대상이 된다. 300 (MHz)보다 훨씬 낮은 주파수에서는 필요한 전송선의 길이는 아주 길어지고, 반면에 3 (GHz)보다 높은 주파수에서는 물리적인 길이가 불편할 정도로 짧아지므로 도파관 소자를 사용하는 것이 유리하다.

대부분의 경우에 작은 조각의 전송선은 무손실이라고 할 수 있다. 즉, $\gamma = j\beta$, $Z_0 = R_0$이고 $\tanh \gamma\ell = \tanh(j\beta\ell) = j\tan\beta\ell$이다. 식 (9-103)을 이용해서 길이 ℓ인 무손실 전송선이 Z_L로 종단되었을 때의 입력 임피던스 Z_i는

$$Z_i = R_0 \frac{Z_L + jR_0 \tan\beta\ell}{R_0 + jZ_L \tan\beta\ell} \quad (\Omega) \qquad \text{(무손실 선)} \tag{9-109}$$

가 된다. 식 (9-109)와 (8-171)을 비교해 보면 평면 경계면에 수직 입사하는 균일 평면파와 종단된 전송선에서 전파하는 파의 유사성을 다시 한 번 확인할 수 있다.

이제 몇 가지의 중요하면서 특별한 경우를 살펴보자.

1. 개방회로 종단($Z_L \to \infty$). 식 (9-109)로부터

$$Z_{io} = jX_{io} = -\frac{jR_0}{\tan\beta\ell} = -jR_0 \cot\beta\ell \tag{9-110}$$

을 얻는다. 식 (9-110)은 개방회로 무손실 전송선의 입력 임피던스가 순수하게 리액턴스 성분임을 보여준다. 그러나 이 전송선은 $\cot\beta\ell$이 $\beta\ell(=2\pi\ell/\lambda)$의 값에 따라 양(+)또는 음(−)일 수 있기 때문에 용량성이거나 유도성일 수도 있다. 그림 9-8에 $X_{io} = -R_0\cot\beta\ell$을 ℓ에 대해 도시하였다. 여기서 X_{io}는 $-\infty \sim +\infty$ 사이의 모든 값이 될 수 있다고 가정하였다.

개방회로 선의 길이가 파장과 비교하여 매우 짧을 때, 즉 $\beta\ell \ll 1$일 때 $\tan\beta\ell \cong \beta\ell$로 가정하면 용량성 리액턴스에 대한 매우 간단한 식을 얻을 수 있다. 식 (9-110)으로부터

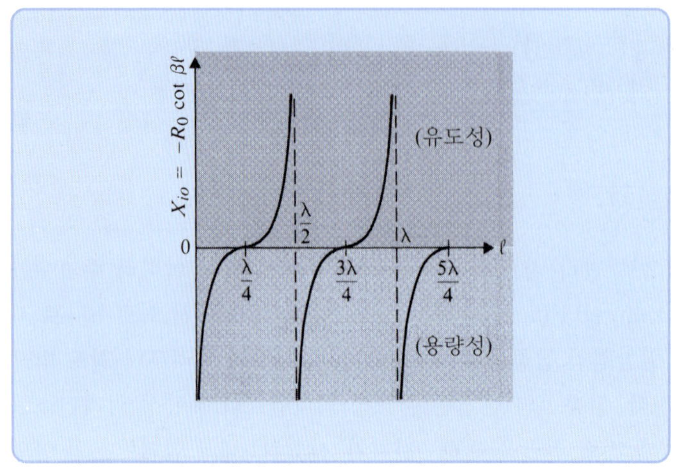

그림 9-8
개방회로 전송선의 입력 리액턴스

$$Z_{io} = jX_{io} \cong -j\,\frac{R_0}{\beta\ell} = -j\,\frac{\sqrt{L/C}}{\omega\sqrt{LC}\ell} = -j\,\frac{1}{\omega C\ell} \tag{9-111}$$

을 얻으며, 이것은 $C\ell$ F(farads)의 용량성 임피던스이다.

실질적으로, 주파수가 높으면 근접해 있는 물체에 의한 커플링(coupling)과 개방단으로부터의 방사 때문에 전송선의 종단에서 무한한 부하 임피던스를 얻는 것이 불가능하다.

2. 단락회로 종단($Z_L = 0$). 이 경우, 식 (9-109)는 다음과 같이 간략하게 나타낼 수 있다.

$$Z_{is} = jX_{is} = jR_0 \tan \beta\ell \tag{9-112}$$

이는 tant $\beta\ell$이 $-\infty \sim +\infty$의 범위를 갖기 때문이며, 무손실 단락회로 선의 입력 임피던스는 $\beta\ell$의 값에 따라 순수한 유도성 또는 순수한 용량성일 수 있다. 그림 9-9는 길이 ℓ에 대한 X_{is}의 변화를 나타낸 그래프이다. 식 (9-112)는 식 (8-172)에 보인 완전도체 평면 경계면에서 거리 ℓ만큼 떨어진 전체 장(total field)의 파동 임피던스와 정확히 같은 형태임을 알 수 있다.

그림 9-8과 9-9를 비교해 보면, X_{io}가 용량성일 때 X_{is}가 유도성이고, 그 역도 성립함을 알 수 있다. 개방회로 혹은 단락회로의 무손실 전송선에 대한 입력 리액턴스는 그 길이가 $\lambda/4$의 홀수배일 때 동일하다.

만약 단락 회선의 길이가 파장에 비해 매우 짧다면($\beta\ell \ll 1$), 식 (9-112)는 근사적으로

$$Z_{is} = jX_{is} \cong jR_0\beta\ell = j\,\sqrt{\frac{L}{C}}\,\omega\sqrt{LC}\ell = j\omega L\ell \tag{9-113}$$

이 되고, 이것은 $L\ell$ H(henry)인 유도성 임피던스이다.

3. 1/4파장 선($\ell = \lambda/4$, $\beta\ell = \pi/2$). 선의 길이가 $\lambda/4$의 홀수배일 때, 즉 $\ell = (2n - 1)\lambda/4$($n = 1, 2, 3, \ldots$)일 때

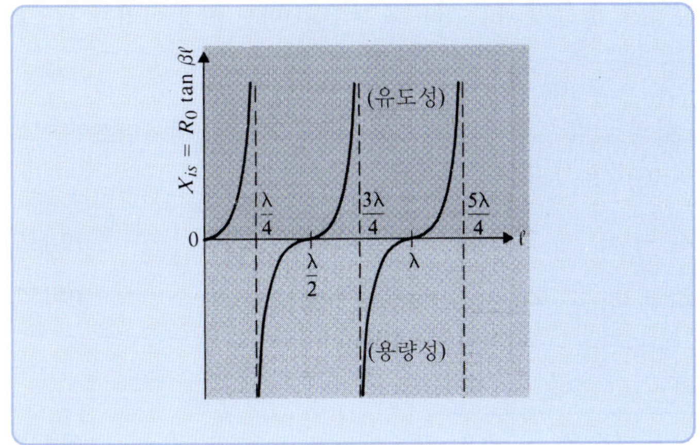

그림 9-9

단락회로 전송선의 입력 리액턴스

$$\beta\ell = \frac{2\pi}{\lambda}(2n-1)\frac{\lambda}{4} = (2n-1)\frac{\pi}{2}$$

$$\tan\beta\ell = \tan\left[(2n-1)\frac{\pi}{2}\right] \to \pm\infty$$

이고 식 (9-109)는

$$\boxed{Z_i = \frac{R_0^2}{Z_L}} \quad (\lambda/4\ \text{선}) \qquad (9\text{-}114)$$

이 된다. 따라서 **λ/4 무손실 선은 부하인 임피던스의 역수에 특성 저항의 제곱을 곱한 값으로 입력단에 부하 임피던스를 전달한다.** $\lambda/4$ 무손실 선은 임피던스 인버터의 역할을 하며 **λ/4 변환기**라고도 한다. 개방회로 $\lambda/4$ 선은 입력단에서 단락회로로 나타나고, 단락회로 $\lambda/4$ 선은 개방회로에서 나타난다. 사실, 선의 직렬저항이 무시되지 않는다면, 단락회로 $\lambda/4$의 입력 임피던스는 평행 공진회로와 비슷한 매우 큰 값을 가진다. $\lambda/4$ 임피던스 변환에 대한 공식인 식 (9-114)와 다중 유전체에 대한 공식인 식 (8-182a)를 비교하는 것도 흥미로운 일이다.

4. 반파장 선($\ell = \lambda/2$, $\beta\ell = \pi$). 선의 길이가 $\lambda/2$의 정수배일 때, 즉 $\ell = n\lambda/2 (n = 1, 2, 3, \ldots)$일 때

$$\beta\ell = \frac{2\pi}{\lambda}\left(\frac{n\lambda}{2}\right) = n\pi$$

$$\tan\beta\ell = 0$$

이고 식 (9-109)는

$$\boxed{Z_i = Z_L} \quad (\text{반파장 선}) \qquad (9\text{-}115)$$

로 간단해진다. 식 (9-115)는 **반파장 무손실 선은 부하 임피던스와 동일한 크기를 입력단에 전달**

함을 의미한다. 식 (9-103)에서 손실이 있는 반파장 선은 $Z_L = Z_0$가 아닌 이상 이러한 특성을 갖지 않음을 알 수 있다.

개방 또는 단락 회로 조건에서 선의 입력 임피던스를 측정하면 선의 특성 임피던스와 전파 상수를 구할 수 있다. 다음은 식 (9-103)으로부터 구할 수 있다.

$$\text{개방회로 선 } Z_L \to \infty: \qquad Z_{io} = Z_0 \coth \gamma\ell \tag{9-116}$$

$$\text{단락회로 선 } Z_L = 0: \qquad Z_{is} = Z_0 \tanh \gamma\ell \tag{9-117}$$

식 (9-116)과 (9-117)에서

$$\boxed{Z_0 = \sqrt{Z_{io}Z_{is}} \qquad (\Omega)} \tag{9-118}$$

과

$$\boxed{\gamma = \frac{1}{\ell}\tanh^{-1}\sqrt{\frac{Z_{is}}{Z_{io}}} \qquad (\text{m}^{-1})} \tag{9-119}$$

을 얻는다. 식 (9-118)과 (9-119)는 손실 선이나 무손실 선에 관계없이 적용된다.

예제 9-6 개방회로와 단락회로 임피던스가 $\lambda/4$보다 작은 길이인 1.5 (m)의 무손실 전송선의 입력단에서 각각 $-j54.6$ (Ω)과 $j103$ (Ω)으로 측정되었다. (a) 선의 Z_0과 γ를 구하라. (b) 주어진 길이의 두 배인 단락회로 선의 입력 임피던스를 구하라. 단, 동작 주파수는 동일하다. (c) 입력단에서 개방회로처럼 보이기 위해서는 단락회로 선이 얼마나 길어야 하는가?

SOLUTION **풀이** 주어진 값은

$$Z_{io} = -j54.6, \qquad Z_{is} = j103, \qquad \ell = 1.5$$

이다.

(a) 식 (9-118)과 (9-119)를 이용하면,

$$Z_0 = \sqrt{-j54.6(j103)} = 75 \quad (\Omega)$$

$$\gamma = \frac{1}{1.5}\tanh^{-1}\sqrt{\frac{j103}{-j54.6}} = \frac{j}{1.5}\tan^{-1} 1.373 = j0.628 \quad (\text{rad/m})$$

이 된다.

(b) 길이 두 배, 즉 $\ell = 3.0$ (m)의 단락회로 선에 대해,

$$\gamma\ell = j0.628 \times 3.0 = j1.884 \quad (\text{rad})$$

이고 입력 임피던스는 식 (9-117)로부터,

$$\begin{aligned} Z_{is} &= 75 \tanh (j1.884) = j75 \tan 108° \\ &= j75(-3.08) = -j231 \quad (\Omega) \end{aligned}$$

이다. 3 (m)의 단락된 선의 Z_{is}는 용량성 리액턴스인 반면, 문제 (a)의 1.5 (m)의 단락된 선의 Z_{is}는 유도성 리액턴스임을 주목하라. 그림 9-9에서 1.5 (m) < $\lambda/4$ < 3.0 (m)임을 알 수 있다.

(c) 입력단에서 단락회로 선이 개방회로처럼 보이기 위해서는 $\lambda/4$의 홀수배가 되어야 한다.

$$\lambda = \frac{2\pi}{\beta} = \frac{2\pi}{0.628} = 10 \quad (\text{m})$$

그러므로 필요한 선의 길이는

$$\begin{aligned} \ell &= \frac{\lambda}{4} + (n-1)\frac{\lambda}{2} \\ &= 2.5 + 5(n-1) \quad (\text{m}), \qquad n = 1, 2, 3, \ldots \end{aligned}$$

이다.

이 절에서는 개방회로와 단락회로 전송선만을 회로소자로 간주하였다. 그림 9-8과 9-9에서 살펴보았듯이, 선의 길이에 따라 개방 또는 단락회로 무손실 선의 입력 임피던스는 순수한 유도성일 수 있고 순수한 용량성일 수 있다. 이제 단락회로 종단의 손실 선의 입력 임피던스를 살펴보자. 그림 9-9처럼 선의 길이가 $\lambda/2$의 배수일 때, 입력 임피던스는 사라지지 않는다. 대신에, 식 (9-117)로부터

$$\begin{aligned} Z_{is} &= Z_0 \tanh \gamma\ell = Z_0 \frac{\sinh (\alpha + j\beta)\ell}{\cosh (\alpha + j\beta)\ell} \\ &= Z_0 \frac{\sinh \alpha\ell \cos \beta\ell + j \cosh \alpha\ell \sin \beta\ell}{\cosh \alpha\ell \cos \beta\ell + j \sinh \alpha\ell \sin \beta\ell} \end{aligned} \tag{9-120}$$

을 얻는다. $\ell = n\lambda/2$, $\beta\ell = n\pi$, 그리고 $\sin \beta\ell = 0$이기 때문에, 식 (9-120)은

$$Z_{is} = Z_0 \tanh \alpha\ell \cong Z_0(\alpha\ell) \tag{9-121}$$

로 간단해진다. 여기서 $\alpha\ell \ll 1$이고 $\tanh \alpha\ell \cong \alpha\ell$인 저손실 매질로 가정하였다. 식 (9-121)의 Z_{is}는 작지만 0은 아니다. $\ell = n\lambda/2$에서, 직렬 공진회로의 조건을 갖게 된다.

단락된 손실 선의 길이가 $\lambda/4$의 홀수배일 때, 그림 9-9에 보인 바와 같이 입력 임피던스는 무한대로 가지 않는다. $\ell = n\lambda/4$, $\beta\ell = n\pi/2$(n = 홀수), $\cos \beta\ell = 0$일 때, 식 (9-120)은

$$Z_{is} = \frac{Z_0}{\tanh \alpha\ell} \cong \frac{Z_0}{\alpha\ell} \tag{9-122}$$

가 되고, 이 결과값은 크지만 무한은 아니다. 즉, 병렬 공진회로의 조건을 갖게 된다. 이는 주파수 선택적 회로이며 선의 **반전력 대역폭**(half-power bandwidth), 또는 간단히 **대역폭**(bandwidth)을 구하여 **양호도**(quality factor) 또는 Q를 구할 수 있다. 병렬 공진회로의 대역폭은 공진 주파수 f_0 주변의 주파수 범위 $\Delta f = f_2 - f_1$(여기서 $f_2 = f_0 + \Delta f/2$과 $f_1 = f_0 - \Delta f/2$는 병렬 회로를 가로지르는 전압이 $1/\sqrt{2}$ 또는 f_0에서의 최대값의 70.7%일 때(전류원을 상수로 가정)의 반전력 주파수)이다. 그러므로 $|Z_{is}|^2$에 비례하고 f_0에서 최대값을 갖는 전력은 f_1과 f_2에서의 값의 1/2이다.

$f = f_0 + \delta f$라 하면(여기서 δf는 공진 주파수 주변에서의 작은 주파수 편이이다),

$$\begin{aligned}\beta\ell &= \frac{2\pi f}{u_p}\ell = \frac{2\pi(f_0 + \delta f)}{u_p}\ell \\ &= \frac{n\pi}{2} + \frac{n\pi}{2}\left(\frac{\delta f}{f_0}\right) \quad n = \text{홀수}\end{aligned} \tag{9-123}$$

$$\cos\beta\ell = -\sin\left[\frac{n\pi}{2}\left(\frac{\delta f}{f_0}\right)\right] \cong -\frac{n\pi}{2}\left(\frac{\delta f}{f_0}\right) \tag{9-124}$$

$$\sin\beta\ell = \cos\left[\frac{n\pi}{2}\left(\frac{\delta f}{f_0}\right)\right] \cong 1 \tag{9-125}$$

를 얻는다. 여기서 $(n\pi/2)(\delta f/f_0) \ll 1$로 가정하였다. $\alpha\ell \ll 1$이고 1차 항의 작은 부분만 유지하면서 식 (9-123), (9-124), (9-125)를 식 (9-120)에 대입하면,

$$Z_{is} = \frac{Z_0}{\alpha\ell + j\dfrac{n\pi}{2}\left(\dfrac{\delta f}{f_0}\right)} \tag{9-126}$$

과

$$|Z_{is}|^2 = \frac{|Z_0|^2}{(\alpha\ell)^2 + \left[\dfrac{n\pi}{2}\left(\dfrac{\delta f}{f_0}\right)\right]^2} \tag{9-127}$$

을 얻는다. $f = f_0$, $\delta f = 0$일 때, $|Z_{is}|^2$은 최대이고 $|Z_{is}|^2_{\max} = |Z_0|^2/(\alpha\ell)^2$과 같다. 따라서

$$\frac{|Z_{is}|^2}{|Z_{is}|^2_{\max}} = \frac{1}{1 + \left[\dfrac{n\pi}{2\alpha\ell}\left(\dfrac{\delta f}{f_0}\right)\right]^2} \tag{9-128}$$

이다. $\delta f = \pm\Delta f/2$일 때, 반전력 주파수 f_2와 f_1을 얻고, 식 (9-128)의 비는 1/2 또는

$$\frac{n\pi}{2\alpha\ell}\left(\frac{\Delta f}{2f_0}\right) = \frac{\beta}{2\alpha}\left(\frac{\Delta f}{f_0}\right) = 1, \quad n = \text{홀수} \tag{9-129}$$

이다. 그러므로 병렬 공진회로($\lambda/4$의 홀수배의 길이를 갖는 단락된 손실 선)의 Q는

$$\boxed{Q = \frac{f_0}{\Delta f} = \frac{\beta}{2\alpha}} \tag{9-130}$$

이다. 식 (9-55)와 (9-56)의 저손실 선에서의 α와 β의 표현을 사용하면,

$$Q = \frac{\omega L}{R + GL/C} = \frac{1}{[(R/\omega L) + (G/\omega C)]} \tag{9-131}$$

을 얻는다. 절연이 잘 된 선에서 $GL/C \ll R$이고, 식 (9-131)은 병렬 공진회로의 Q에 대한 익숙한 표현으로 다음과 같이 간략화 할 수 있다.

$$Q = \frac{\omega L}{R} \tag{9-132}$$

유사한 방법으로, 길이가 $\lambda/4$의 홀수배(직렬 공진)이거나 $\lambda/2$의 정수배(병렬 공진)인 저손실 전송선 개방회로의 공진에 대한 해석이 가능하다. (연습문제 P.9-21 참조)

예제 9-7 공기와 유전체로 구성된 동축 전송선의 감쇠가 400 (MHz)에서 0.01 (dB/m)로 측정되었다. Q를 구하고 단락회로로 종단된 선의 1/4파장 반전력 대역폭을 구하라.

풀이 $f = 4 \times 10^8$ (Hz)에서,

$$\lambda = \frac{c}{f} = \frac{3 \times 10^8}{4 \times 10^8} = 0.75 \quad \text{(m)}$$

$$\beta = \frac{2\pi}{\lambda} = \frac{2\pi}{0.75} = 8.38 \quad \text{(rad/m)}$$

$$\alpha = 0.01\ \text{(dB/m)} = \frac{0.01}{8.69} \quad \text{(Np/m)}$$

이다. 그러므로

$$Q = \frac{\beta}{2\alpha} = \frac{8.38 \times 8.69}{2 \times 0.01} = 3641$$

이 되며, 이는 400 (MHz)에서의 임의의 집중정수 병렬 공진회로에서 얻을 수 있는 값보다 훨씬 크다. 반전력 대역폭은

$$\Delta f = \frac{f_0}{Q} = \frac{4 \times 10^8}{3641} = 0.11 \times 10^6 \quad \text{(Hz)}$$
$$= 0.11 \quad \text{(MHz), 또는 } 110 \quad \text{(kHz)}$$

이다.

9-4.2 저항성 종단 전송선

전송선이 특성 임피던스 Z_0와 다른 부하 임피던스 Z_L로 종단되었을 때, 전원부에서의 입사파와 부하에서의 반사파가 모두 존재한다. 식 (9-99a)는 부하의 끝에서부터 임의의 거리 $z' = \ell - z$에서 전압에 대한 위상자 식을 나타낸다. 식 (9-99a)에서 $e^{\gamma z'}$를 갖는 항은 입사 전압파를 나타내고, $e^{-\gamma z'}$를 갖는 항은 반사 전압파를 나타낸다. 이를

$$\begin{aligned} V(z') &= \frac{I_L}{2}(Z_L + Z_0)e^{\gamma z'}\left[1 + \frac{Z_L - Z_0}{Z_L + Z_0}e^{-2\gamma z'}\right] \\ &= \frac{I_L}{2}(Z_L + Z_0)e^{\gamma z'}[1 + \Gamma e^{-2\gamma z'}] \end{aligned} \tag{9-133a}$$

로 쓸 수 있으며, 여기서

$$\boxed{\Gamma = \frac{Z_L - Z_0}{Z_L + Z_0} = |\Gamma|e^{j\theta_\Gamma}} \quad \text{(단위 없음)} \tag{9-134}$$

이고, 이것은 부하($z' = 0$)에서 반사 전압파와 입사 전압파의 진폭에 대한 복소수 항의 비이며, 부하 임피던스 Z_L의 **전압 반사계수**(voltage reflection coefficient)라고 한다. 이것은 두 유전체 사이의 평면 경계면에 수직으로 입사하는 평면파에 대한 식 (8-140)에서 정의한 반사계수와 같은 형태이며, 일반적으로 크기가 $|\Gamma| \leq 1$인 복소량이다. 식 (9-113a)에서 $V(z')$에 해당하는 전류 방정식은 식 (9-99b)로부터

$$I(z') = \frac{I_L}{2Z_0}(Z_L + Z_0)e^{\gamma z'}[1 - \Gamma e^{-2\gamma z'}] \tag{9-133b}$$

이다.

반사 전류파와 입사 전류파의 복소 진폭의 비 I_0^-/I_0^+으로 정의되는 전류 반사계수는 전압 반사계수와 다르다. 즉, 식 (9-94)로부터 알 수 있듯이 $I_0^-/I_0^+ = -V_0^-/V_0^+$이다. 앞으로는 전압 반사계수만 고려할 것이다.

무손실 전송선 $\gamma = j\beta$에서, 식 (9-133a)와 (9-133b)는

$$V(z') = \frac{I_L}{2}(Z_L + R_0)e^{j\beta z'}[1 + \Gamma e^{-j2\beta z'}]$$
$$= \frac{I_L}{2}(Z_L + R_0)e^{j\beta z'}[1 + |\Gamma|e^{j(\theta_\Gamma - 2\beta z')}] \quad (9\text{-}135a)$$

와

$$I(z') = \frac{I_L}{2R_0}(Z_L + R_0)e^{j\beta z'}[1 - |\Gamma|e^{j(\theta_\Gamma - 2\beta z')}] \quad (9\text{-}135b)$$

가 된다.

무손실 전송선의 전압과 전류 위상자를 $\gamma = j\beta$, $V_L = I_L Z_L$로 놓으면 식 (9-100a)와 (9-100b)로 쉽게 구할 수 있다. $\cosh j\theta = \cos\theta$이고 $\sinh j\theta = j\sin\theta$임을 고려하면,

$$V(z') = V_L \cos\beta z' + jI_L R_0 \sin\beta z' \quad (9\text{-}136a)$$
$$I(z') = I_L \cos\beta z' + j\frac{V_L}{R_0}\sin\beta z' \quad (9\text{-}136b)$$
(무손실 선)

을 얻는다. 종단 임피던스가 순수한 저항성이면, 즉 $Z_L = R_L$, $V_L = I_L R_L$이면, 전압과 전류의 크기는

$$|V(z')| = V_L\sqrt{\cos^2\beta z' + (R_0/R_L)^2\sin^2\beta z'} \quad (9\text{-}137a)$$

$$|I(z')| = I_L\sqrt{\cos^2\beta z' + (R_L/R_0)^2\sin^2\beta z'} \quad (9\text{-}137b)$$

로 주어진다. 여기서 $R_0 = \sqrt{L/C}$ 이다. $|V(z')|$와 $|I(z')|$를 z'의 함수로 나타낸 것은 전송선의 임의 위치에서 최대값과 최소값을 갖는 정재파가 된다.

식 (8-147)에서 평면파의 경우를 유추하면, **정재파비**(standing-wave ratio, SWR) S는 종단된 유한 전송선의 최대 전압과 최소 전압의 비로 정의된다. 이는

$$S = \frac{|V_{max}|}{|V_{min}|} = \frac{1 + |\Gamma|}{1 - |\Gamma|} \quad \text{(단위 없음)} \quad (9\text{-}138)$$

이다. 식 (9-138)을 역으로 전개하면,

$$|\Gamma| = \frac{S - 1}{S + 1} \quad \text{(단위 없음)} \quad (9\text{-}139)$$

이다.

무손실 전송선에서 식 (9-138)과 (9-139)에 의해

$$Z_L = Z_0\text{일 때},\ \Gamma = 0, \qquad S = 1\ \text{(정합된 부하)}$$

$$Z_L = 0\text{일 때},\ \Gamma = -1, \qquad S \to \infty\ \text{(단락부하)}$$

$$Z_L \to \infty\text{일 때},\ \Gamma = +1, \qquad S \to \infty\ \text{(개방부하)}$$

이다. S의 범위가 크기 때문에 일반적으로는 상용 대수, 즉 $20 \log_{10} S$ (dB)로 표현한다. $|I_{max}|/|I_{min}|$로 정의하는 정재파비 S는 식 (9-138)에서 $|V_{max}|/|V_{min}|$로 정의된 것과 같은 표현이다. 전송선에서 높은 정재파비는 막대한 전력 손실을 가져오기 때문에 바람직하지 않다.

식 (9-135a)와 (9-135b)를 살펴보면 $|V_{max}|$와 $|I_{min}|$이

$$\theta_\Gamma - 2\beta z'_M = -2n\pi, \qquad n = 0, 1, 2, \ldots \tag{9-140}$$

일 때 동시에 일어난다는 것을 알 수 있다. 반면에, $|V_{min}|$과 $|I_{max}|$는

$$\theta_\Gamma - 2\beta z'_m = -(2n+1)\pi, \qquad n = 0, 1, 2, \ldots \tag{9-141}$$

일 때 동시에 일어난다. 무손실 전송선의 저항성 종단에서 $Z_L = R_L$, $Z_0 = R_0$이고 식 (9-134)는

$$\Gamma = \frac{R_L - R_0}{R_L + R_0} \quad \text{(저항성 부하)} \tag{9-142}$$

로 간단해진다. 따라서 전압 반사계수는 순수한 실수이며, 다음과 같은 두 가지 경우가 가능하다.

1. $R_L > R_0$일 때. 이 경우, Γ는 양의 실수이고 $\theta_\Gamma = 0$이다. 종단에서 $z' = 0$이고 $n = 0$에서 식 (9-140)의 조건을 만족한다. 이는 최대 전압(전류는 최소)이 종단 저항에서 나타난다는 것을 의미한다. 전압 정재파의 또 다른 최대값(전류 정재파의 최소값)은 $2\beta z' = 2n\pi$ 혹은 부하로부터 $z' = n\lambda/2(n = 1, 2, \ldots)$인 거리에 위치하게 된다.

2. $R_L < R_0$일 때. 식 (9-142)로부터 Γ가 음의 실수이고 $\theta_\Gamma = -\pi$임을 알 수 있다. 종단에서 $z' = 0$이고 식 (9-141)의 조건은 $n = 0$에서 만족한다. 최소 전압(전류는 최대)이 종단 저항에서 나타날 것이다. 전압 정재파의 또 다른 최소값(전류 정재파의 최대값)은 부하에서의 거리가 $z' = n\lambda/2(n = 1, 2, \ldots)$인 위치에 존재할 것이다. 전압 정재파와 전류 정재파의 역할은 $R_L > R_0$일 때와 뒤바뀌진다.

그림 9-10은 저항성 소자로 종단된 무손실 전송선에 대한 전형적인 정재파를 나타내고 있다.

개방회로 부하를 가진 전송선의 정재파는 $|V(z')|$과 $|I(z')|$ 그래프가 부하로부터 거리 z'에 대한 정현 함수에 대한 크기인 것을 제외하면 $R_L > R_0$인 저항성 종단 전송선과 유사하다. 이는 $R_L \to \infty$로 놓음으로써 식 (9-137a)와 (9-137b)로부터 확인할 수 있다. 물론 $I_L = 0$이지만 V_L은 유한한 값이다. 여기서

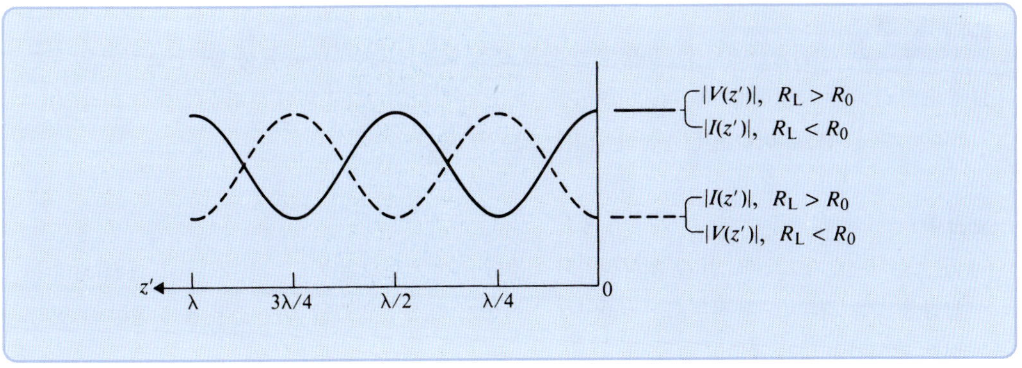

그림 9-10
저항성 종단 무손실 선에서의 전압 정재파와 전류 정재파

$$|V(z')| = V_L|\cos \beta z'| \quad (9\text{-}143a)$$

$$|I(z')| = \frac{V_L}{R_0}|\sin \beta z'| \quad (9\text{-}143b)$$

를 얻는다. 모든 최소값은 0이며 개방회로 선에서, $\Gamma = 1$이고 $S \to \infty$이다.

반면에, 단락회로 부하를 가진 전송선의 정재파는 $R_L < R_0$인 저항성 종단 전송선의 정재파와 비슷하다. 여기서 $R_L = 0$, $V_L = 0$이지만 I_L은 유한하다. 식 (9-137a)와 (9-137b)는

$$|V(z')| = I_L R_0|\sin \beta z'| \quad (9\text{-}144a)$$

$$|I(z')| = I_L|\cos \beta z'| \quad (9\text{-}144b)$$

로 간단해진다. 개방 또는 단락회로 부하를 가진 무손실 전송선의 전형적인 정재파는 그림 9-11에 나타내었다.

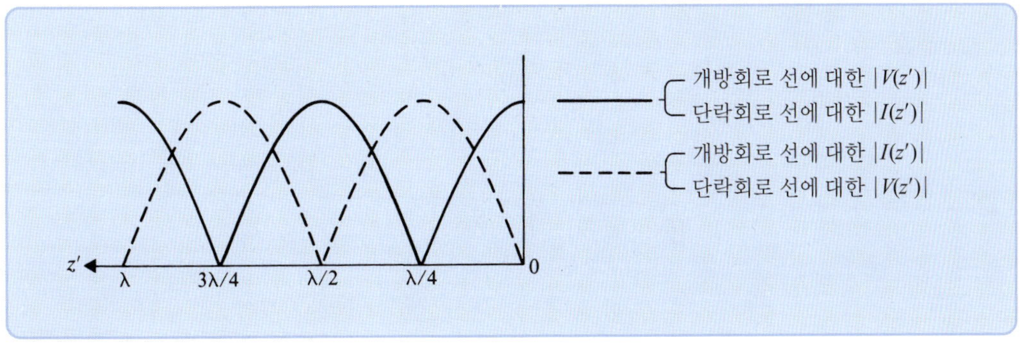

그림 9-11
개방 또는 단락회로 무손실 전송선의 전압과 전류 정재파

예제 9-8 전송선에서 정재파비 S는 쉽게 측정 가능한 값이다. (a) 특성 임피던스가 R_0인 무손실 전송선의 종단 저항값을 S를 측정하여 구할 수 있는지 보여라. (b) 동작 주파수에 대한 파장의 1/4 거리에서 부하 쪽으로 바라본 전송선의 임피던스는 무엇인가?

풀이

(a) 종단 임피던스가 $Z_L = R_L$인 순 저항성이기 때문에 R_L이 R_0보다 큰지($z' = 0, \lambda/2, \lambda$ 등에서 최대 전압값을 갖는 경우) 또는 작은지($z' = 0, \lambda/2, \lambda$ 등에서 최소 전압값을 갖는 경우)를 결정할 수 있다. 이는 측정하면 쉽게 규명할 수 있다.

첫 번째로, $R_L > R_0$일 때 $\theta_\Gamma = 0$이다. $|V_{max}|$와 $|I_{min}|$은 $\beta z' = 0$에서 나타나고 $|V_{min}|$과 $|I_{max}|$는 $\beta z' = \pi/2$에서 나타난다. 식 (9-136a)와 (9-136b)로부터

$$|V_{max}| = V_L, \qquad |V_{min}| = V_L \frac{R_0}{R_L}$$

$$|I_{min}| = I_L, \qquad |I_{max}| = I_L \frac{R_L}{R_0}$$

을 얻는다. 그러므로

$$\frac{|V_{max}|}{|V_{min}|} = \frac{|I_{max}|}{|I_{min}|} = S = \frac{R_L}{R_0}$$

또는

$$R_L = SR_0 \tag{9-145}$$

이다.

두 번째로, $R_L < R_0$일 때 $\theta_\Gamma = -\pi$이다. $|V_{min}|$과 $|I_{max}|$은 $\beta z' = 0$에서 나타나고 $|V_{max}|$와 $|I_{min}|$은 $\beta z' = \pi/2$일 때 나타난다. 여기서

$$|V_{min}| = V_L, \qquad |V_{max}| = V_L \frac{R_0}{R_L}$$

$$|I_{max}| = I_L, \qquad |I_{min}| = I_L \frac{R_L}{R_0}$$

이다. 그러므로

$$\frac{|V_{max}|}{|V_{min}|} = \frac{|I_{max}|}{|I_{min}|} = S = \frac{R_0}{R_L}$$

또는

$$R_L = \frac{R_0}{S} \tag{9-146}$$

이다.

(b) 파장 λ는 두 개의 이웃하는 전압(또는 전류)의 최대값 또는 최소값 간 거리의 두 배로 구할 수 있다. $z' = \lambda/4$에서, $\beta z' = \pi/2$, $\cos \beta z' = 0$이고 $\sin \beta z' = 1$이다. 식 (9-136a)와 (9-136b)는

$$V(\lambda/4) = jI_L R_0$$
$$I(\lambda/4) = j\frac{V_L}{R_0}$$

이 된다(질문: 이 식에서 j의 의미는 무엇인가?). $V(\lambda/4)$와 $I(\lambda/4)$의 비는 저항성으로 종단된 무손실 전송선의 $\lambda/4$ 입력 임피던스이다.

$$Z_i(z' = \lambda/4) = R_i = \frac{V(\lambda/4)}{I(\lambda/4)} = \frac{R_0^2}{R_L}$$

이 결과는 식 (9-114)에 주어진 $\lambda/4$ 전송선의 임피던스 변환 성질로 예측할 수 있다.

9-4.3 임의적으로 종단된 전송선

앞의 절에서 저항성으로 종단된 무손실 전송선에서 정재파는 최대 전압(최소 전류)이 $R_L > R_0$일 때, 최소 전압(최대 전류)이 $R_L < R_0$일 때 $z' = 0$인 종단에서 나타나는 것을 알 수 있었다. 종단 임피던스가 순수한 저항성이 아니면 어떻게 될까? 최대 전압 또는 최소 전압이 종단에서 나타나지 않고 종단에서 편이되어 나타난다는 것을 직관적으로 알 수 있다. 이 절에서는 이 편이의 방향과 크기가 종단 임피던스를 결정하는 데 쓰인다는 것을 확인하고자 한다.

종단(혹은 부하) 임피던스를 $Z_L = R_L + jX_L$이라 하고 선의 전압 정재파가 그림 9-12에 보인 바와 같다고 가정하자. 최대 및 최소 전압이 $z' = 0$에서 나타나지 않음을 알 수 있다. 정재파가 ℓ_m 거리만큼 더 진행하면 최소에 도달할 것이다. 최소 전압은 그림에서 보는 바와 같이 원래의 종단 임피던스가 순 저항 $R_m < R_0$으로 종단된 길이 ℓ_m인 전송선으로 대체되면 원래 있어야 할 곳에 있을 것이다. 실제 종단 위치(여기서 $z' > 0$)의 왼쪽 부분의 전송선에 대한 전압 분포는 이렇게 대체하여도 변하지 않는다.

임의의 복소 임피던스는 저항성 부하로 종단된 무손실 전송선 섹션의 입력 임피던스로 구할 수 있다는 사실을 식 (9-109)에서 확인할 수 있다. Z_L을 R_m으로, ℓ을 ℓ_m으로 바꾸면,

$$R_i + jX_i = R_0 \frac{R_m + jR_0 \tan \beta\ell_m}{R_0 + jR_m \tan \beta\ell_m} \tag{9-147}$$

을 얻는다. 식 (9-147)의 실수부와 허수부를 두 개의 방정식으로 분리하면 미지의 값 R_m과 ℓ_m을 구할 수 있다(연습문제 P.9-28 참조).

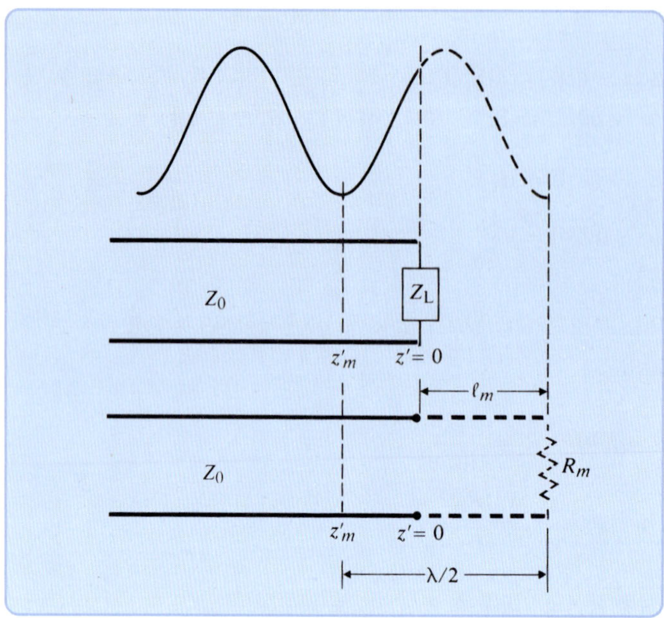

그림 9-12
임의의 값을 갖는 순수한 저항성 소자로 종단된 전송선에서의 전압 정재파

부하 임피던스 Z_L는 그림 9-12에서 거리 z'_m과 정재파비 S를 측정함으로써 실험적으로 구할 수 있으며($z'_m + \ell_m = \lambda/2$임을 기억하라) 다음과 같은 과정을 거친다.

1. S로부터 $|\Gamma|$을 구한다. 식 (9-139)의 $|\Gamma| = \dfrac{S-1}{S+1}$을 이용한다.

2. z'_m로부터 θ_Γ을 구한다. 식 (9-141)에서 $n = 0$일 때 $\theta_\Gamma = 2\beta z'_m - \pi$임을 이용한다.

3. $z' = 0$에서 식 (9-135a)와 (9-135b)의 비인 Z_L을 구한다.

$$Z_L = R_L + jX_L = R_0 \frac{1 + |\Gamma| e^{j\theta_\Gamma}}{1 - |\Gamma| e^{j\theta_\Gamma}} \tag{9-148}$$

R_m의 값이 선 길이 ℓ_m에서 종단되었을 때, 입력 임피던스 Z_L은 식 (9-147)로부터 쉽게 구할 수 있다. 즉, $R_m < R_0$이므로 $R_m = R_0/S$이 된다.

식 (9-148)을 유도하는 과정은 S와 종단으로부터 첫 번째 전압 최소까지의 거리 z'_m을 측정하여 Z_L을 구하는 데 사용된다. 당연히, 종단으로부터 첫 번째 전압 최대까지의 거리 z'_M은 z'_m 대신에 사용될 수 있다. 이 경우 식 (9-140)은 위의 과정 중 두 번째 과정의 θ_Γ을 구하는 데 사용할 수 있다.

예제 9-9 미지의 부하 임피던스로 종단된 무손실 50 (Ω) 전송선 상의 정재파비가 3.0이며, 이웃한 전압 최소 위치들 사이의 거리는 20 (cm)이고, 처음으로 나타나는 최소 위치는 부하로부터 5 (cm)에 위치한다. (a) 반사계수 Γ, (b) 부하 임피던스 Z_L을 구하고, (c) 입력 임피던스가 Z_L과 같아지도록 하는 전송선의 등가 길이와 종단 저항을 구하라.

SOLUTION
풀이

(a) 이웃하는 전압 최소 위치 사이의 거리는 반파장이다.

$$\lambda = 2 \times 0.2 = 0.4 \quad (\text{m}), \qquad \beta = \frac{2\pi}{\lambda} = \frac{2\pi}{0.4} = 5\pi \quad (\text{rad/m})$$

과정 1: 주어진 정재파비 $S = 3$으로부터 반사계수의 크기 $|\Gamma|$를 구한다.

$$|\Gamma| = \frac{S-1}{S+1} = \frac{3-1}{3+1} = 0.5$$

과정 2: 반사계수의 각 θ_Γ를

$$\theta_\Gamma = 2\beta z'_m - \pi = 2 \times 5\pi \times 0.05 - \pi = -0.5\pi \quad (\text{rad})$$
$$\Gamma = |\Gamma| e^{j\theta_\Gamma} = 0.5e^{-j0.5\pi} = -j0.5$$

으로부터 구한다.

(b) 부하 임피던스 Z_L은 식 (9-148)로부터 구할 수 있다.

$$Z_L = 50\left(\frac{1-j0.5}{1+j0.5}\right) = 50(0.60 - j0.80) = 30 - j40 \quad (\Omega)$$

(c) 그림 9-12에서 R_m과 ℓ_m을 구한다. 식 (9-147)을 사용하면

$$30 - j40 = 50\left(\frac{R_m + j50 \tan \beta\ell_m}{50 + jR_m \tan \beta\ell_m}\right)$$

이고, R_m과 $\beta\ell_m$의 실수와 허수 부분으로부터 구한 연립 방정식을 푼다. 실제로 $z'_m + \ell_m = \lambda/2$이고 $R_m = R_0/S$임을 알기 때문에,[8)]

$$\ell_m = \frac{\lambda}{2} - z'_m = 0.2 - 0.05 = 0.15 \quad (\text{m})$$

이고

$$R_m = \frac{50}{3} = 16.7 \quad (\Omega)$$

이다.

8) (c) 부분의 또 다른 풀이는 $\ell'_m = \ell_m - \lambda/4 = 0.05$ (m)이고 $R'_m = SR_0 = 150$ (Ω)이다.

9-4.4 전송선 회로

지금까지 살펴본 전송선의 특징은 부하가 입력 임피던스와 전압 및 전류파의 특성에 어떻게 작용하는지를 알아보았다. 반대쪽 끝에 있는 파의 공급원인 전원에 대해서는 주의를 기울이지 않았다. 강제적으로(경계 조건) 전압 V_L과 전류 I_L은 부하 끝단($z = \ell$, $z' = 0$)에서 $V_L = I_L Z_L$을 만족한다고 하고 $z = 0$이고 $z' = \ell$인 전원 끝에 존재해야 한다고 가정하였다. 그림 9-6에 보인 것과 같이, 내부 임피던스가 Z_g인 전압원 V_g가 부하 임피던스 Z_L로 종단된 길이가 ℓ인 유한한 전송선에 연결되어 있다고 하자. $z = 0$에서만 만족하는 조건들이 선상의 임의의 점에서 전압과 전류를 전원의 특성(V_g, Z_g), 선의 특성(γ, Z_0, ℓ), 부하 임피던스(Z_L)로 표현할 수 있게 된다는 것을 알게 될 것이다.

$z = 0$에서는

$$V_i = V_g - I_i Z_g \tag{9-149}$$

이다. 그러나 식 (9-133a)와 (9-133b)로부터

$$V_i = \frac{I_L}{2}(Z_L + Z_0)e^{\gamma\ell}[1 + \Gamma e^{-2\gamma\ell}] \tag{9-150a}$$

이고

$$I_i = \frac{I_L}{2Z_0}(Z_L + Z_0)e^{\gamma\ell}[1 - \Gamma e^{-2\gamma\ell}] \tag{9-150b}$$

이다. 식 (9-149)에 식 (9-150a)와 (9-150b)를 대입하면 다음을 구할 수 있다.

$$\frac{I_L}{2}(Z_L + Z_0)e^{\gamma\ell} = \frac{Z_0 V_g}{Z_0 + Z_g}\frac{1}{[1 - \Gamma_g \Gamma e^{-2\gamma\ell}]} \tag{9-151}$$

여기서

$$\Gamma_g = \frac{Z_g - Z_0}{Z_g + Z_0} \tag{9-152}$$

는 전원단의 **전압 반사계수**(voltage reflection coefficient)이다. 식 (9-151)을 식 (9-133a)와 (9-133b)에 적용하면,

$$\boxed{V(z') = \frac{Z_0 V_g}{Z_0 + Z_g} e^{-\gamma z}\left(\frac{1 + \Gamma e^{-2\gamma z'}}{1 - \Gamma_g \Gamma e^{-2\gamma\ell}}\right)} \tag{9-153a}$$

를 얻는다. 유사한 방법으로,

$$I(z') = \frac{V_g}{Z_0 + Z_g} e^{-\gamma z}\left(\frac{1 - \Gamma e^{-2\gamma z'}}{1 - \Gamma_g \Gamma e^{-2\gamma \ell}}\right) \tag{9-153b}$$

이다.

식 (9-153a)와 (9-153b)는 교류전압원 V_g로부터 공급받는 유한한 선에 대한 임의의 점에서의 전압과 전류의 위상자 표현이다. 이 두 식은 비교적 복잡하지만, 이 식들이 내포하고 있는 의미는 다음과 같다. 전압과 관련된 식 (9-153a)에 대해 집중적으로 고찰해 보자. 분명히, 전류에 대한 식 (9-153b)의 해석도 매우 비슷하다. 식 (9-153a)를 다음과 같이 전개해 보자.

$$\begin{aligned} V(z') &= \frac{Z_0 V_g}{Z_0 + Z_g} e^{-\gamma z}(1 + \Gamma e^{-2\gamma z'})(1 - \Gamma_g \Gamma e^{-2\gamma \ell})^{-1} \\ &= \frac{Z_0 V_g}{Z_0 + Z_g} e^{-\gamma z}(1 + \Gamma e^{-2\gamma z'})(1 + \Gamma_g \Gamma e^{-2\gamma \ell} + \Gamma_g^2 \Gamma^2 e^{-4\gamma \ell} + \cdots) \\ &= \frac{Z_0 V_g}{Z_0 + Z_g} [e^{-\gamma z} + (\Gamma e^{-\gamma \ell})e^{-\gamma z'} + \Gamma_g(\Gamma e^{-2\gamma \ell})e^{-\gamma z} + \cdots] \\ &= V_1^+ + V_1^- + V_2^+ + V_2^- + \cdots \end{aligned} \tag{9-154}$$

여기서

$$V_1^+ = \frac{V_g Z_0}{Z_0 + Z_g} e^{-\gamma z} = V_M e^{-\gamma z} \tag{9-154a}$$

$$V_1^- = \Gamma(V_M e^{-\gamma \ell})e^{-\gamma z'} \tag{9-154b}$$

$$V_2^+ = \Gamma_g(\Gamma V_M e^{-2\gamma \ell})e^{-\gamma z} \tag{9-154c}$$

$$\vdots$$

이다. 전개한 식으로부터,

$$V_M = \frac{Z_0 V_g}{Z_0 + Z_g} \tag{9-155}$$

는 신호원에서 전송선에 공급하는 초기 전압파의 복소 진폭이다. 이것은 그림 9-13(a)에 보인 간단한 회로로부터 바로 구할 수 있다. 식 (9-154a)의 위상자 V_1^+는 $+z$ 방향으로 진행하는 초기 진행파를 표현한다. 이 파가 부하 임피던스 Z_L에 도달하기 전까지는 무한 선과 마찬가지이기 때문에 임피던스는 Z_0로 볼 수 있다.

첫 번째 파 $V_1^+ = V_M e^{-\gamma z}$가 $z = \ell$의 Z_L에 도달할 때, 정합이 되지 않았기 때문에 복소 진폭 $\Gamma(V_M e^{-\gamma \ell})$을 갖고 $-z$ 방향으로 진행하는 V_1^-을 만들며 반사된다. 반사파 V_1^-가 $z = 0$의 신호원으로 되돌아오면, $Z_g \neq Z_0$이기 때문에 복소 진폭 $\Gamma_g(\Gamma V_M e^{-2\gamma \ell})$을 가지고 $+z$ 방향으로 진행하는 두 번째 반사파 V_2^+를 만들며 다시 반사된다. 이 과정은 양 끝에서 반사하며 무한이 계속되고, 양방향으로 진행하는 파의 합인 정재파 $V(z')$를 생성해낸다. 이것은 그림 9-13(b)에 개략적으로

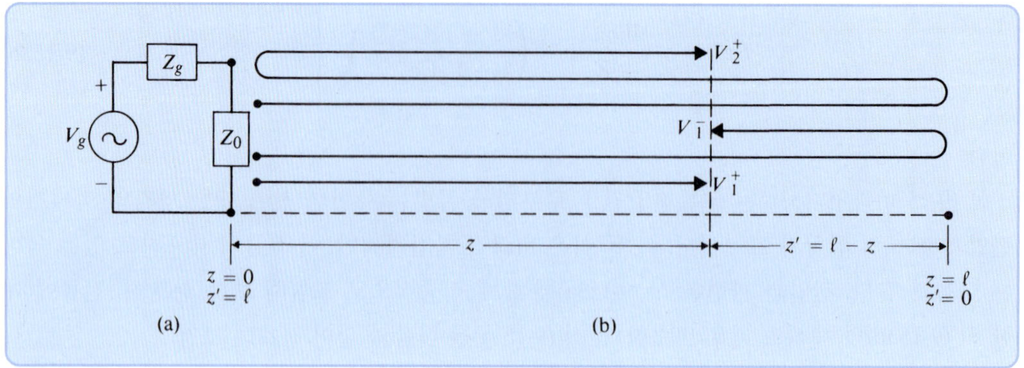

그림 9-13

전송선 회로와 진행파

나타나 있다. 실제로, $\gamma = \alpha + j\beta$는 실수부를 가지며, $e^{-\alpha\ell}$의 감쇠효과가 반사파가 선의 길이를 따라 진행할 때마다 진폭을 줄어들게 된다.

전송선이 정합된 부하 $Z_L = Z_0$로 종단되었을 때, $\Gamma = 0$이고, V_1^+만 존재하며, 그것은 정합된 부하에서 반사 없이 멈춘다. $Z_L \neq Z_0$이지만 $Z_g = Z_0$이면(전원의 내부 임피던스가 전송선에 정합되어 있다면), $\Gamma \neq 0$이고 $\Gamma_g = 0$일 것이다. 결과적으로, V_1^+와 V_1^-만 존재하고, V_2^+ 및 V_2^-와 모든 높은 차수의 반사는 나타나지 않는다.

예제 9-10 $V_g = 10\underline{/0^\circ}$ (V)이고 내부 저항이 50 (Ω), 100 (MHz)인 전원이 길이 3.6 (m), 부하 25 + j25 (Ω)인 50 (Ω) 무손실 전송선에 연결되었다. (a) 전원으로부터 z에 위치한 $V(z)$, (b) 입력 단자의 V_i와 부하의 V_L, (c) 선의 정재파비, 그리고 (d) 부하에 전달되는 평균 전력을 구하라.

풀이 그림 9-6을 참조하면, 주어진 값들은

$$V_g = 10\underline{/0^\circ} \quad (\text{V}), \qquad Z_g = 50 \quad (\Omega), \qquad f = 10^8 \quad (\text{Hz})$$
$$R_0 = 50 \quad (\Omega), \qquad Z_L = 25 + j25 = 35.36\underline{/45^\circ} \quad (\Omega), \qquad \ell = 3.6 \quad (\text{m})$$

이다. 그러므로

$$\beta = \frac{\omega}{c} = \frac{2\pi 10^8}{3 \times 10^8} = \frac{2\pi}{3} \quad (\text{rad/m}), \qquad \beta\ell = 2.4\pi \quad (\text{rad}),$$
$$\Gamma = \frac{Z_L - Z_0}{Z_L + Z_0} = \frac{(25 + j25) - 50}{(25 + j25) + 50} = \frac{-25 + j25}{75 + j25} = \frac{35.36\underline{/135^\circ}}{79.1\underline{/18.4^\circ}}$$
$$= 0.447\underline{/116.6^\circ} = 0.447\underline{/0.648\pi},$$

$$\Gamma_g = 0$$

가 된다.

(a) 식 (9-153a)로부터

$$\begin{aligned} V(z) &= \frac{Z_0 V_g}{Z_0 + Z_g} e^{-j\beta z}[1 + \Gamma e^{-j2\beta(\ell - z)}] \\ &= \frac{50(10)}{100} e^{-j2\pi z/3}[1 + 0.447 e^{j(0.648 - 4.8)\pi} e^{j4\pi z/3}] \\ &= 5[e^{-j2\pi z/3} + 0.447 e^{j(2z/3 - 0.152)\pi}] \quad \text{(V)} \end{aligned}$$

이다. $\Gamma_g = 0$이기 때문에, $V(z)$는 식 (9-154)에서 정의했듯이 오직 두 개의 진행파 V_1^+와 V_1^-의 중첩이다.

(b) 입력 단자에서

$$\begin{aligned} V_i = V(0) &= 5(1 + 0.447 e^{-j0.152\pi}) \\ &= 5(1.396 - j0.207) \\ &= 7.06 \angle -8.43^\circ \quad \text{(V)} \end{aligned}$$

이고, 부하에서는

$$\begin{aligned} V_L = V(3.6) &= 5[e^{-j0.4\pi} + 0.447 e^{j0.248\pi}] \\ &= 5(0.627 - j0.637) = 4.47 \angle -45.5^\circ \quad \text{(V)} \end{aligned}$$

이다.

(c) 전압 정재파비(VSWR)는

$$S = \frac{1 + |\Gamma|}{1 - |\Gamma|} = \frac{1 + 0.447}{1 - 0.447} = 2.62$$

이다.

(d) 부하에 전달되는 평균 전력은

$$P_{av} = \frac{1}{2}\left|\frac{V_L}{Z_L}\right|^2 R_L = \frac{1}{2}\left(\frac{4.47}{35.36}\right)^2 \times 25 = 0.200 \quad \text{(W)}$$

이다.

이 결과를 $Z_L = Z_0 = 50 + j0$ (Ω)으로 정합된 부하의 경우와 비교하는 것은 흥미롭다. 이 경우 $\Gamma = 0$이고

$$|V_L| = |V_i| = \frac{V_g}{2} = 5 \quad \text{(V)}$$

이며, 최대 평균 전력이 부하에 전달된다.

$$\text{최대 } P_{av} = \frac{V_L^2}{2R_L} = \frac{5^2}{2 \times 50} = 0.25 \quad (W)$$

이는 (d)에서 정합되지 않은 부하에 대한 P_{av}보다 반사된 전력 $|\Gamma|^2 \times 0.25 = 0.05$ (W)만큼 더 크다.

9-5 전송선에서의 과도 현상

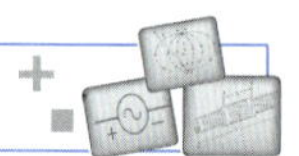

이전 절에서 전송선에서 파의 특성에 대한 논의는 정적인 상태, 단일 주파수, 시정현 신호원과 신호에 기초한 것이며 전압과 전류를 위상자로 다루었다. 리액턴스(X), 파장(λ), 파수(k), 그리고 위상상수(β) 같은 값들은 과도 현상 조건에서는 그 의미를 잃어버리게 된다. 그러나 전원과 신호가 시정현 성분이 아니고 정상상태가 아니라면 매우 중요한 실질적인 상황이다. 예를 들어, 컴퓨터 네트워크의 디지털(펄스) 신호와 전력선 및 전화선의 순간 고압(surge)이 그것이다. 이 절에서는 무손실 전송선의 과도 현상을 알아볼 것이다. 이러한 선($R = 0$, $G = 0$)에서, 특성 임피던스는 특성 저항 $R_0 = 1/\sqrt{LC}$ 가 되고, 전압파와 전류파는 전송선을 따라 $u = 1/\sqrt{LC}$ 의 속도로 전파한다.

가장 간단한 경우가 그림 9-14(a)에 나타나 있다. 여기서 직류 전압원 V_0가 특성 저항 R_0로 종단된 무손실 전송선의 입력단에 시간 $t = 0$에서 직렬(내부)저항 R_g를 통해 연결되어 있다. 종단된 전송선을 들여다본 임피던스가 R_0이기 때문에, 진폭이

$$V_1^+ = \frac{R_0}{R_0 + R_g} V_0 \tag{9-156}$$

인 전압파가 $u = 1/\sqrt{LC}$ 의 속도로 $+z$ 방향으로 선을 따라 전파한다. 전류파의 대응하는 크기 I_1^+는

$$I_1^+ = \frac{V_1^+}{R_0} = \frac{V_0}{R_0 + R_g} \tag{9-157}$$

이다.

시간에 대한 함수로 $z = z_1$에서의 전압을 그래프로 그려 보면, 그림 9-14(b)처럼 $t = z_1/u$만큼 지연된 계단함수를 얻을 수 있다. $z = z_1$에서 선의 전류는 식 (9-157)에 주어진 I_1^+과 같은 형태를 갖는다. 전압파와 전류파가 종단 $z = \ell$에 도달하면, $\Gamma = 0$이기 때문에 반사파가 생기지 않는다. 정상상태가 되며 선 전체가 똑같이 V_1^+로 대전된다.

그림 9-15에서 보는 바와 같이 직렬저항 R_g와 부하저항 R_L이 둘 다 R_0와 같지 않다면, 상황은

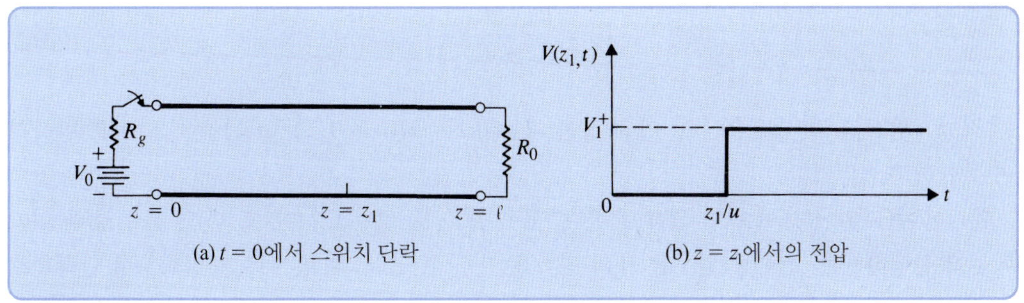

그림 9-14

직렬로 연결된 저항 R_g를 통해 특성 저항 R_0로 종단된 선에 공급되는 전압원

더 복잡해진다. $t = 0$에서 스위치가 단락되었을 때, 직류 전원은 진폭이

$$V_1^+ = \frac{R_0}{R_0 + R_g} V_0 \tag{9-158}$$

인 전압파를 $u = 1/\sqrt{LC}$의 속도로 선의 $+z$ 방향으로 전송한다. 이때 V_1^+ 파는 선의 길이나 반대편 끝에 있는 부하의 특성을 알지 못한다. 따라서 선이 무한히 긴 것처럼 진행한다. 파는 $t = T = \ell/u$일 때 부하단 $z = \ell$에 도달한다. $R_L \neq R_0$이기 때문에, 반사파는 진폭

$$V_1^- = \Gamma_L V_1^+ \tag{9-159}$$

로 $-z$ 방향으로 진행할 것이다. 여기서

$$\Gamma_L = \frac{R_L - R_0}{R_L + R_0} \tag{9-160}$$

은 부하저항 R_L의 반사계수이다. 이 반사파는 $t = 2T$일 때 입력단에 도달하고, 거기서 $R_g \neq R_0$이기 때문에 또다시 반사된다. 진폭 V_2^+를 갖는 새로운 반사파가 선을 따라 진행한다. 여기서

$$V_2^+ = \Gamma_g V_1^- = \Gamma_g \Gamma_L V_1^+ \tag{9-161}$$

이다. 식 (9-161)에서

그림 9-15

$t = 0$에서 종단된 무손실 선에 연결된 직류 전원(일반적인 경우)

$$\Gamma_g = \frac{R_g - R_0}{R_g + R_0} \tag{9-162}$$

는 직렬저항 R_g의 반사계수이다. 이 과정은 파동이 $t = nT(n = 1, 2, 3, \ldots)$일 때 앞뒤로 반사하며 무한히 계속된다.

여기서 두 가지 점을 주목할 필요가 있다. 첫 번째로, Γ_L 또는 Γ_g(혹은 둘 다)가 음수일 수 있기 때문에 진행하는 반사파 중 일부는 음의 진폭을 가질 수 있다. 두 번째로, 개방회로나 단락회로를 제외하고, Γ_L와 Γ_g는 1보다 작다. 따라서 연속하는 반사파의 진폭은 수렴하게 되어 점점 작아진다. 그림 9-15에서 $R_L = 3R_0(\Gamma_L = 1/2)$이고 $R_g = 2R_0(\Gamma_g = 1/3)$일 때 무손실 선에서의 과도 전압파의 진행 과정이 그림 9-16(a), 9-16(b), 그리고 9-16(c)에 세 가지 다른 시간 간격을 두고 각각 도시되어 있다. 이에 대응하는 전류파는 그림 9-16(d), 9-16(e), 그리고 9-16(f)에 도시되어 있다. 선상의 어떠한 특정한 점과 특정한 시간 간격에서 전압과 전류는 단순히 각각의 대수적 합 $(V_1^+ + V_1^- + V_2^+ + V_2^- + \ldots)$과 $(I_1^+ + I_1^- + I_2^+ + I_2^- + \ldots)$이다.

시간 t가 무한히 증가함에 따라 부하에 전달되는 전압의 최종값 $V_L = V(\ell)$을 구하는 것은 흥미롭다. 여기서

$$\begin{aligned} V_L &= V_1^+ + V_1^- + V_2^+ + V_2^- + V_3^+ + V_3^- + \cdots \\ &= V_1^+(1 + \Gamma_L + \Gamma_g\Gamma_L + \Gamma_g\Gamma_L^2 + \Gamma_g^2\Gamma_L^2 + \Gamma_g^2\Gamma_L^3 + \cdots) \\ &= V_1^+[(1 + \Gamma_g\Gamma_L + \Gamma_g^2\Gamma_L^2 + \cdots) + \Gamma_L(1 + \Gamma_g\Gamma_L + \Gamma_g^2\Gamma_L^2 + \cdots)] \\ &= V_1^+\left[\left(\frac{1}{1 - \Gamma_g\Gamma_L}\right) + \left(\frac{\Gamma_L}{1 - \Gamma_g\Gamma_L}\right)\right] \\ &= V_1^+\left(\frac{1 + \Gamma_L}{1 - \Gamma_g\Gamma_L}\right) \end{aligned} \tag{9-163}$$

을 얻는다. 앞에서의 경우처럼 $V_1^+ = V_0/3$, $\Gamma_L = 1/2$이고 $\Gamma_g = 1/3$일 때, 시간 $t \to \infty$에서 식 (9-163)으로부터

$$V_L = \tfrac{9}{5}V_1^+ = \tfrac{3}{5}V_0 \tag{9-163a}$$

를 얻을 수 있다. 정상상태에서 V_0는 R_L과 R_g에 2/3의 비율로 나누어지기 때문에 맞는 결과이다. 유사하게,

$$I_L = \left(\frac{1 - \Gamma_L}{1 - \Gamma_g\Gamma_L}\right)\frac{V_1^+}{R_0}$$

을 구할 수 있으며

$$I_L = \frac{3}{5}\left(\frac{V_1^+}{R_0}\right) = \frac{V_0}{5R_0} \tag{9-164}$$

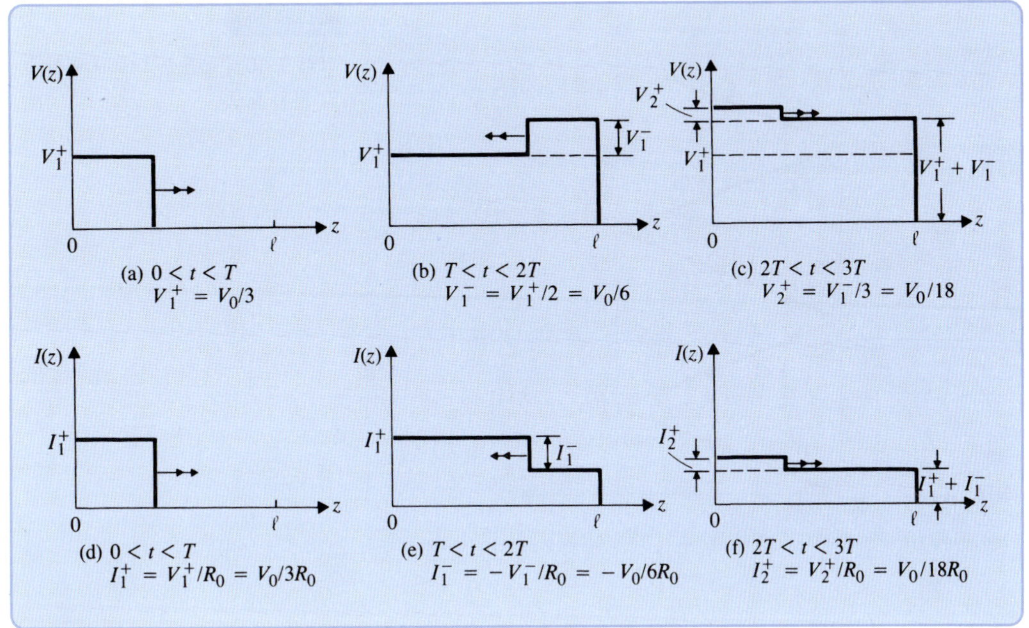

그림 9-16

그림 9-15에서 $R_L = 3R_0$, $R_g = 2R_0$일 때 전송선상의 과도 전압파와 과도 전류파

의 결과를 얻는다.

9-5.1 반사 도표

이전 절에서 단계를 밟아가며 임의의 저항성 종단을 포함하는 전송선에서 특정한 시간과 특정 지점에서 전압과 전류의 구성 및 계산 과정은 많은 반사파를 고려해야 할 때 수식으로 표현하는 것은 매우 어려운 일이다. 그러한 경우에 반사 도표를 이용하여 그래프 형식으로 그리는 것은 매우 도움이 된다. 첫 번째로 **전압 반사 도표**(voltage reflection diagram)를 그려보자. **반사 도표**는 전원단으로부터의 거리 z와 회로의 상태가 변한 후의 경과된 시간에 대해 그린 그림이다. 그림 9-15의 전송선 회로의 전압 반사 도표가 그림 9-17에 주어져 있다. 이는 전원단($z = 0$)에서부터 $+z$ 방향으로 속도 $u = 1/\sqrt{LC}$로 진행하는 파 V_1^+의 $t = 0$에서부터 시작한다. 이 파는 원점에서 V_1^+으로 표시된 직선으로 표시한다. 이 선은 양의 기울기 $1/u$를 가진다. V_1^+파가 $z = \ell$의 부하에 도달할 때, $R_L \neq R_0$이면 반사파 $V_1^- = \Gamma_L V_1^+$가 만들어진다. $-z$ 방향으로 진행하는 V_1^-파는 음의 기울기 $-1/u$를 가진 $\Gamma_L V_1^+$로 표시된 직선으로 표시된다.

V_1^-파는 전원단에서 $t = 2T$에 돌아오고 양의 기울기를 가진 두 번째 지시된 선으로 표시되는 반사파 $V_2^+ = \Gamma_g V_1^- = \Gamma_g \Gamma_L V_1^+$에 의해 증가된다. 이 과정은 앞뒤로 무한히 반복된다. 전압 반사 도표는 선상의 임의의 점에서의 시간에 따른 전압 변화의 함수뿐만 아니라 주어진 시간에서의

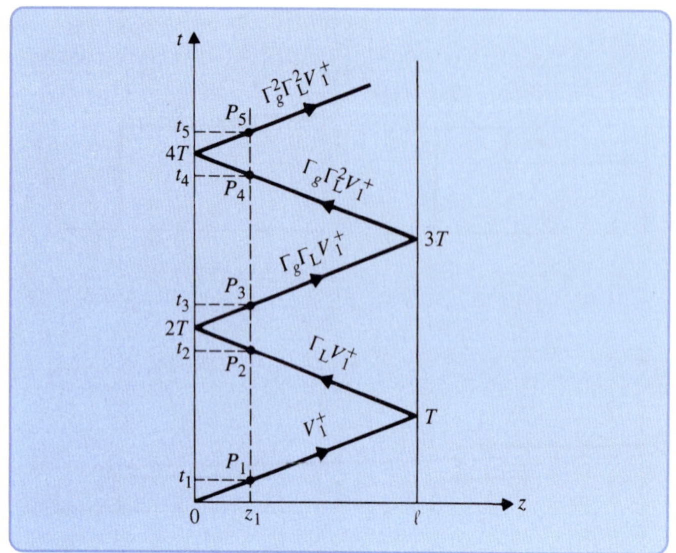

그림 9-17

그림 9-15의 전송선 회로에 대한 전압 반사 도표

전송선에 대한 전압 분포를 구하는 데 편리하게 사용될 수 있다.

다음과 같은 과정에 따라 $t = t_4(3T < t_4 < 4T)$에서 선을 따라 분포된 전압 분포를 구해 보자.

1. 전압 반사 도표의 세로 t축에 t_4를 표시하라.
2. t_4에서 $\Gamma_g\Gamma_L^2V_1^+$로 지시된 선과의 교점 P_4를 지나는 평행선을 그어라(P_4 위의 모든 지시선은 $t > t_4$에 속하기 때문에 문제와 무관하다).
3. P_4와 z축 위의 z_1을 지나는 수직선을 그어라. z_1의 특징은 $0 < z < z_1$(수직선의 왼쪽)의 범위에서 전압은 $V_1^+ + V_1^- + V_2^+ = V_1^+(1 + \Gamma_L + \Gamma_g\Gamma_L)$와 같은 값을 가지며 $z_1 < z < \ell$(수직선의 오른쪽)의 범위에서 전압은 $V_1^+ + V_1^- + V_2^+ + V_2^- = V_1^+(1 + \Gamma_L + \Gamma_g\Gamma_L + \Gamma_g\Gamma_L^2)$와 같다는 것이다. $z = z_1$에서 $\Gamma_g\Gamma_L^2V_1^+$의 전압 불연속이 있다.
4. $t = t_4$에서 선의 전압 분포, 즉 $V(z, t_4)$는 $R_L = 3R_0(\Gamma_L = 1/2)$와 $R_g = 2R_0(\Gamma_g = 1/3)$로 그림 9-18(a)에 보인 바와 같다.

다음으로 점 $z = z_1$에서 시간에 대한 함수로 전압 변화를 구해 보자. 구하는 과정은 다음과 같다.

1. z_1에서 P_1, P_2, P_3, P_4, P_5 등과 만나는 수직선을 긋는다. ($R_L \neq R_0$이고 $R_g \neq R_0$이면 교점의 개수는 무한할 것이며 $\Gamma_L \neq 0$이고 $\Gamma_g \neq 0$이면 무한개의 지시선이 존재할 것이다.)
2. 이 교점들에서 수직의 t축과 $t_1 \sim t_5$ 등에서 만나는 평행선을 긋는다. 이 선들은 어떤 새로운 전압파가 도착하는 순간을 표시하며 $z = z_1$에서 전압의 순간적인 변화를 나타낸다.
3. $z = z_1$에서 t에 대한 함수로 표현되는 전압은 다음과 같은 전압 반사 도표에서 읽을 수 있다.

시간 범위	전압	전압 불연속성
$0 \le t < t_1\ (t_1 = z_1/u)$	0	0
$t_1 \le t < t_2\ (t_2 = 2T - t_1)$	V_1^+	V_1^+ at t_1
$t_2 \le t < t_3\ (t_3 = 2T + t_1)$	$V_1^+(1 + \Gamma_L)$	$\Gamma_L V_1^+$ at t_2
$t_3 \le t < t_4\ (t_4 = 4T - t_1)$	$V_1^+(1 + \Gamma_L + \Gamma_g\Gamma_L)$	$\Gamma_g\Gamma_L V_1^+$ at t_3
$t_4 \le t < t_5\ (t_5 = 4T + t_1)$	$V_1^+(1 + \Gamma_L + \Gamma_g\Gamma_L + \Gamma_g\Gamma_L^2)$	$\Gamma_g\Gamma_L^2 V_1^+$ at t_4
⋮	⋮	⋮

4. $V(z_1, t)$에 대한 그래프가 그림 9-18(b)에 $\Gamma_L = 1/2$와 $\Gamma_g = 1/3$에 대해 도시되어 있다. t가 무한히 증가하면 z_1에서의 전압(그리고 무손실 전송선의 모든 다른 점의 전압)은 식 (9-163a)에 주어진 것처럼 $3V_0/5$일 것이다.

그림 9-17의 전압 반사 도표와 마찬가지로, 그림 9-15의 전송선 회로에 대한 **전류 반사 도표**를 그릴 수 있다. 이는 그림 9-19에 도시되어 있다. 여기서 전류파를 지시선으로 표시하였다. 전압 반사 도표와 전류 반사 도표의 기본적인 차이점은 식 (9-94)에 의해 $-z$ 방향에서 진행하는 전류파에 음의 부호가 붙는다는 것이다. 전류 반사 도표는 이전에 전압의 경우에서 다루었던 과

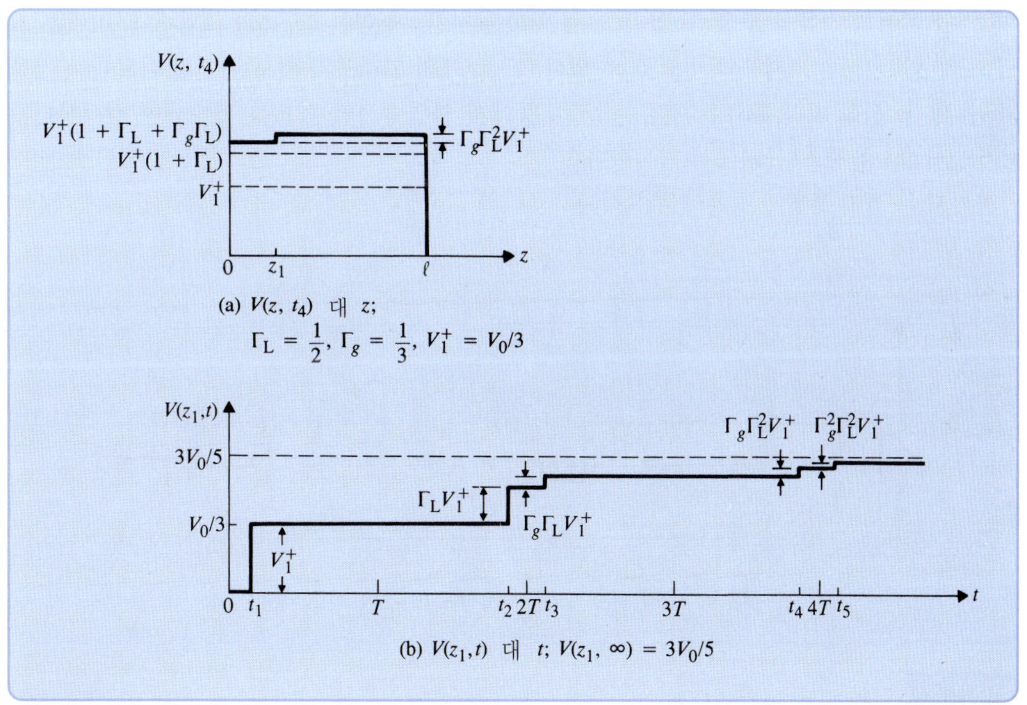

그림 9-18

$R_L = 3R_0$과 $R_g = 2R_0$일 때 무손실 전송선에서의 과도 전압

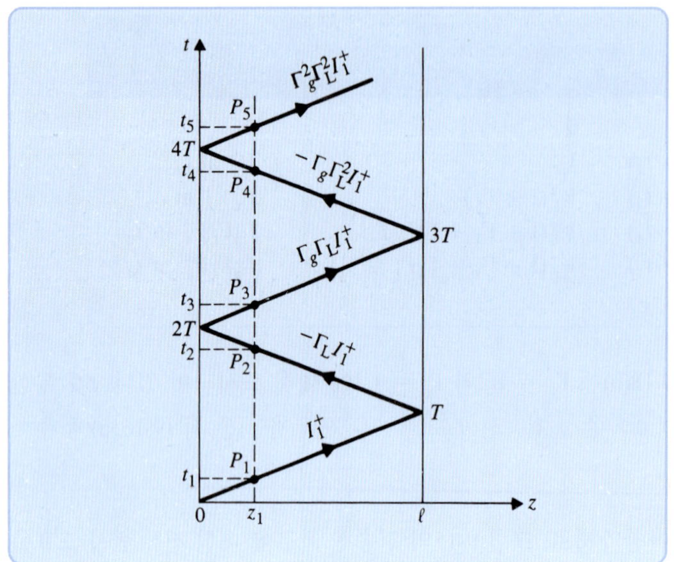

그림 9-19

그림 9-15의 전송선 회로에 대한 전류 반사 도표

정과 동일하게 선상의 특정한 점에서 시간에 따른 전류의 변화뿐만 아니라 주어진 시간에 전송선의 전류 분포를 구하는 데에도 사용될 수 있다. 예를 들어, 그림 9-19의 z_1을 통과하면서 지시선과 점 $P_1 \sim P_5$ 등에서 교차하는 수직선을 도시하고 이와 연관된 시간 $t_1 \sim t_5$ 등을 찾음으로써 $z = z_1$에서의 전류를 구할 수 있다. 그림 9-20은 시간 t에 대한 $I(z_1, t)$의 그림이다. 이것은 그림 9-18(b)의 $V(z_1, t)$ 그래프와 비교할 수 있다. 이 두 개의 그래프가 서로 완전히 다르다는 것을 알 수 있다. 선을 따라 흐르는 전류는 $t_1 \sim t_5$ 등에서 불연속적인 점프를 계속하여 정상상태값 $V_0/5R_0$(식 (9-164) 참조) 근처에서 진동한다.

여기서 두 가지 특별한 경우에 주목하자.

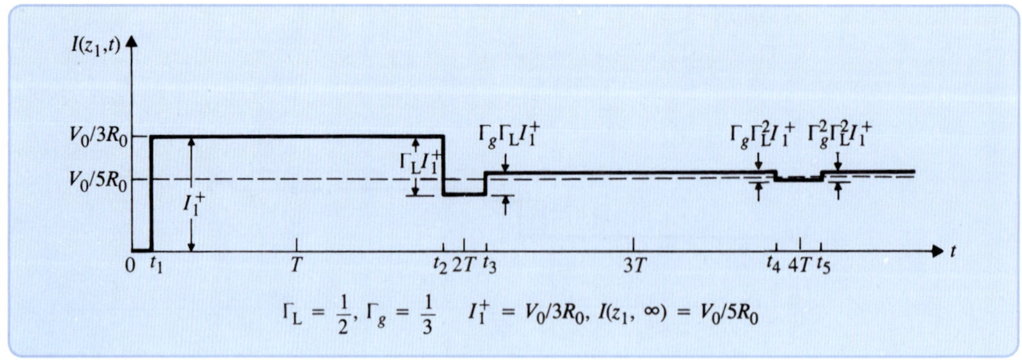

그림 9-20

$R_L = 3R_0$이고 $R_g = 2R_0$인 무손실 전송선의 과도전류

1. $R_L = R_0$(정합된 부하, $\Gamma_L = 0$)일 때, 전압 반사 도표와 전류 반사 도표는 R_g 값에 관계없이 시간 간격 $0 < t < T$에 존재하는 단 하나의 지시선만 갖는다.
2. $R_g = R_0$(정합된 공급원, $\Gamma_g = 0$)이고 $R_L \neq R_0$일 때, 전압 반사 도표와 전류 반사 도표는 시간 간격 $0 < t < T$와 $T < t < 2T$ 사이에 두 개의 지시선이 존재하게 된다.

두 경우 모두 전송선의 과도 현상을 확인하는 것이 매우 간단해진다.

9-5.2 펄스 여기

지금까지는 전원이 계단함수와 같은 급격한 순간고압의 형태일 때 무손실 전송선의 과도 현상에 대해 논의하였다. 즉,

$$v_g(t) = V_0 U(t) \tag{9-165}$$

이고, 여기서 $U(t)$는 단위계단함수를 나타낸다.

$$U(t) = \begin{cases} 0, & t < 0 \\ 1, & t > 0 \end{cases} \tag{9-166}$$

컴퓨터 네트워크나 펄스변조 시스템과 같은 많은 예에서, 여기는 펄스의 형태로 나타나게 된다. 그러나 펄스 형태의 여기가 나타나는 선의 과도 현상에 대한 해석은 사각 펄스를 두 개의 계단함수로 분해할 수 있기 때문에 특별히 어렵지는 않다. 예를 들어, 그림 9-21에 보인 바와 같은 $t = 0$에서 $t = T_0$까지 진폭이 V_0인 펄스는

$$v_g(t) = V_0[U(t) - U(t - T_0)] \tag{9-166a}$$

로 쓸 수 있다. 식 (9-166a)의 $v_g(t)$가 전송선에 공급되면 과도응답은 간단히 $t = 0$에서 직류전압 V_0가 공급되고 또 다른 직류전압 $-V_0$가 $t = T_0$일 때 공급된 결과의 중첩으로 나타낼 수 있다. 예제를 통해 이 과정을 설명하고자 한다.

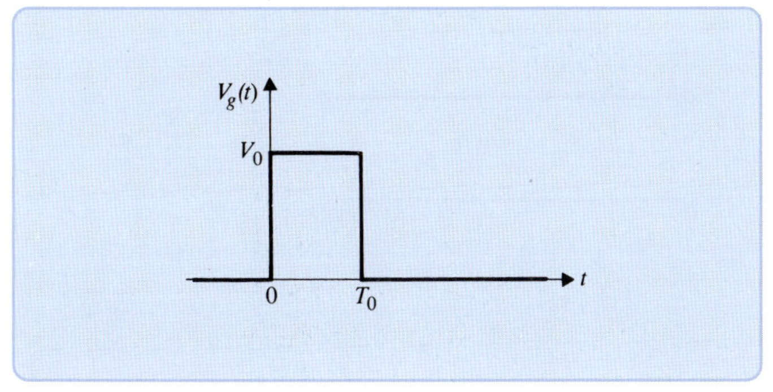

그림 9-21
사각 펄스

예제 9-11 진폭이 15 (V)이고 지속시간이 1 (μs)인 사각 펄스가 직렬저항 25 (Ω)을 통하여 특성임피던스가 50 (Ω)인 무손실 동축 전송선의 입력단에 공급된다. 선의 길이는 400 (m)이고 회로의 끝단이 단락되어 있다. 8 (μs)까지의 시간에 대한 함수로 전송선의 중심점에서 전압응답을 구하라. 케이블 내부 절연체의 유전상수는 2.25이다.

풀이 그림 9-22와 같은 상태에서, $R_g = 25$ (Ω)이고 $R_L = 0$이다. 또한

$$\Gamma_L = -1, \qquad \Gamma_g = \frac{25-50}{25+50} = -\frac{1}{3}$$

$$v_g(t) = 15[U(t) - U(t-10^{-6})]$$

$$u = \frac{c}{\sqrt{\epsilon_r}} = \frac{3\times10^8}{\sqrt{2.25}} = 2\times10^8 \quad \text{(m/s)}$$

$$T = \frac{\ell}{u} = \frac{400}{2\times10^8} = 2\times10^{-6}\ \text{(s)} = 2 \quad (\mu\text{s})$$

$$V_1^+ = \frac{15R_0}{R_0+R_g} = \frac{15\times50}{50+25} = 10 \quad \text{(V)}$$

이다. 이 문제에 대한 전압 반사 도표가 그림 9-23에 나타나 있다. $t = 0$일 때 공급된 +15 (V)에 대한 실선과 $t = 1$ (μs)일 때 공급되는 −15 (V)에 대한 점선의 두 가지 지시선이 있다. 각 지시선을 따라 표시된 파의 진폭은 적절한 부호와 함께 $V_1^+ = 10$ (V)에 관하여 정규화되어 있다. 공급전압 $-15U(t-10^{-6})$는 쉽게 참조하기 위해 괄호 안에 표시하였다. $0 < t \le 8$ (μs) 동안 선의 중심점에서의 전압 변화를 구하기 위해, $z = 200$ (m)에서 수직선을 긋고 $t = 8$ (μs)에서 수평선을 긋는다. $15U(t)$까지의 전압함수는 수직선과 실선으로 표시된 지시선의 교점으로부터 구할 수 있다. 그 결과가 그림 9-24(a)에 v_a로 나타나 있다. 유사한 방법으로, $-15U(t-10^{-6})$까지의 전압함수는 수직선과 지시된 점선과의 교점으로부터 읽을 수 있다. 이는 그림 9-24(b)에 v_b로 나타내었다. $0 < t \le 8$ (μs)에서 필요한 응답 $v(200, t)$는 각각의 응답에 대한 합, 즉 $v_a + v_b$이며, 이에 대해서는 그림 9-24(c)에 주어져 있다.

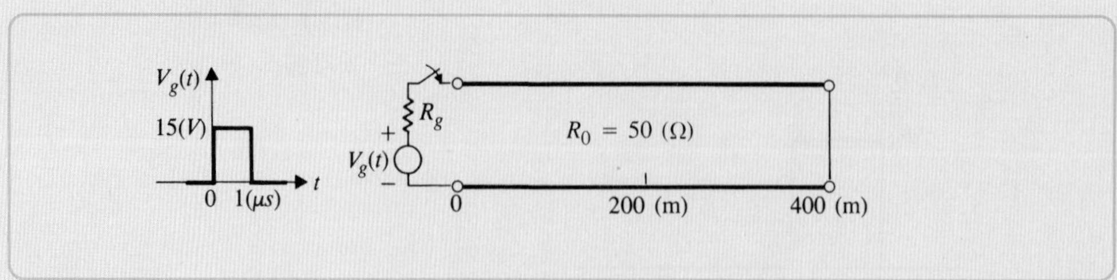

그림 9-22

단락된 전송선에 공급되는 펄스

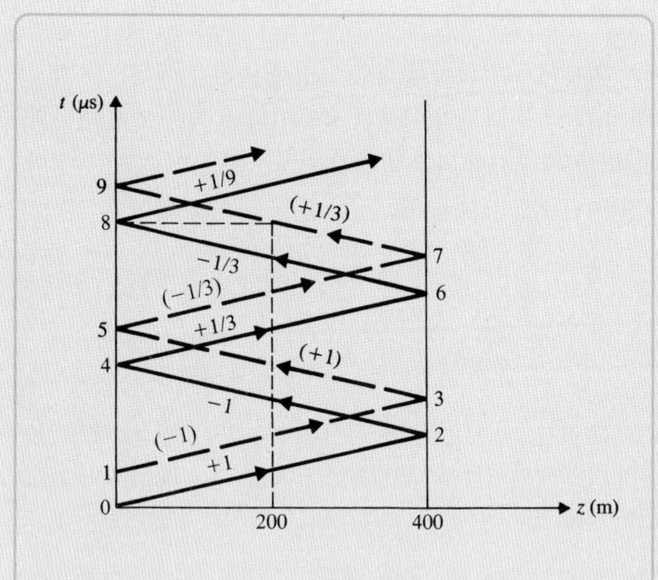

그림 9-23

예제 9-11에 대한 전압 반사 도표

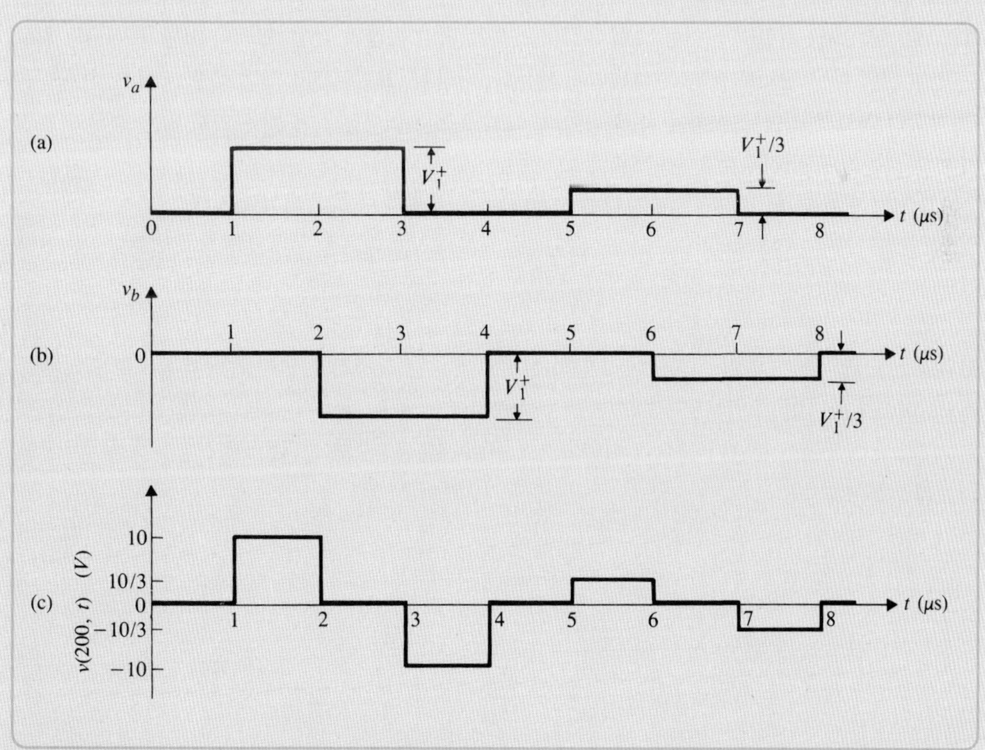

그림 9-24

그림 9-22의 단락된 전송선의 중심점에서 전압응답(예제 9-11)

9-5.3 대전된 선

전송선의 과도응답에 대한 논의에서 외부에서 전원이 공급되기 전까지 선 자체에는 초기 전압이나 전류가 없다고 가정하였다. 사실, 전송선 회로의 어떠한 교란이나 변화는 초기 전압과 전류 또는 전압이나 전류 둘 중에 하나가 존재한다면 외부 전원 없이도 전송선에 과도 현상이 나타나게 된다. 이 절에서는 이미 대전된 전송선을 포함하고 있는 상황을 다룰 것이며, 분석하는 방법에 대해 고찰해 보고자 한다.

다음 예제를 살펴보자.

예제 9-12 특성 저항이 R_0이고 길이가 ℓ인 무손실이며 유전체가 공기인 개방회로 전송선에 전압 V_0가 대전되어 있다. 이 전송선이 $t = 0$에서 저항 R에 연결되었다. 저항 R에서의 전압과 전류를 시간의 함수로 나타내어라. $R = R_0$로 가정하였다.

풀이 그림 9-25(a)에 나타내었듯이, 이 문제는 그림 9-25(b), 9-25(c), 그리고 9-25(d)의 회로를 확인함으로써 해석할 수 있다. 그림 9-25(b)의 회로는 그림 9-25(a)의 회로와 등가이다. 스위치가 닫힌 후, 그림 9-25(b)의 회로의 상태는 그림 9-25(c)와 9-25(d)의 중첩과 같다. 그러나 그림 9-25(c)의 회로는 반대 전압 때문에 과도 현상이 나타나지 않는다. 따라서 그림 9-25(d)의 회로를 그림 9-25(a)의 원래 회로의 과도 현상을 고찰하는 데 이용한다. 그림 9-25(d)의 전송선은 대전되지 않은 경우와 동일하며, 문제는 익숙한 경우로 간단해진다.

스위치가 닫혔을 때, 진폭 V_1^+의 전압파가 선에서 $+z$ 방향으로 진행하고, 여기서

$$V_1^+ = -\frac{R_0}{R + R_0} V_0 = -\frac{V_0}{2}$$

이다. $t = \ell/c$일 때 V_1^+파가 개방단에 도달하고 전체 전송선을 따라 전압이 V_0에서 $V_0/2$로 줄어든다. 개방단에서 $\Gamma = 1$이고, 반사된 V_1^-파가 $-z$ 방향으로 $V_1^- = V_1^+ = -V_0/2$로 되돌아간다. 이 반사파는 시간 $t = 2\ell/c$에서 보냈던 끝으로 되돌아오고 선의 전압을 0으로 만든다.

그림 9-25(d)로부터

$$I_R = -I_1$$

이고

$$I_1 = I_1^+ = \frac{V_1^+}{R_0} = -\frac{V_0}{2R_0} \qquad (\, 0 \le t < 2\ell/c \,)$$

이다.

$t = \ell/c$에서 I_1^+가 개방단에 도달하고, 반사된 I_1^-가 총 전류를 0으로 만들어야 한다. 그러므로

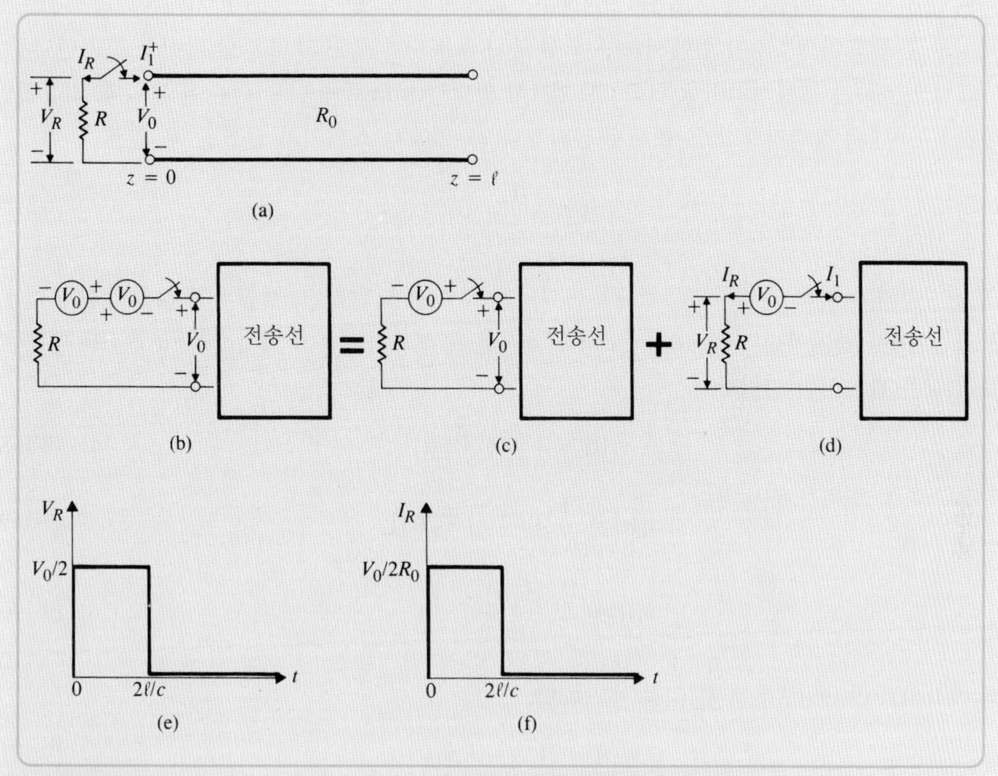

그림 9-25

$R = R_0$인 대전된 개방회로 전송선의 과도응답 문제(예제 9-12)

$$I_1^- = -I_1^+ = \frac{V_0}{2R_0}$$

이 되며, 이는 $t = 2\ell/c$에 입력단의 끝에 도달하고 I_1과 I_R을 둘다 0으로 만든다. $R = R_0$이기 때문에, 더 이상의 반사는 없고, 과도적 상태가 끝난다. 그림 9-25(e)와 9-25(f)에 보인 바와 같이, V_R과 I_R은 지속시간이 $2\ell/c$인 펄스이다. 여기서 펄스는 대전된 개방회로 전송선을 방전시킴으로써 생성되며, 펄스의 폭은 길이 ℓ을 변화시킴으로써 조정할 수 있다.

9-5.4 리액턴스 부하를 갖는 선

전송선의 종단에서 저항과 특성 저항이 다르면, 입사된 전압 또는 전류 파는 동시에 반사파를 발생시키게 될 것이다. 반사파와 입사파의 진폭의 비는 상수이며, 반사계수로 정의되었다. 그러나 종단이 리액턴스를 갖는 인덕턴스나 정전용량(커패시턴스)과 같은 요소라면, 반사파는 입사파와 더 이상 동시에 발생하지 않을 것이다(더 이상 같은 모양을 갖지 않을 것이다). 그러한 경우에 상수로 정의되는 반사계수를 사용할 수 없으며 과도 현상을 연구하기 위해서는 다른 방정식을 풀 필요가 있다. 이 절에서는 유도성 종단과 용량성 종단의 효과를 알아보고자 한다.

그림 9-26(a)는 특성저항이 R_0이고 $z = \ell$에서 인덕턴스 L_L로 종단된 무손실 선이다. 직류전압 V_0가 $z = 0$에서 직렬저항 R_0를 통해 공급되었다. $t = 0$에서 스위치가 닫혔을 때, 진폭

$$V_1^+ = \frac{V_0}{2} \tag{9-167}$$

의 전압파가 부하로 진행한다. $t = \ell/u = T$에서 부하에 도달하면, 정합되지 않았기 때문에 반사파 $V_1^-(t)$가 만들어진다. $V_1^-(t)$와 V_1^+의 관계식을 구해보자. $z = \ell$에서, 모든 $t \geq T$에 대해 다음과 같은 관계식이 성립한다.

$$v_L(t) = V_1^+ + V_1^-(t) \tag{9-168}$$

$$i_L(t) = \frac{1}{R_0}\left[V_1^+ - V_1^-(t)\right] \tag{9-169}$$

$$v_L(t) = L_L \frac{di_L(t)}{dt} \tag{9-170}$$

식 (9-168)과 (9-169)로부터 $V_1^-(t)$를 제거하면,

$$v_L(t) = 2V_1^+ - R_0 i_L(t) \tag{9-171}$$

을 얻는다. 식 (9-171)은 그림 9-26(b)의 회로에서 키르히호프의 전압법칙을 적용한 경우이며 이는 $t \geq T$일 때 부하단에서의 등가회로이다. 식 (9-170)과 (9-171)로부터 상계수를 갖는 1차 미분 방정식을 구할 수 있다.

$$L_L \frac{di_L(t)}{dt} + R_0 i_L(t) = 2V_1^+, \qquad t \geq T \tag{9-172}$$

식 (9-172)의 해는

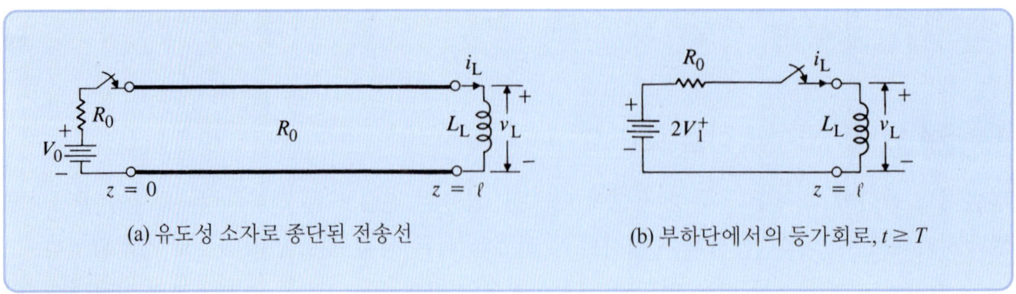

(a) 유도성 소자로 종단된 전송선

(b) 부하단에서의 등가회로, $t \geq T$

그림 9-26

유도성 소자로 종단된 무손실 전송선

$$i_L(t) = \frac{2V_1^+}{R_0}[1 - e^{-(t-T)R_0/L_L}], \qquad t \geq T \tag{9-173}$$

이고, $i_L(T) = 0$이고 $i_L(\infty) = 2V_1^+/R_0$이 된다. 유도성 부하에 걸리는 전압은

$$v_L(t) = L_L \frac{di_L(t)}{dt} = 2V_1^+ e^{-(t-T)R_0/L_L}, \qquad t \geq T \tag{9-174}$$

이다. 반사파의 진폭 $V_1^-(t)$는 식 (9-168)에서 구할 수 있다.

$$\begin{aligned} V_1^-(t) &= v_L(t) - V_1^+ \\ &= 2V_1^+[e^{-(t-T)R_0/L_L} - \tfrac{1}{2}], \qquad t > T \end{aligned} \tag{9-175}$$

반사파는 $-z$ 방향으로 진행한다. 전송선상에 있는 임의의 점 $z = z_1$에서의 전압은 부하단에서 반사파가 그 점에 도달하기 전($(t - T) < (\ell - z_1)/u$)까지는 V_1^+이고, 그 이후에는 $V_1^+ + V_1^-(t - T)$와 같다.

그림 9-27(a), 9-27(b), 그리고 9-27(c)에 $z = \ell$에서 $i_L(t)$, $v_L(t)$, $V_1^-(t)$를 식 (9-173), (9-174), 그리고 (9-175)를 사용하여 도시하였다. $T < t_1 < 2T$일 때 선상의 전압 분포는 그림 9-27(d)에 보인 바와 같다. 분명히, 리액턴스 부하를 갖는 전송선의 과도 현상은 저항성 종단에서 보다 더 복잡하다.

그림 9-28(a)에 보인 바와 같은 용량성 종단을 갖는 무손실 선의 과도 현상을 살펴보는 데도 과정은 비슷하다. 동일한 식 (9-167), (9-168), (9-169), 그리고 (9-171)이 $z = \ell$에서 적용되지만, 식 (9-170)의 부하전류 $i_L(t)$와 부하전압 $v_L(t)$의 관계는

$$i_L(t) = C_L \frac{dv_L(t)}{dt} \tag{9-176}$$ [9]

로 바뀌어야 한다. 부하단에서 풀어야 할 미분 방정식은 식 (9-176)을 식 (9-171)에 적용하면

$$C_L \frac{dv_L(t)}{dt} + \frac{1}{R_0} v_L(t) = \frac{2}{R_0} V_1^+, \qquad t \geq T \tag{9-177}$$

이고, 여기서 식 (9-167)에 주어졌듯이 $V_1^+ = V_0/2$이다. 식 (9-177)의 해는

$$v_L(t) = 2V_1^+ [1 - e^{-(t-T)/R_0C_L}], \qquad t \geq T \tag{9-178}$$

이다. 부하 커패시터 내부의 전류는 식 (9-176)으로부터 구할 수 있다.

$$i_L(t) = \frac{2V_1}{R_0} e^{-(t-T)/R_0C_L}, \qquad t \geq T \tag{9-179}$$

9) 이탤릭체 첨자 L은 부하를 의미한다. 이것은 인덕턴스와는 무관하다.

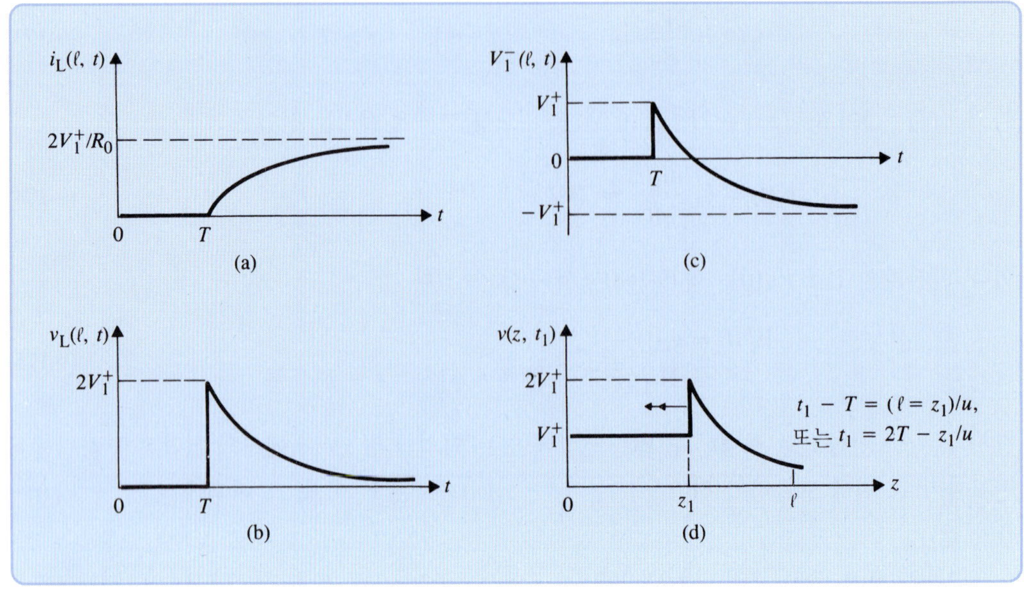

그림 9-27

유도성 소자로 종단된 무손실 전송선의 과도응답

식 (9-178)을 식 (9-168)에 적용하면, 반사파의 진폭을 t에 대한 함수로 얻을 수 있다.

$$V_1^-(t) = 2V_1^+[\tfrac{1}{2} - e^{-(t-T)/R_0C_L}], \qquad t \geq T \tag{9-180}$$

$z = \ell$에서의 $v_L(t)$, $i_L(t)$, 그리고 $V_1^-(t)$의 그래프가 각각 그림 9-29(a), 9-29(b), 그리고 9-29(c)에 식 (9-178), (9-179), 그리고 (9-180)을 사용하여 나타나 있다. $T < t_1 < 2T$일 때 선상의 전압 분포가 그림 9-29(d)에 나타나 있다.

이 절에서는 무손실 전송선만의 과도 현상을 다루었다. 손실 선에서, 각 방향으로 진행하는 전압파와 전류파는 진행하면서 감소할 것이다. 이 상황에서는 추가적인 수학적 계산이 필요하

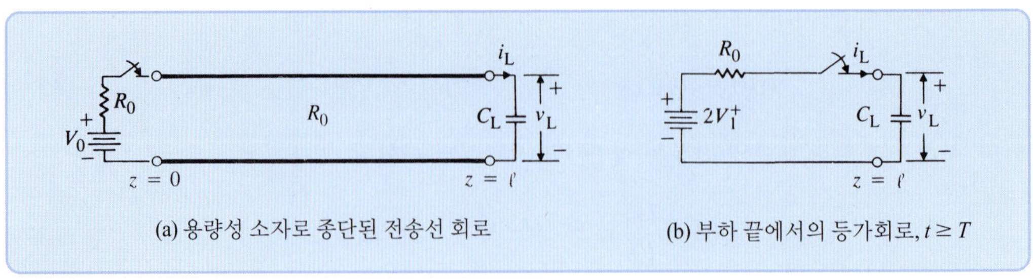

(a) 용량성 소자로 종단된 전송선 회로

(b) 부하 끝에서의 등가회로, $t \geq T$

그림 9-28

용량성 소자로 종단된 무손실 전송선

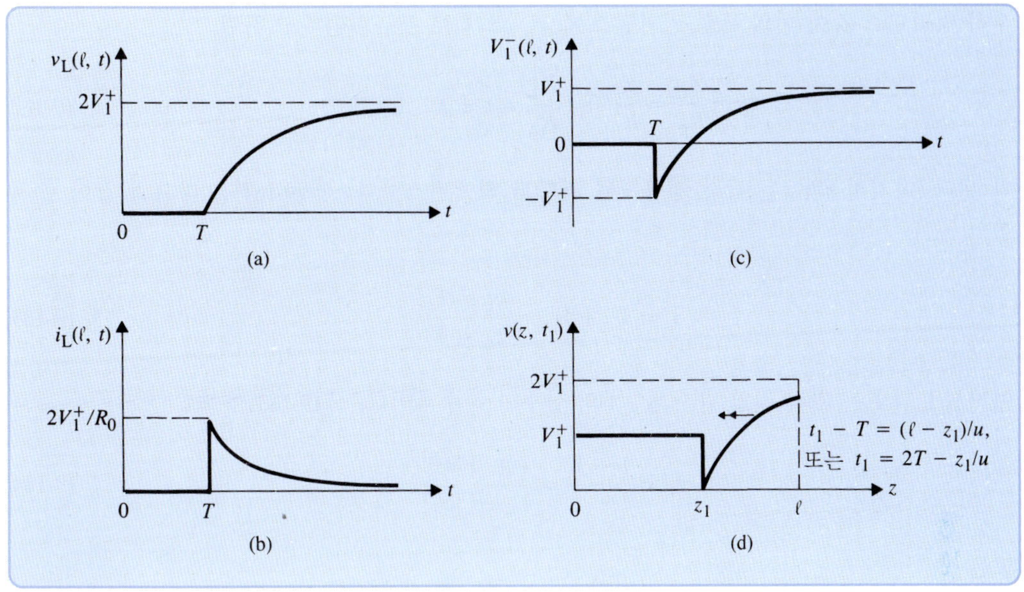

그림 9-29

용량성 소자로 종단된 무손실 전송선의 과도응답

게 되지만, 기본적인 개념은 같다.

9-6 스미스 차트

입력 임피던스를 구하는 식 (9-109)나 반사계수를 구하기 위한 식 (9-134) 또는 부하 임피던스와 관련된 식 (9-148)과 같은 전송선 계산식들은 복잡하고 장황한 조작이 필요하다. 이 지루한 과정을 도표를 사용함으로써 간략화 할 수 있다. 가장 잘 알려져 있고, 가장 보편적으로 사용되는 그래픽 도표는 P. H. Smith[10]에 의해 고안된 **스미스 차트**(Smith chart)이다. 간단히 말하면, 스미스 차트는 반사계수 평면에 정규화된 저항과 리액턴스 함수를 도형적으로 나타낸 것이다.

어떻게 스미스 차트가 무손실 전송선에 적용되는지 이해하기 위해 식 (9-134)에서 정의된 부하 임피던스의 전압 반사계수를 살펴보자.

$$\Gamma = \frac{Z_L - R_0}{Z_L + R_0} = |\Gamma| e^{j\theta_\Gamma} \tag{9-181}$$

10) P. H. Smith, "Transmission-line calculator," *Electronics*, vol. 12, p. 29, January 1939; and "An improved transmission-line calculator," *Electronics*, vol. 17, p. 130, January 1944.

부하 임피던스 Z_L이 선의 특성 임피던스 $R_0 = \sqrt{L/C}$로 정규화된다고 하면,

$$z_L = \frac{Z_L}{R_0} = \frac{R_L}{R_0} + j\frac{X_L}{R_0} = r + jx \quad (\text{무차원}) \tag{9-182}$$

가 된다. 여기서 r과 x는 각각 정규화된 저항과 리액턴스이다. 식 (9-181)은 다음과 같이 쓸 수 있다.

$$\Gamma = \Gamma_r + j\Gamma_i = \frac{z_L - 1}{z_L + 1} \tag{9-183}$$

여기서 Γ_r과 Γ_i는 각각 전압 반사계수 Γ의 실수와 허수부이다. 식 (9-183)의 역은

$$z_L = \frac{1+\Gamma}{1-\Gamma} = \frac{1+|\Gamma|e^{j\theta_\Gamma}}{1-|\Gamma|e^{j\theta_\Gamma}} \tag{9-184}$$

또는

$$r + jx = \frac{(1+\Gamma_r) + j\Gamma_i}{(1-\Gamma_r) - j\Gamma_i} \tag{9-185}$$

이다. 식 (9-185)의 분자와 분모를 분모의 공액 복소수로 곱하고 실수부와 허수부를 분리하면,

$$r = \frac{1 - \Gamma_r^2 - \Gamma_i^2}{(1-\Gamma_r)^2 + \Gamma_i^2} \tag{9-186}$$

과

$$x = \frac{2\Gamma_i}{(1-\Gamma_r)^2 + \Gamma_i^2} \tag{9-187}$$

을 얻는다.

식 (9-186)을 주어진 값 r에 대해 $\Gamma_r - \Gamma_i$ 평면에 표시하면 결과적으로 그래프는 r의 궤적이 된다. 그래프의 궤적은 식을 다음과 같이 정리하면 쉽게 알 수 있다.

$$\left(\Gamma_r - \frac{r}{1+r}\right)^2 + \Gamma_i^2 = \left(\frac{1}{1+r}\right)^2 \tag{9-188}$$

이것은 반지름이 $1/(1+r)$이고 중심점이 $\Gamma_r = r/(1+r)$과 $\Gamma_i = 0$인 원의 방정식이다. r 값의 변화는 Γ_r축의 다른 위치에서 반지름이 다른 원을 만든다. r에 의해 구성되는 원의 집합은 그림 9-30에서와 같이 실선들로 나타난다. 무손실 선에 대해 $|\Gamma| \le 1$일 때만이 $\Gamma_r - \Gamma_i$ 평면에 결합된 형태의 원으로 된 도형이 만들어지게 된다. 그 이외의 것들은 모두 무시된다.

r-원의 특징은 다음과 같다.

1. 모든 r-원의 중심점은 Γ_r축 위에 있다.
2. 반지름이 1이고 중심이 원점에 있는 $r = 0$인 원이 가장 큰 원이다.
3. r-원은 r이 0에서 ∞가 될 때까지 점점 작아지고, 개방회로의 점($\Gamma_r = 1, \Gamma_i = 0$)에 수렴한다.
4. 모든 r-원들은 특정한 점($\Gamma_r = 1, \Gamma_i = 0$)을 지난다.

같은 방법으로, 식 (9-187)은 다음과 같이 쓸 수도 있다.

$$(\Gamma_r - 1)^2 + \left(\Gamma_i - \frac{1}{x}\right)^2 = \left(\frac{1}{x}\right)^2 \tag{9-189}$$

이것은 반지름이 $1/|x|$이고 중심이 $\Gamma_r = 1, \Gamma_i = 1/x$인 원의 방정식이다. x의 값을 바꾸면 $\Gamma_r = 1$인 선상의 변환된 점을 중심으로 반지름이 변화된 원을 형성한다. $|\Gamma| = 1$의 범위 안에 있는 x-원의 집합은 그림 9-30의 점선으로 나타난다. x-원의 특징은 다음과 같다.

1. 모든 x-원의 중심점은 $\Gamma_r = 1$ 선상에 있다. $x > 0$(유도성 리액턴스)일 때 Γ_r축 위에 있고, $x < 0$(용량성 리액턴스)일 때 Γ_r축 아래에 있다.
2. $x = 0$이면 원은 Γ_r축이 된다.

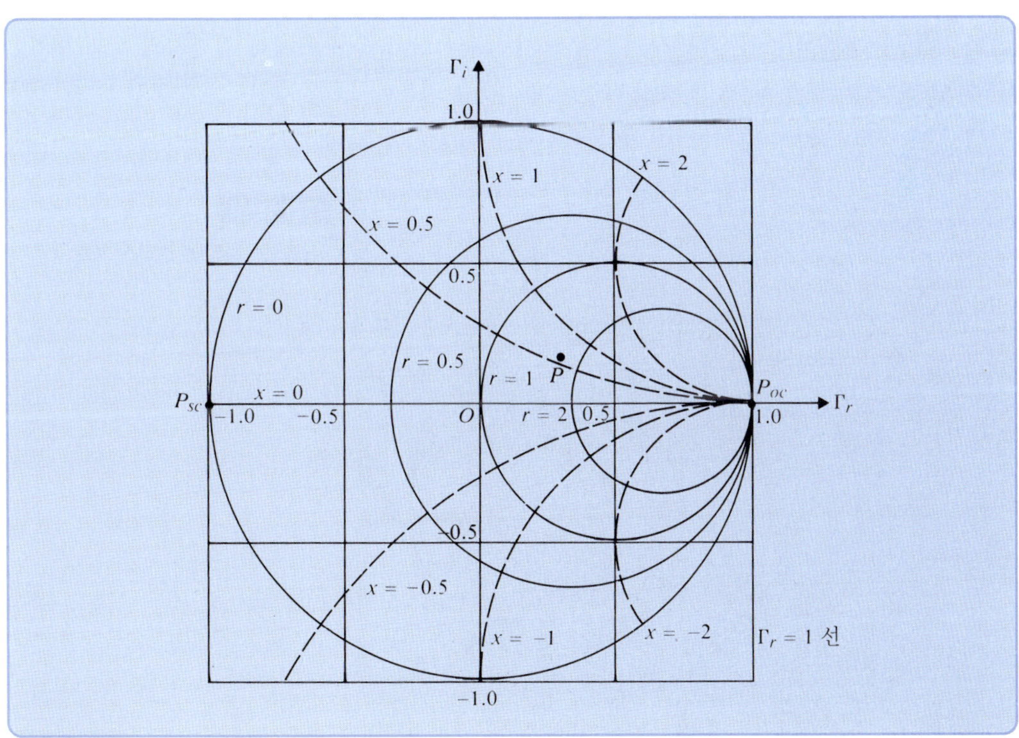

그림 9-30

직각좌표계로 나타낸 스미스 차트

3. x-원은 $|x|$가 0에서 ∞가 될 때까지 점점 작아지고, 개방회로의 점($\Gamma_r = 1, \Gamma_i = 0$)에 수렴한다.
4. 모든 x-원들은 특정한 점($\Gamma_r = 1, \Gamma_i = 0$)을 지난다.

스미스 차트는 $|\Gamma| \leq 1$일 때 $\Gamma_r - \Gamma_i$ 평면의 r-과 x-원들의 도표이다. r-과 x-원들이 어디에서나 항상 직교한다는 것을 증명할 수도 있다. r-원과 x-원의 교점은 정규화된 부하저항 $z_L = r + jx$로 표현되는 점으로 정의된다. 실제 부하저항은 $Z_L = R_0(r + jx)$이다. 스미스 차트가 정규화된 임피던스를 나타내기 때문에 임의의 특성 임피던스(또는 특성 저항)을 갖는 무손실 전송선의 계산에도 사용될 수 있다.

예를 들면, 그림 9-30의 점 P는 $r = 1.7$인 원과 $x = 0.6$인 원의 교점이다. 그러므로 이 점은 $z_L = 1.7 + j0.6$으로 나타낼 수 있다. $r = 0$와 $x = 0$에 대응하는($\Gamma_r = -1, \Gamma_i = 0$) 점 P_{sc}는 단락회로를 나타낸다. 무한저항에 대응하는($\Gamma_r = 1, \Gamma_i = 0$) 점 P_{oc}는 개방회로를 나타낸다.

그림 9-30에 스미스 차트를 Γ_r과 Γ_i에 대해 직각좌표 형식으로 나타내었다. 같은 형태의 차트가 Γ의 모든 점에서 크기 $|\Gamma|$와 위상각 θ_Γ로 표시하는 극좌표 형식으로 표현할 수도 있다. 이것은 그림 9-31에 나타내었고, 여기서 몇 개의 $|\Gamma|$-원들은 점선으로 나타나 있고, 몇 개의 θ_Γ-각들이 $|\Gamma| = 1$인 원 주위에 표시되어 있다. $|\Gamma|$-원들은 일반적으로 상업적으로 사용되는 스미스 차트에는 표시되지 않으나, 특정 $z_L = r + jx$를 표현하는 점이 표시된다. 점을 통과하여 원점에 중심을 갖는 원을 그리는 것은 간단하다. 중앙에서 점까지의 상대적 거리(단일 반지름과 차트의 끝을 비교해서)는 전압 반사계수의 크기 $|\Gamma|$와 같고, 실수축에서 점까지의 선과 이루는 각은 θ_Γ이다. 이러한 도식적인 측정방법은 식 (9-183)을 이용하여 Γ를 계산하는 수고를 덜 수 있다.

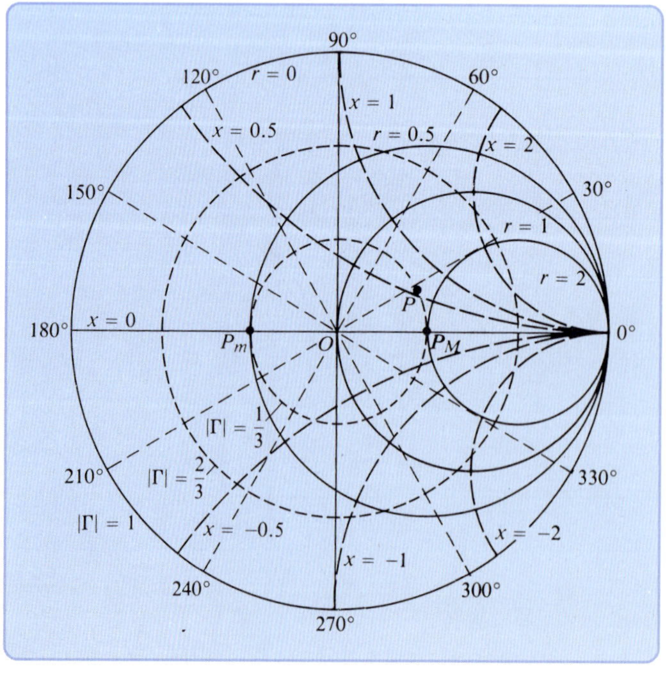

그림 9-31 극좌표로 나타낸 스미스 차트

각각의 $|\Gamma|$-원들은 실수축의 두 점에서 교차한다. 그림 9-31에서 양의 실수축(OP_{oc}) 위의 점을 P_M으로, 음의 실수축(OP_{sc}) 점을 P_m으로 지정한다. 실수축을 따라 $x = 0$이므로, P_M과 P_m은 순수한 부하저항 $Z_L = R_L$을 나타낸다. 명확히 $r > 1$인 P_M에서 $R_L > R_0$이고, $r < 1$인 P_m에서 $R_L < R_0$이다. 식 (9-145)에서 $R_L > R_0$에 대해 $S = R_L/R_0 = r$이다. 이 관계식은 식 (9-138)을 사용하지 않아도 점 P_M을 지나는 r-원의 값은 정재파비와 같다는 것을 알 수 있다. 유사하게, 식 (9-146)에서 음의 실수축에 있는 점 P_m을 지나는 r-원의 값은 $1/S$과 같다는 것을 알 수 있다. 그림 9-31에 표시된 점 P는 $z_L = 1.7 + j0.6$이며, 이 점에서 $|\Gamma| = 1/3$이며 $\theta_\Gamma = 28°$임을 알 수 있다. P_M에서 $r = S = 2.0$이며, 이 결과는 증명이 가능하다.

요약하면, 다음과 같은 사실을 알 수 있다.

1. 모든 $|\Gamma|$ 점의 중심점은 원점이며, 그 반지름은 0~1 사이에서 균일하게 변화된다.
2. 원점에서 z_L을 나타내는 점까지 연결한 직선에 대한 각을 양의 실수축에서 측정하면 θ_Γ이다.
3. $|\Gamma|$-원과 양의 실수축의 교점을 지나는 r-원의 값은 정재파비 S와 같다.

지금까지 식 (9-134)에 주어진 것처럼 부하 임피던스에 대한 전압 반사계수의 정의에서 스미스 차트를 구성하였다. 부하에서부터 거리 z'인 점에서 부하 쪽으로 본 입력 임피던스는 $V(z')$와 $I(z')$의 비이다. 식 (9-133a)와 (9-133b)에서 무손실 전송선에 대해 γ를 $j\beta$로 쓰면,

$$Z_i(z') = \frac{V(z')}{I(z')} = Z_0\left[\frac{1 + \Gamma e^{-j2\beta z'}}{1 - \Gamma e^{-j2\beta z'}}\right] \tag{9-190}$$

가 된다. 정규화된 입력 임피던스는

$$\begin{aligned} z_i = \frac{Z_i}{Z_0} &= \frac{1 + \Gamma e^{-j2\beta z'}}{1 - \Gamma e^{-j2\beta z'}} \\ &= \frac{1 + |\Gamma| e^{j\phi}}{1 - |\Gamma| e^{j\phi}} \end{aligned} \tag{9-191}$$

이며, 여기서

$$\phi = \theta_\Gamma - 2\beta z' \tag{9-192}$$

이다. z_i 및 $\Gamma e^{-j2\beta z'} = |\Gamma| e^{j\phi}$와 관련된 식 (9-191)은 Z_L 및 $\Gamma = |\Gamma| e^{j\theta_\Gamma}$와 관련된 식 (9-184)와 정확히 동일한 형태이다. 실질적으로 후자의 식은 $z' = 0(\phi = \theta_\Gamma)$에 대한 전자의 식에 대한 특별한 경우이다. 반사계수의 크기 $|\Gamma|$와 정재파비 S는 전송선의 길이가 변하여도 선의 길이 z'에 의해 변화되지 않는다. 따라서 부하에서 주어진 z_L에 대해 $|\Gamma|$와 θ_Γ를 스미스 차트를 사용하여 구하듯이, $|\Gamma|$를 상수로 유지하고 $2\beta z' = 4\pi z'/\lambda$와 같은 각을 θ_Γ로부터 감소시킨다(시계 방향으로 회전한다). 이것은 z_i에 의해 결정되는 $|\Gamma| e^{j\phi}$에 대한 점에 위치한다. z_i는 길이가 z'인 특성 임피던스 R_0의 무손실선과 정규화된 부하 임피던스 z_L에 대해 규격화된 입력 임피던스이다. $\Delta z'/\lambda$로 주어진 두 개의 추가된 크기는 선 길이 $\Delta z'$의 변화 때문에 생긴 각도의 변화 $2\beta(\Delta z')$를 읽기

쉽게 하기위해 일반적으로 $|\Gamma| = 1$인 원의 둘레에 주어진다. 외부의 크기는 시계 방향(z'의 증가)으로 "신호원 방향으로의 파장"으로 표시되고 내부의 눈금은 반시계 방향(z'의 감소)으로 "부하 방향으로의 파장"으로 표시된다. 그림 9-32는 상업적으로 판매되는 전형적인 스미스 차트이다.[11] 이것은 보기에는 복잡해 보이지만 실제로는 단순히 상수 r과 상수 x의 원으로 구성되어 있다는 것을 알 수 있다. 선의 길이에서 반파장의 변화($\Delta z' = \lambda/2$)는 ϕ에서 $2\beta(\Delta z') = 2\pi$의

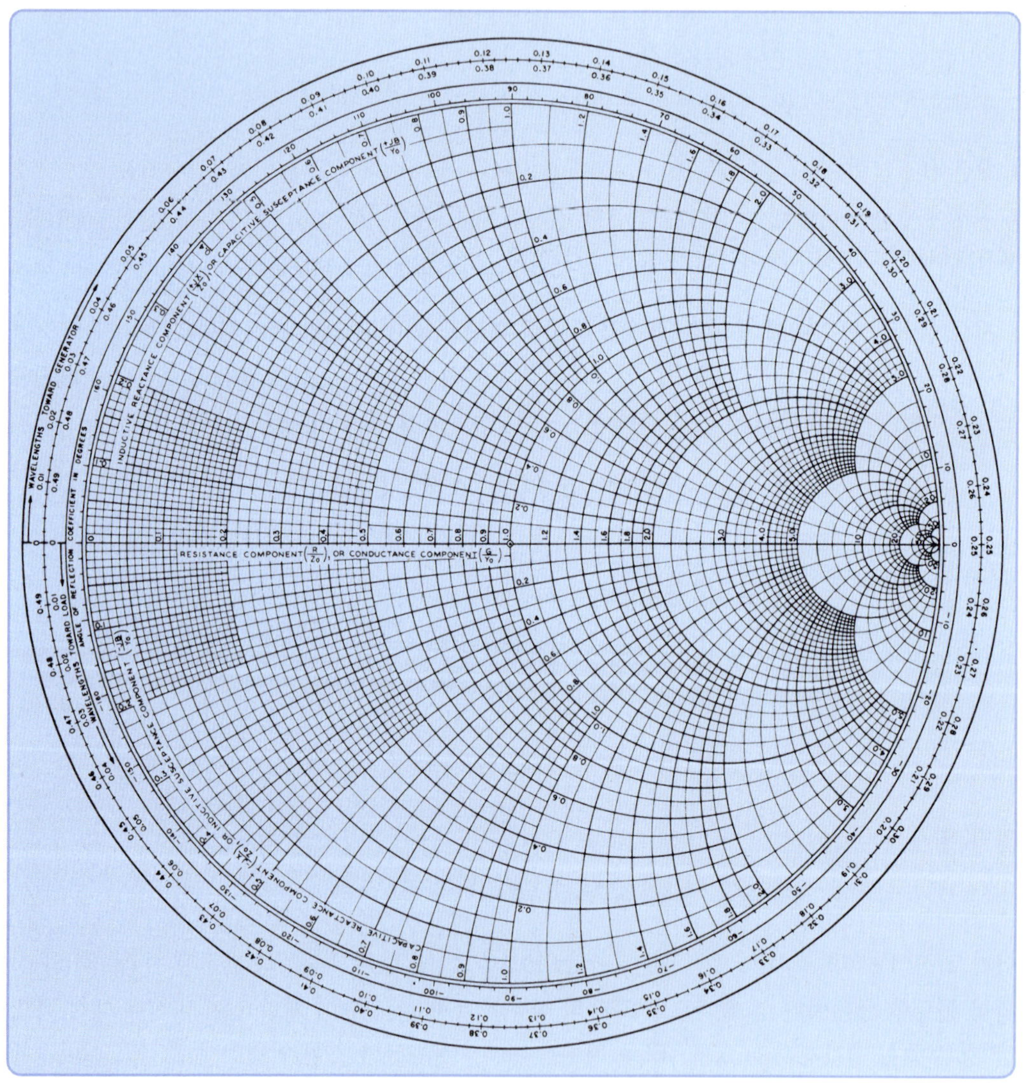

그림 9-32

스미스 차트

11) 이 책에서 이용되는 모든 스미스 차트는 Emeloid Industries, Inc., New Jersey의 허가를 받고 인쇄되었다.

변화에 해당함을 알아야 한다. $|\Gamma|$-원 주위로 한 바퀴 완전히 회전하면 같은 점으로 돌아오게 하고, 결과적으로 임피던스의 변화가 없음을 나타낸다.

몇 가지 전형적인 전송선 문제를 풀 때 스미스 차트를 사용하는 예를 보여줄 것이다.

예제 9-13 스미스 차트를 이용해서 길이가 0.1파장이고 단락회로로 끝나는 50 (Ω) 무손실 전송선에 대한 입력 임피던스를 구하라.

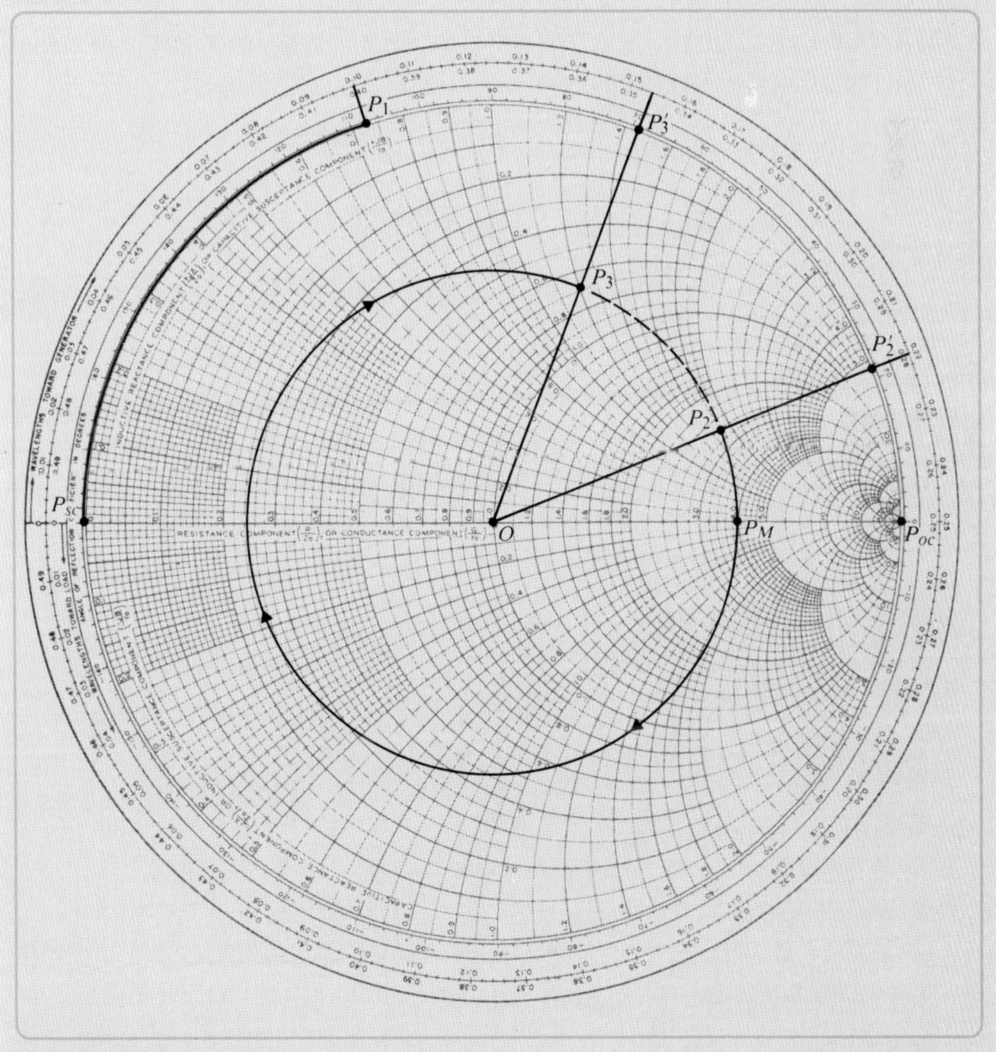

그림 9-33
예제 9-13과 9-14의 스미스 차트 계산법

풀이 주어진 값은 다음과 같다.

$$z_L = 0$$
$$R_0 = 50 \quad (\Omega)$$
$$z' = 0.1\lambda$$

1. 스미스 차트에서 $r = 0$이고 $x = 0$인 교점(그림 9-33에 보인 바와 같이, 차트의 맨 왼쪽 끝에 있는 점 P_{sc})을 입력한다.
2. 시계 방향으로 P_1을 향해 차트($|\Gamma| = 1$)의 둘레를 따라 0.1 "신호원 방향으로의 파장"에 의해 움직인다.
3. P_1에서 $r = 0$, $x \cong 0.725$, 또는 $z_i = j0.725$를 읽는다. 따라서 $Z_i = R_0 z_i = 50(j0.725) = j36.3$ (Ω)이다. (입력 임피던스는 순수 유도성이다.)

이 값은 식 (9-112)를 사용하여 나타낼 수 있다.

$$Z_i = jR_0 \tan \beta\ell = j50 \tan\left(\frac{2\pi}{\lambda}\right)0.1\lambda$$
$$= j50 \tan 36^\circ = j36.3 \quad (\Omega)$$

예제 9-14 길이가 0.434λ이고 특성 임피던스가 100 (Ω)인 무손실 전송선이 임피던스 $260 + j180$ (Ω)으로 종단되었다. (a) 전압 반사계수, (b) 정재파비, (c) 입력 임피던스, (d) 전송선상에서 최대 전압의 위치를 구하라.

풀이 주어진 값은 다음과 같다.

$$z' = 0.434\lambda$$
$$R_0 = 100 \quad (\Omega)$$
$$Z_L = 260 + j180 \quad (\Omega)$$

(a) 전압 반사계수는 몇 가지 단계를 거쳐 구할 수 있다.

1. 스미스 차트에서 $z_L = Z_L/R_0 = 2.6 + j1.8$을 입력한다(그림 9-33에 있는 점 P_2).
2. 원점에서 반지름 $\overline{OP_2} = |\Gamma| = 0.60$의 원을 그린다. (도표의 반지름 $\overline{OP_{sc}}$의 크기는 1이다.)
3. OP_2를 지나 P_2'를 지나는 원의 외면과 연결되는 직선을 그린다. "신호원 방향으로의 파장" 부분에서 0.220을 읽는다. 반사계수의 위상각 θ_Γ은 $(0.250 - 0.220) \times 4\pi = 0.12\pi$ (rad) 또는 21°이다. (스미스 차트에서 각은 $2\beta z'$ 또는 $4\pi z'/\lambda$에서 측정되므로 파장의 변화에 4π를 곱한다. 전송선 길이의 반파장의 변화는 스미스 차트를 한 바퀴 회전한 것과 일치한다.) 따라서 (a)의 답은 다음과 같다.

$$\Gamma = |\Gamma|e^{j\theta_\Gamma} = 0.60\underline{/21^\circ}$$

(b) $|\Gamma| = 0.60$인 원은 $r = S = 4$에서 양의 실수축 OP_{oc}와 교차한다. 따라서 전압 정재파비는 4이다.

(c) 입력 임피던스 값을 구하기 위해서는 다음과 같이 해야 한다.

1. P_2'를 0.220에 놓고 총 0.434만큼 "신호원 방향으로의 파장"으로 옮기고 우선 0.500(0.000과 같음) 쪽으로 그리고 나서 0.154[(0.500 − 0.220) + 0.154 = 0.434]에서 P_3' 쪽으로 시계 방향으로 돌린다.
2. O와 P_3'를 직선으로 연결하고 P_3에서 $|\Gamma| = 0.60$인 원과 교차한다.
3. P_3에서 $r = 0.69$ 그리고 $x = 1.2$를 읽는다. 따라서

$$Z_i = R_0 z_i = 100(0.69 + j1.2) = 69 + j120 \quad (\Omega)$$

이다.

(d) P_2에서 P_3로 가는 중에 $|\Gamma| = 0.60$인 원은 전압이 최대인 P_M점에서 양의 실수축 OP_{oc}와 교차된다. 따라서 최대 전압은 부하로부터 $(0.250 - 0.220)\lambda$ 또는 0.030λ에 나타난다.

예제 9-15

예제 9-9를 스미스 차트를 이용하여 구하라. 여기서

$$R_0 = 50 \quad (\Omega)$$
$$S = 3.0$$
$$\lambda = 2 \times 0.2 = 0.4 \quad (\text{m})$$

$z_m' = 0.05$ (m)에서의 첫 번째 전압 최소값

(a) Γ, (b) Z_L, (c) ℓ_m과 R_m을 구하라(그림 9-12).

SOLUTION **풀이**

(a) 양의 실수축 OP_{oc} 위에 $r = S = 3.0$인 점 P_M을 위치시킨다(그림 9-34 참조). 따라서 $\overline{OP}_M = |\Gamma| = 0.5(\overline{OP}_{oc} = 1.0)$이다. 정규화된 부하 임피던스를 나타내는 점을 찾기 전까지는 θ_Γ를 알 수 없다.

(b) 스미스 차트에서 부하 임피던스를 찾기 위해 다음과 같은 과정을 거친다.

1. 음의 실수축 OP_{sc}와 교차하는 점인 전압이 최소가 되는 P_m에서 반지름이 $\overline{OP}_M$인 원을 그린다.
2. $z_m'/\lambda = 0.05/0.4 = 0.125$이므로, P_{sc}에서 "부하 방향으로의 파장"으로 P_L'로 반시계 방향으로 0.125 회전한다.
3. O와 P_L'을 직선으로 연결하고 P_L에서 $|\Gamma| = 0.5$인 원과 교차한다. 이 점은 정규화된 부하 임피던스를 나타낸다.
4. 각 $\angle P_{oc}OP_L' = 90^\circ = \pi/2$ (rad)을 읽는다. $\angle P_{oc}OP_L' = 4\pi(0.250 - 0.125) = \pi/2$이므로 각도기를 쓸 필요가 없다. 그러므로 $\theta_\Gamma = -\pi/2$ (rad) 혹은 $\Gamma = 0.5\underline{/-90^\circ} = -j0.5$이다.

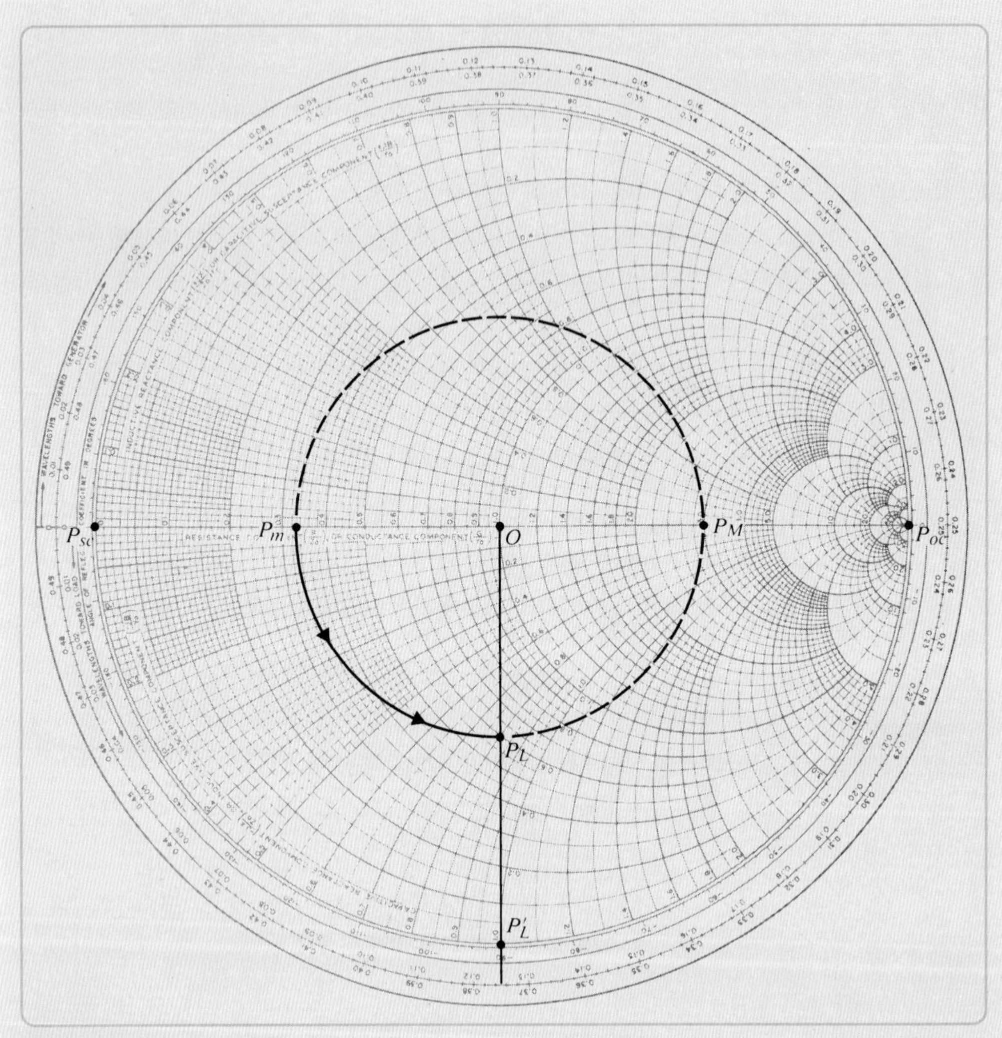

그림 9-34

예제 9-15의 스미스 차트 계산법

5. P_L에서 $z_L = 0.60 - j0.80$을 읽는다. 여기서

$$Z_L = 50(0.60 - j0.80) = 30 - j40 \quad (\Omega)$$

이다.

(c) 등가 선의 길이와 종단 저항은 쉽게 찾을 수 있다.

$$\ell_m = \frac{\lambda}{2} - z'_m = 0.2 - 0.05 = 0.15 \quad (\text{m})$$

$$R_m = \frac{R_0}{S} = \frac{50}{3} = 16.7 \quad (\Omega)$$

위의 모든 결과는 예제 9-9에서 얻은 결과와 같지만, 스미스 차트를 사용했기 때문에 복잡한 계산이 필요 없다.

9-6.1 무손실 전송선에서 스미스 차트

전송선에 대한 각 성분을 스미스 차트를 이용하여 구할 때는 선이 무손실이라고 가정하였다. 이는 대체로 저손실 선의 짧은 부분들을 다루었기에 만족하는 가정이라고 할 수 있다. 무손실 가정은 식 (9-191)에 따르면 진폭 $\Gamma e^{-j2\beta z'}$항은 선의 길이 z'에 따라 변하지 않으며, 또한 $2\beta z'$과 동일한 각으로 $|\Gamma|$-원을 따라 움직임으로써 z_L로부터 z_i를 구할 수 있으며 그 역도 성립한다.

전송선의 길이 ℓ이 충분히 긴 손실 전송선에서는 $2\alpha\ell$은 1에 비해 무시할 수 없으며, 따라서 식 (9-191)은 다음과 같이 변환해야 한다.

$$\begin{aligned} z_i &= \frac{1+\Gamma e^{-2\alpha z'}e^{-j2\beta z'}}{1-\Gamma e^{-2\alpha z'}e^{-j2\beta z'}} \\ &= \frac{1+|\Gamma|e^{-2\alpha z'}e^{j\phi}}{1-|\Gamma|e^{-2\alpha z'}e^{j\phi}}, \qquad \phi = \theta_\Gamma - 2\beta z' \end{aligned} \tag{9-193}$$

그러므로 z_L에서 z_i를 구하기 위해서 단순히 $|\Gamma|$-원을 움직이는 것만으로는 안 되고, $e^{-2\alpha z'}$ 인자를 위한 보조적인 계산이 필요하다. 어떻게 해야 하는지 다음의 예제가 보여줄 것이다.

예제 9-16 길이 2 (m)이고 특성 임피던스 75 (Ω)(근사적으로 실수)인 단락회로 손실 전송선의 입력 임피던스가 $45 + j225$ (Ω)이다. (a) 선의 α와 β를 구하라. (b) 단락회로의 부하 임피던스가 $Z_L = 76.5 - j45$ (Ω)로 바뀌었을 때의 입력 임피던스를 구하라.

SOLUTION **풀이**

(a) 단락회로 부하는 스미스 임피던스 차트의 맨 왼쪽 끝에 있는 점 P_{sc}로 나타낸다.

1. 스미스 차트에서 $z_{i1} = (45 + j225)/75 = 0.60 + j3.0$을 P_1으로 표시한다(그림 9-35).
2. 원점 O에서 P_1을 통과하여 P'_1까지 직선을 긋는다.
3. $\overline{OP}_1/\overline{OP'}_1 = 0.89 = e^{-2\alpha\ell}$을 측정한다. 여기서

$$\alpha = \frac{1}{2\ell}\ln\left(\frac{1}{0.89}\right) = \frac{1}{4}\ln 1.124 = 0.029 \quad \text{(Np/m)}$$

이다.

4. 원호 $P_{sc}P'_1$이 0.20 "신호원 방향의 파장"임을 표시하라. 여기서 $\ell/\lambda = 0.20$과 $2\beta\ell = 4\pi\ell/\lambda = 0.8\pi$이다. 그러므로

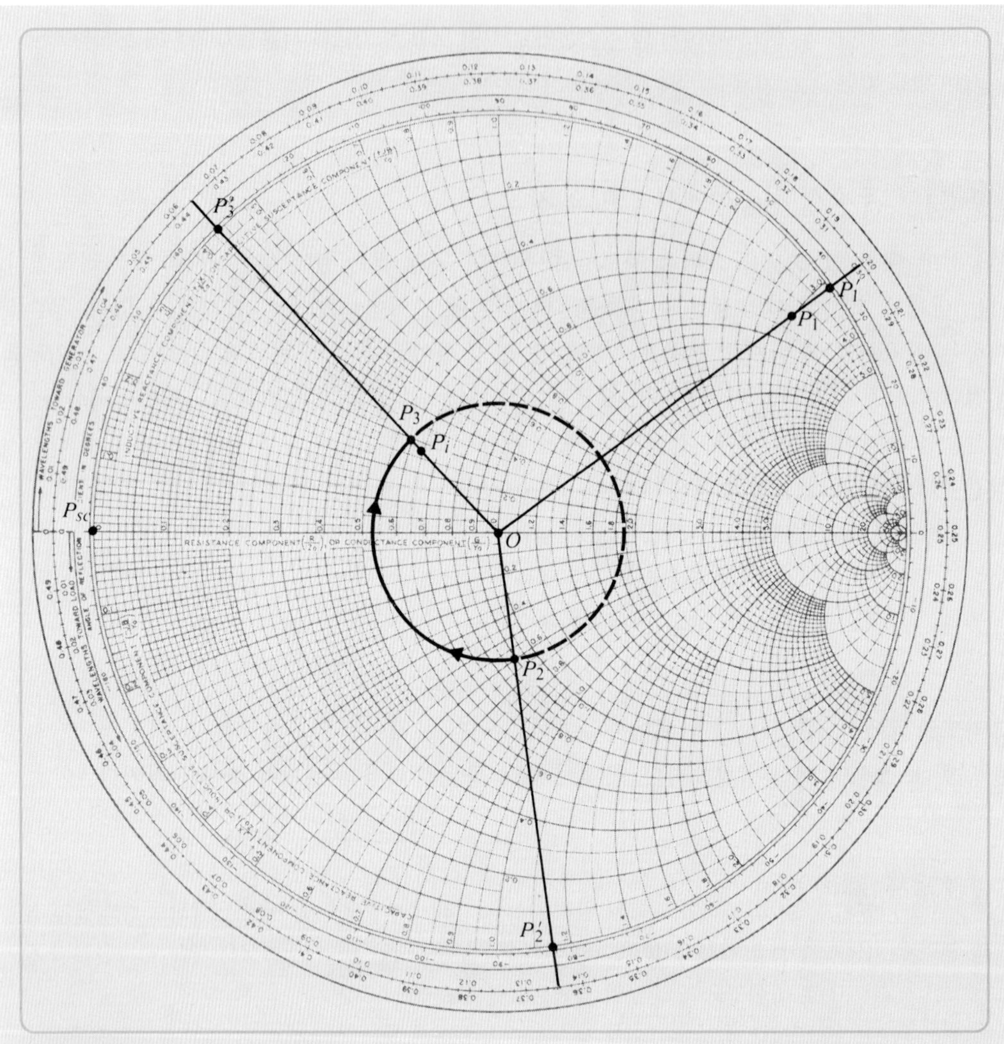

그림 9-35

손실 전송선의 스미스 차트 계산법(예제 9-16)

$$\beta = \frac{0.8\pi}{2\ell} = \frac{0.8\pi}{4} = 0.2\pi \quad \text{(rad/m)}$$

이다.

(b) $Z_L = 67.5 - j45\ (\Omega)$의 입력 임피던스를 찾기 위해서는 다음과 같은 과정을 거친다.

1. $z_L = Z_L/Z_0 = (67.5 - j45)/75 = 0.9 - j0.6$을 스미스 차트에 P_2로 표시한다.
2. 원점 O에서 P_2를 통과하여 P_2'에 다다르는 직선을 그으면 "신호원 방향의 파장"이 0.364가 된다.
3. 원점 O를 중심으로 반지름 $\overline{OP_2}$인 $|\Gamma|$-원을 그린다.

4. P_2'를 각도기를 따라 "신호원 방향의 파장"으로 0.20만큼 움직이면 0.364 + 0.20 = 0.564 혹은 0.064인 P_3'에 다다른다.
5. O와 P_3'를 직선으로 연결하면 P_3에서 $|\Gamma|$-원과 교차한다.
6. 직선 OP_3 위에 $\overline{OP}_i/\overline{OP}_3 = e^{-2\alpha\ell} = 0.89$인 점 P_i를 표시한다.
7. P_i에서 $z_i = 0.64 + j0.27$을 읽는다. 그러므로

$$Z_i = 75(0.64 + j0.27) = 48.0 + j20.3 \quad (\Omega)$$

이 된다.

9-7 전송선의 임피던스 정합

전송선은 전력 전달 및 정보 전송을 위해서 사용된다. 무선 주파수 전력 전달에서 가능한 한 많은 전력이 신호원에서 부하까지 전송되고, 가능한 한 적은 전력이 전송선 자체에서 손실되는 것이 매우 바람직하다. 따라서 부하가 전송선의 특성 임피던스에 정합되어 전송선상의 정재파비가 가능한 한 1에 가까워지는 것이 요구된다. 정보 전송에 있어서 부정합 부하와의 연결로 인해 반사파가 생기고 정보 전송 신호가 왜곡될 수 있기 때문에, 선들이 정합되는 것은 필수적이다. 이 장에서는 무손실 전송선에서 임피던스 정합을 위한 여러 방법을 논한다. 참고로, 여기서 알아볼 방법들은 60 (Hz) 선에서의 전압 전송에는 미미한 결과만을 가져오는데, 이는 이 전송선들은 대개 5 (Mm)나 되는 파장과 비교해 매우 짧기 때문에 선의 손실은 약간 감지할 수 있을 정도이기 때문이다. 60 (Hz) 전력선 회로는 보통 등가 집중정수 전기회로망으로 해석한다.

9-7.1 1/4파장 변환기에 의한 임피던스 정합

저항성 부하 R_L을 특성 임피던스 R_0인 무손실 전송선에 정합시키는 간단한 방법은 특성 임피던스 R_0'인 1/4파장 변환기를 삽입하는 것이다. 여기서

$$R_0' = \sqrt{R_0 R_L} \tag{9-194}$$

이다. 1/4파장 선의 길이가 파장에 의존하기 때문에, 이 정합방법은 다른 정합방법과 마찬가지로 동작 주파수에 민감하다.

예제 9-17 신호 발생기가 특성 임피던스 50 (Ω)인 무손실 전송선을 통해 64 (Ω)과 25 (Ω)인 두 저항성 부하에 동일한 전력을 공급하고 있다. 그림 9-36(a)에 보인 바와 같이, 1/4파장 변환기가 50 (Ω) 전송선의 부하를 정합시키기 위해 사용되었다. (a) 1/4파장 선에 필요한 특성 임피던스를 구

하라. (b) 정합된 전송선 구간에서 정재파비를 구하라.

SOLUTION
풀이

(a) 두 부하에 같은 전력을 공급하려면, 두 부하 쪽으로 주 선과의 접합부에서 본 입력 임피던스는 $2R_0$와 같아야 한다. 즉, $R_{i1} = R_{i2} = 2R_0 = 100\ (\Omega)$이다.

$$R'_{01} = \sqrt{R_{i1}R_{L1}} = \sqrt{100 \times 64} = 80 \quad (\Omega)$$
$$R'_{02} = \sqrt{R_{i2}R_{L2}} = \sqrt{100 \times 25} = 50 \quad (\Omega)$$

(b) 정합 조건 하에서 주 전송선($S = 1$)에는 정재파가 발생하지 않는다. 두 개의 정합 전송선 구간에 대한 정재파비는 다음과 같다.

정합 구간 1:

$$\Gamma_1 = \frac{R_{L1} - R'_{01}}{R_{L1} + R'_{01}} = \frac{64 - 80}{64 + 80} = -0.11$$
$$S_1 = \frac{1 + |\Gamma_1|}{1 - |\Gamma_1|} = \frac{1 + 0.11}{1 - 0.11} = 1.25$$

정합 구간 2:

$$\Gamma_2 = \frac{R_{L2} - R'_{02}}{R_{L2} + R'_{02}} = \frac{25 - 50}{25 + 50} = -0.33$$
$$S_2 = \frac{1 + |\Gamma_2|}{1 - |\Gamma_2|} = \frac{1 + 0.33}{1 - 0.33} = 1.99$$

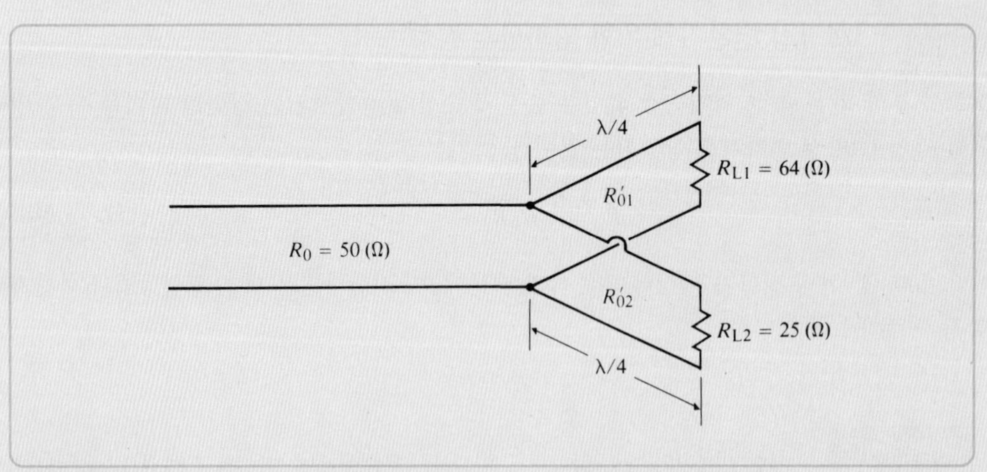

그림 9-36

1/4파장 전송선에 의한 임피던스 정합(예제 9-17)

일반적으로 주 전송선과 정합선 구간은 무손실이다. 이 경우 R_0와 R'_0는 실수이고, 식 (9-194)는 R_L이 복소수 Z_L로 대치하면 해가 존재하지 않는다. 그러므로 1/4파장 변환기는 저손실 전송선의 복소수 부하를 정합하는 데 유용하지 않다.

다음 절에서는 주 전송선과 평행이고 부하에서 적절한 거리를 갖는 단일 개방 혹은 단락 회로 선(단일 스터브)을 이용해 선에 대해 임의의 부하 임피던스를 정합시키는 방법을 논의할 것이다. 병렬 연결에서는 임피던스 대신에 어드미턴스를 사용하는 것이 훨씬 편리하기 때문에, 어드미턴스 계산에 스미스 차트가 어떻게 사용되는지를 알아보자.

부하 어드미턴스를 $Y_L = 1/Z_L$이라 하면, 정규화된 부하 임피던스는 다음과 같다.

$$z_L = \frac{Z_L}{R_0} = \frac{1}{R_0 Y_L} = \frac{1}{y_L} \tag{9-195}$$

여기서

$$\begin{aligned} y_L &= Y_L/Y_0 = Y_L/G_0 \\ &= R_0 Y_L = g + jb \quad \text{(단위 없음)} \end{aligned} \tag{9-196}$$

은 실수부와 허수부로서 각각 정규화된 컨덕턴스 g와 서셉턴스 b를 갖는 정규화된 부하 어드미턴스이다. 식 (9-195)는 1로 정규화된 특성 임피던스의 1/4파장 선이 z_L을 y_L로 바꾼다는 것을 나타내며, 그 역도 성립한다. 스미스 차트에서는 1/4파장에 의해 $|\Gamma|$를 따라 z_L로 표현된 점이 y_L로 표현된 점에 위치하도록 움직이면 된다. 스미스 차트에서 π 라디안($2\beta\Delta z' = \pi$)의 변화에 대한 선 길이의 변화가 $\lambda/4(\Delta z'/\lambda = 1/4)$이므로, **$z_L$과 y_L을 나타내는 점들은 $|\Gamma|$원에서 서로 정반대에 있게 된다.** 그 결과, 스미스 차트에서 매우 간단한 방법으로 z_L로부터 y_L을, y_L로부터 z_L을 구할 수 있음을 알 수 있다.

예제 9-18 $Z_L = 95 + j20\ (\Omega)$일 때, 스미스 차트를 이용하여 Y_L을 구하라.

SOLUTION **풀이** 이 문제는 전송선과는 아무런 상관이 없다. 스미스 차트를 사용하기 위해 임의의 정규화 상수를 택한다. 예를 들어, $R_0 = 50\ (\Omega)$이라면

$$z_L = \tfrac{1}{50}(95 + j20) = 1.9 + j0.4$$

이다. 그림 9-37의 스미스 차트에서 점 P_1에 z_L를 표시한다. P_1과 O를 잇는 선의 반대쪽에 있는 점 P_2는 y_L을 나타낸다. 즉, $\overline{OP}_2 = \overline{OP}_1$이다.

$$Y_L = \frac{1}{R_0} y_L = \frac{1}{50}(0.5 - j0.1) = 10 - j2 \quad \text{(mS)}$$

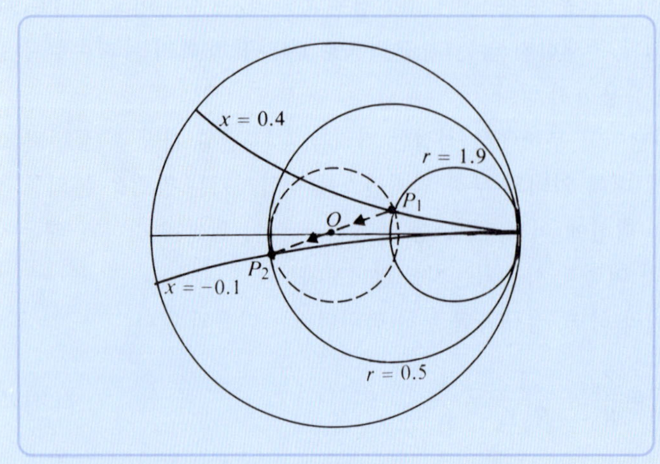

그림 9-37

임피던스로부터 어드미턴스 구하기(예제 9-18)

예제 9-19 스미스 차트를 이용하여 특성 임피던스가 300 (Ω)이고 길이가 0.04λ인 개방회로 전송선의 입력 어드미턴스를 구하라.

풀이

1. 개방회로 전송선의 경우 임피던스 스미스 차트의 오른쪽 끝점 P_{oc}에서 시작을 한다. 그림 9-38에서는 점 P_{oc}는 0.25지점이다.
2. "신호원 방향의 파장" 0.04λ 도표의 원둘레를 움직이면 0.29인 점 P_3가 된다.
3. 점 P_3로부터 원점 O를 지나는 직선을 반대편 점 P_3'까지 그린다.
4. 점 P_3'을 읽는다.

$$y_i = 0 + j0.26$$

따라서

$$Y_i = \frac{1}{300}(0 + j0.26) = j0.87 \quad \text{(mS)}$$

이 된다.

앞의 두 예제에서 임피던스 스미스 차트를 사용하여 어드미턴스를 구했다. 또한 스미스 차트는 어드미턴스 도표로 이용될 수 있는데, 그런 경우에 원 r-과 x-원은 g-와 b-원이 될 수 있다. 개방회로와 단락회로의 종단점을 나타내는 점들이 어드미턴스 도표상에서 각각 좌측 끝이나 우측 끝의 점이 될 것이다. 예제 9-19의 경우 도표상의 극좌점, 즉 그림 9-38의 0.00에서 시작해서 "신호원 방향의 파장"이 0.04인 P_3'까지 직접 이동하게 된다.

9-7.2 단일 스터브 정합

이제 그림 9-39에 보인 바와 같이 특성 임피던스가 R_0인 무손실 전송선에 부하 임피던스 Z_L을 전송선과 평행한 단일 단락회로 스터브를 연결하여 정합하는 문제에 대해 다룬다. 이를 임피던스 정합을 위한 **단일 스터브 방법**(single-stub method)이라 한다. 스터브의 길이 ℓ과 부하로부터의 거리 d를 구해야 하고, 이러한 $B-B'$점 오른쪽의 병렬 조합의 임피던스는 R_0와 같다. 개방회로 스터브에 비해 단락회로 스터브가 보다 많이 사용된다. 이것은 개방단에서의 발산과 이웃한 물체와의 결합/간섭 효과로 인해 무한의 종단 임피던스를 구현하는 것이 "0"인 임피던스의 단락회로보다 훨씬 어렵기 때문이다. 게다가, 길이를 조절할 수 있고 특성 임피던스가 상수인 단락회로 스터브가 개방회로 스터브보다 구성하기가 훨씬 쉽다. 물론, 개방회로 스터브와 단락회로 스터브에 필요한 길이의 차이는 1/4파장의 홀수배이다.

그림 9-39에 보인 바와 같이, Z_L로 종단되고 점 $B-B'$에 스터브가 있는 전송선의 병렬조합은 정합에 필요한 조건들을 어드미턴스로 분석하는 것이 유리하다는 것을 암시한다. 기본적인 요구 조건은 다음과 같다.

$$\begin{aligned} Y_i &= Y_B + Y_s \\ &= Y_0 = \frac{1}{R_0} \end{aligned} \tag{9-197}$$

정규화된 어드미턴스에 의해, 식 (9-197)은 다음과 같다.

$$1 = y_B + y_s \tag{9-198}$$

여기서 $y_B = R_0 Y_B$는 부하 구간에 대한 식이고, $y_s = R_0 Y_s$는 단락회로 스터브에 관한 식이다. 하지만 단락회로 스터브의 입력 어드미턴스가 순수한 서셉턴스 성분이기 때문에 y_s는 순수한 허수이다. 결과적으로, 식 (9-198)은 다음과 같은 경우에만 만족될 수 있다.

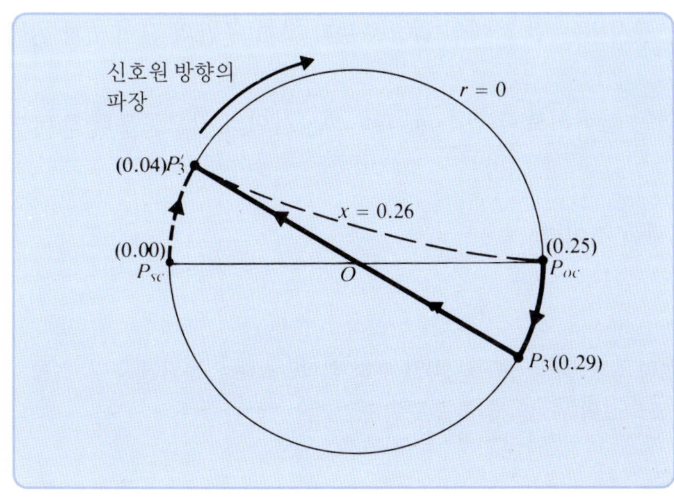

그림 9-38
개방회로 선의 입력 임피던스 구하기 (예제 9-19)

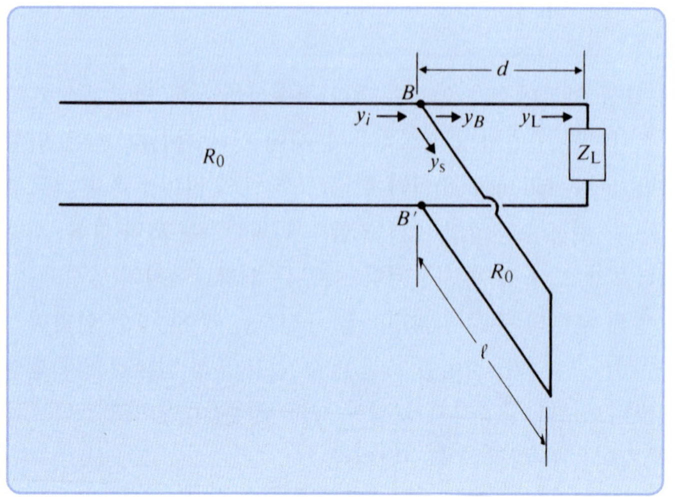

그림 9-39
단일 스터브에 의한 임피던스 정합

$$y_B = 1 + jb_B \tag{9-199}$$

와

$$y_s = -jb_B \tag{9-200}$$

여기서 b_B는 양 또는 음의 값이 될 수 있다. 여기에서는 종단 $B-B'$ 오른쪽의 부하 부분 중에서 어드미턴스 y_B가 단일 실수부가 되는 길이 d와 허수부를 없애기 위해 필요한 스터브의 길이 ℓ_B를 찾는 것이 목적이다.

어드미턴스 스미스 차트를 이용한 단일 스터브 정합 과정은 다음과 같다.

1. 정규화된 부하 어드미턴스 y_L을 나타내는 점을 표시한다.

2. $g = 1$과 두 점에서 교차하는 y_L의 $|\Gamma|$-원을 그린다. 이 두 점에서 $y_{B1} = 1 + jb_{B1}$이고 $y_{B2} = 1 + jb_{B2}$이며 두 가지 모두 가능한 해이다.

3. y_L로 표시되는 점과 y_{B1}과 y_{B2}로 표시되는 점 사이의 각으로부터 부하 구간의 길이 d_1과 d_2를 결정한다.

4. 스미스 차트의 우측 맨 끝에 있는 단락회로 점인 $-jb_{B1}$과 $-jb_{B2}$ 사이의 각으로부터 스터브 길이 ℓ_{B1}과 ℓ_{B2}를 각각 구한다.

다음의 예는 이와 같은 과정을 설명한 것이다.

예제 9-20

50 (Ω)의 전송선이 $Z_L = 35 - j47.5$ (Ω)인 부하 임피던스에 연결되어 있다. 선을 정합시키기 위해 필요한 단락회로 스터브의 위치와 길이를 구하라.

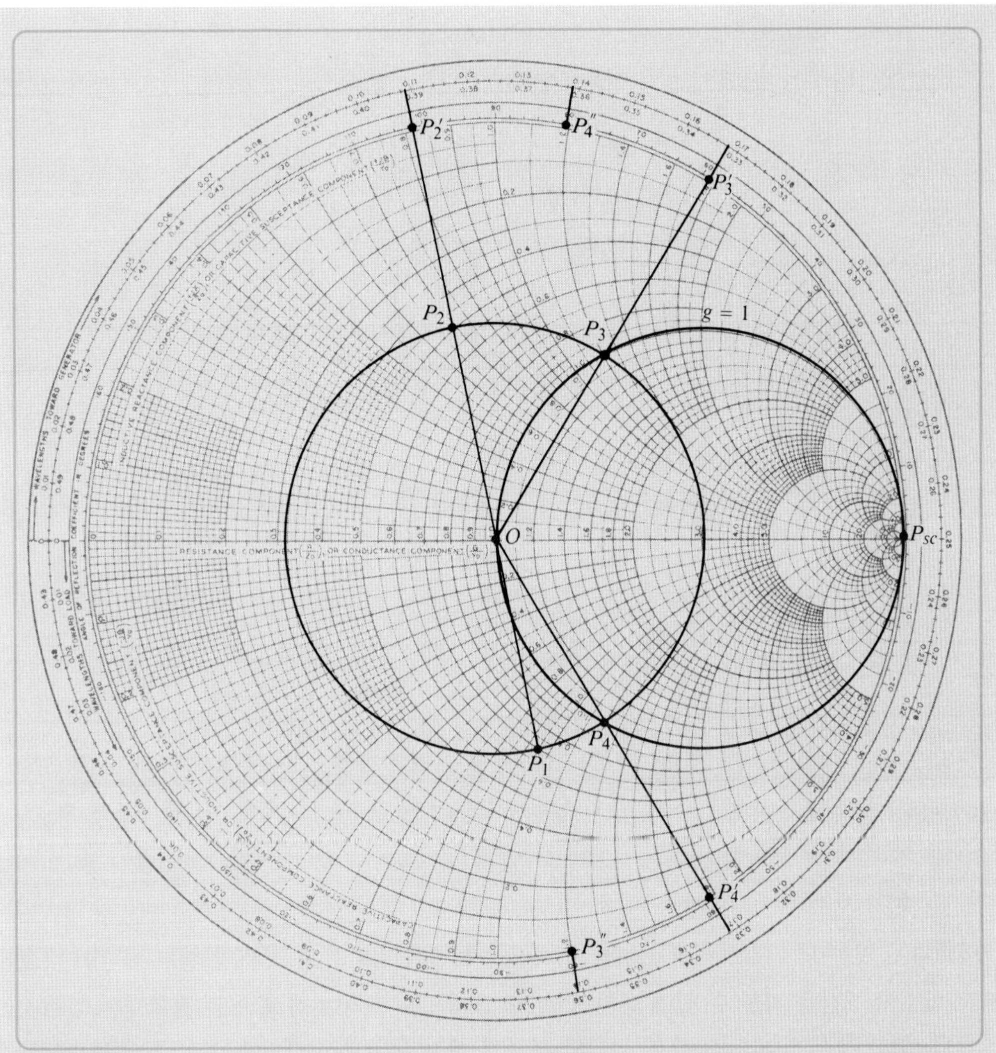

그림 9-40

스미스 어드미턴스 차트에서의 단일 스터브 정합(예제 9-20)

SOLUTION
풀이

$$R_0 = 50\ (\Omega)$$
$$Z_L = 35 - j47.5\ (\Omega)$$
$$z_L = Z_L/R_0 = 0.70 - j0.95$$

1. 그림 9-40의 스미스 차트에 z_L을 P_1으로 표시한다.
2. 중심 O에서 반지름이 $\overline{OP_1}$인 $|\Gamma|$-원을 그린다.
3. P_1에서 O를 지나 원둘레의 점 P_2'까지 직선을 그어라. 그 원은 P_2에서 $|\Gamma|$-원과 교차하고, P_2는 y_L

을 나타낸다. "신호원 방향의 파장"의 P_2'에서 0.109이다.

4. $g = 1$인 $|\Gamma|$-원을 가로지르는 두 점을 적어라.

$$P_3\text{에서: } y_{B1} = 1 + j1.2 = 1 + jb_{B1}$$

$$P_4\text{에서: } y_{B2} = 1 - j1.2 = 1 + jb_{B2}$$

5. 스터브 위치에 대한 해:

$$P_3(P_2'\text{에서 } P_3'\text{까지})\text{의 경우: } d_1 = (0.168 - 0.109)\lambda = 0.059\lambda$$

$$P_4(P_2'\text{에서 } P_4'\text{까지})\text{의 경우: } d_2 = (0.332 - 0.109)\lambda = 0.223\lambda$$

6. $y_s = -jb_B$인 단락회로 스터브의 길이에 대한 해:

P_3(도표상의 가장 오른쪽에 있는 P_{sc}에서 $-jb_{B1} = -j1.2$인 P_3''까지)의 경우:

$$\ell_{B1} = (0.361 - 0.250)\lambda = 0.111\lambda$$

P_4(P_{sc}에서 $-jb_{B2} = j1.2$인 P_4''까지)의 경우:

$$\ell_{B2} = (0.139 + 0.250)\lambda = 0.389\lambda$$

일반적으로 다른 조건이 없다면 더 짧은 길이를 갖는 해를 취한다. 단락회로 스터브의 정확한 길이 ℓ_B는 실제 정합 과정에서 정밀한 조정이 필요하다. 그러므로 짧아진 정합 구간을 **스터브 동조기**(stub tuner)라고도 부른다.

임피던스 정합 문제에서 스미스 차트의 사용은 복잡한 숫자들의 조작, 탄젠트 함수와 아크탄젠트 함수의 계산을 피할 수 있게 한다. 그러나 그래프를 그려야 하고 이는 정확성이 떨어지는 한계가 있다. 사실, 임피던스 정합 문제의 분석적 해결은 비교적 간단하고, 컴퓨터 프로그램을 사용하면 스미스 차트에 대한 의존을 줄일 수 있으며 동시에 더욱 정확한 결과를 얻을 수 있다.

그림 9-39에 보인 단일 스터브 정합 문제에 대해 식 (9-109)에서

$$z_B = \frac{(r_L + jx_L) + jt}{1 + j(r_L + jx_L)t} \tag{9-201}$$

을 얻는다. 여기서

$$t = \tan \beta d \tag{9-202}$$

이다. $B-B'$의 오른쪽 점에서의 정규화된 입력 임피던스는

$$y_B = \frac{1}{z_B} = g_B + jb_B \tag{9-203}$$

이고, 여기서

$$g_B = \frac{r_L(1 - x_L t) + r_L t(x_L + t)}{r_L^2 + (x_L + t)^2} \tag{9-204}$$

와

$$b_B = \frac{r_L^2 t - (1 - x_L t)(x_L + t)}{r_L + (x_L + t)^2} \tag{9-205}$$

이다. 완전정합은 식 (9-199)와 (9-200)을 동시에 만족해야 한다. 식 (9-204)의 g_B를 1로 하면,

$$(r_L - 1)t^2 - 2x_L t + (r_L - r_L^2 - x_L^2) = 0 \tag{9-206}$$

을 얻는다. 식 (9-206)을 풀면,

$$t = \begin{cases} \dfrac{1}{r_L - 1}\{x_L \pm \sqrt{r_L[(1 - r_L)^2 + x_L^2]}\}, & r_L \neq 1 \quad \text{(9-207a)} \\ -\dfrac{x_L}{2}, & r_L = 1 \quad \text{(9-207b)} \end{cases}$$

를 얻고, 필요한 길이 d는 식 (9-202), (9-207a), 그리고 (9-207b)에서 구할 수 있다.

$$\frac{d}{\lambda} = \begin{cases} \dfrac{1}{2\pi}\tan^{-1} t, & t \geq 0 \quad \text{(9-208a)} \\ \dfrac{1}{2\pi}(\pi + \tan^{-1} t), & t < 0 \quad \text{(9-208b)} \end{cases}$$

유사한 방법으로, 식 (9-200)과 (9-205)로부터

$$\frac{\ell}{\lambda} = \begin{cases} \dfrac{1}{2\pi}\tan^{-1}\left(\dfrac{1}{b_B}\right), & b_B \geq 0 \quad \text{(9-209a)} \\ \dfrac{1}{2\pi}\left[\pi + \tan^{-1}\left(\dfrac{1}{b_B}\right)\right], & b_B < 0 \quad \text{(9-209b)} \end{cases}$$

를 얻는다.

주어진 부하 임피던스에서, d/λ와 ℓ/λ는 공학용 계산기로 쉽게 구할 수 있다. 단일 스터브 정합 문제에 대한 일반적인 컴퓨터 프로그램을 쓰는 것도 쉬운 방법이다. 예제 9-20(r_L = 0.70과 x_L = −0.95)에 대한 더 정확한 답은

$$d_1 = 0.05894469\lambda, \qquad \ell_{B1} = 0.11117792\lambda$$
$$d_2 = 0.22347730\lambda, \qquad \ell_{B2} = 0.38882208\lambda$$

이다. 물론, 실제 문제에서는 더 정확성이 요구되는 경우는 거의 없으며 이 결과들은 스미스 차트 없이 쉽게 구할 수 있다.

9-7.3 이중 스터브 정합

앞 절에서 설명한 단일 스터브 방법은 임의의 0이 아닌 전송선의 특성 저항에 대해 유한한 부하 임피던스를 갖는 전송선의 임피던스 정립에 사용될 수 있다. 그러나 단일 스터브 방법은 스터브가 동작 주파수에 따라 변하는 부하 임피던스를 주 선의 특정한 점에 연결해야 한다. 이 조건은 그 특정한 점이 구조적으로 원하지 않는 곳에 생길 수 있기 때문에 실질적인 어려움이 많다. 게다가, 일정한 특성 임피던스를 갖는 조절 가능한 길이의 동축선을 만드는 것은 매우 어렵다. 이러한 경우에 임피던스 정합의 대안적인 방법은 그림 9-41에 보인 바와 같이 주 선의 고정점에 연결된 이중 단락회로 스터브를 사용하는 것이다. 여기서 거리 d_o는 임의적으로 선택된 점($\lambda/16$, $\lambda/8$, $3\lambda/16$, $3\lambda/8$ 등)에 고정될 수 있고, 이중 스터브 동조기의 길이는 주 선에 주어진 부하 임피던스 Z_L에 정합되도록 조절할 수 있다. 이 설계방법을 임피던스 정합을 위한 **이중 스터브 방법**(double-stub method)이라 한다.

그림 9-41의 배열에서 길이가 ℓ_A인 스터브가 종단 $A-A'$에 부하 임피던스와 병렬로 연결되어 있고, 길이가 ℓ_B인 두 번째 스터브가 종단 $B-B'$에 거리 d_o만큼 떨어져 연결되어 있다. 특성 저항이 R_0인 주 선의 임피던스 정합에서, 부하 쪽을 바라보는 종단 $B-B'$에서의 전체 입력 어드미턴스가 선의 특성 컨덕턴스와 같아야 한다. 즉,

$$\begin{aligned} Y_i &= Y_B + Y_{sB} \\ &= Y_0 = \frac{1}{R_0} \end{aligned} \tag{9-210}$$

이다. 정규화된 어드미턴스를 사용하면, 식 (9-210)은

$$1 = y_B + y_{sB} \tag{9-211}$$

이 된다. 단락회로 스터브의 입력 어드미턴스 y_{sB}가 순 허수이기 때문에, 식 (9-211)은

$$y_B = 1 + jb_B \tag{9-212}$$

과

$$y_{sB} = -jb_B \tag{9-213}$$

일 때에만 성립한다. 이 조건들은 단일 스터브 정합의 조건과 같음을 유의하라.

스미스 어드미턴스 차트에서 y_B를 나타내는 점은 $g = 1$인 원 위에 있어야 한다. 이 조건은 d_o/λ "부하 방향의 파장"으로 변환되어야 한다. 이는 종단 $A-A'$의 y_A가 반시계 방향으로 각 $4\pi d_o/\lambda$만큼 회전된 $g = 1$인 원 위에 있어야 한다는 것이다. 다시, 단락회로 스터브의 입력 어드미턴스 y_{sA}가 순 허수이기 때문에, y_A의 실수부는 정규화된 부하 임피던스의 실수부 g_L에만 의존한다. 그러므로 이중 스터브 정합 문제의 해답은 g_L-원과 회전된 $g = 1$인 원의 교점들에 의해 구해진다. 스미스 어드미턴스 차트에서 이중 스터브 정합 문제를 푸는 과정은 다음과 같다.

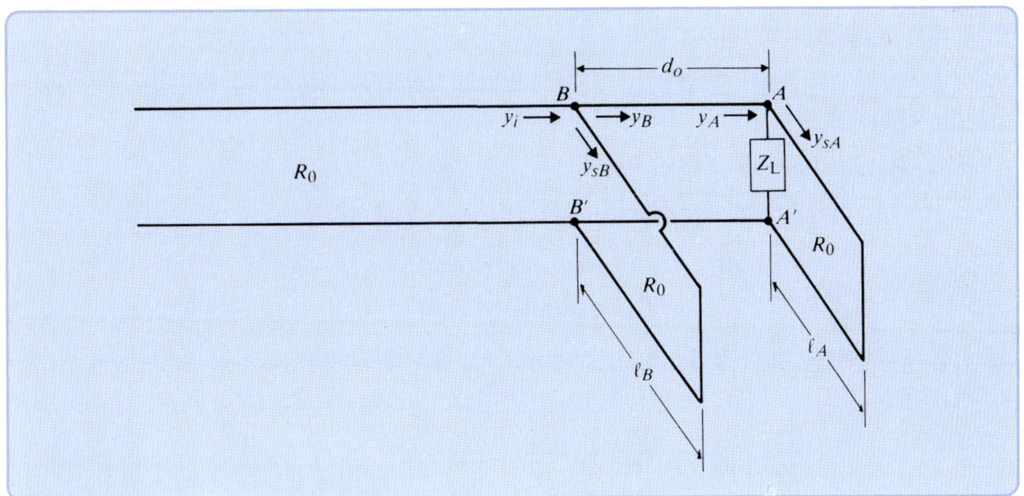

그림 9-41
이중 스터브 방법에 의한 임피던스 정합

1. $g = 1$인 원을 그려라. y_B를 나타내는 점이 위치할 것이다.
2. 이 원을 "부하 방향의 파장" d_o/λ만큼 회전시킨 원을 그려라. y_A를 나타내는 점이 위치할 것이다.
3. $y_L - g_L + jb_L$인 점을 표시한다
4. $y_A = g_L + jb_A$인 한 개나 두 개의 점에서 회전된 $g = 1$인 원과 교차하는 $g = g_L$인 원을 그려라.
5. $g = 1$인 원 위에 대응하는 y_B점, $y_B = 1 + jb_B$를 표시하라.
6. y_A를 나타내는 점과 y_L을 나타내는 점 사이의 각으로부터 스터브 길이 ℓ_A를 구하라.
7. $-jb_B$를 나타내는 점과 맨 오른쪽 끝에 있는 P_{sc}점 사이의 각으로부터 스터브 길이 ℓ_B를 구하라.

예제 9-21 50 (Ω)의 전송선이 부하 임피던스 $Z_L = 60 + j80$ (Ω)에 연결되어 있다. 그림 9-41에 보인 바와 같이, 전송선을 정합시키기 위해 1/8파장 떨어진 곳에 이중 스터브 동조기가 놓여져 있다. 단락회로 스터브의 길이를 구하라.

SOLUTION **풀이** 주어진 $R_0 = 50$ (Ω)과 $Z_L = 60 + j80$ (Ω)을 이용하여 쉽게 다음 결과를 얻을 수 있다.

$$y_L = \frac{1}{z_L} = \frac{R_0}{Z_L} = \frac{50}{60 + j80} = 0.30 - j0.40$$

(스미스 차트에서 $z_L = (60 + j80)/50 = 1.20 + j1.60$의 반대편의 y_L점을 찾을 수도 있지만 이는 차트를 너무 지저분하게 만들 것이다.) 스미스 어드미턴스 차트를 사용하는 위의 과정을 따른다.

1. $g = 1$인 원을 그린다(그림 9-42).
2. 이 $g = 1$인 원을 반시계 방향으로 1/8 "부하 방향의 파장"만큼 회전시킨다. 회전각은 $4\pi/8$ (rad) 또는 90°이다.
3. P_L에 대해 $y_L = 0.30 - j0.40$을 표시한다.
4. $g_L = 0.30$인 원과 회전된 $g = 1$인 원의 교점인 P_{A1}과 P_{A2}를 표시한다.

$$P_{A1}:\ y_{A1} = 0.30 + j0.29$$
$$P_{A2}:\ y_{A2} = 0.30 + j1.75$$

5. 원점 O를 중심으로 하여 컴퍼스를 사용하여 $g = 1$인 원 위에 P_{A1}과 P_{A2}와 각각 대응하는 점 P_{B1}과 P_{B2}를 찾는다.

$$P_{B1}:\ y_{B1} = 1 + j1.38$$
$$P_{B2}:\ y_{B2} = 1 - j3.5$$

6. 스터브 길이 ℓ_{A1}과 ℓ_{A2}를 다음과 같이 구한다.

$$(y_{sA})_1 = y_{A1} - y_L = j0.69, \quad \ell_{A1} = (0.096 + 0.250)\lambda = 0.346\lambda(\text{점 } A_1)$$
$$(y_{sA})_2 = y_{A2} - y_L = j2.15, \quad \ell_{A2} = (0.181 + 0.250)\lambda = 0.431\lambda(\text{점 } A_2)$$

7. 스터브 길이 ℓ_{B1}과 ℓ_{B2}를 다음과 같이 구한다.

$$(y_{sB})_1 = -j1.38, \quad \ell_{B1} = (0.350 - 0.250)\lambda = 0.100\lambda(\text{점 } B_1)$$
$$(y_{sB})_2 = j3.5, \quad \ell_{B2} = (0.206 - 0.250)\lambda = 0.456\lambda(\text{점 } B_2)$$

그림 9-42는 정규화된 부하 어드미턴스 $y_L = g_L + jb_L$을 나타내는 점 P_L이 $g = 2$인 원에 놓이고($g_L > 2$이면), 그러면 $g = g_L$인 원이 회전된 $g = 1$인 원과 만나지 않고, $d_o = \lambda/8$인 이중 스터브 정합의 해가 존재하지 않는다는 것을 알 수 있다. 이와 같이 해가 없는 영역은 스터브 간의 간격 d_o에 의해 변하게 된다(연습문제 P.9-52 참조). 이러한 경우, 그림 9-43에 보인 바와 같이 Z_L과 종단 $A-A'$ 사이에 적절한 선 구간을 첨가하므로 이중 스터브 방법에 의한 임피던스 정합이 이루어질 수 있다(연습문제 P.9-51 참조).

이중 스터브 임피던스 정합 문제의 해를 구하는 것도, 이전 절에서 다룬 단일 스터브 문제와 더 연관되어 있기는 하지만 불가능한 것은 아니다. 이러한 해를 얻고 싶은 열정적인 독자라면 z_L과 d_o/λ에 대해 d_L/λ, ℓ_A/λ, ℓ_B/λ를 구하는 컴퓨터 프로그램을 작성해 보라.[12)]

12) D. K. Cheng and C. H. Liang, "Computer solution of double-stub impedance-matching problems," *IEEE Transactions on Education*, vol, E-25, pp. 120–123, November 1982.

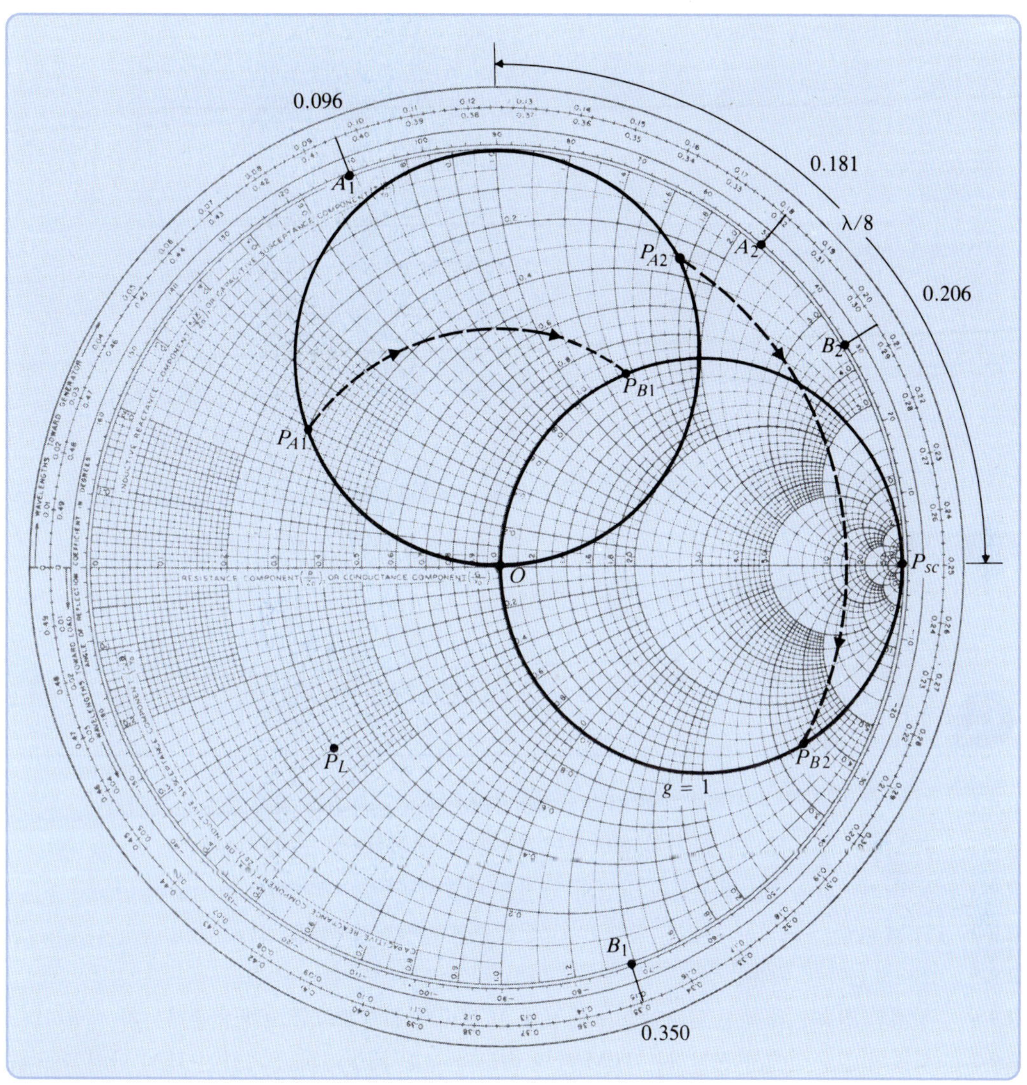

그림 9-42

스미스 어드미턴스 차트에 의한 이중 스터브 정합

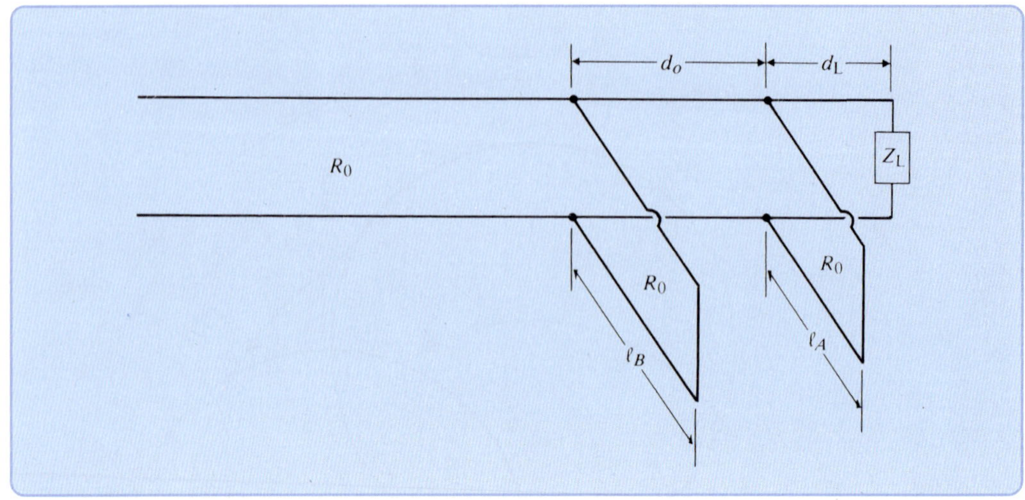

그림 9-43

두 개의 부하선 구간을 갖는 이중 스터브 임피던스 정합

복습 질문
Review Question

R.9-1 무한 매질에서 균일 평면파와 전송선에서 TEM 파의 공통점과 차이점을 논하라.

R.9-2 TEM 파 유도 구조의 세 가지 일반적인 종류는 무엇인가?

R.9-3 동축 케이블과 2선 전송선의 장점과 단점을 비교하라.

R.9-4 TEM 파를 유도하는 무손실 평행판 선의 전송선 방정식을 써라.

R.9-5 스트립 선이란 무엇인가?

R.9-6 평행판 전송선의 특성 임피던스가 어떻게 판 너비와 유전체의 두께에 의존하는지 설명하라.

R.9-7 평행판 전송선에서 전파하는 TEM 파의 속도와 무한 매질에서 전파하는 TEM 파의 속도를 비교하라.

R.9-8 표면 임피던스를 정의하라. 평판 도체에서 손실되는 전력과 표면 임피던스는 어떤 관계가 있는가?

R.9-9 평행판 전송선의 표면저항과 단위길이당 저항의 차이를 말하라.

R.9-10 일반적인 전기회로망과 전송선의 본질적인 차이는 무엇인가?

R.9-11 손실 전송선을 통해 순수한 TEM 파가 될 수 없는 이유를 말하라.

R.9-12 트리플레이트(triplate) 선이란 무엇인가? 해당하는 스트립 선과 트리플레이트 선의 특성 임피던스는 어떻게 다른지 설명하라.

R.9-13 시변 시간의존성을 가진 경우와 임의의 시간의존성을 가진 경우의 전송선 방정식을 써라.

R.9-14 전송선의 전파상수와 특성 임피던스를 정의하라. 또한 일반식을 정현파에 대해 R, L, G, C의 항을 이용하여 나타내어라.

R.9-15 무한히 긴 전송선의 전압파와 전류파의 위상관계는 어떻게 되는가?

R.9-16 "무왜곡 선"이 의미하는 것은 무엇인가? 무왜곡이 되려면 분포정수 간에 어떠한 관계가 성립해야 하는가?

R.9-17 무왜곡 선이 무손실인가? 손실 전송선이 분산성인가? 설명하라.

R.9-18 전송선의 분포정수를 구하는 과정을 개략적으로 설명하라.

R.9-19 전송선의 감쇠상수가 전송된 전력과 단위길이당 전력 손실로부터 어떻게 구해지는지 보여라.

R.9-20 "정합된 전송선"이 의미하는 것은 무엇인가?

R.9-21 전송선의 입력 임피던스에 영향을 주는 요소는 무엇인가?

R.9-22 전송선의 길이가 (a) $\lambda/4$, (b) $\lambda/2$, (c) $3\lambda/4$일 때 종단 개방회로 무손실 전송선의 입력 임피던스는 얼마인가?

R.9-23 전송선의 길이가 (a) $\lambda/4$, (b) $\lambda/2$, (c) $3\lambda/4$일 때 종단 단락회로 무손실 전송선의 입력 임피던스는 얼마인가?

R.9-24 길이가 $\lambda/8$인 전송선의 종단이 (a) 개방회로, (b) 단락회로일 때, 선의 입력 리액턴스가 유도성인가 혹은 용량성인가?

R.9-25 길이가 ℓ인 전송선상에서, 전송선의 특성 임피던스와 전파상수와 개방, 단락 회로 입력 임피던스의 관계식은 무엇인가?

R.9-26 "1/4파장 변환기"란 무엇인가? 왜 이것이 복소수 부하 임피던스를 갖는 저손실 전송선을 정합하는 데 유용하지 않은가?

R.9-27 길이가 ℓ인 무손실 전송선이 (a) $\ell = \lambda/2$, (b) $\ell = \lambda$에서 부하 임피던스 Z_L로 종단되었을 때, 입력 임피던스는 얼마인가?

R.9-28 개방회로 또는 단락회로 저손실 전송선 부분이 어떻게 병렬 공진회로를 만드는 데 쓰이는지 설명하라.

R.9-29 병렬 공진회로의 대역폭과 양호도 Q를 정의하라.

R.9-30 전압 반사계수를 정의하라. 이것이 "전류 반사계수"와 같은가? 설명하라.

R.9-31 정재파비를 정의하라. 이것이 어떻게 전압 반사계수와 전류 반사계수와 관련되어 있는가?

R.9-32 개방회로 및 단락회로로 종단된 전송선의 Γ와 S는 얼마인가? 각각 구하라.

R.9-33 (a) $R_L > R_0$와 (b) $R_L < R_0$일 때 저항성으로 종단된 무손실 전송선의 전압 정재파의 최소값들은 어디에 나타나는가?

R.9-34 무손실 전송선의 정재파비를 측정함으로써 종단 저항의 값이 어떻게 구해지는지 설명하라.

R.9-35 무손실 전송선에서 임의의 종단 임피던스 값이 선의 정재파비로 어떻게 구해지는지 설명하라.

R.9-36 내부 임피던스 Z_g인 전원이 $t = 0$에서 길이 ℓ인 무손실 전송선의 입력단에 연결되어 있다. 선의 특성 임피던스는 Z_0이고 부하 임피던스 Z_L로 종단되어 있다. (a) $Z_g = Z_0$이고 $Z_L = Z_0$, (b) $Z_L = Z_0$이지만 $Z_g \neq Z_0$, (c) $Z_g = Z_0$이지만 $Z_L \neq Z_0$, (d) $Z_g \neq Z_0$이고 $Z_L \neq Z_0$일 때, 각각 어느 시간에 선이 정적인 상태에 도달하는가?

R.9-37 전압이 V_0인 직류 전원이 특성 저항 R_0이고 부하저항 R_L인 무손실 전송선의 입력단에 직렬 저항 R_g를 통해 연결되어 있다. 신호원으로부터 부하로 첫 번째로 진행하는 과도 전압파의

진폭은 얼마인가? 부하로부터 신호원으로 첫 번째로 반사된 파의 진폭은 얼마인가?

R.9-38 문제 9-37에서, 전지로부터 부하로 첫 번째로 진행하는 전류파의 진폭은 얼마인가? 부하로부터 전지로 첫 번째로 반사된 전류파의 진폭은 얼마인가?

R.9-39 전송선의 반사 도표란 무엇인가? 그것이 어떤 목적으로 유용한가?

R.9-40 종단된 전송선의 전압 반사 도표와 전류 반사 도표의 차이는 무엇인가?

R.9-41 무손실 전송선에 직류 전원이 공급되고 있다. 어떠한 조건에서 선의 과도전압 분포와 과도전류 분포의 모양이 달라지는가? 어떠한 조건에서 모양이 같아지는가?

R.9-42 리액턴스 성분을 갖는 부하로 종단된 전송선에서 과도 현상을 분석하는 데 유용하지 않은 반사계수의 개념은 무엇인가?

R.9-43 스미스 차트는 무엇이고 전송선 계산을 하는 데 왜 유용한가?

R.9-44 스미스 차트에서 정합된 부하를 나타내는 점은 무엇인가?

R.9-45 특성 임피던스 Z_0인 무손실 전송선에서 주어진 부하 임피던스 Z_L에 대해, (a) 반사계수, (b) 정재파비를 구하는 데 어떻게 스미스 차트가 사용되는가?

R.9-46 전송선상의 반파장의 변화가 왜 스미스 차트의 한 바퀴에 해당하는가?

R.9-47 스미스 차트에서 임피던스 $Z = R + jX$를 이용하여 어드미턴스 $Y = 1/Z$를 구하기 위해 거쳐야 하는 과정은 무엇인가?

R.9-48 스미스 차트에서 어드미턴스 $Y = G + jB$를 이용하여 임피던스 $Z = 1/Y$를 구하기 위해 거쳐야 하는 과정은 무엇인가?

R.9-49 스미스 어드미턴스 차트에서 단락회로를 나타내는 점은 무엇인가?

R.9-50 전송선이 손실일 때도 전송선의 정재파비가 상수인지 설명하라.

R.9-51 손실 전송선의 임피던스 계산에 스미스 차트가 사용될 수 있는지 설명하라.

R.9-52 임피던스 정합 문제에서 스미스 차트를 임피던스 차트보다 어드미턴스 차트로 사용하는 것이 왜 더 편리한가?

R.9-53 전송선에서 임피던스를 정합하는 것이 왜 필요한가?

R.9-54 전송선의 임피던스 정합에서 단일 스터브 정합방법을 설명하라.

R.9-55 전송선의 임피던스 정합에서 이중 스터브 정합방법을 설명하라.

R.9-56 임피던스 정합의 단일 스터브 방법과 이중 스터브 방법의 장단점을 비교하라.

R.9-57 왜 임피던스 정합에 사용되는 스터브는 개방회로보다 단락회로를 사용하는가?

연습문제
Problem

P.9-1 평행판의 가장자리에서 나타나는 전자기 현상을 무시하고, 평행판 전송선을 따라 $+z$ 방향으로 진행하는 y-편파된 TEM 파가 다음과 같은 특성을 가지고 있다는 것을 증명하라: $\partial E_y/\partial x = 0$이고 $\partial H_x/\partial y = 0$.

P.9-2 전송선을 따라 $+z$ 방향으로 진행하는 일반적인 TEM 파의 전기장과 자기장은 x-와 y-성분을 모두 지닐수 있고, 두 성분은 단면 방향 좌표의 함수이다.

(a) $E_x(x, y)$, $E_y(x, y)$, $H_x(x, y)$, $H_y(x, y)$의 관계식을 구하라.

(b) (a)에서 네 개의 전자기장 성분이 정전자기장의 2차 라플라스 방정식을 만족함을 증명하라.

P.9-3 주어진 특성 임피던스에 대해 무손실 스트립 선을 설계하고자 한다.

(a) 유전상수 ϵ_r이 두 배가 되면 주어진 플레이트 폭이 w인 경우 유전체 두께 d가 어떻게 변화되어야 하는가?

(b) ϵ_r이 두 배가 되면 주어진 d에 대해 w는 어떻게 변화되어야 하는가?

(c) d가 두 배가 되면 주어진 ϵ_r에 대해 w는 어떻게 변화되어야 하는가?

(d) (a), (b), (c)의 변화에 의해 바뀐 전파 속도가 원래 선의 전파 속도와 같게 유지될 수 있는지 설명하라.

P.9-4 폭이 20 (mm)인 평행한 스트립이 황동($\sigma_c = 1.6 \times 10^7$ (S/m))으로 되어 있고 두 평행판 사이에 두께가 2.5 (mm)인 손실 유전체($\mu = \mu_0$, $\epsilon_r = 3$, $\sigma = 10^{-3}$ (S/m))로 분리된 전송선에서 동작 주파수가 500 MHz일 때,

(a) 단위길이당 R, L, G, C 값을 구하라.

(b) 전기장의 축방향 성분의 크기와 횡축 방향 성분의 크기를 비교하라.

(c) γ와 Z_0를 구하라.

P.9-5 식 (9-39)를 증명하라.

P.9-6 복소 유전율 $\epsilon = \epsilon' - j\epsilon''$를 갖는 손실 유전체에 의해 분리된 완전도체 전송선의 감쇠상수와 위상상수가 각각

$$\alpha = \omega\sqrt{\frac{\mu\epsilon'}{2}}\left[\sqrt{1+\left(\frac{\epsilon''}{\epsilon'}\right)^2}-1\right]^{1/2} \quad \text{(Np/m)} \tag{9-214}$$

$$\beta = \omega\sqrt{\frac{\mu\epsilon'}{2}}\left[\sqrt{1+\left(\frac{\epsilon''}{\epsilon'}\right)^2}+1\right]^{1/2} \quad \text{(rad/m)} \tag{9-215}$$

임을 보여라.

P.9-7 9-3.1절의 저손실 전송선에서 γ와 Z_0에 대한 근사식의 유도에서 $(R/\omega L)$과 $(G/\omega C)$의 두 번째와 그 이상의 전력을 포함하는 모든 항은 1과 비교해 무시하였다. 낮은 주파수에서, 식 (9-54)와 (9-58)에 주어진 것보다 정확한 근사값이 필요하다. $(R/\omega L)^2$과 $(G/\omega C)^2$ 항을 포함하는 저손실 선의 γ와 Z_0에 대한 새로운 공식을 구하라. 또한 이에 대한 위상 속도의 식을 구하라.

P.9-8 $\omega L \ll R$과 $\omega C \ll G$ 같은 매우 낮은 주파수에 대한 손실 전송선의 γ와 Z_0의 근사식을 구하라.

P.9-9 100 MHz에서 다음의 특성들이 손실 전송선에서 측정되었다.

$$Z_0 = 50 + j0 \quad (\Omega)$$
$$\alpha = 0.01 \quad \text{(dB/m)}$$
$$\beta = 0.8\pi \quad \text{(rad/m)}$$

이 선의 R, L, G, C를 구하라.

P.9-10 일반적으로 균일 전송선을 만들 때 유전체 매질로 폴리에틸렌($\epsilon_r = 2.25$)을 사용한다. 손실을 무시할 수 있다고 가정할 때, (a) 도선의 반지름이 0.6 (mm)인 300 (Ω)의 2선 전송선에 대해 분리거리를 구하라. (b) 중심 도체의 반지름이 0.6 (mm)인 75 (Ω)의 동축선에 대해 외부 도체의 내부 반지름을 구하라.

P.9-11 $Z_i = Z_g^*$일 때 내부 임피던스가 Z_g인 전원이 무손실 전송선을 따라 부하 임피던스 Z_L까지 최대 전력이 전달되는 것을 증명하라. 여기서 Z_i는 부하 전송선 쪽으로 들여다본 임피던스이다. 최대 전력 전송 효율은 얼마인가?

P.9-12 전송선의 입력단 전압 V_i와 전류 I_i 그리고 γ와 Z_0에 의해 $V(z)$와 $I(z)$를 (a) 지수 형태와 (b) 쌍곡선 형태로 표현하라.

P.9-13 그림 9-44(a)와 같이 길이 ℓ, 특성 임피던스 Z_0, 전파상수 γ인 균일 전송선 부분이 종단쌍 $1-1'$과 $2-2'$ 사이에 있는 경우를 고려해 보자. (V_1, I_1)과 (V_2, I_2)를 각각 종단 $1-1'$과 $2-2'$의 전압 위상자와 전류 위상자라고 하자.

(a) 식 (9-100a)와 (9-100b)를 사용하여 (V_1, I_1)과 (V_2, I_2)에 대한 다음과 같은 관계식을 만들어라.

$$\begin{bmatrix} V_1 \\ I_1 \end{bmatrix} = \begin{bmatrix} A & B \\ C & D \end{bmatrix} \begin{bmatrix} V_2 \\ I_2 \end{bmatrix} \tag{9-216}$$

A, B, C, D를 구하고, 다음을 증명하라.

$$A = D \tag{9-217}$$

과

$$AD - BC = 1 \tag{9-218}$$

(b) 식 (9-216), (9-217), 그리고 (9-218)이기 때문에, 그림 9-44(a)의 전송선은 그림 9-44(b)의 등가 2-포트 대칭 T-회로망으로 대치될 수 있다.

$$Z_1 = \frac{2}{C}(A-1) = 2Z_0 \tanh\frac{\gamma\ell}{2} \tag{9-219}$$

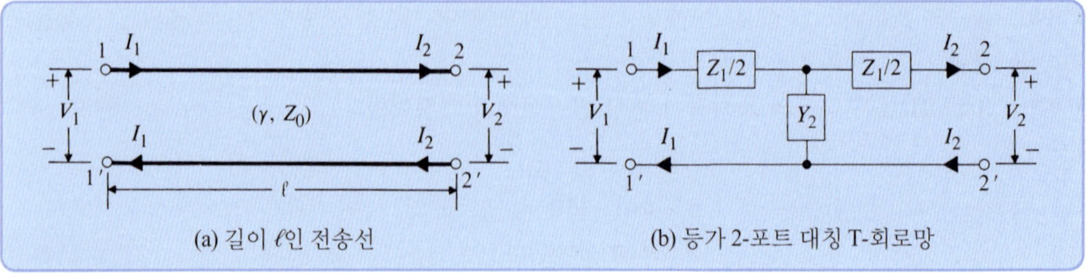

그림 9-44
전송선과 등가 대칭 2-포트 회로망

와

$$Y_2 = C = \frac{1}{Z_0} \sinh \gamma\ell \tag{9-220}$$

임을 증명하라.

P.9-14 전압 V_g와 내부 저항 R_g인 직류 전원이 단위길이당 저항 R과 컨덕턴스 G의 특성을 갖는 손실 전송선에 연결되어 있다.

(a) 전압과 전류에 대한 전송선 방정식을 구하라.

(b) $V(z)$와 $I(z)$에 대한 일반해를 구하라.

(c) 무한한 선에 대해 (b)의 질문에 대한 해를 기술하라.

(d) 부하저항 R_L로 종단되고 유한한 선 ℓ인 경우에 대해 (b)의 질문에 대한 해를 기술하라.

P.9-15 개방회로 전압 $v_g(t) = 10 \sin 8000\pi t$ (V)와 내부 저항 $Z_g = 40 + j30$ (Ω)을 갖는 전원이 50 (Ω)의 무왜곡 선에 연결되어 있다. 이 선은 0.5 (Ω/m)의 저항을 가지고, 선의 손실 유전체 매질은 0.18%의 손실 탄젠트를 갖는다. 이 선의 길이가 50 (m)이고 정합된 부하로 종단되었다. (a) 선상의 임의의 위치에서 전압과 전류의 순시값을 구하라. (b) 부하에서의 전압과 전류의 순시값을 구하라. (c) 부하에 전송되는 평균 전력을 구하라.

P.9-16 개방 또는 단락 회로 손실 전송선의 입력 임피던스는 저항성과 리액턴스 성분을 갖는다. 약간의 손실이 있는 전송선($\alpha\ell \ll 1$이고 $\beta\ell \ll 1$)의 매우 짧은 구간 ℓ의 입력 임피던스가 근사적으로 다음과 같음을 증명하라.

(a) 단락회로 종단에서 $Z_{in} = (R + j\omega L)\ell$

(b) 개방회로 종단에서 $Z_{in} = (G - j\omega C)/[G^2 + (\omega C)^2]\ell$

P.9-17 저손실 1/4파장 전송선의 입력 임피던스를 구하라($\alpha\lambda \ll 1$).

(a) 단락회로 종단에서

(b) 개방회로 종단에서

P.9-18 공기 중에서 50 (Ω)의 특성 임피던스를 갖는 2 (m)의 전송선이 200 (MHz)의 동작 주파수에서 저항 40 + j30 (Ω)으로 종단되었다. 입력 임피던스를 구하라.

P.9-19 공기 중에서 4 (m) 길이의 전송선의 입력단에서 측정한 개방회로와 단락회로의 임피던스가 각각 $250\angle{-50^\circ}$ (Ω)과 $360\angle{20^\circ}$ (Ω)이다.

(a) 이 선의 Z_0, α, β를 구하라.

(b) R, L, G, C를 구하라.

P.9-20 100 (kHz)에서 동작하는 0.6 (m) 길이의 무손실 동축 케이블상의 측정값이 개방회로일 때 54 (pF)의 커패시턴스, 단락회로일 때 0.3 (μH)의 인덕턴스를 갖는다.

(a) 절연체의 유전상수와 Z_0을 구하라.

(b) 10 (MHz)일 때 X_{io}와 X_{is}를 계산하라.

P.9-21 식 (9-116)의 개방회로 손실 전송선의 입력 임피던스로부터 반전력 대역폭과 길이가 $\ell = n\lambda/2$인 저손실 선의 Q 값을 구하라.

P.9-22 특성 임피던스 R_0인 1/4파장 무손실 전송선이 유도성 부하 임피던스 $Z_L = R_L + jX_L$로 종단

되어 있다.

(a) 입력 임피던스는 용량성 리액턴스 X_i와 저항 R_i의 병렬로 구성되어 있음을 증명하고, R_0, R_L, X_L의 항으로 R_i와 X_i를 구하라.

(b) R_0와 Z_L의 항으로 입력단에서 전압의 크기와 부하단에서 전압의 크기의 비(전압 전달비, $|V_{in}|/|V_L|$)를 구하라.

P.9-23 75 (Ω)의 무손실 전송선이 부하 임피던스 $Z_L = R_L + jX_L$로 종단되어 있다.

(a) 선상의 정재파비가 3이 되기 위해서 R_L과 X_L의 관계식은 어떻게 되어야 하는가?

(b) $R_L = 150$ (Ω)일 경우, X_L을 구하라.

(c) (b)의 경우, 전압이 최소가 되는 지점 중 부하에 가장 가까운 지점은 전송선상 어디인가?

P.9-24 무손실 전송선에서

(a) 부하 임피던스 $40 + j30$ (Ω)에 대해 최소 정재파비를 갖는 전송선의 특성 임피던스를 구하라.

(b) 최소 정재파비와 대응하는 전압 반사계수를 구하라.

(c) 부하에 가장 가까운 전압 최소점을 구하라.

P.9-25 특성 임피던스 Z_0인 손실 전송선이 임의의 부하 임피던스 Z_L로 종단되어 있다.

(a) Z_0와 Z_L로 선상의 정재파비 S를 표현하라.

(b) 최대 전압에서 부하 쪽을 바라보는 임피던스를 S와 Z_0로 나타내어라.

(c) 최소 전압에서 부하 쪽을 바라보는 임피던스를 구하라.

P.9-26 특성 임피던스 $R_0 = 50$ (Ω)인 전송선은 특성 임피던스 R'_0인 또 다른 길이 ℓ'인 전송선을 통해 부하 임피던스 $Z_L = 40 + j10$ (Ω)에 정합될 수 있다. 정합에 필요한 ℓ'과 R'_0을 구하라.

P.9-27 미지의 부하 임피던스로 종단되는 무손실 300 (Ω)의 전송선에서 정재파비는 2.0이다. 또한 가장 가까운 전압 최소점은 부하로부터 0.3λ 거리에 위치한다. (a) 부하의 반사계수 Γ, (b) 미지의 부하 임피던스 Z_L, (c) 입력 임피던스가 Z_L과 같아지는 등가 길이와 선의 종단 저항을 구하라.

P.9-28 입력 임피던스가 $Z_i = R_i + jX_i$가 되도록 특성 임피던스 R_0를 갖는 전송선에서 식 (9-147)을 이용하여 R_m과 ℓ_m을 구하라.

P.9-29 특성 임피던스 Z_0에 연결된 부하 임피던스 Z_L을 정재파비 S와 부하로부터 가장 가까운 전압 최소점의 거리 z'_m/λ의 항으로 구하라.

P.9-30 $V_g = 0.1\underline{/0°}$ (V)와 내부 임피던스 $Z_g = R_0$를 갖는 교류 전원이 $R_0 = 50$ (Ω)의 특성 저항을 갖는 무손실 전송선에 연결되어 있다. 이 전송선은 길이가 ℓ(m)이고 부하저항 $R_L = 25$ (Ω)으로 종단되어 있다. (a) V_i, I_i, V_L, I_L, (b) 전송선의 정재파비, (c) 부하에 전송된 평균 전력을 구하라. (c)의 결과를 $R_L = 50$ (Ω)일 때와 비교하라.

P.9-31 특성 임피던스 R_0인 무손실 전송선에서 진폭이 V_g이고 내부 임피던스 $R_g = R_0$인 시변 전원이 부하 임피던스 $Z_L = R_L + jX_L$로 종단된 전송선의 입력단에 연결되어 있다. P_{inc}를 $+z$ 방향으로 진행하는 파와 관련된 평균 입사 전력이라 하자.

(a) P_{inc}를 V_g와 R_0로 표현하라.

(b) 부하에 전달된 평균 전력 P_L을 V_g와 반사계수 Γ로 표현하라.

(c) 평균 전력과 평균 입사 전력의 비 P_L/P_{inc}를 정재파비 S로 표현하라.

(d) $V_g = 100$ (V), $R_g = R_0 = 50$ (Ω), $Z_L = 50 - j25$ (Ω)일 때, P_{inc}, Γ, S, P_L, $|V_L|$, $|I_L|$을 구하라.

P.9-32 $v_g = 110 \sin \omega t$ (V)이고 내부 임피던스 $Z_g = 50$ (Ω)인 교류 전원이 특성 임피던스 $R_0 = 50$ (Ω)이고 순수한 리액턴스 부하 $Z_L = j50$ (Ω)으로 종단되어 1/4파장 무손실 선에 연결되어 있다.

(a) 전압 위상자와 전류 위상자 $V(z')$과 $I(z')$를 구하라.

(b) 전압 순시식과 전류 순시식 $v(z', t)$와 $i(z', t)$를 구하라.

(c) 순시 전력과 부하로 전달된 평균 전력을 구하라.

P.9-33 그림 9-45에 보인 바와 같이, 직류 전원 V_0가 $t = 0$일 때 길이가 ℓ인 개방회로 무손실 전송선의 입력단에 공급되고 있다. 다음의 시간 간격에 대해 전송선상의 전압파와 전류파를 그림 9-16의 방법을 이용하여 도시하라.

(a) $0 < t < T(= \ell/u)$

(b) $T < t < 2T$

(c) $2T < t < 3T$

(d) $3T < t < 4T$

$t = 4T$ 이후에는 어떻게 되는가?

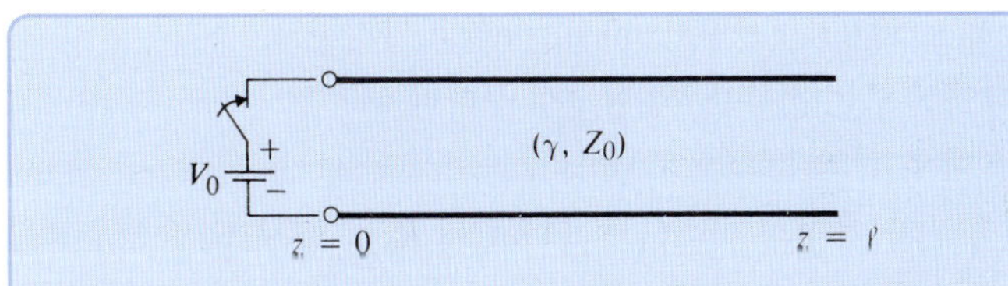

그림 9-45
개방회로 선에 공급되는 직류 전원
(연습문제 P.9-33)

P.9-34 100 (V)의 직류 전원이 $t = 0$일 때 내부 저항 $R_g = R_{01}$을 통해 무손실 동축선($R_{01} = 50$ (Ω), 절연체의 유전상수 $\epsilon_{r1} = 2.25$)의 입력단에 공급되었다. 이 동축선은 길이가 200 (m)이고 손실이 없는 2선 동축선($R_{02} = 200$ (Ω), $\epsilon_{r2} = 1$)에 연결되어 있으며 400 (m) 지점에서 선의 특성 저항으로 종단되어 있다.

(a) 이 회로의 과도응답에 대해 설명하고 반사되고 전송된 전압과 전류파의 진폭을 구하라.

(b) 동축선의 중심에서 전압과 전류를 t에 대해 그래프를 나타내어라.

(c) 2선 동축선의 중심에서 (b)를 반복하라.

P.9-35 공기 중에서 V_0의 직류 전원이 $t = 0$일 때 길이가 ℓ인 개방회로 선의 입력단에 직렬저항 $R_0/2$를 통해 공급되었다(R_0는 선의 특성 저항이다).

(a) 전압과 전류 반사 도표를 도시하라.

(b) $V(0, t)$와 $I(0, t)$를 도시하라.

(c) $V(\ell/2, t)$와 $I(\ell/2, t)$를 도시하라.

P.9-36 V_0의 직류 전원이 $t = 0$일 때 길이가 ℓ인 무손실 전송선의 입력단에 직접 공급되었다(유전체는 공기). 선의 특성 저항은 R_0이고 부하 임피던스 $R_L = 2R_0$로 종단되어 있다.

(a) 전압과 전류 반사 도표를 도시하라.

(b) $V(\ell, t)$와 $I(\ell, t)$를 도시하라.

(c) $V(z, 2.5T)$와 $I(z, 2.5T)$를 도시하라. 여기서 $T = \ell/u$이다.

P.9-37 예제 9-11의 문제에서, $i(200, t)$를 구하고 도시하라.

P.9-38 공기 중에서 특성 저항 R_0이고 길이 ℓ인 무손실 개방회로 전송선이 초기전압 V_0로 대전되어 있다. 그림 9-46에서처럼, $t = 0$에서 전송선이 저항 R과 연결된다. $0 < t < 5\ell/c$에서의 $V_R(t)$와 $I_R(t)$를 구하라.

(a) $R = 2R_0$일 때

(b) $R = R_0/2$일 때

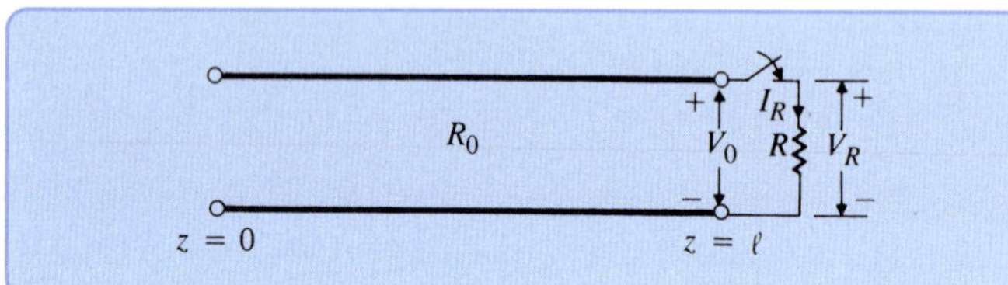

그림 9-46
V_0로 대전된 전송선에 연결된 저항 (연습문제 P.9-38)

P.9-39 그림 9-26(a)를 참고하여 부하를 순수 유도성에서 $R_L = 10\ (\Omega)$과 $L_L = 48\ (\mu H)$인 직렬 조합으로 바꾸어라. $V_0 = 100$ (V), $R_0 = 50\ (\Omega)$, $\ell = 900$ (m), $u = c$라고 가정하고,

(a) 부하에 걸리는 전압과 부하에 흐르는 전류를 t의 함수로 구하라.

(b) $t_1 = 4\ (\mu s)$에서 전송선의 전류와 전압 분포를 도시하라.

P.9-40 그림 9-28(a)를 참고하여 부하를 순수 용량성에서 $C_L = 14$ (nF)과 $R_L = 1000\ (\Omega)$인 병렬조합으로 바꾸어라. $V_0 = 100$ (V), $R_0 = 50\ (\Omega)$, $\ell = 900$ (m), $u = c$라고 가정하고,

(a) 부하에 걸리는 전압과 부하에 흐르는 전류를 t의 함수로 구하라.

(b) $t_1 = 4\ (\mu s)$에서의 전송선을 따른 전류와 전압 분포를 도시하라.

P.9-41 식 (9-188)과 (9-189)로부터 무손실 선에 대한 스미스 차트는 $|\Gamma| \leq 1$이기 때문에 단위원에 대해 제한되어 있다. 이러한 경우 손실 선에 대해서는 Z_0는 복소수의 값을 가지며, 일반적으로 정규화된 부하 임피던스 $z_L = Z_L/Z_0$이다.

(a) z_L의 위상각 θ_L이 $\pm 3\pi/4$ 사이에 있음을 보여라.

(b) $|\Gamma|$가 1보다 클 수도 있음을 보여라.

(c) $|\Gamma|$의 최대값이 2.414임을 증명하라.

P.9-42 주어진 무손실 전송선의 특성 임피던스는 75 (Ω)이다. 스미스 차트를 이용하여 동작 주파수가 200 (MHz)일 때 (a) 길이 1 (m)이고 개방회로인 선의 입력 임피던스, (b) 길이가 0.8 (m)이고 단락회로인 선의 입력 임피던스, (c) (a)와 (b)의 선과 대응하는 입력 어드미턴스를 구하라.

P.9-43 부하 임피던스 $30 + j10\ (\Omega)$이 길이 0.101λ와 특성 임피던스 50 (Ω)인 무손실 전송선에 연결되어 있다. 스미스 차트를 이용하여, (a) 정재파비, (b) 전압 반사계수, (c) 입력 임피던스, (d) 입력 어드미턴스, (e) 선상에서 전압 최소값의 위치를 구하라.

P.9-44 부하 임피던스가 $30 - j10\ (\Omega)$일 경우, 연습문제 P.9-43을 반복하라.

P.9-45 실험에 의해 미지의 부하 임피던스로 종단되는 50 (Ω)의 무손실 전송선상의 정재파비가 2.0

이라는 것이 밝혀졌다. 바로 옆에 연속으로 나타나는 전압 최소점들은 25 (cm) 떨어져 있고 최초의 극소점은 부하로부터 5 (cm) 길이에서 일어난다. (a) 부하 임피던스, (b) 부하의 반사계수를 구하라. (c) 단락회로가 부하를 대신하면 최초의 전압 최소점은 어느 곳이 될까?

P.9-46 길이 1.5 (m)($< \lambda/2$)이고 특성 임피던스 100 (Ω)(근사적으로 실수)인 단락회로 손실 전송선의 입력 임피던스가 $40 - j280$ (Ω)이다.

(a) 선의 α와 β를 구하라.

(b) 단락회로가 부하 임피던스 $Z_L = 50 + j50$ (Ω)으로 바뀌었을 때 입력 임피던스를 구하라.

(c) 선 길이 0.15λ에서의 단락회로 선의 입력 임피던스를 구하라.

P.9-47 73 (Ω)의 입력 임피던스를 갖는 다이폴 안테나는 300 (Ω)의 2선 전송선을 통해 200 (MHz)의 주파수를 공급받는다. 안테나를 300 (Ω) 선에 정합시키기 위해 2 (cm)의 여유 공간을 갖는 1/4파장 2선 공중선을 설계하라.

P.9-48 단일 스터브 방법이 부하 임피던스 $25 + j25$ (Ω)과 50 (Ω)의 전송선을 정합시키는 데 사용되었다.

(a) 동일한 50 (Ω) 선을 만든 단락회로 스터브의 길이와 위치를 구하라.

(b) 선의 특성 임피던스가 75 (Ω)인 단락회로 스터브를 이용하여 (a)를 반복하라.

P.9-49 부하 임피던스는 그림 9-47에서 보인 바와 같이 부하와 직렬로 적당한 곳에 위치한 단일 스터브를 이용해 전송선에 정합될 수 있다. $Z_L = 25 + j25$ (Ω), $R_0 = 50$ (Ω), $R_0' = 35$ (Ω)이라고 가정할 때 정합에 필요한 d와 ℓ을 구하라.

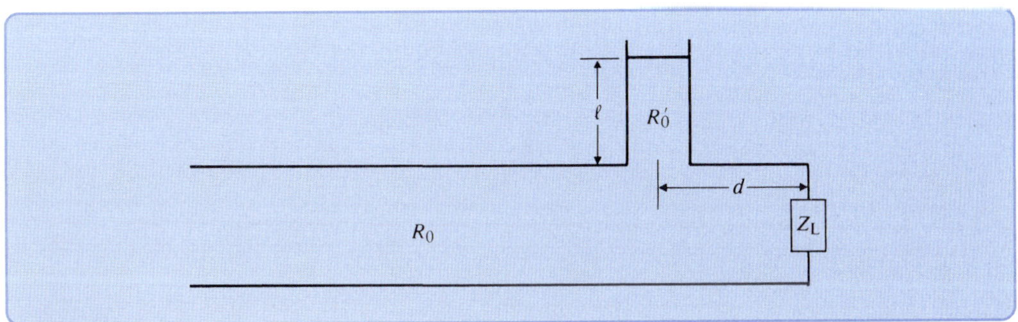

그림 9-47

직렬 스터브에 의한 임피던스 정합(연습문제 P.9-49)

P.9-50 이중 스터브 방법이 부하 임피던스 $100 + j100$ (Ω)과 300 (Ω)의 특성 임피던스를 갖는 전송선을 정합시키는 데 사용되었다. 스터브 사이의 간격은 $3\lambda/8$이고, 하나의 스터브는 부하와 병렬로 연결되어 있다. 스터브 동조기의 길이를 (a) 둘 다 단락회로일 때, (b) 둘 다 개방회로일 때 각각 구하라.

P.9-51 연습문제 P.9-50의 부하 임피던스가 $100 + j50$ (Ω)으로 바뀌면, $d_0 = 3\lambda/8$인 이중 스터브 방법에서 하나의 스터브가 부하를 가로질러 곧바로 연결되면, 완전정합이 불가능해진다는 것

을 알 수 있다. 그러나 그림 9-43의 수정된 배치가 부하를 선과 정합하는 데 사용될 수 있다.

(a) 추가적인 선 길이 d_L의 최소값을 구하라.

(b) 단락회로 스터브 동조기의 필요한 길이를 (a)에서 찾은 최소 d_L을 사용하여 구하라.

P.9-52 그림 9-41에 보인 바와 같은 이중 스터브 방법은 주어진 특성 임피던스를 갖는 전송선의 특정한 부하를 정합하는 데 쓸 수 없다. 그림 9-41의 이중 스터브 배치가 $d_o = \lambda/16$, $\lambda/4$, $3\lambda/8$, $7\lambda/16$을 정합할 수 없는 스미스 어드미턴스 차트상의 부하 어드미턴스의 영역을 구하라.

도파관과 공동공진기

Waveguides and Cavity Resonators

10-1 개요

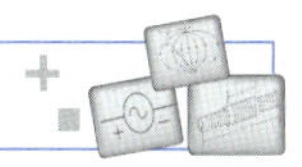

앞 장에서 전송선에 의해 유도되는 횡방향 전자기파(transverse electromagnetic wave(TEM) wave)의 고유한 특성을 살펴보았다. 유도파(guided wave)의 TEM 모드는 전기장과 자기장이 서로 수직을 이루며, 전송선을 따르는 전파 방향에 대해 항상 횡방향 성분을 갖는다. 저항을 무시해도 좋을 만한 도선에 의해 유도되는 TEM 파의 두드러진 특징은 어떤 주파수에서 전자기파의 전파 속도가 무한 유전체 매질 내에서의 전파 속도와 같다는 것이다. 이것은 식 (9-21)로부터 확인할 수 있고, 식 (9-72)를 보면 더욱 더 확실해진다.

그러나 TEM 파가 전송선을 통해 전파될 수 있는 유도파들 중의 유일한 모드가 아니며 9-1절에서 언급했던 세 가지 형태의 전송선(평행판, 2선, 동축) 또한 유일한 도파 구조가 아니다. 사실, 도체의 유한한 도전율로 인해 생기는 선상의 TEM 파의 감쇠상수(attenuation constant)는 선의 단위길이당 저항 R과 함께 증가하며, 이것은 표 9-1과 9-2에서 알 수 있듯이 주파수의 제곱근($\sqrt{f}$)에 직접 비례한다. 따라서 TEM 파의 감쇠는 주파수에 따라 단조롭게 증가하고 마이크로파 주파수에서는 감쇠가 무척 심할 것이다.

이 장에서는 우선 균일 도파 구조를 따라 전파하는 파들의 특성에 대한 일반적인 해석을 살펴볼 것이다. **도파관**(waveguide)이라 불리는 도파 구조는 세 가지 형태의 전송선의 특별한 경우이다. 기본적인 주요 수식들을 살펴볼 것이다. 전파 방향(direction of propagation, 종방향)으로 어떠한 전자기장 성분도 갖지 않는 **TEM 파** 이외에 전파 방향의 전기장 성분을 갖는 **횡방향 전기장파**(transverse electric(TE) wave)와 전파 방향의 자기장 성분을 갖는 **횡방향 자기장파**(transverse magnetic(TM) wave)가 존재할 수 있음을 알게 될 것이다. TE 모드와 TM 모드 모두 **차단 주파수**(cutoff frequency) 특성을 갖는다. 특정 모드의 파는 차단 주파수 이하에서 전파될 수 없고 차단 주파수보다 높은 주파수에서만 그 모드의 전력과 신호가 전송될 수 있다. 그러므로 TM 모드와 TE 모드로 동작하는 도파관은 고역통과 필터(high-pass filter)와 같다.

또한 이 장에서는 TM과 TE 모드를 강조하여 평행판 도파관(parallel-plate waveguide)의 전자기장과 파의 특성을 다시 살펴보고 모든 횡방향 전자기장 성분들이 TM 파에서는 E_z(z는 전파 방향)와 TE 파에서는 H_z로 표현될 수 있음을 보인다. TE와 TM 파에 대해 불완전 도체벽으로 인한 감쇠상수를 구하고, 복잡한 방법을 통해서 감쇠상수가 주파수뿐만 아니라 파의 모드에 관계한다는 것을 밝힌다. 몇몇 모드에서 감쇠상수는 주파수 증가에 따라 감소되고, 다른 모드들에서는 주파수가 차단 주파수를 얼마만큼 초과했을 때 최소에 도달된다.

전자기파는 임의의 단면을 갖는 속이 빈 금속 파이프를 통해 전파할 수 있다. 전자기파 이론 없이 속이 빈 도파관의 특성을 설명하는 것은 불가능하며, 단일 도체 도파관에서는 TEM 파가 존재할 수 없음을 이해하게 될 것이다. 직사각형 도파관과 원형 도파관의 전자기장, 전류 및 전하 분포, 전파 및 감쇠 특성을 TM과 TE 모드에 대해 상세히 고찰할 것이다. 또한 전자기파는 개방형 유전체 판 도파관(open dielectric-slab waveguide)에 의해 유도될 수 있다. 전자기장들은 반드시 유전체 영역 내에서 한정되고, 횡단면 내의 유전체 판 표면으로부터 빠르게 소멸될 것이다. 이와 같은 이유로 유전체 판 도파관에 의해 유도되는 파들을 **표면파**(surface wave)라 하며, TM과 TE 모드 모두 가능하다. 이것들에 대한 표면파의 전자기장 특성과 차단 주파수를 고찰할 것이다.

마이크로파 주파수대에서 회로소자의 크기가 극단적으로 작아져야 하기 때문에 도선들에 의해 연결되는 통상적인 집중 특성변수 소자(인덕턴스나 커패시턴스와 같은)는 더 이상 회로소자나 공진회로로 실용적이지 못하다. 그 이유는 도선회로(wire circuit)의 저항이 표피효과로 인하여 매우 크기 때문이며 또한 전자기파를 복사하기 때문이다. 도파관의 리액티브 소자로서 아이리스(iris)와 포스트(post) 등을 잠시 살펴볼 것이다. 적당한 크기를 갖는 속이 빈 도체 상자는 공진장치로서 사용될 수 있다. 상자의 벽들은 전류가 흐르기 위한 큰 공간을 제공하며 손실은 극히 작다. 결과적으로, 폐쇄된 도체 상자는 매우 높은 Q를 갖는 공진기가 될 수 있다. 이와 같은 상자는 양 끝단이 막힌 도파관의 일부로서 **공동공진기**(cavity resonator)라 부른다. 여기서는 원형뿐만 아니라 직사각형 공동공진기 내에서 전자기장의 모드 패턴(mode pattern)을 살펴볼 것이다.

10-2 균일한 도파 구조에서 일반적인 파의 움직임

이 절에서는 균일한 단면을 갖는 곧게 뻗은 도파 구조를 따라 전파하는 전자기파에 대해 일반적인 특성을 조사한다. 전자기파가 이미 결정된 전파상수(propagation constant) $\gamma = \alpha + j\beta$를 가지고 $+z$ 방향으로 진행한다고 가정한다. 전자기장이 시간에 따라 각주파수 ω인 정현파라고 하면 모든 전자기장 성분의 z와 t의 변화는 지수인자로 다음과 나타낼 수 있다.

$$e^{-\gamma z}e^{j\omega t} = e^{(j\omega t - \gamma z)} = e^{-\alpha z}e^{j(\omega t - \beta z)} \tag{10-1}$$

한 예로서, 코사인 기준으로 직각좌표계에서 전기장 $\mathbf{E}$에 대한 순시 표현식은 다음과 같다.

$$\mathbf{E}(x, y, z; t) = \mathscr{Re}[\mathbf{E}^0(x, y)e^{(j\omega t - \gamma z)}] \tag{10-2}$$

여기서 $E^0(x, y)$는 단지 횡단면의 좌표에만 관계하는 2차원 벡터 위상자(phaser)이다. 자기장 $\mathbf{H}$에 대한 순시 표현도 유사한 방법으로 나타낼 수 있다. 따라서 전자기장의 정량적인 값과 관련되는 방정식의 위상자 표현을 사용할 때 t와 z에 대한 편미분은 각각 $(j\omega)$와 $(-\gamma)$ 곱으로 대체할 수 있고 공통인자 $e^{(j\omega t - \gamma z)}$는 생략할 수 있다.

그림 10-1에서 보여주는 것처럼, 임의의 횡단면을 갖고 z축을 따라 놓여 있는 유전체로 채워진 금속 튜브 형태의 곧은 도파관을 고려한다. 식 (7-105)와 (7-106)에 따라 전하가 없는 유전체 내부에서 전기장과 자기장의 세기는 다음의 동차 벡터 헬름홀츠 방정식을 만족한다.

$$\nabla^2\mathbf{E} + k^2\mathbf{E} = 0 \tag{10-3}$$

$$\nabla^2\mathbf{H} + k^2\mathbf{H} = 0 \tag{10-4}$$

여기서 $\mathbf{E}$와 $\mathbf{H}$는 3차원 벡터 위상자이고, k는 파수이다.

$$k = \omega\sqrt{\mu\epsilon} \tag{10-5}$$

3차원 라플라시안 연산자 ∇^2은 횡단면 좌표에 대한 ∇^2_{u1u2}와 도파관 종(축)방향 좌표에 대한 ∇^2_z의 둘로 나눌 수 있다. 직사각형의 횡단면을 갖는 도파관에 대해 직각좌표계를 사용하여 정리하면 다음과 같다.

$$\begin{aligned}\nabla^2\mathbf{E} &= (\nabla^2_{xy} + \nabla^2_z)\mathbf{E} = \left(\nabla^2_{xy} + \frac{\partial^2}{\partial z^2}\right)\mathbf{E} \\ &= \nabla^2_{xy}\mathbf{E} + \gamma^2\mathbf{E}\end{aligned} \tag{10-6}$$

식 (10-3)에 (10-6)을 대입하면,

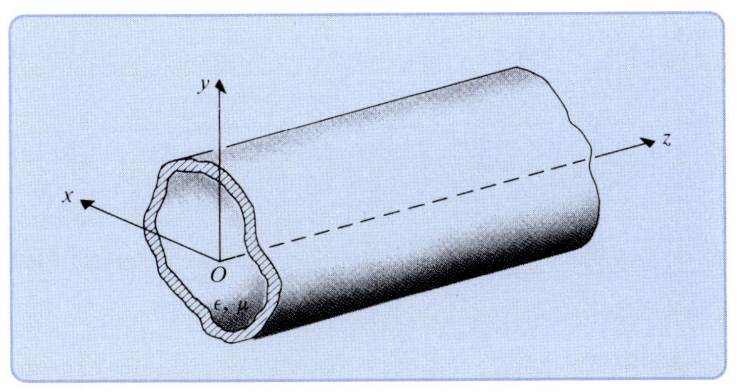

그림 10-1 임의의 절단면을 갖는 균일 도파관

$$\nabla_{xy}^2\mathbf{E} + (\gamma^2 + k^2)\mathbf{E} = 0 \tag{10-7}$$

이 된다. 마찬가지로, 식 (10-4)로부터

$$\nabla_{xy}^2\mathbf{H} + (\gamma^2 + k^2)\mathbf{H} = 0 \tag{10-8}$$

을 얻을 수 있다. 식 (10-7)과 (10-8)은 실제 세 개의 2차 편미분 방정식(second-order partial differential equation)으로 **E**와 **H**의 각 성분에 대한 방정식 중 하나이다. 이러한 성분들에 대한 방정식의 정확한 해는 횡단면의 기하학적 구조와 특정 전자기장 성분이 도체-유전체 접합면에서 만족해야 하는 경계 조건에 달려 있다. ∇_{xy}^2를 $\nabla_{r\phi}^2$로 하면 식 (10-7)과 (10-8)은 원형 단면을 갖는 도파관에 대한 식이 된다.

물론, **E**와 **H**의 각 성분들이 모두 독립적이지 않다. 따라서 **E**와 **H**의 6개의 성분을 구하기 위해 6개의 2차 편미분 방정식을 모두 풀 필요는 없다. 식 (7-104a)와 (7-104b)에서 원천(source)이 없는 회전 방정식을 확장함으로써 직각좌표계에서 6개의 성분 사이의 상호관계성을 조사하자.

$\nabla \times \mathbf{E} = -j\omega\mu\mathbf{H}$로부터		$\nabla \times \mathbf{H} = -j\omega\epsilon\mathbf{E}$로부터	
$\dfrac{\partial E_z^0}{\partial y} + \gamma E_y^0 = -j\omega\mu H_x^0$	(10–9a)	$\dfrac{\partial H_z^0}{\partial y} + \gamma H_y^0 = j\omega\epsilon E_x^0$	(10–10a)
$-\gamma E_x^0 - \dfrac{\partial E_z^0}{\partial x} = -j\omega\mu H_y^0$	(10–9b)	$-\gamma H_x^0 - \dfrac{\partial H_z^0}{\partial x} = j\omega\epsilon E_y^0$	(10–10b)
$\dfrac{\partial E_y^0}{\partial x} - \dfrac{\partial E_x^0}{\partial y} = -j\omega\mu H_z^0$	(10–9c)	$\dfrac{\partial H_y^0}{\partial x} - \dfrac{\partial H_x^0}{\partial y} = j\omega\epsilon E_z^0$	(10–10c)

z에 관한 편미분은 $(-\gamma)$를 곱함으로써 대체된다. 위 방정식의 모든 성분의 전자기장은 x와 y 그리고 보통 생략되어 온 z에 의존하는 $e^{-\gamma z}$ 인자에 따라 변화하는 위상자이다. 이들 방정식을 잘 정리하면 횡방향 성분 H_x^0, H_y^0, E_x^0, E_y^0를 축방향 성분 E_z^0와 H_z^0로 표현할 수 있다. 예를 들어, 식 (10-9a)와 (10-10b)를 연립하여 E_y^0를 소거하면 H_x^0를 E_z^0와 H_z^0로 나타낼 수 있다. 따라서 횡방향 전자기장 성분은

$$H_x^0 = -\frac{1}{h^2}\left(\gamma\frac{\partial H_z^0}{\partial x} - j\omega\epsilon\frac{\partial E_z^0}{\partial y}\right) \tag{10-11}$$

$$H_y^0 = -\frac{1}{h^2}\left(\gamma\frac{\partial H_z^0}{\partial y} + j\omega\epsilon\frac{\partial E_z^0}{\partial x}\right) \tag{10-12}$$

$$E_x^0 = -\frac{1}{h^2}\left(\gamma\frac{\partial E_z^0}{\partial x} + j\omega\mu\frac{\partial H_z^0}{\partial y}\right) \tag{10-13}$$

$$E_y^0 = -\frac{1}{h^2}\left(\gamma\frac{\partial E_z^0}{\partial y} - j\omega\mu\frac{\partial H_z^0}{\partial x}\right) \tag{10-14}$$

으로 나타낼 수 있다. 여기서

$$h^2 = \gamma^2 + k^2 \tag{10-15}$$

이다. 도파관 내를 전파하는 전자파의 움직임은 요구되는 경계 조건하에서 축방향 성분 E_z^0와 H_z^0에 대한 식 (10-7)과 (10-8)을 풀고, 다른 성분들은 식 (10-11)에서 (10-14)까지를 풀어 해석될 수 있다.

균일 도파관을 전파하는 전자파는 E_z 혹은 H_z가 존재하는지에 따라 세 가지의 유형으로 분류하는 것이 편리하다.

1. 횡방향 전자기파(TEM 파): 이 파는 어떠한 E_z나 H_z 성분도 포함하지 않는다. 8장에서 평면파를 설명하면서 TEM 파를 접했고 9장에서는 전송선상의 파를 설명할 때 접했다.
2. 횡방향 자기장파(TM 파): E_z는 0이 아니고 $H_z = 0$인 파이다.
3. 횡방향 전기장파(TE 파): H_z는 0이 아니고 $E_z = 0$인 파이다.

각 유형별 전자파의 전파 특성은 서로 다르며 이에 대해서는 다음 절에서 다룬다.

10-2.1 횡방향 전자기파

도파관에서 TEM 파는 $E_z = 0$ 이고 $H_z = 0$이다. 따라서 식 (10-11)에서 (10-14)까지 분모의 h^2이 0이 아니면 모든 전자기장 성분이 0이 되는 자명해(trivial solution)가 됨을 알 수 있다. 다시 말하면, TEM 파는 다음이 성립할 때 오직 해가 존재한다.

$$\gamma_{\text{TEM}}^2 + k^2 = 0 \tag{10-16}$$

또는

$$\gamma_{\text{TEM}} = jk = j\omega\sqrt{\mu\epsilon} \tag{10-17}$$

이 식은 구성 특성변수 ϵ과 μ로 특성지어지는 무한 매질 내의 균일 평면파에 대한 전파상수와 정확히 같은 수식이다. 식 (10-17) 또한 무손실 전송선상의 TEM 파에 대해서도 유지됨을 알 수 있다. 식 (10-17)로부터 TEM 파의 전파 속도(위상 속도)는

$$\boxed{u_{p(\text{TEM})} = \frac{\omega}{k} = \frac{1}{\sqrt{\mu\epsilon}} \qquad \text{(m/s)}} \tag{10-18}$$

이 된다.

식 (10-9b)와 (10-10a)에서 E_z와 H_z를 0으로 놓고 E_x^0와 H_y^0의 비를 구할 수 있다. 이 비를 파동 임피던스(wave impedance)라 부르며 다음과 같다.

$$Z_{\text{TEM}} = \frac{E_x^0}{H_y^0} = \frac{j\omega\mu}{\gamma_{\text{TEM}}} = \frac{\gamma_{\text{TEM}}}{j\omega\epsilon} \tag{10-19}$$

식 (10-19)에 (10-17)을 대입하면,

$$Z_{\text{TEM}} = \sqrt{\frac{\mu}{\epsilon}} = \eta \qquad (\Omega) \tag{10-20}$$

이 된다. Z_{TEM}은 식 (8-30)으로 주어진 것처럼 유전체의 고유 임피던스(intrinsic impedance)와 같다. 식 (10-18)과 (10-20)으로부터 **TEM 파의 위상 속도와 파동 임피던스는 파의 주파수와 무관함**을 알 수 있다.

식 (10-9a)에서 $E_Z^0 = 0$이고 식 (10-10b)에서 $H_Z^0 = 0$이라 하면,

$$\frac{E_y^0}{H_x^0} = -Z_{\text{TEM}} = -\sqrt{\frac{\mu}{\epsilon}} \tag{10-21}$$

을 얻을 수 있다. 식 (10-19)와 (10-21)을 결합하면 $+z$ 방향으로 전파하는 TEM 파에 대해

$$\mathbf{H} = \frac{1}{Z_{\text{TEM}}} \mathbf{a}_z \times \mathbf{E} \qquad (\text{A/m}) \tag{10-22}$$

을 얻을 수 있다. 위 식은 무한 매질(unbounded medium) 내의 균일 평면파에 대한 식과 유사하다. 식 (8-29)를 참조하라.

단일 도체 도파관은 TEM 파를 지원할 수 없다. 6-2절에서는 자속선이 항상 서로 모여 있음을 설명했다. 따라서 만일 TEM 파가 도파관 내에 존재한다면, **B**와 **H**의 자기장선은 횡방향 평면에서 폐루프 형태가 될 것이다. 그러나 식 (7-54b)의 일반화된 암페어의 주회법칙(Ampere's circuit law)에 의하면 횡방향 평면의 임의의 폐루프 주위의 자기장(자기력)에 대한 선적분은 그 루프를 통과하는 축방향의 전도전류(conduction current)와 변위전류(displacement current)의 합과 같다. 내부 도체가 없다면 도파관 내에 어떠한 축방향의 전도전류도 없다. 정의에 의해 TEM 파는 성분을 갖지 않는다. 따라서 결국 축방향의 변위전류도 존재하지 않는다. 도파관 내 모든 축방향의 전류가 없다는 것은 임의의 횡방향 평면에서 자기장선의 어떠한 폐루프도 존재할 수 없다는 결론에 이르게 된다. 그러므로 **TEM 파는 임의 형태의 단일 도체인 속이 빈(또는 유전체로 채워진) 도파관에서는 존재할 수 없다**. 이와 반대로, 완전도체로 가정할 경우 내부 도체를 갖는 동축 전송선, 두 개의 도체 스트립 선, 2선 전송선에서는 TEM 파가 존재할 수 있다. 도체가 손실을 갖는다면 엄격히 말해 9-2절에 나타낸 것처럼 전송선을 따라 진행하는 전자기파는 더 이상 TEM 파가 아니다.

10-2.2 횡방향 자기장파

횡방향 자기장파는 $H_z = 0$, 즉 진행 방향의 자기장 성분을 갖지 않는다. TM 파의 움직임은 도파관의 경계 조건하에서 E_z에 대해 식 (10-7)을 풀고 다른 성분들은 식 (10-11)에서 (10-14)까지

를 사용함으로써 해석할 수 있다. E_z에 대해 식 (10-7)을 표현하면,

$$\nabla_{xy}^2 E_z^0 + (\gamma^2 + k^2)E_z^0 = 0 \tag{10-23}$$

또는

$$\boxed{\nabla_{xy}^2 E_z^0 + h^2 E_z^0 = 0} \tag{10-24}$$

이 된다. 식 (10-24)는 2차 편미분 방정식으로 E_z^0에 대해 풀 수 있다. 이 절에서는 여러 가지 유형의 파에 대한 일반적인 특성만을 설명한다. 식 (10-24)의 실제 해는 특정한 구조를 갖는 도파관에 대해 설명할 다음 절에서 나타낼 것이다.

TM 파를 위해 식 (10-11)에서 (10-14)까지에 $H_z = 0$이라 하면,

$$H_x^0 = \frac{j\omega\epsilon}{h^2}\frac{\partial E_z^0}{\partial y} \tag{10-25}$$

$$H_y^0 = -\frac{j\omega\epsilon}{h^2}\frac{\partial E_z^0}{\partial x} \tag{10-26}$$

$$E_x^0 = -\frac{\gamma}{h^2}\frac{\partial E_z^0}{\partial x} \tag{10-27}$$

$$E_y^0 = -\frac{\gamma}{h^2}\frac{\partial E_z^0}{\partial y} \tag{10-28}$$

이 된다. 식 (10-27)과 (10-28)을 간단하게 결합하여 다음과 같이 나타낸다.

$$\boxed{(\mathbf{E}_T^0)_{\text{TM}} = \mathbf{a}_x E_x^0 + \mathbf{a}_y E_y^0 = -\frac{\gamma}{h^2}\nabla_T E_z^0 \qquad (\text{V/m})} \tag{10-29}$$

여기서

$$\nabla_T E_z^0 = \left(\mathbf{a}_x \frac{\partial}{\partial x} + \mathbf{a}_y \frac{\partial}{\partial y}\right)E_z^0 \tag{10-30}$$

이다. 위 식은 횡단면에서 E_z^0의 변화율을 나타낸다. 식 (10-29)는 E_z^0로부터 E_x^0와 E_y^0를 구하기 위한 간단한 식이다.

자기장 세기의 횡방향 성분 H_x^0, H_y^0는 TM 모드에 대한 파동 임피던스에 끼어 있는 E_x^0, E_y^0로부터 간단히 결정할 수 있다. 식 (10-25)로부터 (10-28)까지에서

$$\boxed{Z_{\text{TM}} = \frac{E_x^0}{H_y^0} = -\frac{E_y^0}{H_x^0} = \frac{\gamma}{j\omega\epsilon} \qquad (\Omega)} \tag{10-31}$$

이 된다. Z_{TM}이 $j\omega\mu/\gamma$와 같지 않다는 것을 주목해야 한다. 왜냐하면 γ_{TEM}과는 달리 TM 파의 γ는 $j\omega\sqrt{\mu\epsilon}$와 같지 않기 때문이다. TM 파에 대한 전기장과 자기장 사이의 관계는 다음과 같다.

$$\mathbf{H} = \frac{1}{Z_{\text{TM}}}(\mathbf{a}_z \times \mathbf{E}) \qquad (\text{A/m}) \tag{10-32}$$

식 (10-32)는 TEM 파에 대한 식 (10-22)와 같은 형태임을 알 수 있다.

주어진 도파관의 경계 조건에 따라 2차원 동차 헬름홀츠 방정식 (10-24)을 풀고자 할 때 해들은 h의 특정한 값(discrete value)에 대해서만 가능함을 알게 될 것이다. 이러한 이산치는 무한대일 수도 있지만 해는 h의 모든 값에 대해 가능한 것이 아니다. 식 (10-24)의 해가 존재하는 h의 값을 경계치 문제의 **특성치**(characteristic value) 또는 **고유치**(eigenvalue)라 부른다. 각각의 고유치는 주어진 도파관의 특정 TM 모드의 고유한 특성을 결정한다.

다음 절에서 여러 가지 도파관 문제의 고유치가 실수임을 알게 될 것이다. 식 (10-15)로부터

$$\begin{aligned}\gamma &= \sqrt{h^2 - k^2} \\ &= \sqrt{h^2 - \omega^2\mu\epsilon}\end{aligned} \tag{10-33}$$

을 얻을 수 있으며, 전파상수에 대한 두 개의 구별된 값의 범위가 존재한다. 식 (10-33)은 $\gamma = 0$이 되는 임계점에서

$$\omega_c^2\mu\epsilon = h^2 \tag{10-34}$$

또는

$$f_c = \frac{h}{2\pi\sqrt{\mu\epsilon}} \qquad (\text{Hz}) \tag{10-35}$$

이 된다. $\gamma = 0$이 되는 주파수 f_c를 **차단 주파수**(cutoff frequency)라 부른다. 도파관에서 특정 모드의 f_c 값은 이 모드의 고유치에 따라 달라진다. 식 (10-35)를 사용하면 식 (10-33)을

$$\gamma = h\sqrt{1 - \left(\frac{f}{f_c}\right)^2} \tag{10-36}$$

같이 쓸 수 있다.

두 개의 구별된 γ의 범위는 1과 비교하여 $(f/f_c)^2$비로 정의할 수 있다.

(a) $\left(\frac{f}{f_c}\right)^2 > 1$, 또는 $f > f_c$: 이 범위에서 $\omega^2\mu\epsilon > h^2$이고 γ는 허수이다. 식 (10-33)으로부터

$$\gamma = j\beta = jk\sqrt{1 - \left(\frac{h}{k}\right)^2} = jk\sqrt{1 - \left(\frac{f_c}{f}\right)^2} \tag{10-37}$$

이 된다. 이것은 위상상수 β를 갖는 전파 모드이다.

$$\beta = k\sqrt{1 - \left(\frac{f_c}{f}\right)^2} \qquad \text{(rad/m)} \tag{10-38}$$

대응되는 도파관 내의 파장, 즉 관내 파장(guide wavelength)은

$$\lambda_g = \frac{2\pi}{\beta} = \frac{\lambda}{\sqrt{1 - (f_c/f)^2}} > \lambda \tag{10-39}$$

이다. 여기서

$$\lambda = \frac{2\pi}{k} = \frac{1}{f\sqrt{\mu\epsilon}} = \frac{u}{f} \tag{10-40}$$

이다. λ는 μ와 ϵ로 특성짓는 무한 유전체 매질에서 주파수 f를 갖는 평면파의 파장이다. $u = 1/\sqrt{\mu\epsilon}$은 매질의 빛의 속도이다. 식 (10-39)를 λ, 관내 파장 λ_g, 그리고 차단 파장 $\lambda_c = u/f_c$을 이용하여 다시 나타내면,

$$\frac{1}{\lambda^2} = \frac{1}{\lambda_g^2} + \frac{1}{\lambda_c^2} \tag{10-41}$$

이 된다.

도파관을 전파하는 위상 속도는 다음과 같이 나타낼 수 있다.

$$u_p = \frac{\omega}{\beta} = \frac{u}{\sqrt{1 - (f_c/f)^2}} = \frac{\lambda_g}{\lambda}u > u \tag{10-42}$$

식 (10-42)로부터 도파관의 위상 속도는 무한 매질에서의 위상 속도보다 항상 크며 주파수에 의존한다는 것을 알 수 있다. 비록 무한 무손실 유전체 매질은 위상 속도가 주파수에 무관하지만 **단일 도체 도파관은 위상 속도가 주파수에 의존 전송 시스템이다**. 도파관을 전파하는 전자기파의 군속도는 식 (8-72)를 사용하여 구하면,

$$u_g = \frac{1}{d\beta/d\omega} = u\sqrt{1 - \left(\frac{f_c}{f}\right)^2} = \frac{\lambda}{\lambda_g}u < u \tag{10-43}$$

이 된다. 식 (4-42)와 (4-43)으로부터 다음의 관계식이 얻어진다.

$$u_g u_p = u^2 \tag{10-44}$$

공기 유전체($u = c$)일 때, 식 (10-44)는 $u_g u_p = c^2$이 된다. 무손실 도파관에서 신호의 전파 속도(에너지 전송 속도)는 군속도와 같다. 여기서 언급된 모든 내용은 나중에 10-3.3절에서 확인할 수 있다.

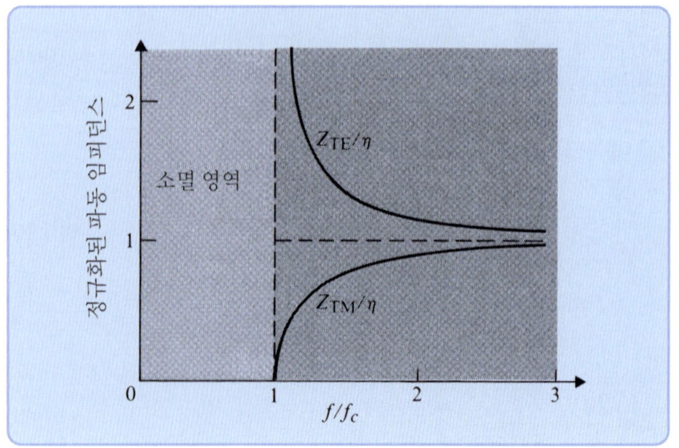

그림 10-2
TM과 TE 파의 정규화된 파동 임피던스

식 (10-31)에 (10-37)을 대입하면 다음을 얻는다.

$$Z_{TM} = \eta\sqrt{1-\left(\frac{f_c}{f}\right)^2} \qquad (\Omega) \tag{10-45}$$

무손실 유전체로 채워진 도파관에서 전파하는 TM 모드의 파동 임피던스는 순 저항이고 항상 유전체 매질의 고유 임피던스보다 작다. 그림 10-2에 $f > f_c$일 때 f/f_c에 따른 Z_{TM}의 변화를 나타내었다.

(b) $\left(\frac{f}{f_c}\right)^2 < 1$, 또는 $f > f_c$: 동작 주파수가 차단 주파수보다 낮으면 γ는 실수이고 식 (10-36)은 다음과 같이 된다.

$$\gamma = \alpha = h\sqrt{1-\left(\frac{f}{f_c}\right)^2}, \qquad f < f_c \tag{10-46}$$

여기서 γ는 사실상의 감쇠상수이다. 모든 전자기장 성분은 전파인자 $e^{-\gamma z} = e^{\alpha z}$를 포함하며 전자기파는 z에 따라 급격히 줄어든다. 이것을 파가 **소멸**한다고 한다. 그러므로 **도파관은 고역통과 필터의 특성을 보여준다.** 주어진 모드에 대해서 모드의 차단 주파수보다 높은 주파수를 갖는 전자기파만이 도파관을 전파할 수 있다.

식 (10-31)에 (10-46)을 대입하면, $f > f_c$에서 TM 모드의 파동 임피던스는

$$Z_{TM} = -j\frac{h}{\omega\epsilon}\sqrt{1-\left(\frac{f}{f_c}\right)^2}, \qquad f < f_c \tag{10-47}$$

이 된다. 차단 주파수보다 낮은 주파수에서 소멸하는 TM 모드의 파동 임피던스는 순 리액티브이며, 이것은 소멸파와 관련된 어떠한 전력의 흐름도 없다는 것을 의미한다.

10-2.3 횡방향 전기장파

횡방향 전기장파는 $E_z = 0$, 즉 전파 진행 방향으로 전기장 성분을 갖지 않는다. TE 파의 움직임은 먼저 H_z에 대한 식 (10-8)

$$\boxed{\nabla^2_{xy}H_z + h^2H_z = 0} \tag{10-48}$$

의 해를 구함으로써 해석될 수 있다. 도파관 벽에서 적절한 경계 조건이 만족되어야 한다. 횡방향 전자기장 성분은 E_z를 0으로 놓고 식 (10-11)에서부터 (10-14)까지에 H_z를 대입하면,

$$H^0_x = -\frac{\gamma}{h^2}\frac{\partial H^0_z}{\partial x} \tag{10-49}$$

$$H^0_y = -\frac{\gamma}{h^2}\frac{\partial H^0_z}{\partial y} \tag{10-50}$$

$$E^0_x = -\frac{j\omega\mu}{h^2}\frac{\partial H^0_z}{\partial y} \tag{10-51}$$

$$E^0_y = \frac{j\omega\mu}{h^2}\frac{\partial H^0_z}{\partial x} \tag{10-52}$$

이 된다. 식 (10-49)와 (10-50)을 결합하면,

$$\boxed{(\mathbf{H}^0_T)_{TE} = \mathbf{a}_xH^0_x + \mathbf{a}_yH^0_y = -\frac{\gamma}{h^2}\nabla_T H^0_z} \tag{10-53}$$

이 된다. 식 (10-53)은 TM 모드의 식 (10-29)와 매우 비슷하다.

전기장 세기의 횡방향 성분 E^0_x와 E^0_y는 파동 임피던스를 통해 이들의 자기장 세기와 관계되어 있다. 식 (10-49)로부터 (10-52)까지에서

$$\boxed{Z_{\text{TE}} = \frac{E^0_x}{H^0_y} = -\frac{E^0_y}{H^0_x} = \frac{j\omega\mu}{\gamma} \qquad (\Omega)} \tag{10-54}$$

를 얻을 수 있다. 식 (10-54)에서 Z_{TE}는 TE 파의 γ가 γ_{TEM}의 $j\omega\sqrt{\mu\epsilon}$과 같지 않기 때문에 식 (10-31)에서의 Z_{TM}과는 전혀 다르다. 식 (10-51), (10-52), 그리고 (10-54)를 결합하면 다음의 벡터 공식이 만들어진다.

$$\boxed{\mathbf{E} = -Z_{\text{TE}}(\mathbf{a}_z \times \mathbf{H}) \qquad (\text{V/m})} \tag{10-55}$$

γ와 h 사이의 관계는 변하지 않았기 때문에 TM 파에 대한 식 (10-33)에서부터 식 (10-44)까지의 식은 TE 파에도 적용된다. 또한 두 개의 구별된 γ의 범위가 존재하는데 그것은 동작 주파수가

식 (10-35)에서 주어진 차단 주파수 f_c보다 높은지 또는 낮은지에 관계한다.

(a) $\left(\dfrac{f}{f_c}\right)^2 > 1$, 또는 $f > f_c$: 이 범위에서 γ는 허수이고 전파 모드를 갖는다. γ의 수식은 식 (10-37)에서

$$\gamma = j\beta = jk\sqrt{1 - \left(\frac{f_c}{f}\right)^2} \tag{10-56}$$

으로 주어진다. 결국, 식 (10-38), (10-39), (10-42), 그리고 (10-43)의 β, λ_g, u_p, u_g에 대한 공식은 TE 파에 대해서도 적용된다. 식 (10-54)에 (10-56)을 사용하여 다음의 식을 얻는다.

$$Z_{\text{TE}} = \frac{\eta}{\sqrt{1 - (f_c/f)^2}} \quad (\Omega) \tag{10-57}$$

위 식은 식 (10-45)에서 Z_{TM}에 대한 표현과는 분명히 다르다. 식 (10-57)로부터 **무손실 유전체로 채워진 도파관을 전파하는 TE 모드의 파동 임피던스는 순 저항 성분이고 유전체 매질의 고유 임피던스보다 항상 더 큼을 알 수 있다.** $f > f_c$일 때 f/f_c에 따른 Z_{TE} 변화를 그림 10-2에 나타내었다.

(b) $\left(\dfrac{f}{f_c}\right)^2 < 1$, 또는 $f < f_c$: 이 경우 γ는

$$\gamma = \alpha = h\sqrt{1 - \left(\frac{f}{f_c}\right)^2}, \qquad f < f_c \tag{10-58}$$

으로 실수이고 소멸 또는 전파되지 않는 모드가 된다. 식 (10-54)에 식 (10-58)을 대입하면, $f < f_c$에 대한 TE 모드의 파동 임피던스는 다음과 같이 주어진다.

$$Z_{\text{TE}} = j\frac{\omega\mu}{h\sqrt{1 - (f/f_c)^2}}, \qquad f < f_c \tag{10-59}$$

위 식은 순 리액티브이며 $f < f_c$에서 소멸파에 대한 어떠한 전력의 흐름도 존재하지 않음을 나타낸다.

예제 10-1 (a) 도파관의 주파수가 차단 주파수의 두 배일 때 TE 모드와 TM 모드에 대한 파동 임피던스와 관내 파장을 구하라. (b) 주파수가 차단 주파수의 반일 때 (a) 과정을 반복하라. (c) TEM 모드일 때 파동 임피던스와 관내 파장을 구하라.

표 10-1 $f > f_c$에 대한 파동 임피던스와 관내 파장

모드	파동 임피던스, Z	관내 파장, λ_g
TEM	$\eta = \sqrt{\dfrac{\mu}{\epsilon}}$	$\lambda = \dfrac{1}{f\sqrt{\mu\epsilon}}$
TM	$\eta\sqrt{1-\left(\dfrac{f_c}{f}\right)^2}$	$\dfrac{\lambda}{\sqrt{1-(f_c/f)^2}}$
TE	$\dfrac{\eta}{\sqrt{1-(f_c/f)^2}}$	$\dfrac{\lambda}{\sqrt{1-(f_c/f)^2}}$

풀이

(a) 차단 주파수 이상인 $f = 2f_c$에서 전파 모드를 갖는다. 문제를 푸는 데 필요한 공식은 식 (10-45), (10-57), 그리고 (10-39)이다.

$f = 2f_c$에서 $(f_c/f)^2 = \frac{1}{4}$, $\sqrt{1-(f_c/f)^2} = \sqrt{3}/2 = 0.866$이므로

$$Z_{TM} = 0.866\eta < \eta, \qquad \lambda_{TM} = 1.155\lambda > \lambda$$
$$Z_{TE} = 1.155\eta > \eta, \qquad \lambda_{TE} = 1.155\lambda > \lambda$$

이다.

(b) $f = f_c/2 < f_c$에서 도파관 모드는 소멸 모드이며 관내 파장은 의미가 없다. 파동 임피던스는

$$Z_{TM} = -j\frac{h}{\omega\epsilon}\sqrt{1-\left(\frac{f}{f_c}\right)^2} = -j0.276h/f_c\epsilon$$
$$Z_{TE} = j\frac{\omega\mu}{h\sqrt{1-(f/f_c)^2}} = j3.63f_c\mu/h$$

이 된다. $f < f_c$에서 소멸 모드에 대한 Z_{TM}과 Z_{TE}는 모두 허수(리액티브)가 되며, 이들의 값은 특정 TM 모드와 TE 모드의 특성을 나타내는 고유치 h에 관계한다.

(c) TEM 모드는 차단 성질이 없고 $h = 0$이다. 파동 임피던스와 관내 파장은 주파수에 무관하다. 식 (10-20)과 (10-18)로부터

$$Z_{TEM} = \eta$$

와

$$\lambda_{TEM} = \lambda$$

이다. ■

전파 모드에서 $\gamma = j\beta$와 주파수에 대한 β의 변화는 도파관 전자기파 특성을 결정한다. 그래

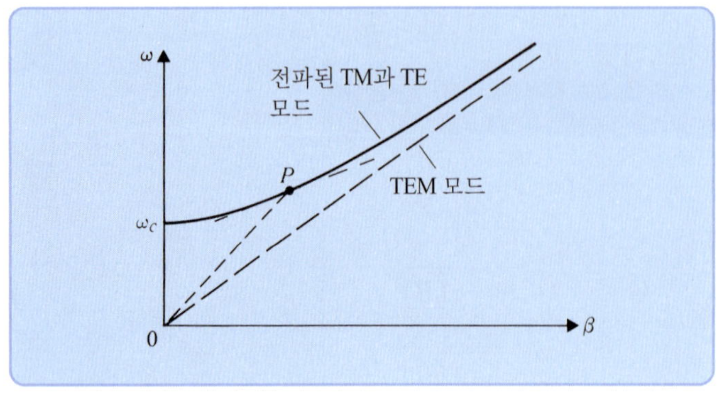

그림 10-3
도파관에 대한 ω–β 다이어그램

서 $\omega-\beta$ 다이어그램(Brillouin diagram)을 도시하고 조사하는 것이 매우 유용하다. 그림 10-3은 다이어그램으로, 원점을 지나는 점선은 TEM 모드에 대한 $\omega-\beta$ 관계를 나타낸다. 직선의 일정한 기울기는 $\omega/\beta = u = 1/\sqrt{\mu\epsilon}$이고, 이것은 구성 특성변수 μ와 ϵ을 갖는 무한 매질에서의 빛의 속도와 같다.

점선 위의 굵은 선은 식 (10-38)에서 주어진 TM 또는 TE 전파 모드에 대한 전형적인 $\omega-\beta$ 관계를 나타내고 있다. 이것을 다음과 같이 쓸 수 있다.

$$\omega = \frac{\beta u}{\sqrt{1-(\omega_c/\omega)^2}} \tag{10-60}$$

$\omega-\beta$ 곡선은 $\omega = \omega_c$에서 ω축($\beta = 0$)을 교차한다. 곡선상에서 원점과 임의의 P점을 연결하는 직선의 기울기는 차단 주파수 f_c와 특정 주파수에서 동작하는 특정 모드에 대한 위상 속도 u_p와 같다. 점 P에서 $\omega-\beta$ 곡선의 기울기는 군속도 u_g이다. 도파관에서 TM 파와 TE 파가 전파하기 위해서는 $u_p > u$, $u_g < u$, 그리고 식 (10-44)가 만족되어야 한다. 동작 주파수가 차단 주파수보다 매우 높으면, u_p와 u_g는 둘 다 점근적으로 u에 접근한다. ω_c의 정확한 값은 식 (10-35)의 고유치 h, 즉 주어진 단면을 갖는 도파관 내의 특정 TM 모드 또는 TE 모드에 따라 결정된다. h를 결정하는 방법은 다른 형태의 도파관을 다룰 때 논의될 것이다. 이온화된 매질(그림 8-7)에서 파의 전파를 위한 $\omega-\beta$ 그래프는 그림 10-3에 나타낸 도파관의 $\omega-\beta$ 다이어그램과 매우 유사하다.

예제 10-2 도파관의 소멸 모드에 대한 감쇠상수 α와 동작 주파수 f 사이의 관계를 나타내는 그래프를 구하라.

SOLUTION **풀이** 소멸 TM 또는 TE 모드에 대해 $f < f_c$와 식 (10-46) 또는 (10-58)을 적용한다. 따라서

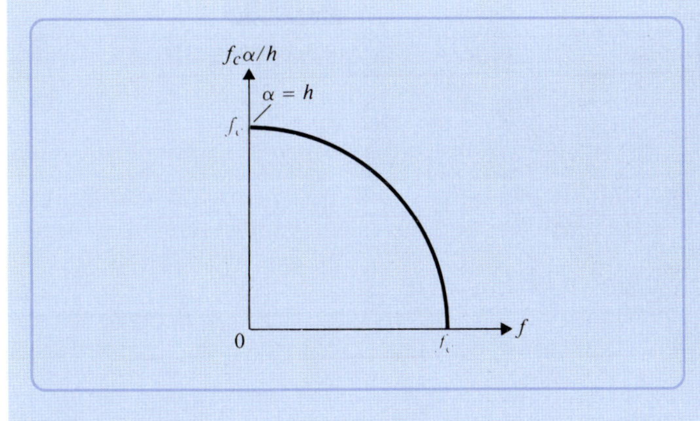

그림 10-4
소멸 모드에 대한 감쇠상수와 동작 주파수의 관계(예제 10-2)

$$\left(\frac{f_c}{h}\alpha\right)^2 + f^2 = f_c^2 \tag{10-61}$$

이 얻어진다. f에 대해 그려진 $(f_c\alpha/h)$의 그래프는 원점을 중심으로 하고 반지름 f_c를 갖는 원이 된다. 이것을 그림 10-4에 나타내었다. 어떤 $f < f_c$를 위한 α의 값은 한 원의 1/4로부터 찾아질 수 있다.

10-3 평행판 도파관

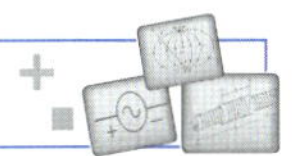

9-2절에서 평행편 진송선을 따라 진파하는 TEM 파의 특성을 실퍼보있다. 거기에서 실명하고 10-2.1절에서 다시 강조되었던 점은 TEM 모드에서 전자기장의 움직임은 무한 유전체 매질에서의 균일 평면파와 매우 닮았다는 것이다. 그러나 TEM 모드는 유전체에 의해 분리되는 완전도체 평판을 따라 전파하는 유일한 파가 아니다. 평행판 도파관에서는 TM과 TE 파가 전파할 수 있다. 다음 항에서 이들 파의 특성을 나누어 살펴볼 것이다.

10-3.1 평행판 사이에서 TM 파

그림 10-5와 같이 구성 특성변수 ϵ과 μ를 갖는 유전체 매질에 의해 분리되는 두 개의 완전도체 평행판 도파관을 생각하자. 평행판은 x 방향의 크기가 무한하다고 가정한다. 이것은 전자기장이 x 방향으로 변하지 않고 모서리 효과도 무시할 수 있다는 것과 같다. TM 파($H_z = 0$)가 $+z$ 방향으로 전파한다고 가정하자. 정현파 시간의존성 때문에 공통인자 $e^{(j\omega t - \gamma z)}$가 생략된 전자기장의 방정식을 다루는 것이 편리하다. 위상자 $E_z(y, z)$를 $E_z^0(y)e^{-\gamma z}$로 하면, 식 (10-24)는

$$\frac{d^2E_z^0(y)}{dy^2} + h^2E_z^0(y) = 0 \tag{10-62}$$

이 된다. 식 (10-62)의 해는 경계 조건

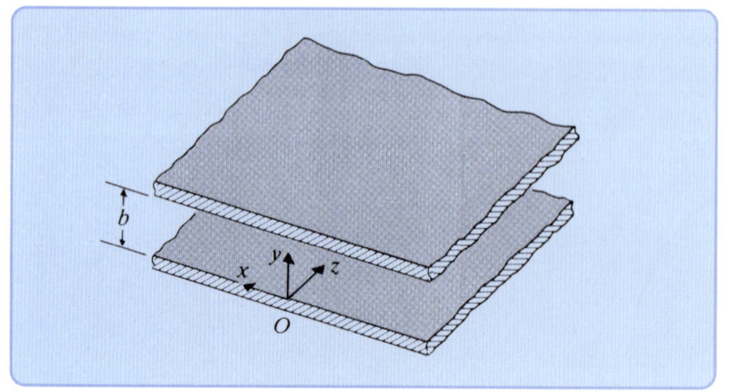

그림 10-5
무한 평행판 도파관

$$E_z^0(y) = 0, \qquad (y = 0, \quad y = b)$$

을 반드시 만족해야 한다. 4-5절로부터 $E_z^0(y)$는 다음의 형태($h = n\pi/b$)

$$E_z^0(y) = A_n \sin\left(\frac{n\pi y}{b}\right) \tag{10-63}$$

이 되어야 한다. 여기서 A_n은 특정한 TM 파 신호의 세기(strength of excitation)에 관계한다. 0이 아닌 전자기장의 다른 성분들은 식 (10-25)에서 (10-28)까지에서

$$H_x^0(y) = \frac{j\omega\epsilon}{h} A_n \cos\left(\frac{n\pi y}{b}\right) \tag{10-64}$$

$$E_y^0(y) = -\frac{\gamma}{h} A_n \cos\left(\frac{n\pi y}{b}\right) \tag{10-65}$$

로 구해진다. 여기서 $\partial E_z/\partial x = 0$이고 $e^{-\gamma z}$는 생략되어 있다. 식 (10-65)에서 γ는 식 (10-33)으로부터 결정되는 전파상수로 다음과 같다.

$$\gamma = \sqrt{\left(\frac{n\pi}{b}\right)^2 - \omega^2\mu\epsilon} \tag{10-66}$$

차단 주파수는 $\gamma = 0$을 만족하는 주파수로

$$f_c = \frac{n}{2b\sqrt{\mu\epsilon}} \quad \text{(Hz)} \tag{10-67}$$

이다. 이것은 물론 식 (10-35)와 비교된다. $f > f_c$인 파는 식 (10-38)에서 주어진 위상상수 β로 전파한다. $f \le f_c$인 파는 소멸된다.

n의 값에 따라, 다른 고유치 h에 대응하는 TM 전파 모드가 가능하다. 그래서 차단 주파수 $(f_c)_1 = 1/2b\sqrt{\mu\epsilon}$인 TM_1 모드($n = 1$), $(f_c)_2 = 1/b\sqrt{\mu\epsilon}$인 TM_2 모드($n = 2$) 등이 존재한다. 각 모드들은 각자의 특성인 위상상수, 관내 파장, 위상 속도, 군속도, 그리고 파동 임피던스를 가지며, 각각 식 (10-38), (10-39), (10-42), (10-43), 그리고 (10-45)로부터 결정된다. $n = 0$일 때, $E_z = 0$이고 횡방향 성분 H_x와 E_y만이 존재한다. 따라서 TM_0 모드는 $f_c = 0$인 특별한 경우의 TEM 모드이다. 가장 낮은 차단 주파수를 갖는 모드를 도파관의 **기본 모드**(dominant mode)라고 한다. **평행판 도파관의 기본 모드는 TEM 모드이다**.

예제 10-3 (a) 평행판 도파관에서 TM_1 모드의 순시 전자기장 표현을 써라. (b) yz-평면상에서 전기장선과 자기장선을 그려라.

풀이

(a) TM_1 모드의 순시 전자기장 표현은 식 (10-63), (10-64), 그리고 (10-65)의 위상자 표현에 $e^{j(\omega t-\beta z)}$를 곱한 후 실수 부분을 취하여 얻을 수 있다. $n = 1$을 대입하면,

$$E_z(y, z; t) = A_1 \sin\left(\frac{\pi y}{b}\right)\cos(\omega t - \beta z) \tag{10-68}$$

$$E_y(y, z; t) = \frac{\beta b}{\pi} A_1 \cos\left(\frac{\pi y}{b}\right)\sin(\omega t - \beta z) \tag{10-69}$$

$$H_x(y, z; t) = -\frac{\omega\epsilon b}{\pi} A_1 \cos\left(\frac{\pi y}{b}\right)\sin(\omega t - \beta z) \tag{10-70}$$

이 얻어진다. 여기서

$$\beta = \sqrt{\omega^2\mu\epsilon - \left(\frac{\pi}{b}\right)^2} \tag{10-71}$$

이다.

(b) yz-평면에서, $\mathbf{E}$는 y-와 z-성분 모두를 갖고, 주어진 시간 t에서 전기장선(electric field line)의 방정식은 다음의 관계로부터 구할 수 있다.

$$\frac{dy}{E_y} = \frac{dz}{E_z} \tag{10-72}$$

예를 들면, $t = 0$에서 식 (10-72)는

$$\frac{dy}{dz} = \frac{E_y(y, z; 0)}{E_z(y, x; 0)} = -\frac{\beta b}{\pi}\cot\left(\frac{\pi y}{b}\right)\tan\beta z \tag{10-73}$$

와 같이 쓸 수 있고, 이것이 전기장선의 기울기이다. 식 (10-73)을 적분하면 다음과 같이 된다.

$$\cos\left(\frac{\pi y}{b}\right)\cos\beta z = \text{상수}\ (0 \le y \le b) \qquad (10\text{-}74)^{1)}$$

그림 10-6에 전기장선이 그려져 있다. 전기장선은 βz 내에서 2π (rad)마다 반복되고 π (rad)마다 방향이 반대가 된다.

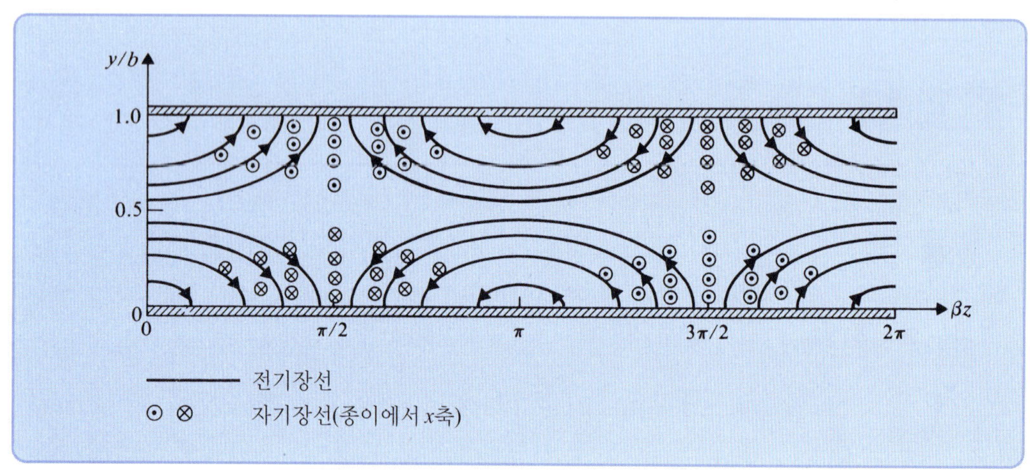

그림 10-6

평행판 도파관에서 TM_1 모드의 전자기장선

1) 식 (10-73)은 다음과 같이 재정리된다.

$$\frac{dy}{dz} = -\left(\frac{\beta b}{\pi}\right)\frac{\cos(\pi y/b)\sin\beta z}{\sin(\pi y/b)\cos\beta_z}$$

또는

$$\frac{(\pi/b)\sin(\pi y/b)\,dy}{\cos(\pi y/b)} = \frac{-\beta\sin\beta z\,dz}{\cos\beta z}$$

또는

$$-\frac{d[\cos(\pi y/b)]}{\cos(\pi y/b)} = \frac{d(\cos\beta z)}{\cos\beta z}$$

이다. 적분하면,

$$-\ln[\cos(\pi y/b)] = \ln(\cos\beta z) + c_1$$

또는

$$\cos(\pi y/b)\cos\beta z = c_2$$

가 된다. 이것이 식 (10-74)이다. 여기서 c_1과 c_2는 상수이다.

H는 x-성분만 가지므로 자기장선은 어디서든 yz-평면에 수직하다. $t = 0$에서 TM_1 모드에 대한 식 (10-70)은

$$H_x(y, z; 0) = \frac{\omega\epsilon b}{\pi} A_1 \cos\left(\frac{\pi y}{b}\right) \sin \beta z \tag{10-75}$$

이 된다. H_x 선의 밀도는 y 방향으로 $\cos(\pi y/b)$에 따라, z 방향으로 $\sin \beta z$에 따라 변화한다. 이것 역시 그림 10-6에서 나타나 있다. 도체판($y = 0$과 $y = b$)에서는 접선 방향 자기장에서의 불연속으로 인한 표면전류가 존재하고, 수직 방향의 전기장이 존재하므로 면전하가 존재한다(연습문제 P.10-4).

예제 10-4 평행판 도파관을 전파하는 TM_1 파의 전자기장은 두 개의 도체판 사이에서 앞뒤 방향으로 반사되는 두 개의 평면파의 중첩으로 해석될 수 있음을 보여라.

풀이 이것은 식 (10-63)의 $E_z^0(y)$의 위상자 표현에 인자 $e^{-j\beta z}$를 포함시키고 $n = 1$을 대입함으로써 쉽게 알 수 있다.

$$\begin{aligned} E_z(y, z) &= A_1 \sin\left(\frac{\pi y}{b}\right) e^{-j\beta z} = \frac{A_1}{2j}\left(e^{j\pi y/b} - e^{-j\pi y/b}\right)e^{-j\beta z} \\ &= \frac{A_1}{2j}\left[e^{-j(\beta z - \pi y/b)} - e^{-j(\beta z + \pi y/b)}\right] \end{aligned} \tag{10 76}$$

8장으로부터 식 (10-76)의 우변 첫 항이 $+z$과 $-y$ 방향으로 각각 위상상수 β와 π/b를 갖고 비스듬하게 전파하는 평면파임을 알 수 있다. 마찬가지로, 두 번째 항은 첫 번째 평면파와 같이 위상상수 β와 π/b를 갖고 비스듬하게 $+z$와 $+y$ 방향으로 전파하는 평면파이다. 따라서 그림 10-7에서 보여진 것처럼 평행판 도파관을 전파하는 TM_1 파는 두 개의 평면파의 중첩으로 간주할 수 있다.

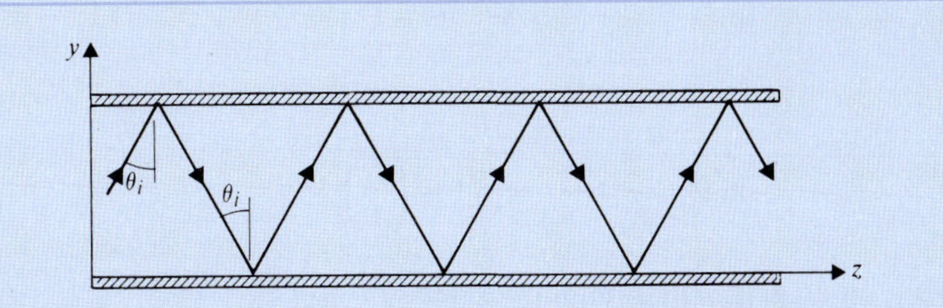

그림 10-7
두 평면파의 중첩으로 나타낸 평행판 도파관의 파

도체 경계면에 비스듬하게 입사한 평행 편파(TM)의 반사를 다룬 8-7.2절에서 입사 전기장 $\mathbf{E}_i$와 반사 전기장 $\mathbf{E}_r$의 종방향 성분의 합인 총 전기장 $\mathbf{E}_1$의 종방향 성분의 표현을 얻었다. 그림 8-13의 좌표들을 그림 10-5에 적용하기 위해서 x와 z는 반드시 z와 $-y$로 각각 변화되어야 한다. 식 (8-128)의 E_x는 다음과 같이 다시 쓸 수 있다.

$$E_z(y, z) = E_{i0} \cos \theta_i (e^{j\beta_1 y \cos \theta_i} - e^{-j\beta_1 y \cos \theta_i}) e^{-j\beta_1 z \sin \theta_i}$$

위 식의 각 지수항을 식 (10-76)의 지수항과 비교하면 다음 두 개의 식을 얻을 수 있다.

$$\beta_1 \sin \theta_i = \beta \tag{10-77}$$

$$\beta_1 \cos \theta_i = \frac{\pi}{b} \tag{10-78}$$

(위 식들에 포함된 전자기장의 진폭은 현재 고려할 만큼 중요하진 않다.) 식 (10-77)과 (10-78)의 해는

$$\beta = \sqrt{\beta_1^2 - \left(\frac{\pi}{b}\right)^2} = \sqrt{\omega^2 \mu \epsilon - \left(\frac{\pi}{b}\right)^2}$$

으로 식 (10-71)과 동일하다. 그리고

$$\cos \theta_i = \frac{\pi}{\beta_1 b} = \frac{\lambda}{2b} \tag{10-79}$$

이다. 여기서 $\lambda = 2\pi/\beta_1$은 무한 유전체 매질에서의 파장이다.

θ_i에 대한 식 (10-79)의 해는 오직 $\lambda/2b \leq 1$일 때 존재한다. 식 (10-67)에서 $n = 1$일 때의 차단 주파수인 $\lambda/2b = 1$, 또는 $f = u/\lambda = 1/2b\sqrt{\mu\epsilon}$에서 $\cos \theta_i = 1$이고 $\theta_i = 0$이다. 이것은 평행판에 수직한 y 방향에서 파가 앞뒤로 반사되고 z 방향으로는 전파되지 않는 경우($\beta = \beta_1 \sin \theta_i = 0$)에 해당된다. TM_1 모드는 오직 $\lambda < \lambda_c = 2b$ 또는 $f > f_c$일 때만 전파될 수 있다. $\cos \theta_i$와 $\sin \theta_i$ 둘 다 차단 주파수 f_c를 사용하여 나타낼 수 있다. 식 (10-79)와 (10-77)로부터

$$\cos \theta_i = \frac{\lambda}{\lambda_c} = \frac{f_c}{f} \tag{10-80}$$

와

$$\sin \theta_i = \frac{\lambda}{\lambda_g} = \frac{u}{u_p} = \sqrt{1 - \left(\frac{f_c}{f}\right)^2} \tag{10-81}$$

을 얻을 수 있다. 식 (10-81)은 식 (10-39)와 (10-42)와 일치한다.

평행판 도파관 내의 진행파를 그림 8-12를 이용하여 8-7절의 반사하는 평면파들로 고찰하였다. 여기서 식 (10-79)와 (10-81)이 각각 식 (8-119)와 (8-120)과 일치하며 수직 편파(perpendicular polarization)와 평행 편파(parallel polarization) 모두에 대해서 성립되는 것에 주목해야 한다.

10-3.2 평행판 사이의 TE 파

횡방향 전기장파에서 $E_z = 0$이고, H_z는 식 (10-48)에서 x에 무관한 $H_z^0(y)$의 방정식

$$\frac{d^2H_z^0(y)}{dy^2} + h^2H_z^0(y) = 0 \tag{10-82}$$

을 풀어 구할 수 있다. 주목할 점은 $H_z(y, z) = H_z^0(y)e^{-\gamma z}$이다. $H_z^0(y)$에 의해 만족되는 경계 조건은 식 (10-51)로부터 얻어진다. E_x는 도체판 표면에서 반드시 0이 되어야 하므로

$$\frac{dH_z^0(y)}{dy} = 0 \qquad (y = 0, \quad y = b)$$

이 된다. 따라서 식 (10-82)의 적절한 해는 다음 형태를 갖는다.

$$H_z^0(y) = B_n \cos\left(\frac{n\pi y}{b}\right) \tag{10-83}$$

여기서 진폭 B_n은 특정 TE 파의 신호의 세기와 관련이 있다. 0이 아닌 다른 전자기장 성분들은 식 (10-50)과 (10-51)로부터 구해진다. 여기서 $\partial H_z/\partial x = 0$임을 명심하라.

$$H_y^0(y) = \frac{\gamma}{h} B_n \sin\left(\frac{n\pi y}{b}\right) \tag{10-84}$$

$$E_x^0(y) = \frac{j\omega\mu}{h} B_n \sin\left(\frac{n\pi y}{b}\right) \tag{10-85}$$

식 (10-84)의 전파상수 γ는 식 (10-66)으로 주어진 TM 파의 전파상수와 동일하다. 차단 주파수는 $\gamma = 0$인 주파수이므로 **평행판 도파관의 $\mathbf{TE}_n$ 모드에 대한 차단 주파수는 식 (10-67)로 주어진 $\mathbf{TM}_n$ 모드의 차단 주파수와 정확히 일치한다.** $n = 0$일 때, H_y와 E_x는 0이 된다. 따라서 TE_0 모드는 평행판 도파관에서는 존재하지 않는다.

예제 10-5 (a) 평행판 도파관에서 TE_1 모드에 대한 순시 전자기장 표현을 써라. (b) yz-평면에서 전기장선과 자기장선을 그려라.

SOLUTION **풀이**

(a) TE_1 모드에 대한 순시 전자기장 표현은 식 (10-83), (10-84), (10-85)의 위상자 표현에 $e^{j(\omega t-\beta z)}$를 곱한 후 실수 부분을 취하여 얻어진다. $n = 1$일 때,

$$H_z(y, z; t) = B_1 \cos\left(\frac{\pi y}{b}\right) \cos(\omega t - \beta z) \tag{10-86}$$

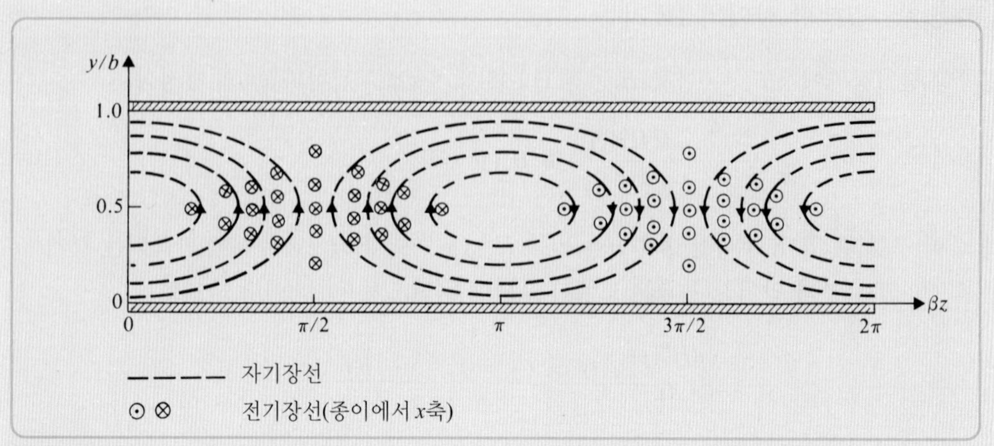

그림 10-8
평행판 도파관에서 TE_1 모드의 전자기장선

$$H_y(y, z; t) = -\frac{\beta b}{\pi} B_1 \sin\left(\frac{\pi y}{b}\right) \sin(\omega t - \beta z) \tag{10-87}$$

$$E_x(y, z; t) = -\frac{\omega\mu b}{\pi} B_1 \sin\left(\frac{\pi y}{b}\right) \sin(\omega t - \beta z) \tag{10-88}$$

이다. 여기서 위상상수 β는 식 (10-71)로 주어지며, TM_1 모드의 경우와 같다.

(b) 전기장은 오직 x-성분만 갖는다. $t = 0$일 때, 식 (10-88)은 다음과 같이 된다.

$$E_x(y, z; 0) = \frac{\omega\mu b}{\pi} B_1 \sin\left(\frac{\pi y}{b}\right) \sin \beta z \tag{10-89}$$

따라서 E_x 선의 밀도는 y축 방향으로 $\sin(\pi y/b)$에 따라 z축 방향으로 $\sin \beta z$에 따라 변화한다. 그림 10-8에 점과 십자기호를 E_x선이 나타냈다.

자기장은 y-와 z-성분을 갖는다. $t = 0$에서 자기장선 방정식은 다음의 관계로부터 얻어질 수 있다.

$$\frac{dy}{dz} = \frac{H_y(y, z; 0)}{H_z(y, z; 0)} = \frac{\beta b}{\pi} \tan\left(\frac{\pi y}{b}\right) \tan \beta z \tag{10-90}$$

예제 10-3에서 설명했던 대로 식 (10-90)을 적분하면,

$$\sin\left(\frac{\pi y}{b}\right) \cos \beta z = 상수, \quad 0 \le y \le b \tag{10-91}$$

이 된다. 여기서 이 식은 $t = 0$에서 yz-평면 내의 자기장선을 위한 식이다. 식 (10-91)의 상수는 -1과 $+1$ 사이의 값을 갖는다. 식 (10-86)에 의하면, H_z 선의 밀도는 $|\cos(\pi y/b)|$에 따라 변화한다. 그림 10-8에 몇 개의 자기장선이 그려져 있다. 선들은 βz에서 2π (rad)마다 반복된다.

10-3.3 에너지 전송 속도

10-2.2절과 10-2.3절에서 차단 주파수보다 높은 주파수를 갖는 도파관 내의 신호들은 식 (10-42)에서 주어진 위상 속도 u_p와 식 (10-43)에서 주어진 군속도 u_g로 전파한다는 것을 알았다. 8-4절에서 군속도에 관한 개념을 소개할 때, 군속도는 협대역(narrow-band) 신호의 포락선(envelope)의 속도로서 정의되었다. 짧은 주기(duration)의 펄스와 같이 광대역 주파수 스펙트럼을 갖는 신호들의 경우 군속도는 별로 중요하지 않다. 그 이유는 낮은 주파수 성분들은 차단 주파수 이하(그러므로 전파되지 않는다)이고, 높은 주파수 성분들은 상당히 다른 속도들로 진행하기 때문이다. 이때 광대역 신호들은 많이 왜곡될 것이며, 어떠한 신호의 군속도도 신호의 전파 속도로 나타낼 수 없다. 이러한 경우 도파관을 따라 에너지가 전파하는 속도, 즉 **에너지 전송 속도**(energy-transport velocity)를 조사해야 한다.

무손실 도파관 내의 신호 전송에서 에너지 전송 속도 u_{en}은 시간-평균 전파전력(time-average propagated power)과 도파관의 단위길이당 저장된 시간-평균 저장에너지(time-average stored energy)의 비로서 다음과 같이 정의된다.

$$u_{en} = \frac{(P_z)_{av}}{W'_{av}} \qquad \text{(m/s)} \tag{10-92}$$

여기서 시간-평균 전력 $(P_z)_{av}$는 도파관 단면적에 대해 시간-평균 포인팅 벡터(time-average Poynting vector) $\mathscr{P}_{av}$의 적분으로

$$(P_z)_{av} = \int_S \mathscr{P}_{av} \cdot d\mathbf{s} \tag{10-93}$$

이다. 단위길이당 저장된 시간-평균 에너지 W'_{av}는 도파관 단면적에 대해 저장된 시간-평균 전기장에너지밀도 $(w_e)_{av}$와 저장된 시간-평균 자기장에너지밀도 $(w_m)_{av}$의 합의 적분으로

$$W'_{av} = \int_S [(w_e)_{av} + (w_m)_{av}]\, ds \tag{10-94}$$

이다. 도파관 내에서 전파하는 특정 모드에 대해 식 (10-93)과 (10-94)를 사용하여 $(P_z)_{av}$와 W'_{av}를 계산하고, 이것을 식 (10-92)에 대입하여 에너지 전송 속도를 구할 수 있다.

예제 10-6 무손실 평행판 도파관 내에서 TM_n 모드의 에너지 전송 속도를 구하라.

SOLUTION **풀이** 우선 식 (8-96), (10-63), (10-64), (10-65)를 사용하여 시간-평균 포인팅 벡터를 다음과 같이 구할 수 있다.

$$\mathscr{P}_{av} = \tfrac{1}{2}\mathscr{Re}(\mathbf{E} \times \mathbf{H}^*)$$
$$= \tfrac{1}{2}\mathscr{Re}(-\mathbf{a}_z E_y^0 H_x^{0*} + \mathbf{a}_y E_z^0 H_x^{0*}). \quad (10\text{-}95)$$

여기서 γ를 $j\beta$로 대체하여 정리하면,

$$\mathscr{P}_{av} \cdot \mathbf{a}_z = -\tfrac{1}{2}\mathscr{Re}(E_y^0 H_x^{0*}) = \frac{\omega\epsilon\beta}{2h^2} A_n^2 \cos^2\left(\frac{n\pi y}{b}\right) \quad (10\text{-}96)$$

이 된다. 평행판 도파관의 단위폭당 시간-평균 전력은 식 (10-93)에 식 (10-96)을 대입하면,

$$(P_z)_{av} = \int_0^b \mathscr{P}_{av} \cdot \mathbf{a}_z \, dy = \frac{\omega\epsilon\beta b}{4h^2} A_n^2 \quad (10\text{-}97)$$

이 된다. 식 (8-83)에서 식 (8-96)을 이끌어 내는 과정을 따라가면 식 (8-85)와 (8-86)으로부터

$$(w_e)_{av} = \frac{\epsilon}{4} \mathscr{Re}(\mathbf{E} \cdot \mathbf{E}^*) \quad (10\text{-}98)$$

와

$$(w_m)_{av} = \frac{\mu}{4} \mathscr{Re}(\mathbf{H} \cdot \mathbf{H}^*) \quad (10\text{-}99)$$

이 되는 것을 쉽게 증명할 수 있다. 식 (10-63)과 (10-65)를 식 (10-98)에 대입하면,

$$(w_e)_{av} = \frac{\epsilon}{4} A_n^2 \left[\sin^2\left(\frac{n\pi y}{b}\right) + \frac{\beta^2}{h^2}\cos^2\left(\frac{n\pi y}{b}\right)\right] \quad (10\text{-}100)$$

과

$$\int_0^b (w_e)_{av} \, dy = \frac{\epsilon b}{8} A_n^2 \left[1 + \frac{\beta^2}{h^2}\right] = \frac{\epsilon b}{8h^2} k^2 A_n^2 \quad (10\text{-}101)$$

이 된다. 여기서 식 (10-15)를 이용하여 $\beta^2 + h^2$을 k^2으로 대체한다. 유사하게, 식 (10-64)를 식 (10-99)에 사용하면,

$$(w_m)_{av} = \frac{\mu}{4}\left(\frac{\omega^2\epsilon^2}{h^2}\right) A_n^2 \cos^2\left(\frac{n\pi y}{b}\right) \quad (10\text{-}102)$$

와

$$\int_0^b (w_m)_{av} \, dy = \frac{\mu b}{8h^2}(\omega^2\epsilon^2) A_n^2 = \frac{\epsilon b}{8h^2} k^2 A_n^2 \quad (10\text{-}103)$$

이 된다. 위 식은 식 (10-101)에서 얻어지는 도파관의 단위폭당 저장된 시간-평균 전기장에너지와 같다.

식 (10-92)에 의해서 식 (10-97)의 $(P_z)_{av}$를 식 (10-101)과 (10-103)의 저장된 에너지의 합으로 나누면, u_{en}은

$$\begin{aligned} u_{en} &= \frac{\omega\beta}{k^2} = \frac{\omega}{k}\left(\frac{\beta}{k}\right) \\ &= u\sqrt{1-\left(\frac{f_c}{f}\right)^2} \end{aligned} \tag{10-104}$$

이 된다. 여기서 식 (10-5)와 (10-38)이 이용되었다. 식 (10-104)로 주어지는 에너지 전송 속도가 식 (10-43)에서 주어진 군속도와 같다는 것을 알 수 있다.

10-3.4 평행판 도파관에서의 감쇠

도파관(평행판 도파관뿐만 아니라)에서의 감쇠는 손실 유전체와 불완전 도체벽의 두 가지 원인에 의해 발생된다. 손실은 도파관 내에서 전기장과 자기장을 변화시키고 완전해(exact solution)를 얻기 어렵게 한다. 그러나 실제 도파관에서는 보통 손실이 매우 작기 때문에 전파 모드의 횡방향 전자기장 패턴이 손실에 의해 영향을 받지 않는다고 가정한다. 전파상수의 실수 부분은 감쇠상수로서 전력 손실을 나타낸다. 감쇠상수는 다음과 같이 두 부분으로 구성된다.

$$\alpha = \alpha_d + \alpha_c \tag{10-105}$$

여기서 α_d는 유전체 손실로 인한 감쇠상수이고, α_c는 불완전 도체벽의 저항성 전력 손실(ohmic power loss)로 인한 감쇠상수이다.

여기서는 TEM, TM, TE 모드에 대한 감쇠상수들을 나누어 고찰한다.

TEM 모드

평행판 전송선에서 TEM 모드의 감쇠상수는 9-3.4절에서 논의하였다. 식 (9-90)과 표 9-1로부터 근사적으로

$$\alpha_d = \frac{G}{2}R_0 = \frac{\sigma}{2}\sqrt{\frac{\mu}{\epsilon}} = \frac{\sigma}{2}\eta \qquad \text{(Np/m)} \tag{10-106}$$

으로 나타낼 수 있다. 여기서 ϵ, μ, σ는 각각 유전체 매질에서의 유전율, 투자율, 전기 전도도이다. 식 (10-106)에서, 만약 유전체가 손실이 없다면 $\eta = \sqrt{\mu/\epsilon}$는 유전체의 고유 임피던스를 나타낸다. 만약 유전체의 손실을 식 (7-111)과 같이 복소 유전율(complex permittivity)의 허수 부분인 $-\epsilon''$로 나타낸다면, 식 (10-106)의 σ를 $\omega\epsilon''$로 바꾸어

$$\alpha_d \cong \frac{\omega\epsilon''}{2}\eta \qquad \text{(Np/m)} \tag{10-107}$$

과 같이 쓸 수 있다. 또한 식 (9-90)과 표 9-1로부터

$$\alpha_c = \frac{R}{2R_0} = \frac{1}{b}\sqrt{\frac{\pi f\epsilon}{\sigma_c}} \qquad \text{(Np/m)} \tag{10-108}$$

된다. 여기서 σ_c는 금속판의 전기 전도도이다. TEM 모드에서 α_d는 주파수에 무관하고 σ_c는 $\sqrt{f}$에 비례한다는 것을 알 수 있다. 더욱이 기대했던 것처럼 $\sigma \to 0$에 따라 $\alpha_d \to 0$이고 $\sigma_c \to \infty$에 따라 $\alpha_c \to 0$이 됨을 알 수 있다.

TM 모드

f_c 이상의 주파수에서 유전체 손실로 인한 감쇠상수는 식 (10-66)에서 ϵ을 $\epsilon_d = \epsilon + (\sigma/j\omega)$로 대체함으로써 다음과 같이 구할 수 있다.

$$\begin{aligned}
\gamma &= j\left[\omega^2\mu\epsilon\left(1 - \frac{j\sigma}{\omega\epsilon}\right) - \left(\frac{n\pi}{b}\right)^2\right]^{1/2} \\
&= j\sqrt{\omega^2\mu\epsilon - \left(\frac{n\pi}{b}\right)^2}\left\{1 - j\omega\mu\sigma\left[\omega^2\mu\epsilon - \left(\frac{n\pi}{b}\right)^2\right]^{-1}\right\}^{1/2} \\
&\cong j\sqrt{\omega^2\mu\epsilon - \left(\frac{n\pi}{b}\right)^2}\left\{1 - \frac{j\omega\mu\sigma}{2}\left[\omega^2\mu\epsilon - \left(\frac{n\pi}{b}\right)^2\right]^{-1}\right\}
\end{aligned} \tag{10-109}$$

식 (10-109)의 두 번째 줄에서 이항 전개의 첫 두 개의 항은 다음

$$\omega\mu\sigma \ll \omega^2\mu\epsilon - \left(\frac{n\pi}{b}\right)^2$$

의 가정 하에서 세 번째 줄이 된다. 식 (10-67)에서

$$\frac{n\pi}{b} = 2\pi f_c\sqrt{\mu\epsilon}$$

이므로 다음과 같이 쓸 수 있다.

$$\begin{aligned}
\sqrt{\omega^2\mu\epsilon - \left(\frac{n\pi}{b}\right)^2} &= \omega\sqrt{\mu\epsilon}\sqrt{1 - (\omega_c/\omega)^2} \\
&= \omega\sqrt{\mu\epsilon}\sqrt{1 - (f_c/f)^2}
\end{aligned}$$

위의 관계를 이용하면, 식 (10-109)는

$$\gamma = \alpha_d + j\beta = \frac{\sigma}{2}\sqrt{\frac{\mu}{\epsilon}}\frac{1}{\sqrt{1 - (f_c/f)^2}} + j\omega\sqrt{\mu\epsilon}\sqrt{1 - (f_c/f)^2}$$

이 된다. 따라서

$$\alpha_d = \frac{\sigma\eta}{2\sqrt{1-(f_c/f)^2}} \qquad \text{(Np/m)} \tag{10-110}$$

과

$$\beta = \omega\sqrt{\mu\epsilon}\sqrt{1-(f_c/f)^2} \qquad \text{(rad/m)} \tag{10-111}$$

이다. TM 모드에서 α_d는 주파수가 증가할 때 감소한다.

불완전 도체판의 손실로 인한 감쇠상수를 구하기 위해서는 에너지 보존의 법칙으로부터 유도되는 식 (9-88)

$$\alpha_c = \frac{P_L(z)}{2P(z)} \tag{10-112}$$

을 이용한다. 여기서 $P(z)$는 도파관의 단면(폭 w)을 통해 흐르는 시간-평균 전력이고, $P_L(z)$는 단위길이당 두 판 사이에서 사라진 시간-평균 전력이다. TM 모드에 대해 식 (10-64)와 (10-65)를 사용하면,

$$\begin{aligned} P(z) &= w\int_0^b -\tfrac{1}{2}(E_y^0)(H_x^0)^*\,dy \\ &= \frac{w\omega\epsilon\beta}{2}\left(\frac{bA_n}{n\pi}\right)^2\int_0^b \cos^2\left(\frac{n\pi y}{b}\right)dy \\ &= w\omega\epsilon\beta b\left(\frac{bA_n}{2n\pi}\right)^2 \end{aligned} \tag{10-113}$$

이 된다. 위판과 아래판에서 표면전류밀도는 같은 크기를 갖는다. $y = 0$인 아래판에서

$$|J_{sz}^0| = |H_x^0(y=0)| = \frac{\omega\epsilon bA_n}{n\pi}$$

이다. 폭 w를 갖는 두 판에서 단위길이당 총 전력 손실은

$$P_L(z) = 2w\left(\frac{1}{2}|J_{sz}^0|^2R_s\right) = w\left(\frac{\omega\epsilon bA_n}{n\pi}\right)^2 R_s \tag{10-114}$$

이다. 식 (10-112)에 식 (10-113)과 (10-114)를 대입하면,

$$\alpha_c = \frac{2\omega\epsilon R_s}{\beta b} = \frac{2R_s}{\eta b\sqrt{1-(f_c/f)^2}} \qquad \text{(Np/m)} \tag{10-115}$$

이 된다. 여기서 식 (9-26b)로부터

$$R_s = \sqrt{\frac{\pi f\mu_c}{\sigma_c}} \qquad (\Omega) \tag{10-116}$$

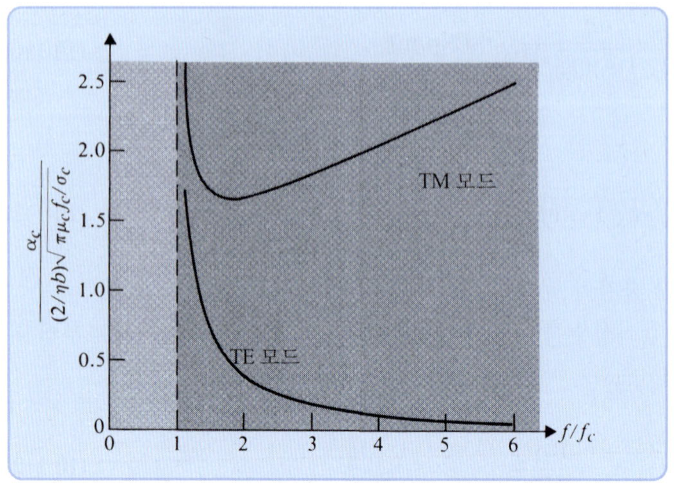

그림 10-9
평행판 도파관에서 판의 유한한 도전율로 인한 정규화된 감쇠상수

이다. 식 (10-115)에 식 (10-116)을 대입하면

$$\alpha_c = \frac{2}{\eta b}\sqrt{\frac{\pi\mu_c f_c}{\sigma_c}}\,\frac{1}{\sqrt{(f_c/f)[1-(f_c/f)^2]}} \tag{10-117}$$

이 되고, 이 식으로부터 TM 모드의 α_c는 f에 확실히 관련이 있음을 알 수 있다. 그림 10-9에 정규화된 α_c를 나타내었으며 그림에서 최소가 존재함을 확인할 수 있다.

TE 모드

10-3.2절에서 평행판 사이의 TE 파의 전파상수가 TM 파의 전파상수와 같은 표현임을 알았다. 따라서 식 (10-110)의 α_d에 대한 공식이 TE 모드에 대해서도 동일하게 유지된다.

불완전 도체판에서 손실로 인한 감쇠상수 α_c를 결정하기 위해서 식 (10-112)를 다시 적용한다. 물론, TE 모드에 대한 전자기장 표현식으로 식 (10-83), (10-84), (10-85)가 사용되어야 한다. 따라서

$$\begin{aligned} P(z) &= w\int_0^b \tfrac{1}{2}(E_x^0)(H_y^0)^*\,dy \\ &= \frac{w\omega\mu\beta}{2}\left(\frac{bB_n}{n\pi}\right)^2\int_0^b \sin^2\left(\frac{n\pi y}{b}\right)dy \\ &= w\omega\mu\beta b\left(\frac{bB_n}{2n\pi}\right)^2 \end{aligned} \tag{10-118}$$

와

$$\begin{aligned} P_L(z) &= 2w(\tfrac{1}{2}|J_{sx}^0|^2R_s) \\ &= w|H_z^0(y=0)|^2R_z = wB_n^2R_s \end{aligned} \tag{10-119}$$

이 되고, 결과적으로

$$\alpha_c = \frac{P_L(z)}{2P(z)} = \frac{2R_s}{\omega\mu\beta b}\left(\frac{n\pi}{b}\right)^2 = \frac{2R_s f_c^2}{\eta b f^2\sqrt{1-(f_c/f)^2}} \tag{10-120}$$

이 된다. 식 (10-120)에 근거한 정규화된 α_c 또한 그림 10-9에서 나타나 있다. TM 모드의 α_c와는 달리, TE 모드의 α_c는 최소값을 갖지 않으며 f가 증가함에 따라 단조롭게 감소한다.

10-4 직사각형 도파관

10-3절에서 평행판 도파관을 해석할 때 평행판들이 횡방향 x 방향으로 무한히 확장되었다고 가정했다. 즉, 전자기장이 x에 따라 변화하지 않는다고 가정했다. 실제로, 평행판은 항상 유한한 폭을 가지며 가장자리 부분에서 소용돌이 전장(field)이 생긴다. 전자기장 에너지는 도파관의 양쪽 면에서 누설되고 다른 회로와 시스템에 바람직하지 못한 산란적 결합을 일으킬 수 있다. 그래서 실제 도파관은 항상 에워싸인 다양한 단면을 갖는 균일한 구조이다. 해석과 제조의 용이성 때문에 이와 같은 단면을 갖는 가장 간단한 구조는 직사각형 또는 원형이다. 이 절에서는 속이 빈 직사각형 도파관에서 파의 움직임을 해석할 것이다. 원형 도파관은 다음 절에서 논의될 것이다. 직사각형 도파관은 실제 원형 도파관보다 더욱 보편적으로 사용된다.

다음 논의에서는 균일한 도파관 구조에서 일반적인 파의 움직임에 대한 10-2절의 내용을 이용한다. 전파상수 γ를 갖고 $+z$ 방향으로 전파하는 시정현파(time-harmonic wave)의 전파가 다루어질 것이다. TM 모드와 TE 모드가 각각 나누어서 설명될 것이다. 이전에 서술했듯이, TEM 파는 단일 도체의 속이 빈 혹은 유전체로 가득 찬 도파관에서는 존재할 수 없다.

10-4.1 직사각형 도파관에서의 TM 파

직사각형 단면 a와 b를 갖는 그림 10-10의 도파관을 생각하자. 도파관 내부에 채워진 유전체 매질은 구성 특성변수 ϵ과 μ를 갖는다고 가정한다. TM 파에 대해, $H_z = 0$이고 E_z는 식 (10-24)를 풀어서 구할 수 있다. $E_z(x, y, z)$을

$$E_z(x, y, z) = E_z^0(x, y)e^{-\gamma z} \tag{10-121}$$

라고 놓으면, $E_z^0(x, y)$는 2차 편미분 방정식

$$\left(\frac{\partial^2}{\partial x^2} + \frac{\partial^2}{\partial y^2} + h^2\right)E_z^0(x, y) = 0 \tag{10-122}$$

으로부터 구해진다. 여기서

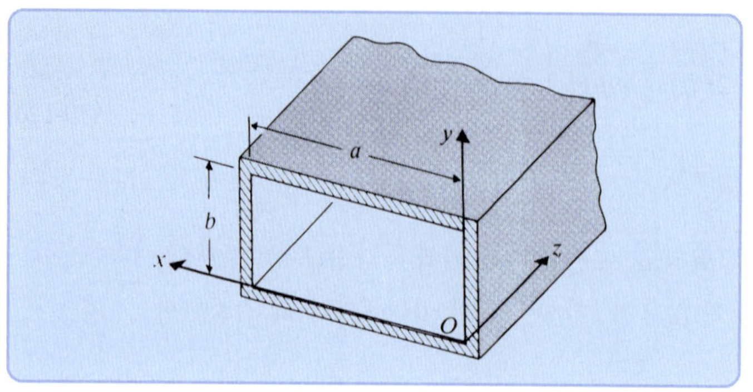

그림 10-10
직사각형 도파관

$$E_z^0(x, y) = X(x)Y(y) \tag{10-123}$$

라고 놓고, 4-5절에서 논의되었던 변수분리법을 사용한다. 식 (10-123)을 식 (10-122)에 대입하고 $X(x)Y(y)$로 나누면,

$$-\frac{1}{X(x)}\frac{d^2X(x)}{dx^2} = \frac{1}{Y(y)}\frac{d^2Y(y)}{dy^2} + h^2 \tag{10-124}$$

된다. 식 (10-124)의 좌변은 x만의 함수이고 우변은 y만의 함수이기 때문에, 방정식이 모든 x와 y의 값에 대해 적용되기 위해서는 좌변과 우변 모두 상수이어야만 한다. 이 상수(분리상수)를 k_x^2이라 하면, 두 개의 분리된 상미분 방정식을 얻는다.

$$\frac{d^2X(x)}{dx^2} + k_x^2X(x) = 0 \tag{10-125}$$

$$\frac{d^2Y(y)}{dy^2} + k_y^2Y(y) = 0 \tag{10-126}$$

여기서

$$k_y^2 = h^2 - k_x^2 \tag{10-127}$$

이다.

식 (10-125)와 (10-126)의 가능한 해의 형태는 4-5절의 표 4-1에 나타나 있다. 선택된 적당한 형태의 해는 다음의 경계 조건을 만족해야만 한다.

1. x 방향에서:

$$E_z^0(0, y) = 0 \tag{10-128}$$

$$E_z^0(a, y) = 0 \tag{10-129}$$

2. y 방향에서:

$$E_z^0(x, 0) = 0 \tag{10-130}$$

$$E_z^0(x, b) = 0 \tag{10-131}$$

경계 조건으로부터 $X(x)$와 $Y(y)$로 다음 형태가 선택되어야 한다.

$\sin k_x x$ 형태의 $X(x)$

$$k_x = \frac{m\pi}{a}, \qquad m = 1, 2, 3, \ldots$$

$\sin k_y y$ 형태의 $Y(y)$

$$k_y = \frac{n\pi}{b}, \qquad n = 1, 2, 3, \ldots$$

따라서 해 $E_z^0(x, y)$는

$$\boxed{E_z^0(x, y) = E_0 \sin\left(\frac{m\pi}{a}x\right)\sin\left(\frac{n\pi}{b}y\right) \qquad (\text{V/m})} \tag{10-132}$$

이 된다. 식 (10-127)로부터 다음과 같은 관계식을 얻을 수 있다.

$$\boxed{h^2 = \left(\frac{m\pi}{a}\right)^2 + \left(\frac{n\pi}{b}\right)^2} \tag{10-133}$$

횡방향 전자기장 성분을 구하기 위해 식 (10-132)를 식 (10-25)에서 (10-28)까지에 대입하면,

$$E_x^0(x, y) = -\frac{\gamma}{h^2}\left(\frac{m\pi}{a}\right)E_0 \cos\left(\frac{m\pi}{a}x\right)\sin\left(\frac{n\pi}{b}y\right) \tag{10-134}$$

$$E_y^0(x, y) = -\frac{\gamma}{h^2}\left(\frac{n\pi}{b}\right)E_0 \sin\left(\frac{m\pi}{a}x\right)\cos\left(\frac{n\pi}{b}y\right) \tag{10-135}$$

$$H_x^0(x, y) = \frac{j\omega\epsilon}{h^2}\left(\frac{n\pi}{b}\right)E_0 \sin\left(\frac{m\pi}{a}x\right)\cos\left(\frac{n\pi}{b}y\right) \tag{10-136}$$

$$H_y^0(x, y) = -\frac{j\omega\epsilon}{h^2}\left(\frac{m\pi}{a}\right)E_0 \cos\left(\frac{m\pi}{a}x\right)\sin\left(\frac{n\pi}{b}y\right) \tag{10-137}$$

이 된다. 여기서

$$\gamma = j\beta = j\sqrt{\omega^2\mu\epsilon - \left(\frac{m\pi}{a}\right)^2 - \left(\frac{n\pi}{b}\right)^2} \tag{10-138}$$

이다. 정수 m과 n의 모든 조합은 TM_{mn} 모드로 표시될 수 있는 가능한 모드로서, 두 배의 무한한 수의 TM 모드가 존재한다. 첫 번째 첨자는 x 방향으로의 전자기장의 반주기 변화의 수를 가리키고 두 번째 첨자는 y 방향으로의 전자기장의 반주기 변화의 수를 가리킨다. 임의의 특정 모드는 γ가 0이 되는 조건에서 차단된다. TM_{mn} 모드에 대한 차단 주파수(cutoff frequency)는 식 (10-35)로부터

$$(f_c)_{mn} = \frac{1}{2\sqrt{\mu\epsilon}}\sqrt{\left(\frac{m}{a}\right)^2 + \left(\frac{n}{b}\right)^2} \quad \text{(Hz)} \tag{10-139}$$

이 된다. 또는 다음과 같이 쓸 수도 있다.

$$(\lambda_c)_{mn} = \frac{2}{\sqrt{\left(\frac{m}{a}\right)^2 + \left(\frac{n}{b}\right)^2}} \quad \text{(m)} \tag{10-140}$$

여기서 λ_c는 **차단 파장**(cutoff wavelength)이다.

직사각형 도파관의 TM 모드에 대해 m과 n 어느 것도 0이 아니다. (그 이유를 아는가?) 따라서 TM_{11} 모드는 직사각형 도파관의 모든 TM 모드에서 가장 낮은 차단 주파수를 갖는다. 식 (10-38)과 (10-45)로 각각 주어진 전파 모드의 위상상수 β와 파동 임피던스 Z_{TM}에 대한 표현은 여기서도 그대로 사용된다.

예제 10-7 (a) 단면 a와 b를 갖는 직사각형 도파관에서 TM_{11} 모드에 대한 순시 전자기장을 써라. (b) xy-평면과 yz-평면에서 전기장선과 자기장선을 그려라.

SOLUTION **풀이**

(a) TM_{11} 모드에 대한 순시 전자기장은 식 (10-132)와 식 (10-134)에서 (10-137)까지의 위상자 표현에 $e^{j(\omega t - \beta z)}$를 곱한 후 실수 부분만을 취하여 얻을 수 있다. $m = n = 1$에 대해

$$E_x(x, y, z; t) = \frac{\beta}{h^2}\left(\frac{\pi}{a}\right)E_0 \cos\left(\frac{\pi}{a}x\right)\sin\left(\frac{\pi}{b}y\right)\sin(\omega t - \beta z) \tag{10-141}$$

$$E_y(x, y, z; t) = \frac{\beta}{h^2}\left(\frac{\pi}{b}\right)E_0 \sin\left(\frac{\pi}{a}x\right)\cos\left(\frac{\pi}{b}y\right)\sin(\omega t - \beta z) \tag{10-142}$$

$$E_z(x, y, z; t) = E_0 \sin\left(\frac{\pi}{a}x\right)\sin\left(\frac{\pi}{b}y\right)\cos(\omega t - \beta z) \tag{10-143}$$

$$H_x(x, y, z; t) = -\frac{\omega\epsilon}{h^2}\left(\frac{\pi}{b}\right)E_0 \sin\left(\frac{\pi}{a}x\right)\cos\left(\frac{\pi}{b}y\right)\sin(\omega t - \beta z) \tag{10-144}$$

$$H_y(x, y, z; t) = \frac{\omega\epsilon}{h^2}\left(\frac{\pi}{a}\right)E_0 \cos\left(\frac{\pi}{a}x\right)\sin\left(\frac{\pi}{b}y\right)\sin(\omega t - \beta z) \tag{10-145}$$

$$H_z(x, y, z; t) = 0 \tag{10-146}$$

이 된다. 여기서

$$\beta = \sqrt{k^2 - h^2} = \sqrt{\omega^2\mu\epsilon - \left(\frac{\pi}{a}\right)^2 - \left(\frac{\pi}{b}\right)^2} \tag{10-147}$$

이다.

(b) 일반적인 xy-평면에서 전기장선과 자기장선의 기울기는 다음과 같다.

$$\left(\frac{dy}{dx}\right)_E = \frac{a}{b}\tan\left(\frac{\pi}{a}x\right)\cot\left(\frac{\pi}{b}y\right) \tag{10-148}$$

$$\left(\frac{dy}{dx}\right)_H = -\frac{b}{a}\cot\left(\frac{\pi}{a}x\right)\tan\left(\frac{\pi}{b}y\right) \tag{10-149}$$

위 식들은 식 (10-73)과 매우 유사하며 그림 10-11(a)에 나타난 **E**와 **H** 선을 그릴 때 사용될 수 있다. 식 (10-148)과 (10-149)로부터

$$\left(\frac{dy}{dx}\right)_E\left(\frac{dy}{dx}\right)_H = 1 \tag{10-150}$$

이 된다. 이것은 **E** 선과 **H** 선들은 어디에서든지 하나가 다른 하나에 수직임을 나타내는 것이다. **E** 선은 도파관 벽에 대해 수직이고 **H** 선은 평행하다.

유사하게, 일반적인 yz-평면에서, 즉 $x = a/2$에서 $\sin(\pi x/a) = 1$, $\cos(\pi x/a) = 0$이므로

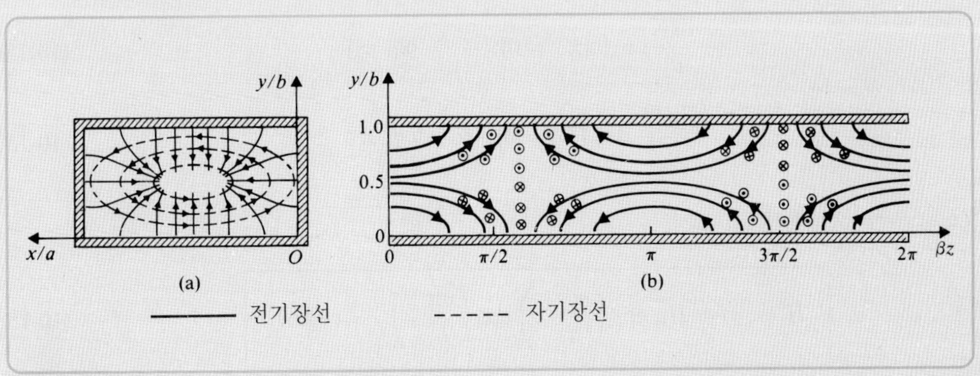

그림 10-11

직사각형 도파관에서 TM_{11} 모드에 대한 전자기장선

$$\left(\frac{dy}{dz}\right)_E = \frac{\beta}{h^2}\left(\frac{\pi}{b}\right)\cot\left(\frac{\pi}{b}y\right)\tan(\omega t - \beta z) \tag{10-151}$$

이 된다. 여기서 **H**는 오직 x-성분만 갖는다. $t = 0$일 때 몇 개의 대표적인 **E** 선과 **H** 선을 그림 10-11(b)에 나타내었다.

10-4.2 직사각형 도파관에서의 TE 파

횡방향 전기장파의 경우, $E_z = 0$이고 H_z는 식 (10-48)을 풀어 구할 수 있다. H_z를

$$H_z(x, y, z) = H_z^0(x, y)e^{-\gamma z} \tag{10-152}$$

라고 하면, $H_z^0(x, z)$는 다음과 같은 2차 편미분 방정식을 만족해야 한다.

$$\left(\frac{\partial^2}{\partial x^2} + \frac{\partial^2}{\partial y^2} + h^2\right)H_z^0(x, y) = 0 \tag{10-153}$$

식 (10-153)은 식 (10-122)와 정확히 같은 형태임을 알 수 있다. $H_z^0(x, y)$에 대한 해는 다음의 경계 조건을 반드시 만족해야 한다.

1. x 방향에서:

$$\frac{\partial H_z^0}{\partial x} = 0\ (E_y = 0) \quad (x = 0\text{일 때}) \tag{10-154}$$

$$\frac{\partial H_z^0}{\partial x} = 0\ (E_y = 0) \quad (x = a\text{일 때}) \tag{10-155}$$

2. y 방향에서:

$$\frac{\partial H_z^0}{\partial y} = 0\ (E_x = 0) \quad (y = 0\text{일 때}) \tag{10-156}$$

$$\frac{\partial H_z^0}{\partial y} = 0\ (E_x = 0) \quad (y = b\text{일 때}) \tag{10-157}$$

$H_z^0(x, y)$로 적합한 해가

$$\boxed{H_z^0(x, y) = H_0\cos\left(\frac{m\pi}{a}x\right)\cos\left(\frac{n\pi}{b}y\right) \quad \text{(A/m)}} \tag{10-158}$$

라는 것은 쉽게 입증된다. 고유치 h와 $(m\pi/a)$과 $(n\pi/b)$ 사이의 관계는 TM 모드에 대해 주어진 식 (10-133)과 동일하다.

다른 전자기장의 성분은 식 (10-49)에서 (10-52)까지를 이용하여 구하면 그 결과는 다음과 같다.

$$E_x^0(x, y) = \frac{j\omega\mu}{h^2}\left(\frac{n\pi}{b}\right)H_0 \cos\left(\frac{m\pi}{a}x\right)\sin\left(\frac{n\pi}{b}y\right) \tag{10-159}$$

$$E_y^0(x, y) = -\frac{j\omega\mu}{h^2}\left(\frac{m\pi}{a}\right)H_0 \sin\left(\frac{m\pi}{a}x\right)\cos\left(\frac{n\pi}{b}y\right) \tag{10-160}$$

$$H_x^0(x, y) = \frac{\gamma}{h^2}\left(\frac{m\pi}{a}\right)H_0 \sin\left(\frac{m\pi}{a}x\right)\cos\left(\frac{n\pi}{b}y\right) \tag{10-161}$$

$$H_y^0(x, y) = \frac{\gamma}{h^2}\left(\frac{n\pi}{b}\right)H_0 \cos\left(\frac{m\pi}{a}x\right)\sin\left(\frac{n\pi}{b}y\right) \tag{10-162}$$

여기서 γ는 TM 모드에 대해 식 (10-138)에 주어진 표현과 동일하다.

차단 주파수에 대한 식 (10-139)가 여기서도 그대로 사용된다. TE 모드에서는 m이나 n 중 어느 하나(둘 모두가 아닌)가 0이 될 수 있다. 만일 $a > b$이면, $m = 1$이고 $n = 0$일 때 차단 주파수는

$$\boxed{(f_c)_{\text{TE}_{10}} = \frac{1}{2a\sqrt{\mu\epsilon}} = \frac{u}{2a} \qquad \text{(Hz)}} \tag{10-163}$$

으로 가장 낮다. 이때 대응되는 차단 파장은

$$\boxed{(\lambda_c)_{\text{TE}_{10}} = 2a \qquad \text{(m)}} \tag{10-164}$$

이다. **TE_{10} 모드는 $a > b$인 직사각형 도파관의 기본 모드**(dominant mode)**이다**. 왜냐하면 TE_{10} 모드가 직사각형 도파관에서 나타나는 모든 모드 중에서 감쇠가 가장 작고, 그 전기장이 모든 곳에서 분명하게 한 방향으로 편파되어 있기 때문이다. 이것은 실용적인 면에서 매우 중요한 것이다(10-4.3절 참조).

예제 10-8 (a) 단면 a와 b를 갖는 직사각형 도파관에서 TE_{10} 모드에 대한 순시 전자기장 식을 써라. (b) 전형적인 xy-, yz-, xz-평면에서 전기장선과 자기장선을 그려라. (c) 도파관 벽에서의 표면전류를 그려라.

SOLUTION
풀이

(a) 기본 모드인 TE_{10} 모드에 대한 순시 전자기장은 식 (10-158)부터 (10-162)까지의 위상자 식에 $e^{j(\omega t-\beta z)}$를 곱하고 그 결과에 실수 부분을 취함으로써 얻어진다. $m = 1$과 $n = 0$에 대해

$$E_x(x, y, z; t) = 0 \tag{10-165}$$

$$E_y(x, y, z; t) = \frac{\omega\mu}{h^2}\left(\frac{\pi}{a}\right)H_0 \sin\left(\frac{\pi}{a}x\right)\sin(\omega t - \beta z) \tag{10-166}$$

$$E_z(x, y, z; t) = 0 \tag{10-167}$$

$$H_x(x, y, z; t) = -\frac{\beta}{h^2}\left(\frac{\pi}{a}\right)H_0 \sin\left(\frac{\pi}{a}x\right)\sin(\omega t - \beta z) \tag{10-168}$$

$$H_y(x, y, z; t) = 0 \tag{10-169}$$

$$H_z(x, y, z; t) = H_0 \cos\left(\frac{\pi}{a}x\right)\cos(\omega t - \beta z) \tag{10-170}$$

이 얻어진다. 여기서

$$\beta = \sqrt{k^2 - h^2} = \sqrt{\omega^2\mu\epsilon - \left(\frac{\pi}{a}\right)^2} \tag{10-171}$$

이다.

(b) 식 (10-165)로부터 (10-170)까지의 식을 통해 TE_{10} 모드는 단지 세 개의 0이 아닌 전자기장 성분 E_y, H_x, H_z를 갖는 것을 알 수 있다. 즉, 전형적인 xy-평면에서 $\sin(\omega t - \beta z) = 1$일 때 그림 (10-12a)에서처럼 E_y와 H_x는 $\sin(\pi x/a)$에 따라 변하고 y에 대해서는 독립적이다.

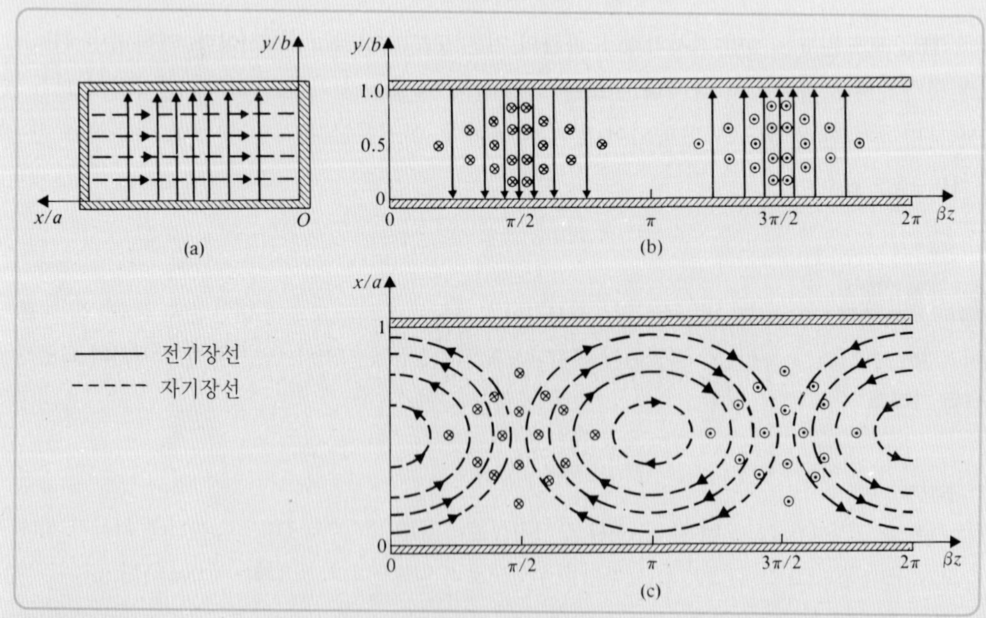

그림 10-12

직사각형 도파관에서 TE_{10} 모드의 전자기장선

전형적인 yz-평면에서, 예를 들어, $x = a/2$ 또는 $\sin(\pi x/a) = 1$, $\cos(\pi x/a) = 0$에서 βz에 대해 정현파 형태의 E_y와 H_x만 나타난다. $t = 0$일 때 E_y와 H_x를 그림 10-12(b)에 대략적으로 나타내었다. xz-평면에서는 0이 아닌 세 개의 전자기장 성분 E_y, H_x, H_z를 볼 수 있다. $t = 0$에서 H 선의 기울기는 다음의 수식에 의해 구해진다.

$$\left(\frac{dx}{dz}\right)_{\mathrm{H}} = \frac{\beta}{h^2}\left(\frac{\pi}{a}\right)\tan\left(\frac{\pi}{a}x\right)\tan\beta z \tag{10-172}$$

이 수식은 그림 10-12(c)에서 **H** 선을 그리는 데 사용될 수 있다. 이 선들은 y-좌표와는(또는 y의 위치와는) 무관하다.

(c) 도파관 벽에서 표면전류밀도 $\mathbf{J}_s$는 식 (7-66b)에 의해 자기장 세기와는 다음과 같은 관계를 갖는다.

$$\mathbf{J}_s = \mathbf{a}_n \times \mathbf{H} \tag{10-173}$$

여기서 $\mathbf{a}_n$은 벽면에서 바깥으로 향하는 단위법선벡터이고 **H**는 도파관 벽에서의 자기장 세기이다. $t = 0$에서 다음의 식이 얻어진다.

$$\mathbf{J}_s(x=0) = -\mathbf{a}_y H_z(0, y, z; 0) = -\mathbf{a}_y H_0 \cos\beta z \tag{10-174}$$

$$\mathbf{J}_s(x=a) = \mathbf{a}_y H_z(a, y, z; 0) = \mathbf{J}_s(x=0) \tag{10-175}$$

$$\begin{aligned}\mathbf{J}_s(y=0) &= \mathbf{a}_x H_z(x, 0, z; 0) - \mathbf{a}_z H_x(x, 0, z; 0)\\ &= \mathbf{a}_x H_0 \cos\left(\frac{\pi}{a}x\right)\cos\beta z - \mathbf{a}_z \frac{\beta}{h^2}\left(\frac{\pi}{a}\right)H_0 \sin\left(\frac{\pi}{u}x\right)\sin\beta z\end{aligned} \tag{10-176}$$

$$\mathbf{J}_s(y=b) = -\mathbf{J}_s(y=0) \tag{10-177}$$

그림 10-13은 $x = 0$과 $y = b$인 내부 벽면에서의 표면전류를 나타낸 것이다.

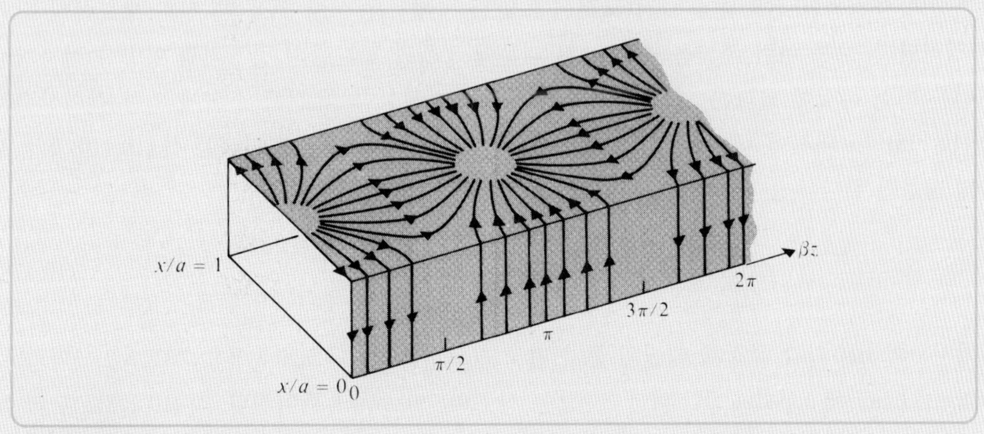

그림 10-13

직사각형 도파관에서 TE_{10} 모드에 대한 도파관 벽에서의 표면전류

예제 10-9 7-7.4절에 실려 있는 레이더 대역을 위해 공기로 채워진 표준 직사각형 도파관이 설계되었다. WG-16으로 이름 붙여진 도파관이 X 대역에서 사용하기에 적합하다. 그 내부 치수는 $a = 2.29$ cm(0.90 in), $b = 1.02$ cm(0.40 in)이다. 만일 WG-16 도파관이 기본 TE_{10} 모드로만 동작하고 동작 주파수가 적어도 TE_{10} 모드의 차단 주파수보다 25% 높고 바로 다음에 나타나는 차단 주파수의 95%보다는 높지 않도록 한다면, 허용되는 동작 주파수 범위는 얼마인가?

풀이 $a = 2.29 \times 10^{-2}$ (m)와 $b = 1.02 \times 10^{-2}$ (m)에 대해 가장 낮은 차단 주파수를 갖는 두 모드는 TE_{10}과 TE_{20} 모드이다. 식 (10-139)를 사용하면,

$$(f_c)_{10} = \frac{c}{2a} = \frac{3 \times 10^8}{2 \times 2.29 \times 10^{-2}} = 6.55 \times 10^9 \quad \text{(Hz)}$$

$$(f_c)_{20} = \frac{c}{a} = 13.10 \times 10^9 \quad \text{(Hz)}$$

얻어진다. 주어진 조건하에서 허용되는 동작 주파수 범위는

$$1.25(f_c)_{TE_{10}} \le f \le 0.95(f_c)_{TE_{20}}$$

또는

$$8.19 \quad \text{(GHz)} \le f \le 12.45 \quad \text{(GHz)}$$

이다.

10-4.3 직사각형 도파관에서의 감쇠

유전체와 불완전한 전도성을 가진 도전된 도파관 벽에서 손실이 있을 때 전파 모드에서 감쇠가 일어난다. 보통 이런 손실은 매우 작기 때문에 평행판 도파관의 경우처럼 횡방향 전자기장 패턴은 이런 손실에 별다른 영향을 받지 않는다고 가정한다. 유전체 손실에 의한 감쇠상수는 식 (10-138)의 ϵ 대신에 $\epsilon_d = \epsilon + (\sigma/j\omega)$로 바꾸어서 얻을 수 있다. 그 결과는 식 (10-110)과 동일하며 다음과 같다.

$$\alpha_d = \frac{\sigma\eta}{2\sqrt{1-(f_c/f)^2}} \tag{10-178}$$

여기서 σ와 η는 각각 유전체 매질의 등가 전도도(equivalent conductivity)(식 (7-112) 참조)와 고유 임피던스(intrinsic impedance)를 나타내며 f_c는 식 (10-139)로부터 주어진다. 식 (10-178)로부터 유전체 손실에 의한 감쇠상수는 주파수가 차단 주파수로부터 증가함에 따라 무한히 큰 값으로부터 $\sigma\eta/2$를 향해 서서히 감소한다.

도파관 벽의 도체 손실로 인한 감쇠상수를 구하기 위해서는 식 (10-112)를 사용한다. 일반적

인 TM_{mn}과 TE_{mn} 모드에 대한 α_c를 유도하는 것은 자칫 따분하기 쉽다. 아래에서 직사각형 도파관의 모든 전파 모드 중 가장 중요한 기본 TE_{10} 모드에 대한 공식을 구한다.

TE_{10} 모드에서 0이 아닌 전자기장의 성분은 E_y, H_x, 그리고 H_z이다. 식 (10-160)과 (10-161)에서 $m = 1$, $n = 0$, 그리고 $h = (\pi/a)$라 하면, 도파관 단면을 통해 흐르는 시간-평균 전력(time-average power)은 다음과 같이 계산된다.

$$\begin{aligned} P(z) &= \int_0^b \int_0^a -\tfrac{1}{2}(E_y^0)(H_x^0)^* \, dx\, dy \\ &= \frac{1}{2}\,\omega\mu\beta\left(\frac{a}{\pi}\right)^2 H_0^2 \int_0^b \int_0^a \sin^2\left(\frac{\pi}{a}\,x\right) dx\, dy \\ &= \omega\mu\beta ab\left(\frac{aH_0}{2\pi}\right)^2 \end{aligned} \tag{10-179}$$

단위길이당 도체벽에서 사라지는 시간-평균 전력을 계산하기 위해서는 네 개의 벽을 모두 고려해야 한다. 식 (10-173), (10-158), (10-161)로부터

$$\mathbf{J}_s^0(x=0) = \mathbf{J}_s^0(x=a) = -\mathbf{a}_y H_z^0(x=0) = -\mathbf{a}_y H_0 \tag{10-180}$$

$$\begin{aligned} \mathbf{J}_s^0(y=0) = -\mathbf{J}_s^0(y=b) &= \mathbf{a}_x H_z^0(y=0) - \mathbf{a}_z H_x^0(y=0) \\ &= \mathbf{a}_x H_0 \cos\left(\frac{\pi}{a}\,x\right) - \mathbf{a}_z \frac{\beta a}{\pi} H_0 \sin\left(\frac{\pi}{a}\,x\right) \end{aligned} \tag{10-181}$$

이다. 이때 전체 전력 손실은 $x = 0$과 $y = 0$에서 있는 두 도체벽에 의한 손실 합의 두 배이다. 즉,

$$P_L(z) = 2[P_L(z)]_{x=0} + 2[P_L(z)]_{y=0} \tag{10-182}$$

이다. 여기서

$$[P_L(z)]_{x=0} = \int_0^b \frac{1}{2}\,|J_s^0(x=0)|^2 R_s\, dy = \frac{b}{2}\,H_0^2 R_s \tag{10-183}$$

이고

$$\begin{aligned} [P_L(z)]_{y=0} &= \int_0^a \frac{1}{2}\,[|J_{sx}^0(y=0)|^2 + |J_{sz}^0(y=0)|^2] R_s\, dx \\ &= \frac{a}{4}\left[1 + \left(\frac{\beta a}{\pi}\right)^2\right] H_0^2 R_s \end{aligned} \tag{10-184}$$

이다. 식 (10-182)에 식 (10-183)과 (10-184)를 대입하면 다음과 같다.

$$\begin{aligned} P_L(z) &= \left\{b + \frac{a}{2}\left[1 + \left(\frac{\beta a}{\pi}\right)^2\right]\right\} H_0^2 R_s \\ &= \left[b + \frac{a}{2}\left(\frac{f}{f_c}\right)^2\right] H_0^2 R_s \end{aligned} \tag{10-185}$$

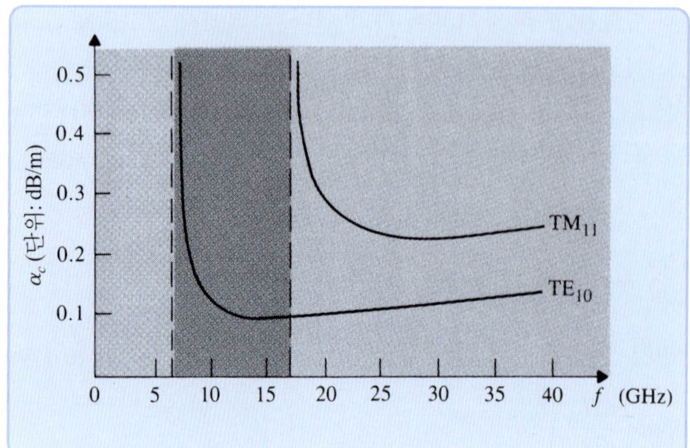

그림 10-14
직사각형 구리 도파관에서 도체 손실로 인한 TE_{10}와 TM_{11} 모드에 대한 감쇠($a = 2.29$ (cm), $b = 1.02$ (cm))

여기서 마지막 표현은

$$\beta = \sqrt{\omega^2\mu\epsilon - \left(\frac{\pi}{a}\right)^2} = \omega\sqrt{\mu\epsilon}\sqrt{1 - \left(\frac{f_c}{f}\right)^2} \tag{10-186}$$

의 관계를 사용하면 얻어진다. 식 (10-112)에 식 (10-179)와 (10-185)를 대입하면 다음 결과를 얻는다.

$$\begin{aligned}(\alpha_c)_{TE_{10}} &= \frac{R_s[1 + (2b/a)(f_c/f)^2]}{\eta b\sqrt{1 - (f_c/f)^2}} \\ &= \frac{1}{\eta b}\sqrt{\frac{\pi f\mu_c}{\sigma_c[1 - (f_c/f)^2]}}\left[1 + \frac{2b}{a}\left(\frac{f_c}{f}\right)^2\right] \quad \text{(Np/m)}\end{aligned} \tag{10-187}$$

식 (10-187)에서 (f_c/f)가 $(\alpha_c)_{TE_{10}}$에 복잡하게 관련됨을 알 수 있다. 이것은 f가 차단 주파수에 가까울 때 무한대로 향하고 f가 증가함에 따라 최소값을 향해 감소하다가 f가 더 증가하면 다시 꾸준히 증가한다.

도파관의 폭 a가 주어졌을 때 b가 증가함에 따라 감쇠는 줄어든다. 그러나 b가 증가하면 다음에 나타나는 고차 모드(higher-order mode)인 TE_{11}(또는 TM_{11})의 차단 주파수가 낮아진다. 그 결과, 기본 TE_{10} 모드의 유효 대역폭(오직 TE_{10} 모드만 전파하는 주파수 범위)은 좁아지게 된다. 보통 절충해서 b/a를 1/2 근처로 선택한다.

TM 모드에서 도체 손실로 인한 감쇠상수도 식 (10-187)을 이끌어낸 과정과 유사하게 유도할 수 있다. TM_{11} 모드에 대해

$$(\alpha_c)_{TM_{11}} = \frac{2R_s(b/a^2 + a/b^2)}{\eta ab\sqrt{1 - (f_c/f)^2}(1/a^2 + 1/b^2)} \tag{10-188}$$

이 얻어진다. 그림 10-14는 공기로 채워진 a = 2.29 (cm)와 b = 1.02 (cm)인 표준 WR-16 직사각형 구리 도파관의 $(\alpha_c)_{TE_{10}}$과 $(\alpha_c)_{TM_{11}}$의 그래프를 나타낸 것이다. 식 (10-139)로부터 $(f_c)_{10}$ = 6.55 (GHz)와 $(f_c)_{11}$ = 16.10 (GHz)임을 알 수 있다. 그림의 곡선들에서 동작 주파수가 차단 주파수에 근접할 때 감쇠상수가 무한대로 증가함을 확인할 수 있다. 동작 범위($f > f_c$)에서 두 곡선은 광범위한 최소를 가진다. TE_{10} 모드의 감쇠상수는 모든 주파수에서 TM_{11} 모드보다 작다. 이러한 사실은 동작 모드와 동작 주파수를 선택하는 데 있어서 직접적인 관련성을 갖는다.

예제 10-10 10 (GHz)에서 내부 치수가 a = 1.5 (cm)와 b = 0.6 (cm)이고, 내부가 폴리에틸렌 ($\epsilon_r = 2.25$, $\mu_r = 1$)으로 채워진 놋쇠($\alpha_c = 1.57 \times 10^7$ (S/m))로 만든 직사각형 도파관에 TE_{10} 파가 전파한다. 탄젠트 손실은 4×10^{-4}이다. (a) 위상상수, (b) 관내 파장, (c) 위상 속도, (d) 파동 임피던스, (e) 유전체에서 손실로 인한 감쇠상수, 그리고 (f) 도파관 벽의 손실에 의한 감쇠상수를 구하라.

풀이 $f = 10^{10}$ (Hz)에서 무한(unbounded) 폴리에틸렌에서의 파장은 다음과 같다.

$$\lambda = \frac{u}{f} = \frac{3 \times 10^8}{\sqrt{2.25} \times 10^{10}} = \frac{2 \times 10^8}{10^{10}} = 0.02 \quad \text{(m)}$$

식 (10-163)으로부터 TE_{10} 모드에 대한 차단 주파수는 다음과 같다.

$$f_c = \frac{u}{2a} = \frac{2 \times 10^8}{2 \times (1.5 \times 10^{-2})} = 0.667 \times 10^{10} \quad \text{(Hz)}$$

(a) 식 (10-186)으로부터 위상상수는

$$\beta = \frac{\omega}{u}\sqrt{1 - \left(\frac{f_c}{f}\right)^2} = \frac{2\pi 10^{10}}{2 \times 10^8}\sqrt{1 - 0.667^2}$$
$$= 74.5\pi = 234 \quad \text{(rad/m)}$$

이다.

(b) 식 (10-39)로부터 관내 파장은

$$\lambda_g = \frac{\lambda}{\sqrt{1 - (f_c/f)^2}} = \frac{0.02}{0.745} = 0.0268 \quad \text{(m)}$$

가 된다.

(c) 식 (10-42)로부터 위상 속도는

$$u_p = \frac{u}{\sqrt{1 - (f_c/f)^2}} = \frac{2 \times 10^8}{0.745} = 2.68 \times 10^8 \quad \text{(m/s)}$$

이다.

(d) 식 (10-57)로부터 파동 임피던스는

$$(Z_{TE})_{10} = \frac{\sqrt{\mu/\epsilon}}{\sqrt{1-(f_c/f)^2}} = \frac{377/\sqrt{2.25}}{0.745} = 337.4 \quad (\Omega)$$

이다.

(e) 식 (10-178)로부터 유전체 손실에 의한 감쇠상수를 구할 수 있다. 10 (GHz)에서 폴리에틸렌에 대한 유효 전도도는 식 (7-115)를 사용하여 주어진 탄젠트 손실로부터 구할 수 있다.

$$\sigma = 4\times10^{-4}\omega\epsilon = 4\times10^{-4}\times(2\pi\times10^{10})\times\left(\frac{2.25}{36\pi}\times10^{-9}\right)$$
$$= 5\times10^{-4} \quad (\text{S/m})$$

따라서

$$\alpha_d = \frac{\sigma}{2}Z_{TE} = \frac{5\times10^{-4}}{2}\times337.4 = 0.084 \quad (\text{Np/m})$$
$$= 0.73 \quad (\text{dB/m})$$

이다.

(f) 도파관 벽에서의 손실로 인한 감쇠상수는 식 (10-187)로부터 구해진다. 식 (9-26b)에서

$$R_s = \sqrt{\frac{\pi f\mu_c}{\sigma_c}} = \sqrt{\frac{\pi10^{10}(4\pi10^{-7})}{1.57\times10^7}} = 0.0501 \quad (\Omega)$$

이므로, 감쇠상수는

$$\alpha_c = \frac{R_s[1+(2b/a)(f_c/f)^2]}{\eta b\sqrt{1-(f_c/f)^2}} = \frac{0.0501[1+(1.2/1.5)(0.667)^2]}{251\times0.006\times0.745} = 0.0605 \quad (\text{Np/m})$$
$$= 0.526 \quad (\text{dB/m})$$

가 된다.

10-4.4 직사각형 도파관에서의 불연속

전송선의 경우와 마찬가지로, 최대 전력 전송을 실현하고 높은 정재파비로 인한 국부적인 전력 손실을 줄이기 위해서는 도파관 내에서 전자기파의 전파를 위한 임피던스 정합이 요구된다. 도파관을 따라 적당한 위치에 병렬 서셉턴스(shunt susceptance)를 삽입하는 것이 필요하다. 이들 병렬 서셉턴스는 그림 10-15(a)와 10-15(b)에서와 같이 아이리스(iris)를 갖는 얇은 금속 칸막이 판이 종종 사용된다. 아이리스를 갖는 칸막이 판이 놓여지면, 전기장과 자기장은 금속 표면에서 추가적인 경계 조건을 반드시 만족해야 한다. 만약 도파관이 기본 TE_{10} 모드로 동작한다다

면, 존재하는 모든 고차 모드에 대해 추가적인 경계 조건이 필요하며 그 상황은 더욱 더 복잡하게 될 것이다. 그러나 도파관은 오직 기본 모드로만 전파되도록 설계하는 것이 일반적이다. 이때 모든 고차 모드들은 차단 모드가 된다. 이들은 소멸되고 아이리스 근처에 국부적으로 존재하게 된다. 해석적으로 아이리스의 유효 병렬 서셉턴스를 구하는 것은 어려운 전자기장 문제의 해를 필요로 한다. 여기서는 오직 정성적 논의를 하며 그림 10-15(a)와 10-15(b)의 아이리스에 대한 근사적인 공식[2)]만 제공한다.

그림 10-15(a)에서 아이리스는 도파관의 한쪽 좁은 벽에서 다른 쪽으로 확장되는 얇은 도체 칸막이 판으로 만들어져 있다. 그림 10-12(a)에서 보여주는 바와 같이, 횡단면에서 기본 TE_{10} 모드의 전기장선은 y 방향이고 좁은 틈새를 가로지른다. 틈새를 b에서 d로 줄이면 국부적으로 저장된 전기장에너지뿐만 아니라 이곳의 전기장을 증가시키게 된다. 결과적으로, 등가 병렬 서셉턴스는 용량성(capacitive)이지 않으면 안 된다. 정규화된 용량성 서셉턴스의 근사적인 표현식은 다음과 같다.

$$b_c = \frac{B_c}{Y_{10}} = \frac{4b}{\lambda_g} \ln\left[\csc\left(\frac{\pi d}{2b}\right)\right] \tag{10-189}$$

여기서 Y_{10}은 식 (10-57)로부터의 $Z_{TE_{10}}$과 가역적이고, λ_g는 식 (10-39)로 주어진 관내 파장이다. 앞서 나타낸 것처럼, 실제 상태은 아이리스 근처에 소멸하는 고차 모드들 때문에 훨씬 더 복잡

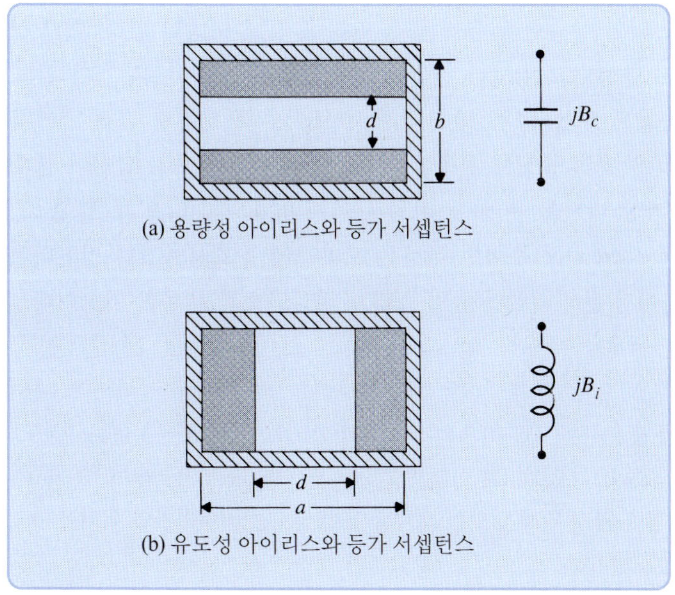

(a) 용량성 아이리스와 등가 서셉턴스

(b) 유도성 아이리스와 등가 서셉턴스

그림 10-15 서셉턴스로서 도파관 내의 아이리스

2) 더 자세한 사항은 R. E. Collin, *Field Theory of Guided Waves*, McGraw-Hill, New York, 1960, Chapter 8; C. C. Johnson, *Field and Wave Electrodynamics*, McGraw-Hill, New York, 1965, Chapter 5를 참조하라.

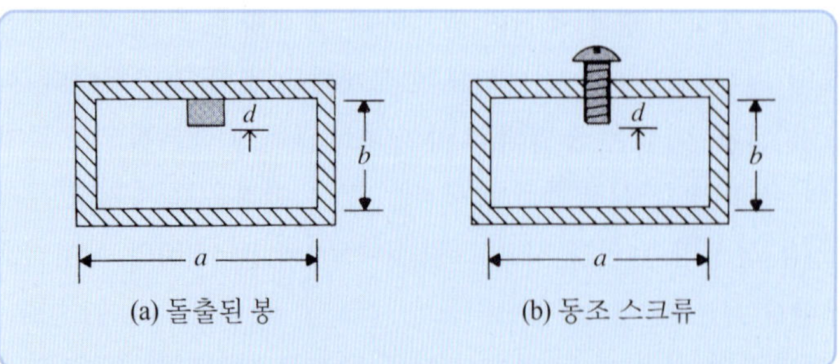

그림 10-16
도파관에서 봉(post) 또는 스크류

하다. 정확히 해석해 보면 b_c는 (b/λ_g)에 정확히 비례하지 않는다. 식 (10-189)의 근사 공식은 정상 범위의 동작 주파수에서 5% 내의 정확성을 갖는다.

그림 10-15(b)의 아이리스는 y 방향에서 도체 칸막이 판을 통하는 추가적인 전류경로를 제공한다. 이것 때문에 새로운 축방향의 자기장이 아이리스 틈새에 존재하고, 국부적으로 저장된 자기장에너지가 증가된다. 따라서 등가 병렬 서셉턴스는 유도성이 아니면 안 된다. 아이리스의 정규화된 유도성 서셉턴스의 근사적 표현은 다음과 같다.

$$b_i = \frac{B_i}{Y_{10}} = -\frac{\lambda_g}{a}\cot^2\left(\frac{\pi d}{2a}\right) \tag{10-190}$$

병렬 서셉턴스를 제공하는 다른 형태의 불연속은 그림 10-16(a)에서와 같이 도파관의 넓은 면에 금속봉이 돌출된 형태이다. 만약 봉의 길이 d가 작으면, 병렬 서셉턴스는 용량성이 된다. d가 b에 대해 눈에 띌만한 크기가 되면 상당한 전류가 봉을 따라 흘러 유도성이 된다. 대략 봉의 길이가 (3/4)b 근처일 때 공진이 발생되고 이보다 긴 d에서 여전히 유도성 서셉턴스가 된다. 실제 사용하는 데 있어서는 금속봉은 보통 그림 10-16(b)에서 보여주는 것처럼 금속 스크류(screw) 형태를 갖는다. 스크류는 넓은 면의 중심에서 축방향으로 뚫린 구멍 속으로 삽입이 된다. 중심의 구멍은 도파관 내의 전자기장 패턴을 눈에 띌 정도로 크게 방해하지 않으며, 길이 d를 변화시키는 슬라이딩 스크류(sliding screw)는 주어진 부하를 도파관에 동조시키거나 정합하는 데 사용될 수 있다. 이것은 9-7.2절에서 논의되었던 단일 스터브 정합방법과 유사한 기술이다.

예제 10-11 혼(horn) 안테나를 급전하는 WG-10 S-대역 도파관(a = 7.21 cm, b = 3.40 cm)이 3 (GHz)의 동작 주파수에서 정재파비(SWR)가 2.00이고 최대 전기장은 혼의 목(neck)으로부터 12 (cm) 떨어진 위치로 측정되었다. 완전정합을 얻기 위해 필요한 대칭 구조의 유도성 아이리스의 위치와 크기를 구하라. 도파관은 무손실로 가정한다.

SOLUTION **풀이** 도파관의 크기는 $a = 7.21 \times 10^{-2}$ (m)와 $b = 3.40 \times 10^{-2}$ (m)이고, 이때 기본 TE_{10} 모드의 차단 주파수는

$$f_c = \frac{c}{2a}$$
$$= \frac{3 \times 10^8}{2 \times 7.21 \times 10^{-2}} = 2.08 \times 10^9 \quad \text{(Hz)}$$

가 된다. 식 (10-39)로부터 관내 파장은

$$\lambda_g = \frac{\lambda}{\sqrt{1-(f_c/f)^2}} = \frac{c}{\sqrt{f^2 - f_c^2}}$$
$$= \frac{3 \times 10^8}{10^9\sqrt{3^2 - 2.08^2}} = 0.139 \text{ (m)} = 13.9 \quad \text{(cm)}$$

이다. 그러므로 측정된 최대 전기장은 혼의 목으로부터 12/13.9 = $0.863\lambda_g$의 거리에 있다. 이 위치에서 정규화된 유효 부하저항(effective load resistance)은 다음과 같다(식 (9-145) 참조).

$$r_L = \frac{R_L}{R_0} = S$$

대응되는 정규화된 컨덕턴스는 다음과 같다.

$$g_L = \frac{Y_L}{Y_0} = \frac{1}{S}$$
$$= \frac{1}{2.00} = 0.50$$

문제의 나머지 부분은 9-7.2절에서 논의된 단일 스터브 정합과 같다. 스미스 어드미턴스 차트가 사용되며 과정은 다음과 같다(그림 10-17 참조).

1. P_M(최대 전계점)으로서 스미스 어드미턴스 도표상에 g_L = 0.50을 표시한다.
2. 중심이 O이고 반지름이 $\overline{OP_M}$인 $|\Gamma|$-원을 그린다. 두 점 P_1과 P_2에서 g = 1인 원과 교차한다. 다음

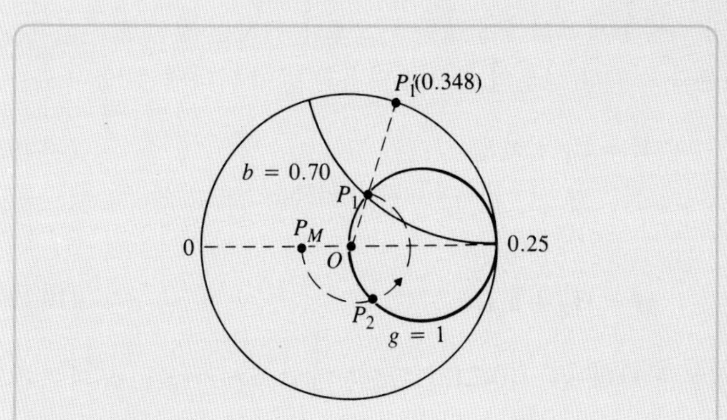

그림 10-17 스미스 어드미턴스 차트의 작성(예제 10-11)

을 읽어라.

$$\text{점 } P_1\text{에서:} \quad y_1 = 1 + j0.70$$
$$\text{점 } P_2\text{에서:} \quad y_2 = 1 - j0.70$$

정합을 위해 용량성 (양의) 서셉턴스가 필요하기 때문에 점 P_2는 필요하지 않다.

3. 중심 O로부터 P_1을 통과하여 둘레 위 점 P_1'까지 직선을 그려라. P_1'에서 "wavelength toward load(부하 쪽으로의 파장 길이)" 스케일상의 0.348을 읽어라. 이것은 혼의 목으로부터 $(0.863 - 0.348)\lambda_g = 7.16$ (cm)이고, 여기서 정규화된 서셉턴스 -0.70의 유도성 아이리스가 위치하게 된다.
4. 식 (10-190)을 사용해서 그림 10-15(b)의 유도성 아이리스의 거리 d를 구하면,

$$-0.70 = -\frac{13.9}{7.21}\cot^2\left(\frac{\pi d}{2 \times 7.21}\right)$$

에서 $d = 4.72$ (cm)가 된다.

10-5 원형 도파관

전자기파는 원형의 금속 파이프 내부에서도 전파할 수 있다. 이 절에서는 균일한 원형 단면을 갖고 유전체 매질로 채워진 금속 파이프 원형 도파관 내에서 파의 움직임을 고찰한다.

도파관 내에 전하가 없는 유전체 영역에서 시정현 전자기장의 세기에 의해 만족되는 기본식은 식 (10-3)과 (10-4)이며, 이것을 다시 쓰면 다음과 같다.

$$\nabla^2\mathbf{E} + k^2\mathbf{E} = 0 \tag{10-191}$$

$$\nabla^2\mathbf{H} + k^2\mathbf{H} = 0 \tag{10-192}$$

균일한 원형 단면을 갖고 축이 z 방향으로 곧게 뻗은 도파관의 경우, 3차원 라플라시안 연산자 ∇^2은 횡방향 좌표계에 대한 $\nabla^2_{r\phi}$과 축방향의 z-성분에 대한 ∇^2_z으로 분리하는 것이 편리하다. 유사하게, **E**와 **H** 벡터는 횡방향 성분과 축방향 성분의 합으로 다음과 같이 나타낼 수 있다.

$$\mathbf{E} = \mathbf{E}_T + \mathbf{a}_z E_z \tag{10-193}$$

과

$$\mathbf{H} = \mathbf{H}_T + \mathbf{a}_z H_z \tag{10-194}$$

여기서 첨자 T는 2차원 횡방향 성분을 나타낸다. 10-2.1절로부터 내부 도체가 없는 도파관에서는 TEM 모드가 존재할 수 없다는 것을 이미 알고 있다. 전파하는 파는 직사각형 도파관의 경

우와 같이 횡방향 자기장(TM)와 횡방향 전기장(TE)의 두 그룹으로 나눌 수 있다. TM 파의 경우, $H_z = 0$, $E_z \neq 0$이고, 모든 전자기장 성분은 $E_z = E_z^0 e^{-\gamma z}$를 사용하여 나타낼 수 있다. 단, E_z^0는 다음의 동차 헬름홀츠 방정식을 만족한다.

$$\nabla_{r\phi}^2 E_z^0 + (\gamma^2 + k^2) E_z^0 = 0 \tag{10-195}$$

또는

$$\nabla_{r\phi}^2 E_z^0 + h^2 E_z^0 = 0 \tag{10-196}$$

TE 파의 경우, $E_z = 0$, $H_z \neq 0$이고 모든 전자기장 성분은 $H_z = E_z^0 e^{-\gamma z}$를 사용하여 나타낼 수 있다. H_z^0도 위의 E_z^0가 만족하는 동차 헬름홀츠 방정식을 똑같이 만족한다.

비록 식 (10-196)이 식 (10-24)와 유사한 형태를 갖지만 이들의 해는 상당히 다르다. 다음 절에서 (10-196)의 해를 고찰한다.

10-5.1 베셀 미분 방정식과 베셀 함수

원통좌표계에서 식 (10-196)을 나타내면,

$$\frac{1}{r}\frac{\partial}{\partial r}\left(r\frac{\partial E_z^0}{\partial r}\right) + \frac{1}{r^2}\frac{\partial^2 E_z^0}{\partial \phi^2} + h^2 E_z^0 = 0 \tag{10-197}$$

이 된다(식 (4-8) 참조). 식 (10-197)을 풀기 위해 곱의 해

$$E_z^0(r, \phi) = R(r)\Phi(\phi) \tag{10-198}$$

을 가정하여 변수분리법을 적용한다. 여기서 $R(r)$과 $\Phi(\phi)$는 각각 r과 ϕ만의 함수이다. 식 (10-198)을 식 (10-197)에 대입하고 $R(r)\Phi(\phi)$으로 나누면,

$$\frac{r}{R(r)}\frac{d}{dr}\left[r\frac{dR(r)}{dr}\right] + h^2 r^2 = -\frac{1}{\Phi(\phi)}\frac{d^2\Phi(\phi)}{d\phi^2} \tag{10-199}$$

이 얻어진다. 이제 식 (10-199)의 좌변은 오직 r만의 함수이고 우변은 ϕ만의 함수이다. 식 (10-199)가 r과 ϕ의 모든 값에 대해 만족하기 위해서는 양변이 동일한 상수로 같아야 한다. 이 상수(분리상수)를 n^2으로 놓는다. 식 (10-199)는 두 개의 상미분 방정식

$$\frac{d^2\Phi(\phi)}{d\phi^2} + n^2\Phi(\phi) = 0 \tag{10-200}$$

과

$$\frac{r}{R(r)}\frac{d}{dr}\left[r\frac{dR(r)}{dr}\right] + h^2 r^2 = n^2$$

또는

$$\frac{d^2R(r)}{dr^2}+\frac{1}{r}\frac{dR(r)}{dr}+\left(h^2-\frac{n^2}{r^2}\right)R(r)=0 \tag{10-201}$$

으로 분리할 수 있다. 식 (10-201)은 **베셀 미분 방정식**(Bessel's differential equation)으로 알려져 있다.

식 (10-201)의 해는 $R(r)$을 미지의 계수를 갖는 r의 멱급수

$$R(r)=\sum_{p=0}^{\infty} C_p(hr)^p \tag{10-202}$$

로 가정하고, 식에 대입하여 r의 각 멱의 계수의 합이 0이 되도록 하여 구할 수 있다. 실제 이 작업은 매우 복잡하고 지루하다.[3] 결과는

$$R(r)=C_nJ_n(hr) \tag{10-203}$$

이다. 여기서 C_u는 임의의 상수이고

$$J_n(hr)=\sum_{m=0}^{\infty}\frac{(-1)^m(hr)^{n+2m}}{m!(n+m)!2^{n+2m}} \tag{10-204}$$

는 변수 hr을 갖는 n차 **1종 베셀 함수**(Bessel function of the first kind of the nth order)이다. 식 (10-204)는 n이 정수일 때만 유효하다. 나중에 알겠지만, 우리가 관심을 갖고 있는 경우에 대해서도 마찬가지이다. 그림 10-18에 처음 몇 개의 차수의 x에 대한 $J_n(x)$ 곡선을 나타내었다. 여기서 주목할 만한 가치가 몇 가지 있다. 첫째로, $n=0$일 때를 제외하고 모든 n에 대해 $J_n(0)=0$이고, 0차일 때 $J_n(0)=1$이다. 둘째로, $J_n(x)$는 계속적으로 짧아지는 간격에서 0의 레벨을 교차하면서 진폭이 감소하는 교대함수(alternating function)이다. x가 매우 커짐에 따라 $J_n(x)$는 사인곡선의 형태에 접근한다. 표 10-2에 처음 몇 개의 x_{np} 값이 나타나 있으며 이것은 $J_n(x)$의 p번째 근이다: $J_n(x_{np})=0$. 다음 절에서 원형 도파관 내에서 x_{np} 값이 TM 파의 고유치(eigenvalues)를 결정한다는 것을 알게 될 것이다. 반면에, TE 모드의 고유치는 1종 베셀 함수의 도함수의 근에 관계한다. 다시 말하면, x'_{np}의 값은 $J'_n(x'_{np})=0$이다(10-5.3절 참조). 처음 몇 개의 x'_{np}의 값이 표 10-3에 나타나 있다.

지금까지 베셀 미분 방정식 (10-201)의 오직 한 개의 해인 1종 베셀 함수 $J_n(hr)$을 구했다. 그러나 베셀 방정식은 2차 방정식이다. 각각의 n에 대해 두 개의 선형적으로 독립적인 해가 존재한다. 다시 말해, $J_n(hr)$에 선형적으로 종속되지 않는 다른 해가 존재해야 한다. 그와 같은 해가 존재하며, 그것을 **2종 베셀 함수**(Bessel function of the second kind) 또는 **노이만 함수**(Neumann

3) N. W. MaLachlan, *Bessel Functions for Engineers*, 2nd ed, Oxford University Press, New York, 1946.

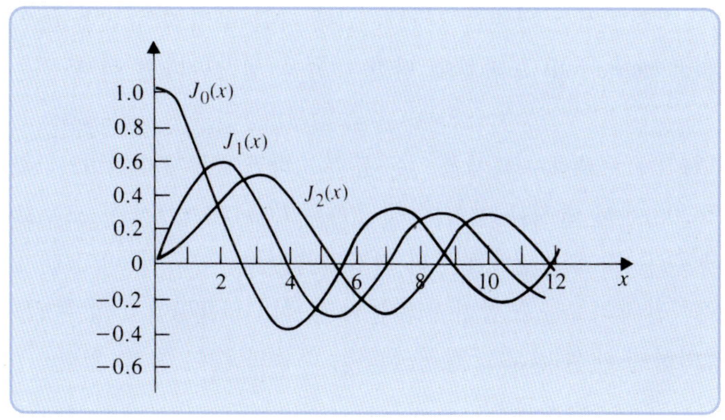

그림 10-18
1종 베셀 함수

표 10-2 $J_n(x)$의 근, x_{np}

p \ n	$n=0$	$n=1$	$n=2$
1	2.405	3.832	5.136
2	5.520	7.016	8.417

function)라고 한다. 이것은 보통 $N_n(hr)$로 나타내며 다음과 같다.

$$N_n(hr) = \frac{(\cos n\pi)J_n(hr) - J_{-n}(hr)}{\sin n\pi} \tag{10-205}$$

이때 식 (10-201)의 일반해는 다음과 같이 쓸 수 있다.

$$R(r) = C_n J_n(hr) + D_n N_n(hr) \tag{10-206}$$

여기서 C_n과 D_n은 경계 조건으로부터 결정되는 임의의 상수이다.

모든 차수의 2종 베셀 함수의 독특한 성질은 변수가 0일 때 무한대가 된다는 것이다. 원형 도파관 내에서 파의 전파를 고찰할 때, 관심이 있는 영역은 $r = 0$인 축을 포함한다. 무한한 크기의 전자기장은 물리적으로 불가능하기 때문에 식 (10-206)에서 $R(r)$의 $N_n(hr)$ 해는 항을 포함할 수 없다. 이것은 계수 D_n은 모든 n에 대해 0이 되어야만 한다는 것을 의미한다. 따라서 원형 도파관 내부의 파-모드(wave-mode) 문제에 대해서 $N_n(hr)$ 항이 고려될 필요는 없다.

다음에 나오는 원형 도파관을 고찰할 때 바로 전의 베셀 미분 방정식과 베셀 함수에 대한 간

표 10-3 $J'_n(x)$의 근, x'_{np}

p \ n	$n=0$	$n=1$	$n=2$
1	3.832	1.841	3.054
2	7.016	5.331	6.706

단한 요약이면 충분하다. 이 항의 나머지에서는 완결을 시키기 위해 다른 추가적인 면을 논의한다. 만약 10-6.3절의 유전체 막대(dielectric rod) 도파관에 관한 내용을 생략한다면 이 부분은 생략되어도 될 것이다.

원통좌표계에서 문제의 관심 범위가 $r = 0$(내부 도체를 갖는 동축 도파관의 문제와 같이)인 축을 포함하지 않는 경우라면, 식 (10-206)에서 반지름 방향의 해 $R(r)$은 $J_n(hr)$과 $N_n(hr)$ 항 모두로 구성되어야 한다. 그리고 계수 C_n과 D_n은 경계 조건으로부터 결정될 것이다. 더욱이, 만약 문제가 쐐기 형태의 도파관 같이 전체 2π 범위의 ϕ를 포함하지 않는다면, 식 (10-200)에서 상수 n은 정수가 되지 않는다. 이것을 ν로 정의하면 베셀 미분 방정식의 해는 다음과 같이 쓸 수 있다.

$$R(r) = CJ_\nu(hr) + DN_\nu(hr) \tag{10-207}$$

[4]

경우에 따라서는 전자기파 문제에서 베셀 함수의 선형조합을 다음과 같이 정의하는 것이 편리하다.

$$H_\nu^{(1)}(hr) = J_\nu(hr) + jN_\nu(hr) \tag{10-208}$$

$$H_\nu^{(2)}(hr) = J_\nu(hr) - jN_\nu(hr) \tag{10-209}$$

여기서 $H_\nu^{(1)}$와 $H_\nu^{(2)}$를 각각 1종과 2종 **헨켈 함수**(Hankel function)라 부른다. 변수 hr이 매우 클 때, $H_\nu^{(1)}$와 $H_\nu^{(2)}$에 대한 점근적 표현은 다음과 같다.

$$H_\nu^{(1)}(hr) \to \sqrt{\frac{2}{\pi hr}}\, e^{j(hr - \pi/4 - \nu\pi/2)} \tag{10-210}$$

$$H_\nu^{(2)}(hr) \to \sqrt{\frac{2}{\pi hr}}\, e^{-j(hr - \pi/4 - \nu\pi/2)} \tag{10-211}$$

허수의 지수계수와 감소하는 크기를 갖는 이들 표현은 헨켈 함수의 파 특성을 분명하게 보여준다. 이들은 복사 문제를 해석할 때 유용하다.

h^2이 음일 때($h = j\zeta$), j_ν와 $H_\nu^{(1)}$에 각각 연관된 두 개의 다른 함수 $I_\nu(\zeta)$와 $K_\nu(\zeta)$는 다음과 같이 정의된다.

$$I_\nu(\zeta r) = j^{-\nu} J_\nu(j\zeta r) \tag{10-212}$$

$$K_\nu(\zeta r) = \frac{\pi}{2} j^{\nu+1} H_\nu^{(1)}(j\zeta r) \tag{10-213}$$

I_ν와 K_ν는 각각 1종과 2종의 **변형된 베셀 함수**(modified Bessel function)라 한다. 변수가 클 때는 다음과 같은 점근적 표현이 얻어진다.

---

4) 정수가 아닌 ν를 위한 $J_\nu(hr)$ 표현은 $(n + m)!$를 감마함수 $\Gamma(\nu + m + 1)$에 의해 대체된 식 (10-204)에 의해 주어진다.

$$I_\nu(\zeta r) \to \sqrt{\frac{1}{2\pi\zeta r}}\, e^{\zeta r} \tag{10-214}$$

$$K_\nu(\zeta r) \to \sqrt{\frac{\pi}{2\zeta r}}\, e^{-\zeta r} \tag{10-215}$$

r이 클 때, $K_\nu(\zeta)$는 거리에 따라 지수적으로 감쇠하는 소멸파의 특성을 보인다. 이것은 유전체 막대 도파관과 광섬유 같은 표면파 문제를 해석할 때 유용하다. 그러므로 문제의 종류와 편리성에 따라 베셀 미분 방정식의 해로서 적절한 형태를 선택해야 한다.

10-5.2 원형 도파관에서 TM 파

그림 10-19는 반지름이 a인 원형 도파관을 나타낸다. 이것은 z축을 중심으로 하는 금속 파이프로 구성되어 있다. 안에 들어 있는 유전체 매질은 매질 특성변수 ϵ과 μ를 갖는다고 가정한다. TM 파에서 $H_z = 0$이므로 다음과 같이 쓸 수 있다.

$$E_z(r, \phi, z) = E_z^0(r, \phi)e^{-\gamma z} \tag{10-216}$$

여기서 $E_z^0(r, \phi)$는 식 (10-196)을 만족한다. 해는 식 (10-198)의 형태로서 다음과 같이 쓸 수 있다.

$$R(r) = C_n J_n(hr) \tag{10-217}$$

그리고 $\Phi(\phi)$는 식 (10-200)의 해이다. 모든 전자기장 성분들은 ϕ에 대해 2π 주기를 갖기 때문에 식 (10-200)에 대해 오직 허용 가능한 해는 $\sin n\phi$ 또는 $\cos n\phi$ 또는 두 개의 선형적 조합이다(표 4-1 참조). 앞서 언급한 것처럼, 이런 주기성 때문에 n이 정수가 되어야 한다. $\sin n\phi$와 $\cos n\phi$ 중 어느 것이 선택되든지 중요하지 않다. 이것은 오직 기준 $\phi = 0$ 각도의 위치만 변화하는 것이다. 관례적으로, TM 모드에 대한 $E_z^0(r, \phi)$는

$$\boxed{E_z^0 = C_n J_n(hr)\cos n\phi \quad \text{(TM 모드)}} \tag{10-218}$$

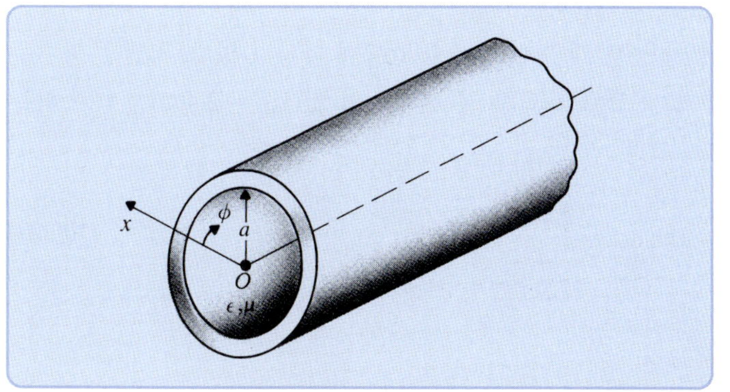

그림 10-19
원형 도파관

로 쓴다. 횡방향 성분 E_r^0와 E_ϕ^0는 식 (10-29)를 극좌표계로 바꿔서 구하면 다음과 같이 된다(연습문제 P.10-26).

$$(\mathbf{E}_T^0)_{\text{TM}} = \mathbf{a}_r E_r^0 + \mathbf{a}_\phi E_\phi^0 = -\frac{\gamma}{h^2}\nabla_T E_z^0 \tag{10-219}$$

여기서

$$\nabla_T E_z^0 = \left(\mathbf{a}_r \frac{\partial}{\partial r} + \mathbf{a}_\phi \frac{\partial}{r\partial \phi}\right) E_z^0 \tag{10-220}$$

이다. 또한 자기장 성분은 식 (10-32)를 사용하여 얻을 수 있다.

TM 모드에 대해 식 (10-218)의 E_z^0를 추가하면,

$$E_r^0 = -\frac{j\beta}{h} C_n J_n'(hr)\cos n\phi \tag{10-221}$$

$$E_\phi^0 = \frac{j\beta n}{h^2 r} C_n J_n(hr)\sin n\phi \tag{10-222}$$

$$H_r^0 = -\frac{j\omega\epsilon n}{h^2 r} C_n J_n(hr)\sin n\phi \tag{10-223}$$

$$H_\phi^0 = -\frac{j\omega\epsilon}{h} C_n J_n'(hr)\cos n\phi \tag{10-224}$$

$$H_z^0 = 0 \tag{10-225}$$

가 된다. 여기서 γ는 $j\beta$로 대체되었으며 J_n'는 변수 (hr)에 대한 J_n의 도함수, 계수 C_n은 여기하는 장(filed)의 세기에 관계한다.

TM 모드의 고유치(h의 허용 가능한 값)는 E_z^0가 $r = a$에서 반드시 0이 된다는 경계 조건으로부터 결정되며, 다음과 같다.

$$\boxed{J_n(ha) = 0 \quad (\text{TM 모드})} \tag{10-226}$$

$J_n(x)$는 매우 많은 0의 값을 가지며 처음 몇 개의 값들이 표 10-2에 나타나 있다. 차단 주파수는 전과 같이 식 (10-35)로 주어진다. 그러므로 $J_0(x)$의 첫 번째 0의 값(x_{01} = 2.405)에 대응하는 TM_{01} 모드의 고유치는 다음과 같다.

$$(h)_{\text{TM}_{01}} = \frac{2.405}{a} \tag{10-227}$$

따라서 TM 모드의 가장 낮은 차단 주파수는

$$(f_c)_{\mathrm{TM}_{01}} = \frac{(h)_{\mathrm{TM}_{01}}}{2\pi\sqrt{\mu\epsilon}} = \frac{0.383}{a\sqrt{\mu\epsilon}} \tag{10-228}$$

이 된다. 위상상수 β와 관내 파장 λ_g는 식 (10-38)과 (10-39)로부터 각각 구할 수 있다.

TM_{01} 모드($n = 0$)에서, E_z^0, E_r^0, E_ϕ^0는 0이 아닌 전자기장 성분이다. 전형적인 횡단면에서 전기장선과 자기장선이 그림 10-20에서 주어져 있다. 식 (10-224)에 따라 H_ϕ^0는 $J_0'(hr)$로서 r에 따라 변화하고 $-J_1(hr)$과 같다. 따라서 자기장선의 밀도는 $r = 0$에서 $r = a$까지 증가한다.

직사각형 도파관에서 모드 지수의 첫 번째와 두 번째 숫자는 횡방향 xy-평면에서 각각 x와 y 방향으로 장이 반파(half-wave)의 변화를 한다는 숫자임을 기억해 두어야 한다. 관례적으로, 원형 도파관의 모드 지수의 첫 번째 숫자는 ϕ 방향에서 장이 반파의 변화를 한다는 숫자를 나타내고, 두 번째 숫자는 r 방향에서 장이 반파의 변화를 한다는 숫자를 나타낸다. 그러므로 원형 도파관에서 TM_{01} 모드의 횡방향 전자기장 패턴은 직사각형 도파관에서의 TM_{11} 모드(TM_{01} 모드는 존재하지 않음)와 유사하다.

10-5.3 원형 도파관에서 TE 파

TE 모드에서 $E_z = 0$이고,

$$H_z(r, \phi, z) = H_z^0(r, \phi)e^{-\gamma z} \tag{10-229}$$

이다. 여기서 H_z^0는 다음의 동차 헬름홀츠 방정식을 만족한다.

$$\nabla_{r\phi}^2 H_z^0 + h^2 H_z^0 = 0 \tag{10-230}$$

TM의 경우와 유사하게 다음과 같이 해를 쓸 수 있다.

$$\boxed{H_z^0 = C_n' J_n(hr)\cos n\phi \quad (\text{TE 모드})} \tag{10-231}$$

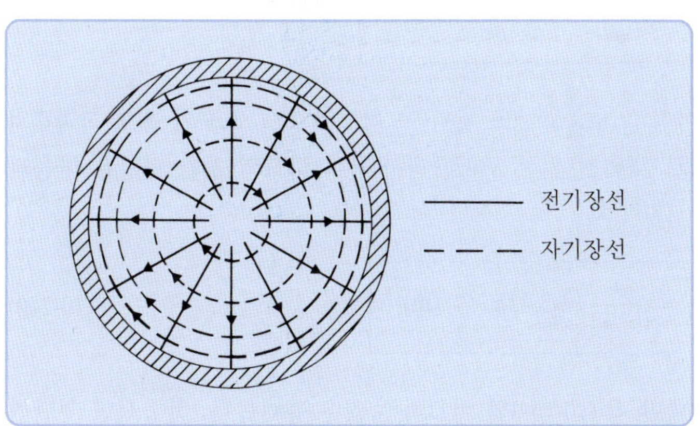

그림 10-20
원형 도파관의 횡방향 면에서 TM_{01} 모드의 전자기장선

H_z^0로부터 식 (10-53)을 사용하여 횡방향 자기장 성분 H_r^0와 H_ϕ^0를 구할 수 있고, 식 (10-219)와 유사하게 식 (10-55)를 적용하여 E_r^0와 E_ϕ^0를 구할 수 있다.

TE 모드를 위해, 식 (10-229)의 H_z^0를 추가하면

$$H_r^0 = -\frac{j\beta}{h} C_n' J_n'(hr) \cos n\phi \tag{10-232}$$

$$H_\phi^0 = \frac{j\beta n}{h^2 r} C_n' J_n(hr) \sin n\phi \tag{10-233}$$

$$E_r^0 = \frac{j\omega\mu n}{h^2 r} C_n' J_n(hr) \sin n\phi \tag{10-234}$$

$$E_\phi^0 = \frac{j\omega\mu}{h} C_n' J_n'(hr) \cos n\phi \tag{10-235}$$

$$E_z^0 = 0 \tag{10-236}$$

이 얻어진다.

TE 파에 대해 필요한 경계 조건은 다음과 같이 도체관 벽의 수직 방향에 대한 H_z^0의 도함수가 $r = a$에서 0이어야 한다.

$$J_n'(ha) = 0 \qquad \text{(TE 모드)} \tag{10-237}$$

$J_n'(x)$가 0이 되는 첫 몇 개의 값을 표 10-3에 나타내었다. 여기서 가장 작은 x_{np}'가 $x_{11}' = 1.841$임을 알 수 있다. 따라서 대응하는 가장 작은 고유치는

$$(h)_{\mathrm{TE}_{11}} = \frac{1.841}{a} \tag{10-238}$$

이고, 가장 낮은 차단 주파수는

$$(f_c)_{\mathrm{TE}_{11}} = \frac{h_{\mathrm{TE}_{11}}}{2\pi\sqrt{\mu\epsilon}} = \frac{0.293}{a\sqrt{\mu\epsilon}} \qquad \text{(Hz)} \tag{10-239}$$

이다. 이것은 식 (10-228)에서 주어진 $(f_c)_{\mathrm{TM}_{01}}$보다도 낮다. 그러므로 **$\mathbf{TE_{11}}$ 모드가 원형 도파관의 기본 모드이다**. 반지름이 a인 공기로 채워진 원형 도파관에서 기본 모드의 차단 파장은 다음과 같다.

$$(\lambda_c)_{\mathrm{TE}_{11}} = \frac{a}{0.293} = 3.41a \qquad \text{(m)} \tag{10-240}$$

식 (10-240)과 직사각형 도파관에 대한 식 (10-164)와 비교하는 것은 흥미롭다. 전형적인 횡단면

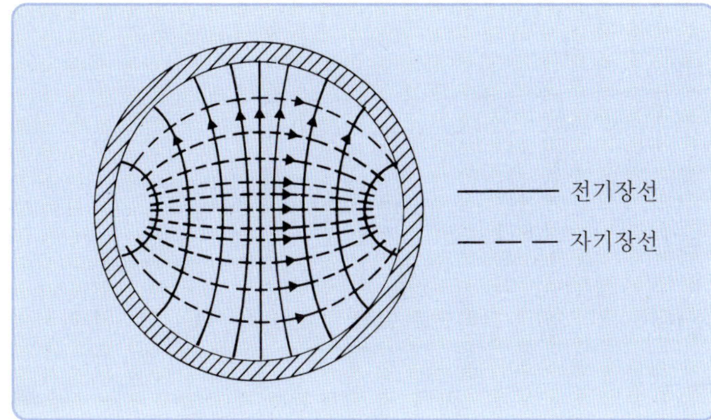

그림 10-21
원형 도파관의 횡단면에서 TE_{11} 모드의 전자기장선

의 TE_{11} 모드 전자기장선이 그림 10-21에 나타나 있다.

원형 도파관의 불완전 도체벽의 손실에 의한 감쇠상수는 직사각형 도파관을 위해 10-4.3절에서 했던 동일한 과정을 따라서 계산할 수 있다. 그러나 베셀 함수의 적분이 포함되며, 이 책에서는 이러한 부분은 더 이상 다루지 않는다. 비슷한 치수를 갖는 원형 도파관과 직사각형 도파관에서 기본 모드로 전파하는 파의 감쇄상수는 서로 같은 차수의 크기를 갖는다고 충분히 말할 수 있다. 원형 도파관에서 특별히 관심이 가는 부분은 주파수에 따라 단조롭게 감소하는 $TE_{0\gamma}$ 파의 감쇠상수이다($\alpha_c \sim f$ 곡선에서 최소점이 없음). 원형 또는 직사각형 도파관에서 어떠한 다른 파도 이러한 특성을 갖고 있지 않다.

예제 10-12 (a) 10 (GHz) 신호가 속이 빈 원형 도체 파이프 내부를 통해 전송된다. 가장 낮은 차단 주파수가 이 신호 주파수보다 20% 낮아지도록 파이프의 내부 지름을 결정하라. (b) 만약 파이프가 15 (GHz)에서 동작한다면, 이 파이프에서 전파할 수 있는 도파관 모드는 무엇인가?

풀이

(a) 식 (10-239)로부터 반지름 a인 원형 도파관에서 기본 모드의 차단 주파수는 다음과 같다.

$$(f_c)_{TE_{11}} = \frac{0.293c}{a} = \frac{0.879}{a} \times 10^8 \quad \text{(Hz)}$$
$$= \frac{0.0879}{a} \quad \text{(GHz)}$$

이것을 0.80 × 10 = 8 (GHz)와 같아지도록 하면 파이프의 요구되는 내부 지름은 $2a = 2 \times (0.0879/8) = 0.022$ (m) 또는 2.2 (cm)이다.

(b) 내부 반지름 $a = 0.011$ (m)의 속이 빈 원형 파이프의 도파관에서 15 (GHz)보다 낮은 차단 주파수는 표 10-1과 10-2로부터 다음과 같다.

$$(f_c)_{TE_{11}} = 8 \quad (\text{GHz}),$$
$$(f_c)_{TM_{01}} = 8 \times \left(\frac{x_{01}}{x'_{11}}\right) = 8 \times \left(\frac{2.405}{1.841}\right) = 10.45 \quad (\text{GHz})$$
$$(f_c)_{TE_{21}} = 8 \times \left(\frac{x'_{21}}{x'_{11}}\right) = 8 \times \left(\frac{3.054}{1.841}\right) = 13.27 \quad (\text{GHz})$$

그 외에 모든 다른 모드의 f_c는 15 (GHz)보다 높다. 그러므로 오직 TE_{11}, TM_{01}, TE_{21} 모드만 파이프 내에서 전파할 수 있다.

10-6 유전체 도파관

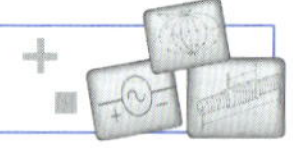

앞 절에서 도체벽을 갖는 도파관을 따라 전파하는 전자기파의 움직임에 관하여 논의하였다. 여기서는 도체벽이 없는 유전체 판 또는 막대가 유전체 매질 내에 전자기파를 가두어 전파시키는 도파 모드(guided-wave mode)를 지원할 수 있음을 보인다.

그림 10-22는 두께 d를 갖는 유전체 판 도파관의 축(종)방향의 단면이다. 여기서 단순화시키기 위해 x좌표를 따라 전자기장이 변화하지 않는 문제로 간주한다. ϵ_d와 μ_d는 각각 유전체 판의 유전율과 투자율이고 유전체 판은 자유공간(ϵ_0, μ_0)에 놓여져 있다. 유전체는 무손실이고 파는 $+z$ 방향으로 전파한다고 가정한다. TE와 TM 모드의 움직임을 각각 나누어서 해석한다.

10-6.1 유전체 판에서의 TM 파

횡방향 자기장파에 대해 $H_z = 0$이다. x와는 무관하므로 식 (10-62)를 적용하면,

$$\frac{d^2 E_z^0(y)}{dy^2} + h^2 E_z^0(y) = 0 \tag{10-241}$$

이 된다. 여기서

$$h^2 = \gamma^2 + \omega^2 \mu\epsilon \tag{10-242}$$

이다. 식 (10-241)의 해는 유전체 판과 자유공간 영역 모두에서 생각해야 하며, 경계면에서 서로 일치해야 한다.

유전체 판 영역에서 전자기파는 $+z$ 방향으로 감쇠 없이(무손실 유전체) 전파한다고 가정한다. 즉, 다음과 같이 가정한다.

$$\gamma = j\beta \tag{10-243}$$

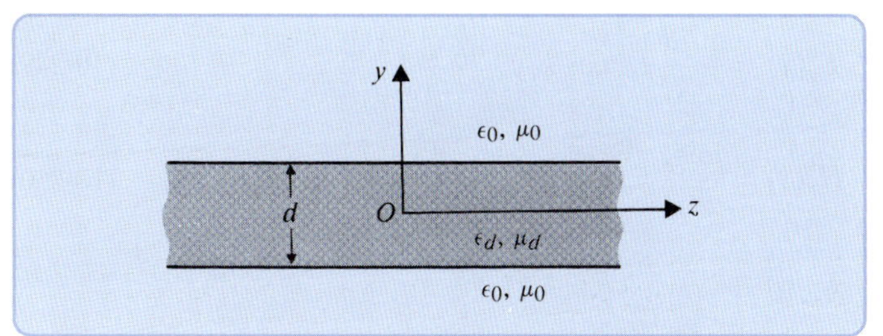

그림 10-22
유전체 판 도파관의 축방향 단면

유전체 판에서 식 (10-241)의 해는 사인항과 코사인항 모두를 포함하며, 이것들은 각각 y의 기함수와 우함수이다. 그러므로 다음과 같이 쓸 수 있다.

$$E_z^0(y) = E_o \sin k_y y + E_e \cos k_y y, \qquad |y| \le \frac{d}{2} \tag{10-244}$$

여기서

$$\boxed{k_y^2 = \omega^2 \mu_d \epsilon_d - \beta^2 = h_d^2} \tag{10-245}$$

이다. 자유공간 영역($y > d/2$와 $y < -d/2$)에서 전자기파는 유전체 판을 따라 도파되고, 유전체 판으로부터 복사되지 않도록 하기 위해서는 반드시 지수적으로 감소되어야 한다. 따라서

$$E_z^0(y) = \begin{cases} C_u e^{-\alpha(y-d/2)}, & y \ge \dfrac{d}{2} \quad (10\text{-}246a) \\ C_l e^{\alpha(y+d/2)}, & y \le -\dfrac{d}{2} \quad (10\text{-}246b) \end{cases}$$

처럼 쓸 수 있다. 여기서

$$\boxed{\alpha^2 = \beta^2 - \omega^2 \mu_0 \epsilon_0 = -h_0^2} \tag{10-247}$$

이다. 식 (10-245)와 (10-247)에서 위상상수 β가 ω에 대해 비선형 관계를 보이기 때문에 이 식을 서로 **분산관계**(dispersion relation)라 부른다.

이 단계에서 아직 k_y와 α의 값이 결정되지 않았을 뿐만 아니라, 크기 E_o, E_e, C_u, C_l 사이의 관계도 구하지 않았다. 따라서 여기서 기(비대칭) TM 모드와 우(대칭) TM 모드로 나누어 검토한다.

(a) 기 TM 모드: 기 TM 모드에 대해, $E_z^0(y)$는 $y = 0$인 평면에 대해 반대칭인 사인함수로서 표현된다. 다른 전자기장 성분 $E_y^0(y)$와 $H_z^0(y)$는 식 (10-28)과 (10-25)로부터 각각 얻어진다.

(i) 유전체 영역에서, $|y| \le d/2$:

$$E_z^0(y) = E_o \sin k_y y \tag{10-248}$$

$$E_y^0(y) = -\frac{j\beta}{k_y} E_o \cos k_y y \tag{10-249}$$

$$H_x^0(y) = \frac{j\omega\epsilon_d}{k_y} E_o \cos k_y y \tag{10-250}$$

(ii) 위쪽 자유공간 영역에서, $y \geq d/2$:

$$E_z^0(y) = \left(E_o \sin\frac{k_y d}{2}\right) e^{-\alpha(y-d/2)} \tag{10-251}$$

$$E_y^0(y) = -\frac{j\beta}{\alpha}\left(E_o \sin\frac{k_y d}{2}\right) e^{-\alpha(y-d/2)} \tag{10-252}$$

$$H_x^0(y) = \frac{j\omega\epsilon_0}{\alpha}\left(E_o \sin\frac{k_y d}{2}\right) e^{-\alpha(y-d/2)} \tag{10-253}$$

여기서 식 (10-246a)의 C_u는 $E_0 \sin(k_y d/2)$와 같아졌다. 이것은 위 경계면 $y = d/2$에서 식 (10-248)의 $E_z^0(y)$ 값이다.

(iii) 아래쪽 자유공간 영역에서, $y \leq -d/2$:

$$E_z^0(y) = -\left(E_o \sin\frac{k_y d}{2}\right) e^{\alpha(y+d/2)} \tag{10-254}$$

$$E_y^0(y) = -\frac{j\beta}{\alpha}\left(E_o \sin\frac{k_y d}{2}\right) e^{\alpha(y+d/2)} \tag{10-255}$$

$$H_x^0(y) = \frac{j\omega\epsilon_0}{\alpha}\left(E_o \sin\frac{k_y d}{2}\right) e^{\alpha(y+d/2)} \tag{10-256}$$

여기서 식 (10-246b)의 C_l은 $-E_0 \sin(k_y d/2)$와 같아졌다. 이것은 아래 경계면 $y = -d/2$에서 식 (10-248)의 $E_z^0(y)$ 값이다.

여기서 여기 신호의 각주파수 ω에 대해 k_y와 α를 결정해야 한다. 유전체 표면에서 H_x의 연속성을 만족하기 위해 식 (10-250)과 (10-253)으로부터 계산된 $H_x^0(d/2)$이 서로 같아야 한다. 따라서

$$\frac{\alpha}{k_y} = \frac{\epsilon_0}{\epsilon_d}\tan\frac{k_y d}{2} \quad \text{(기 TM 모드)} \tag{10-257}$$

이 얻어진다. 분산관계식 (10-245)와 (10-247)을 더하면,

$$\alpha^2 + k_y^2 = \omega^2(\mu_d\epsilon_d - \mu_0\epsilon_0) \tag{10-258}$$

또는

$$\alpha = [\omega^2(\mu_d\epsilon_d - \mu_0\epsilon_0) - k_y^2]^{1/2} \tag{10-259}$$

이 얻어진다. k_y를 유일한 미지수로 나타내기 위해 식 (10-257)과 (10-259)를 결합하면,

$$[\omega^2(\mu_d\epsilon_d - \mu_0\epsilon_0) - k_y^2]^{1/2} = \frac{\epsilon_0}{\epsilon_d} k_y \tan\frac{k_y d}{2} \tag{10-260}$$

이 된다.

불행히도, 식 (10-260)의 초월 방정식(transcendental equation)은 해석적으로 풀 수 없다. 그러나 주어진 ω와 주어진 유전체 판의 ϵ_d, μ_d, 그리고 d에 대해 식 (10-260)의 왼쪽과 오른쪽 부분을 k_y에 따라 그릴 수 있다. 두 곡선의 교점들이 기 TM 모드에 대한 k_y의 값들로 오직 유한개가 존재한다. 이것은 유한개의 모드만이 존재한다는 것을 나타내는 것이다. 이것은 도체벽을 갖는 도파관에서 무한개의 모드가 존재하는 것과 대조를 이룬다.

식 (10-248)에서 $y = 0$일 때 $E_z^0 = 0$임을 알 수 있다. 그러므로 존재하는 전자기장에 영향을 주지 않고 완전도체 평면을 $y = 0$인 면과 일치되도록 끼워 넣을 수 있다. 두께 d의 유전체 판 도파관을 따라 전파하는 기 TM 파의 특성은 완전도체 평면을 바닥에 둔 두께 $d/2$의 유전체 판에 의해 전파되는 TM 모드의 특성과 일치한다.

유전체 판의 표면에서 위로부터 아래로 본 **표면 임피던스**(surface impedance)는 다음과 같다.

$$Z_s = -\frac{E_z^0}{H_x^0} = j\frac{\alpha}{\omega\epsilon_0} \quad \text{(TM 모드)} \tag{10-261}$$

이것은 유도성 리액턴스이다. 따라서 TM 표면파는 유도성 표면에 의해 유지될 수 있다.

(b) 우 TM 모드: 우 TM 모드의 $E_z^0(y)$는 $y = 0$ 평면에 대해 대칭인 코사인함수를 사용하여 다음과 같이 표현한다.

$$E_z^0(y) = E_e \cos k_y y, \qquad |y| \le \frac{d}{2} \tag{10-262}$$

유전체 판의 내부와 외부에서 E_z^0와 H_x^0 같은 0이 아닌 전자기장 성분들은 기 TM 모드의 경우와 같은 방법으로 정확하게 얻어낼 수 있다(연습문제 P.10-33 참조). 식 (10-257) 대신에 k_y와 α사이의 특성관계는

$$\frac{\alpha}{k_y} = -\frac{\epsilon_0}{\epsilon_d}\cot\frac{k_y d}{2} \quad \text{(우 TM 모드)} \tag{10-263}$$

이 된다. 이 식은 횡방향 파수 k_y와 횡방향 감쇠상수 α를 결정하기 위해 식 (10-259)에 함께 사용된다. 몇 가지 해는 두께 d의 유전체 판 도파관에서 존재할 수 있는 몇몇 우 TM 모드와

일치한다. 물론, 이 경우에 전체적인 전자기장 구조를 방해하지 않고는 $y = 0$에 도체 평면을 위치시킬 수 없다.

식 (10-245)와 (10-247)로부터 전파하는 TM 파의 위상상수 β가 자유공간의 고유 위상상수 $k_0 = \omega\sqrt{\mu_0\epsilon_0}$와 유전체의 고유 위상상수 $k_d = \omega\sqrt{\mu_d\epsilon_d}$ 사이에 있다는 것을 쉽게 알 수 있다. 즉,

$$\omega\sqrt{\mu_0\epsilon_0} < \beta < \omega\sqrt{\mu_d\epsilon_d}$$

이다. 식 (10-247)에서 β가 $\omega\sqrt{\mu_0\epsilon_0}$에 가까워지면 α는 0에 가까워지는 것을 알 수 있다. 감쇠가 없다는 것은 파가 더 이상 유전체 판에 구속되지 않는다는 것을 의미한다. 이러한 조건하에서 제한된 주파수를 유전체 도파관의 **차단 주파수**라 부른다. 식 (10-245)로부터 차단 주파수에서 $k_y = \omega_c\sqrt{\mu_d\epsilon_d - \mu_0\epsilon_0}$이다. α를 0으로 놓고 식 (10-257)과 (10-263)에 대입하면 TM 모드에 대한 다음의 관계가 나타난다. 차단 주파수에서

기 TM 모드	우 TM 모드
$\tan\left(\frac{\omega_{co}d}{2}\sqrt{\mu_d\epsilon_d - \mu_0\epsilon_0}\right) = 0$ $\pi f_{co}d\sqrt{\mu_d\epsilon_d - \mu_0\epsilon_0} = (n-1)\pi,\quad n = 1, 2, 3, \ldots$ $f_{co} = \dfrac{(n-1)}{d\sqrt{\mu_d\epsilon_d - \mu_0\epsilon_0}}$ (10-264)	$\cot\left(\frac{\omega_{ce}d}{2}\sqrt{\mu_d\epsilon_d - \mu_0\epsilon_0}\right) = 0$ $\pi f_{ce}d\sqrt{\mu_d\epsilon_d - \mu_0\epsilon_0} = (n-\frac{1}{2})\pi,\quad n = 1, 2, 3, \ldots$ $f_{ce} = \dfrac{(n-\frac{1}{2})}{d\sqrt{\mu_d\epsilon_d - \mu_0\epsilon_0}}$ (10-265)

이 된다. $n = 1$일 때 $f_{co} = 0$이다. 이것은 가장 낮은 차수의 기 TM 모드는 판의 두께와 상관없이 유전체 판 도파관을 따라 전파할 수 있다는 것을 의미한다. 주어진 TM 파의 주파수가 대응하는 차단 주파수 이상으로 증가할 때 α는 증가하며 전자기파는 유전체 판에 더욱 밀착된다.

10-6.2 유전체 판에서의 TE 파

횡방향 전기장파에 대해 $E_z = 0$이며, 식 (10-82)는 다음 식으로 나타낼 수 있다.

$$\frac{d^2H_z^0(y)}{dy^2} + h^2H_z^0(y) = 0 \tag{10-266}$$

여기서 h^2은 식 (10-242)에서 주어진 것과 같다. $H_z^0(y)$의 해도 다음과 같이 사인과 코사인 항을 포함하는 선형조합이 될 것이다.

$$H_y^0(y) = H_o \sin k_y y + H_e \cos k_y y, \qquad |y| \le \frac{d}{2} \tag{10-267}$$

여기서 k_y는 이미 식 (10-245)로 정의되었다. 자유공간 영역에서($y > d/2$와 $y < -d/2$) 전자기파는 반드시 지수적으로 감소되어야 하므로 다음과 같이 쓸 수 있다.

$$H_z^0(y) = \begin{cases} C_u' e^{-\alpha(y-d/2)}, & y \geq \dfrac{d}{2} \quad (10\text{-}268\text{b}) \\ C_l' e^{\alpha(y+d/2)}, & y \leq -\dfrac{d}{2} \quad (10\text{-}268\text{b}) \end{cases}$$

여기서 α는 식 (10-247)로 정의된다. TM 파에서 사용되었던 동일한 과정을 따라서 기와 우 TE 모드를 나누어 고찰한다. $H_z^0(y)$ 외에 다른 전자기장 성분은 $H_y^0(y)$와 $E_x^0(y)$로 식 (10-50)과 (10-51)로부터 얻어질 수 있다.

(a) 기 TE 모드:

(i) 유전체 영역에서, $|y| \leq d/2$:

$$H_z^0(y) = H_o \sin k_y y \tag{10-269}$$

$$H_y^0(y) = -\frac{j\beta}{k_y} H_o \cos k_y y \tag{10-270}$$

$$E_x^0(y) = -\frac{j\omega\mu_d}{k_y} H_o \cos k_y y \tag{10-271}$$

(ii) 위쪽 자유공간 영역에서, $y \geq d/2$:

$$H_z^0(y) = \left(H_o \sin \frac{k_y d}{2}\right) e^{-\alpha(y-d/2)} \tag{10-272}$$

$$H_y^0(y) = -\frac{j\beta}{\alpha}\left(H_o \sin \frac{k_y d}{2}\right) e^{-\alpha(y-d/2)} \tag{10-273}$$

$$E_x^0(y) = -\frac{j\omega\mu_0}{\alpha}\left(H_o \sin \frac{k_y d}{2}\right) e^{-\alpha(y-d/2)} \tag{10-274}$$

(iii) 아래쪽 자유공간 영역에서, $y \leq -d/2$:

$$H_z^0(y) = -\left(H_o \sin \frac{k_y d}{2}\right) e^{\alpha(y+d/2)} \tag{10-275}$$

$$H_y^0(y) = -\frac{j\beta}{\alpha}\left(H_o \sin \frac{k_y d}{2}\right) e^{\alpha(y+d/2)} \tag{10-276}$$

$$E_x^0(y) = -\frac{j\omega\mu_0}{\alpha}\left(H_o \sin \frac{k_y d}{2}\right) e^{\alpha(y+d/2)} \tag{10-277}$$

k_y와 α 사이의 관계는 $y = d/2$에서 식 (10-271)과 (10-274)의 $E_x^0(y)$를 서로 같게 함으로써 얻을 수 있다. 따라서

$$\frac{\alpha}{k_y} = \frac{\mu_0}{\mu_d} \tan \frac{k_y d}{2} \qquad (\text{기 TE 모드}) \tag{10-278}$$

이 된다. 이것은 기 TM 모드에 대한 특성 방정식인 식 (10-257)과 아주 유사함을 알 수 있다. 식 (10-259)와 (10-278)은 그래프를 사용하여 k_y를 구하기 위한 식 (10-260)의 모양으로 결합될 수 있다. k_y로부터 α는 식 (10-259)로부터 구할 수 있다.

위로부터 아래로 내려다 본 유전체 판의 표면 임피던스는 다음과 같다.

$$Z_s = \frac{E_x^0}{H_z^0} = -j\frac{\omega\mu_0}{\alpha} \qquad (\text{TE 모드}) \tag{10-279}$$

이것은 용량성 리액턴스이다. 그러므로 TE 표면파는 용량성 표면에 의해 유지될 수 있다.

(b) 우 TE 모드: 우 TE 모드의 $H_z^0(y)$는 $y = 0$인 면에 대해 내칭인 코사인함수에 의해 다음과 같이 표현된다.

$$H_z^0(y) = H_e \cos k_y y, \qquad |y| \le d/2 \tag{10-280}$$

유전체 판의 내부와 외부에서 0이 아닌 전자기장 H_y^0와 E_x^0는 기 TE 모드의 경우에 구했던 것과 동일한 방법으로 얻을 수 있다(연습문제 P.10.35 참조). k_y와 α 사이의 특성관계는 다음과 같으며,

$$\frac{\alpha}{k_y} = -\frac{\mu_0}{\mu_d} \cot \frac{k_y d}{2} \qquad (\text{우 TE 모드}) \tag{10-281}$$

식 (10-263)에서 주어진 우 TM 모드의 경우와 매우 비슷하다.

식 (10-264)와 (10-265)에서 주어진 차단 주파수 표현이 TE 모드에도 적용된다는 것을 쉽게 알 수 있다. 가장 낮은 차수($n = 1$)의 TM 모드처럼 가장 낮은 차수의 기 TE 모드는 차단

표 10-4 유전체 판 도파관의 특성관계†

모드		특성관계	차단 주파수
TM	기	$(\alpha/k_y) = (\epsilon_0/\epsilon_d)\tan(k_y d/2)$	$f_{co} = (n-1)/d\sqrt{\mu_d\epsilon_d - \mu_0\epsilon_0}$
	우	$(\alpha/k_y) = -(\epsilon_0/\epsilon_d)\cot(k_y d/2)$	$f_{ce} = (n-\frac{1}{2})/d\sqrt{\mu_d\epsilon_d - \mu_0\epsilon_0}$
TE	기	$(\alpha/k_y) = (\mu_0/\mu_d)\tan(k_y d/2)$	$f_{co} = (n-1)/d\sqrt{\mu_d\epsilon_d - \mu_0\epsilon_0}$
	우	$(\alpha/k_y) = -(\mu_0/\mu_d)\cot(k_y d/2)$	$f_{ce} = (n-\frac{1}{2})/d\sqrt{\mu_d\epsilon_d - \mu_0\epsilon_0}$

† $\alpha = [\omega^2(\mu_d\epsilon_d - \mu_0\epsilon_0) - k_y^2]^{1/2}$.

주파수를 갖지 않는다. 두께 d를 갖는 유전체 판 도파관을 따라 전파하는 모든 모드에 대한 특성관계를 표 10-4에 나타내었다.

예제 10-13 구성 매질의 특성변수로서 $\mu_d = \mu_0$와 $\epsilon_d = 2.50\epsilon_0$를 갖는 유전체 판 도파관이 자유 공간에 놓여 있다. 20 (GHz)에서 우함수 형태의 TM 또는 TE 파가 도파관을 따라 전파하도록 하기 위한 판의 최소 두께를 결정하라.

풀이 우함수 형태의 가장 낮은 TM과 TE 파는 유전체 판 도파관을 따라 다음과 같이 동일한 차단 주파수를 갖는다.

$$f_c = \frac{n - \frac{1}{2}}{d\sqrt{\mu_d\epsilon_d - \mu_0\epsilon_0}}$$

$n = 1$이라 하면,

$$f_c = \frac{c}{2d\sqrt{\dfrac{\mu_d\epsilon_d}{\mu_0\epsilon_0} - 1}}$$

이 된다. 따라서

$$d_{\min} = \frac{c}{2f_c\sqrt{\dfrac{\mu_d\epsilon_d}{\mu_0\epsilon_0} - 1}} = \frac{3 \times 10^8}{2 \times 20 \times 10^9\sqrt{2.5 - 1}} = 6.12 \times 10^{-3}\ (\text{m})\ \text{또는}\ 6.12\ (\text{mm})$$

이다. ■

예제 10-14 (a) 매우 얇은 유전체 판 도파관의 외부에서 기본 TM 표면파의 감소율에 대한 근사적인 표현식을 구하라. (b) 도파관을 따라 전송되는 판의 단위폭당 시간-평균 전력을 구하라. (c) 횡방향으로 전송되는 시간-평균 전력은 얼마인가?

풀이

(a) 기본 TM 파는 차단 주파수가 0($f_{co} = 0$, $n = 1$)인 기 모드(odd mode)이고, 판의 두께에 무관하다(표 10-4 참조). 유전체 판이 동작 파장에 비해서 매우 얇을 때, 즉 $k_y d/2 \ll 1$일 때 $\tan(k_y d/2) \cong k_y d/2$가 된다. 따라서 식 (10-257)은 다음과 같이 된다.

$$\alpha \cong \frac{\epsilon_0}{2\epsilon_d} k_y^2 d \tag{10-282}$$

식 (10-258)을 사용하여 식 (10-282)를 다음과 같이 근사적으로 나타낼 수 있다.

$$\alpha \cong \frac{\epsilon_0}{2\epsilon_d} \omega^2(\mu_d\epsilon_d - \mu_0\epsilon_0)d \qquad \text{(Np/m)} \tag{10-283}$$

식 (10-283)에서 $\alpha d/2 \ll \epsilon_d/\epsilon_0$로 가정하였다.

(b) 유전체 판의 $+z$ 방향으로 시간-평균 포인팅 벡터는

$$\mathscr{P}_{av} = \tfrac{1}{2}\mathscr{R}e(-\mathbf{a}_y E_y \times \mathbf{a}_x H_x)$$

이다. 식 (10-249)와 식 (10-250)을 사용하여 $\mathbf{P}_{av} = \mathbf{a}_z P_{av}$를 다음과 같이 구할 수 있다.

$$\begin{aligned} P_{av} &= 2\int_0^{d/2} \mathscr{P}_{av}\, dy = \frac{\omega\epsilon_d\beta}{k_y^2} E_o^2 \int_0^{d/2} \cos^2(k_y y)\, dy \\ &= \frac{\omega\epsilon_d\beta}{4k_y^2} E_o^2\left[d + \frac{1}{k_y}\sin(k_y d)\right] \qquad \text{(W/m)} \end{aligned} \tag{10-284}$$

여기서

$$k_y \cong \omega\sqrt{\mu_d\epsilon_d - \mu_0\epsilon_0} \tag{10-284a}$$

이고

$$\beta \cong \omega\sqrt{\mu_0\epsilon_0} \tag{10-284b}$$

이다.

(c) 횡방향의 시간-평균 포인팅 벡터는

$$\mathscr{P}_{av} = \tfrac{1}{2}\mathscr{R}e(\mathbf{a}_z E_z \times \mathbf{a}_x H_x)$$

로부터 계산된다. 10-6.1절로부터 E_z^0와 H_x^0는 시간 위상에서 90° 차이가 난다. 이들의 곱은 실수 부분을 포함하지 않기 때문에 $\mathscr{P}_{av}$가 0이 된다. 그러므로 어떠한 평균 전력도 리액티브 표면에 수직한 횡방향으로 전송되지 않는다.

10-6.3 유전체 도파관의 추가 설명

앞 절에서는 맥스웰 방정식과 관련된 경계 조건에 의거한 해석으로 유전체 판에 의해 도파되는 전자기파의 특성을 고찰하였다. 8-10절에서 논의된 평면파 이론에서의 전반사 개념으로부터 몇 가지 물리적 특성을 이해할 수 있다.

그림 10-23의 유전체 판을 고려한다. 8-10절로부터 만약 $\epsilon_d > \epsilon_0$의 유전율을 갖는 유전체 판의 평면파가 임계각(식 (8-188) 참조)

$$\theta_c = \sin^{-1}\sqrt{\frac{\epsilon_0}{\epsilon_d}} \tag{10-285}$$

보다 큰 입사각 θ_i로 아래쪽 경계면을 향해 비스듬히 입사하면 위쪽 경계면을 향해 전반사됨을 알 수 있다. 더욱이, 경계면 외부의 횡방향으로 지수적으로 감소하는 소멸파가 접속면(방향)을 따라 존재한다. 아래 경계면에서 반사된 파는 같은 입사각 $\theta_i > \theta_c$로 위쪽 경계면으로 입사하고 마찬가지로 전반사를 하게 된다. 이 과정은 두 조의 다중 반사파가 존재하도록 계속된다. 하나는 위쪽 경계면으로부터 아래쪽 경계면으로 진행하는 파이고, 다른 하나는 아래쪽 경계면으로부터 위쪽 경계면으로 향하는 반사파이다. 같은 파면 위에 있는 점은 같은 위상을 갖는다는 조건으로부터 각각의 반사파들은 단일의 균일 평면파를 형성한다. 이때 두 개의 간섭하는 균일 평면파를 갖게 되고 진행파의 모드 패턴인 간섭 패턴을 야기한다. 양쪽 반사 경계면에서의 위상 조건은 입사각 θ_i에 관계하는데, 그 이유는 θ_i가 내부 전반사(total internal reflection)에 의한 위상 변위를 결정하기 때문이다. 해석을 통해 요구되는 위상 조건이 앞 절에서 얻어진 분산과 특성관계에 정확히 대응함을 알 수 있다.[5] 그러므로 맥스웰 방정식과 경계 조건에 근거한 해석 결과들은 내부 전반사로 인한 반사파에 의해 설명될 수 있다.

지금까지 유전체 판 도파관 내의 파의 움직임에 관하여 주의를 기울여 왔다. 둥근 유전체 막대 도파관에도 유사한 해석이 적용된다. 특히, 이것들은 광 도파관을 이루는 석영 또는 유리섬유에서 광파(light wave) 전송을 연구하는 데 사용될 수 있다. 광섬유 도파관은 낮은 감쇠와 넓은 대역폭 특성으로 인해 통신 및 제어 시스템을 위한 전송 매체로서 매우 중요하다. 또한 그것들은 매우 작고 유연한 구조를 갖는다. 원형 유전체 도파관을 연구하기 위해서는 반드시 베셀 미분 방정식과 베셀 함수를 이끄는 원통좌표계가 사용되어야 한다. 이 연구는 만약 전자기장이 원형 대칭이면, 다시 말해 전자기장이 각좌표계(angle coordinate) ϕ에 독립적이면, 오직 순 TM 또는 TE 모드만이 가능하다는 사실 때문에 매우 복잡해진다. 만일 전자기장이 ϕ에 종속적이면, TM과 TE 모드를 분리하는 것은 더 이상 가능하지 않고, E_z와 H_z 성분이 동시에 존재한

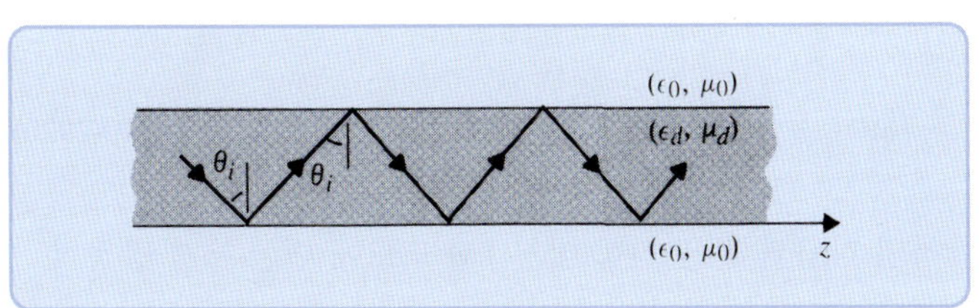

그림 10-23 유전체 도파관을 따라 전파하는 파의 반사파(bouncing wave)에 의한 해석

5) S. R. Seshardi, *Fundamentals of Transmission Lines and Electromagnetic Fields*, Addison-wesley, Reading, Mass., 1971, Chapter 8.

다는 것을 가정하는 것이 필요하다. 이것을 **혼성 모드**(hybrid mode)라 한다.

간단한 예로서, 공기 중에 반지름 a와 유전율 ϵ_d를 갖는 원형 유전체 막대에 대한 원형 대칭 TM 모드를 고려하자. 유전체 막대($r \le a$)에서 전기장 세기의 축방향 성분 E_z^0의 횡방향 분포는 식 (10-218)에서 $n = 0$을 대입하면,

$$E_{zi}^0 = C_0 J_0(hr), \qquad r \le a \tag{10-286}$$

이 된다. 여기서

$$h^2 = \gamma^2 + k_d^2 = \omega^2 \mu_0 \epsilon_d - \beta^2 \tag{10-287}$$

이고 대응하는 H_ϕ^0는 식 (10-224)로부터 다음과 같다.

$$H_{\phi i}^0 = -\frac{j\omega\epsilon_d}{h} C_0 J_0'(hr), \qquad r \le a \tag{10-288}$$

유전체 막대 외부에서, 전자기장은 소멸되어야 하고 거리에 따라 지수적으로 감소해야 한다. E_{zo}^0를 위해 $K_0(\zeta r)$을 선택하는 것이 바람직하다. 이것은 0차 2종 변형된 베셀 함수(modified Bessel function)로서, 변수가 클 때 점근적 전개는 식 (10-215)로 주어진다. 따라서

$$E_{zo}^0 = D_0 K_0(\zeta r), \qquad r \ge a \tag{10-289}$$

와 같이 쓴다. 여기서

$$\zeta^2 = \beta^2 - k_0^2 = \beta^2 - \omega^2 \mu_0 \epsilon_0 \tag{10-290}$$

이고, D_0는 상수이다. 대응하는 $H_{\phi o}^0$는 다음과 같다.

$$H_{\phi o}^0 = \frac{j\omega\epsilon_0}{\zeta} D_0 K_0'(\zeta r), \qquad r \ge a \tag{10-291}$$

전자기장 성분 E_z^0와 H_ϕ^0는 $r = a$에서 연속이 되어야 한다. 따라서

$$C_0 J_0(ha) = D_0 K_0(\zeta a) \tag{10-292a}$$

과

$$\frac{\epsilon_d}{h} C_0 J_0'(ha) = -\frac{\epsilon_0}{\zeta} D_0 K_0'(\zeta a) \tag{10-292b}$$

이다. 식 (10-291)과 (10-292)를 결합하면 다음과 같은 원형 대칭 TM 모드에 대한 특성 방정식

$$\frac{J_0(ha)}{J_0'(ha)} = -\frac{\epsilon_d \zeta}{\epsilon_0 h} \frac{K_0(\zeta a)}{K_0'(\zeta a)} \tag{10-293}$$

을 얻을 수 있다. 여기서 식 (10-287)과 (10-290)을 통해 ζ와 h에 대한 다음의 관계식을 얻을 수

있다.

$$h^2 + \zeta^2 = \omega^2 \mu_0 (\epsilon_d - \epsilon_0) \tag{10-294}$$

식 (10-293)과 (10-294)를 그래프적으로 또는 컴퓨터를 이용하여 풀면 ξ와 h를 구할 수 있다. 고유치가 구해지면 차단 주파수와 대응하는 원형 대칭 TM 모드의 다른 특성들이 결정될 수 있다.

위의 예에서 단지 클래드(clad)가 없는 동질의 광섬유 내에서 원형 대칭의 TM 모드에 대한 해석과정을 고찰하였다. 실제의 경우, 상업적으로 사용 가능한 광섬유는 크게 두 가지 형태가 있다. 하나는 계단형 굴절률 광섬유(step-index fiber)로서 중심부의 균질 유전체 코어와 낮은 굴절률을 갖는 물질로 외피가 구성되어 있다. 다른 하나로서 경사형 굴절률 광섬유(graded-index fiber)는 중심코어가 불균일한 굴절률 분포를 갖는다. 이와 관련된 자세한 연구는 이 책의 범위를 넘어선다.[6)]

10-7 공동공진기

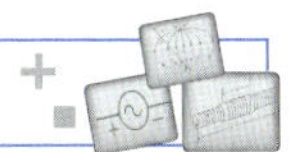

앞에서 UHF(300 MHz∼3 GHz) 또는 더 높은 주파수에서 통상의 R, L, C와 같은 집중회로 소자는 만들기가 어렵고 누설전자기장의 영향이 중요시된다고 지적했다. 동작 파장과 비슷한 크기를 갖는 회로는 유효한 복사체가 되고 다른 회로나 시스템에 간섭을 일으킨다. 보통의 도선회로(wire circuit)는 복사를 통한 에너지 손실과 표피효과의 결과로서 높은 유효저항을 갖는 경향이 있다. UHF와 더 높은 주파수에서 공진회로를 만들기 위해서는 도체벽으로 완전히 둘러싸여 있는 가운데가 비어 있는 도체 구조(공동: cavity)로 구성된다. 그러한 차폐된 도체 공동구조는 내부의 전자기장을 가두고 전류 흐름에 대해 큰 공간을 제공하며, 그래서 복사와 높은 저항효과를 제거한다. 이러한 차폐구조는 자연 공진 주파수와 아주 높은 Q(양호도 또는 품질계수: quality factor)를 가지며 **공동공진기**(cavity resonator)라 불린다. 이 절에서는 직사각형과 원형 공동공진기에 대해 고찰한다.

10-7.1 직사각형 공동공진기

양쪽 끝이 도체벽으로 막힌 직사각형 도파관을 생각해 보자. 공동의 내부 크기는 그림 10-24에서 a, b, 그리고 d이다. 잠시 그림의 프로브 여기(probe-excitation) 부분을 무시해 보자. 직사각형 도파관에서는 TM과 TE 모드 둘 다 존재하기 때문에 직사각형 공진기에도 역시 TM과 TE 모드가 존재할 것으로 생각된다. 그러나 공진기에서 TM과 TE 모드의 지정은 "전파의 방향"으로서

6) 예로서, D. Marcuse, *Theory of Dielectric Waveguides*, Academic Press, New York, 1974; A. W. Snyder and J. D. Love, *Optical Waveguide Theory*, Methuen Inc., New York, 1984.

x축, y축, z축 어디든지 선택할 수 있으므로 유일하지 못하다. 즉, 어떤 유일한 "축방향"이 존재하지 않는다. 예를 들면, z축에 관해 TE 모드가 y축에 관해 TM 모드일 수가 있다.

우리의 목적을 위해 "전파 방향" 기준으로 z축을 선택한다. 실제로, $z = 0$과 $z = d$에 도체벽이 존재하므로 배수의 반사가 일어나고 정재파가 만들어진다. 어떠한 파도 폐쇄된 공동에서는 전파되지 않는다. 세 가지 심볼 첨자(mnp)가 공동공진기에서 TM 혹은 TE 정재파 패턴을 나타내기 위해 필요하다.

TM_{mnp} 모드

도파관에서 TM_{mn} 모드의 횡방향 전자기장은 식 (10-132)와 식 (10-134)에서 (10-137)로 주어진다. z 방향으로 진행하는 파에 대한 축상의 변화는 식 (10-121)에서처럼 인자 $e^{-\gamma z}$ 혹은 $e^{-j\beta z}$으로 나타낸다. 이 파는 $z = d$에 있는 끝벽에 의해 반사될 것이다. $-z$ 방향으로 가는 반사파는 인자 $e^{j\beta z}$으로 나타낸다. $e^{-j\beta z}$를 가진 부분과 같은 크기[7]의 $e^{j\beta z}$ 부분과의 중첩은 $\sin \beta z$나 $\cos \beta z$ 형태의 정재파를 발생시킨다. 그것은 무엇일까? 질문에 대한 답은 특정한 전자기장 성분에 달려 있다.

횡방향 성분 $E_y(x, y, z)$을 생각하자. 도체면에서의 경계 조건은 $z = 0$과 $z = d$에서 0이어야 한다. 이것은 (1) z 의존성이 $\sin \beta z$이어야만 하고, (2) $\beta = p\pi/d$이어야만 한다는 것을 의미한다. 같은 논증이 다른 횡방향 전기장 성분 $E_x(x, y, z)$에 적용된다.

식 (10-134)와 (10-135)에서 인자$(-\gamma)$의 나타남은 z에 관한 미분의 결과이다. 인자$(-\gamma)$를 포함하지 않는 다른 전자기장 성분 $E_z(x, y, z)$, $H_x(x, y, z)$, 그리고 $H_y(x, y, z)$는 반드시 $\cos \beta z$에 따라 변화해야 한다. 그러면 식 (10-132)와 식 (10-134)에서 (10-137)까지를 통해 다음과 같은 직사각형

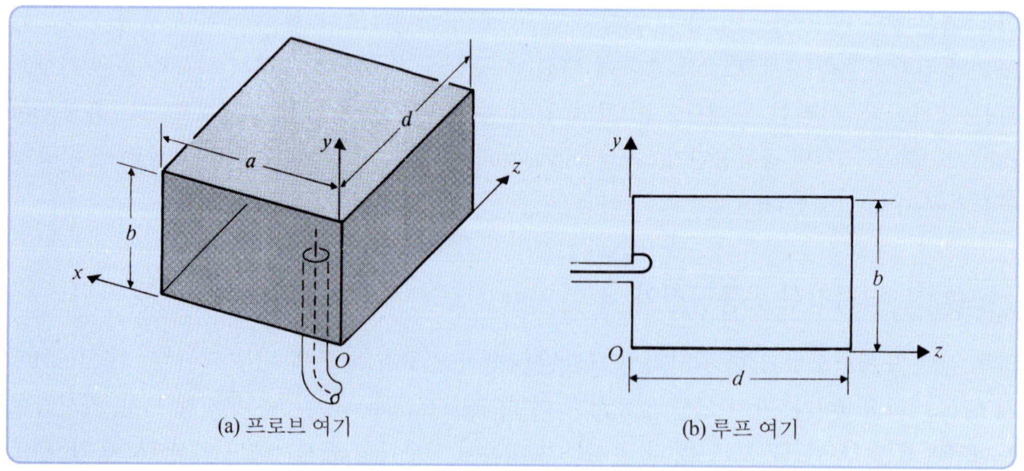

그림 10-24

동축선에 의한 공진기 모드의 여기

7) 완전도체에서 반사계수는 −1이다.

공동공진기의 TM_{mnp} 모드에 대한 전자기장 성분의 위상자를 구할 수 있다.

$$E_z(x, y, z) = E_0 \sin\left(\frac{m\pi}{a}x\right)\sin\left(\frac{n\pi}{b}y\right)\cos\left(\frac{p\pi}{d}z\right) \tag{10-295}$$

$$E_x(x, y, z) = -\frac{1}{h^2}\left(\frac{m\pi}{a}\right)\left(\frac{p\pi}{d}\right)E_0 \cos\left(\frac{m\pi}{a}x\right)\sin\left(\frac{n\pi}{b}y\right)\sin\left(\frac{p\pi}{d}z\right) \tag{10-296}$$

$$\text{E}_y(x, y, z) = -\frac{1}{h^2}\left(\frac{n\pi}{b}\right)\left(\frac{p\pi}{d}\right)E_0 \sin\left(\frac{m\pi}{a}x\right)\cos\left(\frac{n\pi}{b}y\right)\sin\left(\frac{p\pi}{d}z\right) \tag{10-297}$$

$$H_x(x, y, z) = \frac{j\omega\epsilon}{h^2}\left(\frac{n\pi}{b}\right)E_0 \sin\left(\frac{m\pi}{a}x\right)\cos\left(\frac{n\pi}{b}y\right)\cos\left(\frac{p\pi}{d}z\right) \tag{10-298}$$

$$H_y(x, y, z) = -\frac{j\omega\epsilon}{h^2}\left(\frac{m\pi}{a}\right)E_0 \cos\left(\frac{m\pi}{a}x\right)\sin\left(\frac{n\pi}{b}y\right)\cos\left(\frac{p\pi}{d}z\right) \tag{10-299}$$

여기서

$$h^2 = \left(\frac{m\pi}{a}\right)^2 + \left(\frac{n\pi}{b}\right)^2 \tag{10-300}$$

이다. 정수 m, n, p는 각각 x, y, z 방향에서의 반파 변화의 수를 나타낸다.

식 (10-138)에서 공진 주파수에 대한 다음과 같은 표현식을 얻을 수 있다.

$$\omega_{mnp} = \frac{1}{\sqrt{\mu\epsilon}}\sqrt{\left(\frac{m\pi}{a}\right)^2 + \left(\frac{n\pi}{b}\right)^2 + \left(\frac{p\pi}{d}\right)^2}$$

또는

$$f_{mnp} = \frac{u}{2}\sqrt{\left(\frac{m}{a}\right)^2 + \left(\frac{n}{b}\right)^2 + \left(\frac{p}{d}\right)^2} \qquad \text{(Hz)} \tag{10-301}$$

식 (10-301)에서 모드의 차수가 높아짐에 따라 공진 주파수가 증가한다는 사실을 명백히 알 수 있다.

TE_{mnp} 모드

TE_{mnp} 모드($E_z = 0$)에 대해 정재파 장 성분의 위상자 표현은 식 (10-158)과 식 (10-159)에서 식 (10-162)까지를 이용하여 나타낼 수 있다. TM_{mnp} 모드에 대해 사용했던 것처럼 같은 규칙을 따른다. 즉, (1) 횡방향(접선)의 전기장 성분은 $z = 0$과 $z = d$에서 0이어야 한다. (2) 인자 γ는 z에 관한 음(−)의 편미분을 가리킨다. 첫 번째 규칙은 $H_z(x, y, z)$에서뿐만 아니라 $E_x(x, y, z)$와 $E_y(x, y, z)$에 $\sin(p\pi z/d)$ 인자가 필요하다. 그리고 두 번째 규칙은 $H_x(x, y, z)$와 $H_y(x, y, z)$에서 $\cos(p\pi z/d)$인자와 γ 대신에 $-(p\pi/d)$로 대체하는 것이 필요하다. 따라서

$$H_z(x, y, z) = H_0 \cos\left(\frac{m\pi}{a}x\right)\cos\left(\frac{n\pi}{b}y\right)\sin\left(\frac{p\pi}{d}z\right) \tag{10-302}$$

$$E_x(x, y, z) = \frac{j\omega\mu}{h^2}\left(\frac{n\pi}{b}\right)H_0 \cos\left(\frac{m\pi}{a}x\right)\sin\left(\frac{n\pi}{b}y\right)\sin\left(\frac{p\pi}{d}z\right) \tag{10-303}$$

$$E_y(x, y, z) = -\frac{j\omega\mu}{h^2}\left(\frac{m\pi}{a}\right)H_0 \sin\left(\frac{m\pi}{a}x\right)\cos\left(\frac{n\pi}{b}y\right)\sin\left(\frac{p\pi}{d}z\right) \tag{10-304}$$

$$H_x(x, y, z) = -\frac{1}{h^2}\left(\frac{m\pi}{a}\right)\left(\frac{p\pi}{d}\right)H_0 \sin\left(\frac{m\pi}{a}x\right)\cos\left(\frac{n\pi}{b}y\right)\cos\left(\frac{p\pi}{d}z\right) \tag{10-305}$$

$$H_y(x, y, z) = -\frac{1}{h^2}\left(\frac{n\pi}{b}\right)\left(\frac{p\pi}{d}\right)H_0 \cos\left(\frac{m\pi}{a}x\right)\sin\left(\frac{n\pi}{b}y\right)\cos\left(\frac{p\pi}{d}z\right) \tag{10-306}$$

이 된다. h^2의 값은 식 (10-300)에 주어져 있다. 공진 주파수 f_{mnp}에 대한 수식은 식 (10-301)에서 TM_{mnp} 모드에 대해서 얻어진 것과 동일하다. 같은 공진 주파수를 갖는 다른 모드를 **축퇴 모드**(또는 중첩 모드: degenerate mode)라 부른다. 그래서 TM_{mnp}와 TE_{mnp} 모드는 모드 색인(mode index) 중 어느 것도 영이 아니라면 항상 중첩이 존재한다. 주어진 공진기 크기에 대해 가장 낮은 주파수를 갖는 모드를 **기본 모드**(예제 10-15 참조)라 한다.

공진기에서 TM 모드에 대한 전자기장 표현식 (10-295)에서 (10-299)까지를 조사하면 축방향과 횡방향의 전기장 성분은 다른 하나와 동위상이며, 자기장 성분에 대해 90° 위상차가 있음을 알 수 있다. 그러므로 무손실 공진기에서 반드시 그래야 되는 것처럼 어떤 방향에서 전송되는 시간-평균 포인팅 벡터와 시간-평균 전력은 0이다. 이것은 횡방향 전기장 성분이 횡방향 자기장 성분과 동위상이어서 시간-평균 전력이 파의 전파 방향으로 흐르는 도파관에서의 TM 모드에 대한 식 (10-132)와 식 (10-134)에서 (10-137)까지의 전자기장 표현식과 대조를 이룬다. 공동공진기(식 (10-302)에서 식 (10-306)까지)와 도파관(식 (10-158)에서 식 (10-162)까지)에서 TE 모드에 대한 전기장과 자기장 성분 사이의 마찬가지의 위상관계 또한 명확하다.

공동공진기(혹은 도파관)에서 특별한 모드는 작은 프로브 또는 루프 안테나에 의해 동축선으로부터 여기될 수 있다. 그림 10-24(a)에서 프로브는 동축 케이블의 내부 도체의 끝임을 보여준다. 그것은 원하는 모드에서 장이 최대가 되는 공동 내 위치로 들어가 있다. 사실상 프로브는 공동기 안으로 전자기에너지를 결합시키는 안테나이다. 다른 형태의 공동공진기는 원하는 모드의 자속이 최대가 되는 곳에서 작은 루프를 삽입하여 여기될 수 있다. 그림 10-24(b)는 이러한 배치를 설명하고 있다. 물론 동축선으로부터의 전자기파의 원천(source) 주파수는 공동에서 원하는 모드의 공진 주파수와 같은 것이어야만 한다.

예로서, $a \times b \times d$ 직사각형 공동에서는 TE_{101} 모드에 대해 단지 세 개의 0이 아닌 전자기장 성분이 존재한다.

$$E_y = -\frac{j\omega\mu a}{\pi} H_0 \sin\left(\frac{\pi}{a}x\right)\sin\left(\frac{\pi}{d}z\right) \tag{10-307}$$

$$H_x = -\frac{a}{d} H_0 \sin\left(\frac{\pi}{a}x\right)\cos\left(\frac{\pi}{d}z\right) \tag{10-308}$$

$$H_z = H_0 \cos\left(\frac{\pi}{a}x\right)\sin\left(\frac{\pi}{d}z\right) \tag{10-309}$$

이 모드는 그림 10-24(a)에서 보여진 것처럼 E_y가 최대인 윗면과 아랫면의 중심 영역에 삽입된 프로브에 의해 여기될 수 있다. 또는 그림 10-24(b)에서 보여진 것처럼 앞면과 뒷면에 놓여 있는 최대 H_z와 결합하는 루프에 의해 여기될 수 있다. 프로브와 루프의 가장 좋은 위치는 공진기가 일부로 포함되는 마이크로파 회로의 임피던스 정합 요구 조건에 영향을 받는다.

도파관에서 공동공진기로 에너지를 결합시키기 위해 주로 사용하는 방법은 공동기 벽의 적당한 위치에 구멍이나 아이리스를 사용하는 것이다. 구멍에서 도파관의 전자기장은 공진기에서 원하는 모드를 여기시키기에 좋은 성분을 반드시 가지고 있어야 한다.

예제 10-15 (a) $a > b > d$, (b) $a > d > b$, (c) $a = b = d$에 대해 공기로 가득 찬 직사각형 공동공진기에서 기본 모드와 그들의 주파수를 결정하라. 여기서 a, b, d는 x, y, z 방향에서의 크기이다.

풀이 일반적으로 "전파 방향"의 기준으로 z축을 선택한다. 첫째, TM_{mnp} 모드에 대해 식 (10-295)에서 (10-299)까지는 m과 n이 0이 아님을 보여준다. 그러나 p는 0일 수 있다. 둘째, TE_{mnp} 모드에 대해 식 (10-302)에서 (10-306)까지는 p는 0일 수가 없고 m과 n 중 어느 하나(둘 다는 아니고)는 0일 수 있다. 그러므로 가장 낮은 차수의 모드는 다음과 같다.

$$TM_{110}, \quad TE_{011}, \quad TE_{101}$$

TM과 TE 모드에 대한 공진 주파수는 식 (10-301)에 의해 주어진다.

(a) $a > b > d$에 대한 가장 낮은 공진 주파수는

$$f_{110} = \frac{c}{2}\sqrt{\frac{1}{a^2} + \frac{1}{b^2}} \tag{10-310}$$

이다. 여기서 c는 자유공간에서의 빛의 속도이다. 그러므로 TM_{110}이 기본 모드이다.

(b) $a > d > b$에 대한 가장 낮은 공진 주파수는

$$f_{101} = \frac{c}{2}\sqrt{\frac{1}{a^2} + \frac{1}{d^2}} \tag{10-311}$$

이고, TE_{101} 모드가 기본 모드이다.

(c) $a = b = d$에 대해 세 개의 낮은 차수의 모드(즉, TM_{110}, TE_{011}, TE_{101}) 모두는 같은 전자기장 패턴을 갖는다. 이러한 축퇴 모드의 공진 주파수는 다음과 같다.

$$f_{110} = \frac{c}{\sqrt{2}a} \tag{10-312}$$

10-7.2 공동공진기의 양호도

공동공진기는 임의의 특정 모드에 대한 전기장과 자기장 내에 에너지를 저장한다. 임의의 특정 공진기에서 벽은 유한한 도전율을 갖고(0이 아닌 표면저항), 결과적으로 발생하는 전력 손실은 저장된 에너지의 감소를 야기시킨다. 공진회로에서와 같이 공진기의 **양호도** Q는 공진기 대역폭을 측정하는 도구이고 다음과 같이 정의된다.

$$Q = 2\pi \frac{\text{공진주파수에서 저장된 시간-평균 에너지}}{\text{공진주파수의 한 주기 동안에 손실된 에너지}} \quad (\text{단위 없음}) \tag{10-313}$$

W를 공동공진기의 총 시간-평균 에너지라고 하면,

$$W = W_e + W_m \tag{10-314}$$

처럼 쓸 수 있다. 여기서 W_e와 W_m은 각각 전기장과 자기장에 저장된 에너지를 뜻한다. 만약 P_L이 공진에서 소비되는 시간-평균 전력이라면, 이때 한 주기 동안 소비되는 에너지는 P_L을 주파수로 나눈 것이다. 따라서 식 (10-313)은 다음과 같이 쓸 수 있다.

$$Q = \frac{\omega W}{P_L} \quad (\text{단위 없음}) \tag{10-315}$$

공진 주파수에서 공동의 Q를 결정할 때 손실이 없는 전자기장 패턴의 사용을 허용할 만큼 손실이 작다는 것을 가정하는 것이 관례이다.

식 (10-307), (10-308), 그리고 (10-309)에서 주어진 세 개의 0이 아닌 전자기장 성분을 갖는 TE_{101} 모드에 대해 $a \times b \times d$ 공동기의 Q를 알게 될 것이다.

저장된 시간-평균 전기장에너지는 다음과 같다.

$$\begin{aligned} W_e &= \frac{\epsilon_0}{4}\int |E_y|^2\, dv \\ &= \frac{\epsilon_0 \omega^2 \mu_0^2 \pi^2}{4h^4 a^2} H_0^2 \int_0^d \int_0^b \int_0^a \sin^2\left(\frac{\pi}{a}x\right) \sin^2\left(\frac{\pi}{d}z\right) dx\, dy\, dz \\ &= \frac{\epsilon_0 \omega_{101}^2 \mu_0^2 a^2}{4\pi^2} H_0^2 \left(\frac{a}{2}\right) b \left(\frac{d}{2}\right) = \frac{1}{4}\epsilon_0 \mu_0^2 a^3 b d f_{101}^2 H_0^2 \end{aligned} \tag{10-316}$$

여기서 식 (10-300)으로부터 $h^2 = (\pi/a)^2$을 사용한다. 저장된 시간-평균 자기장에너지는 다음과 같다.

$$
\begin{aligned}
W_m &= \frac{\mu_0}{4}\int\{|H_x|^2 + |H_z|^2\}\,dv \\
&= \frac{\mu_0}{4}H_0^2\int_0^d\int_0^b\int_0^a\left\{\frac{\pi^4}{h^4a^2d^2}\sin^2\left(\frac{\pi}{a}x\right)\cos^2\left(\frac{\pi}{d}z\right)\right. \\
&\quad \left. + \cos^2\left(\frac{\pi}{a}x\right)\sin^2\left(\frac{\pi}{d}z\right)\right\}dx\,dy\,dz \\
&= \frac{\mu_0}{4}H_0^2\left\{\frac{a^2}{d^2}\left(\frac{a}{2}\right)b\left(\frac{d}{2}\right) + \left(\frac{a}{2}\right)b\left(\frac{d}{2}\right)\right\} = \frac{\mu_0}{16}abd\left(\frac{a^2}{d^2}+1\right)H_0^2
\end{aligned} \tag{10-317}
$$

이다. 식 (10-311)로부터 TE_{101} 모드에 대한 공진 주파수는 다음과 같다.

$$
f_{101} = \frac{1}{2\sqrt{\mu_0\epsilon_0}}\sqrt{\frac{1}{a^2}+\frac{1}{d^2}} \tag{10-318}
$$

식 (10-316)에 식 (10-318)의 f_{101}을 대입하면 공진 주파수에서 $W_e = W_m$임을 증명할 수 있다. 그러므로

$$
W = 2W_e = 2W_m = \frac{\mu_0 H_0^2}{8}abd\left(\frac{a^2}{d^2}+1\right) \tag{10-319}
$$

이다. P_L을 찾기 위한 단위면적당 전력 손실은 다음과 같다.

$$
\mathscr{P}_{av} = \tfrac{1}{2}|J_s|^2R_s = \tfrac{1}{2}|H_t|^2R_s \tag{10-320}
$$

여기서 $|H_t|$는 공동 벽에서 자기장의 접선 성분의 크기를 가리킨다. $z = d$(뒤)에서 전력 손실은 $z = 0$(앞) 벽에서의 전력 손실과 같다. 비슷하게, $x = a$(왼쪽) 벽에서 전력 손실은 $x = 0$(오른쪽) 벽에서와 같다. 그리고 $y = b$(위) 벽에서 전력 손실은 $y = 0$(아래) 벽에서와 같다. 따라서

$$
\begin{aligned}
P_L &= \oint \mathscr{P}_{av}\,ds = R_s\left\{\int_0^b\int_0^a|H_x(z=0)|^2\,dx\,dy + \int_0^d\int_0^b|H_z(x=0)|^2\,dy\,dz\right. \\
&\quad \left. + \int_0^d\int_0^a|H_x|^2\,dx\,dz + \int_0^d\int_0^a|H_z|^2\,dx\,dz\right\} \\
&= \frac{R_sH_0^2a}{2}\left\{\frac{a^2}{d}\left(\frac{b}{d}+\frac{1}{2}\right) + d\left(\frac{b}{a}+\frac{1}{2}\right)\right\}
\end{aligned} \tag{10-321}
$$

을 얻을 수 있다. 식 (10-315)에 식 (10-319)와 (10-321)을 사용하면 다음 식이 얻어진다.

$$
Q_{101} = \frac{\pi f_{101}\mu_0 abd(a^2+d^2)}{R_s[2b(a^3+d^3) + ad(a^2+d^2)]} \quad (TE_{101}\text{ 모드}) \tag{10-322}
$$

여기서 f_{101}은 식 (10-318)로 주어진다.

예제 10-16 (a) 속이 빈 구리로 만들어진 입방체 공동기가 10 (GHz)의 기본 공진 주파수를 갖기 위한 공동기의 크기는 얼마인가? (b) 그 주파수에서 Q를 구하라.

풀이

(a) $a = b = d$인 입방체 공동기에 대해서 예제 10-15로부터 TM_{110}, TE_{011}, 그리고 TE_{101}은 같은 전자기장 패턴을 갖는 중첩된 기본 모드임을 알 수 있고

$$f_{101} = \frac{3 \times 10^8}{\sqrt{2}a} = 10^{10} \quad \text{(Hz)}$$

이므로

$$a = \frac{3 \times 10^8}{\sqrt{2} \times 10^{10}} = 2.12 \times 10^{-2} \quad \text{(m)}$$
$$= 21.2 \quad \text{(mm)}$$

이 된다.

(b) 입방체 공동기에 대한 식 (10-322)의 Q에 대한 표현식은 다음과 같이 간단해진다.

$$Q_{101} = \frac{\pi f_{101}\mu_0 a}{3R_s} = \frac{a}{3}\sqrt{\pi f_{101}\mu_0\sigma} \tag{10-323}$$

$\sigma = 5.80 \times 10^7$ (S/m)인 구리에 대해 다음을 얻는다.

$$Q_{101} = \left(\frac{2.12}{3} \times 10^{-2}\right)\sqrt{\pi 10^{10}(4\pi 10^{-7})(5.80 \times 10^7)} = 10{,}700$$

공동공진기의 Q는 집중 L-C 공진회로로부터 얻을 수 있는 Q와 비교해 볼 때 대단히 높다. 실제로는 앞에서의 값보다 여기 형태와 표면의 불규칙성으로 인해 어느 정도 낮다.

10-7.3 원형 공동공진기

직사각형 도파관으로부터 직사각형 공동공진기를 구성하는 것과 유사한 방법으로 원형 도파관의 양 끝에 도체벽을 두어서 원형 공동공진기를 만들 수 있다. 간단히 z 방향으로 변화가 없는 반지름 a의 원형 도파관 내에서의 TM_{01} 모드를 살펴보자. 도파관의 양 끝은 거리 $d(< 2a)$만큼 떨어져서 도체판으로 단락되어 원형 공진기를 형성한다. 공진기 내부의 전자기장 성분은 식 (10-218)과 (10-224)에 $n = 0$을 대입하고 식 (10-227)을 이용하면 다음과 같이 된다.

$$E_z = C_0 J_0(hr) = C_0 J_0\left(\frac{2.405}{a}r\right) \tag{10-324}$$

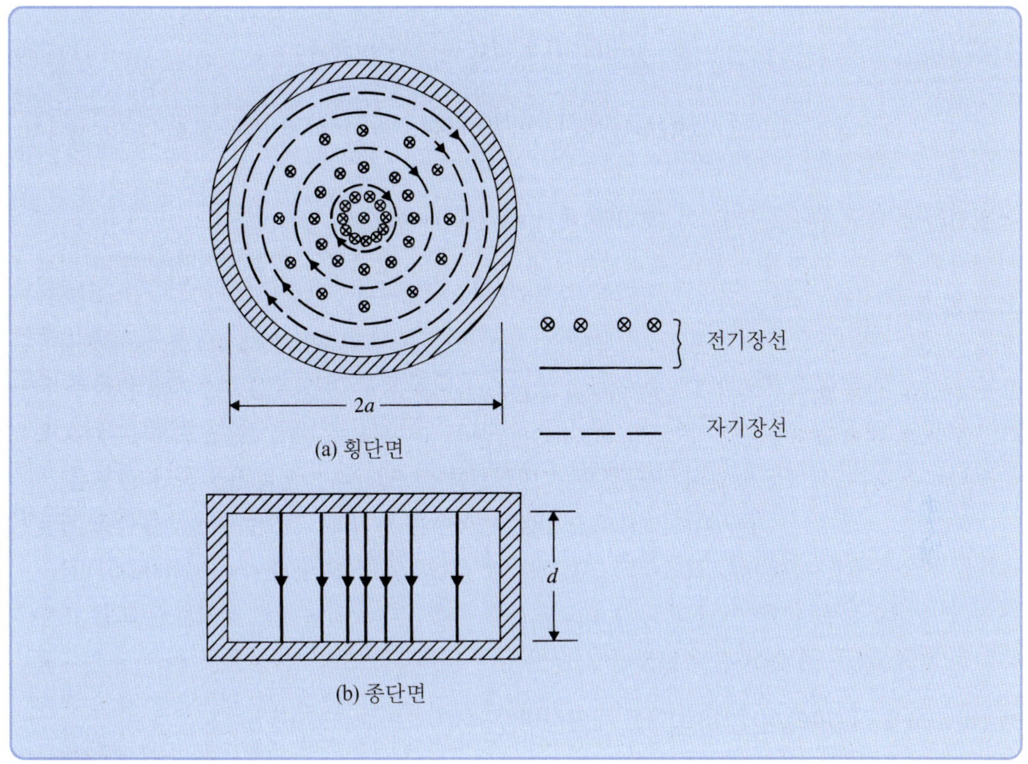

그림 10-25
원형 공동공진기의 TM_{010} 전자기장 패턴

$$H_\phi = -\frac{jC_0}{\eta_0}J_0'(hr) = \frac{jC_0}{\eta_0}J_1\left(\frac{2.405}{a}r\right) \tag{10-325}$$

여기서 $J_0'(hr) = -J_1(hr)$의 관계가 사용된다. 그림 10-25에 원형 공진기 TM_{010} 모드의 전기장과 자기장의 패턴을 횡단면과 종단면에 대해 나타내었다. 식 (10-324)와 (10-325)로부터 전기장과 자기장은 90° 위상차가 있으며, 결과적으로 공진기 벽에서 전력 손실은 없다. 실제로, 공진기 벽은 유한한 도전율과 0이 아닌 표면저항을 갖는다. 벽에서 전력 손실이 존재하고 공진기 양호도 Q는 무한하지 않다. 공진기의 Q를 계산하기 위해 식 (10-315)를 적용하고 직사각형 공진기에 대해서 했던 앞 절의 과정을 따른다. 저손실 공진기 내부에서 전자기장 세기는 무손실 공진기에서와 대략적으로 같다고 가정한다.

반지름 a와 길이 d를 갖는 원형 공동공진기의 TM_{010} 모드에 대한 양호도 Q를 구해보자. 전자기장 성분은 식 (10-324)와 (10-325)로 주어진다. 저장된 시간-평균 에너지는 다음과 같다.

$$W = 2W_e = \frac{\epsilon_0}{2}\int_V |E_z|^2\,dv$$

$$= \frac{\epsilon_0 C_0^2}{2}(2\pi d)\int_0^a J_0^2\left(\frac{2.405}{a}r\right)r\,dr \qquad (10\text{-}326)$$

$$= (\pi\epsilon_0 d)C_0^2\left[\frac{a^2}{2}J_1^2(2.405)\right]$$

단위면적당 평균 손실전력은 식 (10-320)에서 주어진다. 여기서 $H_t = H_\phi$이고, 공진기 양 끝의 평행판에 흐르는 반지름 방향의 표면전류 $\mathbf{J}_r$과 원통 벽의 내부에 균일한 종방향의 표면전류 $\mathbf{J}_z$가 존재한다.

$$\begin{aligned} P_L &= \frac{R_s}{2}\left\{2\int_0^a |J_r|^2 2\pi r\,dr + (2\pi ad)|J_z|^2\right\} \\ &= \pi R_s\left\{2\int_0^a |H_\phi|^2 r\,dr + (ad)|H_\phi(r=a)|^2\right\} \\ &= \frac{\pi R_s C_0^2}{\eta_0^2}\left\{2\int_0^a rJ_1^2\left(\frac{2.405}{a}r\right)dr + (ad)J_1^2(2.405)\right\} \\ &= \frac{\pi a R_s C_0^2}{\eta_0^2}(a+d)J_1^2(2.405) \end{aligned} \qquad (10\text{-}327)^{8)}$$

식 (10-315)에 식 (10-326)과 (10-327)을 대입하면,

$$Q = \left(\frac{\eta_0}{R_s}\right)\frac{2.405}{2(1+a/d)} \quad (\mathrm{TM}_{010}\text{ 모드}) \qquad (10\text{-}328)$$

이 된다. 여기서 $R_s = \sqrt{\pi f \mu_0/\sigma}$는 TM_{010} 모드에 대한 공진 주파수에서 계산되며, 식 (10-227)과 (10-228)로부터

$$(f)_{\mathrm{TM}_{010}} = \frac{2.405}{2\pi a\sqrt{\mu_0\epsilon_0}} = \frac{0.115}{a} \quad (\mathrm{GHz}) \qquad (10\text{-}329)$$

가 된다.

예제 10-17 속이 빈 원형 실린더 공동공진기의 길이 d가 이것의 지름 $2a$와 같고 구리로 구성되어 있다. (a) TM_{010}에서 10 (GHz)의 공진 주파수를 가질 때 a와 d를 결정하라. (b) 공진 시 공진기의 Q를 구하라.

8) 다음의 관계식이 사용되었다.

$$\int J_n^2(hr)r\,dr = \frac{r^2}{2}\left[J_n'^2(hr) + \left(1-\frac{n^2}{h^2r^2}\right)J_n^2(hr)\right],\ J_1'(hr) = J_0(hr) - \frac{1}{hr}J_1(hr),\ \text{and } J_0(ha) = 0$$

풀이

(a) 식 (10-329)에서

$$\frac{0.115}{a} = 10$$

또는

$$a = 1.15 \times 10^{-2}\ (\text{m}) = 1.15 \quad (\text{cm})$$

이다. 그러므로

$$d = 2a = 2.30 \quad (\text{cm})$$

이다.

(b)

$$R_s = \sqrt{\frac{\pi f \mu_0}{\sigma}} = \sqrt{\frac{\pi \times 10^{10} \times (4\pi 10^{-7})}{5.80 \times 10^7}} = 2.61 \times 10^{-2} \quad (\Omega)$$

식 (10-328)로부터 다음을 얻을 수 있다.

$$Q = \left(\frac{377}{2.61 \times 10^{-2}}\right)\frac{2.405}{2(1 + 1/2)} = 11{,}580$$

이 예제의 결과를 예제 10-16의 같은 주파수에서 공진이 일어나는 비교할 만한 크기의 직사각형 공동공진기에서 얻어진 결과와 비교하는 것은 흥미로운 일이다.

위 두 종류의 공진기는 대략 같은 체적을 가지나, 직사각형 공진기의 총 표면적은 대략 8.2% 크다. 표면적이 크면 클수록 전력 손실이 커지고 Q 값이 낮아진다. 원형 공진기의 Q 값은 대략 8.2% 높다.

	원형 공진기	직사각형 공진기
주파수에서 공진 모드	TM_{010} 10 (GHz)	TE_{101} 10 (GHz)
크기	지름 $2a = 2.30$ (cm) 길이 $d = 2.30$ (cm)	$a = b = d = 2.12$ (cm)
체적	$\pi a^2 d = 9.56\ (\text{cm}^3)$	$a \times b \times d = 9.53\ (\text{cm}^3)$
총 면적	$2(\pi a^2) + (2\pi ad) = 24.93\ (\text{cm}^2)$	$6a^2 = 26.97\ (\text{cm}^2)$
Q	11,580	10,700

복습 질문
Review Question

R.10-1 일반적인 전송선은 마이크로파 주파수 대역에서 왜 TEM 모드의 장거리 신호 전송에 유용하지 않은가?

R.10-2 도파관의 차단 주파수는 무엇을 의미하는가?

R.10-3 도선(wire)에 연결된 집중 회로소자 구성 성분들은 왜 마이크로파 주파수 대역의 공진회로로서 유용하지 않은가?

R.10-4 균일한 단면을 갖는 직선 도파관의 유전체 영역에서 전기장과 자기장 세기의 위상자에 대한 주요 방정식은 무엇인가?

R.10-5 균일한 도파관을 전파하는 기본적인 세 가지 형태의 파(wave)는 무엇인가?

R.10-6 파동 임피던스를 정의하라.

R.10-7 단일 도체의 속이 빈 도파관이나 유전체가 가득 채워진 도파관에서 TEM 파가 도파할 수 없는 이유를 설명하라.

R.10-8 도파관에서 TM 파의 특성을 조사하기 위한 해석과정을 논하라.

R.10-9 도파관에서 TE 파의 특성을 조사하기 위한 해석과정을 논하라.

R.10-10 경계치 문제의 고유치란 무엇인가?

R.10-11 도파관은 하나 이상의 차단 주파수를 가질 수 있는가? 도파관의 차단 주파수는 어떤 요소에 의존하는가?

R.10-12 소멸 모드란 무엇인가?

R.10-13 도파관에서 전파하는 파의 관내 파장은 무한 유전체 매질에서 대응하는 파장보다 긴가 혹은 짧은가?

R.10-14 도파관에서 파동 임피던스는 어떤 식으로 주파수에 의존하는가?
(a) 전파하는 TEM 파
(b) 전파하는 TM 파
(c) 전파하는 TE 파

R.10-15 순 리액티브 파동 임피던스의 의미는 무엇인가?

R.10-16 도파관에서 어떤 전파 모드가 분산하는지 $\omega-\beta$ 다이어그램을 통해 말할 수 있는가? 설명하라.

R.10-17 $\omega-\beta$ 다이어그램으로부터 전파 모드의 위상 속도와 군속도를 어떻게 결정하는지 설명하라.

R.10-18 고유 모드의 의미가 무엇인가?

R.10-19 평행판 도파관의 차단 주파수가 의존하는 요소는 무엇인가?

R.10-20 도파관의 기본 모드는 무엇을 의미하는가? 평행판 도파관의 기본 모드는 무엇인가?

R.10-21 평행판 도파관에서 파장의 길이가 3 (cm)인 TM 파와 TE 파가 평행판의 간격이 1 (cm) 또는 2 (cm) 어느 크기에서 전파할 수 있는가? 설명하라.

R.10-22 평행판 도파관에서 TM_0, TM_n, $TM_m (m > n)$ 모드의 차단 주파수를 비교하라.

R.10-23 에너지 전송 속도를 정의하라.

R.10-24 평행판 도파관의 TM 모드와 TE 모드에 대해 유전체 손실로 인한 감쇠상수는 주파수에 따라 증가하는가 혹은 감소하는가?

R.10-25 TEM, TM, TE 모드의 평행판 도파관에서 유한 크기의 도체판 도전율 때문에 나타나는 감쇠에 대해 주파수 동작의 기본적인 차이를 설명하라.

R.10-26 직사각형 도파관의 TM 파에 대해 E_z가 만족해야 하는 경계 조건을 서술하라.

R.10-27 직사각형 도파관에서 모든 TM 모드 중에서 어느 TM 모드가 가장 낮은 차단 주파수를 갖는가?

R.10-28 직사각형 도파관의 TE 파에 대해 H_z가 만족되어야 하는 경계 조건을 서술하라.

R.10-29 만일 직사각형 도파관이 (a) $a > b$, (b) $a < b$, (c) $a = b$라면, 어떤 모드가 기본 모드인가?

R.10-30 직사각형 도파관에서 TE_{10} 모드의 차단 파장은 얼마인가?

R.10-31 TE_{10} 모드 직사각형 도파관에서 0이 아닌 전자기장 성분은 어느 것인가?

R.10-32 도파관의 유전체 매질에서 손실에 의한 감쇠상수의 주파수의존성을 논의하라.

R.10-33 TE_{10} 모드 직사각형 도파관에서 관벽 손실에 의해 나타나는 일반적인 감쇠 동작을 주파수의 함수로서 논의하라.

R.10-34 TM_{11} 모드 직사각형 도파관에서 관벽 손실에 의해 나타나는 일반적인 감쇠 동작을 주파수의 함수로서 논의하라.

R.10-35 직사각형 도파관의 단면 a와 b의 크기를 선택하는 데 영향을 주는 요소는 무엇인가?

R.10-36 도파관에서 어떤 형태의 아이리스를 갖는 도체 칸막이가 병렬 용량성 서셉턴스를 제공하는지 혹은 병렬 유도성 서셉턴스를 제공하는지 설명하라.

R.10-37 어떤 상황에서 베셀 미분 방정식이 생기게 되는가?

R.10-38 1종 베셀 함수의 일반적인 성질을 시술하라.

R.10-39 왜 2종 베셀 함수는 속이 빈 원형 도파관에서 전파하는 파의 해석에 유용하지 않은가?

R.10-40 어떤 모드가 원형 도파관의 기본 모드인가?

R.10-41 원형 도파관의 TE_{11} 파는 같은 주파수에서 TM_{01} 파를 전파하기 위해 필요한 도파관 지름의 76.5% 크기의 도파관에서 전파한다. 그 이유를 설명하라.

R.10-42 원형 도파관에서 TE_{0n} 모드의 감쇠상수의 독특한 특성은 무엇인가?

R.10-43 유전체 판 도파관에서 유전체 판의 유전율이 왜 주변 매질의 유전율보다 커야 하는가?

R.10-44 분산관계란 무엇인가?

R.10-45 유전체 판 도파관은 무한한 수의 개별 TM과 TE 모드를 지원할 수 있는가? 설명하라.

R.10-46 어떤 종류의 표면이 TM 표면파를 지원할 수 있는가? TE 파는 어떠한가?

R.10-47 유전체 판 도파관의 기본 모드는 무엇인가? 차단 주파수는 무엇인가?

R.10-48 유전체 판 도파관 외부의 파의 감쇠는 판두께에 따라 증가하는가 혹은 감소하는가?

R.10-49 유전체 판 도파관의 횡방향으로 전송되는 시간-평균 전력은 전파 모드에 어떻게 종속되는가?

R.10-50 어떤 종류의 베셀 함수가 광섬유 내부와 주변에서 파의 움직임을 위한 해석에 적당한가? 설명하라.

R.10-51 공동공진기란 무엇인가? 그들의 가장 바람직한 성질은 무엇인가?

R.10-52 공동공진기에서 전자기장 패턴은 진행파인가 혹은 정재파인가? 이들은 도파관에서와 어떻

게 다른가?

R.10-53 전자기장 패턴 항에서 TM_{110} 모드는 무엇을 의미하는가? TE_{123} 모드는?

R.10-54 $a \times b \times d$ 치수를 갖는 직사각형 공동공진기에서 TM_{mnp} 모드의 공진 주파수 표현식을 나타내어라. TE_{mnp} 모드에 대해서도 나타내어라.

R.10-55 축퇴 모드는 무엇을 의미하는가?

R.10-56 직사각형 공동공진기에서 가장 낮은 차수의 모드는 무엇인가?

R.10-57 공진기의 양호도 Q를 정의하라.

R.10-58 공동공진기의 Q에 대한 공식을 유도하는 데 기본적인 가정은 무엇인가?

R.10-59 TM_{010} 모드로 동작하는 원형 공동공진기에 존재하는 전자기장 성분은 무엇인가?

R.10-60 원형 공동공진기의 Q는 공진기 길이의 증가에 따라 증가하는가 혹은 낮아지는가? 물리적 추론을 사용하여 설명하라.

R.10-61 공동공진기에서 측정된 Q가 계산된 값보다 더 낮은 이유를 설명하라.

연습문제
Problem

P.10-1 균일한 임의의 단면을 갖는 직선 도파관에서 파의 동작을 살펴볼 때, 횡방향 전자기장 성분을 나타내는 일반적인 공식을 종방향의 성분을 사용하여 구하는 것이 편리하다. 따라서

$$\mathbf{E} = \mathbf{E}_T + \mathbf{a}_z E_z$$
$$\mathbf{H} = \mathbf{H}_T + \mathbf{a}_z H_z$$
$$\boldsymbol{\nabla} = \boldsymbol{\nabla}_T + \mathbf{a}_z \frac{\partial}{\partial z}$$

와 같이 나타낸다. 여기서 첨자 T는 "횡방향"을 의미한다. 시정현파 여기(time-harmonic excitation)에 대한 다음 관계를 증명하라.

(a) $$\mathbf{E}_T = -\frac{1}{h^2}(\gamma \boldsymbol{\nabla}_T E_z - \mathbf{a}_z j\omega\mu \times \boldsymbol{\nabla}_T H_z) \quad (10\text{-}330)$$

(b) $$\mathbf{H}_T = -\frac{1}{h^2}(\gamma \boldsymbol{\nabla}_T H_z + \mathbf{a}_z j\omega\epsilon \times \boldsymbol{\nabla}_T E_z) \quad (10\text{-}331)$$

단, h^2은 식 (10-15)로 주어진다.

P.10-2 직사각형 도파관에서 10-2절의 적절한 관계를 사용하여,

(a) u_g/u와 β/k 대 f_c/f의 일반적인 원 다이어그램을 그려라.

(b) u/u_p, β/k, λ_g/λ 대 f_c/f의 일반적인 그래프를 그려라.

(c) $f = 1.25f_c$에서 u_p/u, u_g/u, β/k, 그리고 λ_g/λ를 찾아라.

P.10-3 유전체 판의 두께 b, 구성 특성변수 (ϵ, μ)에 의해 분리되는 평행판 도파관의 $\omega-\beta$ 다이어그램을 TM_1, TM_2, TM_3 모드에 대해 그려라. 그리고 다음을 논의하라.

(a) b와 특성변수들은 다이어그램에 어떻게 영향을 미치는가?

(b) 같은 곡선이 TE 모드에서도 적용되는가?

P.10-4 평행판 도파관의 도체판에서 TM_n 모드의 면전하밀도와 표면전류밀도에 대한 표현식을 구하라. 두 판상의 전류는 같은 방향으로 흐르는가 혹은 다른 방향으로 흐르는가?

P.10-5 평행판 도파관의 도체판에서 TE_n 모드의 표면전류밀도를 위한 표현식을 구하라. 두 판상의 전류는 같은 방향으로 흐르는가 혹은 다른 방향으로 흐르는가?

P.10-6 평행판 도파관에서 (a) TM_2 모드와 (b) TE_2 모드에 대한 전기장선과 자기장선을 그려라.

P.10-7 무손실 평행판 도파관에서 TE_n 모드의 에너지 전송 속도를 차단 주파수를 사용하여 나타내어라.

P.10-8 두께 5 (cm)의 손실 유전체($\epsilon_r = 2.25$, $\mu_r = 1$, $\sigma = 10^{-10}$ (S/m))로 분리된 구리판($\sigma_c = 5.80 \times 10^7$ (S/m))으로 만들어진 평행판 도파관이 있다. 동작 주파수 10 (GHz)에서 (a) TEM 모드, (b) TM_1 모드, (c) TM_2 모드에 대한 β, α_d, α_c, u_g, λ_g를 구하라.

P.10-9 (a) TE_1 모드, (b) TE_2 모드에 대해 연습문제 P.10-8을 반복하라.

P.10-10 평행판 도파관에서,

(a) TM_n 모드에 한 도체 손실로 인한 감쇠상수가 최소가 되는 주파수를 차단 주파수 f_c를 사용하여 찾아라.

(b) 최소 감쇠상수에 대한 공식을 구하라.

(c) 만약 평행판이 구리이고 공기 중에서 5 (cm) 간격으로 떨어져 있다면, TM_1 모드에 대한 최소 α_c를 계산하라.

P.10-11 두 개의 완전도체 무한 평면으로 공기 중에서 3 (cm) 떨어져 있는 평행판 도파관이 주파수 10 (GHz)에서 동작되고 있다. 다음 모드에 대해 전압 파괴(voltage breakdown) 없이 도파관의 단위폭당 전파될 수 있는 최대 시간-평균 전력을 구하라.

(a) TEM 모드 (b) TM_1 모드 (c) TE_1 모드

P.10-12 새로운 수식 유도 없이 대략적으로 직사각형 도파관의 전형적인 xy-평면에서 다음 모드에 대한 전기장선과 자기장선을 그려라.

(a) 그림 10-11(a)의 확장을 통한 TM_{21} 모드

(b) 그림 10-12(a)의 확장을 통한 TE_{11} 모드

전자기장선의 밀도는 적절한 사인과 코사인 변화를 보여야 한다.

P.10-13 TM_{11}로 동작하는 $a \times b$ 직사각형 도파관에 대해,

(a) 도체벽에서 표면전류밀도의 표현을 유도하라.

(b) $x = 0$, $y = b$에서 벽의 표면전류를 그려라.

P.10-14 공기로 가득 찬 S 대역 표준 직사각형 도파관은 크기가 $a = 7.21$ (cm)와 $b = 3.40$ (cm)이다. 다음의 파장을 갖는 전자기파를 전송하기 위해서는 어떠한 모드 형태가 사용되어질 수 있는가?

(a) $\lambda = 10$ (cm) (b) $\lambda = 5$ (cm)

P.10-15 무손실 $a \times b$ 직사각형 도파관에서 TE_{10} 모드의 에너지 전송 속도를 차단 주파수를 사용하여 결정하라.

P.10-16 다음의 $a \times b$ 직사각형 도파관에서 TE_{01}, TE_{10}, TE_{11}, TE_{02}, TE_{20}, TM_{11}, TM_{12}, TM_{22} 모드에 대한 차단 주파수(기본 모드의 차단 주파수를 사용하여)를 계산하고 오름차순으로 나열하라.

(a) $a = 2b$　　(b) $a = b$

P.10-17 공기로 가득 찬 $a \times b(b < a < 2b)$ 직사각형 도파관이 3 (GHz)에서 기본 모드로 동작되도록 되어 있다. 동작 주파수가 기본 모드의 차단 주파수보다 적어도 20% 더 높고 그 다음의 고차 모드보다는 적어도 20% 이하가 되기를 원한다.

(a) 크기 a와 b에 대한 전형적인 설계를 제시하라.

(b) 동작 주파수에서의 β, u_p, λ_g와 파동 임피던스를 계산하라.

P.10-18 7.5 (GHz)에서 동작하는 다음의 2.5 (cm) × 1.5 (cm) 직사각형 도파관에 대해 β, u_p, λ_g, $Z_{\mathrm{TE}_{01}}$을 계산하고 비교하라.

(a) 속이 빈 도파관

(b) $\epsilon_r = 2$, $\mu_r = 1$, $\sigma = 0$에 의해 특성짓는 유전체 매질로 채워진 도파관

P.10-19 3 (GHz)에서 기본 모드로 동작하는 치수 $a = 7.20$ (cm)와 $b = 3.40$ (cm)의 구리로 만든 직사각형 도파관이 있다. 내부는 공기로 채워져 있다. 다음을 구하라. (a) f_c, (b) λ_g, (c) α_c, (d) 전파하는 전자기장의 세기가 50%까지 감쇠되는 거리

P.10-20 단면 $a = 2.25$ (cm), $b = 1.00$ (cm)이고 길이 1 (m)인 공기로 채워진 직사각형 구리 도파관으로 10 (GHz)에서 TE_{10} 모드 1 (kW)의 평균 전력이 안테나에 전송된다. 다음을 구하라.

(a) 도체 손실에 의한 감쇠상수

(b) 도파관 내에서 전기장과 자기장 세기의 최대치

(c) 도체벽에서 표면전류밀도의 최대치

(d) 도파관 내에서 소비되는 평균 전력의 총량

P.10-21 10 (GHz)에서 전압 파괴 없이 TE_{10} 모드로 $a = 2.25$ (cm), $b = 1.00$ (cm)인 공기로 채워진 직사각형 도파관을 통해 전송할 수 있는 평균 전력의 최대량을 구하라.

P.10-22 TE_{10} 모드 $a \times b$ 직사각형 도파관에서 도체 손실로 인한 감쇠상수가 최소가 되는 (f/f_c)의 값을 결정하라. 2 (cm) × 1 (cm) 도파관에서 얻어질 수 있는 최소 α_c와 이때의 주파수를 구하라.

P.10-23 TM_{11} 모드로 동작하는 $a \times b$ 직사각형 도파관에서 도체 손실에 기인한 감쇠상수의 공식인 식 (10-188)을 유도하라. 감쇠상수가 최소일 때 (f/f_c)의 값을 결정하라.

P.10-24 정재파비(SWR) 1.80이고 부하로부터 6 (cm)에서 최소 전기장을 나타내는 미지의 부하가 연결되어 있는 공기로 채워진 X 대역 도파관($a = 2.29$ (cm), $b = 1.02$ (cm))을 10 (GHz)에서 측정한다. SWR이 1이 되는 데 요구되는 대칭형 용량성 아이리스의 위치와 치수를 구하라.

P.10-25 다음의 베셀 미분 방정식

$$\frac{d^2R(r)}{dr^2} + \frac{1}{r}\frac{dR(r)}{dr} + R(r) = 0 \tag{10-332}$$

의 해는 식 (10-202)에서처럼 $R(r)$이 r의 멱급수가 된다고 가정하여 식에 대입하고 r의 각각의 멱의 계수의 합을 0으로 하여 풀면 얻을 수 있다. 해를 구하고 식 (10-204)에서 주어진 $J_0(r)$과 일치함을 입증하라.

P.10-26 단순 매질에서 맥스웰 회전 방정식로부터 시작하여 원형 도파관 TM 모드에 대한 식 (10-

219)를 증명하라.

P.10-27 새로운 수식 유도 없이 다음 모드에 대해 원형 도파관의 전형적인 횡방향 단면에서 전기장선과 자기장선을 대략적으로 그려라.

(a) 그림 10-20의 확장을 통한 TM_{11} 모드

(b) TE_{01} 모드

(c) 반지름이 a인 공기로 채워진 원형 도파관에서 TM_{11} 모드와 TE_{01} 모드에 대한 차단 주파수를 결정하라.

P.10-28 반지름이 a인 속이 빈 원형 도파관에서 TE_{11} 모드와 TM_{01} 모드에 대한 $\omega-\beta$ 다이어그램을 그려라. 다이어그램이 다음 경우에 대해 어떻게 영향을 받는지 설명하라.

(a) a가 두 배일 경우

(b) 도파관이 유전율 ϵ_r을 갖는 비자성 매질로 채워져 있을 경우

P.10-29 그림 10-26에서 보여진 것처럼 반원형 단면을 갖는 직선 도파관에서,

(a) TM 모드에 대한 E_z^0의 적절한 표현을 써라.

(b) TE 모드에 대한 H_z^0의 적절한 표현을 써라.

(c) 각 모드의 고유치가 어떻게 결정될 수 있는 설명하라.

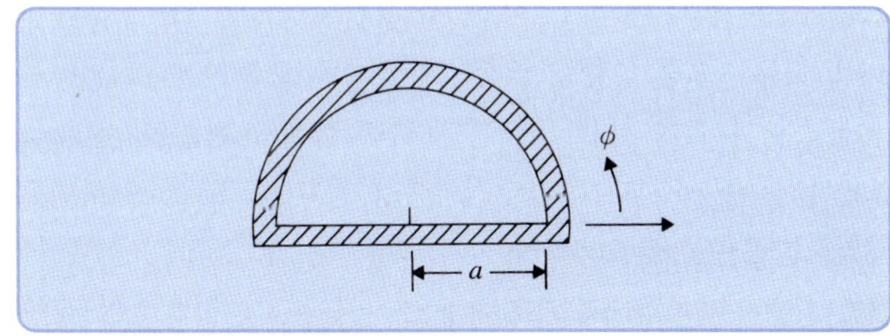

그림 10-26 반원형 도파관의 단면(연습문제 P.10-29)

P.10-30 유전체 매질 내에서 평면파 전파와 매질 밖에서의 평면파 전파 사이의 속도를 갖는 유전체 도파관을 따라 전파하는 전자기파를 보여라.

P.10-31 (a) f = 200 (MHz), (b) f = 500 (MHz)일 때 d = 1 (cm)와 ϵ_r = 3.25에 대한 $k_y d/2$ 대 $\alpha d/2$를 갖는 식 (10-257)과 (10-258)을 그려서 k_y에 대한 식 (10-260)의 해를 구하라. 두 주파수에서 가장 낮은 차수의 기 TM 모드를 위한 β와 α를 결정하라.

P.10-32 식 (10-263)을 사용하여 연습문제 P.10-31을 반복하라. 우 TM 모드에 대해 어떤 결론을 가질 수 있는가?

P.10-33 공기 내에 놓인 두께 d인 무한 유전체 판 도파관에서 상하 자유공간 영역뿐만 아니라 유전체 판에서 우 TM 모드에 대한 0이 아닌 모든 전자기장의 순시 표현을 구하라.

P.10-34 유전체 판 도파관의 판두께가 동작 파장에 대해서 매우 작을 때 전기장 세기는 판의 표면으로부터 매우 천천히 감쇠하고 전파상수는 주변 매질의 전파상수와 거의 같아진다.

(a) 만약 $k_y d \ll 1$일 때, 다음의 관계식이 기본 TE 모드에 대해 근사적으로 유지됨을 보여라.

$$\beta \cong k_0$$
$$\alpha \cong \frac{\mu_0 d}{2\mu_d}(k_d^2 - k_0^2)$$

여기서 $k_d = \omega\sqrt{\mu_d\epsilon_d}$ 이고 $k_0 = \omega\sqrt{\mu_0\epsilon_0}$ 이다.

(b) 판의 두께가 5 (mm)이고 유전율이 3일 때, 300 (MHz)의 동작 주파수에서 전기장 세기가 표면에서의 전기장 세기의 36.8%로 감소되는 판으로부터의 거리를 구하라.

P.10-35 자유공간에서 두께 d인 무한 유전체 판 도파관의 경우 위와 아래 자유공간 영역뿐만 아니라 유전체 판에서 우 TE 모드에 대한 0이 아닌 전자기장 성분의 순시 표현을 구하라. 식 (10-281)을 유도하라.

P.10-36 완전도체 위에 놓인 두께 d의 무한 유전체 판(ϵ_d, μ_d)으로 구성된 도파관이 있다.

(a) 전파 모드와 차단 주파수는 무엇인가?

(b) 전파 모드에 대한 도체상의 표면전류와 면전하밀도의 위상자 표현을 구하라.

P.10-37 반지름 a, 유전율 ϵ_1, 투자율 μ_1의 원형 유전체 막대 도파관이 유전율 ϵ_2, 투자율 μ_2를 갖는 균질 매질로 둘러싸여 있다.

(a) 원형 대칭 TE 모드에 대한 모든 전자기장 진폭을 써라.

(b) 이 모드들에 대한 특성 방정식을 구하라.

P.10-38 8 (cm) × 6 (cm) × 5 (cm) 크기를 갖는 공기로 채워진 무손실 직사각형 공동공진기가 주어졌을 때 첫 12개의 가장 낮은 차수의 모드와 이들의 공진 주파수를 구하라.

P.10-39 황동 벽을 갖는 공기로 채워진 직사각형 공동(ϵ_0, μ_0, $\sigma = 1.57 \times 10^7$ (S/m))의 크기가 $a = 4$ (cm), $b = 3$ (cm), $d = 5$ (cm)이다.

(a) 이 공동의 기본 모드와 공진 주파수를 결정하라.

(b) H_0가 0.1 (A/m)라고 가정하여 공진 주파수에서 Q와 저장된 시간-평균 전기장 및 자기장 에너지를 구하라.

P.10-40 만약 연습문제 P.10-39에서 직사각형 공동이 유전율 2.5를 갖는 무손실 유전체로 채워져 있다면, 다음을 구하라.

(a) 기본 모드의 공진 주파수

(b) Q

(c) H_0가 0.1 (A/m)라고 가정하고 공진 주파수에서 저장된 시간-평균 전기장과 자기장 에너지

P.10-41 길이 d인 직사각형 공동공진기가 $a \times b$ 직사각형 도파관으로 구성되어 있다. TE_{101} 모드에서 동작된다.

(a) b가 고정되어 있을 때 공동의 Q가 최대가 되는 a와 d의 상대적 크기를 결정하라.

(b) 위의 조건하에서 Q에 대한 표현을 a/b 함수로 나타내어라.

P.10-42 공기로 채워진 직사각형 구리 공동공진기에서,

(a) $a = d = 1.8b = 3.6$ (cm)일 때 TE_{101} 모드에 대한 Q를 계산하라.

(b) Q가 20% 높아지기 위해 b는 얼마만큼 증가되어야 하는지 결정하라.

P.10-43 TM_{110} 모드로 동작하는 공기로 채워진 $a \times b \times d$ 직사각형 공진기의 Q에 대한 표현식을

유도하라.

P.10-44 반지름 a, 길이 d인 공기로 채워진 원형 공동공진기에서,

(a) TM_{mnp} 모드와 TE_{mnp} 모드에 대한 공진 주파수와 대응 파장의 일반적인 표현식을 써라.

(b) $d = a$일 때 가장 낮은 공진 주파수를 갖는 처음 7개 모드를 써라.

P.10-45 마이크로파 응용예로서, 매우 좁은 중심부를 갖는 링 모양의 공동공진기가 사용된다. 이 공진기의 단면이 그림 10-27에 나타나 있으며 d는 공진 파장에 비해 매우 작다. 이 공진기는 좁은 중심부의 커패시턴스와 나머지 구조의 인덕턴스의 병렬결합에 의해 대략적으로 나타낼 수 있다고 가정한다. 다음을 구하라.

(a) 대략적인 공진 주파수

(b) 대략적인 공진 파장

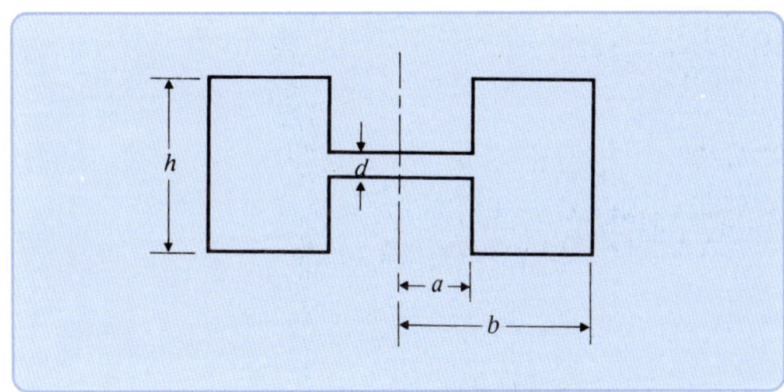

그림 10-27

좁은 중심부를 갖는 링 모양의 공진기(연습문제 P.10-45)

안테나와 복사 시스템

Antennas and Radiating Systems

11-1 개요

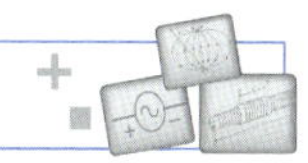

8장에서는 전자기파가 어떻게 발생되는지를 고려하지 않고 전자기의 근원이 없는 매질에서 평면 선사기파의 전파 특성들을 살펴보았다. 물론, 그 파는 전자기 발생의 근원에 의해 생겨나는데, 그 근원은 전자기 용어로 시변 전하와 전류이다. 전자기에너지를 효과적으로 원하는 방향으로 복사하기 위해, 전하와 전류는 특별한 방식으로 분포되어야 한다. **안테나**(antenna)는 전자기에너지를 규정된 방식으로 효과적으로 복사하기 위해 설계된 구조이다. 효율적인 안테나가 없다면 전자기에너지는 좁은 지역에 국한될 것이고, 정보의 장거리 무선 전송도 불가능할 것이다.

안테나는 전압원에 의해 여기되는 직선도선 또는 루프도선, 도파관 끝의 개구면(aperture), 또는 이들을 적절히 정렬시킨 복사소자의 복잡한 배열로 볼 수 있다. 반사경과 렌즈는 어떤 복사 특성을 두드러지게 하기 위해서 사용될 수 있다. 안테나의 중요한 복사 특성 중에는 전기장 패턴, 지향성, 임피던스, 그리고 대역폭 등이 있다. 이 특성지표(또는 특성변수)들은 이 장에서 특정 안테나의 형태를 공부할 때 고찰할 것이다.

전자기적 복사를 고찰하기 위해서는 맥스웰 방정식을 떠올리고 전기장과 자기장을 시변 전하와 전류 분포에 연관시켜야 한다. 이에 대한 가장 큰 어려움은 주어진 여기로부터 생기는 안테나상의 전하와 전류 분포가 일반적으로 알려지지 않고 결정하기에 매우 어렵다는 것이다. 사실, 중앙에서 전압원에 의해 여기되는 기하학적으로 간단한 직선도선(선형 안테나)에 대한 연구가 수년 동안 광범위하게 이루어져 왔다.[1] 유한한 반지름을 갖는 도선의 정확한 전하와 전류

1) 이런 장치를 **다이폴 안테나**(dipole antenna)라 부른다.

분포는 도선이 완전도체라고 가정해도 매우 복잡하다. 다행히도, 이와 같은 안테나의 복사 전기장은 전류 분포상에서 근소한 편차에 상대적으로 덜 민감하며, 도선상에 물리적으로 그럴듯하게 근사된 전류는 거의 모든 실제 목적에 유용한 결과를 제공해 준다. 여기서 가상의 전류를 갖는 선형 안테나의 복사 특성을 고찰한다.

맥스웰 방정식을 결합하여 **E**와 **H**의 비동차 파동 방정식을 유도할 수 있다(연습문제 P.11-1 참조). 그러나 이 식들은 복잡한 형태로 전하와 전류 밀도가 연관되는 경향이 있다. 일반적으로 우선 보조의 포텐셜 함수 **A**와 V를 푸는 것이 보다 간단하다. 식 (7-55)와 (7-57)에서 **A**와 V를 사용하여 **H**와 **E**를 결정한다. 단순 매질에서 정현파 시간 변화에 대해

$$\mathbf{H} = \frac{1}{\mu}\nabla \times \mathbf{A} \tag{11-1}$$

와

$$\mathbf{E} = -\nabla V - j\omega\mathbf{A} \tag{11-2}$$

처럼 쓸 수 있다. 포텐셜 함수 **A**와 V는 비동차 파동 방정식 (7-63)과 (7-65)의 해이며, 그 해는 식 (7-78)과 (7-77)로 각각 주어진다. 정현파 시간의존성에 의해 **위상자 지연 포텐셜**(phasor retarded potential)은 식 (7-100)과 (7-99)로부터 다음 결과를 얻게 된다.

$$\mathbf{A} = \frac{\mu}{4\pi}\int_{V'} \frac{\mathbf{J}e^{-jkR}}{R}\,dv' \tag{11-3}$$

$$V = \frac{1}{4\pi\epsilon}\int_{V'} \frac{\rho e^{-jkR}}{R}\,dv' \tag{11-4}$$

여기서 $k = \omega\sqrt{\mu\epsilon} = 2\pi/\lambda$는 파수이다. 물론, **A**와 V는 식 (7-98)의 포텐셜에 대한 로렌츠 조건의 관계가 있고, **J**와 ρ는 식 (7-48)의 연속성 방정식을 통해 다음 관계를 갖는다.

$$\nabla \cdot \mathbf{J} = -j\omega\rho \tag{11-5}$$

따라서 식 (11-3)과 (11-4)의 적분 모두를 구하는 것은 불필요하다. 실제로, **E**와 **H**는 식 (7-104b)에 의해 다음 관계를 갖는다.

$$\mathbf{E} = \frac{1}{j\omega\epsilon}\nabla \times \mathbf{H} \tag{11-6}$$

일반적으로 전류 분포에 의한 전자기장을 구하는 데는 다음 3단계의 절차를 따른다.

1. 식 (11-3)을 사용하여 **J**로부터 **A**를 결정
2. 식 (11-1)을 사용하여 **A**로부터 **H**를 결정
3. 식 (11-6)을 사용하여 **H**로부터 **E**를 구함

주의할 점은 오직 1단계에서 적분이 필요하며, 2단계와 3단계에서는 직접적인 미분이 필요하다. 이것은 안테나의 복사 패턴을 찾는 데 사용할 과정이다.

우선 기본적인 전기 쌍극자와 소형 전류 루프(또는 자기 쌍극자)의 전자기장과 복사 특성을 살펴볼 것이다. 이때 유한한 길이를 갖는 가는 선형 안테나를 고려하는데, 반파장 다이폴 안테나는 이러한 안테나에 있어서 중요하고도 특별한 경우이다. 선형 안테나의 복사 특성들은 안테나의 길이와 여기방법에 따라 대부분 결정된다. 지향성이 더 좋고 다른 만족할 만한 특성들을 얻기 위해서 여러 개의 안테나가 배열된 **배열 안테나**(antenna array)를 형성할 수도 있다. 기하학적 형태, 배열소자 간의 간격뿐만 아니라 소자들을 여기하는 진폭과 위상 모두가 배열의 전기장 패턴(field pattern)에 영향을 준다. 간단한 배열에 대한 몇 가지 기본적인 특성을 살펴볼 것이다.

안테나가 수신장치로서 사용될 때, 그 역할은 들어오는 전자기파로부터 에너지를 모으고 이것을 수신기에 전달하는 것이다. 복사에 유용한 안테나는 수신에도 유용하다. 안테나의 패턴, 지향성, 입력 임피던스, 실효 높이(effective height), 그리고 실효 개구면(effective aperture)이 송신과 수신에서 같음을 보이기 위해 가역성 이론을 사용한다. 후방산란 단면적(backscatter cross section)을 정의하고, 레이더 방정식과 지표면 근처에서의 전파의 전파(wave propagation) 효과를 살펴볼 것이다. 마지막으로, 진행파 안테나(traveling antenna), 야기-우다 안테나(Yagi-Uda antenna), 헬리컬(나선형) 안테나(helical antenna), 광대역 안테나(broadband antenna), 배열 안테나(array antenna), 그리고 개구면 안테나(aperture antenna)와 같은 유형의 안테나를 살펴볼 것이다.

11-2 기본 쌍극자에 대한 복사 전기장

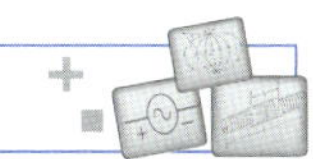

이 절에서는 모든 복사 시스템 중 가장 간단한 유형, 즉 기본적으로 진동하는 전기 및 자기 쌍극자에 의한 복사 전자기장을 살펴본다. 전기와 자기 쌍극자의 전자기장 해는 서로 쌍대관계(dual)를 이룬다. 결과적으로, 하나의 복사 특성으로부터 다른 복사 특성을 다시 계산할 필요 없이 유추하여 이해할 수 있다.

11-2.1 기본적인 전기 쌍극자

그림 11-1에 나타낸 것처럼, 자유공간에서 기본적으로 진동하는 전기 쌍극자를 생각하자. 이것은 두 개의 도체구 또는 디스크(용량성 부하)로 끝이 종단된 길이 $d\ell$의 짧은 도선으로 구성되어 있다. 도선상의 전류는 다음과 같이 균일하고 시간에 따라 정현파적으로 변화한다고 가정한다.

$$i(t) = I \cos \omega t = \mathscr{R}e[Ie^{j\omega t}] \qquad (11\text{-}7)$$

전류가 도선의 끝에서 0이 되기 때문에 전하는 거기에서 모여야만 한다. 전하와 전류 사이의

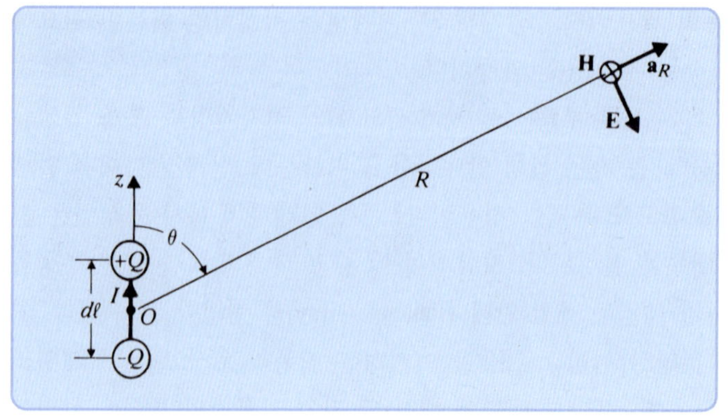

그림 11-1
헤르츠 쌍극자

관계는 다음과 같다.

$$i(t) = \pm\frac{dq(t)}{dt} \tag{11-8}$$

위상자 표기식인 $q(t) = \mathscr{R}e[Qe^{j\omega t}]$을 이용하면,

$$I = \pm j\omega Q \tag{11-9}$$

$$Q = \pm\frac{I}{j\omega} \tag{11-10}$$

이 된다. 여기서 그림 11-1에 표시된 전류 방향을 위해 위 끝부분의 전하를 +, 아래 끝부분의 전하를 −로 나타낸다. 짧은 거리에 분리되어 놓인 크기가 같고 부호가 반대인 전하쌍은 등가적으로 벡터 위상자 전기 쌍극자 모멘트

$$\mathbf{p} = \mathbf{a}_z Q\, d\ell \qquad (\text{C}\cdot\text{m}) \tag{11-11}$$

을 갖는 전기 쌍극자를 형성한다. 이와 같이 진동하는 다이폴을 **헤르츠 쌍극자**(Hertzian dipole)라고 한다.

헤르츠 쌍극자에 의한 전자기장을 결정하려면, 11-1절에서 설명했던 3단계 절차를 따른다. 지연 벡터 포텐셜의 위상자 표현은 식 (11-3)으로부터

$$\mathbf{A} = \mathbf{a}_z\frac{\mu_0 I\, d\ell}{4\pi}\left(\frac{e^{-j\beta R}}{R}\right) \tag{11-12}$$

이 된다. 여기서 $\beta = k_0 = \omega/c = 2\pi\lambda$이다.

$$\mathbf{a}_z = \mathbf{a}_R\cos\theta - \mathbf{a}_\theta\sin\theta \tag{11-13}$$

이기 때문에, $\mathbf{A} = \mathbf{a}_R A_R + \mathbf{a}_\theta A_\theta + \mathbf{a}_\phi A_\phi$의 구좌표계 성분들은

$$A_R = A_z \cos\theta = \frac{\mu_0 I\,d\ell}{4\pi}\left(\frac{e^{-j\beta R}}{R}\right)\cos\theta \tag{11-14a}$$

$$A_\theta = -A_z \sin\theta = -\frac{\mu_0 I\,d\ell}{4\pi}\left(\frac{e^{-j\beta R}}{R}\right)\sin\theta \tag{11-14b}$$

$$A_\phi = 0 \tag{11-14c}$$

이다. 그림 11-1의 기하학적 구조로부터 좌표계 ϕ에 대한 변화가 없음을 알 수 있다. 식 (2-139)로부터 다음을 얻을 수 있다.

$$\begin{aligned}\mathbf{H} &= \frac{1}{\mu_0}\nabla\times\mathbf{A} = \mathbf{a}_\phi \frac{1}{\mu_0 R}\left[\frac{\partial}{\partial R}(RA_\theta) - \frac{\partial A_R}{\partial\theta}\right]\\ &= -\mathbf{a}_\phi \frac{I\,d\ell}{4\pi}\beta^2\sin\theta\left[\frac{1}{j\beta R}+\frac{1}{(j\beta R)^2}\right]e^{-j\beta R}\end{aligned} \tag{11-15}$$

전기장 세기는 식 (11-6)

$$\begin{aligned}\mathbf{E} &= \frac{1}{j\omega\epsilon_0}\nabla\times\mathbf{H}\\ &= \frac{1}{j\omega\epsilon_0}\left[\mathbf{a}_R \frac{1}{R\sin\theta}\frac{\partial}{\partial\theta}(H_\phi\sin\theta) - \mathbf{a}_\theta\frac{1}{R}\frac{\partial}{\partial R}(RH_\phi)\right]\end{aligned} \tag{11-16}$$

로부터

$$E_R = -\frac{I\,d\ell}{4\pi}\eta_0\beta^2 2\cos\theta\left[\frac{1}{(j\beta R)^2}+\frac{1}{(j\beta R)^3}\right]e^{-j\beta R} \tag{11-16a}$$

$$E_\theta = -\frac{I\,d\ell}{4\pi}\eta_0\beta^2\sin\theta\left[\frac{1}{j\beta R}+\frac{1}{(j\beta R)^2}+\frac{1}{(j\beta R)^3}\right]e^{-j\beta R} \tag{11-16b}$$

$$E_\phi = 0 \tag{11-16c}$$

이 얻어진다. 단, $\eta_0 = \sqrt{\mu_0/\epsilon_0} \cong 120\pi\ (\Omega)$이다.

식 (11-15)와 (11-16)은 헤르츠 쌍극자에 의한 전자기장을 나타낸다. 이들 표현을 유도하는 데 있어서 벡터 포텐셜(자기장 준위) **A**를 발견하기 위해 오직 쌍극자의 전류만 사용하였고 쌍극자 끝부분에서의 전하는 계산에 사용되지 않았다. 그러나 식 (11-12)를 이용하여 $I\,d\ell$로부터 **A**와, 식 (11-4)를 이용하여 같은 크기이면서 부호가 반대인 한 쌍의 전하로부터 스칼라 포텐셜 V를 구함으로써 대체적인 접근방식을 찾을 수 있다. 전기장 세기는 식 (11-6) 대신에 식 (11-2)를 이용하여 결정할 수 있다. 그 결과는 앞에서 얻어진 결과와 정확히 일치한다(연습문제 P.11-2 참조).

식 (10-15)와 (10-16)에서 완전한 전자기장의 표현은 상당히 복잡하다. 이것은 쌍극자로부터 가깝거나 먼 영역으로 나누어 특성을 이해하는 데 유리하다.

근거리장(Near Field)

헤르츠 쌍극자에 **근거리 영역**(near zone)에서, $\beta R = 2\pi R/\lambda \ll 1$이며, 식 (11-15)에서 주요한 항은

$$H_\phi = \frac{I\,d\ell}{4\pi R^2}\sin\theta \tag{11-17}$$

이다. 여기서 $e^{-j\beta R} = 1 - j\beta R - (\beta R)^2/2 + \cdots$는 1로 근사화된다. 식 (11-17)은 정확하게 식 (6-33b)에 주어진 정자기학의 비오-사바르 법칙을 적용하여 구한 전류소 $I\,d\ell$에 의한 자기장 세기와 같다.

전기장 세기에 대한 주요한 근거리 영역 항은 식 (11-16a)와 (11-16b)로부터

$$E_R = \frac{p}{4\pi\epsilon_0 R^3}\,2\cos\theta \tag{11-18a}$$

와

$$E_\theta = \frac{p}{4\pi\epsilon_0 R^3}\sin\theta \tag{11-18b}$$

이다. 여기서 위상자 관계식 (11-10)과 (11-11)이 사용되었다. 이들 표현은 정전기학 법칙을 적용하여 구한 z 방향의 모멘트 p를 갖는 기본 전기 쌍극자에 의한 전기장 세기를 나타내는 식 (3-31)로 주어지는 표현과 동일하다. 이때 진동하는 시변 쌍극자의 **근거리장**은 **준정전기장**(quasi-static field)에 해당한다.

원거리장(Far Field)

$\beta R = 2\pi R/\lambda \gg 1$인 영역이 **원거리 영역**(far zone)에 해당한다. 식 (11-15)와 (11-16)에서 원거리 영역을 주도하는 항은 다음과 같다.

$$H_\phi = j\frac{I\,d\ell}{4\pi}\left(\frac{e^{-j\beta R}}{R}\right)\beta\sin\theta \tag{11-19a}$$

$$E_\theta = j\frac{I\,d\ell}{4\pi}\left(\frac{e^{-j\beta R}}{R}\right)\eta_0\beta\sin\theta \tag{11-19b}$$

원거리장에서 몇몇 중요한 점들이 있다. 첫째, E_θ와 H_ϕ는 공간상에서 직각을 이루고 시간적으로 동위상이다. 둘째, 이들의 비인 $E_\theta/H_\phi = \eta_0$는 매질(이 경우는 자유공간)의 고유 임피던스에 해당하는 상수이다. 이때 원거리장은 평면파의 경우와 같은 특성을 갖는다. 쌍극자로부터 매우 멀리 떨어진 곳에서 구면 파면(spherical wavefront)은 평면 파면(plane wavefront)과 매우 비슷하기 때문에 이런 것을 예상하지 않은 것은 아니다.

식 (11-19a, b)로부터 세 번째 주목할 점은 원거리장의 크기는 전기장의 근원으로부터의 거리에 반비례한다는 것이다. E_θ와 H_ϕ의 위상은 파장

$$\lambda = \frac{2\pi}{\beta} = \frac{c}{f} \qquad (11\text{-}20)$$

을 주기로 하는 R의 주기함수이다. 원거리장 영역 조건 $\beta R \gg 1$은 $R \gg \lambda/2\pi$로 바꾸어 나타낼 수 있다. 그러므로 원거리장 영역이 되기 위해서는 낮은 주파수일수록 쌍극자로부터의 거리가 더 멀어야만 한다. (원거리장의 다른 특성들은 11-3절에서 살펴볼 것이다.)

11-2.2 최소단위의 자기 쌍극자

그림 11-2에서처럼, 시간에 따라 균일한 정현파 전류 $i(t) = I\cos\omega t$가 흐르는 반지름 b를 갖는 가는 소형 루프를 생각하자. 이것은 다음과 같은 벡터 위상자 자기 모멘트를 갖는 최소단위 자기 쌍극자이다.

$$\mathbf{m} = \mathbf{a}_z I\pi b^2 = \mathbf{a}_z m \qquad (\text{A}\cdot\text{m}^2) \qquad (11\text{-}21)$$

전자기장을 결정하기 위해, 우선 벡터 포텐셜(자기장 준위)을 구한다. 이 과정은 전류가 시간에 따라 변한다는 것만 제외하고 6-5절에서 사용된 것과 동일하다. 따라서 식 (6-39)로부터 시작하는 대신에

$$\mathbf{A} = \frac{\mu_0 I}{4\pi}\oint \frac{e^{-j\beta R_1}}{R_1}\,d\ell' \qquad (11\text{-}22)$$

로부터 시작한다.

식 (11-22)에서 적분은 R_1이 루프상의 $d\ell'$의 위치에 따라 변하기 때문에 정확히 계산하는 것은 다소 어렵다. 작은 루프에 대해 분자의 지수인자는 다음과 같이 정리할 수 있다.

$$e^{-j\beta R_1} = e^{-j\beta R} e^{-j\beta(R_1 - R)} \qquad (11\text{-}23)$$

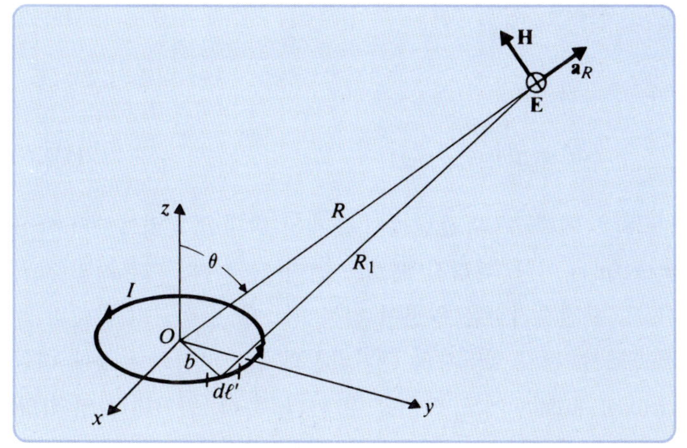

그림 11-2
자기 쌍극자

$$\cong e^{-j\beta R}[1 - j\beta(R_1 - R)]$$

식 (11-22)에 식 (11-23)을 대입하면, 근사적으로 다음 결과를 얻는다.

$$\mathbf{A} = \frac{\mu_0 I}{4\pi} e^{-j\beta R}\left[(1 + j\beta R)\oint \frac{d\ell'}{R_1} - j\beta \oint d\ell'\right] \tag{11-24}$$

식 (11-24)의 두 번째 적분은 0이 된다. 첫 번째 적분은 곱셈인자 $(1 + j\beta R)e^{-j\beta R}$을 제외하고는 식 (6-39)와 같다. 식 (6-43)의 결과에 비추어

$$\mathbf{A} = \mathbf{a}_\phi \frac{\mu_0 m}{4\pi R^2}(1 + j\beta R)e^{-j\beta R} \sin\theta \tag{11-25}$$

이 얻어진다. 전기장과 자기장 세기는 각각 식 (11-6)과 (11-1)을 사용하여 미분하면 다음과 같은 결과를 얻는다.

$$E_\phi = \frac{j\omega\mu_0 m}{4\pi}\beta^2 \sin\theta\left[\frac{1}{j\beta R} + \frac{1}{(j\beta R)^2}\right]e^{-j\beta R} \tag{11-26a}$$

$$H_R = -\frac{j\omega\mu_0 m}{4\pi\eta_0}\beta^2 2\cos\theta\left[\frac{1}{(j\beta R)^2} + \frac{1}{(j\beta R)^3}\right]e^{-j\beta R} \tag{11-26b}$$

$$H_\theta = -\frac{j\omega\mu_0 m}{4\pi\eta_0}\beta^2 \sin\theta\left[\frac{1}{j\beta R} + \frac{1}{(j\beta R)^2} + \frac{1}{(j\beta R)^3}\right]e^{-j\beta R} \tag{11-26c}$$

식 (11-26 a, b, c)와 식 (11-15) 그리고 (11-16a, b)를 비교하면 전기 쌍극자와 자기 쌍극자의 전자기장은 서로 쌍대의 관계가 있음을 알 수 있다.

$(\mathbf{E}_e, \mathbf{H}_e)$는 전기 쌍극자의 전기장과 자기장을 나타내고, $(\mathbf{E}_m, \mathbf{H}_m)$은 자기 쌍극자의 전기장과 자기장을 나타낸다.

$$\mathbf{E}_e = \eta_0 \mathbf{H}_m \tag{11-27}$$

$$\mathbf{H}_e = -\frac{\mathbf{E}_m}{\eta_0} \tag{11-28}$$

만약 전기 및 자기 쌍극자 모멘트가

$$I\,d\ell = j\beta m \tag{11-29}$$

의 관계가 있다면, 식 (11-27)과 (11-28)은 예제 7-7과 관련해서 소개된 쌍대성 원리로부터 예상된 결과들이다. 단, $\beta = \omega\mu_0/\eta_0 = \omega\sqrt{\mu_0\epsilon_0}$이다. 따라서 헤르츠 전기 쌍극자와 기본적인 자기 쌍극자는 쌍대관계가 있는 소자이고, 그 전자기장은 원천이 없는 맥스웰 방정식의 쌍대적 해(dual solution)이다. 이 쌍대성의 결과로서, 전기 쌍극자의 근거리장과 원거리장의 특성에 대한 설명은 자기 쌍극자의 쌍대적인 양(dual quantity)에도 적용될 수 있다. 특히, 원거리장 영역(βR

≫ 1)에서 자기 쌍극자의 전기장 및 자기장은 다음과 같다.

$$E_\phi = \frac{\omega\mu_0 m}{4\pi}\left(\frac{e^{-j\beta R}}{R}\right)\beta\sin\theta \qquad (\text{V/m}) \tag{11-30a}$$

$$H_\theta = -\frac{\omega\mu_0 m}{4\pi\eta_0}\left(\frac{e^{-j\beta R}}{R}\right)\beta\sin\theta \qquad (\text{A/m}) \tag{11-30b}$$

원거리장의 강도는 R에 반비례하고 그들의 비 E_ϕ/H_θ은 자유공간의 고유 임피던스 η_0와 같다.

전기 쌍극자에서 식 (11-19b)로 주어지는 원거리장 영역의 전기장 E_θ와 자기 쌍극자에서 식 (11-30a)로 주어지는 E_ϕ는 서로 같은 패턴함수 $|\sin\theta|$를 갖고 공간과 시간에 대해 직각을 이룬다. 따라서 원편파를 발생하는 안테나를 만들기 위해서는 전기 쌍극자와 자기 쌍극자를 결합하면 원편파를 발생하는 안테나를 구성할 수 있다(연습문제 P.11-4 참조).

11-3 안테나 패턴과 안테나 특성지표

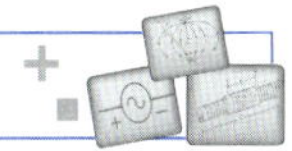

안테나 문제에서 가장 관심이 있는 것이 원거리장이다. 이것을 또한 **복사장**(radiation fields)이라고도 한다. 실제로, 공간의 모든 방향으로 균일하게 복사하는 안테나는 없다. 안테나로부터 정해진 거리에서 방향에 따라 변화는 상대적인 원거리장의 세기를 나타낸 그래프를 안테나의 **복사 패턴**(radiation pattern), 또는 간단히 **안테나 패턴**(antenna pattern)이라고 한다. 일반적으로 안테나 패턴은 3차원이며 구좌표계에서 θ와 ϕ에 따라 변화한다. 안테나 패턴을 3차원으로 작도하

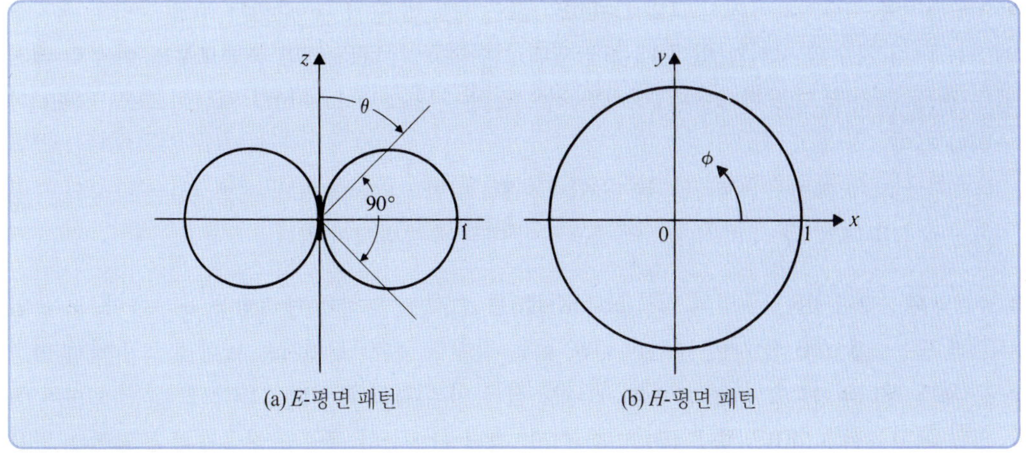

그림 11-3
헤르츠 쌍극자의 복사 패턴

는 데 있어서 어려움은 실제 그렇듯이 상수 ϕ에 대해 θ에 따른 정규화(최대값에 대해)된 전기장 세기(**E-평면 패턴**)의 크기, $\theta = \pi/2$에 대해 ϕ에 따른 정규화된 전기장 세기(**H-평면 패턴**)로 분리해서 작도함으로써 해결할 수 있다.

예제 11-1 헤르츠 쌍극자의 E-평면과 H-평면 복사 패턴을 작도하라.

풀이 원거리에서 E_θ와 H_ϕ는 서로 비례하기 때문에 E_θ의 정규화된 크기만 고려하면 된다.

(a) E-평면 패턴: 주어진 R에서, E_θ는 ϕ에 무관하다. 식 (11-19b)로부터 E_θ의 정규화된 크기를 구하면,

$$\text{정규화된 } |E_\theta| = |\sin\theta| \tag{11-31}$$

이다. 이것이 헤르츠 쌍극자의 E-평면 **패턴함수**이다. 주어진 ϕ에 대해, 식 (11-31)은 그림 11-3(a)에서 보이는 것처럼 한 쌍의 원을 나타낸다.

(b) H-평면 패턴: 주어진 R에서 $\theta = \pi/2$에 대한 E_θ의 정규화된 크기는 $|\sin\theta| = 1$이다. H-평면 패턴은 그림 11-3(b)에 보이는 것처럼 z 방향 쌍극자에 중심을 둔 반지름이 1인 원이다.

실제 안테나의 복사 패턴은 보통 그림 11-3에서 보이는 것보다 더욱 복잡하다. 전형적인 H-평면 패턴은 극좌표에서 ϕ에 따른 정규화된 $|E_\theta|$을 그린 그림 11-4(a)와 같은 것이다. 일반적으로 이 패턴은 주 최대값(major maximum)과 몇 개의 부 최대값(minor maximum)을 갖는다. 첫 번째 영점(null point) 사이의 최대 복사 영역을 **주빔**(main beam)이라 하고 부 최대값들의 영역을 **부엽**(sidelobe)이라고 한다.

때때로 안테나 패턴을 직각좌표계에서 그리는 것이 편리하다. 극좌표계에서 나타낸 그림 11-4(a)의 패턴은 직각좌표계에서 그림 11-4(b)와 같이 나타낼 수 있다. 주빔과 부엽 방향의 전기장 세기는 여러 차수의 차이가 있기 때문에 때때로 안테나 패턴은 주빔 레벨로부터 아래로 데시벨로 잰 로그 눈금으로 나타낸다. 데시벨 척도로 변환된 그림 11-4(b)의 패턴이 그림 11-4(c)에 나타나 있다.

다양한 안테나 패턴들을 비교하는 데 있어서 (1) 주빔의 폭, (2) 부엽 레벨, (3) 지향성의 특성지표가 중요하다. 이들 각 특성지표의 중요성이 아래에 설명되어 있다.

1. **주빔의 폭**(간단히 **빔폭**): 주빔의 빔폭(beamwidth)은 주 복사 영역의 예리함을 표시한다. 보통 반전력 또는 −3 (dB) 점 사이 패턴의 각도 폭을 말한다. 전기장 세기로 나타낸 그림에서 이것은 최대 강도의 $1/\sqrt{2}$ 또는 0.707배가 되는 점 사이의 각도 폭이다. 그러므로 그림 11-4의 H-평면 패턴에서 3 (dB) 빔폭은 $(\phi_2 - \phi_1)$이고, 그림 11-3(a)의 헤르츠 쌍극자의 E-평면 패턴은 90°의 3 (dB) 빔폭을 갖는다. 때때로 −10 (dB) 점들 사이 또는 첫 번째 0(null) 사이의 각도 폭 또한 중요한 부분이다. 물론 주빔은 안테나가 최대 복사를 갖도록 설계된 방향으로 향해야 한다.

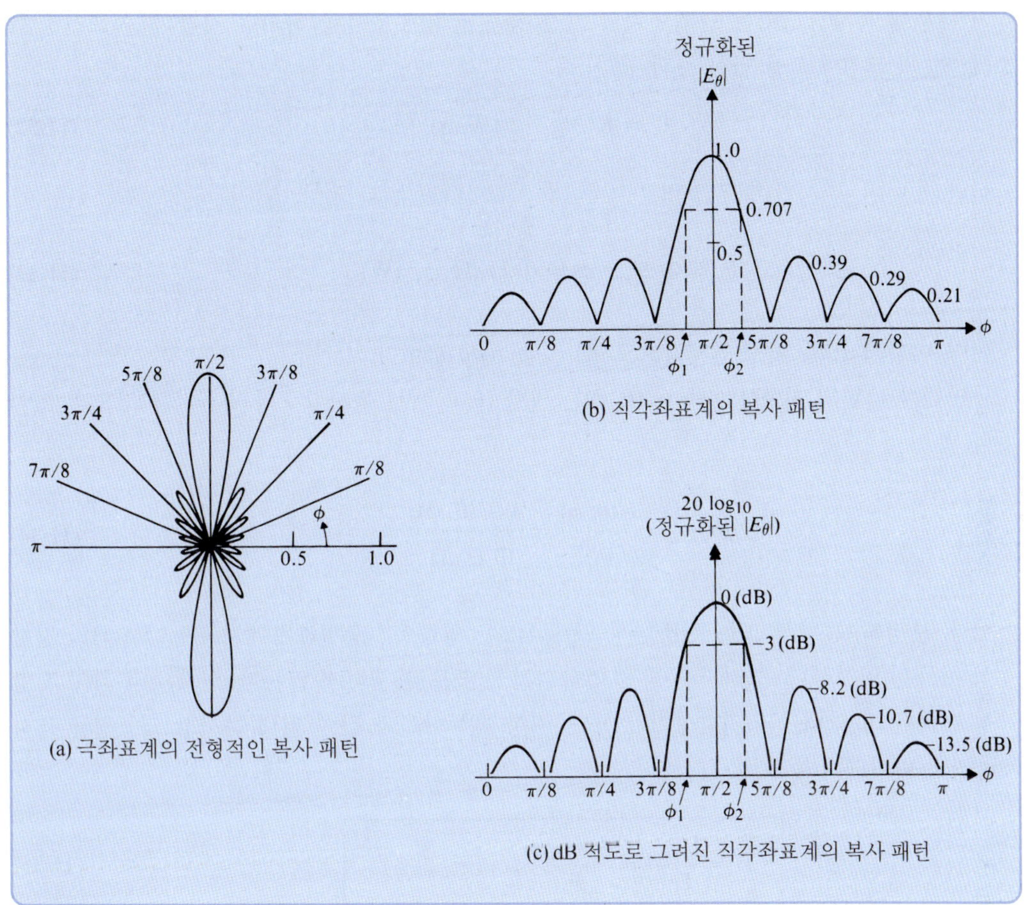

그림 11-4

전형적인 *H*-평면 복사 패턴

2. **부엽 레벨**: 지향성(비등방성) 패턴의 부엽들은 원하지 않는 복사 영역을 나타내며 가능한 낮은 레벨을 가져야 한다. 일반적으로 주빔으로부터 멀리 떨어져 있는 부엽들의 레벨은 주빔 근처의 부엽 레벨보다 낮다. 그러므로 안테나 패턴의 부엽에 대해 이야기할 때 보통 첫 번째(가장 가깝고 높은) 부엽을 말한다. 현대의 레이더 분야 응용에 있어서, −40 dB 정도의 부엽 레벨 또는 그 이상의 레벨이 요구된다. 실제 경우에서 부엽의 위치도 매우 중요하다.
3. **지향성**: 안테나 패턴의 빔폭은 주빔의 예리함을 말한다. 그러나 패턴의 나머지 부분에 대해서는 어떠한 정보도 제공하지 않는다. 예를 들면, 부엽들이 매우 높을 것이다(바람직하지 못한 특징). 주어진 방향으로 복사전력을 향하게 하는 안테나의 전반적인 능력을 평가하기 위해서 일반적으로 사용되는 특성지표가 **지향성 이득**(directive gain)이다. 이는 복사강도란 용어로도 정의될 수 있다. **복사강도**(radiation intensity)는 단위입체각당 시간-평균 전력이다. 복사강도에 대한 SI 단위는 스테라디안당 와트(W/Sr)이다. 각 단위입체각에 대한 구 표면적이 R^2 (m^2)이

기 때문에 복사강도 U는 단위면적당 시간-평균 전력에 R^2을 곱하거나 시간-평균 포인팅 벡터 $\mathscr{P}_{av}$의 크기에 R^2을 곱한 것과 같다. 즉,

$$U = R^2 \mathscr{P}_{av} \qquad (\text{W/sr}) \tag{11-32}$$

이다. 복사된 총 시간-평균 전력은

$$P_r = \oint \mathscr{P}_{av} \cdot d\mathbf{s} = \oint U \, d\Omega \qquad (\text{W}) \tag{11-33}$$

이다. 여기서 $d\Omega$은 미소 입체각으로 $d\Omega = \sin\theta \, d\theta \, d\phi$이다.

안테나 패턴의 **지향성 이득** $G_D(\theta, \phi)$는 방향 (θ, ϕ)에서 복사강도와 평균 복사강도의 비이다. 즉,

$$G_D(\theta, \phi) = \frac{U(\theta, \phi)}{P_r/4\pi} = \frac{4\pi U(\theta, \phi)}{\oint U \, d\Omega} \tag{11-34}$$

이다. 분명히, 등방성 또는 전방향성 안테나(모든 방향으로 동일하게 복사하는 안테나)의 지향성 이득은 일정하다. 그러나 등방성 안테나는 실제로 존재하지 않는다. 안테나의 최대 지향성 이득을 그 안테나의 **지향성**이라 한다. 지향성은 다음과 같이 최대 복사강도와 평균 복사세기의 비이고 보통 D로 나타낸다.

$$D = \frac{U_{\max}}{U_{av}} = \frac{4\pi U_{\max}}{P_r} \qquad (\text{단위 없음}) \tag{11-35}$$

전기장 세기의 용어로, D는

$$D = \frac{4\pi |E_{\max}|^2}{\int_0^{2\pi} \int_0^{\pi} |E(\theta, \phi)|^2 \sin\theta \, d\theta \, d\phi} \qquad (\text{단위 없음}) \tag{11-36}$$

로 표현할 수 있다. 지향성의 단위는 종종 데시벨을 사용한다.

예제 11-2 헤르츠 다이폴 안테나의 지향성 이득과 지향성을 구하라.

풀이 헤르츠 다이폴 안테나에서 시간-평균 포인팅 벡터 크기는

$$\mathscr{P}_{av} = \tfrac{1}{2}\mathscr{R}e|\mathbf{E} \times \mathbf{H}^*| = \tfrac{1}{2}|E_\theta|\,|H_\phi| \tag{11-37}$$

이다. 식 (11-19a,b)와 (11-32)로부터

$$U = \frac{(I\,d\ell)^2}{32\pi^2}\eta_0\beta^2 \sin^2\theta \tag{11-38}$$

이다. 지향성 이득은 식 (11-34)로부터 구할 수 있다. 즉,

$$G_D(\theta, \phi) = \frac{4\pi \sin^2\theta}{\int_0^{2\pi}\int_0^{\pi}(\sin^2\theta)\sin\theta\, d\theta\, d\phi} = \tfrac{3}{2}\sin^2\theta$$

이다. 지향성은 $G_D(\theta, \phi)$의 최대값이다. 즉,

$$D = G_D\left(\frac{\pi}{2}, \phi\right) = 1.5$$

가 된다. 이것을 dB로 표현하면 $10 \log_{10} 1.5$ 또는 1.76 (dB)이다.

안테나 패턴의 변수들은 빔폭, 부엽 레벨, 그리고 지향성 이득이지만, 이 변수들은 안테나 효율과 입력 임피던스에 대한 어떠한 정보도 주지 못한다. 안테나 효율의 측정은 전력 이득이다. 등방성 전자기 근원에 해당하는 안테나의 **전력 이득** 또는 간단히 **이득** G_p는 그 안테나의 최대 복사강도와 동일한 입력전력이 가해진 무손실 등방성 근원에 의한 복사강도의 비이다. 식 (11-34)에 정의된 것처럼, 지향성 이득은 복사전력 P_r에 기초하고 있다. 접지를 포함한 손실 구조체뿐만 아니라 안테나 자체의 저항성 전력 손실 P_ℓ 때문에 P_r은 총 입력전력 P_i보다 적다. 그러므로

$$P_i = P_r + P_\ell \tag{11-39}$$

이다. 곧 안테나의 전력 이득은

$$G_P = \frac{4\pi U_{\max}}{P_i} \quad \text{(단위 없음)} \tag{11-40}$$

이다. 안테나의 이득과 지향성의 비가 **복사효율** η_r이다.

$$\eta_r = \frac{G_P}{D} = \frac{P_r}{P_i} \quad \text{(단위 없음)} \tag{11-41}$$

정상적으로 잘 만들어진 안테나의 효율은 100%에 거의 근접한다.

안테나의 복사전력량을 측정하는 유용한 방법이 **복사저항**(radiation resistance)이다. 안테나의 복사저항은 가상적인 저항값으로서, 이는 저항에 전류가 안테나에 흐르는 최대 전류와 같을 때 복사전력 P_r과 동일한 전력을 소비하게 된다. 당연히 높은 복사저항은 안테나의 바람직한 특성이다.

예제 11-3 헤르츠 다이폴 안테나의 복사저항을 구하라.

풀이 저항성 손실이 없다고 가정한다면, 크기 I의 시정현 입력전류에 대한 헤르츠 다이폴 안테나의 시간-평균 복사전력은

$$P_r = \frac{1}{2}\int_0^{2\pi}\int_0^{\pi} E_\theta H_\phi^* R^2 \sin\theta \, d\theta \, d\phi \tag{11-42}$$

이다. 식 (11-19a,b)의 원거리장을 사용하면,

$$\begin{aligned} P_r &= \frac{I^2(d\ell)^2}{32\pi^2}\eta_0\beta^2 \int_0^{2\pi}\int_0^{\pi} \sin^3\theta \, d\theta \, d\phi \\ &= \frac{I^2(d\ell)^2}{12\pi}\eta_0\beta^2 = \frac{I^2}{2}\left[80\pi^2\left(\frac{d\ell}{\lambda}\right)^2\right] \end{aligned} \tag{11-43}$$

가 됨을 알 수 있다. 이 식에서 자유공간의 고유 임피던스 η_0는 120π를 사용했고 β는 $2\pi/\lambda$로 대체시켰다.

짧은 헤르츠 다이폴 안테나에 흐르는 전류는 일정하기 때문에, 복사저항 R_r에서 소비된 전력은 I에 관계된다. $I^2R_r/2$와 P_r를 등식화해서 풀면,

$$\boxed{R_r = 80\pi^2\left(\frac{d\ell}{\lambda}\right)^2 \qquad (\Omega)} \tag{11-44}$$

를 얻는다.

예를 들어, $d\ell = 0.01\lambda$이면, R_r은 약 0.08 (Ω)으로 매우 작은 값이 된다. 그러므로 짧은 다이폴 안테나는 전자기장 전력을 잘 복사하지 못한다. 그러나 식 (11-44)가 $d\ell \ll \lambda$일 때만 유지되므로 다이폴 안테나의 복사저항이 그 길이의 제곱에 따라 증가한다고 무조건 말하는 것은 옳지 않다.

복사저항은 입력 임피던스의 실수 부분과 상당히 차이가 있을 것이다. 그 이유는 후자가 접지뿐만 아니라 안테나 구조 자체에서의 저항 손실을 포함하고 있기 때문이다. 짧은 다이폴 안테나의 입력 임피던스는 큰 용량성 리액턴스를 갖는데, 이것은 정합을 어렵게 하여 안테나에 전력을 효율적으로 공급하는 것을 어렵게 한다.

예제 11-4 반지름 a, 길이 d, 도전율 σ인 금속선으로 만든 절연된 헤르츠 다이폴 안테나의 복사효율을 구하라.

풀이 손실저항 R_ℓ인 도선 다이폴 안테나 전류의 크기를 I라고 하자. 저항성 전력 손실은

$$P_\ell = \tfrac{1}{2} I^2 R_\ell \tag{11-45}$$

이 된다. 복사저항 R_r일 때, 복사전력은

$$P_r = \tfrac{1}{2} I^2 R_r \tag{11-46}$$

이다. 식 (11-39)와 (11-41)로부터

$$\begin{aligned} \eta_r &= \frac{P_r}{P_r + P_\ell} = \frac{R_r}{R_r + R_\ell} \\ &= \frac{1}{1 + (R_\ell / R_r)} \end{aligned} \tag{11-47}$$

을 얻는다. 여기서 R_r은 식 (11-44)로부터 구할 수 있다. 금속선의 손실저항 R_ℓ은 표면저항 R_s의 함수로 표현하면 다음과 같다.

$$R_\ell = R_s \left(\frac{d\ell}{2\pi a} \right) \tag{11-48}$$

여기서 식 (9-26b)에 주어진 것처럼,

$$R_s = \sqrt{\frac{\pi f \mu_0}{\sigma}} \tag{11-49}$$

이다. 식 (11-47)에 식 (11-44)와 (11-48)를 적용하여 절연된 헤르츠 다이폴 안테나의 복사효율을 구할 수 있다. 즉, 다음과 같이 된다.

$$\eta_r = \frac{1}{1 + \dfrac{R_s}{160\pi^3} \left(\dfrac{\lambda}{a} \right) \left(\dfrac{\lambda}{d\ell} \right)} \tag{11-50}$$

여기서 a = 1.8 (mm), $d\ell$ = 2 (m), 동작 주파수는 f = 1.5 (MHz), σ(구리)에 대해 = 5.80×10^7 (S/m)라 하면,

$$\begin{aligned} \lambda &= \frac{c}{f} = \frac{3 \times 10^8}{1.5 \times 10^6} = 200 \quad \text{(m)} \\ R_s &= \sqrt{\frac{\pi \times (1.50 \times 10^6) \times (4\pi 10^{-7})}{5.80 \times 10^7}} = 3.20 \times 10^{-4} \quad (\Omega) \\ R_\ell &= 3.20 \times 10^{-4} \times \left(\frac{2}{2\pi 1.8 \times 10^{-3}} \right) = 0.057 \quad (\Omega) \\ R_r &= 80\pi^2 \left(\frac{2}{200} \right)^2 = 0.079 \quad (\Omega) \end{aligned}$$

와

$$\eta_r = \frac{0.079}{0.079 + 0.057} = 58\%$$

임을 알 수 있는데 이것은 매우 낮은 효율이다. 식 (11-50)은 (a/λ)와 $(d\ell/\lambda)$의 값이 작아질수록 복사 효율도 더 낮아짐을 보여준다.

11-4 가는 선형 안테나

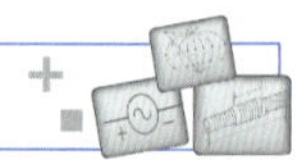

짧은 다이폴 안테나는 낮은 복사저항과 낮은 복사효율 때문에 전자기장 전력을 잘 복사하는 복사기가 아님을 이미 배웠다. 지금부터 그림 11-5와 같은 파장과 비슷한 길이를 갖는 중앙-급전의 가늘고 곧은 안테나의 복사 특성을 검토하자. 이런 안테나를 **선형 다이폴 안테나**(linear dipole antenna)라 한다. 안테나에 흐르는 전류 분포를 알고 있다면, 기본적인 다이폴에 의한 복사 전기장을 안테나 전체 길이에 대해 적분함으로써 안테나의 복사 전자기장을 구할 수 있다. 그러나 외관상 단순한 기하학적 구성(유한 반지름의 곧은 선)에 대해서 정확한 전류 분포를 결정하는 것은 비록 도선이 완전도체라 해도 매우 어려운 경계치 문제이다. 전하들이 모이는 도선의 끝에서 전류는 0이어야 하고, 모든 전류와 전하로 인한 접선 방향의 전기장은 도선 표면상의 모든 점에서 0이어야 한다. 문제의 해석적 방정식은 결국 안테나를 따른 전류 분포가 적분 내의 미지의 함수인 적분 방정식으로 된다. 불행히도, 이 적분 방정식의 정확한 해는 존재하지 않으며, 다양한 근사해들이 시도되어 왔다. 고속 디지털 컴퓨터의 발전으로 특정 길이와 두께를 갖는 선형 안테나의 전류 분포와 입력 임피던스를 구할 수 있다. 급전점에서 전압과 전류의 비를 입력 임피던스라 한다. 해를 구하는 과정과 수치 결과가 아주 복잡하므로, 이 책에서는 다

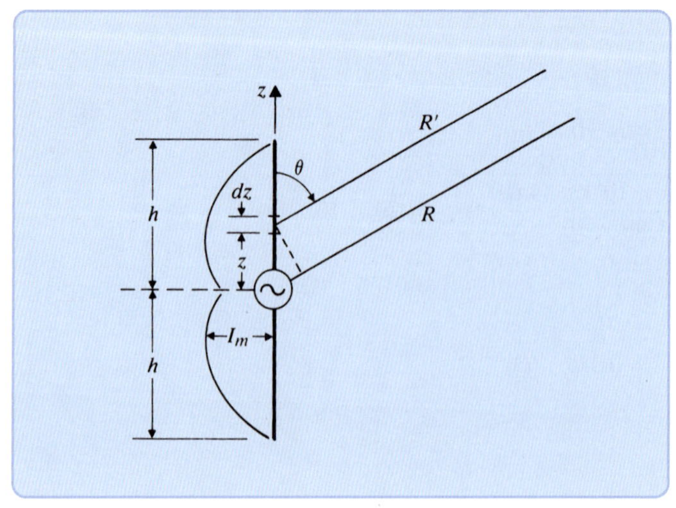

그림 11-5 정현파 전류 분포의 중앙-급전 선형 다이폴 안테나

루지 않는다. 여기서 선형 안테나의 정확한 전류 분포에 대해 아는 것이 제일 중요한 것은 아니며, 적절한 어림계산으로도 안테나의 복사 특성에 관한 상당히 유용한 정보를 줄 수 있다. 매우 가늘고 곧은 다이폴 안테나의 전류가 정현파적으로 변한다고 가정하자. 이러한 전류 분포는 다이폴 안테나에 일종의 정재파를 형성하며 전류 분포를 근사화하기에 충분하다.

다이폴 안테나는 중앙에서 급전되므로 양쪽 1/2에 흐르는 전류는 서로 대칭이며 끝단에서는 0이 된다. 따라서 전류 위상자는 다음과 같이 나타낼 수 있다.

$$\begin{aligned} I(z) &= I_m \sin \beta(h - |z|), \\ &= \begin{cases} I_m \sin \beta(h - z), & z > 0 \\ I_m \sin \beta(h + z), & z < 0 \end{cases} \end{aligned} \tag{11-51}$$

여기서는 원거리장에만 관심을 가진다. 미소 전류 성분 $I\,dz$에 의한 원거리에서의 전기장은 식 (11-19a, b)로부터

$$dE_\theta = \eta_0\, dH_\phi = j\,\frac{I\,dz}{4\pi}\left(\frac{e^{-j\beta R'}}{R'}\right)\eta_0\beta \sin\theta \tag{11-52}$$

이다.

식 (11-52)에서 R'는 구좌표계의 원점에서 R까지 거리와 약간 다르며 원점은 다이폴 안테나의 중심과 일치한다. $R \gg h$인 원거리에서

$$R' = (R^2 + z^2 - 2Rz\cos\theta)^{1/2} \simeq R - z\cos\theta \tag{11-53}$$

이다. $1/R'$과 $1/R$의 크기 차이는 별로 중요치 않으나 식 (11-53)의 근사식에서 위상 항은 반드시 있어야 한다. 식 (11-52)에 식 (11-51)과 (11-53)을 사용하여 적분하면,

$$\begin{aligned} E_\theta &= \eta_0 H_\phi \\ &= j\,\frac{I_m\eta_0\beta\sin\theta}{4\pi R}\, e^{-j\beta R}\int_{-h}^{h} \sin\beta(h - |z|)e^{j\beta z\cos\theta}\,dz \end{aligned} \tag{11-54}$$

를 얻는다. 식 (11-54)에서 적분항은 우함수 z에 대한 우함수인 $\sin\beta(h - |z|)$와 다음에 적은 수식의 곱이다.

$$e^{j\beta z\cos\theta} = \cos(\beta z\cos\theta) + j\sin(\beta z\cos\theta)$$

여기서 $\sin(\beta z\cos\theta)$는 z의 기함수이다. $-h$에서 h까지의 대칭적분은 0이 아닌 두 개의 우함수 곱인 $\sin\beta(h - |z|)\cos(\beta z\cos\theta)$만 적분하면 된다. 그러면 식 (11-54)는

$$\begin{aligned} E_\theta = \eta_0 H_\phi &= j\,\frac{I_m\eta_0\beta\sin\theta}{2\pi R}\, e^{-j\beta R}\int_0^h \sin\beta(h - z)\cos(\beta z\cos\theta)\,dz \\ &= \frac{j60I_m}{R}\, e^{-j\beta R}F(\theta) \end{aligned} \tag{11-55}$$

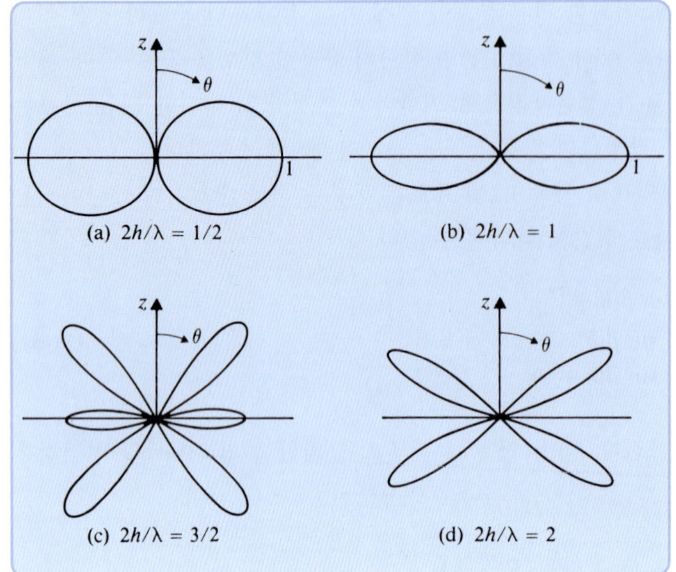

그림 11-6
중앙-급전 다이폴 안테나의 E-평면 복사 패턴

으로 간략화되며, 여기서

$$F(\theta) = \frac{\cos(\beta h \cos\theta) - \cos\beta h}{\sin\theta} \tag{11-56}$$

이다.

$|F(\theta)|$는 선형 다이폴 안테나의 E-평면 **패턴함수**(pattern function)이다. 이것은 복사 패턴 또는 정규화된 원거리장 $|E(\theta)|$의 각도 θ에 따른 변화를 표현한 것이다. 식 (11-56)에 나타낸 $|F(\theta)|$에 의한 복사 패턴의 정확한 형태는 $\beta h = 2\pi h/\lambda$에 따라 달라지며, 안테나의 길이에 따라 크게 달라진다. 그러나 복사 패턴은 $\theta = \pi/2$ 평면에 관하여 항상 대칭이나, 그림 11-6은 파장으로 나타낸 길이가 다른 4개($2h/\lambda$ = 1/2, 1, 3/2, 2)의 다이폴 안테나에 대한 E-평면 패턴을 나타낸 것이다. $F(\theta)$가 ϕ에 무관하므로 H-평면 패턴은 원이다. 그림 11-6의 패턴들로부터 길이가 $3\lambda/2$인 다이폴 안테나에 근접할 때 최대 복사 방향은 $\theta = 90°$로부터 멀어지고 있음을 알 수 있다. $2h = 2\lambda$인 경우 $\theta = 90°$인 평면에서 복사가 일어나지 않는다.

11-4.1 반파장 다이폴 안테나

$2h = \lambda/2$ 길이의 반파장 다이폴 안테나는 안테나의 패턴과 임피던스 특성이 양호하기 때문에 실용적인 면에서 대단히 중요하다. 여기서는 보다 상세히 그 특성들을 알아본다.

반파장 쌍극자에 대해서는 $\beta h = 2\pi h/\lambda = \pi/2$이므로, 식 (11-56)의 패턴함수는 다음과 같이 정리할 수 있다.

$$F(\theta) = \frac{\cos\left[(\pi/2)\cos\theta\right]}{\sin\theta} \tag{11-57}$$

이 함수는 $\theta = 90°$에서 최대값 1을 가지며 $\theta = 0°$와 180°에서 0이 된다. 이에 대한 E-평면 복사 패턴을 그림 11-6(a)에 나타내었다. 식 (11-55)로부터 얻게 되는 원거리장 위상자는 다음과 같다.

$$E_\theta = \frac{j60I_m}{R} e^{-j\beta R}\left\{\frac{\cos\left[(\pi/2)\cos\theta\right]}{\sin\theta}\right\} \tag{11-58}$$

$$H_\phi = \frac{jI_m}{2\pi R} e^{-j\beta R}\left\{\frac{\cos\left[(\pi/2)\cos\theta\right]}{\sin\theta}\right\} \tag{11-59}$$

시간-평균 포인팅 벡터의 크기는

$$\mathscr{P}_{av} = \frac{1}{2}E_\theta H_\phi^* = \frac{15I_m^2}{\pi R^2}\left\{\frac{\cos\left[(\pi/2)\cos\theta\right]}{\sin\theta}\right\}^2 \tag{11-60}$$

이다. 반파장 다이폴 안테나의 총 복사전력은 다음과 같이 $\mathscr{P}_{av}$를 전체 구면을 따라 적분하여 얻는다.

$$\begin{aligned} P_r &= \int_0^{2\pi}\int_0^{\pi} \mathscr{P}_{av} R^2 \sin\theta\, d\theta\, d\phi \\ &= 30I_m^2 \int_0^{\pi} \frac{\cos^2\left[(\pi/2)\cos\theta\right]}{\sin\theta}\, d\theta \end{aligned} \tag{11-61}$$

시 (11-61)에시 직분값은 수지 계산하면 1.218이 된다. 그러므로

$$P_r = 36.54I_m^2 \quad (\text{W}) \tag{11-62}$$

이며, 이 식으로부터 독립해 있는 다이폴 안테나의 복사저항을 얻을 수 있다. 즉,

$$R_r = \frac{2P_r}{I_m^2} = 73.1 \quad (\Omega) \tag{11-63}$$

이다. 손실을 무시하면, 가는 반파장 다이폴 안테나의 입력저항은 73.1 (Ω)이고 입력 리액턴스는 다이폴 안테나의 길이를 $\lambda/2$보다 조금 짧게 교정해서 만들면 사라질 수 있는 적은 양수임을 알 수 있다. (이전에 언급했듯이, 실제의 입력 임피던스 계산은 복잡하며, 이 책의 범위를 벗어난다.)

반파장 다이폴 안테나의 지향성은 식 (11-35)를 이용하여 구할 수 있다. 식 (11-32)와 (11-60)으로부터,

$$U_{\max} = R^2\mathscr{P}_{av}(90°) = \frac{15}{\pi}I_m^2 \tag{11-64}$$

와

$$D = \frac{4\pi U_{max}}{P_r} = \frac{60}{36.54} = 1.64 \qquad (11\text{-}65)$$

를 얻는다. 이것은 전방향성 복사기를 참고하여 구하면, $10 \log_{10} 1.64$ 또는 2.15 (dB)의 지향성을 갖는다.

복사 패턴의 반전력 빔폭은 방정식

$$\frac{\cos[(\pi/2)\cos\theta]}{\sin\theta} = \frac{1}{\sqrt{2}}, \qquad 0 < \theta < \pi$$

에 대한 두 개의 해 사이의 각도이며, 수치적으로 또는 그래프를 이용하여 78°가 된다. 그러므로 반파장 다이폴 안테나는 1.76 (dB)의 지향성과 90°의 빔폭을 갖는 미소 헤르츠 다이폴 안테나에 비해 근소하게 더 지향적이다.

예제 11-5 완전한 유도성으로 접지된 가는 1/4파장 수직 안테나가 바닥에서 시정현 전자기장 근원에 의해 여기된다. 복사 패턴, 복사저항, 그리고 지향성을 구하라.

풀이 전류는 전하의 흐름이므로, 4-4절에서 언급한 영상법을 사용하여 유도성 접지를 수직 안테나의 영상으로 대체시킨다. 전류 I가 흐르는 수직 안테나의 영상은 접지로부터 동일한 거리에 있는 동일 길이의 수직 안테나임을 쉽게 알 수 있다. 영상 안테나는 본래의 안테나처럼 동일 방향에 동일한 전류를 운반한다. 그러므로 그림 11-7(a)의 1/4파장 수직 안테나에 기인하는 상단의 반공간에서 전자기장은 그림 11-7(b)의 반파장 안테나 전자기장과 같다. 식 (11-57)에 패턴함수 $0 \le \theta \le \pi/2$에 대해 적용되고 그림 11-7(b)의 점선으로 나타난 복사 패턴은 그림 11-6(a)에 상단부의 반이다.

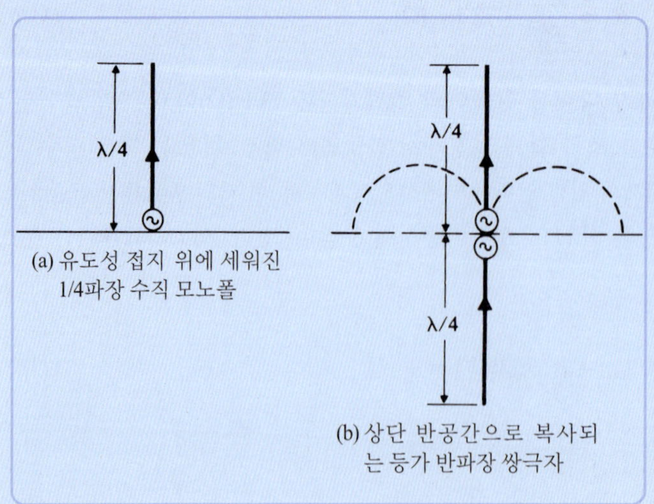

그림 11-7 유도성 접지의 1/4파장 모노폴 안테나와 등가 반파장 다이폴 안테나

식 (11-60)에서 시간-평균 포인팅 벡터의 크기 $\mathscr{P}_{av}$는 $0 \le \theta \le \pi/2$에서 성립된다. 1/4파장 **모노폴** 안테나는 상단부 반에서만 복사하므로, 총 복사전력으로 식 (11-62)의 1/2이다. 즉,

$$P_r = 18.27 I_m^2 \quad \text{(W)}$$

가 된다. 결과적으로, 복사저항은

$$R_r = \frac{2P_r}{I_m^2} = 36.54 \quad (\Omega) \tag{11-66}$$

이며, 이것은 자유공간에 있는 반파장 안테나 복사저항의 1/2이다.

지향성을 계산하기 위해, 비록 최대 복사강도 $U_{\max}$가 식 (11-64)에서 주어진 것과 같더라도, 평균 복사강도는 $P_r/2\pi$이므로

$$D = \frac{U_{\max}}{U_{\text{av}}} = \frac{U_{\max}}{P_r/2\pi} = 1.64 \tag{11-67}$$

가 된다. 이것은 반파장 다이폴 안테나의 지향성과 같다.

11-4.2 실효 안테나 길이

주어진 전류 분포를 갖는 가는 선형 안테나에서 원거리장에 비례하는 **실효 길이**(effective length)를 정의하는 것이 편리하며, 원거리장은 실효 길이에 비례한다. 그림 11-5의 다이폴 안테나를 참고하고, 일반적인 위상자 전류 분포 $I(z)$로 가정하자. 식 (11-54)로부터 얻게 되는 원거리 전기장은 다음과 같다.

$$E_\theta = \eta_0 H_\phi = \frac{j30}{R}\beta e^{-j\beta R}\left\{\sin\theta \int_{-h}^{h} I(z) e^{j\beta z\cos\theta}\, dz\right\} \tag{11-68}$$

안테나의 급전점에서 입력전류를 $I(0)$라 하자. 식 (11-68)은 다음과 같이 쓸 수 있다.

$$E_\theta = \eta_0 H_\phi = \frac{j30 I(0)}{R}\beta e^{-j\beta R}\ell_e(\theta) \tag{11-69}$$

여기서

$$\ell_e(\theta) = \frac{\sin\theta}{I(0)}\int_{-h}^{h} I(z) e^{j\beta z\cos\theta}\, dz \tag{11-70}$$

는 송신 안테나의 **실효 길이**이다. (수신 안테나의 실효 길이도 곧 다룰 것이다.) 식 (11-69)에서 알 수 있듯이, ℓ_e는 전자기파 복사기로서 안테나의 유효성 정도를 나타내며, 주어진 전류 분포에 대해 원거리장은 ℓ_e에 비례하고, 안테나의 지향성 특성에 대한 모든 정보를 포함하고 있다. 실

제로 대부분의 경우에 실효 길이는 $\theta = \pi/2$일 때 가장 중요하며, 식 (11-70)은

$$\ell_e = \frac{1}{I(0)} \int_{-h}^{h} I(z)\, dz \qquad \text{(m)} \tag{11-71}$$

가 된다. 식 (11-71)에 의해 ℓ_e는 균일한 전류 $I(0)$를 갖는 등가 선형 안테나의 길이로 $\theta = \pi/2$에서 동일한 원거리장 전자기파를 복사하는 것을 알 수 있다.

예제 11-6 중앙-급전된 가는 반파장 다이폴 안테나에 정현파 전류 분포를 가정하고 실효 길이를 구하라. 이때 최대값은 얼마인가?

풀이 가정된 정현파 전류 분포를 위해 식 (11-51)의 $I(z)$를 사용하고, 이것을 식 (11-70)에 대입하자. 단, $I(0) = I_m$과 $h = \lambda/4$이다. 그러면 다음과 같이 된다.

$$\ell_e(\theta) = \sin\theta \int_{-\lambda/4}^{\lambda/4} \sin\beta\left(\frac{\lambda}{4} - |z|\right) e^{j\beta z\cos\theta}\, dz \tag{11-72}$$

위의 적분식은 식 (11-56)에서 이미 구했으며, 그 결과는 다음과 같다.

$$\ell_e(\theta) = \frac{2}{\beta}\left[\frac{\cos\left(\frac{\pi}{2}\cos\theta\right)}{\sin\theta}\right] \tag{11-73}$$

$\ell_e(\theta)$의 최대값은 $\theta = \pi/2$에서 존재하며, 여기서 실효 길이는

$$\ell_e\left(\frac{\pi}{2}\right) = \frac{2}{\beta} = \frac{\lambda}{\pi} \tag{11-74}$$

가 된다. 식 (11-74)로부터 반파장 다이폴 안테나의 최대 실효 길이는 실제 길이인 $\lambda/2$보다 작음을 알 수 있다.

식 (11-71)을 잘 살펴보면 분모의 $I(0)$에 이상이 있을 수 있다. 다이폴 안테나의 반길이가 $\lambda/4$보다 크고 $\lambda/2$에 접근할 때, $I(0)$는 $z = 0$이 아닌 곳에서 급격히 I_m보다 작아진다. 이것은 ℓ_e가 $2h$보다 훨씬 커질 수 있음을 나타낸다. 그러므로 식 (11-70)과 (11-71)에서 주어진 실효 길이의 정의는 오직 급전점에서 최대 전류를 갖는 상대적으로 작은 안테나에 의미가 있다.

수신하는 선형 안테나의 실효 길이는 안테나 종단에서 유도되는 개방회로 전압 V_{oc}와 안테나에서 전기장 세기 $E_i = |\mathbf{E}_i|$의 비로서 정의되며, 다음과 같이

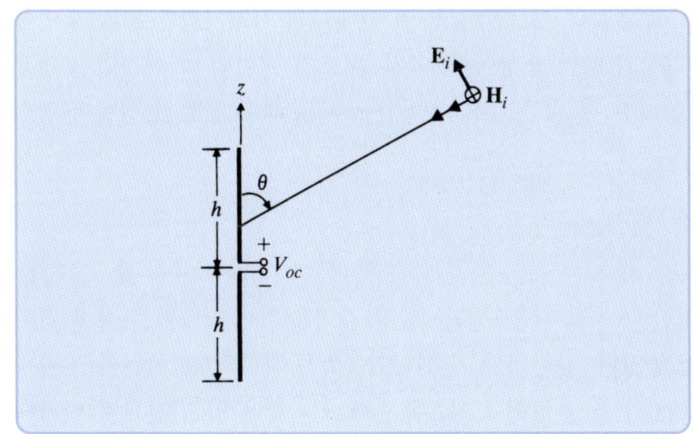

그림 11-8

수신 모드에서 선형 안테나

$$\ell_e(\theta) = -\frac{V_{oc}}{E_i} \tag{11-75}$$

로 유도된다. 여기서 음의 부호는 전위는 전기장에 반대되는 방향으로 증가한다는 것을 나타낸다. 이 상황은 그림 11-8에 나타나 있다. $\mathbf{E}_i$가 입사 평면에 놓여 있다고 가정하자. 왜냐하면 $\mathbf{E}_i$ 성분 중 안테나에 수직인 성분은 안테나 양단에 전압을 유도하지 않기 때문이다. 분명히, 개방회로 전압 V_{oc}는 복잡한 방법으로 E_i, θ, 그리고 βh에 의해 결정된다. 가역성 정리를 사용하면 **수신 안테나의 실효 길이가 송신 안테나의 실효 길이와 같다**는 것을 증명하는 것이 가능하다[14]. 11-6절에서 수신 모드에서 격리된 안테나의 임피던스와 지향성 패턴 모두 송신 모드에서 격리된 안테나 결과들과 같다는 것을 증명하였다. 또한 이들 두 모드에서 동작하는 실효 길이가 같음을 알 수 있다.

입사하는 전기장 $\mathbf{E}_i$가 다이폴과 평행하지 않다면, 편파 부정합이 존재하게 되고, 개방회로 전압의 크기는

$$|V_{oc}| = |\ell_e \cdot \mathbf{E}_i| \tag{11-76}$$

이 될 것이다. 여기서 ℓ_e는 벡터 실효 길이를 나타낸다. 분명히, $\mathbf{E}_i$가 다이폴 안테나에 평행할 때 $|V_{oc}|$는 최대가 되며, 만약 $\mathbf{E}_i$가 다이폴 안테나에 수직이면 0이 될 것이다.

11-5 배열 안테나

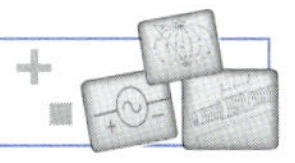

배열 안테나(antenna array)은 어떤 요구되는 복사 특성을 얻기 위해 적당한 크기와 위상관계를 가진 여러 가지 형태(직선, 원, 삼각형 등)로 정렬된 유사한 안테나들의 묶음이다. 중요한 복사 특성들은 주빔, 부엽 레벨, 그리고 지향성이다. 이 절에서는 선형 안테나 배열(직선 형태로 배열

된 복사소자들)의 기초적인 이론과 특성들을 검토한다. 배열 안테나의 전자기장은 각각의 안테나 소자들에 의해 생성되는 전자기장의 벡터 중첩이다. 먼저 두 소자 배열의 아주 간단한 경우를 고찰하고, 이것들로부터 경험을 쌓은 후 많은 수의 동일한 소자로 만든 균등한 선형 배열의 기본적인 특성들을 검토하자.

11-5.1 2-소자 배열

가장 간단한 배열은 두 개의 동일한 복사소자(안테나)를 일정 간격을 유지하도록 구성한 것이다. 그림 11-9에 이런 배열을 그려 놓았다. 간략하게, 안테나가 x축을 따라 선을 이룬다고 가정하고 θ 방향에서 각 안테나의 원거리장을 검토해 보자. 두 안테나는 같은 양의 전류로 여기되나 안테나 1에서의 위상이 각도 ξ만큼 안테나 0보다 앞선다.

$$E_0 = E_m F(\theta, \phi) \frac{e^{-j\beta R_0}}{R_0} \tag{11-77}$$

$$E_1 = E_m F(\theta, \phi) \frac{e^{j\xi} e^{-j\beta R_1}}{R_1} \tag{11-78}$$

여기서 $F(\theta, \phi)$는 각각의 안테나 패턴함수이며, E_m은 크기함수이다. 2-소자 배열의 전기장은 E_0와 E_1의 합이며, 그 결과는 다음과 같다.

$$E = E_0 + E_1 = E_m F(\theta, \phi) \left[\frac{e^{-j\beta R_0}}{R_0} + \frac{e^{j\xi} e^{-j\beta R_1}}{R_1} \right] \tag{11-79}$$

$R_0 \gg d/2$인 원거리에서 인자 $1/R_1$ 크기는 대략 $1/R_0$로 대체할 수 있다. 그러나 지수부에서 R_0와 R_1의 작은 차이가 큰 위상차를 낼 수 있으므로 보다 정확한 가정을 사용해야 한다. 전자기장의 점(관측점) P와 두 안테나를 연결하는 선이 거의 평행이므로, 다음과 같이 표현될 수 있다.

$$R_1 \cong R_0 - d \sin\theta \cos\phi \tag{11-80}$$

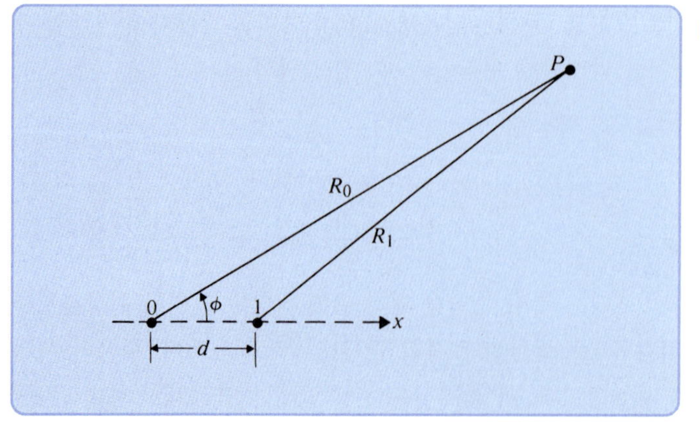

그림 11-9
2-소자 배열

식 (11-79)에 식 (11-80)을 대입하면 다음과 같은 결과를 얻게 된다.

$$E = E_m \frac{F(\theta, \phi)}{R_0} e^{-j\beta R_0}[1 + e^{j\beta d \sin\theta \cos\phi} e^{j\xi}] \tag{11-81}$$

$$= E_m \frac{F(\theta, \phi)}{R_0} e^{-j\beta R_0} e^{j\psi/2}\left(2\cos\frac{\psi}{2}\right)$$

여기서

$$\psi = \beta d \sin\theta \cos\phi + \xi \tag{11-82}$$

이다. 2-소자 배열에 대한 전기장 세기는

$$|E| = \frac{2E_m}{R_0}|F(\theta, \phi)|\left|\cos\frac{\psi}{2}\right| \tag{11-83}$$

이며, 여기서 $|F(\theta, \phi)|$는 **소자인자**(element factor)라 하고, $|\cos(\psi/2)|$는 정규화된 **배열인자**(array factor)라 한다. 소자인자는 각 복사소자의 패턴함수 크기이고, 배열인자는 소자들에 인가된 상대 진폭과 여기 위상에 관계할 뿐만 아니라 배열의 기하학적 구조에도 의존한다. (특별한 경우에 여기 진폭은 같다.) 배열인자는 등방성 소자의 배열에 의한 것이며, 소자 성분에 의해 결정되는 소자의 지향성 특성이다. 식 (11-83)으로부터, **동일 소자 배열의 패턴함수는 소자인자와 배열인자의 곱으로 표현할 수 있다.** 이와 같은 특성을 패턴 곱의 원리(principle of pattern multiplication)라 한다.

z 방향과 평행한 두 개의 반파장 다이폴 안테나 배열에서 총 전기장 세기는 식 (11-57)과 (11-83)으로부터

$$|E| = \frac{2E_m}{R_0}\left|\frac{\cos[(\pi/2)\cos\theta]}{\sin\theta}\right|\left|\cos\frac{\psi}{2}\right| \tag{11-84}$$

이다. 또한 ψ는 θ의 함수이며, $\phi = \pm\pi/2$일 때를 제외하고 E-평면에서의 패턴은 다이폴 안테나에서의 패턴과는 다르다. H-평면에서 $\theta = \pi/2$이고 패턴은 전적으로 배열인자 $|\cos(\psi/2)|$에 의해 결정된다.

예제 11-7 다음 두 경우에 대해 두 개의 평행 다이폴 안테나의 H-평면 복사 패턴을 그려라.

(a) $d = \lambda/2$, $\xi = 0$

(b) $d = \lambda/4$, $\xi = -\pi/2$

SOLUTION **풀이** 두 개의 다이폴 안테나가 그림 11-9와 같이 z 방향에 평행이고 x축을 따라 놓여 있다고 하

자. H-평면($\theta = \pi/2$)에서, 각 다이폴 안테나는 전(全) 방향성이고 정규화한 패턴함수는 정규화한 배열인자 $|A(\phi)|$와 같다.

$$|A(\phi)| = \left|\cos\frac{\psi}{2}\right| = \left|\cos\frac{1}{2}(\beta d\cos\phi + \xi)\right|$$

(a) $d = \lambda/2(\beta d = \pi)$, $\xi = 0$이면

$$|A(\phi)| = \left|\cos\left(\frac{\pi}{2}\cos\phi\right)\right| \tag{11-85a}$$

이다. 패턴함수는 $\phi_0 = \pm\pi/2$, 즉 z축 방향에서 최대값을 갖는다. 이것은 **브로드사이드 배열**(broadside array) 패턴이며 그림 11-10(a)에 나타내었다. 두 다이폴 안테나에서 여기는 동위상이므로, 두 전기장은 브로드사이드 방향측 $\phi = \pm\pi/2$에서 더해진다. $\phi = 0$과 π에서 전기상은 서로 상쇄되는데 이는 $\lambda/2$만큼 분리되어 180°의 위상차가 발생하기 때문이다.

(b) $d = \lambda/4(\beta d = \pi/2)$, $\xi = -\pi/2$이면

$$|A(\phi)| = \left|\cos\frac{\pi}{4}(\cos\phi - 1)\right| \tag{11-85b}$$

이며, 이 식은 $\phi_0 = 0$에서 최대값을 가지며 $\phi = \pi$에서 값이 없다. 최대 복사 패턴은 배열의 선과 같은 방향에서 존재하고 두 다이폴 안테나는 **엔드파이어 배열**(종형 배열: endfire array)을 구성한다. 그림 11-10(b)는 엔드파이어 배열을 보여준다. 이 경우 오른편 다이폴 안테나에서 위상이 $\pi/2$만큼 지연되며, 전기장은 왼편 다이폴 안테나의 전기장보다 1/4주기만큼 빨리 $\phi = 0$에 도달하여 동일한 크기로 보상된다. 결론적으로, 전기장은 $\phi = 0$ 방향에서 더해진다. $\phi = \pi$ 방향에서는 오른편 다이폴 안테나의 지연된 위상 $\pi/2$에 1/4주기 지연된 것이 더해져 완전한 상쇄가 일어난다.

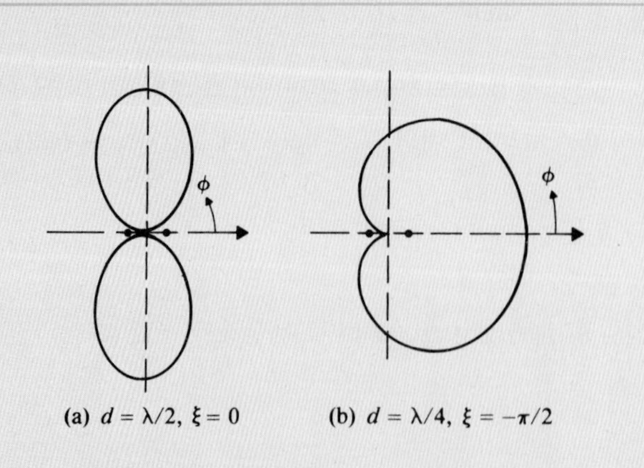

그림 11-10 평행한 2-소자 다이폴 안테나 배열의 H-평면 복사 패턴

예제 11-8 세 개의 등방성 전자기장 발생 근원이 $\lambda/2$만큼 떨어진 구조의 선형 배열에 의한 복사 패턴을 설명하라. 전자기 발생 근원에서 여기 신호는 동위상이고 크기의 비는 1 : 2 : 1이다.

풀이 세 개의 전자기장 발생 근원의 배열은 그림 11-11에서처럼 2-소자 배열을 각 소자로부터 $\lambda/2$만큼 떨어진 위치에 대체시킨 것과 같다. 각각의 2-소자 배열은 식 (11-85a)와 배열인자에 의해 주어진 것처럼 소자인자를 가진 복사 근원으로 생각할 수 있다. 곱 원리에 의해 다음과 같은 식을 얻는다.

$$|E| = \frac{4E_m}{R_0}\left|\cos\left(\frac{\pi}{2}\cos\phi\right)\right|^2 \tag{11-86}$$

패턴함수 $|\cos[(\pi/2)\cos\phi]|^2$으로 표현되는 복사 패턴은 그림 11-12에 나타나 있다. 그림 11-10(a)의 동일한 2-소자 배열의 패턴과 비교하면 3-소자 브로드사이드 배열의 감도가 더 좋다(지향성이 더 좋다). 두 패턴 모두 부엽이 없는 주빔이다.

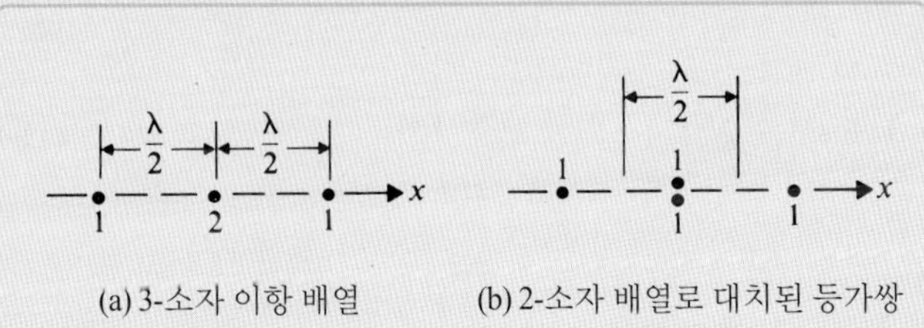

그림 11-11 3-소자 배열과 2-소자 배열로 대치된 등가쌍

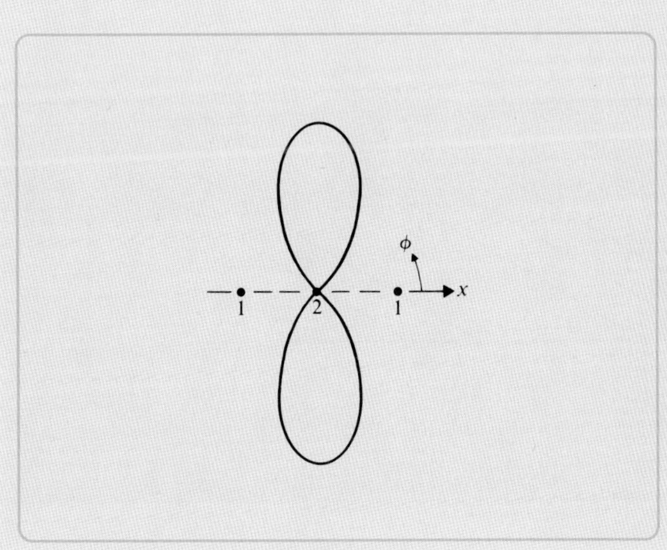

그림 11-12 3-소자 브로드사이드 이항 배열의 복사 패턴

3-소자 브로드사이드 배열은 **이항 배열**이라고 하는 부엽이 없는 특별한 경우이다. N-소자 이항 배열에서 배열 성분은 이항함수$(1 + e^{j\psi})^{N-1}$이고 여기 진폭은 이항계수$\binom{N-1}{n}$, $n = 0, 1, 2, \ldots, N - 1$에 따라 변화한다. $N = 3$일 때, 상대 여기 진폭은 예제 11-8에서처럼 $\binom{2}{0} = 1$, $\binom{2}{1} = 2$이고 $\binom{2}{2} = 1$이다. 부엽이 없는 지향성 패턴을 얻기 위해서는 이항 배열의 d가 $\lambda/2$로 제한되어야 한다. 이항 배열의 배열 패턴에서 부엽이 없는 특징은 같은 수의 소자들을 갖는 균일 배열의 경우와 비교하여 넓은 빔폭과 낮은 지향성을 갖는다.

11-5.2 일반적인 균일 선형 배열

이제부터는 직선 위에 동일한 간격을 유지하는 이상적인 안테나의 배열을 생각해 보자. 안테나는 같은 양의 전류를 급전시키고 선을 따라 균일하게 진행하는 위상변위를 가진다. 그러한 배열을 **균일 선형 배열**(uniform linear array)이라고 한다. 그림 11-13에 나타낸 예에서 N개의 안테나 소자를 x축을 따라 정렬시킨다. 안테나 배열소자들이 이상적이기 때문에, 배열 패턴함수는 소자인자와 배열인자의 곱으로 나타난다. 주목할 점은 배열인자는 변수 $\beta d(= 2\pi d/\lambda)$와 인접한 소자들 사이의 점진적인 위상변위 ξ에 의해 정해진다는 것이다. xy-평면에서 정규화한 배열인자는

$$|A(\psi)| = \frac{1}{N}\left|1 + e^{j\psi} + e^{j2\psi} + \cdots + e^{j(N-1)\psi}\right| \tag{11-87}$$

이며, 여기서

$$\psi = \beta d \cos \phi + \xi \tag{11-88}$$

이다. 식 (11-87)의 우측 다항식은 기하학적 수열이며 다음 식의 형태로 요약하여 나타낼 수 있다.

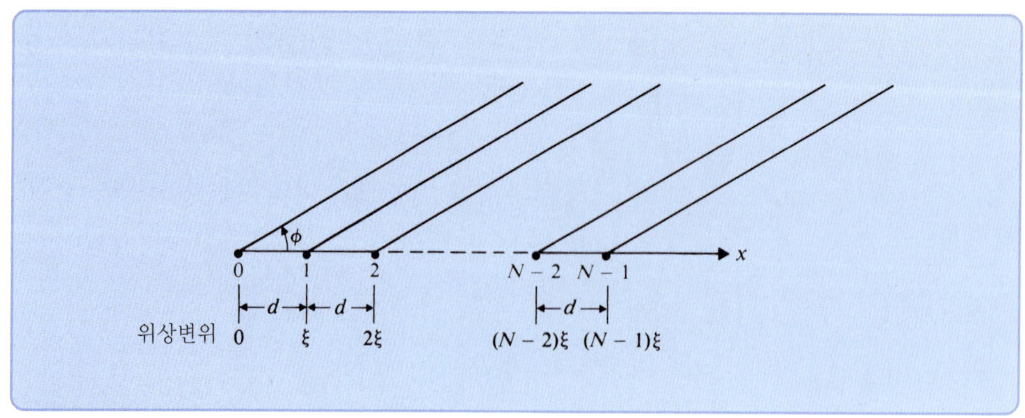

그림 11-13

일반적인 균일한 선형 배열

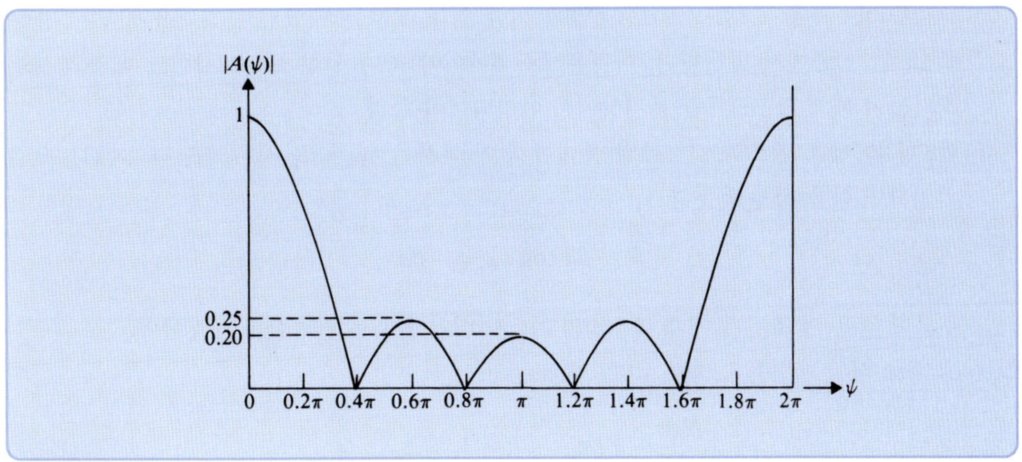

그림 11-14
5-소자 균일 선형 배열의 정규화된 배열인자

$$|A(\psi)| = \frac{1}{N}\left|\frac{1 - e^{jN\psi}}{1 - e^{j\psi}}\right|$$

또는

$$|A(\psi)| = \frac{1}{N}\left|\frac{\sin(N\psi/2)}{\sin(\psi/2)}\right| \quad \text{(단위 없음)} \tag{11-89}$$

이것은 균일한 선형 배열의 정규화된 배열인자에 대한 일반적 표현이다. 그림 11-14는 5-소자 배열을 위한 정규화된 배열인자를 보여주고 있다. ϕ 함수의 실제 복사 패턴은 βd와 ξ의 값에 의존한다(연습문제 P.11-17 참조). ϕ가 0에서 2π까지 변할 때, ψ는 $\beta d + \xi$에서 $-\beta d + \xi$까지 변화하며 $2\beta d$ 또는 $4\pi d/\lambda$의 범위를 커버한다. 이것을 복사 패턴의 **가시 영역**(visible range)으로 정의한다.

식 (11-89)에서 주어진 것처럼, $|A(\psi)|$로부터 몇 가지 중요한 특성을 유도할 수 있다.

1. 주빔 방향: 주빔의 방향 $|A(\psi)|$의 최대값은 $\psi = 0$ 또는 다음과 같이

$$\beta d \cos\phi_0 + \xi = 0$$

일 때 발생하며, 이 식으로부터

$$\cos\phi_0 = -\frac{\xi}{\beta d} \tag{11-90}$$

을 얻는다. 두 개의 특별한 경우는 특히 중요하다.

(a) 브로드사이드 배열: 브로드사이드 배열에 대한 최대 복사는 배열선과 직각을 이루는 방향, 즉 $\phi_0 = \pm\pi/2$에서 발생한다. 이것은 $\xi = 0$이어야 하며 선형 브로드사이드 배열의 모든 소자들이 예제 11-7(a)처럼 동위상에서 여기되어야 한다.

(b) 엔드파이어 배열: 엔드파이어 배열에 대한 최대 복사는 $\phi_0 = 0$에서 일어난다. 식 (11-90)을 정리하면 다음 식을 얻는다.

$$\xi = -\beta d \cos \phi_0 = -\beta d$$

주목할 점은 이 조건은 예제 11-7(b)의 2-소자 배열에 서로 만족한다는 것이다.

2. 0(null) 위치: 배열 패턴은 $|A(\psi)| = 0$일 때 또는

$$\frac{N\psi}{2} = \pm k\pi, \qquad k = 1, 2, 3, \ldots \tag{11-91}$$

일 때, 0(null)을 갖는다. ψ를 포함하는 ξ의 다른 값들 때문에, ϕ에서 대응되는 0의 위치는 브로드사이드 배열과 엔드파이어 배열에서 다르다.

3. 주빔의 폭: 첫 번째 0들 사이에서 주빔의 각도 폭은 N이 큰 값일 때의 경우로 근사화하여 결정할 수 있다. ψ_{01}을 첫 번째 0에서의 ψ 값으로 하자.

$$\frac{N\psi_{01}}{2} = \pm\pi \quad \text{또는} \quad \psi_{01} = \pm\frac{2\pi}{N}$$

어떻게 ψ_{01}이 ϕ에서 첫 번째 0들 사이의 각도로 변환되는지 알기 위해서는 주빔의 방향을 알 필요가 있다.

(a) 브로드사이드 배열($\xi = 0$, $\phi_0 = \pi/2$): 브로드사이드 배열을 위해, $\psi = \beta d \cos \phi$이다. 만약 ϕ_{01}에서 첫 번째 0이 생긴다면, 첫 번째 0들 사이에서 주빔의 폭은 $2\Delta\phi = 2(\phi_{01} - \phi_0)$이다. ϕ_{01}에서

$$\cos \phi_{01} = \cos(\phi_0 + \Delta\phi) = \frac{\psi_{01}}{\beta d}$$

이고, 이것은 $\phi_0 = \pi/2$일 때 다음과 같다.

$$\cos\left(\frac{\pi}{2} + \Delta\phi\right) = -\sin \Delta\phi = -\frac{2\pi}{N\beta d}$$

또는

$$\Delta\phi = \sin^{-1}\left(\frac{\lambda}{Nd}\right) \cong \frac{\lambda}{Nd} \tag{11-92}$$

마지막 근사된 부분은 $Nd \gg \lambda$일 때 얻어진다. 식 (11-92)는 길고 균일한 브로드사이드 배열에서 주빔의 폭(라디안으로)이 대략 배열 길이의 역수의 두 배라는 유용한 경험적 법칙

을 얻게 된다.

(b) 엔드파이어 배열($\xi = -\beta d$, $\phi_0 = 0$): 엔드파이어 배열에서 $\psi = \beta d(\cos\phi - 1)$이며,

$$\cos\phi_{01} - 1 = \frac{\psi_{01}}{\beta d} = -\frac{2\pi}{N\beta d} = -\frac{\lambda}{Nd}$$

이다. 그러나 $\Delta\phi$가 작을 때, $\cos\phi_{01} = \cos\Delta\phi \cong 1 - (\Delta\phi)^2/2$이므로 다음과 같이 간략화할 수 있다.

$$\frac{(\Delta\phi)^2}{2} \cong \frac{\lambda}{Nd}$$

또는

$$\Delta\phi \cong \sqrt{\frac{2\lambda}{Nd}} \tag{11-93}$$

식 (11-92)와 (11-93)을 비교하면, 균일한 엔드파이어 배열에서 주빔의 폭이 같은 길이의 균일한 브로드사이드 배열보다 길며, 그 이유는 $Nd > \lambda/2$이기 때문이라는 결론에 도달하게 된다.

4. 부엽의 위치: 부엽은 식 (11-89)의 우측 항의 분자가 최대값, 즉 $|\sin(N\psi/2)| = 1$ 또는

$$\frac{N\psi}{2} = \pm(2m+1)\frac{\pi}{2}, \qquad m = 1, 2, 3, \ldots \tag{11-94}$$

일 때 발생하는 비교적 작은 크기의 최대값들이다. 최초 부엽은

$$\frac{N\psi}{2} = \pm\frac{3}{2}\pi, \qquad (m = 1) \tag{11-95}$$

일 때 발생한다. 주목할 점은, $N\psi/2 = \pm\pi/2(m = 0)$일 때 부엽은 여전히 주엽 영역에 있기 때문에 부엽의 위치는 나타나지 않는다.

5. 최초 부엽의 레벨: 배열 복사 패턴의 중요한 특성은 주빔 레벨과 비교한 최초 부엽의 레벨인데, 그 이유는 최초 부엽 레벨이 모든 부엽 중 가장 높기 때문이다. 복사전력이 주빔 방향에 대부분 집중되고 측면 방향으로는 가능한 낮게 유지시켜야 한다. 식 (11-89)에 식 (11-95)를 적용시키면, 최초 부엽의 크기는 N이 클 때

$$\frac{1}{N}\left|\frac{1}{\sin(3\pi/2N)}\right| \cong \frac{1}{N}\left|\frac{1}{3\pi/2N}\right| = \frac{2}{3\pi} = 0.212$$

임을 알 수 있다. 다수의 소자로 구성된 균일 선형 안테나 배열의 최초 부엽을 상용대수로 표현하면 $20\log_{10}(1/0.212)$ 또는 중심 최대값에서 13.5 (dB) 감쇠로 나타난다. 이 수치는 N이 크다면 N에는 거의 무관하다(부엽 레벨은 작은 N에 대해 높다).

선형 배열의 복사 패턴에서 부엽 레벨을 감소시키는 한 가지 방법은 배열소자들에서 전류 분포를 점차 줄이는 것이다. 즉, 배열 중심부 소자의 여기 진폭을 끝단 소자의 여기 진폭보다 더 크게 하는 것이다.

예제 11-9 $\lambda/2$ 간격을 유지하고 여기 진폭비가 1:2:3:2:1인 5-등방성 소자의 브로드사이드 배열 안테나의 배열계수를 구하고 정규화한 복사 지향 특성을 그려라. 최초 부엽 레벨을 5-소자 균일 배열의 최초 부엽 레벨과 비교하라.

풀이 여기 진폭이 점점 작아지는(테이퍼 구조) 5-소자 배열의 정규화된 배열인자는 다음과 같다.

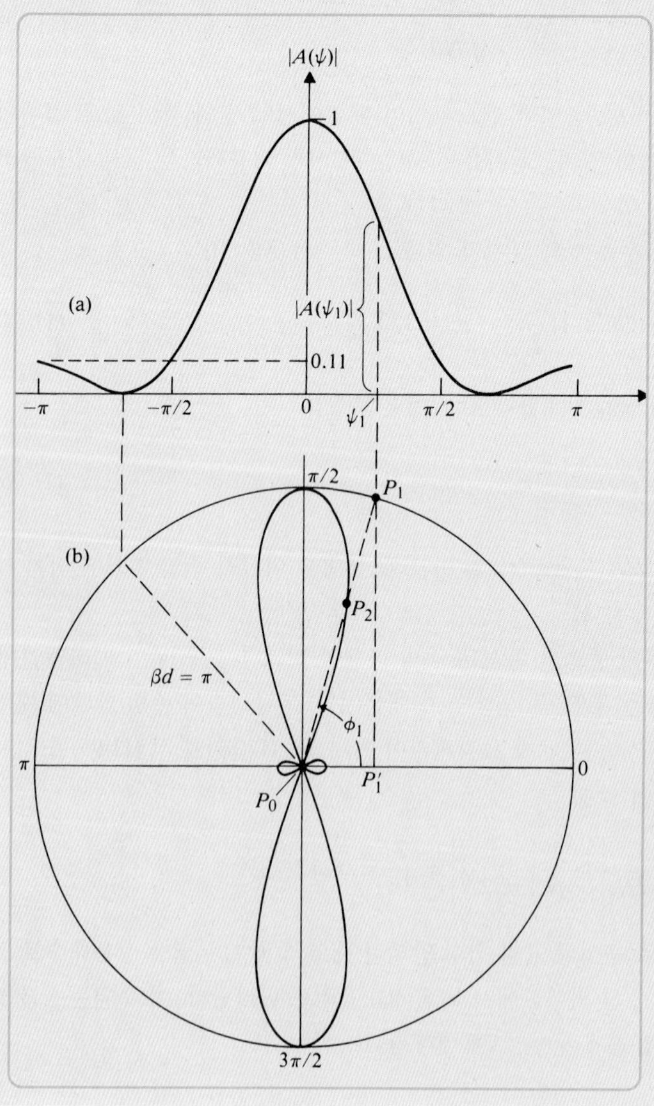

그림 11-15 (a) ψ의 함수로서 정규화된 배열인자의 그래프, (b) $d = \lambda/2$를 갖는 5-소자 브로드사이드 배열의 정규화된 극 복사 패턴과 1:2:3:2:1로 점차 감소하는 여기의 크기(예제 11-9)

$$|A(\psi)| = \frac{1}{9}|1 + 2e^{j\psi} + 3e^{j2\psi} + 2e^{j3\psi} + e^{j4\psi}|$$
$$= \frac{1}{9}|e^{j2\psi}[3 + 2(e^{j\psi} + e^{-j\psi}) + (e^{j2\psi} + e^{-j2\psi})]| \quad (11\text{-}96)$$
$$= \frac{1}{9}|3 + 4\cos\psi + 2\cos 2\psi|$$

그림 11-15(a)는 $|A(\psi)|$와 ψ 간의 관계를 나타내는 그래프이다. 주목할 점은 이 그림이 일반적인 $\psi = \beta d \cos\phi + \xi$에 대해 성립하며, βd와 ξ의 값들은 명시하고 있지 않다는 것이다.

필요한 복사 패턴을 그리기 위해, 다음의 추가정보가 사용된다.

$$\text{브로드사이드 복사, } \zeta = 0: \quad \psi = \beta d \cos\phi$$
$$\text{소자 간격, } d = \frac{\lambda}{2}: \quad \psi = \pi \cos\phi$$

정규화된 복사 패턴은 다음의 식을 이용하여 그릴 수 있다.

$$|A(\phi)| = \frac{1}{9}|3 + 4\cos(\pi\cos\phi) + 2\cos(2\pi\cos\phi)|$$

그러나 $|A(\psi)|$를 계산하고 그리면서, ϕ의 함수로서 배열인자를 다시 계산할 필요는 없다. 이 변환은 확실하게 다음에 따라 영향을 받을 수 있다(그림 11-15 참조).

1. 배열인자 그래프의 수직선을 아래쪽 방향으로 확장하고, 수평선($\phi = 0$, $\phi = \pi$를 위한 선을 나타낸다)과 교차시킨다. 교점이 $\xi = 0$일 때의 점이다.

2. ξ가 양인가 음인가에 따라 교점의 오른쪽 또는 왼쪽으로 ξ라디안이 되는 수평선상에 점 P_0를 정한다. (현재 상황은 $\xi = 0$이므로 P_0는 교점에 위치한다.)

3. P_0를 중심으로 하여, 반지름이 βd인 원을 그린다.

4. 각도 ϕ_1으로 반지름 벡터 P_0P_1을 그린다. (투영 P_0P_1'은 $\psi_1 = \beta d \cos\phi_1$과 같다.)

5. ψ_1에서 $|A(\psi_1)|$의 크기를 측정하고 반지름 벡터 P_0P_1 상에 P_2로서 표시한다. (P_2는 정규화된 복사 패턴의 한 점이다.)

전체적인 복사 패턴이 구해질 때까지 이 과정을 반복한다.

그림 11-15(b)는 테이퍼 여기를 갖는 5-소자 브로드사이드 배열의 정규화된 복사 패턴을 나타낸다. 첫 번째 부엽 레벨은 주빔 복사로부터 0.11 또는 20 $\log_{10}$ (1/0.11) = 19.2 (dB) 이하이다. 이것은 그림 11-14에서 보여진 5-소자 균일 브로드사이드 배열의 0.25 또는 12 (dB) 이하와 비교된다. ■

균일한 선형 배열을 논의할 때, 동일한 간격, 동일한 여기 크기, 그리고 일정하게 진행하는 위상변위를 가정하였다. 이와 같은 가정의 주요한 이유는 복사 특성 해석을 위한 수학적 간결성에 있다. 앞선 예제들을 통해서 배열 성분들 사이의 점진적 비균일 크기 분포를 통해 부엽 레벨의 감소를 구현할 수 있음을 보여준다. 유사한 방법으로, 이웃한 소자들 사이의 공간을 불균일하게 할 수도 있고[1]–[4], 위상변위가 일정할 필요도 없다[5]. 2차원 배열에서 소자들이 직사각형 격자 형태로 정렬될 필요도 없다[6], [7]. 그리고 요구되는 결과를 얻기 위해 조정할 수 있는 많은 변수들이 있다. 그러나 이들 변수들에 의한 조정은 해석의 간결성을 떨어뜨린다. 특정한 복사 패턴을 근사적으로 구현할 수 있는 안테나 배열 합성 기술들이 있다. 이 책에서는 모든 가능한 다양한 배열 설계를 살펴볼 수는 없지만, 몇몇 흥미로운 문제들을 다룰 것이다[8]–[12].

선형 배열에서 논의한 내용은 2차원 직사각형 배열로 확장할 수 있다. 직사각형 배열은 선형 배열을 나열한 것으로 분석할 수 있으며, 패턴 중첩의 원리가 적용된다. 식 (11-90)으로부터, 균일한 선형 배열의 주빔 방향은 위상변위 ξ의 변화에 간단히 대체할 수 있다. 사실, 복사 패턴은 브로드사이드($\xi = 0$)에서 엔드파이어($\xi = -\beta d$)까지 또는 둘 사이의 어떤 지점으로도 변화될 수 있다. 여기서는 단순히 ξ의 변화에 의한 주빔의 스캐닝 가능성을 이해한다. 실제로 이것은 위상변위기를 전기적으로 제어하여 얻을 수 있다. 주빔을 전기적으로 조정하기 위해 위상변위기를 갖춘 안테나 배열을 **위상 배열**(phased array)이라 칭한다. 2차원 배열의 주빔은 θ(상하)와 ϕ(방위각) 모두를 변화시킬 수 있다. 위상 배열 스캐닝은 안테나 시스템에서 빔 조정을 위한 빠른 기계적 동작을 처리할 수 없는 수천 개의 소자들로 배열된 레이더나 전파천문학 분야에서 실제로 매우 중요하다. 시간지연회로들은 요구되는 위상변위를 다양한 배열소자들에 공급하는 데 사용된다. 주파수를 변화시켜서 시간지연을 위상변위로 변환하는 것을 **주파수 스캐닝**(frequency scanning)이라고 한다.

11-6 수신 안테나

지금까지 안테나와 안테나 배열에 대해 살펴보면서 송신 모드에서의 동작임을 암시하였다. 송신 모드에서 전압원이 안테나의 입력 단자에 인가되면 안테나 구조에 따른 전류와 전하가 형성된다. 시변 전류와 전하들은 다시 전자기파를 복사하고, 에너지 그리고/또는 정보들을 전달한다. 송신 안테나는 신호원(발생기)으로부터의 에너지를 전자기파와 관련된 에너지로 변환시켜주는 장치로 간주할 수 있다. 반면에, 수신 안테나는 입사 전자기파로부터 에너지를 추출하여 이것을 부하로 전달해 주는 것이다. 수신 모드에서 전류와 전하 흐름을 야기하는 외부 전자

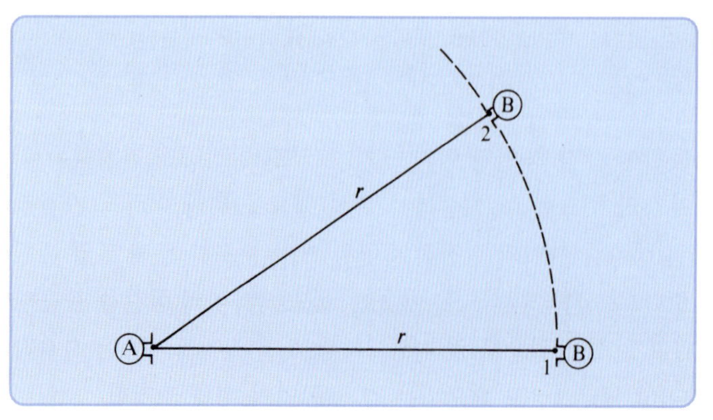

그림 11-16
두 개의 결합된 안테나

기장은 단순히 입력단에서뿐만 아니라 안테나 구조 전체에 입사한다. 더욱이 입사된 전자기파의 도착 방향에 의존하는 유도전류와 유도전하들은 전자기에너지의 재복사와 산란을 발생시키고 매우 복잡한 상황이 된다. 수신 모드에서 안테나의 전류와 전하 분포는 송신 모드의 경우와 다르다고 기대할 수 있다. 이와 같은 차이에도 불구하고, 가역성 관계는 다음의 결론을 내리게 한다: (1) 수신 모드에서 안테나의 등가 발생기 임피던스는 송신 모드에서 안테나의 입력 임피던스와 같다, (2) 수신을 위한 안테나의 지향성 패턴은 전송의 경우와 동일하다. 등가회로망 표현을 통해 이들 두 가지 중요한 결론의 타당성을 보일 것이다. 또한 이 절에서는 실효면적과 후방산란 단면적 개념을 살펴볼 것이다.

11-6.1 내부 임피던스와 지향성 패턴

안테나 A를 포함하는 송신기가 전자기파 에너지를 복사하며 떨어져 있는 안테나 B를 포함하는 수신기에 의해 흡수된다고 가정한다. 안테나 B는 안테나 A로부터 일정한 거리 r[2]에서 이동하며 그림 11-16에서처럼 언제나 최대 전력을 수신하는 방향을 지향한다. 두 쌍의 안테나와 그 사이의 공간들은 그림 11-17에서 보인 것과 같이 2포트 T-회로망으로 나타내어진다. 안테나 A와 B의 단자 특성 (V_1, I_1)과 (V_2, I_2)는 각각 다음의 식들로서 선형적인 관계를 이룬다.

$$V_1 = Z_{11}I_1 + Z_{12}I_2 \tag{11-97}$$

$$V_2 = Z_{21}I_1 + Z_{22}I_2 \tag{11-98}$$

여기서 Z_{11}, Z_{12}, Z_{21}, 그리고 Z_{22}는 개방회로 임피던스계수들이다.

안테나 A와 B 사이의 전송경로에 있는 매질이 가역성 관계가 유지되는 양방향성이라면, 전송 또는 결합 임피던스 Z_{12}와 Z_{21}은 같다.[3] 보통의 경우, 송신 안테나와 수신 안테나는 매우 큰 거리로 떨어져 있으며, 수신 안테나에 의한 산란 때문에 송신 안테나에서 반응을 고려해야 할 때까지 결합 임피던스는 거의 무시할 만큼 작다. $R \to \infty$일 때,

$$\lim_{r \to \infty} Z_{12} = 0 \tag{11-99}$$

이 된다. 그림 11-17에서 T-회로망의 평행축은 거의 단락회로이며, 임피던스계수 Z_{11}과 Z_{22}는 각각 송신 모드에서 격리된 안테나 A와 B의 입력 임피던스 Z_A 그리고 Z_B와 같다. 식 (11-97)은 다음과 같이 근사화하여 쓸 수 있다.

$$V_1 \cong Z_{11}I_1 \cong Z_A I_1 \tag{11-100}$$

2) 여기서 거리를 나타내는 기호는 이 장의 뒤에 나오는 저항을 나타내는 기호 R과 혼동을 피하기 위해 r을 사용한다.

3) $Z_{12} = Z_{21}$인 비향방향성 매질의 예로 지구 자기장의 영향을 받는 전리층이 있다.

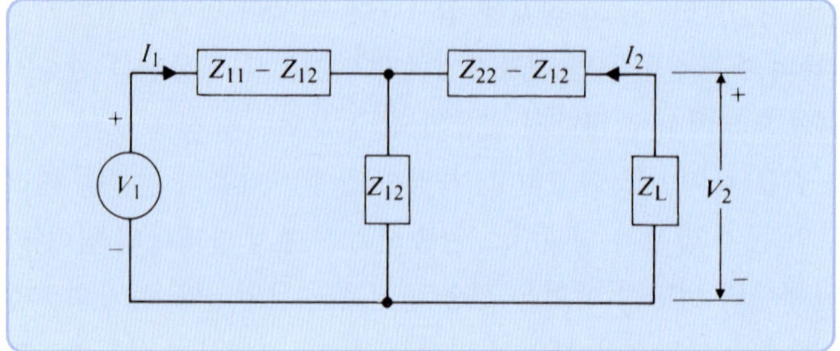

그림 11-17
결합된 송신과 수신 안테나의 등가 2-포트망

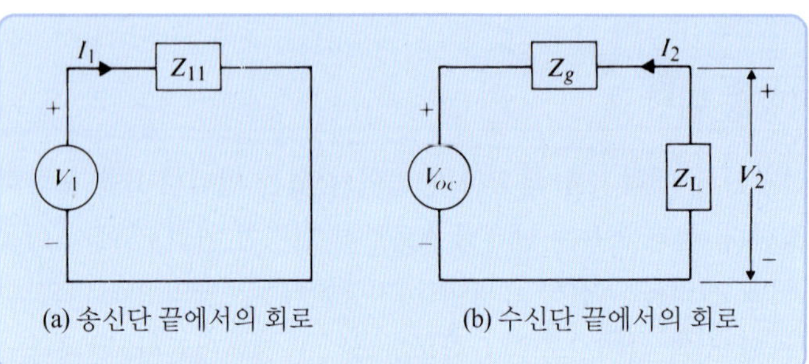

그림 11-18
약하게 결합된 안테나의 대략적인 등가회로

식 (11-100)으로 표현한 등가회로는 그림 11-18(a)에 그려져 있다.

그러나 송신 안테나로부터 수신 안테나로의 결합은 후자가 전자로부터 야기된 전자기파로부터 에너지를 추출해 내는 한, 결합은 무시할 수 없다. 개방회로 전압 V_{oc}와 내부 임피던스 Z_g를 결정하기 위해 그림 11-17의 회로망에서 부하 임피던스 Z_L의 왼쪽에 테브냉 정리를 적용할 수 있다. 수신단 끝부분의 등가회로를 그림 11-18(b)에 나타내었으며, 이로부터 다음을 얻는다.

$$V_{oc} = \frac{Z_{12}}{Z_{11}} V_1, \tag{11-101}$$

$$Z_g = (Z_{22} - Z_{12}) + \frac{Z_{12}}{Z_{11}}(Z_{11} - Z_{12}) = Z_{22} - \frac{Z_{12}^2}{Z_{11}} \tag{11-102}$$

미약한 결합으로 인해서, 수신 모드에서 안테나 B의 등가 발생기 내부 임피던스 Z_g는 송신할 때의 입력 임피던스와 거의 같다고 결론을 내리며 다음과 같이 정리할 수 있다.

$$Z_g \cong Z_{22} \cong Z_B \tag{11-103}$$

안테나 B가 수신일 때, $V_2 = -I_2 Z_L$이고 식 (11-98)은 다음과 같다.

$$I_2 = -\frac{Z_{21}}{Z_{22} + Z_L} I_1 \tag{11-104}$$

Z_L에서 흡수되는 시간-평균 전력은

$$P_L = \frac{1}{2}\mathscr{R}e[-V_2 I_2^*] = \frac{|I_1|^2}{2}\left|\frac{Z_{21}}{Z_{22}+Z_L}\right|^2 \mathscr{R}e(Z_L) \tag{11-105}$$

이다. 그림 11-16에 나타낸 것처럼 안테나 B의 두 개의 인접한 지점에서 Z_L에서 흡수되는 전력의 비는 다음과 같다.

$$\frac{P_L(\theta_1, \phi_1)}{P_L(\theta_2, \phi_2)} = \left|\frac{Z_{21}(\theta_1, \phi_1)}{Z_{21}(\theta_2, \phi_2)}\right|^2 \tag{11-106}$$

그러므로 흡수전력은 전송 임피던스계수의 제곱에 비례한다.

만약 안테나 B가 송신이고 안테나 A가 수신이라면, 인접한 두 지점에 위치한 안테나 B에 대해 안테나 A에 연결된 Z_L에서 흡수된 전력의 비는 식 (11-106)과 같으며, Z_{21}은 Z_{12}에 의해 대체된 것이다. $Z_{12} = Z_{21}$의 가역성 관계로 인해서, **수신에서의 안테나의 지향성 패턴은 송신에서와 마찬가지이다.**

11-6.2 실효면적

수신 안테나를 이해할 때 **실효면적**(effective area)[4]을 정의하면 편리하다. 수신 안테나의 실효면적 A_e는 정합된 부하에 전달되는 평균 전력과 안테나에 입사되는 전자기파의 시간-평균 전력밀도(시간-평균 포인팅 벡터)의 비이다. 이는 다음과 같이 정리할 수 있다.

$$P_L = A_e \mathscr{P}_{av} \tag{11-107}$$

여기서 P_L은 입사파의 편파에 대해 지향성을 갖도록 방향을 맞춘 수신 안테나의 부하에 전달되는 최대 평균 전력이다. 여기서는 실효면적이 안테나의 지향성 이득과 밀접한 관계가 있음을 보일 것이다.

부하 임피던스가 내부 임피던스와 정합될 때,

$$Z_L = Z_g^* \cong R_B - jX_B \tag{11-108}$$

이고, 부하에 전달되는 최대 전력은 식 (11-105)를 이용하면 다음과 같다.

$$P_L = \frac{|I_1 Z_{21}|^2}{8R_B} \tag{11-109}$$

R_A를 송신 안테나 A의 입력저항이라고 하면, 송신전력은 다음과 같다.

$$P_t = \tfrac{1}{2}|I_1|^2 R_A \tag{11-110}$$

식 (11-109)와 (11-110)을 결합하면, 다음을 얻을 수 있다.

4) 실효 개구면적 또는 수신 단면적이라고도 함.

$$\frac{P_{\mathrm{L}}}{P_t}=\frac{|Z_{21}|^2}{4R_{\mathrm{A}}R_{\mathrm{B}}} \tag{11-111}$$

안테나 B가 수신할 때, B에서 시간-평균 전력밀도는 그 방향에서 송신하는 안테나 A의 지향성 이득에 의존한다.

$$\mathscr{P}_{av}=\frac{P_t}{4\pi r^2}G_{\mathrm{DA}} \tag{11-112}$$

식 (11-107)에 (11-112)를 대입하면, 다음을 얻을 수 있다.

$$\frac{P_{\mathrm{L}}}{P_t}=\frac{A_{e\mathrm{B}}G_{\mathrm{DA}}}{4\pi r^2} \tag{11-113}$$

식 (11-111)과 (11-113)을 비교하면,

$$|Z_{21}|^2=\frac{R_{\mathrm{A}}R_{\mathrm{B}}A_{e\mathrm{B}}G_{\mathrm{DA}}}{\pi r^2} \tag{11-114}$$

가 계산된다. 만약 안테나 B가 송신하고 안테나 A가 수신한다면, 유사한 유도과정을 통해 다음을 이끌어낼 것이다.

$$|Z_{12}|^2=\frac{R_{\mathrm{B}}R_{\mathrm{A}}A_{e\mathrm{A}}G_{D\mathrm{B}}}{\pi r^2} \tag{11-115}$$

$Z_{12}=Z_{21}$이므로, 식 (11-114)와 (11-115)를 통해 다음의 중요한 관계를 얻는다.

$$\frac{G_{D\mathrm{A}}}{A_{e\mathrm{A}}}=\frac{G_{D\mathrm{B}}}{A_{e\mathrm{B}}} \tag{11-116}$$

식 (11-116)을 유도하는 과정에서 송신과 수신 안테나의 형태를 특별히 지정하지 않았으므로, **"안테나의 지향성 이득과 실효면적의 비는 항상 일정**(보편상수: uninversal constant)**하다"**고 결론지을 수 있다. 이 상수는 어떤 안테나의 지향성 이득과 실효면적을 결정함으로써 구할 수 있다. 예를 들면, 다음의 예제에 설명한 기본적인 다이폴이 그 한 예이다.

예제 11-10 그림 11-8에서 나타낸 방향으로 편파된 파장 λ의 입사 평면 전자기파를 수신하기 위해 사용되는 길이 $d\ell(\ll\lambda)$인 기본적인 전기 다이폴 안테나의 실효면적 $A_e(\theta)$를 구하라.

풀이 E_i는 다이폴 안테나에서 전기장 세기의 진폭이라 하자. 그러면 시간-평균 전력밀도는 다음과 같다.

$$\mathscr{P}_{av}=\frac{E_i^2}{2\eta_0} \tag{11-117}$$

정합된 부하($Z_L = Z_g^*$)에 전달되는 평균 전력은

$$P_L = \frac{1}{2}\left|\frac{E_i d\ell \sin\theta}{Z_g + Z_g^*}\right|^2 R_r = \frac{(E_i d\ell)^2 \sin^2\theta}{8R_r} \tag{11-118}$$

이며, 여기서 $R_r = 80(\pi d\ell/\lambda)^2$은 식 (11-44)에서 주어진다. P_L/P_{av}의 비를 이용하여 기본적인 전기 다이폴 안테나의 실효면적을 구할 수 있다.

$$\begin{aligned} A_e(\theta) &= \frac{P_L}{\mathscr{P}_{av}} = \frac{\eta_0}{4R_r}(d\ell)^2 \sin^2\theta \\ &= \frac{3}{8\pi}(\lambda \sin\theta)^2 \qquad (\text{m}^2) \end{aligned} \tag{11-119}$$

흥미로운 사실은 기본적인 전기 다이폴 안테나의 실효면적은 그것의 길이와 무관하다는 것이다.

예제 11-2로부터 기본적인 전기 다이폴 안테나의 $G_D(\theta) = \frac{3}{2}\sin^2\theta$이다. 그러므로

$$\begin{aligned} G_D(\theta) &= \frac{3}{2}\sin^2\theta = \frac{4\pi}{\lambda^2}\frac{3}{8\pi}(\lambda \sin\theta)^2 \\ &= \frac{4\pi}{\lambda^2}A_e(\theta) \end{aligned} \tag{11-120}$$

이다. 식 (11-116)의 보편상수는 $4\pi/\lambda^2$이며, 정합된 임피던스 조건하에서 안테나를 위한 다음의 관계를 나타낼 수 있다.

$$G_D(\theta, \phi) = \frac{4\pi}{\lambda^2}A_e(\theta, \phi) \quad (\text{단위 없음}) \tag{11-121}$$

얇은 선형 안테나의 경우, 실효면적의 개념은 막연한 것으로 보인다. 그렇지만 그 정의는 특정 안테나에 사용 가능한 전력을 측정하는 데 유용하다. 물론, 실효 길이 $\ell_e(\theta)$와 관련된 실효면적 $A_e(\theta)$임을 예상할 수 있다. 정합된 조건에서 안테나 부하에 전달되는 전력은 다음과 같이 나타낼 수 있다.

$$P_L = \frac{V_{oc}^2}{8R_r} = \frac{(-\ell_e E_i)^2}{8R_r} \tag{11-122}$$

여기서 식 (11-75)의 관계를 사용하였다. 식 (11-117)과 (11-122)를 식 (11-107)에 대입하면 다음의 결과를 얻는다.

$$A_e(\theta) = \frac{30\pi}{R_r}\ell_e^2(\theta) \tag{11-123}$$

11-6.3 후방산란 단면적

앞 절에서 언급한 대로, 실효면적의 개념은 주어진 입사전력밀도에 대해 수신 안테나의 정합된 부하가 이용할 수 있는 전력과 관련이 없다. 에너지를 추출이 아니고 산란장(scattered field)을 생성할 목적으로 입사파가 수동 물체에 충돌할 경우, 그 양을 **후방산란 단면적**(backscatter cross section) 또는 **레이더 단면적**(radar cross section)이라 정의하는 것이 적합하다. 만약 안테나가 모든 방향으로 균일하게(등방성) 산란된다면, 수신단에서 산란된 전력밀도와 같은 양의 입사전력을 가로채는 등가면적이 그 안테나의 후방산란 단면적이다.

$\mathscr{P}_i =$ 안테나의 시간-평균 입사전력밀도(W/m^2)
$\mathscr{P}_s =$ 수신단위 시간-평균 산란전력밀도(W/m^2)
$\sigma_{bs} =$ 후방산란 단면적(m^2)
$r =$ 산란기와 수신기 사이의 거리(m)

이거나

$$\frac{\sigma_{bs}\mathscr{P}_i}{4\pi r^2} = \mathscr{P}_s$$

또는

$$\boxed{\sigma_{bs} = 4\pi r^2 \frac{\mathscr{P}_s}{\mathscr{P}_i} \qquad \text{(m)}} \tag{11-124}$$

이 된다.

$\mathscr{P}_s$는 r이 큰 경우에 대해 r^2에 반비례하고 σ_{bs}는 r과 무관하다는 것에 주의하라.

후방산란 단면적은 **레이더**(***ra***dio ***d***etection ***a***nd ***r***anging)에 의해 표적을 탐지할 수 있는 능력을 나타내는 지표이다. 즉, 레이더 단면적이다. 이것은 복합적인 지표로서 표적의 기하학적 구조, 방향, 구성 성분뿐만 아니라 입사파의 주파수와 편파의 종류 등에 복합적으로 의존한다.

예제 11-11 전기장 세기 $\mathbf{E}_i = \mathbf{a}_z E_i$를 갖는 균일 평면파가 그림 11-19에서처럼 반지름 $b(\ll \lambda)$와 유전율 ϵ_r인 작은 유전체 구에 충돌하였다. 구에서 생성된 분극벡터는 균일한 정전기장 $\mathbf{E}_i$에서 생성된 것과 같고 다음과 같이 주어진다고 가정하자(연습문제 P.4-29 참조).

$$\begin{aligned}\mathbf{P} &= \epsilon_0(\epsilon_r - 1)\mathbf{E} \\ &= \mathbf{a}_z 3\epsilon_0\left(\frac{\epsilon_r - 1}{\epsilon_r + 2}\right)E_i \qquad \text{(C/m}^2\text{)}\end{aligned} \tag{11-125}$$

(a) 후방산란 단면적 σ_{bs}를 구하라.

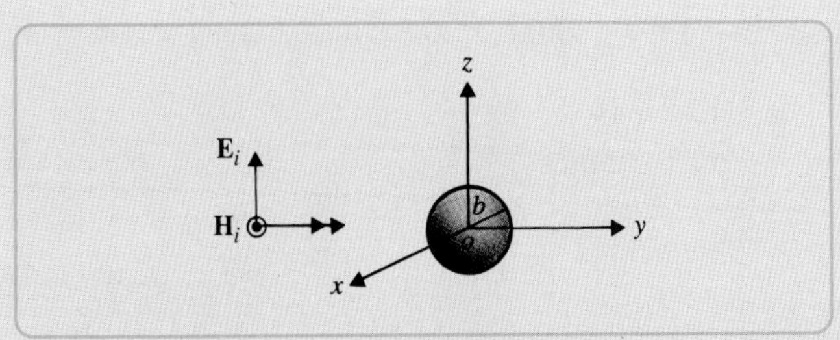

그림 11-19
작은 유전체 구에 입사하는 평면파

(b) 15 (GHz)에서 지름 3 (mm)의 구형 빗방울의 σ_{bs}를 결정하라. 단, 이 주파수에서 물의 상대적 유전상수는 55이다.

풀이

(a) 유도된 분극벡터(전기 쌍극자 모멘트의 체적밀도) **P**는 유전체 구 내에서 일정하기 때문에, 반지름 b의 구에서 유도된 총 전기 쌍극자 모멘트는 다음과 같다.

$$\begin{aligned}\mathbf{p} &= \tfrac{4}{3}\pi b^3\mathbf{P}\\ &= \mathbf{a}_z 4\pi b^3\epsilon_0\left(\frac{\epsilon_r - 1}{\epsilon_r + 2}\right)E_i \qquad (\mathrm{C\cdot m})\end{aligned} \tag{11-126}$$

그러므로 유전체 구는 전자기적으로 식 (11-126)에서 주어진 모멘트 **p**의 기본적인 전기 쌍극자처럼 활동한다. 원거리 영역에서 산란된 전기장 세기는 식 (11-19b)로부터 식 (11-10)과 (11-11)을 사용하여 얻을 수 있으며, 그 결과는 다음과 같다.

$$\begin{aligned}\mathbf{E}_s = \mathbf{a}_\theta E_s &= -\mathbf{a}_\theta\frac{\omega p}{4\pi}\left(\frac{e^{-j\beta r}}{r}\right)\eta_0\beta\sin\theta\\ &= -\mathbf{a}_\theta\beta^2 b^3\left(\frac{e^{-j\beta r}}{r}\right)\left(\frac{\epsilon_r - 1}{\epsilon_r + 2}\right)E_i\sin\theta \qquad (\mathrm{V/m})\end{aligned} \tag{11-127}$$

시간-평균 후방산란 전력밀도는 다음과 같다.

$$\mathscr{P}_s = \frac{1}{2\eta_0}|E_s|^2_{\theta=\pi/2} = \frac{b^2(\beta b)^4}{2\eta_0 r^2}\left(\frac{\epsilon_r - 1}{\epsilon_r + 2}\right)^2 E_i^2 \qquad (\mathrm{W/m^2}) \tag{11-128}$$

시간-평균 입사전력밀도는

$$\mathscr{P}_i = \frac{1}{2\eta_0}E_i^2 \qquad (\mathrm{W/m^2}) \tag{11-129}$$

이다. 식 (11-128)과 (11-129)를 식 (11-124)에 대입하면 다음과 같이 후방산란 단면적이 계산된다.

$$\sigma_{bs} = 4\pi b^2(\beta b)^4\left(\frac{\epsilon_r - 1}{\epsilon_r + 2}\right)^2 \qquad (\mathrm{m^2}) \tag{11-130}$$

(b) $f = 15$ (GHz), $\lambda = 20$ (mm), 빗방울 반지름 $b = \frac{3}{2}$ (mm) $\ll \lambda$이다. 따라서 다음을 얻을 수 있다.

$$\sigma_{bs} = 1.25 \times 10^{-6} \quad (\text{m}^2)$$
$$= 1.25 \quad (\text{mm}^2)$$

이것은 구의 기하학적 단면적 πb^2의 일부이며,

$$\frac{\sigma_{bs}}{\pi b^2} = \frac{1.25}{1.5^2 \pi} = 0.177$$

이다.

물론, 빗방울은 하나씩 존재하지 않고 또한 이들의 모양은 엄격히 구가 아니다. 비로부터의 후방산란의 의미있는 계산은 강우 속도와 떨어지는 빗방울 면적의 분포에 대한 지식이 필요하며, 이것들은 상호 종속적이다. 구형이 아닌 작은 물방울에 대해서 등가적으로 구형 방울로 가정하는 것은 이들의 크기가 파장에 비해 매우 작다면 허용된다. 강우로부터 후방산란의 계산과 동등하게 중요한 것은 강우의 유전율의 허수 부분으로 인해 비를 통과하는 전자기파에 의해 겪게 되는 감쇠에 대한 계산이다. 관심 있는 독자들은 참고문헌을 통해 보다 자세히 이해할 수 있다. [13]

11-7 송수신 시스템

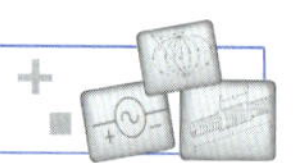

앞 절에서는 산란 대상에 의한 후방산란 단면적과 수신 안테나의 실효면적 개념을 논의하였다. 여기서는 송신과 수신 안테나 사이에서 전력 전송관계를 살펴볼 것이다. 같은 안테나로 복사하는 짧은 펄스를 전송하고 그 후 목표물에 의해서 맞고 뒤로 반사되는 것을 수신할 때, 송수신 시스템을 **레이더**라고 하며 이것은 특별한 경우이다. 전송된 펄스와 수신된 펄스 사이의 경과시간 Δt의 측정은 $\Delta t = 2r/c$ 관계를 통해 목표물에서 안테나 사이의 거리 r을 결정하며, c는 빛의 속도이다.

만약 송신 안테나와 수신 안테나 사이의 전송경로가 거의 지표면에 가깝다면, 지표면의 전도 효과를 고려해야 한다. 여기서는 또한 평평한 지표면에서의 송수신 경우도 고찰할 것이다.

11-7.1 프리스 전송 공식과 레이더 방정식

실효면적 A_{e1}과 A_{e2}인 안테나를 사용하는 기지국 1과 2 사이에 통신 링크가 이루어져 있다고 가정하자. 안테나들은 거리 r만큼 떨어져 있다. 여기서는 송신전력과 수신전력 사이의 관계를 알아본다.

P_L과 P_t를 각각 수신과 송신된 전력이라고 하자. 식 (11-113)과 (11-121)을 결합하면, 다음을 얻을 수 있다.

$$\frac{P_L}{P_t}=\left(\frac{A_{e2}}{4\pi r^2}\right)G_{D1}=\left(\frac{A_{e2}}{4\pi r^2}\right)\left(\frac{4\pi A_{e1}}{\lambda^2}\right)$$

또는

$$\boxed{\frac{P_L}{P_t}=\frac{A_{e1}A_{e2}}{r^2\lambda^2}} \tag{11-131}$$

식 (11-131)의 관계를 **프리스 전송 공식**(Friis transmission formula)이라 한다. 전송전력이 주어지면, 수신전력은 송수신 안테나의 실효면적들의 곱에 비례하고, 떨어진 거리와 파장 곱의 제곱에 반비례한다.

식 (11-121)을 주목하여, 다음과 같은 형태의 프리스 전송 공식을 이용할 수도 있다.

$$\boxed{\frac{P_L}{P_t}=\frac{G_{D1}G_{D2}\lambda^2}{(4\pi r)^2}} \tag{11-132}$$

식 (11-131)과 (11-132)에서 수신전력 P_L은 정합된 상태라 가정하고, 안테나 자체에서 손실된 전력은 무시한다. 식 (11-131)로부터 주어진 송신전력으로 인해서 수신된 전력은 동작 주파수의 제곱에 비례하여 증가된다(파장의 역제곱으로 감소). 그러나 급격히 증가하는 주파수에서, P_t는 이용 가능한 기술에 의해 제한되며, 전자기 잡음 이상의 최소 검파전력 또한 증가한다. 식 (11-132)로부터 지향성 이득은 일반적으로 파장이 증가함에 따라 감소하기 때문에, P_L은 파장의 제곱에 비례하여 감소한다고 결론내리는 것은 부정확하다.

그러면 시정현파 복사의 짧은 펄스를 전송하고 목표물로부터 되돌아온 산란파를 수신하기 위해 하나의 안테나를 사용하는 레이더 시스템을 고려해 보자. 전송된 전력 P_t에 대해 거리 r 만큼 떨어진 표적에서의 전력밀도는(식 (11-112) 참조)

$$\mathscr{P}_T=\frac{P_t}{4\pi r^2}G_D(\theta,\phi) \tag{11-133}$$

가 된다. 여기서 $G_D(\phi,\theta)$는 목표를 방향으로의 안테나의 지향성 이득이다. 만약 σ_{bs}가 목표물의 후방산란기나 레이더 단면적을 나타낸다면, 등방성으로 산란된 등가전압은 $\sigma_{bs}\mathscr{P}_T$이고, 이것은 안테나에서 $\sigma_{bs}\mathscr{P}_T/4\pi r^2$의 전력밀도로 나타난다. 안테나의 실효면적을 A_e라 하면, 수신된 전력은 다음과 같이 표현된다.

$$P_{\mathrm{L}} = A_e \sigma_{bs} \frac{\mathscr{P}_T}{4\pi r^2} = A_e \sigma_{bs} \frac{P_t}{(4\pi r^2)^2} G_D(\theta, \phi) \tag{11-134}$$

식 (11-121)을 이용하면, 식 (11-134)는

$$\boxed{\frac{P_{\mathrm{L}}}{P_t} = \frac{\sigma_{bs}\lambda^2}{(4\pi)^3 r^4} G_D^2(\theta, \phi)} \tag{11-135}$$

이며, 이 식을 **레이더 방정식**(radar equation)이라 한다. 안테나에 지향성 이득 $G_D(\phi, \theta)$ 대신에 실효면적 A_e를 이용하면, 레이더 방정식은 다음과 같이 쓸 수 있다.

$$\boxed{\frac{P_{\mathrm{L}}}{P_t} = \frac{\sigma_{bs}}{4\pi}\left(\frac{A_e}{\lambda r^2}\right)^2} \tag{11-136}$$

레이더 신호가 안테나에서 표적까지 왕복 여행을 하고 안테나로 되돌아오기 때문에, 수신전력은 안테나에서 표적까지의 거리 r의 네제곱에 반비례한다.

예제 11-12 3 (GHz)에서 동작하는 레이더 시스템의 안테나에 50 (kW)가 공급된다고 가정하자. 안테나의 실효면적은 4 (m²), 복사효율은 90%이다. 최소 검파 신호전력(수신 시스템의 고유잡음 이상과 주변상태로부터)은 1.5 (pW)이고, 수신에 대한 안테나의 전력 반사계수는 0.05이다. 레이더 유효 반사면적이 1 (m²)일 때 표적을 탐지할 수 있는 레이더의 최대 사용 가능 범위를 구하라.

풀이 $f = 3 \times 10^9$ (Hz), $\lambda = 0.1$ (m)에서,

$$A_e = 4 \quad (\mathrm{m}^2)$$
$$P_t = 0.90 \times 5 \times 10^4 = 4.5 \times 10^4 \quad (\mathrm{W})$$
$$P_{\mathrm{L}} = 1.5 \times 10^{-12}\left(\frac{1}{1-0.05}\right) = 1.58 \times 10^{-12} \quad (\mathrm{W})$$
$$\sigma_{bs} = 1 \quad (\mathrm{m}^2)$$

이다. 식 (11-136)으로부터,

$$r^4 = \frac{\sigma_{bs} A_e^2}{4\pi\lambda^2}\left(\frac{P_t}{P_{\mathrm{L}}}\right)$$

이고

$$r = 4.36 \times 10^4 \text{ (m)} = 43.6 \quad \text{(km)}$$

이다.

위성통신 시스템은 지구의 적도면 궤도를 따라 도는 인공위성을 이용한다. 위성의 속도와 궤도의 반지름은 지구를 도는 위성의 회전주기이며 이는 곧 지구의 회전주기이다. 그러므로 위성은 지표에 대해 정지된 것처럼 보이며 이를 정지위성이라고 한다. 정지궤도 반지름은 42,300 (km)이다. 지구 반지름이 6,380 (km)이므로 위성은 지표로부터 약 36,000 (km) 떨어져 있다.

신호는 지구국에서 위성을 향해 고이득 안테나로 전송되고, 위성이 신호를 받아 증폭하고 다른 주파수로 지구국을 향해 거꾸로 재전송한다. 정지궤도상에 세 개의 위성이 같은 간격을 유지하면 극지방을 제외한 모든 지상을 커버할 수 있다(연습문제 P.11-27 참조). 위성통신에 관한 전력과 안테나 이득관계의 정량 분석에는 프리스 전송 공식을 두 번 이용하여야 한다. 즉, 상향 링크(지구국에서 위성으로) 시와 하향 링크(위성에서 지구국으로) 시에 필요하다.

11-7.2 지표면 근처에서 파의 전파

그림 11-20에 나타낸 것과 같이, 평평한 지표면상에 간격 d만큼 분리되어 있는 높이 h_1인 송신 안테나 A와 높이 h_2인 수신 안테나 B를 생각해 보자. 만약 안테나 A가 기본적인 전기 다이폴 안테나라면, B에서의 전기장 세기는 A로부터의 직접 분포 $\mathbf{E}_{\theta 1}$과 점 C에서 반사 후의 간접 뷴포 $\mathbf{E}_{\theta 2}$의 합이며 다음과 같다.

$$\mathbf{E} = \mathbf{E}_{\theta 1} + \mathbf{E}_{\theta 2} \tag{11-137}$$

여기서 $\mathbf{E}_{\theta 1}$과 $\mathbf{E}_{\theta 2}$의 크기는 다음과 같다.

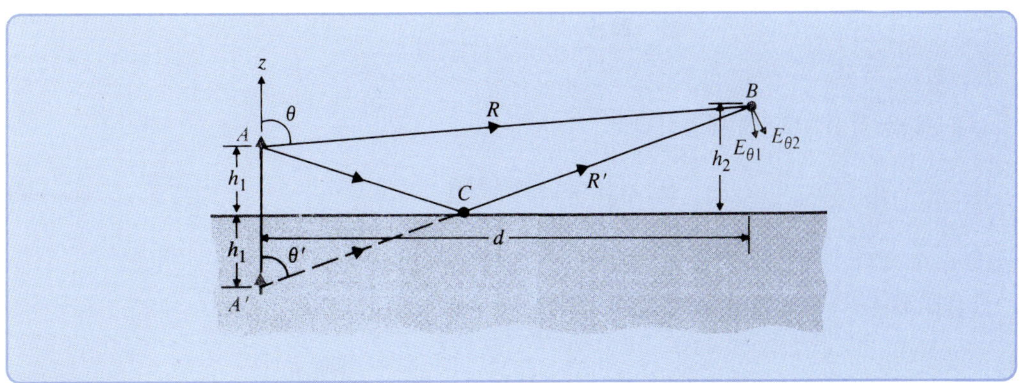

그림 11-20

지표면 근처에서의 송수신 시스템

$$E_{\theta 1} = K\left(\frac{e^{-j\beta R}}{R}\right)\sin\theta \tag{11-137a}$$

$$E_{\theta 2} = K\left(\frac{e^{-j\beta R'}}{R'}\right)\sin\theta' \tag{11-137b}$$

상수 K는 $jI\,d\ell\eta_0\beta/4\pi$(식 (11-19b) 참조)와 같고, 거리 $R' = \overline{AC} + \overline{CB} = \overline{A'B}$이다. 완전도체(가정하면) 지표면의 효과는 A'에서 가상 안테나로 대체된다. 일반적인 경우, $\mathbf{E}_{\theta 1}$과 $\mathbf{E}_{\theta 2}$는 평행이 아니지만, 만약 $d \gg h_1, h_2$, 이때 $\theta \cong \theta'$이면, 식 (11-137a)와 (11-137b)는 다음과 같이 결합될 수 있다.

$$E_\theta \cong \mathbf{a}_\theta K\left(\frac{e^{-j\beta R}}{R}\right)(\sin\theta)F \tag{11-138}$$

여기서

$$F = 1 + e^{-j\beta(R'-R)} \tag{11-139}$$

이다. 거리

$$\begin{aligned} R &= [d^2 + (h_2 - h_1)^2]^{1/2} \\ &= d\left[1 + \frac{(h_2 - h_1)^2}{d^2}\right]^{1/2} \cong d + \frac{(h_2 - h_1)^2}{2d} \end{aligned} \tag{11-140a}$$

와

$$R' = [d^2 + (h_2 + h_1)^2]^{1/2} \cong d + \frac{(h_2 + h_1)^2}{2d} \tag{11-140b}$$

는 다음과 같이 근사적으로 계산된다.

$$\begin{aligned} R' - R &\cong \frac{(h_2 + h_1)^2}{2d} - \frac{(h_2 - h_1)^2}{2d} \\ &= \frac{2h_1h_2}{d} \end{aligned} \tag{11-141}$$

식 (11-141)을 식 (11-139)에 대입하면,

$$|F| = |1 + e^{-j\beta 2h_1h_2/d}| \tag{11-142}$$

를 얻을 수 있다. 이것은 2-소자 배열에서의 배열인자와 같다.

식 (11-142)는 다음과 같이 쓸 수 있다.

$$|F| = |e^{-j\beta h_1h_2/d}(e^{j\beta h_1h_2/d} + e^{-j\beta h_1h_2/d})| = 2\left|\cos\left(\frac{2\pi h_1h_2}{\lambda d}\right)\right| \tag{11-143}$$

식 (11-143)은 고정된 값 h_1과 λ에 대해 수신 사이트 B에서 전기장 세기 E_θ는 h_2/d 비의 변화에 따라 "0"과 최대가 되는 지점들이 존재한다. $|F|$는 0에서 2까지 변하며, **경로이득계수**(path-gain factor)라 한다. 구 형태인 지구의 경로이득계수 계산은 매우 복잡하다.

11-8 몇 가지 다른 형태의 안테나

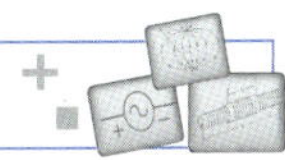

실제 안테나들은 다양한 형태와 크기를 가지며, 특정한 성능 특성을 충족하도록 각각 설계된다. 지금까지 우리는 정재파 형태의 전류 분포를 갖는 선형 안테나의 복사 특성에 초점을 맞춰왔다. 여기서는 실제로 중요한 몇몇 다른 형태의 안테나를 살펴볼 것이다.

11-8.1 진행파 안테나

11-4절의 얇은 선형 안테나 해석에서, 중심에서 구동하는 다이폴 안테나는 종단되지 않고, 여기 신호원으로부터의 전류는 그 끝에서 반사된다고 가정하여, 식 (11-51)에서 주어진 것과 같은 정재파 분포가 나타난다. 만약 안테나가 그림 11-21에 나타낸 것과 같이 몇 파장의 길이이며 적절히 종단된다면, 전송선의 특성 임피던스로 종단된 전송선과 유사한 경우가 된다. 반사가 없다면, 안테나에 따른 전류 분포는 진행파 형태로서 다음과 같다.

$$I(z) = I_0 e^{-j\beta z} \tag{11-144}$$

당분간 대지 근처에서의 효과를 무시한다면, 식 (11-19b)에 식 (11-144)를 사용하고 적분하여 고립된 안테나의 원거리 전기장을 다음과 같이 구할 수 있다.

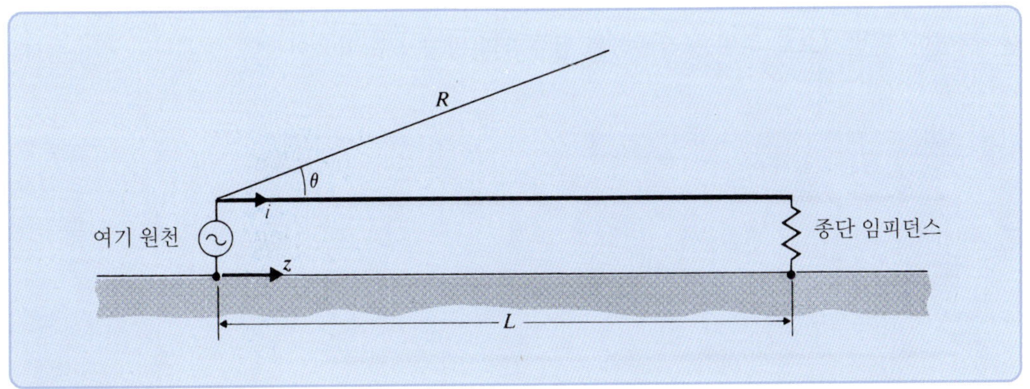

그림 11-21
종단을 갖는 진행파 안테나

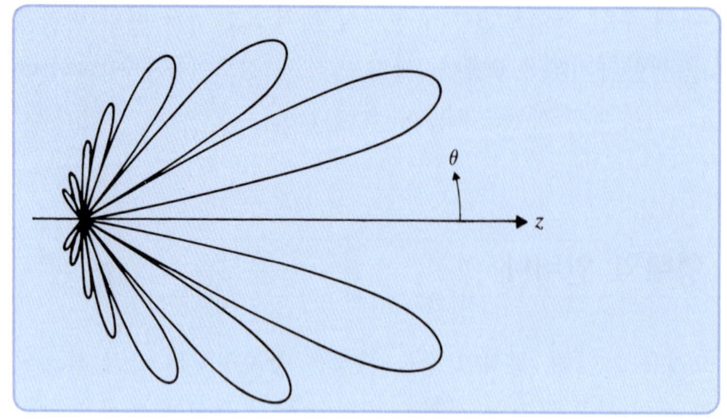

그림 11-22

진행파 안테나의 전형적인 복사 패턴

$$\begin{aligned} E_\theta &= \frac{j\eta_0\beta \sin\theta}{4\pi r} e^{-j\beta R} \int_0^L I(z) e^{j\beta z \cos\theta} dz \\ &= \frac{j\eta_0\beta I_0 \sin\theta}{4\pi R} e^{-j\beta R} \int_0^L e^{-j\beta z(1-\cos\theta)} dz \\ &= \frac{j60 I_0}{R} e^{-j\beta[R+(L/2)(1-\cos\theta)]} F(\theta) \end{aligned} \tag{11-145}$$

여기서

$$F(\theta) = \frac{\sin\theta \sin[\beta L(1-\cos\theta)/2]}{1-\cos\theta} \tag{11-146}$$

는 길이 L인 고립된 진행파 안테나의 패턴함수이다. 식 (11-146)과 (11-56)의 비교를 통해 진행파 안테나와 정재파 안테나의 패턴함수가 상당히 다른 특성을 가짐을 알 수 있다. 특별히 주목할 차이는 식 (11-146)에 의해 나타나는 패턴은 $\theta = \pi/2$ 면에서 더 이상 대칭이 아니라는 것이다.

몇 파장 길이를 갖는 격리된 진행파 안테나의 전형적인 복사 패턴은 그림 11-22와 같이 나타낼 수 있다. 일반적으로 주빔은 진행하는 전류파의 방향으로 기울어진다. 안테나가 길수록 더

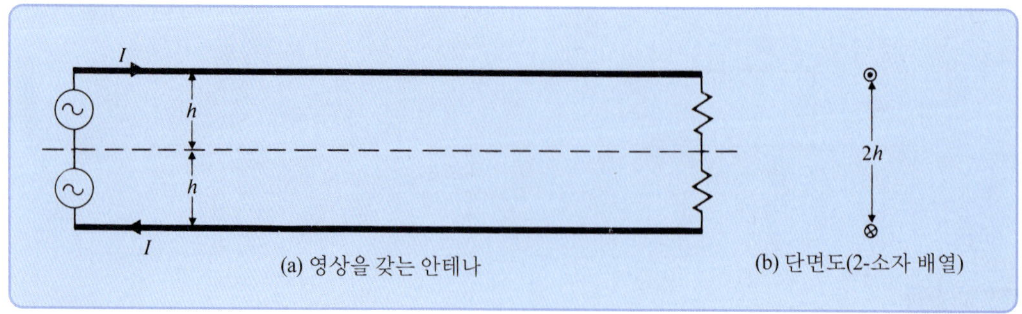

그림 11-23

유도성 접지에서 진행파 안테나에 적용된 영상법

욱 기울어진다. 부엽은 일반적으로 주빔 레벨로부터 단지 몇 데시벨 정도 낮다.

영상법을 적용하여 지표효과를 조사할 수 있다. 평평하고 완전도체인 지표는 그림 11-23에 나타낸 것처럼 식 (11-144)에 의해 주어진 전류 $I(z)$가 반대 방향으로 흐르는 영상 안테나로 대체할 수 있다. 실제로는 거리 $2h$만큼 분리되고 서로 크기는 같으나 반대 방향으로 전류가 흐르는 두 개의 진행파 안테나의 배열에 해당한다. 패턴 중첩의 원리에 의해, 그 결과로 생긴 패턴함수는 식 (11-146)의 $F(\theta)$와 식 (11-83)에 주어진 두 소자의 배열 성분 $|\cos(\psi/2)|$의 곱이다. 이 경우, $d = 2h$ 그리고 $\xi = \pi$이다.

$$\begin{aligned}\left|\cos\frac{\psi}{2}\right| &= \left|\cos\left(\beta h \sin\theta\cos\phi + \frac{\pi}{2}\right)\right| \\ &= |\sin(\beta h \sin\theta \cos\phi)|\end{aligned} \tag{11-147}$$

진행하는 전류파에 의해 여기되는 긴 선형 안테나는 단지 많은 진행파 안테나 중 하나이다.

11-8.2 헬리컬(나선형) 안테나

선형 안테나와 작은 루프 안테나에 의해 생성되는 원거리 전자기장이 선형적으로 편파됨을 보았다. 다시 말해, 주어진 위치에서의 전기장은 시간에 따라 변하지 않는 고정된 방향을 갖는다. 예를 들어, 수직 다이폴 안테나의 원거리에서의 전기장은 $\mathbf{E} = \mathbf{a}_\theta E_\theta$이며, 수평 루프에서는 $\mathbf{E} = \mathbf{a}_\phi E_\phi$이다 이들 안테나로부터 복사된 신호들은 전기장과 같은 방향으로 선형 안테나를 이용하여 효과적으로 수신할 수 있다. 그러나 입사전파의 편파 방향을 알 수 없거나, 수신 안테나 방향의 변화(위성 또는 우주선에서의 안테나와 같은)와 같은 상황이 있다. 수신 안테나가 신호의 편파 방향에 수직일 때는 어떠한 수신도 이루어지지 않는다. 지구와 위성 그리고 우주선과의 통신은 복잡하다. 그 이유는 지구로부터의 복사가 지구의 자기장 영향을 받는 전리층을 반드시 통과해야 해서, 이방성이 되고, 전기장의 방향을 변화시키는 원인이 된다. 이 변화의 범위는 전리층의 전자의 밀도, 지구 자기장 세기, 그리고 전파경로 등에 의존한다. 이와 같은 환경에서는 원형 편파를 사용하는 안테나가 유리하다. 그 이유는 원형 편파의 평면에 대해서 정방향이 아

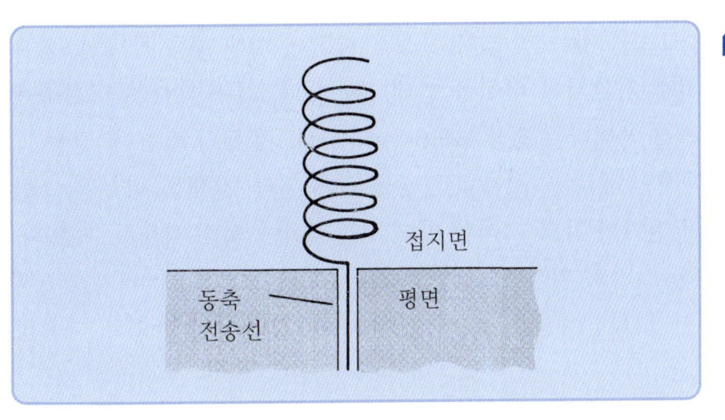

그림 11-24
헬리컬 안테나

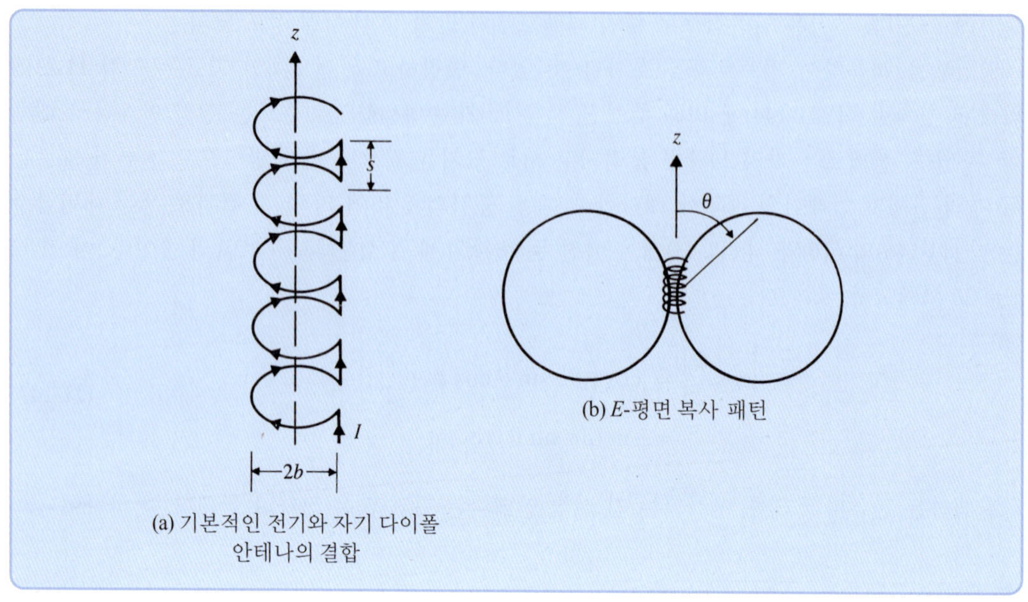

그림 11-25

정상 모드 헬리컬 안테나의 해석

닌 어떤 방향에서든지 편파를 수신할 수 있기 때문이다.

공간과 시간 구적법(quadrature)에서 두 개의 같은 크기를 갖는 선형 편파의 중첩은 원형으로 편파된 파를 만든다(8-2.3절 참조). 따라서 크기는 같지만 90° 위상차가 있는 전류를 갖는 두 개의 다이폴 안테나 방향에 수직으로 급전하여 원형으로 편파된 안테나의 복사(그리고 수신, 가역성에 의해)를 구현할 수 있다. 이와 같은 합성된 교차 다이폴 안테나 배열의 형태를 **턴스타일**(turnstile: 회전문형) **안테나**라고 한다. 전류의 크기가 다르다면, 타원형으로 편파된 파가 복사된다. 원형 또는 타원형으로 편파된 파는 또한 전기와 자기 쌍극자(연습문제 P.11-4 참조)를 결합하여 발생시킬 수 있다.

헬리컬(helical) **안테나**는 나선형의 도선 안테나이다. 이것은 그림 11-24에 나타낸 것과 같이 동축 전송선으로 급전되며, 평평한 유도성 접지면에 설치된다. 나선의 크기에 따라서 헬리컬 안테나는 두 개의 매우 다른 동작 모드를 갖는다. 크기가 동작 파장에 비해 매우 작다면, 복사 패턴은 그림 11-3에서 주어진 것처럼 기본적인 다이폴 안테나와 같다. 최대 복사는 나선축에 수직인 면에서 발생된다. 이때 헬리컬 안테나는 **정상 모드**(normal mode)에 있다고 한다. 정상 모드에서 헬리컬 안테나 복사의 대략적인 해석은 두 개의 가정을 갖게 된다. 첫째로, 나선은 그림 11-25(a)에 나타낸 것처럼 기본적인 전기와 자기 다이폴 안테나의 결합에 의해 대체될 수 있다. 둘째로, 나선을 따라 흐르는 전류는 크기와 위상 모두 균일하다. (몇 종류의 상부 부하가 필요하다.) N회 감긴 헬리컬 안테나의 원거리 전기장은 식 (11-19b)와 (11-30a)의 결합으로 다음과 같다.

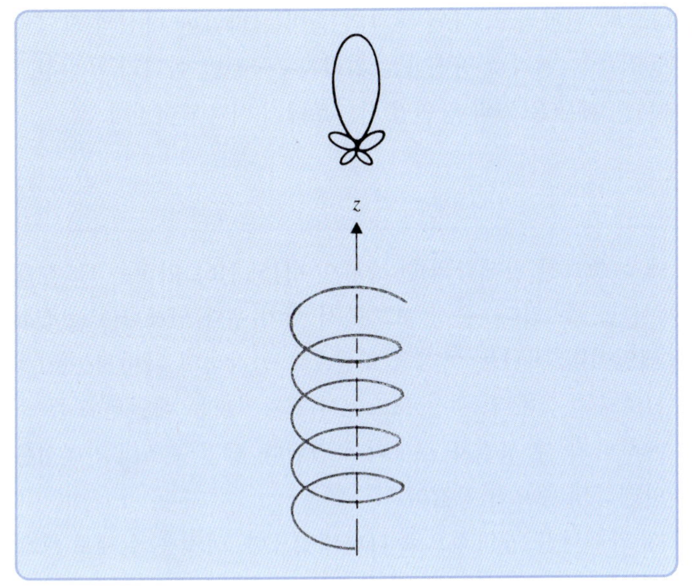

그림 11-26
축 모드 헬리컬 안테나와 복사 패턴

$$\begin{aligned}\mathbf{E} &= \mathbf{a}_\theta E_\theta + \mathbf{a}_\phi E_\phi \\ &= \frac{N\omega\mu_0 I}{4\pi}\left(\frac{e^{-j\beta R}}{R}\right)[\mathbf{a}_\theta js + \mathbf{a}_\phi \beta\pi b^2]\sin\theta\end{aligned} \tag{11-148}$$

그러므로 θ-와 ϕ-성분들은 공간과 시간 구적법에 있고, 그 결과로서 타원 편파가 된다. 만약 다음과 같이

$$s = \beta\pi b^2 \tag{11-148a}$$

또는

$$b = \frac{1}{\pi}\sqrt{\frac{s\lambda}{2}} \tag{11-148b}$$

이면, 원형 편파이다. 최대 복사는 브로드사이드 방향이고, 복사 패턴은 내부 지름이 0인 도너츠 형태를 갖는다. 그림 11-25(b)는 E-평면에서의 단면을 보여준다. 정상 모드 헬리컬 안테나는 낮은 복사효율과 낮은 지향성 이득으로 인해서 실제로는 거의 사용되지 않는다.

나선의 둘레와 나선들 사이의 간격이 파장과 비슷한 경우, 안테나는 완전히 다른 형태로 동작한다. 복사된 주빔은 엔드파이어 방향이고, **축 모드**(axial mode)로 동작한다. 축 모드 헬리컬 안테나의 이론적 해석은 그 구조로 인해서 매우 어렵다. 나선을 따라 전류 분포를 결정하는 경계치 문제는 오직 제한된 방법에 의해 수치적으로 풀 수 있다. 보통의 접근법은 가정된 진행파 전류의 몇 가지 실험적으로 관측된 결과를 사용하여 복사 패턴을 구한다[14]. 축 모드 헬리컬 안테나의 복사 패턴은 그림 11-26에서처럼 주빔이 몇 개의 부엽을 갖고 엔드파이어 방향인 형태이다. 주빔에서의 복사는 타원형으로 편파되고, 타원 편파의 축비는 다양한 나선의 크기와 주파수에 의존한다. 축 모드에서 동작하는 헬리컬 안테나는 위성지구국뿐만 아니라 우주선과 통신위성에 설치된다. 헬리컬 안테나의 배열은 전파 망원경 사이트에서 사용되어진다.

11-8.3 야기-우다 안테나

범용 야기-우다 안테나는 실제로 매우 중요한 안테나의 한 종류이며[15], [16], 이것은 TV 신호 수신을 위해 많은 가정의 지붕에서 볼 수 있다. 송신 모드에서 **야기-우다 안테나**(Yagi-Uda antenna)는 선형 안테나의 평행한 배열이며, 하나는 여기 신호원으로 동작하며 나머지는 기생소자(신호원에 직접 연결되지 않는다)로서 동작한다. 수신 모드에서 전자기파는 배열된 모든 소자에 영향을 주지만, 수신된 신호는 하나의 "활성소자"로부터 수집된다. 급전 구조의 간결성은 다른 선형 배열에 비해 야기-우다 안테나의 중요한 장점이다.

그림 11-27은 전형적인 야기-우다 안테나를 개략적으로 나타내었으며, 이것은 실제로 배열 안테나이다. 소자 2는 구동 또는 능동 소자로서 보통 공진을 조절하는 대략 반파장(보다 다소 적은) 길이의 다이폴 안테나이다. 다른 모든 소자들은 기생소자들이다. 소자 1은 보통 여진기(driven element)보다 다소 긴 **반사기**(reflector)이며, 반면에 3에서 N번째 소자들은 **도파기**(director: 지향기)로서 여진기보다 다소 짧다. 모든 소자들이 연결되어 있기 때문에, 각 소자들의 전류 분포는 모든 다른 소자들의 길이와 간격에 의존한다. 결과적으로, 많은 소자들을 갖는 야기-우다 안테나는 어려운 해석적 문제를 포함한다.

실험은 두 개 이상의 반사기를 사용해서 얻어지는 이득이 거의 없음을 보이고 있다. 그러나 지향성은 도파기 수가 증가함에 따라 개선될 수 있다. 야기-우다 안테나는 주빔이 반사기로부터 먼 곳을 향하는 엔드파이어 배열이다. 양호한 야기-우다 안테나는 높은 지향성, 좁은 빔폭, 낮은 부엽, 그리고 높은 전후방비를 가져야만 한다. 다이폴 안테나 반지름 $a = 0.003369\lambda$($\ln \lambda/2a = 5$)로 가정하고, 같은 길이의 균일하게 간격이 있는 네 개의 도파기를 갖는 전형적으로

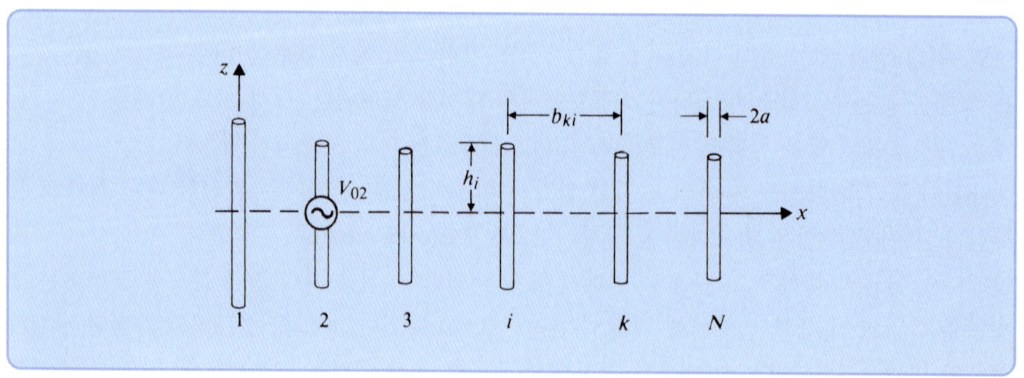

그림 11-27
전형적인 야기-우다 배열

잘 설계된 6-소자 야기-우다 배열은 다음과 같은 결과를 갖는다.

안테나 치수

소자 길이	$2h_1$ 0.510λ	$2h_2$ 0.490λ	$2h_3 = 2h_4 = 2h_5 = 2h_6$ 0.430λ
소자 간격	b_{12} 0.250λ		$b_{23} = b_{34} = b_{45} = b_{56}$ 0.310λ

패턴 특성

지향성 ($\lambda/2$ 다이폴 참조)	반전력 빔폭	첫 번째 부엽	전후방비
7.54 (8.77 dB)	45°	−7.2 (dB)	9.52 (dB)

반파 다이폴의 지향성은 1.64 또는 2.15 (dB)이다—식 (11-65) 참조.

같은 길이의 등간격으로 배열된 도파기는 최적의 배열을 구현하지는 못한다. 모든 배열소자들의 길이와 소자들 사이의 간격들을 조정하여 야기-우다 배열의 지향성을 최대화하기 위한 해석적 방법이 개발되었다[17], [18]. 배열소자들 사이의 유한 소자 반지름과 상호 결합의 효과가 고려되었다. 앞에서 6-소자 배열에 이들 방법을 적용하여 다음의 최적화된 배열을 유도했다(다이폴 반지름 $a = 0.003369\lambda$).

안테나 치수

소자 길이	$2h_1$ 0.476λ	$2h_2$ 0.452λ	$2h_3$ 0.436λ	$2h_4$ 0.430λ	$2h_5$ 0.434λ	$2h_6$ 0.430λ
소자 간격	b_{12} 0.250λ	b_{23} 0.289λ	b_{34} 0.406λ	b_{45} 0.323λ	b_{56} 0.422λ	

패턴 특성

지향성 ($\lambda/2$ 다이폴 참조)	반전력 빔폭	첫 번째 부엽	전후방비
13.36 (12.58 dB)	37°	−10.9 (dB)	10.04 (dB)

최적화된 배열의 패턴 특성은 모든 면에서 같은 길이의 등간격 도파기를 갖는 배열보다 더 좋다. 최적화된 배열은 여진기와 도파기에서 전류의 크기들을 완만하게 감소시키고, 위상은 급격히 변화시켜 지배적인 진행파가 유지되도록 한다.

11-8.4 광대역 안테나

유연성과 융통성을 제공하기 위해, 안테나는 종종 만족스러운 패턴, 임피던스, 그리고 편파 특성을 갖는 넓은 주파수 범위에서 동작이 요구된다. 일반적인 용어로 안테나의 유용한 대역폭을 정의하는 것은 어렵다. 왜냐하면 무엇이 유용한지는 적용하는 데에 따라 달라지기 때문이다. 일반적으로 하나는 복사 패턴 특성—다시 말하면, 지향성, 주엽 빔폭 그리고/또는 부엽 레벨 등이다. 그러나 파장과 관련하여 상대적으로 작은 치수의 안테나로 인해서, 임피던스 특성은 매우 중요하다. 원형 편파를 갖는 안테나의 편파 특성은 유용한 대역폭에 제한요소가 된다. 선형 다이폴 안테나의 대역폭은 매우 좁다. 다이폴 안테나의 두께 증가는 대역폭을 다소 개선하지만, 후자는 설계된 중심 주파수에서 몇 퍼센트 이상은 아니다. 여기서는 간단하게 **주파수 독립 안테나**(frequency-independent antenna) 그리고 **대수주기 안테나**(log-periodic antenna)로 알려진 두 가지 형태의 광대역 안테나를 살펴본다. 대수주기 다이폴 안테나 배열의 설계 개념 또한 소개한다.

주파수 독립 안테나의 개념은 안테나의 패턴과 임피던스 특성이 파장단위로 측정된 이들의 크기에 의존한다는 관찰로부터 발전되었다. 식 (11-56)의 패턴함수와 그림 11-6의 복사 패턴을 검토하여 이와 같은 관찰이 확인되었다.[5] 만약 주파수가 변하더라도 안테나 크기와 파장의 비가 변하지 않는다면, 즉 안테나의 크기가 파장과 유사한 크기인 경우, 유사한 기하학적 구조를 갖는 안테나들은 동일한 복사 특성을 유지할 것이다. 이 관찰은 만약 안테나 구조가 지정된 특성 길이에 무관하고 완전히 각도로만 표시된다면, 이들의 패턴과 임피던스 특성은 주파수독립이라는 가정을 유도할 수 있다[19]. 다음 식으로 정의되는 **등각 나선**(equiangular spiral)이 이에 해당한다.

$$r = r_0 e^{a(\phi - \delta)} \tag{11-149a}$$

식 (11-149a)에서, r과 ϕ는 보통의 극좌표계(상수 z를 위한 원통좌표계)이며, r_0, a, 그리고 δ는 설계상수이다. 나선은 곡선의 모든 점에서 반지름 벡터와 일정한 각도를 갖는다.

식 (11-149a)에 의해 정의되는 구조는 **로그 나선형**(logarithmic spiral)이며, 그 이유는 각도 변화가 $\ln (r/r_0)$에 비례하기 때문이다.

$$\phi - \delta = \frac{1}{a} \ln\left(\frac{r}{r_0}\right) \tag{11-149b}$$

식 (11-149a)와 (11-149b)에서 세 상수 r_0, a, 그리고 δ는 각각 종단 영역, 나선비의 역수, 그리고 팔(arm)의 폭을 결정한다. 그림 11-28은 평판 등각 나선형 안테나가 두 개의 대칭 팔로 구성되어 있음을 나타내고 있다. 두 개의 나선에서 네 개의 모서리는 $r = r_0 \exp(a\phi)$, $r = r_0 \exp [a(\phi$

5) 안테나 입력 임피던스를 계산하는 방법을 배우지 않았다. 임피던스 특성은 안테나 전류 분포에 의존하며, 이것 또한 파장으로 나타낸 안테나의 크기에 결정적으로 의존한다.

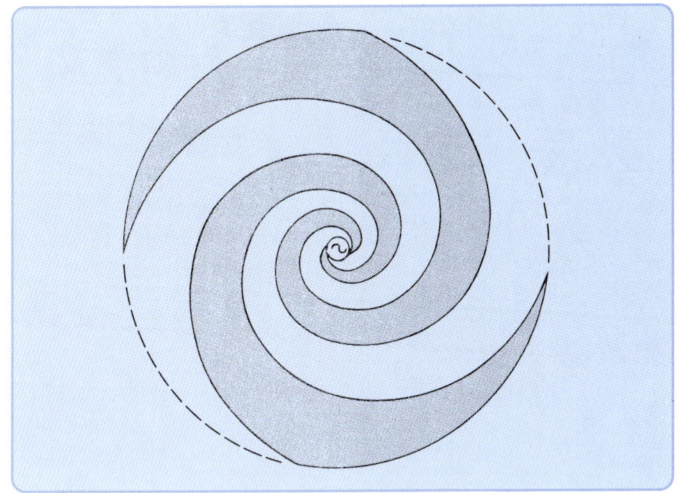

그림 11-28
평면 두-팔 등각 나선형 안테나

$- \delta)]$, $r = r_0 \exp [a(\phi - \pi)]$, 그리고 $r = r_0 \exp [a(\phi - \pi - \delta)]$의 관계로서 정의된다.

안테나는 전류를 흐르게 하는 전압원에 의해 종단에서 여기된다. 전류는 대부분의 복사가 발생되는 곳에 도달할 때까지 나선 팔(spiral arm)을 따라 밖으로 흐른다. 나선 팔 사이의 전기장 벡터는 팔들 사이의 공간이 대략 동작 주파수에서 반파장 정도 될 때까지 밖으로 이동한다. 이 영역에서 공진이 생기며, 강한 복사가 발생된다. 이 영역을 넘어서면, 전류와 자기장은 빠르게 사라지며, 유한 경계에서 무한한 나선의 절단은 전혀 중요하지 않다. 단순히 동작 주파수의 증가와 감소는 나선을 따라 안쪽 혹은 바깥쪽으로 전자기장 복사 영역을 이동시키며, 파장에 따른 유효 복사 개구면은 변화하지 않는다. 결과적으로, 자동 스케일링 과정이 발생하고, 패턴과 임피던스 특성은 거의 주파수에 독립적으로 남게 된다[20]. 두 개의 팔을 갖는 등각 나선형 안테나는 원형으로 편파된다. 주파수가 변화함에 따라, 복사 패턴은 나선에 수직한 축에 대해 회전한다. 엄밀히 말하면, 나선형 안테나는 정확히 주파수독립이기 위해 무한대로 확장된다.

그림 11-28의 평면 등각 나선형 안테나는 양방향성으로 평면 양쪽 사이드상에 브로드사이드 주빔이 복사된다. 이것은 때로는 불필요한 것이다. 회전하는 원뿔의 표면에서 균형잡힌 두 개의 팔을 갖는 등각 나선을 감싸서, 원뿔의 정점 방향에서 하나의 주빔을 갖는 단방향성 복사 패턴을 얻을 수 있다. 패턴은 여전히 광대역이며 상당히 원형으로 편파된다. 평판 또는 원추형 등각 나선형 안테나 모두 30 : 1 주파수 혹은 그 이상을 커버할 수 있도록 설계할 수 있다.

선형(원형 대신에) 편파를 갖는 광대역 안테나를 설계할 수 있을까? 이 질문에 대한 답을 찾기 위해 **대수주기 안테나**(log-periodic antenna)라고 하는 광대역 선형 편파 안테나가 등장한다[21], [22]. 그림 11-29에서 기본적인 대수주기 안테나는 금속판을 톱니 모양으로 잘라내어 설계한다. 톱니는 불연속으로 함으로써 최대로 복사되는 영역을 국부화하며 그 영역을 벗어나서는 전류를 빠르게 약화시킨다. 톱니의 길이(팁들과 삼각형 형태로 지원되는 면 사이의 거리)는 원점에서 선들 사이의 각도에 의해 결정된다. 가장 강하게 복사되는 영역은 톱니가 대략 1/4파장 길이일

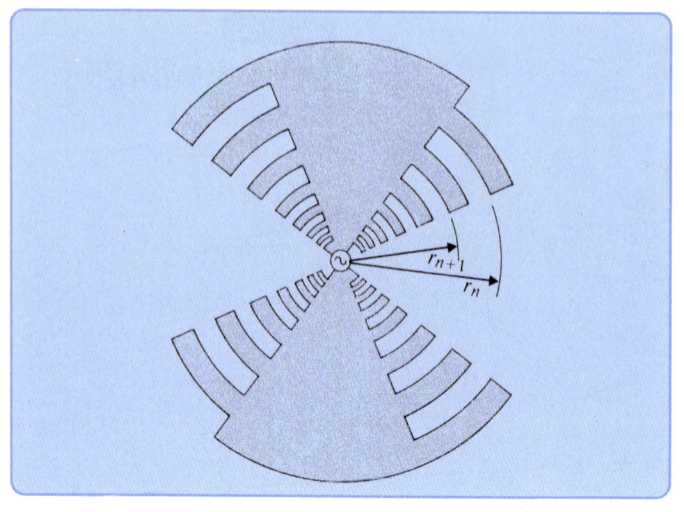

그림 11-29
평면 대수주기 안테나

때이다.

톱니의 연속된 모서리 사이의 간격은 등각 나선형 안테나에서 이웃하는 도체들 사이의 거리를 결정하는 규칙에 따른다. 식 (11-149a)로부터,

$$\frac{r_{n+1}}{r_n} = \frac{r_0 e^{a(\phi - \delta)}}{r_0 e^{a(\phi + 2\pi - \delta)}} = e^{-2\pi a} \tag{11-150}$$

$$= \tau \qquad \text{(상수)}$$

이다. 이 상수의 비는 대수주기 안테나의 설계 지표로 사용된다. 동작 주파수의 변화는 한 파장보다 작은 길이를 갖는 톱니를 변화시킨다. 파장을 단위 기준으로 하는 크기조절 방법은 실제로는 길이 치수의 규격에 의존하지 않는다. 이것이 이들 안테나의 광대역 특성의 기준이다.

무한한 구조에 대해, 안테나 특성은 다음과 같이 특성지표 τ와 관련된 몇 개의 이산 주파수에 대해 동일하다.

$$f_n = \tau f_{n+1} \tag{11-151a}$$

또는

$$\ln (f_{n+1}) = \ln (f_n) + \ln \left(\frac{1}{\tau}\right) \tag{11-151b}$$

안테나 특성은 이산 주파수 f_n과 f_{n+1} 사이에서 다소 변할 것이다. 그러나 주파수의 대수로서 그려졌을 때, 한 주기가 $\ln (1/\tau)$인 주기성을 갖는다. 그러므로 **대수주기 안테나**라고 한다.

기본적인 금속판 구조 대신에 대수주기 안테나는 윤곽선이 설계대로 잘려져서 도선 또는 튜브로 만들어질 수 있음이 확인되었다. 이론적으로는 판두께와 도선 지름은 식 (11-150)에 따라서 급전점으로부터 거리에 선형적으로 비례하여 증가한다. 이것은 대역폭에 대한 요구가 엄격할 때 중요하게 된다. 30 : 1 혹은 그 이상의 주파수 범위를 커버하는 대역폭을 구현할 수 있다.

그림 11-29의 평면 대수주기 안테나는 평면 등각 나선형 안테나로서 양방향성이다. 만약 안테나의 두 절반을 쐐기 형태로 접으면 단방향성으로 만들 수 있다. 주빔은 정점의 방향을 향한다. 톱니가 없는 그림 11-29의 평판 대수주기 안테나는 정점에서의 각에 의해 완전히 형성되며, 그래서 광대역 특성이 기대되는 보우타이(bow-tie: 나비넥타이) 안테나가 된다. 이것은 극히 제한된 경우만 유효하며, 상업적으로 이용되고 있는 UHF 텔레비전 안테나의 형태로서 보우타이 안테나가 사용된다. 그러나 유한한 길이와 뚜렷한 공진 영역의 부족으로 인해 대역폭이 제한된다.

광대역 특성은 또한 **대수주기 다이폴 배열**(log-periodic dipole array)로 불리는 선형 다이폴 배열로 구현할 수 있으며, 그림 11-30에 그 예를 나타내었다[23], [24]. 다이폴들은 다음의 관계식에 따라서 길이가 다르고 간격도 일정하지 않다.

$$\frac{\ell_{n+1}}{\ell_n} = \frac{r_{n+1}}{r_n} = \tau \tag{11-152}$$

여기서 τ는 식 (11-150)에서처럼 설계 지표이다. 소자 간격들은 가상의 정점 O까지의 거리와 다음 식과 같이 관계되며,

$$d_n = r_n - r_{n+1} = r_n(1 - \tau) \tag{11-153}$$

다음을 얻을 수 있다.

$$\frac{d_{n+1}}{d_n} = \tau \tag{11-154}$$

τ뿐만 아니라, 각도 α 또는 간격계수 κ 중 단지 한 개의 설계 지표가 더 요구된다.

$$\kappa = \frac{d_n}{2\ell_n} \tag{11-155}$$

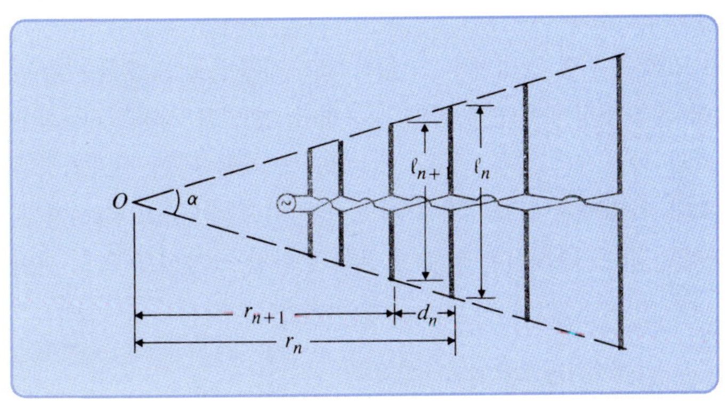

그림 11-30
대수주기 쌍극자 배열 안테나

τ, α, 그리고 κ 사이의 관계는 다음과 같다.

$$\begin{aligned}\tan\frac{\alpha}{2} &= \frac{\ell_n}{2r_n} = \frac{\ell_n(1-\tau)}{2d_n} \\ &= \frac{1-\tau}{4\kappa}\end{aligned} \tag{11-156}$$

그래서 세 개 특성지표 중 두 개는 독립적이다. 식 (11-152)와 (11-154)의 크기조절 규칙으로 인해 동작 주파수 변화는 파장보다 작은 길이를 갖는 특정한 다이폴 안테나에서만 변화한다.[6] 이것을 식 (11-150), (11-151a), 그리고 (11-151b)에 적용하면, 대수주기 다이폴 안테나 배열을 얻을 수 있다.

배열 안테나는 전송선에 연결된 신호원에 의해 급전된다. 중요한 점은 이웃한 소자들이 반드시 반대의 위상으로 급전해야 한다. 이것은 그림 11-30에서처럼 다이폴 안테나가 번갈아서 나타나도록 전송선의 도선을 뒤집어서 얻어질 수 있다. 동작 주파수에서 배열의 활동 영역은 대부분 그 길이가 반파장이고 다이폴 전류가 큰 몇 개의 다이폴 안테나로 구성된다. 이 영역 밖에서 다이폴 안테나의 전류는 상대적으로 매우 작다. 배열 안테나는 짧은 다이폴 안테나 방향에서 복사되는 주빔을 갖는 엔드파이어 방식으로 동작한다.

11-9 개구면 복사기

안테나 복사 특성의 해석은 일반적으로 안테나 구조상의 전류 분포로부터 진행된다. 전류 분포로부터 식 (11-3)을 사용하여 지연 벡터 포텐셜(자기장 준위)을 결정한다. 자기장과 전기장 세기는 각각 식 (11-1)과 (11-6)으로부터 나타난다. 많은 경우에, 전자기 복사는 도체로 둘러싸인 곳의 구멍 또는 개구면으로부터 복사되어 나타난다. 분명히 복사 신호원은 언제나 몇몇 시변 전류를 따르지만, 전류 분포는 종종 알 수 없고 결정하기 힘들거나 대략적이다. 이와 같은 복사 시스템은 다이폴 안테나와 상당히 다르며, 반드시 다른 방법으로 해석되어야만 한다. 여기에는 개구면 복사기 또는 개구면 안테나가 있다. 예로서는 슬롯(slot), 혼(horn), 반사경, 그리고 렌즈(lens) 등이며, 이들 중 몇 개가 그림 11-31에 나타나 있다.

해석을 위해 전기장과 자기장은 오직 개구면 영역에서만 존재하고, 개구면을 포함하는 무한한 스크린의 다른 곳에서 장은 0이라고 가정하여 근사적인 개구면-장 방법을 사용한다. 그림 11-31(a)에서 나타낸 슬롯형 전자기파 복사기의 경우, 기본 TE_{10} 모드 여기를 위한 전자기장은 보통 슬롯의 중심에서 최대를 갖고 모서리에서 0으로 점점 감소하는 하프-사인(half-sine)이 된다고 가정한다. 그림 11-31(b)에 나타낸 혼에 대해서는 개구면 장이 무한한 크기의 혼으로 전파

6) 엄격히 말하면, 다이폴의 반지름 a_n도 $a_{n+1}/a_n = \tau$에 따라 정할 필요가 있다.

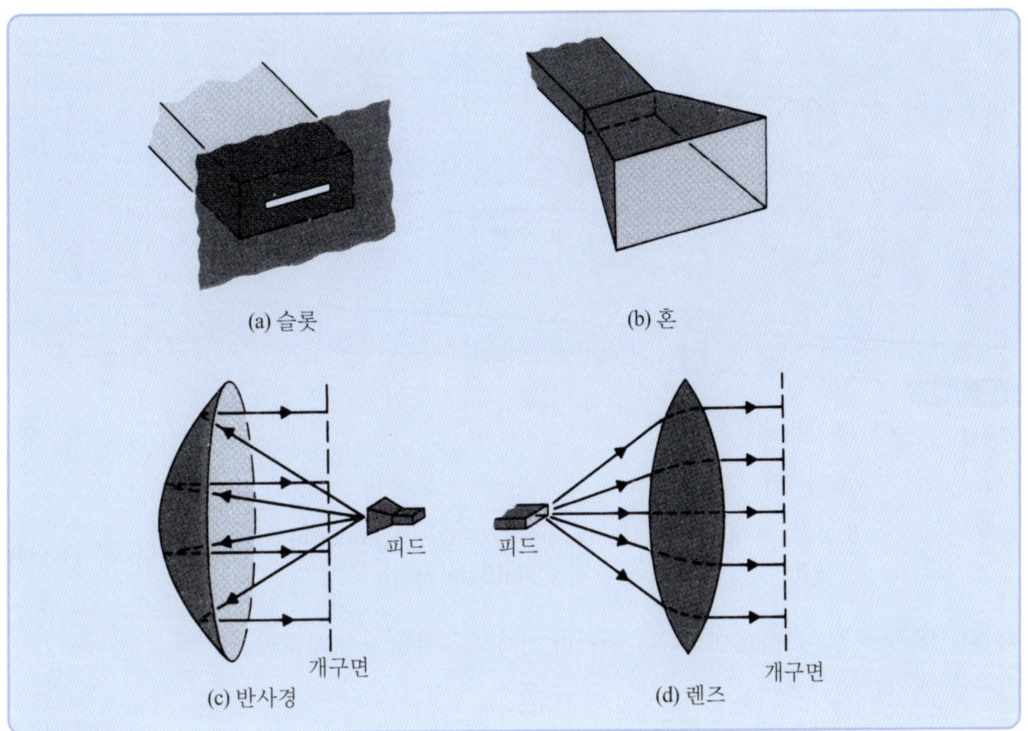

그림 11-31
개구면 안테나

하는 도파관 모드를 이용하여 유도된다. 그림 11-31(c)에 나타낸 반사경의 개구면 장과 그림 11-31(d)에 나타낸 렌즈는 1차 급전기로부터 나오는 전자기파의 반사와 굴절과 관련된 기하광학의 방법으로 구해진다.

TE_{10} 모드로 여기되는 개구 평면에서 전자기장은 거의 선형으로 편파되며, 기하광학에 의해 얻어지는 결과와 큰 차이가 없다. 개구면에서 거의 균일한 위상을 갖는다면, 원거리 장은 개구면에서 장 분포의 2차원 푸리에 적분이다. 그림 11-32에 나타낸 개구면에서 전기장 분포가 위상변화 없이 x 방향으로 선형으로 편파되었다고 하면, 다음과 같이 나타낼 수 있다.

$$\mathbf{E}_a = \mathbf{a}_x E_a \tag{11-157}$$

만약 개구면 크기가 동작 파장에 비해 크다면, 거의 모든 복사된 장의 에너지는 z축 주변의 작은 각도 범위 내에서 한정되고, 멀리 떨어진 점 $P(R_0, \theta, \phi)$에서 원거리 전기장은 $\mathbf{E}_P = \mathbf{a}_x E_P$로 나타낼 수 있으며, 여기서 [13], [25]

$$E_P = \frac{j}{\lambda R_0} \iint_{\text{aper.}} E_a(x', y') e^{-j\beta R}\, dx'\, dy' \tag{11-158}$$

이다. $\beta R \gg 1$일 때 다음 결과를 얻는다.

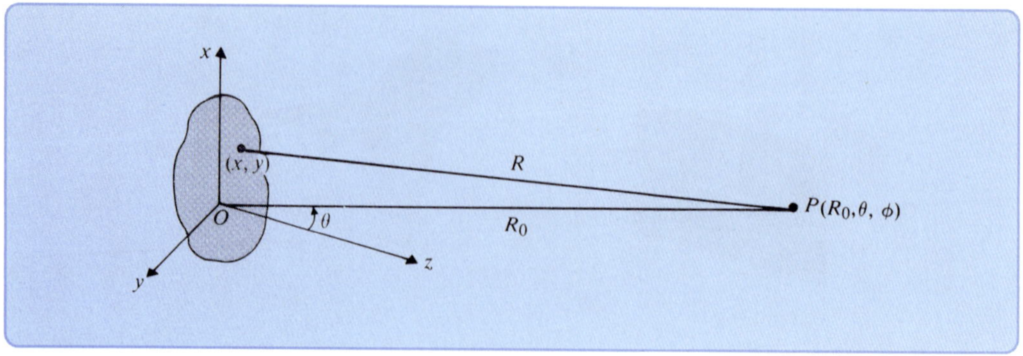

그림 11-32
개구면-장 분포로부터 패턴 계산

$$\begin{aligned} R &\cong R_0 - (\mathbf{a}_x x' + \mathbf{a}_y y') \cdot (\mathbf{a}_x \sin\theta\cos\phi + \mathbf{a}_y \sin\theta\sin\phi) \\ &= R_0 - (x'\sin\theta\cos\phi + y'\sin\theta\sin\phi) \end{aligned} \tag{11-159}$$

식 (11-158)에 식 (11-159)를 대입하면 원거리 전기장 세기는 다음과 같다.

$$E_P = \frac{j}{\lambda R_0} e^{-j\beta R_0} F(\theta, \phi) \tag{11-160}$$

여기서

$$F(\theta, \phi) = \iint_{\text{aper.}} E_a(x', y') e^{j\beta \sin\theta (x'\cos\phi + y'\sin\phi)} dx'\, dy' \tag{11-161}$$

는 개구면 안테나의 패턴함수이다. 식 (11-161)은 각각 푸리에 변환으로서, 개구면 분포와 패턴함수 사이의 비교적 간단한 관계를 나타낸다. 역관계인 $F(\theta, \phi)$와 $E_a(x', y')$의 관계는 특정 패턴함수를 위해 요구되는 개구면 전자기장을 결정할 수 있게 한다. 이것은 합성 문제이다.

크기가 $a \times b$인 직사각형 개구면에서 분리 가능한 전기장 세기는 다음과 같이 나타낼 수 있는 경우

$$E_a(x', y') = f_1(x') f_2(y') \tag{11-162}$$

식 (11-161)의 패턴함수도 다음과 같이 분리 가능하다.

$$F(\theta, \phi) = \int_{-a/2}^{a/2} f_1(x') e^{j\beta x'\sin\theta\cos\phi} dx' \int_{-b/2}^{b/2} f_2(y') e^{j\beta y'\sin\theta\sin\phi} dy' \tag{11-163}$$

오직 주평면에서의 패턴만 고려한다면, 식 (11-163)은 더욱 간단히 할 수 있다.

1. xz-평면에서, $\phi = 0$:

$$F_{xz}(\theta) = \left[\int_{-b/2}^{b/2} f_2(y')\,dy' \right] \int_{-a/2}^{a/2} f_1(x') e^{j\beta x' \sin\theta}\,dx'$$
$$= C_1 \int_{-a/2}^{a/2} f_1(x') e^{j\beta x' \sin\theta}\,dx' \tag{11-164}$$

여기서 C_1은 상수이다. xz-평면에서 복사 패턴은 오직 x' 방향의 개구면 장 분포에 의존한다.

2. yz-평면에서, $\phi = \pi/2$:

$$F_{yz}(\theta) = \left[\int_{-a/2}^{a/2} f_1(x')\,dx' \right] \int_{-b/2}^{b/2} f_2(y') e^{j\beta y' \sin\theta}\,dy'$$
$$= C_2 \int_{-b/2}^{b/2} f_2(y') e^{j\beta y' \sin\theta}\,dy' \tag{11-165}$$

여기서 C_2는 상수이다. yz-평면에서 복사 패턴은 오직 y' 방향에서 개구면 장 분포에 의존한다.

개구면 복사기의 지향성은 식 (11-35)를 사용하여 얻어지며, 편의를 위해 아래에 반복되어 있다.

$$D = \frac{4\pi U_{\max}}{P_r} \tag{11-166}$$

여기서

$$U_{\max} = \frac{1}{2\eta_0} R_0^2 |E_p|_{\max}^2$$
$$= \frac{1}{2\eta_0 \lambda^2} \left| \iint_{\text{aper.}} E_a(x', y')\,dx'\,dy' \right|^2 \tag{11-167}$$

과

$$P_r = \text{총 전력 복사}$$
$$= \frac{1}{2\eta_0} \iint_{\text{aper.}} |E_a(x', y')|^2\,dx'\,dy' \tag{11-168}$$

이다. 식 (11-166), (11-167), 그리고 (11-168)을 결합하면 다음과 같다.

$$D = \frac{4\pi}{\lambda^2} \frac{\left| \iint_{\text{aper.}} E_a(x', y')\,dx'\,dy' \right|^2}{\iint_{\text{aper.}} |E_a(x', y')|^2\,dx'\,dy'} \quad \text{(단위 없음)} \tag{11-169}$$

$E_a(x', y')$ = 상수(균일한 개구면 장 분포)일 때, D는 최대이며 개구면 면적의 $4\pi/\lambda^2$배이다. 이것은 식 (11-121)과 일치한다.

예제 11-13 균일한 장 분포를 갖는 크기가 $a \times b$인 직사각형 개구면에서 다음을 구하라: (a) 주평면에서 패턴함수, (b) 반전력 빔폭, (c) 첫 번째 "0", 그리고 (d) 첫 번째 부엽 레벨.

풀이 간단히 하기 위해서 $E_a(x', y') = 1$이라 하자.

(a) 주평면에서 패턴함수는 식 (11-164) 또는 (11-165)로부터 구할 수 있다. xz-평면($\phi = 0$)에서, 식 (11-164)로부터 다음을 구할 수 있다.

$$F_{xz}(\theta) = b \int_{-a/2}^{a/2} e^{j\beta x' \sin\theta}\, dx' = ab\left(\frac{\sin\psi}{\psi}\right) \tag{11-170}$$

여기서

$$\psi = \frac{\pi a}{\lambda} \sin\theta \tag{11-171}$$

이다. 식 (11-171)에서 b가 a로 대체되는 것을 제외하면 또 다른 주평면($\phi = \pi/2$)에서의 $F_{yz}(\theta)$에 대해서도 완전히 동일한 패턴함수를 얻게 된다. 주목할 점은 식 (11-170)에서 패턴함수는 ψ가 작을 때 식 (11-89)에서 주어진 균일한 선형 배열의 배열 성분과 유사하다.

(b) 반전력점은 다음에 의해 결정된다.

$$\frac{\sin\psi_{1/2}}{\psi_{1/2}} = \frac{1}{\sqrt{2}}$$

이것으로부터

$$\psi_{1/2} = \frac{\pi a}{\lambda} \sin\theta_{1/2} = 1.39$$

또는

$$\sin\theta_{1/2} = 0.442 \frac{\lambda}{a} \tag{11-172}$$

를 얻을 수 있다. 충분히 큰 개구면의 경우, $\sin\theta_{1/2}$는 거의 $\theta_{1/2}$와 같고,[7] 반전력 빔폭은 대략적으로 다음과 같다.

7) 예를 들어, $a = 5\lambda$일 때 $\sin\theta_{1/2} = 0.442/5 = 0.0884$, $\theta_{1/2} = \sin^{-1}(0.0884) = 0.0885$이고, 오차는 오직 11%이다. 주엽의 좁은 빔폭으로부터 앞에서 설명한 z축 주위의 작은 각도 범위 안에 거의 대부분의 복사 에너지가 들어 있다는 것을 확인할 수 있다.

$$2\theta_{1/2} \cong 0.88 \frac{\lambda}{a} \qquad \text{(rad)}$$

$$\cong 50 \frac{\lambda}{a} \qquad \text{(deg)}$$

(c) 첫 번째 0은

$$\psi_{n1} = \frac{\pi a}{\lambda} \sin \theta_{n1} = \pi$$

또는

$$\theta_{n1} \cong \sin \theta_{n1} = \frac{\lambda}{a} \qquad \text{(rad)} \qquad \text{(11-173)}$$

에서 발생한다.

(d) 첫 번째 부엽의 위치는 다음에 의해 구해지며,

$$\frac{\partial}{\partial \psi}\left(\frac{\sin \psi}{\psi}\right) = 0$$

이것은 $\tan \psi_1 = \psi_1$ 또는 $\psi_1 = \pm 1.43\pi$이다. 따라서

$$\left|\frac{\sin \psi_1}{\psi_1}\right| = \left|\frac{\sin 1.43\pi}{1.43\pi}\right| = 0.217$$

이 된다. $\psi = 0$에서 단일성과 관련하여, 첫 번째 부엽은 최대 복사 레벨에서 $20 \log_{10} (1/0.217) =$ 13.3 (dB) 이하이다.

예제 11-14 선형 편파된 균일한 전기장 $\mathbf{E}_a = \mathbf{a}_x E_0$가 $z = 0$에서 도체판상에 반지름 b의 원형 개구면에 존재한다. b가 파장에 비해 크다고 가정하여, (a) 원거리 전기장의 표현을 구하라. (b) 첫 번째 "0" 사이의 주빔의 폭을 결정하라.

SOLUTION **풀이**

(a) 원형 개구면에 대해 극좌표계 $x' = \rho' \cos \phi'$, $y' = \rho' \sin \phi'$, 그리고 $x' \cos \phi' + y' \sin \phi' = \rho'(\cos \phi \cos \phi' + \sin \phi \sin \phi') = \rho'(\cos (\phi - \phi'))$를 사용한다. 식 (11-161)에서 피적분함수는 원형 개구면상에서 적분되며 다음과 같다.

$$F(\theta, \phi) = E_0 \int_0^b \int_0^{2\pi} e^{j\beta\rho' \sin\theta \cos(\phi - \phi')} \rho' \, d\phi' \, d\rho'$$

$$= E_0 \int_0^b 2\pi J_0(\beta\rho' \sin\theta)\rho'\, d\rho'$$

$$= E_0 2\pi b^2 \left[\frac{J_1(\beta b \sin\theta)}{\beta b \sin\theta}\right] \tag{11-174}$$ [8]

여기서 $J_1(u)$는 1차 1종 베셀 함수이다. 원거리 전기장은 식 (11-160)으로부터 다음과 같다.

$$\mathbf{E}_P = \mathbf{a}_x jE_0 \frac{2\pi b^2}{\lambda R_0} e^{-j\beta R_0}\left[\frac{J_1(u)}{u}\right] \tag{11-175}$$

여기서

$$u = \beta b \sin\theta = \frac{2\pi b}{\lambda}\sin\theta \tag{11-176}$$

(b) 복사 패턴의 첫 번째 0은 $J_1(u)$의 첫 번째 0인 u_{11}에서 발생된다. 표 10-2로부터 $u_{11} = 3.832$이고, 여기에 대응되는 각도는

$$\theta_1 = \sin^{-1}\left(\frac{3.832\lambda}{2\pi b}\right) \cong \frac{3.832\lambda}{2\pi b}$$

$$= 1.22\frac{\lambda}{D} \quad (\text{rad}) \tag{11-177}$$

이다. 여기서 $D = 2b$ 원형 개구면의 지름은 $D = 2b$이다. 그러므로 첫 번째 0(null) 사이의 주빔의 빔폭은 $2\theta_1 = 2.44\lambda/D$ (rad)이다. 원형 개구면의 지름 D와 같이 폭 a를 갖는 직사각형 개구면을 위해 식 (11-177)에서 θ_1과 식 (11-173)에서 θ_{n1}을 비교하면, 원형 개구면의 주엽 빔폭이 보다 넓다. 반면에, 원형 개구면의 첫 번째 부엽은 0.13으로 최대 복사로부터 $20\log_{10}(1/0.13) = 17.7$ (dB) 이하이다. 이것은 $a = D$를 갖는 직사각형 개구면에서 13.3 (dB)인 첫 번째 부엽보다 낮은 것이다.

■

이 절에서는 도체판에서 직사각형 개구면, 그리고 원형 개구면과 같은 상대적으로 간단한 경우의 복사 특성만을 고려하였다. 혼, 반사경, 그리고 렌즈와 같은 다른 개구면 형태의 안테나들의 해석은 더욱 어렵고 더욱 발전된 개념의 방법이 요구된다. 전류의 흐름을 방해하도록 도파관 벽을 잘라낸 슬롯을 통해서도 전자기파 복사가 가능하다. 이것들을 적절히 배열하면 다이폴 배열과 어느 정도 유사한 배열 안테나를 구현할 수 있다. 이것들과 다른 복사 문제들은 안테나에 특화된 서적들의 주제들이다[9], [11]–[13].

---

8) 다음과 같은 적분 관계식을 사용한다.

$$\int_0^{2\pi} e^{jw\cos\phi'}\, d\phi' = 2\pi J_0(w) \text{와} \quad \int wJ_0(w)\, dw = wJ_1(w)$$

참고문헌
References

[1] H. Unz, "Linear arrays with arbitrarily distributed elements," *IRE Transactions on Antennas and Propagation*, vol. AP-8, pp. 222–223, March 1960.

[2] R. F. Harrington, "Sidelobe reduction by nonuniform element spacing." *IRE Transactions on Antennas and Propagation*, vol. AP-9, pp. 187–192, March 1961.

[3] A. Ishimaru and Y. S. Chen, "Thinning and broadbanding antenna arrays by unequal spacings," *IEEE Transactions on Antennas and Propagation*, vol. AP-13, pp. 34–42, January 1965.

[4] F. I. Tseng and D. K. Cheng, "Spacing perturbation techniques for array optimization," *Radio Science*, vol 3 (New Series), pp. 451–457, May 1968.

[5] D. K. Cheng and P. D. Raymond, Jr., "Optimization of array directivity by phase adjustments," *Electronics Letters*, vol. 7, pp. 552–553, September 9, 1971.

[6] E. D. Sharp, "A triangular arrangement of planar array element that reduces the number needed," *IRE Transactions on Antennas and Propagation*, vol. AP-9, pp. 126–129, March 1961.

[7] N. Goto, "Pattern synthesis of hexagonal planar array," *IEEE Transactions on Antennas and Propagation*, vol. AP-20, pp. 104–106, January 1972.

[8] D. K. Cheng, "Optimization techniques for antenna arrays," *Proceedings of the IEEE*, vol. 59, pp. 1664–1674, December 1971.

[9] E. C. Jordan and K. G. Balmain, *Electromagnetic Waves and Radiating Systems*, Prentice-Hall, Englewood Cliffs, N.J., 1968.

[10] M. T. Ma, *Theory and Application of Antenna Arrays*, Wiley, New York, 1974.

[11] R. S. Elliott, *Antenna Theory and Design*, Prentice-Hall, Englewood Cliffs, N.J., 1981.

[12] W. L. Stutzman and G. A. Thiele, *Antenna Theory and Design*, Wiley, New York, 1981.

[13] R. E. Collin, *Antennas and Radiowave Propagation*, McGraw-Hill, New York, 1985.

[14] K. F. Lee, *Principles of Antenna Theory*, Wiley, New York, 1984.

[15] H. Yagi, "Beam transmission of ultra short waves," *Proceedings of the IEEE*, vol. 16, pp. 715–741, June 1928.

[16] S. Uda and Y. Mushiaki, *Yagi-Uda Antenna*, Maruzan, Tokyo, 1954.

[17] D. K. Cheng and C. A. Chen, "Optimum element spacings for Yagi-Uda arrays," *IEEE Transactions on Antennas and Propagation*, vol. AP-21, pp. 615–623, September 1973.

[18] C. A. Chen and D. K. Cheng, "Optimum element lengths for Yagi-Uda arrays," *IEEE Transactions on Antennas and Propagation*, vol. AP-23 pp. 8–15, January 1975.

[19] V. H. Rumsey, *Frequency-Independent Antennas*, Academic Press, New York, 1966.

[20] J. D. Dyson, "The equiangular spiral," *IRE Transactions on Antennas and Propagation*, vol. AP-7, pp. 181–187, April 1959.

[21] R. H. DuHamel and D. E. Isbell, "Broadband logarithmically periodic antenna structures," *IRE*

National Convention Record, Part I, pp. 119–128, 1957.

[22] R. H. DuHamel and F. R. Ore, "Logarithmically periodic antenna design," *IRE National Convention Record*, Part I, pp. 139–151, 1958.

[23] R. Carrel, "The design of log-periodic dipole antennas," *IRE National Convention Record*, Part I, pp. 61–75, 1961.

[24] E. C. Jordan et al., "Developments in Broadband antennas," *IEEE Spectrum*, vol. 1, pp. 58–71, April 1964.

[25] S. Silver (ed.), *Microwave Antenna Theory and Design*, M.I.T. Radiation Laboratory Series, vol. 12, Chapters 5 and 6, McGraw-Hill, New York, 1949.

복습 질문
Review Question

R.11-1 안테나의 일반적인 정의는?

R.11-2 장거리 무선통신에서 왜 안테나가 중요한가?

R.11-3 가정된 시정현 전류 분포에 의해 안테나 구조물의 전자기장을 알아내는 절차를 열거하라.

R.11-4 헤르츠 다이폴이란 무엇인가?

R.11-5 기본적인 자기 다이폴을 구성하는 것은 무엇인가?

R.11-6 안테나의 근거리 영역과 원거리 영역을 정의하라.

R.11-7 왜 근거리 준정전기장이라고 하는가?

R.11-8 원거리 장의 크기가 거리에 따라 어떻게 변화하는지 설명하라.

R.11-9 복사하는 자기 다이폴의 전자기장은 헤르츠 다이폴과 어떻게 다른가?

R.11-10 복사 장은 무엇인가?

R.11-11 안테나 패턴을 정의하라.

R.11-12 헤르츠 다이폴 안테나의 E-평면과 H-평면 패턴을 기술하라.

R.11-13 안테나 패턴의 빔폭을 정의하라.

R.11-14 안테나 패턴의 부엽 레벨을 정의하라.

R.11-15 복사강도를 정의하라.

R.11-16 안테나의 지향성 이득과 지향성을 정의하라.

R.11-17 안테나의 전력 이득과 복사효율을 정의하라.

R.11-18 안테나의 복사저항을 정의하라.

R.11-19 헤르츠 다이폴 안테나의 (a/λ)와 $(d\ell/\lambda)$의 비가 이것의 복사저항과 복사효율에 어떻게 영향을 주는지 논의하라.

R.11-20 반파장 다이폴 안테나의 복사 패턴을 기술하라.

R.11-21 반파장 다이폴 안테나의 복사저항과 지향성은 무엇인가?

R.11-22 유도성 접지에 대한 수평 다이폴 안테나의 영상은 무엇인가?

R.11-23 유도성 접지에 대한 수직 1/4파장 단극 안테나의 복사저항과 지향성을 설명하라.

R.11-24 송신에서 선형 안테나의 실효 길이를 정의하라. 이것에 의존하는 요소들은 무엇인가?

R.11-25 수신에서 선형 안테나의 실효 길이를 정의하라.

R.11-26 안테나 배열의 정규화된 배열인자는 무엇을 의미하는가? 또 각 안테나의 패턴함수와 어떻게 다른가?

R.11-27 패턴 곱의 원리를 설명하라.

R.11-28 브로드사이드 배열과 엔드파이어 배열의 차이점을 설명하라.

R.11-29 이항 배열이란 무엇인가? 6-소자 이항 배열의 상대 여기 진폭이란 무엇인가?

R.11-30 부엽이 없는 모든 선형 이항 배열의 복사 패턴을 설명하라.

R.11-31 다소자 균일 선형 배열의 복사 패턴에서 중심 패턴값으로부터 몇 데시벨이 감소하여 최초 부엽이 나타나는가?

R.11-32 같은 간격을 갖는 선형 배열의 부엽들이 균일 선형 배열의 경우보다 어떻게 낮을 수 있는가?

R.11-33 위상 배열이란 무엇인가?

R.11-34 주파수-스캐닝 배열은 무엇인가?

R.11-35 송수신 모드에서 동작하는 안테나에 대한 가역성 관계의 중요한 결과는 무엇인가?

R.11-36 안테나의 실효면적을 정의하라.

R.11-37 안테나의 지향성 이득과 유효면적의 비로서 보편상수란 무엇인가?

R.11-38 어떤 목표에 대한 후방산란 단면적을 정의하라.

R.11-39 레이더 원리를 설명하라.

R.11-40 프리즈 전송 공식이 무엇인지 말하라.

R.11-41 지표면 근처에서 파의 전파에 대한 통로 이득계수를 정의하라.

R.11-42 긴 진행파 안테나의 복사 패턴이 종단되지 않은 다이폴 안테나의 복사 패턴과 본질적으로 어떻게 다른가?

R.11-43 헬리컬 안테나와 다이폴 안테나 사이에서 복사 특성의 본질적 차이는 무엇인가?

R.11-44 헬리컬 안테나의 두 개의 다른 동작 모드는 무엇인지 설명하라.

R.11-45 야기-우다 안테나란?

R.11-46 여진기의 길이와 비교하여 야기-우다 배열에서 반사기와 도파기의 길이는 얼마인가?

R.11-47 주파수독립 안테나의 원리는 무엇인가?

R.11-48 등각 나선형 안테나란? 왜 이것이 광대역 특성을 갖는가?

R.11-49 대수주기 안테나란?

R.11-50 대수주기 다이폴 안테나 배열의 동작 원리를 설명하라.

R.11-51 개구면 복사기의 세 가지 예를 들어라.

R.11-52 균일한 위상을 갖는 선형 편파 개구면에서 개구면의 장 분포와 패턴함수 사이의 관계는 무엇인가?

R.11-53 면적 A와 주파수 f에서 선형 편파된 균일한 장 분포를 갖는 개구면의 지향성은 무엇인가?

R.11-54 균일한 장 분포를 갖는 직사각형 개구면의 주평면에서 빔폭이 그 크기에 의존하는 방법을 서술하라.

R.11-55 선형 편파된 일정한 여기 장이 폭 b를 갖는 직사각형 개구면과 지름 $D = b$를 갖는 원형 개

구면에 존재한다고 가정한다. 이들의 복사 패턴에서 첫 번째 부엽 레벨과 주엽의 빔폭을 비교하라.

연습문제
Problem

P.11-1 맥스웰 방정식으로부터 시작하여, 단순 매질일 때 (a) **E**와 (b) **H**의 불균일 파동 방정식을 유도하라.

P.11-2 식 (11-2)를 사용하고, **A**와 V를 통해 헤르츠 다이폴 안테나의 전기장 세기를 구하라. 구한 결과를 식 (11-16a, b, c)에 확인하라.

P.11-3 크기가 L_x와 L_y인 작은 필라멘트 직사각형 루프가 원점을 중심으로 x축과 y축에 측면이 평행하게 놓여 있다. 루프는 $i(t) = I_0 \cos \omega t$의 전류가 이동한다. L_x와 L_y가 파장에 비해 많이 작다면, 원거리의 한 점에서 다음 물리량들의 순시 표현을 구하라.

(a) 벡터 자기장 포텐셜 **A** (b) 전기장 세기 **E** (c) 자기장 세기 **H**

P.11-4 z축을 따라 길이가 L인 기본적인 헤르츠 전기 다이폴 안테나와 xy-평면에서 면적 S인 기본적인 자기 다이폴 안테나로 구성된 합성 안테나가 있다. 크기 I_0와 각주파수 ω인 같은 시정현파 전류가 다이폴 안테나에 흐른다.

(a) 합성 안테나의 원거리 장이 타원형으로 편파됨을 증명하라.

(b) 원형 편파의 조건을 결정하라.

P.11-5 (a) z축을 따라 놓인 매우 얇은 중앙-급전된 반파장 다이폴 안테나에서 전류의 공간 분포는 $I_0 \cos \beta z$이며, 여기서 $\beta = \omega/c = 2\pi/\lambda$이다. 다이폴 안테나에서 전하 분포를 찾아라.

(b) 다이폴 안테나를 따르는 전류 분포는 다음의 식

$$I(z) = I_0\left(1 - \frac{4}{\lambda}|z|\right)$$

에 의해 표현되는 삼각함수가 된다. (a)를 반복하라.

P.11-6 1 (MHz) 균일한 전류가 길이 15 (m)의 수직 안테나에 흐른다. 안테나는 반지름 2 (cm)의 중앙-급전 구리로 만들어졌다. 다음을 구하라.

(a) 복사저항

(b) 복사효율

(c) 안테나 복사전력이 1.6 (kw)일 때 20 (km) 떨어진 지점에서의 최대 전기장 세기

P.11-7 길이 $2h(h \ll \lambda)$의 중앙-급전된 짧은 다이폴 안테나에 대한 시정현파 전류 분포의 진폭이 다음과 같은 삼각함수로 간략화된다.

$$I(z) = I_0\left(1 - \frac{|z|}{h}\right)$$

(a) 원거리 전기장 세기와 자기장 세기, (b) 복사저항, 그리고 (c) 지향성을 구하라.

P.11-8 무선 운항 시스템의 송신 안테나는 수직의 금속 계류주로 지상 40 (m) 높이에서 격리되어 있다. 180 (kHz) 소스가 계류주로 100 (A)의 전류를 보낸다. 안테나의 전류 진폭은 계류주 꼭대기와 완전도체 평면인 지상에서 0으로 선형적으로 감소할 때, 다음을 구하라.

(a) 안테나의 유효길이

(b) 안테나로부터 160 (km) 지점에서의 최대 전자기장 세기

(c) 시간-평균 복사전력

(d) 복사저항

P.11-9 시정현 균일 전류 $I_0 \cos \omega t$가 xy-평면에 놓인 반지름 $b(\ll \lambda)$의 작은 원형 루프에서 흐른다.

(a) 자기 다이폴 안테나의 복사저항 R_r을 구하라.

(b) 만약 루프가 반지름 a인 구리로 만들어졌다면, 이것의 복사효율 η_r의 표현을 나타내어라.

(c) $f = 1$ (MHz), $b = 50$ (cm), 그리고 $a = 3$ (mm)일 때, R_r과 η_r을 계산하라.

(d) 만약 루프가 거의 10번 절연 권선으로 감겼다면, (c)를 반복하라.

P.11-10 측면이 L_x와 L_y인 작은 직사각형 루프를 위해 연습문제 P.11-9의 (a)와 (b)를 반복하라. $f = 1$ (MHz), $L_x = L_y = 2b = 1$ (m), $a = 3$ (mm)일 때 연습문제 P.11-9의 (c)를 반복하고 그 결과를 비교하라.

P.11-11 헤르츠 다이폴 안테나에 의해 복사되는 시간-평균 전력을 발견하기 위해 식 (11-15)와 (11-16)에서 전체 장 표현을 사용하고, 이것을 오직 원거리 장에서만 사용하여 식 (11-43)에서의 결과와 비교하라.

P.11-12 전체 길이가 $2h = 1.25\lambda$인 얇은 다이폴 안테나에서 θ에 대한 극 복사 패턴을 그려라.

P.11-13 중앙-급전 $\lambda/6$ 다이폴 안테나($h = \lambda/12$)에서 삼각형 전류 분포를 가정하여, 실효 길이의 표현을 구하라. 이것의 최대값은 얼마인가?

P.11-14 최대 전기장 세기 E_0를 갖는 1.5 (MHz)의 균일 평면파가 θ의 각도로 반파장 다이폴 안테나에 입사한다.

(a) 다이폴 안테나의 종단에서 개방회로 전압 V_{oc}를 위한 표현을 구하라.

(b) 만약 다이폴 안테나가 정합된 부하에 연결된다면, 부하에 전달되는 최대 전력 P_L은 얼마인가?

(c) $E_0 = 50$ (mV/m)이고 $\theta = \pi/2$와 $\pi/4$일 때 V_{oc}와 P_L을 계산하라.

P.11-15 두 개의 기본적인 다이폴 안테나가 각각의 길이는 $2h(h \ll \lambda)$, 각각의 중심에서 거리 $d(d > 2h)$만큼 떨어져 z축을 따라 서로 선형적으로 정렬되어 있다. 두 안테나의 여기들은 진폭과 위상이 서로 같다.

(a) 2-소자 선형 배열의 원거리 전기장의 일반식을 써라.

(b) $d = \lambda/2$인 정규화한 E-평면 패턴을 그려라.

(c) $d = \lambda$일 때 (b)를 반복하라.

P.11-16 길이가 $d\ell$이고 방향에서 크기가 I_0인 시정현 전류를 운반하는 수평의 기본적인 전기 다이폴 안테나가 완전도체 접지 위의 거리 d에 위치한다. (a) xy-평면, (b) xz-평면, 그리고 (c) yz-평면에서 이것의 패턴함수를 구하라. (d) $d = \lambda/4$일 때 (a), (b), (c)의 패턴을 그려라.

P.11-17 다음의 경우에 두 평행한 다이폴 안테나의 H-평면 극 복사 패턴을 그려라.

(a) $d = \lambda/2$, $\xi = \pi/2$

(b) $d = 3\lambda/4$, $\xi = \pi/2$

P.11-18 5-소자 브로드사이드 이항 배열에 대해,

(a) 배열 소자들에서 상대 여기 진폭을 구하라.

(b) $d = \lambda/2$일 때 배열인자를 그려라.

(c) 반전력 빔폭을 구하고 소자 간격이 같은 5-소자 균일 배열의 반전력 빔폭과 비교하라.

P.11-19 $\lambda/2$ 간격으로 떨어져 있는 12-소자의 균일한 선형 배열에 대해,

(a) ψ에 대한 식 (11-89)에서의 정규화된 배열 패턴 $|A(\psi)|$를 그려라.

(b) ψ 배열이 브로드사이드 모드에서 동작되었을 때, 반전력점과 첫 번째 0 사이에서의 주빔의 폭을 찾아라.

(c) 엔드파이어 동작에서 (b)를 반복하라.

P.11-20 많은 소자를 갖는 균일한 선형 배열에서, 식 (11-89)의 분모 $\sin(\psi/2)$는 주빔 근처에서 정규화된 배열 패턴의 큰 부분에 있어서 작은 값으로 남고, $(\psi/2)$로 근사화될 수 있다. 이 근사값을 많은 소자를 갖는 큰 균일한 배열의 배열 지향성을 결정하는 데 사용하라.

P.11-21 $d = \lambda/2$와 진폭비 1:2:3:2:1를 갖는 5-소자 브로드사이드 선형 배열의 정규화된 배열인자를 위해 그림 11-15(a)의 그래프를 사용하여, $d = \lambda/4$와 $\xi = -\pi/2$인 극 복사 패턴을 그려라.

P.11-22 $\xi = \exp(j\psi)$라 하면, ψ에서 다항식 $A(\psi)$로서 일정한 간격을 갖는 배열의 배열인자를 쓸 수 있고, 배열 패턴의 많은 특성들은 단위원에서 배열 다항식의 0의 분포를 조사하여 정할 수 있다. 일반적으로 N-소자 선형 배열은 $N-1$의 0과 $\psi_{0m}(m = 1, 2, \ldots, N-1)$, 단위원 주변에 분포된다. $A(\psi)$와 다음의 선형 배열들의 단위원에서 모든 ψ_{0m}의 위치를 구하라.

(a) 2-소자 배열

(b) 3-소자 이항 배열

(c) 5-소자 균일 배열

(d) 크기비 1:2:3:2:1(예제 11-9에서처럼)을 갖는 5-소자 배열

(e) (c)와 (d)에서 두 배열을 위한 ψ_{0m}의 위치를 근거로, (d)의 배열 패턴이 왜 낮은 부엽을 갖지만 넓은 빔폭을 갖는지 설명하라.

P.11-23 $N_1 \times N_2$ 평행 반파 다이폴 안테나에 대한 균일하게 여기된 직사각형 배열의 지향 특성함수를 구하라. 다이폴 안테나들은 z축에 평행이고 이들의 중심은 x와 y 방향에 대해 각각 d_1, d_2만큼 떨어져 있다고 가정한다.

P.11-24 그림 11-8처럼 선형 편파된 평면 전자기파가 반파장 다이폴 안테나에 입사했다.

(a) 실효면적 $A_e(\theta)$의 표현식을 구하라.

(b) 100 (MHz)에서 A_e의 최대값을 계산하라.

P.11-25 전기장 세기 $\mathbf{E}_i = \mathbf{a}_z E_i$를 갖는 균일 평면파가 반지름 $b(\ll \lambda)$이고 유전율 ϵ_r인 작은 유전체 구에 부딪혔다.

(a) 구에 의해 산란된 전체 시간-평균 전력을 구하라.

(b) 전체 산란된 전력과 입사전력밀도의 비인 전체 산란 단면적 σ_s를 위한 표현식을 구하라.

P.11-26 300 (MHz)에서 동작하는 1.5 (km) 떨어진 두 기지국 사이에 통신이 이루어진다. 각 기지국은

반파장 다이폴 안테나를 장비하고 있다.

(a) 한 기지국으로부터 100 (W)가 전송되면, 다른 기지국에서 정합된 부하에 얼마만큼의 전력이 수신되는가?

(b) 두 안테나가 헤르츠 다이폴 안테나일 때 (a)를 반복하라.

P.11-27 (a) 적도면 정지궤도에 같은 간격으로 있는 세 개의 인공위성이 지구 표면을 거의 완전히 커버할 수 있다는 것을 입증하라. 극지방을 커버하지 못하는 이유를 설명하라. (b) 위성 안테나 방사 지향 특성의 주빔이 원뿔형이고 지구를 과잉 커버하지 않는다고 할 때, 주엽의 빔폭과 안테나의 지향성 이득 사이의 관계식을 구하라.

P.11-28 14 (GHz)에서 이득이 55 (dB)인 위성통신 링크의 지구국 안테나가 36,500 (km) 떨어진 정지위성을 향하고 있다. 위성 안테나는 12 (GHz)로 지구국으로 되돌려 보내고 이득은 35 (dB)이다. 최소 이용 가능한 신호는 8 (pW)이다.

(a) 안테나의 저항성 손실과 부정합 손실을 무시하고, 요구되는 위성 전송전력의 최소값을 구하라.

(b) 수동 표적으로서 위성을 검출하기 위해 지구국에서 필요한 피크 전송 펄스전력을 구하라. 단, 태양 전지판을 포함한 위성의 후방산란 단면적은 25 (m^2)이고 최소의 검출 가능한 반송된 펄스전력은 0.5 (pW)라 가정한다.

P.11-29 접지 위로 60 (m)에서 송신용 수직 반파 다이폴 안테나가 100 (MHz)에서 400 (W)를 복사한다. 접지는 완전도체라 가정한다.

(a) 접지 위로 30 (m) 높이에서 50 (km) 떨어진 수직 반파 수신용 안테나로 가능한 전력을 계산하라.

(b) 송신 안테나로부터 50 (km) 떨어진 곳에서, 0(null)이 있는 장은 어디인가(어느 고도인가)?

P.11-30 고립되고 종단된 길이가 L인 진행파 안테나를 따라 흐르는 전류가 다음과 같다.

$$I(z) = I_0 e^{-j\beta z}$$

(a) 원거리 벡터 자기장 포텐셜 $\mathbf{A}(R, \theta)$를 구하라.

(b) $\mathbf{A}(R, \theta)$로부터 $\mathbf{H}(R, \theta)$과 $\mathbf{E}(R, \theta)$를 결정하라.

(c) $L = \lambda/2$일 때 복사 패턴을 그려라.

P.11-31 턴스타일(회전문형) 안테나는 두 개의 수직 반파 다이폴 안테나로 구성된다. 하나(안테나 A)는 x축을 따라 놓여 있고, 다른 하나(안테나 B)는 y축을 따라 놓여 있다. 90° 위상 지연 후 안테나 B의 결과는 안테나 A와 합쳐진다. 우회전 타원형으로 편파된 평면파 $\mathbf{E}_i = E_0(\mathbf{a}_x + \mathbf{a}_y jp)\exp(jkz)$가 안테나에 입사한다.

(a) 턴스타일 안테나의 출력 종단에서 개방회로 전압을 결정하라. 만약 $p = 1$이면, 그 값은 얼마인가?

(b) 좌회전 타원형으로 편파된 입사파 $\mathbf{E}_i = E_0(\mathbf{a}_x + \mathbf{a}_y jp)\exp(jkz)$의 경우 (a)를 반복하라.

(c) 선형 편파된 입사파 $\mathbf{E}_i = \mathbf{a}_x E_0 \exp(jkz)$의 경우 (a)를 반복하라.

P.11-32 정상 모드에서 동작하는 헬리컬 안테나가 지름 $2b$와 내부 회전의 간격 s를 갖고 N번의 회전을 한다. $2b$와 s 모두 λ/N과 비교하여 매우 작으며, 원형 편파를 복사하기 위해 조정된다. 다음

을 구하라.

(a) 이득과 지향성

(b) 복사저항

P.11-33 예제 11-13의 문제에서 주 평면이 아닌 z축($\cos\theta \cong 1$) 근처에 위치한 점 $P(\theta, \phi)$에서 원거리 전기장 $\mathbf{E}_P(\theta, \phi)$의 표현식을 써라.

P.11-34 xy-평면에서 $a \times b$ 직사각형 개구면의 장은 y 방향에서 선형 편파되고 개구면 여기는 균일한 위상을 가지며 삼각형 크기 분포는

$$f(x) = 1 - \left|\frac{2}{a}x\right|, \qquad |x| \leq \frac{a}{2}$$

라 가정하자. 다음을 구하라.

(a) xz-평면에서 패턴함수

(b) 반전력 빔폭

(c) 첫 번째 0의 위치

(d) 첫 번째 부엽 레벨

이들 결과를 균일 장 분포를 위한 예제 11-13에서 얻어진 결과와 비교하라.

P.11-35 균일한 위상의 코사인 형태의 크기 분포를 갖는

$$f(x) = \cos\left(\frac{\pi x}{a}\right), \qquad |x| \leq \frac{a}{2}$$

를 위해 연습문제 P.11-34를 풀고, 균일 장 분포를 위한 예제 11-13에서 얻어진 결과와 비교하라.

기호와 단위

Symbols and Units

A-1 기본 단위

물리량	기호	단위	약어
Length(길이)	ℓ	meter(미터)	m
Mass(질량)	m	kilogram(킬로그램)	kg
Time(시간)	t	second(초)	s
Current(전류)	I, i	ampere(암페어)	A

† Besides the MKSA system for the units of length, mass, time, and current, the SI adopted by the International Committee on Weights and Measures consists of two other fundamental units. They are Kelvin degree (K) for thermodynamic temperature and candela (cd) for luminous intensity.

A-2 유도된 양

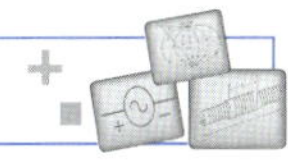

물리량	기호	단위	약어
Admittance(어드미턴스)	Y	siemens	S
Angular frequency(각주파수)	ω	radian/second	rad/s
Attenuation constant(감쇠상수)	α	neper/meter	Np/m
Capacitance(정전용량)	C	farad	F
Carge(전하량)	Q, q	coulomb	C
Carge density (linear)(선전하밀도)	ρ_ℓ	coulomb/meter	C/m
Carge density (surface)(면전하밀도)	ρ_s	coulomb/meter^2	C/m^2
Carge density (volume)(체적전하밀도)	ρ	coulomb/meter^3	C/m^3

A-2 유도된 양(계속)

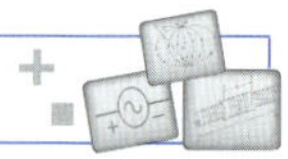

물리량	기호	단위	약어
Conductance(컨덕턴스)	G	siemens	S
Conductivity(전도도)	σ	siemens/meter	S/m
Current density (line)(선전류밀도)	$\mathbf{J}_s$	ampere/meter	A/m
Current density (surface)(표면전류밀도)	$\mathbf{J}$	ampere/meter^2	A/m^2
Dielectric constant(유전상수) (relative permittivity: 상대 유전율)	ϵ_r	(dimensionless)	—
Diretivity(방향계수)	D	(dimensionless)	—
Electric dipole moment(전기 쌍극자 모멘트)	$\mathbf{p}$	coulomb-meter	C·m
Electric displacement(전기적 변위) (Electric flux density: 전속밀도)	$\mathbf{D}$	coulomb/meter^2	C/m^2
Electric field intensity(전기장 세기)	$\mathbf{E}$	volt/meter	V/m
Electric potential(전위)	V	volt	V
Electric susceptibility(전기 감수율)(잡음계수)	χ_e	(dimensionless)	—
Electromotive force(기전력)	$\mathscr{V}$	volt	V
Energy(work)(에너지)(일)	W	joule	J
Energy density(에너지 밀도)	w	joule/meter^3	J/m^3
Force(힘)	$\mathbf{F}$	newton	N
Frequency(주파수)	f	hertz	Hz
Impedance(임피던스)	Z, η	ohm	Ω
Inductance(인덕턴스)	L	henry	H
Magnetic dipole moment(자기 쌍극자 모멘트)	$\mathbf{m}$	ampere-meter^2	A·m^2
Magnetic field intensity(자기장 세기)	$\mathbf{H}$	ampere/meter	A/m
Magnetic flux(자속)	Φ	weber	Wb
Magnetic flux density(자속밀도)	$\mathbf{B}$	tesla	T
Magnetic potential(vector)(벡터 자기장 포텐셜)	$\mathbf{A}$	weber/meter	Wb/m
Magnetic susceptibility(자기 감수율)(잡음계수)	χ_m	(dimensionless)	—
Magnetization(자화벡터)	$\mathbf{M}$	ampere/meter	A/m
Magnetomotive force(기자력)	$\mathscr{V}_m$	ampere	A
permeability(자성계수)(투자율)	μ, μ_0	henry/meter	H/m
permittivity(유전상수)(유전율)	ϵ, ϵ_0	farad/meter	F/m
Phase(위상)	ϕ	radian	rad
Phase constant(위상계수)	β	radian/meter	rad/m
Polarization vector(분극벡터)	$\mathbf{P}$	coulomb/meter^2	C/m^2
Power(전력)	P	watt	W
Poynting vector(포인팅 벡터) (power density)(전력밀도)	$\mathscr{P}$	watt/meter^2	W/m^2
Propagation constant(전파계수)(상수)	γ	meter^{-1}	m^{-1}

A-2 유도된 양(계속)

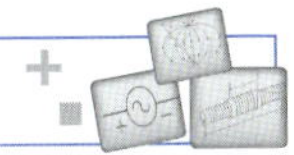

물리량	기호	단위	약어
Radiation intensity(복사율)	U	watt/steradian	W/sr
Reactance(리액턴스)	X	ohm	Ω
Relative permeability(상대 투자율)(상대 자화계수)	μ_r	(dimensionless)	—
Relative permittivity(상대 유전율) (dielectric constant)(유전상수)	ϵ_r	(dimensionless)	—
Reluctance(리럭턴스)(자기저항)	$\mathscr{R}$	henry^{-1}	H^{-1}
Resistance(저항)	R	ohm	Ω
Susceptance(서셉턴스)(어드미턴스 허수부)	B	siemens	S
Torque(토크)(회전력)	T	newton-meter	N·m
Velocity(속도)	u	meter/second	m/s
Voltage(전압)	V	volt	V
Wavelength(파장)	λ	meter	m
Wavenumber(파수)	k	radian/meter	rad/m
Work(energy)(일)(에너지)	W	joule	J

A-3 배수와 약수 단위

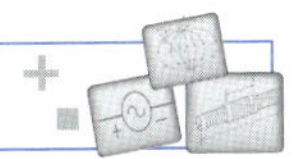

곱셈 인자	접두사	기호
1 000 000 000 000 000 000 = 10^{18}	exa(엑사)	E
1 000 000 000 000 000 = 10^{15}	peta(피타)	P
1 000 000 000 000 = 10^{12}	tera(테라)	T
1 000 000 000 = 10^{9}	giga(기가)	G
1 000 000 = 10^{6}	mega(메가)	M
1 000 = 10^{3}	kilo(킬로)	k
100 = 10^{2}	hecto†(헥토)	h
10 = 10^{1}	deka† (데카)	da
0.1 = 10^{-1}	deci†(데시)	d
0.01 = 10^{-2}	centi†(센티)	c
0.001 = 10^{-3}	milli(밀리)	m
0.000 001 = 10^{-6}	micro(마이크로)	μ
0.000 000 001 = 10^{-9}	nano(나노)	n
0.000 000 000 001 = 10^{-12}	pico(피코)	p
0.000 000 000 000 001 = 10^{-15}	femto(펨토)	f
0.000 000 000 000 000 001 = 10^{-18}	atto(아토)	a

† 길이, 면적, 체적 외에는 잘 사용하지 않음.

몇 가지 유용한 물질상수

Some Useful Material Constants

B-1 자유공간의 물질상수

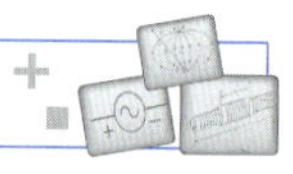

상수	기호	값
Velovity of light(광속)	c	$\sim 3 \times 10^{8}$ (m/s)
Permittivity(유전율)	ϵ_0	$\sim \frac{1}{36\pi} \times 10^{-9}$ (F/m)
Permeability(투자율)	μ_0	$4\pi \times 10^{-7}$ (H/m)
Intrinsic impedance(고유 임피던스)(진공 임피던스)	η_0	$\sim 120\pi$ 또는 377 (Ω)

B-2 전자와 양성자의 물리상수

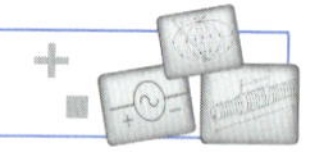

상수	기호	값
Rest mass of electron(전자의 정지질량)	m_e	9.107×10^{-31} (kg)
Charge of electron(전자의 전하량)	$-e$	-1.602×10^{-19} (C)
Charge-to-mass ratio of electron(전자의 전하/질량비)	$-e/m_e$	-1.759×10^{11} (C/kg)
Radius of electron(전하의 반지름)	R_e	2.81×10^{-15} (m)
Rest mass of Proton(양성자의 정지질량)	m_p	1.673×10^{-27} (kg)

B-3 상대적 유전율(유전상수)†

물질	상대 유전율, ϵ_r
Air(공기)	1.0
Bakelite(베이크라이트)(절연 플라스틱)	5.0
Glass(유리)	4~10
Mica(운모)	6.0
Oil(석유)	2.3
Paper(종이)	2~4
Parafin wax(파라핀 왁스)	2.2
Plexiglass(아크릴 수지)	3.4
Polyethylene(폴리에틸렌)	2.3
Polystyrene(폴리스티렌)	2.6
Porcelain(도자기)	5.7
Rubber(고무)	2.3~4.0
Soil(dry)(흙)	3~4
Teflon(테프론)	2.1
Water(distilled)(물)(증류수)	80
Seawater(바닷물)(해수)	72

B-4 전기 전도도†

물질	전도도, σ(S/m)	물질	전도도, σ(S/m)
Silver(은)	6.17×10^7	Fresh water(순수)	10^{-3}
Copper(구리)	5.80×10^7	Distilled water(증류수)	2×10^{-4}
Gold(금)	4.10×10^7	Dry soil(건조한 흙)	10^{-5}
Aluminum(알루미늄)	3.54×10^7	Transformer oil(변압기유)	10^{-11}
Brass(황동)(놋쇠)	1.57×10^7	Glass(유리)	10^{-12}
Bronze(청동)	10^7	Porcelain(도자기)	2×10^{-13}
Iron(철)	10^7	Rubber(고무)	10^{-15}
Seawater(해수)	4	Fused quartz(석영유리)	10^{-17}

† 이들의 일부는 주파수와 온도에 따라 다른 값을 가지며, 요약한 값은 상온, 저주파에 대한 평균 전기 전도도이다.

B-5 상대 투자율[†]

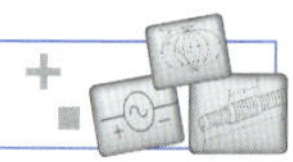

물질	상대 유전율, μ_r
Ferromagnetic(nonlinear)(강자성체)(비선형)	
Nickel(니켈)	250
Cobalt(코발트)	600
Iron(Pure)(철)(순수)	4,000
Mumetal(뮤합금)(니켈, 철, 구리의)	100,000
paramagnetic(상자성체)	
Aluminum(알루미늄)	1.000021
Magnesium(마그네슘)	1.000012
Palladium(팔라듐)	1.00082
Titanium(티타늄)	1.00018
Diamagnetic(반자성체)	
Bismuth(비스무스)	0.99983
Gold(금)	0.99996
Silver(은)	0.99998
Copper(구리)	0.99999

[†] 투자율은 온도와 주파수에 따라 다른 값을 가지며 상온, 저주파에 대한 투자율을 요약한 것임.

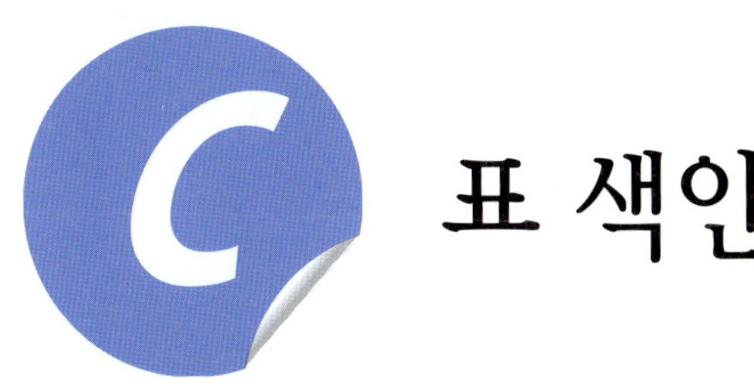

C 표 색인

Index of Tables

일반적인 참고서적

교재 전반에 걸쳐 페이지의 맨아래 주석과 11장의 맨끝에 포함된 참고문헌에 더하여 전자기장과 파동에 관한 비슷한 수준의 다음 서적들도 유용할 것으로 확인되었다.

Bewley, L. V., *Two Dimensional Fields in Electrical Engineering*, Dover Publications, New York, 1963.

Collin, R. E., *Antennas and Radiowave Propagation*, McGraw-Hill, New York, 1985.

Crowley, J. M., *Fundamentals of Applied Electrostatics*, Wiley, New York, 1986.

Feynman, R. P.; Leighton, R. O.; and Sands, M., *Lectures on Physics*, vol. 2, Addison-Wesley, Reading, Mass., 1964.

Javid, M., and Brown, P. M., *Field Analysis and Electromagnetics*, McGraw-Hill, New York, 1963.

Jordan, E. C., and Balmain, K. G., *Electromagnetic Waves and Radiating Systems*, 2nd ed., Prentice-Hall, Englewood Cliffs, N.J., 1968.

Kraus, J. D., *Electromagnetics*, 3rd ed., McGraw-Hill, New York, 1984.

Lorrain, P., and Corson, D., *Electromagnetic Fields and Waves*, 2nd ed., Freeman, San Franscisco, Calif., 1970.

Paris, D. T., and Hurd, F. K., *Basic Electromagnetic Theory*, McGraw-Hill, New York, 1969.

Parton, J. E.; Owen, S. J. T.; and Raven, M. S., *Applied Electromagnetics*, 2nd ed., Macmillan, London, 1986.

Plonsey, R., and Collin, R. E., *Principles and Applications of Electromagnetic Fields*, 2nd ed., McGraw-Hill, New York, 1982.

Popović B. D. *Introductory Engineering Electromagnetics*, Addison-Wesley, Reading, Mass., 1971.

Ramo, S.; Whinnery, J. R.; and Van Duzer, T., *Fields and Waves in Communication Electronics*, 2nd ed., Wiley, New York, 1984.

Sander K. F., and Reed, G. A. L., *Transmission and Propagation of Electromagnetic Waves*, 2nd ed., Cambridge University Press, Cambridge, England, 1986.

Seshadri, S. R., *Fundamentals of Transmission Lines and Electromagnetic Fields*, Addison-Wesley, Reading, Mass., 1971.

Shen, L. C., and Kong, J. A., *Applied Electromagnetism*, 2nd ed., PWS Engineering, Boston, Mass., 1987.

Zahn, M., *Electromagnetic Field Theory*, Wiley, New York, 1979.

선별된 문제의 해답

Answers to Selected Problems

제 2 장

P.2–1 (a) $(\mathbf{a}_x + \mathbf{a}_y 2 - \mathbf{a}_z 3)/\sqrt{14}$. **(b)** $\sqrt{53}$. **c)** -11. **d)** $135.5°$.
(e) $11/\sqrt{29}$. **(f)** $-(\mathbf{a}_x 4 + \mathbf{a}_y 13 + \mathbf{a}_z 10)$. **(g)** -42.
(h) $\mathbf{a}_x 2 - \mathbf{a}_y 40 + \mathbf{a}_z 5$ and $\mathbf{a}_x 55 - \mathbf{a}_y 44 - \mathbf{a}_z 11$.

P.2–5 $\mathbf{X} = (p\mathbf{A} + \mathbf{B} \times \mathbf{A})/A^2$.

P.2–9 (a) $\cos(\alpha - \beta) = \cos\alpha\cos\beta + \sin\alpha\sin\beta$.

P.2–15 1.12.

P.2–17 (a) $|\mathbf{E}| = 1/2, E_x = -0.212$. **(b)** $\theta = 154°$.

P.2–21 (a) 14. **(b)** 14.

P.2–23 (a) $(\boldsymbol{\nabla} V)_P = -(\mathbf{a}_y 0.026 + \mathbf{a}_z 0.043)$. **(b)** 0.0485.

P.2–25 $\ell = 0, m = p = 1/\sqrt{2}$; $\int_S \mathbf{F} \cdot d\mathbf{s} = 20$.

P.2–29 $\oint_S \mathbf{A} \cdot d\mathbf{s} = \int_V \boldsymbol{\nabla} \cdot \mathbf{A}\, dv = 1{,}200\pi$.

P.2–31 See Eq. (2–114).

P.2–35 $\dfrac{1}{R\sin\theta}\left[\dfrac{\partial}{\partial\theta}(A_\phi \sin\theta) - \dfrac{\partial A_\theta}{\partial\phi}\right]$.

P.2–39 (a) $c_1 = 1, c_2 = 0, c_3 = -3$. **(b)** $c_4 = -1$. **(c)** $V = -\dfrac{x^2}{2} - xz + 3yz + \dfrac{z^2}{2}$.

제 3 장

P.3–1 (a) $\alpha = \tan^{-1}(mu_0^2/ewE_d)$. **(b)** $L/w = 10.5$.

P.3–5 (a) $Q_1/Q_2 = -3/4\sqrt{2}$. **(b)** $Q_1/Q_2 = 1/2\sqrt{2}$.

P.3–7 $|\mathbf{F}| = Q\rho_\ell bh/2\epsilon(b^2 + h^2)^{3/2}$.

P.3–9 $\mathbf{a}_y 3\rho_{\ell 1}/4\pi\epsilon_0 L$.

P.3–11 **(1)** $0 \le R \le b$: $E_{R1} = \dfrac{\rho_0 R}{\epsilon_0}\left(\dfrac{1}{3} - \dfrac{R^2}{5b^2}\right)$. **(2)** $b \le R < R_i$: $E_{R2} = \dfrac{2\rho_0 b^3}{15\epsilon_0 R^2}$.

(3) $R_i < R < R_o$: $E_{R3} = 0$. **(4)** $R > R_o$: $E_{R4} = \dfrac{2\rho_0 b^3}{15\epsilon_0 R^2}$.

P.3–13 **(a)** $28(\mu J)$. **(b)** $28(\mu J)$.

P.3–15 **(a)** $V = \dfrac{qd^2}{16\pi\epsilon_0 R^3}(3\cos^2\theta - 1)$, $\mathbf{E} = \dfrac{3qd^2}{16\pi\epsilon_0 R^4}[\mathbf{a}_R(3\cos^2\theta - 1) + \mathbf{a}_\theta \sin 2\theta]$.

(b) $R^3 = C_V(3\cos^2\theta - 1)$.

(c) $R^2 = C_E \sin^2\theta\cos\theta$.

P.3–17 $V_P = \dfrac{\rho_\ell}{4\pi\epsilon}\left[\sinh^{-1}\left(\dfrac{L-x}{b}\right) + \sinh^{-1}\left(\dfrac{x}{b}\right)\right]$.

P.3–19 원통형 튜브(원형관)의 바닥의 중앙을 원점으로 설정하면,

(a) $z \ge h$, $V_o = \dfrac{b\rho_s}{2\epsilon_0}\ln\dfrac{z + \sqrt{b^2 + z^2}}{(z-h) + \sqrt{b^2 + (z-h)^2}}$.

(b) $z \le h$, $V_i = \dfrac{b\rho_s}{2\epsilon_0}\ln\dfrac{1}{b^2}(z + \sqrt{b^2 + z^2})[(h-z) + \sqrt{b^2 + (h-z)^2}]$,

$\rho_s = Q/2\pi bh$.

P.3–21 $r_o = \dfrac{4\pi\epsilon_0 b^3}{Ne}E_o$.

P.3–23 $\mathbf{P}/3\epsilon_0$.

P.3–25 $\mathbf{E}_2(z=0) = \mathbf{a}_x 2y - \mathbf{a}_y 3x + \mathbf{a}_z(10/3)$.

P.3–29 **(a)** 19.3 (kV). **(b)** 1.82 (kV).

P.3–31 **(a)** $\mathbf{E}(a) = \mathbf{a}_r\dfrac{V_0}{a\ln(b/a)}$. **(b)** $b/a = e = 2.718$. **(c)** $\min E(a) = eV_0/b$.

(d) $C = 2\pi\epsilon\,(\text{F/m})$.

P.3–33 $C = \dfrac{\pi\epsilon_0(\epsilon_{r1} + \epsilon_{r2})L}{\ln(r_o/r_i)}$.

P.3–35 **(a)** 0.708 (mF). **(b)** 1.35×10^{10} (C).

P.3–37 **(a)** $\mathbf{D} = \begin{cases} \mathbf{a}_R \dfrac{\epsilon_0\epsilon_r V}{R^2\left(\dfrac{1}{R_i} - \dfrac{1}{2b} - \dfrac{1}{2R_o}\right)}, & \text{for } R_i < R < R_o; \\ 0, & \text{for } R < R_i \text{ and } R > R_o. \end{cases}$

(b) $C = \dfrac{4\pi\epsilon_0\epsilon_r}{\dfrac{1}{R_i} - \dfrac{1}{2b} - \dfrac{1}{2R_o}}$.

P.3–39 가운데 도선을 1로 하고 도선을 0, 1, 2로 표기함.

$C_{10} = C_{12} = 3.36\,(\text{pF/m})$, $C_{20} = 2.35\,(\text{pF/m})$.

P.3–41 1.69×10^{-15} (m).

P.3–47 $F_\ell = \dfrac{\pi\epsilon_0 V_0^2}{2D[\ln(D/b)]^2}$.

제 4 장

P.4–1 (a) $V_d = \frac{5yV_0}{(4+\epsilon_r)d}$, $\mathbf{E}_d = -\mathbf{a}_y\frac{5V_0}{(4+\epsilon_r)d}$.

(b) $V_a = \frac{5\epsilon_r y - 4(\epsilon_r - 1)d}{(4+\epsilon_r)d}V_0$, $\mathbf{E}_a = -\mathbf{a}_y\frac{5\epsilon_r V_0}{(4+\epsilon_r)d}$.

(c) $(\rho_s)_{y=d} = \frac{5\epsilon_0\epsilon_r V_0}{(4+\epsilon_r)d} = -(\rho_s)_{y=0}$.

P.4–7 (a) $\rho_s = -\frac{Qd}{2\pi(d^2+r^2)^{3/2}}$.

(b) $-Q$.

P.4–11 $C = \frac{\pi\epsilon_0}{\ln\{d/[a\sqrt{1+(d/2h)^2}]\}}$.

P.4–13
$$C = \frac{2\pi\epsilon_0}{\ln\left[\frac{1}{2}\left(\frac{D^2}{a_1a_2} - \frac{a_1}{a_2} - \frac{a_2}{a_1}\right) - \sqrt{\frac{1}{4}\left(\frac{D^2}{a_1a_2} - \frac{a_1}{a_2} - \frac{a_2}{a_1}\right)^2 - 1}\right]}$$
$$= \frac{2\pi\epsilon_0}{\cosh^{-1}\left[\frac{1}{2}\left(\frac{D^2}{a_1a_2} - \frac{a_1}{a_2} - \frac{a_2}{a_1}\right)\right]}.$$

P.4–15 (b) $\rho_s = -\frac{Q(b^2-d^2)}{4\pi b(b^2+d^2-2bd\cos\theta)^{3/2}}$.

P.4–17 $Q_1 = Q_2 = \frac{\epsilon_2 - \epsilon_1}{\epsilon_2 + \epsilon_1}Q$.

P.4–19 $V_n(x, y) = C_n \cosh\frac{n\pi}{b}(x-a)\cos\frac{n\pi}{b}y$.

P.4–21 $V_n(x, y) = \sin\frac{n\pi}{a}x\left[A_n\sinh\frac{n\pi}{a}y + B_n\cosh\frac{n\pi}{a}y\right]$.

P.4–23 (a) $V(\phi) = \frac{V_0}{\alpha}\phi$. **b)** $V(\phi) = \frac{V_0}{2\pi - \alpha}(2\pi - \phi)$.

P.4–25 $V(r, \phi) = -E_0 r\left(1 - \frac{b^2}{r^2}\right)\cos\phi$.

$$\mathbf{E}(r,\phi) = \mathbf{a}_r E_0\left(1 + \frac{b^2}{r^2}\right)\cos\phi - \mathbf{a}_\phi E_0\left(1 - \frac{b^2}{r^2}\right)\sin\phi.$$

P.4–27 (a) $V(\theta) = V_0\frac{\ln\left(\tan\frac{\theta}{2}\right)}{\ln\left(\tan\frac{\alpha}{2}\right)}$.

(b) $\mathbf{E}(\theta) = -\mathbf{a}_\theta\frac{V_0}{R\ln[\tan(\alpha/2)]\sin\theta}$.

P.4–29 $V_i(R,\theta) = -\dfrac{3E_0}{\epsilon_r + 2}R\cos\theta, \quad V_o(R,\theta) = -\left[R - \dfrac{(\epsilon_r - 1)\,b^3}{(\epsilon_r + 2)\,R^2}\right]E_0\cos\theta.$

$\mathbf{E}_i(R,\theta) = (\mathbf{a}_R\cos\theta - \mathbf{a}_\theta\sin\theta)\dfrac{3\,E_0}{\epsilon_r + 2} = \mathbf{a}_z\dfrac{3\,E_0}{\epsilon_r + 2}.$

$\mathbf{E}_o(R,\theta) = \mathbf{a}_R\left[1 + \dfrac{2(\epsilon_r - 1)b^3}{(\epsilon_r + 2)R^3}\right]E_0\cos\theta - \mathbf{a}_\theta\left[1 - \dfrac{(\epsilon_r - 1)b^3}{(\epsilon_r + 2)R^3}\right]E_0\sin\theta.$

제 5 장

P.5–1 (a) $V(y) = V_0(y/d)^{4/3}, \quad E(y) = -(4V_0/3d)(y/d)^{1/3}.$

(b) $Q = -(4V_0/3d)\,\epsilon_0 S.$

(c) 음극의 전하량 = 0; 양극의 전하량 = $-Q$.

(d) 3.58 (ns).

P.5–3 (a) $2.32\,a$.

(b) $E_1 = E_2 = I/2\pi a^2\sigma.$

P.5–5 $I_1 = 0.7\,(\text{A}), \quad P_{R1} = 0.163\,(\text{W}); \quad I_2 = 0.140\,(\text{A}), P_{R2} = 0.392\,(\text{W});$
$I_3 = 0.093\,(\text{A}), P_{R3} = 0.261\,(\text{W}); \quad I_4 = 0.233\,(\text{A}), P_{R4} = 0.436\,(\text{W});$
$I_5 = 0.467\,(\text{A}), P_{R5} = 2.178\,(\text{W}).$

P.5–7 (a) 4.88 (ps). **(b)** $W_i/(W_i)_0 = 10^{-4}$; 열손실.

(c) $W_o = 45\,(\text{kJ}).$

P.5–9 (a) $E_2 = \left[\sin^2\alpha_1 + \left(\dfrac{\sigma_1}{\sigma_2}\cos\alpha_1\right)^2\right]^{1/2}, \quad \alpha_2 = \tan^{-1}\left[\dfrac{\sigma_2}{\sigma_1}\tan\alpha_1\right].$

(b) $\rho_s = \left(\dfrac{\sigma_1}{\sigma_2}\epsilon_2 - \epsilon_1\right)E_1\sin\alpha_1.$

P.5–11 (b) $P = \mathcal{V}^2 S\,\sigma_1\sigma_2/(\sigma_1 d_2 + \sigma_2 d_1).$

P.5–13 (a) $J = \dfrac{\sigma_1\sigma_2 V_0}{r[\sigma_1\ln(b/c) + \sigma_2\ln(c/a)]}.$

(b) $\rho_{sa} = \dfrac{\epsilon_1\sigma_2 V_0}{a[\sigma_1\ln(b/c) + \sigma_2\ln(c/a)]}, \quad \rho_{sb} = -\dfrac{\epsilon_2\sigma_1 V_0}{b[\sigma_1\ln(b/c) + \sigma_2\ln(c/a)]},$

$\rho_{sc} = \dfrac{(\epsilon_2\sigma_1 - \epsilon_1\sigma_2)V_0}{c[\sigma_1\ln(b/c) + \sigma_2\ln(c/a)]}.$

P.5–15 $\dfrac{1}{4\pi\sigma}\left(\dfrac{1}{R_1} - \dfrac{1}{R_2}\right).$

P.5–17 $\dfrac{R_2 - R_1}{2\pi\sigma R_1R_2(1 - \cos\theta_0)}.$

P.5–19 $\dfrac{1}{4\pi\sigma}\left(\dfrac{1}{b_1} + \dfrac{1}{b_2} - \dfrac{2}{d}\right).$

P.5–21 6.36 (MΩ).

P.5–23 $\mathbf{J} = \mathbf{a}_x J_0 - \dfrac{J_0 b^2}{r^2}(\mathbf{a}_r\cos\phi + \mathbf{a}_\phi\sin\phi).$

제 6 장

P.6–1 $y^2 + \left(z + \frac{u_0}{\omega_0}\right)^2 = \left(\frac{u_0}{\omega_0}\right)^2,\ \omega_0 = \frac{qB_0}{m}.$

자기장 내에서 q의 운동경로는 반원이다.

P.6–3 $B_\phi = \frac{\mu_0 Ir}{2\pi a^2},\ r \le a;\quad B_\phi = \frac{\mu_0 I}{2\pi r},\ a \le r \le b;$

$B_\phi = \frac{\mu_0 I(c^2 - r^2)}{2\pi(c^2 - b^2)r},\ b \le r \le c;\quad B_\phi = 0,\ r \ge c.$

P.6–5 $\mathbf{a}_z 1.38 I/w.$

P.6–7 $B = \frac{\mu_0 NI}{2L}\left[\frac{L - z}{\sqrt{(L - z)^2 + b^2}} + \frac{z}{\sqrt{z^2 + b^2}}\right].$

P.6–9 $\mathbf{F}_{12} = \frac{\mu_0 q_1 q_2}{4\pi R^2}\mathbf{u}_2 \times (\mathbf{u}_1 \times \mathbf{a}_{12}).$

P.6–11 $\frac{\mu_0 I}{2b}\left(\frac{1}{\pi} + \frac{1}{2}\right).$

P.6–15 $\mathbf{a}_z \mu_0 J d/2.$

P.6–17 $\mathbf{A}_1 = \mathbf{a}_z\left[-\frac{\mu_0 I}{4\pi}\left(\frac{r_1}{b}\right)^2 + c\right],\ r_1 \le b;\quad \mathbf{A}_2 = \mathbf{a}_z\left\{-\frac{\mu_0 I}{4\pi}\left[\ln\left(\frac{r_2}{b}\right)^2 + 1\right] + c\right\},\ r_2 \ge b.$

P.6–21 (a) $\mathbf{a}_z \mu_0 H_0/\mu.$ **(b)** $\mathbf{a}_z(H_0 - M_i).$

P.6–27 (a) $\mathscr{R}_g = 1.21 \times 10^6\,(\mathrm{H}^{-1}),\quad \mathscr{R}_c = 6.75 \times 10^4\,(\mathrm{H}^{-1}).$

(b) $\mathbf{B}_g = \mathbf{B}_c = \mathbf{a}_\phi 5.09 \times 10^{-3}\,(\mathrm{T}).$

$\mathbf{H}_g = \mathbf{a}_\phi 4.05 \times 10^3\,(\mathrm{A/m}),\quad \mathbf{H}_c = \mathbf{a}_\phi 1.35\,(\mathrm{A/m}).$

(c) $I = 25.6\,(\mathrm{mA}).$

P.6–33 (b) $\mathbf{B} = -\mathbf{a}_x\frac{\mu_0 I}{2\pi}\left[\frac{y - d}{(y - d)^2 + x^2} + \frac{y + d}{(y + d)^2 + x^2}\right]$

$+ \mathbf{a}_y\frac{\mu_0 I}{2\pi}x\left[\frac{1}{(y - d)^2 + x^2} + \frac{1}{(y + d)^2 + x^2}\right].$

P.6–35 $L = \mu_0 N^2\left(r_o - \sqrt{r_o^2 - b^2}\right).$

P.6–37 $L'_{AA'/BB'} = \frac{\mu_0}{2\pi}\ln\left(1 + \frac{d^2}{D^2}\right).$

P.6–39 $L_{12} = \mu_0\left(d - \sqrt{d^2 - b^2}\right).$

P.6–41 $I_1/I_2 = -M/L_1.$

P.6–43 $\mathbf{f} = \mathbf{a}_x\frac{\mu_0 I^2}{\pi w}\tan^{-1}\left(\frac{w}{2D}\right).$

P.6–45 $\mathbf{F} = \mathbf{a}_x \mu_0 I_1 I_2\left[\frac{1}{\sqrt{1 - (b/d)^2}} - 1\right]$, 반발력.

P.6–47 $\mathbf{T} = -\mathbf{a}_x 0.1\,(\mathrm{N \cdot m}).$

P.6–51 남북을 연결하는 선을 기준으로 최대 55.8° 벗어남(편차).

P.6–53 $\mathbf{F} = \mathbf{a}_x\frac{\mu_0}{2}(\mu_r - 1)n^2 I^2 S.$

제 7 장

P.7–3 (a) $i_2(t) = -\frac{L_{12}}{L} I_1 e^{-(R/L)t}, \quad 0 < t < T; \quad L_{12} = \frac{\mu_0 h}{2\pi} \ln\left(1 + \frac{w}{d}\right).$

$i_2(t) = \frac{L_{12}}{L} I_1 [e^{-(R/L)(t-T)} - e^{-(R/L)T}], \quad t > T.$

P.7–5 (a) $0.234\,(\text{A})$ **(b)** $48.2°$.

P.7–7 (a) $0.0472\mu_0 I\omega b$. **(b)** $0.0469\mu_0 I\omega b$.

P.7–13 (a) $V' = V - \frac{\partial\psi}{\partial t}$. **(b)** $\nabla^2\psi - \mu\epsilon\frac{\partial^2\psi}{\partial t^2} = 0.$

P.7–23 $E_0 = 0.068, \theta = -72.8°$.

P.7–25 $\beta = 54.4\,(\text{rad/m})$.

$\mathbf{H}(x, z; t) = -\mathbf{a}_x 2.30 \times 10^{-4} \sin(10\pi x)\cos(6\pi 10^9 t - 54.4z)$

$-\mathbf{a}_z 1.33 \times 10^{-4} \cos(10\pi x)\sin(6\pi 10^9 t - 54.4z)(\text{A/m}).$

P.7–27 $k = \omega\sqrt{\mu_0\epsilon_0}$. $\mathbf{H} = \mathbf{a}_\phi \frac{E_0}{R}\sqrt{\frac{\epsilon_0}{\mu_0}} \sin\theta\cos\omega(t - \sqrt{\mu_0\epsilon_0}R).$

제 8 장

P.8–3 (a) $\Delta f = -(2u/c)f$, 자동차가 입사파와 동일한 방향으로 움직이는 것으로 가정함.

(b) 120 (km/hr), or 74.6 (miles/hr).

P.8–5 (a) $k_0 = 0.1047\,(\text{rad/m})$, $y = 22.5 \pm n\lambda/2\,(\text{m})$.

(b) $\mathbf{E}(y, t) = -\mathbf{a}_x 1.508 \times 10^{-3}\cos\left(10^7\pi t - \frac{\pi}{30}y + \frac{\pi}{4}\right)(\text{V/m}).$

P.8–7 $\left(\frac{E_y}{E_{20}\sin\psi}\right)^2 + \left(\frac{E_x}{E_{10}\sin\psi}\right)^2 - 2\frac{E_x E_y \cos\psi}{E_{10}E_{20}\sin^2\psi} = 1$, where $E_x = E_{10}\sin(wt - kz)$, and $E_y = E_{20}\sin(wt - kz + \psi)$.

P.8–11 (a) 1.395 (m).

(b) $\eta_c = 238(1 + j0.005)\,(\Omega)$, $\lambda = 6.3\,(\text{cm})$, $u_p = 1.8973 \times 10^8\,(\text{m/s})$, $u_g = 1.8975 \times 10^8\,(\text{m/s})$.

(c) $\mathbf{H} = \mathbf{a}_x 0.21\, e^{-0.497x}\sin(6\pi 10^9 t - 31.6\pi x + 1.042)(\text{A/m}).$

P.8–13 (a) $0.99 \times 10^5\,(\text{S/m})$. **(b)** 0.175 (mm).

P.8–21 (a) $-z$ 방향에서 왼손 원형 편파.

(b) $\frac{2E_0}{\eta_0}(\mathbf{a}_x - j\mathbf{a}_y)$. **(c)** $2E_0\sin\beta z(\mathbf{a}_x\sin\omega t - \mathbf{a}_y\cos\omega t)$.

P.8–23 (a) $f = 5.73\,(\text{MHz})$, $\lambda = 0.524\,(\text{m})$.

(b) $\mathbf{E}_i(y, z; t) = 5(\mathbf{a}_y + \mathbf{a}_z\sqrt{3})\cos(3.6 \times 10^9 t + 6\sqrt{3}y - 6z)\,(\text{V/m}),$

$\mathbf{H}_i(y, z; t) = -\mathbf{a}_x\frac{1}{12\pi}\cos(3.6 \times 10^9 t + 6\sqrt{3}y - 6z)\,(\text{A/m}).$

(c) $\theta_i = 60°$.

(d) $\mathbf{E}_r(y, z) = 5(-\mathbf{a}_y + \mathbf{a}_z\sqrt{3})e^{j6(\sqrt{3}y+z)}$ (V/m),

$\mathbf{H}_r(y, z) = -\mathbf{a}_x \dfrac{1}{12\pi} e^{j6(\sqrt{3}y+z)}$ (A/m).

(e) $\mathbf{E}_1(y, z) = (-\mathbf{a}_y j10\sin 6z + \mathbf{a}_z 10\sqrt{3}\cos 6z)e^{j6\sqrt{3}y}$ (V/m),

$\mathbf{H}_1(y, z) = -\mathbf{a}_x \dfrac{1}{6\pi}(\cos 6z)e^{j6\sqrt{3}y}$ (A/m).

P.8–25 $\mathbf{H}_1(x, z; t) = \mathbf{a}_y \dfrac{2E_{i0}}{\eta_1}\cos(\beta_1 z\cos\theta_i)\sin(\omega t - \beta_1 x\sin\theta_i)$

$\mathscr{P}_{av} = \mathbf{a}_x \dfrac{2E_{i0}^2}{\eta_1}\sin\theta_i \sin^2(\beta_1 z\cos\theta_i)$.

P.8–27 (a) $\mathbf{E}_r(z, t) = \mathbf{a}_x 2.77\cos(1.8\times 10^9 t + 6z + 157°)$ (V/m),

$\mathbf{E}_t(z, t) = \mathbf{a}_x 7.53\, e^{-2.3z}\cos(1.8\times 10^9 t - 9.76z - 172°)$ (V/m).

(b) $\mathscr{P}_{av} = \mathbf{a}_z 0.122 e^{-4.61z}$ (W/m²).

P.8–29 (a) $E_{r0} = -\dfrac{j(\eta_0^2 - \eta_2^2)\tan\beta_2 d}{\eta_0\eta_2 + j(\eta_0^2 + \eta_2^2)\tan\beta_2 d}E_{i0}$,

$E_2^+ = \dfrac{\eta_2(\eta_0 + \eta_2)e^{j\beta_2 d}}{\eta_0\eta_2\cos\beta_2 d + j(\eta_0^2 + \eta_2^2)\sin\beta_2 d}E_{i0}$,

$E_2^- = \dfrac{\eta_2(\eta_0 - \eta_2)e^{-j\beta_2 d}}{\eta_0\eta_2\cos\beta_2 d + j(\eta_0^2 + \eta_2^2)\sin\beta_2 d}E_{i0}$,

$E_{t0} = \dfrac{2\eta_0\eta_2 e^{j\beta_0 d}}{\eta_0\eta_2\cos\beta_2 d + j(\eta_0^2 + \eta_2^2)\sin\beta_2 d}E_{i0}$.

P.8–31 $\Gamma_0 = \dfrac{(\Gamma_{12} + \Gamma_{23}) + j(\Gamma_{12} - \Gamma_{23})\tan\beta_2 d}{(1 + \Gamma_{12}\Gamma_{23}) + j(1 - \Gamma_{12}\Gamma_{23})\tan\beta_2 d}$.

P.8–33 $|\eta_2| \ll \eta_0$로 가정함.

(a) $E_2^+ = -j\left(\dfrac{\eta_2}{\eta_0}\right)\dfrac{e^{\alpha_2 d}e^{j\beta_2 d}E_{i0}}{\sin(\beta_2 - j\alpha_2)d}$. (b) $E_2^- = -j\left(\dfrac{\eta_2}{\eta_0}\right)\dfrac{e^{-\alpha_2 d}e^{-j\beta_2 d}E_{i0}}{\sin(\beta_2 - j\alpha_2)d}$.

(c) $E_{30} = -j\left(\dfrac{\eta_2}{\eta_0}\right)\dfrac{2e^{j\beta_0 d}E_{i0}}{\sin(\beta_2 - j\alpha_2)d}$. (d) $(\mathscr{P}_{av})_3/(\mathscr{P}_{av})_i = 1.839\times 10^{-11}$.

P.8–35 (a) $\theta_t = 0.03°$ b) $\Gamma_\parallel = 0.0214e^{j\pi/4}$

(c) $(\mathscr{P}_{av})_t/(\mathscr{P}_{av})_i = 1.054\times 10^{-3}e^{-0.795z}$. d) 8.69 (m).

P.8–37 (a) $\mathbf{E}_t(x, z) = \mathbf{a}_y E_{t0}\, e^{-\alpha_2 z}\, e^{-j\beta_{2x}x}$,

$\mathbf{H}_t(x, z) = \dfrac{E_{t0}}{\eta_2}\left(\mathbf{a}_x j\alpha_2 + \mathbf{a}_z\sqrt{\dfrac{\epsilon_1}{\epsilon_2}}\sin\theta_i\right)e^{-\alpha_2 z}\, e^{-j\beta_{2x}x}$,

$\beta_{2x} = \beta_2\sqrt{\dfrac{\epsilon_1}{\epsilon_2}}\sin\theta_i,\ \alpha_2 = \beta_2\sqrt{\left(\dfrac{\epsilon_1}{\epsilon_2}\right)\sin^2\theta_i - 1}$,

$E_{t0} = \dfrac{2\eta_2\cos\theta_i E_{i0}}{\eta_2\cos\theta_i - j\eta_1\sqrt{\left(\dfrac{\epsilon_1}{\epsilon_2}\right)\sin^2\theta_i - 1}}$.

P.8–39 (a) 6.38°. (b) $e^{j0.66}$. (c) $1.89e^{j0.33}$. (d) 159 (dB).

P.8–41 (a) $\theta_a = \sin^{-1}\left(\dfrac{1}{n_0}\sqrt{n_1^2 - n_2^2}\right)$. (b) 80.4°.

P.8–45 (a) $\Gamma_\perp = \dfrac{1.5\cos\theta_i - \sqrt{1-(1.5\sin\theta_i)^2}}{1.5\cos\theta_i + \sqrt{1-(1.5\sin\theta_i)^2}}.$

$$\Gamma_\parallel = \frac{1.5\sqrt{1-(1.5\sin\theta_i)^2} - \cos\theta_i}{1.5\sqrt{1-(1.5\sin\theta_i)^2} + \cos\theta_i}.$$

P.8–47 (a) $\Gamma'_\parallel = \dfrac{\eta_2\cos\theta_t - \eta_1\cos\theta_i}{\eta_2\cos\theta_t + \eta_1\cos\theta_i} = \Gamma_\parallel,$

$$\tau'_\parallel = \frac{2\eta_2\cos\theta_t}{\eta_2\cos\theta_t + \eta_1\cos\theta_i} = \tau_\parallel\left(\frac{\cos\theta_t}{\cos\theta_i}\right).$$

제 9 장

P.9–3 (a) $d' = \sqrt{2}d,\ u'_p = u_p/\sqrt{2}.$

P.9–7 $\alpha = \sqrt{\dfrac{LC}{2}}\left(\dfrac{R}{L}+\dfrac{G}{C}\right)\left[1-\dfrac{1}{8\omega^2}\left(\dfrac{R}{L}-\dfrac{G}{C}\right)^2\right],\ \beta = \omega\sqrt{LC}\left[1+\dfrac{1}{8\omega^2}\left(\dfrac{R}{L}-\dfrac{G}{C}\right)^2\right],$

$$R_0 = \sqrt{\frac{L}{C}}\left[1+\frac{1}{8\omega^2}\left(\frac{R}{L}-\frac{G}{C}\right)\left(\frac{R}{L}+\frac{3G}{C}\right)\right],\ X_0 = -\frac{1}{2\omega}\sqrt{\frac{L}{C}}\left(\frac{R}{L}-\frac{G}{C}\right).$$

P.9–9 $R = 0.058\,(\Omega/\text{m}),\ L = 0.20\,(\mu\text{H/m}),\ C = 80\,(\text{pF/m}),\ G = 24\,(\mu\text{S/m}).$

P.9–11 최대 전력 전송효율 = 50%.

P.9–13 (a) $A = D = \dfrac{1}{Z_0}\cosh\gamma\ell,$

$$B = Z_0\sinh\gamma\ell,\ C = \frac{1}{Z_0}\sinh\gamma\ell.$$

P.9–15 (a) $V(z,t) = 5.27\,e^{-0.01z}\sin(8000\pi t - 5.55z - 0.322)\,(\text{V}).$

(b) $V(50,t) = 3.20\sin(8000\pi t - 0.432\pi)\,(\text{V}).$

(c) $0.102\,(\text{W}).$

P.9–17 (a) $4Z_0/\alpha\lambda.$ **(b)** $Z_0\alpha\lambda/4.$

P.9–19 (a) $Z_0 = 289.8 - j77.6\,(\Omega),\ \alpha = 0.139\,(\text{Np/m}),\ \beta = 0.235\,(\text{rad/m}).$

(b) $R = 58.6\,(\Omega/\text{m}),\ L = 0.812\,(\mu\text{H/m}),\ G = 0.246\,(\text{mS/m}),$
$C = 12.4\,(\text{pF/m}).$

P.9–21 $\Delta f = \dfrac{\alpha}{\pi\sqrt{LC}} = \dfrac{1}{2\pi}\left(\dfrac{R}{L}+\dfrac{G}{C}\right);\quad Q = \dfrac{\beta}{2\alpha} = \dfrac{1}{[(R/\omega L)+(G/\omega c)]}.$

P.9–27 (a) $\Gamma = \frac{1}{3}e^{j0.2\pi}.$ **(b)** $Z_L = 466 + j206\,(\Omega).$ **c)** $R_m = 150\,(\Omega),\ \ell_m = 0.2\lambda.$

P.9–29 $Z_L = Z_0\left[\dfrac{1-jS\tan(2\pi z'_m/\lambda)}{S-j\tan(2\pi z'_m/\lambda)}\right].$

P.9–31 (a) $P_{\text{inc}} = V_g^2/8R_0.$ **(b)** $P_L = \dfrac{V_g^2}{8R_0}(1-|\Gamma|^2).$ **c)** $\dfrac{P_L}{P_{\text{inc}}} = \dfrac{4S}{(S+1)^2}.$

(d) $P_{\text{inc}} = 25\,(\text{W}),\ \Gamma = 0.243\angle{-76^\circ},\ S = 1.64,$
$P_L = 23.5\,(\text{W}),\ |V_L| = 54.2\,(\text{V}),\ |I_L| = 0.97\,(\text{A}).$

P.9–33 도선의 전압과 전류 분포는 $t = 4T$에서 $t = 0$에서의 전압과 전류 상태와 비교하여 반전된 상태가 되며, 도선 내에서 주기적으로 반복된다.

P.9–35 $\Gamma_g = -1/3,\ \Gamma_L = 1.$

P.9–43 **(a)** $S = 1.77.$ **(b)** $\Gamma = 0.28e^{j146°}.$ **(c)** $Z_i = 50 + j29\,(\Omega).$
(d) $Y_i = 0.015 - j0.009\,(\text{S}).$

P.9–45 **(a)** $Z_L = 33.75 - j23.75\,(\Omega).$ **(b)** $\Gamma = \frac{1}{3}e^{j252.5°}.$ **(c)** $z'_m = 25\,(\text{cm}).$

P.9–47 도선 길이 = 0.375 (m), 도선의 반지름 = 5.4 (mm).

P.9–49 $d_1/\lambda = 0.074,\ \ell_1/\lambda = 0.347;\ d_2/\lambda = 0.250,\ \ell_2/\lambda = 0.153.$

P.9–51 **(a)** $d_L/\lambda = 0.0113.$ **(b)** $\ell_A/\lambda = 0.304,\ \ell_B/\lambda = 0.125.$

제 10 장

P.10–5 식 (10-83a, b, c)로부터 $\mathbf{J}_{s\ell} = \mathbf{a}_x B_n,\ \mathbf{J}_{su} = \mathbf{a}_x(-1)^{n+1}B_n.$

P.10–7 $u_{en} = \dfrac{1}{\sqrt{\mu\epsilon}}\sqrt{1-(f_c/f)^2}.$

P.10–9 **(a)** $\beta = 308\,(\text{rad/m}),\ \alpha_d = 1.28\times10^{-8}\,(\text{Np/m}),\ \alpha_c = 1.69\times10^{-4}\,(\text{Np/m}),$
$u_p = 2.04\times10^8\,(\text{m/s}),\ u_g = 1.96\times10^8\,(\text{m/s}),\ \lambda_g = 2.04\,(\text{cm}).$
(b) $\beta = 288\,(\text{rad/m}),\ \alpha_d = 1.37\times10^{-8}\,(\text{Np/m}),\ \alpha_c = 7.25\times10^{-4}\,(\text{Np/m}),$
$u_p = 2.18\times10^8\,(\text{m/s}),\ u_g = 1.83\times10^8\,(\text{m/s}),\ \lambda_g = 2.18\,(\text{cm}).$

P.10–11 **(a)** 358 (MW/m). **(b)** 207 (MW/m). **(c)** 155 (MW/m).

P.10–13 **(a)** $\mathbf{J}_s(y=0) = -\mathbf{a}_z\dfrac{j\omega\epsilon}{h^2}\left(\dfrac{\pi}{b}\right)E_0\sin\left(\dfrac{\pi x}{a}\right)e^{-j\beta_{11}z} = \mathbf{J}_s(y=b).$

$\mathbf{J}_s(x=0) = -\mathbf{a}_z\dfrac{j\omega\epsilon}{h^2}\left(\dfrac{\pi}{a}\right)E_0\sin\left(\dfrac{\pi y}{b}\right)e^{-j\beta_{11}z} = \mathbf{J}_s(x=a).$

P.10–15 $u_{en} = u\sqrt{1-(u/2af)^2},\ u = 1/\sqrt{\mu\epsilon}.$

P.10–17 **(a)** $a > 6\,(\text{cm}),\ b < 4\,(\text{cm}).$ $a = 6.5\,(\text{cm})$ and $b = 3.5\,(\text{cm})$를 선택함.
(b) $\beta = 40.1\,(\text{rad/m}),\ u_p = 4.70\times10^8\,(\text{m/s}),\ \lambda_g = 15.7\,(\text{cm}),$
$(Z_{TE})_{10} = 590\,(\Omega).$

P.10–19 **(a)** $f_c = 2.08\times10^9\,(\text{Hz}).$ **(b)** $\lambda_g = 0.139\,(\text{m}).$
(c) $\alpha_c = 2.26\times10^{-3}\,(\text{Np/m}).$ **(d)** 307 (m).

P.10–21 1 (MW).

P.10–23 $\alpha_c = \dfrac{2R_s(b/a^2 + a/b^2)}{\eta ab\sqrt{1-(f_c/f)^2}\,(1/a^2 + 1/b^2)}.$

P.10–29 **(a)** $E_z^0 = C_n J_n(hr)\sin n\phi.$
(c) TM 모드의 고유값은 $J_n(ha) = 0$을 만족하는 조건임.
최저차수 TM 모드는 TM_{11}임.

P.10–31 **(a)** $\alpha = 0.061\,(\text{Np/m}),\ \beta = 4.19\,(\text{rad/m}).$
(b) $\alpha = 0.380\,(\text{Np/m}),\ \beta = 10.48\,(\text{rad/m}).$

P.10–33 슬랩 내의 우 TM 모드; $E_z(y, z; t) = E_e \cos k_y y \cos(\omega t - \beta z)$,

$$E_y(y, z; t) = -\frac{\beta}{k_y} E_e \sin k_y y \sin(\omega t - \beta z), H_x(y, z; t) = \frac{\omega \epsilon_d}{k_y} E_e \sin k_y y \sin(\omega t - \beta z).$$

P.10–37 (a) $H_{zi}^0 = C_0 J_0(hr), r \leq a;\ H_{zo}^0 = D_0 K_0(\zeta r), r \leq a.$

(b) $\dfrac{J_0(ha)}{J_0'(ha)} = -\dfrac{\mu_1 \zeta}{\mu_2 h} \dfrac{K_0(\zeta a)}{K_0'(\zeta a)}.$

P.10–39 (a) 주모드: TE_{101}. $f_{101} = 4.802$ (GHz).

(b) $Q = 6869, W_e = W_m = 0.07728$ (pJ).

P.10–41 (a) $a = d$. **(b)** $1.11\,\eta/R_s(1 + a/2b)$.

P10–43 $Q_{110} = \dfrac{\sqrt{\pi f_{110} \mu_0 \sigma}\, abd(a^2 + b^2)}{2d(a^3 + b^3) + ab(a^2 + b^2)}.$

P.10–45 $f = \dfrac{1}{\pi a \sqrt{\dfrac{2h}{d} \mu \epsilon \ln\left(\dfrac{b}{a}\right)}}.$

제 11 장

P.11–1 $\nabla^2 \mathbf{E} - \mu \epsilon \dfrac{\partial^2 \mathbf{E}}{\partial t^2} = \dfrac{1}{\epsilon} \nabla \rho + \mu \dfrac{\partial \mathbf{J}}{\partial t}.$

P.11–3 (a) $\mathbf{A} = \mathbf{a}_\phi \dfrac{\mu_0 m}{4\pi R^2} e^{-j\beta R}(1 + j\beta R) \sin\theta.$

P.11–5 (a) $\rho_\ell = -j(I_0/c) \sin \beta z$. **(b)** $\rho_\ell = \begin{cases} -j2I_0/\pi c, & 0 < z \leq \lambda/4; \\ +j2I_0/\pi c, & -\lambda/4 \leq z < 0. \end{cases}$

P.11–7 (a) $\mathbf{E} = \mathbf{a}_\theta \dfrac{j30\beta h}{R} I_0 e^{-j\beta R} \sin\theta$. **(b)** $R_r = 20\pi^2 \left(\dfrac{2h}{\lambda}\right)^2$. **(c)** 1.76 (dB).

P.11–9 (a) $R_r = 320\pi^6 (b/\lambda)^4$. **(b)** $\eta_r = \dfrac{R_r}{R_r + (bR_s/a)}.$

P.11–13 $\ell_e(\theta) = \dfrac{2 \sin\theta\,[1 - \cos(\beta h \cos\theta)]}{\beta^2 h \cos^2\theta}$; 최대 $\ell_e = h = \dfrac{\lambda}{12}.$

P.11–15 (a) $E_\theta = \dfrac{j120 I \beta h}{R} e^{-j\beta(R - \frac{d}{2}\cos\theta)} F(\theta),\ F(\theta) = \sin\theta \cos\left(\dfrac{\beta d}{2}\cos\theta\right).$

P.11–19 (b) $(2\Delta\phi)_{1/2} = 4.23\,(\lambda/d)$ (deg.) **(c)** $(2\Delta\phi)_0 = 46.8\sqrt{\lambda/d}$ (deg.)

P.11–23 $|F(\theta, \phi)| = \dfrac{1}{N_1 N_2} \left| \left[\dfrac{\cos\left(\dfrac{\pi}{2}\cos\theta\right)}{\sin\theta} \right] \dfrac{\sin\left(\dfrac{N_1 \psi_x}{2}\right) \sin\left(\dfrac{N_2 \psi_y}{2}\right)}{\sin\left(\dfrac{\psi_x}{2}\right) \sin\left(\dfrac{\psi_y}{2}\right)} \right|,$

$$\psi_x = \frac{\beta d_1}{2} \sin\theta \cos\phi \quad \text{and} \quad \psi_y = \frac{\beta d_2}{2} \sin\theta \cos\phi.$$

P.11-25 (a) $W_s = \frac{8\pi}{3}\beta^4 b^6 \left(\frac{\epsilon_r - 1}{\epsilon_r + 2}\right)^2 \left(\frac{E_i^2}{2\eta_0}\right)$. **(b)** $\sigma_s = 1.5\sigma_{bs}$.

P.11-27 (b) 주빔의 폭 $= 4/\sqrt{G_D}$.

P.11-29 (a) 0.55 (nW). **(b)** 1.25 n (km), n = 1, 2, ⋯.

P.11-31 (a) $|V_{oc}| = 2\lambda E_0/\pi$ if $p = 1$. **(b)** $V_{oc} = 0$ if $p = 1$. **(c)** $|V_{oc}| = \lambda E_0/\pi$.

P.11-33 $\mathbf{E}_P(\theta, \phi) = \frac{jab}{\lambda R_0} e^{-j\beta R_0} \left[\left(\frac{\sin u}{u}\right)\left(\frac{\sin v}{v}\right)\right](\mathbf{a}_\theta \cos\phi - \mathbf{a}_\phi \sin\phi)$;

$u = \left(\frac{\pi a}{\lambda}\right)\sin\theta\cos\phi,\ v = \left(\frac{\pi b}{\lambda}\right)\sin\theta\sin\phi$.

P.11-35 (a) $F_{xz}(\theta) = \frac{(\pi/2)^2 \cos\psi}{(\pi/2)^2 - \psi^2},\ \psi = \frac{\beta a}{2}\sin\theta$.

(b) $68\lambda/a$ (degrees). **(c)** $86\lambda/a$ (degrees). **(d)** −23.5 (dB).

찾아보기

Index

ㄱ

ㄴ

ㄷ

ㄹ

ㅁ

ㅂ

ㅅ

ㅇ

ㅈ

ㅊ

ㅋ

ㅌ

ㅍ

ㅎ

기타

Some Useful Vector Identities

$$\mathbf{A} \cdot \mathbf{B} \times \mathbf{C} = \mathbf{B} \cdot \mathbf{C} \times \mathbf{A} = \mathbf{C} \cdot \mathbf{A} \times \mathbf{B}$$

$$\mathbf{A} \times (\mathbf{B} \times \mathbf{C}) = \mathbf{B}(\mathbf{A} \cdot \mathbf{C}) - \mathbf{C}(\mathbf{A} \cdot \mathbf{B})$$

$$\nabla(\psi V) = \psi \nabla V + V \nabla \psi$$

$$\nabla \cdot (\psi \mathbf{A}) = \psi \nabla \cdot \mathbf{A} + \mathbf{A} \cdot \nabla \psi$$

$$\nabla \times (\psi \mathbf{A}) = \psi \nabla \times \mathbf{A} + \nabla \psi \times \mathbf{A}$$

$$\nabla \cdot (\mathbf{A} \times \mathbf{B}) = \mathbf{B} \cdot (\nabla \times \mathbf{A}) - \mathbf{A} \cdot (\nabla \times \mathbf{B})$$

$$\nabla \cdot \nabla V = \nabla^2 V$$

$$\nabla \times \nabla \times \mathbf{A} = \nabla(\nabla \cdot \mathbf{A}) - \nabla^2 \mathbf{A}$$

$$\nabla \times \nabla V = 0$$

$$\nabla \cdot (\nabla \times \mathbf{A}) = 0$$

$$\int_V \nabla \cdot \mathbf{A} \, dv = \oint_S \mathbf{A} \cdot d\mathbf{s} \qquad \text{(Divergence theorem)}$$

$$\int_S \nabla \times \mathbf{A} \cdot d\mathbf{s} = \oint_C \mathbf{A} \cdot d\boldsymbol{\ell} \qquad \text{(Stokes's theorem)}$$

Gradient, Divergence, Curl, and Laplacian Operations

Cartesian Coordinates (x, y, z)

$$\nabla V = \mathbf{a}_x \frac{\partial V}{\partial x} + \mathbf{a}_y \frac{\partial V}{\partial y} + \mathbf{a}_z \frac{\partial V}{\partial z}$$

$$\nabla \cdot \mathbf{A} = \frac{\partial A_x}{\partial x} + \frac{\partial A_y}{\partial y} + \frac{\partial A_z}{\partial z}$$

$$\nabla \times \mathbf{A} = \begin{vmatrix} \mathbf{a}_x & \mathbf{a}_y & \mathbf{a}_z \\ \frac{\partial}{\partial x} & \frac{\partial}{\partial y} & \frac{\partial}{\partial z} \\ A_x & A_y & A_z \end{vmatrix} = \mathbf{a}_x \left(\frac{\partial A_z}{\partial y} - \frac{\partial A_y}{\partial z} \right) + \mathbf{a}_y \left(\frac{\partial A_x}{\partial z} - \frac{\partial A_z}{\partial x} \right) + \mathbf{a}_z \left(\frac{\partial A_y}{\partial x} - \frac{\partial A_x}{\partial y} \right)$$

$$\nabla^2 V = \frac{\partial^2 V}{\partial x^2} + \frac{\partial^2 V}{\partial y^2} + \frac{\partial^2 V}{\partial z^2}$$

The graph on the cover is a section of a chart for transmission-line calculations. (Discussed in Chapter 9.)

Cylindrical Coordinates (r, ϕ, z)

$$\nabla V = \mathbf{a}_r \frac{\partial V}{\partial r} + \mathbf{a}_\phi \frac{\partial V}{r\partial\phi} + \mathbf{a}_z \frac{\partial V}{\partial z}$$

$$\nabla \cdot \mathbf{A} = \frac{1}{r}\frac{\partial}{\partial r}(rA_r) + \frac{\partial A_\phi}{r\,\partial\phi} + \frac{\partial A_z}{\partial z}$$

$$\nabla \times \mathbf{A} = \frac{1}{r}\begin{vmatrix} \mathbf{a}_r & \mathbf{a}_\phi r & \mathbf{a}_z \\ \dfrac{\partial}{\partial r} & \dfrac{\partial}{\partial\phi} & \dfrac{\partial}{\partial z} \\ A_r & rA_\phi & A_z \end{vmatrix} = \mathbf{a}_r\left(\frac{\partial A_z}{r\partial\phi} - \frac{\partial A_\phi}{\partial z}\right) + \mathbf{a}_\phi\left(\frac{\partial A_r}{\partial z} - \frac{\partial A_z}{\partial r}\right) + \mathbf{a}_z\frac{1}{r}\left[\frac{\partial}{\partial r}(rA_\phi) - \frac{\partial A_r}{\partial\phi}\right]$$

$$\nabla^2 V = \frac{1}{r}\frac{\partial}{\partial r}\left(r\frac{\partial V}{\partial r}\right) + \frac{1}{r^2}\frac{\partial^2 V}{\partial\phi^2} + \frac{\partial^2 V}{\partial z^2}$$

Spherical Coordinates (R, θ, ϕ)

$$\nabla V = \mathbf{a}_R \frac{\partial V}{\partial R} + \mathbf{a}_\theta \frac{\partial V}{R\partial\theta} + \mathbf{a}_\phi \frac{1}{R\sin\theta}\frac{\partial V}{\partial\phi}$$

$$\nabla \cdot \mathbf{A} = \frac{1}{R^2}\frac{\partial}{\partial R}(R^2 A_R) + \frac{1}{R\sin\theta}\frac{\partial}{\partial\theta}(A_\theta\sin\theta) + \frac{1}{R\sin\theta}\frac{\partial A_\phi}{\partial\phi}$$

$$\nabla \times \mathbf{A} = \frac{1}{R^2\sin\theta}\begin{vmatrix} \mathbf{a}_R & \mathbf{a}_\theta R & \mathbf{a}_\phi R\sin\theta \\ \dfrac{\partial}{\partial R} & \dfrac{\partial}{\partial\theta} & \dfrac{\partial}{\partial\phi} \\ A_R & RA_\theta & (R\sin\theta)A_\phi \end{vmatrix} = \mathbf{a}_R\frac{1}{R\sin\theta}\left[\frac{\partial}{\partial\theta}(A_\phi\sin\theta) - \frac{\partial A_\theta}{\partial\phi}\right] + \mathbf{a}_\theta\frac{1}{R}\left[\frac{1}{\sin\theta}\frac{\partial A_R}{\partial\phi} - \frac{\partial}{\partial R}(RA_\phi)\right] + \mathbf{a}_\phi\frac{1}{R}\left[\frac{\partial}{\partial R}(RA_\theta) - \frac{\partial A_R}{\partial\theta}\right]$$

$$\nabla^2 V = \frac{1}{R^2}\frac{\partial}{\partial R}\left(R^2\frac{\partial V}{\partial R}\right) + \frac{1}{R^2\sin\theta}\frac{\partial}{\partial\theta}\left(\sin\theta\frac{\partial V}{\partial\theta}\right) + \frac{1}{R^2\sin^2\theta}\frac{\partial^2 V}{\partial\phi^2}$$